TURING 图灵电子与电气工程丛书

精通开关电源

Switchmode Power Supply Handbook（第3版·修订版）
Third Edition

[美] Keith Billings
Taylor Morey 著
张占松 汪仁煌
谢丽萍 王晓刚 等译
王晓刚 审校

人民邮电出版社
北京

图书在版编目（CIP）数据

精通开关电源：第3版/（美）凯斯·比林斯（Keith Billings），（美）泰勒·莫瑞（Taylor Morey）著；张占松等译．--修订本．--北京：人民邮电出版社，2017.8

（图灵电子与电气工程丛书）

ISBN 978-7-115-45811-7

Ⅰ．①精… Ⅱ．①凯… ②泰…③张… Ⅲ．①开关电源—设计 Ⅳ．①TN86

中国版本图书馆 CIP 数据核字（2017）第 119747 号

内容提要

本书是介绍开关电源技术的实用指导手册。全书分四部分，共70章。主要内容包括常用离线开关电源的功能与基本要求、设计原理与实践、实用设计和交流功率因数校正等。本书叙述简洁，提供了大量的线路图和波形图，并给出了不多见的诺模图，方便读者分析和设计。

本书适用于开关电源的专业设计人员和研究人员，也适用于电类学生、初级工程师和感兴趣的非专业人士。

◆ 著　　[美] Keith Billings　Taylor Morey

译　　张占松　汪仁煌　谢丽萍　王晓刚　等

审　　校　王晓刚

责任编辑　朱　巍

责任印制　彭志环

◆ 人民邮电出版社出版发行　　北京市丰台区成寿寺路11号

邮编　100164　　电子邮件　315@ptpress.com.cn

网址　http://www.ptpress.com.cn

北京七彩京通数码快印有限公司印刷

◆ 开本：787×1092　1/16

印张：39.25　　2017年8月第1版

字数：1029千字　　2025年4月北京第16次印刷

著作权合同登记号　图字：01-2017-2562号

定价：119.00元

读者服务热线：(010)84084456-6009　印装质量热线：(010)81055316

反盗版热线：(010)81055315

前　言

Keith Billings 在 20 多年前就意识到许多工程师希望出版一本开关电源方面的通用手册，于是编写了本书第 1 版。本书实用性强，通俗易懂，包含了当今许多常用的技术，同时也介绍了最新的发展动态。作者将以往学生和初级工程师在学习此门课程中最为关心的问题进行了综合，并根据自己在处理这些问题中积累的经验，通过一些简单易懂的设计实例，对该主题进行了最为直接的讨论，书中所列举的例子不需读者事先具备相关的知识。本书还详细介绍了绕线元件的设计，绕线元件直接关系着系统的性能，不过并不太容易理解。

在第 3 版中，作者继续采用前两版中广受欢迎的易于接受、非学术性、将简单理论和数学分析相结合的编写风格，为了简单起见，还在完全严格的书写方式上作出了取舍。因此，最新版理应再次得到包括学生、初级工程师、感兴趣的非专业使用者和专业电源工程师在内的广大读者的青睐。

新版既有简单的系统说明（包括典型的规格和性能参数），也有最终元件、散热以及电路设计和评估，还包括谐振与准谐振系统、高效率大容量移相调制变换器等新的内容。

同前两版一样，为了简化设计，本书在很多情况下使用了诺模图，其中很多方法是由作者本人在使用诺模图时改进的。一些更深层次的理论包含在附录中，想进一步深入了解的读者可以查阅附录和书后参考文献所列的一些优秀的专业图书和论文。

自 20 世纪 70 年代以来，开关电源应用设计从最初的被人们所忽视的“秘技”发展成了一门精确的工程科学。电子元件缩微化和太空探索的迅猛发展使得对小而高效的电源处理设备的需求不断增加。最近几年，这种需求已经引起了许多全球最卓越的电子工程师的关注。随着研究和发展的深入，现在已经出现了很多创新，拓扑也随之愈加复杂。

到目前为止，还没有哪个单一的“理想系统”能满足所有的需要。每一种拓扑都会有相应的优缺点，对于特定的应用，为了确定其最优的方法，电源设计者需要具备相应的技能和经验，能够找出最合适的拓扑结构的规格需求。

现代开关电源在更复杂的处理系统中只占相当小的部分，因此，除了提供电器元件所必需的电压和电流外，开关电源还提供了其他一些辅助的功能，例如电源良好信号（显示当前输出均在其指定的范围内）、电源故障报警信号（提供高级的电源故障报警）和温度过高时的保护功能（当系统温度过高时，此功能将会停止系统的工作进程以避免造成损坏）。此外，开关电源能根据外部信号进行开关转换。限压和限流电路将会保护电源，使其避免在故障条件下工作。对于敏感负载要使用过压保护，在某些特殊的应用中，要使开关频率与外部时钟频率同步。因此，电源设计人员必须理解并有能力满足许多相关的要求。

为了更加有效地利用或规定一个现代电源处理系统，用户应熟悉一些可用方法的优缺点。根据这些信息，系统工程师规定电源的规格要求，以便设计出能满足要求而且最具经济效益和可靠性的系统。通常，规定中的一个很小的变化或者电源分配系统的重新安排都会使得电源设计者设计出更可靠和更经济的系统，以满足用户的需求，因此为了得到最经济、最可靠的设计方案，电源系统的规格要求应由电源设计人员和用户相互交流共同规定。

很多情况下，电源规格要求中有一些生硬的且通常是人为规定的适用范围和使用局限性。这些不切实际的规定导致过于严格死板的规格和随之而来的设计过于复杂的电源。这会陆续带来高成本、高复杂性和低可靠性等一系列问题。用户要甩开这些不切实际的规格，真正理解开关电源的优缺点，才能在依照电源要求去规定和获取可靠性强、经济效益高的解决方案时更加得心应手。

本书分为如下 4 个部分。

第一部分简明地讨论了对于直接工作在交流电源上的任何电源现在已经普遍需要满足的要求，详细介绍了一些常用方法的具体内容，并结合典型的应用实例重点强调了这些方法各自的优缺点。最新版扩展了第 23 章，增加的内容为电流型自激振荡谐振式正弦波逆变器，适合为大型系统提供相互隔离的多路辅助电源。线性预调节器能提供超低噪声半稳定输出，还具有限流功能，为了实现低系统噪声，采用了正弦波功率分布。

第二部分涉及在一些著名变换器电路中功率器件以及变压器设计的选用问题。主要为了帮助工程师在最短时间内，高效地对传统原型进行研究。本部分所提供的例子、信息和设计理论通俗易懂，读者在掌握这些内容后，就具有了对更实用的开关电源进行初始设计的能力。然而，如果想达到真正的最优设计，读者还必须掌握第三部分中更多的专业知识以及书后参考文献中的相关知识。

第三部分介绍开关系统更通用的工程设计要求，例如变压器设计、扼流圈设计、输入滤波器、射频干扰控制、缓冲电路及热设计等。

第四部分介绍了几个精选的设计方案，电源设计专家也许会更有兴趣。

第一个方案是有源功率因数校正系统的设计。供电行业越来越关注由未校正的电器设备（尤其是荧光照明用镇流器）所带来的不断增加的谐波分量。有源功率因数校正对于电源设计者来说仍然是一项比较新的任务。由于升压拓扑结构的动态特性和它在高低频率上的要求，其波形很难显示，且设计功率电感也是相当困难的一项任务。这部分内容有助于帮助读者揭开这一领域的神秘面纱。

在绝大多数的开关电源里，绕线元件控制着整个系统的效率和性质。只有输入输出绕组耦合较好且其漏电感较小，开关元件的工作效率才能高。电源设计者不但要把握好绕线元件，还需要具备相当的知识和技巧，才能够解决实际工程方面的问题。因此，作者集中地论述了绕线元件，且提供了许多可行的例子。如果想在这一关键领域里有所作为，读者应该参考第三部分中所罗列的较为严格的变压器设计方法和书后参考文献中的相关知识。

谐振和准谐振变换器的进展使这种有前景的技术受到越来越多的关注。本书通过谐振式荧光灯镇流器的设计全面审视了全谐振技术的优缺点。其原理适用于多种其他全谐振系统。

接着，为了说明准谐振系统的原理，介绍了一台大功率全桥变换器的设计过程，准谐振技术和移相调制技术用于其中以实现超高频率和低噪声。该部分包括变换器在一个开关周期内每个工作阶段的逐步分析。

在第 4 章和第 5 章，Taylor Morey 将介绍用 MOSFET 构成的电流型自激振荡全谐振逆变器。这种电路的优点是具有接近理想的零电压转换特性，输出无谐波的高纯度波形。他还将介绍用运算跨导放大器实现的变频正弦波振荡器，用手动调节或电扫描的方法可以使频率在毫赫兹到几十万赫兹范围内变化。

最近几年这门学科迅猛发展，区区一本书难以涵盖所有的内容。读者可以参阅参考文献中列出的相关书籍和论文，了解超出本书范围的内容以拓展知识面。希望这本最新版至少可以部分地充当开关电源领域的通用手册。

致谢

没有人是孤立存在的。我们的进步不仅仅是自己努力的结果，也是我们利用周围人的成果和站在前人肩上的结果。为此本书中列出了许多参考文献，我要感谢它们的作者。在这里我要强调的是，还有许许多多的参考文献应该列举出来，但查询知识点的出处确实是一件艰巨的工作，对此遗漏我深表歉意。

我要感谢对本书第 3 版做出贡献的人员，特别感谢我工程上的同事和合著者 Taylor Morey，他用了大量的时间仔细校对了新稿和其中的计算，并且撰写了新版第四部分的第 4 章和第 5 章。感谢 Unitrode 公司和 Lloyd H. Dixon，Jr.，允许我们使用他在“右半平面零点”方面的研究成果。感谢德州仪器公司允许我们使用其应用资料。感谢 McGraw-Hill 公司的编辑和员工，他们为本书的出版做了大量的工作。

Keith Billings

本书使用的单位、符号、量纲及缩略语

单位、符号和量纲

本书使用的单位和符号一般都与国际单位制（SI）一致。但是，为了得到简单的结果，公式的量纲常作调整，以方便使用十进制倍数与分数词头（所选量纲见下面的每一个公式）。

热学方面的计算使用英制，因为大多数热学数据仍用这种形式。长度的量度用英寸（1in＝2.54cm），温度用摄氏温标，但是辐射热计算用开尔文绝对温标。

磁学方面的图和公式使用常用的 CGS（厘米·克·秒）单位。许多制造商仍然提供 CGS 单位的资料及信息。例如，磁场强度单位为 Oe 而非 A/m（$1A/m = 12.57\times10^{-3}Oe$）。

用 mW/g 表示磁心损耗，用“峰值磁通密度 $\hat{B}$”作为参量是业界标准的做法（因为这些图通常是为推挽变压器开发的，并假设磁通密度在零线上对称摆动）。为了防止混淆，本书在考虑非对称磁通激励时，“峰值磁通密度 $\hat{B}$”仅用来指示峰值。另一符号“磁通密度摆幅 ΔB”用来指示总的峰峰激励值。

基本国际单位制

量	量的符号	单位名称	单位符号
质量	m	千克	kg
长度	l	米	m
时间	t	秒	s
电流	I	安[培]	A
温度	T	开[尔文]	K

所用的 SI 词头

符号前缀	前缀名称	所乘的权值
M	兆	10^6
k	千	10^3
m	毫	10^{-3}
μ	微	10^{-6}
n	纳	10^{-9}
p	皮	10^{-12}

物理量的符号

量	量的符号	单位名称	单位符号	计算公式
电的物理量				
电容	C	法[拉]	F	Ss
电荷	Q	库[仑]	C	As
电流	I	安[培]	A	V/Ω
电能	U	焦[耳]	J	Ws
阻抗	Z	欧[姆]	Ω	—
自感	L	亨[利]	H	Wb/A

（续）

量	量的符号	单位名称	单位符号	计算公式
电位差	V	伏[特]	V	Wb/s
有功功率	P	瓦[特]	W	$VI\cos\theta$
视在功率	S	伏安	VA	VA
电抗	X	欧[姆]	Ω	—
电阻	R	欧[姆]	Ω	V/A
体积电阻率	ρ	欧姆立方厘米	Ω-cm	$\frac{R\cdot A}{l}$
磁的物理量				
场强	H	安培每米	A/m	—
场强(CGS)	H	奥[斯特]	Oe	$4\pi\times10^{-3}\ A/m$
磁通	Φ	韦伯	Wb	Vs
磁通密度	B	特[斯拉]	T	Wb/s
磁导率	μ	亨利每米	H/m	Vs/Am
其他				
角速度	ω	弧度每秒	rad/s	$2\pi f$
面积	A	平方厘米	cm^2	—
频率	f	赫[兹]	Hz	s^{-1}
长度	l	厘米	cm	—
趋肤深度	Δ	毫米	mm	—
温度	T	摄氏度	℃	—
绝对温度	T	开[尔文]	K	—
时间	t	秒	s	—
绕组高度	φ	毫米	mm	—

本书所用的变量、参数和单位

变　量	参　数	单　位
A	面积	cm^2
A	增益(无反馈)	dB
A'	增益(带反馈)	dB
A_c	变压器铁心中心柱横截面积	cm^2
A_{cp}	(磁心)中心柱面积	cm^2
A_e	(磁心)有效截面积	cm^2
A_g	(磁心)气隙面积	cm^2
A_L	电感系数(单匝电感)	nH
A_m	最小磁心面积	cm^2
A_n	衰减系数	—
A_p	磁极(磁心)中心柱截面积	cm^2
$A_{p'}$	原边绕组截面积	cm^2
AP	磁心面积乘积 (A_wA_e)	cm^4
AP_e	有效面积乘积($A_{wb}A_e$)	cm^4
A_r	(骨(绕线)架)阻抗系数或衰减系数	—
A_w	(磁心)绕组窗口面积	cm^2
A_{wb}	(骨(绕线)架)绕组窗口面积	cm^2
A_{we}	绕组中铜有效面积(总值)	cm^2
A_{wp}	原边绕组窗口面积	cm^2
A_s	表皮面积	cm^2
A_x	铜面积(对于单支铜线)	cm^2
B	磁通密度	mT

（续）

变　量	参　数	单　位
$\hat{B}$	峰值磁通密度	mT
β	反馈系数	—
ΔB	磁通密度 B 的增量	mT
ΔB_{ac}	磁通密度摆幅值(峰峰值)	mT
B_{dc}	稳态磁通密度(H_{dc}引起)	mT
B_{opt}	最佳磁通密度摆幅值(最小损耗)	mT
B_r	剩余磁通密度	mT
B_s	饱和磁通密度	mT
B_w	磁通密度的峰峰值(工作中)	mT
b_w	骨(绕线)架上绕组有效宽度	mm
C	电容	μF
C_c	漏(寄生)电容	pF
cfm	(空气流动)立方英尺每秒	cfm
C_h	热(储存)容量	Ws/in³/℃
C_k	极间电容	pF
C_p	寄生电容	pF
D	占空比(t_{on}/t_p)	
d'	导通时间与关断时间的比率(t_{on}/t_{off})	
D'	$D'(1\text{-}D)$＝“关断”时间	
dB	对数率(电压 20 $\lg V_1/V_2$ 或功率 10 $\lg P_1/P_2$)	dB
dB_m	1mW 时的功率对数率(10 $\lg P_1$/1mW)	dB
di/dt	电流对时间的变化率	A/s
di_p/dt	原边电流对时间的变化率	A/s
di_s/dt	副边电流对时间的变化率	A/s
dv/dt	电压对时间的变化率	V/s
d_w	导线直径	mm
$\boldsymbol{e}$	感生电动势(矢量)	V
e'	表面发射系数	
$\|e\|$	emf(仅指 emf 幅值)	V
U	电能	J
f	频率	Hz
F_1	层间系数	
F_r	绕组的 AC/DC 电阻比率	
H	磁场强度	Oe
$\hat{H}$	有效磁场强度峰值	Oe
h	导体厚度(窄条形)或导线直径	mm
H_{ac}	磁场强度摆幅	Oe
H_{dc}	直流电流产生的磁场强度	Oe
H_{opt}	磁场强度最佳值	Oe
H_s	磁场强度饱和值	Oe
ΔH	磁场强度的小增量	Oe
I	直流电流(DC)	A
I	交流电流均方根值(AC)	A
$\hat{I}$	峰值电流	A
I_{ave}	某确定期间电流的平均密度	A
I_{cp}	集电极峰值电流	A
I_{dc}	(相关变化)直流电流	A
I_e	实际输入电流	A

（续）

变　量	参　数	单　位
I_i	谐波干扰电流	A
I_L	电感或扼流圈电流（平均值）	A
i_L	交流电感器电流	A
$I_{L(p-p)}$	电感或扼流圈纹波电流峰峰值	A
I_{max}	电流最大值	A
I_{mean}	电流平均值	A
I_{min}	最小电流值	A
I_p	原边电流值（变压器）	A
I_s	副边电流（或缓冲器电流）	A
ΔI	电流小增量	A
I^2R	有功损耗	W
J	（导线中的）电流密度	A/cm^2
$-j\omega C$	容抗	Ω
$j\omega L$	电抗	Ω
K'	铜的有效利用系数（拓扑系数）	
K_m	物质常数	
K_p	原边面积系数	
K_t	原边电流均方根值系数	
K_u	（导线）填充系数	%
K_{ub}	骨（绕线）架利用系数	
L	电感（绕制线圈自感）	H
l	长度（磁路长度）	cm
l_e	有效（磁）路长度	cm
l_g	（磁心）气隙总长度	cm
L_{LP}	原边漏电感	μH
L_{Ls}	副边漏电感	μH
L_{LT}	总的漏电感（变压器）	μH
l_m	导线或磁路（磁心）平均长度	cm
L_p	原边电感	mH
L_s	副边电感	mH
mmf	磁动势（磁势安匝值）	At
N	匝数	
N_{fb}	反馈绕组	
N_{min}	最小匝数（防止磁通饱和）	
N_{mpp}	峰峰工作时的最小原边匝数	
N_p	原边匝数（变压器）	
N_s	副边匝数（变压器）	
N_v	每伏匝数（变压器上）	T/V
N_w	每层匝数（或导线）	
P	功率	W
p	周期（时间）	μs
P_c	磁心的功率损耗	W
P_f	功率因数（每伏安有功功率比）	—
P_{in}	有效输入功率（$VI\cos\theta$，或 $VA\times P_f$，热效应）	W
P_{id}	内部损耗总值	W
P_j	结点热耗散，J/s	W
P_{out}	有效输出功率（$VI\cos\theta$，或 $VA\times P_f$，热效应）	W
P_{q1}	晶体管 $Q1$ 的功率损耗	W

（续）

变 量	参 数	单 位
P_t	总内部损耗	W
P_v/N	原边每匝电压	V/T
P_w	绕组铜损耗	W
Q	热流动率(导通瓦特数或散热器 J/s/in²)W	W J/s
R	电阻	Ω
r	(导线)半径	mm
R_{Cu}	在指定温度下绕制线圈的直流电阻	Ω
R_e	变压器绕组有效直流电阻	Ω
$R_{c\text{-}h}$	外壳-散热器的热阻	℃/W
$R_{h\text{-}a}$	散热器-空气热阻	℃/W
$R_{j\text{-}c}$	结-外壳，热阻	℃/W
R_o	总热阻	℃/W
R_s	主电源或网络有效电阻值	Ω
R_{sf}	有效源电阻($R_{sf}=R_s\times W_{out}$)	Ω
RT	电阻温度系数(铜在 0℃时为 0.00393)	Ω/Ω/℃
RT_{cm}	在温度 T ℃ 时的导线电阻	Ω/cm
R_θ	热阻(热通道)	℃/W
$R_{\theta ja}$	热点至空气的热阻	℃/W
R_w	在频率 f 下绕制线圈的有效电阻	Ω
R_x	线架的电阻系数	
S_f	标尺系数	
T	摄氏温度	℃
t	时间	s
T_{amb}	(空气)环境温度	℃
T_c	铜(绕组)温度	℃
t_d	滞后周期时间	s
T_{ds}	(二极管)表面温度	℃
t_f	下降时间(电压或电流下降所需时间)	μs
T_h	热交换器表面温度	℃
t_p	周期时间(即单循环持续时间)	μs
t_{off}	非导通关断时间	μs
t_{on}	导通时间	μs
ΔT	温度小变化量	℃
ΔT_a	小量温升(相对于环境)	℃
Δt	时间小增量	μs
T_r	温升(相对于环境)	℃
VA	伏安乘积(视在功率)	VA
V_c	晶体管集电极电压	V
V_{cc}	线电压(伏特)	V
V_{ce}	集电极-发射极电压	V
V_{ceo}	集电极-发射极击穿电压(基极开路)	V
V_{cer}	集电极到发射极击穿电压(基极-发射极带规定的电阻)	V
V_{cex}	集电极-发射极击穿电压(基极反偏)	V
V_e	磁心有效体积	cm³
V_{fb}	反馈电压	V
V_h	端电压(调整器输入端电压)	V
V_{hi}	谐波干扰电压，有效值	Vrms

（续）

变　量	参　数	单　位
V_{in}	输入电压	V
V_t	电感两端电压	V
V_m	平均电压	V
V_n	额定(额定平均值)电压	V
V/N	每匝电压	V/T
V_o	纹波电压	V
V_{out}	输出电压	V
V_p	峰值电压或原边电压	V
$V_{p\text{-}p}$	纹波电压，峰峰值	V
V_{ref}	参考电压	V
V_{rms}	电压有效值	Vrms
V_{sat}	饱和电压	V
X_c	容抗	Ω
X_L	感抗	Ω
ρ	铜体积电阻率(0℃时为 1.588 μΩ-cm)	μΩ-cm
ρ_{tc}	铜在 t_c℃时电阻率	μΩ-cm
μ_0	磁场常数($4\pi 10^{-7}$ H/m)	Vs/Am
μ_r	(磁心)相对磁导率	
μ_x	有效磁导率(引入气隙后)	
η	效率(输出功率/输入功率×100%)	%
Δ	增量，穿透厚度	mm
$\Delta\Phi$	总磁通增量	Φ
φ	有效导体高(长)度	mm
Φ	总磁通	Vs
ω	角速度($\omega=2\pi f$)	rad/s
0V	零电压参考线(公共输出端)	V
1-D	1-占空比(“关断”期间)	s
$\lvert x\rvert$	函数(x)幅值	

缩略语

ac	alternating current，交流电
AIEE	American Institute of Electrical Engineers，美国电气工程师学会
AWG	American Wire Gauge，美国线规
B/H	(curve) hysteresis loop of magnetic material，磁材料的磁滞回线
CISPR	Comité International Spécial des Perturbations Radioélectriques，国际无线电干扰特别委员会
CSA	Canadian Standards Association，加拿大标准协会
dB	decibels (logarithmic ratio of power or voltage)，分贝（功率或电压对数比率）
DC	direct (non-varying) current or voltage，直流（不变）电流或电压
DCCT	direct-current current transformers，直流电流变换器
e. g.	exemplia gratis，例如
emf	electromotive force，电动势
EMI	electromagnetic interference，电磁干扰
ESL	effective series inductance，有效串联电感

ESR	effective series resistance，有效串联电阻
FCC	Federal Communications Commission，美国联邦通信委员会
(MOS) FET	(metal oxide silicon) field-effect transistor，(金属氧化物半导体) 场效应晶体管
HCR	heavily cold-reduced，深度降温
HRC	high rupture capacity，高遮断能力
IC	integrated circuit，集成电路
IEC	International Electrotechnical Commission，国际电工委员会
IEEE	Institute of Electrical and Electronics Engineers，电气与电子工程师学会
LC	(filter) a low-pass filter consisting of a series inductor and shunt capacitor，(滤波器) 由一个串联电感和并联电容组成的低通滤波器
LED	light-emitting diode，发光二极管
LISN	line impedance stabilization network，线性阻抗稳定网络
mmf	magnetomotive force (magnetic potential，ampere-turns)，磁动势 (安匝)
MLT	mean length (of wire) per turn，每匝 (导线) 平均长度
MOV	metal oxide varistor，金属氧化物压敏电阻
MPP	molybdenum Permalloy powder，含钼镍铁导磁合金粉
MTBF	mean time before/between failure(s)，故障之前的平均时间/故障之间 的无故障平均时间
NTC	negative temperature coefficient，负温度系数
OEM	original equipment manufacturer，原始设备制造商
“off”	non-conducting (non-working) state of device (circuit)，器件 (电路) 非导通 (非工作) 状态
“on”	conducting (working) state of device (circuit)，器件 (电路) 导通 (工作) 状态
OVP	overvoltage protection (circuit)，过压保护 (电路)
PARD	periodic and random deviations (see glossary)，周期和随机飘移，参见电源常用术语
pcb	printed circuit board，印制电路板
PFC	power factor correction，功率因数校正
PFS	power failure sense/signal，功率故障感测/信号
p-p	peak-to-peak value (ripple voltage/current)，峰峰值 (纹波电压/电流)
PTFE	polytetrafluoroethylene，聚四氟乙烯
PVC	polyvinyl chloride，多元氯乙烯
PWM	pulse-width modulation，脉宽调制
RF	radio frequency，射频
RFI	radio-frequency interference，射频干扰

rms	root mean square，有效值
RHP	right-half-plane (zero)，a zero located in the right half of the complex *s*-plane，右半平面零点，零点在复平面 s 的右半平面
+s	positive remote sensing (terminal，line)，正极性远程信号（端，线）
-s	negative remote sensing (terminal，line)，负极性远程信号（端，线）
SCR	silicon controlled rectifier，（晶闸管）可控硅整流器
SMPS	switchmode power supply，开关电源
SOA	safe operating area，安全工作区域
SR	saturable reactor，可饱和电抗器，参见电源常用术语
TTL	transistor-transistor logic，晶体管-晶体管逻辑
UL	Underwriters' Laboratories，美国保险商实验室
UPS	uninterruptible power supply，不间断电源
UVP	vunder voltage protection (circuit)，欠压保护（电路）
VA	volt amps (product; apparent power)，伏安值（乘积，视在功率）
VDE	Verband Deutscher Elektrotechniker，德国电气工程师协会

目　录

第一部分　常用离线开关电源的功能和基本要求

第三部分　应用设计

第四部分　补充内容

第一部分

常用离线开关电源的功能和基本要求

第1章 基本要求概述

1.1 导论

“离线”（direct-off-line）开关电源之所以得名，是因为它直接由交流电源供电，而不采用线性电源常用的、体积庞大的50～60Hz低频隔离变压器。

尽管各种开关变换技术在电路设计上存在很大的不同，但经过多年的发展，它们具备了相似的基本功能特性，已成为普遍接受的工业标准。

为了满足各个国家或国际的安全标准、电磁兼容性和电源瞬变等要求，业界不得不采用相对标准化的技术，包括布线、元件布置、噪声滤波设计和瞬变保护等技术。谨慎的设计者在进行设计之前会先去熟悉这些机构的全部要求，很多不错的设计就是由于无法满足安全标准部门的有关标准而以失败告终。

不论设计策略和电路如何，在此概括的许多要求对所有开关电源来说都是基本适用的。尽管所有的开关电源功能都趋于相同，但实现这些功能的电路技术是千差万别的。有多种途径满足这些要求，对于特定应用通常会有最佳的实现方法。

设计者在确定设计策略之前，必须考虑到标准的所有细节。如果在设计初期没有考虑到系统要求的某些细节，那么这一设计方案将可能完全无效。例如，要获得供电正常与否的指示或信号，要求不论变换器状态如何都要提供辅助电源，否则，一旦变换器的运行被禁止，这一设计方案将彻底无效！在设计和开发结束时再去增加一些细微的、曾被忽视的功能往往是非常困难的。

本章剩余部分将给出常用基本输入和输出功能的概述，这些功能或者是用户要求的，或者是国家或国际标准所规定的。它们将有助于检查或形成最初的技术要求，这一切都应在进入设计阶段之前就考虑到。

1.2 输入瞬变电压保护

当条件满足时，人为和自然放电现象都会偶尔在电力线上引起很大的瞬变电压。

电气与电子工程师学会的IEEE587-1980标准给出了在各种场合对这一现象的调查结

果。这些场合被归类为低强度级 A、中强度级 B 和高强度级 C。大多数电源都处于低强度级或中强度级的场合，在这些场合下当电流达到 3000A 时，电压可达到 6000V。

在此应力下，通常要求电源保护自身和终端设备，为此要采用特殊的保护装置（见第一部分第 2 章）。

1.3 电磁兼容性

输入滤波器

开关电源存在电磁噪声，为了满足各种国家和国际的射频干扰（RFI）标准中关于传导型噪声的要求，通常在交流供电输入端串联差模和共模噪声滤波器。所要求的噪声滤波器衰减系数取决于电源的尺寸、工作频率、电源设计、应用和环境。

在家用和办公设备领域，PC、VDU 等设备实行更为严格的标准，通常采用美国联邦通信委员会 FCC-B 类或类似的限制标准。在工业应用上，会采用稍微宽松的 FCC-A 类标准或类似的限制标准。详见第一部分第 3 章。

用增加滤波器的办法来改进一个设计有缺陷的电源是非常困难的，意识到这一点很重要。在设计的所有阶段都必须考虑使噪声耦合降至最小。第一部分的第 3 章和第 4 章将给出一些有益的指导。

1.4 差模噪声

差模噪声指的是任何两个电源端或输出端之间的高频电磁噪声的分量。例如，在火线与中线输入端之间或在正极与负极输出端之间可测到这种噪声。

1.5 共模噪声

对电源输入来说，共模噪声是同时出现在两条电力线端和大地（参考地）公共端之间的电磁噪声分量。

对输出来说，因为各种隔离和非隔离连接都可能存在，情况就更复杂了。一般来说，输出共模噪声指任何输出端与公共端之间的电磁噪声，这里的公共端一般指机壳或公共输出电流返回线。

某些规范，尤其是用于医疗电子的标准，严格限定了每条电源线与大地（参考地）公共端之间所允许的地回路电流。就算在绝缘非常好的情况下，地回路电流通常也能经过滤波电容和漏电电容流入地端。地回路电流的限制对电源的设计和输入滤波电容器大小有很大的影响。许多安全标准都规定，任何情况下都不容许在火线与地之间有超过 0.01 μF 的电容。

1.6 静电屏蔽

高频传导型噪声是沿着电源端或输出端传导的噪声，通常由接地面或输入与输出电路之间的容性耦合电流产生。因此，高压开关部件应避免安装在机壳上。若不可避免，应在噪声源和接地面之间安装静电屏蔽，或尽量使其与机壳之间的容性耦合最小。

要减少隔离变压器中输入到输出的噪声耦合，应采用静电屏蔽。这些不应混同于更为熟悉的安全屏蔽。（详见第一部分第 4 章。）

1.7 输入熔断器的选择

这是在电源设计中常被忽略的问题。现代的熔断器技术可提供各式各样的熔断器，能适用于非常接近的不同参数。使用的电压、浪涌电流、持续电流和一个器件所允许通过的能量（用熔化热能值 I^2t 的额定值表示）的影响都应考虑到。（详见第一部分第 5 章。）

对于有两种额定输入电压的装置，在较高输入电压的应用场合下，需要配置较低额定值的熔断器。标准的中速玻璃管式的熔断器很常见，在可用的地方最好采用这类熔断器。对于电源输入处使用的熔断器来说，其电流额定值应考虑大多数开关系统中电容性输入滤波器的功率因数的影响，其值为 0.6～0.7。

为了有最佳的保护，电源输入处使用的熔断器应取最小的额定值，此最小额定值应该在最低电源输入电压时能可靠承受浪涌电流和电源的最大工作电流。然而值得注意的是，熔断器制造厂商的数据表给出的熔断器额定电流值具有有限的使用寿命，使用寿命的典型值是 1000h。为了延长熔断器的使用寿命，应使正常的供电电流低于最大熔断器额定值，这个差额越大，越能延长熔断器寿命。

熔断器的选择是在使用寿命与全面保护两者之间的折中。用户应该意识到熔断器会逐渐老化，并应定期给它进行例行更换。为更换熔断器时的安全起见，熔断器应安装在接火线输入开关之后的位置。

为了满足安全部门的要求并得到最佳的保护，更换熔断器时，应换上一个相同类型、相同额定值的产品。

1.8　交流电整流与电容输入滤波器

整流器的电容输入滤波器对离线开关电源来说，几乎已成为通用的滤波器。在这种系统中，交流输入被直接整流送到一个大的电解储能电容器。

尽管该电路体积小、效率高、成本低，但也有其缺点。在外加的正弦波波峰处要求窄的、大电流脉冲，产生了过多的线路损耗 I^2R、谐波畸变和较低的功率因数。

在某些应用场合（例如船上设备），这种电流畸变是不允许的，必须采用特殊的低畸变输入电路。（详见第一部分第 6 章。）

1.9　浪涌限制

浪涌限制可减少电源刚接通时通过输入端的电流。它不应和软启动相混淆，软启动是一个独立的功能，它控制着功率变换器启动开关工作的方式。

为了最大程度地减小体积和重量，大多数开关电源采用半导体整流器并在电容输入滤波器结构中使用低阻抗的电解电容。因这种系统具有固有的低输入电阻，而且电容初始状态是未充电的，所以若这种滤波器直接连到交流电源，将会在电源开关接通瞬间产生很大的浪涌电流。

因此，对有容性输入滤波器的电源，普遍的做法是要设置某种类型的电流浪涌限制。浪涌限制采取交流输入线上串联电阻限流器件的典型做法。在大功率系统中，在输入储能元件或滤波电容充满电时，一般用晶闸管（SCR）、双向三极晶闸管（triac）等开关代替或短路限流电阻。在低功率系统中，通常使用负温度系数（NTC）热敏电阻作为限制器件。

选择浪涌限制电阻值通常是在允许浪涌电流幅值与启动延迟时间之间的折中。负温度系数热敏电阻通常用于低功率系统，但要注意的是热敏电阻不能一直提供完全的浪涌限制。例如，电源已经运行了足够长时间，在热敏电阻通电升温后，输入突然关断又迅速地重新接通，此时热敏电阻仍是热的，其电阻低，因此浪涌电流将比较大。已发布的标准应当反映这一效应，让使用者来确定这种浪涌限制是否会造成一些运行问题。因为热的

NTC电阻产生的浪涌电流通常不会损坏电源，一般采用热敏电阻是可接受的，并常用于低功率的应用场合。（详见第一部分第7章。）

1.10　启动方法

在离线开关电源中，不使用工频变压器会带来系统启动的问题。困难在于高频变压器在变换器开始工作后才能用于辅助电源供电。适用的启动电路将在第一部分第8章讨论。

1.11　软启动

软启动这一术语用来描述一种低应力的启动动作，通常用于脉宽调制变换器来减小变压器和输出电容的应力，减小变换器启动时输入电路的浪涌电流。

理想情况下，输入充电电容应当在变换器工作开始前充满电，那样，变换器启动就应延迟几个交流电源周期，从一个很窄的脉冲开始，逐渐增大脉冲宽度最终形成输出。

实际上，脉冲宽度应该在变换器启动时是窄的，在启动阶段逐渐增大，这有以下几个原因。在输出端总是存在相当大的电容，这个电容的充电应缓慢地进行，才不会产生一个过大的返回输入端的瞬变电流。此外，如果一个宽脉冲在最初的半个运行周期施加于变压器，那么在推挽式工作方式作用于主变压器之时，磁通量会翻倍，磁心可能饱和，见第三部分第7章。最后，因为在电流通路中的某些地方不可避免地存在有串联电感，如果电感电流在启动阶段被允许升高到很大的值，要防止输出电压过冲将是不可能的。（详见第一部分第10章。）

1.12　防止启动过电压

当电源刚接通时，控制和调整电路一般都不会处于正常工作状态。只有在电源接通之前，控制和调整电路由某辅助电源预先提供能量，这些电路才会处于正常工作状态。

由于有控制和驱动电路输出范围的限制，大信号的转换速率将会变慢并严重非线性化。因此，在启动阶段，建立输出电压和控制电路正确运行之间会存在竞争的情形，这将导致额外的输出电压过冲。

为防止在启动阶段过电压，可能需要附加快速响应电压钳位电路，这在过去常被分立元件控制电路和集成控制电路的设计者忽视，详见第一部分第10章。

1.13　输出过电压保护

失去电压控制时，无论在线性电源还是在开关电源中都可导致过大的输出电压。在线性电源和一些开关变换器中，输入与输出电路之间存在一个连接的直流通路，因此功率控制器件的短路将导致很大的不可控的输出。此种电路需要有强有力的过压钳位技术，通常采用晶闸管过电压急剧保护电路可使输出短路从而烧掉熔断器。

在离线开关电源中，输出与输入由一个高度绝缘的变压器隔离开来。在这样的系统中，大多数的故障只会带来低电压或零电压输出。对过电压急剧保护的需求不是那么强烈，并常被认为与体积限制是矛盾的。在这样的系统中，通过变换器驱动电路起作用的独立信号电压钳位系统可以取得令人满意的过压保护效果。

设计目标是电源中单个部件的故障不会造成过电压状态。因为常用的信号电平钳位技术很少能完全满足这一目标（例如，绝缘故障就无法得到完全的保护），在最严格的开关电源的设计中，仍然需要考虑过电压急剧保护电路和熔断器技术。过电压急剧保护电路也能对外部引起的过压情况提供一些保护。

1.14　输出欠电压保护

输出欠电压由过大的瞬变电流需求和供电停止造成。在开关电源中，常有相当大的能量存储于输入电容中，此能量可在短期供电停止期间维持输出电压。然而，对额定电流和输出压降进行限制后，瞬变电流需求仍能造成欠电压。在有大瞬变电流需求的系统中应考虑采用有源欠压保护电路，这将在第一部分第 12 章中阐述。

1.15　过载保护（输入功率限制）

功率限制通常用于原边电路，用于对功率变换器的最大通过功率进行限制。这在多路输出的变换器中是有必要的，为了最大程度满足各种需求，各单独输出电流之和对应的现有功率会超过变换器的最大容量。

原边功率限制常作为附加的备用保护措施，即便正常输出限流能防止输出过载。在非正常的瞬变负载的情况下，当正常的副边限流可能不够快地完全响应时，快速响应的原边限制具有防止功率器件失灵的优点。另外，部件失灵引起的事故中起火或过载损害的风险减小了。具有原边功率限制的电源比那些无此附加保护的电源有较高的可靠性。

1.16　输出限流

在较高功率的开关电源中，每一路输出都要被单独限流。在各种负载包括短路的情况下，限流应该保护电源。在限流模式下持续运行不应造成过多的损耗或电源故障。开关电源与线性稳压器不同，它应该有一个恒流范围。开关电源的工作方式决定了其在短路的情况下也不会消耗过多功率；在非线性或交叉连接负载的条件下，恒流范围似乎不可能给用户带来“锁定”的问题。其中，交叉连接负载是指负载接到一个正极和一个负极输出端，而不与公共地端连接。

线性稳压器为了防止串联元件在短路状态下过大的损耗，按惯例有一个可再启动限流保护。第一部分 14.5 节更全面地阐述了交叉连接负载和可再启动限流保护的问题。

1.17　高压双极型晶体管基极驱动要求

在离线开关电源中，主开关器件上的电压应力可能会很大，反激变换器一般可达 800～1000V 的数量级。

除了对高压晶体管、缓冲器网络负载线整形和抗饱和二极管等明显的需求外，很多器件要求对基极驱动波进行整形。特别是为了有最好的性能，常要求基极电流在关断期间以受控制的速率成斜坡下降，见第一部分第 15 章。

1.18　比例驱动电路

对于双极型晶体管，过大的基极驱动电流使晶体管饱和而降低效率，并在轻载时导致关断存储时间过长而降低了控制作用。

使基极驱动电流与集电极电流成比例可获得更好的性能。适合的电路见第一部分第 16 章。

1.19　抗饱和技术

开关电源的双极型晶体管可通过避免过度饱和来改善关断性能。保持驱动电流处于一个由增益和集电极电流所界定的最小值，晶体管就可被保持在一种准饱和状态。然而，因晶体管的增益会随着器件、负载、温度的不同而变化，就需要一种动态控制。

抗饱和电路常与比例驱动技术相结合，适用方法见第一部分第 17 章。

1.20 缓冲器网络

这是一个电源工程的术语，用来描述一种为开关器件提供开、关负载线整形的网络。为在整个开关周期保持开关器件处于安全工作区来防止损坏，要求有合适的负载线整形。

在整个开关变换周期内，负载线整理被要求通过保持开关器件工作在“安全工作区域”以内以避免电路失效。

在很多场合，缓冲器网络可减少开关器件的 dv/dt，因而减轻了射频干扰问题，尽管这并非缓冲器网络的首要功能。

1.21 直通

在半桥、全桥和推挽式应用中，如果两个开关器件的导通状态重叠，两条输入线之间将存在一条直流通道，这称为“直通”（cross conduction），它可立即造成故障。

为避免这一状况，通常在驱动波形中规定一个“死区时间”（dead time），它是两个器件都关断的时间。为了保持全范围内脉冲宽度的控制，死区时间必须是动态的，见第一部分第 19 章。

1.22 输出滤波，共模噪声和输入-输出隔离

这些参数是互相关联的，尽管它们趋向于相互独立。在开关电源中，高电压和大电流都在以非常快的变化速率和一直增加的频率进行开关操作。这会在电源内产生静电和电磁辐射。在高压开关器件与输出电路或地之间的静电耦合会产生特别棘手的共模噪声问题。

人们并未普遍认识到与共模噪声相关的问题，有一种趋势是把这部分的要求从电源标准中删除。共模噪声是很多系统问题的真正罪魁祸首，在好的电源设计中。应尽量减小开关器件与机壳之间的电容量，并在功率变压器原边与副边之间安装静电屏蔽。当开关器件为了散热而贴紧在机壳上时，在开关器件和安装面之间应放置绝缘的静电屏蔽。这个屏蔽和变压器中的任何其他静电屏蔽应该接回到一个直流电源输入端，以便容性耦合的电流流回电源。在很多场合中，变压器要求附加一个连接到地或机壳的安全屏蔽。这种安全屏蔽应处于射频静电屏蔽与输出绕组之间。

在一些不常见的输出电压较高的场合中，在安全屏蔽与输出绕组之间也需要增加一个副边静电屏蔽，以此减少输出共模电流，这个屏蔽应接到输出公共端，并尽可能地接近变压器的公共线连接端。

屏蔽与必要的绝缘扩大了原边与副边绕组之间的间距，因此增大了漏感并使变压器的性能变差。值得注意的是静电屏蔽不需要满足安全屏蔽的要通过大电流的要求，因此可由轻薄的材料和连接线组成，见第一部分第 3 章、第 4 章。

1.23 供电故障信号

为了计算机系统有足够时间实现其内部管理功能，电源通常需要一个紧急停机报警。这可用多种办法来实现，典型的办法是在电源输出降到额定最低值之前，至少提前 5ms 给出一个报警信号，用此时间进行计算机可控制的关机是必需的。

在很多场合，采用了极简单的交流供电故障系统，它能简单地判别交流输入是否存在，并能在交流供电故障发生后的几毫秒内发出一个 TTL 低电平信号。应注意的是，在

正常情况下，交流电源在一个周期内有两次经过零点，这肯定不可以被认为是供电故障，因此当真正的供电故障到来时，一般要延时几毫秒才能被确认是故障。当确认到一次交流供电故障时，通常电源还得继续维持输出电压更长的时间，此时间用于执行必要的内部管理程序。

要注意到这种简单系统的两个局限性。其一，如果一个持续低供电电压的情况先于供电故障前出现，那么输出电压会降到最低值之下而不产生供电故障信号；其二，如果在送到电源的交流输入电压在接近于正常工作所需的最小电压值之时突然发生供电故障，那么维持时间将会大大缩短，从供电故障报警到供电完全停止的时间内将来不及进行有效的内部管理。

在更苛求的应用中，需要采用能识别持续低电压的更为完善的供电故障报警系统。如果需要有更长的维持时间，需要考虑采用电荷转储技术，见第一部分第 12 章。

1.24　供电正常信号

有时供电系统需要有供电正常信号。当所有的电源电压都处于特定的工作区间内时，通常有一个 TTL 兼容电平输出为供电正常信号，一般为高电平。有时可将供电正常信号和供电故障信号结合在一起。为了给出一个供电状态的直观的指示，通常用发光二极管 LED 状态指示灯显示供电正常信号。

1.25　双输入电压供电运行方式

在国际贸易的趋势下，使开关电源在标称值 110V/220V 两种输入的情况下都可运行变得更为必要。为满足这些双电压的要求，可广泛地采用各种技术，包括一个或多个、手动或自动的变压器分接头转换和可选择的倍压技术。如需要使用辅助变压器和散热风扇，还需考虑它们在双电压应用中的连接。

一个可避免使用专用的双电压风扇和辅助变压器的实用办法见第一部分第 23 章。应牢记的是辅助变压器和风扇的绝缘必须保证在输入电压最高时也能达到安全要求。最近出现了一种高效无刷直流风扇，它可由开关电源的输出供电，解决了绝缘和接头切换的难题。

带有一个或两个连接切换的倍压技术在开关电源中可能是最为划算和普遍受到青睐的。然而应用此方法时，还应考虑到滤波器、输入熔断器和浪涌限制的设计。当切换输入电压连接时，低压接头端将要承受较大的电流应力，而高压接头端将要承受较高的电压应力。要同时满足这两种情况的要求，需要使用价格更高的滤波器部件。所以，除非是系统真正需要，一般不采用双电压运行方式。

1.26　供电维持时间

开关电源较之线性稳压电源的优点之一就是在交流供电出现故障后能在一段较短的时间使输出电压保持不变。典型的维持时间为 20ms，但仍取决于供电故障时刻处于输入正弦波周期的位置、负载的大小和故障前输入电压的大小。

影响维持时间大小的一个主要因素是供电故障时刻电源电压的历史过程和振幅大小。大多数标准中对维持时间的定义是对标称输入电压和负载而言的。如果电源电压在供电故障时刻接近于最小值，维持时间将要小得多。

专门用来在最小输入电压的情况下长时间维持输出电压的电源，要么因为输入电容的尺寸增大而昂贵，要么因为功率变换器在输入电压低得多的状态下必须维持输出电压恒定而降低了效率。这通常导致在标称输入情况下运行效率低。当要求输入电压低而维持时间长的时候，应考虑采用电荷转储技术，见第一部分第 12 章。

1.27　同步

有时开关电源的频率被要求同步，尤其是当开关电源用于显示器时。尽管同步在大多数场合所具有的意义并不确定，因为对输入进行适当的屏蔽和滤波可消除同步的需要，但系统工程师还是经常强调这一点。

对同步电源设计的限制是非常严格的，例如不可以使用价格低廉的可变频率的系统。此外，同步端连接到主变换器的驱动电路，它提供了一种影响变换器运行完整性的手段。

在同步系统的设计中必须考虑到定义不当或不正确同步信号的可能性。所用技术应尽可能对不恰当使用不敏感。使用者应知道采用不正确或定义不当同步信号时是很难保证电源不被损坏的。为了在器件受损时避免饱和，大多数开关电源采用了只能与比自然振荡频率更高的频率同步的振荡器设计，同步范围也是相当有限的。

1.28　外部禁止方式

为了系统控制的需要，通常有必要由外部的电子手段来使电源开或关。一般，把 TTL 高电平定义为开状态，而 TTL 低电平定义为关状态。电子禁止的激活会引起正常的电源软启动过程。这种遥控功能的电源通常需要内部辅助电源，它平时提供输出供电。辅助电源供电必须与主变换器运行状况无关，这个简单明确的要求可以作为辅助供电的完整设计方案。

1.29　强制均流

电压可控的电源本质上是低输出阻抗的设备。因为任何两个或更多设备的输出电压和性能特点都不可能完全相同，当这些设备并联工作时，不会平均分担负载电流。

很多方法可用于强制均流，见第一部分第 24 章。然而，大多数情况下这些技术是通过降低电源的输出阻抗（从而也降低了负载调整率）来强制均流的。因此在并联强制均流的应用中，负载调整率性能要低于单一器件应用时的性能。

一个可能的例外是电压可控的电流源的主从设置技术。但主从设置技术现在已不受青睐了，因为它无法提供冗余的并联运行，主模块系统的故障常导致整个系统失效。

最近，电流型控制拓扑的互连系统已经显示了相当可观的前景。理论上这一技术是相当好的，但是在设备之间的 P 端连接上产生噪声的倾向使其具体实现起来有点困难。并且，如果用一个设备来提供控制信号，那么这个设备的失灵将造成整个系统停机，而且这也与并联冗余系统的要求相背离。

第一部分第 24 章设计的强制均流系统不受这些问题的制约。尽管输出调节较差，但在一般环境下，输出电压的变化只有几毫伏，这对大多数实际应用来说是可以接受的。

如果不提供强制均流，那么一个或几个电源将运行于最大限流模式，而其余的电源将几乎空载运行。然而，只要电源在限流模式下能连续工作，这种限流使电源有合理的使用寿命，那么也可采用简单的直接并联连接，这种方法不应被忽略。

1.30　远程取样

如果负载与电源的位置相距较远，输电线上的电压下降较大，通过在电源中采用远程电压取样可以提高工作性能。在原理上，参考电压和比较放大器的输入通过单独的电压取样线连接到远处的负载以抵消连线压降效应。这种取样导线上的电流很小，电压降也可忽略不计。这种连接安排可通过提高所需的供电电压来补偿主电路输出引线产生的引线压降，保证供给负载的电压正常。在低电压、大电流的应用中，这种措施尤其有用。但是使用者要知道这种技术的最少三个限制。

（1）输电线上可允许的最大外部线压降通常被限制到每根线 250mV，从而来、去两条引线的压降共 500mV。在一个 100A、5V 的应用中，这将增加电源 50W 的额外功耗，这些功率都损耗在输电线上。

（2）当电源要被接成并联冗余模式时，通常的做法是串联一个二极管来隔离每个电源。原理就是如果一个电源短路，二极管将把这个电源与其余设备隔离开来。

如果使用这种连接，忽略所有的引线损失，则电源终端的电压至少比负载端高 0.7V；除非电源是特别为这一运行模式而设计的，否则所要求电源终端电压可能超过设计规定的最大值。还必须注意到在并联冗余模式下电源出现故障时，放大器检测取样引线将仍连接在负载上并检测负载的电压。远程取样电路应维持这一状况而不造成更多的损坏。

一般的做法是用电源内部的电阻连接远程取样端到电源输出端，以避免取样线连接断开时失控和电压过冲。当这种电阻被用于并联冗余连接时，必须能够消耗一定的功率 V_{out}^2/R，在电源端输出电压降为零时也不会出现故障。

（3）远程取样被连接到功率放大器回路的高增益部分。因此在远程取样线上接收到的任何噪声都会作为输出电压噪声传到电源端，从而降低了供电性能，而且由引线电感和电阻引起的附加相移可能产生不稳定影响。因此，推荐采用双绞线作为远程取样线使电感和噪声干扰最小。

因分布电容会使瞬变特性变差，除非同轴电缆已被正确匹配，否则不推荐使用同轴电缆连接。

1.31 P 端连接

在电源系统中，按规定使一个或多个电源模块互相连接，以并联强制均流模式工作，那么电源模块之间的均流通信是必要的。这种连接称为 P 端连接。在主从应用场合，此种连接允许主模块控制从模块的输出调节器。在强制均流的应用中，这种连接提供了电源之间的通信，指示平均负载电流，并且允许每个电源调整其输出达到正确的总负载比例。此外，P 端连接是对噪声敏感的输入，所以连接的路径应使噪声影响最小，见第一部分第 24 章。

1.32 低压禁止

在大多数应用中，给功率部件提供辅助供电的都来源于同一主变换器上的电力线。变换器在受控条件下启动时，在电源变换器动作开始前，要求保证供电给主变换器和辅助电路的电源应处于良好状态。通常的做法是提供一个驱动禁止电路，在辅助电源供电电压低于一个值时，此值能保证正常驱动禁止电路发出低压禁止。这种“低压禁止”电路可避免在上电阶段启动变换器，直到供电时电压升高到足以保证正常工作时才启动变换器。一旦变换器工作，如果供电电压再次降到更低的值，变换器动作将被禁止；这一滞后作用将防止在门限电压时发生间歇振荡器的振荡模式。

1.33 电压和电流的限制值调节

除非在最初的设计样机中应用，否则不推荐使用电位器调节电压和限流值。电源的电压和限流值一旦被设定，很少再做调整。对于大多数电位器，如果不周期性地使用，就会产生噪声并且不可靠，由此会带来噪声和不可靠的性能。在要求提供调节的应用场合，必须使用高质量的电位器。

1.34 考虑安全标准要求

大多数国家对包括电源在内的电气设备都有严格的安全管理标准。UL（美国保险商实验室）、VDE（德国电气工程师协会）、IEC（国际电工委员会）和CSA（加拿大标准协会）就是制定这些标准的典型代表机构。应注意的是这些标准定义了印制电路板、变压器和其他部件的最小绝缘、间距、漏电距离的要求。

满足这些要求将影响性能，因此必须将它们作为设计的一个整体部分。当设计完成后，若要再为满足安全标准要求而做修改是非常困难的。因此，在设计阶段，绘图和设计人员应一直对这些要求保持警觉。此外，高性能的技术要求常与安全要求中的间距要求不相容。没有充分注意安全间距要求而设计出来的电源样机，其性能会给人过于乐观的感觉，但此性能不可能保持到完全符合要求的最终成品中。

经常被忽视的要求是接地线、安全屏蔽和屏蔽连接，这种连接必须能够通过熔断器故障电流而不断开，以避免在故障状况下安全接地失效。此外，任何可移动的安装方式，如可能被用来提供印制电路板到地或到机壳的接地连接等，必须有从主机主框架到地的粗线连接。单独安装螺钉并不能满足某些标准规定的安全要求。

第 2 章　交流电力线的浪涌保护

2.1　导论

随着“离线”开关电源中灵敏电子基本控制电路的使用，人们已更普遍地认识到交流供电输入电线的瞬变浪涌保护的必要性。

IEEE 多年的测量结果展示了统计基础上各种人为或自然的电气现象发生的频率、典型幅维和波形数据。这些发现发表在 IEEE 587-1980 标准，见表 1.2.1。这些工作为交流输入电线的瞬变浪涌保护设备的设计提供了基础[40]。

表 1.2.1　通常认为在室内环境和推荐用于设计保护系统使用的浪涌电压和电流

IEEE 587 标准位置类别	与 IEC 664 相兼容的类别	脉　冲		被试验品或负载电路的类型	存在于干扰抑制器中的能量③(J)	
		波形	中等暴露程度的幅值		采用钳位电压为 500V	采用钳位电压为 1000V
					(120V 的系统)	(240V 的系统)
A. 长分支电路和引出线	二类	0.5 μs—100kHz	6kV	高阻抗①	—	—
			200A	低阻抗	0.8	1∶6
B. 主馈电线，短分支电路和负载中心	三类	1.2/50 μs	6kV	高阻抗	—	—
		8/20 μs	3kA	低阻抗②	40	80
		0.5 μs—100kHz	6kV	高阻抗	—	—
			500A	低阻抗	2	4

① 在高阻抗的测试样品或负载电路中，电压表现为浪涌电压。在仿真测试中，采用测试发生器的开路电压值。

② 在低阻抗的测试样品或负载电路中，电流表现为浪涌的放电电流（而不是电力系统的短路电流），在仿真测试中，采用测试发生器的短路电流值。

③ 有不同的钳位电压的其他抑制器会接收不同的能量水平。

2.2　位置类别

概括地说，预期的浪涌应力大小取决于被保护设备的应用场合。当设备在室内时，应力取决于电力引入线到设备所在位置的距离、连接电线的粗细和长度，还有分支电路的复杂性。IEEE 587-1980 标准把低压（小于 600V）交流电力线归为三个位置类别，见图 1.2.1。说明如下。

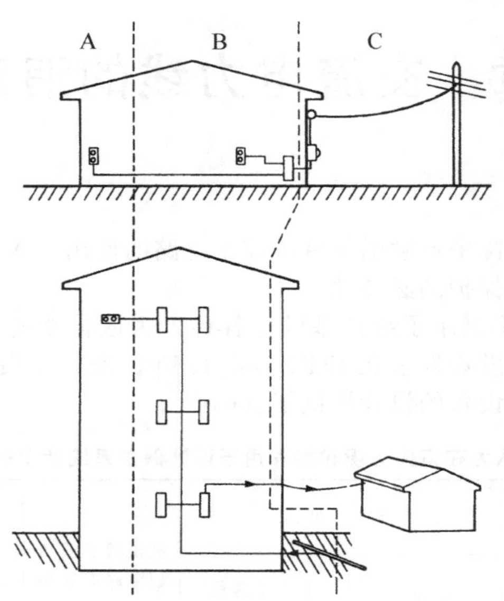

图 1.2.1　IEEE 587-1980 标准定义的电路位置类别

(1) A 类别：*输出端和长分支电路*。这是最低应力的类别，适用于以下场合。

a. 距 B 类电力线超过 10m（30ft）并采用 14～10 号线的所有引出线。

b. 距电源输入超过 20m（60ft）并采用 14～10 号线的所有引出线。在这些远离接线端的位置，电压应力可达 6kV，但电流应力相对低，最大只能达到 200A。

(2) B 类别：*主馈电和短分支电路*。这一类别包括电源中所能见到的最高应力的场合。它应用于下面的场合。

a. 配电屏装置

b. 工厂中的总线和馈电系统

c. 与电源输入“短”连接的重型器具引线

d. 商用大楼的照明系统

注意：B类别位置更接近用户引入线。所受电压应力与 A 类别相似，但电流可达到 3000A。

(3) C 类别：*户外和用户引入线*。这种位置在户外。非常高应力的情况都会发生，因为线距和绝缘间隔很大，并且闪络电压将会超过 6kV。好在大多数电源都处于部分地受到保护的室内环境内的 A 或 B 类别位置，通常只需要保护 A 和 B 类别应力的场合。

大多数室内配电屏和插座连接器在高于 6kV 或稍低于 6kV 电压时会引起火花，这些加上配电屏系统固有的电阻，使室内的应力状态限制在低得多的水平。

在电源要进行浪涌保护的地方，应清楚地了解保护的类别，其归类应与预期的位置一致。因为B类别位置保护装置比较大，价格比较高，所以除非明确地要求，否则不归类到此保护类别。

在全分布式电源系统中要保护一些电源，通常采用共用一个总保护，可在全部系统的供电输入线处安装一个瞬变浪涌保护器。

2.3　浪涌发生的概率

因为有些瞬变保护器件，例如金属氧化物压敏电阻，有其寿命极限，这取决于浪涌应力的次数和大小，当选择保护器件时要考虑到可能的暴露程度。图 1.2.2 来自 IEEE 587 标准，如图所示，在低、中、高暴露程度的场合，从统计上按年预期，浪涌数量是电压幅值的函数。

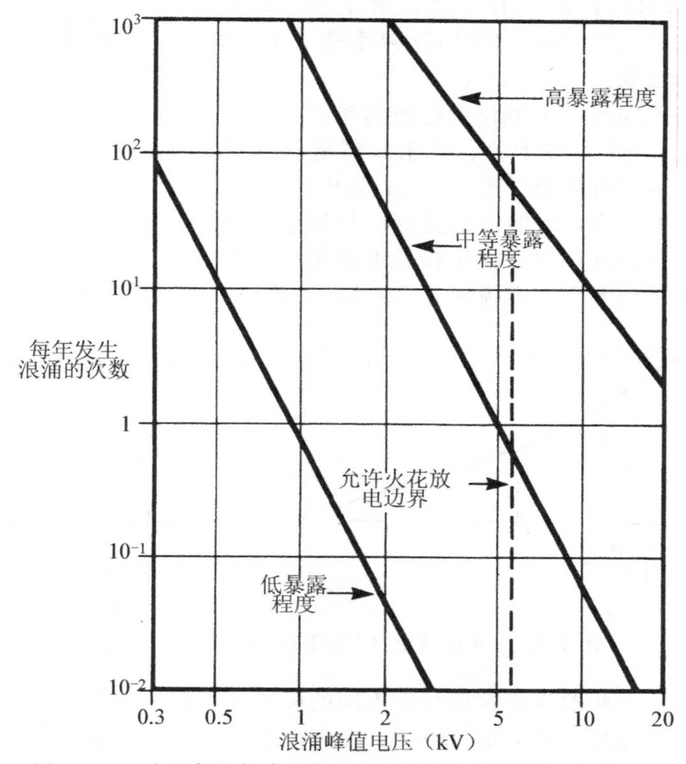

图 1.2.2　在无保护场合的浪涌发生概率与电压等级关系

例如，在一个中等暴露程度的场合，一个 5kV 尖峰的预期至少是一年一次。更值得注意的是，在同样这段时期内，1kV～2kV 范围内的瞬变将会发生几百次。因为即使是这些较低应力的瞬变就足以损坏无保护的设备，所以很显然，在任何连到电力线的电子设备中，某些形式的保护是必需的。

IEEE 587-1980 标准所述的暴露等级如下。

（1）低暴露程度。系统所在地理位置闪电活跃度低，很少负荷开关活动。

（2）中等暴露程度。系统所在地理位置闪电活跃度高，有频繁和严重的开关瞬变活动。

（3）高暴露程度。少见的由长的架空线路供电的实际系统，在输电线的终端易受到反射影响，此处设备特性在高应力下产生大的过负荷火花放电。

2.4　浪涌电压波形

IEEE 调查发现：虽然浪涌电压波形表现为很多种形状，但现场测量和理论计算都表明，大多数室内低压系统（交流电压低于 600V）的浪涌电压都有一个阻尼振荡的波形，如图 1.2.3 所示，这是 IEEE 587 标准中著名的“振铃波”。以下文字引自该标准，很好地描述了这一现象。

在分布系统的冲击浪涌激起传导系统的自然谐振频率振荡。结果，不仅有典型地振动的浪涌，而且在系统的不同位置浪涌可能有不同的幅值和波形。这些浪涌的振荡频率范围在 5kHz 到 500kHz 以上。对于居民区和轻工业交流电网来说，30kHz～100kHz 频率是“典型”浪涌的一个现实的度量。

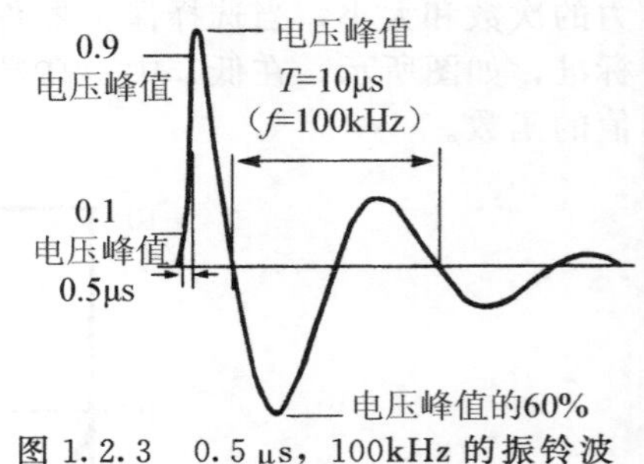

图 1.2.3　0.5 μs，100kHz 的振铃波（开路电压）

接近于用户引入线的 B 类别位置将遭遇能量等级大得多的浪涌。IEEE 587 标准为高、低阻抗试验样品推荐两个单向波形。这两种波形见图 1.2.4a 和图 1.2.4b。B 类位置的浪涌保护器件必须能够承受这两种波形浪涌的能量。除了单向脉冲外，也会发生振铃波的情况。在这种情况下，电压可达 6kV，电流可达 500A，各种应力情况见表 1.2.1。

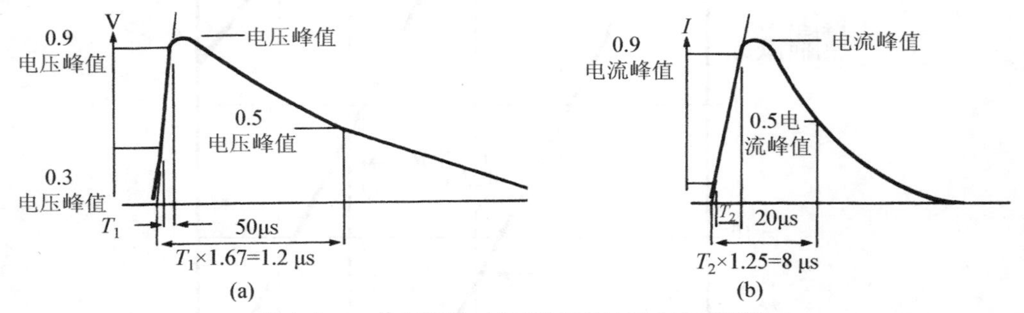

图 1.2.4　单向波形（ANSI/IEEE 28-1974 标准）

在保护设备内，一些器件通常运行于不同的模式和不同的电压下，保护电路的阻抗常常难于确定。为了满足高、低阻抗的情况，在应用于测试样品之前，测试电路通常配置成指定开路产生电压波形、指定短路产生电流波形。

2.5　瞬变抑制器件

理想的瞬变抑制器件会在正常电压下开路，在轻微过压的情况下可无延时地导电，在钳位期内不允许电压增大，能承受无限制的电流和功率，当应力作用过去后能回到开路状态，并且永不损坏。

截至本书完稿时止，还没有一个瞬变抑制器件能够在 IEEE 587 标准中规定的各种应力作用下达到上述的理想要求。目前有效的瞬变保护都需要使用几个器件，需要谨慎地选择进行配合，以此事在各种电压应力和电流应力作用下提供有效的保护。

在低强度的 A 类别场合，普遍地采用硅压敏电阻与瞬态抑制二极管、滤波电感和电容结合使用。在更高功率的 B 类别场合，这些器件与更高额定电流的气体放电管或火花间隙配合使用。当使用气体放电装置时，也可安装快速响应的熔断器或断路器。

为了有效地匹配各种抑制器件，应充分理解它们的常规性能参数。

2.6　金属氧化物压敏电阻

顾名思义，金属氧化物压敏电阻（MOV）表现为电压依赖的电阻特性。在转变电压之下时，该器件具有高电阻和很小的负载。当两端电压超过转变电压时，其电阻急剧减小，而电流急剧增大。

压敏电阻的主要优点是低成本和其相当高的瞬变能量吸收能力。主要的缺点是在反复的过压下会逐渐老化并具有相当大的动态电阻。

压敏电阻瞬变抑制应用中的局限性在中、高危险位置场合相当明显。在高暴露程度的场合，器件会迅速老化，减弱了其有效钳位作用。压敏电阻老化是不明显的，也不易测量，在某种程度上是一个内部的过程。再者，压敏电阻相当高的动态电阻，意味着它对大电流瞬变情况的钳位作用是很小的，即使是低压压敏电阻，在瞬变电流仅几十安培时两端电压也会超过 1000V。结果，如果单独使用金属氧化物压敏电阻，有破坏性的高电压将会加于被保护的设备。然而，如果与其他瞬变抑制器件结合使用，压敏电阻是非常有用的。

图 1.2.5 所示为一种 275V 压敏电阻的典型工作特性，要注意在瞬变电流仅为 500A 时端电压高达 1250V。

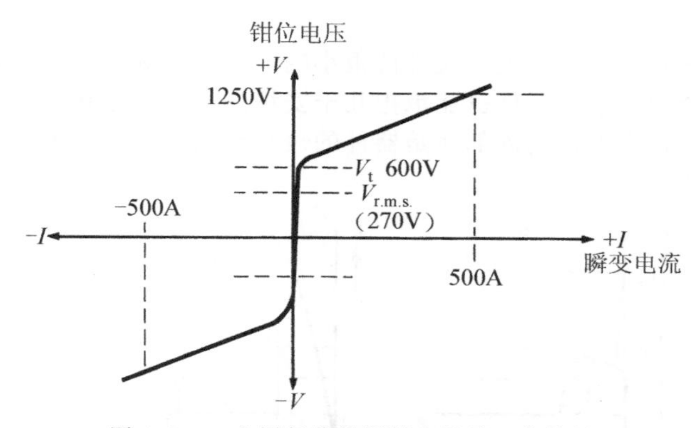

图 1.2.5　金属氧化物压敏电阻的工作特性

2.7　瞬变保护二极管

有多种瞬态保护二极管是现有的成品，包括单向或双向两种。硅瞬态保护二极管由一个为高瞬变能力而配置的雪崩电压钳位器件构成。在一个双极型保护器中，采用两个结背对背地串联连接，而一个雪崩二极管在正向表现为一个普通二极管的特征。

瞬态保护二极管有两个主要的优点：其一为钳位动作非常快速，雪崩条件能在几个纳秒内建立；其二为在导通范围内的动态电阻非常低。

在工作区，动态电阻会非常小，当瞬变电流高达几百安培时两端电压才几伏。从而，在任何瞬变应力升高到二极管的最大电流容量时，瞬态保护二极管都能提供非常可靠和有效的电压钳位。典型的 200V 双极型瞬态保护二极管的特性见图 1.2.6，要注意在 200A 时端电压才 220V。

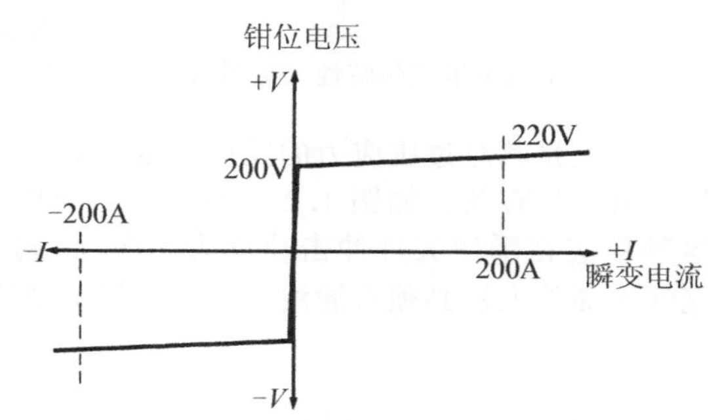

图 1.2.6　瞬态保护二极管工作特性

瞬态保护二极管的主要缺点是其相对高的价格和有限的电流容量。然而，如果二极管过压，它将对短路的情形无能为力，这种情况下要维持设备的保护，通常要使外部熔断器熔断或断路器断开。

2.8 充气浪涌放电器

大得多的瞬变电流可由各种气体放电抑制器进行处理。在这类抑制器中，两个或更多的电极在密封的高压惰性气体环境里被精确地设置了间距。当放电器两端电压超过起弧电压时，电极之间首先发生电离辉光放电。随着电流的增大，会发生电弧放电，这就为所有的内部电极之间提供了一条低阻抗的通道。在此模式下，放电器有一条电压几乎恒定的传导路径，典型的电弧压降是 25V。放电器的特性见图 1.2.7。注意到其特点是高起弧电压和低电弧压降。

当冲击电压到来时，放电器电极仅维持很小的电压，有效地短路电源。此工作模式的内部损耗很小，一个相当小的器件也能承担几千安培的电流。使用这种类型的抑制器，保护作用不是把能量消耗在器件的内部而是器件的短路作用，短路迫使瞬变能量消耗在电力线和滤波器的串联电阻上。

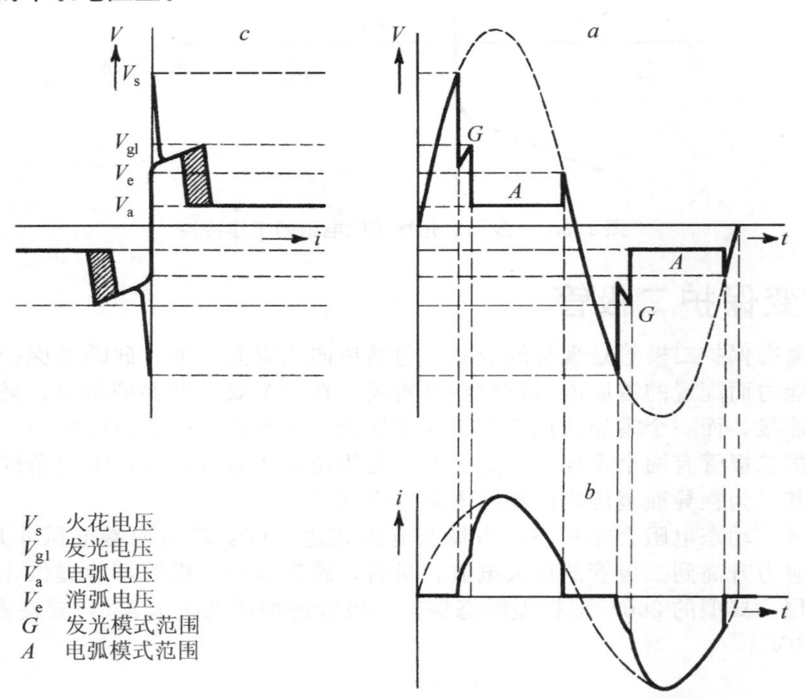

图 1.2.7　充气浪涌放电器工作特性（感谢西门子公司提供本图）

充气浪涌放电器的一个缺点是其对过压应力的反应速度相对慢。等离子体的形成过程是相当慢的，而起弧电压与 dv/dt 有关。如图 1.2.8 所示，一个典型的 270V 装置中起弧电压是 dv/dt 的函数，这种效应在瞬变尖峰冲击速率为 10V/μs 时是非常明显的。因此，对快速瞬变过程来说，充气浪涌放电器必须有滤波器或快速反应的钳位装置的支持。

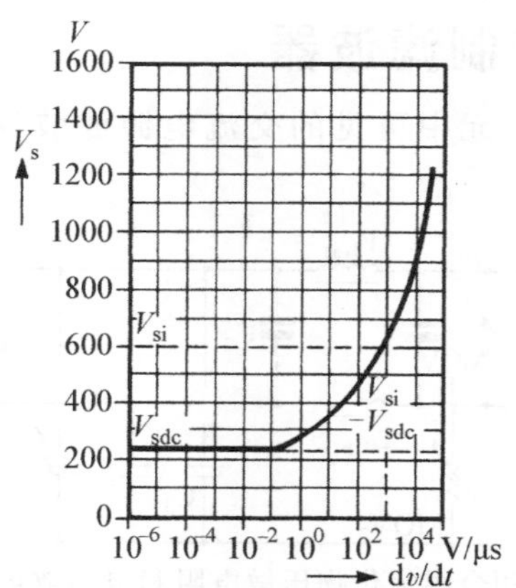

图 1.2.8　充气浪涌放电器中火花电压随 dv/dt 的变化曲线（感谢西门子公司提供此资料）

充气浪涌放电器一个主要的缺点是当瞬变过程结束时仍有维持导通的倾向。在交流电供电时，当供电电压在半个周期之末降到弧压降以下时，气阻塞作用应正常恢复。然而，交流电源内阻非常小，如果电流超过了器件的额定电流值，那么高的内部温度将阻止正常的电弧消失，因此会维持器件导通。在瞬变结束后，由交流电源供给的后续电流将会很快地损坏放电器。因此，有必要在电力线上安装某种限流器与这类放电器一同使用，限流器可选用速断型熔断器或快速响应的电磁式断路器。

很多厂商和设计人员提倡给充气管串联一个限制电阻。这将减小充气管受到冲击后的后续电流。这种技术满足了限制后续电流和使等离子体在供电电压过零点时消失的要求。然而，这种串联的电阻又使瞬变抑制的性能减弱，即使一个很小的（如 0.3Ω）电阻在 3000A（IEEE 587 标准规定的大电流冲击情况下）也将产生 1000V 的电压降。比起配上串联电阻，作者更倾向于依靠滤波器和外部电路电阻来限制抑制器电流，这保留了充气管器件极好的钳位能力。对于有更大应力的场合，如果充气管器件保持导通，那么快速断路器或熔断器将会最终断开电力线路的输入。

在本书写作之时，充气浪涌放电器仍处于开发阶段，人们正在开发许多有创意的技术来改善它的工作性能。

2.9　交流滤波器和瞬变抑制器的组合使用

如上文所提及的，各种瞬变抑制器有限制的电流容量。

因为交流阻抗极低，通常有必要引入限制电阻与电力线串联来减小分流连接抑制器所受的应力。这也使电压钳位作用更有效。

尽管串联限制可由分立元件的电阻提供，但为了效率应该使用电感。如果使用电感，也就同时为瞬变抑制电路提供了附加滤波功能，这是有利的。它将有助于限制线载噪声和滤除电源产生的噪声。此外，绕组的电阻和电感能提供必须的串联阻抗来限制瞬变电流，达到有效的瞬变抑制效果。因此，瞬变抑制通常会与开关电源所需的典型 EMI 噪声滤波电路结合使用。

2.10　A类别瞬变抑制滤波器

图1.2.9为A类别保护单元中可见的交流电源滤波器与瞬变抑制器件的典型组合电路。

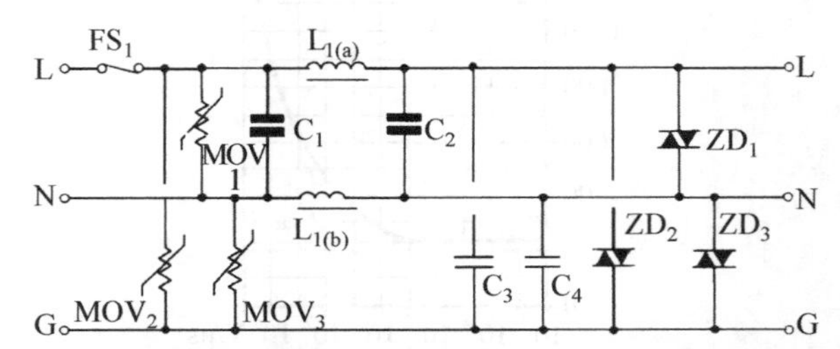

图1.2.9　使用金属氧化物压敏电阻和电涌放电器（SVP）保护器件且具有噪声滤波器的线－线和线－地瞬态过电压保护电路（适用于低中级功率应用场合）

电感$L_{1(a)}$、$L_{1(b)}$和电容C_1～C_4组成了普通噪声滤波网络。在此滤波网络的输入端，压敏电阻MOV_1～MOV_3提供了对产生于交流线路的瞬变压力的第一级保护。在非常短的动态高压瞬变过程中，压敏电阻的钳位作用与在串联电感上的电压降一起，阻止了大部分的瞬变电压向输出端的传导。

在更持久应力的情况下，电感$L_{1(a)}$和$L_{1(b)}$所流过的电流将增大到某值，此值能使电容C_2和C_3充电到能使瞬态抑制二极管ZD_1、ZD_2、ZD_3导通的电压值。在所有的电流应力升高到这些瞬态抑制二极管的雪崩电压钳位值时，这些二极管能防止输出电压超过它们的额定钳位值。如果达到了这一电平时二极管仍未能使电路短路来烧掉保护熔断器FS_1，那么整个设备将处于不安全状态。然而，这种非常高的电压应力不会发生在A类别的场合。

应注意到抑制器件也可阻止由驱动设备产生而回馈到电力线上的瞬变电压。当系统中的多台设备连接到同一电力线时，这是非常重要的优点。

在本例中，瞬态过电压保护电路为差模（火线到中线）和共模（火线和中线到地线）应力提供了保护。随后将会说明虽然常常只提供差模保护，但产生共模应力的情况在实践中常会发生。因此，对整个系统的这种情况进行保护是有必要的。

共模瞬变抑制这一明智做法被怀疑为可能存在危险，因为在瞬变情况下的地回路会产生电压“电震”，见第二部分2.13节。随后将表明这种效应是不可避免的，如果要提供全范围的保护应该用其他方法处理。

2.11　B类别瞬变抑制滤波器

如选择适当的大器件，如图1.2.9所示的电路就能在B类别的场所使用，但是更方便的是采用小的低成本的气体放电抑制器来提供额外的保护。

图1.2.10所示为一个合适的电路，该电路组合了所有三种保护装置的优点，并且有完全的共模和串模滤波网络。

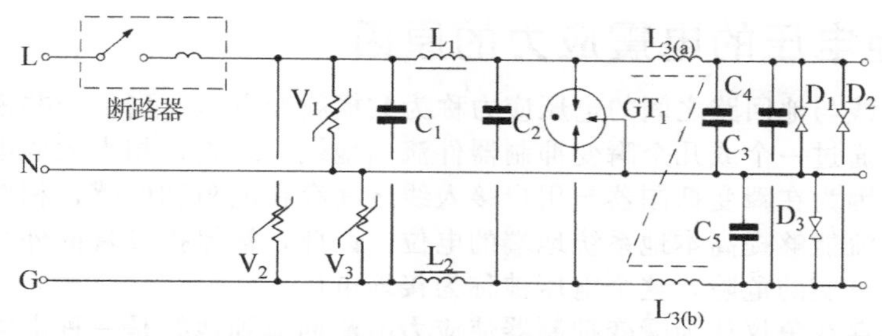

图 1.2.10　具有噪声滤波器的交流电源火线－中线与交流电源线－地线的瞬变保护电路，使用了 MOV、电涌放电器（SVP）和瞬变保护二极管，适用于中高功率的应用场合

共模滤波电感 L_3（a 和 b）由附加的串模电感 L_1 和 L_2 来补充性能。这些电感与C_1～C_5 一起，为共模和差模传导瞬变和 RFI 噪声提供了强有力的滤波。这种电路也可用来补充或代替开关电源的常用输电线滤波器。

除了压敏电阻和输出瞬态抑制二极管外，三端气体放电管 GT_1 也连接在串模和共模电感之间。

这一电路以最有效方式结合了三种抑制器件的全部优点。对于很快的瞬变过程，输入压敏电阻 V_1、V_2、V_3 与 L_1、L_2、$L_{3(a)}$、$L_{3(b)}$、C_1～C_5 一起提供了对瞬变有效的衰减。对于持续时间较长的中等应力场合，电感中的电流将增大，输出电压也将增至刚好能使输出瞬变保护二极管 D_1、D_2、D_3 导通来保护负载。

这种 B 类别抑制器的主要优点是在幅值大且持续时间长的应力情况下，三端充气浪涌放电器 GT_1 将被施加很高的冲击电压，有效地短接所有的线路包括瞬变电压到地。

三端充气浪涌放电器的优点就是不管初始应力来源于哪条线，把所有线都短接到地。这可以减小不可避免的地回路连续冲击电压。

对这一电路进行的大量应力测试表明，在大多数情况下，电力线阻抗与 L_1、L_2 限流作用结合，可防止充气浪涌放电器触发后在放电器中通过过量的电流。瞬变过去后，在供电电压过零点时，电涌放电器会恢复到非导通状态。因此，在充气浪涌放电器导通这一极少见的情况下，对负载的供电中断时间将小于半个周期。

典型的开关电源具有能量存储和维持能力，所以半个周期的交流供电中断不会造成对负载的直流输出中断。在极少见的充气浪涌放电器持续导通事件中，快速响应的电磁断路器会在不到一个周期的时间内动作，从滤波器中脱开交流输入。

2.12　完全瞬变保护的状况

高压瞬变的一个主要的成因是外部供电系统直接的或间接的雷电效应。无论瞬变的成因为何，不管是直击雷击中线路，还是附近落地雷的感应效应，起始的应力衰减都是由整个配电系统中各个点线路之间或线与地之间的闪络造成的。

这些闪络的结果是出现在电力线和地线之间的瞬变到达远处位置时变成为共模。即使中线在建筑物接入口附近就接入地，因为有建筑物内的电缆、配电盘接线盒和插座上的闪络，瞬变应力也能在被保护设备处变为共模，正是这种闪络减轻了 A 类别和 C 类别场所之间的应力。结果，仅为火线与中线之间提供保护的瞬变抑制器并没有为设备和共模电容器提供针对线－地、中线－地之间应力场合的保护。

2.13 接地电压的电震应力的原因

出现在电力线与地回路之间的电压应力称为共模瞬变电压。当一个共模瞬变电压到达抑制器时，电流通过一个或几个瞬变抑制器件流向地端。结果，相当大的电流会在瞬变期间流经接地端。因为在瞬变抑制器与用户接入线之间存在电阻和电感，相对于实际接地端而言，这种地电流能够提高本地系统地端的电位。因此，被保护设备的外壳与真实地端之间存在一种可能电震的危险，这个电压被称为接地电压。

因此，可能存在争议认为瞬变抑制器使应力电流回流到地线是一种电震危险而不应使用它。只有在没有瞬变抑制器的应力期间保证负载不会击穿到地，这种论点才是可行的。实际上，设备可能在这种模式下出现故障，即使没有抑制器，接地电压的电震的危险也依然存在。另外，如果不使用抑制器负载没有受到保护，可能被彻底损坏。

应该考虑到在高压应力条件下接地电压的电震的可能性在有或没有瞬变保护下都是不可避免的。应该采取措施确保接地路径的电阻非常小来减小接地电压。如一个操作员接近设备，那么该操作员能触及到的所有设备都必须接到相同的地回路。在计算机房，需要进行妥善的接地，包括设备和大楼本身的建筑物。

2.14 习题

1. 为什么在离线开关电源中对交流电力线进行浪涌保护很重要？
2. 试说出交流电线瞬变应力的一些典型起因。
3. 试说出规定在办公和家居场所中的各种布线系统中典型振幅和波形的一个 IEEE 标准的编号。
4. 如 IEEE 587-1980 标准所述，试描述应力位置 A、B 和 C 类别。
5. 如 IEEE 587-1980 标准所述，试解释暴露位置的意义。
6. IEEE 587-1980 标准是如何说明各种场合的浪涌发生率和电压振幅的？
7. A 类别位置的典型波形和瞬变电压预期是怎样的？
8. B 类别位置的浪涌波形预期是怎样的？
9. 试述普遍用于供电输入线保护滤波器的三种瞬变保护器件。
10. 讲述金属氧化物压敏电阻、瞬变保护二极管和充气浪涌放电器的优点和局限性。

第 3 章 开关电源的电磁干扰

3.1 导论

电磁干扰（EMI）或射频干扰（RFI）是无意产生并传导或辐射的能量，在所有开关电源中是无时不在的。高效率所要求的快速矩形波形开关动作也会产生很宽的干扰频谱，这可能成为大问题。

为了使任何电子系统都能正常运行，使系统所有元件都具有电磁兼容性是很重要的，而且整个系统也必须与邻近的系统互相兼容。

因为开关电源是诸多干扰的来源，所以对这方面的设计进行谨慎考虑至关重要。一般良好的设计实践要求允许的射频干扰尽量小以避免射频污染，这种射频干扰可以被传导进电源或输出线，或从任何电源设备把射频干扰发射出去。此外，各级别的标准通过法律来限制允许的干扰水平。

这些标准因来源的国家、权威机构和预期的应用不同而有变化。电源设计者需要学习市场所在地的相关法规。在共同市场的国家，推荐应用国际电气技术委员会的 IEC BS 800 标准，或国际无线电干扰特别委员会（CISPR）的标准。德国要求根据运行频率遵守德国电气工程师协会的 VDE0871 或 VDE0875 标准。在美国，适用联邦通信委员会（FCC）标准，类似的加拿大推荐的限制是加拿大标准协会（CSA）的 C108.8-M1983 标准。

这些标准一般覆盖的频率范围是 10kHz～30MHz，家居场合比办公或工业场所有更严格的标准。

图 1.3.1 为截至本书出版时 FCC 和 VDE 发布的对传导型 RFI 发射所做的限制。

3.2 EMI/RFI 传播模式

电源设计者所关心的传播有两种形式：(1) 电磁辐射的电场波（E）和磁场波（H）；(2) 在电力线和互连线上的传导干扰。

布局和配线的实践要求减小漏感和改善性能，辐射干扰通常被减到最小。一般而言，高频电流回路很短，可能的话应使用双绞线。变压器和具有气隙的扼流圈被屏蔽起来以减少磁场的发射，第一部分第 4 章，屏蔽箱或设备的外壳经壳被用作这一屏蔽层。

用来使传导干扰最小化的技术也会减小辐射噪声。接下来的一节集中讨论电源干扰的传导方面，一旦传导限制达到了要求，则辐射限制也通常可满足要求。

3.3 输电线传导型干扰

考虑传导干扰有两个主要方面，即差模传导噪声和共模传导噪声。

它们将被分别考虑。

差模干扰

差模（或串模）干扰是存在于任两条电力线或输出线之间的射频（RF）噪声分量。在离线开关电源中，这通常是交流电力线的火线和中线或输出线的正极和负极两条线之间的干扰，干扰电压与电力线输入或输出电压串联起作用。

共模干扰

共模干扰是存在于任何或全部电力线或输出线与公共地平面（机壳、箱或接地返回线）之间的射频噪声分量的干扰。

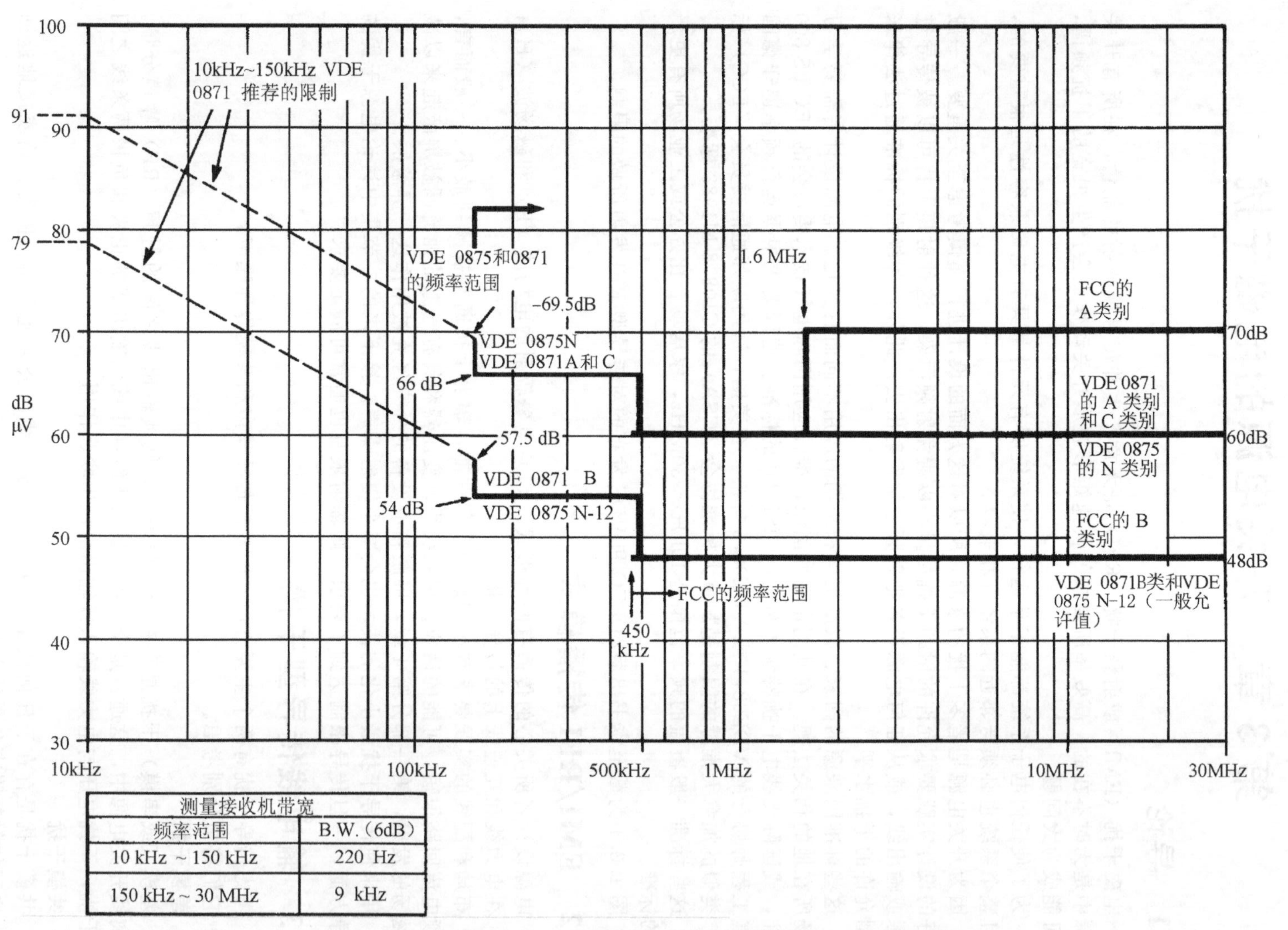

测量接收机带宽	
频率范围	B.W.（6dB）
10 kHz ~ 150 kHz	220 Hz
150 kHz ~ 30 MHz	9 kHz

图1.3.1　传导型RFI限制，由FCC第15部分j节和VDE0871和0875标准所规定

3.4　安全标准（接地电流）

在这一阶段考虑安全要求可能不大合适，然而这是必需的，因为安全机构指定了接地电流的最大值，以使在接地短路故障时的电击危险最小。这一要求不仅提出了要很好地注意绝缘的要求，也给出了电力线和地之间的电容的严格限制值。电容大小的限制对电力线输入滤波器的设计有重大的影响。

对接地电流的允许限制值因管理机构的不同而异，也取决于设备的预期应用场合。例如，预期可能使用于医疗器械的场合，有一个称为“接地泄漏电流”的非常严格的限制。地回路电流的限制由几个主要的管理机构制定，生效的标准见于表 1.3.1。

表 1.3.1　安全标准允许的最大接地漏电电流值和推荐的 Y 滤波电容最大值

国家	标准名称	接地漏电限流值	C_1 和 C_2 的最大值
美国	UL 478	5mA　120V　60Hz	0.11 μF
	UL 1283	0.5～3.5mA　120V　60Hz	0.011～0.077 μF
加拿大	C22.2 No1	5mA　120V　60Hz	0.11 μF
瑞士	SEV 1054-1	0.75mA　250V　50Hz	0.0095 μF
	IEC 335-1		
德国	VDE 0804	3.5mA　250V　50Hz	0.0446 μF
		0.5mA　250V　50Hz	0.0064 μF
英国	BS 2135	0.25～5mA　250V　50Hz	0.0032～0.064 μF
瑞典	SEN 432901	0.5～5mA　250V　50Hz	0.0064 μF
		0.25～5mA　250V　50Hz	0.0032～0.064 μF

表 1.3.1 给出了各标准适合于图 1.3.2 中位置 C_1 和 C_2 去耦电容的最大值，这些值假定绝缘漏电和寄生电容为零。为使电感和滤波器体积最小，应使用标准所允许的最大去耦电容。因为输入的一边总是被假定为中线（在用户引入端连接到地），在任何时候都只有一个电容导电。然而，应检查总漏电流，以确定所有电容和绝缘漏电通道中产生的总漏电流值。

图 1.3.2 所示为测量接地电流的方法。因为假设电力线只有一端是接火线的，所以在任何时候都只有一个电容器接地。

3.5　输电线滤波器

为了满足传导型噪声标准，通常需要使用相当大的交流滤波器。然而如先前所述，安全标准严格地限制了在电力线和地平面之间的电容的大小。

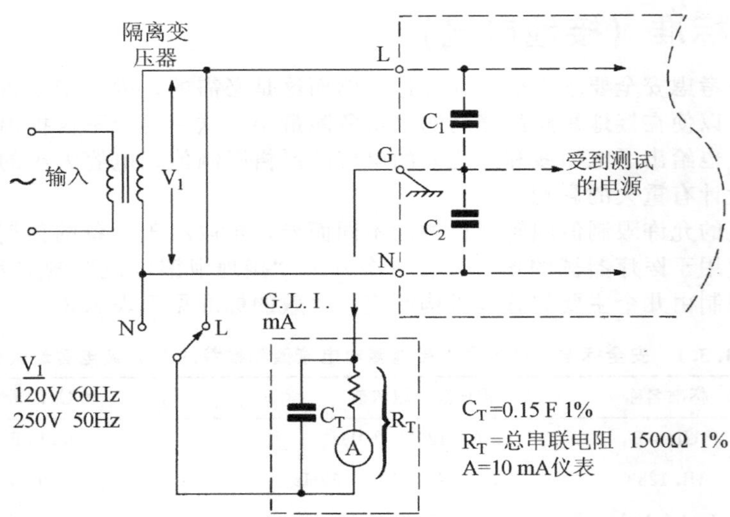

图 1.3.2　由 CSA22.2 第一部分规定的接地漏电流测试电路
（注意：C_T 和 R_T 值由设备和机构标准的要求而定）

因为去耦电容大小的限制，滤波器不能轻易地解决严重的共模干扰问题，此问题可能由于配线不佳、规划不当、屏蔽不良、功率开关部件所处的场合恶劣而产生。良好的抗 EMI 性能要求在设计和开发过程中的每一个阶段都保持谨慎和警惕。没有什么替代方法可以像在干扰源处抑制 EMI 更有效的了。

3.6　在干扰源抑制 EMI

图 1.3.3 所示为几个更为普遍的导致 EMI 问题的起因。不能屏蔽开关器件和不能向变压器提供射频屏蔽是导致传导共模干扰的主要原因。因去耦电容的大小有限制，这些干扰成分也是最难在滤波器中消除的。

差模或串模噪声更容易被电解储能电容旁路掉，相当大的去耦电容 C_3 和 C_4 被允许连接于交流电源两端。

共模射频干扰电流被绝缘漏电和寄生静电耦合或电磁耦合引入就近的接地面（通常是电源的机壳或外壳），见图 1.3.3 中的 C_{p1}～C_{p5}。这些寄生电流将通过去耦电容 C_1 和 C_2 流回到输入交流电力线形成回路。

因为源电压和源阻抗都很大，这种回路电流驱动源可近似为一个恒流源。因此去耦电容 C_1 和 C_2 两端电压可近似为一个电压源，它与干扰谐波频率的电流幅值和电容阻抗成比例：

$$V_{hi}=I_i X_c$$

式中，V_{hi}＝谐波干扰电压；

I_i＝谐波频率干扰电流；

X_c＝C_1 或 C_2 的谐波频率电抗。

假设绝缘漏电流可忽略不计。

电压源 V_{hi} 驱动电流流经串联电感 L_1、L_2 和 L_3，再流向输出线并经地线返回。正是 RF 电流的外部分量导致了外部干扰，也正因为如此它被标准所限制，必须要最小化。

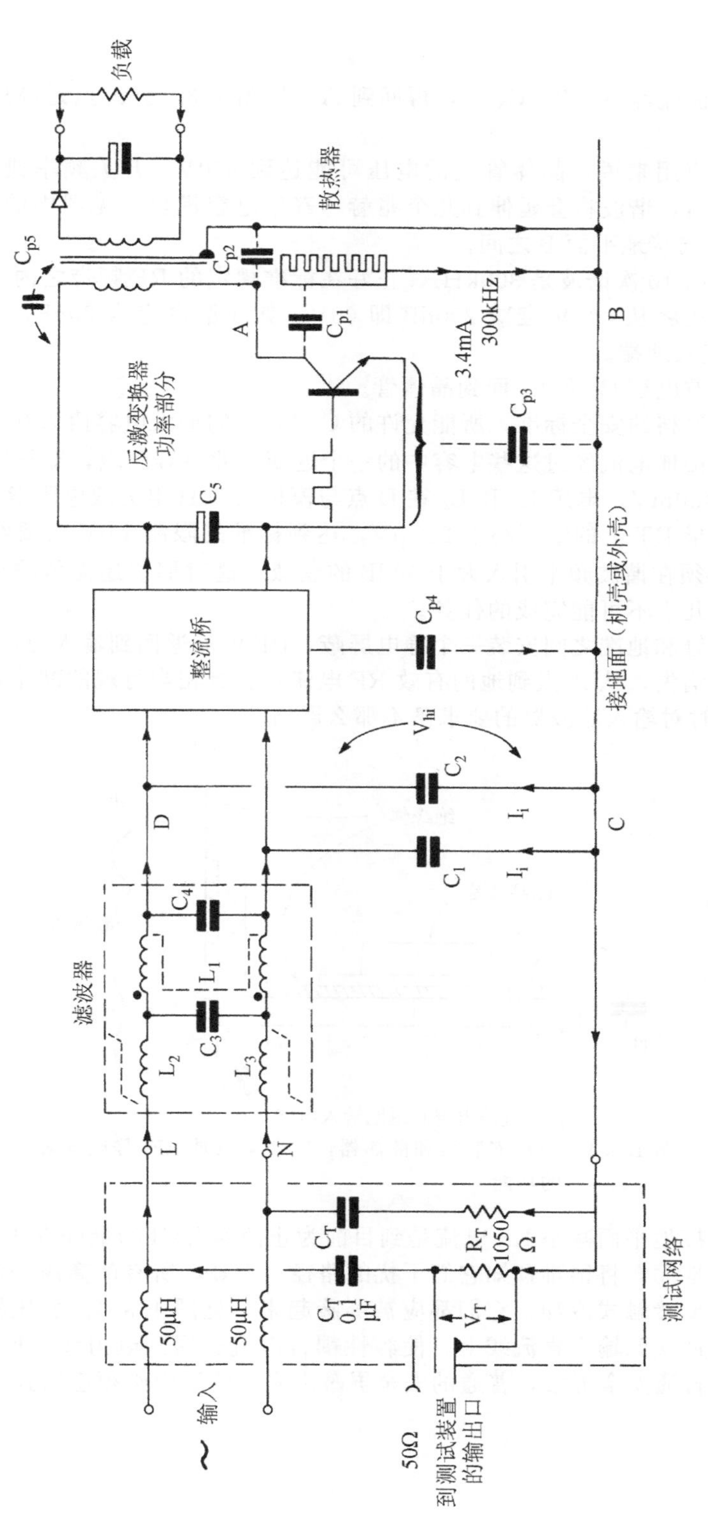

图 1.3.3　常见离线开关电源中的寄生 RFI 电流通路示例

3.7　实例

考虑寄生电流流经 A、B、C、D，再回到 A，见图 1.3.3。A 点是高压开关晶体管的封装。

对于反激式应用来说，晶体管上的电压可能达到 600V，开关频率典型值为 30kHz。因有快速开关边沿，谐波将会延伸到几个兆赫。寄生电容耦合（见图中的 C_{p1}）将会存在于晶体管外壳 A 与接地平面 B 之间。

开关频率的第 10 次谐波是 300kHz，正好在标准规定的 RF 频带之内。如果以方波运行，该谐波的振幅将从 600V 衰减 200dB 即 60V。如泄漏电容为 30pF，在 300kHz 时有 3.4mA 电流将流入地端。

电流通过滤波电容 C_1 和 C_2 回到晶体管。

为了满足最严格的安全标准，所能允许的 C_1 和 C_2 的最大电容值为 0.01 μF。

如果大部分接地电流经过这些电容中的一个返回，此电容两端，即从结点 C 到结点 D 的电压 V_{hi} 将为 180mV。电感 L_1 和 L_2 在 D 点与模拟的 50Ω 电力线电阻 RT 之间形成了一个分压网络。如果 RT 上的电压小于 250 μV，达到标准的限制 1 μV 需要约 48dB 的衰减，那么 L_1 和 L_2 必须在谐波频率引入大于 50dB 的衰减，这对那些还需传输供电输入电流的电感来说是一个几乎不可能完成的任务。

通过在晶体管和地端之间安装一个静电屏蔽，RF 电流返回到输入源，寄生电容 C_{p1} 两端的交流电压将消失，从 A 点到地的有效 RF 电流将会有相当可观的减小，见图 1.3.4 和图 1.3.5，则此时对输入滤波器的要求已不那么严格。

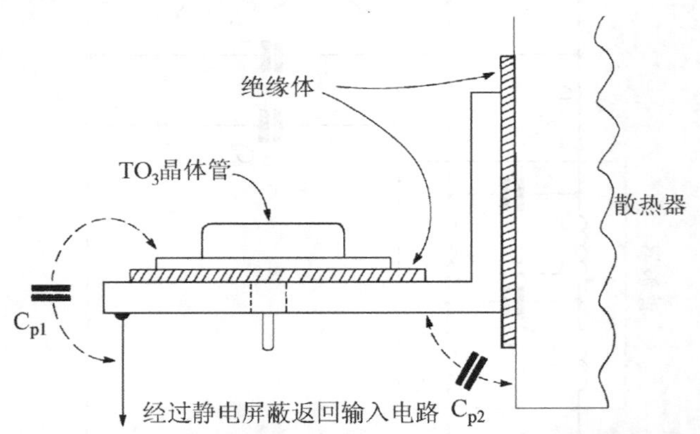

图 1.3.4　TO_3 安装架和散热器，安装架兼具 RFI 静电屏蔽的功能

在噪声源用接地平面减小 RF 电流是到目前为止消除 EMI 的最好方法。一旦这些干扰电流被引入到接地面，将很难预知它们干扰的路径。无疑，所有的高压交流元件都应该与地隔离，如果需要接触式冷却，它们都应被屏蔽起来，见图 1.3.4。变压器应该用静电屏蔽，此屏蔽应返回接到输入直流线上，使容性耦合电流返回到电力线，见图 1.3.5。这些 RFI 屏蔽不属于普通安全屏蔽，普通的安全屏蔽因安全的原因必须返回到接地面。

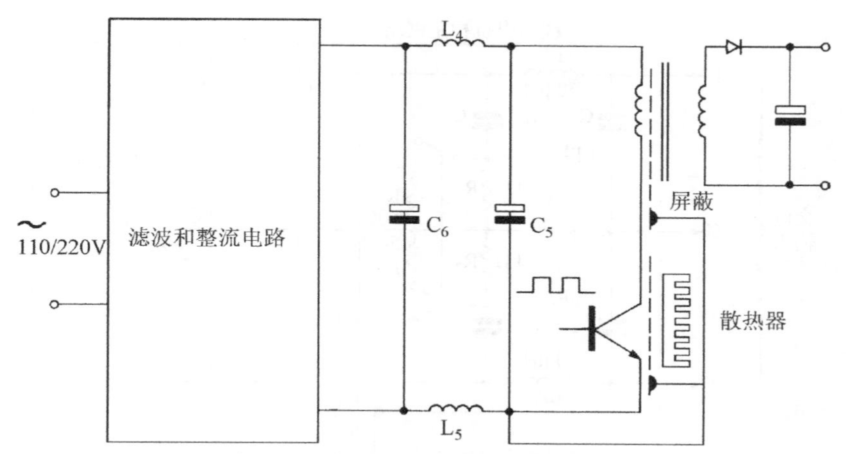

图 1.3.5　初级 RFI 屏蔽接地最佳接法

图 1.3.3 的电容 C_4 减小了到 L_1 端的差模或串模噪声。这部分电路噪声的主要发生器是输入整流桥，由整流器反向恢复电流尖峰引起。功率开关器件产生的串模噪声由接近噪声发生点的电容 C_5 来较好地去耦。无论如何，大的电解储能电容通常能有效地分流掉出现在高压直流线之间的任何串模噪声的大部分。在一些实例中，图 1.3.5 所示的附加滤波元件 L_4、L_5 和 C_6 是用来提高串模滤波能力的。

3.8　线路阻抗稳定网络

图 1.3.6 所示为标准的线路阻抗稳定网络（LISN），用于线路传导干扰的测量，在 CSA C108.8-M1983　1983-5 修正标准中说明。类似的网络在 FCC 标准和 VDE 标准有说明。原理上，宽带扼流圈 L_1 和 L_2 使供电输入端来的任何干扰噪声电流都经 0.1 μF 的电容 C_3 或 C_4 转移到 50Ω 的测试接收器中。不测试的线接到 0.1 μF 电容和 50Ω 电阻。由于用户可能反过来连接电力线路输入端或使用隔离供电设备，通常要独立地测试两条电力线的共模噪声。

3.9　线路滤波器设计

3.4～3.8 节用到的设计方法把交流电力线路滤波器当成是削弱共模 RF 噪声的分压网络。源端阻抗和负载阻抗在电力线环境下很难确定，这一方法比普通滤波器设计技术会被优先使用。

在开关电源中，干扰噪声发生器通常是一个与高阻抗串联的高压源，它相当于一个恒流源。为提供良好的衰减，首要的要求之一是把恒流噪声源转变为一个电压源，可在滤波器的电源端提供低阻抗分流通路来实现此功能，因此电力线路滤波器不是对称或匹配的网络。

“网络分析”表明滤波器阻抗与源或终端阻抗越是不匹配，滤波器 RF 噪声的衰减就越有效。参考图 1.3.3，假设一个恒定电流流经 C 点和 D 点，进入外部 50Ω 测试接收器的衰减将为 12dB/倍频程，这要求 L_1、L_2、C_1 和 C_2 具有良好的宽带阻抗特性。能满足这一标准的电容很容易选择，但宽带电感不那么容易找到且设计也很困难，宽带电感还必须通过电力线电流而不要产生显著功耗。

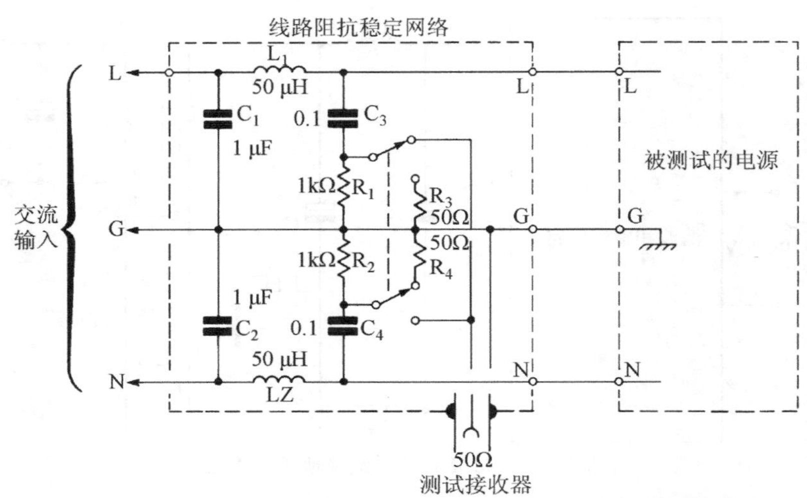

图 1.3.6　由 FCC、CSA 和 VDE 标准确立的传导型线路干扰测试所用的线路阻抗稳定网络

最后，如 3.4 节所述，安全要求对去耦电容 C_1 和 C_2 设置了最大容量限制，滤波器的衰减系数的进一步增加关键取决于串联电感 L_1 和 L_2 的值和性能，以下要考虑到一些滤波电感的设计关键。

3.10　共模线路滤波电感

图 1.3.3 中电感 L_1 应考虑到一种特殊情况。为了具有最好的共模衰减，它必须有一个大的共模电感并能通过 60Hz 的供电电流。

为了用最小的磁心提供最大的电感，应采用高导磁率的磁心材料。正规做法是用两个线圈绕成 L_1。整流二极管只有在输入电压波形的峰值附近才会导通，因而这两个绕组传输两倍交流频率的大电流。

在其他扼流圈的设计中，这种运行情况需要一个低导磁率材料或有气隙的磁路，以防止磁心饱和。然而在这一应用中，L_1 的两个绕组已定相，它们只为共模电流提供最大的电感，却失去了串模电流抑制能力。

对于常规的 60Hz 差模交流电流，电流在每个圈是反相流过的，消除了 60Hz 电感，因此这种定相可防止磁心饱和。然而，定相也导致了对串模噪声电流的微小的电感，有时需要附加相互间无耦合的电感 L_2 和 L_3 来减小串模噪声电流。

L_1 的两个绕组之间存在较大的漏电感，这是一个有利条件。为此原因，也为了满足安全要求，两个绕组一般在物理位置上要分开，绕在隔成两部分的绕组架上。因低频电感是很小的，可采用高磁导率铁氧体或铁心材料，磁路不需要气隙。

在这类共模电感被用于直流应用场合的输出滤波器中，串模直流成分也会被消除，同样的情形也会取得成功。

对于共模噪声，L_1 的性能是很不同的。共模噪声相对于地同时出现于电力线的两端。大旁路电容 C_3 有助于确保连接电感两端的噪声幅值相同。在此处，两个绕组同相，且两个绕组表现相同，由此提供了大的共模电感。

为了保持良好的高频抑制，滤波器电感的自谐振频率应尽可能地高。为满足此要求，绕组的匝间电容和绕组对磁心的电容就必须尽可能小。为此，常使用单层间隔地绕在已绝缘的高导磁率铁氧体磁环上的绕组。这种共模电感器的有效电感能做到相当大，典型值是几毫亨。

当使用附加串模电感时，见图 1.3.3 中 L_2、L_3，共模电感 L_1 被设计成用来只抑制较低频率的分量，绕组的匝间电容显得并不重要了。对于这一应用可使用铁氧体 E 型磁心，这些磁心有两段绕组架，能提供较好的线路—线路之间的隔离。电感 L_2 和 L_3 必须提供良好的高频衰减，通常使用低磁导率铁粉磁心或钼坡莫合金磁环。单层绕组扼流圈在交流工频电流流过时不会使低导磁率的磁心饱和。

主共模扼流圈 L_1 的电感和大小取决于电力线上电流和衰减的要求。使 C_1、C_2 在原位但取掉电感，通过测量传导噪声可很好地确定。记下最大谐波的电压和频率，使它们保持在限制值范围内所需要的电感可计算出来。剩下的就是选择合适的磁心、线径和所需电感的匝数、额定电流值、温升。

应该注意的是 L_1 上的能量损耗几乎都为铜损耗 I^2R_{Cu}，因为磁心电磁感应和集肤效应是可忽略不计的。L_1 的设计是一个互相影响的过程，可能最好由选择磁心的大小开始，而磁心的大小根据额定电流值和所需电感值使用“面积乘积”法进行设计，见第三部分第 1章。

3.11 共模线路滤波电感的设计实例

假设由 3.10 节的计算或测量结果表明，由 110V 交流供电运行的一个 100W 电源需要一个 5mH 的共模电感来满足 EMI 的限制要求。参照典型值，进一步假定电感的功耗不超过 1%，即 1W，温度上升不超过 30K。

对于电感功耗为 1W 时温升为 30K 的情况，此自然冷却的电感的热阻为 30K/W。根据表 2.19.1 可知，R_0 为 30K/W 时，铁心的尺寸为 E25/25/7。

根据反激型开关电源容性输入滤波器的典型值，100W 的装置效率为 70%，功率因数为 0.63，则 110V 时输入电流的有效值约为 2A。

如果两个绕组的总功耗为 1W，那么 $I^2R=1$，则总的绕组电阻 R_{Cu}不能超过 0.25Ω。

根据制造商所给的数据，E25 绕组架的铜电阻系数 A_r 是 32 μΩ，则得到 0.25Ω 电阻的绕组匝数可用下式计算：

$$N=\sqrt{\frac{R_{Cu}}{A_r}}=\sqrt{\frac{0.25}{32\times10^{-6}}}=88$$

分隔开的绕组架允许有 10%损失，则每一边可绕 40 匝。

采用有最高导磁率的材料 N30 的 E25 磁心的电感系数 A_L 是 3100nH。电感可由下式计算：

$$L=N^2A_L=40^2\times3100\times10^{-9}=4.96\text{mH}$$

参考厂商数据，绕组架中能够恰好放入以上计算匝数的导线的最大线规为 AGW20。由于电感取的是边界值，可使用大一号的磁心重复以上计算过程。

3.12 串模电感

串模铁粉磁心或钼坡莫合金磁心电感的设计可见第三部分第 1 章～第 3 章。

3.13 习题

1. 解释开关电源中引起传导和辐射射频干扰的一些典型原因，并给出实例。
2. 什么形式的电气噪声传播是开关电源设计者最感兴趣的？

3. 描述差模干扰与共模干扰之间的差别。
4. 为什么把干扰噪声降低到最小是重要的？
5. 在电源中的什么位置最易消除射频干扰？
6. 在消除共模线路干扰中，为什么线路滤波器有限制值？

第 4 章　静电屏蔽

4.1　导论

开关电源设计中最困难的问题之一，是将共模传导 RFI 电流减少到一个可接受的范围之内。这种传导的电噪声问题主要由寄生静电和各开关元件与接地面之间的电磁耦合造成。接地面可能是机壳、机柜、接地线，具体取决于设备的类型。

设计者应该检验整个布局，识别出可能存在这些问题的区域，并在设计阶段引进合适的屏蔽方法。在后期阶段将会很难改正 RFI 设计不当的产品。对于反激式开关电源的寄生耦合来说，典型问题区域如图 1.4.1 所示，图中指出了静电屏蔽的恰当位置。

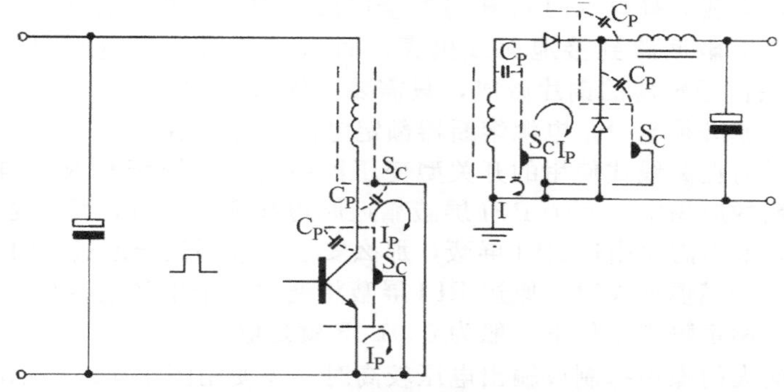

图 1.4.1　原边和副边电路的容性耦合静电屏蔽电流返回路径

在大多数应用中，凡是高频、高压开关波形可能与接地面或副边输出有容性耦合的地方都要求有静电屏蔽。在散热器上安装开关晶体管和整流二极管而散热器又与主机壳接触，这些场合是典型的位置。此外，在有很大开关电流流过的元件或线路上，磁场和容性耦合都有可能产生噪声。其他可能有问题区域包括输出整流器、安装在机壳上的输出电容、在主开关变压器上的原边、副边以及磁心与其他驱动或控制变压器的之间的容性耦合。

4.2　应用于开关设备的静电屏蔽

当零件安装在散热器上，而散热器又与机壳有热连接的时候，消除不希望有的容性耦合的常规方法是在会产生干扰的元件与散热器之间放置一个静电屏蔽。这种屏蔽一般是铜制的，必须与散热器和晶体管或二极管都绝缘，由此屏蔽可捡拾容性耦合的交流电流并使之回流到输入电路的一个方便的参考点。对于原边元件来说，参考点一般是直流电源线的公共负端，它在开关器件附近。对于副边元件来说，参考点一般是电流流回变压器副边的公共端。图 1.4.1 说明了这一原理。

图 1.4.2 所示为一个 TO_3 晶体管静电屏蔽的实例。这个原边开关晶体管具有高电压和高频开关波形，除非晶体管外壳与机壳之间有适当的屏蔽，否则将会通过它们之间的电容耦合一个很大的噪声电流。图 1.4.2 所示的屏蔽安装布置中，铜屏蔽将会使寄生噪声电流流回输入电路，这样形成的电流回路不会把电流引向接地面。这个屏蔽不会通过电容注入任何显著的电流到散热器，它相对于机壳或接地面有一个相对小的高频交流电压。设计者会识别出可能出现问题的其他区域，在此区域可使用类似的屏蔽。

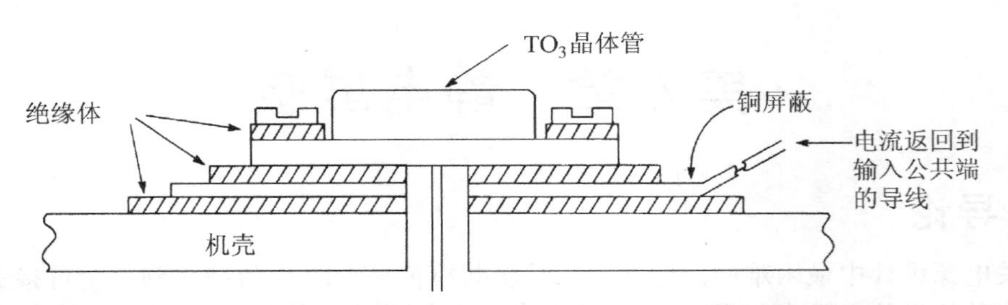

图 1.4.2　在 TO_3 开关晶体管与散热器之间的已绝缘的静电屏蔽

4.3　变压器的静电屏蔽和安全屏蔽

为了避免射频电流在原边和副边绕组之间或原边和接地的安全屏蔽之间流动，主开关变压器通常至少要在原边绕组加一个静电 RFI 屏蔽。在一些应用中，原边与副边绕组之间需要附加一个安全屏蔽。静电 RFI 屏蔽与安全屏蔽主要在结构、位置、连接方面有不同。安全标准要求安全屏蔽回路到接地面或机壳，而 RFI 屏蔽一般返回到输入或输出电路。EMI 屏蔽和接线头由很轻薄的铜片做成，只需要传输很小的电流。然而，为了安全起见，安全屏蔽的额定电流必须至少是电源熔断器额定电流值的三倍。

图 1.4.3 所示为在离线式使用的开关型变压器中的安全屏蔽和 RFI 屏蔽的典型电路。在图示的完全屏蔽的应用中，两个 RFI 屏蔽靠近原边和副边绕组，而安全屏蔽位于这两个 RFI 屏蔽之间。如果不需要副边 RFI 屏蔽，那么安全屏蔽要位于原边 RFI 屏蔽和任何输出绕组之间。为进一步谨慎地隔离，原边 RFI 屏蔽将通过一个串联电容与输入电力线进行直流隔离，此电容在额定隔离电压下一般为 0.01 μF 就足够了。

只有当需要最大的噪声抑制或输出电压较高时，才使用图 1.4.3 所示的副边侧 RFI 屏蔽，这个屏蔽将返回到输出线的公共端。只有在必要时才使用变压器屏蔽，因为它增加构件和绕组高度，会使漏电感增加并使性能变差。

高频屏蔽的回路电流在开关瞬变时可能相当大，为了防止这种电流通过一般的变压器作用耦合到副边，屏蔽的接线点应在其中央，而不应在边沿。这样，容性耦合的屏蔽回路电流在屏蔽上各自的半边反方向流动，消除了所有的感应耦合效应。应该记住屏蔽的各末端必须互相绝缘，以避免形成闭合回路。

4.4　输出元件上的静电屏蔽

对于高压输出，RFI 屏蔽可装在输出整流器与它们的散热器之间。如果副边电压较低，比如 12V 或更低，则不需要副边变压器 RFI 屏蔽和整流器屏蔽。

通过在回路上放置输出滤波扼流圈使二极管散热器免受 RF 电压影响，可以消除输出整流二极管对静电屏蔽的需要，典型的实例见图 1.4.4a 和图 1.4.4b。

如果二极管和晶体管的散热器完全与机壳隔离，如安装在 PCB 上那样，则在这些元件上就不一定需要静电屏蔽。

4.5　减小有气隙变压器磁心的辐射型 EMI

铁氧体反激变压器和高频电感在磁路上通常有相对大的气隙，以此来确定电感或防止饱和。气隙的磁场能储存相当可观的能量。除非变压器或扼流圈被屏蔽了，否则将从气隙辐射电磁场（EMI），这会对电源本身或现周边磁柱中场设备造成干扰。而且，这种辐射的电磁场可能超过了辐射型 EMI 标准的限制。

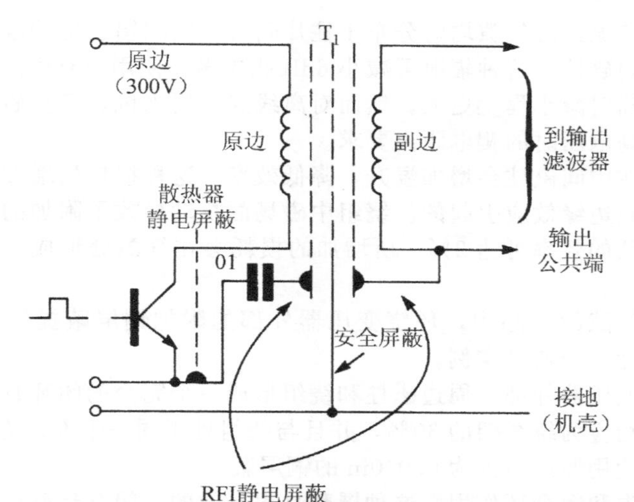

图 1.4.3　完全屏蔽的变压器，所示为原边和副边静电屏蔽的位置和连接，具有一个附加的原边到副边的安全屏蔽

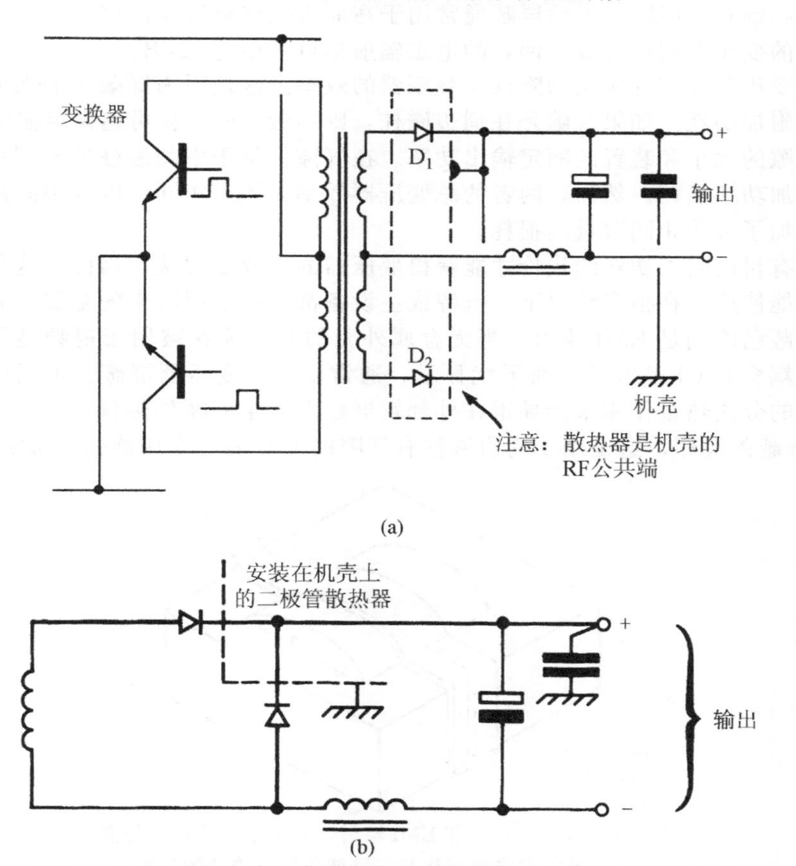

图 1.4.4　通过在公共回路安装输出扼流圈来减小安装在机壳上的输出二极管散热器寄生 RFI 电流的方法

（a）推挽应用；（b）单端输出

当外侧铁心有气隙或者气隙均匀分布于柱片间时，气隙辐射出的电磁干扰最大。通过使气隙只集中在中间磁柱，这种辐射可减小 6dB 或更多。使用只有中间磁柱气隙的完全闭合的罐型磁心，则辐射减小程度更大。然而对离线式应用来说，罐型磁心并不常用，因为它一般不能满足较高电压时的爬电距离要求。

把气隙只集中在中间磁柱会增加温升，降低效率。这种损耗的增加可能是由位于绕组中间的柱片边缘的磁边缘效应引起的。绕组中磁场的扰动导致了附加的集肤效应损耗和涡流损耗，进一步降低的效率可达 2%。所增加的损耗会在气隙处形成一个高温区，从而使该区的绝缘过早损坏。

在周边磁柱有气隙的磁心中，环绕变压器外部的附加铜屏蔽提供了很可观的辐射衰减，图 1.4.5 所示为一个典型实例。

这个屏蔽应在变压器外部、周边磁柱和绕组形成一个完全的闭环且该回路以气隙为中心。屏蔽的宽度大约应为绕线架的 30%，并且与绕组处于同一平面。为了提高效率，其电阻必须最小，推荐使用厚度最少为 0.010in 的铜屏蔽。

因为有涡流损失和闭合环作用，这种屏蔽是很有效的。闭合环感应的电流将产生一个反磁动势来阻止辐射。在反激变换器中，屏蔽不应大于绕线架宽度的 30%，因为太宽的屏蔽会出现磁心饱和的问题。虽然屏蔽通常用于在周边磁柱有气隙的磁心上，但它对在中间磁柱有气隙的变压器同样有效，两者的电磁辐射都可减小达 12dB。

然而，变压器屏蔽的应用却降低了变压器的效率。这是因为屏蔽中的涡流热效应，造成屏蔽中的附加功耗。如果气隙是在周边磁柱，则屏蔽上的功耗可达额定输出功率的 1%，这取决于气隙的大小和装置的额定输出功率。在气隙只位于中间磁柱的应用中，安装屏蔽几乎不会增加功率损耗。然而，两者的总变压器效率大体上相同，因为中间磁柱气隙使变压器绕组增加了大约相同数量的损耗。

似乎只有付出附加功耗的代价才能获得变压器的有效磁屏蔽。因此，这种屏蔽只在必要的时候才能使用。在很多情况下，电源或主设备都有一个围起来的金属外壳，无需再增加变压器屏蔽已能满足 EMI 要求。当无金属外壳的开关模块被用于视频显示终端时，为了防止电磁耦合到 CRT 电子束而干扰显示，通常要求有变压器屏蔽。可用散热器或者从屏蔽到机壳的分流热量作用来传导走在外部铜屏蔽上产生的额外热量。图 1.4.5 所示为一个 EMI 铜屏蔽的应用，这是用于周边磁柱有气隙的 E 型磁心变压器的典型实例。

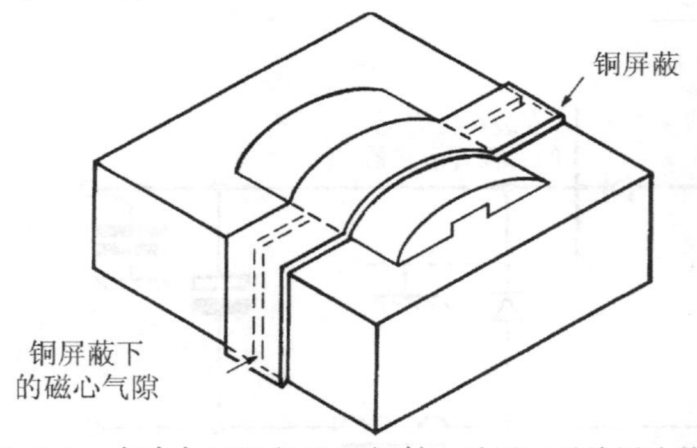

图 1.4.5　为减小 RFI 和 EMI 辐射，适用于开关用途的变压器的铜屏蔽（注意：屏蔽环绕在磁柱的外面）

4.6 习题

1. 为什么静电屏蔽在高压开关器件和变压器中对减少共模干扰是很有效的？
2. 什么是线路阻抗稳定网络？
3. 共模和串模线路滤波电感之间有什么不同？
4. 开关变压器的静电屏蔽和安全屏蔽之间有什么不同？

第5章　熔断器选择

5.1　导论

熔断器是可熔断的连接线，它是一种使用历史最久、使用最普遍的过载保护方法。然而，人们有时对它关注不够，实际上应该很好地理解其特性。

现代熔断器技术是一门不断发展的科学，更好的新熔断器不断地开发出来以满足保护半导体电路方面更苛刻的要求。为了获得最可靠的长期工作性能和最好的保护，必须明智地选择适合使用的熔断器。

5.2　熔断器参数

从电的角度看，熔断器按3个主要的参数加以分类：额定电流、额定电压和最重要的“允通”电流，或称额定熔化热能值 I^2t。

额定电流

熔断器有一个电流额定值已是常识，它必须大于被保护电路的最大直流电流或电流有效值，对于正确的熔断器选择来说，还有其他两个同样重要的额定值。

额定电压

熔断器的额定电压与输入电压没有必然的联系。更确切地说，熔断器的额定电压表征其熄灭电弧的能力，此电弧是故障情况下熔件熔化可能产生的物理现象。在这些情况下熔断器两端的电压取决于输入电压和电路类型。例如，在熔断瞬间，与电感电路串联的熔断器上的电压可能是供电电压的好几倍。

熔断器额定电压的选择不当可造成故障情况下过大的电弧，这将增加熔断器熔断期间的允通能量。在几种特别的情形中，熔断器盒可能会爆炸，有引起火灾的危险。在高压熔断器中用特殊的灭弧方法，包括填充细沙和用弹簧装载熔件。

允通电流（额定熔化热能值 I^2t）

熔断器的这一特性是由使熔件熔化所必需消耗的能量来定义的，有时称为弧前允通电流。为熔化熔件，元件上产生热量的速度必须快于它传导热量的速度，这需要一个确定的电流与时间的乘积。

在很短的时间之内，通常少于10ms，很少的热量能从熔件传导出去，且熔化熔断器所必需的能量是熔断器的比热、质量和所用合金类型的函数。对于某种特定的熔断器，熔件所消耗的热量是以W·s（J），即 $I^2R\times t$ 的形式存在的。熔断器电阻是常数，则热量与 I^2t 成正比，对于某个特定的熔断器弧前能量称为熔化热能值 I^2t。

在较长时间内，要熔化熔断器所需的能量会因元件材料、周围填充物的热传导性质、熔断器盒的不同而变化。

在较高电压的电路中，在熔件熔断后会产生一个电弧，在此电弧维持期间将有更多的能量会由此传到输出端。这种能量的大小取决于所加的电压、电路特性和熔件的设计。因此这一参数并非仅仅是熔断器本身的一个函数，而是会随着应用的不同而变化。

熔化热能值 I^2t 把熔断器分为比较熟悉的慢速熔断型和快速熔断型。图1.5.1所示为3种类型各自的典型弧前电流/时间的允通特性曲线。在短于10ms的时间内，曲线能粗略地表现出 I^2t 规律。在熔断器盒内添加缓和剂能大幅度地改变熔化特性的形状。应该注意的是在相同额定电流的慢速熔断的熔断器中 I^2t 能量，也就是允许通过到受保护设备端的能量可增至 20 倍。例如，熔断器的 I^2t 范围可以从 10A 的快速熔断型的 $5A^2s$ 到 10A 的慢速熔断型的 $3000A^2s$。

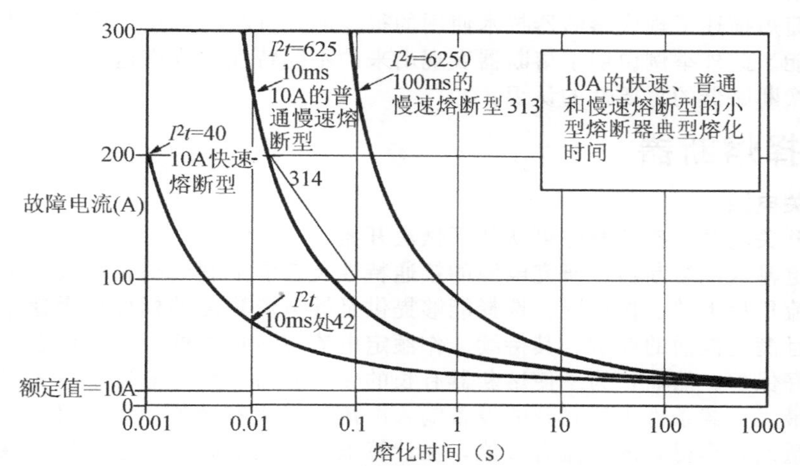

图 1.5.1　快速、普通和慢速熔断器连接的典型熔化热能值 I^2t 和熔化时间（感谢 Littelfuse 公司提供本图）

熔断器总允通能量包括弧前和起弧部分，也极容易得到改变。它取决于熔断器的材料、熔断器的结构、所加的电压、故障的类型和其他电路连接参数。

5.3　熔断器的类型

延时型熔断器（慢速熔断型）

延时型熔断器会有一个相对结实的熔件，通常是低熔点的合金。这些熔断器能在相当长时间内传输大电流而不熔断。它们广泛应用于有大浪涌电流的电路中，例如电动机、螺线管和变压器。

标准熔断型熔断器

这些熔断器一般价格低廉，结构也普通，采用铜材料，并常用透明玻璃管封装起来。它们能处理短期的大电流瞬变，并由于价格便宜而被广泛使用。通常只是以短路保护的要求来选择其大小。

超快速熔断器（HRC 半导体熔断器）

这些熔断器用于保护半导体器件。同样它们也被要求在过载的情况下给出最小允通能量。熔件质量很小，并被一些填充物包围。填充物的目的有二：一是在长期电流应力下将热量从熔断器中传导出去以提供良好的长期工作可靠性；二是在出现故障的情况下熔件熔断时可快速地熄灭电弧。对于短期大电流的瞬变情况填充物的热传导性是相当有限的。这允许熔件在输入能量最小的情况下快速地达到熔化温度。在瞬变电流负载下这种熔断器会很快被熔断。

其他重要的熔断器特性还有长期工作可靠性和熔件功耗，这些特性有时会被忽略。廉价的快速熔断型熔断器通常只是一根极细的金属丝。这种金属丝是很易断的，并通常对机械应力和振动很敏感。这种熔断器经过长期使用后会老化，即使运行电流低于额定电流值时也是如此。运行于额定电流时其典型的使用寿命为 1000h，这是经常引用的参数。

价格较高、用石英沙填充的熔断器会有长得多的使用寿命，因为在正常情况下细小的熔件上产生的热量都能被传导出去。此外，由于它有填充物给予机械支撑，在振动情况下熔件的机械性能降低也不那么快。

另一方面，慢速熔断器通常要结实得多，在额定电流的情况下使用寿命也要长得多。然而这些熔断器具有大的“允通”功率，将不能对灵敏的半导体电路给予有效的保护。

这里只简短描述了现代熔断器技术使用的很少的几种精巧方法，利用这些技术可以获得特定的性能。此外举例说明了熔断器表现出来的不同特性，或许这能引起更多一些对正确选择和更换断路器的重要性的认识。

5.4 选择熔断器

离线开关电源

为离线开关电源选择熔断器可从如下做法开始。

对于供电输入端熔断器，研究电源的接通特性及浪涌限制电路在最大、最小输入电压下和完全限流负荷下的工作情况。选择能够提供足够电流裕度的标准或慢速熔断器，以保证操作可靠且满足浪涌的要求。其持续工作额定电流应该足够低，以保证在真正故障情况下能提供良好保护。然而，为了使熔断器有长的使用寿命，额定电流不应太接近于在最小输入电压和最大负载条件下所测到的设备输入电流的最大有效值，可取最大 I_{rms} 的 150%。注意使用测量或计算得到的电流有效值，在计算电流有效值时要考虑到波形系数，对电容输入滤波器来说近似为 0.6。

熔断器的额定电压必须至少大于供电输入电压的峰值。此额定值是很重要的，如果额定电压太低将发生过大的电弧。电弧使很可观的能量通过，并可能导致熔断器的爆裂，有设备内起火的危险。

5.5 晶闸管过电压急剧保护熔断器

如果使用晶闸管（SCR）型的过压保护，通常会用串联熔断器作为补充。此熔断器的熔化热能值 I^2t 应比晶闸管的熔化热能值 I^2t 更小，约为后者的 60%，以保证在晶闸管出现故障前熔断器熔断。当然在此要选用快速熔断器。使用者应明白，随着使用时间的增长熔断器会老化，应有定期更换的机制。在较旧的设备中，熔断器的熔断除了因设备故障外，还可能是一个熔断器的过度使用造成的。

5.6 变压器输入熔断器

给 60Hz 变压器比如线性稳压器的输入端选择熔断器并非如想象的那么简单。

在线性电源中，通常不进行浪涌限制，浪涌电流可能很大。如果使用晶粒取向 C 型磁心或类似的磁心，因为对先前的运行状况具有磁记忆，那么在第一个半周期内有磁心局部饱和的可能。当选择熔断器时，这些效应必须考虑到，此时需要采用慢速熔断器。

由前面的讨论中可以看出，为了提供最优保护并使熔断器有长使用寿命，熔断器的额定值和类型的选择是一个需要谨慎完成的任务。为了持续拥有最适宜的保护，使用者必须确保用相同类型和额定值的熔断器来更换原有的熔断器。

5.7 习题

1. 试指出供电输入或输出熔断器的 3 个主要的选择标准。
2. 为什么熔断器的额定电压非常重要的？
3. 什么情况下熔断器的额定电压可能超过供电电压？
4. 为什么熔断器的熔化热能值 I^2t 是一个重要选择标准？
5. 为什么要用一个相同类型和额定值的熔断器来代替原来的熔断器是很重要的？

第 6 章　离线开关电源的整流与电容输入滤波

6.1　导论

如前面所提到的，“离线”开关电源之所以得名是因为它直接从交流电力线获得输入功率而无需使用在线性电源中所常见的大的 50～60Hz 低频隔离变压器。

在开关型系统中，从输入到输出的电气隔离是由一个很小的高频变压器提供的，它由一个半导体变换电路驱动，以此提供某种直流到直流的转换。为了给变换器提供一个直流输入，通常的做法是整流 50/60Hz 的交流供电输入并使之波形平滑，这要使用半导体电力整流器和大的电解电容。特殊的低失真系统是一个例外情况，它的输入 boost 变换器被用来提高功率因数，这些特殊的系统在此将不予讨论。

对于双输入电压的情形（标称值为交流 120/240V），一般的做法是对高输入电压的情况使用全桥整流器，而对低输入电压的情况则使用各种连接电路来获得倍压作用。使用这种方法可为约 310V 的标称直流输入设计高频直流-直流变换器，使其用于双输入电压。

系统设计的一个重要方面是选择输入电感的合理值、整流电流的额定值、输入开关的额定值、滤波元件的大小和输入熔断器额定值。为了正确地确定这些元件的大小，应充分了解所加有关应力的全部要求。例如，要正确地确定整流二极管、输入熔断器和滤波电容的大小，就需要知道输入电流的峰值和有效值，而要确定充电或滤波电容的值，则需要确定电容电流的实际有效值。然而，这些值依次为电源内阻、负载和元件实际值的函数。

对输入整流器和滤波器进行严格的数学分析是可能的，但会很冗长繁琐。此外，之前的图形方法假定有一个指数律电容放电的恒定负载电阻。在电源应用中，加到电容输入滤波器的负载就是直流到直流的变换器部分的输入负荷。这种负载在开关变换器的情况下是恒功率负载，在线性稳压器的情况下是恒流负载。因此，除非纹波电压相当低，否则先前的工作是不能直接应用的。

注意：一个恒功率负载在输入电压下降时电流是增大的，这与电阻性负载是相反的。

为了满足规格上的需要，在实际系统测量的基础上靠经验制作了许多图表。这将在最初的元件选择上对设计者有所帮助。

6.2　典型的双电压电容输入滤波电路

图 1.6.1 所示为一个典型的双电压整流器的电容输入滤波电路。该电路提供了一个可选连接 LK_1，它允许对整流器的电容电路进行设置，在 120V 输入运行时设置为倍压整流器，而在 240V 输入运行时设置为桥式整流器。图中所示的是基本整流电容输入滤波和储能电路（C_5、C_6 和 D_1～D_4），另外还补充了一个输入熔断器、一个浪涌抑制热敏电阻 NTC_1 和一个高频噪声滤波器（L_1、L_2、L_3、C_1、C_2、C_3 和 C_4）。

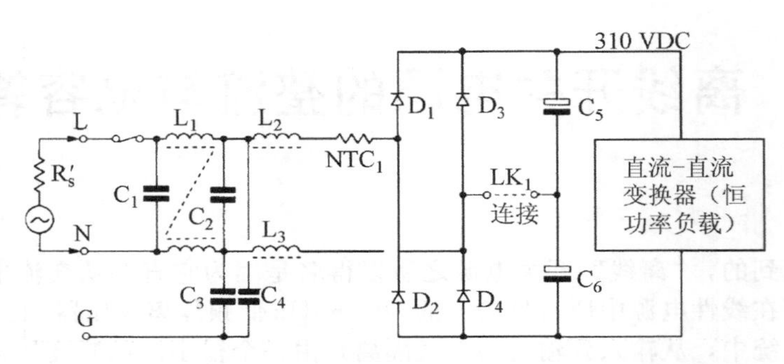

图 1.6.1　一个离线式、双电压可选连接、电容输入滤波和整流的电路实例，它具有附加的高频传导型输入滤波器

240V 运行时，LK_1 不连接，二极管 $D_1 \sim D_4$ 形成了一个全桥整流器。这将提供约 320V 的直流电压给恒功率的 DC-DC 变换器负载。低频滤波是由负载两端的串联电容 C_5 和 C_6 提供的。

120V 运行时，LK_1 连接，使 D_3 和 D_4 分别与 C_5 和 C_6 并联。因为 D_3 和 D_4 在整个周期内都将一直处于反向偏置状态，所以不再动作。然而，在正半周期内，D_1 导通对 C_5 充电，C_5 的上端为正；在负半周期内，D_2 导通对 C_6 充电，C_6 的下端为负。因为 C_5 与 C_6 是串联的，输出电压为两电容电压之和，于是得到了所要求的倍压。此结构中，倍压可以看成是两个半波整流电路串联的结果，它的两个储能电容每半个周期交替充电。

6.3　等效串联电阻 R_s

等效串联电阻 R_s 由所有串联元件组成，包括出现于原边供电电源和储能电容 C_5、C_6 之间的原边电源电阻。为了简化分析，将各电阻集总为一个等效电阻 R_s。为了进一步地减小峰值电流，可附加串联电阻提供最合适的等效串联电阻。可以看到整流电容输入滤波器和储能电路的性能在很大程度上取决于这种最终的最优等效串联电阻。

图 1.6.2 所示为桥电路的一种简化形式。在此简化电路中，串联的储能电容 C_5 和 C_6 由等效电容 C_e 来代替，并且等效串联电阻 R_s 被置于桥式整流器的输出端来进一步简化分析。

在图 1.6.2 所示的实例中，等效串联电阻由以下部分组成。

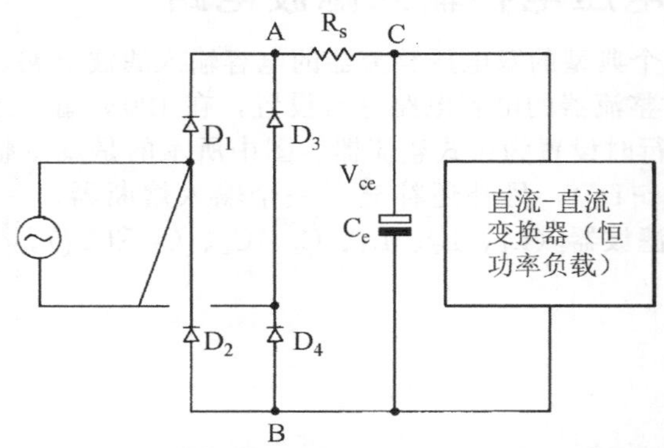

图 1.6.2　简化的电容输入滤波电路，它具有全波桥式整流器和集中的等效电源电阻 R_s

一次电源电阻即内阻 R'_s 是供电电源自身的电阻，其值取决于供电电源的位置、使用变压器的大小和到用户引入线的距离。在典型的工业或办公场合，常见的值范围为 20mΩ～600mΩ。虽然这种阻值是相当低的，但在大功率系统中也有显著的影响。内阻的值通常是不受电源设计者控制的，任何实际的电源设计都必须至少能允许这种范围的值。

其次，通常更大的串联电阻元件一般是由输入熔断器、滤波电感、整流二极管和浪涌抑制器件引入的。在图 1.6.1 所示的 100W 的实例中，浪涌抑制热敏电阻 NTC1 是主要部分，它具有 1Ω 的“热电阻”典型值。在更大功率的电源中，浪涌抑制电阻或热敏电阻常在初次启动之后被双向三极晶闸管（triac）或 SRC 短路，以减少内阻和功率损失。

6.4　恒功率负载

通过设计，开关电源能在很宽的输入电压范围内保持输出电压恒定。因为输出电压是固定不变的，在负载稳定的情况下，即使输入电压有变化，输出功率也能保持不变。又因变换效率几乎是恒定的，则变换器的输入功率也是恒定的。

为了在输入给变换器的电压下降时也能保持恒定的输入功率，输入电流必须提高。因而储能电容 C_e 的电压放电特性 VC_e 的曲线就如负指数曲线，在二极管导通期过后，它的电压值开始于初始的最大值 V_i。

$$VC_e=\left(V_i^2-\frac{2Pt}{C_e}\right)^{1/2}$$

式中，C_e＝储能电容值（μF）；

$VC_e=C_e$ 两端的电压；

V_i＝在 t_2 时刻 C_e 的初始电压；

P＝负载功率（在变换器上）；

$t=t_2$ 与 t_3 之间的时间（μs）。

图 1.6.3 中用实线表示的在 t_2～t_3 期间的放电曲线 VC_{e1} 或 VC_{e2} 表现了这种特性。

6.5　恒电流负载

还要说明的是，在二极管导通期间，当调节器的输入电压下降时，线性稳压器也必须维持输出电压不变。而在线性稳压器的情况下，输入电流与输出电流相同，当输入电压下降时输入电流仍维持不变。因而，线性稳压器的电容放电特性是线性的，而不是反指数的。

6.6　整流器与电容器的波形

图 1.6.3a 所示为人们所熟悉的全波整流波形，它可从图 1.6.2 所示电路中获得。其中的虚线波形是在 A、B 点之间的半波整流电压，此处假设二极管压降为零。实线所示为 C、B 点之间的电容电压 VC_{e1} 或 VC_{e2}，该电压是施加于负载上的，在这里负载是直流-直流变换器部分的输入。

t_1 时刻，当施加于桥式整流器的电压超过了先前的电容器的电压时，整流二极管开始正向偏置，电流通过 R_s 来供电给负载并对 C_e 充电。在导通期间（t_1～t_2），整流二极管、输入电路、储能电容上流过一个大电流，因而电容 C_e 将会充电到电源的峰值电压。然而在 t_2 时刻，外加电压下降到低于电容器上电压，整流二极管关断，输入电流降为零。图 1.6.3b 所示为输入电流的波形，图 1.6.3c 所示为电容电流的波形。

在 t_2～t_3 期间，完全由储能电容 C_e 提供负载电流，从而使其部分地放电。因为此电压在下降，所以负载电流要增加，加快了电压衰减的速度。在 t_3 时刻，供电输入电压再次超过了电容电压，此后重复这个循环。

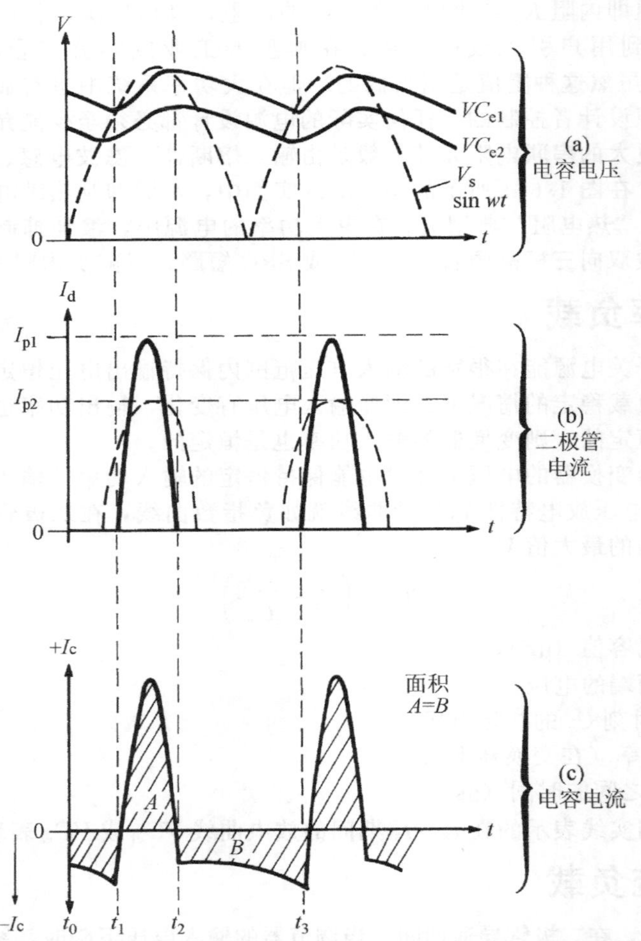

图 1.6.3 在全波电容输入滤波器中的整流器与电容器的电压、电流波形

(a) 电容器电压波形；(b) 整流二极管的电流波形；(c) 电容器的电流波形

应该注意的是，电容峰值电压总是小于外加电压的峰值电压，这是在 R_s 和整流二极管上不可避免的电压降造成的，该电压降是负载电流和 R_s 值的函数。

如图 1.6.3 中的虚线所示，使等效串联电阻从最小值逐渐增加到某较大的值将会少许增加电压降达到 VC_{e2}。这将减小电流峰值并增加整流二极管的导通角。二极管峰值电流的相当可观地减小能减少输入线路和滤波器的 I^2R 损耗并提高功率因数。

纹波电压峰峰值主要是电容大小和负载电流的函数。它在等效串联电阻 R_s 影响下只发生少许的改变。

电容器的纹波电流见图 1.6.3c 所示。在导通期间（$t_1 \sim t_2$），电容 C_e 正在充电，表现为一个正方向的电流流动；在紧接着的二极管关断期间（$t_2 \sim t_3$），C_e 将放电。电容器的峰值和有效值电流是负载、电容大小和 R_s 的函数。在稳态的情况下，在零基准线之下的 B 区域必须与在零基准线之上的 A 区域面积相等来维持 C_e 两端的平均电压值不变。

6.7 输入电流、电容纹波与峰值电流

图 1.6.3 清楚地表明即使输入电压保持为正弦波，输入电流也将严重畸变，且具有很大的峰值。畸变的电流波形导致了输入 I^2R 功耗的增加和输入功率因数的降低。甚至有一

个很大的纹波电流流入滤波电容。

图 1.6.4、图 1.6.5 和图 1.6.6 显示了输入电流有效值、电容电流有效值、电容电流峰值这 3 者与输入功率、等效电阻值因数 R_{sf} 的关系，等效电阻值因数是典型应用中的一个参数。这些信息在正确确定输入元件的大小时是很有用的（详见 6.10 节）。

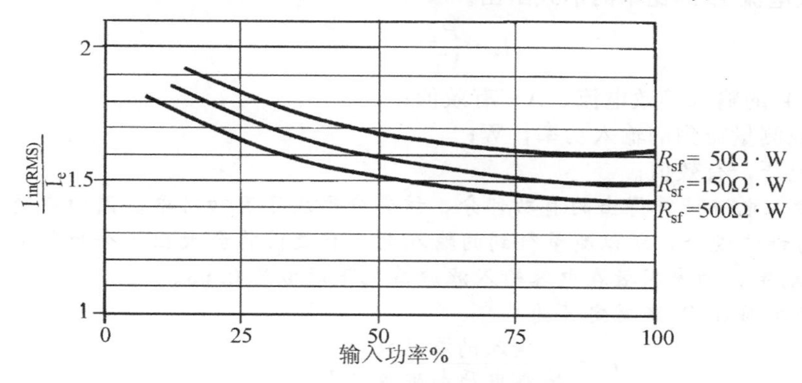

图 1.6.4　输入电流有效值作为负载的函数，采用电源电阻因数 R_{sf} 为参数

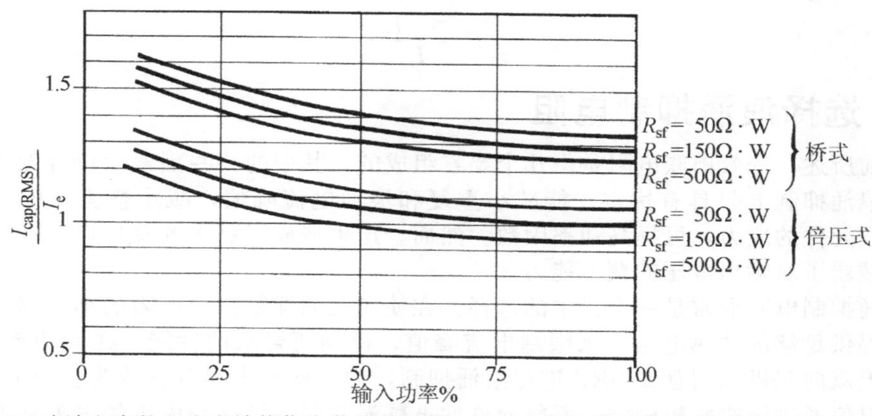

图 1.6.5　滤波电容的电流有效值作为负载的函数，采用电源电阻因数 R_{sf} 为参数

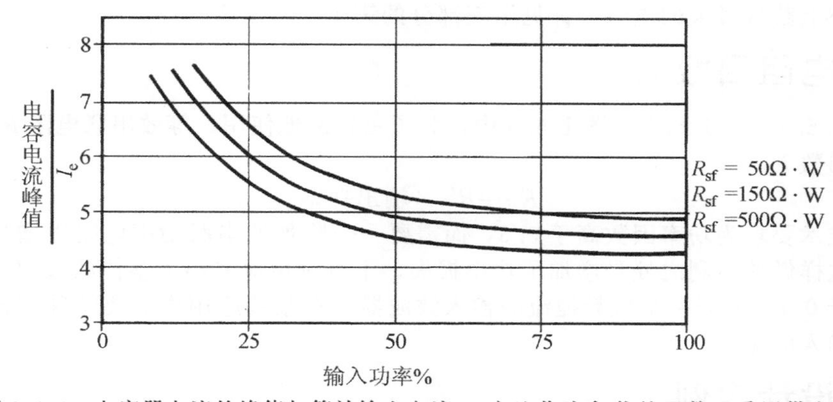

图 1.6.6　电容器电流的峰值与等效输入电流 I_e 之比作为负载的函数，采用供电电源电阻因数 R_{sf} 为参数

6.8　有效输入电流 I_e 与功率因数

在图 1.6.4、图 1.6.5 和图 1.6.6 中，输入电流的有效值、峰值和纹波电流都以对计算得到的输入等效电流 I_e 的比率的形式给出。

$$I_e=\frac{P_{in}}{V_{in}}$$

其中，I_e＝计算得到的输入等效电流，A，有效值；

P_{in}＝计算或测量得到的输入功率，W；

V_{in}＝供电电压，有效值。

注意： *I_e 是输入电流计算得出的有功部分，该部分形成了有功功率。因为在畸变的输入电流中有很大的谐波成分，所以测量得到的输入电流有效值将会大出一个数值，这个数值由功率因数 P_f 确定，功率因数在电容输入滤波情况下近似为 0.63。*

注意： *虽然功率因数 P_f 通常定义为*

$$P_f=\frac{\text{输入的有功功率}}{\text{输入电压与电流之积}}$$

在离线式整流电容输入滤波情况下，低的供电输入电阻保证了输入电压维持在恒定值附近并且没有畸变。因此功率因数可定义为输入有功电流与输入电流有效值之比，即

$$P_f=\frac{I_e}{I_{in(rms)}}$$

6.9　选择浪涌抑制电阻

如前所述，等效串联电阻是由几个要素组成的，其中的一些因素设计者无法控制。大的串联浪涌抑制电阻具有优点，能减小重复和浪涌电流峰值，减小整流二极管、储能电容、滤波元件的应力，可提高功率因数。然而，这也造成了更大的总功耗，降低了整体效率，也减弱了对输出电压的调节能力。

浪涌抑制电阻通常是一个折中的选择。在使用浪涌抑制热敏电阻的小功率应用中，这通常能提供足够的“热电阻”来限制电流峰值，得到所要求的性能。在大功率的应用中，使用低阻双向三极晶闸管或 SRC 进行浪涌抑制，输入滤波电感常常成为主要的串联电阻，所有电阻值通过缠绕匝数确定。所能允许的电感温升限制了这个电感的电阻最大值。但这种电感设计的功耗限制方法具有这样的优点：它允许以最大匝数缠绕于磁心，能在所选定尺寸的磁心上获得最大的电感。详见第三部分的第 1、2、3 章。

6.10　电阻因数 R_{sf}

在图 1.6.4、图 1.6.5 和图 1.6.6 中，为了更普遍地使用，等效串联电阻 R_s 被转换为一个电阻因数 R_{sf}：

$$R_{sf}=R'_s\times\text{输出功率}$$

如果技术要求为功率因数高于 0.6，而需要一个附加的串联功率电阻以增加正常的电源内阻，这样做的不利之处是增加了功率损失，不可避免地减小了整体的效率。为了使功率因数高于 0.7，需要一个低频扼流圈输入滤波器。在某些应用中需要特殊的连续导通升压变换器输入电路。

6.11　设计实例

下面的例子将演示曲线图的使用。

问：对于一个 110V、250W、效率为 70%的离线开关电源，使用了一个整流电容输入滤波器和一个倍压电路，试确定其熔断器的额定值、最小电容值、输入电流有效值、电容电流的峰值和有效值。

注意：对于倍压电路，如图 1.6.1 所示，由 6.12 节可知，推荐的最小电容值是 3 μF/W，电容 C_5 和 C_6 的最小值各为 750 μF。

输入功率 P_{in}

假定效率为 70%，则输入到变换器和滤波器的功率 P_{in} 为

$$P_{in}=\frac{P_{out}}{0.7}=\frac{250}{0.7}=357\text{W}\ （在负载为 100\%时）$$

等效输入电流 I_e

对于 110V 的输入电压，有效输入电流 I_e 为

$$I_e=\frac{P_{in}}{V_{in}}=\frac{357}{110}=3.25\text{A}$$

输入电阻因数 R_{sf}

假定一个 0.42Ω 的典型总有效输入电阻，电阻因数 R_{sf} 为

$$\mathrm{R}_{sf}=R'_s P_{in}=0.42\times 357=150\Omega\text{W}$$

输入电流有效值 $I_{in(rms)}$

在图 1.6.4 中，若负载为 100%，电阻因数 R_{sf} 为 150，则得到比值 $I_{in(rms)}/I_e=1.48$；因此

$$I_{in}=3.25\times 1.48=4.8\text{A}\ （有效值）$$

该输入电流有效值将确定在 110V 输入时输入熔断器的连续电流的比率。它也用于输入滤波电感的器件选择和功耗计算。注意如果最小输入电压小于 110V，则按照最小输入电压进行计算。

电容电流有效值 $I_{cap(rms)}$

在倍压连接中使用同样的 100%负载和电阻因数，图 1.6.5 给出了满负荷时的比值 $I_{cap(rms)}/I_e=1$；因此

$$I_{cap}=1\times 3.25=3.25\text{A}\ （有效值）$$

所选择的电容必须达到或优于这个纹波电流要求。

输入电流峰值 I_{peak}

在图 1.6.6 中，满负荷时，比值 $I_{peak}/I_e=4.6$ 确定的输入电流峰值为 15A。所选择的整流二极管必须满足重复电流峰值和输入电流有效值的要求。

6.12　直流输出电压与整流电容输入滤波器的校准

研究表明[26,83]，若 $\omega C_e R_L>50$，则整流电容输入滤波器具有一个电阻性负载，它的直流输出电压将主要由等效串联电阻 R'_s 和负载功率决定。然而，当纹波电压较低时，此规则对非线性变换器型的负载亦有效。

图 1.6.7 和图 1.6.8 中，整流电容输入滤波器的平均直流输出电压是负载功率和输入电压有效值的一个函数，负载功率可达 1000W，用串联电阻 R'_s 作为其中一个参数。

为了保持 $\omega C_e R_L>50$，等效滤波电容 C_e 必须等于或大于 1.5 μF/W，在倍压连接中 C_5 和 C_6 为 3 μF/W；记住：在本例中，C_e 是由 C_5 与 C_6 串联组成的。一般，这种电容值也能满足纹波电流和保持时间的要求。

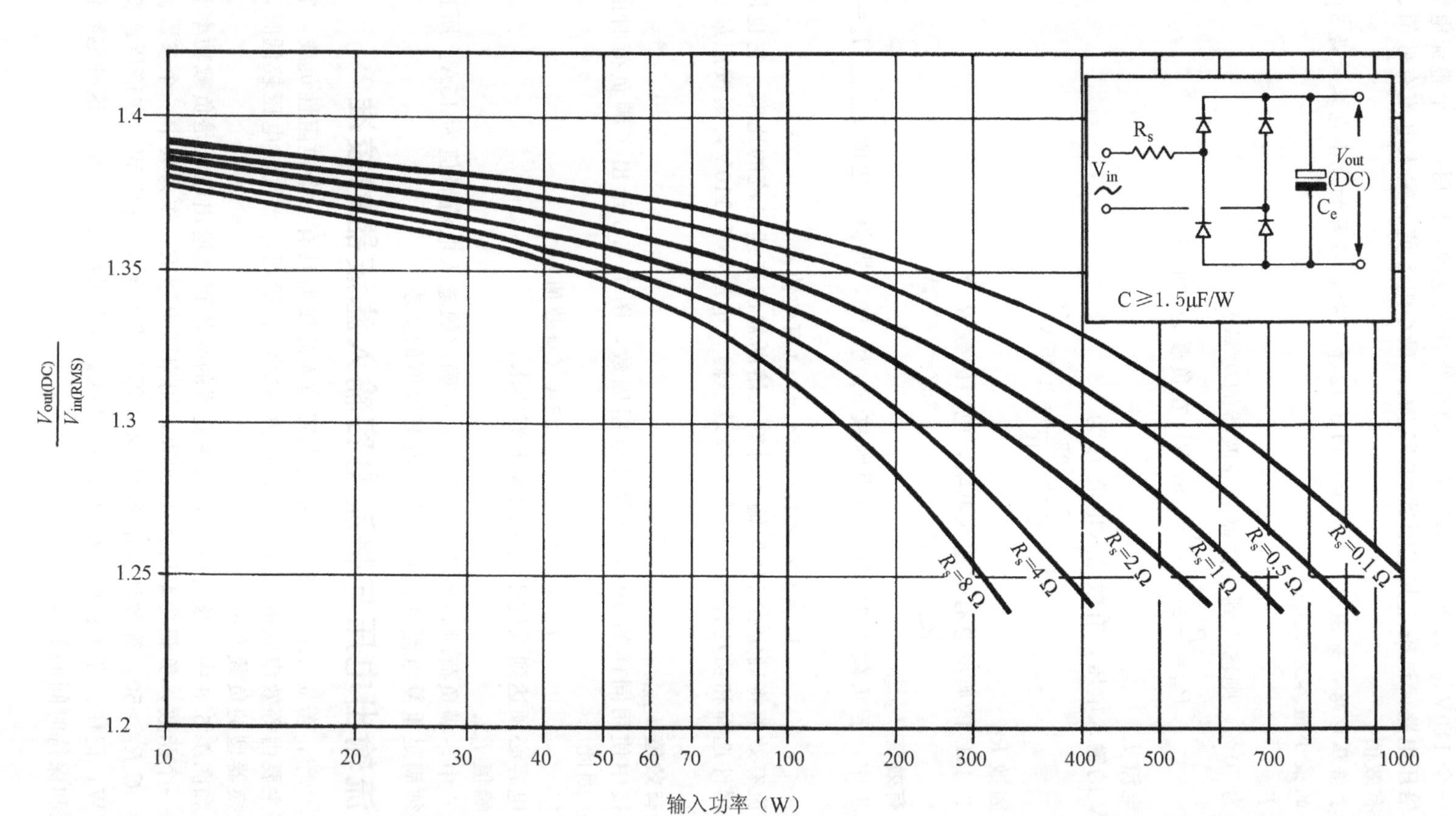

图 1.6.7　全波桥式整流的电容输入滤波器的平均直流输出电压是负载功率的函数，等效电源内阻作为其中的参数(电容值为 1.5 μF/W 或更大时才有效)

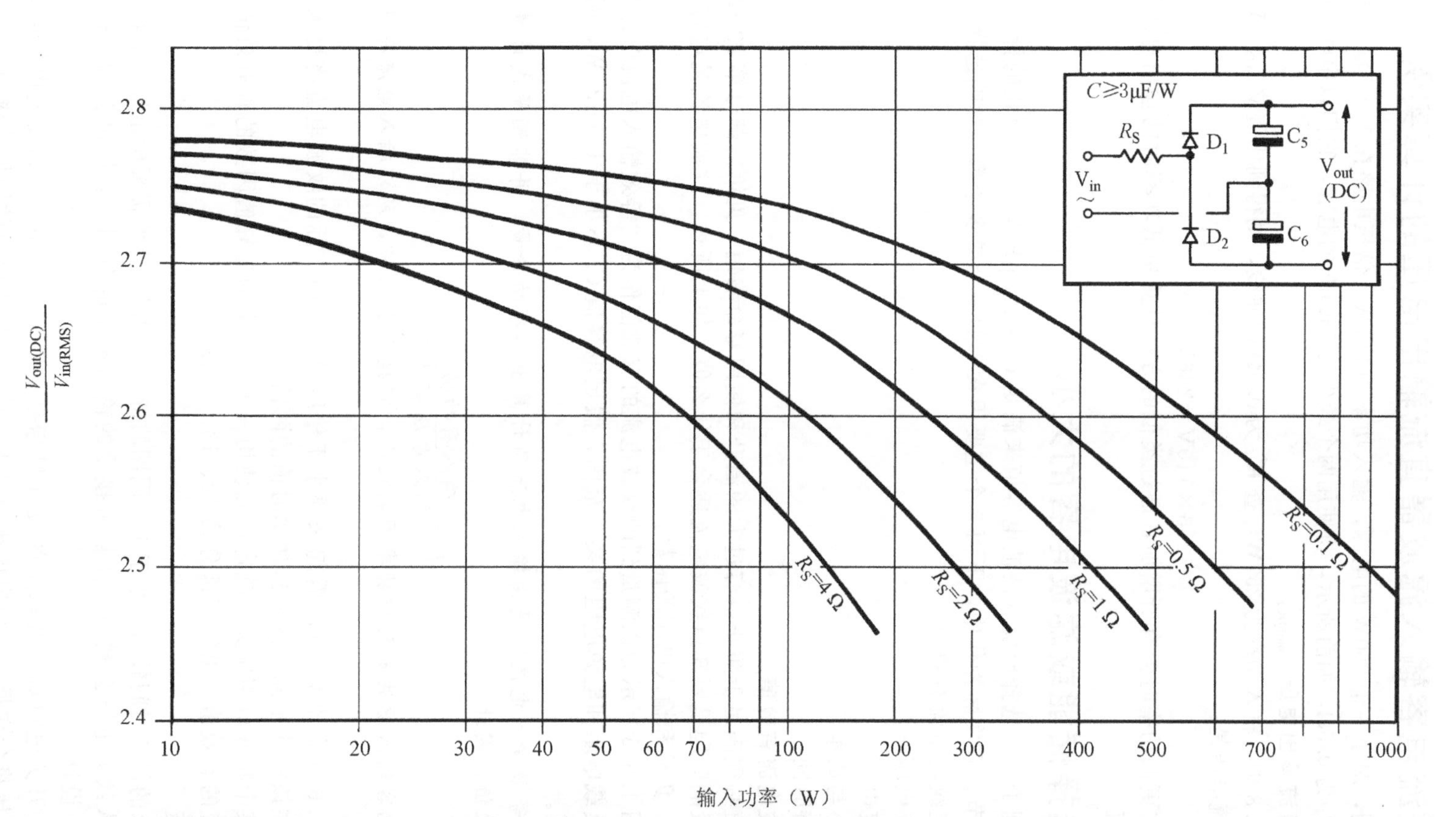

图 1.6.8　倍压电容输入滤波器的平均直流输出电压是负载功率的函数，等效电源内阻作为其中的参数（电容值在 3 μF/W 或更大时才有效）

6.13　整流电容输入滤波器直流输出电压的计算实例

考虑上例，对于一个 250W 的电源，输入功率为 357W，倍压电路在 110V 输入时使用。总串联电阻 R_s 为 0.5Ω，如前所示，将使用两个最少为 750 μF 的电容，它们以串联连接。

滤波器直流输出电压 $V_{out(DC)}$

在图 1.6.8 中，输入功率为 357**W**，查 $\mathbf{R'_s}$ 为 0.5**Ω** 的曲线，则得到比值 $V_{out(DC)}/V_{in(rms)}=2.6$。因此直流电压是：

$$2.6\times110\text{V}=286\text{V}$$

该比值在更低功率时会有所增加，通过类似的方法计算更低功率时的输出电压可获得电压的调整值。

6.14　选择储能或滤波电容的大小

在以上例子中，选择储能和滤波电容值来满足 $C_e=1.5\ \mu\text{F/W}$ 这一简化的标准，此标准见于 6.12 节。在实际操作中，下面 5 个主要因素中的一个或多个都会影响选择。

(1) 额定纹波电流有效值

(2) 纹波电压

(3) 额定电压

(4) 大小与成本

(5) 保持时间

额定纹波电流有效值

此额定值必须满足于防止电容过大的温升和使用寿命缩短，见第三部分第 12 章。

这一阶段的问题是要知道纹波电流适合于什么值。如上所述，纹波电流是电容值、总串联电阻 R_s、负载和输入电压的函数。

然而，图 1.6.5 所示为以测量到的纹波电流的有效值作为“等效输入电流” I_e 的一个比率，对于负载电阻和电源电阻的某一范围，假定电容值 C_e 不小于 1.5 μF/W，而 C_5 和 C_6 为 3 μF/W。

注意：“等效输入电流”是由输入电流所计算出的有功分量，并非测量或计算所得的输入电流有效值；因此

$$I_e=\frac{\text{输入有功功率}}{\text{输入电压有效值}}$$

因为在整流电容输入滤波电路中功率因数较小，它接近于 0.63，所以输入电流有效值会比 I_e 要大。

虽然图 1.6.5 中比率 I_c/I_e 看起来要小于倍压模式，但实际的纹波电流将更大，因为 I_e 将接近于在该模式中同样的输出功率时值的两倍。

如果在某个特殊应用中无法确定，则使用一个低内阻的高峰值因数的真有效值电流表检测电容电流的有效值。见第三部分第 12、13、14 章。

纹波电压

当所要求的保持时间较短、小于 1 个周期的持续时间时，常常需要确定最小电容值。

C_e 上的大纹波电压会减小变换器可接受的输入电压的范围。它们也会输出过大的纹波，这取决于设计。

典型地，开关电源对纹波电压的设计目标是小于 V_{DC} 的 10%，如纹波电压峰峰值为 30V，纹波电压将会在最小的供电电压时最大，这是由输入电流的增加造成的。

实例

选择合适的 C_e，以满足特殊的纹波电压抑制：

一个 100W 的电源，原边滤波器的纹波电压不超过 V_{DC} 的 10%，当总体效率为 70% 时，60Hz 的最小输入电压的有效值为 170V，具有等效串联电阻 $R_s=2\Omega$。

在 100W 输出时，具有 70%的效率，则输入功率为 143W。从图 1.6.7 可知是桥式连接方式，输入功率为 143W 和 $R_s=2\Omega$ 时，比率 $V_{out(DC)}/V_{in(rms)}=1.32$，在输入电压的有效值为 170V 时输出电压将为 $V_{out(DC)}=1.32\times170=224V_{(DC)}$。

变换器的输入功率是 143W，得到等效直流变换器输入电流：

$$P/V_{out(DC)}=143/224=0.64\text{A}$$

从图 1.6.3 推断，60Hz 时的电容放电时间约 6ms。因为纹波电压是很小的，本例中为 10%，即 23V，可假定在此放电期间为线性放电过程。

有了这些近似值，就可用一个简单的线性方程来确定能提供所需 10%纹波电压的 C_e 的近似值：

$$C_e=I\times\frac{\Delta t}{\Delta v}$$

式中，C_e=等效电容值（μF），它是 C_1 和 C_2 串联的等效值；

I=变换器的直流输入电流（A），本例中为 0.64A；

Δt=放电时间（s），本例中为 6ms；

Δv=纹波电压峰峰值（V），本例中为 $10\%V_{out(DC)}=22.4V_{p\text{-}p}$。

所以，

$$C_e=\frac{0.64\times6\times10^{-3}}{22.4}=171\,\mu\text{F}$$

因为两个电容是串联使用的，每个电容最小为 342 μF。在本例中，电容值超过了 3 μF/W 的最小值的标准，但并不明显过大。纹波电压的要求并非主要因素，也应该检查额定纹波电流和保持时间。

额定电压

这可能是一个很显然的参数，但记住要考虑到最大输入电压值和最小负载，并且电压冗余量要能满足温度额定值下降和平均无故障时间额定值的下降所带来的要求。

大小与成本

高压的大容量电解电容体积大、成本高。使用过大的元件是不划算的。

保持时间

保持时间是指当供电中断或供电电压下降到低于输入调节器的限制时，开关电源仍能把输出电压维持在输出调节器限制之内的最短时间。虽然保持时间是最后才考虑的，但在选择开关电源时，它常是主导因素并且甚至有可能是主要原因。

尽管有明显的重要性，保持时间常常未明确地说明。此参数是储能电容 C_e 大小、所加负载、交流供电故障时刻电容两端的电压以及电源跌落电压设计的函数。注意：进行低跌落电压设计是困难、低效率和高成本的。

在定义保持时间时，确定故障时刻前的负载状态、输出电压和供电电压显然是很重要的。

除非在技术要求中另作说明，否则都采用标称输入电压和满载运行，这已成为工业标准。在关键的计算和控制应用中，有必要指定在满负荷和最小输入电压的条件下的最小保持时间。如果这是实际要求，则必须详细说明，它对储能电容的大小和价格有主要的影响，并可能成为作出选择的主要因素。因为成本太高，很少有“标准现货”电源能满足第二个条件。

在上述任何一个例子中，如果保持时间超过了20ms，它或许会成为影响电容大小的主要因素，并且为满足这一要求需要确定C_e的值。本例中，储能电容的最小值是在能量储存要求的基础上进行如下计算的，令：

C＝等效储能电容的最小值（μF）；

E_o＝在保持时间内所使用的输出能量，等于输出功率×保持时间；

E_i＝在保持时间内所使用的输入能量，等于E_o/效率；

V_s＝储能电容上的直流电压（在交流供电故障开始时刻）；

E_{cs}＝储能电容上存储的能量（在交流供电故障开始时刻）；

V_f＝储能电容上的电压（在供电电压跌落时刻）；

E_{ef}＝储能电容上保留的能量（在供电电压跌落时刻）。

此时：

$$E_{cs}=\frac{1}{2}C(V_s)^2$$

$$E_{ef}=\frac{1}{2}C(V_f)^2$$

则所用的能量E_i＝从电容器转移来的能量：

$$E_i=\frac{1}{2}C(V_s)^2-\frac{1}{2}C(V_f)^2=\frac{C\ ({V_s}^2-{V_f}^2)}{2}$$

因此：

$$C_{e(\min)}=\frac{2E_i}{{V_s}^2-{V_f}^2}$$

实例

试计算在输出功率为90W时能提供42ms保持时间的储能电容C_e的最小值。故障之前最小输入电压值为190V。

电源是以有效值为230V标称输入而设计的，连接位置选择为桥式整流方式。效率为70％，电源的跌落输入电压有效值为152V。输入滤波器的等效串联电阻（R_s）是1Ω。

因为故障可能发生在正常前半周的静止期之末，电容可能已经放电达8ms，所以最坏的情况是放电时间长达（42＋8）＝50ms，这个时间必须考虑到。

图1.6.7中，两个串联储能电容C_5和C_6两端的直流电压在电压跌落时刻到交流供电故障时刻这段时间内将会是

$$V_s=1.35\times190=256\text{V}$$

$$V_f=1.35\times152=205\text{V}$$

在此期间电源所使用的能量为

$$E_i=\frac{\text{输出功率}\times\text{时间}\times100}{\text{效率}}=\frac{90\times50\times10^{-3}\times100}{70\%}=6.43\text{J}$$

因此，

$$C_{e(\min)}=\frac{2\times6.43}{256^2-205^2}=547\ \mu\text{F}$$

因用两个串联在一起的电容作为C_e，其值必须加倍，即两个电容的最小值分别为1094μF。考虑允许误差和长期老化影响，本例中可用两个标称值为1500μF的电容。

对于一个90W电源来说这显然是一个非常大的电容，并且比能满足纹波电流和纹波电压要求的值还大。此电容器的选择显然是由保持时间的要求所决定的。

6.15　电力线路熔断器额定值的选择

如图 1.6.4 可知，输入电流有效值是负载、电源内阻 R_s 和储能电容值的函数，在低输入电压时输入电流最大。造成熔件发热的是输入电流有效值，它决定了熔断器的持续工作额定值。此外，熔断器必须能耐受在输入电压最大时刚接通的浪涌电流。

方法：选择如图 1.6.4 所定义的输入熔断器的持续工作额定电流有效值，为消除老化影响而预留 50%的冗余。

选择 I^2t 额定值来满足浪涌要求，可见第一部分第 7 章所定义的浪涌要求。

6.16　功率因数与效率的测量

从图 1.6.3 可见，在电容输入滤波造成的严重非线性负载的影响下，输入电压只有轻微的畸变，能维持正弦输入是因为电力线路输入电阻非常小。然而，输入电流被严重畸变并变得不连续，但表面上仍与电压同相，呈现为正弦波的一部分。这就出现了基本错误：$V_{in(rms)} \times I_{in(rms)}$ 之积就是输入功率。实际上并非如此！这个积只是输入伏安乘积，它必须再乘上功率因数才得到有功功率，对电容输入滤波器来说功率因数典型值为 0.6。

功率因数低的原因是非正弦电流波形含有大量奇次谐波，测量中必须包含各次谐波的相位和振幅。

具有超过 1kHz 带宽的有功功率表能最好地测量输入功率，许多电动式功率表也是适用的；但要小心含磁心的仪表，这些仪表测量较高次频率谐波的功率时有相当大的误差。现代的数字仪表通常是适用的，它们具有大的带宽、大的波形因数，能读出有功有效值。要注意的是那些用峰值或平均值读数而以有效值校准的仪表的使用，如磁电式仪表，这些仪表只能在完全正弦波输入的情况下才能正确读出有效值。

当进行效率测量时，必须记住这是在相差很小的两个大数字之间进行比较。正是该差值定义了系统中的功耗，任何读数上的小误差都能在可见损耗上带来很大的误差。如图 1.6.9所示，当输入和输出测量可能有 2%的误差时，图中给出了可能的误差范围，它是实际效率的函数。

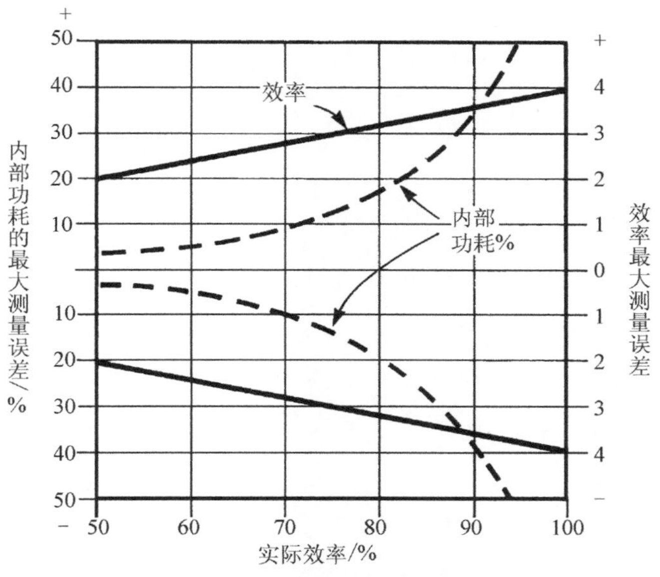

图 1.6.9　内部功耗与效率计算的可能误差范围是实际效率的函数，其中测量误差为 2%

在一个多输出的电源中可能使用了很多测量仪表，存在误差的可能性是很大的。在使用电动式功率表时不可忽略功率表本身的负载，这种负载总是存在的。这种误差不能通过校准来消除，它取决于相关的电流与电压比率，而这个比率在每次测量时都会变化。它也取决于仪表的接线方法。一般来说，进行大电流、低电压测量时，分流器和电流互感器应接在电压端之前，而相反的接线适合于小电流、高电压的测量。

6.17 习题

1. 为什么电容输入滤波器常用于离线开关电源中？
2. 电容输入滤波器的主要缺点是什么？
3. 电容输入滤波器的功率因数典型值为多少？为什么它会比较小？
4. 为什么必须用真有效值功率表来测量输入功率？
5. 为什么电容输入滤波器需要进行线路浪涌电流抑制？
6. 为什么在选择输入电容类型时，输入储能电容的纹波电流是非常重要的？
7. 对电容输入滤波器来说，在输入整流器的选择中哪些参数是重要的？
8. 怎样才能提高电容输入滤波器的功率因数？
9. 使用图 1.6.9 所示的诺模图，试确定输入熔断器的最小额定值、储能电容值、储能纹波电流值、整流二极管的电流峰值、满负载时直流输出电压和 10%满负荷的电压调整。这里，设输出功率为 150W，包括浪涌抑制电阻的总电源内阻为 0.75Ω，供电电压有效值为 100V，效率为 75%，采用图 1.6.8 所示的倍压电路。
10. 如果开关电源效率为 70%，输出功率为 200W，供电频率为 60Hz，要求储能电容能提供半个周期的保持时间，试计算储能充电电容的最小值。这里，设出现交流供电故障前的供电电压有效值为 90V，跌落电压有效值为 80V。电源有一个如图 1.6.8 所示的倍压电路，电源内阻 R_{sf} 为 0.5Ω。

第7章　浪涌控制

7.1　导论

在离线开关电源中，首先要考虑使电源体积最小、成本最低，通常的做法是使用离线式半导体整流桥，它接容性输入滤波器来产生高压直流电源，给变换器部分供电。

如果交流输入直接接到这种整流电容电路中，电力线、输入元件、开关、整流器和电容上都将流过很大的浪涌电流。这不仅会给这些部件带来很大应力，也会给使用同一电力线路阻抗的其他设备造成干扰。

各种“浪涌电流控制”的方法用于减轻这种应力。通常这些方法包括在输入点与储能电容之间的一条或多条电力线上串联电阻性抑制器件。

这些抑制器件通常有以下3种形式之一：串联电阻，热敏浪涌抑制电阻和有源抑制电路。

7.2　串联电阻

在小功率的应用中可能会使用简单的串联电阻，如图1.7.1所示。然而，大电阻会使浪涌电流变小，但在正常运行的情况下也会有大的功耗。必须在可接受的浪涌电流与运行损耗之间进行折中选择。

当供电开关接通时，所选择的串联电阻必须能够承受初始的高电压和大电流应力。专用的大额定电流浪涌抑制电阻应用在这里最为合适。常用具有恰当额定值的线绕式电阻。如果预期的使用场合湿度较大，则应避免使用线绕式电阻。使用这种电阻时，瞬变热压力和线膨胀会使保护涂层的完整性逐渐退化，导致湿气侵入、过早老化。

图1.7.1所示为抑制电阻的一般位置。在需要双输入电压的场合，在 R_1 和 R_2 的位置上应使用两个电阻。这对低压连接位置来说具有有效并联运行的优点，而对高压连接位置又有串联运行的优点。在这两种情况下，它都能把浪涌限流在类似的值之内。

在单个输入电压的场合，则在整流器输入端的 R_3 位置用一个浪涌抑制器件。

7.3　热敏浪涌抑制

在低功率的应用中，负温度系数（NTC）热敏电阻常用于 R_1、R_2 或 R_3 的位置。当刚接通电源时，NTC热能电阻阻值高，这就是它们比普通电阻有优势之处。它们可被选择用来在刚接通时供给低的浪涌电流，而热敏电阻在正常工作情况下会自加热，其阻值随之下降，可避免过多的功耗。

然而采用热敏电阻抑制浪涌也有一个缺点。当第一次通电时，热敏电阻要花一些时间使其电阻下降到工作阻值。如果此时交流输入接近其最小值，调整也无法形成足够的升温期。再者，当关断电源再快速地重新接通时，热敏电阻还未完全冷却，它将丧失部分浪涌抑制功能。

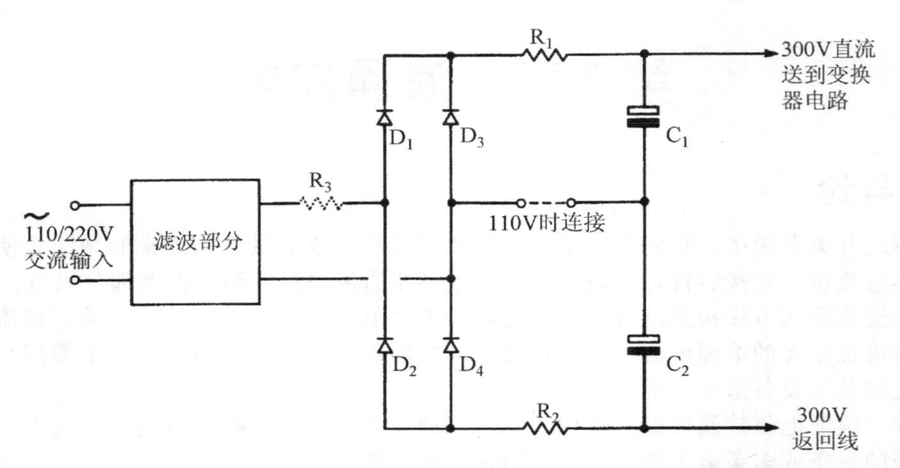

图 1.7.1　电阻性浪涌抑制电路，适合于桥式和倍压运行，保持浪涌电流在相同的值

不过此类浪涌抑制经常用于小功率装置中，这也是为什么关掉又快速地启动开关电源是一个很有害的操作，除非为这种操作做出了专门的设计。

7.4　有源抑制电路（双向三极晶闸管启动电路）

对于大功率变换器，在完全正常工作时最好把抑制器件短路，减小装置完全运行时的功耗。

通常会选择启动电阻在 R_1 位置，如此可用一个双向三极晶闸管或继电器。当启动之后，R_1 可被双向三极晶闸管或继电器旁路掉，如图 1.7.2 所示。在此类启动电路中的启动电阻可能有大得多的阻值，所以通常没有必要为双输入电压操作而更换启动电阻。

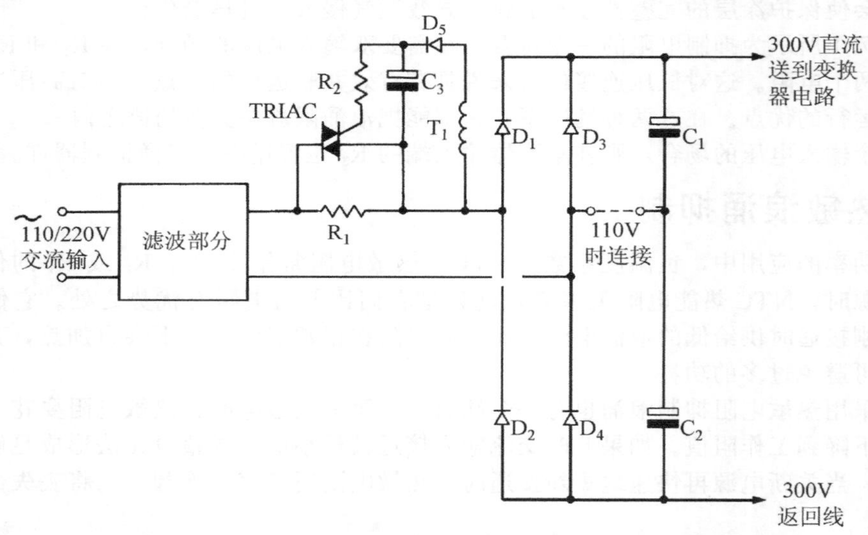

图 1.7.2　阻性浪涌抑制电路，采用双向三极晶闸管旁路来提高效率，应注意桥式运行有更大的浪涌电流

图 1.7.2 所示为有源抑制电路，它使用双向三极晶闸管来旁路电阻，但也可采用晶闸管或继电器的组合。

在刚接通电源时，启动电阻抑制了浪涌电流。当输入电容充电完毕时，有源旁路器件动作会短路启动电阻，因此在正常运行情况下功耗很小。

在双向三极晶闸管启动电路的实例中，双向三极晶闸管可方便地由主变换变压器的绕组供能。正常变换器的接通延时和软启动可以为双向三极晶闸管的接通提供一个延时。这将允许输入电容在变换器开始工作前通过启动电阻完全充电。这个延时很重要，因为如果变换器在电容完全充电之前启动，那么负荷电流就会阻止输入电容完全充电，等到双向三极晶闸管导通时将会产生更大的浪涌电流。

在大功率或低压直流-直流变换器的应用中双向三极晶闸管的功耗是难于接受的，可能会采用继电器。但在这样的应用中，在继电器动作之前为输入电容充满电很重要。因此，变换器必须等到继电器接点闭合后才能开始动作，并且必须使用合适的定时电路。

7.5　习题

1. 开关电源浪涌控制的 3 种典型方法是什么？
2. 试述各种方法的主要优缺点。

第 8 章　启动方法

8.1　导论

本章介绍大功率系统中通常需要的为控制电路供电的辅助电源，以及启动这类系统的几种常用方法。如果辅助电源只是用于电源变换器电路的供能，那么当变换器关掉时就不需要辅助电源了。对于这个特例，主变流变压器可采用附加绕组来提供辅助电源。

然而，对于这一安排，需要一些启动电路。由于启动电路只需要在很短的启动期间供电，因此有可能构造高效率的启动系统。

8.2　无源耗能启动电路

图 1.8.1 所示为一个典型耗能启动系统。高压直流电源压降施于串联电阻 R_1 和 R_2，以此给辅助储能电容 C_3 充电。一个调节齐纳二极管 ZD_1 可防止 C_3 两端过电压。当变换器动作刚建立时，C_3 的充电给控制和驱动电路提供了辅助电能。这一般发生在软启动程序刚完成时。

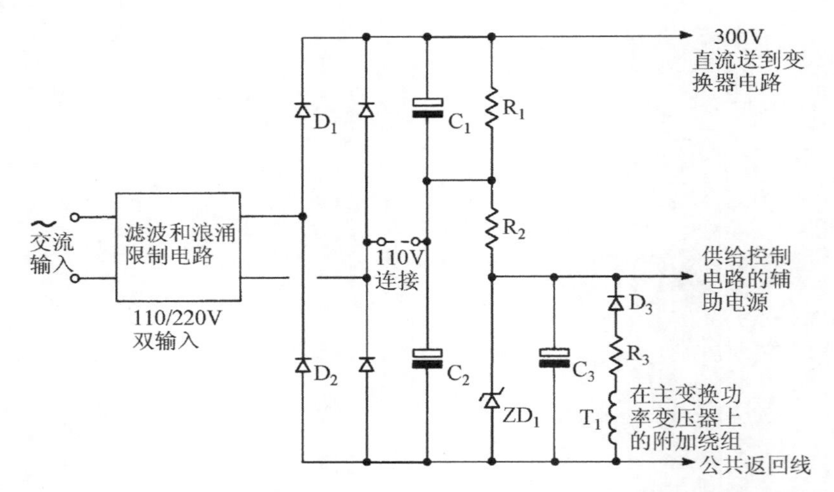

图 1.8.1　电阻耗能启动电路，从 300V 直流电提供初始低压辅助电源

当变换器工作时，辅助电源从主变压器 T_1 的一个绕组获得补偿，避免了 C_3 进一步地放电并保持辅助电源电压稳定。

对这种方法的主要要求是要有足够的启动延时，让主变换器允许 C_3 完全充电。再者，为了正确启动变换器，C_3 必须足够大以存储足够的能量供给驱动电路。

在此电路中，R_1 和 R_2 始终存在于电路中。为了防止过多的损耗，它们的阻值必须很大，因此在变换器启动之前，驱动电路的待机电流必须很低。因为 C_3 可能相当大，在 C_3 充满电之前可能有 200ms～300ms 的延时。为了在第一个周期运行中确保良好的开关动作，C_3 必须在启动之前充满电，这就要求在启动控制和驱动电路中有低压禁止和延时的措施。

这种技术的优点是价格非常低，并且电阻 R_1 和 R_2 能代替储能电容 C_1 和 C_2 两端必不可少的普通安全放电电阻。

8.3　晶体管有源启动电路

图 1.8.2 所示为一种更有效、反应更快的基本电路，它是具有一个高压晶体管 Q_1 的启动系统。在此电路中要选择电阻 R_1、R_2 和 Q_1 的增益，使 Q_1 在刚通电后不久被偏置进入一种完全饱和导通的状态。

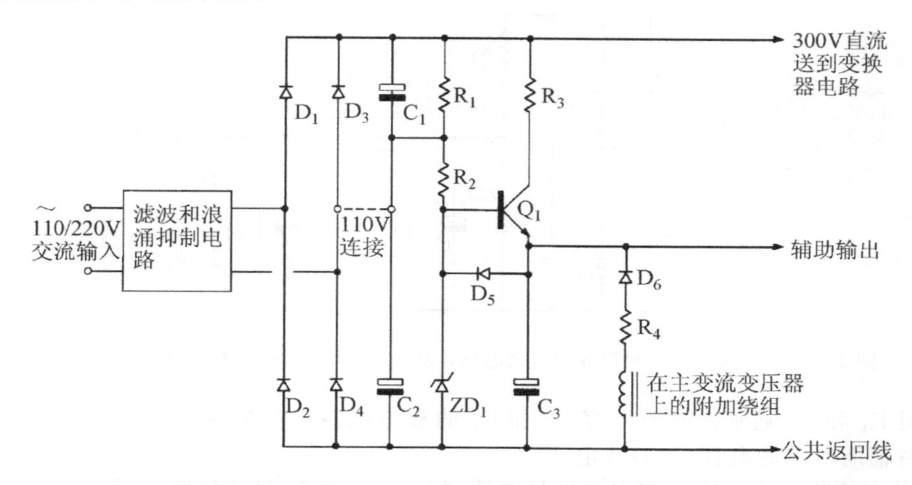

图 1.8.2　低损耗的有源晶体管启动电路，从 300V 直流电提供初始低压辅助电源

当 C_1、C_2 充电时，电流流经 R_1、R_2 流入 Q_1 的基极，使 Q_1 完全导通。刚开始时齐纳二极管 ZD_1 不导通，因为 C_3 和 Q_1 基极的电压是低的。随着 Q_1 的导通，一个大得多的电流会流入低阻值的 R_3，并给 C_3 充电。

在此电路中，R_3 可以有一个比图 1.8.1 所示电路中的 R_1 和 R_2 小得多的阻值。这不会导致过多的损耗或使效率变低，因电流只会在启动期间流经 R_3。Q_1 将在 C_3 充完电后关断，并将在接下来的整个启动期间运行于一种饱和导通的状态，因此它的功耗仍然非常小。应使 R_3 有一个高的浪涌额定值，可用线绕式电阻或碳素混合体电阻。

通电后，电容 C_3 将相当快地充电，则 Q_1 的发射极和基极之间的电压将跟踪这个上升的电压 $+V_{be}$，直到 Q_1 基极的电压达到齐纳电压 ZD_1。在此点上 ZD_1 开始导通，使得 Q_1 进入线性运行状态并使流入 C_3 的充电电流减小。此时在 Q_1 上形成电压和功耗。然而，一旦变换器正常的工作状态形成，则从主变压器上的附加绕组上来的正反馈将通过 D_6 和电阻 R_4 提供电流给 C_3。从而 C_3 上的电压将继续增大，直到 Q_1 的基-射极被反向偏置而完全关断。

此时，二极管 D_5 导通，C_3 两端的电压将被齐纳二极管 ZD_1 和二极管 D_5 钳位。ZD_1 的功耗取决于 R_4 的电压和最大辅助电流的值。在 Q_1 关断后，流过 R_3 的电流也为零，所以 R_3 和 Q_1 的功耗都将降为零。

因为启动动作很快，此处的 R_3 和 Q_1 可用很小型的元件，不需要散热器。为了避免在变换器故障时 Q_1 和 R_3 上出现危险的功耗状况，应使 R_3 能够维持连续的通电，否则会不安全。可熔电阻或者正温度系数（PTC）热敏电阻具有固有的自我保护特性，用于这种场合是比较理想的。

此电路能够支持相当大的启动电流，这给驱动电路的设计带来了更大的自由。

8.4　脉冲启动电路

图 1.8.3 所示为一个典型的脉冲启动电路，其工作情况如下。

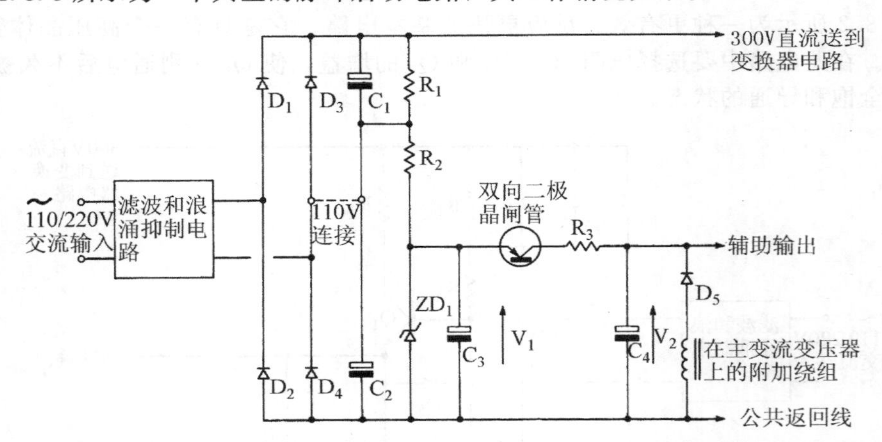

图 1.8.3　双向二极晶闸管脉冲启动电路，从 300V 直流端提供初始低压辅助电源

电阻 R_1 和 R_2 通常是储能电容 C_1 和 C_2 的放电电阻，在接通后它们使电流流入电容 C_3，此时辅助电源的电容 C_4 将放电。

C_3 的电压将增大，直到双向二极晶闸管（diac）两端达到了触发电压。双向二极晶闸管此时会触发并从 C_3 转移部分电荷到 C_4，转移电流的大小受电阻 R_3 的限制。

选择适当的电容 C_3、C_4 和双向二极晶闸管的电压值，使所需的辅助电源电压在 C_4 两端逐步形成，并使变换器通过正常软启动开始工作。

再次，通过 D_5 和附加绕组正反馈，主变压器提供了辅助电源。由于 C_4 进一步地充电，电压上升，双向二极晶闸管关断，因为有 ZD_1 对 C_3 的钳位动作，双向二极晶闸管两端的电压不再达到触发值。

此电路具有这样的优点：在导通瞬变期间提供大电流，而在电阻 R_1 和 R_2 上又不会有过多的损耗。在变换器第一个脉冲未能启动的情况下（这种情况极少出现），一旦 C_4 放完电并且 C_3 重新充电至双向二极晶闸管的导通电压，启动动作将会重复。

双向二极晶闸管的选择是很重要的。它必须能够传导所需的导通电流，导通电压应小于（V_1-V_{start}）并大于（V_1-V_2）（其中，V_1 是 ZD_1 钳位电压，V_{start} 是控制电路的启动电压，V_2 是变换器工作时 C_4 的电压）；否则在第一个脉冲之后将发生锁定。用一个小 SCR 和适当的门驱动电路代替双向二极晶闸管是可行的。

第9章　软启动与低压禁止

9.1　导论

软启动与第7章所讨论的浪涌抑制完全不同，尽管这两种功能是互补的。两种动作都能在刚通电期间减小进入电源的浪涌电流。然而不同的是，浪涌抑制直接限制进入输入电容的电流，而软启动则通过作用于变换器控制电路使负载逐渐增大，这通常是通过增加脉冲宽度来实现的。这种渐进式启动不仅减小了输出电容和变换器部件上的浪涌电流应力，也减轻了在推挽式和桥式电路中变压器“双倍磁通效应”（flux doubling）的问题。详见第三部分第7章。

开关电源中，一般的做法是直接把交流输入电源连接到整流器，并通过一个低阻抗噪声滤波器连接一个大的储能或滤波电容。为了避免在刚通电时出现大的浪涌电流，通常需要提供浪涌控制电路。在大功率的系统中，经常由一个串联电阻组成浪涌抑制，在输入电容完全充电后，用双向三极晶闸管、SRC或继电器把该串联电阻短路，见第一部分第7章所示的典型浪涌控制电路。

为了允许输入电容在启动期间能完全充电，有必要推迟功率变换器的启动，这样输入电容在充满电之后，功率变换器才从输入电容取得电流。如果电容还未充满电，当浪涌控制晶闸管或双向三极晶闸管把浪涌抑制串联电阻旁路的时候，将会出现电流浪涌。此外，如果允许变换器以最大脉宽启动，将会有大的电流浪涌进入输出电容和电感，导致输出电压过冲，这是由输出电感的大电流和可能的主变压器的饱和效应导致的。

为了解决这些启动问题，通常要用控制电路提供启动延时和软启动程序。这将使变换器的初始接通延时，并允许输入电容完全充电。延时之后，软启动控制电路必须使变换器从零启动然后缓慢增加输出电压。这样才能使变压器和输出电感形成正常工作状态，防止推挽电路中的“双倍磁通效应”。详见第三部分第7章。由于输出电压的形成比较慢，所以副边电感的电流浪涌减小，输出电压过冲的趋势减弱。详见第一部分第10章。

9.2　软启动电路

典型的软启动电路如图1.9.1所示，运行情况如下。

当首次接上电源时，C_1 将放电。10V电源线上逐渐增大的电压将使放大器 A_1 反相输入端为正，禁止脉宽调制器的输出。晶体管 Q_1 将通过 R_2 导通，保持 C_1 放电状态直到送到变换器电路的300V直流线上形成的电压超过200V。

此时 ZD_1 将开始导通，而 Q_1 将关断。C_1 将通过 R_3 充电，使 A_1 的反相输入端电压拉向零伏，并允许脉宽调制器的输出向驱动电路提供逐渐增大宽度的脉冲，直到形成所需的输出电压。

当正确的输出电压建立后，放大器 A_2 控制了放大器 A_1 反相输入端的电压。C_1 将继续通过 R_3 充电，使二极管 D_2 反向偏置并使 C_1 不再受调制器的影响。当电源关断后，C_1 将很快地通过 D_3 放电，为下一次的启动动作重新设置 C_1。在输入电压较高时，D_1 可防止 Q_1 被大于正向二极管压降的电压反向偏置。

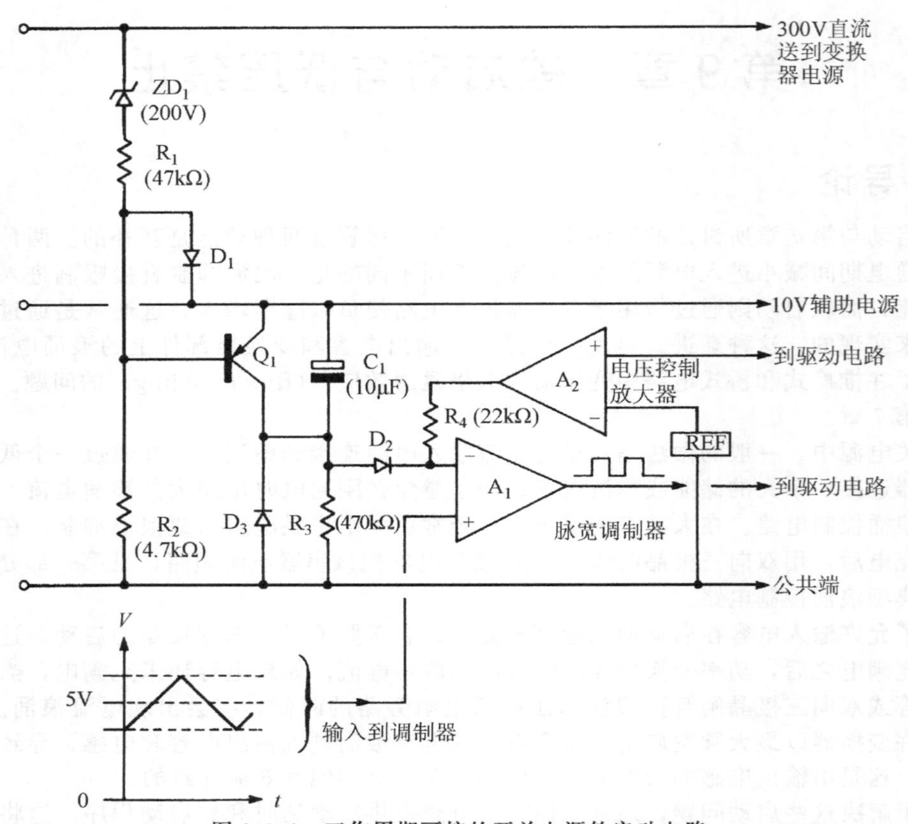

图 1.9.1　工作周期可控的开关电源软启动电路

此电路不仅提供接通延时和软启动，而且提供了低压禁止作用，防止变换器在供电电压完全建立前启动。

这一基本原理可能有很多的变化。图 1.9.2 所示为一个应用于图 1.8.2 中晶体管启动电路的软启动系统。此例中，直到辅助电容 C_3 已充电和 Q_1 关断时，ZD_2 的输入才变高，软启动才开始。因此，在本电路中，在软启动能够开始之前电源电压和辅助电源电压必须能够正确地建立起来。这将保证变换器在正确的控制状况下启动。

9.3　低压禁止

在很多开关方式的设计中，当输入电压太低而难以保证正确的运行时，避免功率变换器动作是有必要的。

变换器的控制、驱动电路和功率开关电路都需要正常的供电电压来保证无误的开关动作。在很多实例中，尝试在低于最小输入电压的情况下运行会导致功率开关的失效，这是由不当定义的驱动条件和不饱和的功率开关导致的。

通常，在电压降低到次最小工作电压以下时，可使用电压禁止信号以一种适宜的方法来关断变换器，该电压禁止信号原是用于在供电电压高到足够大能保证正确运行之前防止变换器启动的。

低压禁止电路常连接到软启动系统，这样，直到形成正确的工作电压后，才由正常的软启动动作来启动低压禁止电路。这也满足了软启动动作的延时要求，并能避免出现启动竞争状态。

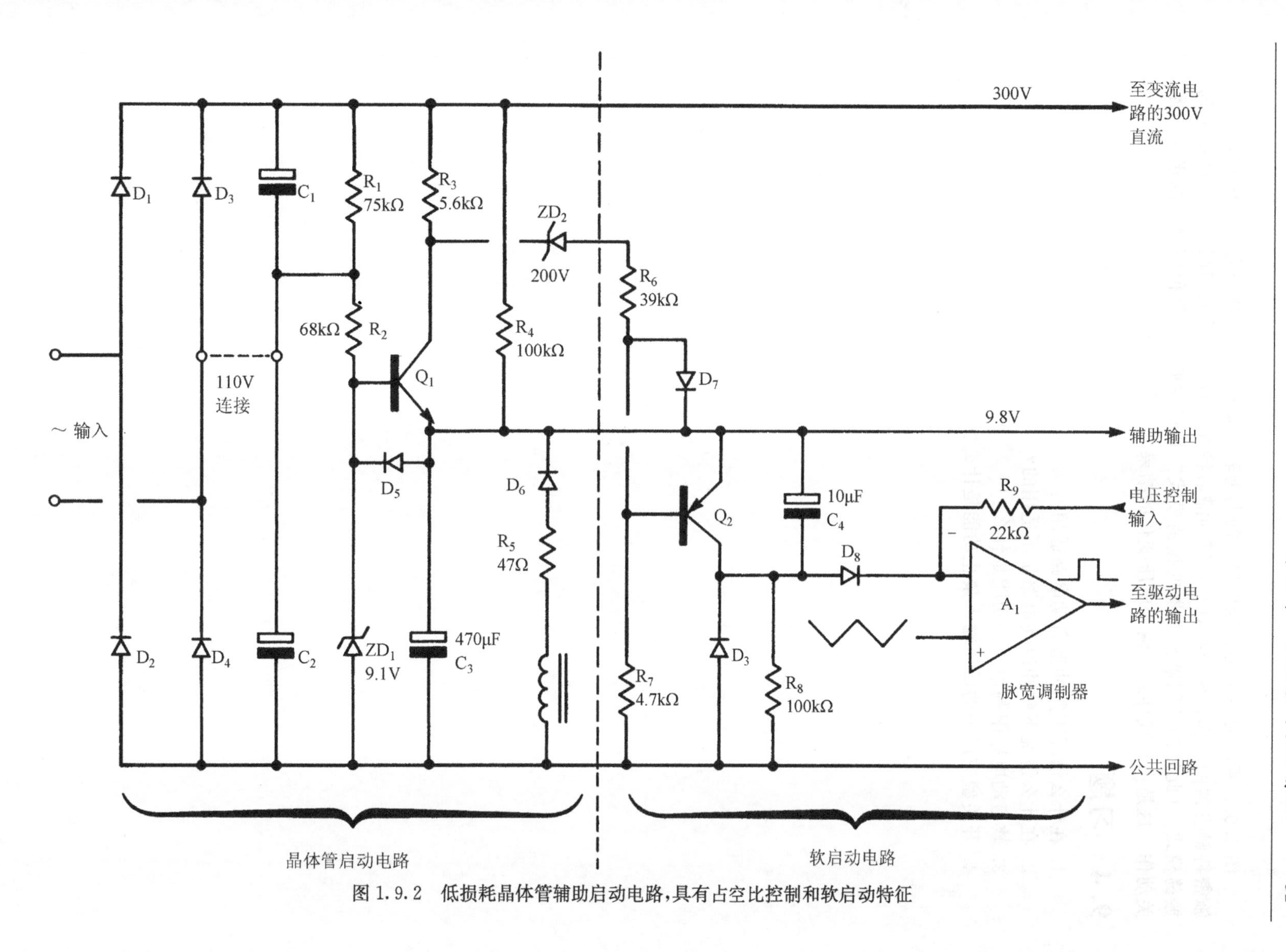

图 1.9.2 低损耗晶体管辅助启动电路，具有占空比控制和软启动特征

图 1.9.2 所示为一个具有低压禁止的典型软启动电路。在该电路中，附加绕组提供了施密特触发器的动作，该绕组具有足够的滞后特性来防止在导通门限上发生间歇振荡器的振荡模式。（此处的“间歇振荡器的振荡模式”是指在低压门限值所发生的迅速通断的开关动作，这是由负载导致的输入电压变化的结果。）

9.4 习题

1. 在什么情况下脉冲型启动电路适用？
2. 在什么情况下脉冲启动电路是不适用的？
3. 软启动电路限制浪涌的功能是什么？
4. 开关型应用中的低压输入禁止功能是什么？

第 10 章　接通电压过冲抑制

10.1　导论

当电源刚接通时，不管是由电力线上的开关还是由电子的方法（比如由一个 TTL 逻辑“高”电平信号），要建立正确的工作状态，功率电路和控制电路都将要经过一个延时。在此延时期间，完善的调整工作建立起来之前，输出电压超过其正确的工作值是有可能的，这会形成“接通电压过冲”。

10.2　开关电源接通电压过冲的典型原因

在大多数开关电源中，一个受控制的启动顺序是从接通开始的。如果是由输入线上的开关接通的，则第一个动作将是浪涌抑制，使用一个电阻元件与输入线路串联来减小几个周期内浪涌电流的峰值，此过程中输入电容处于充电状态。

浪涌抑制之后，将有一个软启动动作。软启动过程中，给开关器件的脉冲宽度逐渐增大，以此建立变压器、电感和电容的正确工作状态。在平稳地建立所需的输出电压的目标下，输出电容的电压逐渐增大。然而，即使在这种受控制的接通状态下也有可能出现输出电压过冲，因为在控制电路中会出现如下的竞争状态。

图 1.10.1 所示为一个典型的工作周期可控的开关电源输出滤波和控制放大器电路。控制放大器有一个简单的零极点补偿网络来稳定控制回路的工作。

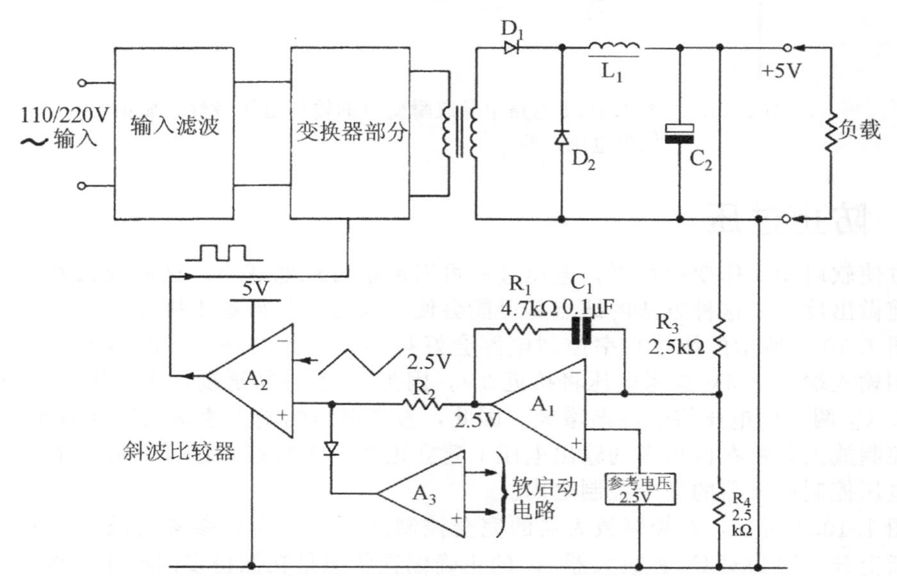

图 1.10.1　典型的占空比控制回路，其中 R_1 和 C_1 是电压控制放大器 A_1 的补偿元件

当刚接通输入时以及整个启动阶段，控制放大器 A_1 将会识别到输出电压较低，因此它将要求最大输出，从而斜波比较器 A_2 将输出最大脉冲宽度。高增益控制放大器 A_1 将运行于高饱和状态，其输出接近于+5V。同时，随着输出电压增加至期望值 5V，A_1 的反

相端电压达到 2.5V。因此，在启动阶段结束时，补偿电容 C_1 将会充电到＋5V。

在启动阶段，脉冲宽度和输出电压都将在软启动电路和放大器 A_3 的控制之下。所以控制放大器将保持在饱和“高”状态，直到输出电压与所要求的电压相差在 1mV 或 2mV 之内。在此时，输出电容被充电，输出电感 L_1 上也形成了相当大的电流。

因为输出电压达到了所要求的值，控制放大器 A_1 将开始作出反应。然而，补偿网络 R_1、C_1 要建立其正确的直流偏压，因此会有一个相当大的延时。因为放大器 A_1 的输出电压是从大约＋5V 处开始的，与正确的平均工作点 2.5V 相差甚远，而放大器的转换速率是由 R_1、C_1 的时间常数决定的。在一个较长的时间内不会建立放大器的正确工作状态。此例中，延时接近于 500 μs。在延时期间，脉冲宽度将不会显著地减小，因为在到达脉冲宽度调制器 A_2 的控制范围之前，放大器 A_1 的输出必须接近于 2.5V。这个延时与此时流过输出电感 L_1 的过大的电流一起，将导致相当大的过压。此例中输出电压将达到 7.5V，如图 1.10.2 所示。

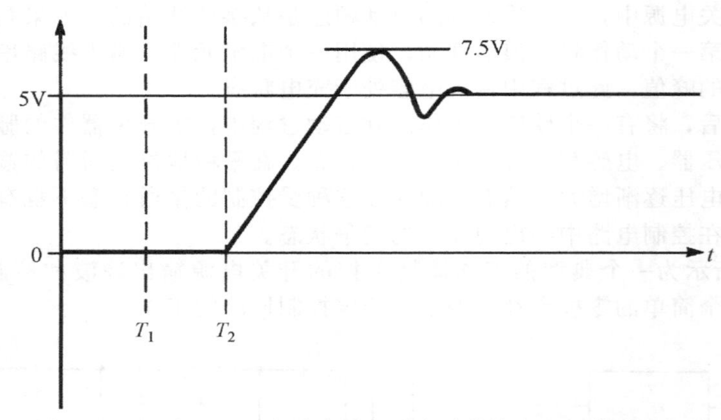

图 1.10.2 图 1.10.1 电路中导通瞬变时的输出电压特性，显示输出电压过冲

10.3 防止过压

通过使软启动动作变得很慢，电压过冲可以被很可观地减小。这使放大器在过压变得太大之前做出反应。这种方法的缺点是可能会使接通延时长得难于接受。

如图 1.10.3 所示的线性功率控制电路会好得多。在此电路中，刚接通时，给控制放大器同相输入端的 2.5V 参考电压将接近 0V，因为 C_1 会在接通前放电。因为 C_1 通过 R_1、R_4 充电，C_1 两端的电压将会逐渐增大。因此，参考电压的增大速率比软启动动作慢一些。结果，控制放大器将在低得多的输出电压下建立正常工作状态，这样，后续的启动动作就会处于电压控制放大器的完全控制之内。

如图 1.10.4 所示，在控制放大器的完全控制之下，作为对参考电压上升的反应输出电压逐渐上升。因为对 C_2 和放大器 A_1 的正确偏置状态是在低得多的电压下建立的，所以在正确的电压形成时将不会出现过压。如果选择了最适宜的 R_1、R_4 和 C_1，参考电压以及受其影响的输出电压将渐近地达到所要求的 5V。此类电路典型的接通特性如图 1.10.4 所示。C_1 的值过小会导致欠阻尼，而过大又导致过阻尼。同样的原理适用于任何开关方式或线性控制电路。

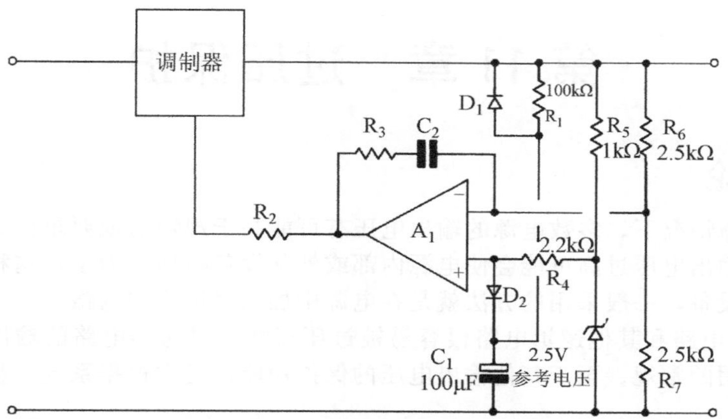

图 1.10.3　已改进的控制电路，具有导通过冲抑制元件 R_1、D_1、D_2 和 C_1

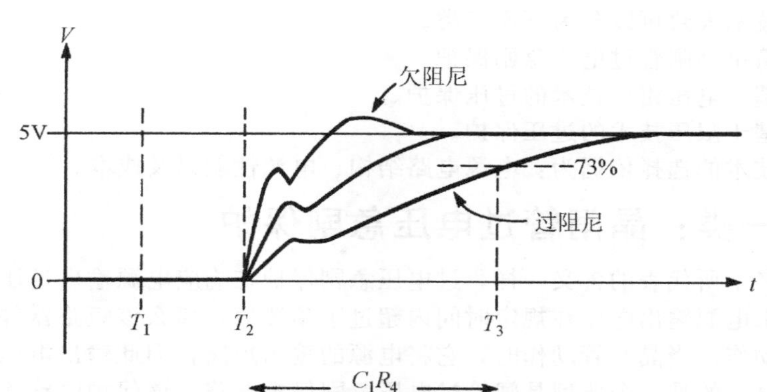

图 1.10.4　改进电路的导通特性，显示了欠阻尼、过阻尼和最佳阻尼曲线

10.4　习题

1. 试述在开关电源中导通输出电压过冲的一个典型原因。
2. 试述减少导通输出电压过冲的两个方法。

第 11 章　过压保护

11.1　导论

在发生故障情况下，多数电源的输出电压有可能高于规定值或要求值。在没有保护电路的电源中，输出电压过高可能会使电源内部或外部设备损坏。为了在这种不正常工作情况下保护电源设备，一般采用的方法就是在电源中加入过压保护电路。

因为 TTL 电路和其他逻辑电路很容易被过压损坏，对这类电路的输出提供过压保护已成为工业应用的常规。至于其他输出电压的保护功能，通常根据系统工程师或使用者的需要附加。

11.2　过压保护的种类

过压保护技术大致可以分为下面三类。

第一类：简单晶闸管过电压急剧保护。

第二类：基于电压钳位技术的过压保护。

第三类：基于限压技术的过压保护。

过压保护技术的选择依据为：电源电路结构、电源性能以及成本。

11.3　第一类：晶闸管过电压急剧保护

就像它的名字所代表的含义一样，过电压急剧保护在响应电源输出过压时能短路电源的输出端。如果电源输出电压在规定时间内超过了预置值，那么该短路器件（一般情况是晶闸管）就会动作。当晶闸管动作时，它将电源的输出短路，因此输出电压就降下来。在图 1.11.1a 中显示的是一个典型晶闸管过电压急剧保护电路，该保护电路连到线性调节器的输出端。在设计晶闸管过电压急剧保护电路时，在电路出现故障条件下，认识到晶闸管过电压急剧保护旁路作用不一定能提供一个长期负载保护是非常重要的。另外要求旁路器件必须有足够大的功率来承担短路电流，对于超过规定时间或外部限流的短路电流，必须要有熔断器或断路器能够起作用，这样可以保护晶闸管不受损害。

对于线性调节器类型的直流电源，晶闸管过电压急剧保护是一个常用的方法，经常用到的简单应用电路如图 1.11.1a 所示。线性调节器与过电压急剧保护的工作过程如下：

没有经过调整的直流输入电压 VH 经过一个串联晶体管 Q_1 后电压下降，同时提供了一个值较低但是经过调整的输出电压 V_{out}，放大器 A_1 与电阻 R_1、R_2 给调节器提供了一个电压控制，晶体管 Q_2 与限流电阻 R_1 用于限流保护。

大多数灾难性的电路故障是由串联调整管 Q_1 的短路引起的，在这种情况下，较高的、没有经过调整的输入电压 VH 就会出现在输出端。在这种故障情况下，整个电路失去了电压控制和限流功能，这时起过电压急剧保护作用的晶闸管必须工作，短路输出端。

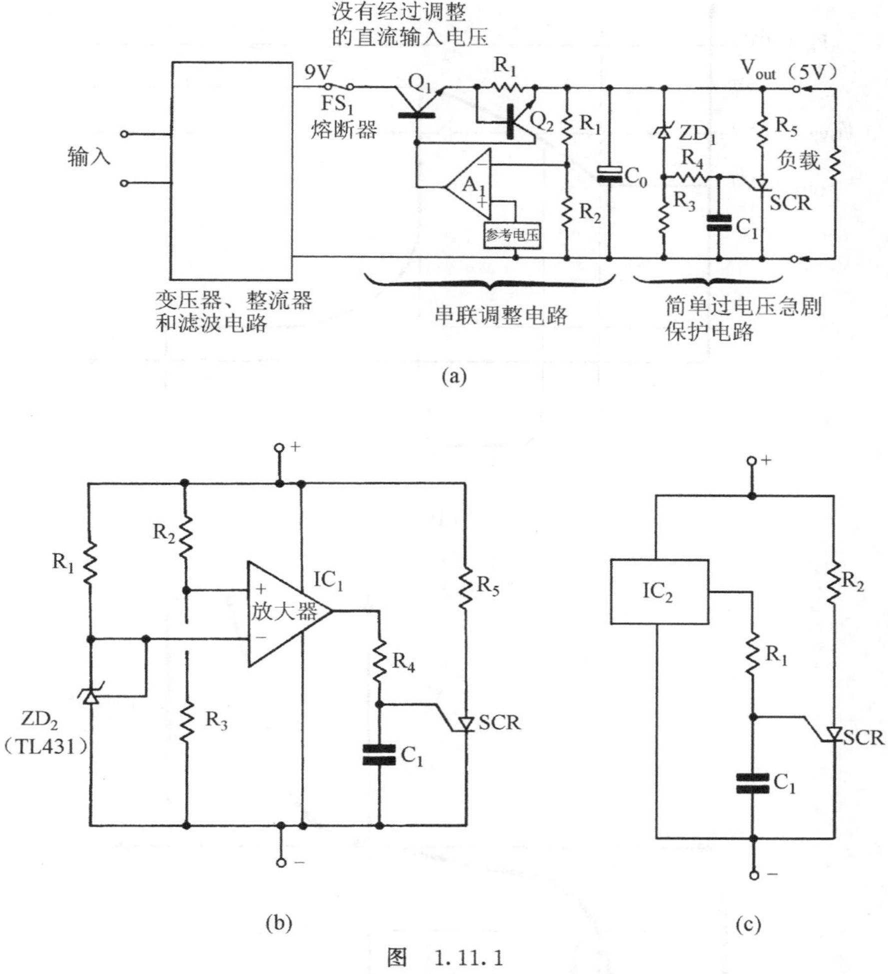

图　1.11.1

(a) 应用于简单线性电源中的晶闸管过电压急剧保护电路

(b) 使用比较器集成电路的更加精确的晶闸管过电压急剧保护电路

(c) 采用专用控制 IC 驱动晶闸管过电压急剧保护电路

对于输出过压的故障，过电压急剧保护电路的工作如下：当输出电压上升到超过过电压急剧保护电路设定的工作电压时，齐纳二极管 ZD_1 导通，驱动电流通过 R_4 给晶闸管栅极的延时电容 C_1 充电。经过由电容 C_1、R_4 来确定的暂短延时后，C_1 上的电压将充电到晶闸管的栅极导通电压值（0.6V），此时晶闸管导通，通过阻值较小的限流电阻 R_5 来短路输出端。此刻，有一个大电流从未调整的直流输入端流过旁路连接的过电压急剧保护晶闸管。为了防止晶闸管功耗过大，在线性调节器中，一般采用的方法是在未调整的直流电源中加一个熔断器或加一个断路器。如果串联调整管 Q_1 发生上述的短路故障，熔断器或断路器断开，就会在过电压急剧保护的晶闸管损坏之前隔断主电源与输出的联系。

对于这样的系统它的设计条件已经得到了较好定义，只是要求选择过电压急剧保护晶闸管或其他的旁路器件，确保所选器件能承担通过的能量比熔断器或断路器的“允通”能量还要大。对于晶闸管和熔断器，“允通”能量通常定义为 I^2t，这里 I 是故障电流，t 是熔断器或断路器的动作时间（见第一部分第 5 章）。

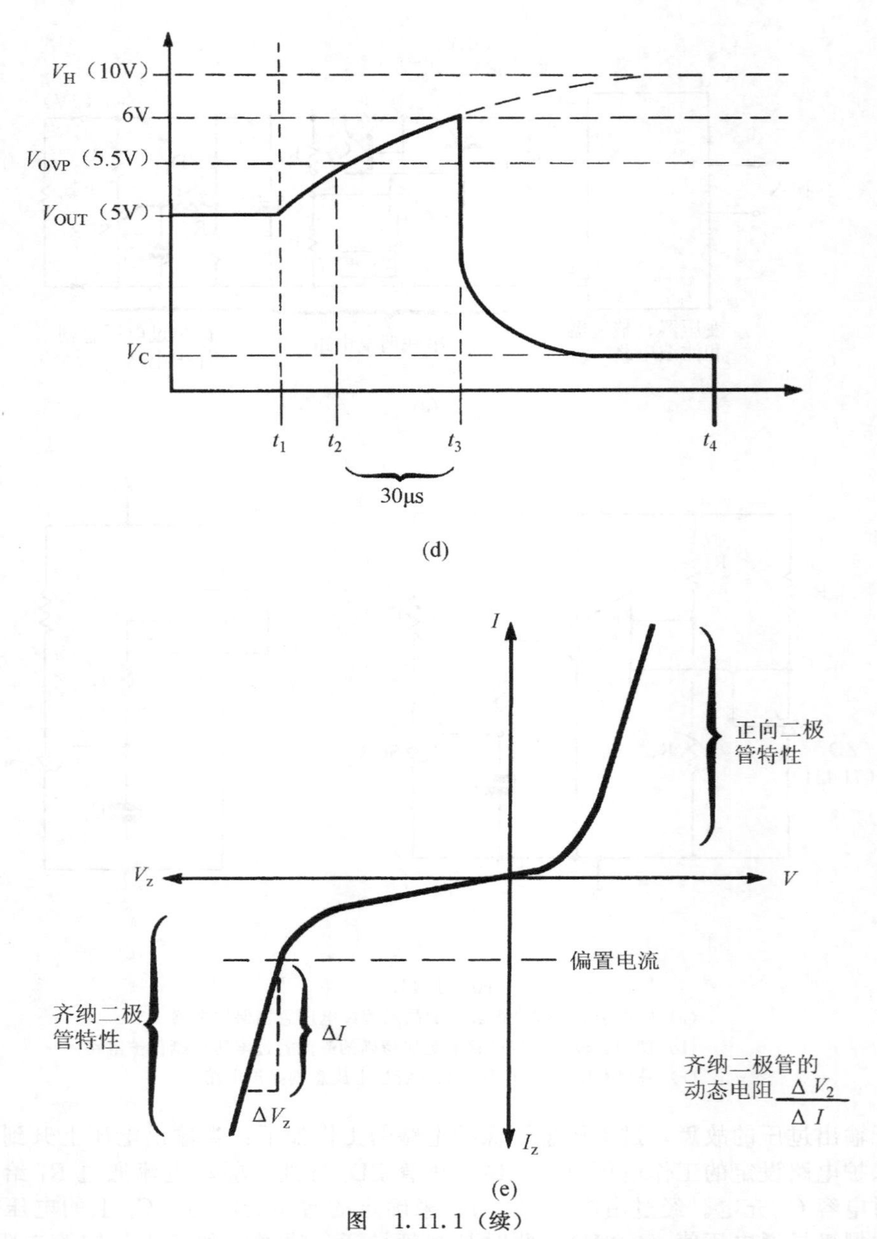

图　1.11.1（续）

（d）一种具有延时特性过电压急剧保护电路的典型特性曲线

（e）典型的齐纳二极管特性曲线

由于系统工程师假设过电压急剧保护电路能够提供充分保护（即使在外部引起过压情况也能起作用），因此他们对其情有独钟。但是这种保护电路并不一定总能提供充分保护，系统工程师应意识到可能发生的非正常情况。

在规范的“现货”电源设计中，一般选择过电压急剧保护晶闸管来保护负载不受内部电源故障的影响。在大部分这样的场合中，故障条件下最大的允通功率已经由一个合适的、已选定的内部熔断器来确定。因此电源和负载对于内部故障来说得到了100%的保护。

在一个完整的电源系统中可能有外部电源，该电源也可能连接到晶闸管保护电源端而产生一些系统故障。很明显，在故障情况下流过用于过电压急剧保护的保护器件的电流可能超过它的额定电流，此时该过电压急剧保护器件也许会出现故障，如开路，这也会使负载处于过压状态下。

电源设计师不可能预计到这些外部故障负载情况，这是系统工程师或用户的责任，应由他们确定最坏情况下的故障状态，这样才能提供最合适的过电压急剧保护器件。

11.4　过电压急剧保护的性能

在图 1.11.1b 和图 1.11.1c 中显示的是较精确的过电压急剧保护电路。这类电路的选择由所要求的性能来确定。在简单过电压急剧保护电路中，一般都是在理想的快速保护（它受干扰的影响）与延时动作（它在延时时间有出现电压过冲的潜在危害）之间做出一个折中选择。

为了达到最好的保护效果，要求过电压急剧保护动作快速且无延时。工作电平应刚好超过正常电源、输出电压。但是该类简单快速动作的过电压急剧保护电路通常导致许多令人讨厌的操作，它对输出端出现的最轻微变化都做出响应。例如，一个普通线性调节器的负载突然减少将导致输出电压的过冲，过冲的幅度由电源瞬态响应特性及瞬变负载的大小来决定。在采用高速工作的过电压急剧保护电路中，这种普通瞬变过压状态可能导致一个不必要的过电压急剧保护行为而关闭电源。在该类受干扰影响的状态下，限流电路通常会限定这个故障电流，因此它仅仅要求一个电源开、关循环周期来恢复输出。为了减少由于受干扰影响而关掉电源的可能性，一般常用的方法是提供一个较大的工作电压以及一些延时。因此在简单过电压急剧保护电路中，必须在工作电压、延时时间以及所要求的保护之间做一个折中选择。

图 1.11.1d 显示的是一个线性调节器对一种过压故障所做的典型延时过电压急剧保护反应。该例中调整管 Q_1 在 t_1 时刻已经产生短路故障，此时输出电压迅速从正常调整的端电压值 V_0 上升到输入电压 V_H 值，此输出电压上升的速度由回路电感、电源电阻、输出电容 C_0 的大小确定。该过电压急剧保护的电压设置为 5.5V，它出现在 t_2 时刻；由于过电压急剧保护从 t_2 到 t_3 有 30 μs 的典型值延时，此时将出现一个电压过冲。如果输出端电压变化率为图中所示那样，直到输出电压达到 6V 时过电压急剧保护才工作。此时，从 t_3 到 t_4 熔断器的熔断时间内，输出电压被钳位在一个较低的 V_C 值，然后输出电压变为零值。就这样给外部集成电路负载提供了一个全范围的保护。

该例中选择一个合适的晶闸管延时时间以满足一个线性电源 20 μs 的瞬态响应时间典型值。尽管这样的延时可能会防止干扰造成的关断，但可以清楚地看到，如果在延时时间内最大输出电压没有超过负载最大额定电压（此电压对于 5V 的集成电路来说是 6.5V），那么在故障情况下输出电压的变化率 dv/dt 的最大值就必须被限制。针对小输出电容和低电源电阻的电源，所要求的 dv/dt 也许不能得到满足，电源设计者应该检查故障模式下的输出电压变化率。电源内阻由变压器电阻、整流二极管电阻、电流传感电阻以及熔断器的固有电阻等组成，通常，电源内阻可满足要求。

11.5　简单过电压急剧保护电路的局限性

在图 1.11.1a 中所示的简单过电压急剧保护电路对一般应用的电源来说是一个比较流行的电路。尽管该电路有成本低和电路简单的优点，但是它的工作电压不精神，这会导致大的操作分散性。它对诸如齐纳二极管温度系数和误差、晶闸管栅阴极的工作电压变化等元件参数很敏感。再者，由 C_1 提供的延时时间也是变化的，它取决于过压所加的值、串联齐纳二极管 ZD_1 参数以及晶闸管栅极工作电压的大小。

当过压情况出现时齐纳二极管导通，并通过 R_4 给电容 C_1 充电，这样就给晶闸管提供栅极导通电压。该充电电路的时间常数是 ZD_1 动态电阻的函数，此动态电阻由 ZD_1 的参数以及流过 ZD_1 的电流来确定。因此，ZD_1 的动态电阻是非常容易变化的，这也就引起了较大的晶闸管工作延时的变化。这种电路唯一的长处是当施加的过压增加时，延时时间将减少。电阻 R_1 用来确保齐纳二极管在电压低于栅极导通电压的情况下进入一个线性偏压区，从而产生输出驱动电压。在图 1.11.1e 中的齐纳二极管特性曲线中标出了一个合适的偏压点。

在图 1.11.1b 中显示的是一个更好的电路设计。在该电路中精确参考电压由集成电路参考电源 ZD_2 产生。在该例中 ZD_2 用 TL431。ZD_2 和比较放大器 IC_1 以及由 R_3、R_2 组成的分压网络一起确定了晶闸管的工作电压。在这种设计中，晶闸管的工作电压得到了好的定义，同时它几乎不受晶闸管栅极电压变化的影响。R_4 可以取一个非常大的电阻，另外 R_4、C_1 的时间常数可以定义准确的延时时间。因为放大器的最大输出电压会随着输入电压的增加而增加，所以在高过压情况下延时减少的优点得以保持。因此，在一些比较重要的应用场合推荐采用第二种技术。

前面提到的一些过压控制 IC 市场上也有现成的产品。在图 1.11.1c 中是一个典型的实例。由于一些电压控制 IC 在加电瞬间不能正确地工作，而这时又可能是最需要它们正常工作的，所以应该仔细选择一个专门设计的集成电路来满足这个要求。

11.6 第二类：过压钳位技术

在小电源中，通过一个简单的钳位动作便能实现过压保护。在许多场合，一个旁路的齐纳二极管就能有效提供所需的过压保护，见图 1.11.2a。如果要求稳压电源有一个较大的电流输出能力，那么就要用到一个更有效的旁路晶体管调节器。图 1.11.2b 显示的是一个典型电路。

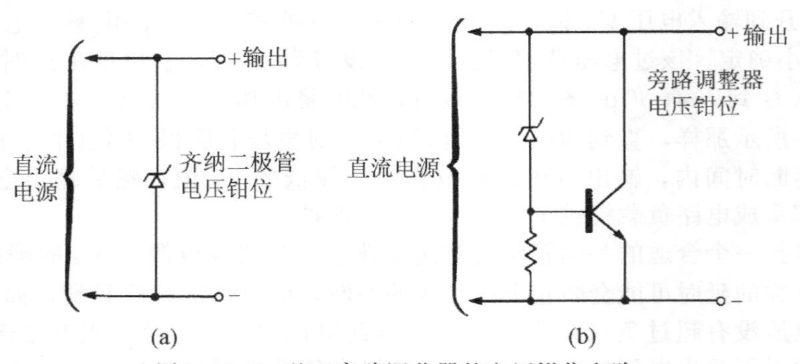

图 1.11.2 基于旁路调节器的电压钳位电路

应该记住的是：当电路中使用了一个电压钳位器件时它的功率损耗是相当大的，同时电源内阻必须把电流限制在一个可以接受的程度上。因此旁路钳位技术只适用于在故障情况下电源内阻确定而且较大的场合。在许多情况下，该类钳位保护主要依靠旁路电路或功率限制电路的作用来完成保护功能。

钳位技术的一个优点就是钳位作用没有延时，另外该电路也不要求在过压之后去复位电路。通常钳位过压保护用在电源输出负载端会更好，在这个位置上它成为负载系统设计的一部分。

11.7　采用晶闸管过电压急剧保护方式的过压钳位

在实际电路中可以把快速反应的电压钳位优点与更有效的晶闸管过电压急剧保护电路的优点结合起来。在这种组合电路中，用来阻止晶闸管虚假动作的延时选择就不会与负载保护冲突，因为钳位保护电路在这段延时时间内提供负载保护。

在一个小电源中，把图 1.11.1a 中的延时过电压急剧保护与图 1.11.2a 中所示的旁路齐纳钳位二极管进行简单的组合便可以得到较好的过压保护效果。

在一些更重要的大电流电源应用中，仅仅用到齐纳钳位二极管技术将会造成太大的功率损耗；仅用简单的过电压急剧保护电路而不采用电压钳位电路会产生延时，此延时将不可避免地形成一个电压过冲现象，而这是没法接受的。另外由过电压急剧保护快速反应而引起的干扰关断也是不需要的。

在这样的重要应用中采用更复杂的保护系统是合适的。一个动态电压钳位电路与一个有延时自调整的晶闸管过电压急剧保护电路组合便能得到一个最佳保护结果。该组合电路消除了干扰关断，在晶闸管延时期间防止了电压过冲。在钳位期间，当应力太大时，延时时间便缩短，以防止过大的功率损耗。图 1.11.3a 显示的是一个合适电路，图 1.11.3b 中是其运行参数。

在图 1.11.3a 所示电路中，比较放大器 A_1 对输入电压一直进行监测。该比较放大器把内部参考电压 ZD_1 与取样网络 R_1、R_2 从电源 V_{out} 取样的输入电压进行比较，此输入电压大小可通过电阻 R_1 进行调整。当过压情况出现的时候，比较放大器 A_1 + 增加，使 A_1 的输出为高，这时电流流过 R_4、ZD_2、Q_1 的基极-发射极以及 R_6，这时钳位晶体管 Q_1 导通。

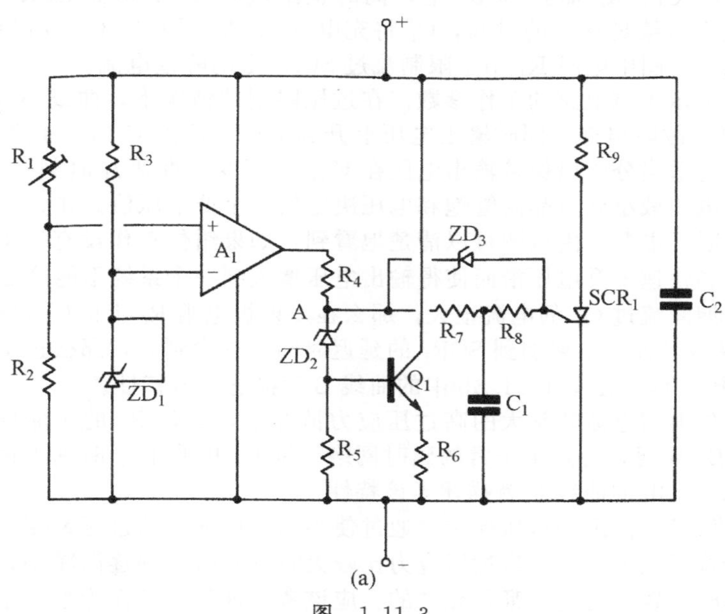

(a)

图　1.11.3

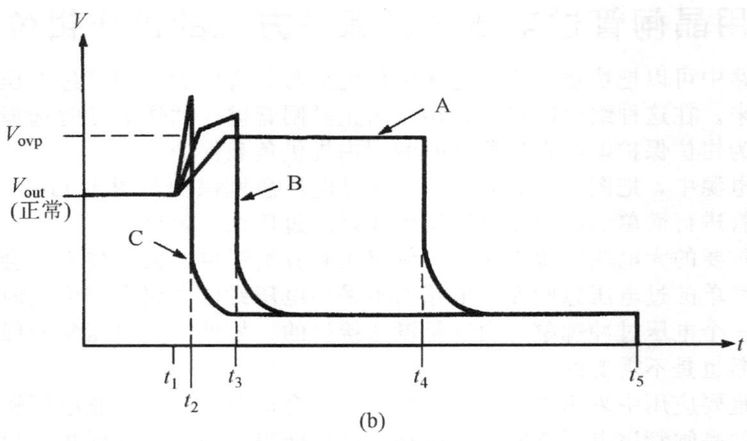

(b)

图　1.11.3（续）

（a）过压保护（OVP）组合电路，表示一个动态钳位电路与一个晶闸管过电压急剧保护的组合电路

（b）图（a）中的 OVP 组合电路的工作曲线图

此刻 Q_1 可以看作一个旁路调节器，通过对电流进行有效的分流它能够保证输出电压值钳位在规定的钳位值上。在这个钳位过程中，ZD_2 加电，A 点电压变高，它的值由齐纳二极管上的压降、Q_1 的基极-发射极压降以及钳位电流在电阻 R_6 上的压降来决定。这时 A 点电压通过 R_7、C_1、R_8 加到 SCR_1 上，同时也给电容 C_1 充电到 SCR_1 的栅极导通电压。如果输出过压持续足够长的时间，C_1 将充电到 0.6V，同时 SCR_1 将导通使得电源的输出端短路到地端。图中电阻 R_9 用来限制流过 SCR_1 上的峰值电流。

图 1.11.3b 显示了该电路的工作参数。在过压限制的情况下，曲线 A 是这样得到的：在 t_1 时刻一个过压故障出现，同时输出电压上升到电压钳位点 V_{OVP}。在这个点上，Q_1 导通对输出电流进行适当分流以保持输出电压在 V_{OVP}上不变一直到 t_4 时刻。在这瞬间 SCR_1 导通，使得输出电压减小到由晶闸管饱和电压决定的一个低电压值。在 t_5 时刻外部熔断器或断路器工作，断开电源。由该图可以清楚地看到：如果钳位动作没有发生，那么就会由于延时时间过长和快速上升电压沿而使得输出电压增大到一个系统不能接受的值上。

如果在钳位期间流过 Q_1 的电流很大，那么在发射极电阻 R_6 上的压降将快速上升，使得 A 点电压也快速增大。结果加到 SCR_1 的延迟时间将减少到 t_3，那么这个变短的延时将减少 Q_1 上的过压过程。在图 1.11.3b 中的曲线 B 就描述了该特性。

最后，在钳位期间电流非常大的高过压应力情况下，电阻 R_6 的压降将非常大以至使得齐纳二极管 ZD_3 导通，旁路了正常的延时网络。SCR_1 几乎在 t_2 时刻迅速触发工作而使电源关掉。图 1.11.3b 的曲线 C 就描述了该特性。

这种电路提供了全范围的过压保护，通过使小的、低强度的过压瞬变情况的延时最大化，它将关断干扰降到了最小。当过压应力比较大时延时时间则逐渐减小，在实际的故障中，非常短的延时和较小的过冲都是允许的。应该考虑这种技术作为整个系统策略的一个部分，同时它各个元器件的选择也要满足最大过压的情况。

11.8　用于晶闸管过电压急剧保护过压保护电路的熔断器选择

在线性电源中，如果过压的情况是由串联调节器的故障造成的，那么就要求用于过电压急剧保护的晶闸管导通，同时通过熔断串联的保护熔断器来清除过压故障。因此，设计者必须确保在晶闸管被故障电流损害之前熔断器能够熔断并切断故障电路。

在一个非常短的时间内，如果大量的能量消耗在晶闸管结点上，那么将会产生大量的热量而不能快速散热，结果就出现了温度的过度上升，由温度而引起的故障将随之而来。因此，故障成因不只是与总损耗有关，而且与能量消耗的时间长短有关。

在小于 10ms 的时间内，在结点的界面上产生的一点热量将传递到元件的外壳或者散热器上。因此对于非常短的瞬变应力，最大的热量限制由结点的材料来决定，对于特定的器件来说这个限制几乎是不变的。对于晶闸管来说，该能量限制一般定义为 10ms 内的 I^2t 额定值。在长持续时间、低强度的情况下，一部分热量将从结点传导出去，这样就可以增加 I^2t 额定值。

在晶闸管中，耗散在结点上的能量比较正确的定义是：$(I^2R_j+V_dI)$ t 焦耳。这里 R_j 是结点的动态电阻，V_d 是二极管压降。但是，在大电流情况下 I^2R_j 将不占主导地位，而且由于动态电阻 R_j 对特定的器件趋向于不变的值，故障能量可以表示为 KI^2t。

在晶闸管故障机制中所考虑的一般方法也可适用于熔断器熔断机制中。在小于 10ms 的很短时间内，在熔件上损耗的热量只有很少的一部分被传递到熔断器盒、熔断器管夹以及空气和沙等周围介质中。另外，再经过一个短时间，熔断器上的热量趋向于恒定，这就定义了熔断器 10ms 内 I^2t 的额定值。针对那些持续时间较长应力较低的情况，一部分热量将被传导出去，这样就可以增加 I^2t 额定值。图 1.5.1 显示的是一个典型快速熔断器的 I^2t 额定值如何随应力变化的情况。

现代熔断器技术是相当成熟的。不同的设计可以获得不同的熔断器性能。一个长时间工作的熔断器用于短时瞬变情况，特性会完全不同。对于马达起动以及其他大冲击电流的加载要求，就要选择慢熔断的熔断器，这些熔断器用了较多的发热熔件，可以在短时间内承受很大的热量而不会熔断。因此，与长时间工作的额定值相比，慢熔断熔断器有相当大的 I^2t 额定值。

在另外一个方面，快速半导体熔断器由熔点很低的材料组成。这些熔断器里面通常充满经化学处理过的高纯度石英砂或者矾土，以便使正常加载电流产生的热量能够从熔点很低的熔断器传导出去，这样就可以得到较大的长期电流额定值。如前面解释的那样，在较短时间内热传导影响可以忽略不计，同时如果总能量的一小部分迅速消耗在熔件上，那么这也足够导致熔断器熔断。相对于长时间工作的熔断器而言，快速半导体熔断器有非常低的 I^2t 额定值，因此它对晶闸管和外部负载具有更有效的保护。

图 1.5.1 中显示的是一些关于“慢熔断”、“正常熔断”、“快速熔断”熔断器的熔断电流一时间特性曲线的实例。应该注意的是：尽管在所有场合允许的长期熔断电流为 10A，但是短期 I^2t 额定值却是从快速熔断器 10ms 的 42 到慢速熔断器 100ms 的超过 6000 范围内变化。因为晶闸管过电压急剧保护的 I^2t 额定值一定要超过熔断器的 I^2t 额定值，所以一定要仔细选择它们。同时要牢记：在线性稳压器中输出电容一定要经过过电压急剧保护电路的晶闸管放电而不是能通过处在电路通路中的熔断器。因为晶闸管的最大电流要求以及 di/dt 要求都必须得到满足，所以常常有必要在晶闸管的阳极串接一个限流电感或者电阻，见图 1.11.3a 中的电阻 R_9。

除了熔断器允许通过的能量外，晶闸管的 I^2t 额定值一定要有足够余量来吸收存储在输出电容中的能量 $\frac{1}{2}CV^2$。最后，在选择晶闸管额定值时应该考虑到接到此电源的其他外部功率源对短路的影响。

在这个例子已经假设熔断器处于一个无感低压回路中。因此该例就只考虑没有电弧或者熔融能量的情况。

在高压电路或有大电感回路中，熔件熔断期间会出现电弧，这就增加了 I^2t 值容许能量，因此在选择熔断器和晶闸管时都应该考虑这些影响。

11.9 第三类：基于限压技术的过压保护

在开关电源中，过电压急剧保护和电压钳位保护技术一般很少被人使用，因为它们的体积和功耗都比较大。

离线开关电源本质上倾向于“故障安全性”，也就是说发生故障时出现零或低压状态。大多数故障模式导致零输出电压。因为高频变压器可在输入端与输出端之间提供一个电气隔离，它对过电压急剧保护型的过压保护的需要远少于线性调节器。因此在开关电源中经常采用这样的方法：通过对变换器电压进行限制或通过关闭该变换器来实现过压保护。通常在主电压控制回路出现故障时，一个独立的电压控制电路就被激活。一个可能的例外就是该电路是一个 DC-DC 开关变换器，该电路中也许没有提供电气隔离。

已经使用了多种变换器限压电路，图 1.11.4 中显示了一个典型实例。在该电路中当出现过压时一个隔离光耦就会被激活。这就触发了一次侧电路中的小信号晶闸管从而关闭一次侧变换器。这种保护技术的主要依据就是保护回路应该完全独立于主电压控制回路。不幸的是这个要求经常得不到满足。例如，在过压控制回路中用于同一个电压控制 IC 封装中的隔离放大器不能作为过压控制回路中的控制放大器。一般的准则就是：系统不会因为一个元器件发生故障而发生过压现象。在前面的例子中，这个要求基本上是不能实现的，因为如果集成电路块出现故障，控制与保护放大器都会失效从而不提供过压保护。

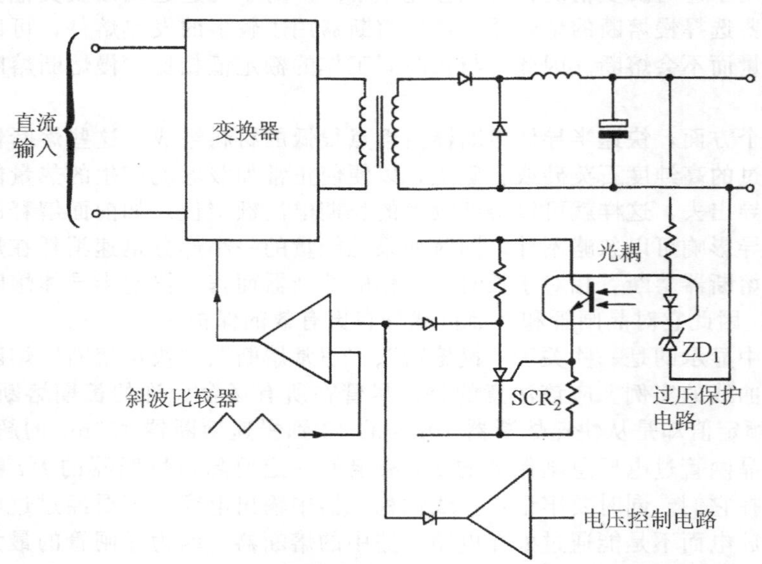

图 1.11.4 针对开关电源的典型过压关闭保护电路。该电路在过压期间使开关电源动作来关闭变换器

限压电路既可以是锁存（要求由输入电源的一个周期来复位），也可以是自复位，可以根据应用要求来决定。例如，在图 1.11.4 所示电路中把 SCR_2 改为一个钳位晶体管，电路就变成了一个自复位限压电路。限压有几种实现形式，但必须适合整个电路结构。在多

输出应用中，在有独立一次侧限流电路与调节器的地方，限压电路可以依据限流来提供一个过压保护。重复一遍，通常的准则是单个元器件出现故障不会引起过压现象。为了满足这一要求，可使用许多技术，但是它超过了这本书的范围，因此就不做详述。

11.10　习题

1. 为什么常常需要考虑输出过压保护？
2. 列出普通应用中三种过压保护。
3. 解释可以使用三种过压保护的场合。
4. 过压保护电路可靠性的工业标准是什么？
5. 描述过电压急剧保护的意义。
6. 描述在使用快速过电压急剧保护电路一般会遇到的问题。
7. 列举延时过压保护电路的优点与缺点。
8. 在保留延时过压保护电路优点的前提下我们可以做什么来减少缺点？
9. 解释晶闸管过电压急剧保护应用中选择熔断器的重要准则。

第 12 章　欠压保护

12.1　导论

在系统设计中欠压保护经常被忽略。在大多数电源系统中，一个突然快速增加的负载电流如磁盘驱动器的冲击电流将导致电源输出电压下降。这是由于瞬时负载电流的快速增加、电源有限的反应时间以及具体连线所造成的。

即使电源本身的特性有比较好的瞬态响应，当负载从电源移走时，由于连线电阻和连线电感存在的影响，还是会出现负载电压降低。

当负载变化相对小而短暂时，在瞬变负载期间，与电源负载端并联的低阻抗电容会保持输出电压不变。然而，对于一个持续几个毫秒的很大负载变化，那么就需要很大的旁路电容来维持输出电压在一个接近正常的值上。

通过加一个“欠压抑制电路”，我们可以在不需要过大储能电容的情况下阻止输出电压的降低。以下就描述一个适用的系统。

12.2　欠压抑制特性参数

图 1.12.1a、图 1.12.1b、图 1.12.1c 中所示的是当电源的直流输出端出现一个瞬间大负载变化时所出现的典型电流与电压波形。

图 1.12.1a 中显示的是在 t_1 到 t_2 期间所需要的一个瞬间大负载变化的理想电流波形。图 1.12.1b 所示的是在图 1.12.1a 负载瞬变的情况下负载上所出现的典型瞬间欠压波形，此处假设电压降低是由电源引线电阻和引线电感引起的。

图 1.12.1c 显示的是一个已经得到抑制的负载端瞬间欠压电压波形，它是加了欠压抑制电路后的负载电压波形。

图 1.12.2 显示了一个欠压抑制电路应该通过单独的导线连接到电源的输出端。这个电路用两个小电容 C_1 和 C_2 中存储的能量来消除欠压瞬变。在瞬变期间内一个动态电路提供了一个所需的电流，这就阻止了在负载端出现大的电压偏差。C_1 和 C_2 可以非常小，因为此电路中存储能量的 75％是可以使用的。图 1.12.3 的 a、b、c 解释了取得这种特性的原理。

12.3　基本工作原理

图 1.12.3a 显示的是一种能量存储与转移的方法。当 SW_1 打开的时候，电源分别通过电阻 R_1 和 R_2 对 C_1 与 C_2 进行充电，它们最后的电压值将达到电源电压 V_s。

如果把该电路从电源移开并且闭合 SW_1，那么 C_1 与 C_2 将串联连接，在该电路的两端将出现 $2V_s$ 的电压。

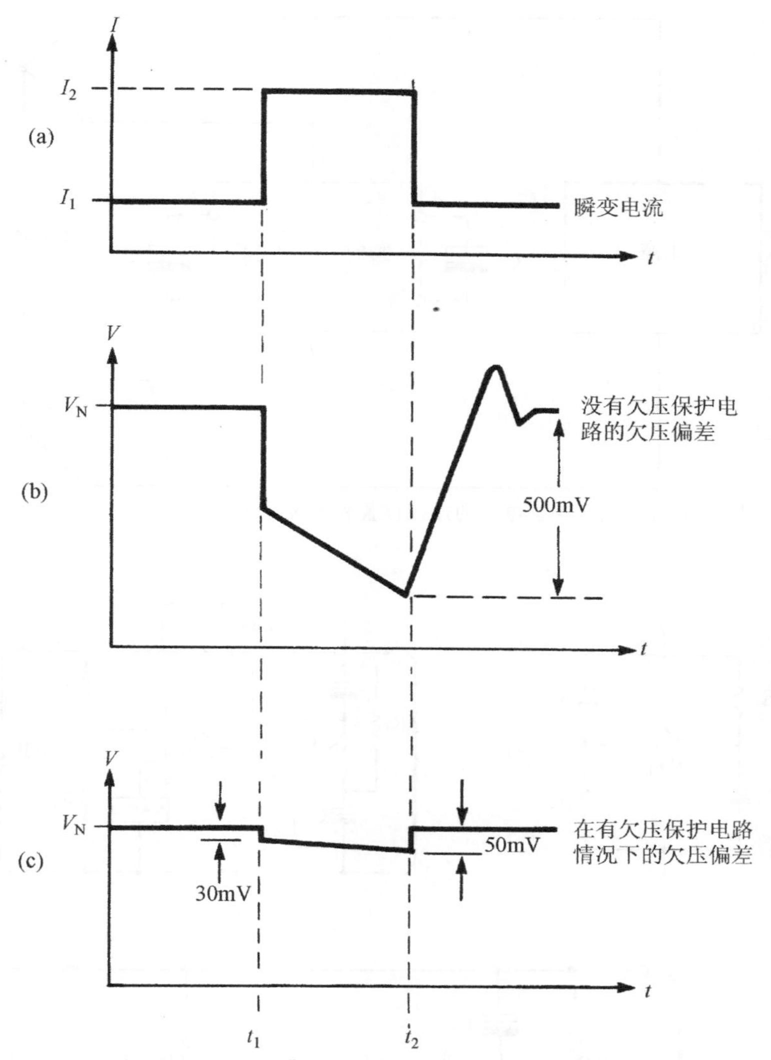

图 1.12.1　一种典型的“欠压瞬变保护”电路的特性

（a）负载电流瞬变

（b）没有保护电路的典型欠压瞬变的偏差

（c）有保护电路的典型欠压瞬变的偏差

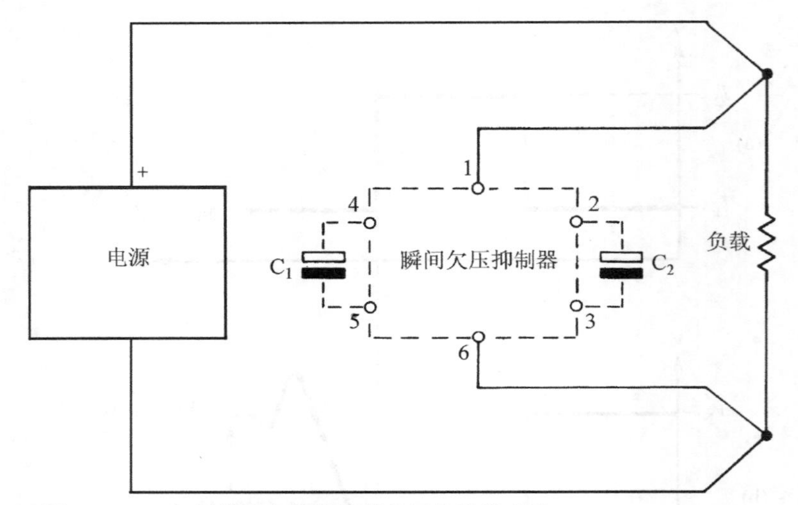

图 1.12.2　欠压保护电路的连接位置和连接方法

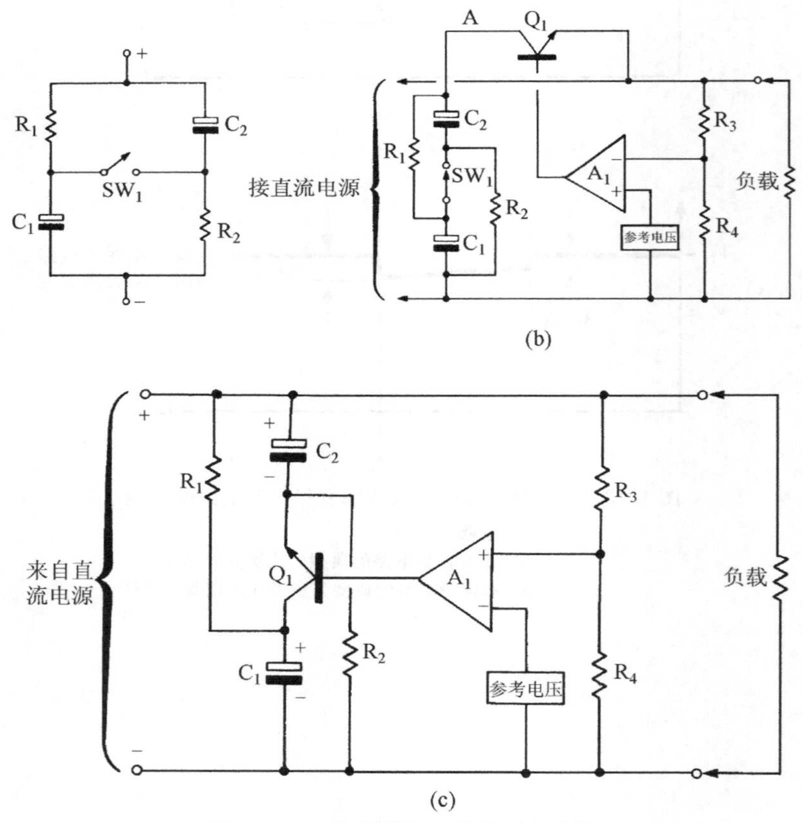

(b)

(c)

图 1.12.3　欠压抑制电路的开发步骤

在图 1.12.3b 中，上面所述电路被加到了一个线性调节器输入调整管 Q_1 的两端，此图中的电容处于已经充完电的状态。现在如果电路处于欠压状态下 SW_1 是闭合的，电容

C_1 与 C_2 串联，在电路的 A 点提供电压为 $2V_s$。

因为此时线性调整管的 A 点输入电压超过了规定的输出电压值 V_s，所以 Q_1 可以作为一个线性调节器工作，它可提供一个所需的瞬变电流来保持负载端的输出电压几乎不变，这种状态将持续到 C_1 和 C_2 放电到其上初始电压 $2V_s$ 的一半。

在动态情况下，C_1、C_2、SW_1、Q_1 形成一个串联电路。在串联电路中各元件的位置不会影响该电路的整体功能。另外，SW_1 和 Q_1 两个都能作为一个开关使用，它们其中一个是多余的，在这个例子中，SW_1 是多余的。

图 1.12.3c 显示的是该电路的实际应用；SW_1 已经被去掉，而 Q_1 已经挪到了 SW_1 原来所在的位置。现在 Q_1 完成前述 SW_1 的开关功能和 Q_1 的线性调整管功能。尽管这种替换的性能不是很明显，但可以通过验证来说明该电路与图 1.12.3b 的电路有相同的特性。

就像前面所说的，只要 C_1 和 C_2 能够维持一个所需的端电压，那么电压调整就能维持工作，很明显负载电流和 C_1 与 C_2 的大小决定了该调整过程。当电容上的电压大约达到初始电压值的一半时，此时 A 点电压过低，晶体管 Q_1 将停止调整行为。因为存储在电容中的能量正比于 V_2，并且这部分能量的 1/4 消耗于线性调压器上，所以储能的一半是可以使用的。

由于存储能量的有效利用，相对于平常起同样作用的旁路电容而言，就可以选择较小的电容。即使电容电压下降，在整个欠压发生过程中，负载电压也能够保持只在几个毫伏内变化，因此通过动态瞬态抑制电路可以得到较好的性能。

应该注意的是：在电路处于 SW_1 和 Q_1 关断工作状态下，电阻 R_1 与 R_2 给电容 C_1 和 C_2 带来不想要的负载，对 R_1 与 R_2 阻值的选择应该折中考虑。取大电阻值时电容的负载小，但需要较长的充电时间。

12.4　实际电路描述

图 1.12.4 中表示了基于这种技术的实际电路。在该电路中，开关 SW_1 或者 Q_1 被一个由 Q_3 和 Q_4 组成的达林顿管所代替。该达林顿管作为开关和线性调节器使用。

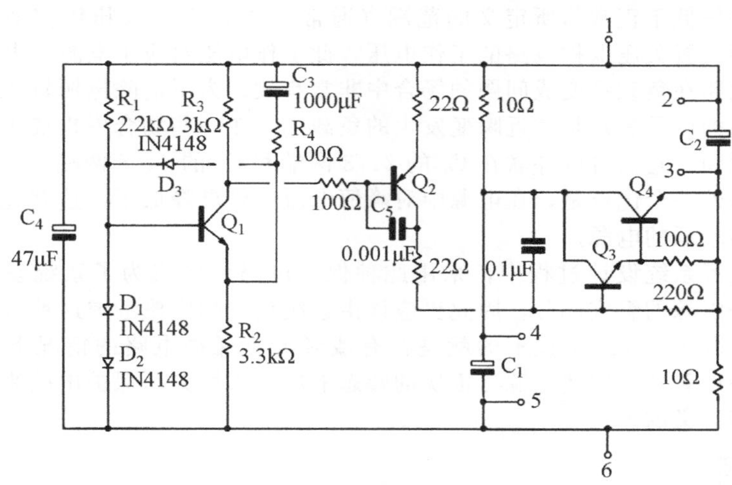

图 1.12.4　欠压保护电路实例

尽管 Q_3 和 Q_4 现在所在的位置是在电容 C_1 与 C_2 之间，但是就如前所叙述那样，它们在串联电路中的位置不改变该串联电路的功能。

Q_1 和 Q_2 是驱动和线性调节器控制电路的某一部分。由于看上去缺少一个标准参考电压，因此该电路不能很容易被认出来是一个线性的调节器。但是电容 C_3 上建立了一个正比于指定的正常电源电压 V_s 的相对参考电压，因此在这里不需要一个绝对参考电压；在 C_3 上设置好一个相对参考电压，就能使电路能够进行自动地电压跟踪。因此，该电路对电源任意的欠压行为都能够做出反应，而不需要针对某一个特定电压值。

12.5 实际电路工作原理

初始条件

由 R_1、D_1 和 D_2 组成的分压网络可以给 Q_1 的基极提供一个偏压。Q_1 导通后就会在电阻 R_2 上形成一个压降，这就形成了 Q_1 的第二个偏压，该偏压约等于一个二极管的压降 0.6V。流过电阻 R_3 上的电流与流过 R_2 的电流几乎相等，同时在 R_3 上就形成了第三个偏压，因为 R_3 要比 R_2 稍小，该偏压值稍微小于 R_2 上的电压值。

因此，在静态条件下，晶体管 Q_2 是关断的。同时，电容 C_3 将通过 R_4、R_2、D_3、D_1 以及 D_2 进行充电，所以它的负端电压最后的值将与 Q_1 的发射极电压相等；而 C_1 与 C_2 通过 10Ω 电阻充电到输入电压 V_s。

12.6 瞬态特性

当一个瞬变电流出现时，它将引起负载端即输出端 1 到 6 的电压降低。而 C_3 的负端将跟踪这个变化，使得 Q_1 的发射极变为负。在输出端电压经过几毫伏的变化后，Q_1 开始导通，这样也使得 Q_2 导通，Q_2 将驱动由 Q_3 和 Q_4 组成的达林顿管导通。

这个动作就使得 C_1 与 C_2 串联，为输出端 1 到 6 提供驱动电流以阻止终端电压的进一步降低，该电路可以被认为是由 C_1 和 C_2 上的电荷来维持终端电压的稳定。

应该注意的是：该电路是在正常工作情况下通过 C_3 上电压的变化来自动跟踪一些低于正常工作电压的偏差。因为控制电路总是处于工作状态而且接近于导通，所以它的响应速度是很快。小旁路电容 C_4 可以在 Q_3、Q_4 很短的导通时间内维持输出电压。

只要输出电压低于正常值所定义的范围（通常为 30mV），欠压钳位就会出现。自动跟踪设计不需要设置欠压保护电路的工作电压，此工作电压对应于电源输出电压。

这种保护电路在负载瞬变成问题的场合中非常有效。为了消除电源输入工作电压下降带来的影响，它的位置最好是靠近瞬变发生的负载端。在一些场合中也要求一些额外的电容去延长保持时间。它们可以并联在 C_1 的 2、3 两端和 C_2 的 4、5 两端。

该技术的另外一个优点是，在电源中对峰值电流的要求降低了。这就允许使用电流额定值较小、价格较低的电源。

在完整的电源系统设计过程中，采用此种保护电路已经成为了系统设计理念的一部分。由于它不是电源的组成部分，因此更应该由系统设计师应该考虑这种需要。

图 1.12.1b 和图 1.12.1c 显示的就是在有或者没有保护电路的情况下负载的特性曲线。可以很清楚地看到，即使电源有很快的瞬态响应，采用欠压保护电路来改良负载端性能仍然是非常有意义的。

12.7 习题

1. 即使电源有一个理想的瞬态响应，仍然可能在负载端出现瞬变欠压现象。在什么情况下出现该现象？
2. 动态欠压保护电路比去耦电容的作用好，其优点是什么？

第 13 章　过载保护

13.1　导论

在计算机和专业级别的电源中，一般都需要全范围的过载保护，它包括对所有输出的短路保护、限流保护。保护可分几种形式，但在所有的情况下其首要功能就是保护电源，而不考虑过载值和过载时间，甚至持续短路的情况。

最理想的是负载也能受到保护。为了实现这个，限制的电流值不能超过技术要求说明的额定值的 20%，使用者应选择电流额定值满足应用的需要。通常，这将确保电源、插头、电缆、印制电路板引线和负载在故障时都会被完全保护起来。

全范围保护的代价是相当高的，对一些小型、低功率单元电路，特别是反激式工作的电源来说，全范围保护并不总是必要的。这些电源单元可以使用简单的一次功率限制，但在部分过载的非常情况下存在薄弱环节。

13.2　过载保护的类型

经常使用的四类过载保护类型是

(1) 超功率限制

(2) 输出恒流限制

(3) 熔断器或跳闸装置

(4) 输出折返限流

13.3　类型 1：超功率限制

第一种类型是功率限制保护法，经常用于带有反激电路或单输出的电源中。它是一种基本的电源短路保护技术。这种方法以及类型 2 和 4 中使用的方法是电子的方法，根据保护条件的不同，电源可以设计成当过载去除时关断或自动复位。

在这种保护方法中，变换器的变压器原边功率经常被监视。如果这个功率超过预定的限制，电源就被关断或是进入超功率限制方式运行。多输出电源的功率将是各个输出功率之和。

超功率限制行为通常为下列五种形式之一。

A. 原边超功率限制

B. 超功率延时关闭

C. 逐个脉冲的超功率或过限流

D. 恒功率限制

E. 反激超功率限制

13.4　类型 1 形式 A：原边超功率限制

这种形式的超功率限制，其原边功率常常受到监视，若负载存在超过设定最大值的趋势，通过限制输入功率方法可以阻止功率进一步增大。

一般来说，在电源中采用原边超功率限制时，输出电流的关断曲线形状很难确定，但由于它的低成本，原边超功率限制已经在小功率、低成本电路特别是在多输出反激式电源中被普遍采用。

需要注意的是，如果在多输出系统中发生负载故障且只有一条线路发生过载，那么这条本来被设计成只提供总功率的很小部分的线路，将要承担全部输出功率。

经常这种简易的一次功率限制系统只能在短路情况下提供全范围的保护。当部分过载情况发生时，特别是过载在多输出系统中的某一个输出端发生时，该系统存在薄弱环节。在这种情况，如果过载持续一段时间，部分过载将导致电源的真正故障。因此，最好的方法就是关断电源尽快地去除这种应力。基于此，如形式B的一种超功率延时关断技术就出现了。

13.5　类型1形式B：超功率延时关断保护

对于小功率、低成本的电源最有效的过载保护方法之一就是这种超功率延时关断保护技术。如果负载功率超过预定的最大值，其持续时间也超过规定的安全工作时间，那么电源就会被关断停止供电，同时输入电源的开关周期也会被复位到正常工作状态。

这项技术不仅给电源与负载提供了最大的保护，而且对于小型电源来说是最节省成本的。尽管这种技术在大多数用户当中不那么流行，但是不要忽略它，因为在过载发生时，它能有效地关断电源。持续的过载通常表明设备中存在故障，用关断的方法就给负载和电源提供全范围的保护。

但许多技术要求排除了简易跳闸型保护的可能性，因为它们要求在过载情况下自动恢复。使用者可能以前采用没有足够电流范围保证和延时关断的折返型或跳闸系统，因而遇到“锁定”或噪声关断这样的糟糕事件，于是要求采用自动恢复技术。电源设计者应该质疑这种技术要求。现代开关电源对于短时间超过连续工作额定值的情况仍能够很好地传递电流，即使采用了关断系统，这种带有延时关断的开关电源也不会发生锁定现象。

在延时跳闸型系统中，短时瞬变电流的要求是被容许的，只有在电流应力长时间超过安全值时才将电源关断。短期瞬变电流的提供将不会危害电源的可靠性，也不会给电源的成本带来很大的影响。只有长期持续电流的要求才会影响电路的成本和体积。电源输出大的瞬变电流时，其性能将会有一定的降低，可能超过规定的电压误差和纹波值。这种易受大而短的瞬变电流影响的负载的典型实例是软盘驱动器和螺线管驱动器。

13.6　类型1形式C：逐个脉冲的超功率或过电流限制

这是一个非常有用的保护技术，在附加副边限流保护中经常采用此技术。

在以前的开关设备中，输入电流是要实时监视的。如果这个电流超过了规定的限制电流值，导通脉冲就会终止。在不连续反激变换器中，其最大的电流决定着电路的功率，这种类型的保护电路就变成了实实在在的功率限制保护电路。

对于正激变换器的开关电路，它的输入功率是输入电流与输入电压的函数。这种电路采用的保护类型提供了一种原边限流的保护技术，在输入电压恒定的情况下，这种技术也提供了一种有效的功率限制保护的检测方法。

逐个快速脉冲限流技术的主要优点是，为在不正常的瞬变应力如变压器的阶梯饱和效应作用下的原边开关器件提供了保护。

电流型控制规定了此原边逐个脉冲限流作为控制技术的标准功能，这也是它的一个主要优点。参见第三部分第10章。

13.7　类型1形式D：恒功率限制

恒定输入功率限制通过限制最大传输功率来保护原边电路。但是在反激变换器中，这种技术几乎不能保护副边输出元件。例如在不连续反激变换器中，原边峰值电流已经受到限制，也就给出了限制的传递功率。

当负载电阻减少、负载超过它的限定值时，输出电压开始下降。正是因为规定了输入和相应输出的电压电流乘积，当输出电压开始下降时，输出电流将会上升。在短路时，副边电流将会变得很大，在电源中消耗全部的功率。这种形式的功率限制一般只作为某些限制的补充形式，如副边限流这种补充限制的电路中。

13.8　类型 1 形式 E：反激超功率限制

这种技术是形式 D 的一种扩展，在这种形式中有一个电路来监视原边电流和副边电压，在输出电压降低时减少功率。通过这种方法，当负载电阻下降时使输出电流减小，防止副边元器件受到过强的应力损害，其缺点是用于非线性负载时会发生锁定现象。

13.9　类型 2：输出恒流式限制

在故障时，通过限制容许通过的最大电流可非常有效地保护电源和负载。经常用的限流方法有两种：恒流型限流和折返型限流。第一种恒流型限流方式就像其字面意思一样，如果负载电流要超过其规定的最大值，就把输出电流限定到一个恒定的电流值上。典型的特性如图 1.13.1 所示。

从图中可看出，R_1 为大电阻时，负载最小，R_3 为中值电阻时，负载最大。负载从最小值增加到最大值时，电流增大，电压不变，曲线沿着 $P_1-P_2-P_3$ 变化。这就是电源在正常工作范围下的电流和电压变化曲线。

一旦受限制的电流达到 P_3 点，就不容许电流进一步增加。当负载电阻值继续向零的方向下降时，输出电流仍然保持在恒定值，同时电压值必须向零的方向下降，见图中曲线 P_3-P_4。这个限流区域常常不能确定，工作点将是负载为 R_4 时 $P_4 \sim P_4$ 范围中的某一点。

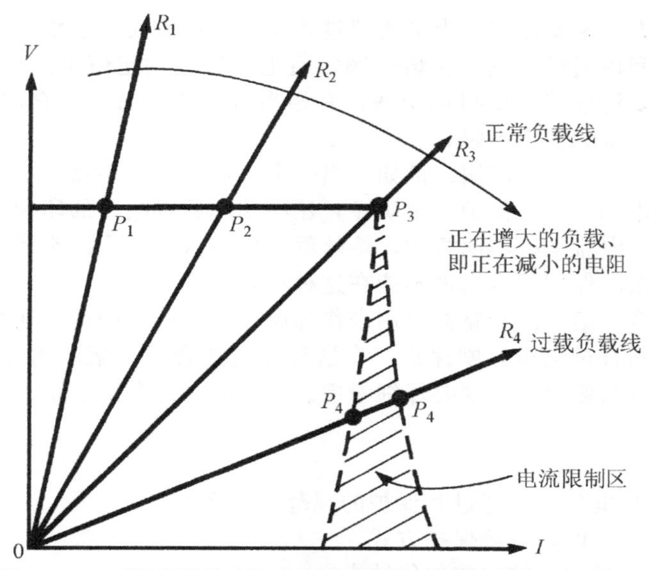

图 1.13.1　“恒流限流型”电源的典型 V/I 特性曲线，显示电阻负载的线性负载线

限流经常作为电源保护机制，限流范围内的特性曲线不能很好地确定，也许会由于负

载电阻变为零而导致限流范围 $P_4 \sim P_4$ 的变动可达到 20%之多。如需要确定好的恒流范围，那么就应该指定一个“恒流电源”，见第二部分第 22 章。

限流电路一般应用于功率变换器的副边。在一个多输出系统中，每一路输出都有各自单独的限流电路。一般每一路输出的限流值都会单独设定在某一最大值，而不管电源的功率额定值。如果所有的输出都同时满载，那么整个输出功率值就会超过最大的功率供给值。因此一个基本的功率限制保护经常用来给副边限流保护提供辅助作用。在发生故障的情况下，原级和副边的元件都会受到全范围的保护，而且它们负载上的电流在任何时刻都限制在额定最大值内。

这种限流方法无疑给用电设备与电源提供了最好的保护。不仅限流值可取与每路电源设计的额定值相同的值，非线性负载或者是交叉连接负载也只产生最小的问题，而且与折返限流系统有关的锁定难题也完全消失了，同时它也提供了过载消失后的自动恢复功能。而且这种保护单元可并行工作，唯一附加的条件是限流值要设置在连续工作范围内的某个电流值上。尽管这种保护方法比较昂贵，它还是推荐用于专业级的电源中。

13.10　类型 3：用熔断器、限流电路或跳闸设备的过载保护

类型 3 采用机械或机电的电流保护元器件，这也要求操作人员干预进行复位。在现代电子开关电源中，这种保护方式一般只作为自复位电子保护方法的一种备用方法，它也是处于最后的一种保护方法。如果常用的电子保护失效，它才会起作用。在一些场合可联合其他方法使用。

在第三种类型中，保护元器件有熔丝、易熔熔断器、易熔电阻、电阻、热敏开关、断路器和 PTC 热敏电阻等，这些元器件都有它们自己各自的应用场合，在具体应用中一定要考虑其使用特点。

在用熔丝的地方一定要记住：当电流超过熔丝的额定值而熔丝没有熔断之前，电流还可以在相当长的时间内通过熔丝。在熔丝额定值上或接近额定值上工作的熔丝寿命有限，应该定期更换。还要记住熔丝要损耗功率，有相当可观的电阻，当它用在输出电路中时，其电阻值高于电源正常的输出电阻。

但是熔丝确实得到很好的应用。例如：当一个大电流输出端输出一个几百毫安的少量逻辑电流时就需要用到熔丝来保护。很明显，让小功率逻辑电路的印制电路板或连线去经受在短路情况下的大电流是很不明智的，熔丝就应用在这种场合。它提供一种保护却没有很大的压降，更复杂的保护技术也许不能在这种场合应用。

在许多应用场合，熔丝或断路器也用来作为电子式过载保护的备用设备，例如在线性功率供应中应用晶闸管过电压急剧保护。在这种应用场合下，熔丝的性能是非常重要的，同时熔丝的类型和熔断额定值必须要仔细考虑。详见第一部分第 5 章。

13.11　习题

1. 对于专业级的电源，普通过载保护的规范是什么?
2. 给出一般应用的四种过载保护方式。
3. 写出上述四种过载保护方式的优缺点。

第 14 章　折返输出限流

14.1　导论

折返（fold back）限流，有时候也称为可再启动限流。它类似于恒流控制，不同的是其电压随着负载电阻变为零也相应减少，且电流也会下降。但是就是这个小小的特性变化却对电路性能产生了很大的影响。为了解释原理，我们在这里考虑使用一个线性电源。

在线性电源中，折返限流的目的就是防止电源在出现故障时受到损害。采用折返限流时，电路在过载情况下减小电流，从而减少线性调整晶体管的损耗。因为线性调整晶体管存在高损耗，所以折返限流是线性电源中经常使用的方法。

14.2　折返限流的原理

图 1.14.1 展示了典型的可再启动特性曲线，它是折返限流电源输出端的实际测量结果。

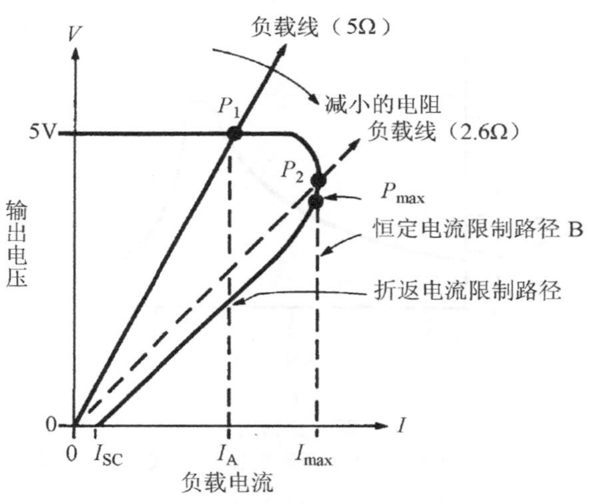

图 1.14.1　折返限流的可再启动关断特性曲线

一个纯电阻负载可以描述为一根直的负载线，如图 1.14.1 中所示为 5Ω 的负载线。每一条电阻负载线的起点在零点，它的电流和电压是成比例的。

在无负载即电阻无穷大时，负载线是垂直的。当负载电阻发生变化时，这根直的负载线将会以原点为中心点顺时钟转动，当短路时，其电阻为零，负载线成水平位置。应该注意到这根直的负载线只能与电源的可再启动特性曲线有一个交点，如图 1.14.3 或图 1.14.1 中的 P_1 点，在线性电阻负载的情况下，即使其关断特性曲线是可再启动式的，“锁定”情形也不可能会出现。

在图 1.14.1 所示的例子中，当负载电流从零增大时，其输出电压仍然保持为 5V。但是当电流值增大到 I_{max} 的限流值并到 P_2 点时，如果再减少负载电阻（而增大负载），就会引起电压和电流的下降。因此在短路的情况下，输出端只输出小电流 I_{SC}。

14.3　用于线性电源的折返限流电路的工作原理

图 1.14.2 中表示的是简单线性电源，图中用虚线框起来的部分是一个典型的折返限

流电路。在图 1.14.1 中显示了输出参数，在图 1.14.2b 中显示了调整管的损耗。

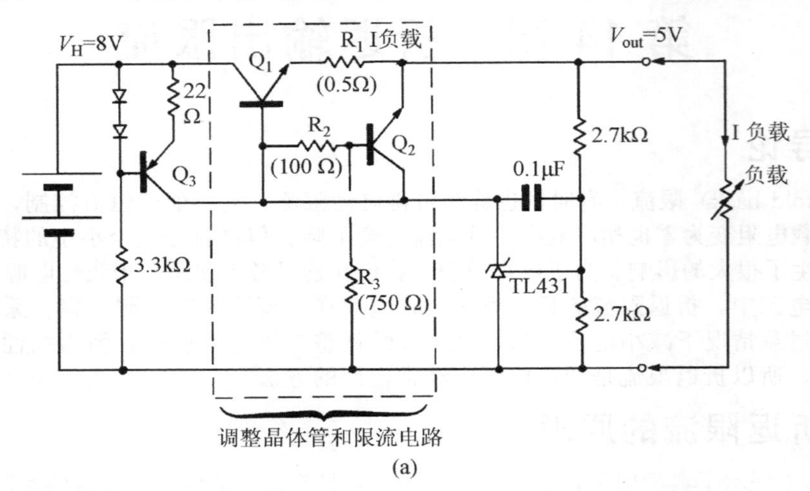

(a)

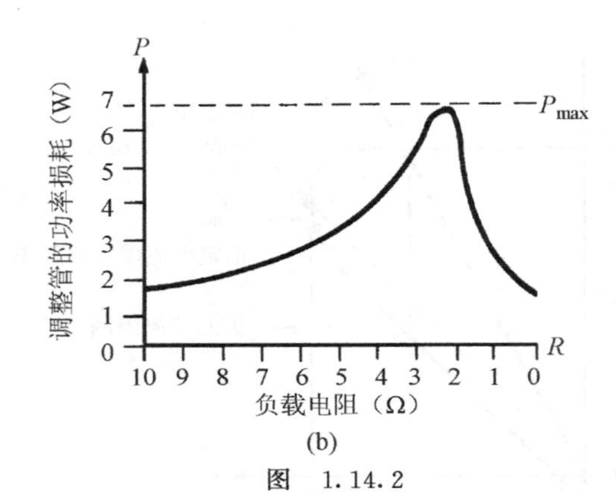

(b)

图 1.14.2

(a) 折返限流电路；(b) 折返限流电路中调整管的损耗曲线

这个电路的工作原理如下：当串联的主调整晶体管 Q_1 导通时，限流电阻 R_1 上的电压与负载电流 I_{load} 成正比。这个电压和 Q_1 的基-射电压一起经过分压电阻 R_2 与 R_3 后加到限流晶体管 Q_2 的基极。

因为在限流点，Q_1 的 V_{be} 与 Q_2 的 V_{be} 大致相等，R_1 上的压降与 R_2 上的压降相等，只是相差 $+V_{be}$ 的电平。在到达限流的突变点时，如忽略极小的基极电流，流过 R_2 的电流与流过 R_3 的电流相等，同时 Q_2 处于将要导通的临界状态。

在限流点上负载电流的进一步增大将会增加 R_1 上的压降和 R_2 上的压降，同时 Q_2 将逐渐导通。当 Q_2 导通时，它会使驱动电流不经过 Q_1 而通过 Q_3 进入输出负载，这时 Q_1 开始关断，输出电压下降。注意，Q_3 是一个恒流源。

当输出电压下降时，R_3 上的电压下降，流过 R_3 的电流随着减小，流入 Q_2 基极的电流增大，因此流过 R_1 的用来保持 Q_2 导通状态的电流也会减小。

结果，当负载电阻下降的时候，输出电压和电流下降。当输出电压变为零（输出短路）时，限流电流向电流减小的方向变化。在输出短路情况下，流过 R_1 的电流非常小，而 R_1 和 R_2 上的电压也小。

由于 Q_2 的基极电流主要由它的电流增益来决定，短路电流不能很好地被确定，同时 Q_1 和 Q_2 的 V_{be} 还受温度的影响，所以就不能得到确定的短路电流值。通过给 Q_1 和 Q_2 安装相同的散热器并使用阻值相对较小的 R_1 和 R_2，可以将上述差异最小化。在例子中取 R_1 和 R_2 的典型值为 100Ω 左右。

在图 1.14.1 中应该注意的是，输出电流试图超过 I_{max} 时，会出现电流“折返”下降的现象。这个特性曲线可描述如下。

如果 5Ω 负载线被允许沿顺时针摆动（电阻正在减小为 0），在图 1.14.1 中电流“路径”将会被描述出来。从它的起始点如 P_1 所对应的 1A 工作电流开始，电流首先增大到限流值 I_{max}，在负载电阻继续下降的情况下，电流就会变为零。在短路时，电流降到 I_{SC}。

在“折返”限流的整个过程中，由于线性调整管的集电极电压 V_H 保持相对稳定，在串联调整晶体管 Q_1 上的功率损耗将会随着电流的增加而增加，见图 1.14.2b。在这个特性曲线的开始部分，这个功率损耗值是非常小的，但是当电流变到限流状态时，功率损耗会迅速地增大。当 I_{load} 流过调整晶体管产生的压降达到最大值的时候，损耗也会达到最大值，这里功率损耗（V_H-V_{out}）I_{load} 是最大的。本例中，当电流为 2.2A 时调整管上损耗达到最大功耗 P_{max}，其值为 6.8W。

当负载电阻进一步下降到低于临界值时，串行调整管上的功率损耗将会随着电流的折返而逐渐减小，它的最小功耗值为 $P(Q_1)=I_{SC}V_H$，在处于短路情况时，Q_1 具体功耗是 1.8W。

值得注意的是，限流特性曲线电路属于恒流类型，如图 1.14.1 所示垂直虚线 B 路径，在短路状态下的最大功耗 $I_{max}V_H$ 为 12.8W。在线性调整管应用的例子中，调整晶体管在恒流控制时的功耗比具有“折返”特性时的功耗大得多。

14.4　折返限流电源中的“锁定”

如图 1.14.1 与图 1.14.3 所示的负载线，对于电阻负载只有一个稳定工作点，如图中的 P_1 点，它是某已给负载范围内的负载线与电源 V-I 特性曲线的交点。图中所示为负载阻抗从最大向零变化的折返限流特性，该特性没有不稳定的区域也没有“锁定”，但是在有非线性负载的应用中，不会出现这种平滑的关断曲线。

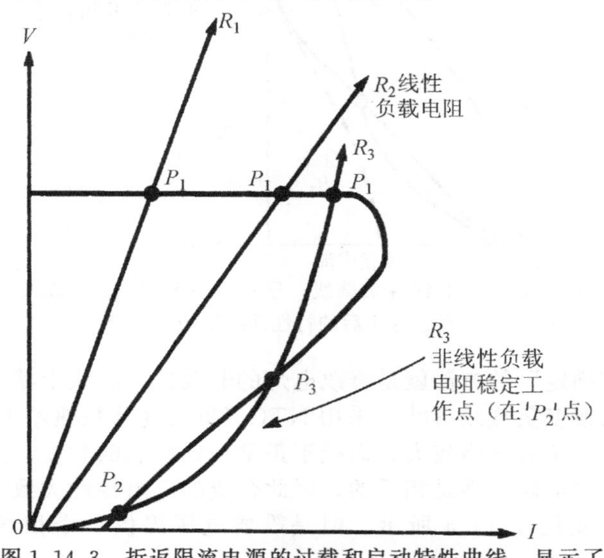

图 1.14.3　折返限流电源的过载和启动特性曲线，显示了它的线性和非线性特性

在图 1.14.3 中画出了 R_3（例如使用钨丝灯）的这种非线性负载线，表示了它与电源折返限流特性的工作情况。

这里应该明白一件事：钨丝灯在刚通电时，由于钨丝的温度非常低，其电阻值非常小。因此在低的外加电压下就会有很大的工作电流。当电压和电流增大的时候，钨丝的温度和阻值会增大，同时工作点也会向大电阻的方向变化。在有源半导体电路中经常可以找到这种非线性特性。

要注意的一点是，这个非线性的负载线与电源的折返特性曲线有三个交叉点，其中 P_1 和 P_2 点都是电源的稳定工作点。当这样一个电源负载第一次接通的时候，输出电压只是偏向在 P_2 建立工作点，这时“锁定”就出现了。一个非常有趣的现象是，如果在接到电源之前负载已经工作过，也许可以期望在 P_1 点建立正确的工作点。然而 P_1 点只对于先前工作过的钨丝灯而言是一个稳定工作点。如果钨丝灯第一次通电，那么在钨丝灯供电期间在 P_2 点仍将出现“锁定”现象。这是由于钨丝灯在 P_2 点的钨丝灯负载线的动态电阻小于电源折返特性在相同点的动态电阻。因为 P_2 点是一个稳定点，“锁定”现象也会一直出现，此例中的钨丝灯决不会达到充分点燃的状态。

有几种方法解决这个“锁定”。一种方法就是通过修改折返特性曲线，使其在钨丝灯负载线的非线性负载线的外部，见图 1.14.4 的曲线 B 与 C。这时特性曲线只在 P_1 点提供一个稳定工作模式。然而，修改折返特性曲线就意味着，当处于短路状态时，输出电流增大，相应的调整晶体管的功耗也会增加。这个功耗的增加也许不在电源设计参数允许的范围内。基于这个原因，宁可采用更复杂的限流电路。这种方法是在负载开始通电期间改变限流特性曲线的外形，然后恢复到正常的折返特性曲线形状。

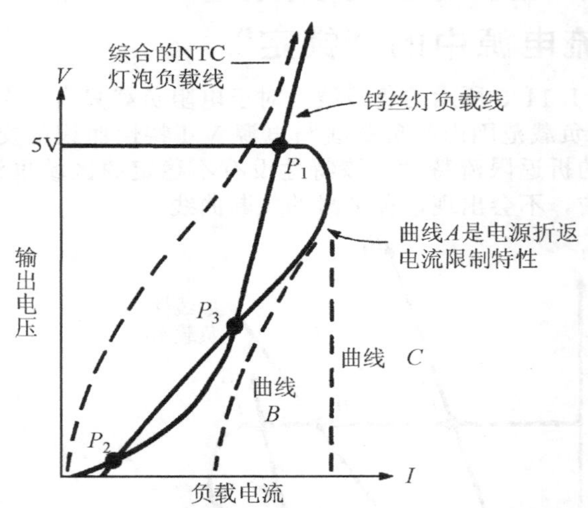

图 1.14.4　非线性负载线，显示了一个“锁定”以及经过修正后的特性曲线以防止锁定

另外一种解决“锁定”的方法就是修改电灯的非线性负载线形状，例如给钨丝灯串联一个非线性的电阻来改变负载线形状。采用 NTC（负温度系数热敏电阻）是非常适合的，因为当刚通电时，这个负载电阻较大，而处于正常工作状态的时候，其阻值会变小。NTC 的电阻特性与钨丝灯的电阻特性是相反的，因此合成的电阻特性大致是线性的或过渡补偿的，合成的电阻特性见图 1.14.4 所示。但是需要电源提供一个稍微较高的电压来补偿 NTC 上的电压降。

采用 NTC 是一个相对较好的方法。它不仅能解决“锁定”的问题，还能减小在接通钨丝灯瞬间在钨丝灯上形成的冲击电流。因此这种方法能有效地增加灯泡的寿命。

非线性负载一般以几种形式出现。一般来说，在电路用到了折返限流保护的场合中，任何在通电瞬间形成了大冲击电流的电路，都可能发生“锁定”现象。

14.5　具有交叉连接负载的折返锁定问题

当两个或更多的电源串联在一起给某个线性电阻负载供电时，仍可能出现“锁定”现象。(这种串联连接一般具有一根公共线而且能够输出正电压和负电压。) 有时这种电压的串联形式用来提供较高的输出电压。

图 1.14.5a 中显示的是串联形式的折返限流电源。这里，电源提供了±12V 的输出电压。正常情况下常用的电阻负载 R_1 和 R_2 不会出现什么问题，其输出电流也在折返特性曲线范围内，见图 1.14.5b 中的负载线 R_1 和 R_2。但是当交叉连接负载 R_3 的一端连接到正电压输出端而另外一段连接到负电压输出端时，那么在一定负载电流的幅值下就有可能导致“锁定”。

图 1.14.5b 中显示两个折返限流保护电源的合成特性曲线。对于每个电源而言，R_1 和 R_2 的负载线从原点出发，各自都只经过折返特性曲线交于一个点。而交叉连接负载 R_3 的负载线的起始点可以假设为+V 点或者为−V 点。这样可以形成一根合成负载线，因此根据 R_3 的大小，它可以位于折返特性曲线内部或外部。在这个例子中，尽管合成的负载线最后与特性曲线的交点为 P_1，但是当电源供应第一次接通时有可能会在 P_2 点出现“锁定”现象。如像前面讲的那样，一种解决方法为增大两个电源在短路时的电流值，使工作点位于合成负载曲线上。

在图 1.14.5a 中必须要安装旁路连接的钳位二极管 D_1 和 D_2，在供电期间它们用来阻止电源的反向偏置电压。采用折返限流的保护电路时，如果把反向电压偏置加到电源的输出端，折返特性会加强，电流也会变得更小。这种效果在图 1.14.5b 用折返曲线的延伸虚线显示。

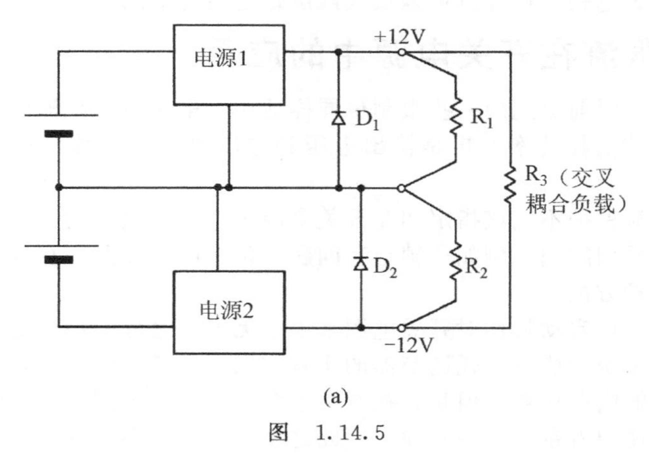

(a)

图　1.14.5

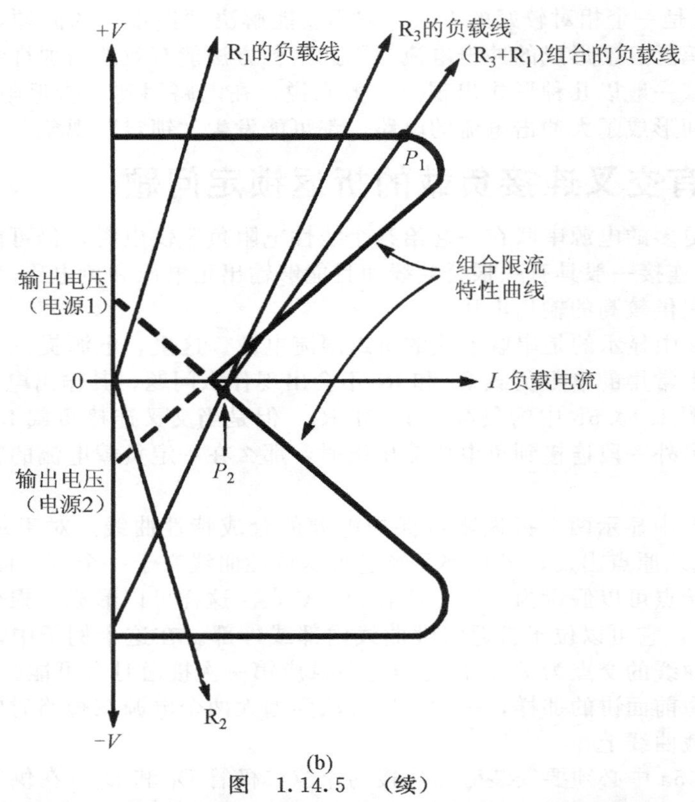

(b)

图　1.14.5　（续）

(a) 基于交叉耦合负载的双极性连接图；(b) 交叉耦合负载合成特性曲线

总的来说，我们可以看到折返限流保护有许多缺点。很明显，如果不是必需的，就不要使用折返限流保护电路，这样就可以最大限度地避免这些问题。

14.6　折返限流在开关电源中的应用

在开关电源中，以前提到的一些限制也同样适用于采用折返限流保护电路的应用。但开关电源控制元件的损耗功率不再是输出电压和输出电流的函数，对折返限流的需求被消除。

因此，折返限流保护不应该指定用在开关电源中。它对电源的保护也不是必需的，同时它往往会带来一系列问题，例如“锁定”问题。正是因为如此，在开关电源中一般喜欢用恒流型限流的保护方法。

尽管非线性的可再启动特性对开关电源来说毫无可取之处，但通常还是加以规定。引进和使用的可能性来源于线性损耗调节器的实践。采用恒流型限流时，在短路条件下线性调节器会产生大量的内部功耗。但是，在开关电源不会产生大损耗的条件下，由于可再启动特性曲线可能给使用者带来一些麻烦，因此这里就没有太多的理由规定在开关电源中使用该种限流方法。给电源单元增加一个电路却降低电源的性能也是没有必要的。

14.7　习题

1. 简单描述在折返限流电源中出现的“锁定”现象以及导致这种现象的原因。
2. 怎样才能确保“锁定”现象不会在折返限流电源中出现？

第 15 章 高压双极型晶体管基极驱动的基本条件

15.1 导论

在离线反激变换器中用到高压双极型晶体管的地方也许会碰到 800V 级别的电压。V_{ceo} 额定值在 400～1000V 之间的高压晶体管与低压三极管的对应性能会有点不同。这是由于高压器件的结构与低压器件的结构有根本的不同。

为了获得更有效、更高速和更可靠的开关效果，我们应该使用正确的基极驱动电流波形。为了很好地解释它，先来简单了解高压双极型晶体管的物理特性。（关于高压晶体管结构的详细解释已经超越了本书的范围，更详细的解释可见 W. Hettersheid[49] 和 D. Roark[81] 的文献。）

一般情况下高压器件的集电极部分有一块比较厚的高阻材料区域，同时在基-射区是低阻材料。如果采用不合适的波形驱动，在基极驱动信号下降沿的时候这些材料的电阻特性就可能会给基-射极一个反偏电压。这个反偏电压有效地截断了基-射间二极管，从而使得晶体管进入关断状态。在关闭的边沿集电极电流转向基极，给了这个二极管一个关闭动作。那么此时三极管的集电极-基极区的工作特性就和一个反偏二极管的工作特性一样，它显示为一个缓慢的恢复特性曲线并且有大的恢复充电。

15.2 二次击穿

对于具有集电极感性负载的晶体管，在关闭边沿时刻这种缓慢地恢复特性曲线是相当麻烦的，而集电极接的电源变压器漏感可以看成感性负载。

在集电极电感的续流作用下，晶体管在关闭的边沿时刻，保持导通的芯片部分继续保持导通，继续维持以前建立起来的集电极电流。因此，晶体管在关闭边沿时刻不仅导致了一个缓慢的、耗散的关闭，还会导致因电流被迫逐渐流入一个小的传导区而造成的芯片温度上升的“热点”。

正是这个“热点”使芯片过载并会产生永久的失效，这种现象一般称为“反向偏压的二次击穿”。

15.3 不正确地关断驱动波形

令人惊讶的是，对于集电极负载为电感的高压三极管来说，这个在关断期间积极快速的反向基极驱动的出现成了导致二次击穿故障的主要原因。

在这种过分的反向关断的驱动条件下，载流子从紧挨着基极的区域被清除掉，给基-射极之间加上一个反向的偏压。它有效地切断了发射极与调整管内部与其他部分的联系。在集电结中相对较小的、高阻的区域将在 1 μs～2 μs 内缓慢地增大，使集电极电流流入芯片中逐渐缩小的部分。

结果，不仅它的开关动作将会变得相对较慢，芯片导通区域上承受的应力也会逐渐增大。这样将导致热点的形成，甚至可能也会像前面提到的那样，将引起器件的故障。

15.4 正确关断波形

如果在关断边沿时刻晶体管的基极电流减少得很慢，那么基-射极间的二极管将不会反偏，晶体管的状态将保持不变。发射极将继续处于导通状态，载流子也会被完全地从区域表面清除掉。结果晶体管各部分在同一时刻将停止导通。

这将会在集电极形成更快的集电极电流下降沿，同时也带来比较低的损耗，另外也消除了“热点”。但是采用这种方法，在三极管基极下降沿到集电极下降沿之间的存储时间将会变得更长。

15.5 正确接通波形

三极管基极的接通过程是上面所提到的关断过程的逆过程。在这个过程中应尽可能快地给出集电极高阻区导通的大量电流。为了达到这个要求，基极电流应该较大且上升沿应较陡。因此载流子也应尽可能快地注入到集电极高阻区。

在导通周期内，开始时刻的接通电流在大部分保持期间内都应该相对高于所需维持饱和的电流。

15.6 反非饱和驱动技术

为了减少存储时间，一个好的方法就是：在导通期间，只是给三极管的基极加入适当的基极电流以确保三极管不会进入饱和状态。推荐使用自限定反饱和网络即“贝克钳位”。详见第一部分第 17 章。

对于感性负载，除了基极电流的波形外，一般还需要在集电极与发射极之间提供一个缓冲器，这个缓冲器能够有助于防止二次击穿[80,82]。详见第一部分第 18 章。

应该记住的是：与高压功率管相比，低压功率管不一定会显示出相同的特性。低压功率管一般有一个掺杂程度很大且电阻较小的集电极区。在关断期间，给该器件加上快速的反向电压未必会形成一个高阻区。因此，对于低压三极管来说，在关断的边沿，用快速的反向基极偏压能够得到较快的反应速度和较短的存储时间。

15.7 高压晶体管最佳的驱动电路

在图 1.15.1a 中显示了一个完整的基极驱动电路，同时在图 1.15.1b 中显示了相关的驱动波形。它的工作原理如下。

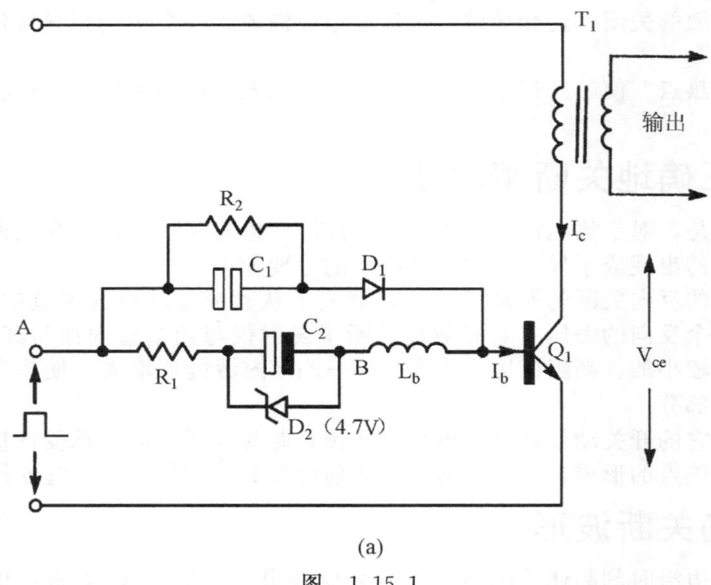

(a)

图 1.15.1

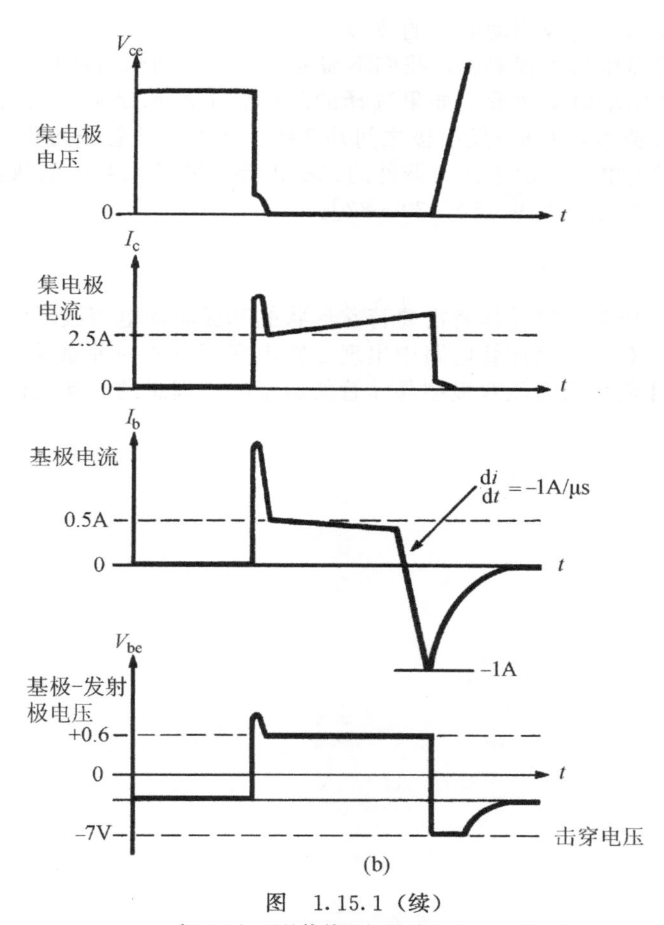

(b)

图　1.15.1（续）

（a）高压双极型晶体管基极驱动电流的形成电路

（b）集电极电压、集电极电流、基极驱动电流和基极-发射极电压波形

当输入 A 点的电压变为高电平时，电流首先流过 C_1 和 D_1 进入开关管 Q_1 的基-射结，这个电流非常大，这时的限流电阻由电源的内阻以及 Q_1 的输入电阻组成，这样 Q_1 将会很快导通。

当 C_1 充电时，R_1、R_2、C_2、电感 L_b 上的压降将会增加，同时在导通周期的其余时间 L_b 上会形成电流。

注意：当电流流经 L_b 时，C_2 会一直充电，直到其两端的电压等于稳压管 D_2 的稳压值。此时 D_2 导通，同时驱动电流最后由 R_1 限流。R_2 的阻值相对较大，因此流过 R_2 的电流就相对较小。

当驱动波形的下降沿出现的时候，D_1 关断，C_1 通过 R_2 放电，在 L_b 上流的电流逐渐衰减为零，然后会由于在 B 点的负电压形成反向电流。C_2 很大，在关断期间保持了电荷。

因此下降沿时在 Q_1 的基极-发射极上会慢慢地形成一个逆向电流，这个电流会一直存在，直到过剩的载流子被清除并且基极-发射极关断。这时，Q_1 的基极电压在 L_b 的强迫下会很快地变为负，同时会在基极-发射极间形成反向击穿。基极-发射极二极管的反向击穿是非损害性的，它将基极-发射极电压钳定在击穿值直到 L_b 上的能量被消耗完。

图 1.15.1b 中显示了基极驱动电流的波形。

对于各种各样的高压晶体管来说，我们不需要都画出驱动电流波形，大部分驱动电路都能很好地应用这种驱动电流波形。如果选择的晶体管不能承受基-射极击穿，那么就应该选择 L_b 和 R_3 的值或者在基极-发射极之间并联钳位齐纳二级管来防止这种现象的发生。

工作在开关方式的电源，由于开关器件的二次击穿可能是最基本的故障原因，因此设计者应研究适用的参考文献［49，50，79～82］。

15.8 习题

1. 为什么一些高压双极型晶体管需要特殊形状的基极驱动电流波形？
2. 解释导致高压双极型晶体管电路中出现二次击穿现象的一种原因。
3. 画出带有感性负载的高压双极型晶体管的典型的、理想的驱动电流波形。

第 16 章　双极型晶体管的比例驱动电路

16.1　导论

在第 15 章的第一部分已经解释了，为了在双极型功率开关晶体管上取得最有效的性能，其基极驱动电流必须有正确的波形，以适应晶体管的特性和集电极电流的加载条件。如果基极电流保持不变，那么在集电极电流变化的应用场合下会出现一些问题。

若我们选择的驱动电流能使电路在满载时达到最佳性能，如果在其轻载时还使用相同的驱动电流，那么过度驱动就会导致过长的存储时间，致使下面讨论的方法中的晶体管失控。在轻载的情况下，经常要求有较窄的脉冲，这种较长的存储时间将引起一个过宽的脉冲。这时控制电路将恢复到间歇振荡器的振荡模式，这就是出现我们所熟知的煎锅噪声的原因，开关电源轻载时都会出现这种非破坏性的不稳定情况。

因此为了防止在负载（即集电极电流）出现变化时的过度驱动和间歇振荡器的振荡模式，最好使基极驱动电流与集电极电流成比例。这里设计了一些比例驱动电路来满足这个要求。典型电路如下。

16.2　一个比例驱动电路的例子

在图 1.16.1 中显示的是一个应用在单输出正激变换器中的典型比例驱动电路。在该图中主开关晶体管是 Q_1，与 Q_1 集电极电流成比例的电流通过电流变流器 T_1 耦合送入到 Q_1 的基-射结，这提供了一个正比例反馈。驱动比 I_b/I_c 的值由驱动变压器的 P_1/S_1 匝数比确定，而 P_1/S_1 的比值应适合于晶体管的特性，常用的典型比值在 1/10 到 1/5 之间。

通过 P_1 和 S_1 之间耦合，在导通的大部分时间内驱动功率是由 Q_1 的集电极电路提供的，因此它对 Q_2 和辅助驱动电路的驱动要求很低。

16.3　导通工作过程（比例驱动）

在 Q_1 的前一个关断期间，由于 Q_2、R_1 和 P_2 一直处在导通的状态，其能量已经存储到 T_1 中。当 Q_2 关断时，驱动变压器 T_1 通过其反激行为给 Q_1 提供了一个初始的导通激励。一旦 Q_1 导通，通过 P_1 的再生反馈就持续给 Q_1 提供驱动。因此在 Q_1 导通期间 Q_2 就关断，而在 Q_1 关断期间 Q_2 就导通。

16.4　关断工作过程（比例驱动）

当 Q_2 重新导通的时候，在 Q_1 导通期间的末端，由于并联在绕组 S_2 两端的 Q_2 和 D_1 的钳位作用，所有绕组上的电压几乎都会变为零。这时原来经过 P_1 的比例电流变换到由 S_2、D_1 和 Q_2 组成的回路中，在此回路还有一些通过 S_1 变换来的经过 Q_1 基-射结的反向恢复电流。由于 R_1 导通，几乎没有电流通过 P_2 转换到上述的回路。因此 Q_1 的基极驱动被清除，Q_1 变为关断。

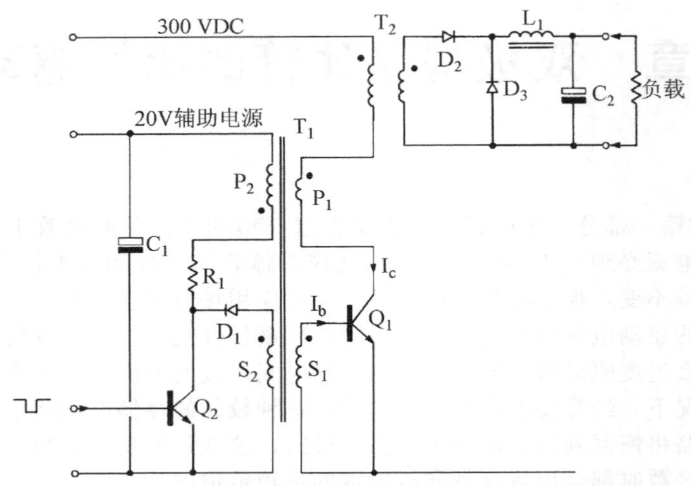

图 1.16.1　有比例基极驱动电路的单端输出前向变换器

因为在这个电路中有一个从 P_1 到 S_1 的正反馈电路，所以应该采取措施以防止在 Q_1 即将关断时出现高频寄生振荡。我们可以通过使 Q_1 处于关断状态、Q_2 处于低阻的导通状态，并使 S_1 与 S_2 之间的漏感很小的方法来达到防止寄生震荡。这样的话任何由 P_1 到 S_1 之间的耦合都会被 S_2、D_1 和 Q_2 钳住，不允许任何绕组变为正极性。

输入掉电会导致失控。在掉电期间，为了防止 Q_2 在应该导通的时候变为关断，必须有一个辅助电源给驱动电路供电。在辅助电源供应端要求连接大电容。

16.5　驱动变压器的恢复

在驱动晶体管 Q_2 导通期间的开始部分，D_1 和 S_2 将导通。但是当 Q_1 已经关断并且基-射结间的恢复电流已经变为零的时候，在绕组 P_2 的电压通过 R_1 使 D_1 和 S_2 反偏关断。所有绕组在开始时都变为负，同时在绕组 P_2 中会形成电流，使磁心复位到负饱和状态。

在饱和状态，流过 Q_2 和 P_2 的电流只通过电阻 R_1 进行限流，所有绕组上的电压都为零，同时电路也复位到准备状态，从而给下一个导通周期做准备。

S_1 和 S_2 之间应该只有非常少量漏感的要求，似乎与变压器原边-副边之间的隔离以及漏电距离的要求有矛盾。在离线开关电源应用中，T_1 用来作为一个原边-副边之间的电路隔离，变压器需要比只对功率有要求的变压器大一些。

16.6　宽范围比例驱动电路

如图 1.16.1 所示电路中，如果它的输入电压和负载的范围都较大，那么它将会有一些局限性，具体叙述如下。

当输入电压很低时，工作周期将会变大，同时 Q_1 的导通时间会远超过整个通断时间的 50%。甚者，如果负载范围内允许的最轻负载较小，那么为了保持导通，输出滤波器网络中的 L_1 就必须足够大。在这种条件下，调整管的集电极电流小而导通时间长。

在这个长导通期间内，驱动变压器 T_1 产生磁化电流，因为绕组 S_1 两端出现了恒定的 Q_1 基射电压 V_{be}。由于在此期间驱动变压器是一个电流变流器，因此该磁化电流是输出电流的一部分。所以这个预期的比例驱动的比值在整个长导通期间内并不是保持不变。在此期间的结束部分，驱动能力下降。为了减少它的影响，要求驱动变压器 T_1 有大的电感值。

但在导通期间结束时，Q_2 必须要在余下的短关断期间复位驱动变压器的磁心。为了达到快速复位，绕组 P_2 中每匝绕组的电压要大。这就要求要么选用 P_2 匝数少且采用大复位电流的方法，也可选用大的辅助电源电压。无论用哪种方法，在 R_1 上将会产生较大的功耗。

因此，必须在电感匝数与辅助电压之间做出折中的选择，这在高频情况下，电感匝数与辅助电压之间是很难针对宽范围的控制做出优化的，而在图 1.16.2 中的电路可以解决这个矛盾。

在图 1.16.2 的电路中，当 Q_2 关断时，电源通过 R_1 和 Q_3 对 C_1 快速充电，Q_3 通过其基极驱动回路 P_2、D_2 和 R_2 强行导通。在 Q_2 关断和 Q_1 导通时，所有绕组同名端的极性都为正。

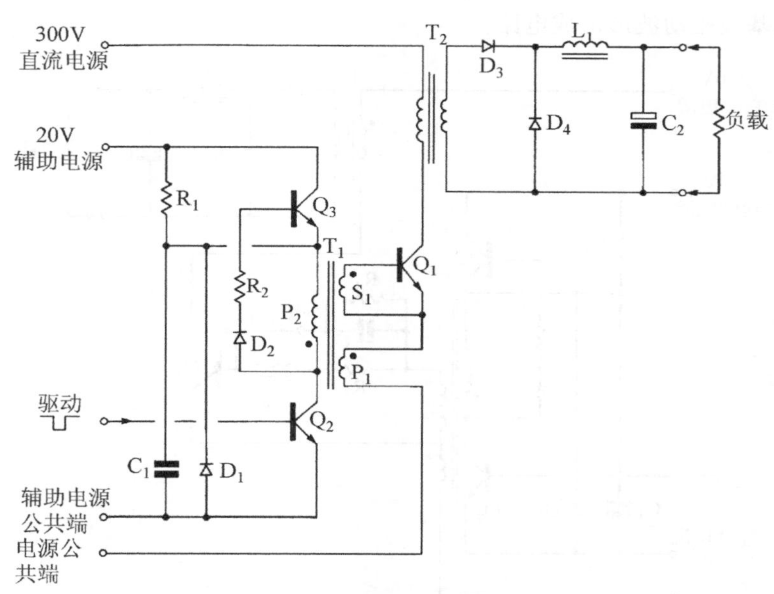

图 1.16.2　具有推挽基极比例驱动电路的单端前激变换器

16.7　导通工作过程（宽范围比例驱动电路）

当 Q_2 导通时，P_2 上电压反向，由 S_1、P_1 传递过来的变换电流在由 C_1、P_2 和 Q_2 组成的低阻回路中流动。之后所有绕组上的电压都将迅速反向，就使得 Q_1 关断，同时 Q_3 也关断。因此当磁心复位和 C_1 放电时，电源只会在电阻 R_1 上形成一个小电流，在这里 R_1 的值要比前面图 1.16.1 中 R_1 大得多。

如果 Q_2 在一段长时间内导通而 C_1 也完全放完电，那么 D_1 将引起“储能轮”效应，这会阻止 P_2 上的电压反向超过二极管压降。匝数比例应该满足这样的要求：在上面所说的情况下，Q_1 不会变为导通。最后磁心将会恢复到一个由 R_1 上电流定义的复位点。

16.8　关断工作过程（宽范围比例驱动电路）

当 Q_2 关断时，由于反激作用所有绕组的同名端将变为正，同时 Q_1 导通。来自 P_1 和 S_1 的再生驱动为 Q_1 和 Q_3 的导通及对 C_1 的快速充电提供持续驱动。这种状态将一直持续到 Q_2 再一次导通，即完成一个周期。这种电路形式的优点就是磁心可以通过一个高的辅助电源电压迅速复位，而不会在 R_1 和 Q_2 上形成过度的损耗。

在这个电路中，变压器与复位要求之间的矛盾得到了大大的缓解。但是电感应该足够大，限制磁化电流处在一个可以接受的范围内。还要有足够大的驱动来保证电路在所有的情况下都能正确地开关工作。如果允许驱动变压器中磁化电流分量超过集电极电流，那么正反馈将消失。

16.9　带有高压晶体管的比例驱动

如果 Q_1 是一个高压晶体管，那么为了得到稳定有效的工作，应该对基极驱动电流的形状有所要求，可见 15.1 节的第二段。

图 1.16.3 对图 1.16.2 中的高压晶体管驱动电路进行了适当修改，由 L_b、R_3、R_4、D_3 和 C_2 组成基极驱动波形形成电路。

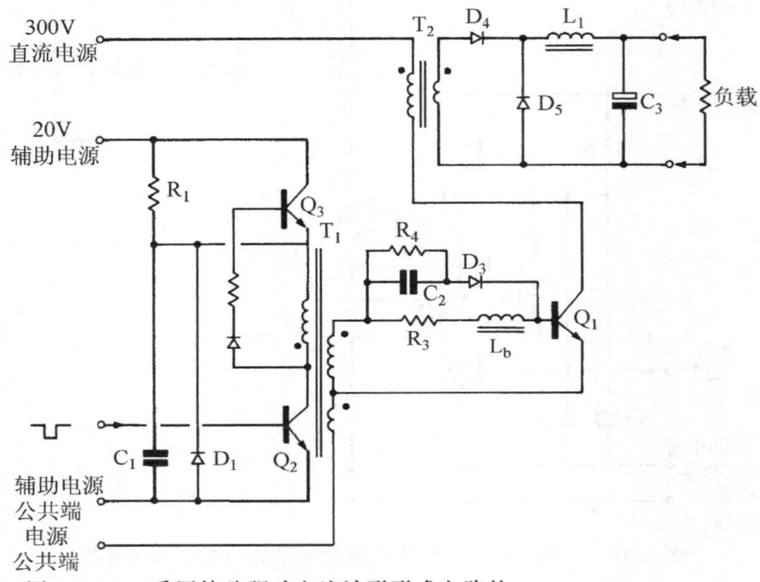

图 1.16.3　采用特殊驱动电流波形形成电路的高压晶体管推挽式比例驱动电路

16.10　习题

1. 比例驱动最主要的优点是什么？
2. 为什么在比例驱动电路中驱动变压器应该比纯粹满足功率要求的变压器要大？
3. 一个变压器耦合比例驱动电路的最大比率应该限制在 80%以内，为什么？
4. 什么控制比例驱动变压器的最大与最小电感量？

第 17 章　高压晶体管的抗饱和技术

17.1　导论

在高压双极型开关晶体管中，“下降时间”（关断沿的速度或者 dv/dt）主要由基极驱动关断电流特性曲线的形状来决定，见第一部分第 15 章。从基极关断驱动的施加到真正关断沿之间的延时是存储延时时间，它取决于关断之前的基区少数载流子浓度。

存储时间可以通过使少数载流子最低来最小化，具体地说，在晶体管关断之前，保证其基极电流刚好满足驱动，而保持晶体管处在准饱和的状态。

经常用来实现使少数载流子浓度最低的一种方法叫作二极管贝克钳位电路。因为这种方法的优点是对驱动进行带负反馈的动态钳位，所以能够对各种器件的增益以及饱和电压不可避免的变化有补偿作用，同时它也会对由于温度与负载变化而引起的开关晶体管参数的变化做出反应。

17.2　二极管贝克钳位电路

图 1.17.1 中是一个典型的贝克钳位电路，它的工作原理如下。

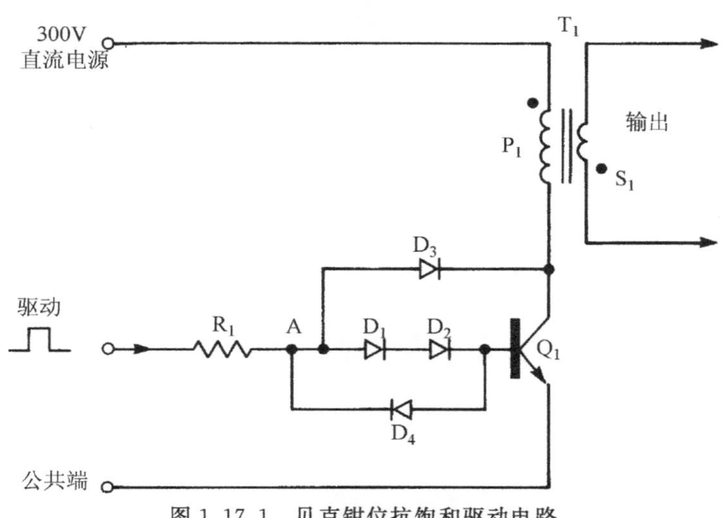

图 1.17.1　贝克钳位抗饱和驱动电路

二极管 D_1、D_2 与基极驱动元件串联连到 Q_1 的基极，A 点驱动电压包括二极管 D_1、D_2 上的压降和 Q_1 基射极电压 V_{be}。在 Q_1 导通时 A 点驱动电压近似达到 2V。

当 Q_1 导通时，其集电极电压开始下降，当这个集电极电压降到约 1.3V 时，D_3 开始导通，使基极驱动电流分流到 Q_1 的集电极。这个钳位行为受负反馈控制，自调整将一直持续到 Q_1 的集电极电压有效地钳位在 1.3V 上为止。

这样的话，晶体管始终保持在准饱和导通状态，以最少的基极驱动电流维持这种状态。在导通时这个准饱和状态维持基区的最少的少数载流子数，从而在关断期获得最小的延时时间。在关断期，D_4 给 Q_1 基极的反向关断电流提供了一条通路。

在基极电路中二极管数目 D_1、D_2、…、D_n 的选择应该和晶体管的饱和电压匹配。这个钳位电压应该高于在工作电流下的晶体管正常的饱和集电极电压，确保在准饱和导通状态下真正维持晶体管工作。

这项技术有一个缺点是，在导通期间 Q_1 的集电极电压略高于深饱和时的集电极电压，这增加了晶体管的功耗。

图 1.18.3 中所示是贝克钳位电路与低损耗组合缓冲二极管的完美组合（见第一部分第 18 章）。

17.3 习题

1. 在高压开关晶体管应用中使用抗饱和驱动电路的主要优点有哪些？
2. 叙述用于双极晶体管的典型抗饱和和钳位电路的工作过程。

第 18 章　缓冲网络

18.1　导论

缓冲网络（经常是由损耗型的电阻、电容和二极管网络组成的网络）是并联在高压开关器件和整流二极管两端的，用来减少由开关器件导通或关断而产生的开关应力与电磁干扰问题。

当用到双极型晶体管时，缓冲网络就用来提供一个“负载线整形”功能，确保副边击穿反向偏压以及安全工作区的限定值不被超越。在离线式反激变换器中，当交流 137V 的倍压电压加到整流电路或是双输入电压电路的交流 250V 桥式整流电路中时，反激电压很容易就可以超过 800V，所以缓冲网络的用途特别重要。

18.2　具有负载线整形的缓冲电路

在图 1.18.1a 中显示了传统单端输出反激变换器的基本电路，它包括由 Q_1 驱动的 P_1、带有漏感能量恢复绕组的 P_2 以及二极管 D_3。缓冲网络由元件 D_1、C_1 和 R_1 组成，它并联在 Q_1 的集电极与发射极之间。图 1.18.1b 中显示的是在这个电路中所期望的电压和电流波形。如果要求有“负载线整形”功能，那么缓冲网络元器件的主要功能是在 Q_1 关断期间为维持变压器原边感应电流 IP 提供一个交流通路。由于该缓冲网络的存在，在关断 Q_1 时就不会在 Q_1 的集电极形成一个大电压，Q_1 集电极的实际电压值主要与分流电流 I_s 的幅值、缓冲电容 C_1 的值以及 Q_1 的关断时间 t_2-t_1 有关。如果没有这个缓冲网络，Q_1 上的电压降将非常大，它由有效的初级漏感以及关断电流的变化率 di/dt 来决定。在关断沿，缓冲网络降低了集电极电压的变化率，因此也就减少了射频干扰问题。

18.3　工作原理

稳定状态下，Q_1 关断期间的工作过程如下。

见图 1.18.1b，在 t_1 时刻 Q_1 开始关断时 T_1 中的原边电感与漏感将使变压器原边绕组中的原边电流 I_P 保持不变。这将导致 Q_1 的集电极电压从 t_1 到 t_2 会上升，原边电流分出一部分电流 I_s 到 D_1 和 C_1，使 C_1 在此时充电。因此，流过 Q_1 的电流下降，电感强迫分流电流 I_s 流过二极管 D_1 给 C_1 充电。如果晶体管 D_1 在有利的情况下快速关断，那么集电极电压的变化率 dV_C/dt 将只与原来的集电极电流 I_P 以及 C_1 的电容值有关。

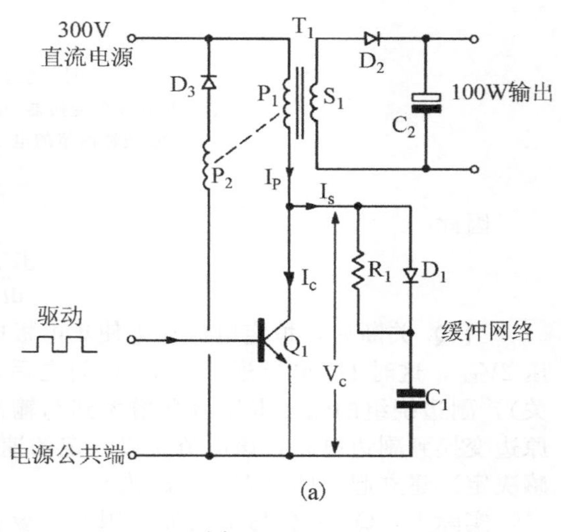

图　1.18.1

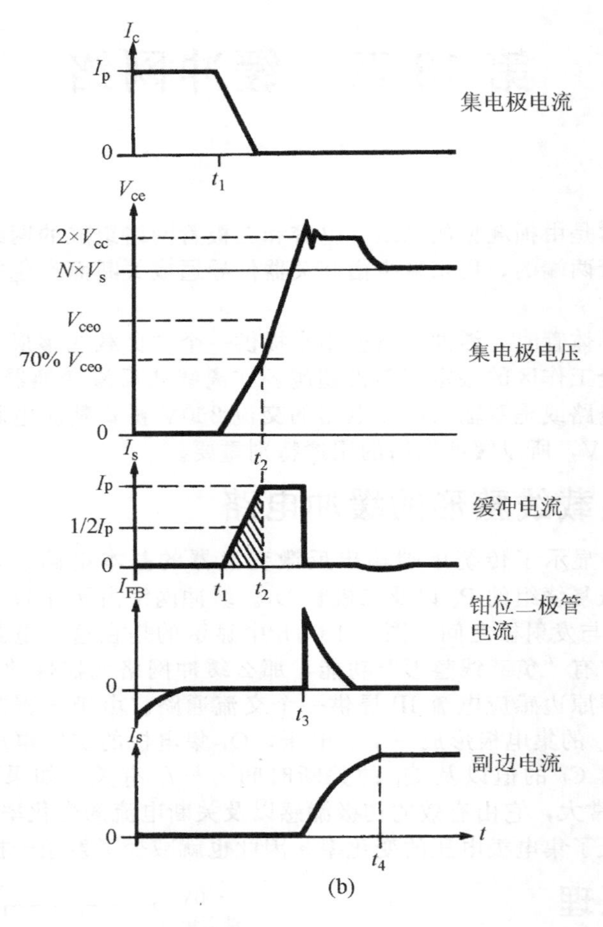

图　1.18.1　(续)

(a) 用在反激变换器中的传统耗散型 RC 缓冲网络

(b) RC 缓冲网络的电压电流波形

因此

$$\frac{dV_C}{dt}=\frac{I_P}{C_1}$$

当 Q_1 关断后，恒定电流充电使集电极电压线性增大，直到在 t_3 时刻达到反向钳位电压 $2V_{DC}$，这时 D_3 也导通。在 t_3 时刻之后不久（该延时时间与原边-副边漏感的大小有关），副边绕组的输出电压就会增大到与输出电容上的电压值相等。这时反激电流将会从原边变换到副边电路，该电流是以一定的速率（由副边漏感与通过 D_2、C_2 的外部回路电感决定）建立起来的（在 t_3-t_4 内）。

实际上，Q_1 不会马上关断，因此，要避免发生二次击穿，应该合理选择缓冲网络，在集电极电流变为零之前，使 Q_1 集电极电压不会超过 V_{ceo}。

如果不使用缓冲网络，图 1.18.2a 和图 1.18.2b 中显示相对较高的边沿损耗和二次击穿负载线的应力。如果使用合适的缓冲网络，便可获得图 1.18.2c 和图 1.18.2d 所示更好的关断波形。

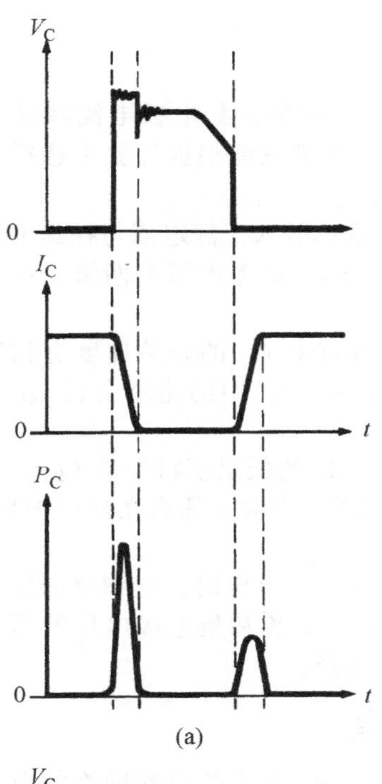

(a)

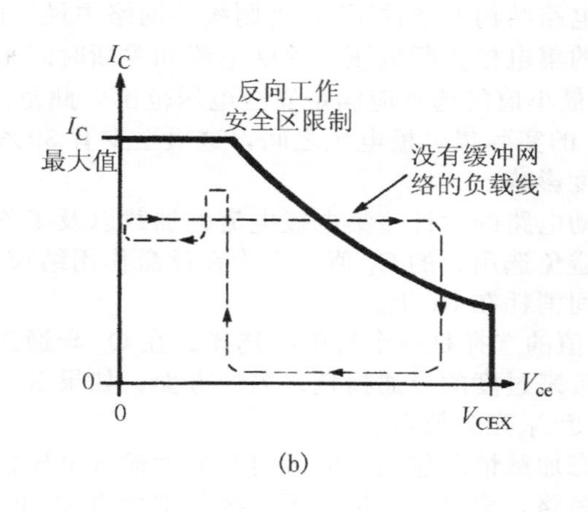

(b)

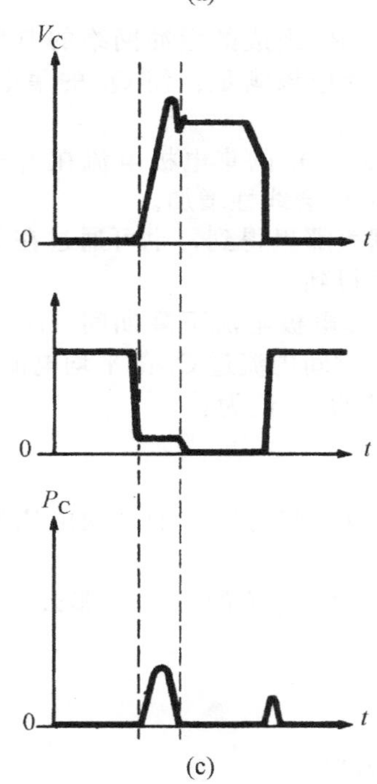

(c)

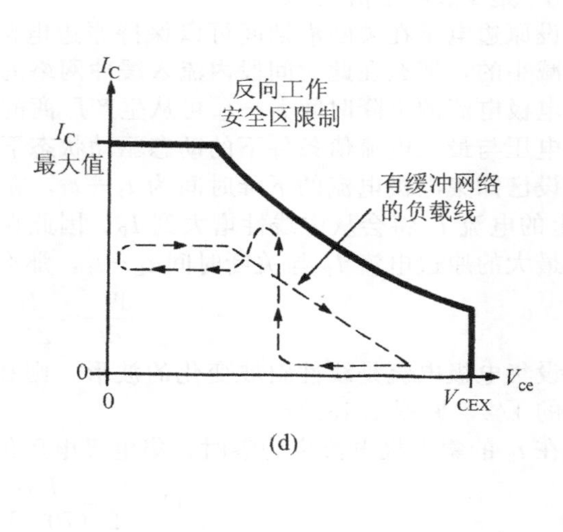

(d)

图 1.18.2 有缓冲网络或没有缓冲网络电路的安全工作区特性曲线

(a) 没有缓冲网络电路的接通和关断电压、电流以及损耗应力

(b) 没有负载线修整时影响反向偏置安全工作区（RBSOA）的动态负载线的限制（注意二次侧的破坏应力）

(c) 有缓冲网络电路的接通和关断电压、电流以及损耗强度

(d) 基于负载线整形的负载线与 RBSOA 限制

18.4 经验估计缓冲网络元件值

重新参考图 1.18.1a，除非 Q_1 的关断时间为已知（在最大集电极电流状况以及选择了驱动电路结构的条件下），否则缓冲网络中最佳的 C_1 值就只能根据经验来选择，这可依据实测的集电极关断电压、关断电流和关断时间来决定。

C_1 最小值的选择应满足安全电压范围，此范围在晶体管 V_{ceo} 额定值与在集电极电流到零时 T_2 的实际集电极电压之间，这里至少有 30%范围的余量考虑缓冲网络元件参数的变化及温度影响。

驱动电路的设计、集电极电流的加载以及工作温度都对 Q_1 的开关速度有相当大的影响。应避免选用大的 C_1 值，因为在反激作用结束后存储在 C_1 中的能量会在 Q_1 下一个导接通期间消耗在 R_1 上。

R_1 值的选择是一个折中的选择。在 Q_1 导通边沿，R_1 的低阻值将导致 Q_1 上形成大电流，这带来过度的导通损耗。另一方面，如果 R_1 的阻值非常大，那么在极小的导通期间，将不能使 C_1 充分放电。

动态加载情况包括在满载时和最大输入电压情况下的初始导通、宽和窄的脉冲条件以及输出短路，建议在此情况下，要仔细检查 Q_1 的集电极电流和集电极电压波形。对于该类型的缓冲网络来说，必须总是折中考虑 R_1 和 C_1 的选择。

18.5 计算求得缓冲网络元器件的值

在图 1.18.1b 显示的是图 1.18.1a 所示的 D_1、C_1、R_1 组成的缓冲网络的典型关断波形。此例中，在集电极电流变为零的 t_2 时刻，C_1 的选择应该满足：使 Q_1 的集电极-发射极电压 V_{ce}是 V_{ceo}额定值的 70%。

假设原边电感在关断沿期间可以保持原边电流不变，Q_1 的集电极电流在 t_1-t_2 期间是线性减小的，那么在此时间段内流入缓冲网络的电流 I_s 会线性增加。

集电极电流的下降时间 t_1-t_2 可从生产厂商的数据表那里得到，也可通过在集电极的在最大电压与最大电流值条件下的动态驱动状态下测量得到。

假设已知集电极电流的下降时间为 t_1-t_2，在 Q_1 集电极电流下降期间（t_1-t_2），流过 C_1 上的电流 I_s 将会从中线性增大到 I_P。因此在这段时间内流过 C_1 的平均电流为 $I_P/2$。若已知最大的原边电流 I_P 与关断时间 t_1-t_2，那么最佳的 C_1 值为：

$$\frac{\mathrm{d}V_C}{\mathrm{d}t}=\frac{I_P}{ZC_1}$$

假设集电极电流是线性斜坡变化的波形，则在关断期间流过 C_1 的平均电流就是峰值电流值的 1/2，见图 1.18.1b。

如在 t_2 的集电极电流变为零时，集电极电压值不超过 V_{ceo}值的 70%，那么：

$$C_1=\frac{I_P t_f}{2\ (70\% V_{ceo})}$$

式中，I_P = 最大的原边电流；

t_f = Q_1 集电极电流的下降时间（t_1-t_2），单位为μs；

V_{ceo} = 选定晶体管的额定值 V_{ceo}，V；

C_1 = 缓冲网络电容，μF。

18.6 晶体管 Q_1 的关断损耗

按照上面所说的方法，尽管波形已经反向，在关断期间，C_1 和晶体管 Q_1 上都有类似的平均电流与电压。在关断时间 t_1-t_2 内，晶体管的功耗与在关断结束时刻 t_2 存储在 C_1 上的能量相等。因此：

$$P_{Q_1(off)}=\frac{1}{2}C_1\ (70\%V_{ceo})^2f$$

式中，$P_{Q_1(off)}$ = 关断期间在 Q_1 的功耗，单位为 mW；

C_1 = 缓冲网络电容，单位为μF；

V_{ceo} = 晶体管 V_{ceo} 额定值，$70\%V_{ceo}$ 是 $I_C=0$ 时选择的最大电压值；

f = 频率，单位为 kHz。

18.7　缓冲网络的电阻值

缓冲网络中放电电阻 R_1 被用来在已定义的最小导通期间内使缓冲网络电容 C_1 放电，最小的导通时间由在最大输入电压以及最大工作频率条件下所定义的最小负载决定。

CR 时间常数应该小于最小导通时间的 50%，保证 C_1 能够在下一个关断时间前进行有效的放电。因此：

$$R_1=\frac{1}{2}\frac{t_{on(min)}}{C_1}$$

18.8　缓冲网络中电阻的功耗

每个周期内，在缓冲网络中的电阻功耗等于关断结束时存储在电容 C_1 的能量，而 C_1 上的电压与变换器电路的类型有关。根据全部能量变换观点，C_1 上的电压将等于电源电压 V_{cc}，因此在下个导通期间到来之前，所有的反向电压都会降为零值。对于连续工作方式，C_1 上的电压就等于电源电压与变压器副边反射到原边的电压之和。

在 C_1 放电前的电压是 V_C，则 R_1 的功耗 P_{R_1} 用以下公式计算：

$$P_{R_1}=\frac{1}{2}C_1{v_C}^2\ f$$

18.9　密勒电流效应

在测量关断电流时，设计者应考虑会出现不可避免的密勒效应，密勒电流将在关断沿流过集电极电容。

在讨论高压晶体管工作的过程中密勒效应经常被忽略。即使 Q_1 完全关断，密勒电流还是会引起明显的集电极电流。它的幅值与集电极电压的变化率（dV_C/dt）以及集电极-基极间的耗尽电容有关。此外，如果在开关晶体管 Q_1 上装有一个散热器，那么在 Q_1 集电极与公共地线之间将会有一个相当大的电容存在，这给集电极电流提供了另一条通路。这不应与密勒电流本身相混淆，它的幅值一般比密勒电流大几倍。

在整个关断期间，这些耦合电容将产生明显的集电极电流，测量的集电极电流是平顶波形。所以，在集电极电压上升到 V_{ceo} 期间，集电极电流决不会等于零。在图 1.18.2c 中显示为电流的平顶波形。尽管这种影响不可避免，但在开关晶体管已公布的二次击穿特性中通常被忽略掉。最大集电极 dV_C/dt 值有时要用到，通过选择合适的 C_1 值便可以得到满意的 dV_C/dt 值。当使用功率 MOSFET 开关时，必须要满足最大 dV_C/dt 值以阻止晶体管寄生振荡。因此在大多数高压功率 MOSFET 应用中仍然要用到缓冲网络。

18.10　组合低功耗缓冲二极管电路

如上所述，在高压双极晶体管关断的时候，为了减少出现二次击穿应力，通常会使用缓冲网络。

但不幸的是，普通缓冲电路的设计必须在高阻缓冲网络与低阻缓冲网络之间做出折中的选择。高阻缓冲网络可确保小的导通电流，低阻缓冲网络可防止轻负载时竞态情况的出现，这时窄的脉冲宽度要求低的RC时间常数。对于这个似是而非的观点，我们几乎不能来做出一个满意的折中选择。但是组合的低功耗缓冲二极管电路提供了一个理想的解决方法。

图1.18.3显示了这种电路，它的具体工作原理如下。

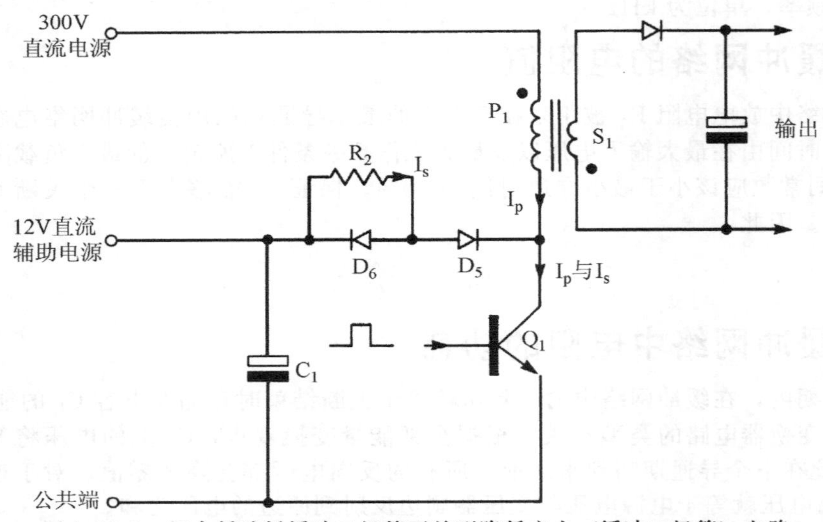

图1.18.3　组合低功耗缓冲二极管开关型降低应力（缓冲二极管）电路

假设晶体管 Q_1 处于导通状态，这时 Q_1 集电极电压为低。电流会从电源流经变压器的原边 P_1 到达 Q_1 的集电极，另外从辅助电源经 R_2 和 D_5 也有电流流入 Q_1 的集电极。

在 Q_1 导通一结束，Q_1 就开始关断。当 Q_1 集电极电流下降时，变压器原边的漏感会使得 Q_1 集电极电压上升。但是当集电极电压等于辅助电压值时，原边电流就会被分流到缓冲二极管 D_5 上，并经过 D_6 流到辅助电源，其方向为 D_5 的反向恢复方向。在 D_5 的反向复位时间内，这个流过 D_5 的反向复位电流一直存在。

在这个反向的恢复时间内，Q_1 保持关断，它的集电极电流变为零，而集电极电压值将保持由 D_5 钳位的略高于辅助电源电压的值。因此，Q_1 在可以忽略电压应力强度的条件下关断。

缓冲二极管的反向恢复时间必须要大于晶体管 Q_1 的关断时间。为满足此种应用，特殊的中速复位二极管被制造出来（产品如荷兰飞利浦公司的＃BYX 30 SN）。

在 Q_1 的关断时间内，来自缓冲二极管 D_5 的恢复充电电荷将存储在辅助电容 C_1 中，这些电荷常用来在 Q_1 的下一个导通期间内正向加到 D_5 上。对于整个系统来说，在关断过程中就只有很少的能量损耗。

当 Q_1 再次导通时，在导通期间只有极少数的电子从二极管 D_5 的负极被取出。其原因是二极管 D_5 的耗尽层很宽而极间电容较小（即二极管的变电容特性），使 Q_1 的导通应力不会显著增加。

当 Q_1 处于它的饱和导通状态时，电流会从辅助电源与电容 C_1 中流出来重新建立缓冲二极管 D_5 正向偏置条件，其中一部分能量来自以前的恢复电荷。只要缓冲二极管 D_5 导通，下一个关断周期的条件就成立了。

18.11　高压双极晶体管的典型驱动电路

图1.18.4中采用了缓冲二极管与贝克钳位电路的组合电路，并用推挽驱动电路作为Q_1的基极驱动电路。

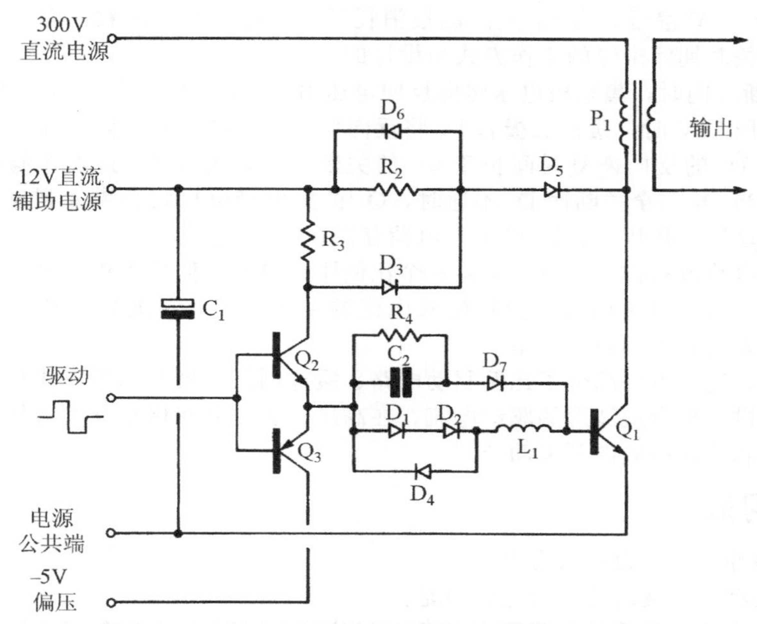

图1.18.4　缓冲二极管与补偿性反饱和钳位电路组合

这种电路设计对于在反激变换期间集电极电压可能达到800V的高压反激变换电路来说是相当合适的。它的工作原理如下。

当系统驱动电压变高时，Q_2导通同时Q_3关断。电流经R_3、Q_2、C_2和D_7到达功率管Q_1的基极。由R_3和C_2组成的低阻网络提供的加速驱动使Q_1快速导通。

当Q_1导通时，它的集电极电压下降。在集电极电压降到辅助电源电压值12V以下时，缓冲二极管D_5将会正向偏压，这时电流会经R_2、D_5分流至Q_1的集电极。

Q_1持续导通，使其集电极电压值降低，直到它的值变为贝克钳位电压值，这时D_3正偏导通，将部分基极驱动电流分流到P_3、P_5和Q_1的集电极。

在同一个过程中，C_2被充电至某一电压值，使得驱动电流经D_1、D_2和L_1被分流到Q_1的基极。这时Q_2的集电极电压等于Q_1的基-射结之间电压V_{be}、D_1和D_2上的压降以及Q_2的集电极-发射极之间的压降V_{sat}之和，即为2.5V。而Q_1集电极钳位电压将小于D_3，D_5上的压降，即为1V。Q_1集电极钳位的电压值可以通过与D_1和D_2串联更多的二极管来增加，这里，L_1上的压降忽略不计。

因此在Q_1剩下的导通时间内，主要的驱动电流通过R_3、Q_2、D_1、D_2和L_1流入Q_1的基极和发射极。贝克钳位电路工作由D_3和D_5完成。

在导通期结束后，驱动电压变低，Q_2关断而Q_3导通，D_4的负极电压钳位在偏压电源−5V上。二极管D_7、D_1和D_2反偏，关断电流从D_4和L_1流过。

在Q_1关断之前，流过L_1的电流是正方向的，在Q_1关断开始时，流过L_1的电流继续要保持这个方向而电流值是逐渐衰减的。因此通过 L_1 的关断电流先衰减到零，然后再经过 D_4 反向，这为高压晶体管提供了理想的特定斜坡关断电流，参见第 15 章。在关断期间内，电容 C_2 通过 R_4 放电。

当所有的载流子被从 Q_1 的基–射结间除去后，基–射结关断，同时根据楞次定律电感 L_1 的反激作用将强迫 Q_1 的基–射结进入反向击穿状态。该 Q_1 基–射结反向电压大约为 −7.5V，小于 −5V 偏压。当 L_1 上的能量消耗后，击穿停止。注意：许多高压晶体管是为满足这种在关断期间击穿的工作方式而设计的。

在 Q_1 关断的同时，集电极电压将向反向电压值 800V 方向增大。然而当 Q_1 集电极电压升到辅助电压 12V 时，缓冲二极管 D_5 将反向偏置，集电极电流会经过 D_5 和 D_6 流入辅助电源。因为 D_5 的反向恢复时间长于 Q_1 的关断时间，因此 Q_1 只是在低的集电极电压 12V 下关断。当 Q_1 完全关断而 D_5 不通时，Q_1 的集电极电压将会增大到反向电压值。在下一个正向驱动脉冲作用下，D_5 的恢复电荷存储在电容 C_1 上。

尽管这个电路没有按传统方式提供一个比例驱动电流，但贝克钳位电路能够调整功率管的基极电流以符合电路增益以及集电极电流的要求，因此它的作用和比例驱动电路相似，只是它需要比较大的驱动功率。

总的来说，这个电路综合了比例驱动电路、缓冲网络二极管和贝克钳位电路的大部分优点。它也提供一种合适波形的驱动电流，在高压、大功率双极型开关应用中，它能实现低的电压应力和快速高效的开关动作。

18.12 习题

1. 解释缓冲网络代表什么意思。
2. 解释典型缓冲网络的两个主要功能。
3. 对于具有感性负载的双极型晶体管，讨论选择缓冲电路各个部件的准则，是否它可以避免二次击穿？
4. 为什么不要求大的缓冲电容？
5. 描述可以用来代替传统 RC 缓冲网络的低损耗缓冲技术。
6. 采用图 1.18.1 所示的缓冲网络，要求防止 Q_1 关断时其集电极电压超过 70% 的 V_{ceo}，试计算所需的最小的缓冲电容（假设 Q_1 的下降时间为 0.5 μs，集电极电流 I_P 为 2A，且 V_{ceo} 额定值为 475V）。

第 19 章　交叉导通

19.1　导论

交叉导通（cross conduction）这个词用来描述半桥或全桥推挽变换器中可能出现的潜在破坏情况。

参考图 1.19.1 中的电路，该问题可以得到很好的解释。在这个半桥电路中明显可以看出：如果 Q_1 和 Q_2 同时都导通，他们将电源直接短路，图中的 T_1 和 T_2 是电阻抗很小的电流变换器。由于有大的破坏性电流通过开关器件，这通常将导致该器件立刻损坏。

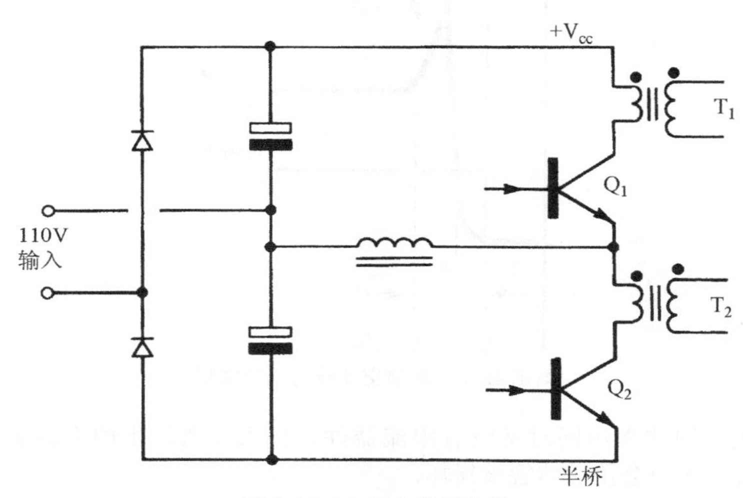

图 1.19.1　基本半桥电路

显然，两个晶体管同时导通时电路不能正常工作。而产生交叉导通的原因还得追溯到开关晶体管的过大存储时间。图 1.19.2 中显示两个半桥晶体管 Q_1 和 Q_2 在 100%工作周期的方波、完全导通情况下典型的基极驱动电流和集电极电流波形图。如图所示，由于存储时间 t_1-t_3 的存在，交叉导通发生了。

在图 1.19.2 的上面波形中，Q_1 的基极驱动在 t_1 时刻移去，Q_1 关断期和 Q_2 导通期开始。由于晶体管 Q_1 存在不可避免的存储时间，它的集电极电流在稍后的 t_3 时刻还没有完全关断。同时，下面那个晶体管 Q_2 导通，如图所示下面的波形。对双极型晶体管来讲，导通延时通常小于存储时间。因此如果采用全部 100%工作周期进行推挽基极驱动，在 t_2-t_3 的短时间段内两个器件均会导通。由于它们直接并联在电源上，电源的低内阻使得大的集电极电流流过。图 1.19.2 中 Q_1 和 Q_2 的波形图展示了这种效应。

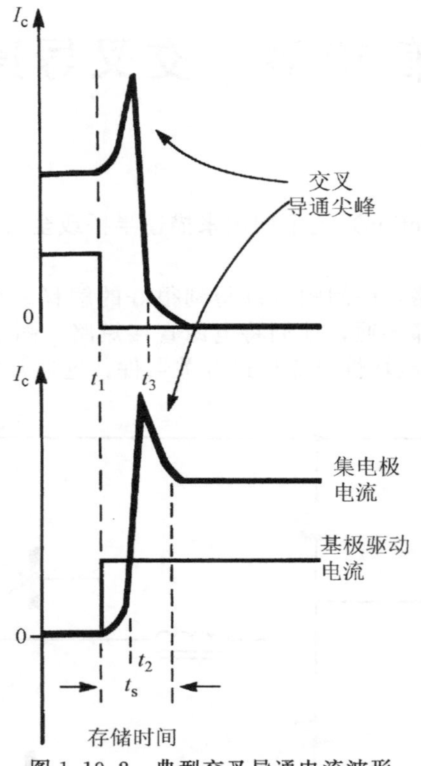

图 1.19.2　典型交叉导通电流波形

如果电源的内阻非常小同时又没有限流器件，交叉导通产生的大的破坏性电流通过 Q_1 和 Q_2，过大的应力会使晶体管被损坏。

19.2　防止交叉导通

传统的用来防止交叉导通的方法就是在两个交替导通驱动脉冲之间提供一个死区时间，此时两个晶体管都关断。这个死区时间必须要有足够大的宽度，确保两个功率开关管导通区间在任何情况下都不会重叠。

但明显一模一样的器件，它们的存储时间却有较大的不同。该存储时间还是温度、驱动电流以及集电极电流负载的函数。因此为保证有足够安全的界限，需要仔细考虑足够长的死区时间，但这会减少脉宽控制的有效性和范围。

很清楚，允许有 100% 的控制脉宽而又不出现交叉导通危险的系统是受欢迎的。下面描述的禁止交叉导通技术提供的动态控制将很好地满足这个要求。

19.3　禁止交叉耦合

图 1.19.3 表示一种推挽变换器的基本部件，采用动态交叉耦合来达到禁止交叉导通的发生。

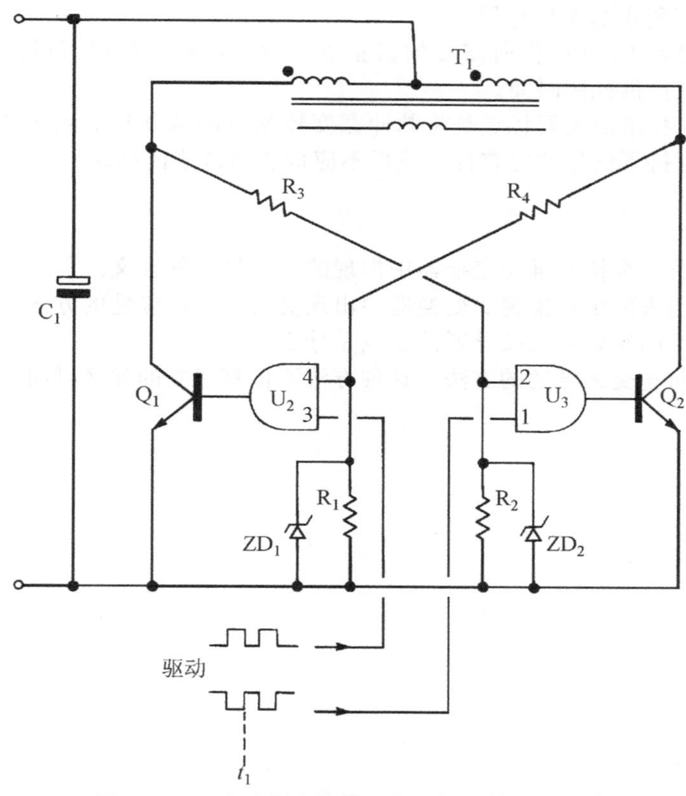

图 1.19.3　交叉耦合的禁止交叉导通的电路实例

与前面的例子类似，如果推挽变换器中 Q_1 和 Q_2 同时导通，那么变压器 T_2 的原边将短路，大电流将流过晶体管，这样可能给电路带来灾难性后果。

在图 1.19.3 中，与门 U_2 和 U_3 可以阻止交叉导通，这些门电路通常是主控 IC 电路的一部分。该电路展示了采用全工作周期方波基极驱动的工作情况。在以前的情况，这将产生严重的交叉导通问题。而在此电路中，由于交叉耦合禁止输入门电路的作用从而阻止了交叉导通，禁止输入信号是由电阻 R_3 和 R_4 提供的，且取决于 Q_1 和 Q_2 的导通状态。

19.4　电路的工作

考虑图 1.19.2 和图 1.19.3 中 Q_2 处于即将导通时（在驱动波形的 t_1 点上）的初始条件。在这个瞬间，门电路 U_3 的输入端 1 为高电平，这就为 Q_2 的导通做好了准备。由于存在 Q_1 存储时间，所以 Q_1 仍保持导通，其集电极电压为低，使 U_3 的输入端 2 为低。结果，U_3 的输出端的输出为低，Q_2 延迟导通，一直到 Q_1 的集电极电压变为高。在 Q_1 完全关断后，存储时间结束，Q_2 才会导通，就可以防止交叉导通。只有在 Q_1 完全关断后 Q_2 才会导通，相同的工作过程也会发生在 U_2 上，在 Q_2 完全关断后 Q_1 才会导通。

值得注意的是：这两个与门的工作是一个自调整过程，它可适用于两个开关器件的存储时间变化的场合。因为是动态调整过程，容许完全导通角，也就完全免除了交叉导通。

从原理上来讲，上面所述的技术可以应用到半桥和全桥变换器中。但是由于半桥或全桥驱动电路中开关器件之间没有公共端，驱动电路稍显复杂。Q_1 和 Q_2 集电极的电压摆幅经常超过控制电路的电压额定值，需要某种形式的电压钳位电路。此例中，齐纳二极管

ZD_1 和 ZD_2 提供了所需的钳位作用。

不是所有的控制 IC 都提供所需要的禁止输入端，这种功能也可以由外部提供给 IC，否则的话，就必须提供死区时间。

交叉耦合禁止技术的主要优点是将脉冲宽度控制范围从 0 扩展到 100%，同时在遇到交叉导通问题时保持了信号的完整性。我们不应该忽略这些优点。

19.5　习题

1. 解释在半桥、全桥和推挽变换器中出现的交叉导通的含义。
2. 描述一种用来减少在推挽式变换器中出现交叉导通可能性的方法。
3. 利用死区时间来防止交叉导通的缺点是什么？
4. 描述一种防止交叉导通的方法，这种方法不依靠建立的死区时间。

第 20 章　输出滤波器

20.1　导论

毫无疑问，开关电源一个最讨厌的缺点就是它易产生高频辐射、导通纹波以及无线电噪声干扰。

为了使这些干扰控制在一个合理的范围内，务必在整个电气与机械设计过程中注意噪声减少技术的应用。在变压器中，高频高压器件与接地平面之间应该用到静电屏蔽，这些屏蔽方法在第一部分的第 4 章有较充分的解释。另外为了减少导通模式的噪声，要求采用低通输入和输出滤波器。

20.2　基本要求

输出低通滤波器

以下关于输出滤波器的设计部分已经假定，正常的设计实践已经用来尽可能地减小导通模式噪声，且射频干扰滤波器也已经装在输入电源线上，见第一部分第 3 章。

为了提供稳定的直流输出，同时也为了减少电路中的纹波和噪声，在开关电源的输出端通常增加图 1.20.1a 所示的 LC 低通滤波器。在正激变换器中，这些滤波器实现两个主要功能：第一个功能就是能够进行能量存储，以保证开关电源在整个开关周期内维持近似稳定的直流电压输出；第二个功能可能不明显，该功能就是把高频谐波和共模输出干扰减少到一个可以接受的范围内。

但现实是这两个功能却是不兼容的。为了保持几乎不变的直流电压输出，输出电容上流经的电流必须也是几乎不变的，因此就输出电感元件来说要求有较大的电感。输出电感元件也必须可通过直流电流，该电感常常较大，可能有较多匝数。较多的匝数带来大的匝间电容，这导致了相对低的自谐振频率，此种电感元件在高于其自谐振频率下具有低阻抗，它不能有效地衰减串扰电流的高频分量。

20.3　开关方式输出的滤波器的寄生效应

在图 1.20.1a 中显示的是一级 LC 输出滤波器，像这样的滤波器一般可以在典型的正激变换器中找到，它包括寄生元件 C_c、R_S、等效串联电感及等效串联电阻。

串联的电感支路 L_1 包括一个纯电感 L 和一个与之串联的不可避免的绕组电阻 R_S，寄生的匝间分布电容作为一个集中参数等效电容 C_c 包含在其中。

在图 1.20.1b 中显示的是该滤波网络的低频以及中频等效电路。C_c、等效串联电感及等效串联电阻在低频时的值非常小，其影响可以忽略不计。从这个等效电路图可以清楚看到，此滤波器用作低通滤波器是有效的，适用于频率范围的中低频率段。

在图 1.20.1c 中显示的是该滤波网络的第二个高频等效电路。在高频段，纯电感变为高阻抗，可去掉 L-R_S 支路，而纯电容 C 趋向变为零阻抗，故也可去掉 C。此时，电路中等效寄生元件起主导作用，有效地将单级低通 L_C 滤波器变为高通滤波器。这种情况出现在一些高频段，此时，匝间电容 C_c 和等效串联电感在电路中占主导地位。这种类型的功率输出滤波器就不能有效地衰减高频传导方式的噪声。

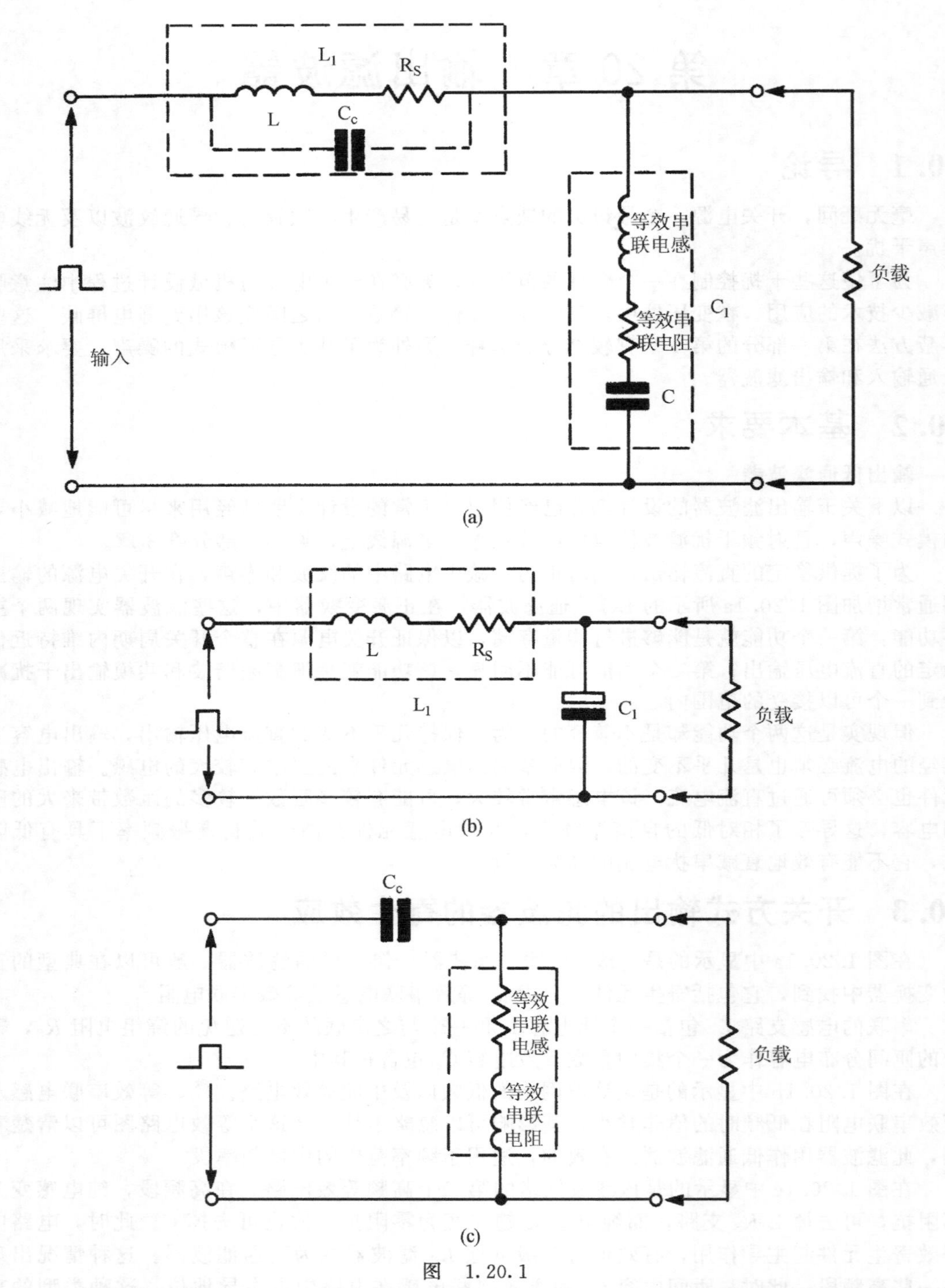

图 1.20.1

(a) 功率输出滤波器，显示 L_1 中的寄生匝间电容 C_c、串联电阻 R_S 和 C_1 的串联电感的等效串联电感与串联电阻的等效串联电阻

(b) 输出滤波器的低频等效电路

(c) 输出滤波器的高频等效电路，旁路电容 C_1 还包括一个等效串联电感和一个等效串联电阻

20.4　二级滤波器

如上所述，用一级 LC 滤波器要想完全达到平滑电压和去噪声的要求，特别是在反激变换器设计中，就必须选用昂贵的元器件。尽管如此，也只能获得很一般的高频特性。

图 1.20.2 显示了一个性价比更好的宽带滤波器电路，它是一个体积更小的二级 LC 滤波器，用来衰减高频噪声。因为第二级滤波器所需的电感和电容值都很小，L_2 和 C_2 可以选择体积较小且较便宜的元件。另外，在第一级滤波器中 L_1 和 C_1 可使用成本更低的一般电解电容和电感器，既降低了整个电路成本，又改善了性能。

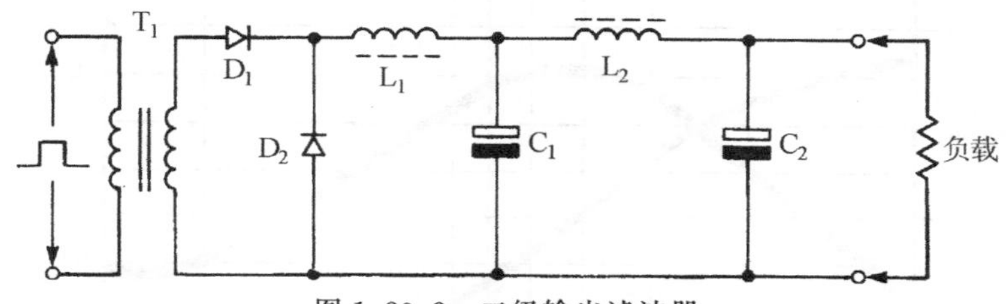

图 1.20.2　二级输出滤波器

图 1.20.2 中电容 C_1 用于消除纹波电流和作储能之用，它与负载电流和工作频率有关。一般 C_1 的取值是非常大的，但二级滤波器中使用的 C_1 不要求是具有低等效串联电阻型的电容。

第一个电感 L_1 被设计为能够通过最大的负载电流，具有最小损耗，工作在不饱和状态下。为使 L_1 用最小的尺寸获得最大电感值和最小的电阻值，L_1 应采用多圈和多层的绕组结构。尽管这种绕组结构能够带来大的电感值，但是它也引起了相当大的匝间电容和低自激谐振频率。一般而言，L_1 合适的磁心材料包括有气隙铁氧体、坡莫合金、铁粉磁环及形状为“E—I”的硅钢片。L_1 的电感值要满足储能要求。

要求第二个电感 L_2 在高频下有最大的阻抗和很小的匝间电容，具有高自激谐振频率。L_2 可以做成小的铁氧体磁棒、铁氧体缠线管、小的铁粉磁环甚至空芯绕组的形式。由于 L_2 上的交流电压值很小，为 500mV 数量级，一个不完全磁路的磁辐射是相当小的，也不会出现电磁干扰问题。铁氧体棒的电感可用普通铁氧体材料组成，因为大气隙可以防止磁心的直流饱和。

第二个电容 C_2 的电容量值要比第一个 C_1 小得多。C_2 被要求在开关和噪声频率时是低阻抗的，它不是用作储能的。在许多应用场合，C_2 是由一个小电解电容和低感抗箔片电容或一个陶瓷电容并联组成。L_1 和 L_2 是要流过大直流电流的元件，在这里更适合称它们为扼流圈，具体设计实例如下。

20.5　高频扼流圈实例

为了使高频扼流电感 L_2 有最好的性能，L_2 的匝间电容应该尽可能减小。图 1.20.3a 显示了一个 1in 长的铁氧体磁棒扼流圈，其直径为 5/16in，绕组用 17 号美制电线标准（17AWG）线紧靠在一起绕 15 匝。图 1.20.3b 显示了扼流圈电感的相移和阻抗随频率变化的关系。在 4.5MHz 的自激谐振频率上，它的相移为零。

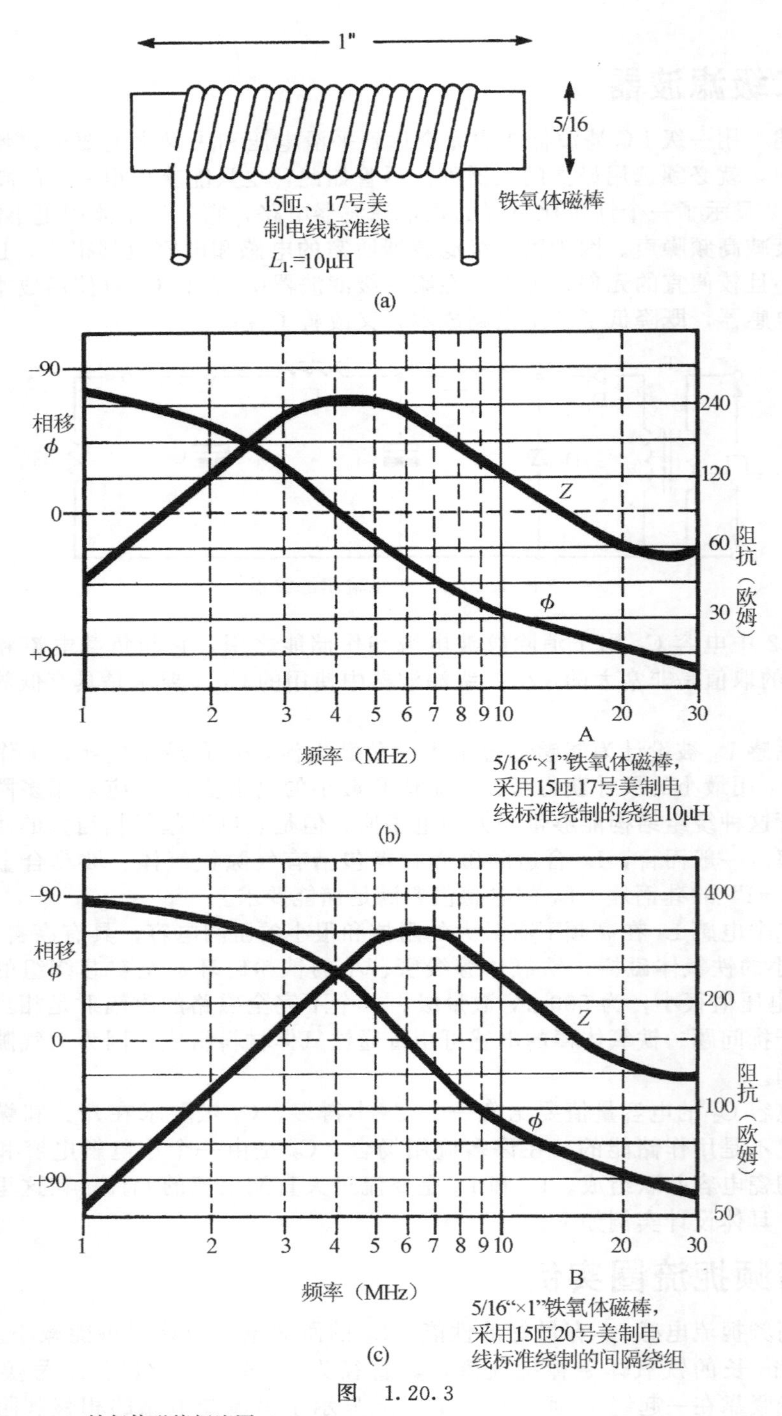

图　1.20.3

（a）铁氧体磁棒扼流圈

（b）紧绕的铁氧体磁棒扼流圈的阻抗、相移与频率的函数关系，注意自谐振频率为4MHz

（c）有匝间间隙的铁氧体磁棒扼流圈的阻抗、相移与频率的函数关系，注意自谐振频率为6MHz

在图 1.20.3c 中的阻抗曲线显示了减少匝间电容后的改进情况。为减少匝间电容，在获得相同扼流圈电感条件下改变扼流圈的绕法，使绕组匝间间隙隔开绕在用 10 毫英寸聚酯绝缘胶带绝缘的磁棒上。图中显示了此扼流圈的特性曲线。

在第二个例子中使用了 15 匝 20 号 AWG 线，在每匝线之间都有一个空隙。从这个曲线可以看出，匝间电容的减少却导致了阻抗的增加，并使自激谐振频率上移到 6.5MHz。采用这种滤波器有助减少高频噪声。

有一小部分高频干扰将经过 PCB（印制电路板）或电源引线寄生电感、耦合电容绕过滤波器，此时可选择较小的电容 C_2 并尽可能地把它装在电源输出端来减少这种影响。

20.6　谐振滤波器

通过选择适合的电容器使得其自谐振频率接近开关管的开关频率，便可得到最好的性能。

许多小型、低等效串联电阻的电解电容具有接近开关变换器典型工作频率的串联自谐振频率。在这个自谐振频率上，电容寄生的内部电感将与其有效的电容谐振而形成一个串联谐振电路。这时，电容的阻抗就趋于它的等效串联电阻。

图 1.20.4 显示了 470 μF、低等效串联电阻电容器的典型阻抗与频率的关系曲线。这个电容在 30kHz 时具有 19mΩ 的最小阻抗，利用在 30kHz 时的自谐振效应可得到很好的纹波抑制效果。

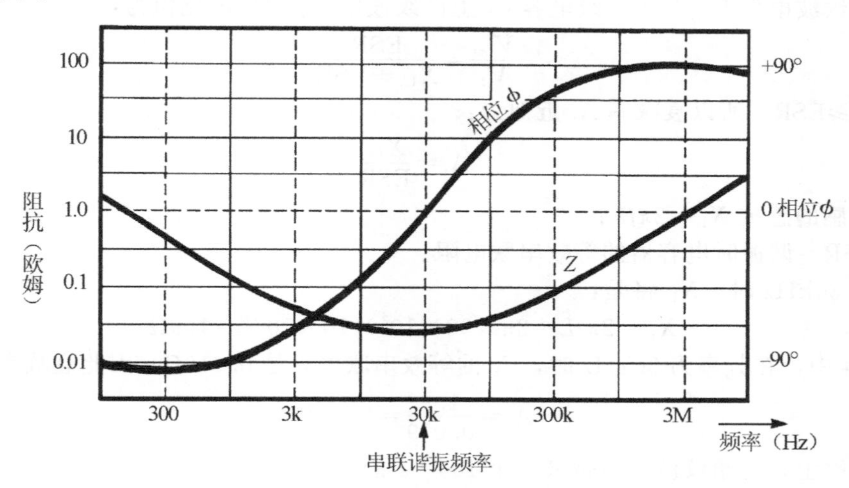

图 1.20.4　典型商业级 470 μF 电解电容器的阻抗、相移与频率的关系曲线，注意在 29kHz 时的自谐振频率与最小阻抗

20.7　谐振滤波器实例

图 1.20.5 是一个其参数为 30kHz、5V 和 10A 且具有两级 LC 输出滤波器的反激变换器的典型输出级。在反激变换器中，变压器的电感与 C_1 组成了第一级 LC 电源滤波器，第二级滤波器是由 L_2 和 C_2 组成。

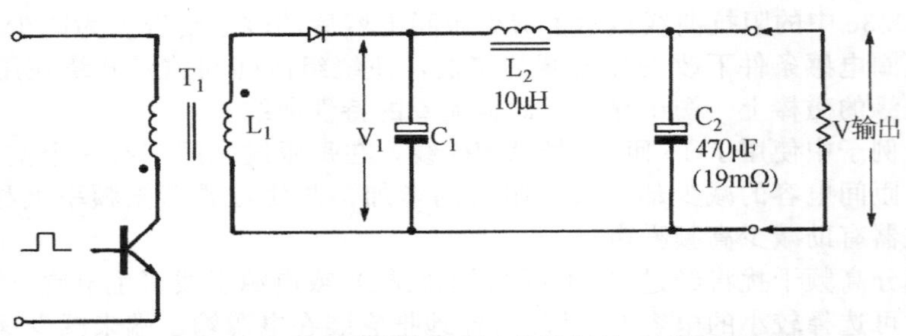

图 1.20.5　用在反激变换器副边的谐振输出滤波器实例

在该例中，L_2 使用了前面所述的 1in 长、直径为 5/16in 能获得图 1.20.3c 中的铁氧体磁棒电感器。此磁棒上 15 匝间隔绕组，可提供 10 μH 的电感和低的匝间电容。C_2 采用 470 μF 低等效串联电阻电容器，其阻抗曲线见图 1.20.4。

注意： 在 30kHz 时此电容器的阻抗最小，这时相移为零。对于该电容来说，这就是串联的自谐振频率，见图 1.20.4，电容的阻抗主要是电阻性的，其值为 19mΩ。

在 30kHz 的工作开关频率下，LC 网络提供的衰减就可以很容易地计算出来。此时，电容 C_2 可看成电阻，它和电感 L_2 阻抗串联形成一个简单的分压电路。因 $X_{L2} \geqslant C_2$ 的等效串联电阻，可以忽略这小相移。

输出纹波电压 V_{out} 与第一级电容 C_1 上的纹波电压值 V_1 的比值为：

$$\frac{V_{out}}{V_1}=\frac{ESR}{X_{L2}+ESR}$$

因为 $X_{L2} \geqslant ESR$，所以衰减率 A_r 近似为：

$$A_r=\frac{X_{L2}}{ESR}$$

式中，电感的感抗 $X_L=2\pi fL$；

ESR＝谐振时电容器的等效串联电阻。

在频率为 30kHz 时，X_L 将是：

$$X_L=2\pi fL=2\pi\times30\times10^3\times10\times10^{-6}=1.9\Omega$$

图 1.20.4 中，在频率为 30kHz 时，C_2 的等效串联电阻是 0.019Ω，因此衰减率 A_r 将为：

$$A_r=\frac{1.9}{0.019}=1:100$$

在开关频率上，这给纹波电压带来一个 100∶1 的衰减。

反激变换器中的纹波干扰主要是由开关频率纹波造成的。利用体积小、造价低的电解电容的自谐振特性会带来 40dB 的良好纹波衰减。在不考虑中频瞬态反应的情况下，能获得提高了的高频噪声抑制效果，而串联电感值却没有明显增加。

20.8　共模噪声滤波器

到目前为止，所有的讨论都限制在差模传导噪声范围内，以前描述的滤波器对于共模噪声是无效的，不能有效地抑制出现在输出端与接地公共端间的噪声。

在电源中，共模噪声分量是由电源电路与接地平面之间的耦合电容和耦合电感引起的。一开始，在设计阶段就必须通过正确的屏蔽以及良好的电路布局来把共模噪声减少到最小值。

另外，通过把 L_1 或者 L_2 分为两个部分来产生一个平衡的滤波器，可以进一步减少共模输出噪声，见图 1.20.6。还在每一个输出线与地平面之间都附加了电容 C_3 和 C_4，用来给剩余的共模噪声电流提供返回通路。实际上，$L_{1(a)}$ 与 C_3 在正输出端形成一个低通滤波器，而 $L_{1(b)}$ 与 C_4 在负输出端形成一个低通滤波器，滤波器都依靠地平面作为返回通路。

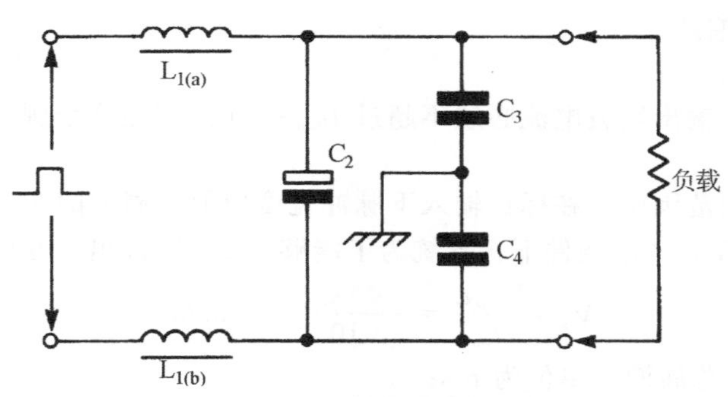

图 1.20.6　共模输出滤波器

大的电容 C_2 可提供去耦作用，所以在图 1.20.6 中 C_3 或者 C_4 的位置加一个共模去耦电容就能达到可以接受的去耦效果。

20.9　选择输出滤波器的元件值

图 1.20.1a 中，主电路输出的电感 L_1 与存储电容 C_1 的大小与数值取决于以下几个因素：变换器的类型，工作频率，最大负载电流，最小负载电流，工作周期的占空比，纹波电流，纹波电压，瞬态响应，输出电压。

一般来说，应该考虑根据该变换器的类型来对 L_1 进行选择。

20.10　降压变换器的主输出电感的取值

一般来说，降压变换器输出滤波电路中的主电感 L_1 应尽可能小，以获得最好的瞬态响应及最低的成本。如用了大电感，那么电源就不能迅速响应负载电流的变化。反之，如果用太小的电感，那么将在输出部件和变换电路中产生很大的纹波电流，这将降低电路的效率，甚至在轻载时会出现不连续的工作状态。

选择 L_1 的方法：在最小负载电流时（即经常定义为 I_{max} 的 10%电流时），该电感能够连续导通。

保持电感连续导通有两个好处：第一，当负载变化时，只要求控制电路的控制脉冲宽度做出很小的变化便能控制输出电压，使得电感在整个工作周期内保持导通状态；第二，在负载变化的范围之内，纹波电压将保持为一个较低的值。

但是这种方法的主要缺点是电感值可能非常大，如果必须要控制负载电流下降到零值，这种方法不能使用。

第二个选择 L_1 的方法是常用的方法：使纹波电流有一个可以接受的峰—峰值的限制，例如，在输入电压的标称值下，要求纹波电流峰峰值限制在最大负载电流的 10%～30%。

注意：在反激变换器中，主电感 L_1 和变压器是一体的，它的值根据功率转换要求来确定。在这种变换器中，滤波元件特别是整个能量转换系统必须能够承受大纹波电流。

20.11　设计实例

假设主电路输出电感 L_1 的设计要求是用于单端正激变换器和滤波器的，见图

1.20.1a。变换器的技术要求如下：

输出功率＝100W

输出电压＝5V

输出电流＝20A

工作频率＝30kHz

最小负载＝20％

这种设计方法可假设输出纹波电流必须不超过 I_{load} 的 30％（在这个例子中 I_{load} 的峰-峰值为 6A）。

考虑到容许控制范围中，在标称输入下脉冲宽度应取总周期的 30％，即为 10μs。

在脉宽为总周期 30％的条件下，系统为了能够提供 5V 输出，变压器副边电压将为：

$$V_s=\frac{V_{out}t_p}{t_{on}}=\frac{5\times 33.33}{10}=16.66\text{V}$$

式中，t_p＝30kHz 的总周期，单位为 ms；

t_{on}＝导通时间，单位为 ms；

V_s＝副边电压。

在前向导通期间内，电感 L_1 上的电压为副边电压减去输出电压。这里假设输出电容 C_1 较大，而在导通期间其电压变化是可以忽略不计的，那么：

$$V_L=V_s-V_{out}=16.66-5=11.66\text{V}$$

稳态情况下，导通期间的电流变化必须等于关断期间的电流变化，在该例中为 6A。忽略二阶量的影响，电感值可以根据下式来计算：

$$L=\frac{V_L\Delta t}{\Delta i}$$

式中，L＝所需的电感，单位为μH；

Δt＝导通时间，单位为μs；

Δi＝导通时间内电流的变化；

V_L＝电感电压。

因此：

$$L=11.66\times\frac{10}{6}=19.4\,\mu\text{H}$$

注意：假设电感上的电压在导通期间不变，而且 di/dt 也是不变的，可以使用一个简单的线性方程式计算。

在这个例子中，为了使得导通期间能够存储足够的能量来维持关断期间的输出电流，应该选择大的电感。在推挽式正激变换器中，关断时间要小得多，所以副边电压和电感值也较小。

20.12　输出电容值

一般假设输出电容的大小只受纹波电流和纹波电压技术要求的限制。但是如果使用第二级滤波器 L_2 和 C_2，那么在 C_1 两端就允许存在一个很大的纹波电压，而不用折中考虑输出纹波的技术要求。如果只对纹波电压有要求，只需采用一个更小的电容。

例如，假设在 C_1 两端的纹波电压允许达到 500mV。导通期间 L_1 上的电流变化主要流入到 C_1，容许 500mV 电压变化所需要的电容值的计算如下式，下面的等式假设使用的是等效串联电阻为零的理想电容。

$$C=\frac{\Delta I t_{on}}{\Delta V_o}$$

式中，C＝输出电容值，单位为μF；

ΔI＝导通期间电流的变化，单位为 A；

t_{on}＝导通时间，单位为μs；

ΔV_o＝纹波电压，V_{p-p}（峰-峰值）。

因此，

$$C=\frac{6\times 10}{0.5}=120\ \mu F$$

因此，如果只需满足纹波电压的要求，用一个很小的 120 μF 电容便可以解决问题。但是，在负载电流能在一个大范围内快速变化的应用场合（瞬变负载变化）中，根据副边瞬变负载变化准则可以确定最小输出电容的大小。

现在讨论在负载达到最大一段时间后突然降到零的情况。这时即使控制电路能够快速反应，存储在串联电感中的能量（1/2）LI^2 必须传送到输出电容，这增加了它的端电压。在上面的例子中，对于一个其输出电容只有 120 μF、串联电感为 19.4 μH 和满载电流为 20A 的变换器，移去其负载时的电压过冲几乎为 100%，这是不允许出现的。因此，负载移去时最大允许的电压过冲也就变成了一个控制因素。

最小输出电容值应该满足电压过冲的要求，利用能量转换准则可如下式计算。

满负载突然撤掉时存储在输出电感中的能量为：

$$\frac{1}{2}LI^2$$

在发生这种事件后，存储在输出电容中的能量变化将是：

$$\frac{1}{2}CV_p{}^2-\frac{1}{2}CV_o{}^2$$

式中，V_p＝最大输出电压＝6V；

V_o＝正常输出电压＝5V。

因此，

$$\frac{1}{2}LI^2=\frac{1}{2}C\ (V_p{}^2-V_o{}^2)$$

重新整理可求得 C 是：

$$C=\frac{LI^2}{V_p{}^2-V_o{}^2}$$

如果该例中的最大输出电压不超过 6V，那么输出电容的最小值将是：

$$C=\frac{19.5\times 20^2}{36-25}=709\ \mu F$$

再者，为了满足纹波电流技术指标需要使用一个大电容。实际取电容值时要考虑增大约 20%的典型值，这主要考虑到电容的等效串联电阻的影响，通常它将使纹波电压增加，这取决于电容的等效串联电阻和等效串联电感、电容的大小、形状、纹波电流的频率，参见第三部分第 17 章。

总的来说，通过附加一些相对较小的辅加 LC 输出滤波网络便可以得到一个非常有效的对差模和共模纹波传导的抑制。在电路设计中做出这些简单改变，使用低成本中等电解电容和传统的电感设计，就可以得到好的纹波和噪声抑制效果。

20.13　习题

1. 讨论开关方式工作的电源与老式线性调节方式工作电源相比存在的主要缺点。
2. 输出滤波器的设计是减少输出纹波噪声的唯一最重要因素吗？
3. 解释用在输出滤波器中的扼流圈这个词的含义。
4. 为什么功率输出滤波器通常对于处理高频噪声是相对无效的？
5. 为什么在输出滤波器中有时要用二级滤波器？
6. 共模与差模噪声滤波器有什么不同？
7. 共模扼流圈的设计与差模扼流圈的设计采用哪些方法？

第 21 章　供电故障报警电路

21.1　导论

许多仪器和计算系统要求对即将来临的供电故障提前报警，以提供足够的时间组织系统关闭。在内部管理处理过程中，为维持输出电压在指定的最小值之上，必须在电源中存储足够的能量。供电故障报警后，经常要求的最小维持时间为 2ms～10ms。

21.2　供电故障与持续低电压

当然，供电故障有很多形式，但是一般都可以把它们归成下面三类中的一类。

（1）完全供电故障：电压瞬时地、灾难性地变为零或接近于零的故障。

（2）部分持续低电压故障：电源电压下降到正常工作的最小值以下，但不是零值，然后又恢复到正常值。

（3）持续低电压故障：最终故障之后的持续低电压的情况。

21.3　供电故障的简单报警电路

图 1.21.1 中显示了一种用于供电故障报警的简单光耦的典型电路。但是也可以看出这种报警电路仅适合于第一类故障：总供电故障。它的工作原理如下。

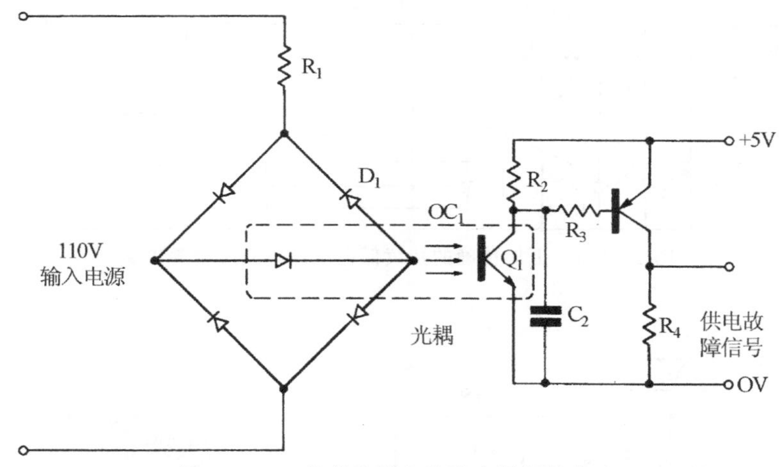

图 1.21.1　简单的供电故障光耦报警电路

输入的交流电源加到 R_1 和桥式整流 D_1 上，给光耦二极管提供一个单向电流脉冲，这使光耦的三极管 Q_1 保持脉冲性导通。当 Q_1 持续脉冲导通时，C_2 上的电压将被拉低，只要交流电压高到足以驱动电流 D_1，供电故障警报信号输出端将一直保持高电平。

当交流电源输入发生故障时，D_1 不再给 OC_1 提供驱动电流，这时 Q_1 就会关断。+5V电源将通过 R_2 给 C_2 充电，不久之后 Q_2 也关断，供电故障信号变为低电平。

因为该电路没有已经确定的门槛电压，它将只针对第一类故障（完全的或是几乎完全的供电故障）提供正确的预报警。它没有必要给第二类和第三类故障提供正确的预报警。在持续低电压故障期间，输入电压可以一直高到足够保持 D_1 导通。再者，由于 C_2 的充电作用在供电故障发生与报警信号产生之间会存在一个延时。

当供电故障出现时，存储在电源中的能量将在一段时间内维持电压输出，该时间的长短由故障前的输入电压、故障发生时在工作周期内的位置、加载条件以及电源的设计决定。该时间段只可以长于、而必须不能短于供电故障报警时间与报警电路自身延时时间之和。

图 1.21.1 中的简单报警电路用于第二类故障时，在持续低电压故障情况下，当输出电压下降得太多时就会使电源的输出调整失控，但输出电压不会下降到影响发出供电故障信号的程度。对于第三类故障，即使电源能够保持所要求的电压输出，当电源电压最终出现故障时，该电路还是会在持续低电压故障期间的结束时刻产生一个故障信号，同时在电源中也没有足够的剩余能量在前述报警时间内去维持输出电压。因此这种报警电路不能完全满足持续低电压故障的处理要求。

由于持续低电压故障情况经常性的出现，图 1.21.1 中这种简单的供电故障报警电话虽然经常被使用，但是它在实际应用中的使用价值极小。

21.4　动态供电故障报警电路

更为复杂的动态供电故障报警电路能够处理持续低电压的故障情况。许多这种类型的电路正在得到应用，考察几种普通报警技术的一些优点与缺点是很有用的。

图 1.21.2 和图 1.21.3 所示的两种电路对上述各类故障都能提供完善的故障报警功能。

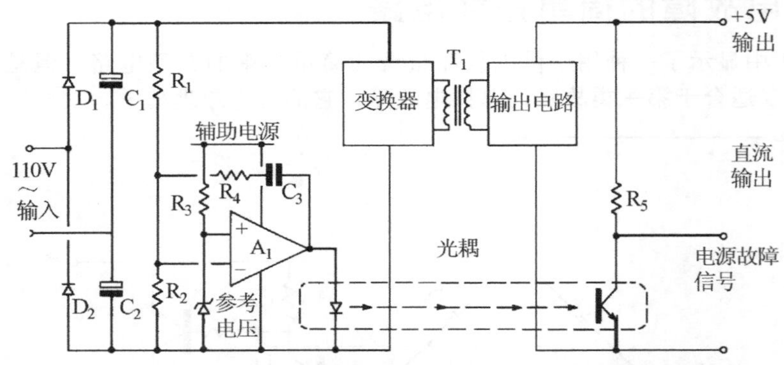

图 1.21.2　更加精确的持续低电压供电故障报警电路

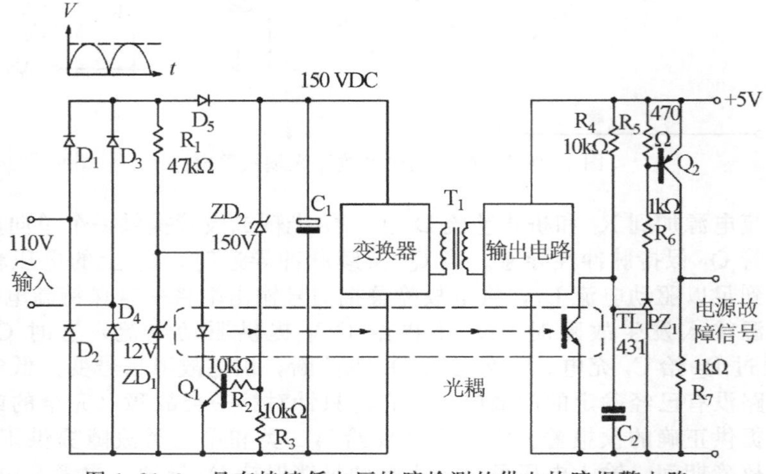

图 1.21.3　具有持续低电压故障检测的供电故障报警电路

在第一个例子中，电源变换器储能电容器 C_1 和 C_2 上的直流分压与一个参考电压通过比较放大器 A_1 进行比较。设电源是在满负载工作情况下的，如果电源电压下降引起此分压值也下降，一直下降到电源恰好提供前述保持时间时所对应的分压值时，放大器 A_1 的输出变高，给光耦提供驱动，产生故障报警，即报警电路的输出端变为低。

这是一个定义非常明确且可靠的报警系统。在输出电压下降前，要求所设计的电源在低于正常最低工作电压，即最低输入电压的情况下，提供足够的保持时间，确保规定的报警时间。为了满足这个要求，需要使用更大、更昂贵的电源，原因如下。

对于电源来说，当电压等于或者大于指定的最小工作电源电压时不应报警，所选的报警电压必须低于最小的直流电压，一般此直流电压定义为在满载时最低电源电压情况下的电压，它可以通过 C_1 与 C_2 上的电压取得。

在满载情况下，为了提供所需要的保持时间，即使电源电压值低于正常值，变换器从较低的电容电压获取的电量必须持续地提供全部电源电压输出，因此就要求使用大的存储电容和大额定电流值的输入元件，而这会使得电源变得更大且更昂贵。

再者，这个较复杂的电路设计，有可能在处理第二类故障的持续低电压故障情况时会产生一个假的供电故障报警。在持续低电压故障继续一段时间后电源恢复正常，在电源恢复前，电容电压降到低于最小警报电压值就会引起故障信号。很清楚，在这种情况下只要储能电容上的能量达到一个临界值，那么就只能产生一个故障信号。尽管在最后输出故障前电源可能恢复，但在此刻必须产生一个故障信号，因为系统根本就不知道电源会及时地恢复。

该报警电路设计有一个优点，那就是输入电压短的瞬态变化到输入临界限制值以下时不会引起故障报警，因为储能电容不会在短时间内快速的放电到临界电压。另外一个优点就是，在轻负载、高输入电压时，在电容放电到临界电压以及供电故障报警产生之前，有一个较长的延时。

此系统对输入的瞬变有很大的抑制作用，这消除了虚假的、不必要的故障报警。延时时间可以动态地调整以适应负载和输入电压的环境。

图 1.21.3 显示的是一个与前述动态系统有类似优点的电路，但该电路不用辅助电源和比较放大器。该电路可用于如图所示的主变换器整流过的电源中，或者经过适当的元件调整后用于辅助电源变换器的电源中。它的工作原理如下。

桥式整流器 $D_1 \sim D_4$ 提供一个单向的迭加正弦波输入给由 R_1、ZD_1 组成的分压支路。同时这个输入电压也加到二极管 D_5 上。

峰值交流输入电压经过 D_5 整流后就会把能量存储在电容器 C_1 中。通过 ZD_2 和 Q_1 监视 C_1 上的直流电压，并正常偏置 Q_1 以使其导通。

在每半周期内，整流二极管会隔断 C_1 上的直流电压，也允许在 R_1、OC_1 以及 Q_1 上的压降下降至零，即 R_1、OC_1 以及 Q_1 上的电压随输入电压的变化而变化。因此，即使 C_1 上的直流电压为高，在 Q_1 导通的情况下，OC_1 还是会在每个周期的一小段时间内关断。

如果 Q_1 关断时间超过 3ms，就会产生故障报警。当 C_1 上的电压下降到使 Q_1 和 OC_1 关断的临界电压，这种故障报警就出现，而这种临界电压是由 ZD_1 来决定的。另外如果输入电源完全失效超过 3ms，这时报警电路就会不顾电源中主要储能电容 C_1 的充电状态而输出一个电源失效的警报信号。在这种情况下 OC_1 是关断的，如果输入电源失效，会引起 R_1 和 OC_1 供电失效。

只要 C_1 上电压值超过指定的最短保持时间所要求的最小值，那么齐纳二极管 ZD_2 将

导通且 Q_1 也导通。在每个半波周期内，加在 R_1 上的电源电压超过几伏时 OC_1 就导通，给 C_2 提供了一个放电脉冲，阻止了 C_2 充电到 PZ_1 的 2.5V 参考电压。在 2.5V 时，PZ_1 和 Q_1 都将导通而输出一个故障信号。只要 C_1 上的电压在指定的最小电压之上而且电源没有失效，那么这个重复的脉冲放电行为就会一直持续。

如果输入电源电压失效，或者 C_1 上的电压下降到引起持续低电压故障规定的维持 ZD_2 导通的最小值以下，Q_1 和 OC_1 保持关断，C_2 脉冲放电也会停止。接下来，C_2 开始充电，使得 PZ_1 和 Q_2 导通，输出供电故障报警信号。如果 OC_1 的关断时间超过 3ms 就会报警。延时时间可以很好地确定，即从 OC_1 关断到电源通过 R_4 对 C_2 充电到 PZ_1 的门槛电压 2.5V 之间的时间。在此电压时 PZ_1 导通，驱动 Q_2 导通，产生一个供电故障的高电平信号，整个过程都属于延时时间。

如果发生供电故障，即使 C_1 充了电，Q_1 仍保持导通，没有供电给 R_1 和 OC_1，也会产生一个报警信号。该电路能对供电故障快速响应和提前报警，电源不需要太长的保持时间。

21.5　独立的供电故障报警模块

前述的两种供电故障报警电路必须是电源电路的一部分，因为它们的工作取决于直流输入端的工作电压。图 1.21.4 中显示了一种电路，该电路接到交流电源输入端直接运行，它不依靠任何其他电源。

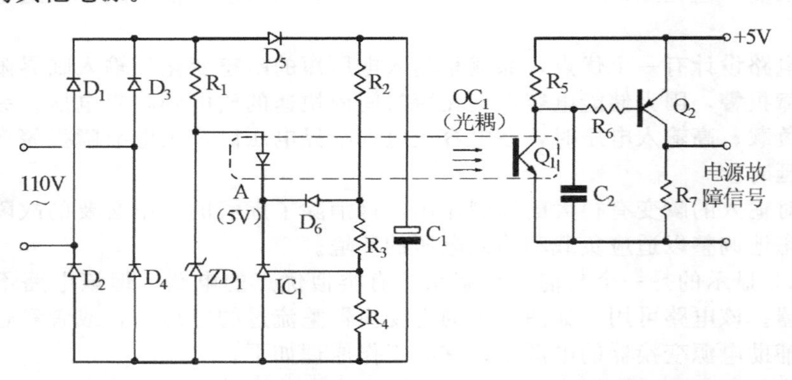

图 1.21.4　独立供电故障模块，它由交流电源输入直接控制

这个电路有它自己的桥式整流器 $D_1 \sim D_4$，它提供单向迭加正弦波输入电压到电阻 R_1、ZD_1 以及光耦二极管 OC_1 和 IC_1 电路。倘若电容 C_1 上的电压高于最小临界值，TL431 分压调整集成电路 IC_1 将导通，把 A 点电压调整为 5V（注意，此时二极管 D_6 导通，钳位 R_3 和 R_4 上的电压并维持 A 点电压为 5V）。

如果整流后的输入电压经过 R_1 降压后其值大于 5V，在每个半波周期内 OC_1 将导通，晶体管 Q_1 也导通，同时也给 C_2 提供了一个放电脉冲。这个脉冲的重复行为阻止了 C_2 的充电过程，R_5 和 R_6 上有电流流过使 Q_2 导通，报警信号输出仍然保持为高电平。这种情况就说明电路处于正常状态。

如上所述，只要 OC_1 的关断时间超过 3ms，那么 C_2 就会充电，就会产生故障信号。如果 C_1 上的电压下降到维持 OC_1 导通的临界值或者交流电源输入故障出现时，就会出现这种情况。

这个电路比上述系统要更精确，有更好的温度系数，此分压调节器 IC_1 有一个精度更高的内部参考电压，该电路所提供的功能与图 1.21.3 中所示的电路相似。

对于由 R_2、R_3、R_4 以及 C_1 组成的分压网络来说，其时间常数应该远远小于电源原边电容的放电时间常数，确保在出现持续低电压故障时，在电源下降而失去调整功能之前能够提供一个故障报警信号。

21.6　反激变换器的供电故障报警

虽然简单的供电故障报警电路有很多缺点，但它还是可以应用到反激变换器中的，因为反激变压器在正向上只起一个纯变压器的作用，即它提供一种隔离的、变换的电压输出，此电压正比于所加的直流电压。

图 1.21.5 显示一个简单的单输出反激式电源功率模块，它的输出电压为 5V。在 T_1 反激模式下，二极管 D_1 导通并给 C_2 充电，输出所要求的 5V 电压。用普通方法可以控制电路调整工作周期来保持输出电压不变。

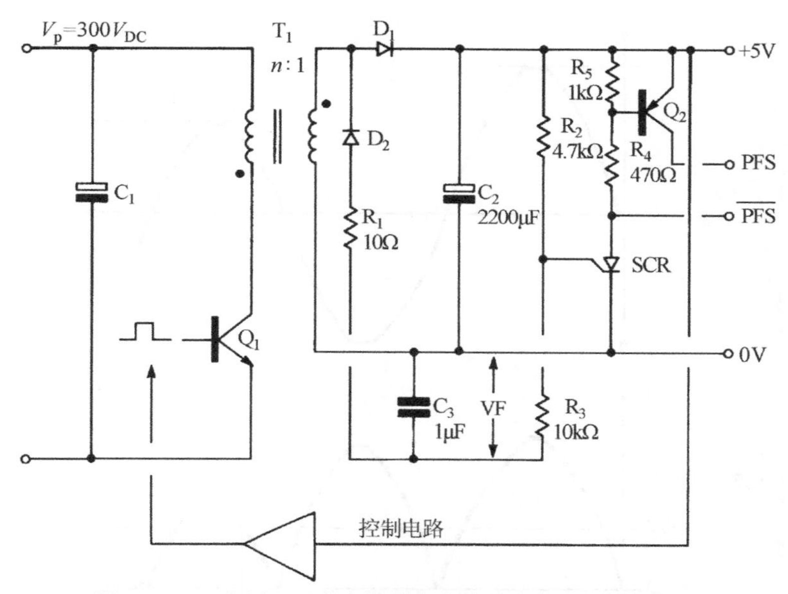

图 1.21.5　应用于反激变换器中的简单功率失效警报电路

在电路中增加一个二极管 D_2 和一个电容 C_3，在 T_1 正激模式时使 D_2 导通，在 C_3 上能形成电压 $V_f=V_P/n$，即 V_f 正比于电源输入端的电压 V_P。

通过合理选择由 R_2、R_3 组成的分压网络，使晶闸管 SCR 在输入电压度为临界最小额定电压时导通。注意，这种方法可获得对输入瞬变低电压的良好的抑制作用，直到输入端电容 C_1 放电到所规定的最小报警低电压临界值时才发出报警，在轻载或是输入电压过高的情况下将提供较长延时。

在这个电路中，可选择供电故障信号 PFS 输出为高电平或低电平。

电阻 R_1 是 C_3 充电的限流电阻，用来阻止漏感尖峰电压的峰值整流。开关接通时，一个小的 R_1 就能阻止竞争不定状态的出现，还具有较快的响应速度。在输出一个故障信号后，必须关闭电源和复位晶闸管 SCR。该电路简单却有优良的特性。

21.7　快速供电故障报警电路

前述的系统对于持续低电压故障的响应速度很慢，这些电路是依据峰值电压以及平均电压来实现报警的。另外报警电路中的滤波电容也将引起一个延时，滤波电容的取值要折中考虑。选择较小的电容可防止在电源保持时间与滤波电容时间常数之间产生矛盾，而选择较大的电容可得到令人满意的纹波电压抑制。

在输入电源电压完全失效之前肯定会在整流模块的输出端有所反映，因此通过直接检测整流模块的输出端电压便可以发现供电电源失效是否正在发生。该电路可以对输入电压变化率 dv/dt 的减少做出反应，如果输入电压的峰值比正常值低，在工作的开始半个周期内就会做出反应。此系统能在低电压逼近的状态下发出更早的报警。

该电路可提前检测到输入电压的变化率是否低于设定值，此值对应于合适的峰值交流电压。如果在电压过零后 dv/dt 变低，即假设发生了故障，在该半周期结束之前将产生一个报警信号。这就提供了一种有用的额外几毫秒的报警。

图 1.21.6a 显示的是模拟电源持续低电压故障的曲线，在该图中正弦波输入的第二个周期的电压突然降低。

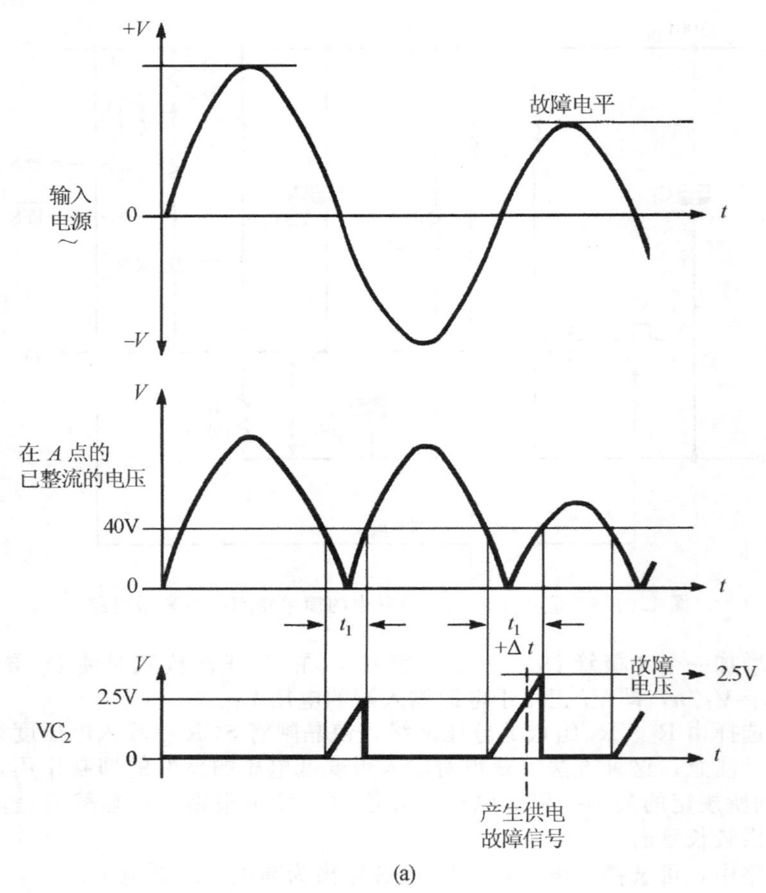

(a)

图　1.21.6

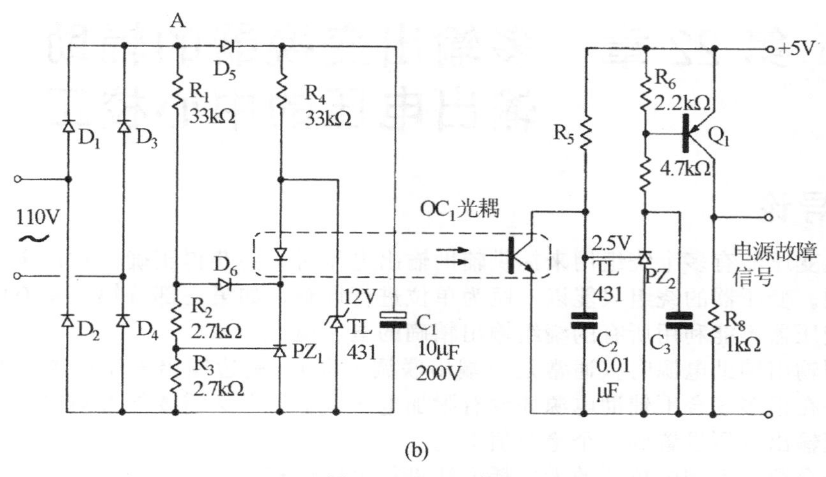

(b)

图　1.21.6（续）

（a）持续低电压故障交流电源电压波形，显示最佳速度的电路行为

（b）由交流电源输入直接驱动的最佳速度供电故障报警电路

拿整流后的电压波形与参考电压进行比较，由于整流后的瞬变电压超过参考电压的持续时间 Δt，显示供给的电压变化增大。这个变化可以在半波周期全部完成前提示一种可能发生的故障。这种方法能够尽可能早地给出电源持续低电压故障的警报信号。图 1.21.6b 给出了一个合适的电路。

这个电路的工作原理如下。首先交流输入电压经过由 D_1～D_4 组成的桥式整流进行整流。在桥式整流的输出端是一个由电阻 R_1、R_2、R_3 组成的分压网络，该分压网络也是桥式整流电路的负载，该分压网络保证在 A 点有一个经过整流了的半周期电压波形，如图 1.21.6a 所示。这时 A 点半周期波形电压就会通过 R_1、R_2、R_3 组成的分压网络送到比较器放大器 PZ_1 的输入端。当 A 点电压波形在第二个半周期的下降部分经过 50V 时，对应 PZ_1 的控制端电压也降低并经过 2.5V，这时分压调节器 PZ_1 和光耦 OC_1 将关断。

就这样在 C_2 上形成了一个时序脉冲，A 点电压在指定时间内的下一个半周期内的上升沿再一次经过 50V 时引起 PZ_2 和 Q_1 导通，就会输出供电故障信号。

这个时序脉冲由 C_1、R_5 以及副边电压（在本例中是 5V）来决定。在每个半波周期内，OC_1 关断，C_2 充电，充电时间是从 A 点电压下降且穿过 50V 的下降时刻开始直到 A 点电压再一次上升并穿过 50V 的时刻为止的这段时间。由图 1.21.6a 所示可知，如果 OC_1 的关断时间过长，那么在 C_2 上的充电斜波电压将超过 2.5V，这时 PZ_2 导通，跟着 Q_1 也导通，输出一个供电故障信号。光电耦合器件用来隔离检测电路与输出故障信号电路。

在这个电路中，临界工作电压得到很好的定义。临界工作电压可以调整，当电源电压下降到所要求提供电源保持时间的临界工作电压值时，针对电源电压这种变化将产生故障信号。该电路的响应速度相当的快，它能够在 1ms～8ms 内产生一个持续低电压供电故障的报警信号，具体响应时间取决于在一个周期中发生故障的位置。

21.8　习题

1. 解释供电故障报警电路的使用目的。
2. 在反激式开关电源中供电故障报警信号是怎样产生的？
3. 低电压供电故障报警的意义是什么？
4. 解释快速供电故障报警电路的工作原理。

第22章 多输出变换器的辅助输出电压的中心校正

22.1 导论

当变换变压器有多个绕组用来提供辅助输出电压时，要获得正确的输出电压有时会出现一些问题。变压器的绕组只能以一匝为单位进行调整，如第三部分第4章有时可以是半匝，因此变压器不能利用所有的绕组输出精确的电压值。

当采用输出辅助电源时（通常是三端串联调节器），副边输出电压误差通常可以满足要求。但是在很多场合下辅助电源并没有附加电压调节器但又需要能够对输出电压进行中心校正（把输出电压设置到一个绝对值上）。

接下来介绍用饱和电抗器的无损耗方法进行电压调整的电路。

22.2 实例

图1.22.1中考虑有三组输出的正向变换器的副边电路。假设5V输出是一个经过闭环调整、稳定的校准电压输出。

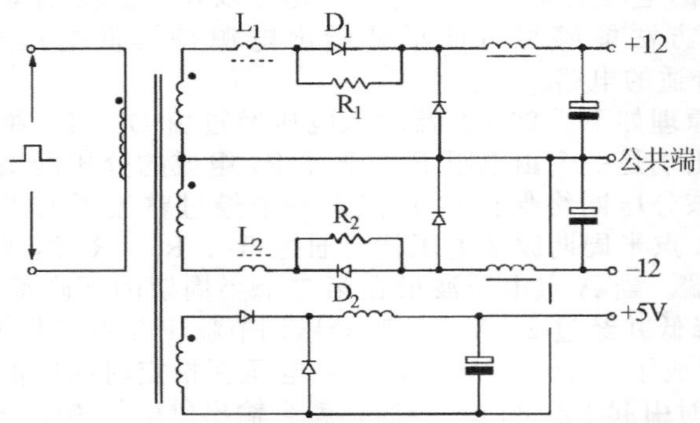

图1.22.1 在多输出端推挽变换器中用到的饱和磁心“中心校正电感”

该图中有±12V两个辅助电压输出，由于5V电源输出是经过一个闭环进行控制的，这两个电压现在一般是半调整的。假设对12V输出只需有±6%的调整特性，就没有必要采用附加串联调节器的方法。

另外，为了得到12V的输出，该例中要采用11.5匝绕组，而半匝绕组是不可能实现磁通平衡的。如果变压器中用12匝绕组，12V电源的输出电压就会增大约0.7V。这里，5V输出是由主控制闭环电路设置的指定脉冲宽度来确定的，而12V的输出也是由此指定的脉冲宽度来确定的。如果假定脉冲宽度为15 μs导通，18 μs关断，整个脉冲的周期就为33 μs。

在此，不可能在整体上缩短脉冲宽度来获得12V电源的准确输出电压，同样缩短脉冲宽度也会降低5V的输出电压。另外，如能缩短12V电源的脉冲宽度而不会改变5V电源的脉冲宽度，就有可能使全部的电源都输出所要求的电压，采用饱和电抗器能够达到这个目的。

22.3 用饱和电抗器调整电压

在变压器与 12V 整流二极管 D_1、D_2 之间的输出接线处放置一个环状绕组饱和电抗器，以下将讨论它所产生的效果。环状绕组饱和电抗器见第二部分第 21 章所述。

电抗器 L_1 与 L_2 的选择和设计必须满足达到饱和所需延时时间 t_d 的要求，由下式计算为：

$$t_d = t_{on} - \frac{\text{要求的}\ V_{out} t_{on}}{\text{实际}\ V_{out}}\ \mu s$$

在该例中：

$$t_d = 15 - \frac{12 \times 15}{12.7} = 0.827\ \mu s$$

额外的延时时间 t_d 将在输出功率脉冲的前沿上升过程中出现，同时 12.7V 的输出电压将会调回到 12V，此调整过程的较完整的解释可见第二部分第 21 章的内容。

剩下的工作是设计一个电抗器来达到上述要求。

22.4 电抗器的设计

第一步，选择材料

从图 1.22.1 中可以清楚地看到，在输出二极管 D_1、D_2 正向导电期间，电抗器磁心设置为饱和工作，为了在下一个导通周期的前沿提供相同的延时，在关断期间内磁心必须重新复位。当 D_1、D_2 不导通时，续流二极管 D_3、D_4 就导通。如果选用了低剩磁矩形磁滞回线材料，那么磁心通常能自动复位，另外 D_1、D_2 的恢复电荷也较多，它足以实现磁心的复位。在一些应用中，需要有复位电阻 R_1、R_2 提供复位通路。

很多小的矩形磁滞回线的环状铁氧体磁心就能满足这个要求，在此例中采用了环形的 TDK H5B2 材料。

第二步，计算正确延时时间

在饱和之前，环形绕组只通过磁化电流，可以认为处于关断状态。磁心在二极管正向偏置导通时达到饱和所花时间由施加的电压、绕组匝数、额定磁通密度大小以及磁心的面积来决定。可以用下面的公式来描述：

$$t_d = \frac{N_P \Delta B A_e}{V_s}$$

式中，t_d = 所需的延时时间；

N_P = 匝数；

ΔB = 磁通密度从 B_r 到 B_{sat} 的变化，T；

B_r = 在 H=0 时的剩余磁通密度；

B_{sat} = 饱和时的磁通密度，T；

A_e = 磁心有效面积，mm^2；

V_s = 副边电压，V。

在本例中，在开始导通时加到磁心的次极电压 V_s 可以由占空比与输出电压来计算，公式如下：

$$V_s = \frac{V_{out}\ (t_{on} + t_{off})}{t_{on}}$$

式中，V_{out} = 所要求的输出电压，V；

t_{on} = 导通时间，μs；

t_{off}＝关断时间，μs。

在这个例子中，

$$V_s=\frac{12.7\ (15+18)}{15}=27.9\text{V}$$

其中，这里有匝数和磁心面积两个变量可用于电压的最后调整。为了方便起见，这里假设采用原边绕组匝数为 1，即从变压器来的输出导线只是简单地通过环形绕组。现在，这里就只剩下一个变量，即磁心面积。而所需要的磁心截面积可以由下式来计算：

$$A_e=\frac{V_s t_d}{N\Delta B}$$

在该例中：

$$A_e=\frac{27.9\times0.827}{1\times0.4}=57.7\text{mm}^2$$

显然这是一个相对较大的磁心。从经济上来讲，小电流应用中原边会使用多匝绕组。例如原边绕组采用 5 匝，用 1/5 原先面积的磁心就可得到与上述相同的延时，这时该面积 A_e＝11.4mm^2，一般用 TDK T7-14-3.5 及相似环形绕组是合适的。

一般来说是有必要在整流二极管 D_1、D_2 的两端分别并联一个电阻 R_1、R_2 的，以使得在关断期间磁心能够充分地复位。但是，在非导通（即加反向电压）期间，也许 D_1、D_2 的漏电流与恢复电荷不能足够大以保证磁心充分复位。

注意：因为轻载时输出电压会升高，这种电压调整方法只适合于超过饱和电抗器磁化电流的负载的应用中。在要求控制很小电流的地方，最好采用有多匝绕组的高导磁率的小磁心。因为电感与 N^2 成正比，而延时时间正比于 N，这样得到较小的磁化电流并控制较低的电流。

在这种方法中使用饱和电抗器具有另外一个优点，它减少了整流二极管的反向恢复电流，这在高频正激式和连续反激变换器的应用中是一个非常重要的优点。

22.5　习题

1. 多输出的变换器用到的术语“中心校正”的意思是什么？
2. 为什么多输出的变换器要用到中心校正？
3. 描述在比率控制变换器中经常使用的无损电压中心校正方法。
4. 解释在图 1.22.1 中的饱和电抗器是如何降低输出电压到 12V 的。
5. 假设图 1.22.1 所示为单端正向变换器，在占空比为 40%，工作频率为 25kHz 的情况下输出额定电压为 5V，副边 5V 有 3 匝绕组，12V 有 9 匝绕组，整流二极管的压降是 0.7V。如果 L_1、L_2 分别在 T8-16-4 H5B2 环形磁心有 3 匝绕组（见图 2.15.14 和表 2.15.4），试计算使用或不使用 L_1、L_2 的输出电压且对于 12V 是否有更好的匝数选择。

第 23 章　辅助电源系统

23.1　导论

在主要的开关电源中，通常需要辅助电源供电给控制和驱动电路。

依据已选择的设计方法，辅助电源可能与整个系统的输入或输出有公共端，或者在一些场合它完全是被隔离的。下面的内容概述了几种满足这些辅助要求的方法。

选择提供满足要求的辅助电源的方法时应该仔细考虑，因为选择的方法将关系到整个设计策略。在离线电源中，如果内部控制和驱动电路供电的辅助电源与输入电源共地连接，就要用一些方法来隔离输出端产生的控制信号与高压输入端的联系，经常使用光耦和变压器达到此目的。

在设计中如果内部辅助电源与输出有公共端，那么就需要一个驱动变压器来为功率管提供这种隔离。为此，它必须满足各种安全规范下的爬电距离和隔离要求，这就使得驱动变压器的设计很困难。

当安全规范要求有电源正常信号、供电故障信号或者要求有遥控功能时，那么即使在主变换器不工作时，也可能需要辅助电源提供相关功能。针对上述问题，脉冲启动技术和那些在电源变换器工作的条件下才会有辅助电源输出的方法是不适合这个要求。因此，在选择辅助电源的设计方法之前应考虑辅助电源的全部要求。

23.2　60Hz 电源变压器

60Hz 变压器常用于所需的辅助电源中。因为允许辅助电源电路在主变换器工作之前上电所以这么做很方便，只是为满足各种安全规范下的绝缘和爬电距离的要求，所设计的 60Hz 变压器还是显得比较大。因此，60Hz 辅助电源变压器的尺寸、成本以及重量已经使它在小开关电源应用中没有什么吸引力了。

在较大的电源系统中，辅助电源变压器的尺寸大小对整个电源的尺寸和成本没有太大的影响时，60Hz 变压器就可能是一个有用的选择。

使用变压器的优点就是它能够方便地提供完全隔离的辅助电源。因此，控制电路可与输入端相连，也可与输出端相连。同时进一步隔离的要求也不必要了。另外，即使当主开关变换器不工作时，辅助电源仍由电源供电。

23.3　辅助变换器

自激振荡高频反激变换器可以做成一个非常小、重量轻的辅助电源。该变换器的输出绕组能完全地被隔离开，而且它既能对内提供一个主变换器所需的辅助电源，也能对外提供一个输出辅助电压，可实现如上述 60Hz 变压器那样的作用。

辅助电源的功率一般要求是非常小的，如 5W 或更小，可用很小的简易变换器来实现。图 1.23.1 是一个非调整输出辅助电源变换器的典型电路。在该电路中，高压直流电压对主变换器供电，从它的倍压整流的 150V 中心抽头对自激振荡反激变换器供电。

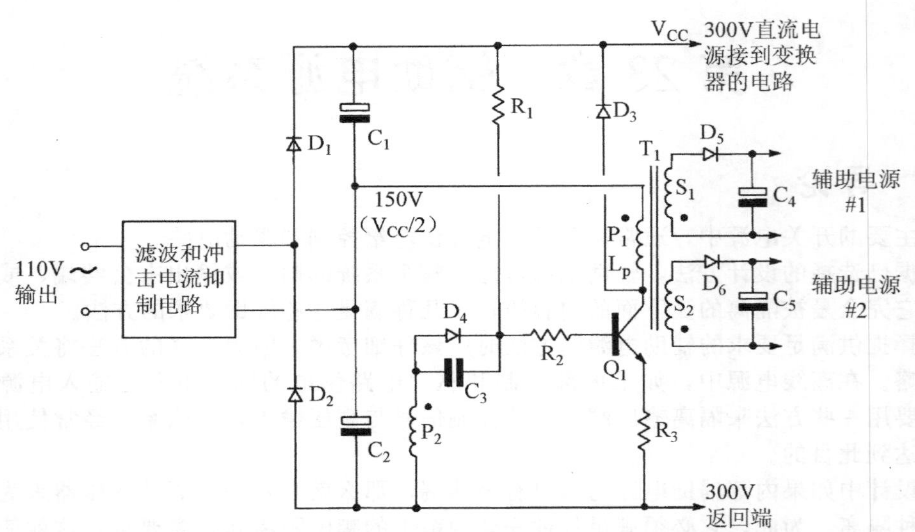

图 1.23.1　一个变压器、自激振荡反激变换器的辅助电源变换器，该电路中有能量回收逆向电压保护二极管 D_3

23.4　工作原理

首先刚通电时，由于电阻 R_1、R_2 上基极电流的存在，Q_1 导通。只要 Q_1 一导通，那么经过绕组 P_2 的正反馈就能保持晶体管导通，使 Q_1 此刻处于导通状态。

随着 Q_1 导通，原边绕组便以一定的速率建立线性增长的电流，该速率由原边电感以及所加的电压来决定，即为 $dI/dt \propto V_{CC}/L_P$。当这个电流通过 Q_1 的集电极和发射极时，电阻 R_3 上的电压增大。Q_1 基极电压将跟踪发射极电压，等于发射极电压加上 V_{be}，当基极电压值接近反馈绕组 P_2 上的电压值（约 5V）时，电阻 R_2 上的电流将降为零，同时 Q_1 开始关断。

此刻由 P_2 形成的正反馈将反向电压加到 Q_1 基极，使 Q_1 迅速关断。通过反激作用，Q_1 集电极电压将正向升高直到钳位二极管导通为止。反激作用会持续进行，直到存储在变压器中的大部分能量返回到 300V 电源。

但是，与此同时一小部分能量通过 D_5、D_6 被转移到输出端。在整个反激过程中 D_3 是导通的，而正激与反激作用期间使用的是同一个原边绕组，那么反向电压将等于正向电压，这样输出电压将由电源电压决定。再者，反激工作时间是与正激工作时间相等的，因此产生 50%的占空比的方波输出。

变压器的原边绕组电感应在磁心留有空隙，使得导通周期结束时变压器存储的能量 $1/2LP_P{}^2$ 至少要比辅助电源所需能量大 3 倍或 4 倍，这样的话二极管 D_3 就能够在反激作用期间处于导通状态，这时副边反激输出电压就由匝数比与原边电压来决定。其实这可能是一个优点，辅助电源的输出电压可看作电源是故障还是正常的指示，此外还提供低输入电压的禁止功能。

如果原边绕组匝数非常多（典型值是 300～500 匝），那么在原边就会形成较大的匝间分布电容。在小变换器中，变压器磁心用大空气隙可得到相对较小的初极电感，以改善开关性能。

用于传递功率的变压器原边电流相当大，电路整体效率仍然很高，在变压器反激期间大部分能量返回到供电电源。虽然原边峰值电流可能达到 50mA，但变换器的空载平均电流只有 2mA 或 3mA 左右。

因为直流电流是从输入电容 C_1 与 C_2 之间取得的，所以这个简易的变换器只适合于倍压电路的应用。如果使用输入全波整流，C_1 两端应并联一个直流恢复电阻。

23.5　稳定的辅助变换器

可以对基本型自激振荡变换器做一些更改，通过在输入端加一个高压齐纳管就可以提供一个稳定的辅助电压输出，同时也能维持稳定的工作频率。

图 1.23.2 是基于基本电路的改进电路。该电路更适合于双电压工作，反激的能量返回到与原边负载相同的输入电源中。

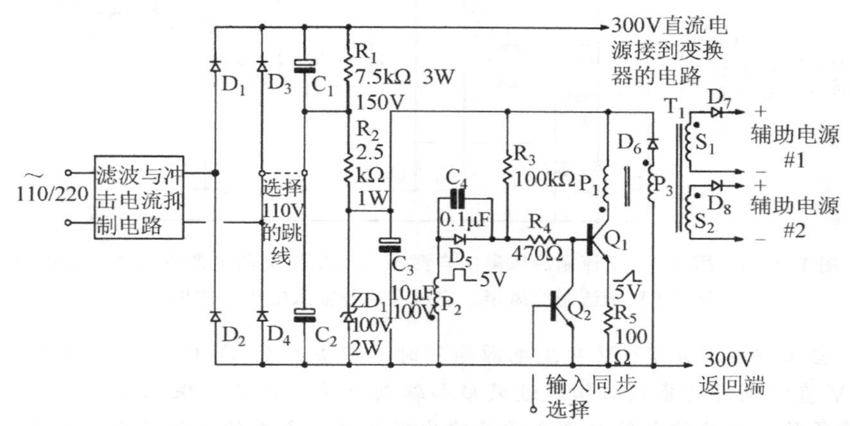

图 1.23.2　自激振荡反激辅助稳压电源变换器，该变换器有能量回收绕组 P_3 和同步输入 Q_2

ZD_1 保证了输入电压的稳定，也保证了工作频率的不变。这个辅助变换器可作为时钟信号用于控制电路，用以直接驱动开关功率晶体管。这种方法也可以用来设计简单而有效的开关电源。

在变压器中已经加了一个能量回收绕组 P_3 和二极管 D_6，这样就可使多余的反激能量能够返回到与原边绕组 P_1 一样接到的同一个电源电容 C_3 中。这使得 ZD_1 上的平均负载电流非常小，允许齐纳二极管做一个简单且有效的预调整。因为正激和反激电压都用 ZD_1 调整，它就提供一个已经调整的反激电压及已调整的输出电压。对整个电路来说，绕组 P_1 和 P_3 采用双线绕法和在反激绕组 P_3 的上端接一个能量回收二极管 D_6 都是非常重要的，在 Q_1 导通期间，此处的 D_6 可使开关管集电极与变压器 T_1 的匝间电容隔离开来。

辅助变换器的直流电源是由 300V 主电源通过 R_1 与 R_2 供给的，对这两个电阻已经进行选择使得对双电压运行输入端的变化不会影响 ZD_1 的工作条件。另外在变换晶体管 Q_1 的基极附加另一个晶体管 Q_2，允许输入变换频率的外同步信号。

要注意的是，Q_2 可以提前终止开关管导通时间而不能延长导通时间，变换器的工作频率只可能同步到较高的频率上。对于每一个同步脉冲，Q_2 的导通将引起迅速的反激工作过程，同时进入较高频率运行状态。

23.6 高效辅助电源

图 1.23.3 中显示的是前面电路的更有效的版本。此电路使用分立元件的桥式整流 $D_5 \sim D_8$ 消除变换器中馈电电阻 R_1 和 R_2 上的功耗。这样的电路设计对交流 110V/220V 两种供电电压下的工作是非常有用的。电压选择跳线的两个位置用来选择是在 110V 还是在 220V 交流电源下工作，整流管 $D_5 \sim D_8$ 可以有效供给 110V 电压。此例中，有效的 110V 交流电源还可给 110V 冷却电风扇供电。因此相同的电风扇可在两种输入电压值下工作（为了满足安全要求，电风扇的绝缘等级应该能适合在较高电压下工作）。

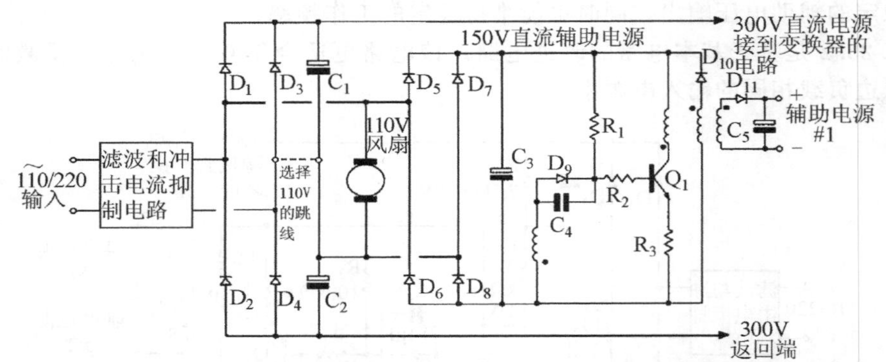

图 1.23.3　用 110V 交流制冷风扇的自激振荡反激型辅助电源变换器，可适用于 110V 交流制冷风扇，它可在两种输入电压下使用

注意： 当工作电源是 220V 交流电源输入时，应去掉 C_1 与 C_2 之间的跳线。在这种情况下，300V 直流电源的负载必须超过风扇和辅助电源负载才能保证在 C_1 与 C_2 的中点能够进行直流复位。因此该电路只适合于其输出保持最小负载的应用场合。尽管大多数应用中风扇和辅助变换电路产生的纹波电流负载可能只占总负载的很小的百分比，但还是应选择合适的电容 C_1 与 C_2 以能承担这种纹波电流负载。

23.7 主变换变压器驱动辅助电源

很明显当主变换器工作时，主变换变压器的一个绕组能够提供所需的辅助电源。在电路启动期间需要有一些手段能够给控制电路提供辅助供电。那么在下面的章节中就介绍几种启动方法。

23.8 习题

1. 解释为什么辅助电源的特性对主电源单元的运行来说有时是非常关键的。
2. 在辅助电源电路中使用小体积的 60Hz 变压器的主要缺点是什么？

23.9 低噪声分布式辅助变换器

使用高频正弦波功率分布式系统

前面讨论的辅助功率系统采用了硬开关方法（方波）。这种系统的缺点是开关边沿很陡，容易辐射出高频噪声并耦合至主控系统的分布导线和变压器中。

现代大功率系统的趋势是使用嵌入式微控制器和工业接口系统连接至其他电源和计算

机控制系统。这种系统通常使用多层 PCB，或许还需要几种不同的且相互隔离的辅助电源。显然，任何注入到内部或外部辅助电源或控制线的高频噪声都是不允许的。

虽然良好的布局和滤波能够将硬开关系统中的有害噪声减小至可接受的水平，但更有效的方法是使用高频正弦波系统，这种系统的开关边沿不是特别陡，所以不会产生过量的高频噪声。本章将研究一个 20W 的正弦波系统。

23.10　分布式辅助电源系统的结构框图

图 1.23.4 所示为提出的 20W 半稳定 50kHz 正弦波分布式电源系统的结构框图。

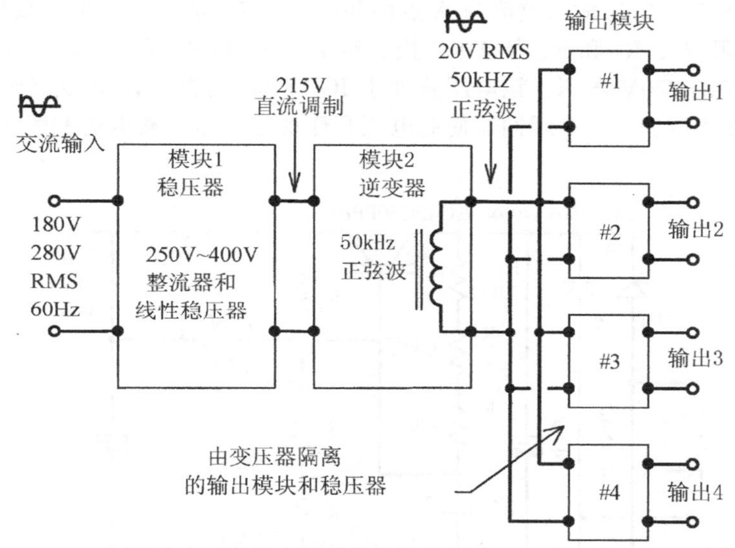

图 1.23.4　可调分布式辅助电源系统的结构框图。可为大功率电源系统的多个控制 PCB 提供多路分布式隔离电源。50kHz、20V 的分布式正弦波电源是经两引脚连接器和双绞线产生的，为每个 PCB 提供低噪声、半稳压的本地电源，使用了本地小型高频变压器和副边整流器

在所提出的系统中，假设左侧的单相交流输入来自于 208V 60Hz 三相系统的其中两相，或直接来自于单相系统。交流输入电压经模块 1 整流和稳压后产生稳定的 215V 直流电压。直流电压施加于模块 2 的 50kHz 正弦波逆变器的输入端。逆变器输出半稳压的 20V RMS、50kHz 的正弦电压，驱动一系列输出模块，为整个系统的多个子部分提供所需电压。虽然只画出了 4 个子模块，但显然很容易增加或减少模块的数量，仅受系统需要和 20W 总功率的限制。

提供 20V、50kHz 正弦波输出的主要优点是减小子模块中变压器的体积并提高其效率。50kHz 子模块变压器提供隔离并降低共模噪声。另外，副边可为子模块提供任意大小的电压，不受数量限制地隔离输出也较容易获得。由于输出绕组和输入是隔离的，并且通过使用低谐波的正弦波驱动，输出和分布导线中的电气噪声均十分低。

此类系统的典型应用参见补充章节第四部分第 3 章，其中给出了一种具有 11 个独立 PCB 的 10kW 电源系统，它提供多路隔离辅助电源，电压为 3V、5V，±12V、±15V、

18V 和 24V。

逆变器（模块 2）输出的 50kHz、20V RMS 输出电压最好采用两引脚连接器和双绞线接至各 PCB，这样做的目的是尽量减少辐射噪声。然而，用两条都带有接地线的相邻的带状电缆也能获得不错的结果。

下面从左侧的模块 1，即“直流稳压器部分”开始详细介绍各个模块。

23.11　模块 1，整流器和线性稳压器

图 1.23.5 所示为 60Hz 交流输入、整流器和串联线性稳压电路。二极管 D_1 至 D_4 和 C_1 将额定的 208V、60Hz 输入整流为 A 点的 300V 额定直流电压，也是线性稳压器 IGBT Q_1 的输入。电阻 R_1、R_2 和 R_3 为稳压二极管链 Z_1、Z_2 和 Z_3 提供电流，使 B 点产生相对于公共输入端 E 的 220V 电压。该电压施加于 IGBT Q_1 的栅极，使 D 点经 R_7 产生 215V 电压。稳压二极管链和 IGBT 缓冲器使此电压开环稳定，当负载电流和输入电压变化时电压接近恒定。

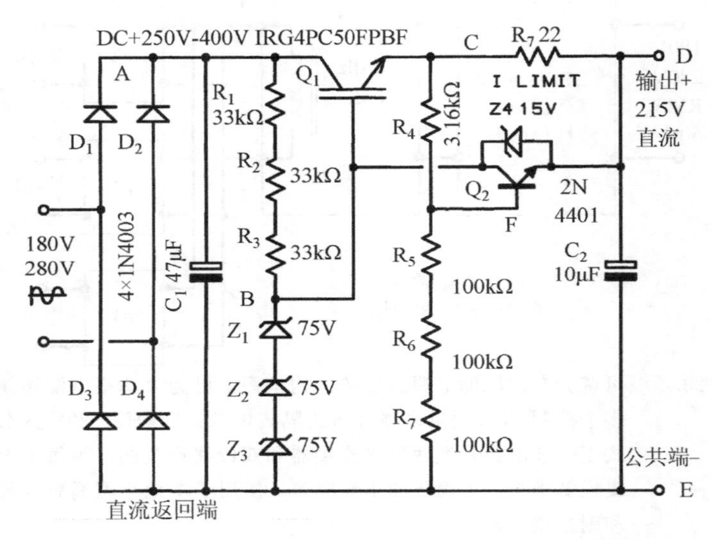

图 1.23.5　图 1.23.8 中 50kHz 正弦波逆变器 20W 预调节器的 60Hz 单相输入整流器、开关线性稳压器和限流部分。逆变器用于提供高频分布式电压，接至本地板载变压器，为各分布式辅助网络的各控制功能模块提供隔离的多路直流输出电压

23.11.1　输出稳压

图 1.23.6 所示的为输入电压从 0V 变至 250VDC 时的启动特性和 D 点输出电压。当输入电压在 250VDC 至 400VDC 的正常工作范围内时，输出稳压性能良好。

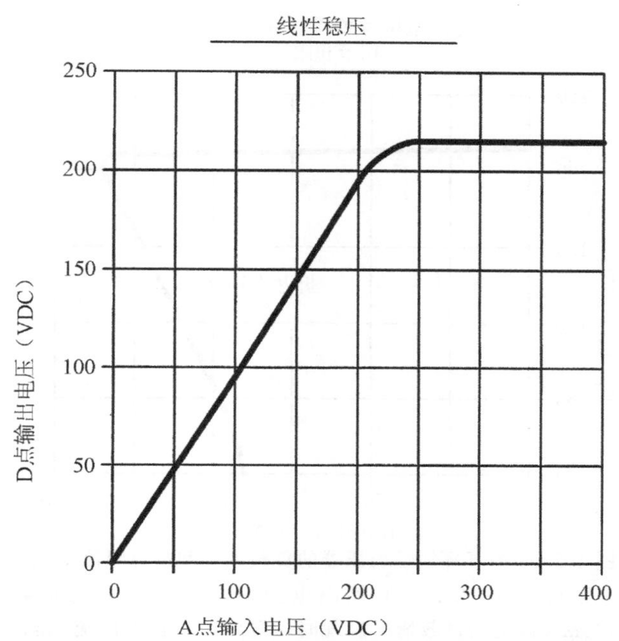

图 1.23.6　A 点电压从 0V 至 400V 时，线性稳压器 D 点输出直流电压的调节。注意输入电压从 0V 至 250V 时电压比为线性的，随后当输入电压从 250V 变为 400V 时，输出电压稳定于 215V。这种特性为图 1.23.8 中的 50kHz 正弦波逆变器部分提供了良好的低电压启动和工作电压范围内的稳压

23.11.2　折返式限流

从图 1.23.5 中可以看出，负载电流经电流检测电阻 R_7 流向 D 点，所以 R_7 的电压与负载电流成正比。R_7 和 Q_2 提供过载限流。D 点相对于 C 点的输出电压随负载电流的增加而降低。当 Q_2 的基极经 R_4 相对于 C 点的电压保持为恒定的−2.2V 时，此降低的电压直接施加在 Q_2 的射极。当 Q_2 基极电压比射极电压大 0.6V 时，Q_2 逐渐开通；当负载电阻减小时，Q_1 的栅极电流转移以阻止电流的进一步增加，结果使输出电压降低。电阻 R_5、R_6 和 R_7 产生 F 点的负偏置电压，使 R_7 的电压在 Q_2 开始导通前必然超过 2.8V（电阻 22Ω、电流 130mA）。限流时，随着输出电压的降低，F 点的负偏置电压也降低，因此 Q_2 在更硬的条件下开通，并且电流的限制作用减弱，形成折返式限流特性。这个折返过程降低了短路情况下 Q_1 的应力。

图 1.23.7 所示的为电流从 0 至 100mA 的正常负载范围内输出电压所具备的良好的稳压特性，以及电流超过 130mA 时的限流过程（负载电阻为 1600Ω）。对于电流大于 130mA 的过载情况，图中给出了负载电阻从 1600Ω 降至 0（短路）过程中的折返式限流特性。130mA 为限流点，提供了工作裕量；正常情况下的电流不能超过 100mA。

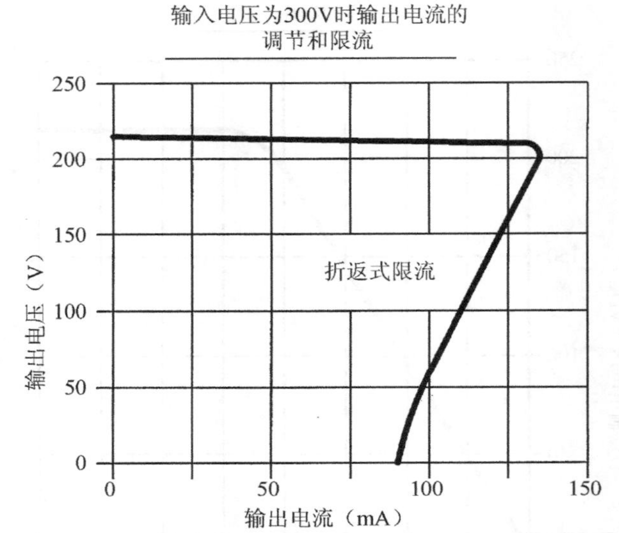

图 1.23.7　图 1.23.5 中开环线性稳压器的负载调节和折返限流功能。注意电流从 0 至 100mA（21.5W）期间电路所具备的良好的负载调节性能。130mA 以上的过载情况出现时，电路进入折返限流状态。满载时 Q_1 的额定损耗为 8.5W，而短路时的损耗为 27W。对于短路时保护功能的扩展，电路可能需要热保护，视散热片的尺寸和效率而定

尽管开关调节器的设计相对简单，但从图 1.23.6 和图 1.23.7 可见，调节器具有良好的启动特性，并为本应用提供了令人满意的性能。

由于正弦波逆变器的输入电压稳定于 215V，所以变换器的 50kHz 输出是半稳定的，在可接受的范围内波动，因此可用于多种辅助系统，而无需任何附加的调节系统。

23.12　模块 2，正弦波逆变器

最简单的高频自谐振正弦波变换器是易于设计和实现的。这种系统通常用于电子镇流器。这种类型的逆变器在补充章节第四部分第 2 章做了更详细的介绍，题目为“谐振及准谐振式电源”。

图 1.23.8 所示的为不可调电流型自激振荡正弦波逆变器的基本电路图，输入为稳定的 215V 直流电源，额定工作频率为 50kHz。由于输入电压是稳定的，因此这种 50kHz、20V 逆变器的输出也将是半稳定的。

23.12.1　输入扼流圈 L_1

图 1.23.8 中的逆变器之所以称为“电流型”是因为扼流圈 L_1 的输入电流中的纹波在工作频率时通常小于满载输入电流的 10%。为了简单起见，本例中认为工作电流由 20W 负载决定的情况下，输入电流基本不变。

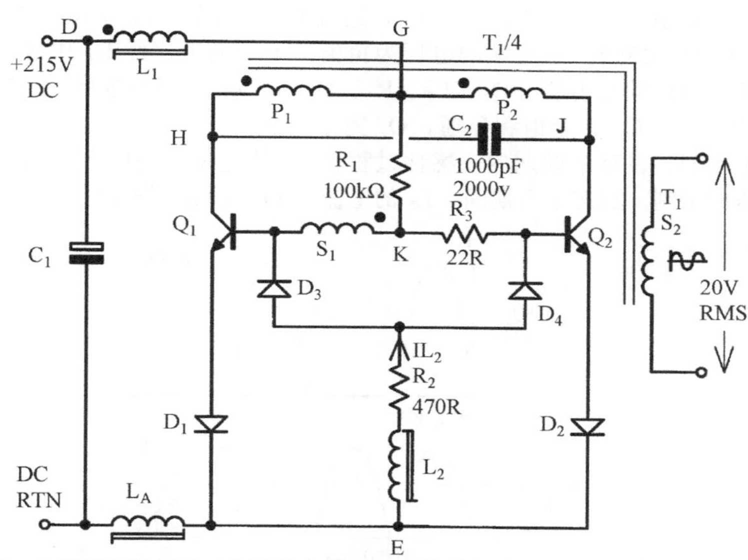

图 1.23.8 电流型自激振荡正弦波逆变器。这种简单的逆变器提供的输出电压为输入电压的直接线性函数。由于输入电压是稳定的，输出也将是半稳定的。变压器副边 S_1 提供 20V RMS、50kHz 的输出电压，驱动若干个远程高频变压器和整流器电路，从而为主系统地各个控制电路提供隔离的和半稳压的直流电压

L_1 称为“扼流圈”而不是电感，因为绕组中的直流电流相对较大。扼流圈也承受很大的交流电压应力。

输入扼流圈有两个可选的安装位置，即 L_1 或另一个位置 L_A。首先考虑位于 L_1 位置的扼流圈，因为此时电路的功能最容易理解。稍后将发现位于 L_A 的扼流圈的功能相同并且能减小原边和副边绕组的容性耦合，降低输出噪声。

23.12.2 扼流圈的波形和峰值输出电压

当 L_1 取得较大值时（通常为 5mH 或更大），可以认为 L_1 的电流在一个周期内保持不变。215V 的直流输入电压施加于 L_1 的左端，其接近恒定的电流在 A 点流入变压器/电感 T_1 的中心抽头。实际的电流取决于所加的负载和损耗。（本例中，L_1 的电流在负载为 20W 时约为 100mA。）

D 点扼流圈的输入电压为 215V 直流，扼流圈的 G 点输出电压波形如图 1.23.9b 所示。此叠加正弦波完全由 P_1 和 P_2 的电感以及 C_2 构成的振荡电路的谐振动作所决定。另外，G 点电压的峰值也是完全确定的，因为稳态时 L_1 的正向和反向伏秒数相等，使输入电流保持恒定。详参考第四部分第 2 章。

23.12.3 启动

启动时 G 点电压为 215V 的直流，电流经 R_1 流入晶体管 Q_1 和 Q_2 的基极。二极管 D_3 和 D_4 阻止电流流向公共点 E。

增益最高的晶体管（假设为 Q_2）将开通。随着 Q_2 的开通，绕组 P_2 末端（J 点）的电压将变低，所有绕组起始端的电压将变高。所以绕组 S_1 的起始端（K 点）通过 R_3 使 Q_2 的基极电压变得更高，使 Q_2 进一步导通。这形成如图 1.23.9a 所示的半个周期的谐振。

注意 Q_2 基极相对于公共点的电压不能超过 Q_2 的基射极电压加上二极管 D_2 的压降。这使 K 点的基极电压被钳位于约 1.2V。由于在一个周期正中间 S_1 的电压约为 10V，K 点

的钳位过程使 S_1 末端的电压反向变化 8.8V，这使 Q_1 硬关断，波形示于图 1.23.9c。与此同时 D_3 导通，在 D_4 关断时 L_2 上端的电压为负值。电流向上流经 L_2 和 R_2，形成从 S_1 的始端开始、经 R_3、Q_2 的基射极、D_2、L_2、R_2、D_3、再经 S_1 绕组返回 S_1 的始端的感性电流回路。在这个阶段，Q_2 完全饱和导通，Q_1 完全关断。

电感 L_2 为 1mH，在整个周期内，感性过程使 L_2 的电流始终向上流动，仅受 R_2 和 L_2 上端平均负电压的限制。稳态运行期间，L_2 的电流是 Q_1 或 Q_2 开通时的主要驱动电流。

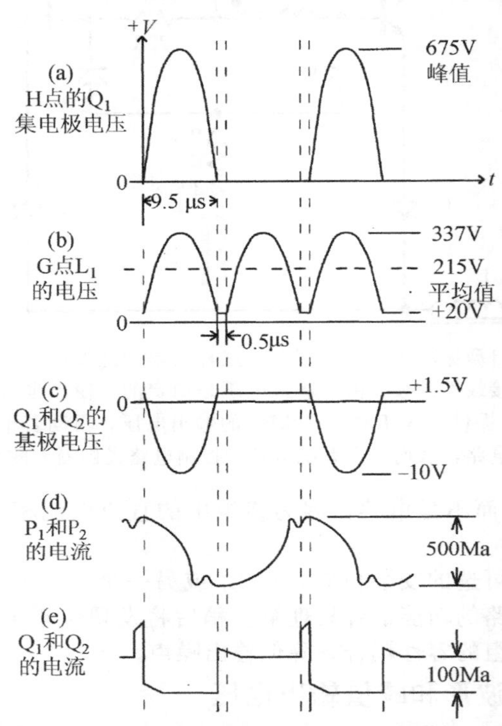

图 1.23.9　逆变电路相对于公共点 E 的波形，输入扼流圈位于 L_1 位置，不适用于 L_A 位置。图 a 为 H 点（Q_1 漏极）的正弦半波。J 点（Q_2 漏极）的波形与其相似。图 b 为 G 点（扼流圈 L_1 的输出，即变压器的中心抽头）电压波形。图 c 为 K 点（Q_1 或 Q_2 的基极）电压波形。图 d 为变压器原边 P_1 或 P_2 的电流。图 e 为 Q_1 或 Q_2 的集电极电流

23.12.4　谐振过程

Q_2 导通时集电极电压接近 0V，215V 的电源和 L_1 迫使电流持续流入 T_1 的中心抽头（G 点），谐振时所有绕组的起始端电压均为图 1.23.9a 所示的正弦半波。在半个周期结束时所有绕组的电压均为 0 并且开始反向，使 S_1 末端的电压变正而始端电压变负。L_1 中已经建立的向上流动的电流此时流经 D_4、Q_1 的基射极和 D_1 返回 L_2 的下端。这一电流连同来自于 R_1 和 S_1 末端的电流使 Q_2 关断。由于 D_4 导通，S_1 始端的负电压使 Q_2 关断。像前面一样，S_1 的电压使 Q_1 进一步导通。Q_1 完全导通且 Q_2 完全关断，电路进入第 2 个半周期。原边 P_2 末端 J 点的电压为正弦半波。两个原边绕组的电压（以及 C_2 的电压）如图 1.23.10a 所示。

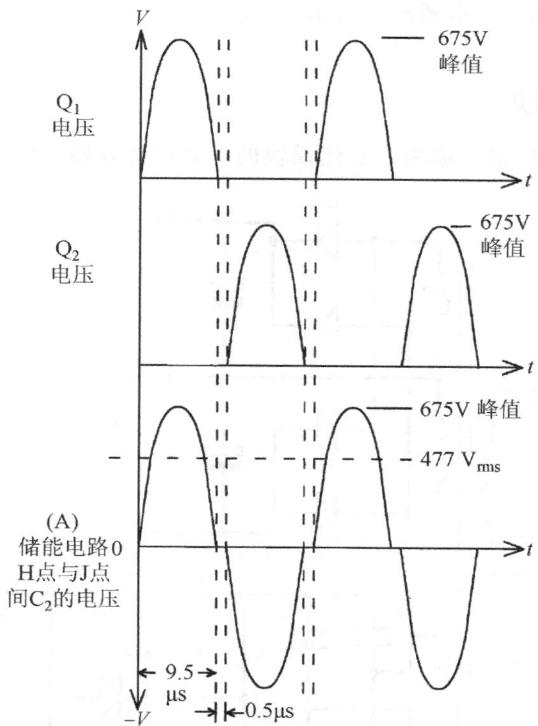

图 1.23.10 谐振电路 H 点和 J 点间（C_2 两端的电压）的模型。（输出绕组 S_2 的电压与此相似，但幅值小得多）提示：为了避免损坏示波器，在测量时应保证示波器与逆变器的交流输入隔离。测量 H 点和 J 点间电压时，使用两个 X100 探头和两个通道，示波器的地接至公共点 E

谐振电路按照以上过程在谐振频率处自激振荡，基极驱动由反馈绕组 S_1、R_1 和 L_2 的强迫续流过程提供，Q_1 和 Q_2 在零电压状态下开通和关断，开关损耗很低。

提示：输入和电路间，或者输入和示波器间最好连接一台交流隔离变压器。即使使用了隔离变压器，也不要将示波器的地接至 H 点或 J 点，因为这两点为高电压节点，示波器将使波形畸变，甚至很可能被损坏。使用两个 X100 探头和两个通道，将示波器的地（公共端）接至镇流器电路的公共点 E（前提是输入扼流圈处于 L_1 的位置）。

本应用选用了特殊的 NPN 晶体管，例如 BUL216 或类似器件。使用这些器件可获得最佳的结果，因为它们的集电极-基极电流可以反向流动，这正是本应用中 Q_1 和 Q_2 关断时的情况。

23.12.5 重叠导通

在任何使用输入扼流圈的电流型系统中，关键的一点是电流通路始终由 L_1 经 Q_1 或 Q_2 提供。整个周期内两个器件都不能同时关断。如果这种情况发生，L_1 将迫使晶体管两端出现过电压，导致它们击穿。为了避免在任何负载和输入时出现这种情况，应加入一小段重叠导通时间。

本设计中晶体管的存储时间提供了短暂的重叠时间使 Q_1 和 Q_2 同时导通。这在图 1.23.10a 的波形中表现为一小段阶梯。该重叠可通过过驱动基射结获得。注意尽管 S_1 两端存在关断偏置电压，射-基极反向电流被 D_1 或 D_2 阻断，晶体管因内部的载流子复合

（相对慢的过程）而关断。所以通过调节 R_2，过驱动是可以调节的，从而获得所需的重叠时间。

23.13　输出模块

图 1.23.11 为典型的输出模块。显然模块的实际设计和输出电压与具体应用有关。

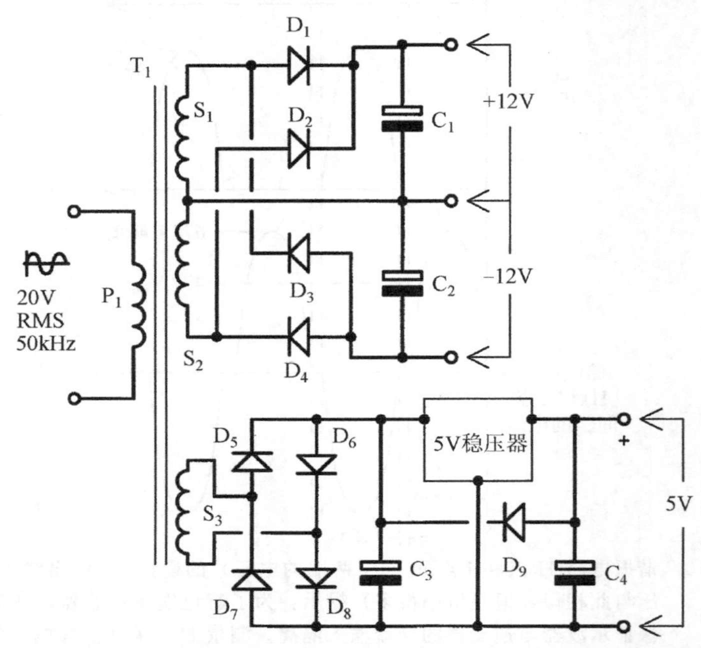

图 1.23.11　典型输出模块。本例中，模块提供 ±12V 的输出和完全受控的 +5V输出。根据具体应用，电路可能有所不同。建议使用全波整流电路平衡正弦波逆变器的负载

23.13.1　模块变压器设计

一般来说，模块变压器的尺寸相当小，因为 50kHz、20V RMS 的原边输入所需的原边匝数相对较小。例如，中心柱横截面积为 $20mm^2$ 的小型 EE19 磁心原边只有 30 匝，分析如下。

因为波形是正弦，原边匝数可直接由修改量纲后的法拉第定律进行计算：

$$N=\frac{10^6 V_{RMS}}{4.44 f\beta A_e}$$

其中 N 为原边匝数

V_{RMS} 为绕组电压（V RMS）

f 为频率（Hz）

β 为磁通密度（T，典型值为 150mT）

A_e 为磁心等效面积（mm^2）

23.13.2　使用 EE19 铁氧体磁心的设计实例

EE19 磁心中心磁柱的面积 $A_e=20mm^2$。可用下式计算输出 RMS 值为 20V、频率为 50kHz 的电压时所需的匝数。

$$最小原边匝数\ N=\frac{10^6\times 20}{4.44\times 50\times 10^3\times 150\times 10^{-3}\times 20}=30\ 匝$$

当计算副边匝数时，注意整流器对应的是正弦波的峰值：

$$V_{peak}=\sqrt{2}V_{RMS}$$

另外还应将二极管的正向压降考虑在内。

提示：如果原边匝数小于 30 时无法得到正确的匝数比，则应增加原边匝数使副边匝数等于所需的最接近的整数。

23.13.3 结构

使用一个两段骨架，将原边绕制在一个骨架上，副边绕制于另一个骨架上。这样做的优点是减少容性耦合并为原边和副边提供良好的隔离。原边至副边的漏感十分大，但此时是漏感对电路有帮助作用的不多的例子之一。它使流向输出整流器的电流峰值降低并使导电角增大，但对输出电压及其控制没有影响。

23.14 正弦波逆变器的变压器设计

23.14.1 工作时的品质因数 Q

在开始设计之前，定义品质因数 Q。这是一个重要的参数，因为它决定了原边电流的幅值、磁心尺寸和导线尺寸。

Q 定义了无功电流和有功（电阻性）电流的比率，而无功电流对输出功率没有贡献。Q 的另一个意义是与每个周期内谐振电路中的循环能量与负载消耗的能量之比成正比。

Q 值高的电路在带负载时因大的环流（非常类似于机械系统中的飞轮）而能够输出非常干净的正弦波。输出干净正弦波的代价是谐振电路中相当大的环流，导致原边绕组 P_1 和 P_2 的电阻产生很高的损耗。相反，Q 值低的电路输出的正弦波存在较大畸变，但损耗更小。对于这种自激振荡逆变器，Q 的折中值在 2 到 5 之间。

由于电容 C_2 两端的交流电压保持不变，C_2 的取值和频率决定着无功电流和 Q 值。（C_2 越大，则 Q 越大。）更完整的分析请参见第四部分第 2 章。

本例中 C_2 为 1000pF，频率为 50kHz，储能电路电压的 RMS 值为 477V。可用下式计算无功电流：

$$X_C=\frac{1}{2\pi fC2}=\frac{1}{2\pi\times 50\times 10^3\times 1000\times 10^{-12}}=3.18\text{k}\Omega$$

电压 RMS 值为 477V 时的电流为

$$I_{RMS}=V_{RMS}/X_C=477/3180=150\text{mA}$$

折算至原边的等效输入电流为

$$I_{load}=功率/谐振电压=20/477=42\text{mA}$$

工作时的 Q 值为

$$Q=I_C/I_{load}=150/42=3.6$$

T_1 具有两个作用，首先它是一个变压器，将 RMS 值为 477V 的原边电压降至副边所需的 RMS 值为 20V 的电压。原边绕组 P_1 和 P_2 以及等效磁心的磁导率共同构成并联谐振电路的谐振电感，C_2 为谐振电容。选择合适的取值使自然谐振频率为 50kHz。

为了获得所需的 Q 值，推荐的设计方案是先确定 C_2（参见上述分析），再调节磁心气隙，得到为了获得正确电感值所需的磁心等效磁导率，使相串联的 P_1 和 P_2 以及选定的 C_2 在 50kHz 时发生谐振。

提示：通常铁氧体磁心的尺寸并非很小，经常发现以计算出的最小原边匝数（由频率和原边电压决定）绕制时，原边电感将过大。所以，通常用磁心气隙减小等效磁心磁导率和电感。这是一种很方便的方法，因为仅通过调节磁心气隙就能够电感以获得最佳性能。（如果电感过小，则应增加原边匝数。）

23.14.2　原边电压

由第四部分第2章可知，谐振电路两端的电压（P_1 和 P_2 两端的原边电压）可根据需要进行确定，可以假设峰值电压接近 πV_{IN}。

本例中：

$$\pi\ (215\text{VDC}) = 675\text{V}\ (\text{图 } 1.23.9\text{b})$$

RMS值为

$$V_{peak}/\sqrt{2}\ (\text{或 } 0.707V_{peak})$$

本例中：

$$(675)\ 0.707 = 477\text{V}$$

注意：Q_1 和 Q_2 的导通交叠将使电压的RMS值增加约10%。

23.14.3　磁心尺寸

工作时的Q值（谐振电路的品质因数，23.14.2节）定义为无功电流和有功（原边）负载电流之比。为了得出原边电流，可利用谐振电容 C_2 中的无功电流 I_C 和折算至原边的负载有功电流 I_L。

$$I_{pri} = \sqrt{(I_C^2 + I_L^2)} = \sqrt{(159\text{mA}^2 + 42\text{mA}^2)} = 156\text{mA RMS}$$

为了获得良好的正弦波和最优波形，Q值取为3.6。然而，P_1 和 P_2 中的原边电流将几乎比非谐振系统中大4倍，（无功成分对输出功率没有贡献，还会造成原边绕组发热。）所以对于本例的20W正弦波系统，应选择大一些的磁心。本例中选择了适用于60W系统的磁心ETD35。

23.14.4　计算原边匝数

ETD35的磁心面积为92mm²。

由上述正弦波系统，原边匝数可由下式计算：

$$N_{min} = \frac{10^6 V_{RMS}}{4.44 f\beta A_e}$$

其中 N_{min} 为最小原边匝数

V_{RMS} 为绕组电压的RMS值（V）

f 为频率（Hz）

β 为磁通密度（T，典型值为mT）

A_e 为等效磁心面积（mm²）

本例中

$$N_{P\min} = \frac{10^6 \times 477}{4.44 \times 50 \times 10^3 \times 150 \times 10^{-3} \times 92} = 156\ \text{匝}\ (P_1 + P_2)$$

方便的方法是每层绕制35匝的28AWG，共绕制6层（中心抽头从第3层引出），总匝数为210匝，中心抽头从105匝引出。

（这一结果是可以接受的，因为增加的匝数使磁通密度降至111mT，减小了磁心损耗。）

23.14.5　匝数比（原边至副边）

原边电压的RMS值为477V，副边电压的RMS值为20V，所以匝数比为：

$$\frac{477}{20}=23.9:1\text{，所以副边需要}\frac{210}{23.9}=9\text{匝}$$

23.14.6　磁心气隙

确定了频率（$f_0=50\text{kHz}$）和谐振电容的大小（$C_2=1000\text{pF}$）后，就能够计算出所需的谐振电感（L_P）。

$$f_0=\frac{1}{2\pi\sqrt{(L_P C_2)}}$$

确定了原边匝数、并且在磁心尺寸和磁导率已知的情况下，就可以计算出磁心气隙。详见第三部分的 1.10.5 节。

然而，我发现更迅速的方法是仅通过调节样机的气隙来获得所需的频率。

开始时将磁心气隙取得较小（比如 0.010in），并且用橡筋带将磁心固定。然后施加足够的输入电压产生谐振并检测频率。调节气隙直至获得所需的频率，记录气隙的大小。

注意：推荐使用“成对气隙”。（即 EE 磁心的三个磁柱都开气隙。）本例中，为了输出 50kHz，所需的成对气隙大小为 0.018in。成对气隙可减少由气隙磁通散射而造成的绕组局部发热。中心磁柱开气隙的磁心局部散射现象很严重，引起的环流使相邻绕组发热。（参见第四部分的具体结构。）

23.14.7　计算驱动绕组 S1 的匝数

驱动电压峰值在 6 至 10V 时可使再生启动良好。

原边的电压/匝数＝477/210＝2.3V/匝，所以 3 匝对应的电压 RMS 值为 6.8V（电压峰值为 9.6V），本样机使用的正是此电压。

23.14.8　降低共模噪声

当扼流圈位于 L_1 位置，与 50kHz 的变压器的中心抽头串联时，100kHz、337V 的叠加正弦波峰值电压（图 1.23.9b）将容性耦合至 20V 正弦输出绕组，产生共模噪声。

将 L_1 移至直流电压公共返回端、即 L_A 的位置（不改变电路的功能），这样做的优点是中心抽头的电压为直流，不存在共模注入点。

尽管电路功能不变，但波形存在着很大不同。

第 24 章　稳压电源的并联工作

24.1　导论

不管是开关型稳压电源还是线性稳压电源，它们的输出电阻都很小，一般情况下小于 1mΩ。因此如果多个这样的电源并联工作，具有最高输出电压的电源将提供主要的输出电流。这种过程会一直持续到该电源供电进入限流点，在限流点上电源的电压将下降，允许下一个最高输出电压的电源开始提供电流，依此类推。

因为电源输出电阻太低，只要电源输出电压有一个极小的几毫伏变化就产生大的电流变化，不可能通过单独调整输出电压来保证并联工作中的分流。一般来说不希望电流不平衡，因为这就意味着当一个电源单元可能过载时（整个电源会在全部工作时间内以限流方式运行），第二个并联电源单元可能只输出电流额定值的部分电流。

使并联单元分担几乎相等的负载电流，有几个方法。

24.2　主从工作

在两个电源并联运行的模式中，要选择一个指定的主电源，这种安排可以给剩下的其他并联电源单元提供控制和驱动电压。

图 1.24.1 是普通的主从连接电路图，两个电源并联连接，此电源可以是开关电源也可以是线性电源，两个电源都向一个公共负载提供电流。通过一个连线把两个电源互相连接起来，通常这是指 P 端连接，此端连接把两个电源的功率级连接在一起。

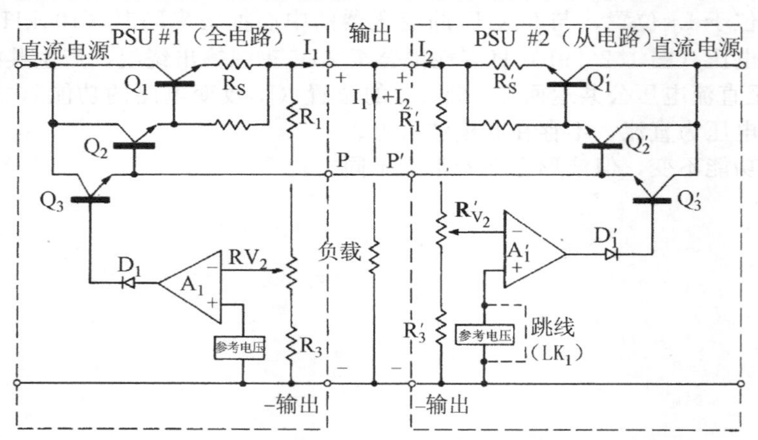

图 1.24.1　主从连接的线性稳压电源

主电源单元决定输出电压，输出电压通过 VR_2 来调节。从电源单元的输出电压设置得很低（它可通过 LK_1 使用外接参考电压）。当放大器 A_1' 输出电压为低时，二极管 D_1' 将反偏关断，Q_3' 关断，此时由 PSU_1 的 Q_3 通过 P 端连接给 Q_2' 提供驱动。驱动晶体管 Q_3 必须要有足够大的驱动电流满足所有并联单元的驱动要求，因此并联电源单元数量是有限制的。一般，驱动容量要满足至少五个并联电源的驱动要求。

在该电路中，从电源单元作为一个电压控制电流源来用。由发射极分担电阻 R_S、R_S' 的压降提供均流。两个功率晶体管的基极-发射极电压有较大的不同，均流精度不太高。

对于此类电路均流精度的典型值为20%。

主从设置法的主要缺点就是：如果主电源单元故障，那么所有输出也将不能工作。一个电源单元有故障，通过P端直接连接的两个并联电源单元将都不能工作。

24.3 压控电流源

并联模式的工作原理与主从模式的工作原理相似，唯一不同的是均流P端连接的位置是在控制电路更前面的信号级，把控制电路设计为一个压控电流源。加到P端的电压将决定每个单元的电流，总电流是各个并联单元输出电流之和。通过调整P端的电压（也就调整了总电流）得到整个系统所需的输出电压。图1.24.2显示了一般的工作原理。

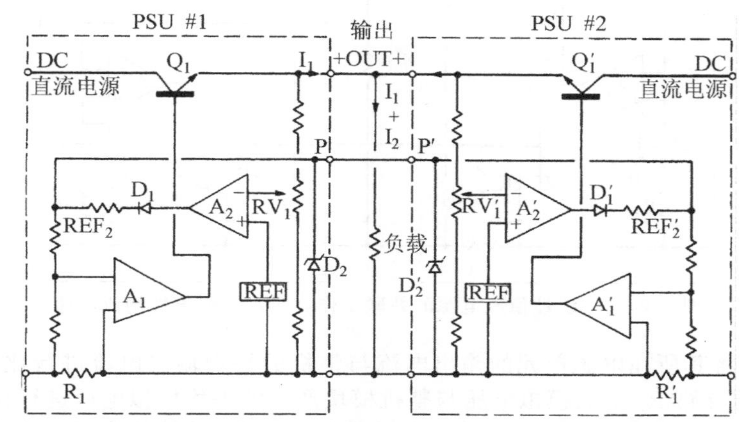

图1.24.2 电流控制模式下线性电源的并联工作，显示了固有的均流能力

在该电路中，功率晶体管 Q_1 和 Q_1' 的主驱动来自压控电流放大器 A_1 和 A_1'。工作原理如下。

假设参考电压REF已经通过放大器 A_2' 和 A_2 当中的任意一个进行了设置（REF_2 和 REF_2' 通过P端连接到了一起，它们的值必相等）。晶体管 Q_1 和 Q_1' 的导通可以通过放大器来调整，使得两个电流检测电阻 R_1 和 R_1' 上的电流确定且相等。这个电流的大小由P端的参考电压和电阻来决定。

主要的控制放大器是 A_2 或者 A_2'，其中一个放大器输出设置成较高电压，用来调整电流以获得所需的输出电压。另一个放大器使得它的输出二极管反偏关断。

这种电路设计的主要优点是：功率模块中的故障不太可能产生P端互连的故障，也实现了较好的均流。

此电路非常适合于并联冗余运行，见1.24.5节。

24.4 强迫型均流

这种并联工作模式采用了通过自动调整每个电源的输出电压来保持均流的方法，适用于许多个并联单元。获得此自动调整的原理如下。

因为稳压源的输出电阻太小，约几毫欧姆或更小，输出电压只要有一个非常小的变化便能引起任何一个并联单元输出电流的大变化。

采用强迫均流的方法，在原理上任何数目的电源单元都可以并联在一起。每个单元都拿自己正在输出的电流与整机设置的平均电流进行比较，根据比较结果来调整它的输出电压，使它们自己的输出电流与平均电流相等。

图 1.24.3 显示了此种系统的原理。放大器 A_1 是电源的压控放大器，通过把由 R_3 和 R_4 分压电路得到的输出电压与一个内部参考电压 V'_{ref} 进行比较来控制它的功率级，维持输出电压不变。但是 V'_{ref} 是由标准参考电压 V_{ref} 与一个可调整的参考电压 V_2 串接组成的，这里 V_2 是由电流传感放大器 A_2 输出接到分压电阻网络 R_1 与 R_2 进行分压所形成的，所以，V_2 与 V'_{ref} 会随放大器 A_2 输出的变化而变化，它的调整范围有限，其典型值为 1%或更低。

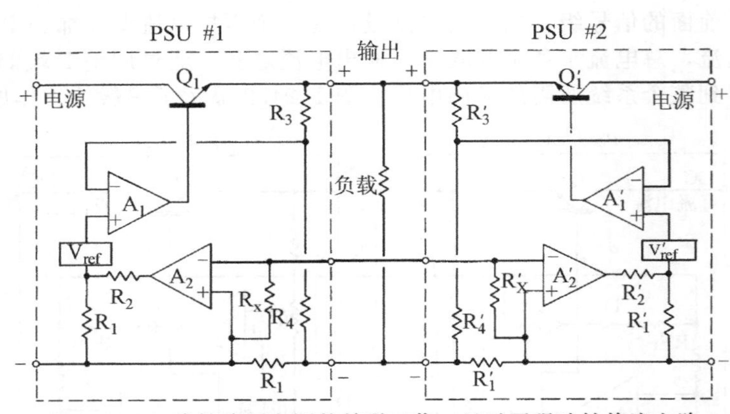

图 1.24.3　线性稳压电源的并联工作，显示了强迫性均流电路

放大器 A_2 将其所在电源单元的输出电流与整机的平均输出电流进行比较，这个过程是通过内部电流支路 R_1 上的模拟电压与整机模块产生的平均模拟电压进行比较来实现的，此平均模拟电压是由全部支路产生并由互相连接的电阻 R_x 的平均作用来实现的。A_2 可增大或者减少第二个参考电压 V_2 及所在电源模块的输出电压，维持与平均值同等的电流值。

各个电源单元之间必须互连传递关于平均电流的信息（有时候这个联系称为 P 端连接）。

任意数目的该种电源单元都可以直接并联连接。对这些并联的电源单元的唯一要求就是它们的输出必须调整在一个电压捕捉范围内（本例中的捕捉范围不超过额定输出电压的 1%）。

这种技术的主要优点就是可以并联冗余运行，万一其中的一个电源出现故障，其他的并联电源工作模块将重新平均地分配工作模块的负载电流，不会中断输出。

组合的输出电压值会自己调整到各独立电源单元输出的平均电压值上。

这种电路的一个更实际的应用在图 1.24.4 中得到了阐述。该电路的一个优点就是其参考电压可以按要求增大或减少。

放大器 A_2 在 A 点的输出电压通常与参考电压 V_{ref} 相等。只要该电源单元的输出电流与组合输出的平均电流相等，就不会有纠正动作。在这种情况下 B 点电压与 C 点电压是相等的。如电压不平衡，B 点电压与 C 点电压就不会相等，放大器 A_2 的输出变化用来调整参考电压。这将引起输出电压的变化和输出电流的纠正，使其回到平衡状态。

24.5　并联冗余运行

在一个电源出现故障的情况下，使用并联冗余运行的目的是保证电源的可维修性。从原理上来讲，n 个电源（其中 n 大于等于 2）并联连接对一个负载供电时，应要求 $n-1$ 个电源单元组合的总额定功率能够给该负载提供所需要的最大功率。如果一个电源出现故障，那么剩下的电源单元将驱动该负载而不会中断供电服务。

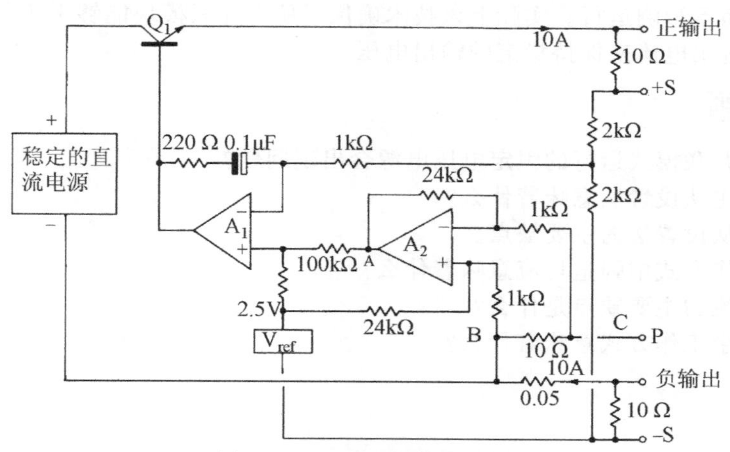

图 1.24.4 强迫性均流实例

实际上，一个故障电源可能是短路，如发生晶闸管的过压击穿。为使该故障电源单元与受过载影响的其他电源单元隔开，各个电源以整流二极管或门的形式连接到输出端。图 1.24.5 显示一个典型的电路。

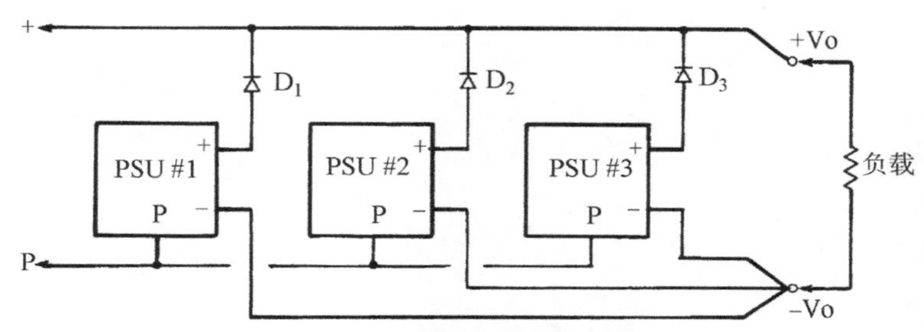

图 1.24.5 稳压电源并联冗余连接

在并联冗余工作中不推荐使用远程电压取样，因为远程连接将会在电源出现故障时提供交流电流通路。如果供电导线的电压降是一个问题，那么二极管应安装在负载端，远程电压取样单独接到二极管的阳极，见图 1.24.6。

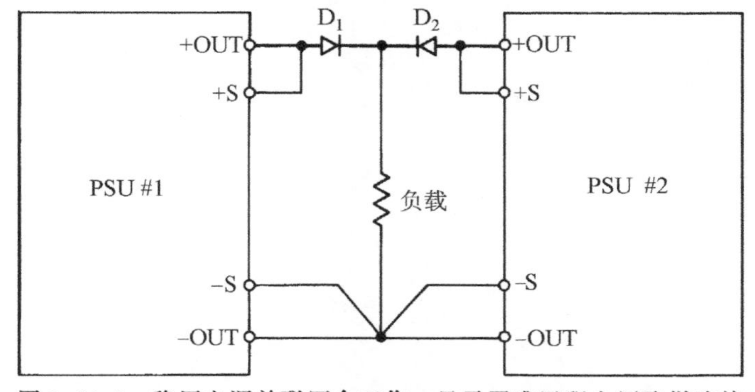

图 1.24.6 稳压电源并联冗余工作，显示了准远程电压取样连接

强迫均流型电源最适用于并联冗余模式工作系统，在一个电源模块出现故障时，P 端

连线提供均流而不影响运行。实际上该技术确保了所有并联模块能够平等的分担负载，同时增加所需的输出电流来保持稳定的输出电压。

24.6 习题

1. 为什么并联模式运行的恒定电压电源会出现问题?
2. 并联的主从设置法意味着什么?
3. 解释主从设置法的主要缺点。
4. 并联工作方式中强迫均流意味着什么?
5. 强迫均流的主要缺点是什么?
6. 并联冗余工作方式意味着什么?

第二部分

设计：理论与实践

第 1 章　多输出反激开关电源

1.1　导论

图 2.1.1 所示为一个三输出反激电源的基本电路。

反激单元在一个变压器中组合了隔离变压器、输出电感器和续流二极管的作用。这种电磁集成组合使该电路具有非常合理的成本和高效稳定的直流输出。

对于要从一个电源中获取多个半稳定输出的多输出应用场合，该技术特别有用。其主要缺点是有大的纹波电流流过变压器和输出元件，使效率降低。由于这个局限性，通常将反激变换器的功率限制在 150W 以下。

设计者应注意为 Q_1 添加负载线整形元件（缓冲电路），使 Q_1 工作在安全工作区内，见第二部分第 3 章。

1.2　期望特性

从图 2.1.1 所示的例子可见，主输出是闭环控制的，因此完全可调。而辅助输出仅为半调节，可提供的电源和负载调节精度约为±6%。若需要好的调节，需增加附加的副边调节器。

在反激电源中，虽然开关变换器效率高，但副边调节器通常是线性耗能型的。对小电流输出，标准的 3 端 IC 调节器特别有用。由于主输出闭环控制前置调节器提供的预调节，线性调节器中的能耗减至最小。在某些应用场合，闭环控制调节器可同时控制 2 个或更多的输出。

由于大多数低成本反激变换器不具有附加的副边调节器，超规格的要求是不可取的。这种变换器的主要吸引力是简单和经济，但是如果为了要满足高精度性能而附加其他电路的话，这些优势将会消失。对于要求较高的应用场合，设计者应考虑那些更加成熟的、具有较高性能的多输出电路结构。

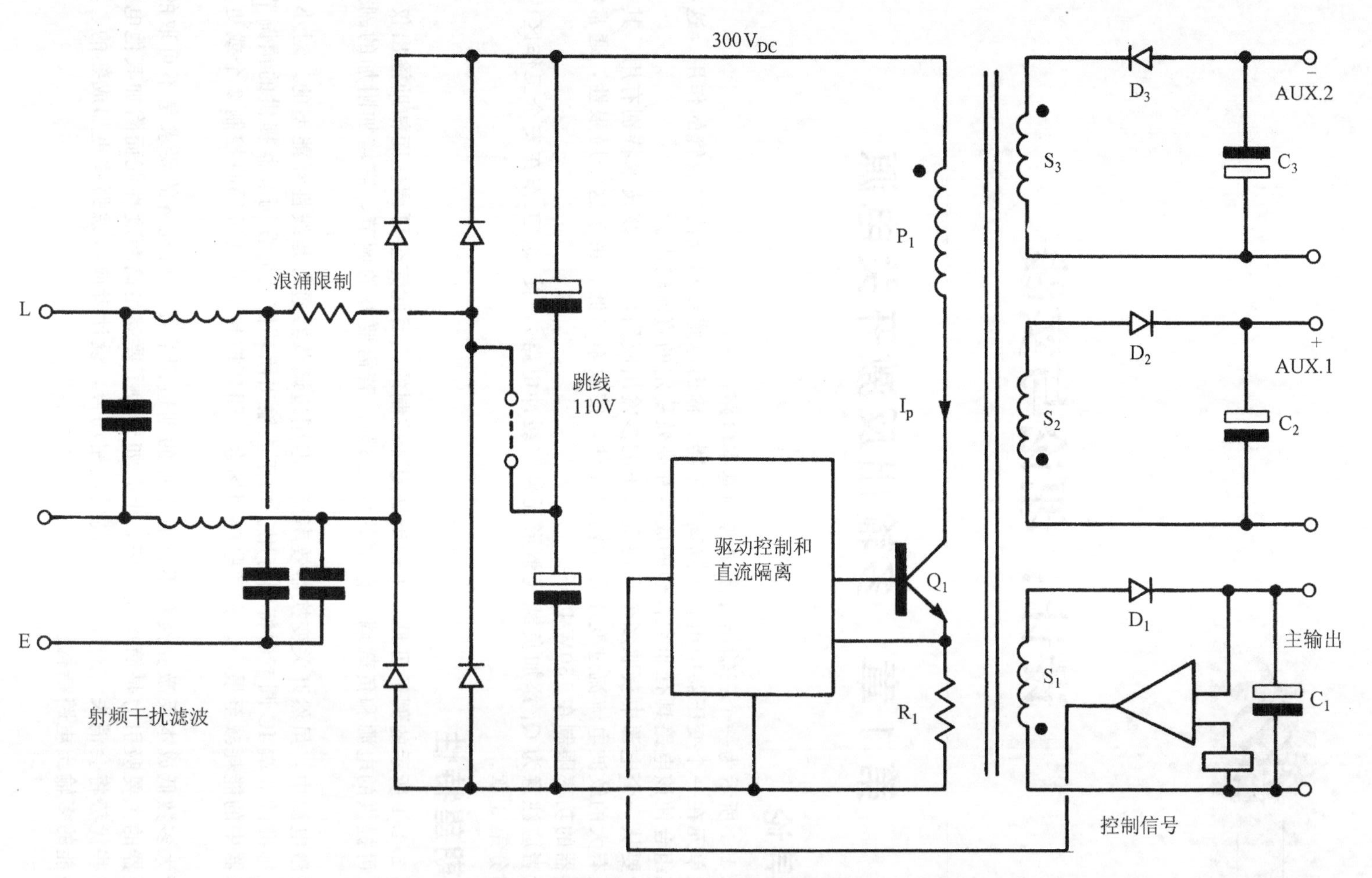

图 2.1.1　典型三输出离线降压-升压开关电源的电源整流器及变换器部分

1.2.1　输出纹波和噪声

要得到较低的纹波输出，在靠近输出端增加一个小的 LC 噪声滤波器，常常可替代原副边储能位置上的昂贵的低 ESR 电容器。

例如，一个典型的 5V、10A 电源可以在图 2.1.1 中单级滤波器 C_1、C_2 和 C_3 的位置使用最高级的低 ESR 电容器，但是很少能得到小于 100mV 的纹波值。但在 C_1、C_2 和 C_3 的位置使用低成本的标准电子电容器，通过增加高频 LC 输出滤波器，可以相对容易地将纹波值保持在 30mV 以下。该方法相当有效并且经济（见第一部分第 20 章）。应该明白，在反激变换器中，由于不需要储存能量（如在正激变换器中）可以使用相当小的电感器。

1.2.2　同步

在固定频率的反激电路中，提供了一些将开关频率与外部时钟同步的方法。在某些应用场合，这种同步减小了干扰问题。

1.3　工作方式

在反激变换器中可清楚确认的两种工作方式如下。

(1)“完全能量传递”（不连续方式），这种方式将在能量储存阶段（导通时间）将所有能量储存在变压器中而在反激阶段（“关闭”时间）传递到输出。

(2)“不完全能量传递”（连续方式），这种方式在导通时间结束时，储存在变压器中的一部分能量一直保持到下一导通时间开始。

1.3.1　传递函数

那些具有两种工作方式的小信号传递函数差别很大，本节中要对它们分别讨论。事实上，当需要大范围的输入电压、输出电压和负载电流时，反激变换器需要工作（和稳定）在完全和不完全两种能量转换方式，因为在工作范围的某些工作点，两种工作方式会产生冲突。

由于工作方式变化时传递函数发生变化，并且将变压器、输出电感器和续流二极管的作用合并于一个单元，故反激变换器的设计是最困难的。

1.3.2　电流控制

在脉宽调制中引入电流控制使控制环路的稳定变得非常容易，特别是对于完全能量传递方式。因此在反激系统中推荐使用电流控制。可是，电流控制不能消除不完全能量传递方式中的不稳定问题，这是因为该方式的传递函数中存在有“右半 S 平面零点”。这要求控制环增益在低频时发生改变，减慢瞬态响应详见第三部分第 9 章。

1.4　工作原理

在图 2.1.1 电路中，300V 的直流整流电压经过变压器 P_1 的原边，用单个开关管 Q_1 进行开关控制。控制电路中控制信号的频率固定，通过调节 Q_1 管的占空比以维持主输出电压恒定。该电路可以工作在完全或不完全能量传递方式，这取决于占空比和负载。

1.5　储能阶段

通过分析图 2.1.2 中基本单输出反激变换器的行为，很容易理解能量储存的过程。

当晶体管 Q_1 导通时，变压器所有绕组的起始端为正，输出整流二极管 D_1 反偏而关断；因此 Q_1 导通时，副边绕组中无电流流过。

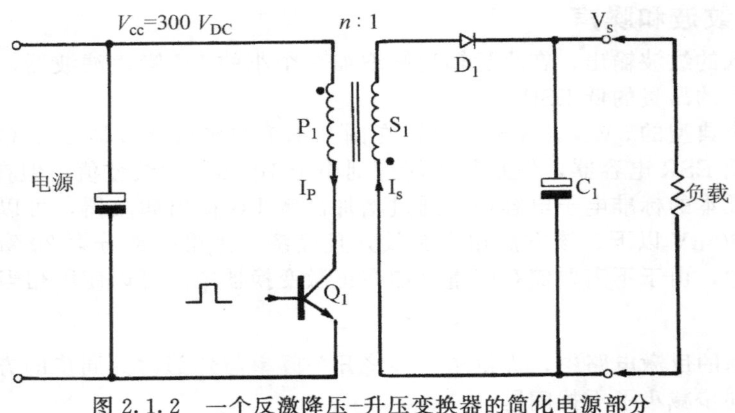

图 2.1.2　一个反激降压-升压变换器的简化电源部分

在这个储能阶段，只有原边绕组有效，可将变压器当作简单的串联电感器；因此该电路可进一步简化为图 2.1.3a。

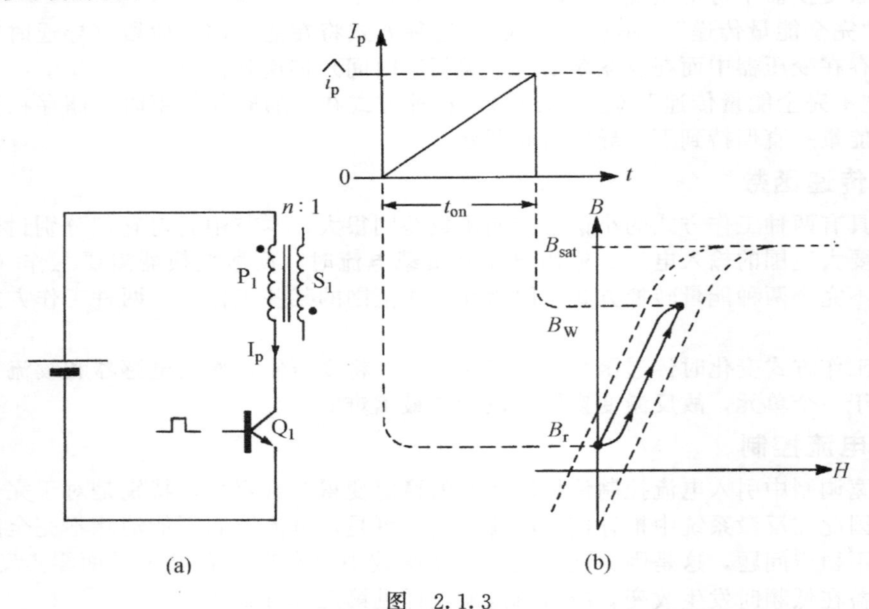

图　2.1.3

(a) 储能期间的等效原边电路

(b) 储能期间的原边电流波形和磁场

从图 2.1.3a 可知，Q_1 导通时，原边电流会以以下特定速率增加：

$$\frac{\mathrm{d}i_p}{\mathrm{d}t}=\frac{V_{cc}}{L_p}$$

式中，V_{cc}＝电源电压；

L_p＝原边电感。

该方程表示在 Q_1 导通期间（t_{on}），原边电流线性增加。期间磁心中的磁通密度从剩余值 B_r 增加到其峰值工作值 B_w。图 2.1.3b 表示了相应的电流波形和磁通密度的变化。

1.6　能量转换方式（反激阶段）

当 Q_1 关断时，原边电流要降到零。如果相应的磁通密度 $-\Delta B$ 不变化，变压器安匝数就不变化。随着磁场密度向负方向变化，所有绕组中的电压将反向（反激作用）。副边的整流二极管 D_1 会导通，并在副边产生电流。该电流从副边绕组的起始端流向终端，因此副边（反激）电流在绕组中的流动方向与原来的原边方向相同，但其幅值由匝数比决定（安匝数保持不变）。

在稳态条件下，二极管 D_1 导通前副边感应电动势（反激电压）的值必须超过 C_1 两端的电压（输出电压）。此时，流过副边绕组的反激电流有最大起始值 I_s，在此 $I_s=nI_p$（n 是变压器匝数比，I_p 是 Q_1 关断瞬间的原边电流值）。反激期间反激电流将向零减小。由于反激期间 Q_1 关断，变压器原边不通，原边绕组可以忽略，则电路简化为图 2.1.4a，图 2.1.4b 表示了反激期间副边电流波形。

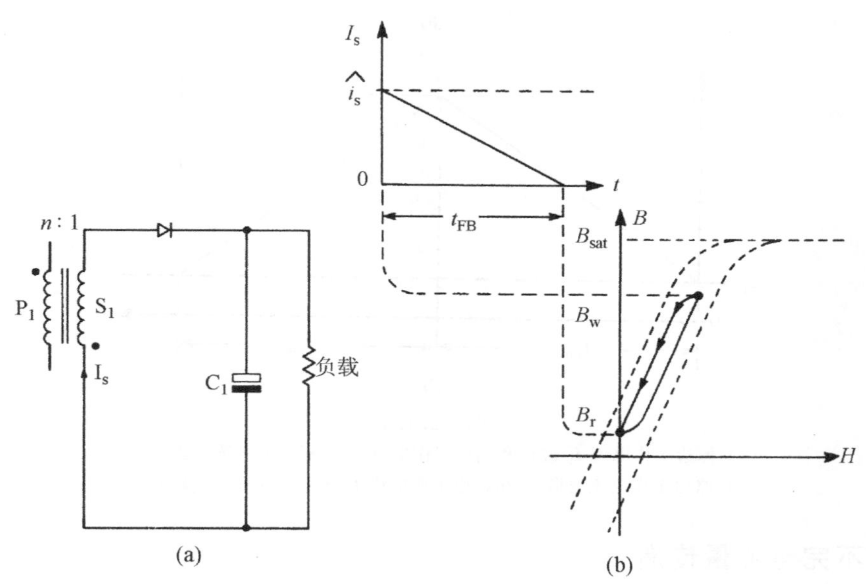

图　2.1.4

(a) 储能换相期间（反激期间）的等效副边电路

(b) 反激期间的副边电流波形和磁场

在完全能量传递条件下，反激期间总是小于关断期间，反激期间磁心中的磁通密度将从其峰值工作值 B_w 减小到剩余值 B_r。副边电流也将以由副边电压和副边电感所决定的速率衰减，因此

$$\frac{\mathrm{d}i_s}{\mathrm{d}t}=\frac{V_s}{L_s}$$

式中，V_s = 副边电压；

L_s = 副边电感。

1.7　确定工作方式的因数

1.7.1　完全能量传递

如图 2.1.5a 所示，如果反激电流在 Q_1 的下一导通周期之前达到零，系统工作于完全

能量传递方式。即导通期间储存在变压器原边电感中的所有能量，在下一储存周期开始之前，即在反激期间全部传递到输出电路。如果反激电流在 Q_1 的下一导通周期之前没有达到零（见图 2.1.5b），则系统工作于不完全能量传递方式。

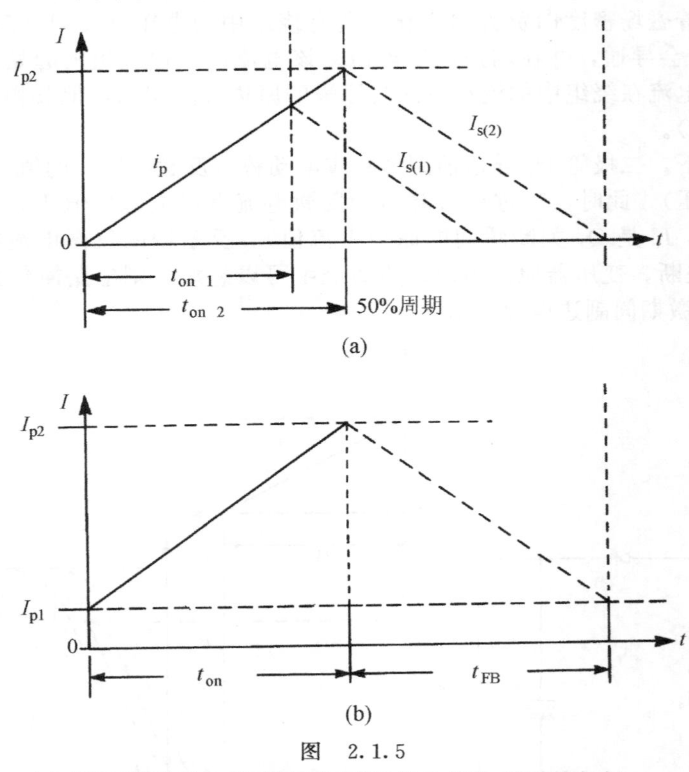

图　2.1.5

(a) 原边工作电流 I_p 波形和副边工作电流 I_s 波形（不连续方式）

(b) 原边工作电流波形 I_p 和副边工作电流 I_s 波形（连续方式）

1.7.2　不完全能量传递

如图 2.1.2 中所示电路，如果反激电流在导通期间增加，关断期间相应减小，则导通期间变压器储存的能量较多。稳态工作时，该多出来的能量在关断期间分离出来。如果输入和输出电压保持恒定，可以看出负载电流必然增加以转移多余的能量。

因为原、副边的电压和电感为常数，输入、输出电流特性的斜率不会改变。更进一步，在稳态时，正向和反向增加到变压器的伏秒必须保持相等。因此增加导通期间，如图 2.1.5b 所示，会建立一个新的工作条件。

如果在此情况前负载增加，导通期间开始时电流不为零，它等于关断期间结束时的值（具有允许的匝比）。由于反激阶段结束时，部分能量保存在磁场中，这称为连续工作方式或不完全能量传递。由于副边电流波形的面积大于直流部分，故负载电流必须更大，以保持稳态条件。

注意：“不完全能量传递”期间整个系统的情况不会混乱，因为在稳态条件下，导通期间输入到变压器的所有能量将在反激期间传递到输出。

本例中，增加导通期间，引起从完全到不完全能量传递的转换。可是，以下等式表明，事实上工作方式是由 4 个因数控制的，即输入电压、输出电压、占空比以及变压器的匝比。

如前所述，在稳态条件下，导通期间磁通密度的变化必须等于反激期间磁通密度的回返变化。因此

$$\Delta B=\frac{V_{cc}t_{on}}{N_p}=\frac{V_s t_{off}}{N_s}$$

从该式可以看出，如果要建立磁通密度的稳定工作点，原边的每匝伏秒必须等于副边的每匝伏秒。

正向时，控制电路调整导通时间以确定原边峰值电流，可是在反激期间，输出电压和副边匝数是常数，反激期间必须自调节，直到建立起相对于变压器磁通密度的新稳定工作点。它可以继续调节直到下个导通期间开始（见图 2.1.5b）。

在下个导通期间之前，反激电流在临界点刚好达到零，占空比或负载的进一步增加会使系统从完全向不完全能量传递方式转移。在该点，不需要进一步增加脉宽来传递更多的电流，其输出阻抗变得非常低。因此，变换器的传递函数变成一个低阻抗双极点系统。

1.8　不规则传递函数

反激变换器工作于开环及完全能量传递方式（不连续方式）时，具有单极点传递函数，变压器副边为高输出阻抗（要传递较多能量则要增大脉宽）。

当该系统转变为不完全能量传递方式（连续方式）时，传递函数变为一个双极点系统而且具有低输出阻抗（要传递较多能量，仅要求稍稍增大脉宽）。再者，传递函数中存在一个右半平面的零点，这在高频时会引起 180°的附加相移，这会引起不稳定。正常使用中，如果两种工作方式都可能出现，则必须检查系统在两种方式下的稳定性。这需要考虑轻载、正常负载和短路的情况。在许多情况下，虽然已有目的地设计成完全能量传递方式，但在低输入电压时的过载或短路条件下，可能出现不完全能量传递，导致系统不稳定。（见第三部分第 9 章及 10.6 节。）

1.9　变压器通过能力

有时假设变压器工作于完全能量传递方式比工作于不完全能量传递方式时可传递更多的功率（似乎应该是这样）。可是这只在磁心间隙保持不变时才是正确的。

图 2.1.6a 和 b 表明，使用较大空气间隙，相同的变压器在不完全能量传递方式可比在完全能量传递方式传递更多的功率（虽然有较小的磁通偏移）。在变压器“磁心损耗限制”（对典型的铁氧体变压器通常在 60kHz 以上）的应用中，不完全能量传递方式下可转移相当多的功率，因为磁通偏移的减小使磁心损耗降低，并减小原、副边的纹波电流。

图 2.1.6a 表示一个具有小气隙和大磁通密度变化时磁心的 B/H 曲线。图 2.1.6b 表示一个相同磁心但具有大空隙和较小磁通密度变化时的 B/H 曲线。

通常，变压器的有效功率由下式给出

$$P=fV_e\int_{B_r}^{B_w}H$$

其中，f=频率；

　　V_e=磁心和气隙的有效体积。

该功率正比于图 2.1.6 中 B/H 曲线左侧的阴影面积，该面积明显大于图 2.1.6b 中的例子（不完全能量传递情况）。多出的大部分能量储存在气隙中，从而气隙的大小对功率转移有相当大的影响。因为气隙的磁阻非常高，故通常更多的能量储存在气隙中而不是变压器磁心本身中。

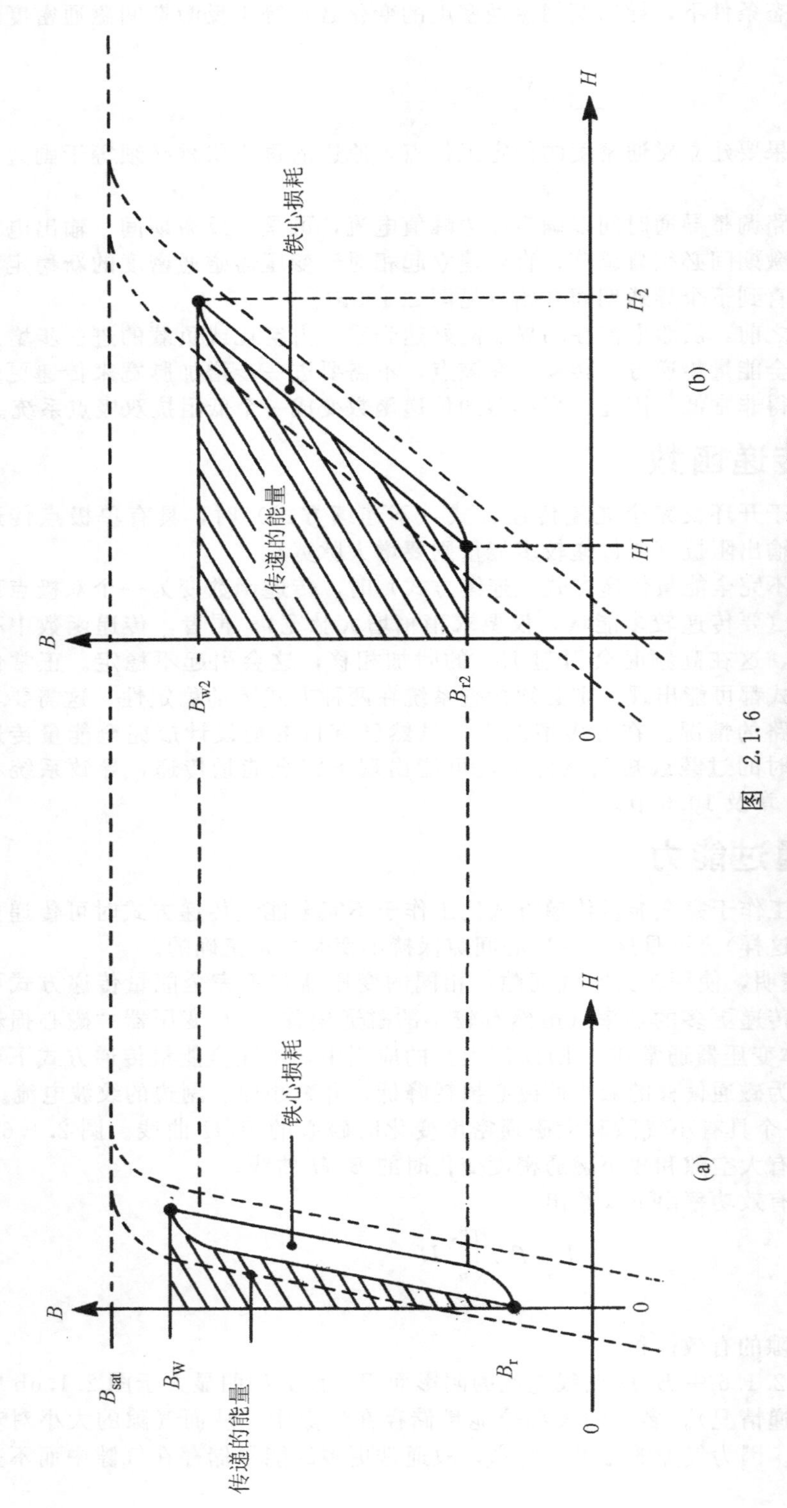

图 2.1.6

(a)磁心气隙小(高导磁率磁路)时，反激变换器变压器中的磁环和传递的能量

(b)磁心气隙大时，反激变换器变压器中的磁环和传递的能量

导通期间结束时，大小为 $1/2L_P \cdot I_2^2$（I_2 为图中与磁化强度 H_2 相对应的电流）的能量储存于变压器磁场中，该能量少于保持在磁心中的能量 $1/2L_P \cdot I_1^2$，并在每个周期传递到输出电路。

总之，设计者必须根据要求的性能和传递的功率来选择工作方式，注意检查在所有可能负载条件下的工作方式，并准备设计控制环以处理所有实际情况。

1.10　特性特征

设计者应注意性能逐渐提高的趋势，当考虑的反激变换器潜在性能要求较多时，费用相应增加。设计者应与顾客建立有效的应用界限。典型地，多输出单元的辅助输出有 6% 的变化量是可以接受的。这允许使用半调整反激系统。为了保证 5%（难以更好）的调节效果，需使用副边调节器，结果是效率降低和费用增加。

通常系统性能要求固定频率，或要求同步工作条件。当电源用于视频显示终端或计算机时，常要求同步。更经常的是，在提出要求时，用户认为开关噪声或电源产生的磁场会以某种形式干扰系统的性能。可是在设计、滤波和屏蔽完好的现代开关电源中噪声很小，不会引起干扰。还有，在许多情况下同步令噪声更加显著。任何场合，在同步的同时消除噪声是难以做到的。

如果特性要求固定频率或同步，设计者需要向用户确认该需求。可以演示一个屏蔽好的可变频率的单元。该单元在变压器上有铜屏蔽罩和两级输出 LC 滤波器。如可能，试着将样机用于实际应用中。作者发现，用户常常对结果感到满意，当然电源的成本会大大降低。

在某些应用中，许多开关电源工作于相同的输入电压（更经常的是 DC-DC 变换器）。使用同步的和相位可移的时钟系统，可减少对输入滤波器的需求。这种方法还可去除内部低频调制成分，并且其中同步单元增加的费用是合理的。

有了充分的应用研究，设计者就可大胆地选择有效的方法以满足最终的性能要求。

1.11　110W 离线式反激电源性能举例

下面的例子中，考虑一个 110W、具有三输出的固定频率单端双极反激单元，后续章节会说明该设计方法可用于可变频率自激振荡单元。

虽然最典型的设计方法假定系统既可工作于完全能量传递方式（不连续方式），又可工作于不完全能量传递方式（连续方式），实际上，在整个工作范围，系统不可能保持在这两种工作方式之一上。相应地，在此使用简单的设计方法，即假设工作范围内存在某些点可工作于两种工作方式。该方法由于原、副边电流峰值减小而具有较高的效率。

1.11.1　性能

输出功率：	110W
输入电压范围：	90～137/180～250（用户可选择）
工作频率：	30kHz
输出电压：	5V，10A
	12V，3A
	－12V，2A
电压及负载调节：	对 5V 输出为 1%
	典型的对 40%负载变化（额定值的 60%）为 6%
输出电流范围：	20%至满载

输出纹波和噪声：	1%的最大值
输出电压设定：	5V 电压，±1%
	12V 电压，±3%
过载保护：	原边功率限制和断路要求电源开/关复位周期
过压保护：	5V 电压仅在变换器断路时，例如，不需要快速作用

1.11.2　功率电路

使用一个无副边调节器的单端反激系统可满足以上性能要求（见图 2.1.1）。为了满足双输入电压的需要，在输入设置为 110V 时输入电源整流器要使用倍压技术。因此，整流后直流电压在 110V 或 220V 额定输入时均接近于 300V。

流经发射极电阻 R1 的原边电流在其上产生的电压有效地限制了原边功率。该波形也在电流控制方式中起控制作用（见第三部分第 10 章）。一个独立的过电压保护电路监控 5V 输出，当主控制环失效时切断变换器。

为满足低输出纹波的要求，该例中适合使用两级 *LC* 滤波器，这种滤波器可以使用标准介质电容器使设备成本较低（第一部分第 20 章给出了合适的滤波器）。假定控制电路对 5V 电压进行闭环控制以得到最好的调节效果。在此省略了详细的驱动电路。第一部分第 15 章和第 16 章给出了合适的系统。

1.11.3　变压器设计

该电源的变压器设计在第二部分第 2 章给出。

1.12　习题

1. 反激变换器从哪类变换器中演变而来？
2. 在反激变换器中，能量在哪个工作相传递到副边？
3. 试述反激技术的主要优点。
4. 试述反激技术的主要缺点。
5. 为什么反激变换器中变压器的利用率常常比在推挽系统中低得多？
6. 在什么工作条件下，反激变换器的磁心利用率与在正激变换器中相同？
7. 在反激系统中为什么不需要输出电感器？
8. 试述反激变换器中两个主要工作方式。
9. 在连续和不连续工作方式的传递函数中，其主要差别是什么？
10. 当使用铁氧体材料时，为什么在反激变压器的磁心中通常需要气隙？
11. 为什么单独的原边功率限制通常对于反激变换器的全短路保护是不够的？

第 2 章　反激变压器设计——针对离线反激式开关电源

2.1　导论

由于反激变换器变压器综合了许多功能（储存能量、电隔离、限流电感），并且还常常支持相当大的直流电流成分，故比更加直接地传递能量的正激推挽变压器的设计困难得多。以下章节全部介绍这类变压器的设计。

为了满足设计要求，许多工程师使用纯数学方法，这对有经验的工程师来说是不错的，但这种设计方法难以得到好的工作感觉，故在此不使用这种设计方法。

在以下变压器设计例子中，选择过程使用反复迭代方法。无论设计从哪里开始，开始时须有大量的近似计算。没有经验工程师的问题是要得到对控制因数的好感觉。特别地，磁心大小、原边电感的选择、气隙的作用、原边匝数的选择以及磁心内交流和直流电流（磁通）成分的相互作用常常给反激变压器设计带来混乱。

为了使设计者对控制因数有好的感觉，下面的设计由检查磁心材料的特性和气隙的影响开始，然后检查交流和直流磁心极化条件，最后给出 100W 变压器的完整设计。

2.2　磁心参数和气隙的影响

图 2.2.1a 表示一个铁氧体变压器在带有和不带气隙时典型的 B/H（磁滞）环。

注意到虽然 B/H 环的导磁率（斜率）随气隙的长度变化，但磁心和气隙结合后的饱和磁通密度保持不变。进一步，在有气隙的情况下，磁场强度 H 越大，剩磁通密度 B_r 越低。这些变化对反激变压器非常有用。

图 2.2.1b 只表示了反激变压器使用的磁滞回环的前四分之一，也表示了磁心中引入气隙所产生的影响。最后，该图表示了极化条件对直流和交流影响之间的差异。

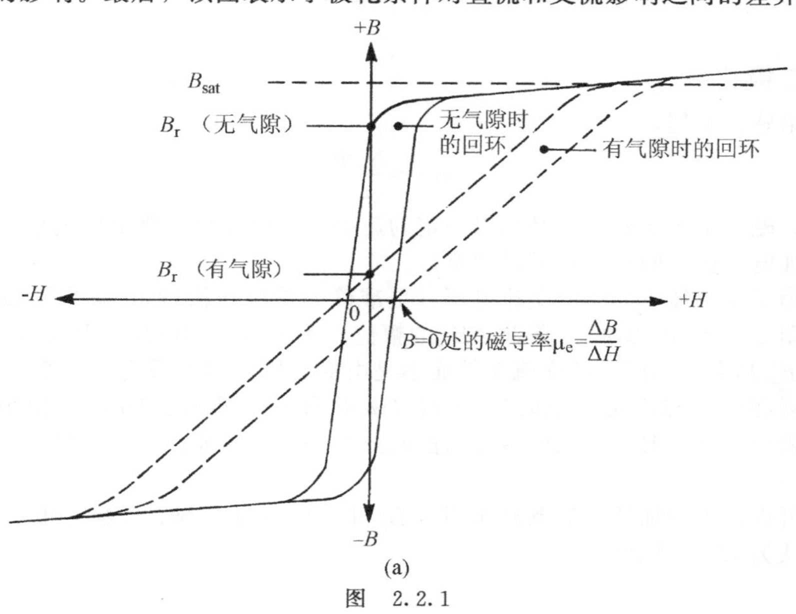

(a)

图　2.2.1

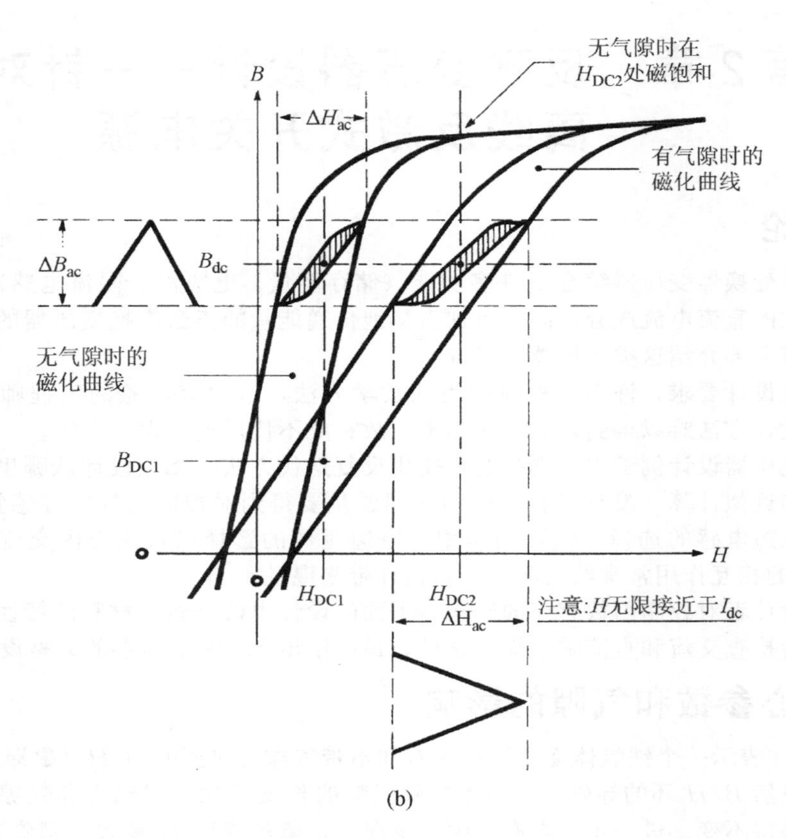

(b)

图　2.2.1（续）

(a) 铁氧体变压器在带有和不带有气隙时典型的磁滞回环

(b) 单端反激变换器的典型磁芯在大气隙或无气隙时第一象限磁化曲线。注意到当采用大气隙时，传差能量 ΔH 会增加

2.2.1　AC 极化

由法拉第感应定理，

$$\text{emf}=\frac{N_{\text{d}}\Phi}{\text{d}_t}$$

很显然，磁心中的磁通密度必须以一定的速率和幅值变化，绕组中的感应电动势（反向）等于所加电动势（假设损耗可以忽略）。

因此，为了支持加于原边的交流电压（更准确的是所加伏秒），就需要磁通密度 ΔB_{ac} 的变化（见图 2.2.1b 的纵轴）。因此 ΔB_{ac}的幅值正比于所加的电压和开关晶体管 Q_1 的导通时间，即 B_{ac}是由外部所加的交流条件而不是由变压器气隙来限定。图 2.2.1a 表示一个铁氧体变压器在带有和不带气隙时的 B/H（磁滞回环）图 2.2.1b 表示使用大、小气隙时，单端反激变换器中典型铁氧体磁心的前四分之一磁滞回环。注意大气隙时传递的能量增加 ΔH。

因此，可以认为所加的交流条件作用于 B/H 环的垂直 B 轴，使磁场电流 ΔH_{ac}向上变化，所以可认为 H 是因变量。

2.2.2　AC 条件中的气隙影响

从图 2.2.1b 中可见，磁心气隙增加使 B/H 特性的斜率减小，但需要的 ΔB_{ac} 不变。因此磁场电流 ΔH_{ac} 增加。这表示磁心的导磁率显著减小及原边电感减小。因此磁心气隙不会改变交流磁通密度的需求，或相反还改善了磁心的交流性能。

通常的错误观点是，假设由于原边匝数不够、过度施加交流电压或工作频率低（即过度施加伏秒 ΔB_{ac}）而导致的磁心饱和可以通过引入气隙来纠正。从图 2.2.1b 可见这不是真实的。有或没有气隙，饱和磁通密度 B_{sat} 都保持一样。可是引入气隙会减小剩余磁通密度 B_r，并增加 ΔB_{ac} 的工作范围，这在不连续方式中是有帮助的。

2.2.3　DC 条件中的气隙影响

绕组中的 DC 电流成分使 B/H 环中平行于 H 轴的 DC 磁化力 H_{DC} 增加（H_{DC} 正比于平均直流安匝）。对于一个特定的副边负载电流，H_{DC} 的值是确定的。对于直流条件，B 被认为是因变量。

应该注意到，有气隙的磁心可以支持大得多的 H 值（DC 电流）而不饱和。很清楚，在此例中较高的 H 值 H_{DC2} 足以使无气隙的磁心饱和（即使无任何交流成分）。因此，气隙对防止由绕组中的 DC 电流成分引起的磁心饱和非常有效。当反激变换器工作于连续方式时（如图 2.1.5b 所示），会产生大量的 DC 电流成分，故必须使用气隙。

图 2.2.1b 表示了有气隙和无气隙时磁通密度偏移 ΔB_{ac}（用于承受所加的交流电压）加于由 DC 成分 H_{DC} 产生的平均磁通密度 B_{dc} 上的例子。对于无气隙磁心，小的直流极化 H_{DC1} 会产生磁通密度 B_{dc}。对于有气隙磁心，产生同样的磁通密度 B_{dc} 需要大得多的 DC 电流 H_{DC2}，还有可清楚地看到在有气隙例子中，即使加上最大的直流和交流成分，磁心都不会饱和。

总之，图 2.2.1b 表示磁通密度 ΔB_{ac} 是由施加的交流电压引起的，在磁心中引入气隙对磁通密度 ΔB_{ac} 没有影响。可是在磁心中引入气隙会使平均磁通密度 B_{dc}（由绕组中的 DC 电流成分产生）大大减小。

在处理不完全能量传递（连续方式）工作方式时，提供直流磁化电流的裕度变得特别重要。这种方式中，磁心电流永远不会降到零，很明显无气隙时磁心就会饱和。

记住，使用的伏秒、匝数和磁心尺寸决定了垂直于 B 轴的磁通密度 ΔB_{ac} 的变化，而平均直流电流、匝数和磁路长度决定了平行轴上 H_{DC} 的值。要提供足够的匝数和磁心尺寸来支持所加的交流电压，要提供足够的磁心气隙来防止饱和及支持直流电流成分。

2.3　常用设计方法

在以下设计中，分别考虑施加于原边的交流和直流电压。使用这种方法，很明显，所加的交流电压、频率、磁心尺寸和磁心材料的最大磁通密度控制了最小的原边匝数，而不管磁心导磁率、气隙大小、DC 电流或所需的电感。

应该注意，开始阶段原边电感不是被考虑的变压器设计参数。理由是电感控制的是电源的工作模式，这不是变压器设计的主要需求，因此电感将在设计的后期考虑。进一步，当铁氧体材料用于 60kHz 频率以下时，下面的设计方法对于所选磁心尺寸按最小变压器损耗给出了最大的电感。因此，由于大电感变压器通常工作于不完全能量传递方式。如果需要完全能量传递方式，在支持最小直流极化的需求下只要简单地增加磁心气隙就可得到，因此可减小电感。这并不影响原来的变压器设计。

当铁氧体材料用于 30kHz 频率以下时，发现最小的铜损耗超过磁心损耗。因此如果使用最大的磁通密度，会得到最大（不是最优）的效率。增加 B 可有最小的匝数和铜损耗。在这种条件下，该设计称为“饱和限制”。在频率较高或使用效率较低的磁心材料时，磁心损耗将成为主要因数，这种情况磁通密度值较低，匝数增加，该设计称为“磁心损耗限制”。第一种情况限制了设计效率，由于优化效率需要磁心损耗和铜损耗几乎相等，故不能实现。计算这些损耗的方法见第三部分第 4 章。

2.4　110W 反激变压器设计例子

假定为在第二部分 1.11 节中的 110W 反激变换器设计变压器。

2.4.1　步骤 1，选择磁心尺寸

需要的输出功率是 110W，假定副边效率为典型的 85%（仅考虑输出二极管和变压器损耗），则变压器传递的功率为 130W。

没有简单的基本公式计算变压器尺寸和功率额定值。选择时要考虑大量的因数，其中最重要的是磁心材料的性质、变压器的形状（即表面积对体积的比率）、表面的辐射特性、允许的温升、以及变压器工作环境。

许多制造商提供了特性图，为特殊磁心设计给出尺寸选择的推荐，这些选择推荐通常是针对对流冷却且基于典型的工作频率及设定温升。一定要选择为变压器设计的铁氧体，它们具有高饱和度、低剩余磁通密度、工作频率下的低损耗以及高居里温度的优点。对于反激变换器来说，高导磁率不是重要因数，因为铁氧体材料总是要有气隙。

图 2.2.2 是西门子 N27 硅铁氧体材料在 20kHz 工作频率、30K 温升时的推荐图表。可是大部分的真实环境没有大气，或者因为空间受限而使用强迫风冷时，实际温升较大。因此针对这些影响要作出修正。制造商通常给出的图表是关于他们自己所选的磁心及材料的。在大多数情况下，使用在第三部分 4.5 节提到的“面积－矢量积”计算方法。

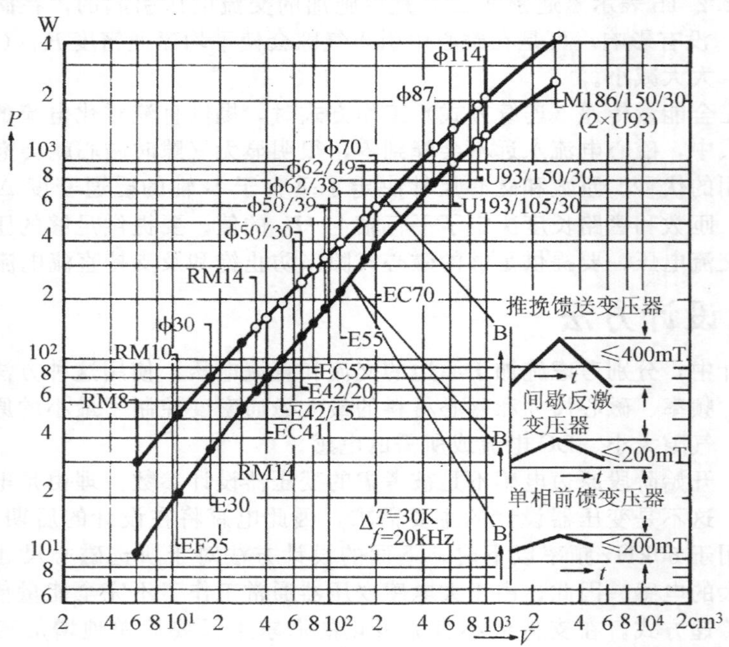

图 2.2.2　可转换功率 P 为磁心尺寸（体积）的函数，以变换器型式为参数的列线图（来源于西门子公司）

该例中，使用图 2.2.2 中的图表得到了磁心尺寸初始选择。反激变换器的容许功率为 130W，在图中对应为“E42/20”（图中对应的是 20kHz 工作频率；30kHz 时，磁心的额定功率会高些）。

图 2.2.3 中显示了 N27 铁氧体（一种典型的变压器材料）的静态磁化曲线。

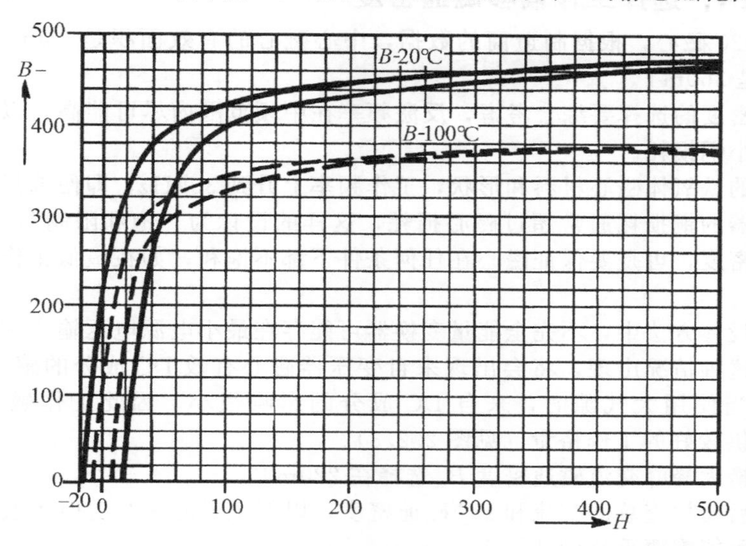

图 2.2.3　西门子 N27 铁氧体材料的静态磁化曲线图（来源于西门子公司）

2.4.2　步骤 2，选择导通时间

原边功率晶体管 Q_1 的最大导通时间出现在最小输入电压和最大负载时。对本例，假设最大导通时间不能超过总的工作周期的 50%（后面可以看到，使用特别的控制电路和变压器设计时最大导通时间是可以超过 50%的）。

实例

频率 30kHz

周期 33 μs

半周期 16.5 μs

留有裕量以使控制保持在合适的最小输入电压，因此可用周期是 16 μs。

因此

$$t_{on(max)} = 16\ \mu s$$

2.4.3　步骤 3，变换器最小 DC 输入电压的计算

计算变换器工作于满载和最小电源输入电压时的输入 DC 电压 V_{cc}。

对于输入电容整流滤波器，DC 电压不能够超过输入电压有效值的 1.4 倍，也不可能小于输入电压有效值的 1.2 倍。该电压的确切计算很困难，因为它取决于许多不确定的因数，如电源线路的源阻抗、整流器电压降、储能电容值及其特性以及负载电流。第一部分第 6 章给出了确定 DC 电压的方法。

该例中使用 1.3 倍的输入电压有效值（使用倍压时再乘以 1.9），将给出在满载时相当近似的 V_{cc} 工作值。

实例

线路输入为 90V 有效值，则 DC 电压 V_{cc}将接近

$$90\times1.3\times1.9=222V$$

2.4.4 步骤 4，选择工作偏移磁通密度

对于 E42/20 磁心，根据制造商的数据，中心磁心的有效面积是 240mm²。饱和磁通密度 100℃时是 360mT。

工作磁通密度的选择要综合考虑，反激频率在中频范围内尽可能高，以便从磁心得到最好效益和最小铜损耗。

对于典型的铁氧体磁心材料和形状，工作频率上升到 30kHz，即便选择最大的磁通密度，反激变压器的铜损耗通常超过磁心损耗，这样的设计为“饱和限制”。因此在该例中选择最大磁通密度，可是要保证磁心在任何条件下都不饱和，如在最低工作频率下使用最大脉宽。

在下面的设计方法中，不完全能量变换器可能存在最小电源电压输入和最大负载的工作条件。如果这种情况出现，将会出现来自变压器磁心有效 DC 成分的感应现象。可是，下面例子表明当使用大气隙时，来自 DC 成分的影响很小，因此工作磁通密度选择在 220mT，以提供较好的工作裕量（见图 2.2.3）。

因此该例最大峰峰交流磁通密度 B_{ac}选择在 220mT。

在设计最后要检查总的交流和 DC 磁通密度，以保证磁心在高温时不会饱和。对于不同的磁通量，可能需要重复设计。

2.4.5 步骤 5，计算最小原边匝数

在一个单的导通周期内使用伏秒方法，可以计算最小原边匝数，因为施加的电压是方波：

$$N_{min}=\frac{Vt}{\Delta B_{ac}A_e}$$

其中，N_{min} = 最小原边匝数；

$V=V_{cc}$（施加的 DC 电压）；

t = 导通时间，单位是μs；

ΔB_{ac} = 最大的 ac 磁通密度，单位是 T；

A_e = 磁心的最小横截面积，单位是 mm²。

实例

对于最小电源电压（90V 有效值）和 16μs 的最大脉宽

$$N_{min}=\frac{Vt}{\Delta B_{ac}A_e}=\frac{222\times16}{0.220\times181}=89\text{ 匝}$$

因此，
$$N_{p(min)}=89\text{ 匝}$$

2.4.6 步骤 6，计算副边匝数

在反激相期间，储存在磁场的能量会传递到输出电容和负载。再次使用伏秒方程来确定传递所需的时间。如果原边的反激电压与施加的电压相等，则获取能量所花的时间等于输入该能量所花的时间，故该例为 16μs。因此若忽略附加的漏感，开关管集电极上的电压将是电源电压的两倍。

实例

在此很方便地得到每匝伏特数。

$$原边\ V/匝=\frac{V_{cc}}{N_p}=\frac{222}{89}=2.5\text{V/N}$$

主控制电路要求的输出电压是 5V，允许整流二极管有 0.7V 的电压降和相关电路及变压器副边的 0.5V 电压降，变压器副边的电压应为 6.2V，因此副边匝数是

$$N_s=\frac{V_s}{V/N}=\frac{6.2}{2.5}=2.48\ 匝$$

在此，V_s＝副边电压；

N_s＝副边匝数；

V/N＝每匝伏特数。

对于低电压、大电流的副边，除非采用特殊技术，否则要避免半匝，因为 E 型磁心的一相可能出现饱和，使变压器调节变差。因此匝数应为最接近的整数（见第三部分第 4 章）。

在本例中，匝数为 3。由于现在反激周期每匝伏特数比正向周期少（如果输出电压保持常数）。由于副边的伏秒/匝较少，则需要更多的时间向输出传递能量。因此为了维持正向和反向的伏秒值，现必须减少导通周期的时间，控制电路可做到这点。同时，由于现在导通周期比“关闭”周期短，要考虑完全和非完全能量传递的选择，故在后面会讲到用调整原边电感，即调整气隙的方法来决定工作模式。

在该例中，应注意到很有趣的一点是，如果减少副边匝数，反激期间的每匝伏特数总是超过正向期间的每匝伏特数。因此反激期间储存在磁心中的能量总是完全地传递到输出电容器，反激电流在该周期结束前降到零。因此如果导通时间不允许超过总的周期的 50%，不管原边电感值为多少，变压器将工作于完全能量传递模式。此外，如果减少缠绕匝数，促使其工作于完全能量传递模式，该例中的原边电感会太大，使变压器不能传递需要的功率。在完全能量传递模式中，原边电流总是在能量储存周期的初期开始从零建立，由于电路具有较大电感和固定频率，导通期间结束时的电流将不足以大到储存要求的能量（$(1/2)\ LI^2$）。因此系统变成自我功率限制，这是有时出现的令人费解的现象。该问题可以通过增加磁心气隙使电感减小来解决。这种限制行为不可能在非完全能量传递模式中出现。

因此，$N_s=3$ 匝。

2.4.7　步骤 7，计算附加匝数

该例中，副边匝数为 3，反激电压将小于正向电压，新的反激电压每匝 V_{fb}/N 是

$$\frac{V_{fb}}{N}=\frac{V_s}{3}=\frac{6.2}{3}=2.06\ \text{V/匝}$$

为维持伏秒值，占空比必须按比例变化：

$$t_{on}=\frac{PV_{fb}/N}{V_{fb}/N+V/N}=\frac{33\times2.06}{2.06+2.5}=14.9\ \mu\text{s}$$

在此，$t_{on}=Q_1$ 的导通时间；

P＝总周期，单位是μs；

V_{fb}/N＝新的副边每匝反激电压；

V/N＝原边每匝正向电压。

则计算的副边匝数保留到最接近的半圈。

实例

对于 12V 输出，

$$N_s=\frac{V_s}{V_{fb}/N}=\frac{13}{2.06}=6.3\text{匝}$$

在此，$V_s=13V$（允许 1V 的绕组和整流器压降）；

V_{fb}/N=已调整的副边每匝电压。

对于那些附加的辅助输出（与主输出相比，其提供的电流小，mmf 低）可以使用半匝。还有，外侧的气隙要保证侧边维持的附加 mmf 不会饱和。如果只有中心相磁心有气隙，除非使用特殊技术，否则不应使用半匝绕组（见第三部分 4.14 节）。

本例中，12V 输出使用 6 匝，此时输出将多出 0.4V（需要时可以校正，见第一部分第 22 章）。

2.4.8　步骤 8，确定磁心气隙尺寸

一般考虑。图 2.2.1a 表示一个典型铁氧体材料完全磁滞回环带有气隙和没带气隙的情况。应注意，有气隙的磁心要求较大的磁化力 H 值才能引起磁心饱和，因此将会经受较大的 DC 电流成分。再者，剩余磁通密度 B_r 很低，使磁心磁通密度 ΔB 有较大的工作范围。可是，导磁率低，使每匝电感较小（较小的 A_L 值）和较低的电感。

根据现有铁氧体磁心的拓扑结构和材料，发现反激单元工作在 20kHz 以上时，气隙不需变化。

在该设计中已考虑了完全和非完全能量传递模式的选择，该选择可以由选择合适的原边电感来实现。调节气隙尺寸可改变原边电感。图 2.2.1b 表示增加气隙将降低导磁率和减少电感。气隙的另一有用特征是在 $H=0$ 时，剩余磁通密度 B_r 在有气隙时很低，使磁通密度有较大的工作范围。最后，小的导磁率减小了由磁心中 DC 成分产生的磁通，同时在工作于非完全能量传递模式时，也减小了磁心的饱和趋势。

现在选择工作模式。图 2.2.4 表示三种可能的模式。图 2.2.4a 是完全能量传递模式。可以使用，但应注意到在传递相同能量时峰值电流非常高。这种工作模式可引起开关晶体管、输出二极管和电容上的最大损耗，也在变压器自身内部引起最大铜损耗（I^2R）。图 2.2.4b表示在非完全能量传递模式时，具有大电感和低电流斜率的情况。虽然这毫无疑问具有最低的损耗，但对于大多数铁氧材料磁心，大的 DC 磁化成分和高磁心导磁率会导致磁心饱和。图 2.2.4c 表示好的折中工作条件，具有可接受的峰值电流和三分之一峰值的有效 DC 成分。实际中发现这是好的折中选择，在电流脉冲开始时有好的噪声裕量（电流控制方式尤为重要），在合理的气隙尺寸下有好的磁心利用率以及合理的总体效率。

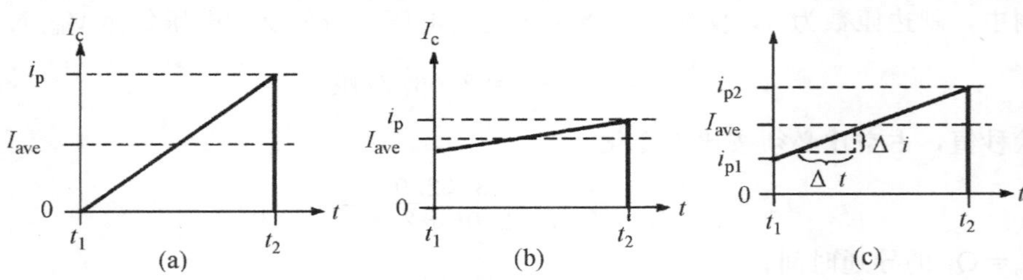

图 2.2.4　反激变换器中原边电流波形

（a）完全能量传递模式

（b）非完全能量传递模式（最大的原边电感）

（c）非完全能量传递模式（优化的原边电感）

2.4.9　步骤 9，磁心气隙尺寸（实用方法）

下面使用简单实用的方法确定气隙。

在磁心中加入 0.02in 的小气隙。用手动脉宽控制和在变压器原边加入试探电流来进行功率实验。使用额定的输入电压和负载。逐渐增加脉宽，小心观察电流特性的形状，使磁心不要饱和，直到得到需要的输出电压和电流。注意电流特性的斜率，调整气隙可得到需要的斜率。

这是得到合适气隙的快速方法，并不需要 Hanna 曲线。虽然气隙可由其他方法计算，但仍可能需要刚才的调试方法。这是调试的标准程序，因为变压器可能在高温或暂态条件下不能按期望工作而使电源失败。

2.4.10　计算气隙

图 2.2.4 中，原边电感可以由电流波形的斜率（$\Delta i/\Delta t$）来确定：

$$V_{cc}=L_p\frac{\Delta i_c}{\Delta t}$$

实例

图 2.2.4 中，$i_{p2}=3i_{p1}$（通过选择）

因此，I_m（导通期间的平均电流）$=2i_{p1}$

输入功率 130W，因此可以计算整个周期的平均电流 I_a：

$$I_a=\frac{\text{输入功率}}{V_{cc}}=\frac{130}{222}=0.586\text{A}$$

因此导通周期的平均电流是

$$I_m=\frac{I_a\times\text{总周期}}{\text{导通时间}}=\frac{0.586\times 33}{14.9}=1.3\text{A}$$

导通周期内的电流变化 Δi 是 $2i_{p1}=I_m=1.3$A，而原边电感可如以下计算：

$$L_p=\frac{V_{cc}\Delta t}{\Delta i}=\frac{222\times 14.9\times 10^{-6}}{1.6}=2.54\text{mH}$$

一旦知道原边电感 L_p 和匝数 N_p，对于所选磁心，如果这些是有效的，可以使用 Hanna 曲线（或 A_L/DC 偏压曲线）得到。

$$A_L=\frac{L_p}{N_p^2}$$

如果无有效数据，而且气隙较大（大于磁路长度的 1%），假定所有的磁阻都在气隙中，用下式计算保守的气隙尺寸：

$$\alpha=\frac{\mu_r N_p^2 A_e}{L_p}$$

在此，α=气隙总长度，单位是 mm；

$\mu_r=4\times 10^{-7}$；

N_p=原边匝数；

A_e=磁心面积，单位是 mm^2；

L_p=原边电感，单位是 mH。

实例

$$\alpha=\frac{4\pi\times 10^{-7}\times 89^2\times 181}{2.54}=0.7\text{mm 或 }0.027\text{in}$$

注意： 如果气隙正好穿过磁心，使用 $\alpha/2$（在一些情况中，外侧磁心的面积与中心面积并不相等，故必须进行调节)。

2.4.11　步骤10，检验磁心磁通密度和饱和裕度

为保证在磁心的最大工作值和饱和值之间有足够的裕量，需要检验磁心的最大磁通密度。在任何条件下，包括瞬间负载和高温，防止磁心饱和是很重要的。这可以用两种方法来检验：在变换器中进行测量或计算。

测量磁心饱和裕量

注意：建议无论使用何种设计方法，都应进行该检验，以保证最后一切如愿以偿。

(1) 在控制仍能维持的情况下，使输入电压为最小值——本例为85V。

(2) 设置输出负载为最大功率限定值。

(3) 测量原边绕组 P_1 的电流值，减小工作频率直到饱和开始（表示为在电流脉冲结束时有上翘)。在这些条件下增加的导通时间与平常导通时间之比的百分数，就是平常工作时磁通密度裕量的百分数。该裕量在磁通水平为高温时会降低（见图2.2.3)，允许10%的超量以备磁心中的变化，如气隙尺寸及暂态要求。如果裕量不足，可增加气隙。

计算磁心饱和裕量

(1) 使用伏秒方程，计算交流磁通 B_{ac}，并在最大负载和最小输入电压的输入功率下，计算或测量导通时间值及所加的电压，如下：

$$B_{ac}=V_t/(N_pA_e)$$

在此，$V=V_{cc}$，单位是V；

t=导通时间，单位是μs；

N_P=原边匝数；

A_e=磁心面积，单位是mm^2；

B_{ac}=交流峰值磁通密度，单位是T。

注意：要求磁通密度 B_{ac} 是变化的以支持所施加的电压脉冲，并不包括任何DC成分。因此它与气隙尺寸无关。

实例

$$B_{ac}=\frac{222\times14.9}{89\times181}=205\text{mT}$$

(2) 使用螺线管方程和有效DC分量IDC（表示为导通初期电流的幅值)，计算DC分量BDC。

假定磁心的所有磁阻都集中在气隙，那么将得到明显较高的DC磁通密度保守值。使用螺线管方程可得其近似值。

$$B_{DC}=\mu_0H=\frac{\mu_0N_pI_{DC}}{\alpha\times10^{-3}}$$

在此，$\mu_0=4\times10^{-7}$H/m；

N_p=原边匝数；

I_{DC}=有效DC电流，单位是A；

α=气隙总长度，单位是mm；

B_{DC}=DC磁通密度，单位是T。

实例

$$B_{DC}=\frac{4\pi\times10^{-7}\times89\times0.65}{0.7\times10^{-3}}=103\text{mT}$$

AC和DC磁通密度的叠加使磁心出现峰值。在100℃时再次检测磁心材料的特性。

实例

$$B_{max}=B_{ac}+B_{DC}=205+103=308\text{mT}\quad \text{最大值}$$

2.5 反激变压器饱和及暂态影响

注意：磁心磁通水平是在最小输入电压和最大脉宽条件下选择的，可见保留了磁心在高输入电压下饱和的弱点。可是，在高电压条件下传送功率所需的脉宽将相应变窄，变压器将不会饱和。

在瞬态负载条件下，当电源轻载而又工作于高输入电压时，如果需要突然增加负载，控制放大器将立刻加宽驱动脉冲以提供附加功率。结果在一短的时间段内输入电压和脉宽都为最大，变压器将会饱和，这将导致失败。

为防止这种情况，应考虑以下几点。

（1）在较高电压和最大脉宽条件下设计变压器。这要求较低的磁通密度和较多的原边匝数。这具有降低变压器效率的缺点。

（2）控制电路要能承受高压条件，瞬态情况时维持脉宽在安全值。有时该点是难以做到的，因为对电流的响应时间相对慢。

（3）第三点是对驱动晶体管 Q_1 提供双脉冲限流。该限流电路将判别由于原边电流的突然增加引起的磁心饱和，并防止脉宽的进一步增加。这种方法具有最快的响应时间，是推荐的技术。电流型控制自动提供该功能。

2.6 小结

前面章节给出了反激变压器的快速和实际的设计方法。许多例子表明，用该简单方法得到的结果常常接近于最优设计。该方法为进一步设计和电源评估快速提供了变压器工作标准。

在该设计例子中，没有特别指定导线尺寸、导线形状或缠绕拓扑。这些绝对是要考虑的基本问题，设计者应参考第三部分第 4 章，那里有对这些因素的详细讨论。重要的是用导线的圈数刚好填满绕组架的有效面积，但高频变压器不能这样做。由于集肤效应（见附录 4. B），该方法产生的铜损耗很容易超过优化设计值的 10 倍或更多。

2.7 习题

1. 如果优化磁通密度是 200mT，计算用于完全能量传递（不连续模式）反激变压器的最小原边匝数（其中磁心面积为 150mm，原边直流电压是 300V，最大的导通时间是 20 μs）。
2. 在上题中的条件下，如果反激电压不超过 500V（忽略所有的超调），要求的输出电压是 12V，计算副边匝数。假定整流二极管压降为 0. 8V。
3. 如果要维持完全能量传递（不连续模式）工作，计算最大工作频率。
4. 如果转换功率是 60W，计算所需的原边电感和气隙长度（假定工作于最大的工作频率及完全能量传递模式，无变压器损耗。使用变压器级别铁氧体磁心，所有的磁阻集中于气隙）。

第 3 章　减小晶体管开关应力

3.1　导论

在反激变换器中，有两个主要原因会引起高开关应力。这两个原因都与晶体管带感性负载关断特性有关。最明显的影响是由于变压器漏感的存在，集电极电压在关断边沿会产生过电压。其次，不是很明显的影响是如果没有采用负载线整形技术，开关关断期间会出现很高的二次侧击穿应力。

通过保证漏感尽可能地小，电压超调可以得到最好的解决，然后使用消耗或能量回收方法压制超调。以下章节介绍消耗抑制系统。使用附加绕组的、更有效的能量回收方法在第二部分 8.5 节中介绍。

如果在反激变换器中使用能量回收绕组方法，为保证能量向副边传递，抑制的电压应至少比副边电压高 30%（为驱使电流更快通过副边漏感需增加的反激电压）。

3.2　自跟踪电压抑制

当晶体管所在电路中带感性或变压器负载，在晶体管关断时，由于有能量存储在电感器或变压器漏感的磁场中，在其集电极将会产生高压。

在反激变换器中，储存在变压器中的大部分能量在反激期间将会传递到副边。可是由于漏感的存在，在反激期间开始时，除非采用一定形式的电压抑制集电极电压会有增加的趋势。

在图 2.3.1 中，变压器漏感、输出电容电感和副边电路的回路电感集中为 L_{LT}，并折算到变压器原边与原边主电感 L_p 相串联。

考虑在关断后紧接着导通这个动作，在此期间 T_1 原边绕组中已建立电流。当晶体管 Q_1 关断时，由于反激作用所有的变压器电压会反向。不考虑输出整流二极管压降，副边电压 V_s 不会超过输出电压 V_c。由于漏感 L_{LT}，Q_1 的集电极部分地脱离该钳位作用，而储存在 L_{LT} 中的能量将使集电极电压更加正。

如果没提供钳位电路 D_2、C_2，由于储存在 L_{LC} 中的能量会重新进入 Q_1 集电极的漏电容中，则反激电压将高到具有破坏性的程度。

可是在图 2.3.1 中，稳态条件下要求的钳位作用由元件 D_2、C_2 和 R_1 提供，如下所示。

C_2 上的电压充到比反馈回来的副边反激电压稍高一些。当 Q_1 关断，集电极电压反激到该值，此时二极管 D_2 导通并保持电压为常数（C_2 与得到的能量相比较大）。在钳位作用结束时，C_2 上的电压比开始值稍高。

在周期的维持阶段，由于向 R_1 放电，C_1 上的电压回到它原来的值。因此多余的反激能量消耗在 R_1 上。在稳态条件下，由于 C_2 上的电压值会自动调整，该钳位电压是自跟踪的，直到所有多余的能量消耗于 R_1 上。如果所有的条件保持恒定，减小 R_1 的值或漏感 L_{LT}，钳位电压就会减小。

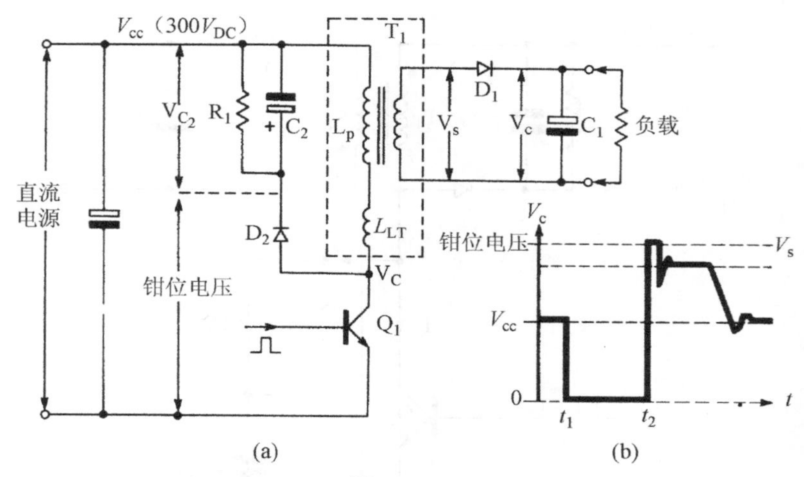

图 2.3.1

(a) 用于反激变换器原边降低应力的自跟踪集电极电压钳位

(b) 集电极电压波形，表示电压钳位作用

由于反激超调具有有用的功能，因此不希望使钳位电压太低。在反激作用期间，它提供附加的电压以驱使电流进入副边漏感。这使变压器副边反激电流更加快速增加，改善了变压器效率并减小了 R_1 上的损耗。这对低电压、大电流的输出尤其重要，因为此时漏感相对较大。所以选择较低的 R_1 值，导致钳位电压太低是错误的。最大允许的原边电压超调量由晶体管 V_{CEX} 额定值控制，应不低于反馈的副边电压的 30%。如需要，应使用较少的副边匝数。

如果储存在 L_{LT} 中的能量较大，要避免 R_1 上有过多的损耗，则要用能量恢复绕组和二极管来替代该电网络，就像在正激变换器中使用的一样。这可将多余的反激能量送回电源。

很明显，为了高效率并使 Q_1 上的应力最小，漏感 L_{LT} 应尽可能小。这可由变压器原副边间良好的绝缘来得到。同时也需要选择具有最小电感的输出电容，并且最重要的是副边电路的回路电感应最小。后者可通过使导线与变压器尽可能近耦合，且合理绕制而得到。印制电路板的走线应成对平行紧密耦合，距离要小。注意这些细节会提供高效率、好的调节性以及在反激电源中有好的交叉调节性。

3.3 反激变换器“缓冲”电路

副边的击穿应力问题常由“缓冲电路”来解决。图 2.3.2 表示一典型电路。缓冲网络的设计在第一部分第 18 章中详细介绍。

在离线反激变换器中为了减少副边击穿应力，需要在开关晶体管两端跨接缓冲网络。同时常常需要缓冲整流二极管来减少击穿应力以及 RF 辐射问题。

在图 2.3.2 中，典型反激变换器的缓冲元件 D_s、C_s 和 R_s 跨接在 Q_1 两端，其作用是在 Q_1 关断时为原边感应驱动电流提供旁路和减少 Q_1 集电极的电压变化率。

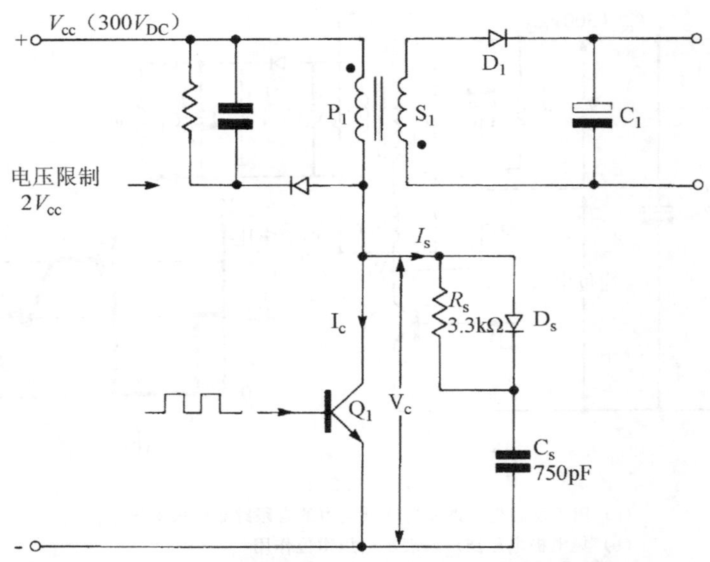

图 2.3.2　用于离线反激变换器集电极的耗能缓冲电路

工作原理如下：当 Q_1 开始关断时，其集电极上的电压将会升高，原边电流将经二极管 D_s 转移到电容 C_s。晶体管 Q_1 关断非常快，其集电极上的 dv/dt 将由关断时集电极原有的电流和 C_s 的值来决定。

集电极的电压会突然升高，直到限定值（$2V_{cc}$）。很短时间后，由于漏感，输出副边绕组上电压将达到 V_{sec}（等于输出电压加二极管压降），反激电流将由原边交换到副边，经 D_1 建立的电流速率由副边漏感决定。

实际上，Q_1 不会立即关断，如果要避免副边击穿电压，缓冲元件应这样选择，使得 Q_1 集电极上的电压在电流降到零之前不超过 V_{ceo}，如图 2.3.3 所示。

除非知道 Q_1 的关断时间，否则这些元件的优化选择是凭经验的，根据是对集电极上关断电压和电流的测量。第一部分第 18 章和图 1.18.2a、图 1.18.2b、图 1.18.2c 和图 1.18.2d表示在有和没有缓冲网络时的典型关断波形和开关应力。

当电流到零时，应对集电极电压提供安全电压裕量，由于工作温度、负载、晶体管参数的分散性以及驱动设计对这些参数存在相当的影响，认为该值至少应低于 V_{ceo} 的 30%。图 2.3.3 表示了限制条件。在本例中，集电极电压达到 V_{ceo}时，集电极电流刚好降到零。

一方面，应避免 C_s 取值太大，这是由于在反激期间结束时，储存在该电容的能量必须在导通期间的前段时间消耗在 R_2 上。

R_s 的值应折中选择。阻值太小会使导通瞬间 Q_1 上的电流过大，这会增大导通过程损耗。另一方面，阻值太大，在最小导通期间 C_s 不能充分放电。

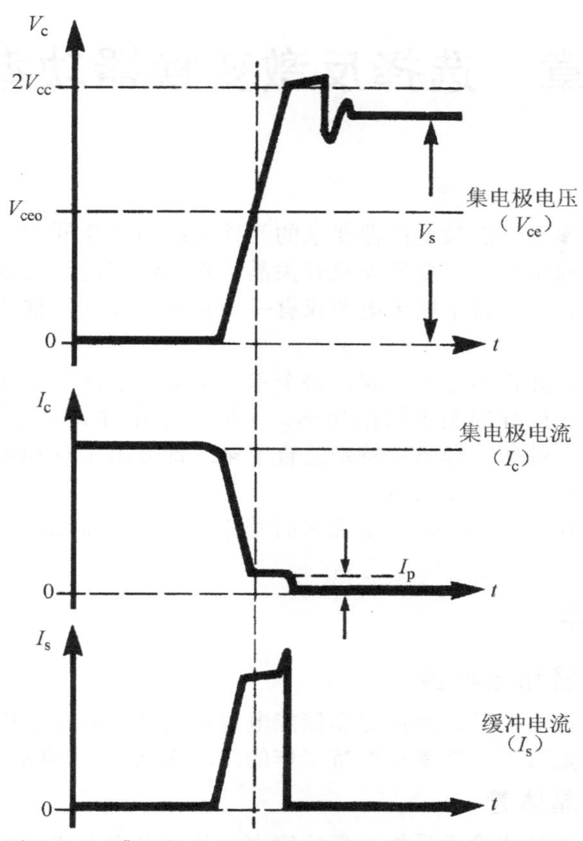

图 2.3.3　集电极电压和电流波形，表示装有耗能元件时的相移，以及 Q_1 关断边缘的缓冲电流波形

对所举 100W 例子，各值是较好折中选择的。可是，在窄脉冲条件下要仔细检查 Q_1 集电极上电压和电流波形。在此使用的缓冲器的选择同样是采用折中的办法。缓冲器元件的优化选择在第一部分第 18 章有详细介绍，那里使用了更为有效的缓冲方法，并避免了元件的折中选择（见第一部分 18.10 节）。

3.4　习题

1. 为什么在反激变换器中开关晶体管对高压开关应力特别敏感？
2. 为什么反激电压常常超过由原、副边电路匝比表示的电压值？
3. 叙述两种减少反激开关元件高压开关应力的方法。

第 4 章　选择反激变换器功率元件

4.1　导论

通常，在相同功率下，反激变换器要求的元件等级高于相同功率的正激变换器。特别地，对输出二级管、输出电容、变压器及开关晶体管的纹波电流要求较大。可是其电路简化，不需要输出电感，而且每个输出电源仅有一个整流二极管，这些可以抵消较大元件带来的成本增加。

在反激式应用中，元件的选择应满足每个单元电路的电压和电流的特殊需要。可是设计者需牢记，即使对于同样的额定输出功率，不同的工作方式对元件有不同的应力条件。下面章节介绍的功率元件的选择虽然特别适合于第二部分第 1 章和第 2 章给出的反激变换器，但通常也用于所有的反激变换器。

所示的图和元件仅是举例，并不是说它们是最合适的必需元件。许多制造商有类似可用的合适元件。

4.2　原边元件

4.2.1　输入整流器和电容器

在反激变换器中没有对输入整流器和储能电容器的特殊要求。因此与用于其他形式变换器中的一样，按满足其额定功率和维持工作的需求来选择。（详见第一部分第 6 章。）

4.2.2　原边开关晶体管

反激电源中的开关晶体管承受相当高的应力。额定电流取决于最大负载、效率、输入电压、工作模式和变换器设计。首先计算在最小输入电压和最大负载下的集电极峰值电流。在图 2.2.4 所示例子中，集电极峰值电流范围是平均电流的 3～6 倍，这取决于工作模式。

集电极最大电压也非常高。它取决于最大输入电压（空载）、反激系数、变压器设计、感应的超调量和缓冲方式。

例如，当馈电于额定电压为 110V 的交流电源时，最大的输入电压值为 137Vrms。对此输入，最大的空载直流整流电压 V_{cc}（使用倍压输入电路）是

$$V_{cc}=2\sqrt{2}V_{in}$$

在此，$V_{cc}=V_{in}$；

　　V_{in}＝最大交流输入电压，单位是 rms。

该例中，

$$V_{cc}=137\times1.42\times2=389\text{V}$$

典型的反激电压至少是 V_{cc} 的两倍，此例中为 778V。因此允许 25％的感应超调裕量，则集电极峰值电压为 972V，应选择 V_{cex} 额定值为 1000V 的晶体管。

除了满足这些重要条件，反激晶体管必须提供良好的开关特性、低饱和电压和在峰值工作电流时具有有效的增益裕量。由于晶体管的选择也要满足增益，因此它确定了对驱动电路的要求，所以合适的功率晶体管的选择可能是决定反激变换器的效率和长期可靠性的最重要参数。

注意：为避免副边开路、电流失真和在高电压双极晶体管中产生过度的损耗，正确的驱动和负载电路的形状是必须考虑的。

合适的驱动电路、波形、副边开路和失真问题在第一部分第 15 章、第 16 章、第 17 章和第 18 章中讨论。

4.3　副边功率元件

4.3.1　整流二极管

反激变换器中的输出整流二极管要经受大的峰值和 rms 电流应力。实际值取决于负载、导通角、漏感、工作模式和输出电容 ESR。典型的 rms 电流是 I_{DC}，而峰值电流可能高达 $6I_{DC}$。由于准确条件往往是不可知的，且二极管电流的计算困难，建议使用经验方法。

对于原来的标准电路板，应适当地选择二极管的平均和峰值额定值。快速二极管的反向恢复时间不要超过 75ns。整流二极管的最终优化选择应在对样机副边整流器电流测量后进行。由于对漏感、输出回路电感、PCB 走线、导线电阻以及输出电容的 ESR 和 ESL 等的各种影响难以估计，计算出来的二极管 rms 和峰值电流通常不十分准确。这些参数对整流器的 rms 和峰值电流要求具有非常大的影响，特别是在低输出电压、高频和大电流的情况下。下面给出测量方法。

4.3.2　整流纹波电流测量过程

(1) 将适当额定值的电流探针与被测输出整流器串联（见第三部分第 13 章、第 14 章中合适的电流探针的设计）。

(2) 使用示波器观察电流波形和注意峰值电流值。

(3) 从电流探针转到 rms 有功电流表（例如热电偶仪器或具有至少 10/1 峰值因数的 rms 读数仪器），并测量 rms 电流。为电流探针和仪表倍数留有适当的余地。这些测量应在最大输入电压和最大负载下进行。

选择具有合适的峰值和 rms 额定值的二极管。

4.3.3　整流器损耗

反激式电源输出整流二极管的真正能量损耗取决于许多因数，包括正向消耗、反向漏损和恢复损耗。正向消耗取决于二极管正向导通时的等效正向电阻和电流脉冲形状，二者都是非线性的（事实上副边电流波形常常与计算中常规假设的理想三角形有很大的不同）。因此，通常在样机中测量二极管温升更为方便，从中可计算结点温度和最坏情况下的热吸收需求。

从对许多反激电源整流器温升测量中（将由 DC 应力与 ac 应力条件引起的温升进行比较）发现，用测到的整流器 rms 电流（大约 $1.6I_{DC}$）并假定硅二极管的正向压降为 800mV 或 Schottky 二极管的正向压降为 600mV，可以近似计算整流器消耗。基于这些计算会给出原样机的合适热吸收装置（见第三部分第 16 章）。

4.4　输出电容

在反激变换器中输出电容也是高应力的。通常输出电容的选择有三个主要参数：绝对电容值、电容 ESR 和 ESL 以及电容纹波电流额定值。

4.4.1　绝对电容值

当 ESR 和 ESL 较低时，在开关频率下电容值可以控制峰峰纹波电压。由于纹波电压通常比平均输出电压小，可假设在关断期间输出电容两端的电压有线性衰减。在这期间，电容器必须递送所有的输出电流，电容两端的电压大约衰减 1V/μs/A（对 1 μF 的电容）。因此，如果已知最大关断时间、负载电流和要求的纹波电压峰峰值，那么最小输出电容可通过下式计算：

$$C=\frac{t_{\text{off}}I_{\text{DC}}}{V_{\text{p-p}}}$$

在此，C＝输出电容，单位是μF；

t_{off}＝关断时间，单位是μs；

I_{DC}＝负载电流，单位是 A；

$V_{\text{p-p}}$＝纹波电压峰峰值。

该例中，对于一个 5V、10A 输出电源和 100mV 的纹波

$$C=\frac{18\times10^{-6}\times10}{0.1}=1800\ \mu\text{F}$$

注意：若要用单级输出滤波器保持峰峰纹波电压在 100mV 以下将会很不经济。要得到较低的输出纹波应使用附加的 LC 级。

4.4.2 电容器 ESR 和 ESL

图 2.4.1b 表示了输出电容 ESR 和 ESL（等效串联电阻和电感）对输出纹波的影响。实际上，纹波电压会比单独选择输出电容所期望的大得多，当选择电容器规格时，应允许承受这样的影响。如果使用单级输出滤波器（无附加的串联扼流圈），则输出电容器的 ESR 和 ESL 将对高频纹波电压有较大的影响，故应使用最低 ESR 的电容器。

不要忽略附加输出 LC 滤波器在反激系统中的有利影响。该滤波器可减少输出噪声，并允许使用有足够纹波额定值的低成本电解电容作为主要的储能元件（见第一部分第 20 章）。

4.4.3 电容器纹波电流额定值

在反激变换器中，输出电容器的典型 rms 纹波电流是 DC 输出电流的 1.2～1.4 倍（见第一部分第 20 章）。输出电容器必须能传导输出纹波电流而没有过分的温升。

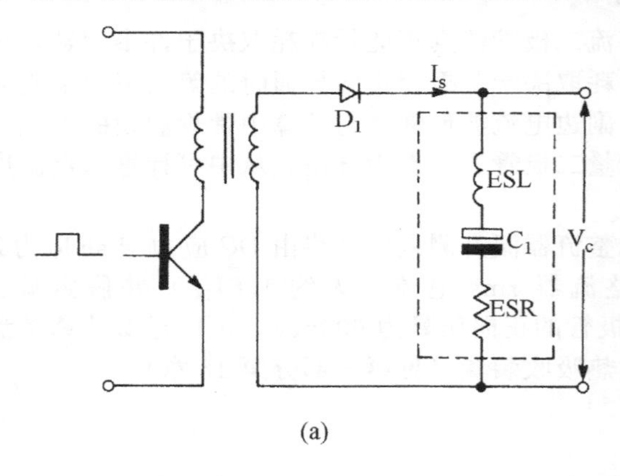

(a)

图　2.4.1

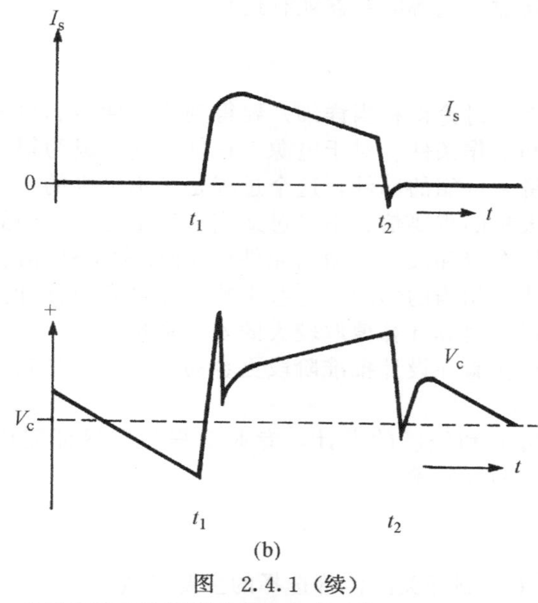

(b)

图　2.4.1（续）

（a）表示反激变换器副边寄生串联元件 ESL 和 ESR

（b）输出电压波形，表示寄生元件的影响

为更加精确地评价纹波电流，推荐使用下面的测量程序。使用合适额定值的电流探针，测量在满载和最大电源输入时流过输出电容的 rms 电流（同时应该使用真正的 rms 电流表）。选择满足纹波需要、适合频率和温度等多种因素的电容器（见第三部分第 12 章）。

4.5　电容寿命

虽然先进行测量和计算是优化元件选择的良好开端，但对于长期可靠性来说，最重要的参数是工作环境中元件的温升，这可在已完成的产品中测量到。

温升是元件应力、热传导设计、气流、周围元件邻近影响的一个函数。来自邻近元件的辐射和热对流对元件产生的温升比内电阻损耗产生的温升大。电子电容器尤其如此。

由于纹波电流和峰值工作温度的影响，电容器的最大容许温升随着电容器的形式和制造商的不同而变化。在此例中使用的元件，空气中对纹波电流的最大容许温升是 8℃，制造商以此来确定纹波电流额定值。该额定值可用于周围空气高达 85℃或最高温度是 93℃的情况。

不考虑温升的影响，温度的绝对界限（此例为 93℃）需用于确定单元工作的界限。这应在正常环境及最大额定温度和负载下测量到。最大温度影响电容器的寿命，因此推荐电容器在较低的温度下工作。如果质疑内部纹波电流引起的温升（这在复杂的反激波形下很难计算），按下列进行。

（1）在正常工作条件下测量电容器的温升，并远离其他热源影响（如可能，将电容安放在短缠绕电线上，在设备和电容器之间嵌入热屏蔽物）。测量由纹波元件单独引起的温升，与制造商的限定值进行比较。允许的温升并不总是由数据表中获得，还可以从制造商的试验和 QA 部门得到。允许温升的典型值在 5～10℃之间。

（2）如果由纹波引起的温升是可以接受的，将电容器安装在正常位置，让其经受电源对它的最高温冲击和负载条件。测量电容器的表面温度，确保其在制造商的额定值之内。

这种方法要保证避免热耗散，电解电容器就有这种可能。

4.6 小结

反激系统的功率元件已讨论得相当详细。要得到好的性能和可靠的工作，最基本的是注意每个元件的额定值和工作条件。对于电源工程师，这将成为第二特性。元件选择是费力的过程，要得到最经济和可靠的部件，这个过程是必不可少的。计算仅花费设计者少部分时间，对这些选择，大量的重要信息不经过适当的测量是得不到的。

变压器的漏感、走线布置和尺寸、输出元件的 ESR 和 ESL 值、元件布置和冷却安排都对元件的冲击和额定值有相当的影响。这些影响不能可靠地预计。当没有进行真正的测量时，选择元件额定值时要对其计算值取较大的安全裕量。

大多数的优化和验证实验在设计批准阶段更容易实现，并且它们将被限制到那些指定为最终产品的样机中。

如果要求长期工作可靠和经济的设计，专业工程师应保证完成产品之前进行设计优化，并且实现所有需要的验证实验。

4.7 习题

1. 解释反激变换器中控制开关晶体管选择的主要参数。
2. 在反激变换器中，什么控制副边整流二极管的选择？
3. 反激变换器的哪个参数控制输出电容器的选择？

第 5 章 对角半桥反激变换器

5.1 导论

这种变换器又称为双晶体管变换器，特别适合于功率场效应晶体管的工作。因此该例中使用 MOSFET 元件，但同样的设计过程也可用于晶体管工作中。

该结构可提供所有的反激式工作模式，即固定频率、可变频率以及完全或不完全能量传递工作模式。不过附加的功率元件和其驱动隔离会增加成本。

5.2 工作原理

图 2.5.1 所示的电路中，变压器原边的两个功率场效应管 FT_1 和 FT_2 对高压直流电源进行开关。控制电路驱动这两个开关，使其同时导通和关断。反激作用发生在关断状态，就像前面的反激例子一样。

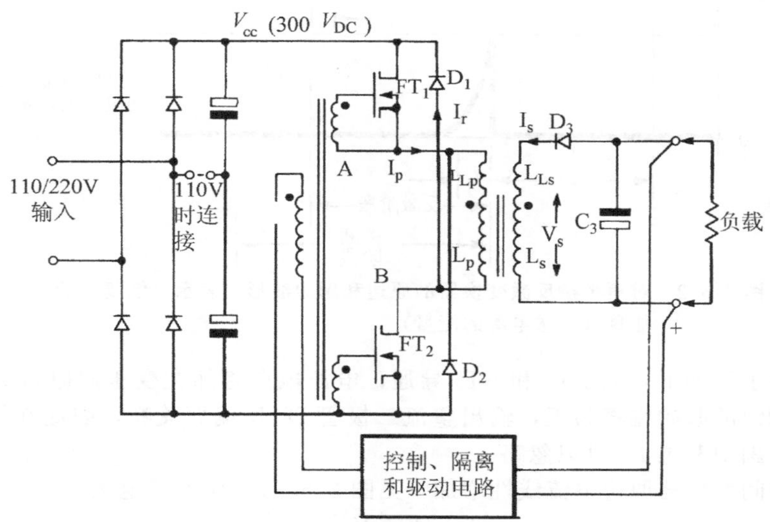

图 2.5.1 使用功率 MOSFET 开关管的对角半桥（两个晶体管）单端反激变压器

控制、隔离和驱动电路与前面在单端反激变换器中使用的类似。一个小的驱动变压器为两个场效应管提供同步的隔离驱动信号。

应该注意到跨接的二极管 D_1 和 D_2 将多余的反激能量回送电网，并在 FT_1 和 FT_2 产生强烈的电压钳位，其值仅高于或低于电源电压一个管压降。因此可大胆地使用额定值为 400V 的开关元件，而该结构非常适合于功率场效应管。此外，二极管 D_1 和 D_2 的能量恢复作用免去了恢复绕组或多余的大滞后元件。其电压和电流波形示于图 2.5.2 中。

由于变压器漏感在电路的工作中扮演了重要的角色，把原边和副边元件的分布漏感集中成总电感 L_{Lp} 和 L_{Ls} 的效果，这样变压器可视为理想变压器。

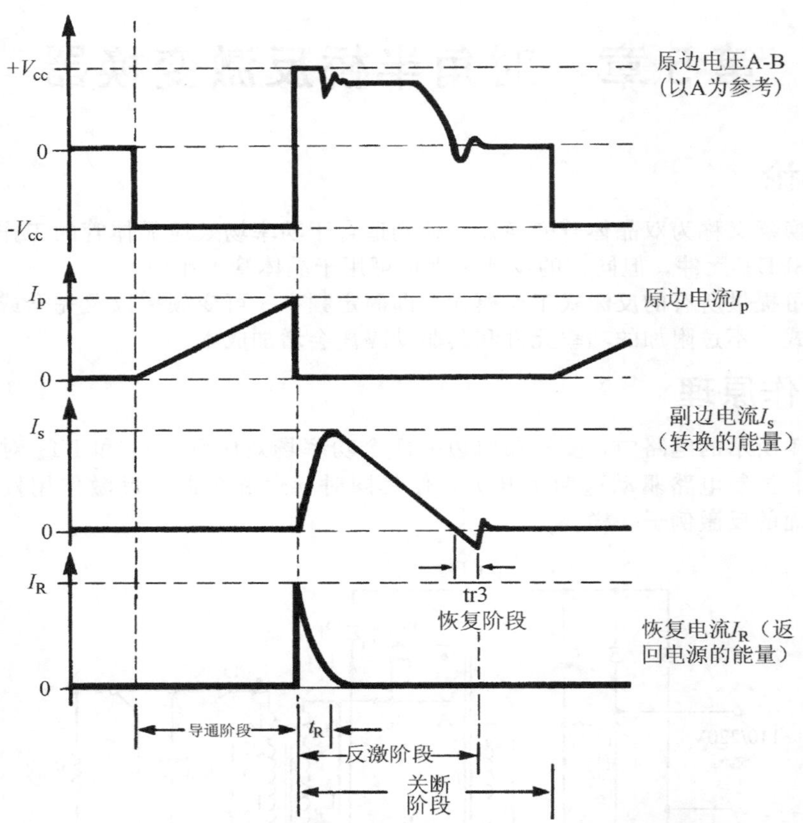

图 2.5.2　对角半桥反激变换器的原边和副边波形，表示“恢复”的能量（回送电源的能量）

功率部分工作如下：当 FT_1 和 FT_2 导通，电源电压将加在变压器原边 L_p 和漏感 L_{Lp} 两端。所有绕组的起始端将为正，输出整流二极管 D_3 反偏而关断，因此在导通期间副边无电流流过，副边漏感 L_{Ls} 可以忽略。

在导通期间变压器原边电流线性增加（见图 2.5.2），如下式定义：

$$\frac{dI_p}{dt}=\frac{V_{cc}}{L_p}$$

(1/2) $L_p I_p^2$ 能量储存在变压器的耦合磁场中，(1/2) $L_{Lp} I_p^2$ 能量储存在有效漏感中。

在导通期间结束时，FT_1 和 FT_2 同时关断，MOSFET 中原边电源电流将降到零。可是如果没有相应磁通密度的变化磁场强度就不会变化，而且变压器上的所有电压将由于反激作用反向。二极管 D_1 和 D_2 导通，将原边反激电压（由原边漏感产生）钳位在电源电压。由于所有的绕组极性反向，副边电动势 V_s 使输出整流二极管 D_3 导通，并在副边绕组中建立由副边漏感 L_{Ls} 决定的电流 I_s。

当副边电流达到 nI_p 时，在此 n 是匝比，储存在原边漏感 L_{Lp} 中的能量已传送回电源，能量恢复钳位二极管 D_1 和 D_2 停止导通，原边电压 V_P 将降回到反馈的副边电压。此时原边两端的电压为 C_3 两端的电压（正如普通变压器对原边的作用一样）。该钳位反激电压必须设计为小于电源电压 V_{cc}，另一方面，所有的反激能量都会返回电源。可是在正常条件下，完全能量传递系统中的 FT_1 和 FT_2 保持关断期间，储存在变压器磁场中的剩余能量将传递到输出电容器和负载。在关断期间结束时，一个新的功率周期将开始，这个过程会继续下去。

5.3　有用性质

此种变换器具有许多不可忽略的有用性质。

第一（对功率 MOSFET 的工作特别重要），由于快速钳位二极管 D_1 和 D_2 的使用，在任何工作条件下两个功率元件上的电压不会超过电源电压与两个管压降的和。这种非常强烈的钳位作用对功率 MOSFET 的工作很理想，因为它们承受过电压的能力特别差。

第二，在反激期间开始时储存在原边漏感中的能量会通过 D_1 和 D_2 返回到电源，不会损失在系统中。

第三，在瞬间负载条件下，如果在上一个导通期间变压器原边已储存了多余的能量，在反激期间该能量也会返回电源。

第四，与单端反激变换器相比，可以选择工作电压低得多的功率元件，因为这种结构不存在出现在单端系统中的双倍过电压影响。

第五，该技术的一个主要优点是不需要双缠绕的能量恢复绕组，因此可减少费用和消除一个不稳定因素。

5.4　变压器设计

跨接的原边能量恢复二极管 D_1 和 D_2 具有强烈的电压钳位作用，并且 MOSFET 元件选择工作在较高的频率，这意味着变压器的原边和副边漏感在电源的工作中会起到重要的作用。

储存在原边漏感 L_{Lp} 中的能量不能传递到输出电路，而是回送电源。因此在原边电路中，漏感引起无用的（产生损耗的）内部能量交换。另外在反激期间，副边漏感使副边整流器中的电流建立缓慢。该滞后意味着储存的一部分能量回送到原边电路而不会传递到输出。这个比例会随着频率的增加而增加。很明显，若要有最好的性能，必须使漏感最小化。

在变压器设计中必须进一步考虑本结构与通常单端反激变换器性能之间的根本差别。在单端反激变换器中，一般允许反激电压尽可能大以驱动副边电流更快地通过输出漏感。在对角半桥反激变换器中，反激电压不能超过正向电压，因为同一个原边绕组要实现正向极化和反向的反激能量回送功能。因此由于原边二极管 D_1 和 D_2 提供的强烈钳位，原边反激电压不可能高于电源电压，对于本应用，设计具有最小漏感的变压器尤为重要。

在选择副边匝数时，传送到原边的副边反激电压至少应比最小原边电压低 30%，否则多余的储存能量会经 D_1 和 D_2 在反激期间开始时回送到输入。

对于所有的其他方面，变压器的设计过程与第二部分第 2 章的单端反激情况相同，可采用相同的步骤。

5.5　驱动电路

为保证快速和有效地开关功率场效应管，驱动电路必须能对具有相对较大输入电容量的场效应管快速充放电，该应用中应使用特殊的低阻抗驱动电路。

5.6　工作频率

功率场效应管的使用可使原边功率开关工作于高效的高频状态。高频工作时，可以减小变压器尺寸和减少输出电容器，但变压器的漏感、输出电容的 ESR 和整流器的快速恢复现在变得特别重要。因此对于高频工作，不仅变压器要正确设计，也必须正确选择外部元件。

5.7 缓冲器元件

由于功率场效应管器件不遭受像出现在双极型器件中那样的二次击穿，因此从稳定性的观点出发，常常认为缓冲元件不重要。可是在大多数的 MOSFET 应用中仍然要在功率场效应管两端加上小的 *RC* 缓冲网络以减小射频辐射和满足功率场效应管的 dv/dt 限制（由于大的 dv/dt，有些功率场效应管会发生内部寄生晶体管导通，使功率场效应管损坏）。可是功率场效应管并不需要通常用于减少双极型晶体管二次击穿应力的较大缓冲元件。

为了减小原边高频电流路径的长度，可在电源两端跨接一个低寄生电感的电容，并尽量靠近功率开关管和能量恢复二极管 D_1 和 D_2。这在高频变换器中特别重要。

5.8 习题

1. 对角半桥反激变换器的原边结构与单端反激变换器的相比有哪些不同？
2. 对角半桥反激式结构的主要优点是什么？
3. 为什么说对角半桥反激变换器结构特别适合使用功率场效应管？
4. 为什么说在对角半桥反激式结构中，漏感对其性能特别重要？

第 6 章　自激振荡直接离线反激变换器

6.1　导论

本章讨论的变换器从功率变压器取正反馈形成振荡。

由于简单和低成本，这些变换器为低功率的多输出需求提供了某些最经济的解决方案。如果设计得好，可以得到极为有效的开关动作和可靠的性能。大量困扰驱动变换器的问题，特别是交叉传导与变压器饱和都由于自激振荡自身结构的原因而得到克服。由于总是工作在完全能量传递模式，能够非常容易应用电流型控制，因此可以得到快速、稳定的单极点闭环响应。

由于自激振荡变换器需要较少的驱动和控制元件，故成本极低。注意，好的滤波设计和变压器屏蔽使该变换器适合于计算机、视频显示终端以及类似需求的应用。

有一种倾向认为这些简单的装置在专业电源应用中并不具有真正的竞争力。这种误解可能是由于某些早期自激振荡设计的性能较差而引起的。还有在一些应用中并不希望考虑工作频率随负载和输入电压而变化。可是由于输出是直流，在大多数应用中只要提供高效的输入和输出滤波以及磁屏蔽即可，工作频率并不是一个问题。

6.2　工作种类

有 3 种工作状态。

A 类，导通时间固定，关断时间可变。

B 类，关断时间固定，导通时间可变。

C 类，导通、关断时间可变，速率（频率）固定。

这些种类在性能上的主要差别如下。

轻载时，A 类将工作于极低的频率。

负载最大时，B 类将工作于低频。

C 类具有更理想的特性，因为负载从满载降到大约 20％负载时，频率维持合理的常数值。低于 20％负载时频率通常逐渐升高，见图 2.6.1。

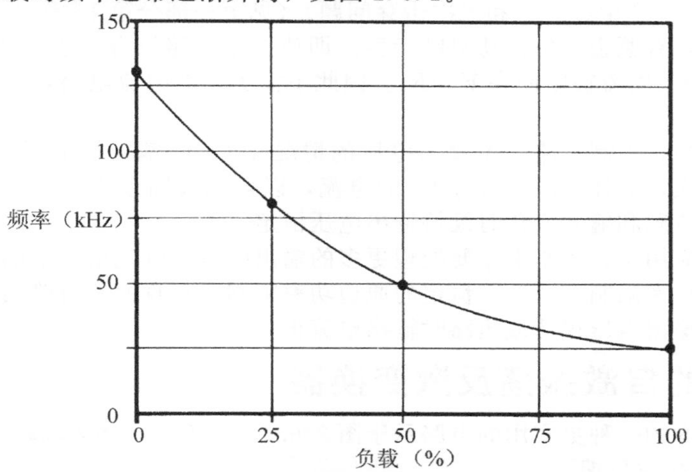

图 2.6.1　自激振荡变换器的典型负载－频率变化曲线

6.3　常规工作原理

在此考虑的自激振荡变换器，开关动作由主变压器上一个绕组的正反馈维持。频率由驱动钳位作用控制，该驱动钳位作用对应于导通期间激磁电流的增加。通过控制原边电流切断的幅度从而控制输入能量以维持输出电压恒定。该频率常受到磁心磁特性、负载或所加电压变化的影响。

图 2.6.2 表示了 C 类电路的主要功率器件。取自于反馈绕组 P_2 的信号反馈到功率晶体管的基极，使变换器产生自激振荡。电路功能如下。

闭合电源开关后，C_1 两端有电压，电流流过 R_1，晶体管 Q_1 开始导通。随着 Q_1 开始导通，经由反馈绕组 P_2 产生的反馈信号加强对 Q_1 基极的正向驱动。基极电流开始经 C_2，并在驱动电压建立后经 D_1 流过。因此 Q_1 将快速导通，其最大驱动电流由电阻 R_2 和 R_1 以及反馈绕组 P_2 两端的电压决定。

由于这些电路工作于完全能量传递模式，Q_1 导通时 P_1（主变压器原边绕组）中的电流从零开始建立，其变化率由原边电感 L_P 决定。因此

$$\frac{dI_p}{dt}=\frac{V_{cc}}{L_p}$$

式中，I_p＝原边电流；

V_{cc}＝原边电压；

L_p＝原边电感。

随着 Q_1 集电极电流的增加，其发射极电流也增加，R_4 上的电压以与 Q_2 导通电压（大约 0.6V）相同的速率增加。当 Q_2 充分导通并将 Q_1 基极的大部分基极驱动电流转移后，Q_1 将开始关断。此时 Q_1 的集电极电压开始变正，在 D_2、C_5、R_5 中流过的缓冲电流提供再生关断作用。R_5 两端建立的电压有助于 Q_2 的导通和 Q_1 的关断。更进一步，由于反激作用，变压器 T_1 上的所有电压反向，P_2 变负，为 Q_1 提供附加的再生关断作用，流过 C_2 的反向电流有助于 Q_1 关断。

该驱动系统极为简单，但却工作良好。对 Q_1 基极电流的测试表明该电流有几乎理想的驱动波形（见图 2.6.3）。图 2.6.3 表示了关断波形斜率的情况。接近 Q_1 导通期间结束时，Q_2 得到一斜坡向上的基极驱动电压，Q_2 逐渐导通，Q_1 的基极驱动电流为一非常理想的斜坡向下的波形。由于在 Q_1 基极的所有载流子被移去且集电极电流开始下降前再生关断作用不会出现，所以对大多数高压晶体管来说，这是理想的驱动波形。该关断波形防止了在晶体管 Q_1 中产生过热点和二次击穿问题。（见第一部分第 15 章。）

这种系统还具有原边功率自动限制特性。即使控制电路没有提供驱动，晶体管 Q_2 导通前流过 R_4 的最大电流被限制在 V_{be}/R_4。因此不需更多的限流电路，该系统就具备有自动过功率限制。

在正常工作中，控制电路根据输出电压的情况在 Q_2 的基极加上驱动信号，使 Q_2 的基极电压正向加大，这样可减少流过 R_4 的电流，以创造关断条件。因此，可连续控制输出功率，从而在负载和输入变化时维持输出电压恒定。

在反馈限流应用中，控制电路要处理更多的输出电压和电流信号上的附加信息用来减小短路条件下的功率限制。注意，恒定的原边功率限制（自身的）对输出回路几乎没有保护作用，因为在输出电压很低或短路时输出电流很大。

6.4　隔离的自激振荡反激变换器

自激振荡技术的一种更实用的电路示于图 2.6.4。该例中，输入和输出电路是隔离的，由光耦合器 OC_1 提供反馈。

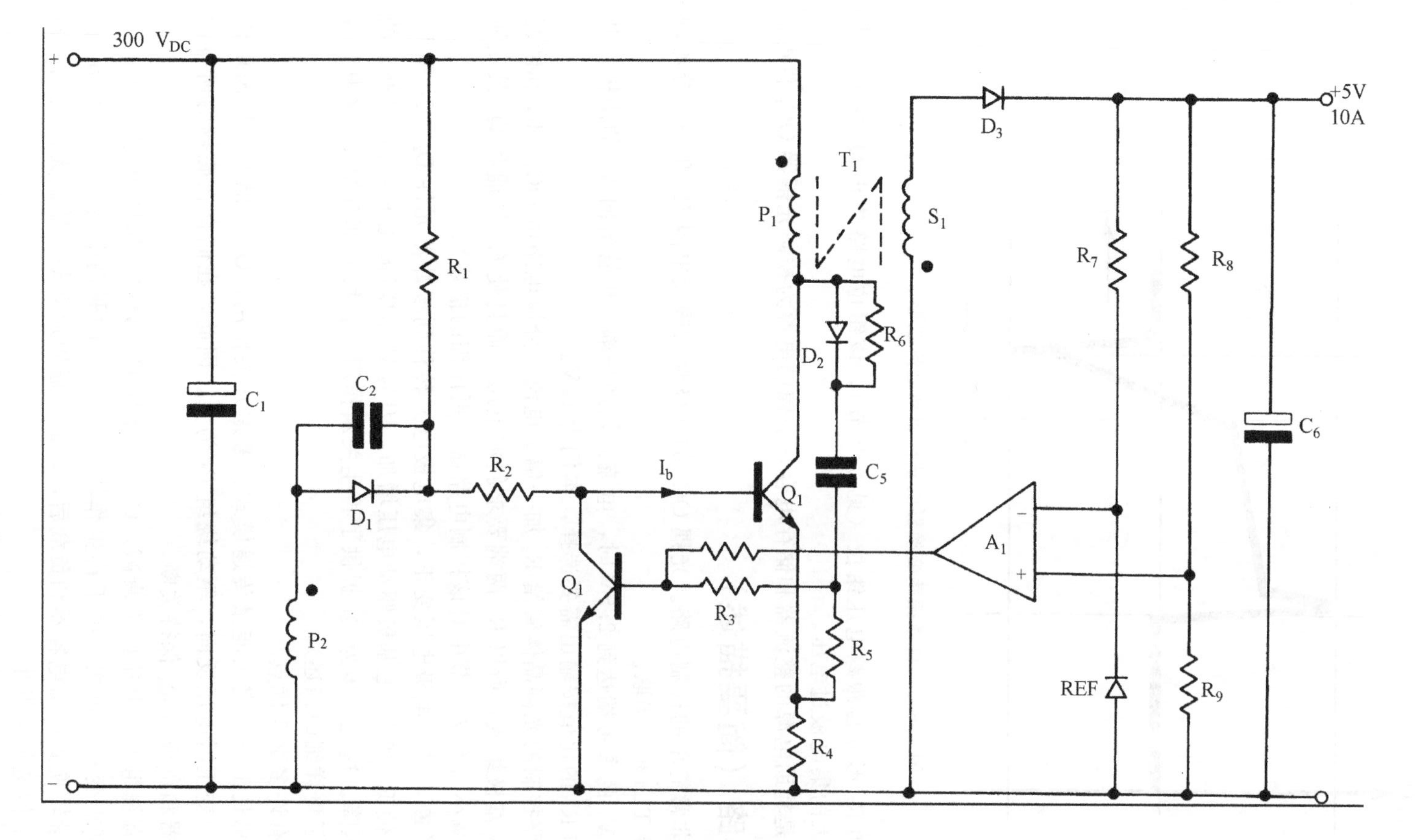

图 2.6.2　非隔离、单变压器、自振荡应激变换器,采用初级电流控制模式

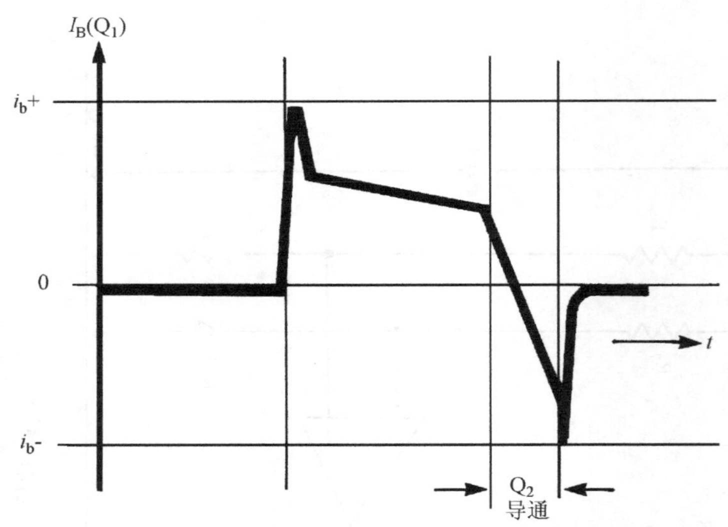

图 2.6.3 自激振荡变换器的基极驱动电流波形

元件 D_3、C_4 和 R_8 形成自跟踪电压钳位（见 3.2 节）。该钳位电路防止 Q_1 关断时由原边漏感产生的过大的集电极过电压。

元件 D_1 和 C_3 是辅助电源的整流器和储存电容，该辅助电源为控制光耦器 OC_1 供电。

6.5 控制电路（简要描述）

书中使用一种非常简单的控制电路。光耦 OC_1 的二极管与限流电阻 R_9 和一个分流调节器 V_1（德州仪器 TL430）串联。

当分流调节器 V_1 的参考端达到 2.5V 时，电流开始经光耦二极管流向 V_1 的阴极，开始控制作用。R_{12} 和 R_{11} 的比值按输出需要选择，本例为 12V。

受输出控制电路控制的光耦晶体管给 R_3 加一偏置电流。分压电路由 OC_1、R_3 和随光耦器电流增加的 Q_2 基极组成，所以 R_4 两端要求斜坡电压，而且使 Q_2 导通和 Q_1 关断所需的集电极电流将减小（在 7.4 节中对该控制电路做了更详细的描述）。

随着 Q_1 开始关断，其集电极电压变正，集电极电流转移到缓冲器元件 D_2、C_5 和 R_5 中。R_5 两端的电压使 R_3 和 Q_2 上基极驱动电压增加，因为 R_5 的阻值比 R_4 大，其补偿的电压大于 R_4 上的压降。这进一步为 Q_1 提供了再生关断作用（在第一部分第 18 章中对缓冲器元件的工作做了更详细的描述）。

该简单电路具有许多重要优点。

首先，该电路总是工作于完全能量传递模式。考虑开关作用：Q_1 关断时，反激电流在输出回路中流过，变压器电压反向，驱动绕组 P_2 为负。因此，在储存在磁场的所有能量转换到输出电容器和负载前 Q_1 保持关断。

在这期间，所有绕组上的电压向零衰减。C_2（反激期间已充电）跟随 P_2 上电压的正向变化，使 Q_1 的基极变正。再次，由于再生作用，流过 R_1 的驱动电流增加，Q_1 导通。结果，在储存的能量转换到输出电容器和负载后，新的导通周期立刻开始。无论负载和输入电压如何完全能量传递都会发生。

由于在设计过程中不用考虑直流成分，并且不用顾虑磁心的满磁通容量，变压器设计得以简化。对任何原因产生的磁心饱和，线路有进一步的保护措施。因为饱和会使流过 R_4 的电流增加，使导通脉冲提前终止。这样就使工作频率增加且不出现饱和。这就允许设计者大胆地利用磁心的满磁偏移能力，而不需要过多的磁通裕量来防止饱和。

这种变换器的频率—负载典型图示于图 2.6.1 中。注意在负载非常低时可能出现工作频率非常高的情况。为防止开关晶体管和缓冲元件中过多的损耗，应使用最小负载不超过 10%的功率单元，或者使用电阻器作为假负载来避免高频模式。

变压器的设计可以使用第一部分第 18 章中讲述的常规的缓冲结构和电压钳位和图 2.3.1和图 2.3.2 中的电路。为固定频率反激变换器（见 2.2 节）设计的变压器，在可变频率电路中的工作情况也相当令人满意。不过使用额外的磁通容量并相应地减少原边匝数可提高效率。为了有好的再生作用，P_2 产生的驱动电压应至少为 4V。

最后的设计中，常使用额外的电路来改善整体性能。例如，用一正偏压与驱动绕组 P_2 串联以加速导通过程（该过程在本例中较慢）。使用电容器（图 2.6.4 中虚线表示）或电阻在 Q_2 的基极加一方波偏压用以在轻载条件下改善开关作用。轻载时减小开关频率可减小最小负载要求，从而减小了不规则振荡出现时的电流。

6.6 不规则振荡

在本应用中，“不规则振荡”是指产生大量脉冲输出后接着停振，然后又产生许多脉冲输出并反复的情况。“不规则振荡”的起因是轻载时正确的开关作用需要非常窄的最小导通期间。可是由于晶体管有储存时间，在轻载条件下该最小导通期间所具有的能量多于维持输出电压恒定所需的能量。因此由于大量脉冲产生，输出电压逐渐增加。由于在某些点渐进控制失效，控制电路只能完全关断晶体管，接着出现停振期间，直到输出电压恢复到正确值。如果有较好的驱动设计，有最小的储存时间，除了在负载低于 2%或 3%时，“不规则振荡”都不会出现。无论如何，这是一种非破坏性的情况。

6.7 自激振荡反激变换器主要参数小结

元件的成本应非常低，它在经济同时还具有良好的可靠性。

由于功率晶体管在规定的安全电流值上动作，故变换器的变压器可以设计在非常接近最大磁通密度限制的条件下工作。当要发生饱和时，控制电路会作出反应，终止其导通脉冲（频率自动调节到磁心不会饱和的较高的值）。这种自动保护能力让设计者可自由使用最大磁通范围，需要时可使用有较少原边匝数的效率较高的功率变压器。

该电路总是工作于完全能量传递模式，所以通过使用电流型控制提供了自动过负载保护，并改善了系统性能电流型控制在第二部分第 7 章和第三部分第 10 章中有更全面的解释。

完全能量传递模式（不连续模式）避免了具有“右半平面零点”的稳定性问题。见第三部分第 9 章。

主变压器上的附加绕组为控制电路提供隔离的辅助电源，或提供辅助输出。用于再生反馈的绕组还可用来产生附加电源。

光耦器或控制反馈通道上的控制变压器提供输入和输出间的隔离。

该技术的潜在缺点是频率会随负载或输入电压的变化而改变。但只要有足够的输入和输出滤波，并且合理放置或屏蔽电源使绕组元件的磁辐射不干涉邻近元件的工作，这就不会成为问题。

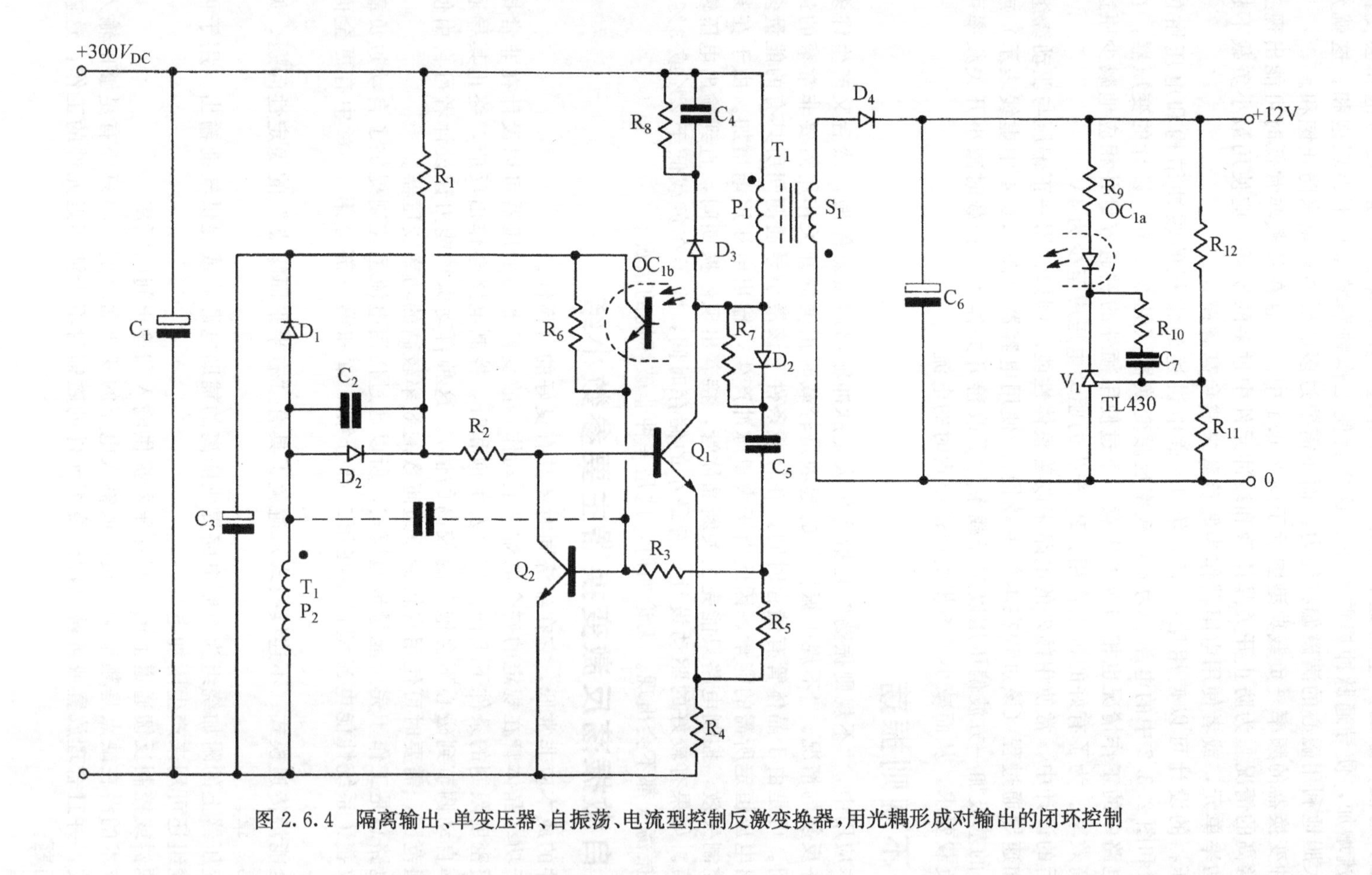

图 2.6.4 隔离输出、单变压器、自振荡、电流型控制反激变换器，用光耦形成对输出的闭环控制

这种电源已成功用于视频显示设备，并在许多应用中取代了固定频率和同步电源设备。

6.8　习题

1. 自激振荡离线反激变换器的主要优点有哪些？
2. 自激振荡技术的主要缺点是什么？
3. 自激振荡反激变换器工作于完全能量转换模式，为什么说这是优点？

第 7 章　应用电流型控制的反激变换器

7.1　导论

在反激变换器中，变压器的原边电感（准确地说是多绕组电感器）通常比正激变换器中类似元件的电感小得多。因此在原边导电期间（导通期间），原边电流变化率大，其脉冲为大的三角形。该三角波对电流型控制的应用来说是理想的波形，因为它减小了噪声影响，并将界线分明的开关电平送至了电流比较器。

电流型控制在工作中有两个控制环。一个是快速动作的内环，它控制原边电流峰值，另一个是慢得多的外环，它调整电流控制环使输出电压恒定。这两个控制环的整体作用使电源的工作如同一压控电流源。

电流控制模式还具有许多优点。第一，系统的原边就像一高阻抗电流源，对于小信号变化变换器变压器的有效电感被从输出滤波器等效电路消去，使其传递函数为简单的一阶。因此，控制电路有较好的高频响应，改善了输入瞬态响应性能，电源纹波抑制和环路稳定性也得到改善。第二个主要优点是无需附加元件就具有自动原边限流功能。见第三部分第 10 章。

7.2　应用于自激振荡反激变换器的功率限制和电流型控制

自激振荡完全能量传递反激变换器特别适合使用电流型控制。这可从图 2.6.4 所示的电路加以说明。

R_4 两端的电压（设置最大集电极电流）在任何条件下都不能超过 0.6V，因为在此点 Q_2 将导通，功率元件 Q_1 关断。因为控制电路不能使 Q_2 的基极电压为负，故无论电压控制电路条件如何，情况都会是这样。结果，输入电流峰值由 R_4 和 Q_2 的 V_{be} 确定且不能超过。因此 R_4 和 Q_2 提供了自动原边功率限制。控制电路的其他部分只会使限制降低。

虽然电路简单，功率限制作用却非常好。在脉冲控制下，当原边电流达到限定的峰值时导通期间结束。该限流环也限定了传递功率的最大值即 $1/2L_pI_p^2f$。

应该注意，由于限制作用是恒功率限制，在过载条件下输出电压向零变化时，输出电流将增加。如果不希望出现这种情况，就要引入附加电路，使得负载向短路变化时减小功率限制或过载时切断电源。

还有，较慢的电压控制环（R_{11}、R_{12}、V_1、OC_{1a} 和 OC_{1b}）根据输出电压的变化来调节 Q_2 的偏压，以减少 Q_2 导通所需的原边电流峰值。电压控制电路调节该值以维持输出电压恒定。

7.3　电压控制环

图 2.7.1 表示在稳态电压控制条件下 Q_1 的集电极和发射极电流波形。发射极电流波形表示了在基极驱动电流成分 I_b 作用下的直流偏压。发射极电流在 R_4 两端产生电压。R_5 两端的电压（V_{R5}）波形表示 R_5 中缓冲电流影响 R_4 两端的电压，它使导通期间结束前其电压快速增加。Q_2 的电压波形表示从 OC_{1b} 和 R_6 引入的控制电流在 R_3 上产生直流偏压影响 R_5 的电压波形。

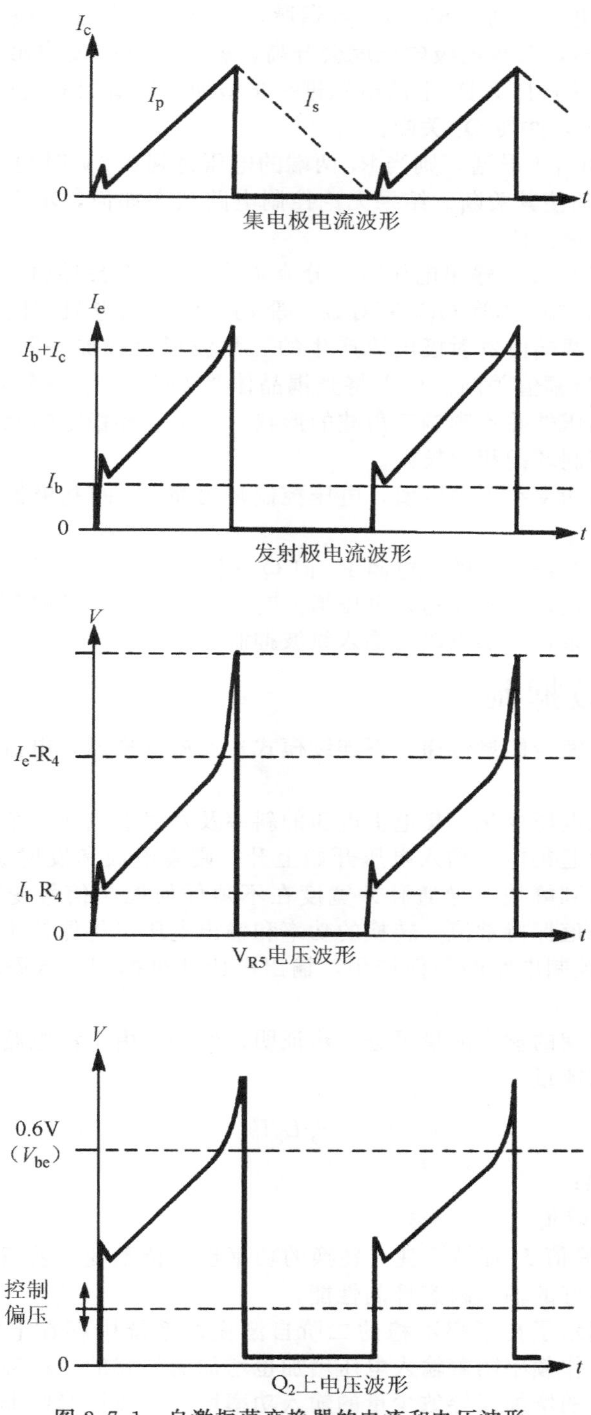

图 2.7.1　自激振荡变换器的电流和电压波形

如图 2.7.1 所示，Q_1 导通时变压器原边会建立电流。R_4 两端产生一“锯齿”形电压，该电压经 R_5 和 R_3 加在 Q_2 的基极。流过 R_6 和 OC_1 的控制电流使 Q_2 的基极偏压更加变正，当 Q_2 的基极电压达到 0.6V 时，导通脉冲结束。这使 Q_2 导通而 Q_1 关断。

只要 Q_1 开始关断，其集电极电压就会升高，就有电流在缓冲元件 D_2、C_5 和 R_5 中流过，由于 R_5 的阻值高于 R_4，R_5 上的电压进一步增加。该增加的电压加于 Q_2 的基极，为 Q_2 提供再生导通作用，并使 Q_1 关断。

如果光耦合器 OC_{1b} 不导通，则当 R_4 两端的电压达到 0.6V 时 Q_2 将仍然导通，去除主晶体管 Q_1 的基极驱动使其关断。结果无论控制电路状态如何，不需要增加其他限流电路就可限制原边电流的最大值。

可是当达到所需的 12V 输出电压时，分流调节器 V_1 将会导通，驱动电流流过光耦二极管 OC_{1a}。这样，光耦晶体管 OC_{1b} 将导通，驱动电流流入电阻器网络 R_3、R_4 和 R_5。流过 OC_{1b} 的电流在 R_4 两端由发射极电流产生的三角波形上叠加一固定正向偏压。因此 Q_2 将以 R_4 中较低的电流幅值关断。可以将光耦晶体管 OC_{1b} 看作一个恒流源（高阻抗）。因此它除了增加直流偏压外并不影响三角波的形状。用于使环稳定的元件 R_{10} 和 C_7 使电压控制环的响应与电流控制环的相比较慢。

只要需要的输出功率小于限定值，电压控制环可将 Q_2 的基极偏压复位以维持输出电压恒定。

作为功率限定值的最后调整，电阻 R_6 向 Q_2 提供一固定的分压。由于 R_6 上的附加电压跟随输入电压的变化，因此在输入电压增大时这也可减小电流峰值。最后，在可变频率系统中它也可以引入某种补偿以改善输入纹波抑制。

7.4 输入纹波抑制

对于固定频率，完全能量传递（不连续模式）反激变换器，电流型控制也提供了自动输入纹波抑制。

如果变换器输入电压变化，集电极电压的斜率及发射极电压也变化。例如，如果输入纹波电压的上升沿引起集电极输入电压开始上升，则集电极和发射极电流的斜率也增加，结果电流在短期内达到峰值，导通脉冲宽度在不须任何控制信号变化的情况下自动地减小。由于原边电流峰值保持常值，转换的功率和输出电压也将保持不变（不考虑输入电压的变化）。因此无需控制电路的任何作用，输出电压便可抑制输入瞬间电压的变化和纹波电压。

通过考虑每个周期的输入能量可进一步证明该效果。由于该电路工作于完全能量传递模式，导通结束时的能量是

$$\frac{1}{2}L_p I_p^2$$

式中，L_p＝原边电感；

I_p＝原边电流峰值。

由于 L_p 和电流峰值 I_p 保持不变，转换的功率也保持不变。就像对脉冲做出响应，该作用非常快，具有良好的输入瞬态抑制性能。

更严格的测试揭示了在频率不稳的二阶自激振荡系统中存在下降的二阶效应这一事实，该作用是由于工作频率随着输入电压增加也增加而引起的。这种频率变化削弱了纹波抑制。可是由于频率的增加仅导致少量的输入功率增加，故该影响非常小。在图 2.6.4 所示电路中，由于基极驱动和跟踪输入变化的辅助电压的变化，该影响可通过 R_4 中驱动电流成分的增加和 R_6 中电流的增加得到补偿。当强制驱动比接近 1∶10 时，该补偿是最佳的。

7.5　在可变频率反激变换器中使用场效应晶体管

编写本书时，MOSFET 有效的额定电压典型值只达到 800V，因此在离线反激变换器中的使用受到一些限制。

对于 220V 电路，或对于使用倍压技术的双输入电压电路，其最大的整流直流电压 V_{cc} 接近 380V。由于反激过电压通常至少是该值的两倍，使用 800V 功率 MOSFET 时其安全裕量不足。

然而目前更高电压的 MOSFET 元器件已经以具有竞争力的价格出现在市场上，并且使用 MOSFET 并使反激电路工作于较高的频率有很多优势。这样可减小绕线元件的尺寸和输出电容器。图 2.5.1 给出了对较低电压的功率 MOSFET 可以减小过电压的更合适的电路。

7.6　习题

1. 为什么反激变换器特别适合电流型控制？
2. 为什么电流型控制在完全能量传递模式中给出一个简单的一阶传递函数？
3. 为什么在电流型控制结构中输入纹波抑制特别好？

第 8 章　离线单端正激变换器

8.1　导论

图 2.8.1 表示了一个典型的单端正激变换器的功率级。为了清楚，简化了驱动和控制电路，省去了输入整流部分。由于输出电感器 L_s 含有大量的直流成分，该元件用术语“扼流圈”来描述。

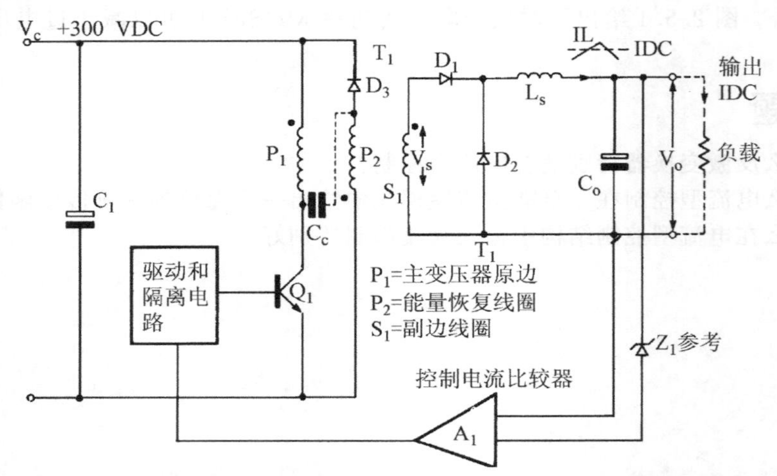

图 2.8.1　具有能量恢复绕组的正激（降压驱动）变换器，显示绕组内部电容 C_c

虽然该功率级看起来与反激电路的类似，但工作方式完全不同。通过调整副边绕组 S_1 的相位使其在功率晶体管导通时将能量传送到输出电路。功率变压器 T_1 像具有低输出阻抗的真正变压器一样工作，因此需要扼流圈 L_s 来限制流过输出整流器 D_1、输出电容器 C_o 和负载中的电流。

8.2　工作原理

稳态条件下，电路工作如下。

8.2.1　扼流圈电流

晶体管 Q_1 导通时，电源电压 V_{cc} 加在原边绕组 P_1 上，副边电压 V_s 建立并加在输出整流二极管 D_1 和扼流圈 L_s 上。忽略二极管压降和损耗，扼流圈 L_s 上的电压 V_s 将小于输出电压 V_{out}（假设输出电容器 C_o 较大，因此可认为输出电压为常值）。L_s 中的电流线性增长，并由下式决定：

$$\frac{\mathrm{d}i}{\mathrm{d}t}=\frac{V_s-V_{out}}{L_s}$$

导通期间结束时，Q_1 关断，由于 T_1 的反激作用副边电压将反向。在 L_s 的强迫作用下，扼流圈电流 I_L 将继续正向流动，使二极管 D_2 导通（由于该二极管使电流持续环绕 D_2、L_s、C_o 和负载流动，故常称之为续流二极管）。扼流圈 L_s 两端的电压反向，其值等于输出电压（忽略二极管压降）。L_s 中的电流将减小，并由下式决定：按与反激变换器的变压器相同的设计标准，稳态条件下扼流圈 L_s 在正向和反向的伏秒必须相等。当导通和关断时间等长时，输出电压是 V_s 的一半（同样忽略二极管压降和损耗）。

$$-\frac{di}{dt}=\frac{V_{out}}{L_s}$$

电感器电流的平均值是要求的输出电流 I_{dc}。注意到并没有说明电感器 L_s 的绝对值，这是因为在原理上它不改变电路的工作，其值只控制纹波电流的峰峰值。

8.2.2　输出电压

当导通时间与关断时间之比从 50%减小时，输出电压会降低，直到正向和反向伏秒再次相等。输出电压由下列方程确定：

$$V_{out}=\frac{V_s t_{on}}{t_{on}+t_{off}}$$

式中，V_s =副边电压，峰值 V；

t_{on} =Q_1 导通时间，单位是μs；

t_{off} =Q_1 关断时间，单位是μs。

注意：比率 $t_{on}/(t_{on}+t_{off})$ 称为占空比，或信号脉冲与空号脉冲之比。

应该注意到当输入电压和占空比固定时，输出电压不取决于负载电流（指一阶），该结构具有低输出阻抗。

8.3　输出扼流圈取值的限定因素

8.3.1　最小扼流圈电感和临界负载电流

最小的 L_s 值是由在最小负载电流下连续导通的需求来控制的。图 2.8.2 中上面的波形表示连续模式的导通，下面的波形表示不连续模式的导通。可以发现如果输入和输出电压保持常值，电流波形的斜率不随负载电流的减小而改变。

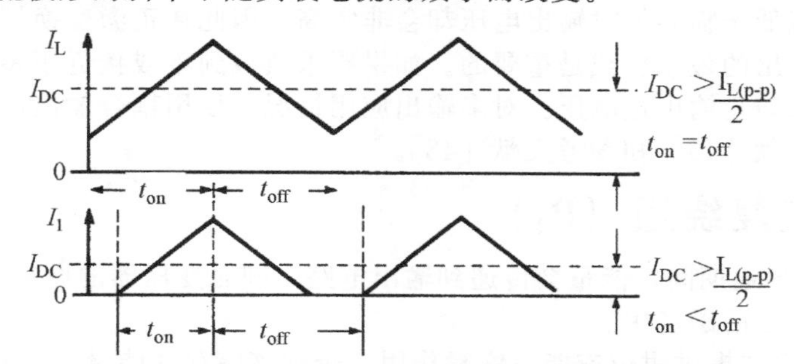

图 2.8.2　副边电流波形，表示了不完全能量传递（连续工作模式）和完全能量传递（不连续工作模式）

随着负载电流 I_{dc} 减小，扼流圈中纹波电流的最小值刚好为零所对应的值是临界值。此时负载电流的临界值等于扼流圈中纹波电流的平均值，并由下式决定：

$$I_{dc}=\frac{I_{L(p-p)}}{2}$$

式中，I_{dc} =输出（负载）电流；

$I_{L(p-p)}$ =扼流圈电流峰峰值。

负载电流低于该临界值时，L_s 将进入不连续电流工作模式。但这不是负载电流的最小限制极限值，因为通过减小占空比仍可维持输出电压恒定。临界电流时，传递函数会产生突变；电流高于临界值时，无论负载电流如何（连续工作模式），占空比几乎维持恒定；电流低于临界值时，占空比必须随着负载和输入电压的变化而进行调整（不连续工作模式）。

虽然设计控制电路时可使其适合于两种工作条件，但必须仔细进行稳定性判别。在连续模式的传递函数中有 2 个极点，而在不连续模式的传递函数中仅有 1 个极点。详见第三部分第 8 章。

第二个 L_s 取值的限制因素是针对多输出应用情况的。如果控制环对主输出电源形成闭环，该电源中的电流低于临界值，占空比就会减小以维持该电源输出电压恒定。其余的假定带恒定负载辅助输出，会受到占空比变化的影响，它们的输出电压下降，这就事与愿违。故通常需要在多输出电路中控制 L_s 的最小取值以维持辅助输出电压恒定。这样一来，如果维持辅助电压为适当的常值，主输出的电流值必超过临界值。

8.3.2 最大扼流圈电感

L_s 的最大值通常受到效率、尺寸和费用方面的限制。可流通直流电流的大电感器价格昂贵。从性能的观点来看，大的 L_s 值在负载瞬间变化大时会限制输出电流的最大变化率。在这种变换器中输出电容器 C_o 太小，不能在负载变化大时维持输出电压恒定。

8.4 多输出

主变压器上多加的绕组可提供附加辅助输出。再一次选择副边电压值，使稳态情况下输出扼流圈中的正向和反向伏秒等于零。因此在负载保持合适的常值时，如果主输出电源电压稳定，辅助电源电压也是稳定的。如果任何输出的负载减小到低于扼流圈临界电流，则该电源的输出电压开始升高。结果在零负载条件下，输出电压将等于变压器副边的峰值电压（对 50%占空比，该值可为正常输出电压的两倍）。

因此，反激变换器中变压器的副边电压是由主输出钳位并设计良好，与之相反，在正激变换器中当负载低于临界值时输出电压却会非常高。因此在正激变换器中，使电感器电流的临界值低于输出的最小负载是重要的。如果要求负载到零或接近于零，就需要提供假负载或电压钳位来防止输出过电压。对多输出应用情况，使用耦合输出电感器可大大减小该问题。见参考文献［15］和参考文献［48］。

8.5 能量恢复绕组（P_2）

在晶体管 Q_1 导通期间，能量会传递到输出电路。同时变压器的原边有磁化电流成分，它将能量储存在磁心的磁场中。

Q_1 关断时，除非提供钳位或能量恢复作用，否则该储存的能量会在开关晶体管 Q_1 的集电极产生大的破坏性反激电压。

注意：与反激变换器不同，在反激（关断）期间，输出二极管反偏，不提供任何钳位作用。

本例中接有“能量恢复绕组”P_2 和二极管 D_3，所以在反激期间储存的能量将返回电源。注意，反激期间反激绕组 P_2 两端的电压被 D_3 钳位于 V_c，绕组的尾端为正。因为原边的起始端已与电源电压 V_c 连接，因此晶体管集电极上的电压是 V_c 的两倍（假设原边绕组与反激绕组匝数相等）。

为防止 P_1 和 P_2 之间过多的漏抗引起晶体管集电极上的电压过高，习惯上将能量恢复绕组 P_2 与主原边绕组 P_1 双线绕制。在此结构中重要的是二极管 D_3 应放置在能量恢复绕组的起始端。原因是线间电容 C_c（可认为是双股绕组）将起到类似 Q_1 集电极与 P_2 和 D_3

连接点之间的寄生电容的作用，如图 2.8.1 中所示的寄生电容 C_c。按这种方法连接，在 Q_1 导通期间 D_3 将该电容与 Q_1 集电极隔离。因此在 Q_1 导通瞬间，D_3 阻断了任何电流在 C_c 中的流动（注意两绕组 P_1 和 P_2 的尾端同时变负，C_c 两端的电压不变化）。在反激期间，C_c 在 Q_1 的集电极提供附加的钳位作用，任何的过电压趋势将使 C_c 中有电流流过，并经 D_3 回到电源。常常在 C_c 的位置接上一个真实的外接电容来加强绕组寄生电容以改善钳位作用。但是增加外接电容时要小心，因为若该电容值太大，会在输出电压上引起电源的纹波频率调制。

在高压离线应用中，由于双股绕组两端的高压应力，通常需要特殊的隔离。可是，如果配置有附加钳位电容 C_c，能量恢复绕组可以绕在分离的（非双股）绝缘层，这可减小过电压而又不影响钳位作用。另一种方法，也可使用在第一部分第 18 章所展示的低损耗能量缓冲系统。

8.6　优点

与反激变换器相比，正激变换器优点如下。

（1）由于正激变换器中变压器原边和副边的电流峰值比在反激变换器中要低，故铜损耗较低（因不要求气隙，所以电感较大）。虽然这可使变压器中有较小的温升，但在大多数情况下也不能凭此使用较小的磁心。

（2）副边纹波电流的减小是很大的。输出电感和续流二极管使输出负载和储存电容中的电流保持一合适的常值。

由于输出电感中储存的能量可用于负载，故可选择相当小的储存电容，它的主要作用是减小输出纹波电压。再有，该电容器的纹波电流额定值比反激变换器中所要求的低得多。

（3）与第（1）点的原因一样，原边开关元件中的峰值电流较低。

（4）因为纹波电流减小，输出纹波电压也会降低。

8.7　缺点

缺点如下。

（1）使用额外的输出电感和续流二极管使成本增加。

（2）轻载条件下，当 L_s 转到不连续模式时会产生输出过电压，特别是在辅助输出中更为如此，除非限制最小负载或加镇流电阻。

在其他方面，从正激变换器所得到的性能与从反激变换器所得到非常相似。

8.8　习题

1. 变压器耦合正激变换器源于哪些类型的变换器？
2. 正激变换器中，在哪个工作阶段能量被转换到副边电路？
3. 正激变换器结构中为什么需要输出扼流圈？
4. 在正激变换器中，为什么原边开关元件的利用通常比在反激变换器中大得多？
5. 在正激变换器中通常不需要磁心气隙，为什么？
6. 为什么正激变换器中需要能量恢复绕组？
7. 为什么正激变换器的正确工作要求最小负载？

第 9 章　正激变换器的变压器设计

9.1　导论

正激变换器中开关变压器的设计可以通过很多途径来实现。设计者应选择一种自己习惯的方法。

下面的例子使用了一种非严密的设计方法，从计算原边匝数入手。在选择磁心尺寸和最佳感应（总损耗最小）时使用了制造商发布的列线图。最终样机评价时变压器是合适的，并与最佳设计相差不远。应该记住，在多输出应用中，不可能所有的输出总是有精确的电压结果，这是因为绕组只能有 1 圈或某些情况下半圈的增量。再者，磁心尺寸常常是一种折中的选择。

除了对最大导通脉宽和直流电压标称值要计算原边匝数外，正激变换器的这种设计方法与前面反激变换器中使用方法非常类似。与饱和极限设计相反，这又是一种最优损耗设计。控制电路将阻止饱和。设计出的原边匝数比相应反激变换器的略多。

这种选择的理由是在正激变换器中当负载突变时输出电感器可以限制输出电流的变化率。为了对此进行补偿，控制放大器使输入脉宽为最大以使电感器中的电流尽可能快速上升。在这些暂态条件下，高原边电压和最大脉宽会同时加在变压器原边。虽然这种情况仅是短时出现，磁心也会饱和，除非变压器专为此情况而设计。

控制电路的设计应使控制电路的脉宽和变化率在最大输入电压下得到限制。这样可以防止最大脉宽和最大电源电压同时出现。在最终设计中必须对这一点进行检验。

正激变换器中，不希望在磁心中储存能量，因为该能量在反激期间必须回送到电源。磁心中有一小气隙可以保证反激期间磁通返回到低剩磁水平和允许最大的磁通密度偏移。气隙应尽可能小（50.2 μm 或 76.2 μm 足矣）。图 2.2.1a 和图 2.2.1b 的实验表明，即使磁心中有一小气隙，剩磁通也可低得多，同时有一小气隙可以稳定磁参数。

9.2　变压器设计实例

9.2.1　步骤 1，选择磁心尺寸

磁心尺寸的选择以传递的功率为基础，制造商的推荐会使设计有良好的开端。典型磁心选择的列线图示于图 2.2.2 中。在下例中，设计的变压器应用于工作频率为 30kHz 的 100W 电源中。输出电压和电流如下：

+5V，10A=50W

+12V，2A=24W

−12V，2A=24W

总功率=98W

输入电压 90～130V 或 180～260V，47～60Hz

对于每个辅助电源，尺寸允许增加大约 3% 以提供附加的绝缘和窗口空间，从图 2.2.2 中可知，针对 100W 的功率传送应选择 E 型磁心，E42-15 是一个合适的选择。

磁心参数：有效磁心面积 $A_e=181\text{mm}^2$。

9.2.2　步骤 2，选择最佳磁感应

最佳磁感应 B_{opt} 的选择是要使磁心损耗和铜损耗大约相等。如果避免了磁心饱和，那

么可得到最小的总损耗和最大效率。

根据图 2.9.1，对于 100W、工作频率为 30kHz、工作于推挽状态的情况，推荐的最佳峰值磁通偏移 B_{opt} 约为 150mT。记住在推挽工作情况下，磁振幅差（ΔB）是该峰值的两倍，所以磁密度峰峰值是 300mT（见图 2.9.2a）。

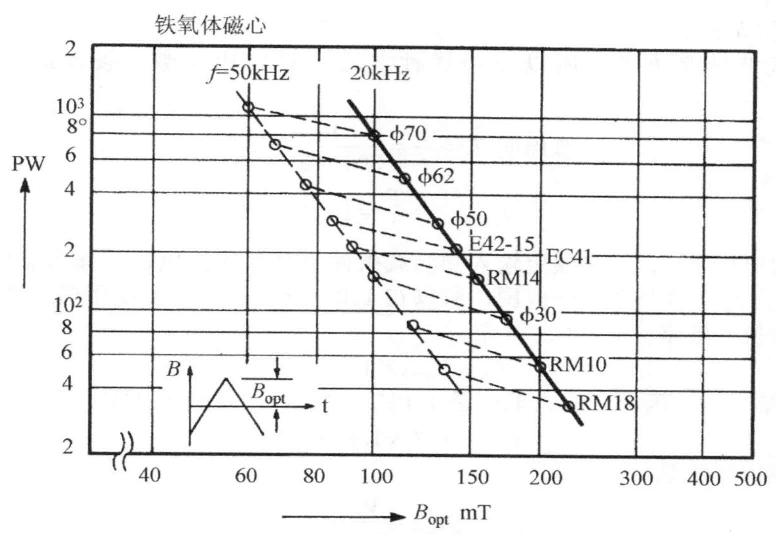

图 2.9.1　N27 铁氧体材料的最佳工作磁通密度振幅，作为输出功率的函数，以频率和磁心尺寸为参数（经西门子公司许可）

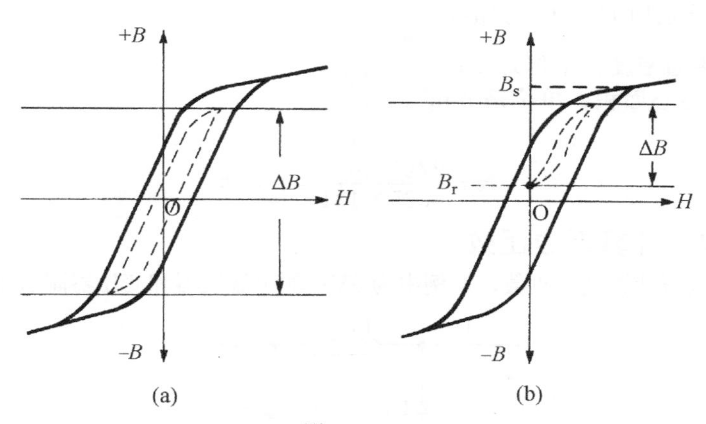

图　2.9.2

（a）B/H 回环表示推挽工作情况下的 B/H 工作范围

（b）表示单端正激和反激工作情况下受限的 B/H 工作范围

在图 2.9.1 中，假设推荐的最佳磁密度是总的峰峰偏移值。因此在单端正激变换器中，300mT 的峰值磁密度表示了最大效率。注意在单端正激变换器中，只使用了 B/H 特性的正向四分之一（见图 2.9.2b）。为避免饱和，有必要为剩磁、高温影响和瞬态条件留一些安全裕量。该例中总偏移选择为 250mT（峰值 125mT），该值小于最佳值，而此设计称为“饱和限制”。

现在磁心损耗稍低于铜损耗。这是单端变换器中常有的情形，除非磁心是专门为单端变换器应用而设计的。

9.2.3　步骤 3，计算原边匝数

输出功率 100W

所选磁心 E42-15

频率 30kHz

磁通密度 250mT

驱动电流波形是方波，所以使用伏秒方法计算原边匝数。假设最大脉宽是周期的 50%。

$$\text{总周期}\ T=\frac{1}{f}=\frac{1}{30\times10^3}=33\,\mu s$$

因此

$$t_{on(max)}=\frac{T}{2}=16.5\,\mu s$$

计算原边电压（V_{cc}）。在额定输入和满载条件下计算原边电压。输入整流器电路的结构要适应 110/220V 这两个工作范围，所以在 110V 交流输入时要使用倍压器。

近似的转换系数是

$$V_{cc}=V_{rms}\times1.3\times1.9$$

（见第一部分第 6 章）因此，输入电压是 110V_{rms}时，原边直流电压 V_{cc}是

$$110\times1.3\times1.9=272V$$

因此，最小原边匝数是

$$N_{min}=\frac{V_{cc}t_{on}}{\hat{B}A_e}$$

式中，V_{cc}=原边直流电压，单位是 V；

t_{on}=最大导通时间，单位是μs；

$\hat{B}$=最大磁通密度，单位是 T；

A_e=有效磁心面积，单位是 mm^2。

因此，

$$N=\frac{272\times16.5}{0.25\times181}=100\ \text{匝}$$

9.2.4　步骤 4，计算副边匝数

对最低输出电压计算副边匝数，本例中为 5V。输出滤波器和变压器副边示于图 2.9.3 中。

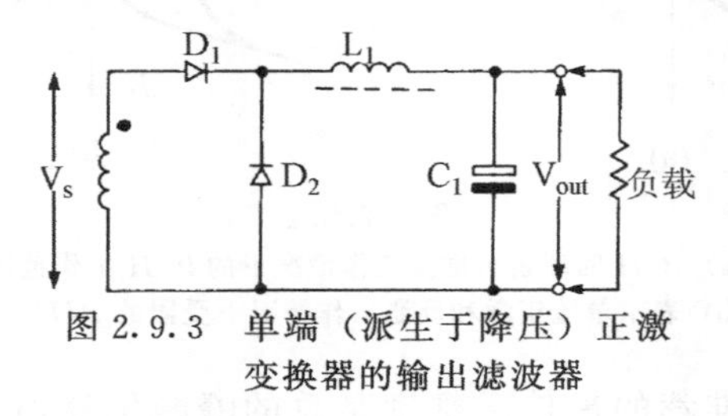

图 2.9.3　单端（派生于降压）正激变换器的输出滤波器

如图 2.9.3，对于连续电流工作方式，

$$V_{out}=\frac{V_s t_{on}}{t_{on}+t_{off}}$$

由于最大脉宽时，$t_{on}=t_{off}$。因此

$$V_s=2V_{out}=10V$$

因此最小副边电压是 10V。允许二极管和电感绕组上有 1V 的压降，V_s 变成 11V。这必须

在 90V 的最小电源输入和 16.5 μs 的最大的导通时间时是有效的。

原边直流电压为 90V 时，V_{cc}是

$$V_{cc}=90\times1.3\times1.9=222\text{V}$$

因原边 $N_{min}=100$ 匝，每匝电压（V_{pt}）是

$$V_{pt}=\frac{V_{cc}}{N}=\frac{222}{100}=2.22\text{V/匝}$$

而最小的副边匝数是

$$\frac{V_s}{V_{pt}}=\frac{11}{2.22}=4.95\text{ 匝}$$

副边匝数取整为 5 匝。原边匝数按下式调整：

$$\frac{V_{cc}}{N_p}=\frac{V_s}{N_s}$$

因此

$$N_p=\frac{222\times5}{11}=101\text{ 匝}$$

用类似的方法，可以计算剩下的 12V 输出匝数。同样估计二极管和扼流绕组有 1V 损耗，因此

$$V_s\text{（12V）}=2V_{out}+V_{drop}=2\times12+1=25\text{V}$$

12V 输出的副边匝数是

$$\frac{V_{cc}}{N_p}=\frac{V_s\text{（12V）}}{N_s\text{（12V）}}\text{且 }N_s\text{（12V）}=\frac{25\times101}{222}=11.4\text{ 匝}$$

可以取为 11.5 匝（见图 2.9.5a 和图 2.9.5b）。

9.2.5　多输出应用

图 2.9.4 表示一典型多输出正激变换器的副边，在此所有的输出共享一条公共返回线。负输出由反向二极管 D_5 和 D_6 产生。注意到副边的相位使 D_3 和 D_5 在 Q_1 导通期间同时导通。

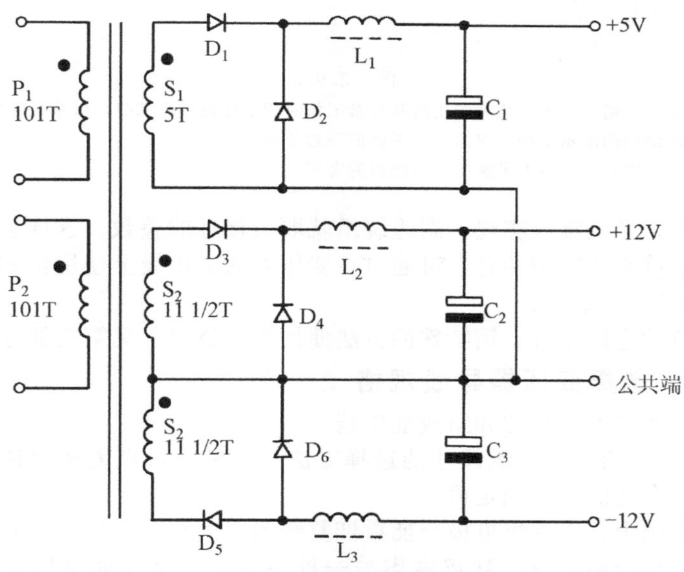

图 2.9.4　典型多输出正激变换器的变压器和输出电路

9.2.6　半匝绕组的特殊情况

在此特例中，有两个大小相等、极性相反的12V输出，使用一个23匝中间抽头的副边绕组。这种正负12V输出布局是一种特例，它允许在E型磁心中使用半匝绕组而不会在E型磁心柱条中引起磁通不平衡。来自两个半匝（E型磁心每个柱条上有效值的一半）的mmf相抵消，磁心的磁通分布不会扭曲，正如图2.9.5a和图2.9.5b所示。

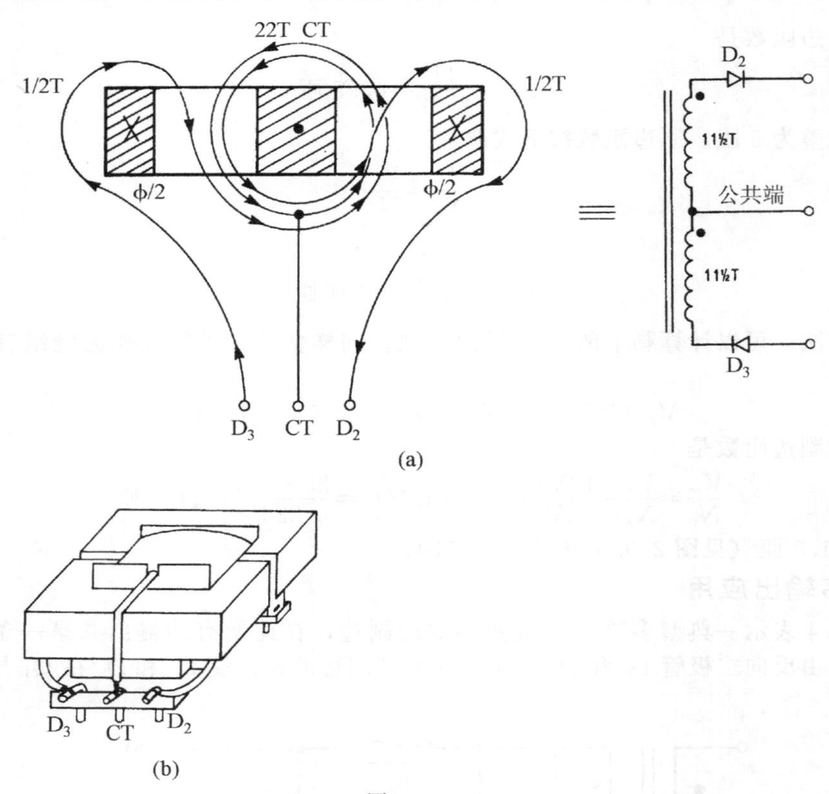

图　2.9.5

(a) 对于双输出，平衡负载的正激和反激工作时的变压器磁心部分，以及特殊的半匝绕组的图示结构（仅适用于平衡的副边负载）

(b) E型磁心变压器上平衡的半匝绕组的实现

在许多应用中，半匝难以实现，副边绕组就取最接近的整数，这样会使输出电压产生误差。不过，对于重要的应用场合，可通过在变压器的引出线上使用饱和电感绕组来修正电压。见第一部分第22章。

对于不平衡负载应用场合，用特殊的方法使用半匝绕组。见第三部分4.14节。

9.2.7　步骤5，选择变压器导线规格

现在要选择导线类型和尺寸并组成变压器。

第三部分4.15节给出了导线尺寸的选择方法。如果能量恢复绕组使用双线绕法，则使用的导线必须有合适的绝缘额定值。

在高压离线应用中，在主集电极与能量恢复绕组之间存在高压，这是导致电源失败的原因之一。见第二部分第8章。建议考虑另一种不需要双绕线能量恢复绕组的能量恢复技术。

9.3　选择功率晶体管

应选择在最大原边电流时具有好的增益和饱和特性的功率开关晶体管。该电流由以下方法计算。

在最小电源输入时，$V_{cc}=222\text{V}$（假设原边和副边效率为 75%），则输入功率是

$$\frac{P_{out}}{P_{in}}=\frac{75\%}{100\%}\text{；}P_{in}=\frac{98\times100}{75}=130\text{W}$$

现在可以计算集电极电流 I_c。

$$I_{mean}=\frac{2P_{in}}{V_{cc}}=\frac{130\times2}{222}=1.2\text{A}$$

在 90V 输入时，导通时间是最大值 50%，因此导通期间的原边电流平均值是允许 20%的纹波电流（这是临界输出电感电流为满载的 10%的情况，如图 2.9.6 所示），则 I_p 最大值是 1.32A。

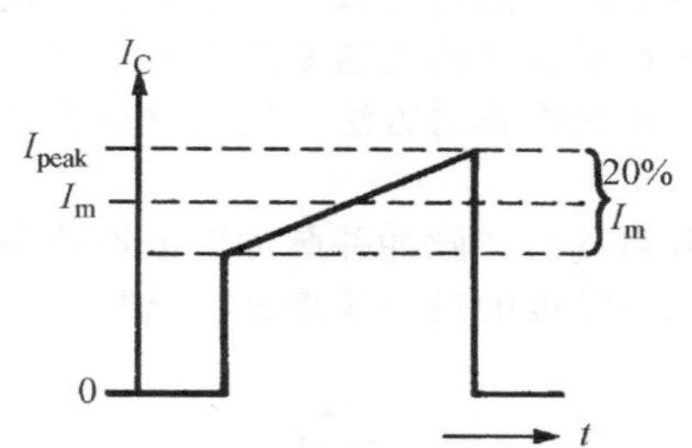

图 2.9.6　连续模式正激变换器的原边电流波形，表示 20%的磁化电流

实际上，通常选择的晶体管电流额定值至少是该值的两倍，以确保晶体管有合适的电流增益和开关效率。应该记住，在瞬态条件下，由于流过各输出电感的电流超调，所以该电流将会大于 1.3A。再有，要考虑原边磁化电流，并且晶体管在满载和有瞬态电流条件下不能饱和。

晶体管电压额定值

在关断瞬间，集电极的反激电压至少是最大电源电压的两倍，并且由于有漏感，通常都会超过该最大值。因此在最大电源输入和零负载时，V_{cc}的最大值是

$$2\sqrt{2}V_{IN(RMS)}$$

因此

$$V_{cc}=130\times\sqrt{2}\times2=367\text{V}\ \text{（最大值）}$$

允许在整流器和变压器上有 5V 的损耗，所有直流电压 V_{cc}是 362V。

反激电压是该值的两倍，加上附加的感应过电压（10%）。因此

$$V_{fb}=2\times362+10\%\times362=760\text{V}$$

如有正确的驱动波形和缓冲电路，在达到该高压条件之前集电极电流就已经降到了零，因此可以选择最小 V_{cex}额定值为 760V 的晶体管。

为了防止副边击穿，设计者必须保证达到集电极电压额定值 V_{cex}前集电极电流已经达到零。这可以通过合适的缓冲电路来实现。详见第一部分第 17 章和第 18 章。

9.4　最后设计注意事项

为完成设计，关于输入滤波器、整流器和储存电容的设计，参考第一部分第 6 章。

如果使用简单的原边过负载保护，由于单个输出可能过载，则需要所有的辅助输出端能够在装置无损害时输出所有的 VA 值。对于多输出系统，如果每个输出电源有各自的限流，则可以得到更加满意的保护效果。关于合适的限流变压器，见第三部分第 14 章。

在正激变换器中，输出电容器与用于反激变换器中的相比可以相对的小，因为该电容的选择主要是要满足输出纹电压而不是输出纹波电流的需要。可是，如果串联电感非常小（快速响应系统），则纹波电流的要求仍然是选择电容器的主要标准。在有大的瞬间负载出现的场合，负载突然移去时的电压超调量可能是选择标准。注意当负载突然降到零，储存在输出电感器的能量（$(1/2)LI^2$）集中转移到输出电容器，这会引起电压超调。

9.5　变压器饱和

对于以上的变压器设计，变压器在瞬态条件下可能饱和，除非在控制电路的设计中对其进行防预。例如，考虑在高输入电压和负载电流非常小的条件下，负载突然增加通常使驱动电路产生最大脉宽。这种情况可能持续数个周期，直到输出电感器中的电流上升到要求值。在这些条件下，变压器在所选择的磁通密度水平上将饱和。为防止这种情况，要使用较低的磁通水平。但这不是在此推荐的方法，因为这种方法会增加原边匝数，并降低变压器效率。

本例中，已经假设驱动电路具有“脉冲并脉冲”的原边限流，它可以检测到突然出现的变压器饱和，并限制驱动脉冲宽度的进一步增加。这样会产生最大的响应时间，防止由变压器饱和引起的失败。

9.6　小结

上文已经讨论了单端正激变换器的主要参数，并检查了实际的变压器设计。

虽然变压器中的峰值电流通常低于反激情况，但额外的原边匝数的需求使变压器的效率并没有得到改善。

由于输出整流器和电容器中的纹波电流减小了许多，这使得正激技术比反激技术更适合于低电压、大电流的应用。元件尺寸的减小基本上被增加的输出电感器和整流二极管所抵消。

所有的辅助输出和主输出都存在临界最小负载的情况。工作电流低于该临界值导致电感器工作不连续，使得电压调节失效，特别是对于辅助输出更是如此。在开环情况下，如果不提供假负载或其他钳位作用，输出电压可能会超过标称值的 1 到 2 倍。这些要求在应用中和这种变换器的设计中必须考虑。

线性调节器用于低电流输出时，多余的电压降在串联调节器两端，且轻载时其消耗很小，所以性能较差的电压调节在轻载时通常不是问题。但是调节器的额定电压可能会成为一个限制因素。

第 10 章　对角半桥正激变换器

10.1　导论

对角半桥正激变换器，别名双晶体管正激变换器，它的原边功率开关的接法类似于在反激变换器中的接法。图 2.10.1 表示了该功率系统的一般电路。

这种结构特别适合于场效应晶体管（MOSFET）的工作，因为能量恢复二极管 D_1 和 D_2 在开关元件上对电源开关元件提供了强烈的钳位作用，防止了反激作用时任何的过电压。功率开关管两端的电压将不会超过电源电压加两个二极管管压降，因此电压应力仅为单端变换器中单个晶体管所受应力的一半。

该例中已给出两种输入电源电压规格供选择。通过拨动连杆 LK_1，用户可选择 110V 或 220V 作为输入电压。

110V 工作时使用倍压，因此无论是 110V 还是 220V 工作时，直流电压 V_{cc} 都接近于 300V。高电源无负载时的最大电压将接近于 380V，因此为保险起见，可以选择额定电压为 400V 的功率 MOSFET（有些 MOSFET 高温工作时电压额定值下降，这一点应该考虑）。

10.2　工作原理

$MOSFET_1$ 和 $MOSFET_2$（功率开关管）同时导通和关断。当元件导通时，原边电源电压 V_{cc} 加在变压器原边两端，所有绕组的起始端为正。

在稳态条件下，输出扼流圈 L_1 中在上一个工作周期已经建立了电流，该电流由于扼流圈 L_1、电容器 C_1 和负载的续流作用，经续流二极管 D_4 形成回路。

副边 emf 建立（通过导通功率 MOSFET）时，流过变压器副边和整流二极管 D_3 的电流迅速建立，它仅受变压器漏感和副边电路的限制。由于在短暂的导通瞬间扼流圈电流 I_L 必须维持几乎不变，因此随着 D_3 中电流的增加，流过续流二极管 D_4 的电流必须相应减小。当 D_3 中的正向电流增加到原来在 D_4 中流过的电流值时，D_4 将关断，L_1 输入端（A 点）的电压将增加到副边电压 V_s。正激能量转换状态已经建立。

前面所述的动作只占整个传递期间的很小一部分，这取决于漏感的大小。典型情况下该电流在 1 μs 内建立。

对于非常大的电流、低电压输出，漏感引起的滞后可能比整个导通期间更长（特别是高频情况下）。这会限制传送的功率。因此漏感总是应尽可能地小。

在正常条件下，在导通期间的大部分时间里副边电压将加在输出 L_C 滤波器上，L_1 两端的电压为（V_s-V_{out}）。因此，导通期间电感器中的电流将以由该电压和 L_1 电感值所决定的速率增加，表达式如下：

$$\frac{dI}{dt}=\frac{V_s-V_{out}}{L_{L1}}$$

在此 L_{L1} 是 L_1 的电感值。

根据变压器作用原理，该副边电流会转换到原边绕组，所以 $I_p=I_s/n$，在此 n 是变压比。除了该折算的副边电流外，原边还流过由原边电感 L_p 决定的磁化电流。磁化电流将能量储存在变压器磁场中，该储存的能量在关断瞬间产生反激作用。

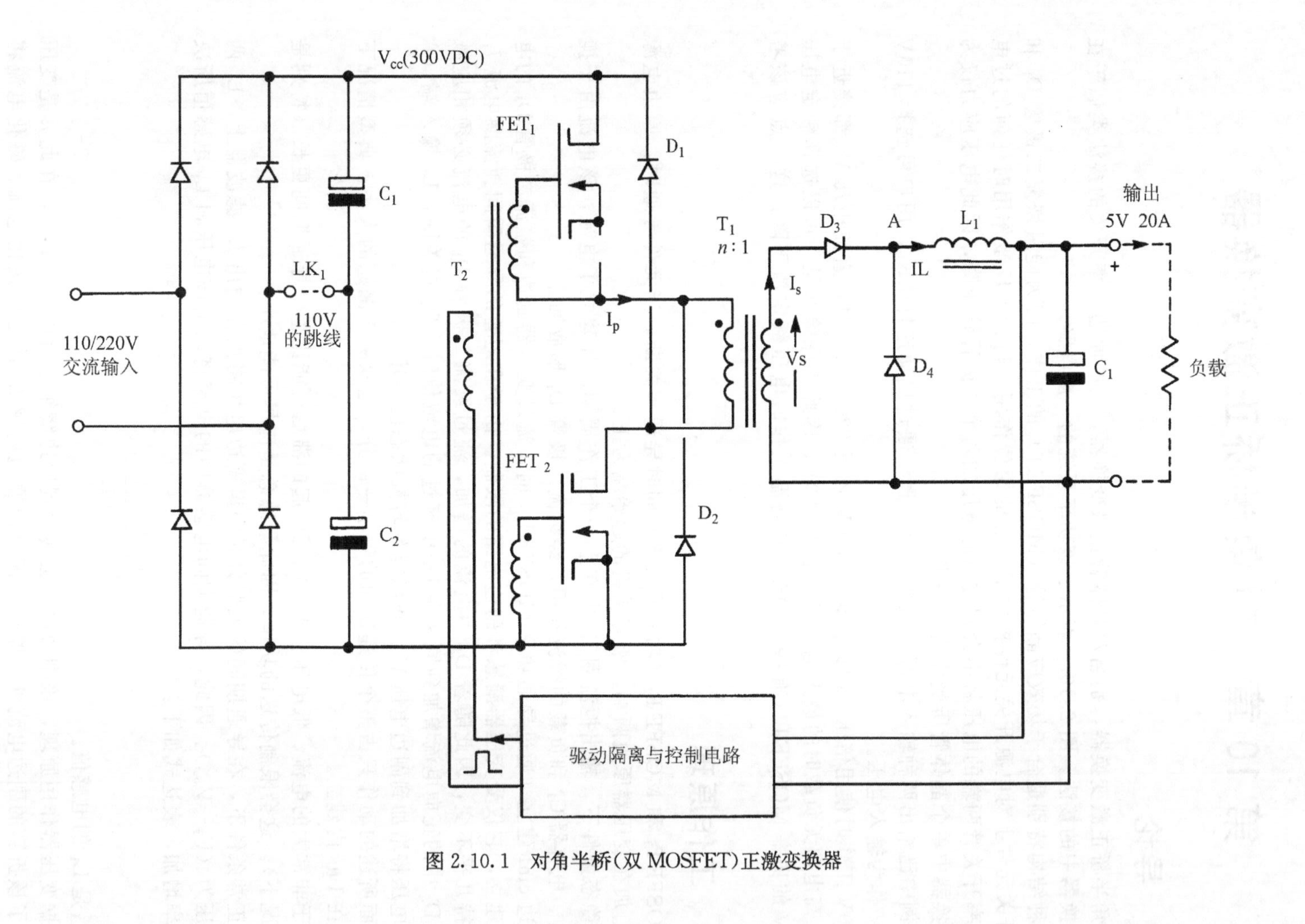

图 2.10.1　对角半桥(双 MOSFET)正激变换器

当 $MOSFET_1$ 和 $MOSFET_2$ 关断时，反激作用使所有绕组的电压反向，但由于二极管 D_1 和 D_2 的钳位作用，反激电压被限制在电源电压。在关断期间，储存在磁场中的能量返回电源。

由于现在的反激电压几乎等于原来的正激电压，恢复储存的能量所需的时间将等于前一个的导通时间。因此对于这种电路，变压器可能出现阶梯形饱和，故占空比不能超过 50%。

在关断瞬间，副边电压反向，整流二极管 D_3 被关断。输出扼流圈 L_1 电流将保持不变，续流二极管 D_4 因此导通。在 L_1 的强迫作用下，电流将在回路 L_1、C_1、D_4 中流动，A 点因一个二极管的压降而变负。L_1 两端的电压等于输出电压（加一个管压降），但方向与原来导通状态时电压方向相反。L_1 中的电流减小到最初的开始值，一个周期结束。

应该强调，漏感在该系统的工作中起了非常重要的作用。漏感值太大会导致功率不能有效地传递，因为大部分的原边电流在关断期间回送到电源。这在开关元件和能量恢复二极管中引起无用的功率损耗。

二极管 D_4 的反向恢复时间特别重要，由于在导通瞬间电流从 D_3 流进输出电感器，并流向 D_4 的阴极，此时正是 D_4 的反向恢复期间。这在导通瞬间会引起原边开关管电流超调。

为了强调变压器漏感的重要性和对快恢复二极管的需要，对该变换器工作情况的一些细节作了描述。这些影响在能够充分利用功率 MOSFET 优点的高频工作时变得尤其重要。

应该记住，漏感并不仅仅包含在变压器本身，它还包含在所有外部电路中。应通过使用短、粗导线并在可能的地方绕制或按紧密耦合双胶线绕制使电感最小；以此维持回路电流。

能量恢复二极管 D_1 和 D_2 应该是快速、高压类型的，低 ESR 的电容器应放置在电源两端并尽可能靠近开关元件。输出电容器 C_1 的 ESR 和 ESL 对变换器的功能来说并不是非常重要，这是因为电感器 L_1 已将该电容器与功率开关隔开。

C_1 的主要功能是减少输出纹波电压和储存一定的能量。通常使用附加的 LC 滤波器减小噪声要更经济，因此在该位置应避免使用昂贵的低 ESR 的电子电容器。详见第一部分第 20 章。半桥变换器的变压器设计见第 11 章。

第 11 章 对角半桥正激变换器变压器设计

11.1 导论

变换器使用的变压器如图 2.10.1 所示，其一般工作原理与用于单端正激变换器中的工作原理相同。主要差别在于不需要能量恢复绕组。

11.1.1 步骤 1，选择磁心尺寸

遗憾的是，没有基本的公式供选择磁心尺寸用。磁心选择取决于许多变量，包括材料类型、磁心的形状和设计、磁心的位置、冷却形式及允许的温升。这也取决于用于变压器设计中的材料和绝缘类型、元件的工作环境温度、工作频率以及所提供的通风设备（例如，强迫通风、空气对流或传导冷却）。

大多数的制造商提供了图表或诺模图，推荐了特殊工作条件下磁心的尺寸。这些图表使设计有良好的开端，本例中将使用这些图表。

一个典型的磁心选择图示于图 2.11.1 中。

11.1.2 举例说明

考虑一个具有 5V，20A 单输出的 100W 离线正激电源。开关频率为 50kHz。

参考图 2.11.1，由于其工作点 P_1 在允许的工作范围之内，EC41 磁心应该是合适的。

电源电压 V_{cc} 由 110V 电源经电压倍频器得到，拨动联动开关就可以得到双输入电压工作方式。

在对角半桥电路中，占空比不能超过 50%，这是由于相同的原边绕组用于正激和反激两种条件，而两种条件所加的电压都是 V_{cc}。因此，由于工作频率是 50kHz，最大的导通时间将是 10 μs。

本例中使用了电压控制反馈环并有非常快的暂态响应。因此暂态条件下，最大电压和脉宽是一致的。为防止变压器饱和，变压器原边设计是在最坏情况条件下进行的。

假设变压器设计使用的参数如下：

V_{ac} = 电源输入电压，单位是 V；

V_{cc} = 直流变换器整流电压，单位是 V；

f = 变换器频率，单位是 kHz；

t_{on} = 最大导通时间，单位是μs；

t_{off} = 关断时间，单位是μs；

A_{cp} = 最小磁心横截面积，单位是 mm^2；

A_e = 有效磁心面积（总磁心以 mm^2 为单位）；

B_s = 最大磁心磁通密度，单位是 mT；

B_{opt} = 工作频率时优化磁通密度值，单位是 mT；

V_{out} = 输出电压，单位是 V。

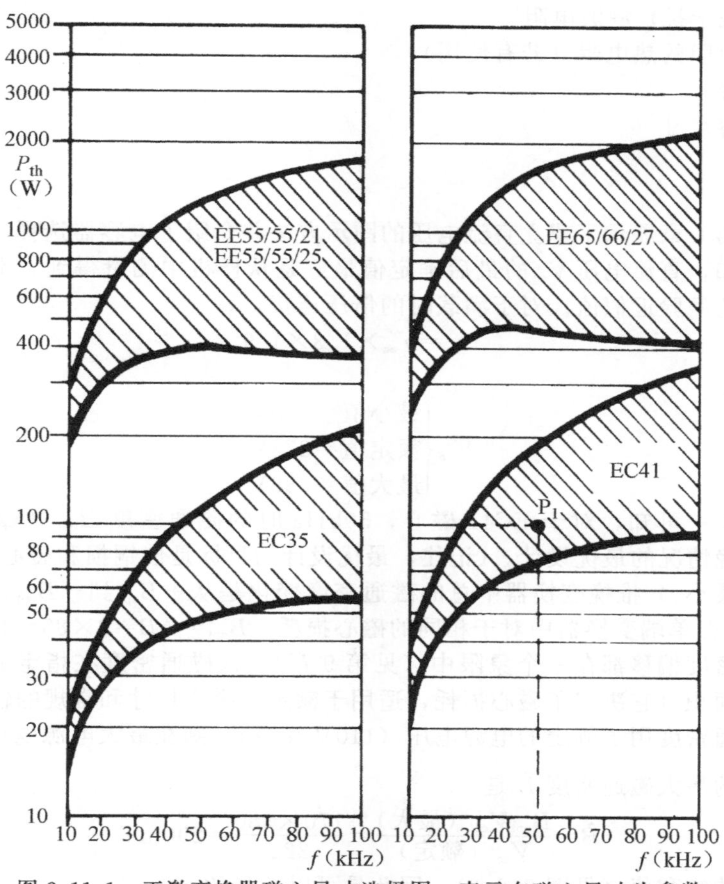

图 2.11.1　正激变换器磁心尺寸选择图，表示在磁心尺寸为参数时允许的容量是频率的函数（经 Mullard 公司许可）

对于本例，

$f=50\text{kHz}$

$t_{on}=10\,\mu\text{s}$（最大）

$A_{cp}=100\text{mm}^2$

$A_e=120\text{mm}^2$

$B_s=350\text{mT}$ 在 100℃下（见图 2.2.3）

$B_{opt}=170\text{mT}$ 在 50kHz 下（见图 2.9.1）

V_{out}=输出电压，5V

电源输入电压范围 V_{ac} 是

最小值　85

额定值　110

最大值　137

由倍压电路给出和加在变换器的直流电压取决于许多可变因素，因此难以精确计算。一些主要因素是

电源电阻

EMI（电磁干扰）滤波电阻
浪涌热敏电阻的热电阻（若有使用）
整流器压降
倍压器电容尺寸
负载电流
电源频率

第一部分第6章展示了建立直流电压的图示方法并介绍了电容器选择。由于并不是所有的变量都可知，直流电压 V_{cc} 的最后确定值最好是从样机中测量得到。本例中最小直流电压使用简单的经验近似值。对于满载时的倍压连接，

$$V_{cc}=V_{ac}\times1.3\times1.9$$

因此

$$V_{cc}\begin{cases}最小值=209\text{V}\\额定值=272\text{V}\\最大值=338\text{V}\end{cases}$$

从图2.9.1中可知，对于EC41磁心，50kHz时的磁通密度 B_{opt}（峰值）是85mT。该值可用于推挽情况的最优设计。（记住，最优设计的目标是使铜损和磁心损耗大致相同，从而使总损耗最小。）推挽变换器中总的磁通密度变化是从 $+B_{opt}$ 到 $-B_{opt}$，磁心损耗取决于总变化 ΔB。在单端变换器中对于相同的磁心损耗，$B_{opt}=\Delta B=2\times85=170\text{mT}$，这是因为所有的磁通密度偏移都在一个象限中（见第9章）。该磁通密度在指定的输入电压下决定有效的磁心面积（它决定了磁心损耗，适用于额定的磁心尺寸和常规的输入电压）。

如果该磁通密度用于额定的电源电压（110V交流），则在最大电源电压（137V交流）和最大脉宽时的最大磁通密度 $\hat{B}$ 是

$$\hat{B}=\frac{B_{opt}V_{cc}（最大）}{V_{cc}（额定）}=\frac{170\times380}{222}=290\text{mT}$$

该值小于磁心的饱和值（见图2.2.3），因此是可以接受的。

11.1.3 步骤2，原边匝数

由于原边波形是方波，利用法拉第定理可以计算最小原边匝数：

$$N_{min}=\frac{Vt_{on}}{\hat{B}A_e}$$

式中，V_{cc}（最大）＝最大的直流电源电压（380V）；
t_{on}＝最大导通时间，μs（10μs）；
$\hat{B}$＝最大磁通密度，T（0.29T）；
A_e＝有效磁心面积，mm^2（120mm^2）。

因此

$$N_{min}=\frac{380\times10}{0.29\times120}=109\ 匝$$

注意：由于所选的磁通水平是基于对磁心损耗的考虑而不是最大磁通密度，故在此使用的 A_e 是有效磁心面积而不是最小面积。

11.1.4 步骤3，计算副边匝数

要求的输出电压是5V。根据该例中使用的 LC 滤波器，变压器副边输出电压 V_s 由下式得到：

$$V_s=\frac{V_{out}\ (t_{on}+t_{off})}{t_{on}}$$

式中，V_s＝副边电压；

　　V_{out}＝要求的输出电压（5V）。

本例中在 50％最大占空比（即最小输入电压时的占空比）下计算副边电压。因此，$t_{on}=t_{off}$，则计算的副边电压 V_s 为：

$$V_s=\frac{5\times\ (10+10)}{10}=10V$$

考虑二极管压降、导线和电感电阻损耗导致的附加电压，副边电压 V_s 为 11V。

本例中，使用了最大导通时间，计算出来的副边电压是可使用的最小值。这必须在最小电源电压时有效，因此最小副边匝数应在这些条件下计算。

电源电压是 85V 时，V_{cc}是 209V。

允许每个场效应管 $MOSFET_1$ 和 $MOSFET_2$ 有 2V 的压降，则加在变压器原边的电压 V_p 是

$$V_p=209-4=205V$$

因此最小副边匝数是

$$\frac{N_pV_s}{V_p}=\frac{109\times10}{205}=5.8\ \text{匝}$$

匝数取整数 6 匝，原边匝数相应增加，产生较低的磁通密度和磁心损耗。也可以用另一种方法，保持原边匝数不变，则控制电路减小脉冲宽度以得到要求的输出。这会产生较大的脉冲电流幅值，但电压降落较低。

这些由设计者作出选择。

11.2　设计注意事项

在正常工作条件下，5V 输出所需的脉宽小于最大值 50％。因此变压器正常工作于较小的磁通偏移，磁心损耗是优化的。

在暂态条件下可出现最大磁通条件。考虑系统工作于最大电源输入和最小负载。输入电压 V_{cc}大约是 380V。如果输出突然加上负载，输出扼流圈 L_1 中的电流不能立刻变化，输出电压将降低。由于控制放大器设计成能给出最大暂态响应，它将脉冲宽度快速调整到最大（本例为 50％或 10 μs）。

加在变压器原边的伏秒现在为最大，最大磁通密度条件将出现数个周期，其值计算如下：

$$\hat{B}=\frac{V_{cc}t_{on}}{N_pA_{cp}}=\frac{380\times10}{109\times100}=348mT\ \text{（非常接近饱和）}$$

式中，$\hat{B}$＝最小磁心面积时的最大磁通密度；

　　A_{cp}＝最小磁心面积（这种类型磁心的中心条柱面积小于 A_e，考虑最小磁心面积时要使磁心不饱和）。

当输出电流达到所需的负载值时，脉冲宽度将返回初始值。

因此为了维持高电压应力和最大脉冲宽度条件（以产生快速的暂态响应），要求原边匝数较多，并伴随着铜损耗的增加。可是设计中如果为防止变压器在暂态条件下饱和，可能会使用较少的匝数。合适的方法将是：

（1）减小控制环转换速率；

(2) 原边限流（或控制，识别饱和的出现并减小导通时间）；

(3) 提供与所加电压成反比的脉宽结束停止的措施。

虽然所有这些方法导致暂态性能降低，但对大多数应用来说通常是可以接受的，并且这样就可以使用较少的匝数改善变压器的效率。

在第一部分的第 15 章、第 16 章有合适的驱动和控制电路，而在第三部分的第 1、2、3 章有输出扼流圈和滤波器的设计方法。

为了减小原边电感储存的能量，正激变换器中变压器磁心通常没有气隙。有时引入小的气隙来减小局部磁心饱和的影响，但是该气隙很少超过 0.1mm。

第 12 章　半桥推挽占空比控制变换器

12.1　导论

由于可以减少原边开关元件的电压应力，半桥变换器是离线式开关电源的首选结构。再有，该输入电路需要大的输入储存和滤波电容器与常规的输入倍压电路一起向半桥供电。

12.2　工作原理

图 2.12.1a 表示了半桥推挽变换器功率部分的一般结构。开关晶体管 Q_1 和 Q_2 只形成桥式电路的一边，剩下的一半由电容器 C_1 和 C_2 构成。该电路与全桥的主要差别在于变压器原边只承受一半的电源电压，因此流过绕组和开关晶体管的电流将是全桥的两倍。

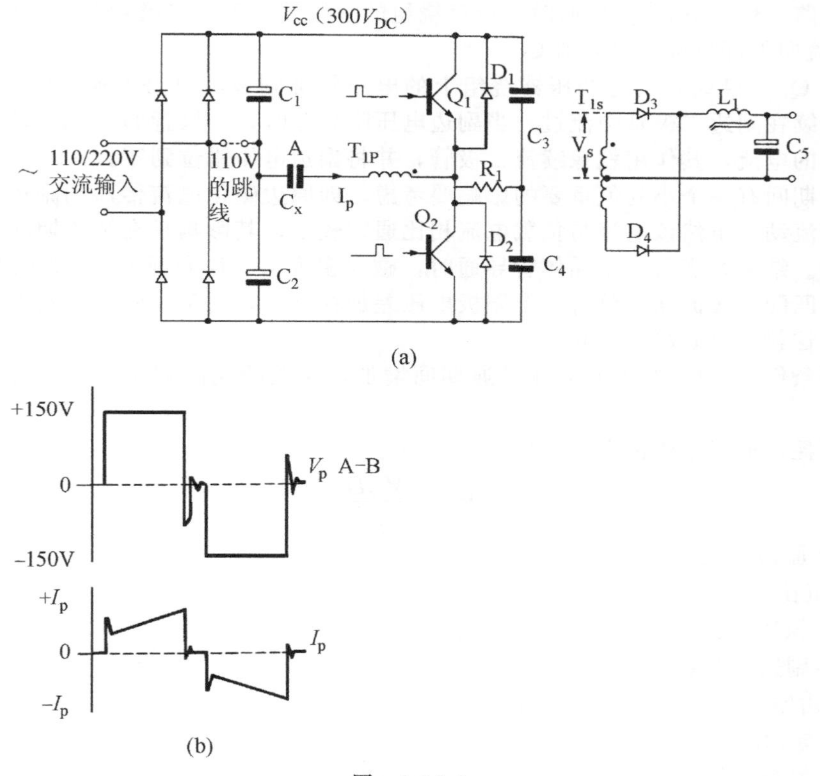

图　2.12.1

（a）半桥推挽正激变换器的功率部分

（b）半桥正激变换器的集电极电压和电流波形

假设稳态情况下电容器 C_1 和 C_2 充电量相等，则中心点（A 点）上的电压将是电源电压 V_{cc}的一半。

晶体管 Q_1 导通时，V_{cc}的一半电压加在原边绕组 T_{1p}两端，起始端为正。此时在变压

器原边和 Q_1 中将建立折算过来的负载电流和磁化电流。

经过由控制电路决定的一段时间后，Q_1 将关断。

现在由于原边电感和漏感的作用，电流将继续流向原边绕组的起始端，由缓冲电容器 C_3 和 C_4 供电。Q_1 和 Q_2 连接点的电位变负，如果储存在原边漏感中的能量足够大，则最终使二极管 D_2 导通，这使该点的电位钳位并将剩余的反激能量返回电源。

由于阻尼振荡作用，Q_1 和 Q_2 中点的电压最后将回到它初始的中心值。阻尼由缓冲电阻 R_1 提供。

经过由控制电路决定的一段时间后，Q_2 将导通，使原边绕组的起始端为负。此时负载电流和磁化电流流过 Q_2，并流入变压器原边绕组的末端，这使得之前的过程重复，但原边电流反向。区别在于导通时间结束时，Q_1 和 Q_2 连接点的电位变正，使得 D_1 导通并将漏感能量返回电源。由于阻尼振荡作用，Q_1 和 Q_2 连接点的电压最后将回到它的中心值。这就完成了一个工作周期并继续下去。该波形示于图 2.12.1b 中。

由于 C_1 和 C_2 是输入滤波器的主要蓄能电容器，其值非常大。因此 C_1 和 C_2 中心点（A 点）上的电压在工作周期中变化不大。

副边电路工作如下：Q_1 导通时，所有绕组的起始端为正，二极管 D_3 将导通，其电流流进 L_1 并流向外部负载和电容器 C_5。

晶体管 Q_1 关断时，所有变压器绕组上的电压将降到零，但由于扼流圈 L_1 的强迫作用，电流继续在副边二极管中流过。当副边电压降到零时，二极管 D_3 和 D_4 基本上平均分担电感器中的电流，其作用就像续流二极管，并将副边电压钳位到零。

在续流期间有一个小的但重要的影响要考虑，即原边磁化电流传递到副边，在两个输出二极管中流动。虽然该电流与负载电流相比通常较小，其影响是在续流期间维持磁通密度为一常数。结果，当另一个晶体管导通时，磁通密度从 $-B$ 变到 $+B$。如果 D_3 和 D_4 的正向电压不匹配，续流期间就有一个阳极电压差加在副边，由于在两次关断期间该电压的方向相同，这就使磁心趋于饱和。

在稳态条件下，L_1 中的电流在导通期间增加，在关断期间减小，其平均值与输出电流相等。

忽略损耗，输出电压由下式给出

$$V_{out}=\frac{V_{cc}D}{n}$$

式中，V_{cc}＝原边电压；

n＝匝比 N_p/N_s；

N_p＝原边匝数；

N_s＝副边匝数；

D＝占空比 $[t_{on}/(t_{on}+t_{off})]$；

t_{on}＝导通时间；

t_{off}＝关断时间。

因此用合适的控制电路调节占空比，可控制输出电压并在电源或负载变化时维持该电压为常值。

12.3　系统优点

由于半桥技术有许多优点，所以应用广泛，特别是在高压工作情况更是如此。

其中一个主要优点是晶体管 Q_1 和 Q_2 不会承受高于电源电压（加一个二极管压降）

的过电压。二极管 D_1 和 D_2 起到能量恢复元件的作用，将集电极电压钳位在电源电压，使电压不会超调。因此晶体管在良好的电压应力条件下工作。

输出双向整流器的倍频作用为每个工作周期提供两个能量脉冲，使 L_1 和 C_5 需要储存的能量减少。

当要求 100V 工作时，输入电容器 C_1 和 C_2 的串联构成了简单的倍压电路。

变压器原边绕组 P_1 和磁心磁感应强度摆幅值在工作的两个半周期都得到了充分的利用。所以与传统的推挽变换器相比，该电路对变压器绕组和磁心有更好的利用，传统的推挽变换器工作时，每半个周期内只使用一半绕组（若输出采用桥式整流器，则对输出绕组有相同的作用，但由于二极管效率的原因这常常只用于高电压输出的场合）。

最后，原边不需要能量恢复绕组，其结构决定了该作用是由 D_1 和 D_2 来完成的。

12.4　存在的问题

设计者必须防止这种变换器可能出现的许多问题。

一个主要的困难是变压器磁心的阶梯形饱和。如果加到原边绕组的所有正向脉冲的平均伏秒与所有负向脉冲的不严格相等，变压器磁通密度将随每个周期增加（阶梯形）并进入饱和。如果副边二极管电压不平衡也会出现相同的影响。由于储存时间和饱和电压在两个晶体管或二极管中很少相等，所以除非采取有效的措施加以防止，否则该影响是很难避免的。变压器磁心中加入小的气隙将改善对该影响的承受力，但不能消除它。

幸运的是随着变压器接近饱和，存在一种自然的补偿作用。磁心开始饱和时，一个晶体管上的集电极电流在接近导通结束时将趋向增加。这导致储存时间缩短，因此该晶体管的导通时间缩短，出现某种自然平衡作用。

可是如果使用非常快速的开关晶体管或具有低储存时间的功率 MOSFET，对于这种自然校正作用其储存时间是不够的。

为防止阶梯形饱和，可以使用电流型控制。对 110V 倍压输入整流器连接，原边存在一直流通路，不需要特别的直流恢复电路。可是对 220V 桥式工作情况，使用电流型控制时必须给出经过原边的直流通路，必须使用特定的恢复电路。详见第三部分的 10.10 节。

较低功率时，另一种替代方法是选择晶体管具有近似相等的储存时间。输出二极管 D_3 和 D_4 应选择在工作电流下具有相等的正向压降。晶体管类型和驱动电路应在关断期间具有合理的储存时间。

最后，控制放大器的转换速率必须缓慢以使得在两周期间脉冲宽度不会发生大的变化（否则工作于接近饱和的晶体管将立刻饱和）。这样的设计使暂态响应变差，但这可能并不重要。这主要取决于实际应用。

虽然阶梯形饱和引起的磁心局部饱和在稳态条件下可能不是主要问题，但在瞬间负载变化期间可能会出现更严重的问题。

假设电源已在较轻负载下工作，并且稳定工作条件已经建立。对于任意一个晶体管其本身的阶梯形饱和趋势已使变压器工作在非常接近饱和的状态。因为电感器电流不会立刻变化，所以输出电流突然增加时，最初将引起输出电压降低。控制电路会对输出电压的下降做出响应，将驱动脉冲宽度调整到最大。变压器将在半个周期内立即饱和，这可能造成开关元件损坏。

因此需要引入一些其他的控制方法，如原边限流或放大器转换速率限制，以防止电源损坏。这两种方法都将对暂态响应时间起到严格限制的作用。更多处理阶梯形饱和的有效方法（电流型控制方法）在第三部分的第 10 章讨论。

12.5 电流型控制和次谐波纹波

当电源接到 110V 工作状态时，常常接上一个耦合电容器 C_x 来阻止经过变压器绕组的直流通路。该电容器试图通过阻隔变压器原边的直流电流来防止阶梯形饱和。不幸的是，它也会带来不希望的影响，由于电容器 C_x 产生了直流偏压导致变化的周期内出现高压时脉冲宽度窄、低压时脉冲宽度宽的现象。这种不平衡的工作过程引起功率周期的变化，即有不同的幅值，并将次谐波纹波引入输出电压。即使没有接电容器 C_x，当输入接到 220V 工作状态时，由于 C_2 和 C_3 阻隔直流，该问题仍会出现。如果要提供自动平衡则必须使用特定的直流恢复技术或将电流型控制应用到半桥变换器中。详见第三部分的 10.10 节。

12.6 防止交叉导通

在半桥结构中交叉导通是一个主要问题。Q_1 和 Q_2 在同一瞬间导通时出现交叉导通，这通常是由正在关断的晶体管的储存时间过长引起的。交叉导通使电源短路，通常产生破坏性的后果。

杜绝这个结果有两种方法。简单的方法是对驱动脉冲宽度加固定的结束停止信号，使导通角不会太宽，避免交叉导通发生。这种方法的问题在于储存时间是可变的，它取决于晶体管的类型、工作温度和负载。因此为了安全，必须提供较宽的裕量，这使得控制范围和变压器、晶体管、二极管的利用率减小（功率传递必须在相当窄的导通期间进行）。

不受这些限制的另一种方法是采用有效的“交叉耦合禁止”电路或“重叠导通保护”电路（见第三部分的第 19 章）。

在这种结构中，如果 Q_1 导通，则 Q_2 的驱动是禁止的，直到 Q_1 退出饱和。对 Q_2 则反之。这种自动禁止作用具有能够适应储存时间变化和使用全导通角的优点。

12.7 缓冲元件（半桥）

元件 C_3、C_4 和 R_1 是经常提到的缓冲元件（更加精确的负载线曲线请参见第一部分第 18 章），它们协助高压晶体管 Q_1 和 Q_2 的关断以减少二次击穿应力。晶体管关断时，变压器电感仍维持电流流动，缓冲器元件为该电流提供了另一条通路，以防止关断时的过电压应力。

在半桥结构中不使用传统的二极管、电容器、缓冲电路，因为这种电路在晶体管 Q_1 和 Q_2 导通时提供了一条低阻抗交叉导通路径。

12.8 软启动

变换器最初开始工作时，驱动脉冲逐渐增加以使输出电压和电流缓慢建立，这称之为软启动。如果没有软启动，刚导通时会产生大的浪涌电流使得输出电压过冲，同时由于倍磁效应变压器可能饱和（见第三部分的第 7 章）。变换器每次停止运行后都应使用软启动，例如过电压或过电流保护停止运行后。详见第一部分的 9.2 节。

12.9 变压器设计

磁心尺寸

变压器尺寸的选择要在所选工作频率上满足功率需求和温升。这些信息可以从制造商的数据中获得，可传送的功率的典型图示于图 2.2.2 和图 3.4.3 中。

实例

假设一个保守设计的工作频率是 30kHz，温升 40℃，输出是 100W。

该系统给出 5V、20A 的单输出。这种系统的效率是 70%，可传送的功率约为 140W（假设主要的损耗在变压器和输出电路）。根据图 2.2.2，选择 EC41（FX3730）或类似的磁心尺寸是合适的。

12.10　优化磁通密度

最优磁通密度 B_{opt} 的选择需要仔细考虑。不像反激变换器，该电路要使用两个象限的 B/H 回环，可得到的磁感偏移大于反激时的两倍。因此应该更加小心考虑磁心损耗，因为如果使用整个磁感偏移，磁心损耗可能超过铜损耗。对于最有效率的设计，磁心损耗和铜损耗应接近相等。

图 2.12.2 表示了 41mm 磁心以变压器总损耗为变量的温升曲线。假设允许的温升是 40℃，则变压器中允许的功率损耗是 2.6W（注意热点温度稍高于整个磁心温度平均值）。因此如果该功率损耗由磁心和绕组平均分担，则最大的磁心损耗是 1.3W。

由图 2.12.3 可以看出在 30kHz 时，FX3730 磁心在总磁通 Φ 接近 19 μWb 时的损耗是 1.3W。中心磁极的面积是 $106mm^2$，故中心磁极中的峰值磁通密度 $\hat{B}$ 是

$$\hat{B}=\frac{\Phi}{A_{cp}}=\frac{19\,\mu Wb}{106mm^2}=180mT$$

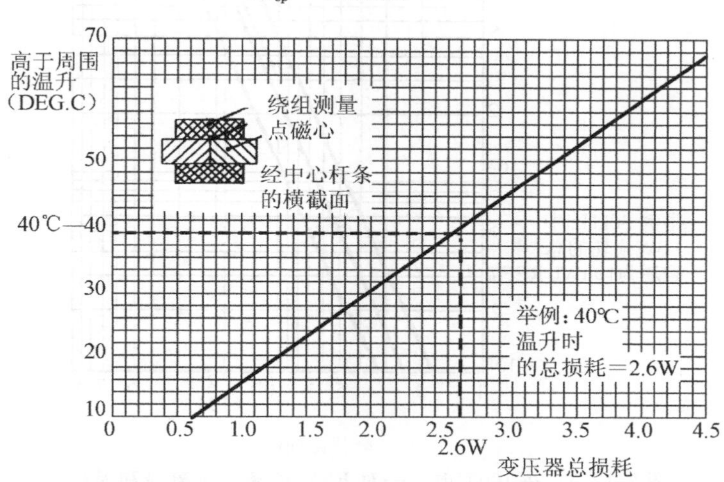

图 2.12.2　在自然通风条件下，F×3730 变压器的温升是内部总消耗的函数（经 Mullard 公司许可）

注意：

$$1T=1Wb/m^2$$

峰值磁通密度选择的第二个考虑是在最大输入电压时瞬间负载条件下磁心饱和的可能性。

12.11　暂态条件

变换器工作于闭环时，随着输入电压增加，脉宽通常以相同的速率减小以维持输入电压恒定。在这些条件下，磁心的磁通密度峰值保持在设计值（本例为 180mT）。可是在瞬态条件下，无论电源电压如何，脉宽可能增加到最大值。这种情况可能出现在输入电压为

最大的时候。变压器设计成最小电压和最大脉宽时工作在 180mT。因此最大输入电压时磁通密度的增加将与电压的增加率相同（本例为50%）。本例中，磁通密度将从 180mT 突然增加到 270mT。从图 2.2.3 可以看出，这仍然低于其饱和限制，所以只要变压器的工作对称于零磁通，瞬间负载就不会引起磁心饱和，工作是可靠的。

如果计算显示磁心将会饱和，建议采取下列措施之一。

（1）设计在较低的磁通水平工作。虽然这种方法安全，但降低了变压器效率，因为需要更多的绕组，并且不能使用优化磁通水平。

（2）为两个开关晶体管提供独立的快动作限流。这是一种好的解决方案，因为它不仅能防止饱和，还能防止其他的不利条件。使用电流型控制可起到类似的作用。详见第三部分的第 10 章。

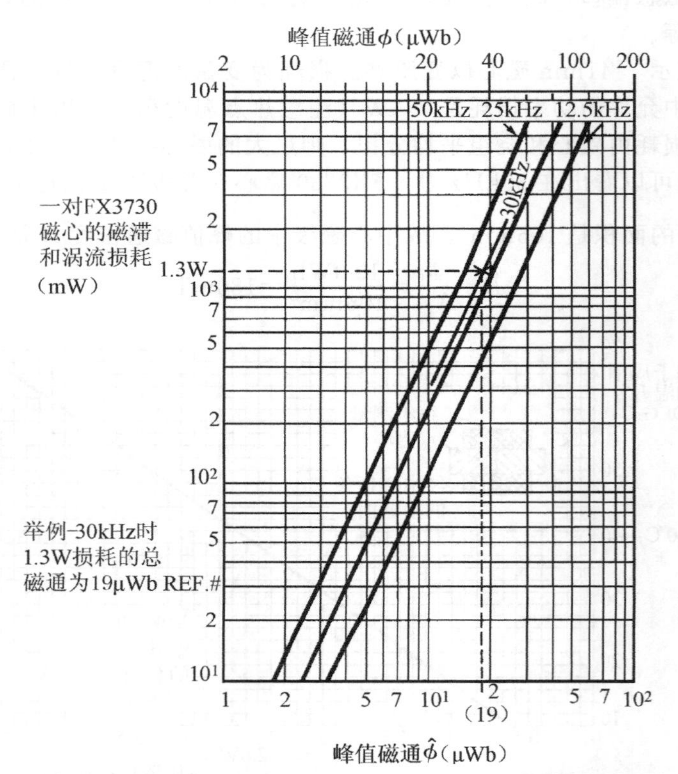

图 2.12.3　在 100℃时，一对 FX3730 磁心的磁滞和涡流损耗是总磁通 Φ 的函数，以频率为参数（经 Mullard 公司许可）

（3）正比于输入电压的最大脉宽采用结束停止功能。这也是一种可接受的解决方法，但这种方法使暂态性能降低。

12.12　计算原边匝数

一旦选择了优化磁心尺寸和磁通密度峰值，就可以计算原边匝数。在最小电源输入时变压器必须能提供满额输出电压。在这些条件下，功率脉冲的宽度为最大，即 16.5 μs。因此可以计算这种情况下的最小原边匝数。

将 90V 有效值电压输入到倍压电路，直流电压大约为 222V（见第一部分的第 6 章）。

考虑半个工作周期。电容器 C_1 和 C_2 中心点电压是电源的一半，即 111V。Q_1 导通时，中心点与 V_{cc} 之间的电压差将加在变压器原边两端。因此在 16.5 μs 期间，原边电压 V_p 是 111V。

对于 180mT 的峰值磁通密度，所需的匝数计算如下：

$$N_{mpp}=\frac{V_p t_{on}}{\Delta B A_{cp}}$$

式中，V_p = 原边电压 $V_{cc}/2$，单位是 V；

t_{on} = 导通时间，单位是μs；

ΔB = 导通期间的总磁通密度变化（注意：$\Delta B=2\hat{B}$）；

A_{cp} = 最小磁心面积，单位是 mm^2；

N_{mpp} = 最小原边匝数（推挽工作）；

$\hat{B}$ = 磁通密度峰值（相对于零），单位是 T。

12.13　计算最小原边匝数

当

$V_p=V_{cc}/2=111V$

$t_{on}=16.5\ \mu s$

$B_{opt}=180mT$（30kHz 时的优化磁通密度）

$\Delta B=2\hat{B}=0.36T$

$A_{cp}=106mm^2$

因此

$$N_{mpp}=\frac{111\times16.5}{0.36\times106}=48\text{ 匝}$$

所以该例中所需最小原边匝数是 48 匝。

12.14　计算副边匝数

要求的输出电压是 5V。允许在整流二极管、电感器和变压器绕组上有 1V 的压降（典型计算值），变压器副边电压将是 6V（假设最大脉宽是 50%，接近方波输出）。因为原边绕组上每匝电压是 2.3V，则副边匝数是

$$\frac{6}{2.3}=2.6\text{ 匝}$$

最好不要使用半匝绕组，除非使用特别的技术，否则这样会引起变压器的一个条柱饱和（见第三部分的 4.23 节）。现在有两种选择，向上凑成 3 匝，或向下凑成 2 匝。如果匝数取小的计算值，就要减少原边的匝数以维持正确的输出电压，因为 50% 的脉宽不能再增加。匝数的减少会导致磁心磁通密度的增加，在暂态情况下可能出现饱和。因此选择副边的匝数为 3 匝。原边匝数和最大磁通密度都维持原来的值，脉宽将减少以得到正确的输出电压。因此最小输入电压时，脉宽将小于 16.5 μs，并且现在有可能脉宽具有固定的结束停止点，提供“死区”以防止交叉导通（两个功率晶体管同时导通引起交叉导通，电源两端短路，通常引起快速破坏。见第一部分的第 19 章）。

现在对功率变压器的绕组有了基本的了解。绕组尺寸、形状和结构的选择在第三部分第 4 章中讲述。

在此给出的设计方法并不严密，仅是一般的引导。在第三部分的第 4 章和第 5 章有更全面的介绍。要求设计者学习这些章节以及参考文献 [1] 和参考文献 [2]。

12.15 控制和驱动电路

这种变换器使用的控制和驱动电路很多。从许多制造商提供的全集成控制电路，到许多电源工程师喜欢使用的分立元件设计都有应用。在第一部分的第 15 章和第 16 章有对合适的驱动电路的讨论。

为可靠工作，驱动和控制电路必须提供下列基本功能。

(1) 软启动。它可减少浪涌电流和导通应力，导通时帮助防止输出电压超调。在推挽应用中还能防止由于双倍磁通效应引起的变压器磁心饱和。详见第三部分的第 7 章。

(2) 磁通居中。该电路分别控制着推挽应用中施加在上、下晶体管的脉冲以维持磁心中的平均磁通为零。可以使用各种方法。这部分内容在第三部分的第 6 章中讨论。

(3) 禁止交叉导通。两个功率晶体管瞬间同时导通引起交叉导通。这是因为即使每个元件的驱动脉冲不超过 50%，功率元件中的储存时间可引起功率脉冲重叠，从而出现这种情况。可以使用固定的结束停止脉冲或有效的交叉导通禁止电路。

(4) 限流。限流可以用于输入和输出，且必须使系统不出现短路情况。对于开关模式系统，建议使用恒流限制，因为这可防止非线性负载引起的停机。详见第一部分的第 13 章和第 14 章。

(5) 过压保护。在大电流系统中，一般是封锁变换器开关脉冲而不是使用 SCR 快速作用技术来提供过压保护。详见第三部分的第 7 章。

(6) 电压控制和隔离。对于所有工作条件都必须维持输出电压的稳定闭环控制。电路中输出与输入是隔离的，必须使用合适的隔离器件。这些隔离器件包括光耦合器、变压器和磁放大器。

注意：在输出性能要求不是非常严格的场合，为满足电压控制和附加需求可以使用变压器辅助绕组提供对原边电路的控制。

(7) 原边过功率限制。对原边功率晶体管采用独立的限流可以防止许多可能的破坏。这种方法可以避免交叉导通和变压器饱和。有时候有要求变压器副边短路不引起破坏性失败的特殊需求。详见第一部分的第 13 章。

(8) 输入欠压保护。控制电路应能识别输入电压的状态，只有当输入电压足够高时才允许工作，以得到良好的性能指标。保护电路中应提供磁滞以防止临界导通电压时的不规则振荡。详见第一部分的第 8 章。

(9) 辅助功能。电子闭锁（通常与 TTL 兼容）、同步、电源良好标志、功率上升控制过程、输入射频干扰滤波、浪涌限流以及输出滤波器设计都已包括在各节。

12.16 双倍磁通效应

对于单端变压器和推挽平衡变压器工作方式上的差异总是不能完全被鉴别。单端正激或反激变换器只使用四分之一象限的 B/H 磁环，剩磁通是 B_r，电感的保持范围通常相当小（图 2.9.2 很好地表示了这种效果）。

在推挽变压器中通常假设可以使用整个 B/H 磁环，每个周期，B 从 $-B_{max}$ 增加到 $+B_{max}$，所以一个导通期间 ΔB 的全部变化是 $(2\times\hat{B})$。通常使用该值计算原边匝数，结果推挽变压器所需的匝数是单端变压器所需匝数的一半。因此

$$N_{\mathrm{mpp}}=\frac{V_{\mathrm{cc}}t_{\mathrm{on}}}{2\hat{B}A_{\mathrm{e}}}$$

式中，N_{mpp}=最小原边匝数（推挽工作）；

V_{cc}=原边直流电压；

t_{on}=导通时间，单位是μs；

$\hat{B}$=最大磁通密度，单位是 mT；

A_{e}=有效磁心面积，单位是 mm^2。

可是，使用这种方法时设计者应小心，因为 ΔB 并不总是 $2\hat{B}$。例如，考虑变换器刚导通的情况。磁心磁通密度是介于 $-B_{\mathrm{r}}$ 和 $+B_{\mathrm{r}}$ 之间的值（剩余值）。因此在头半个周期，$2\hat{B}$ 的磁通变化可能使磁心进入饱和（故称之为“双倍磁通效应”）。因此在工作的最初几个周期，不能施加全电压和最大脉宽，并需采用软启动（即在工作的最初几个周期，必须缓慢增加脉冲宽度）。更进一步，如果在稳态情况下阶梯形饱和影响使磁心趋于饱和，则整个 $2\hat{B}$ 范围在两个方向都是无效的（这一点在暂态情况下要求脉宽快速变化是很重要）。因此在推挽变换器中确实需要对称性矫正。

由于这个原因，实际中常常降低 ΔB 的范围，使用的匝数多于上式计算所得的匝数，以便为任何启动和对称性问题提供好的工作裕度。要求的裕度取决于对以上控制效果的好坏程度。

12.17　习题

1. 为什么使用“半桥”这个术语来描述图 2.12.1a 中的电路？
2. 叙述半桥的工作原理。
3. 在图 2.12.1a 所示的半桥电路中，二极管 D_1 和 D_2 的作用是什么？
4. 在具有全波整流的占空比控制半桥正激变换器中，在 Q_1 和 Q_2 同时关断期间，什么阻止磁心的恢复？
5. 原边电路中串联电容器 C_x 的作用是什么？
6. 对于半桥电路，为什么图 2.12.1 中的串联电容器 C_x 常常引起次谐波纹波？
7. 在半桥电路中，减少磁心阶梯形饱和的措施有哪些？
8. 为什么使用功率 MOSFET 时，阶梯形饱和问题更加明显？
9. 说出一种消除阶梯形饱和问题的控制方法。
10. 使用电流型控制时，为什么在原边绕组上串联电容器是不好的做法？
11. “双倍磁通”是指什么？它会引起什么？
12. 在推挽变换器的导通初期，通常采取什么方法来防止磁心的双倍磁通？
13. 半桥电路中“交叉导通”是指什么？
14. 给出防止交叉导通问题的两种常用方法。
15. 对于半桥电路，缓冲器电路中不使用二极管，为什么？
16. 为什么在高频推挽变换器中，优化磁通密度偏移常常比磁心的峰值容量小得多？

第 13 章　桥式变换器

13.1　导论

全桥推挽变换器需要四个功率晶体管以及附加的驱动元件。这使该变换器的成本比反激或半桥变换器的更高，故通常在高功率应用场合才使用这种变换器。

该技术有许多有用的特点，特别是其主变压器只需要一个原边绕组，这使两个方向都承受全电源电压。这样当输出使用全波整流时，变压器磁心和绕组具有极好的利用率，使高效率变压器的设计成为可能。

第二个优点是功率开关在非常好的环境下工作。任何条件下最大电压应力都不超过电源电压。四个能量恢复二极管的正向钳位作用消除了通常由漏感引起的任何瞬间电压。

该电路的缺点是需要四个开关晶体管，由于两个晶体管串联工作，有效饱和导通时的功率损耗稍大于使用两个晶体管推挽的情况。可是在高电压离线开关系统中，这些损耗较小，是可以接受的。

最后，该电路经四个恢复二极管提供反激能量恢复，不需要任何能量恢复绕组。

13.2　工作原理

13.2.1　一般情况

图 2.13.1 表示一个典型离线桥式变换器的功率部分。对角的一对开关元件同步工作，并有序地交替。例如，Q_1 和 Q_3 同时导通，接着由 Q_2 和 Q_4 同时导通。在脉宽控制系统中，存在一段 4 个开关元件都关断的时间。应该注意，Q_2 和 Q_4 导通时，原边绕组两端的电压方向与 Q_1 和 Q_3 导通时相反。

在本例中，使用均衡的基极驱动电路，这使基极驱动电流在任何时候都与集电极电流相配合。该技术特别适合于大功率应用场合，并在第一部分的第 16 章中有更加全面的描述。

在关断期间，稳态条件下，L_1 中已建立起电流，输出整流二极管 D_5 和 D_6 起续流二极管的作用。在 L_1 的强迫作用下，该关断期间两个二极管平均分担电感器的电流（除了有非常小的磁化电流）。由于使用对称的二极管，副边绕组两端的电压为零，因此原边绕组两端的电压也为零（经过一小段由原边漏感引起的阻尼振荡时间后）。典型的集电极电压波形示于图 2.13.2 中。

13.2.2　工作周期

考虑图 2.13.1 中电路在稳态条件下的工作周期。假设驱动电路开始向 Q_1 和 Q_3 提供导通脉冲。这两个元件开始导通。此时的集电极电流流经 T_{1P} 的原边绕组并流过均衡驱动变压器 T_{2A} 和 T_{2B} 的原边。正向再生反激作用加强了两个晶体管的导通作用，使 Q_1 和 Q_3 快速进入全导通即饱和状态。

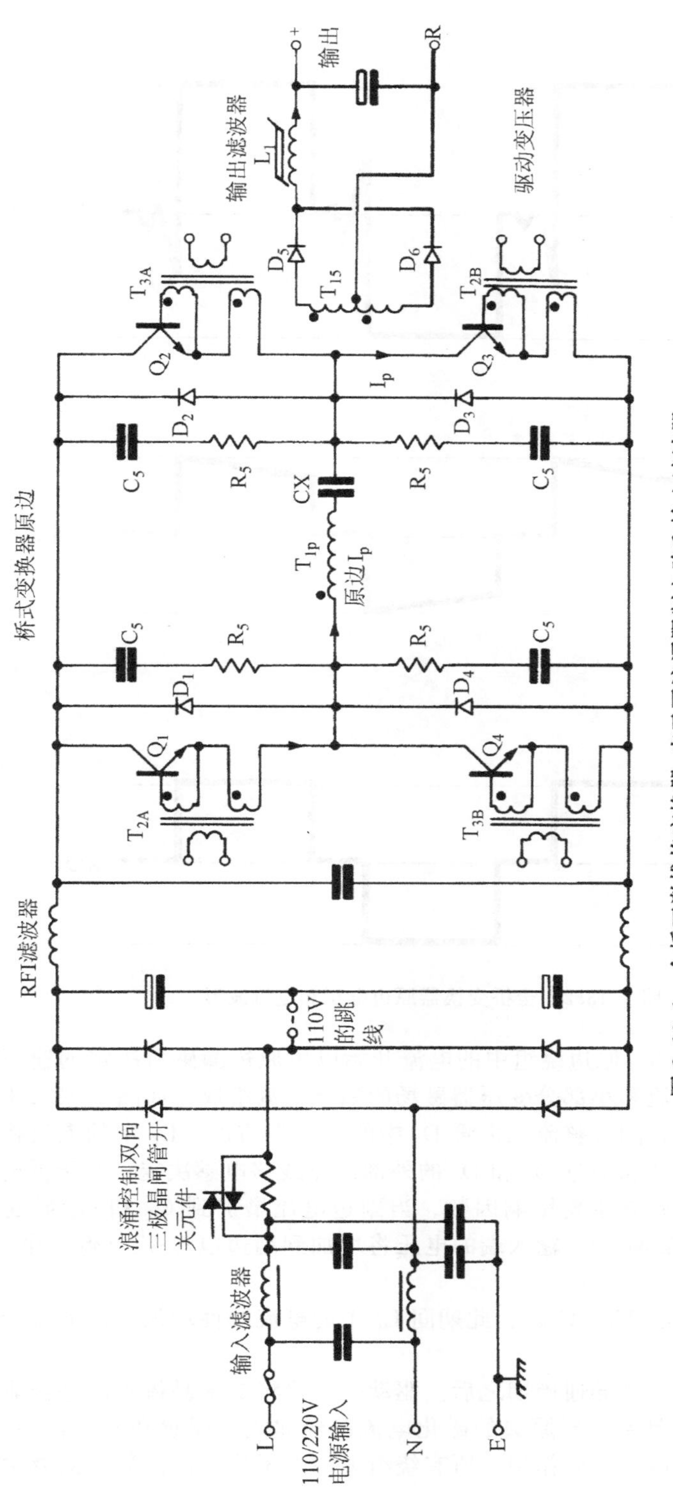

图 2.13.1　全桥正激推挽变换器，表示了浪涌限制电路和输入滤波器

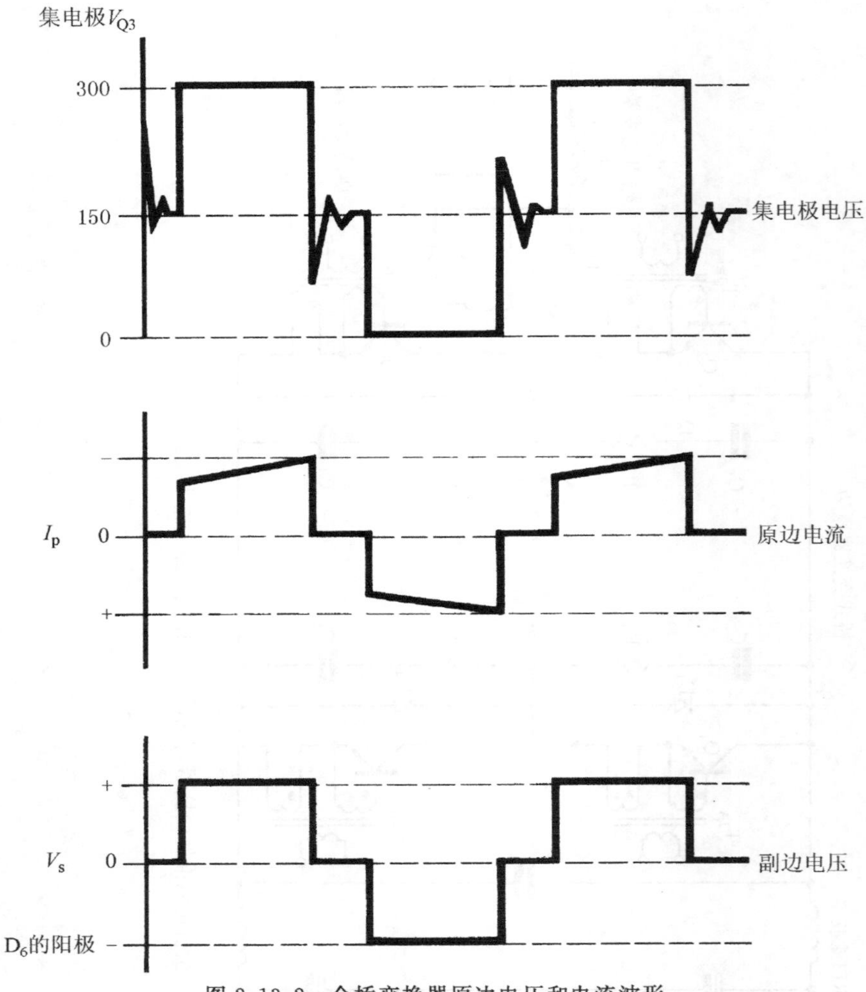

图 2.13.2 全桥变换器原边电压和电流波形

一旦 Q_1 和 Q_3 导通，T_{1P}原边绕组中的电流开始以由原边漏感所决定的速率建立。该电流由负载折算过来的电流和小部分变压器磁场的磁化电流组成，如图 2.13.2 所示。

同时，在导通的边缘，副边整流二极管 D_5 中的电流将增加，D_6 中的电流将减小，其增、减速度由总的副边漏感和通过 D_5 和 D_6 的外部回路线路电感决定。对于低电压、大电流输出，外部回路线路电感是主要影响因数。当副边电流增加到 Q_1 和 Q_3 导通之前流过 L_1 中的电流值时，D_6 将反偏，L_1 输入端的电压将增加到副边电压 V_s（低一个 D_5 的管压降）。

L_1 两端的正向电压是（V_s-V_{out}），此期间 L_1 中的电流线性增加。该电流传递到原边的情况如图 2.13.2 所示。

在由控制电路控制的一个导通周期之后。驱动变压器将功率晶体管的基极驱动电流转移，Q_1 和 Q_3 将关断。可是变压器原边的磁化电流已经建立，漏感和安匝数将保持不变，电流传递到副边。因此，由于反激作用，所有绕组上的电压将反向。如果漏感中储存了足够的能量，原边电压将返回二极管 D_2 和 D_4 导通时的对应值，多余的反激能量将返回电源。如果漏感很小，缓冲器电容器 C_5、R_5 和输出二极管 D_5 和 D_6 将提供有效的钳位。D_5 和 D_6 将大部分的反激能量转换到输出。由于原边二极管 D_1、D_4 和副边二极管 D_5、D_6 的强烈钳位作用，开关晶体管两端的电压任何时候都不会超过电源电压加一个二极管压降。

13.2.3　缓冲器元件

在关断瞬间，缓冲器元件 R_5、C_5 为集电极电流提供了另一条通路，减小了功率器件的关断应力。也可以用接在变压器原边两端的单个 *RC* 电路来代替 4 个缓冲器网络，但当所有功率晶体管关断时，所示结构产生的原边电压的共模控制更好。这种作用在第一部分的第 17 章中有更加充分的描述。

由输出二极管提供续流作用是这种推挽电路的一个重要特点。图 2.9.2a 和图 2.9.2b 表示磁心磁通偏移在推挽和单端工作中的工作范围。

推挽情况下该工作范围更宽，即使所有的晶体管都关断，由于 D_5 和 D_6 的续流导通，磁心将不会恢复到零。

由于 D_5 和 D_6 在关断期间保持导通，副边两端的电压和所有绕组两端的电压在开关晶体管关断时为零。结果，关断期间磁心将不会恢复到 B_r，但将保持在 $+\hat{B}$ 或 $-\hat{B}$。当另一对对角输入晶体管变为导通时，可以使用 $2\hat{B}$（$-\hat{B}\sim+\hat{B}$）的整个磁通密度范围，允许所设计的变压器具有较少的原边匝数。副边电压波形示于图 2.13.2 中。

当负载降到低于磁化电流（以副边为参考）时，副边二极管的钳位作用消失。但这通常并不会成为问题，因为在这些条件下导通脉冲的时间非常短，ΔB 也小。

13.2.4　暂态双倍磁通效应

在暂态负载条件下，如果使用 B/H 特性的整个范围，有时会出现问题。假如电源已在轻载下工作，脉冲的宽度较窄，磁心工作于 $B=0$ 附近。如果负载突然增加驱动电路给出最大的脉冲宽度，则对于这种暂态变化，只使用了 ΔB 变化范围的一半，磁心可能出现饱和。要仔细考虑这种暂态条件，使磁心在该条件下有足够的磁通密度裕量或限制控制脉冲的转换率以利于磁心建立新的工作状态（这种效果有时称为“双倍磁通”）。

13.3　变压器设计（全桥）

推挽变压器的设计方法相当直接。两个工作半周期都使用一个原边绕组，这使得磁心和绕组有极好的利用率。

为减小磁化电流，需要最大的原边电感和最小的匝数。同时选择高导磁率材料，并且磁心不用加气隙（由于磁心气隙对饱和的出现有较好的控制作用，如果变压器中有直流电流成分，有时可加入一个小的磁心气隙）。

13.4　变压器设计举例

假设设计的具有铁氧体磁心的变压器要满足以下要求：

输入电压 90～137 或 180～264（用开关转换）

频率 40kHz

输出功率 500W

输出电压 5V

输出电流 100A

13.4.1　步骤 1，选择磁心尺寸

假设变压器和副边整流电路的初始效率是 75%。变压器要转换的功率将是

500/0.75＝667W。

对于该功率水平的推挽工作情况，从图 2.13.3 可知，EE55-55-21 在对流空气冷却条件下的温升是 40℃。因此下面的例子中使用该磁心。

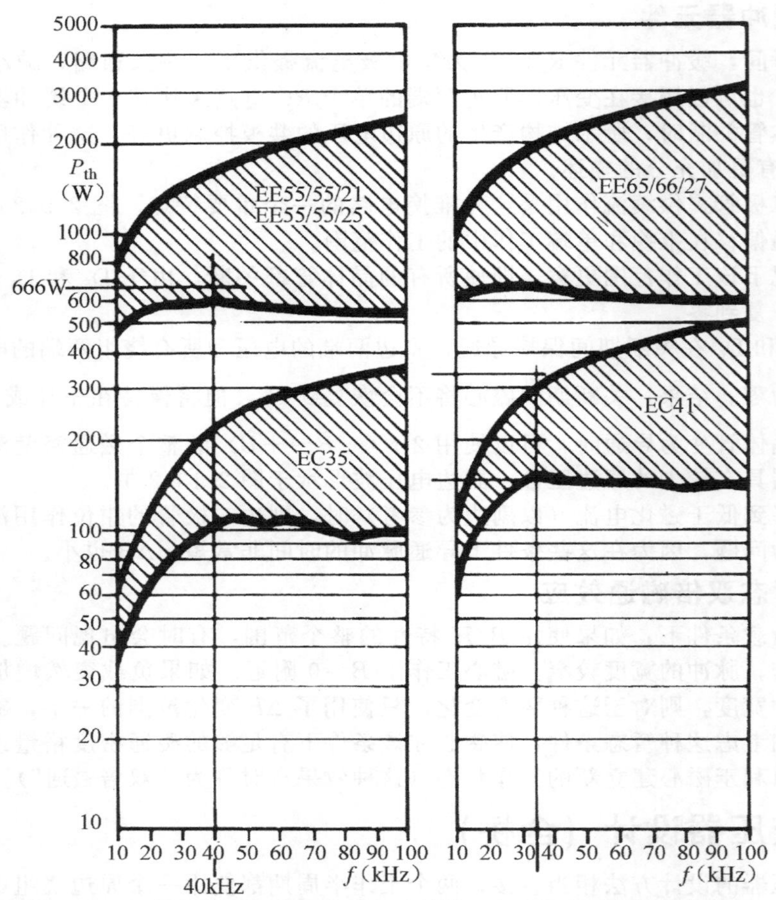

图 2.13.3　平衡推挽工作时的磁心选择图，表示输出功率是频率的函数，以磁心尺寸为参数（经 Mullard 公司许可）

13.4.2　步骤 2，选择优化磁通密度

对于推挽工作，可以使用整个 B/H 磁环（见图 2.9.2）。大的磁通密度偏移具有较少的原边匝数和较低的铜损耗，但磁心损耗增加。

通常假设，最小的损耗（最大效率）出现在铜损耗和磁心损耗相等的情况，这是选择工作磁通密度时常用的设计目标。

图 2.13.4 表示 A16 铁氧体磁心材料在匝数减少时磁心损耗增加的情况，而峰值磁通密度从 25mT 增加到 200mT（同时，铜损耗将减小，但在这里没有表示出来）。

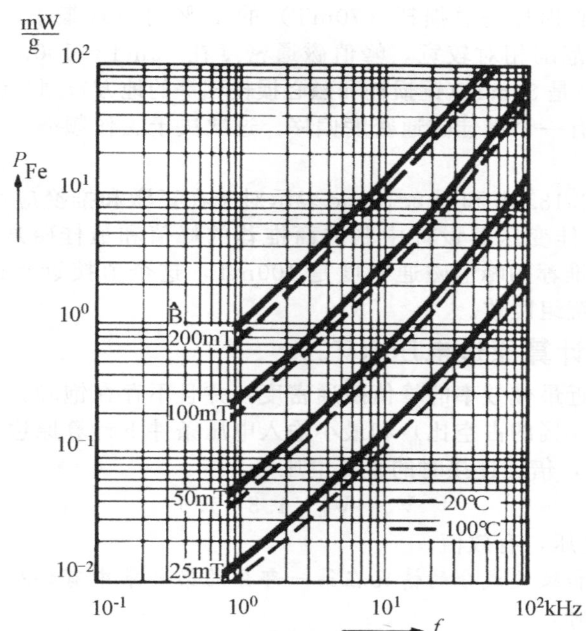

图 2.13.4 每克 A16 铁氧体的磁心损耗是频率的函数，以峰值磁通密度为参数注：图中曲线画的是峰值磁通密度 $\hat{B}$，磁通密度变化范围 ΔB 是 $2\times\hat{B}$（经 Mullard 公司许可）

图 2.13.5 表示一对工作于 40kHz 的 A16 铁氧体 EE55-55-21 磁心，随着匝数的变化其磁心损耗、铜损耗和总损耗的变化情况，峰值磁通密增加到了 200mT。最小的总损耗产生在 70mT 附近。（对于每匝绕组，假设使用了最佳的磁心窗口面积和导线规格。）

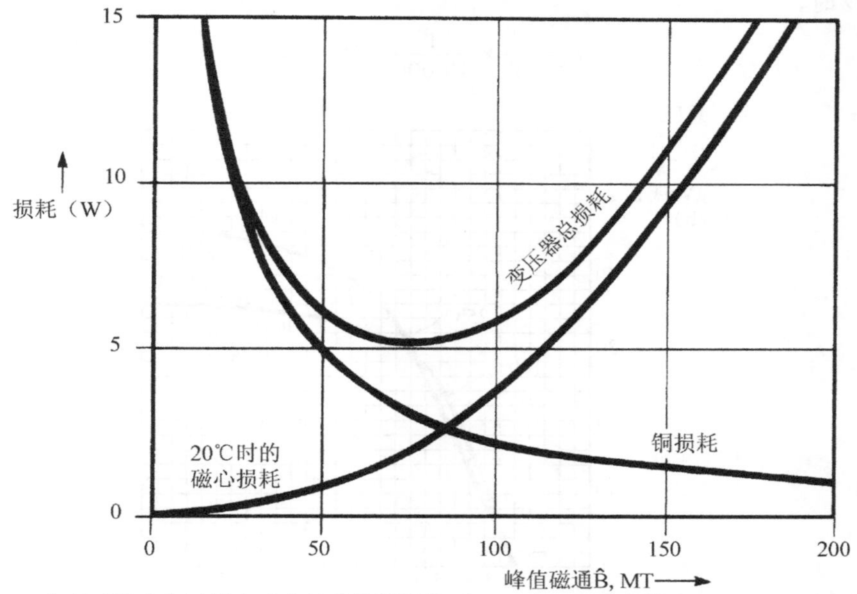

图 2.13.5 典型开关式变压器在具有最佳绕制性能时，一对 A16 铁氧体 EE55-55-21 磁心的磁心损耗，铜损耗和总损耗。损耗是峰值磁通密度的函数。注意到当变压器电感（匝数）为最佳时出现最小总损耗，此时磁心损耗是总损耗的 44%

在本例中，当磁心损耗是总损耗（70mT）的44%时出现最小损耗（最大效率）。可是，最小损耗条件的范围相对较宽，峰值磁通密度在50mT～100mT内都具有最佳的效率。通常假设最佳选择是80mT（铜损耗和磁心损耗相等的地方），此点距最佳点并不太远。

对于每个设计都有一个最佳磁通密度偏移，这取决于工作频率、磁心损耗、结构和绕组的利用率。

图2.13.6a、图2.13.6b和图2.13.6c表示对于在正激和推挽应用场合使用EE55-55-21和其他磁心时的最佳变压器设计中制造商推荐的峰值和最佳磁通密度。在图2.13.6c（在40kHz），制造商推荐的峰值磁通密度是100mT，这个值接近于最佳值，本例中使用这个较高的值以减少绕组匝数。

13.4.3　步骤3，计算原边电压（V_{cc}）

由于已选择了接近最佳效率的峰值磁通密度，并且不存在饱和，在此使用的设计方法是在最大导通时间（50%的占空比）和最小输入电压条件下计算原边匝数。此时电源输入最小值是90V有效值，倍压连接时的直流电压是

$$V_{cc}=V_{in}\times1.3\times1.9$$

式中V_{in}是交流输入电压，有效值。

注意：直流电压和纹波成分的情况在第一部分的第6章中有详尽的描述。因此，使用倍压连接，90V输入时，

$$V_{cc}=90\times1.3\times1.9=222\text{V 直流}$$

13.4.4　步骤4，计算最大导通时间

如果避免了交叉导通（2个串联晶体管同时导通），则最大导通时间不能超过总周期的50%。因此

$$t_{on(max)}=50\%T$$

40kHz时，

$$t_{on}=\frac{1}{2}\times\frac{1}{40\ 000}=12.5\ \mu s$$

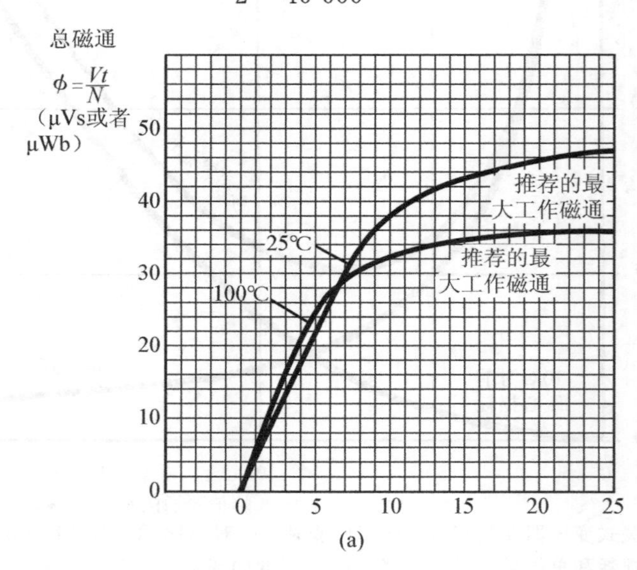

图　2.13.6

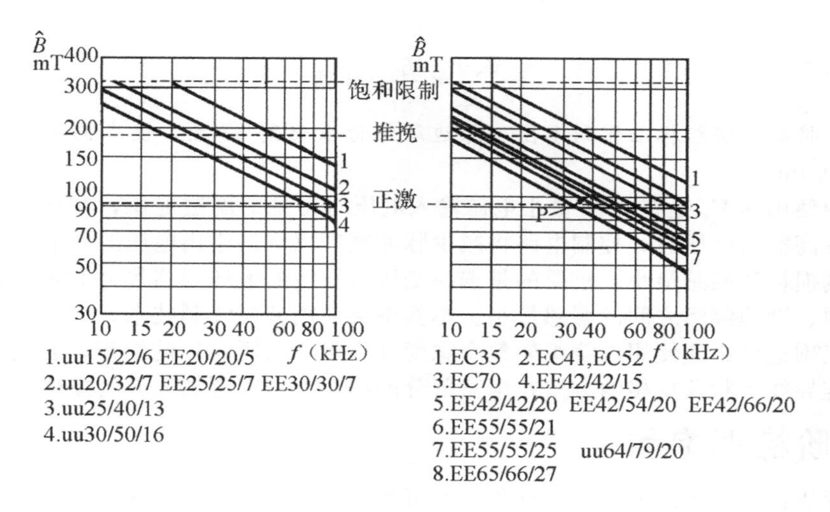

图　2.13.6（续）

(a) 25℃和 100℃时 N27 铁氧体材料的磁化曲线（经西门子公司许可）

(b)、(c) 最佳峰值磁通密度是频率的函数，以磁心尺寸为参数（经 Mullard 公司许可）

13.4.5　步骤 5，计算原边匝数

导通期间加到变压器原边的电压波形是矩形，可以使用伏秒方法（法拉第定理）来计算匝数。

在推挽变压器中，两个象限的 B/H 磁环都要使用，而在稳态平衡条件下，磁通密度偏移在正半周内将从 $-B$ 变化到 $+B$。

应该注意图 2.13.4 表示的是峰值磁通密度 $\hat{B}$，但假设损耗是对峰峰磁通密度偏移 ΔB $(2\times\hat{B})$ 而言的。对于最佳效率，选择的 $\hat{B}$ 是 100mT。因此，本例中峰峰变化（磁通偏移摆幅）$\Delta B=2\times\hat{B}$ 或 $=200$mT。

EE55-55-21 的磁心面积是 354mm²，原边匝数由下式计算：

$$N_p=\frac{V_{cc}t_{on}}{\Delta BA_m}$$

式中，V_{cc}＝最小直流整流电压；

t_{on}＝最大导通时间，单位是μs；

ΔB＝总磁通密度偏移，单位是 T；

A_m＝最小磁极面积，单位是 mm²。

因此

$$N_p=\frac{222\times 12.5}{0.2\times 354}=39\text{ 匝（或 5.7V/匝）}$$

13.4.6　步骤 6，计算副边匝数

桥式变换器工作于全导通角（最大输出）时，原边波形接近方波。同时，整流输出接近直流，输出电压就是副边电压减去整流器、扼流圈和导线上的损耗。

假设所有这些损耗为 1V，则变压器副边电压 V_s 是 6V。因此，每半副边绕组的匝

数是

$$\frac{V_s}{V/\text{匝}}=\frac{6}{5.7}\approx 1\text{ 匝}$$

注意：将副边绕组标准化到1匝，原边绕组标准化到37匝，使本例中的峰值磁通密度稍高于100mT。

计算中使用的V_s是在90V最小电源输入电压时得到的副边电压，在该电压时脉冲宽度最大。在高输入电压时，控制电路将减少脉冲宽度以维持输出电压的调节。

为使铜损耗和漏感最小，重要的是选择变压器导线的最佳规格尺寸和形状以及合理地绕制，使原、副边绕组之间的漏感最小。本例中将使用分层绕制技术。

大电流副边绕组应使用占绕组架整个宽度（小于漏电距离）的铜箔。合适的绕制技术和选择最佳导线形状及规格的方法在第三部分的第4章中有更加充分的描述。

13.5　阶梯形饱和

加在变压器上的正向和反向伏秒条件不可避免地有些不平衡。这可能是由于晶体管储存时间的差异或输出整流器二极管正向电压的不平衡引起的。随着工作周期的进行，这种不平衡会引起变压器磁心中磁通密度的阶梯形饱和。

关断期间磁心不会恢复，这是因为在该期间由于L_1的强迫作用（负载电流大于L_1的临界电流），二极管D_5和D_6都导通，它们的钳位作用使副边短路。

磁心达到饱和时，有一个补偿作用出现，晶体管在饱和周期的导通电流较大，由于其储存时间减少，所以将在一定程度上恢复平衡。可是晶体管的工作仍存在问题，这个问题将在后续章节中讨论。

13.6　瞬间饱和影响

假设电源已在轻载条件下工作了一段时间，阶梯形饱和已经出现，一对晶体管正工作于饱和点附近。如果突加负载，控制电路会迅速增加脉宽以补偿损耗和增加流过L_1中的电流。磁心立刻向一个方向饱和，一对晶体管将承受过电流，可能造成灾难性的后果。

如果功率晶体管具有独立的快动作限流，则在过电流流通前就会终止导通脉冲，避免元件损坏。这不是理想的解决方案，因为这种方法降低了瞬态响应性能。

另一种方法是降低控制放大器的转换速率，使每周期增加的脉冲宽度小于0.2 μs。在这些条件下，功率晶体管的储存自补偿效果通常能够防止过饱和。可是同样，瞬态响应性能将降低很多。但无论如何，这两种技术是常用的。

13.7　强迫磁通密度平衡

一种解决阶梯形饱和问题的更好的方案是示于图2.13.1的推挽桥式电路。

如果两个相同的电流互感器接在Q_3和Q_4的发射极，交替流过两对晶体管（也流过原边绕组）的电流峰值在每半周期可以相互比较。

如果检测到两个电流不平衡，它就作用到斜波比较器，差动地调节功率晶体管驱动脉冲的宽度。这可以保持变压器的平均工作磁通密度在B/H特性的中心附近，检测直流偏置，差动地调节驱动脉冲来维持平衡。

应该注意到，这种技术只用于有直流通路通过变压器绕组的场合。为阻隔直流电流，有时在原边绕组串联一个电容器以此来避免变压器直流饱和。可是，在不平衡条件下该电容器会保存净电荷，使交替的原边电压脉冲具有不相同的电压幅值。这就导致了功率损耗和在输出滤波器中产生次谐波纹波。更进一步，保持变压器电流平衡和保持电容器电荷会使系统发散，导致系统失去控制。所以并不推荐这种使用电容器隔直流的措施。

如果使用强迫电流平衡系统，则一定不能串联电容器 C_x，这是由于该电容器消去了可检测到的直流成分，使系统无法工作。这在第三部分的 6.3 节中有更全面的解释。

如果变压器的工作点能维持在接近其中心点，则磁通密度有最好的工作范围，这可以改善瞬态性能，消除变压器饱和及功率元件损坏的可能性。

在原边脉冲调节中使用电流型控制时，自动产生磁通平衡，不需串联 C_x。见第三部分的第 10 章。

13.8　习题

1. 为什么全桥变换器通常用于大功率应用场合？
2. 全桥变换器的主要优点是什么？
3. 为什么全桥变换器中要求使用对称的驱动电路？
4. 为什么全桥变换器中防止阶梯形饱和特别重要？
5. 在桥式变换器中为防止阶梯形饱和，通常要对什么参数进行测量？

第 14 章　低功率自激振荡辅助变换器

14.1　导论

许多功率变换器需要少量的辅助电源作为控制和驱动电路的电源。要求的附加电源常常从 60Hz 的电源变压器得到。但这并不总是非常有效，因为变压器的尺寸经常是由满足 VDE（德国电气技术工程师协会）和 UL（担保者实验室）漏电距离指标来决定的，而不是由功率的需要来决定。结果，变压器的尺寸常常比单单满足功率需要所需的尺寸要大。

在要求不间断电源（UPS）的应用中，后备电源可能是直流蓄电池，而 60Hz 的输入可能是没有用的。因此在这种系统中不能使用 60Hz 的变压器。

一种解决方法是使用低功率、高频变换器来提供辅助电源的需要。

使用自激振荡技术可以得到非常有效的低成本变换器。本章中讨论一些合适的例子。

14.2　一般工作原理

在自激振荡变换器中，开关作用是由取自于主变压器绕组的正反馈来维持的。频率由主变压器的饱和或由辅助驱动变压器的饱和来控制，或在某些情况下由在导通期间增加的磁化电流所对应的驱动钳位作用来控制。

在简单系统中，频率易随磁心磁特性、负载或所加电压的变化而改变。

14.3　工作原理，单变压器变换器

图 2.14.1 表示一个单晶体管形式的自激振荡变换器。这种变换器以反激方式工作，多用于低功率、恒定负载的应用中，例如作为大型变换器控制电路的辅助电源（本例中给出的输出是 12V、150mA）。

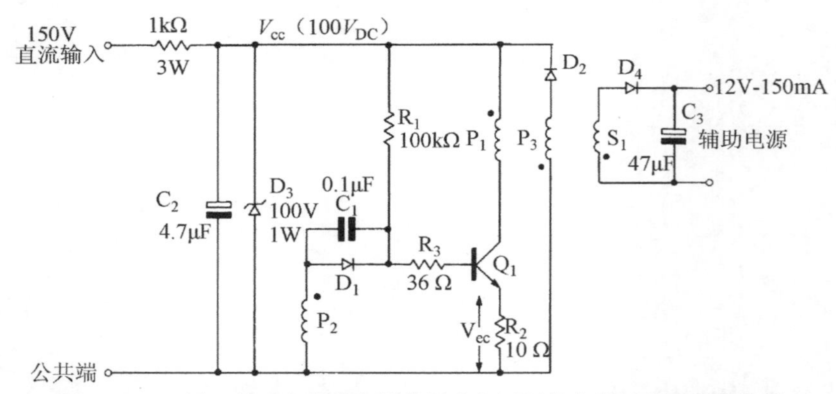

图 2.14.1　用于低功率辅助电源的原边电压调节自激振荡反激变换器

开始工作时，流过 R_1 的电流使 Q_1 导通。随着 Q_1 的导通，驱动绕组 P_2 建立的再生正反馈经 C_1 和 D_1 加于 Q_1 的基极，使 Q_1 迅速导通。Q_1 集电极和发射极的电流将以由原边电感和输入电压所决定的速率线性增加。

随着发射极电流增加，发射极电阻 R_2 两端的电压（V_{ec}）也增加，直到接近由反馈绕组 P_2 产生的值的大小。在该点，Q_1 的基极电流将被“阻断”，Q_1 开始关断。由于正常的

反激作用，所有绕组上的电压将反向，驱动绕组 P_2 和电容器 C_1 产生的再生关断作用加于 Q_1 的基极。

关断状态持续，直到将导通期间储存在变压器的所有能量转换到输出电路。此时，所有绕组两端的电压开始下降到零。现在随着驱动绕组 P_2 上的电压变到零，流经 R_1 的电流向 C_1 充电，Q_1 的基极再次变正，则 Q_1 再次导通，重复工作周期。

工作频率由原边电感、R_2 的值、折算的负载电流和电压、选择的 P_2 上的反馈电压来确定。

为了使由负载变化引起的频率变化最小并使反激电压保持不变，关断时间必须保持近乎不变。要做到这一点，在导通期间要储存足够的能量以使能量恢复二极管 D_2 在整个反激期间保持导通。用这个方法来维持反激电压恒定同时输出电压也因此保持恒定。这就要求反激能量大大超过负载的需求，所以多余的能量在整个反激期间能返回电源，维持 D_2 导通。通过调整磁心气隙大小选择变压器电感来得到该条件。在低功率、恒定负载的应用中，电源的齐纳二极管 D_3 起稳定电源电压的作用，确保频率固定，从而稳定输出电压。

14.4　变压器设计

14.4.1　步骤 1，选择磁心尺寸

变压器尺寸的选择应满足功率传送的需要。见图 2.2.2。但更常见的是对于很低功率的应用场合，选择的实际尺寸应有合理的原边匝数和导线规格。还有，如果原副边要求绝缘时，磁心必须足够大以满足绝缘或漏电距离的需求。

举例

下面的例子中，输出功率仅 3W，按实际绕组而不是温升考虑来选择磁心。将以西门子 N27 材料、尺寸为 EF16 的磁心为例。

14.4.2　步骤 2，计算原边匝数

假定下列指标：

频率	30kHz（$\frac{1}{2}t_{on}=16.5\ \mu s$）
磁心面积 A_e	$20.1mm^2$
电源电压 V_{cc}	100V
磁通密度偏移 ΔB	250mT

$$N_p=\frac{V_{cc}t_{on}}{\Delta BA_e}=\frac{100\times16.6\times10^{-6}}{250\times10^{-3}\times20.1\times10^{-6}}=330\text{ 匝}$$

由于本例中使用相等匝数的双绕组，所以反激电压等于正激电压。

14.4.3　步骤 3，计算反馈和副边匝数

选择的反馈绕组应产生大约 3V 的电压以确保对于 Q_1 的快速开关作用有足够的反馈量。

$$N_{fb}=\frac{N_pV_{fb}}{V_{cc}}=\frac{330\times3}{100}=9.9\text{ 匝（取 10 匝）}$$

输出电压是 12V，允许 0.6V 的二极管损耗，则副边电压是 12.6V。

因此

$$N_s=\frac{N_pV_s}{V_{cc}}=\frac{330\times12.6}{100}=42\text{ 匝}$$

14.4.4　步骤 4，计算原边电流

输出功率是 3W，假定效率是 70%，则输入功率是 4.3W。

因此 $V_{cc}=100V$ 时的平均输入电流是

$$I_m=\frac{P}{V_{cc}}=\frac{4.3}{100}=43mA$$

对于完全能量传递系统，原边电流是三角波形，可以计算其峰值电流。反激电压与正激电压相等，所以导通和关断时间也相等（见图 2.14.2）。

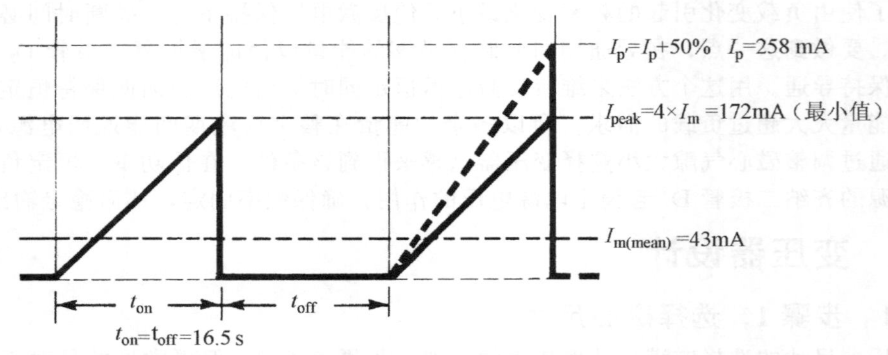

图 2.14.2　自激振荡辅助变换器的原边电流波形

由图 2.14.2，

$$I_{peak}=4I_{mean}=172mA$$

实际的集电极电流应至少超过该平均电流计算值的 50%，以保证 D_2 在整个反激期间维持导通。这就确定了反激电压，并产生快速的开关作用。由于能量二极管 D_2 恢复多余的反激能量并将其返回电源，故仍能保持高效率。因此本例中，原边电流增加 50%，需使用较低的电感：

$$I_p=1.5I_{peak}=258mA$$

14.4.5　步骤 5，确定磁心气隙（实验方法）

在变压器磁心中放置 0.25mm 的临时气隙。将变压器接入电路并使系统带假负载工作于所需的功率。根据要求的周期调节变压器气隙（集电极电流的斜率和传送的功率）。注意，

$$\frac{\Delta i_c}{\Delta t}=\frac{258}{16.5}=15.5mA/\mu s$$

选择电阻 R_1 以产生可靠的启动，选择电阻 R_3 以产生需要的基极驱动电流。这些值取决于 Q_1 的增益。图 2.14.1 中给出的参数是一个小的 5W 电源的典型值。

选择 R_2 使其当集电极电流达到 253mA 时切断驱动（在该点基极电流已降到零）。因此

$$R_2=\frac{V_{fb}-V_{be}}{I_p}=\frac{3-0.6}{258\times10^{-3}}=9.3\Omega$$

最后，调节 R_2 可以得到要求的工作频率。

14.4.6　确定磁心气隙（利用计算和公布的数据）

根据图 2.14.2，从电流的斜率和所加的电压值可以计算要求的电感值，如下：

$$L_p=\frac{V_{cc}\Delta t}{\Delta I_p}=\frac{100\times16.5}{258}=6.4mH$$

现在可以计算要求的 A_L 系数（nH/匝²）：

$$A_L=\frac{L}{n^2}=\frac{6.4\times10^{-2}}{330^2}=59\text{nH/匝}^2$$

根据图 2.14.3（为 E16 磁心建立的数据），可以得到 $A_L=59$nH 时需要的气隙。

图中给出的气隙是 0.6mm（0.024in）。

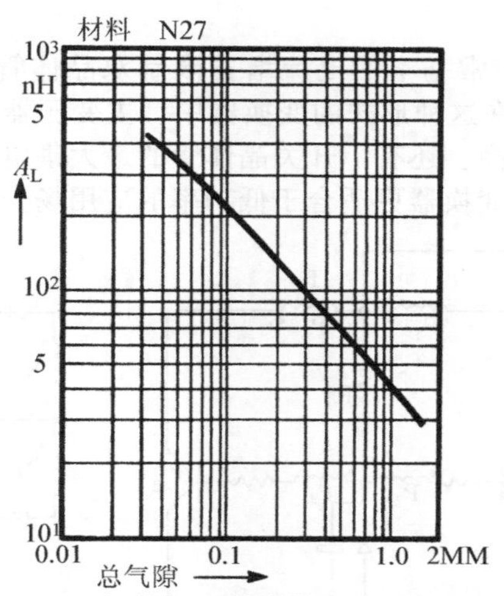

图 2.14.3　E16 规格 N27 铁氧体磁心，A_L 系数是磁心气隙的函数（经西门子公司许可）

第 15 章　单变压器双晶体管自激振荡变换器

15.1　导论

图 2.15.1 表示了一个非常基本的电流增益限制双晶体管饱和变压器变换器的电路，有时也称作为 DC 变压器。在这种形式的变换器中，主变压器工作于饱和状态，磁心损耗较大；因此该变压器效率不高。还有，开关晶体管的最大集电极电流与增益有关，并没有特别限定。因此这种形式的变换器更适合于低功率的应用场合，典型的功率是 1～25W。

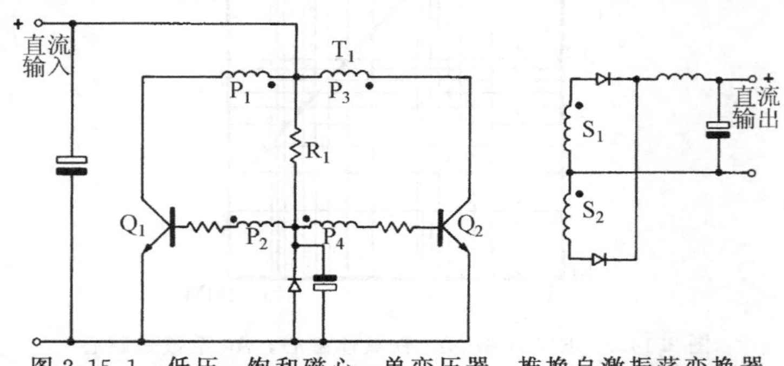

图 2.15.1　低压、饱和磁心、单变压器、推挽自激振荡变换器（直流变压器）

由于工作于全导通方波推挽状态，整流后的输出近乎于直流，因此这种结构可以有比在第 14 章中讨论的反激变换器高得多的副边电流。因为原边晶体管承受的电压应力至少是电源电压的两倍，所以这种变换器应该用于较低输入电压的应用场合。

15.2　工作原理（增益限制开关）

图 2.15.1 中所示的电路的工作情况如下。

开始导通时，起始电流经 R_1 流向 Q_1 和 Q_2 的基级。此时具有最低 V_{be} 或最高增益的晶体管首先导通，本例中假设 Q_1 先导通。

由于 Q_1 导通，所有绕组的末端为负（起始端为正），来自驱动绕组 P_2 的正反馈使 Q_1 的基极更正，而 Q_2 的基极更负。因此 Q_1 将迅速进入全饱和导通状态。

现在电源电压 V_{cc} 加在主变压器左边原边绕组 P_1 两端，Q_1 集电极中流过的电流是磁化电流加折算过来的负载电流。

在导通期间，磁心的磁通密度向着饱和方向增加，如图 2.15.2a 中的点 S_1。经过由磁心尺寸、饱和磁通值，和原边匝数所决定的一段时间后，磁心达到饱和状态。

在 S_1 点，H 迅速增加，使集电极电流也大量增加。这个过程一直持续到受到 Q_1 的增益限制，这个限制是防止集电极电流进一步增加。在该点磁场 H 不再进一步增加，将不能维持所需的 B 的变化率（dB/dt）。结果，原边绕组两边的电压降低，Q_1 集电极上的电压将上升到电源电压。

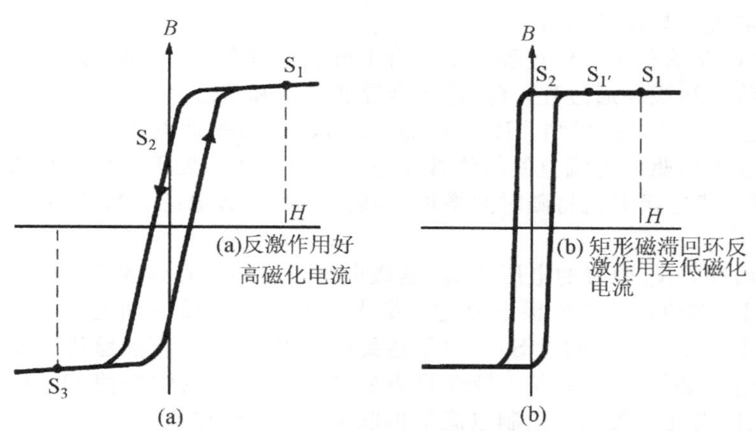

图 2.15.2　具有 B_r/B_s 比值（矩形比）铁氧体磁心的典型 B/H 磁环
（a）比值小于 70%；（b）比值大于 85%

随着原边绕组两边的电压降低，P_2 上的基极驱动电压也降低，Q_1 将关断。

由于 B/H 特性顶部限定的斜率（饱和后导磁率），从 S_1 到 S_2 变压器中存在反激作用，因为 dB/dt 现在为负，所有绕组上的电压将改变方向。这将进一步促使 Q_1 关断，Q_2 开始导通。

通过反馈作用，Q_2 导通，Q_1 关断，工作周期在原边另一半绕组中重复。磁心中的磁通从 S_2 向 S_3 变化，又重复关断作用。

注意： 关断作用的出现是由晶体管的电流增益限制引起的。由于集电极电流随元件的类型和温度而变化，所以这种限制作用并不是很精确。对于高增益晶体管，在受到增益限制之前就有较大的集电极电流流过。这使开关效率变差，并带来 EMI（电磁干扰）问题。还有，如果没有仔细选择正确的（低的）电流增益和额定值，在某些条件下，失去限制的集电极电流可能导致开关元件损坏。

15.3　限制开关电流

图 2.15.3 表示了一种限制终止电流的更加令人满意的方法。随着原边电流的增加，在发射极电阻 R_1 或 R_2 上产生随之增长的电压降。晶体管基极电压将跟踪该电压，当达到齐纳二极管 D_1 或 D_2 的钳位值时，基极驱动电流将被“切断”，关断作用开始。

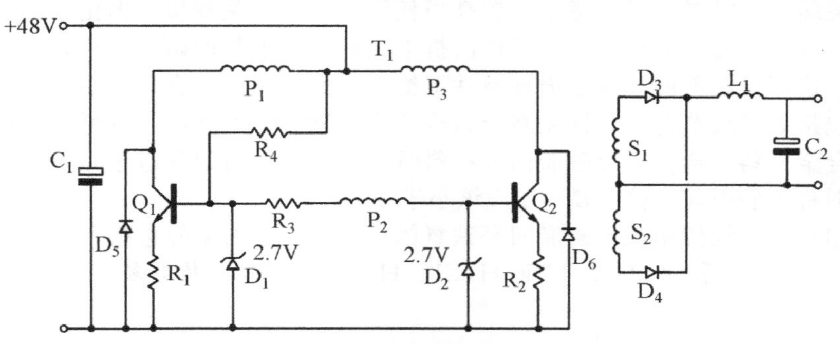

图 2.15.3　具有原边限流的单变压器、非饱和、推挽自激振荡变换器

该电路中，集电极电流峰值由选择的发射极电阻和钳位齐纳电压决定，关断时的最大

限制电流不再取决于晶体管增益。

图 2.15.3 电路的整个工作过程如下。合上开关，流经 R_4 的电流使 Q_1 开始导通。P_2 产生的正反馈将加强该导通过程，Q_1 进入全导通的饱和状态。

从 P_2 通过 R_3、Q_1 基-射结、R_1，经 D_2 返回建立的驱动电流回路，其作用就像一个正向二极管。较大的驱动电流值使晶体管在整个导通期间都处于完全饱和状态。

Q_1 导通时，集电极电流将随时间增加，其大小由原边电感、折算过来的副边电感 L_1 和负载决定。

随着电流增加，R_1 两端的电压和 Q_1 基级电压也增加，直到齐纳二极管导通。

合理选择 R_1 的值，使集电极电流达到最大控制值时切断驱动电流，此时磁心正好进入饱和点，即图 2.15.2b 中的点 $S_{1'}$。由于达到钳位电流时 H 不能够进一步增加，所以所有绕组两端的电压必须下降到零，最终只需要非常小的反激作用使 Q_1 关断和 Q_2 导通。Q_2 继续完成工作周期。集电极限制电流不再取决于晶体管增益。

当折算过来的负载电流低于磁化电流时，接在集电极上的二极管 D_5 和 D_6 为反向电流提供通路。这两个二极管以交叉连接方式工作，例如，Q_1 关断时，磁化电流将使 Q_1 的集电极迅速变正。同时，Q_2 的集电极迅速变负，直到 D_6 导通。D_6 提供的钳位作用使 Q_1 集电极电压是 V_{cc} 的两倍。为减小漏感的影响，P_1 和 P_3 应该采用双股线绕制。

为减少射频干扰和副边击穿应力，除了 D_5 和 D_6 外还需要缓冲电路。

为保证良好的开关作用，需要有足够的再生反馈，所示电路中 P_2 应提供至少 4 伏的驱动电压。

15.4　选择磁心材料

饱和单变压器变换器的效率和性能主要取决于变压器材料的选择。高频工作时，通常选择低损耗的矩形磁滞回环铁氧体材料。也使用矩形磁滞回环，带绕环形材料，因为为了减少损耗必须使用非常薄的叠片磁心材料，在高频时这些材料较为昂贵。最近发展起来的非晶合金矩形磁滞回环材料在这种应用中显示出良好的性质。

对于一些矩形磁滞回环材料，饱和后导磁率（饱和区 B/H 特性的斜率）非常低（B_r 高）。图 2.15.4b 中表示的是 H5B2 材料的特性。因此，S_1 与 S_2 之间的磁通密度变化非常小，关断时的反激作用较弱，使转换期间开关作用缓慢。在所示的图 2.15.4a 中可以看出 H7A 或类似磁心材料具有更有力的开关作用，但由于这些材料具有低的 B_r（剩磁）值，磁心损耗常常较高。对于环形磁心，似乎设计者必须在矩形磁滞回环、低损耗磁心（低磁心损耗但开关缓慢）或者是低导磁率、较高损耗的磁心（开关较快，但由于电感较小使磁化电流较高，以及有较大的损耗）之间作出折中选择。对于其他磁心结构，可以引入气隙来解决问题。这可以在不增加磁心损耗条件下给出有力的开关。合适的矩形磁滞回环、金属带绕材料包括矩形坡莫合金，镍铁高导磁合金和各种 HCR 材料。也可以使用一些近似矩形的非晶合金材料。选择矩形磁滞回环材料时要小心，磁滞回环过于接近矩形时，由于反激作用太弱将不能引起振荡（B_r/B_s 应该小于 80%）。

高频应用场合建议使用矩形磁滞回环铁氧体材料。合适的型号包括有 Fair－Rite＃83、西门子 T26、N27、飞利浦 3C8、TDK H7C1、H5B2、H7A 以及更多。

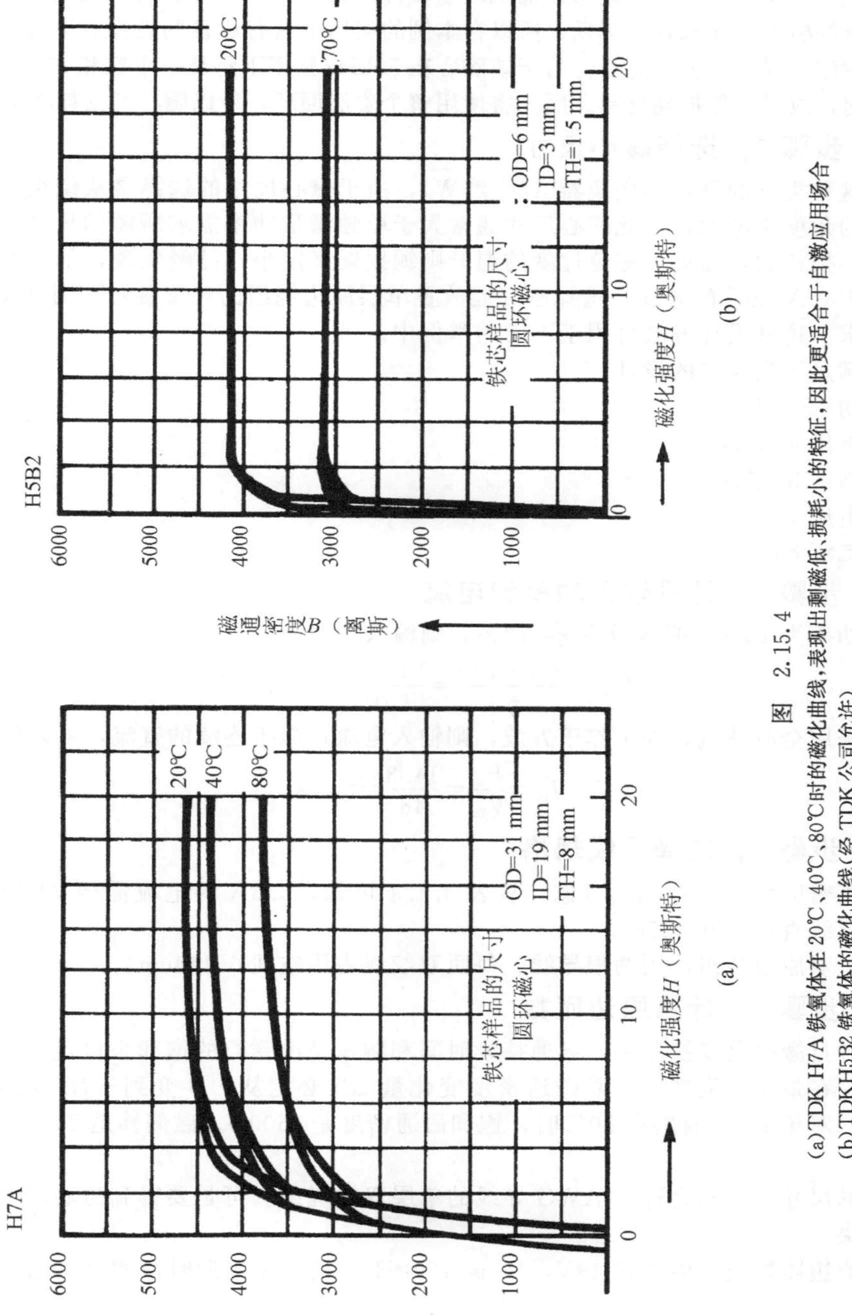

图　2.15.4
(a)TDK H7A 铁氧体在 20℃、40℃、80℃时的磁化曲线，表现出剩磁低、损耗小的特征，因此更适合于自激应用场合
(b)TDKH5B2 铁氧体的磁化曲线(经 TDK 公司允许)

15.5　变压器设计（饱和磁心型变换器）

在下列设计举例中，使用矩形磁滞回环铁氧体环形 TDK H7A 材料（见图 2.15.4a）。由于这种材料的磁滞损耗和剩磁都低，所以在本例的应用中具有优良的特性。因此，该磁心损耗低、反激作用强、开关性能好。由于该磁心在 50kHz 频率下将从一个饱和方向工作到相反的饱和方向，故需要低损耗材料。因为将使用整个磁滞回环，所以磁心的损耗将最大。

15.5.1　步骤 1，选择磁心尺寸

对于这种类型的低功率变换器（5～25W），由于磁心尺寸的选择是从绕组放置方便而不是功率的角度来考虑，因此磁心尺寸通常大于单独满足功率需求所需的尺寸。再有，由于固有磁心损耗大，如果可避免过度的温升则铜损耗必定小。已经发现，如果使用电流密度大约为 150 A/cm² 的导线，选择刚好能放置单层原边绕组的环形磁心，则其尺寸足以满足功率需求。这种设计方法将用于下面的举例中。

考虑满足下列需求的设计：

输出功率 10W

输入电压 48V DC

工作频率 50kHz

输出电压 12V

输出电流 830mA

15.5.2　步骤 2，计算输入功率和电流

输出功率为 10W，假设效率 $\eta=70\%$，则输入功率为：

$$P_{\text{in}}=\frac{P_{\text{out}}\times 100}{\eta}=\frac{10\times 100}{70}=14.3\text{W}$$

输出采用全波整流，并工作于方波，则输入电流近似于连续的直流，可以计算如下：

$$I_{\text{in}}=\frac{P_{\text{in}}}{V_{\text{in}}}=\frac{14.3}{48}=0.3\text{A}$$

15.5.3　步骤 3，选择导线规格

按电流密度为 150A/cm² 考虑，从表 3.1.1 可知，0.3A 的电流需要 24 号规格的导线。因此导线直径是 0.057cm。

注意： 双原边绕组使用两根导线，每匝双绞线占用空间 0.114cm。

15.5.4　步骤 4，计算原边匝数

在这种自激振荡变换器中，导通持续时间和频率是由磁心的饱和来设定的。由于这是推挽电路，在每半个周期中，总磁通密度变化量 ΔB 必定从 $-B$ 变到 $+B$。从图 2.15.4a 中可查得，对于 H7A 材料在 80℃时，饱和磁通密度是 3500G。磁偏移是 2×3500＝7000G（700mT）。

磁心的尺寸要求只允许 24AWG 导线的单层双线绕组。可是要得到磁心尺寸，有两个问题要解决。

（1）原边匝数要使磁心在 48V，10 μs（50kHz）的半个周期时饱和（这与磁心面积成反比）。

（2）24AWG 双线的匝数以单层绕在磁心上（与中心圆孔周长成比例，见图 2.15.5）。

本例中不知道中心圆孔周长与磁心面积之间的关系，这对不同的磁心设计是不同的，所以使用图解的解决方案。图解法的根据如下。

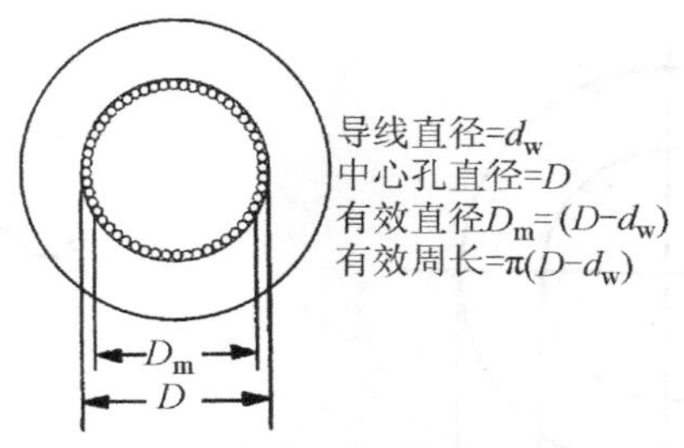

图 2.15.5　具有单层绕组的环形材料的有效内圆周长

考虑表 2.15.1，假设从 T6-12-3 到 T14.5-20-7.5 的范围中可以找到合适的磁心。

表 2.15.1　环形磁心尺寸

磁心型号	A 直径	B mm / in	C mm / in	磁心系数 l_e/A_e cm^{-1}	有效长度 l_e cm	有效面积 A_e cm^2	有效体积 V_e cm^3	重量 g
T2-4-1	4.0±0.2	2.0±0.2	1.0±0.15	90.6	0.871	9.61×10^{-3}	8.37×10^{-3}	0.045
	0.157	0.079	0.039					
T3-6-1.5	6.0±0.3	3.0±0.25	1.5±0.2	60.4	1.31	21.6×10^{-3}	28.3×10^{-3}	0.15
	0.236	0.118	0.059					
T4-8-2	8.0±0.3	4.0±0.25	2.0±0.2	45.3	1.74	38.4×10^{-3}	67.0×10^{-3}	0.36
	0.315	0.157	0.079					
T5-10-2.5	10.0±0.4	5.0±0.3	2.5±0.25	36.3	2.18	60.1×10^{-3}	0.131	0.71
	0.394	0.197	0.098					
T6-12-3	12.0±0.4	6.0±0.3	3.0±0.25	30.2	2.61	86.5×10^{-3}	0.226	1.2
	0.472	0.236	0.118					
T7-14-3.5	14.0±0.4	7.0±0.3	3.5±0.25	25.9	3.05	0.118	0.359	1.9
	0.551	0.276	0.138					
T8-16-4	16.0±0.4	8.0±0.3	4.0±0.3	22.7	3.48	0.154	0.536	2.9
	0.630	0.315	0.157					
T9-18-4.5	18.0±0.4	9.0±0.3	4.5±0.3	20.1	3.92	0.195	0.763	4.1
	0.709	0.354	0.177					
T10-20-5	20.0±0.4	10.0±0.3	5.0±0.3	18.1	4.36	0.240	1.05	5.7
	0.787	0.394	0.197					
T14.5-20-7.5	20.0±0.4	14.5±0.4	7.5±0.3	26.1	5.33	0.204	1.09	5.4
	0.787	0.571	0.295					
T16-28-13	28.0±0.4	16.0±0.4	13.0±0.3	8.64	6.56	0.760	4.99	26
	1.10	0.630	0.512					

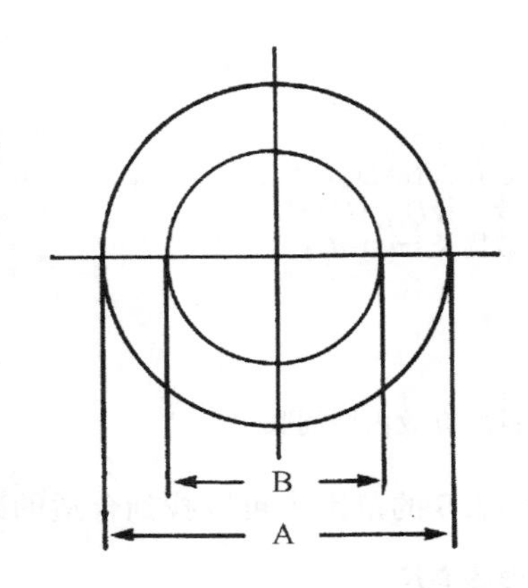

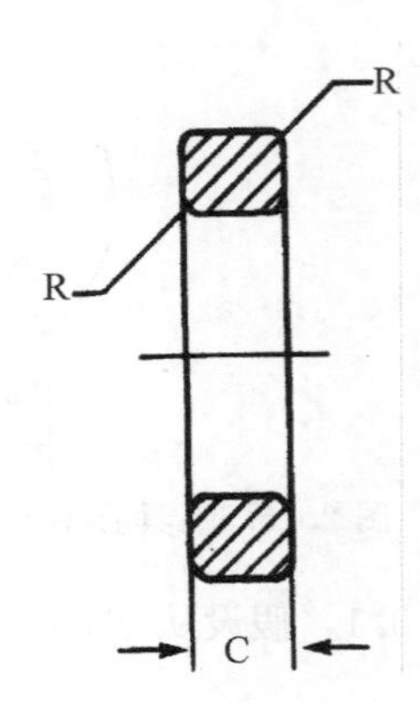

表中给出了每个磁心的面积，则工作频率下每个磁心饱和所需的匝数和所加的电压可以由下式计算：

$$N_p = \frac{V_{cc} t_{on}}{\Delta B_s A_e}$$

式中，N_p＝原边匝数；

V_{cc}＝电源电压，单位是 V；

t_{on}＝导通时间（1/2 周期），单位是μs；

ΔB_s＝磁通密度变化量，单位是 T（$-B_{sat}$～$+B_{sat}$）；

A_e＝有效磁心面积，单位是 mm^2。

从 T6-12-3 到 T14.5-20-7.5 的范围中每个磁心饱和所需的匝数由上式计算，并填入表 2.15.2 中。

表 2.15.2　铁氧体环形磁心上的绕组

磁心形号	中心孔直径 D mm	磁心横截面积 mm	224AWG 单层绕组最大匝数 N_p	N_p 匝 50kHz 时磁心饱和所需的最大匝数
T6-12-3	6	8.6	15	79
T7-14-3.5	7	11.8	18	58
T8-16-4	8	15.4	22	44
T9-18-4.5	9	19.5	25	35
T10-20-5	10	24.0	28	28.5
T14.5-20-7.5	14.5	20.4	42	33

表 2.15.1 中给出了中心孔的尺寸，如图 2.15.5 中所示，满足每个磁心单层绕制的匝数可由计算如下。

考虑紧密填塞绕组的环形孔。图 2.15.5 表示，中心孔的直径与下式决定的匝数有关（假设匝数多，导线直径与中心孔直径相比较小）：

$$N_w = \frac{\pi (D - d_w)}{d_w}$$

式中，D＝中心孔直径，单位是 mm；

d_w＝导线直径，单位是 mm；

N_w＝原边绕组数（满足在磁心上单层绕制）。

注意：原边按双线绕制，原边“线匝”N_p 是指一对导线，最终要将它们分开，形成具有中间抽头的原边的两个绕组。因此，每匝由两条平行导线组成，所以 $N_p = N_w/2$。

计算出每个磁心（型号从 T6-12-3 到 T14.5-20-7.5）正好单层绕上双绕组 N_p 的匝数，并填入表 2.15.2 中。

现在画出（见图 2.15.6）50kHz 时磁心饱和所需的匝数与磁心面积的关系曲线（曲线 A）和正好单层缠绕磁心的最大双绕组匝数与磁心面积的关系曲线（曲线 B）。这两条曲线的交叉点给出了最佳磁心面积，由该点可以确定磁心尺寸。

可以看到理想面积在磁心 T_{10} 和 T_{14} 之间，所以选择最接近的较大的磁心 $T_1$0-20-5。磁心面积已在图中标出（水平的虚线）。从磁心面积与'A'线的交叉点作一垂线，得到磁心饱和所需的原边匝数（本例为 28 匝），磁心面积与 B 线的交叉点表明了 29 匝 24AWG 的导线可以单层绕在该磁心上。

很明显，匹配点随磁心结构和导线尺寸的不同而变化，即使总是使用较大的磁心，由于磁心出现饱和，较大磁心的功率损耗将增加（效率降低）。

本例中，选择磁心 T10-20-5，原边绕组 P_1、P_3 取 28 匝。2 根 24 规格的导线一起缠绕，构成双绕组。

每伏匝数是

$$T_{pv}=\frac{V_{cc}}{N_p}=\frac{48}{28}=1.71\ 匝/V$$

选择大约 5V 的反馈电压以提供足够的再生反馈，加速开关作用。在本例中，反馈绕组 P_2 取 3 匝。副边绕组根据变压器正常工作所要求的输出电压来设计，在此选用 8 匝。

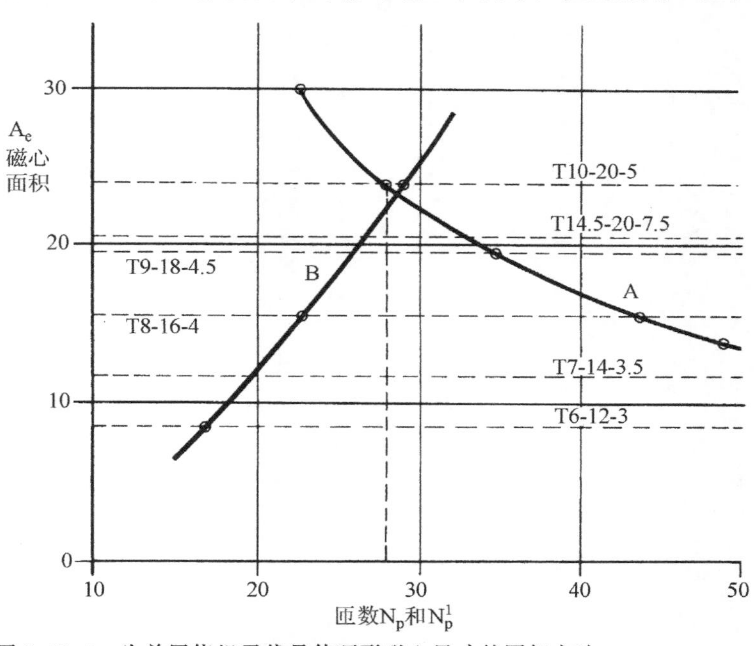

图 2.15.6　为单层绕组寻找最佳环形磁心尺寸的图解方法

晶体管基极反馈电阻 R_3 的值根据最大集电极电流和晶体管增益来选取。发射极电阻 R_1 和 R_2 的选取要保证在正常满载条件下晶体管驱动不出现“钳位”，而是在过量集电极电流流过之前出现。较好的折中考虑是在满载基础上加上大约 30%的电流裕量。记住，发射极电流是折算过来的负载电流、磁化电流和基极驱动电流的总和，本例中该电阻取值 2.2Ω。

在这种电路结构中，由于是用一个晶体管的关断作用起动另一个晶体管的导通作用，故消除了交叉导通（两个功率晶体管同时导通引起的直通）。同时，储存时间的自动调节使该电路不具有交叉导通的可能性。这是自激振荡变换器的一种非常有用的特征。

这种简单自激振荡变换器的频率会随着输入电压、磁心温度（由于高温时饱和磁通水平的变化）和负载的变化而变化。负载的增加在变压器电阻和晶体管中引起压降，使变压器原边的有效电压较低，因此随着负载增加频率将降低。

15.6 习题

1. 解释自激振荡变换器的主要优点。
2. 给出一个小功率自激振荡变换器的典型应用例子。
3. 为什么自激振荡变换器的频率稳定性相当差？
4. 为什么单变压器自激振荡变换器通常只限于低功率应用场合？
5. 解释为什么认为无气隙矩形磁滞回环磁性材料（如矩形非晶合金材料）不适合于单变压器自激振荡变换器。

第 16 章　双变压器自激振荡变换器

16.1　导论

在双变压器自激振荡变换器中，开关作用由小驱动变压器的饱和来控制，而不是由主功率变压器来控制，这样改善了性能，使功率变压器具有更好的效率。

由于主功率变压器不再进入饱和，所以 B/H 磁滞回环的形状不是关键所在，更优化的变压器设计成为可能。进一步，由于集电极终止电流较低，功率晶体管在更多受控的条件下关断，故晶体管的开关作用更好。开关频率也更加恒定，这是因为驱动变压器不带输出负载，驱动变压器两端的电压与输入电压无直接联系。因此其工作频率对电源和负载的变化不敏感。

由于所有这些方面都优于简单的饱和变换器，双变压器变换器常用在大功率应用场合。常用于低成本的 DC（直流）变压器，见第 17 章。

简单自激振荡双变压器方波变换器的两个主要缺点限制了它的应用。

(1) 由于开始导通时脉冲宽度不容易减少，所以软启动难以实现。

(2) 由于是方波（100%占空比）输出，所以输出是不可调整的。

16.2　工作原理

图 2.16.1 所示的是一个基本的双变压器电路。其工作过程如下。

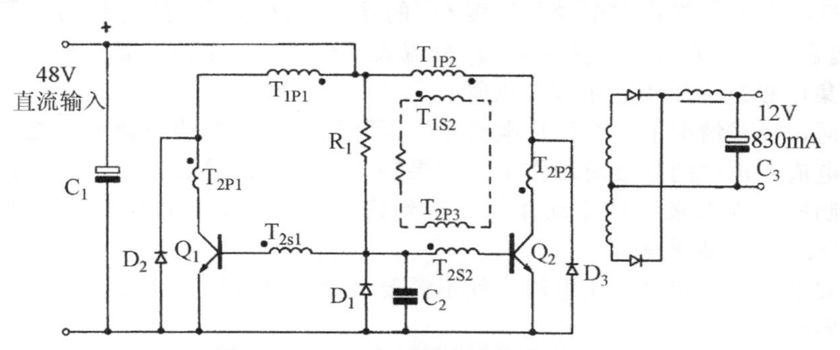

图 2.16.1　双变压器自激振荡变换器

合上开关，流过 R_1 的电流使两个驱动晶体管中的一个开始导通，假定 Q_1 导通（这取决于两个元件的增益和各自的基-射极电压）。随着 Q_1 的导通，独立的驱动变压器 T_2 产生的驱动电流提供再生反馈。T_{2S1} 的原边与 Q_1 集电极电流耦合，它经副边绕组 T_{2S1} 为 Q_1 提供基极驱动。绕组的相位整定应使 Q_1 集电极电流增加引起 Q_1 基极电流增加。由于 T_2 是一个电流变压器，则基极驱动电流由集电极电流和 T_2 的匝比来确定（本例使用的匝比是 1/5，电流放大系数是 5）。

Q_1 处于导通状态时，驱动变压器 T_{2S1} 副边两端的电压 V_s 是 Q_1 的基-射结电压加上 D_1 的管压降（总共大约 1.3V）。到 Q_2 的驱动绕组 T_{2S2} 两端的电压与 T_{2S1} 两端的电压值相同，但方向相反，使 Q_2 的基极电压为负的 0.7V。

经过由磁心面积和副边电压 V_s 确定的一段时间后，驱动变压器 T_2 将饱和，Q_1 的驱动电压将降到零，Q_1 关断。这个过程出现在主变压器 T_1 饱和之前。

随着 Q_1 关断，其集电极电流将降到零，由于反激作用，T_2 上的电压将反相。Q_2 导通，Q_1 完全关断。晶体管 Q_2 上出现与前面相同的工作周期，其集电极电流流过驱动变压器 T_{2P2} 的另一半绕组和主变压器 T_{1P2}，并反相。

由于 Q_1 基-射结和 D_1 的正向电压或 Q_2 基-射结和 D_1 的正向电压可以决定 T_2 副边绕组两端的电压，T_2 的同步电压固定且与电源电压无关。因此工作频率很大程度上与电源和负载的变化无关。可是温度变化将影响两个二极管和两个基极电压以及驱动变压器 T_2 的饱和磁通密度。因而频率仍然受温度变化的影响。在许多应用中，频率的小范围变化并不重要。

钳位二极管 D_2 和 D_3 接在开关晶体管集-射结两端，为反相的磁化电流提供通路，否则当折算的负载电流小于磁化电流时，导通期间磁化电流将从 Q_1 和 Q_2 的基极流向集电极。虽然这只是出现在非常轻的负载的情况下，由于是按比例驱动，它也会引起问题，应该进一步观察。

考虑 Q_1 关断前瞬间的情况：在功率变压器 T_{1P1} 原边和 Q_1 集电极已建立起变压器磁化电流，绕组中的流动方向从右到左。Q_1 关断时，绕组中磁化电流试图以相同方向继续流动使 Q_1 集电极变正，Q_2 的集电极变负（反激作用）。

由于磁化电流不能立即降到零，而 Q_1 关断后又不能流向 Q_1 集电极，所以将改变回路，从 Q_1 集电极转向 Q_2 的集电极，经过钳位二极管 D_3，从右到左流入 T_{1P2}。如果没有接 D_3，该电流会流向 Q_2 的基-集结，由于该电流的流动方向与正常集电极电流方向相反，所以使基极驱动电流离开基-射结而进入基-集结（晶体管反偏）。

这个反向的集电极电流也流过驱动变压器 T_{2P2} 的原边，但其方向与正反馈所要求的方向相反。该反向电流会阻止或至少是延缓 Q_2 的导通，这是不希望看到的。但是通过钳位二极管 D_3 提供一条低阻抗的通路可从 Q_1 分流大部分的反向电流。在一些情况下，要求在 Q_1 和 Q_2 的集电极进一步串联阻塞二极管。

无论如何，轻载情况下，在磁化电流没有下降到小于折算的负载电流之前，都不会有正向集电极电流或再生的基极驱动作用。如果轻载状态是正常的工作方式，就需要一个附加的电压控制驱动绕组来维持驱动作用，直到建立起正常的正向电流。附加绕组 T_{2P3} 和 T_{1S2} 在图 2.16.1 中用虚线表示。

如果负载电流总是超过磁化电流，就不需要做这样的改进，二极管 D_2 和 D_3 也是多余的（除非需要时作为小的缓冲元件）。

在这种结构中，因为是由一个晶体管的关断过程起动另一个晶体管的导通过程，所以消除了交叉导通。由于长期来看驱动变压器 T_2 的正向和反向伏秒与 T_1 的相等，所以 T_1 的阶梯形饱和不会出现。甚至两个晶体管储存时间上的差异也能得到调节。

如果使用具有矩形 B/H 磁滞回环和高剩余磁通的驱动磁心，刚导通时的“双倍磁通”就被消除了。两个磁心都保留了对原先工作方向的磁“记忆”。系统不工作时，保留在驱动磁心中的剩余磁通作为最后工作脉冲方向的“记忆”。下一次系统工作时，如果开始半个工作周期的方向与“记忆”的方向相同，则驱动磁心迅速饱和，该脉冲时间缩短，因此主变压器将不会出现饱和。由于这个原因，驱动变压器材料的剩余磁通水平 B_r 应该高于主变压器材料的剩余磁通水平。

由于主磁心的磁通密度具有好的控制状态，所以有信心选择主变压器的工作磁通偏移使其达到最佳效率。

从前面的讨论可以看出，虽然自激振荡电路看起来极其简单，但却以相当复杂的方式工作，如果设计正确，则可以提供非常有效的变换器作用。所以这种变换器（或常说的 DC 变压器）用来与原边串联降压开关变换器（见第 18 章）串联，以提供极其经济的多输出电源。

它的缺点是，这种变换器需要两个变压器。可是由于传递很少的功率，驱动变压器 T22.134 非常小。

16.3　饱和驱动变压器设计

驱动变压器 T_2 实质上是一个饱和电流变压器。

确定了工作功率后，就可选择功率晶体管和工作电流。根据晶体管数据，找出所需的电流放大倍数，以保证有好的饱和以及开关作用（假设本例中选择 5∶1 的电流放大倍数，实际值取决于晶体管参数）。

这意味着对应于 T_{2P1} 原边（集电极）绕组上的每 1 匝，在副边基极驱动绕组 T_{2S1} 上必须有 5 匝，同时可以知道基极绕组是以 5 匝为一级递增的。

二极管 D_1 的压降加上 Q_1 的 V_{be}（大约 1.3V）决定了 T_{2S1} 的副边电压，且该电压、T_{2S1} 的副边匝数和磁心尺寸设定了频率。现在必须选择磁心尺寸，以便在基极驱动绕组 T_{2S1} 为 5 匝（或 5 匝的增量）时获得正确的工作频率（磁心越小，相同频率时匝数越多）。

16.4　选择磁心尺寸和材料

假设工作频率是 50kHz，要求的电流放大倍数是 5，集电极绕组用 1 匝。副边绕组为 5 匝，已知副边绕组电压是 1.3V（V_{be}加一个二极管压降）。

按半个周期（10 μs）考虑，所需磁心的面积可由下式计算：

$$A_e = \frac{V_s t}{\Delta B N_s}$$

式中，V_s＝副边电压，(1.3V)；

　　t＝半周期（10 μs）；

　　ΔB＝磁通密度变化量（从 $-B$ 到 $+B$）；

　　N_s＝副边匝数（在此为 5 匝）。

如果选择 TDK H7A 材料，根据图 2.15.4a，40℃时的饱和磁通密度是 0.42T，B 的峰峰值＝0.84T。因此

$$A_e = \frac{1.3 \times 10}{0.84 \times 5} = 3.10\text{mm}^2$$

根据表 2.15.1，磁心 T4-8-2 接近满足所需的面积，本例中 T_2 选用该磁心。

现在用 2 股导线双线绕磁心 5 匝，形成副边绕组 T_{2S1} 和 T_{2S2}。每个晶体管集电极的导线从反方向穿过环形磁心，作为每个晶体管的单匝原边绕组，驱动变压器的制作就完成了。

16.5　主功率变压器设计

主功率变压器的设计过程与其他推挽驱动的变换器的设计过程相同。典型设计在第三部分的第 4 章讲述。

16.6　习题

1. 双变压器自激振荡变换器的主要优点是什么？

2. 为什么双变压器变换器更适用于大功率应用场合？
3. 经常用于方波自激振荡变换器的功能性名称是什么？
4. 双变压器自激振荡变换器的主要缺点是什么？
5. 在双变压器自激振荡变换器中用什么方法消除阶梯形饱和？
6. 在双变压器自激振荡变换器中用什么方法消除双倍磁通？

第 17 章　DC-DC 变压器概念

17.1　导论

纵观前面的所有正激变换器拓扑，高频变压器已经被作为是变换器拓扑整体的一个部分。可是，也可以证明变压器并不改变变换器的基本形式。其标准基本部件是降压和升压变换器。在所有正激变换器结构中，变压器的主要功能是提供输入输出间的电隔离和电压转换。

在变压器级引入理想 DC-DC 变压器（可在直流输入时提供直流输出的变压器）的概念很有用。虽然从传统的理想变压器形式来看，这似乎是奇怪的概念。理想变压器可以通过从直流到交流的所有频率而没有功率损耗。它可提供任何需要的电压或电流比例系数，以及输入输出间无限好的电绝缘。它可以对所有绕组提供相同的性能。很明显这样的理想器件是不存在的。

17.2　DC-DC 变压器概念的基本原理

对 DC-DC 变压器概念感到奇怪的原因是对非理想器件的公认。实际变压器只能在很短时间将直流输入传送到直流输出，这是由于电感有限且磁心很快饱和。可是利用在饱和出现前将所有变压器接线端反向的方法，可以克服该实际局限性。

旋转直流变换器和同步振荡器（示于图 2.17.1 中，但现在已不用）正是这样工作的，即借助于转换开关或电同步继电器来完成变压器输入和输出端反向的物理过程。下面将对该简单的振荡器进行详细分析。

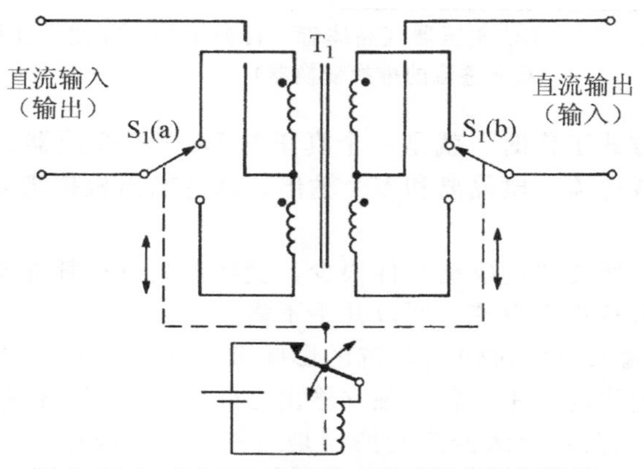

图 2.17.1　DC-DC 变压器（机械同步振荡器型）

图 2.17.1 中，开关 S_1(a)和 S_1(b)同轴且彼此同步。该同步振荡器电路（除机械限制外）是一个几乎理想的 DC-DC 变压器。开关是通过感应进行的，因此是完全双向作用的。该变压器可将直流从输入传递到输出或反之。这完全是由于机械开关的双向性质。该电路为现代 DC-DC 变压器概念提供了一个很好的模型。

在现代半导体替代电路中，因为由无方向的半导体代替了机械开关，所以不存在双向作用。在方波 DC-DC 变换器中，原边开关 S_1(a)的作用由 2 个无方向的晶体管或功率

MOSFET 来完成，而副边同步开关 S_1(b)的作用由二极管整流器来完成。可是基本概念与同步振荡器的相同（在饱和出现前，保证将变压器的输入和输出反向，从而实现DC-DC变换）。

17.3 DC-DC 变压器举例

在本例中，用推挽变换器来说明其工作原理。图 2.17.2 表示了一个典型的自激振荡方波变换器。这种变换器的特点是以全导通角工作，即不使用脉宽调制，每个晶体管的导通占整个周期的50%。同时在这种简单结构中，变换器没有调节作用，直流输出电压会随输入而变化。

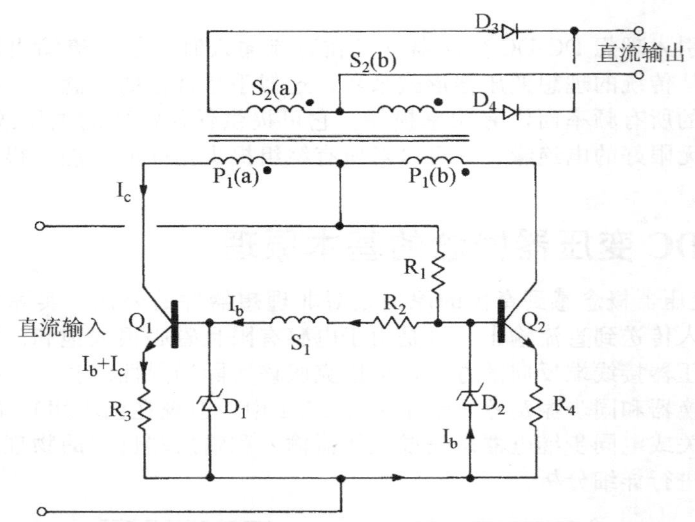

图 2.17.2 DC 变压器（晶体管、自激振荡、方波，且具有双向整流的推挽变换器）

当变换器以这种方式工作时，就是一个真正的 DC-DC 变压器。其主要功能是提供升高或降低的直流电压或电流、电隔离和多个输出。这些输出根据需要可以是独立的、共地的或反极性的。

由于是自激振荡，所需要的驱动元件很少，变换器具有损耗非常低的优点。全导通角工作使输入和输出非常接近于直流，所以几乎不需要滤波。

DC-DC 变压器的输入阻抗对输出阻抗的影响非常小。全导通角工作使变压器的利用率和效率很高。在多输出应用中，各个独立输出之间的统一调整性很好，一般好于 2%。

示于图 2.17.2 中的简单自激振荡变换器是一种 Royer 电路的改进电路，该电路在第14、15 和 16 章中已有更全面的描述。虽然这种变换器通常依靠变压器的饱和来启动两个开关管的转换，但在本例中，转换时的集电极电流由 R_3 和 R_4 以及 D_1 和 D_2 的齐纳电压决定，变压器并不饱和，因此提供了过载保护检测。这是在原 Royer 电路的增益限制开关作用上的一个相当大的改进。

这种简单的 DC-DC 变换器还有许多变化，但工作原理是类似的。它的主要吸引力是极低的成本和极有效率的工作。有时认为其缺点是出现在这些简单系统中的频率变化（因为输入电压和负载的变化）。可是由于输入输出应是直流，与工作频率无关，所以若有有效的屏蔽措施，在所有的应用场合这种情况是可以接受的。

DC-DC 变压器（自激振荡方波变换器）由于没有调节功能而不能单独使用。因此通常要附加其他的调节电路以形成可调节的系统。

对于低功率应用场合，比如说最多到 10W，这种变换器常常使用线性三端输出调节器，在单独直流输入时对所有多输出进行全调节。

常常将这些小功率可调节变换器制造成密封的部件，用来产生附加的局部电源电压。这些部件常常直接安装在用户印制电路板上。

对于大功率应用场合，简单的单变压器电路可以用来为较大的变换器提供驱动，得到双变压器自激振荡变换器。其优点是使较大的变压器不会工作于饱和方式。

开关变换器可以位于 DC-DC 变压器之前，具有对直流变压器输出的闭环控制。对于多输出应用场合，由于 DC-DC 变压器的低电源阻抗提供了非常好的负载特性，并对附加辅助输出具有交叉调节作用，所以这是理想的组合。该技术在第 18 章中有更全面的描述。

应注意理想形式的 DC-DC 变压器只提供电压变换和原边与副边的隔离，因此它只是一种温和的模块。它不改变功率控制方法的基本特性。降压变换器仍然是保持转换特性不变的降压变换器，升压变换器也同样如此。降压或升压过程通常融入 DC-DC 变换器中，使这些基本关系不易被察觉。

总之，降压或升压变换器位于 DC-DC 变换器之前或之后，甚至集成于 DC-DC 变换器内部，它们保留了基本降压或升压变换器的所有特性。

17.4　习题

1. 在“理想变压器中”直流电流的传递是可能的，但为什么在实际应用中却不可行？
2. 高频方波变换器满足直流变压器概念的基本要求是什么？
3. 说出直流变压器的理想传递功能。
4. 在多输出应用中，直流变压器有什么优点？

第 18 章　多输出混合调整系统

18.1　导论

在参考文献［9］、［10］、［14］、［15］、［16］、［17］中已表明，可以将 DC-DC 变压器（不可调节 DC -DC 变换器电路）与降压或升压驱动的调节器相结合得到可调的单输出或多输出变换器组合。

使用集成磁性元件和各种模拟技术，参考文献［16］已展示了一个宽范围组合的可能性。在许多情况下，这些组合而成的变换器难以被清楚地区分。对每种组合要了解其优缺点，例如在 Cuk 变换器中，通过将输出和输入扼流圈组合可以将输入和输出的纹波电压抑制到零。因此变换器组合可以提供一些非常有用的特性。

对各种组合有充分了解的电源设计者能够为特殊应用选择最合适的组合，这的确是非常强有力的设计工具。

许多技术的完整介绍不在本书范围，但以下章节介绍了一种特别有用的结构。若需要更多的信息，感兴趣的工程师应学习参考文献中的许多优秀的论文和书籍。

18.2　降压变换器，与 DC-DC 变换器串联

下面章节仅考虑一种应用较为广范和易懂的降压变换器结构，该调节器与方波自激电压反馈 DC-DC 变换器（在第二部分第 17 章中称为 DC 变压器）串联。图 2.18.1 表示了使用 MOSFET 的该变换器的方框图。这种结构对于多输出离线开关模式电源特别有用。

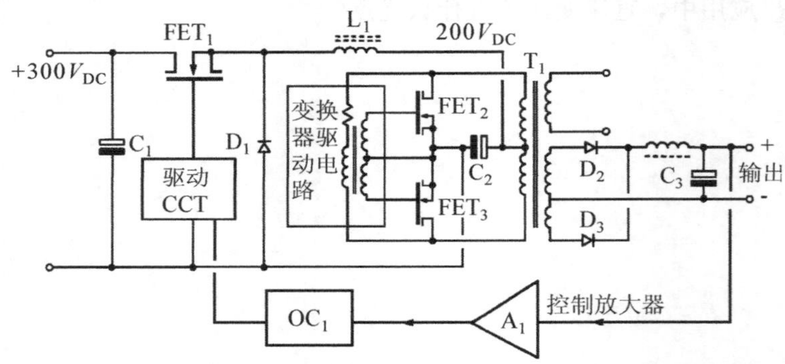

图 2.18.1　电压调节 DC-DC 变压器（DC-DC 变换器），含有一个原边降压开关变换器和一个 DC-DC 变压器的组合

18.3　工作原理

简言之，图 2.18.1 的例子中，输入降压变换器中的 $MOSFET_1$、L_1 和 D_1 将输入高电压（300V）降低到更易操作的、经预调节的 200V 直流电压并供给推挽 DC 变压器的 $MOSFET_2$、$MOSFET_3$ 和 T_1。DC 变换器的主输出到降压变换器形成闭环控制以恒定输出，因此其他的辅助输出近似不变。

在推挽工作中，DC 变压器的场效应管至少要承受两倍的预调节电源电压的过电压。在降压变换器中，通过减小该电压和去除输入变化，极大地减少了变换器场效应管所承受

的过电压，并提高了可靠性。

5V 输出电压经放大器 A_1 和光耦合器 OC_1 形成控制闭环，具有非常好的调节作用。因此，降压变换器将加到 DC 变压器的 DC 电源维持在使 5V 输出电压恒定的水平上。由于变换器部分的输入几乎完全与交流电源隔离，使变换器开关元件所受的过电压小得多，这将减小输出纹波并改善可靠性。

更进一步，由于闭环控制，直流变压器每匝电压将保持常数（对于一阶），而同一个变压器的其他输出将是半稳定的。

对于瞬时输入电压，较大的输入电容器 C_1 起自然滤波作用，降压变换器和滤波器 L_1、C_2 具有良好的抗扰性。而输出端的小的低通滤波器进一步除去了输出的开关和整流器的恢复噪声。由于直流变压器工作在满占空比（方波）条件下，整流输出几乎是直流，输出电路仅需要小的高频滤波器。这在需要大量输出时特别经济。

在一些应用场合，变换器工作频率将与降压变换器同步，以防止会产生额外输出纹波的低频相互调制成分。

在降压变换器中使用功率场效应管，这样可以使其工作于高频而不会产生过多的开关损耗。即在变换器每半个周期中，降压变换器可以提供数个功率脉冲，以减小相互调制纹波。

若在降压变换器中使用双极型开关元件，该降压驱动组合在轻载时要经受低频不稳定性。这是由于 DC 变压器的直接正反馈对双极型晶体管储存时间的调制引起的。由于处于正常控制环外，该影响难以补偿。而降压变换器中的场效应开关管的可忽略的储存时间消除了此问题。

应该注意，DC 变压器是电压反馈，电容器 C_2 大到足以在整个周期内维持电压几乎不变。这为 DC 变压器提供了一个低阻抗的无纹波预调整 DC 输入，并且在需要附加副边调节时可以进行副边占空比控制。交叉调节影响也减小了。没有附加副边调节，当对 5V 输出闭环时辅助输出调节可以达到±5%，或对高电压、低电流输出闭环时辅助输出调节可以达到±2%。

18.4　降压变换器部分

图 2.18.2 表示降压变换器基本环节的原理框图。通常这是电流型控制系统，与在第 20 章讲述的降压变换器非常类似。

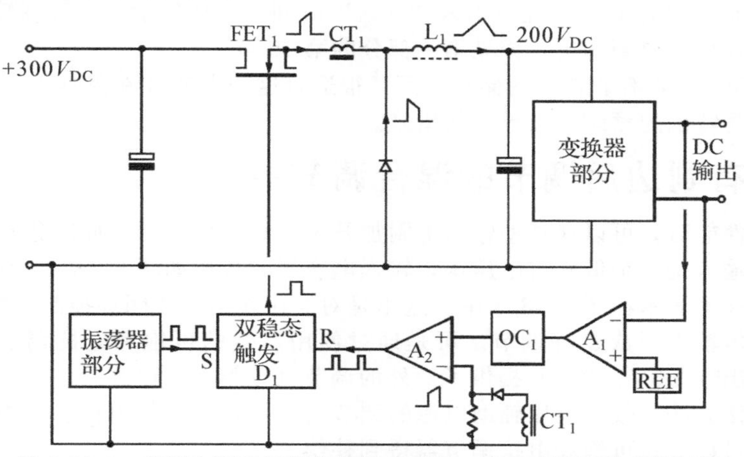

图 2.18.2　使用电流型控制的降压变换器，具有对副边形成控制闭环的电压调节 DC-DC 变压器

简要地说，降压变换器的功率 MOSFET 是按照振荡器的时钟信号来导通的，而其关断受控于 L_1 中的电流，该电流由电流互感器 CT_1 检测。开关电流水平由慢得多的经 A_1 和 OC_1 取自于输出电压的控制环来控制。

振荡器的时钟信号触发双稳态开关 D_1，使串联功率开关 $MOSFET_1$ 导通，在串联电感器 L_1 中产生电流。

在导通期间，L_1 中的电流逐渐上升，该电流被电流传感器 CT_1 转换成斜坡电压并作为电压比较器 A_2 的输入。当斜坡电压的幅值达到由控制放大器 A_1 正向输入端设定的参考值时，会产生一复位信号，使驱动双稳态开关 D_1 复位到关断状态。如果允许工作脉宽在 50%以下，电流反馈应有斜率补偿以防止次谐波的不稳定性。详见第三部分的 10.5 节。

注意到，电流型控制限定了 L_1 中的峰值电压，使降压变换器成为一个电压控制的恒电流源。DC 变压器输入端的电容器 C_2 将高阻抗源转变成低阻抗电压源。

电压控制放大器 A_1 随输出电压而变，并调节斜率比较器 A_2 的参考值。用这种方法调节 L_1 和 C_1 中的电流以维持 DC 变压器输出电压恒定。

18.5　直流变压器选择

在图 2.18.1 和图 2.18.2 所示简单例子中，直流变压器将是一个自激振荡方波双极型或 MOSFET 变换器，合适的电路已在第 14、15、16、17 章介绍过。（注意 DC-DC 变压器提供隔离和电压变换，但不改变降压变换器的基本特性，见第二部分第 17 章。）

18.6　同步混合调节器

如果直流变压器和降压变换器频率同步，则需要设计驱动变换器。降压变换器和直流变换器用同一振荡器来驱动（见图 2.18.3）。

建议降压变换器的工作频率为直流变压器频率的两倍，使功率脉冲在 EFT_2 和 EFT_3 的每个导通状态传递到 L_1。这有助于维持直流变压器的平衡状态，减小变压器中的阶梯形饱和趋势，也减小输出纹波。

直流变压器应几乎以纯方波工作以使双向或全波整流输出几乎是纯直流。故可用非常小的输出 LC 滤波器来去除由输出整流器换相引起的尖峰噪声。由于无需储存有效能量，这些滤波器元件可以相当小。

如果驱动直流变换器使用双极型晶体管，由于晶体管在关断边缘的储存时间，交叉导通几乎占全导通时间的 50%。在不引入“死区”时间，而使用动态交叉耦禁止驱动电路的情况下，该问题可以得到解决。详见第一部分的第 19 章。

功率 MOSFET 具有非常小的储存时间，很适合这种方波直流变换器。使用 MOSFET 元件时，并不需特别的预防交叉导通的措施。

18.7　具有副边后调节的混合调节器

需要改善性能时，可以在辅助输出上附加开关或线性调节器。此时很重要的是要保证直流变压器的输入是一个低阻抗电压源，输入电容器的接法如图 2.18.2 所示。

更有用的技术表示在图 2.18.3 中。这里是对高压输出形成闭环控制（本例为+12V），以对较高的电压输出形成良好调节。可是通过使用高效的可饱和电抗调节器，已对低电压、大电流输出（+5V、40A）提供了额外的调节（见第 20 章）。

如果使用该方法，较高电压辅助电源的调节会很好，而在低电压、大电流电源中的调节损耗的趋势可以通过可饱和电抗调节器得到补偿。

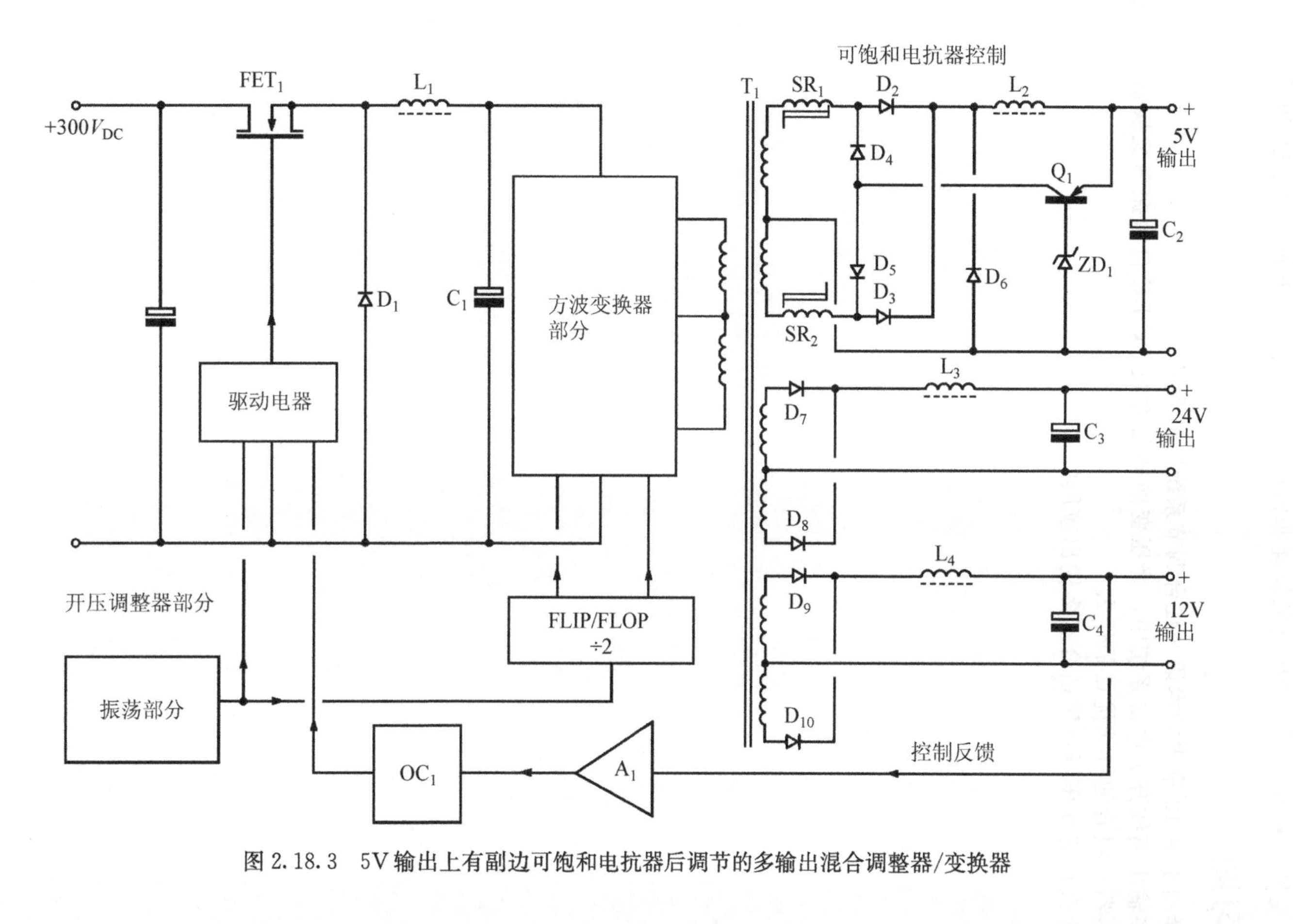

图 2.18.3 5V 输出上有副边可饱和电抗器后调节的多输出混合调整器/变换器

在这种混合结构中，＋12V 和＋5V 输出得到完全调节，而由于对完全调节的＋12V 绕组紧密耦合的缘故，附加输出（-12V 和＋24V）也具有良好的调节。由于可饱和电抗调节器、降压变换器和方波直流变压器的损耗非常小，可使整个系统的效率超过 70%。

18.8 习题

1. 解释用于第 18 章中的术语“混合调节系统”的含义。
2. 在多输出离线开关电源系统中，降压变换器与方波 DC-DC 自激振荡变换器（直流变压器）组合的特殊优点是什么？
3. 为什么直流变压器特别适合于多输出应用？

第 19 章　占空比控制推挽变换器

19.1　导论

推挽变换器通常不利于开关电源离线应用，因为功率开关元件工作时其集电极承受的电压至少是电源电压的两倍。还有，由于变压器原边有中间抽头，每半个周期中只有一半绕组工作，故主变压器原边的利用率不如半桥或全桥变换器好。

可是在低输入电压时，推挽技术也有优于半桥或全桥的地方，如在任何时刻都只有一个开关元件与电源和原边绕组串联。整个电源电压加在工作的半个绕组上，对于相同的输出功率，开关损耗较低。

19.2　工作原理

典型的低压 DC-DC 推挽变换器的功率部分示于图 2.19.1 中。工作过程如下。

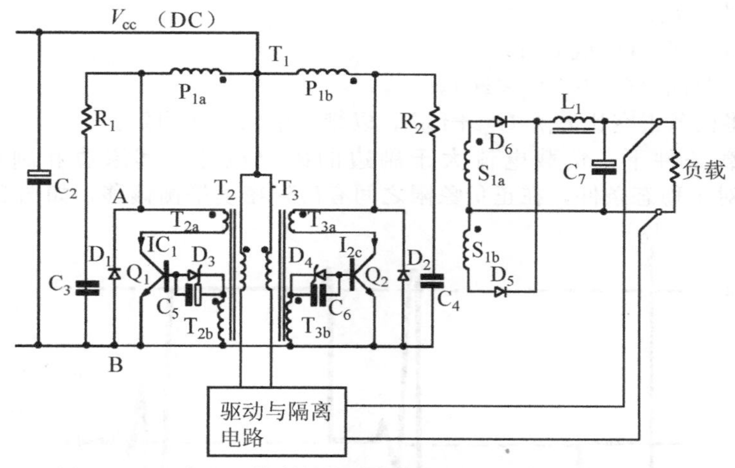

图 2.19.1　占空比控制的推挽变换器和对应的基极驱动电路

两个功率开关管 Q_1 和 Q_2 在驱动电路控制下，每半个周期轮流导通。Q_1 导通时，原边电压加在原边一半绕组 P_{1a}的两端。在该条件下，所有绕组的起始端将为正，由于 Q_1 的导通和变压器的作用，Q_2 的集电极将承受两倍的电源电压。副边绕组 S_{1a}的起始端也将为正，有电流在副边绕组、输出整流器 D_6 和电感 L_1 中流通。

原边电流包括折算的负载电流加上少量的由原边电感引起的磁化电流。在导通期间，原边电流会随着原边电感和副边滤波器扼流圈 L_1 中磁化成分的增加而增大。导通期间结束时（由控制电路控制），Q_1 关断。

储存在原边电感和漏感中的能量使 Q_1 的集电极电压将快速变正，由于变压器的作用，Q_2 集电极电压将变负。当 Q_2 上的电压低于零伏时，能量恢复二极管 D_2 导通，将部分反激能量回送电源。同时，输出整流二极管 D_5 导通，将部分反激能量送到输出电路（取决于原边和副边漏感的大小和分布）。

使用“占空比控制”，接着有一个休止期间，该期间两个开关元件都关断。在该期间，

输出扼流圈 L_1 将维持整流器二极管 D_5 和 D_6、输出负载和电容器 C_1 中的电流流通。该电流经副边绕组的中间抽头和两个整流二极管形成回路。如果 L_1 中电流幅值超过折算的磁化电流（通常情况），则两个输出整流器的导通时间在整个休止期间几乎相等，且有相同的正向压降，因此副边绕组两端的节点电压为零（副边绕组两端整流器的正向电压相等但方向相反）。相应地，休止期间磁心中的磁通密度将不变化，即在 Q_1 和 Q_2 关断时，磁心将不会恢复到零。这是这种电路的一个重要性质，因为它可以充分利用 B/H 特性。

控制电路控制的休止期间之后，晶体管 Q_2 导通，Q_2 将重复先前的过程，完成一个工作周期。

对于连续导通方式，负载电流不允许降到低于临界值，L_1 在所有时间都有电流流过。输出电压由原边电压、占空比、匝比及下式决定：

$$V_{out}=\frac{V_{cc}N_s t_{on}}{N_p\ (t_{on}+t_{off})}$$

式中，V_{out}＝输出电压，直流；

V_{cc}＝电源电压，直流；

N_s＝副边匝数；

N_p＝原边匝数；

t_{on}＝导通时间，Q_1 或 Q_2；

t_{off}＝关断时间（Q_1 和 Q_2 关断）。

控制电路将调节占空比 $t_{on}/(t_{on}+t_{off})$，以维持输出电压恒定。

在正常负载条件下，负载电流大于副边的磁化电流，其原边和副边波形表示在图 2.19.2中。对于稳态条件，在正负象限之间有磁通密度平衡偏移，如图 2.19.3 所示。

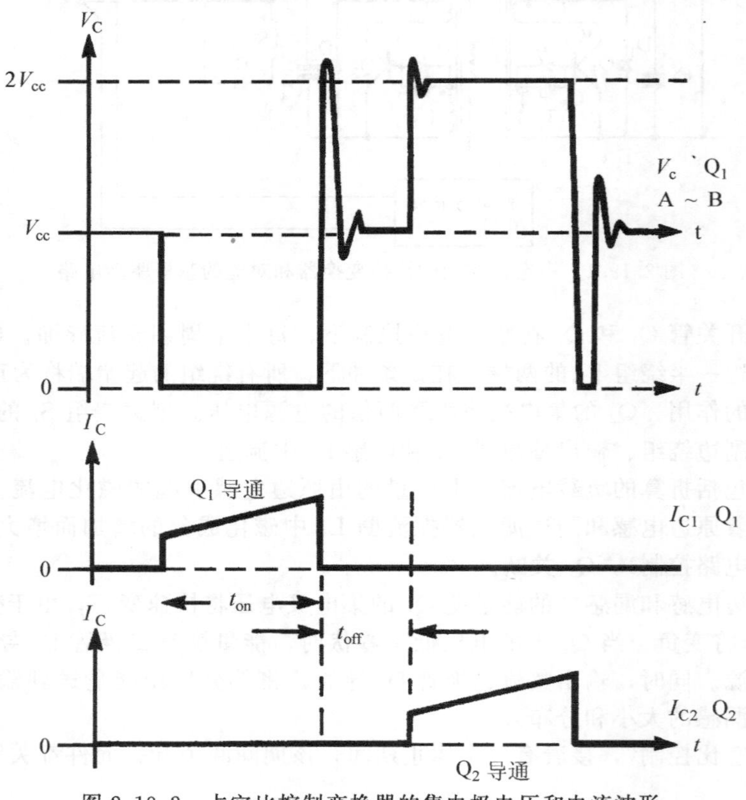

图 2.19.2　占空比控制变换器的集电极电压和电流波形

若负载电流小于折算的磁化电流，在关断期间能量恢复二极管将继续导通较长的一段时间，电流和电压波形示于图 2.19.4 中。应该注意到在导通期间开始时，有一小段时间集电极电流是反向的。

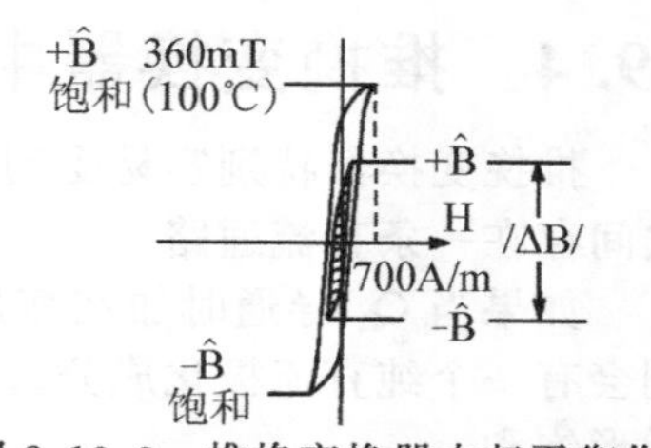

图 2.19.3　推挽变换器中起平衡作用的磁通密度偏移

对于这种工作条件有一个问题，当 Q_1 导通时，如果恢复电流仍在 D_1 中流通，则 Q_1 集电极电压为负，基极驱动电流将从基-射结向基-集结转移，该驱动电流将与 Q_1 的正常集电极电流方向相反。虽然这不会使晶体管本身损坏，但却对相应的驱动系统有影响，因为这对相应的驱动变压器来说是错误的方向，从而在这种条件下，没有来自于驱动变压器原边的正反馈。

根据图 2.19.1 中所示的驱动变压器的位置，实际上从驱动变压器出来的是负反馈。因此"驱动和隔离电路"的功率必须更大并保持有效的驱动条件直到 Q_1 中建立正确的正向电流。在全导通角方波变换器中，对轻载条件也必须考虑该影响。在某些条件下，这种工作方式需要增加额外的驱动元件。

19.3　缓冲元件

为有助于 Q_1 和 Q_2 的关断作用，设计了缓冲元件 R_1、R_2、C_3 和 C_4。在关断边沿，维持在集电极的感应电流转移到缓冲元件 R_1 和 C_3，减少了晶体管集电极上的电压变化率。使 Q_1 和 Q_2 在较低应力的条件下关断。电阻 R_1 的选择是用于在最小导通期间为电容器 C_3 恢复工作点。缓冲器的作用在第一部分第 18 章中有更完整的说明。

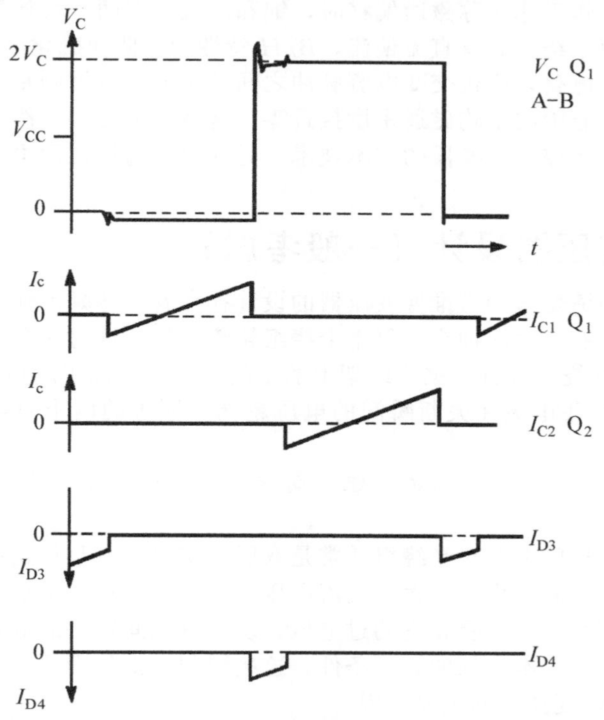

图 2.19.4　占空比控制推挽变换器在轻载时的电压和电流波形

19.4 推挽变换器中的阶梯形饱和

推挽变换器特别容易受到阶梯形饱和的影响。主变压器的原边与原边开关 Q_1 和 Q_2 之间存在一条直流通路。

如果当 Q_1 导通时加在变压器两端的平均伏秒与由 Q_2 所加的平均伏秒不完全相等，则会有一个纯直流极化成分。由于是高导磁率材料，在逐次的通断周期下磁心很快进入阶梯形饱和。

饱和电压和 Q_1、Q_2 的储存时间的变化、输出整流器 D_1 和 D_2 正向电压降的差异，或原边或副边绕组的两个对半绕组电阻的差异都会引起不平衡。因此不可避免地有直流偏压使其饱和。该直流偏压的影响只能通过小心匹配驱动和输出元件，以及在磁心中引入气隙这些可行的限制方法来减小。可是气隙也减少了磁导率，增加了磁化电流。

使用双极型晶体管时，会出现自然校正的效果。将磁心驱向饱和区的晶体管在导通期间结束前会经历一个集电极电流快速增加的过程。这将减小其储存时间，限制其进一步向饱和状态移动。虽然这种补偿效果可以防止稳态条件下的失败，但对设备的瞬态性能有极大的限制。该自然平衡效果并不适应快速的脉宽变化。因此控制电路须有转换率限制，这就降低了瞬态性能。

当 Q_1 和 Q_2 使用功率场效应管时，由于这些元件的储存时间微乎其微以及脉宽误差不是自校正的，故无自然平衡效果。对这些元件可使用动态磁平衡技术或电流型控制。详见第三部分第 6 章。

19.5 磁通密度平衡

当推挽变压器工作于非对称磁通偏移时，饱和出现前有两个可检测到的原边电流变化值。在原边绕组的每半绕组会有直流偏流，B/H 特性的弯曲使磁化电流成分不对称。

使用合适的控制电路，原边交变电流脉冲之间的差值可以被测量出来并被用来调节驱动脉冲宽度来维持磁心中的平均磁通密度接近零。这将保证磁心工作于平衡条件。

这是高功率占空比控制变换器的基本技术。另外也可选择使用电流型控制。详见第三部分第 10 章。

19.6 推挽变压器设计（一般考虑）

从前面的章节很清楚地知道推挽变压器的设计存在着一些颇为独特的问题。图 2.19.1 表明需要在原边绕组有一中间抽头，每半个绕组轮流工作。这意味着原边铜绕组的利用率只有 50%。未使用的绕组部分占据绕组架上的空间，并且增加了原边漏感。

为防止 Q_1 和 Q_2 集电极在关断瞬间的电压超调，原边的两个对半绕组要非常紧密地耦合。

注意：晶体管关断时，接在原边绕组反向端的二极管提供反激电压钳位和能量恢复作用。

为减小漏感，原边的两个对半绕组通常是双股线绕法。可是用这种方式缠绕，在绕组集电极端的相邻线匝之间会出现较大的交流电压。这在电源和集电极之间引入相当大的无阻尼电容，且变压器匝间将承受较高的过电压，绕组有匝间短路的危险。

在离线应用中由于其本身的的高压条件，这些限制变得特别严格。这可能是推挽技术更多用于低压 DC-DC 变换器的主要原因。

19.7　双倍磁通

（见第三部分第 7 章）通常，在推挽应用中希望从变压器磁心获得大的利用率，因为可以利用两个象限的 B/H 特性的磁通偏移。稳态平衡条件时，确实是这种情况。详见图 2.19.3。

可是应记住，当系统刚开始工作，或在某些暂态条件下，磁心中的磁通密度是从零而不是从 $+\hat{B}$ 或 $-\hat{B}$ 开始的。因此在导通瞬间，有效磁通偏移 ΔB 将是稳态条件下正常值的一半（这称为“双倍磁通”效应）。如果避免了导通时的磁心饱和，则驱动和控制电路必须识别这些起始条件，避免使用宽的驱动脉冲，直到磁心的正常工作条件恢复（这称为“伏秒钳位”）。

这些过程（软启动、转换率控制和伏秒钳位）在第一部分第 7、8 和 9 章中有更完整的解释。在以下例子中，假设这些技术都能实现，则可以得到在推挽变换器中有较大磁通密度偏移的优点。

19.8　推挽变压器设计实例

19.8.1　步骤 1，规定全面的性能指标

假设一个 200W 的 DC-DC 变换器的变压器需要满足下列性能指标：

输入电压，额定值 48V DC，范围 42～52V DC

工作频率 40kHz

输出电压 5V

输出电流 50A

工作温度范围 0～55℃

效率 75%

19.8.2　步骤 2，选择磁心尺寸

为演示一个不同的设计方法，该例中通过选择磁心尺寸和磁通额以给出精心选择的温升和最佳效率。

变压器的最大允许温升是 40℃，环境温度是 55℃时的最大表面温度为 95℃，在最大环境温度时热点温度接近 105℃。

从图 2.19.5 可以看出，对于工作于平衡的推挽状态、工作频率是 40kHz 时功率容量为 300W 的电路，磁心型号应选择 EE42/42/20，该磁心在 200～700W 的功率容量范围内都是适用的。[实际上磁心的额定功率取决于允许的温升、占空比、绕组设计、导线类型（普通线或李兹线）、绝缘需要和绕组的结构，其范围示于图 2.19.5 中。]

由于本例是低压 DC-DC 变换器，输入-输出电压应力和绝缘需求并不严格，漏电距离允许量仅为 2mm。变压器经真空浸渍以排除空气隙，可得到良好的热传导特性。因此最终产品的热电阻值可能低于表 2.19.1 中所示的值。

EE42/42/20 变压器热阻的范围（见表 2.19.1）是 10～11.5℃/W（损耗值并不精确，因它们取决于所使用的材料、制作和完成的方法）。本例中，假设其值为 10.5℃/W。

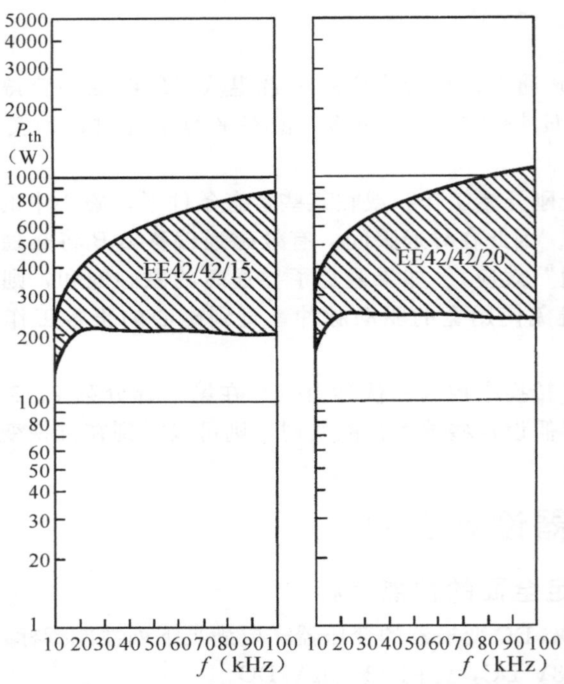

图 2.19.5　平衡推挽工作状态时的磁心选择图，表示额定容量是频率的函数，同时磁心尺寸作为一个参数（经 Mullard 公司许可）

表 2.19.1　EC 变压器参数和磁心损耗

产品目录号①	磁心型号	$A_{cp(min)}$，mm^2	A_e，mm^2	V_e，$mm^3\times10^3$	l_e，mm	B_{CF}，mm	H_{CF}，mm	l_{ave}，mm	R_{th}，℃/W	$R^{②}_{th(z)}$，℃/W	重量④，g
4322 020 52500	EC35/17/10	66.5	84.3	6.53	77.4	21.4	4.6	53	17.4	20.0	36
4322 020 52510	EC41/19/12	100	121	10.8	89.3	24.4	5.5	62	15.5	17.0	52
4322 020 52520	EC52/24/14	134	180	18.8	105	28.2	7.5	70	10.3	11.9	100
4322 020 52530	EC70/34/17	201	279	40.1	144	41.3	11.5	96	7.1	7.8	252
4312 020 34070	EE20/20/5	23.5	31.2	1.34	42.8	10.5	3.0	38	35.4	—	7.2
4312 020 34020	EE/25/25/7	52.0	55.0	3.16	57.5	—	—	—	30.0	—	16
4312 020 34550	EE30/30/7	46.0	59.7	4.00	66.9	16.3	4.8	56	23.4	—	22
4312 020 34110	EE42/42/15	172	182	17.6	97.0	26.2	6.8	93	10.4	12.2	88
4312 020 34120	EE42/42/20	227	236	23.1	98.0	26.2	6.8	103	10.0	11.5	116
4312 020 34170	EE42/54/20	227	236	28.8	122	35.3	6.8	103	8.3	9.8	130
4312 020 34190	EE42/66/20	227	236	34.5	146	50.0	6.8	103	7.3	8.1	—
4312 020 34100	EE55/55/21	341	354	43.7	123	32.5	7.7	116	6.7	7.4	216
3122 134 90210	EE55/55/25	407	420	52.0	123	32.5	7.7	124	6.2	6.8	—
4312 020 34380	EE65/66/27	517	532	78.2	147	38.6	10.2	150	5.3	6.1	—

（续）

产品目录号[1]	磁心型号	$A_{cp(min)}$，mm^2	A_e，mm^2	V_e，$mm^3 \times 10^3$	l_e，mm	B_{CF}，mm	H_{CF}，mm	l_{ave}，mm	R_{th}，℃/W	$R_{th(z)}$[2]，℃/W	重量[4]，g
3122 134 90690	UU15/22/6	30.0	30.0	1.44	48.0	10.0	4.0	45	33.3	—	—
3122 134 90300	UU20/32/7	52.2	56.0	3.80	68.0	14.5	5.5	57	24.2	—	—
3122 134 90460	UU25/40/13	100	100	8.60	86.0	19.0	7.0	75	15.7	—	—
3122 134 90760	UU30/50/16	157	157	17.4	111	26.0	9.0	104	10.2	—	—
3122 134 91390	UU64/79/20	289	290	61.0	210	—	—	110/(98)[3]	5.4	6.2	—

① 磁心材料 3C8。

② EC2 级绝缘。

③ 绕在两个条柱上。

④ 每对磁心重量。

19.8.3　步骤 3，变压器功率损耗

如果热阻是 10.5℃/W，而最大允许温升是 40℃，则可以计算变压器总的内部损耗：

$$P_{id}=\frac{T_r}{R_{th}}=\frac{40}{10.5}=3.8\text{W}$$

式中，P_{id}＝变压器内部总损耗，单位是 W；

R_{th}＝热阻，单位是℃/W；

T_r＝温升，单位是℃。

对于最佳效率，磁心损耗 P_c 应是总损耗 P_{id}的 44%（见图 2.13.5），即 3.8×44/100＝1.67W。有多种方法建立在 40kHz 频率上具有最佳磁心损耗时的最优磁通密度偏移，下节介绍了两种。

19.8.4　步骤 4，选择最佳磁通密度（摆动）

根据图 2.13.4，如果已知总磁心重量、工作频率、每克铁氧体材料总功率损耗，则最佳磁通峰值可直接从材料损耗中获得。这是最通用的方法。

注意：损耗曲线通常假设工作于平衡的推挽条件，所以 $\hat{B}$ 对应的峰值损耗用于磁通密度摆幅 ΔB 时，应是该值的两倍。牢记当计算单端工作的损耗时，产生损耗的磁通摆幅小于图 2.13.4 中损耗曲线所示 $\hat{B}$ 峰峰值的一半。

半对 42/21/20 磁心（一个 42/21/20 磁心）的总重量是 116 克。当总磁心损耗是 1.67W 时，每克功率损耗是 1.67/116＝14.4 mW/g。从图 2.13.4 中可查到，该值在 40kHz 频率上的峰值磁通密度 $\hat{B}$ 大约是 100mT（摆动 ΔB 是 200mT 峰峰值）。

图 2.19.6 表示了建立半对 42/21/20 磁心最佳磁通水平的另一种方法。在此诺模图中，给出了总磁通 Φ，图中 P_c＝1.67W 时，查出推挽磁通峰峰值（图的顶部）Φ＝50 μWb。

注意：磁心的面积 A_e 是 240mm²，磁通密度 ΔB 的峰峰值可以计算如下：

$$\Delta B=\frac{\Phi}{A_e}=\frac{50}{240}=208\text{mT}$$（非常类似的结果）

相应的铜损应该是 P_{id}的 56%或 2.13W。接下来要看铜损是否可能达到该值（或更小）。

19.8.5　步骤 5，计算副边匝数

该例中，只需一个副边绕组，副边匝数是整数，因此设计时先计算副边匝数，需要时

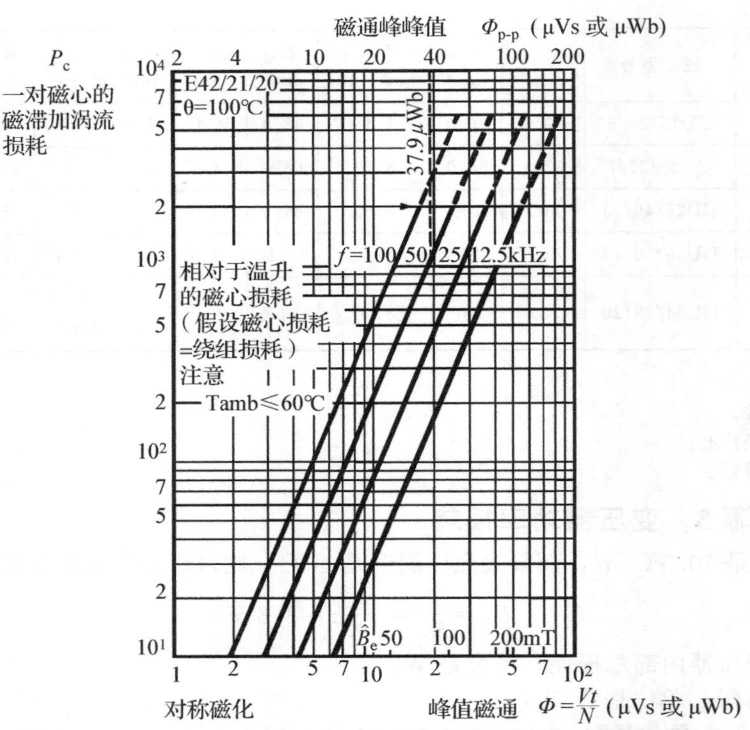

图 2.19.6　一对 E42/21/20 磁心的磁滞和涡流损耗是峰值磁通 Φ 的函数，以频率为参数（经 Mullard 公司许可）

凑成最接近的整数。

每伏最佳匝数由下式计算：

$$N/V=\frac{t_{on}}{\Delta BA_e}$$

式中，N/V＝每伏最佳匝数；

t_{on}＝最大的导通时间，单位是μs；

ΔB＝最佳磁通密度摆幅，单位是 T；

A_e＝磁心面积，单位是 mm²。

计算中，由于推挽工作要使用 B/H 磁环的两个象限，所以磁通密度摆幅 ΔB 的值是峰值 $\hat{B}$ 的两倍。

每个晶体管最大的导通时间是周期的 50%，或 40kHz 时为 12.5 μs。磁心的面积是 240mm²，最佳磁通密度摆动是 200mT。因此每伏匝数由下式计算：

$$N/V=\frac{12.5}{0.2\times240}=0.26\ 匝/V$$

计算副边匝数之前，需知道副边电压 V_s。但在设计完成和副边电阻计算出来前，并不能得到副边电压的绝对值，所以在这点上要做一些近似。

这种低压变换器类型的典型效率应是 75%，而 5V、50A 的输出的损耗应是 83W。如果该损耗的 75%是在副边电路，则 50A 输出时，整流二极管、扼流绕组和变压器电阻上的有效电压降是 1.2V（使用肖特基二极管时的典型综合值）。

对于大电流、低电压输出，通常在实际中要提供远距离的电压检测，这就使外部电源增加了 0.5V 的损耗。因此最大的电源输出电压应为 5.5V，以维持负载上有 5V 电压。

最后，由于变压器和副边漏感，有效的导通时间不是整个周期的 50%。在每半个周期，副边电流建立得相当慢，整个输出电流延迟达 1 μs。结果有效导通时间仅为 46%（因为有两个功率脉冲，所以整流后为 92%），考虑该影响，副边电压必须增加。

因此该例中副边电压大约是

$$(V_{out}+\text{损耗})\times\frac{t_{on}+t_{off}}{t_{on}}=(5.5+1.2)\times\frac{100}{92}=7.3\text{V}$$

副边匝数是

$$V_sN/V=7.3\times0.26=1.9\text{ 匝}$$

将匝数凑成 2 匝，结果磁通密度比最佳值稍小。

19.8.6　步骤 6，计算原边匝数

允许 10%的开关晶体管和原边电阻损耗，在最小输入电压条件下计算原边匝数。这样可以保证最小输入电压时获得所需的输出电压。（虽然这种设计方法使脉冲宽度变窄，副边峰值电压变高，但在正常输入条件下，总的磁通偏移将保持计算值，这是因为副边伏秒不会变化。）

最小电源电压 V_{cc} 为 42V。允许 10%的裕量，则有效的原边电压 V_p 是 38V。

经过取整过程，每伏匝数变成 2/7.3=0.274 匝/V。

因此原边匝数 N_p 是

$$N_p=\frac{V_p}{N/V}$$

得

$$N_p=38\times0.274=10.4\text{ 匝}$$

本例中，匝数取整为 11 匝，得到的输出电压裕量稍小。

原边和副边匝数已经得到，剩下的就是为原边选择合适的导线规格和为副边选择合适的铜箔尺寸，以将铜损保持在设计所需的 2.13W 以内。

19.8.7　步骤 7，选择导线尺寸和绕组结构

对于大电流输出，副边通常用铜箔绕制，而原边采用多股平行磁绝缘导线或李兹线。

为使漏感和集肤效应最小并最优化 F_r 率（AC/DC 电阻比），必须使用正确的导线规格和铜带厚度。

绕组的制作（即层数和彼此之间如何排列）对保证有最小的漏感和集肤效应也很重要。这在第三部分附录 4.B 中有更完整的介绍。

如图 3.4.8c 中所示，原边使用带中间抽头的绕组。若有要求，可进一步对该设计进行校验，根据计算出来的总损耗预测温升。

在本阶段，更常见的是使用在第三部分第 4 章中推荐的样机所用的导线规格和方法绕制变压器。在工作环境中可以测量温升，其最终结果取决于许多难以确定的因素，包括通风条件、传导、辐射、邻近元器件的影响以及变压器设计。

19.9　习题

1. 为什么推挽变换器对高电压应用不合适？
2. 在推挽变换器中使用比例驱动技术时，需提供最小负载。为什么？
3. 为什么推挽变换器在受到阶梯形饱和影响时，特别容易损坏？
4. 为防止推挽变换器中的阶梯形饱和，推荐了什么技术？

第 20 章　DC-DC 开关变换器

20.1　导论

下列 DC-DC 变换器（其输入和输出共地），常称为“三端开关变换器”。

就其功能而言，普通的开关变换器与三端线性调节器有许多共同点，如具有不可调的直流输入和可调的直流输出。当需要较高的效率时常用它们来代替线性调节器。开关变换器的特点是在输入和输出之间使用扼流圈而不是变压器。

开关变换器与相应的线性调节不同，它调节时使用的是开关技术而不是线性技术，这可得到较高的效率和较宽的电压范围。还有，线性调节器的输出电压总是低于电源电压，但开关变换器提供的输出电压可以等于、低于、高于或与输入电压反极性。

由于变压器的使用并不改变基本传递函数，所以下面描述的四种电路是形成各种 DC-DC 变换器的基本结构。进一步，倒相和 Cuk 变换器是基本降压和升压变换器的组合[16]，因此所有变换器都是这两种基本形式的组合，其性能特征与它们的根的类型有关。电源设计者主要感兴趣的 4 种开关变换器如下：

类型 1，降压变换器。见图 2.20.1a。在降压变换器中，输出电压的极性与输入电压相同但总是低于输入电压。输入和输出的其中一条电源线必须接在一起。它既可以是正电源线也可以是负电源线，这取决于设计。

类型 2，升压变换器。见图 2.20.2a。在升压变换器中，输出电压的极性与输入电压相同但总是高于输入电压。输入和输出的其中一条电源线必须接在一起。它既可以是正电源线也可以是负电源线，这取决于设计。

在升压变换器的传递函数中，有一个右半平面的零点。详见第三部分第 9 章。

类型 3，倒相调节器。见图 2.20.3。是降压和升压变换器的组合，故也可称为“降压-升压”调节器。在这种类型的调节器中，输出电压的极性与输入电压相反，但其值可以是高于、等于或低于输入电压的值。输入和输出的其中一条电源线必须接在一起，按设计正、负极性都可以。

倒相调节器将升压变换器右半平面的零点带入自身的传递函数。

类型 4，Cuk 变换器。现在这是一种成熟的降压-升压派生调节器，该调节器输出电压的极性与输入电压相反，但其值可以是高于、等于或低于输入电压的值。同样输入和输出的其中一条电源线必须接在一起，按设计可以是正或负两种极性。

该调节器是升压和降压变换器的组合，同样将右半平面的零点带入了自身的传递函数。

虽然 Middlebrook、Cuk、Bloom、Severns 和其他电路[9][10][16]的工作情况表明这些拓扑结构是相关的，为以下讨论方便，将分别讨论每种类型。这样可以对基本类型电路的工作性能有所了解。当然专家是熟悉参考文献中提到的各种基本类型的许多变化和组合的。

为了易于解释，假设电路工作于连续导通工作方式。因此负载电流总是大于图 2.20.1b 所示的临界值。

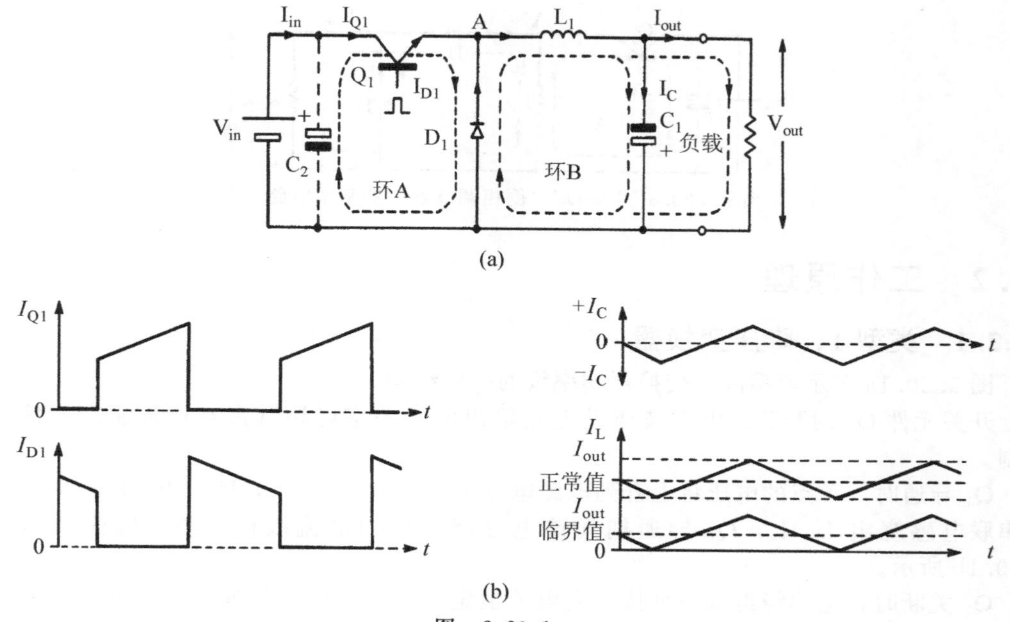

(a)

(b)

图 2.20.1

(a) 降压开关变换器的基本功率电路

(b) 降压变换器电路的电流波形

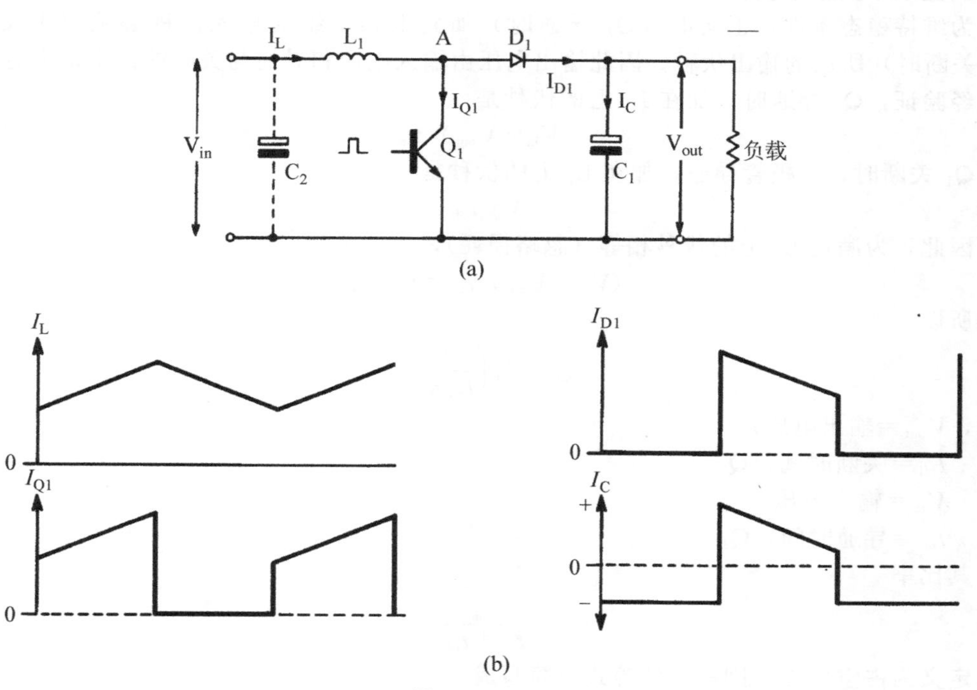

(a)

(b)

图 2.20.2

(a) DC-DC“升压变换器”的基本电路

(b) 升压变换器的电流波形

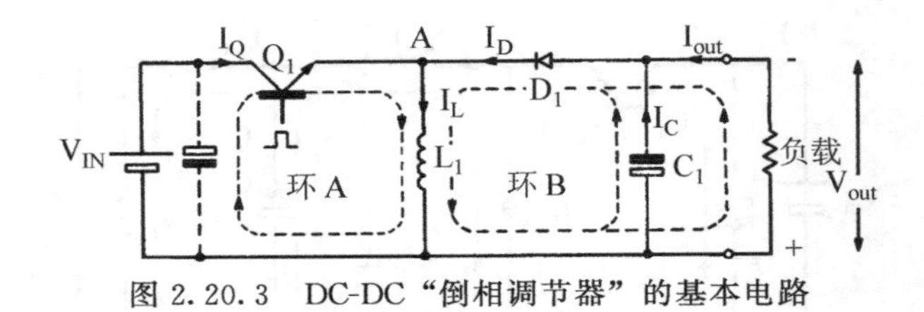

图 2.20.3　DC-DC“倒相调节器”的基本电路

20.2　工作原理

20.2.1　类型 1，降压变换器

图 2.20.1a 表示典型降压变换器功率级的一般结构。

开关元件 Q_1 的开和关由方波驱动电路给出的开关率可调（占空比控制）的信号来控制。

Q_1 导通时，A 点的电压将上升到电源电压 V_{in}。稳态条件下，$V_{in}-V_{out}$ 的正向电压加在串联电感绕组 L_1 上，Q_1 导通期间该电感绕组中的电流线性增长。电流波形如图 2.20.1b 所示。

Q_1 关断时，电感绕组试图维持正向电流恒定，A 点的电压快速变负（通过正常的反激作用），直到二极管 D_1 导通。L_1 中的电流继续按原方向绕着回路 B 和负载流动。可是由于电感绕组 L_1 两端的电压已经反向（V_{out}加上二极管反向压降），在关断期间 L_1 中的电流将线性减小到原来值。

为维持稳态条件，正向时（Q_1 导通时）加到电感绕组的输入伏秒必须等于反向时（Q_1 关断时）所加的输出伏秒。因此输出电压由输入电压和导通与关断的比率来确定。

经验证，Q_1 导通时，加在 L_1 上的伏秒是

$$(V_{in}-V_{out})\ t_{on}$$

Q_1 关断时，二极管导通，加在 L_1 上的伏秒是

$$V_{out}t_{off}$$

因此，为满足 L_1 上的伏秒相等（忽略损耗），

$$(V_{in}-V_{out})\ t_{on}=V_{out}t_{off}$$

所以

$$V_{out}=V_{in}\left(\frac{t_{on}}{t_{on}+t_{off}}\right)$$

式中，V_{out}＝输出电压；

t_{off}＝关断时间，Q_1；

V_{in}＝输入电压；

t_{on}＝导通时间，Q_1。

其比率

$$\frac{t_{on}}{t_{on}+t_{off}}$$

定义为占空比 D，则前面的等式可简写成

$$V_{out}=V_{in}D$$

由于 D 不能大于 1，从这个把损耗计算在内的等式可以清楚地知道，在降压变换器中，输出电压必须总是小于所加的输入电压。

由于 L_1 和 D_1 上的功率损耗非常小，并且 Q_1 工作于低损耗的饱和导通状态或高阻的关断状态，故该 DC 变换器的效率特别高。

从先前的等式可进一步看出，传递函数中不含有与输出电流有关的因素，因此降压变换器的输出阻抗特别低。在一阶系统中（忽略损耗），无需改变占空比就可提供更大的输出电流。可只是当负载电流不低于临界最小值时才是这样，图 2.20.1b 中较低的波形表示了这种情况。临界最小负载电流由电感绕组 L_1 的值确定。

虽然允许在临界最小负载电流之下工作，由于此时占空比必须随负载的变化而改变，所以会降低某些预期的性能。再有，在低电流不连续工作区，功率部分的输出电阻变高，传递函数已经改变。如果要维持该区域的工作稳定，控制电路必须能够补偿传递函数的这些变化。

在多输出变换器中通常用这种降压变换器提供附加的副边调节。这种情况下，降压变换器主要用来同步开关变换器的重复频率与变换器的重复频率，以消除输出纹波中的低频内部调制影响（拍频）。

为使常规的驱动和控制电路用于多输出电路的开关变换器，最好是所有的变换器输出在可能的位置共用一条返回线。

应该注意到降压变换器的输入电流是断续的（脉动的），通常需要输入滤波器。由于降压变换器具有有效的负输入电阻斜率（输入电压升高时，输入电流降低），设计者应注意避免输入滤波器谐振引起的不稳定。低电源阻抗对 Q_1 来说是重要的，这样 Q_1 导通时流过较大电流，而输入电压几乎维持不变。通常在尽可能接近 Q_1 集电极的位置接上一个大的、低 ESR 电容器，而输入电感绕组可能需要一些电阻性阻尼。

20.2.2　类型 2，升压变换器

图 2.20.2a 表示升压变换器功率部分的一般结构。工作如下。

Q_1 导通时，电源电压加在串联电感绕组 L_1 上。稳态条件下，L_1 中的电流正向线性增长。整流二极管 D_1 反向偏置且不导通。同时（稳态条件下），电流从输出电容器 C_1 流向负载。因此 C_1 放电。电流波形如图 2.20.2b 所示。

Q_1 关断时，L_1 中的电流继续同方向流动并使 A 点的电压为正。当 A 点的电压超过电容器 C_1 上的输出电压时，整流二极管 D_1 将导通，电感绕组中的电流传递到输出电容器和负载。由于输出电压超过电源电压，在 Q_1 关断期间，L_1 将反向偏置，L_1 中的电流将向着它原来的值线性减小。

与降压变换器不同，从整流二极管 D_1 流入输出电容器 C_1 的电流总是断续的，如果要使输出纹波电压与降压变换器中的输出纹波电压一样低的话，则需要更大的输出电容器。C_1 中的纹波电流也很大。

对于升压变换器的优点，输入电流是连续的（虽然此处将有取决于电感 L_1 的值的纹波成分），因此需要较小的输入滤波，这消除了由输入滤波器引起的不稳定因素。

与降压变换器一样，为维持稳态条件，加到 L_1 两端的正向和反向伏秒必须相等。输出电压 V_{out} 由功率开关的占空比和输入电压来控制，如下式。

经验证（满足 L_1 上的伏秒相等），

$$V_{in}t_{on}=(V_{out}-V_{in})\,t_{off}$$

所以

$$V_{out}=V_{in}\left(\frac{t_{on}+t_{off}}{t_{off}}\right)$$

但是

$$\frac{t_{on}+t_{off}}{t_{off}}=\frac{1}{1-D}$$

因此

$$V_{out}=\frac{V_{in}}{1-D}$$

从该方程式可以看出输出电压与负载电流无关（忽略损耗），并且输出电阻非常低。同样只是当负载电流不低于图 2.20.2b 中所示的临界值时才是这样。负载电流低于临界值时，占空比必须减小以维持输出电压不变。

同样也应注意到在升压变换器中负载电流的突然增加需要导通期间随之增加（为增加 L_1 中的电流和补偿电压损耗）。可是增加导通时间将减小关断时间，使输出电压随之降低（与要求相反）直到 L_1 中的电流增加到新的负载电流值。这在瞬态期间引入了一个附加的 180°相移。这就是传递函数中存在右半平面的零点的原因。见第三部分第 9 章。

通常 L_1 值的选择是要保证临界电流低于所需要的最小负载电流。还有，L_1 在最大负载和最大导通时间时不能饱和。

20.2.3 类型 3，倒相型开关变换器

图 2.20.3a 表示典型的倒相（降压-升压）调节器的功率电路，工作原理如下所述。

当 Q_1 导通时，在电感绕组 L_1 中线性地建立电流（回路 A）。在稳态条件下二极管 D_1 反偏而关断。Q_1 关断时，L_1 中的电流继续同方向流动，使 A 点变负（通过正常的反激作用）。当 A 点的电压比输出电压更负时，二极管 D_1 导通，将电感绕组中的电流转移到输出电容器 C_1 和负载（回路 B）。

在关断期间，L_1 两端的电压反向，电流向着其原来值线性减小。输出电压取决于电源电压和占空比 $D=t_{on}/(t_{on}+t_{off})$，调节占空比以维持需要的输出。电流波形与升压变换器中的波形一样，如图 2.20.2b 所示。

与前面一样，为维持稳态条件，L_1 的正向和反向伏秒必须相等，并满足以下的伏秒等式（不考虑极性），

$$V_{in}t_{on}=V_{out}t_{off}$$

所以

$$V_{out}=V_{in}\left(\frac{t_{on}}{t_{off}}\right)$$

比率 t_{on}/t_{off} 可用 D 表示为 $D/(1-D)$，因此

$$V_{out}=V_{in}D/(1-D)$$

注意：虽然输出电压是反极性的，但根据占空比，它可以大于或小于 V_{in}。

在倒相调节器中，输入和输出电流都是断续的，故在输入和输出都需要相当大的滤波器。

20.2.4 类型 4，Cuk 变换器

自从 1977 年由 Slobodan Cuk[9]（发音为 Chook，与 book 押韵）引入如图 2.20.4a 中所示的、被其称为“最佳变换器拓扑”的“升压-降压”调节器以来，该调节器已吸引了众多的目光。首先它是这些年来出现的新型开关变换器。其次分析和二重性电路模拟表明该电路是类型 3 倒相（降压-升压）调节器[16]的对偶电路。

对于 Cuk 变换器，下面是电源工程师感兴趣的一些主要特征。

(1) 输入和输出电流都是连续的。此外，经 L_1 和 L_2 的补偿耦合，可将输入和输出纹波电流和电压抑制到零。

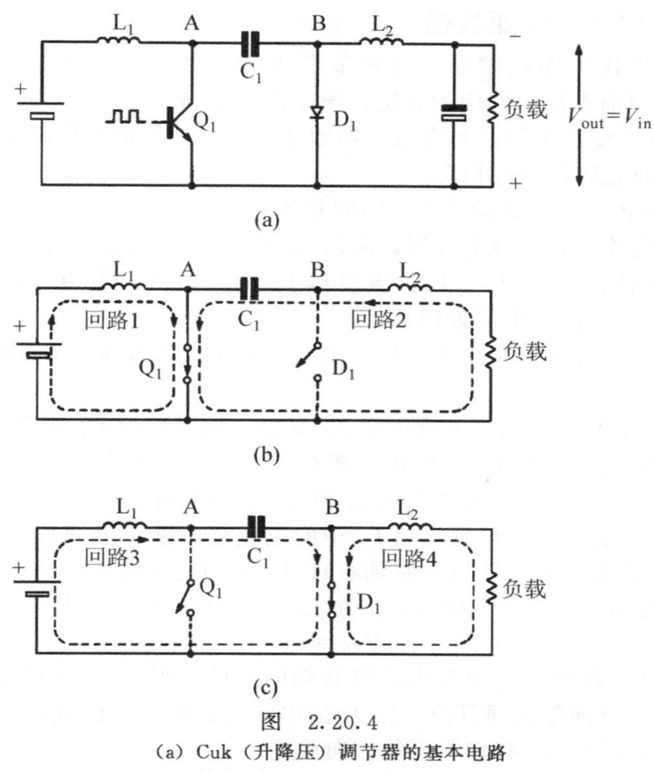

图 2.20.4

(a) Cuk（升降压）调节器的基本电路

(b) 储存阶段

(c) 转换阶段

(2) 在基本结构中，虽然输出电压的极性是反相的，但输出电压的值可以等于、高于和低于输入电压的值。事实上，电源可按输出电压取值，并且维持输出电压恒定。

(3) 如果用有源的开关元件替代二极管，则可能改变能量的传递方向，这对传动或机械控制非常有用。（虽然这种双向性能也应用于前面的调节器类型中，但在 Cuk 结构中，电流反向流动时传递函数不改变。）

(4) 如其他电路结构一样，引入变压器可提供输入和输出的直流隔离（电的隔离），并且不会危及其他主要特征。

(5) 在某些应用中，一个重要的优点是当二极管或开关元件失效时，通常使输出为零（一种断路型过电压保护要求的优点）。

20.2.5 可能出现问题的几个方面（Cuk 变换器）

设计者应注意 Cuk 变换器以下的几点可能的局限性。

(1) 内部谐振可使传递作用断续或在某些频率上削弱输入纹波抑制。应检查开环响应以确保使用中没有该问题出现。

(2) 在耦合电感绕组和变压器隔离的结构中，由于“开关导通”初期的冲击耦合电流会引起输出电压反向。

(3) 与任何升压驱动的拓扑结构的调节器一样，由于传递函数中右半平面的零点，会出现回路稳定性问题。详见第三部分第 9 章。

20.2.6　工作原理（Cuk 变换器）

Cuk 变换器的工作周期比前面三种调节器更为复杂，对于该结构已有多篇优秀论文[9][10]发表。现按照前面简单的伏秒方法，给出以下说明。

考虑图 2.20.4 在稳态工作并具有以下初始条件时，则非常容易理解其工作原理：

输入和输出电压相等但极性相反。

Q_1 工作于 50%占空比（导通和关断时间相等）。

调节器的负载电流超过临界电流值，所以 L_1 和 L_2 连续导通（连续工作方式）。

两个电感绕组相同，所以 $L_1=L_2$。电流从 L_1 的左边流向右边（正向电流方向），而从 L_2 的右边流向左边（反向电流方向）。

注意：因为输出和输入电压相等，极性相反，假设损耗为零，则平均输入电流必须等于平均输出电流。

设 C_1 上的电压是 $V_{in}+V_{out}$（本例中是 $2\times V_{in}$），同时假设 C_1 非常大，所以在一个周期里电压没有较大的变化，结果 C_1 的 A 端相对于 B 端来说为正。

在上面定义的工作条件下首先考虑图 2.20.4b 中的电路。

Q_1 导通时，A 点将为零，电感绕组 L_1 中的电流绕回路 1 继续流进 Q_1。L_1 两端的电压（V_{L1}）为正向作用的电源电压（从左到右），L_1 中的电流将线性增加。

因此在 Q_1 导通期间，不考虑极性，加在 L_1 上的电压（V_{L1}）是

$$V_{L1}=V_{in}$$

同时由于 C_1 的 A 端电位变为零伏，则 B 端的电位变到－（$2\times V_{in}$）（C_1 两端的初始电压）。二极管 D_1 因反向偏置而开路。L_2 中的电流绕回路 2 继续从右到左流进 C_1 和 Q_1，因此在 L_2 的强迫作用下，C_1 将向着零伏方向放电。

在 Q_1 的这个导通期间，不考虑极性，加在 L_2 上的电压（V_{L2}）是

$$V_{L2}=2V_{in}-V_{out}$$

因为 $V_{out}=V_{in}$，

$$V_{L2}=V_{in}$$

因此加到输出电感绕组的伏秒与加到输入电感绕组的伏秒相等。由于所加电压在一种情况下是正向，在另一种情况下是反向，L_2 中的输出电流将以相同的速率但相反的方向增加，正如 L_1 中的电流一样。

在此期间有趣地注意到，如果 L_1 和 L_2 绕在同一磁心上，匝数和极性严格相同，则纹波电流成分将抵消到零，有效的输入和输出电流将是稳定的直流。虽然在此没有进一步讨论，事实上是这样做的[30]。

考虑图 2.20.4c。Q_1 关断时，L_2 的强制作用使 D_1 导通（回路 4），使 B 点的电压为零（忽略二极管压降）。同时，A 点的电压变成 $2V_{in}$（电容器两端的电压），所以 L_1 两端的电压反向，其有效值为 V_{in}，但与导通状态时的方向相反，可是在 L_1 的强制作用下，L_1 中的电流仍继续正向流动，但逐渐减小。由于 Q_1 关断，L_1 的电流通路将从电源经 D_1 到 C_1（回路 3）。

因此关断期间加在 L_1 上的电压（V_{L1}）是

$$V_{L1}=V_{in}$$

现在电流流入电容器 C_1 的 A 端，替代原来的放电电流。由于 D_1 导通，关断期间 L_2 两端的电压就是 V_{out}（忽略二极管压降），而该电压的极性使 L_2 中的电流减小。

因此关断期间加在 L_2 上的电压（V_{L2}）是

$$V_{L2}=V_{out}$$

但是　$V_{out}=V_{in}$

因此　$V_{L2}=V_{in}$

在导通和关断期间加在 L_1 和 L_2 上的伏秒相等。

可以看出虽然极性相反，但导通和关断期间加在 L_1 和 L_2 上的电压幅值和伏秒相等。两个电感绕组的正向和反向伏秒也相等。因此只要导通和关断时间相等，假设的稳态工作初始条件就是满足的。

通常要满足导通和关断伏秒相等，对于 L_1（忽略极性），有

$$V_{in}t_{on}=(V_{C1}-V_{in})\ t_{off}$$

但是

$$V_{C1}=V_{in}+V_{out}$$

因此

$$V_{in}t_{on}=V_{out}t_{off}$$

则

$$V_{out}=V_{in}\left(\frac{t_{on}}{t_{off}}\right)$$

但是

$$D=\frac{t_{on}}{t_{on}+t_{off}}$$

因此

$$V_O=V_ID/(1-D)$$

将此方法用于 L_2 得到相同的结果。因此对于 50% 占空比（$t_{on}=t_{off}$），$V_{out}=V_{in}$，但极性相反。

20.3　控制和驱动电路

有许多合适的分离和集成电路形式的控制及驱动电路。大多数用于正激和反激变换器的单端控制电路都可以用于 Cuk 变换器。

虽然许多开关变换器控制电路使用占空比控制相当成功，但也可采用电流模式控制，这时也能得到类似于传统变压器变换器所具有的优点。

在使用集成磁装配变压器和扼流圈调节器的应用方面，研究和发展工作仍在进行。这些技术内容的全面阐述超出了本书的范围。对于这方面更多的信息，有兴趣的工程师可以学习 Slobodan Cuk、R. D. Middlebrook、Rudolf P. Severns、Gordon E. Bloom 及其他专家所写的论文，有些论文已在参考文献［9］、［10］、［16］和［20］中提及。

20.4　开关变换器的电感绕组设计

从前面可以清楚地知道电感绕组（或扼流圈）在调节器性能方面起到了重要作用。

这些电感绕组携带了大量的直流电流成分，并经受了较大的高频交流过电压。电感绕组在任何正常条件下不能饱和，并且为了有好的效率，绕组和磁心的损耗必须要小。

电感的选择通常是折中的。理论上电感可具有任何值，其值大时价钱昂贵并且有损耗，负载瞬态响应差。可是大电感也具有低纹波电流，且轻载时可连续导通。小的电感值纹波电流大，增加了开关损耗和输出纹波。在轻载时出现不连续导通，这改变了传递函数，且导致系统不稳定。可是其瞬态响应性能好、效率高、尺寸小、价格低。所以这种选择是在最小尺寸和最低成本、可接受的纹波电流值、一致的连续导通方面的折中选择。

虽然没有设定标准，但常常使用一种权威的方法来选择电感，即选择使临界电流（刚

好出现不连续导通时的电流）低于最小规定负载电流的电感（见图 2.20.1a）。可是如果最小负载电流为零，就不能使用这种方法。因此虽然这种选择标准可能是有用的指导，但设计良好的调节器在负载电流适当地低于临界电流时也应能稳定工作。

作者选择电感值的实用方法是按可接受的纹波电流尽可能地小的标准来进行。根据纹波和瞬态响应的需要，使用的纹波电流值为负载电流 I_{DC}（最大）的 10%～30%。记住，电感越小，价格越低，瞬态负载响应越好。

20.5　电感绕组设计实例

要求为一个 10A、5V、类型 1 的降压变换器计算电感，该调节器工作频率为 40kHz，输入电压 10～30V，纹波电流不超过 I_{DC}（2A）的 20%。

方法：最大纹波电流出现在输入电压为最大时，即加在电感器两端的电压最大。

(1) 计算输入为 30V 时的导通时间。

$$t_{on}=\frac{V_{out}t_p}{V_{in}}$$

式中，

$$t_p=总周期\times(t_{on}+t_{off})$$

因此

$$t_{on}=\frac{5\times25}{30}=4.166\ \mu s$$

(2) 选择纹波电流峰峰值。本例中选择为 I_{DC}的 20%或 2A。

(3) 计算电感器两端的电压 V_L。

$$V_L=V_{in}-V_{out}=25V$$

(4) 计算电感值。

$$V_L=-L\frac{dI}{dt}$$

因此

$$L=V_L\frac{\Delta t}{\Delta I}=\frac{25\times4.166\times10^{-6}}{2}=52\ \mu H$$

则临界负载电流是 $1/2I_{p-p}=1A$，或 I_{DC}的 10%（在本例中）。

对于电感器（扼流圈）的设计，在第三部分第 1、2 和 3 章中有更全面的介绍。

20.6　常规性能参数

在输入与输出之间电隔离不重要时，开关变换器可提供极高效率的电压转换和调节。在多输出开关模式电源应用中，这些调节器可以对副边输出进行独立全面的调节。整个电源设备的性能极好。

为全面性能的需要，用户应指定负载电流的范围。根据实际情况该范围应尽可能小（最小电流越低，电感绕组和费用越大）。特别是不应要求在负载非常轻时完全实现连续导通，因为这需要非常大的串联电感绕组，从而使电源设备花费高、体积大，并引起相当大的功率损耗。

20.7　纹波调节器

一种专供降压型调节器使用的控制技术称为“纹波调节器”[17]。由于它以极低的成本提供优良的性能，所以在此值得一提。

通过讨论图 2.20.5a 中所示的降压变换器电路，最容易理解“纹波调节器”。

一个高增益比较放大器 A_1 将输出电压 V_{out}的测量值与参考电压 V_R 进行比较，当测量值高于参考值时，串联功率开关 Q_1 将关断。由电阻 R_1 正反馈提供的一个小的滞后电压（典型值为 40mV）使 Q_1 保持关断，直到该电压低于 40mV，此时 Q_1 将重新导通，并重复其控制周期。

该作用使输出电压在磁滞范围的较高和较低限制之间按其平均直流值线性上升和线性下降（见图 2.20.5b）。

电压线性上升到较高限所用的时间由电感值、输出电容器和电源电压确定。

电压线性下降到较低限所用的时间由输出电容器和负载电流确定。由于这两段时间可变，所以工作频率是可变的。

输出纹波总是保持为滞后电压（本例中为 40mV）这个常值，与负载无关。如果负载非常小，则频率可非常低。

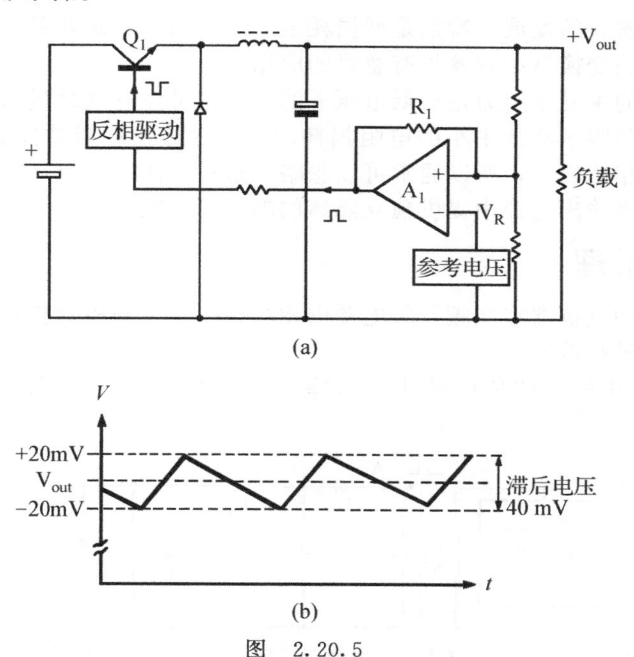

图 2.20.5

(a) 纹波控制开关降压变换器电路（纹波调节器）

(b) 纹波调节器的输出纹波电压

20.8 习题

1. 用“开关变换器”来描述一种特殊类型的 DC-DC 变换器。这些变换器在什么方面不同于大多数传统的变压器耦合变换器？
2. 与较为熟悉的三端线性调节器相比，开关变换器的主要优点是什么？
3. 解释下列调节器的主要传递特性：降压变换器，升压变换器，倒相调节器和 Cuk 变换器。
4. Cuk 变换器在什么方面不同于三种前期的调节器？
5. 为什么升压变换器特别倾向于回环稳定性问题？
6. 叙述耦合电感磁集成 Cuk 变换器的一些局限性。
7. 为什么开关变换器要求最小负载？
8. 为什么降压变换器中的输出扼流圈相对较大？

第21章　高频可饱和电抗功率调节器（磁占空比控制）

21.1　导论

可饱和电抗功率调节器，也称作可饱和磁心磁调节器或磁脉宽调制器，常应用于高频开关电源中，是一种线性频率磁放大器功率控制技术。然而，在高频应用中，工作方式却大为不同。

由于近期磁性材料的发展，特别是低损耗矩形磁滞回环软磁非晶体合金的出现，这些技术现在在高频开关变换器中有着很有意思的应用。

这种控制方式的主要吸引力是对低电压下的大电流可以有效地进行调节。饱和电抗器中的功率损耗主要局限于绕组中小的电阻损耗。由于磁心损耗与被控制的负载电流无关，并且与传送的功率相比较小，所以通常可以忽略。这种方法的优点还体现在饱和电抗器自身的高稳定性和在多输出电源中提供独立隔离的副边调节能力。

21.2　工作原理

简单地说，饱和电抗器在高频开关电源中相当于一个饱和磁通控制电源开关，利用副边脉宽控制技术来进行调节。

通过图 2.21.1 中所示的传统的正激（降压）调节器电路，可以很好地解释其工作方式。

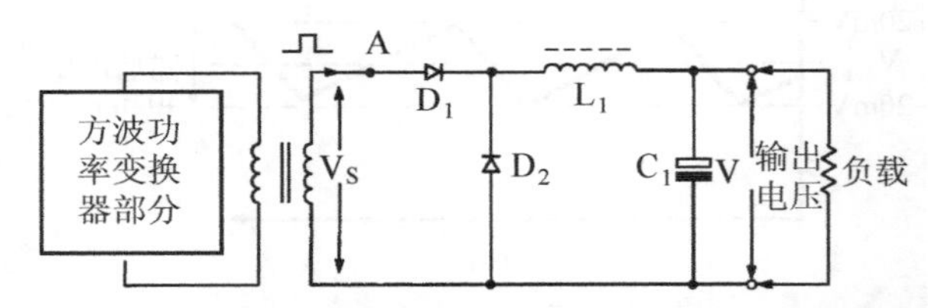

图 2.21.1　占空比控制正激变换器的典型副边输出整流器和滤波器电路

该图表示了输出 LC 滤波器和整流器（正如在典型的单端正激变换器副边见到的一样）。对于这种滤波器结构，输出电压与变压器副边电压的关系由下式表示：

$$V_{out}=\frac{V_s t_{on}}{t_{on}+t_{off}}$$

式中，V_{out} = 输出电压；

V_s = 变压器副边电压峰值；

t_{on} = 导通时间，单位为μs（当 A 点电压为正时）；

t_{off} = 关断时间，单位为μs（当 A 点电压为负时）。

比值 $t_{on}/(t_{on}+t_{off})$ 常称为占空比 D。从上面的式子可以看出，调节占空比或输入电压可以控制输出电压。

在之前的许多技术中，主变压器原边的功率脉冲宽度由原边功率开关来调节，从而达到对输出电压的动态控制。在有些多输出降压变换器变换器中，可以控制输入到方波变换器（DC 变压器）的电压来得到固定的输出电压。在多输出电源中，要增加对辅助输出的调节，所以经常使用线性调节器，尽管线性调节器会出现高损耗。

很明显，如果使用某种形式的脉冲宽度控制对副边输出电压进行必要的调节，将可以获得较高的效率。可以在副边回路中多个位置引入脉宽控制，在图 2.21.2 的例子中，副边电路中的 A 点引了开关 S_1。

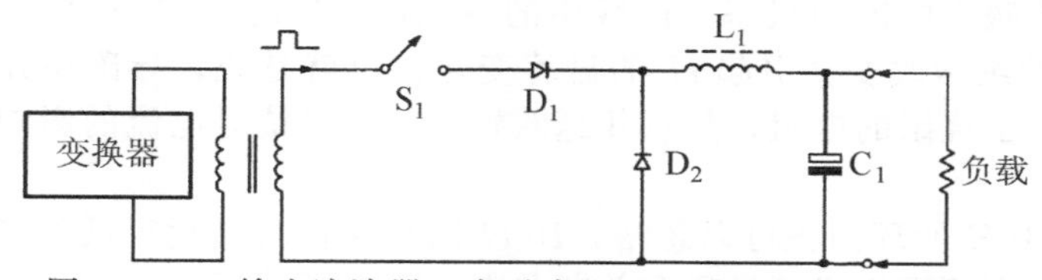

图 2.21.2　输出滤波器，表示占空比（脉宽）副边控制开关与整流二极管 D_1 串联

图中的开关与所加的功率脉冲同步工作以进一步减小加在输出滤波器 L_1、C_1 上的脉冲宽度。减小脉冲宽度有两种方法：一种是提前关断功率脉冲，因此移动的是功率脉冲的后沿；另一种方法是延时接通功率脉冲，因此移动的是功率脉冲的前沿。这两种方法都减小了加在输出滤波器上的有效脉宽，通过对该开关进行动态控制，可以在低输出电压下调节输出。

如果这个开关和其他元件的损耗很低，这种功率控制方法的效率将很高。要达到低损耗，开关必须是接近理想的。也就是说，在接通状态下开关的电阻接近零，在断开状态下，开关的电阻无限大，并且在开关过程中损耗很小。

显然，图 2.21.2 中的开关可由任何能提供合适的开关作用的器件代替。如功率场效应管 MOSFET、SCR、triac 或晶体管（如 Bisyn，一种为同步开关设计的功率场效应管）。然而，所有这些器件在输出大电流时具有相对大的损耗。在下一节中介绍的磁电抗器（扼流圈），可以认为它在饱和时呈“并通”状态，在非饱和时呈关断状态。

21.3　饱和电抗器功率调节器原理

考虑一个磁电抗器怎样才能成为有效的磁转换开关。首先，在关断时必须具有高的有效感应电抗（非饱和状态），在导通时具有低的有效感应电抗（饱和状态）。同时，它必须可以在这两个状态之间快速低损耗地转换。如果选用合适的磁心材料，可饱和磁电抗器就具有上述特性。

假定一具有接近理想状态、矩形回环的磁材料，观察它的 B/H 特性曲线，如图 2.21.3 所示。

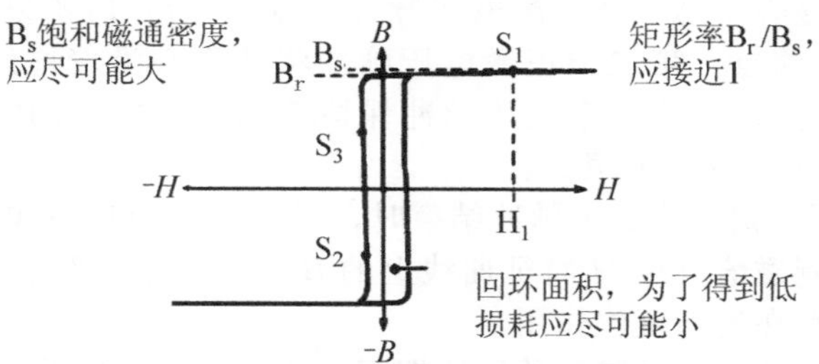

图 2.21.3　用于脉宽调制器的“理想”可饱和磁心的 B/H 磁滞回环

这个接近矩形的磁化特性的曲线具有以下性质。

(1) 在不饱和状态（S_2 和 S_3 点），特性曲线是垂直的，表明对于整个 ΔB 偏移（所加的伏秒）对应的 H 的变化（电流变化）可以忽略，也就是说导磁率很高。绕在这种磁心上的电感绕组具有接近无限大的电感。因此，如果该磁心不允许饱和，则可通过可以忽略的电流（此时电抗器处于关断状态并类似于一个很好的低损耗关断开关）。

(2) 现在考虑磁心的饱和状态（曲线中的 S_1 点）。这时的 B/H 特性曲线几乎是水平的，此时 B 发生的细微改变会引起 H 的显著变化，也就是说，导磁率几乎为零，电感几乎为零。阻抗近似于绕组的电阻，只有几毫欧姆。此时阻抗对电流的影响很小（处于高效的导通状态）。

由于理想的 B/H 回环面积可以忽略，B/H 回环变化时损耗很低的能量。所以，这种理想的磁心可以在高频下切换于导通和关断状态，而损耗很低。

下面了解磁心是如何在两个状态之间转换的。

21.4　可饱和电抗功率调节器的应用

考虑一个电抗绕组绕在理想矩形回环材料的磁心上并与输出整流二极管 D_1（见图 2.21.1 中的 A 点）串联。该电路示于图 2.21.4 中。

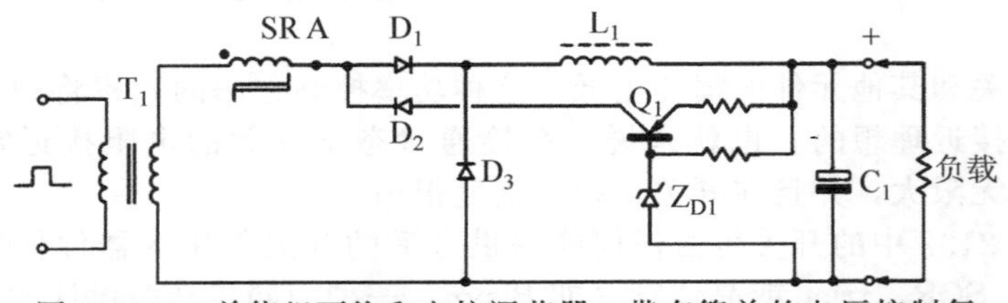

图 2.21.4　单绕组可饱和电抗调节器，带有简单的电压控制复位晶体管 Q_1

在图 2.21.4 所示的电路中，假定磁心在图 2.21.5 所示的 B/H 特征曲线上的 S_3 点不饱和，当 T_1 的副边绕组起始端变正时，D_1 将导通，电压加在饱和电抗器的 SR 绕组两端。从图中虚线可知，所加的伏秒使磁通密度 B 从 S_3 向着正饱和方向增加。如果导通时间很短，磁通密度增量 ΔB 也很小，磁心将不饱和，B 运动到与 S_2 点齐平的位置。因此，输出只有较小的磁化和磁心损耗电流（为清楚起见，放大了 B/H 回环区域）。

如果在关断状态时 Q_1 导通（T_1 的副边电压改变方向），则磁心复位到 S_3 点，下一个功率脉冲时会有同样的小 B/H 回环。因此，只有允许流过输出负载的电流才是电抗器中的磁化和损耗电流（与负载相比很小）。

另一方面，如果磁心在第一个正激电压脉冲（Q_1 关断）后不复位，则磁心将复位到 $H=0$ 线上与 S_2 齐平的点。第二个正激电压脉冲将使磁心沿着虚线从 S_2 进入饱和，即 B/H特性曲线上的 S_1 点。在第二个电压脉冲保留期间，电抗器的阻抗非常小，经 D_1 和 L_1 流到输出电容器和负载的电流很大。

如果 Q_1 保持关断，则在第二个脉冲结束时，当 T_1 副边和饱和电抗器的电流减小到零时，磁心将返回到其剩磁值（B/H 特征曲线上的 B_r）。整流二极管 D_1 阻止了电抗绕组中的电流反向，所以不存在反向复位作用。

因此，在第三个脉冲开始和随后的导通期间，磁心饱和所需的 B（所加的伏秒）增加很小，仅为从 B_r 到 B_s。所以要让磁心返回饱和点 S_1，只需要非常小的正激伏秒应力。若是理想的磁心材料，特征曲线在饱和区（点 S_1）的斜率（导磁率）几乎为零，电感可以忽略。

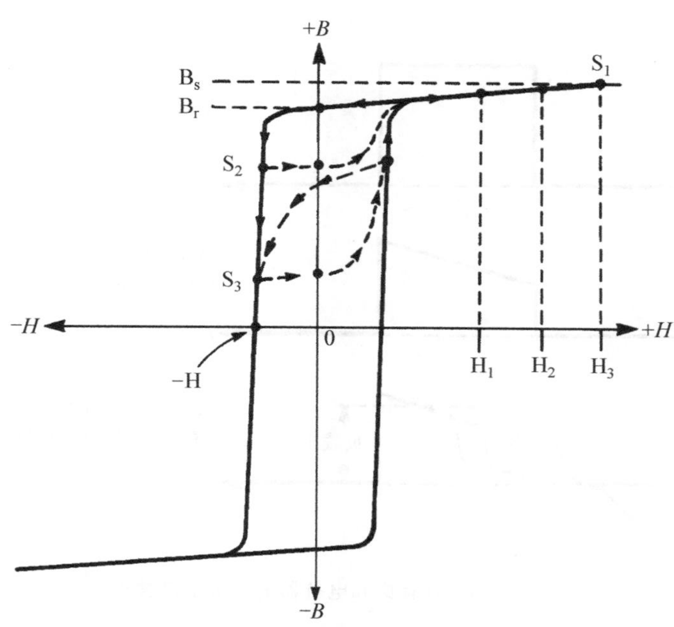

图 2.21.5　饱和电抗器磁心曲线，表示了两个复位点 S_2 和 S_3

所以，初时通电后，只需要两个正向极化脉冲就使饱和电抗器像一个磁开关处于导通状态。在该状态的所有时间，只对正向（输出）电流产生很小的阻抗。由于在每个脉冲下磁心从 B_r 到 B_s 逐渐增加，饱和电抗器只有很小的绕组电阻并对所加脉冲的上升沿产生短时间的延迟。因此，理想的饱和电抗器在每个导通脉冲来到之前，就像磁转换开关一样，可以复位或不复位其磁通密度水平。

实际上，在两个脉冲之间，磁心通常会复位到 B/H 特征曲线上 S_3 和 B_r 中间的某个点。因此，当下一个正向电压脉冲作用时，磁心从不饱和点（特征曲线上的 S_2）变化到饱和状态时，电流会有延迟。在饱和区，磁心处于低阻抗导通状态，允许剩余的功率脉冲传送到输出电路。

在此类型的电路中，只能通过减小有效的脉冲宽度来减小输出电压。减小 B/H 特征曲线的磁通密度使正向电流脉冲变窄。关断期间（此时 T_1 的副边电压改变方向）用 Q_1 控制复位，可将输出电压控制到一个较低的值（复位增加了功率脉冲上升沿的延迟，如图 2.21.6 所示）。

对给定的磁心尺寸，使磁心从图 2.21.5 中的 S_3 到饱和点（上升沿延迟）所需的时间由匝数、所加的电压和所需的磁通密度增量（从复位值到饱和值时 ΔB 的改变量）决定，由法拉第定律确定：

$$t_d = \frac{N \Delta B A_e}{V_s}$$

式中，t_d＝延迟时间，单位为μs；

N＝匝数；

ΔB＝S_3 到 B_s 的磁通密度增量，单位为 T；

A_e＝磁心面积，单位为 mm^2；

V_s＝副边电压。

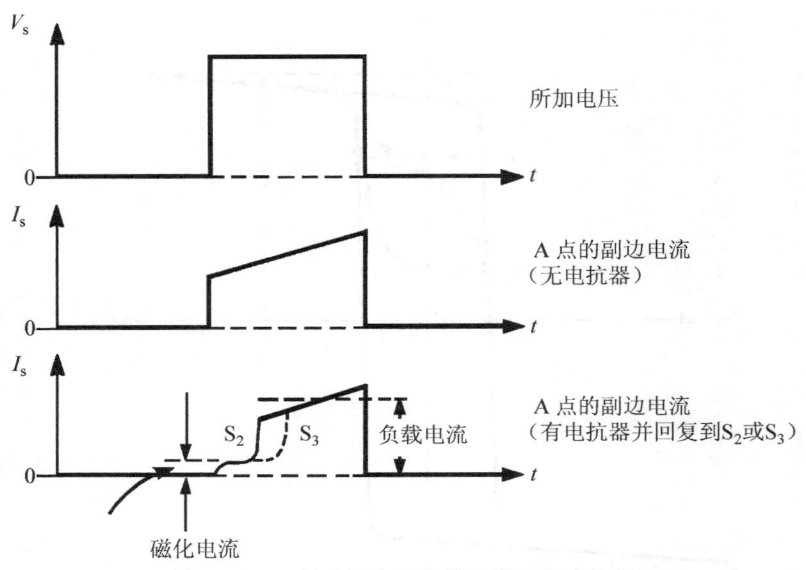

图 2.21.6　具有饱和电抗器的副边电流波形

21.5　饱和电抗器品质因数

饱和电抗器作为功率开关的效果取决于以下几个因素。

关断时的控制因数

磁化电流可以看作是开关关断状态中的漏电流。关断时电抗作为关断开关的品质，即它的最大阻抗，由它的最大电感决定。这又取决于磁心不饱和时的导磁率和匝数。当然，增加匝数可以加大电感和减小磁化电流。可是，匝数较多将增加铜损耗并减小导通延迟，将其性能减弱到像一个导通的开关。

导通时的控制因数

导通时电抗器的品质取决于绕组的电阻、饱和状态的剩余电感、最小的导通延迟时间。

（1）**最小电阻**。低电阻表示要最少的匝数和最大的导线规格，但这与最大电感的关断需求（上面）相抵触。因此，实际中选择匝数要折中考虑。

（2）**最小电感**。某些磁材料在“饱和”状态仍表现出不可忽略的导磁率，这限制了最小电感和最大通过电流。在导通状态，需要最小的电抗，减小匝数和使用具有低饱和后导磁率的非常矩形磁滞回环磁心可以改善该参数。

（3）**最小导通延迟**。这是电流脉冲上升沿不可避免的延迟，是由没有复位时（在导通状态），磁心需要从剩磁通值 B_r 变化到饱和值 B_s 而引起的。

对于给定的磁心、匝数和工作电压，最小导通延迟时间由磁心材料的 B_r/B_s 比值决定。在关断期间，如果没有提供复位电流，磁心中的磁通密度将返回到它的剩磁值 B_r。当下一功率脉冲来到时，由于磁通密度从 B_r 增加到图 2.21.5 中 S_1 点的 B_s，电抗传导将有不可避免的延迟。如果 B_{sat} 和 B_r 已知，该最小的不希望的延迟可以由前面的式子计算出来。

因为延迟，流经输出滤波器电流的最大脉冲宽度将比所加的副边电压脉冲窄，某些控制范围会丢失。从前面的式子应已注意到延迟时间与匝数成比例，电感与匝数的平方成比例。

虽然可以用控制绕组把磁心预先偏移到饱和状态的方法来减小导通延迟，但通常来讲这样使用控制功率是不经济的。

同样，理想的方法是使用 B_r/B_s 比值接近 1 的矩形磁滞回环材料。

（4）**功率损耗**。固定频率下，功率损耗取决于两个因素，铜损耗和磁心损耗。

首先，铜损耗由导线尺寸和匝数决定，磁心增大该损耗减小。其次，随着磁心尺寸和控制范围变大，磁心损耗变大。因此像普通的变压器一样，要折中选择磁心尺寸。可是由于磁心材料价格昂贵，实际中常选用可能的最小尺寸，尽管不能达到最小的功率损耗（铜损耗将增大）。

21.6　选择合适的磁心材料

理想的磁心材料应尽可能地与图 2.21.3 中理想的 B/H 曲线相匹配。就是说，在非饱和区表现出高导磁率（可能值 10 000～200 000），饱和导磁率和磁滞损耗很低。

为减小导通延迟，矩形比值 B_r/B_s 要尽可能高（实际中该值在 0.85～0.95 之间）。磁滞和涡流损耗应该很小以降低磁心损耗，并允许在高频下工作。记住，在此应用中磁通密度偏移较大。常采用矩形磁滞回环材料，因为频率达到 100kHz 时矩形磁滞回环材料具有可用的磁参数和可接受的损耗。遗憾的是大多的制造者没有标明磁心的饱和导磁率，也没有有效的标准，因此在这方面的研究是很必要的。

对于低频工作，比如说 30kHz，在晶粒取向、冷轧、场退火坡莫合金和μ合金中可以找到合适的材料。这些材料是用镍-铁合金带绕成螺旋管形状，以得到最大的导磁率和矩形系数。磁场退火可以改善矩形系数。

对较高频的应用场合，如 75kHz，非晶体镍钴合金更合适。然而写本书时，由于这些材料过大的磁心损耗和变形的脉冲磁化特性曲线，它们在高于 50kHz 时不能有效地工作。但是它们的性能正在迅速改进。

对于更高的频率，矩形磁滞回环铁氧体材料更合适。

表 2.21.1 中列出了一些磁心材料相应的最适合的应用场合。

表 2.21.1　典型矩形磁滞回环磁材料的特性

商品名称	矩形率 B_r/B_s	饱和磁通密度 T	磁心损耗，W/kg（0.002in300mT）		里温度，℃	频率
			50Hz	35kHz		
超坡莫高透磁合金 Z	0.91	0.8	0.01	60	400	高
Permax Z	0.94	1.25	0.06	180	520	低
矩形坡莫合金 80	0.9	0.7	0.01	70		高
镍铁高导磁合金	0.6	0.7	0.03	180	350	中
H. C. R	0.97	1.54	0.15	60(5kHz)		低
Sq. Metglass	0.5	1.6	0.1	150		低
Vitrovac 6025	0.9	0.55	0.003	50	85*	高
Sq. Ferrite	0.9	0.4	0.01	60		高
Fair-Rite 83						高

注 Sq. Metglass 和 Vitrovac 6025 是非晶材料。

* 最大的长期工作温度（在此温度之上，非晶特性缓慢变差）。

21.7 可饱和电感器的控制

在 21.2 节中解释过，要控制开关变换器中的饱和电抗器，需要在关断期间、下一个正向功率脉冲到来之前将磁心复位到 B/H 曲线上的指定位置。

磁心复位（伏秒）可以由一个独立控制绕组（饱和电抗器或磁放大器作用，见图 2.21.7）来实施，或通过使用同一原边功率绕组在关断期间对原来的功率脉冲施加一个反方向的复位电压（可饱和电抗作用，见图 2.21.5）。尽管这些工作方式的电路大有不同，就磁心而论，作用是相同的。

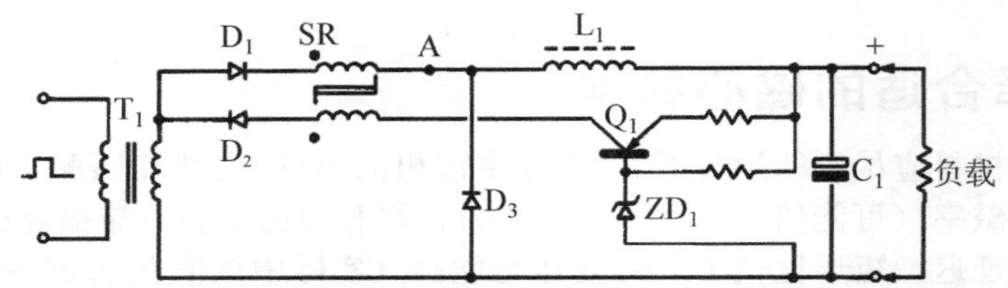

图 2.21.7 双绕组饱和电抗器调节器（饱和电抗型）应用于降压变换器输出电路

在图 2.21.7 中，复位在 D_1 的关断期间实现，即驱动绕组变负时（利用复位晶体管 Q_1，经 D_2 给独立的复位绕组施加电压）。复位电流由正输出流出，经过 Q_1、SR 复位绕组和 D_2 流向变压器副边（复位期间副边电压为负）。

复位磁化安匝与前面的正向磁化安匝相等并反向（该磁化电流示于图 2.21.6 中波形的前沿，若磁化开关近乎理想，磁化电流可看作漏电流）。独立复位绕组的优点在于可通过增加匝数减小复位电流。可是要记住：正向和反向的伏秒/匝必须相等。复位匝数越多，需要的复位电压或复位时间越多。

图 2.21.7 中所示的饱和电抗器控制电路工作如下。

输出电压超过齐纳二级管 ZD_1 电压时，Q_1 导通，加快磁心复位。磁心复位到 B/H 曲线上的位置，要对下一功率脉冲的上升沿产生适当的延迟，以维持输出电压恒定。

由于只能减小脉宽，要求的输出电压必须在比正常的副边正向导通期间窄的脉宽下获得。

图 2.21.7 中，复位电压直接加到饱和电抗器的主绕组上。这种结构的主要优点是，来自 Q_1 的复位电流自动提供输出需要的预负载，以便正好重新吸收先前导通期间出现的电抗器“漏”电流成分。

该例中，当变压器副边电压变负时，复位电流经 Q_1 和二极管 D_2 流到主绕组，在复位作用期间二极管 D_1 反偏（关断）。

有饱和电抗器和没有饱和电抗器的 A 点电流波形示于图 2.21.6 中，两种不同脉宽条件下在 B/H 磁滞回环曲线上的偏移示于图 2.21.5 中。

重要的是应注意到，磁心复位期间的电流由要求的负磁化力 H 的大小决定，使磁心从 B_r 变化到 B/H 特性曲线上的点 S_3。对于个别固定输入电压的电抗器，该电流完全由磁心参数决定，而与控制电路和负载无关。原来的正向电流（即负载功率）不会影响复位电流的大小，因为当正向电流降为零时磁心总是返回到同样的剩磁值 B_r（电流为零时，H 必为零）。

因此，无论正向电流和在正向导通期间磁心在 B/H 磁滞回环上饱和的位置如何（如 H_1、H_2、H_3 等），复位电流在随后的复位阶段中保持不变。因此用小的复位电流能控制很大的功率，控制效率高。记住，磁心饱和后电感接近零，输出电流增加时磁心不再储存能量（换句话说，饱和状态下 L 接近零时，增加的（1/2）LI^2 趋于零）。

21.8 限流饱和电抗器调整器

图 2.21.8 表示一个简单的限流电路，工作过程如下。当输出电压使 R_1 两端的电压超过 0.6V 时，晶体管 Q_2 将导通，副边电压变负时，经 D_2 提供复位电流，因此限制了输出的最大电流。使用这种限流方法时，饱和电抗器必须设计成能经受最大正向伏秒而不饱和（经过前半个周期完全复位后）。记住，即使输出电压为零（例如输出短路），此方法仍适用。如果复位电路中的压降大于 D_1、L_1 中的正向压降，必须将复位二极管接进 SR 绕组，以保证输出短路时仍能完全复位。

对于大电流应用场合，电流传感电阻 R_1 的损耗将大到不能接受，这种情况下，应用一个电流互感器与 D_1 串联。第三部分 14.9 节介绍的直流电流互感器特别适合这种情况，它可以放置在直流通道上，与 L_1 串联。

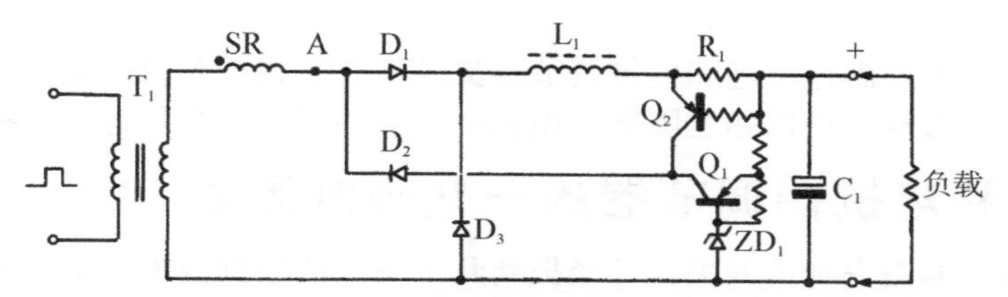

图 2.21.8 带限流电路 R_1 和 Q_2 的可饱和电抗降压变换器

21.9 推挽饱和电抗器副边功率控制电路

目前所讨论的限于单端系统。这种系统中，关断期间复位磁心和在导通期间驱动磁心需要的时间相同（伏秒）。因此，如果要在短路条件下维持控制，除非提供高电压复位电路或在 SR 绕组上提供一个复位分支点，否则占空比不会超过 50%。

在图 2.21.9 所示的推挽系统中，使用的两个饱和电抗器每个周期提供两个正向脉冲。这些电流脉冲经由二极管 D_1 和 D_2 流入输出 LC 滤波器。因此，即使是全方波输入（100%的占空比），独立的饱和电抗器每半个周期交替工作，每个电抗器都有 50%的关断复位时间以得到需要的复位伏秒。

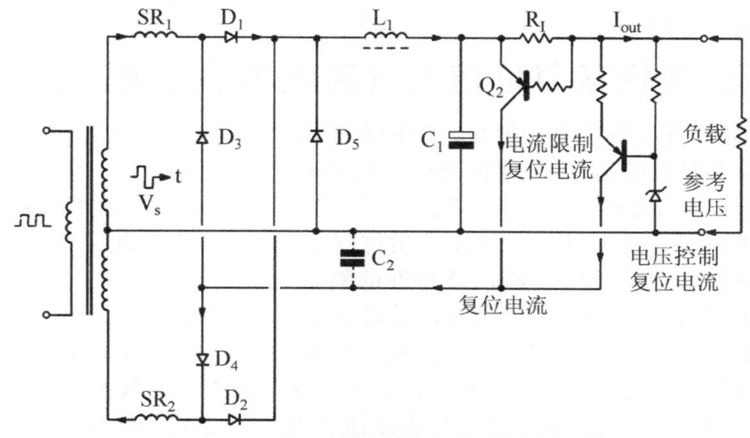

图 2.21.9 推挽饱和电抗器副边调节器电路

一个单独的控制晶体管 Q_1 用来复位两个电抗器，由于二极管 D_3 和 D_4 的门控作用(复位期间一个或另一个二极管反偏)，复位电流自动地流向相应的电抗器。

限流由 Q_2 提供，当过载电流使 R_1 两端的电压超过 0.6V 时，Q_2 导通。同样，如果愿意，可使用电流互感器，但要与 D_1 或 D_2 串联（或使用直流电流互感器时放在 L_1 的直流通路上）。

因为推挽技术可以有效地减少输出纹波滤波的需求，因此推荐用于大电流输出应用场合。

21.10 饱和电抗器调节器的优点

对低电压、大电流的副边输出，饱和电抗器控制特别有效。在导通状态，阻抗与铜绕组的电阻十分接近（大电流时为几毫欧姆）。因此，导通状态时电抗器元件两端的电压降极低。在关断状态，若采用恰当的磁心材料，电感即电抗将很大，漏电流（磁化电流）低。所以可以非常有效地使用占空比功率控制。饱和电抗器的可靠性非常高，因为它可被视为无源元件。

在多输出电路中，副边可饱和电抗调节器提供高效、完全独立的电压和限流控制。还有，如有需要，所有输出可以相互隔离。饱和电抗器的确是一个强有力的控制工具。

21.11 饱和电抗器调节器的一些限制因素

饱和电抗器并非是完美的开关，已经提到几个明显的限制因素，如最大和最小的关断和导通电抗。现在讨论一些不太明显但很重要的限制因素。

(1) **寄生复位**。复位期间加在电抗器上的电压反向时，主整流二极管 D_1 必须阻断(关断)。关断期间，有反向恢复电流流过二极管。该反向电流流进电抗器绕组，对磁心产生不希望的复位作用，因此磁心复位到低于正常剩磁值 B_r 的某一点（即使不需要复位)。

该附加复位的存在加大了最小接通延迟，减小了控制范围。因此对于 D_1 和 D_2，应该选择低恢复电荷的快速二极管。

(2) **饱和后导磁率**。饱和状态的导磁率绝对不会为零，最好至少等于空心绕组的导磁率。

电流大时，磁心的饱和电感限制电流通过，以至得不到完整输出。为解决这一问题，可以增大磁心，减少匝数。谨记，L 与 N^2 成比例，而 B 与 N/A_e 成比例，在相同的磁通密度下，使用匝数少的大磁心使饱和电感净减小。铁氧体磁心具有较大的饱和后导磁率，可以很好地解决这个问题。

21.12 恒流或恒压复位情况（高频不稳定情况)

高频时 B/H 磁滞回环的面积增加，使磁心损耗增大，通常还使期望的磁特性降低。

特别地，一些材料的 B/H 磁滞回环变形后表现出明显的 S 形特征。如果控制电路中使用恒电流复位，S 形特性可能带来不稳定，图 2.21.10 很好地显示了这种效果。

如果使用恒电流复位，则磁化力 H 为被控制参数。在复位期间，当 H 从零增加到 H_2 时，由于 H_1 到 H_2 之间 B/H 磁滞回环特性的斜率为负，曲线将从 $+B$ “跳”到 $-B$，在 H_1 与 H_2 之间加入了一个不确定的范围，无法实施进一步的控制。

实际中，要使 B 从 $+B_1$ 快速变化到 $-B_2$，需从恒流复位电路得到大的依从电压。因此即使使用恒流复位，通常仍保留某种控制检测，这是因为大多数实际恒流电路具有受限的依从电压，在复位期间将控制电路复位到限压状态。但是这可能不是一个确定动作。

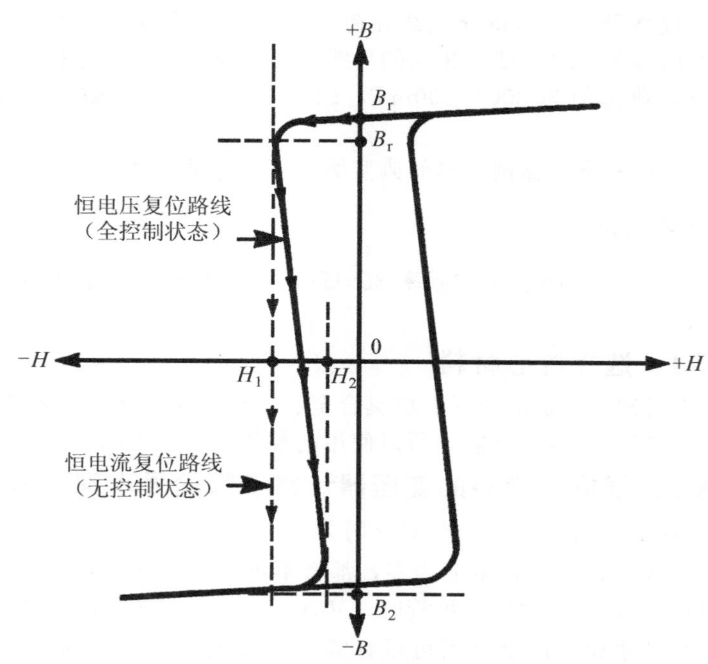

图 2.21.10　高频脉冲磁化 B/H 磁滞回环，表示 S 形 B/H 特性

由于这个原因，如果使用受控伏秒复位而不是恒流复位（特别是轻负载时），将得到更好的稳定性。电压复位增加磁通密度 B 而不是磁化力 H。在图 2.21.10 中所示的负斜率区这种方法更容易控制。

对于电压复位，可选用快速转换率、低输出阻抗的电压控制放大器。图 2.21.9 中的去耦电容 C_2 高频时把 Q_1 的电流控制转变为有效的电压控制，但降低了瞬态响应，这只是一种折中的解决方法。

21.13　饱和电抗器的设计

设计中最难以决定的就是磁心材料和磁心尺寸的选择。之前讨论过，这取决于应用场合、频率和要求的性能。然而一旦选择了磁心，设计的其余部分就相对简单了。

21.13.1　磁心材料

通常磁心材料的选择是在价格和性能之间折中考虑。低频时合适的材料很多，选择时主要考虑矩形率、饱和磁通密度、价格和磁心损耗这几个因素。此时，磁心损耗不很重要，所以可供选择的材料很多。中频时，比如说到 35kHz 时，磁心损耗开始成为主要考虑的因素，可以选择坡莫合金、矩形磁滞回环铁氧体或非晶体材料。在大于 50kHz 的高频时，磁心损耗极大，磁心各方面品质迅速降低。此时的最佳选择是铁氧体材料（作者的经验是高频时频率限制在 50kHz 以下）。

对 75kHz 以上的高频率时，使用正弦波变换器和真正的磁放大技术可以收到较好的效果。正弦波控制扩大了磁心材料的有效频率范围（大部分磁心损耗与电感的变化率成正比而不是与频率成正比）。

21.13.2　磁心尺寸

通常功率电路的实际需求决定了磁心的尺寸。对于低电压、大电流应用场合，电抗器绕组为三或四匝大规格导线，而将导线绕在磁心上的实际难度决定了磁心尺寸。很多时候，该绕组接着变压器副边绕组使用相同的导线缠绕。为减少饱和电抗器的匝数，通常使用大磁通密度偏移，典型值为 300～500mT，因此高频工作时，磁心损耗与铜损耗相比要大。

现在用单端正激饱和电抗器调节器的典型例子来示范设计过程。

21.14　设计举例

设计一个要求为 5V、20A、工作频率 35kHz 的单端正激变换器中的饱和电抗器，如图 2.21.4 所示。

21.14.1　步骤 1，选择磁心材料

从表 2.21.1 中可知，合适的材料有坡莫合金、矩形磁滞回环铁氧体或 Vitrovac 6025。此例中，假设不考虑成本只考虑性能，所以使用的最佳材料是 Vitrovac 6025 非晶体材料。

21.14.2　步骤 2，根据变换器的变压器计算所需的最小副边电压

最大导通时间是总周期的 50%，35kHz 时为 14.3 μs。若接有 SR，因为磁心从 B_r 变化到 B_{sat} 需要时间，所以即使复位电流为零，都将不可避免地在导通脉冲的上升沿产生最小延迟。以往经验表明，使用快速二极管时，Vitrovac 6025 产生的典型延迟时间是 1.3 μs（若已知匝数、磁心尺寸和副边电压则可以计算其实际值）。因此有效的导通时间大约为 13 μs。根据变换器变压器及需要的输出电压，现在可以计算所需的最小副边电压：

$$V_s=\frac{V_{out}\ (t_{on}+t_{off})}{t_{on}}=\frac{5\times\ (13+15.6)}{13}=11\text{V}$$

21.14.3　步骤 3，选择磁心尺寸和匝数

此例中假设变压器副边已引出活动引线，该导线绕在饱和电抗器磁心上得到绕组。磁心的尺寸应使绕组刚好填满其中心孔。还有，假设变压器副边选用了电流密度为 310A/cm² 的导线，即采用 10 条 19AWG 导线。假设填充系数是 80%，则每匝所需的面积是 19.5mm²。

下一个步骤是迭代过程以寻求最佳磁心尺寸。磁心尺寸越大所需的匝数越小，但是中心空隙也越大。

选择一个标准系列 2 号螺线管，尺寸为 25-15-10。根据制造商的数据，螺线管磁心面积为 50mm²，中心孔面积为 176.6mm²。该磁心需要的匝数（如果磁通密度偏移是 500mT，磁心控制为最大脉宽）可由下式计算：

$$N=\frac{V_s t_{on}}{\Delta B A_e}=\frac{11\times 14.3}{0.5\times 50}=6\ \text{匝}$$

式中，V_s = 副边电压；

t_{on} = 正向电压作用时间，单位为μs；

ΔB = 磁通密度增量，单位为 T；

A_e = 磁心面积，单位为 mm²。

填充密度是 80%时，6 匝 10×19AWG 导线所需的面积是 117mm²，正好适合磁心中间空隙。

输入电压较高时，磁通密度偏移将变大，由于磁心可以支持 1.8T 的总变化量（$+\hat{B}\sim-\hat{B}$），所以具有足够的磁通密度裕量。

21.14.4 步骤4，计算温升

温升取决于磁心和绕组的损耗、缠绕磁心的有效表面面积。Vitrovac 6025在35kHz、500mT时的磁心损耗大约是150W/kg。尺寸为25×15×10的磁心重17g，所以磁心损耗为2.5W。因为要考虑集肤效应引起的导线有效电阻的增加，所以铜损耗难以估计。若用多股线绕组，F_r 比值（直流电阻与有效交流电阻的比值）大致为1.2，若绕组电阻为0.0012Ω，铜损耗（I^2R 损耗）为0.48W。因此总损耗约为3W。缠绕磁心的表面积大约为40cm²，根据图3.1.9，温升是55℃。由于大部分热量被粗的引线传走，实际的温升通常小于这个值。

21.15 习题

1. 解释饱和电抗器调节器的基本原理。
2. 饱和电抗器要求的磁心参数有哪些？
3. 饱和电抗器是如何延迟副边电流脉冲上升沿的传送的？
4. 如何调节饱和延迟时间？
5. 为什么饱和电抗器特别适合于控制大电流输出？
6. 为什么在高频饱和电抗器调节器中，恒电压复位优于恒电流复位？
7. 对于饱和电抗器调节器，为什么推荐使用快速副边整流二级管？

第22章 恒流电源

22.1 导论

大多数工程师对一般的恒压电源的性能参数很熟悉。他们认为这些电源有功率限制能力，通常具有固定的输出电压和某种形式的电流或功率限制保护。例如，一个10V、10A的电源要求电流从零变化到10A时，都应有10V的恒定输出电压。一旦负载电流超过10A，希望电源可使用恒流或分流特性来限制电流。这种已知的电源输出特性曲线示于图2.22.1中。

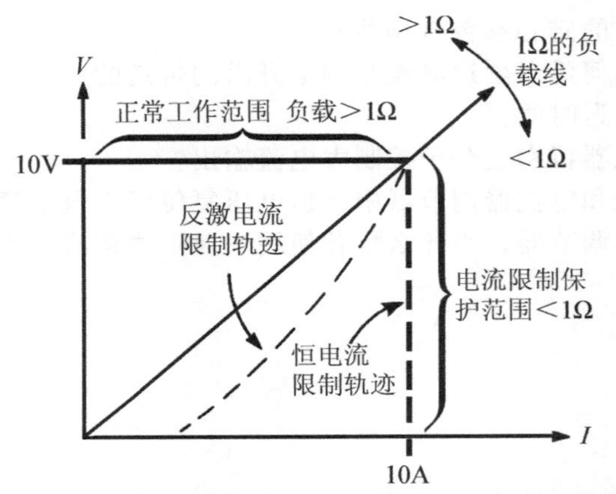

图2.22.1 恒压电源输出特性，表示了恒电流和反激电流保护曲线

22.2 恒压电源

从图2.22.1可以了解恒压电源的输出特性。恒压电源的正常工作范围的负载电阻从无穷大（开路）到1Ω。在这个范围内，负载电流是10A或更小。在这个“工作范围”内，电压保持10V不变。

负载电阻小于1Ω时，系统将进入限流工作区。在恒压电源中，这视为超负荷情况。输出电压将随着负载电阻变化到零（短路）而减小到零。输出电流限定在某个安全的最大值，然而一般认为这个区域是非工作区域，限流特性没有特别说明。

22.3 恒流电源

恒流电源不太为我们所知，对其概念的领会相对困难。恒流电源的输出特性曲线与恒压电源的相反。图2.22.2为典型恒流电源的输出特性曲线。

被控制参数（纵坐标）是输出电流，因变量为依从电压。正常“工作范围”从0Ω（短路）到1Ω，在这个负载范围中输出电流保持不变。

负载电阻超过1Ω时，进入依从限压保护区。对于恒流电源，认为限压区是过压情况。一般认为这个区域是非工作保护区域，在此区域内的输出电压没有明确定义。

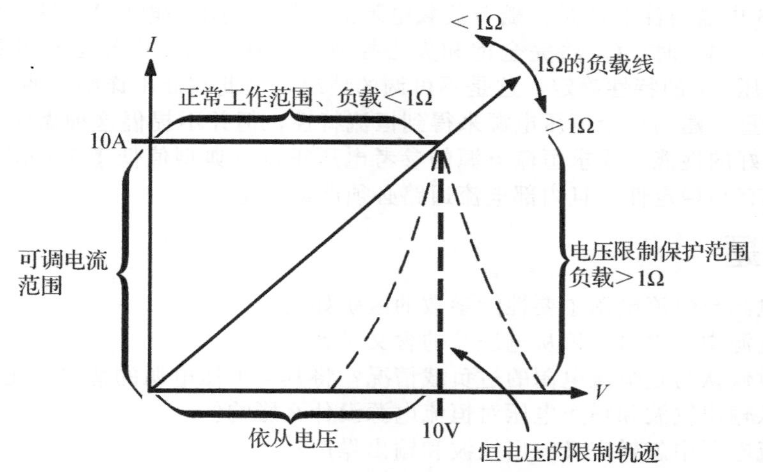

图 2.22.2　恒流电源输出特性，表示了恒定限压

22.4　依从电压

我们对描述恒流电源的术语不如用于恒压电源中的熟悉。对可变的恒流电源，可以调节输出电流，通常可从 0 附近到某个最大值（简称为恒流范围）。

为维持负载电流恒定，输出端电压须跟随负载电阻变化。输出电流恒定区的端电压范围称为“依从电压”。依从电压通常有明确的最大值。

在图 2.22.2 的例子中，依从电压为 10V，负载电阻在 0～1Ω 变化范围内维持 10A 的恒定电流。

恒流电源的应用场合具有局限性。一般用于在负载电阻有限变化范围内必须维持电流恒定的场合。典型的例子如电子显微镜和气体光谱测定法的偏转和聚焦绕组。

图 2.22.3 表示一个恒流线性电源的基本电路。图中为压控电流源。这是以前没有介绍过的一个重要概念。正如恒流电源可以由电压控制电流源得到，恒压电源也可以由电流控制电压源得到。当恒压电源并行工作时，这个概念对电流分配有重要的含义。

本例中，负载电流经过串联的小电阻 R_s 回到电源。这个电阻两端得到的反映电流的电压与放大器 A_1 的内部参考电压比较，并对串联的调节器，即晶体管 Q_1 进行调节以维持 R_s 两端电压不变。因此流过 R_s 的电流保持不变。如果忽略放大器的输入电流，则在“依从电压范围”内，无论负载电阻如何，负载电流将保持不变。

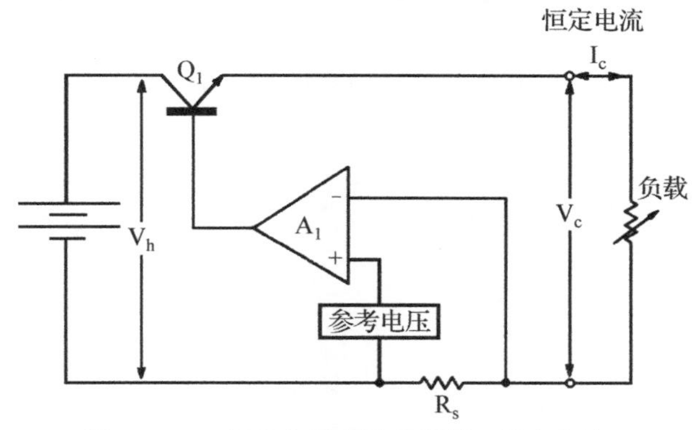

图 2.22.3　恒流线性电源的例子（基本电路）

图 2.22.3 中需要注意的是，随着负载电阻的增加，输出端电压 V_c 将增加到接近电源电压 V_b。当 $V_t = V_h$ 时，Q_1 将完全饱和失去控制。从这以后，电流必须开始下降，输出电压由整流电压 V_b 的特性确定，这是不可调的情况，因此在此不详细说明。

尽管可以重新建构一个恒压电源来得到恒流特性，但并不提倡这种做法。为了获得最大的效率和最好的性能，要求恒流电源的参考电压很低（典型值低于 100mV），内部电流分流器必须具有高稳定性，且内部电流通路必须严格规定。

22.5 习题

1. 恒压电源与恒流电源主要性能参数的区别如何？
2. 恒流电源中，术语“依从电压”的含义是什么？
3. 什么时候认为是恒流电源的过负载情况？将其与恒压电源的情况相比较。
4. 为什么输出纹波和噪声电压对恒流电源没什么影响？
5. 在恒流电源中怎样定义输出纹波和输出噪声？

第 23 章　可调线性电源

23.1　导论

在此介绍在开关电源书中很少提及的可调线性电源是因为以下几个原因。

首先，当要求非常低的输出噪声时，线性调节器仍然是最好的选择。其次，在此描述的“级联”线性系统是非常实用但有些被忽视的技术。最后，耗能型的线性调节器的高能耗和低效率的缺点正好说明下一章讲述的可调开关电源的优点。

在这一节，我们回顾实验室应用中可调线性电源的基本概念。除了固定电压线性调节器的损耗低些，其主要原理两者是一样的。

对于它的优点，线性调节器自身噪声水平低，通常以微伏计算，而不是在开关型系统中常用的毫伏。对于那些将最小电子噪声水平作为基本要求的应用中（例如敏感的通信设备、研究活动），耗能型线性调节器非常低的噪声水平的优点通常比最高效率的要求重要。

一个设计优良的线性调节器完全恢复时的瞬态响应时间可以是 20 μs，而典型的开关式调节器为 500 μs。

线性调节器最大的缺点是它必须把输出功率（VA）与内部产生的功率之间的差值以热能耗散掉。这种耗散的功率会很大，在大输出电流和低输出电压时达到最大值。

这里举的例子中（一个 60V、2A 可调电源），不可调节的最小电源电压为 70V。当加上 2A 的负载（输出短路时）时，输出电压设置为 0，正常串联调节器消耗的最小功率是 140W。如果这些能量都集中在串联线性调节器的晶体管上，则需要昂贵的散热器和晶体管。

下一节讲述一种副边预先调节的方法。这种方法让大部分多余的能量消耗在无源电阻上而不是消耗在串联调节器的晶体管上。由电阻消耗这些能量的好处是，优质的绕组电阻能够比半导体装置在更高的表面温度下工作，所以可以更有效地消耗多余的能量。较小的气流可以有效地带走多余的热量。电阻的成本也比附加的调节晶体管和散热器的成本低。耗能电阻可以放置在电源主要部件之外，使电源装置的体积大大减小，且不会产生过高的内部温升。最后，可选用便宜的线性调节器晶体管和较小的散热器。

23.2　基本工作（功率部分）

图 2.23.1 是线性电源功率部分的基本方框图。R_1 和 Q_2 构成一个主线性调节器晶体管 Q_1 的前置调节器。

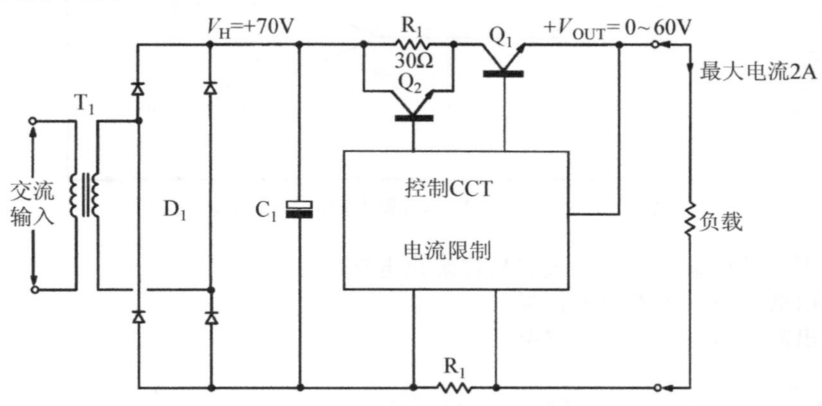

图 2.23.1　基本“串联”（piggyback）型线性可调节电压电源的功率电路

未调节的直流电源电压 V_H 由交流输入得到，使用的是一个标准的 60Hz 的隔离和电压变压器 T_1 以及桥式整流器 D_1。本例中，最大电流 2A 时，要求电源提供 60V 的输出电压，考虑为调节和损耗留有裕量，最小整流电压为 70V。

未调节的整流电压必须足够大以满足线性调节器的损耗、输入电压的变化和输入纹波电压，此例中，最小线路输入电压为 105V 时最小整流电压是 70V。在 115V 的额定线路输入时，C_1 上的电压还要高约 5V。全波桥式整流器 D_1 使 C_1 上的纹波电压较低，并使变压器的利用率提高。

前置调节器的工作

如图 2.23.1 所示，额定 70V 未调节的直流整流电压 V_H 加在由电阻 R_1 与晶体管 Q_2 并联、再与常规线性调节晶体管 Q_1 串联的电路上。

电源输出低电压（例如，0V、2A）时，晶体管 Q_2 关断，大部分整流电压将加在 R_1 上，因此 R_1 将消耗最大的能量，减轻了通常传统的串联调节器 Q_1 所承受的高应力耗散条件。

当输出高电压时（例如，60V、2A），晶体管 Q_2 将硬开通，将 R_1 短路。加在晶体管 Q_1 两端的电压是整流电压和输出电压的差值，由于其值为 10V，所以 Q_1 上消耗的能量仅为 20W。

在这两种极端情况之间，Q_2 导通时，晶体管和电阻按比例分担电流。如果正确选择电阻值、Q_1 工作电压和驱动电路设计，Q_1 和 Q_2 的最大消耗能量可限制在 40W，而在传统的串联调节器中，可能出现的最大消耗能量为 140W。

23.3　驱动电路

图 2.23.2 表示了串联功率部分驱动电路的基本元件。

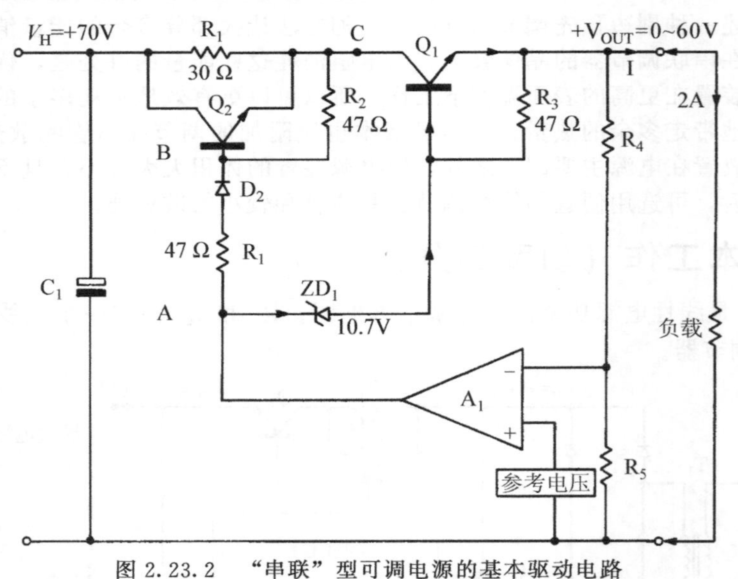

图 2.23.2　“串联”型可调电源的基本驱动电路

考虑以下四种极端工作情况最容易理解该电路的工作过程。

（1）输出低电压、大电流的情况。

（2）输出高电压、大电流的情况。

(3) 输出中等电压、大电流的情况（如 30V、2A）。

(4) 输出低电压、中等电流的情况。

首先考虑输出电压为 0V、负载电流为最大值 2A 时的情况。假设额定交流输入电压及整流电压为 70V。该条件下，晶体管 Q_2 关断，输出电流经 R_1 和晶体管 Q_1 流到负载。因为电流为 2A，R_1 上的电压为 60V，所以 R_1 消耗的功率为 120W。晶体管 Q_1 上分担剩余的电压，本例中为 10V，所以 Q_1 上消耗的功率仅为 20W。在放大器 A_1 的控制下，Q_1 输出的电压维持在 0V 左右。

Q_1、Q_2 的驱动情况如下：Q_1 导通时，基极驱动电流流进齐纳二极管 ZD_1 和 Q_1 的基-射结。因此 A 点的电压为 $V_{be(Q1)}+V_{ZD1}$（本例中为 11.4V）。B 点的电压至少比其低一个二极管压降，本例中为 10.7V。由于 C 点的电压，即 Q_1 的集电极电压为 10V，所以 Q_2 接近导通但仍然关断满足假设的初始条件。

现在考虑第二种情况，输出电压为 60V，负载电流从 0 增加到了 2A。

在输出电压为 60V 时，随着负载电流从零增加到 2A，R_1 两端的电压将增大，Q_1 的集-射结电压减小。

当 Q_1 的集-射结电压减小到 10V 以下时，二极管 D_2 和 Q_2 的基-射结变成正向偏置，电流将流入 Q_2 的基-射结。Q_2 将随着负载电流增大逐渐导通，有电流流向 Q_1 的集电极，部分流入旁路串联电阻 R_1。

因此 Q_2 是一个电压跟随器，其射极输出跟踪 A 点的电压（低于 1.4V）。Q_2 导通正好维持 Q_1 集-射结电压为 10V。随着负载继续增大，Q_2 中将流入更大的电流以保持这些条件。所以当负载电流为 2A 时，Q_2 将全导通，R_1 两端的电压接近零。

因此，对于 60V、2A 的输出，Q_2 和 R_1 消耗的能量接近零。而 Q_1 上的电压是整流电压和输出电压的差值（本例中是 2A 时为 10V），因此，Q_1 消耗的功率为 20W，该值对于 120W 的最大输出功率来说相对较小。

现在考虑第三种工作情况。输出电压 30V、电流 2A，Q_2 将导通以维持 Q_1 的集-射结电压为 10V。因此 C 点电压将为 40V，Q_1 消耗的功率为 20W。R_1 和 Q_2 两端的电压降为 30V。这种情况下，流过 R_1 的电流为 1A，消耗的功率为 30W。流过 Q_2 的电流为输出电流与流过 R_1 的电流的差值，本例中是 1A。Q_2 上的电压与 R_1 两端的电压相等，所以 Q_2 消耗的功率也为 30W。

因此，本例中在 Q_1、Q_2 和 R_1 上的功率分配分别为 20W、30W 和 30W，相对比较平均。

现在考虑最后一种情况，当输出电压为零时，电流减小到 2A 以下。假设初始条件与第一种情况相同，电流为 2A，R_1 两端电压为 60V，则 Q_1 集电极（C 点）电压为 10V，Q_2 刚好关断。

随着电流减小，R_1 两端电压减小，Q_1 上的电压增加，使 C 点更正。因此在这些输出电压条件下，对于所有 2A 或低于 2A 的电流情况，Q_2 将始终关断。负载电流为 1A 时，R_1 上的电压将降为 30V，Q_1 消耗的功率为 40W。

23.4 晶体管消耗的最大功率

从前面分析可以知道，损耗的分布与负载和输出电压有关，然而，最大的能耗情况不容易遇到。可是 Q_1 的最大损耗可以由下面得到：

Q_1 的功率损耗由下式计算：

$$P_{Q1}=(V_H-I\cdot R_1)\times I$$

或

$$P_{Q1}=V_H\cdot I-R_1\cdot I^2$$

式中，$P_{Q1}=Q_1$ 的功率；

V_H＝整流电压（70V）；

R_1＝串联电阻值（30Ω）；

I＝输出电流。

因此，本例中，

$$P_{Q1}=(70\times I)-(30\times I^2)$$

当此式的一阶导数为零时有最大值，对此式求导：

$$\frac{d(P_{Q1})}{dI}=70-(60\times I)$$ 令此式＝0，求出 $I=1.166A$。

因此，当负载电流为 1.166A 时，Q_1 消耗的功率最大。

根据前面的式子，负载电流为 1.166A 时，计算出 Q_1 中损耗的功率为 40.83W。

因此大部分需要消耗的功率由 R_1 承担。与将全部电源电压和电流加在单个串联元件上的情形相比，此时调节晶体管承受的耗能应力就相当小了，在那种情形下最大功率消耗为 140W。

23.5　功率损耗的分布

图 2.23.3 所示的是最大输出电流为 2A 时，在整个输出电压的范围内，两个功率晶体

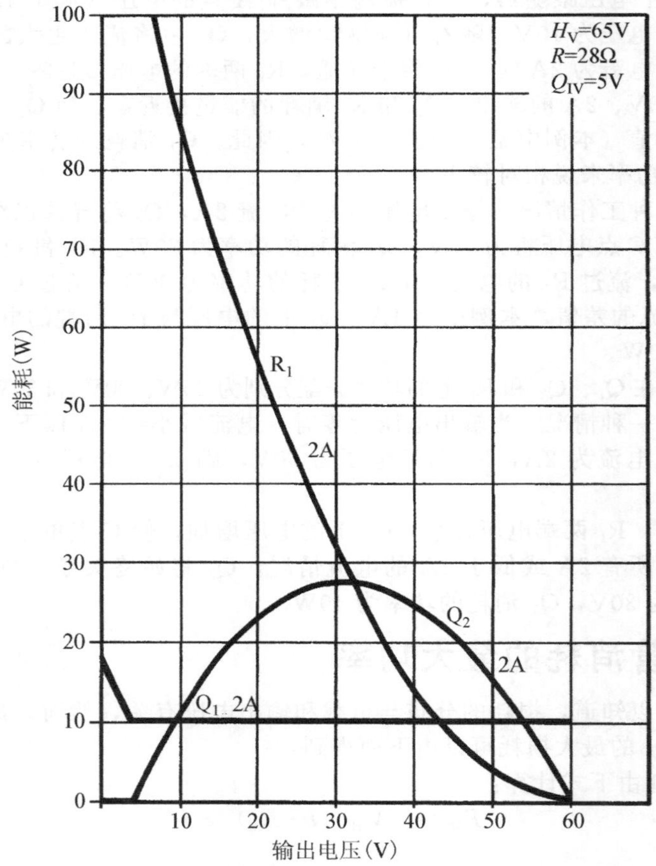

图 2.23.3　“串联”型线性电源的功率损耗分布

管 Q_1、Q_2 以及电阻 R_1 的功耗是如何分布的。在同一幅图中给出了显示所有工作模式的稍有不同的例子。本例中，整流电压为 65V，稳压二极管 ZD_1 电压已变为 5.7V，因此 Q_1 的最小电压为 5V，R_1 为 28Ω。

注意，功率晶体管 Q_1、Q_2 在不同电压值取得功率峰值，且两个元件安装在同一散热器上。认为该需求只是针对最坏情况的，实际上功率峰值从不超过 38W。这比不使用前置调节器时可能消耗的 130W 的功率要低很多。注意本例中 Q_1 的电压和功率在低输出电压时（即使输出电流最大）是如何增加的。前一个例子中，低输出电压时，Q_1 的电压只有当输出电流小于最大值时才增加。

23.6　电压控制和限流电路

实验室的可调电源常常设计成能提供恒压或恒流，并可在两种控制方式之间自动转换。图 2.23.4 显示了最初的例子中电源的典型输出特性，该电源设计为 30V、1A。图中分别给出了 60Ω、15Ω 和临界值 30Ω 的负载曲线。

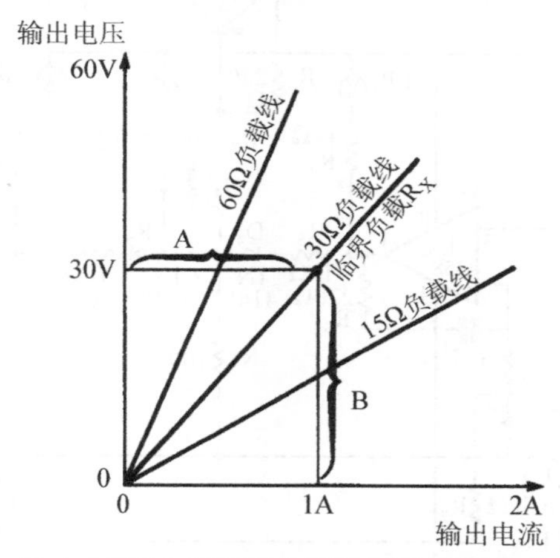

图 2.23.4 “串联”型线性电源的恒压/恒流负载曲线

可以看出，工作方式取决于电源要控制的输出电压和电流值以及接在输出端的负载电阻。当负载电阻大于临界值 R_x 时，电源将工作于恒压模式，即图中的 A 部分。当电阻小于临界值 R_x 时，电源工作于恒流方式，即图中 B 部分。

当电源以恒压模式工作时（一般情形），用可调的电流控制实现过负载限流，一般用以保护电源和外部负载。当电源以恒流方式工作时，电压控制设置依从电压（该电压规定了系统从恒流方式转变到恒压模式时的外部负载电阻）。控制电路必须为这两种工作方式提供良好的控制性能，并能自动、稳定地从一种工作方式转移到另一种工作方式（即自动转换）。

23.7　控制电路

一个合适的控制电路示于图 2.23.5 中。放大器 A_1 提供电压控制，放大器 A_2 提供恒电流控制。

考虑输出接 60Ω 负载，控制按上面指定的情况，可以很好地了解其工作过程。

在这些条件下，电源为恒压工作方式，放大器 A_1 将内部参考电压（TL 431）与从分压电路 R_{15}、RV_2 上得到的电压相比较。放大器 A_1 能够响应任何输出电压的变化趋势，即通过调节流经二极管 D_5、晶体管 Q_4 和 Q_3 到功率调节器的驱动电流维持输出电压恒定，本例中为 30V。

同时，电流控制放大器 A_2 将分流电阻 R_2 上的电压（是输出电流的函数）与 RV_1 上的电流参考电压相比较。此例中，电流小于 1A，R_2 上的电压小于 RV_1 两端的电流参考电压，故放大器 A_2 引脚 2 为低电平。因此，放大器 A_2 输出为高电平，输出二极管 D_4 反偏并关断。从而对于这种特定的负载条件，电压控制放大器 A_1 决定其工作情况，电源在范围 A 内工作。

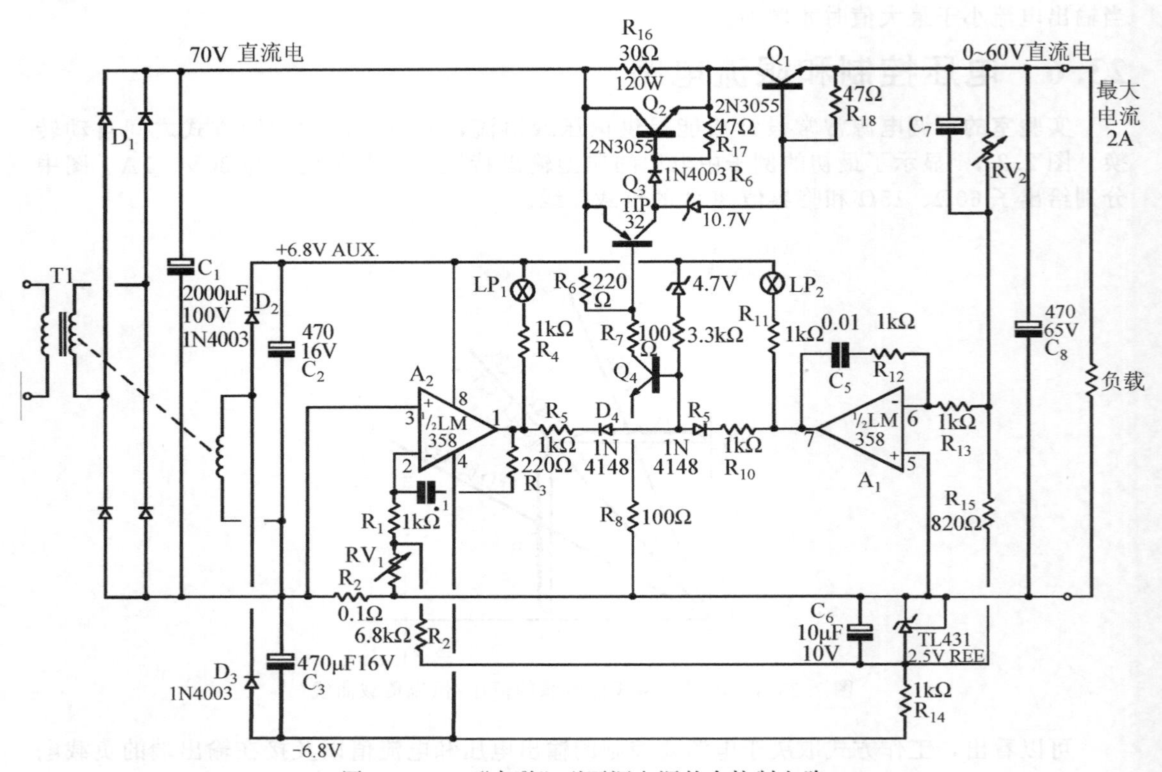

图 2.23.5　“串联”型可调电源的全控制电路

现在假设负载电阻从 60Ω 变化到 15Ω。系统将工作于恒流方式，流经 15Ω 负载的电流为 1A，两端电压为 15V。工作过程如下。

放大器 A_2 将串联电流分流器电阻 R_2 上的电压（用电压反映输出电流）与电流控制电位器 RV_1 上的电流参考电压相比较。

放大器 A_2 对分流电阻 R_2 中电流变化的响应是通过调节流过二极管 D_4、晶体管 Q_4、Q_3 和输出晶体管的驱动电流，以维持输出电流不变来实现的。

恒流工作时，输出电压低于电压控制放大器 A_1 确定的电压。对于这种工作情况，A_1 的反相输入端（引脚 6）为低电平，输出电压为高电平。二极管 D_5 反偏，电源完全在电流控制放大器 A_2 的控制下工作。

临界负载 R_x（此例中为 30Ω）决定了恒压控制到恒流控制的转变。由于两个控制放大器的直流增益很大，这种转变很迅速。只需要 1～2mV 的变化就足以将放大器从关断变为导通。门控二极管 D_5 和 D_4 确保无论何时只有一个放大器处于控制中。

通过调整适当的可变控制参数，可以改变图 2.23.4 中恒压和恒流曲线的界限。当然，临界负载电阻 R_x 的值也将随之改变。

两个发光二极管（LED）LP_1 和 LP_2 显示出控制方式。当电源工作于接近临界交叉点时，两个发光二极管都亮，显示此时的工作状态不确定。可以通过调整合适的控制使系统工作于明确的状态，来避免上述情况的发生。

23.8　习题

1. 线性调节器型电源作为可调整电源时其效率非常低，为什么是这样？
2. 串联可调整线性调节技术的优点是什么？
3. 与开关变换器相比，线性可调整调节器的主要优点有哪些？

第 24 章 可调开关电源

24.1 导论

可调线性实验室电源的种类有很多。典型地，这些电源具有从零到某个最大值的可调输出电压，可用于恒压或恒流控制方式。然而，不论电源采用哪一种形式的控制，传统的可调整线性电源有三个共同点：大、重、效率低。

输出电压低时，电源的大部分额定功率耗费在电源内部，变换效率将很低。

使用开关变换器技术，可以消除操作时额外的消耗，并且还可以减小尺寸和重量。

通过使用“反激式”或降升压驱动的开关式转换技术，可获得更多的优点。一个开关式电源提供的电压和电流等于三个独立的可调线性电源提供的电压和电流。

消耗型线性电源可以提供数种不同的电压和电流范围，甚至在额定输出功率相同时也可以。例如，额定功率 300W 的线性电源可以为 10V、30A，30V、10A 或 60V、5A 三种不同的情形。当 30V 的电源输出电压为 10V 时，输出电流最大可能只有 10A，那么它只输出 100W 的功率，其余的就消耗在电源中。

所以要包含某一功率水平的一个电流范围时，需要多个不同的线性可调整电源。

用反激式开关模式技术，用一个电源就可以对大多数的输出电压和电流范围，提供近乎恒定的输出功率。一个设计为 300W 容量的开关电源相当于前面说过的三个线性电源。这种电源的典型输出特性如图 2.24.1 所示。

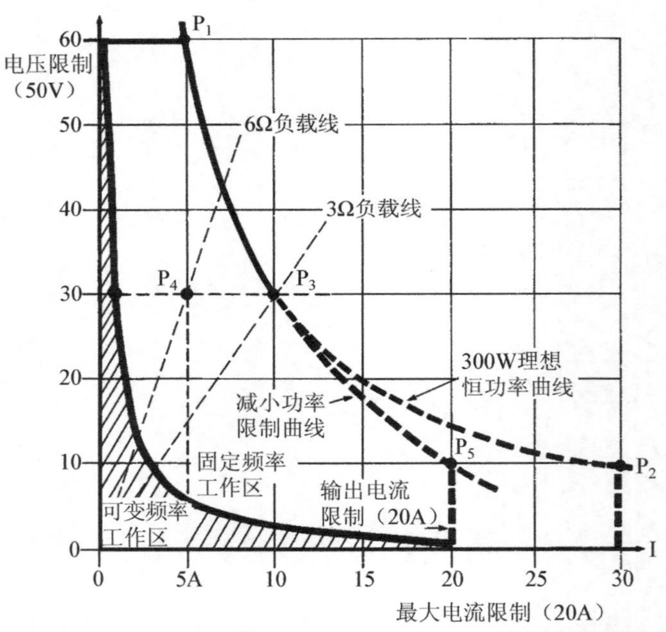

图 2.24.1 恒额定功率、可调开关电源（VSMPS）的输出特性和负载线

这种类型的开关型可调整电源比之前的可调整线性电源更轻、更小、更有通用性。在整个电流和电压范围内，效率保持在 70%附近。

24.2　可调开关技术

可调开关电源在设计上有很多困难，可能最明显的是在相对较大的传导和辐射电子噪声上。常将实验室等级的电源应用在对电子噪声和纹波敏感的研制应用中。因此必须有良好的纹波抑制和噪声滤波，在这类应用中滤波不能太强。对开关器件和滤波器的法拉第屏蔽是基本需求，应用金属或屏蔽盒可以减小 EMI（电磁干扰）问题。

对开关电源来说，零输出电压下的工作也是一个问题，因为它需要很窄的功率脉冲，此时就很难控制所需的输出功率。使用快速 MOSFET 开关和对低输出电压和电流的不同控制方法可以克服这一局限。

24.3　反激变换器的特殊性质

对反激技术的研究（见第 1 章）揭示了反激变换器的一个很有用的特性：能量储存周期和能量转换周期可视为完全独立的操作。

考虑图 2.24.2 中简单的对角半桥反激功率部分。两个 MOSFET 处于导通时，能量作为磁能储存在变压器中。因为 MOSFET 导通时副边不导通，可将变压器看作是一个储能的单绕组电感器。当导通周期结束时，磁心储存的能量是$\frac{1}{2}L_pI_p^2$。

储能周期结束（MOSFET 关断）时，原边停止导通，变压器像一个单绕组电感器一样工作，使副边绕组和输出电路具备工作条件。

由于这两个工作过程是独立的，原边与副边的工作之间没有直接的联系（除了必须维持功率），副边的输出电压和电流不像一个普通的变压器那样由输入决定，输出功率可以从高电压、小电流或低电压、大电流或者是两者的任意组合中得到，只要满足功率守恒要求就可以。

第二个明显的特征是如果继续保持完全能量传递方式（不连续控制方式），则副边匝数对输出电压和电流同样没有直接影响。

简言之，对于确定的原边工作条件，可将完全能量传递反激变换器变压器看作一个恒能源。

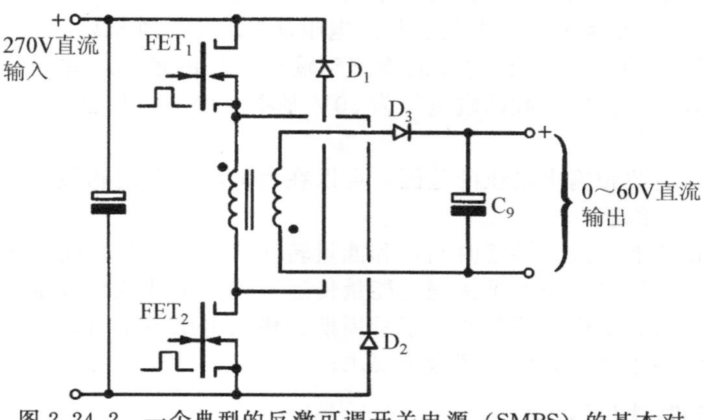

图 2.24.2　一个典型的反激可调开关电源（SMPS）的基本对角半桥功率部分

24.4 工作原理

再看一下图 2.24.2 中的反激功率部分，假设在导通时主变压器 T_1 中已经储存了能量。现在要说明该能量可以按电压和电流的任意组合传递到负载上，并满足功率守恒的要求。

要满足的第一个要求是（稳定情况下，如果在给定磁通密度上磁心连续工作），正激和反激伏秒（每匝）必须相等。对于磁通密度，这意味着正激和反激的 ΔB 必须相等，以防止磁心饱和。

可以证明如果负载加到一个固定频率、占空比控制反激变换器的输出，输出电压需几个周期的调节，直到伏秒和功率相等条件满足。

在较宽的负载和匝比范围内都可以维持自调节作用。副边绕组匝数太少（或输出电压太高）的时候才有限制值，此时提供给原边的反激电压超过电源电压。这时，反激能量通过 D_1 和 D_2 回送到电源，能量转换失败。当副边绕组匝数太多（或输出电压太低）时也有限制值，此时变换器转移到不完全能量传递方式（连续方式），有效的直流电流成分会引起磁心饱和。

应该注意到，当负载给定时，改变原边输入伏秒（占空比或输入电压）可以调节负载电压。当然，如果输入电压和频率固定，则只需要调节占空比。

如上所述，可将反激变换器视为恒定能量转换系统，在额定功率范围内提供大范围的输出电压和电流。对此系统，可以画出最大 300W 容量的电压与电流的恒功率包络线。

图 2.24.1 表示了恒功率包络线。电压和电流的初始任意限制值是 60V、30A。这些限制是为了满足输出元件额定值的选择。点 P_1 和 P_2 之间的恒功率包络线是在保持输入条件不变，只改变负载电阻的情况下画出的。图中假设在整个范围内都维持完全能量传递，因为输入电压和脉宽保持不变，所以输入功率将保持不变。

通过检验图 2.24.1 中曲线上的特殊工作点 P_3，可进一步验证和更好地理解之前的假设。

该点处于最大输出功率特性曲线上，电压 30V、电流 10A、功率 300W。因而要将输入功率调整到该功率再加上一些损耗的功率上。控制电路设置到 30V 恒压操作时，处于较低电流的第二点 P_4 也要考虑，该点表示负载电阻从 3Ω 增大到 6Ω。

负载电阻增加到 6Ω 时，控制电路能检测到输出电压的增加，并对其做出响应，将调节输入功率（脉宽）以保持负载两端电压为 30V 基本不变。因此建立了 150W 低功率的新工作点 P_4。

因此通过选择负载和输出电压的范围，可以在由恒功率限制和最大电压及限流所界定的整个区域内建立曲线簇。

已假设此点在储能阶段（导通时间）和能量转换阶段（反激时间）是独立的和能进行自调节，并在不同的输出电压时维持完全能量传递方式。负载变化范围大时，为了达到上述的要求，导通时间和反激时间都要小于总周期。输出电压最小时，反激时间必须不超过关断时间。固定频率工作时难以达到这个要求。

24.5 实际限制因数

（1）**最小副边匝数**。之前提过，图 2.24.2 中的电路，回送到原边的反激电压不能超过输入电压 V_{cc}，否则二极管 D_1 和 D_2 导通，反激能量回馈到电源而不能传递到输出。假设 V_{cc} 为 300V，最大输出 60V 时的副边匝数必须至少是原边匝数的 20％。

(2) **最大导通时间**。如果考虑低电压工作点 P_5，输出电压仅为 10V。由于副边匝数不变，如果变压器磁心保持稳定的工作磁通密度，则反激伏秒必定不变，现在反激所用的时间是它在 60V 电压时的 6 倍。

如果输出功率和频率保持不变，最大导通时间只有总周期的 1/7，原边电流峰值的幅度将比通常 50%占空比时大 3 倍多。因此，原边效率降低，需要更大的功率装置。增加绕组匝数会使效率更低。

24.6 实际设计中的折中

考虑到元件的成本和最佳效率，设计中必须要折中考虑。

为了让电源在输出电压低时恢复到不完全能量传递工作状态，在输出功率较低时减小工作频率，则可延长其导通时间，减小电流峰值。另外用控制电路限制最大电流，可减小开关元件、输出整流器和输出电容器的应力。

然而，这些技术同样减小了低输出电压时的最大输出功率。图 2.24.1 中较低位置的虚线显示了使用折中考虑后调整过的功率输出特性。最大输出电流减小到 20A，来限制整流二极管的尺寸和输出电容器纹波电流的需求。

图 2.24.1 中阴影部分传递的功率为 25W 或更小，在固定频率工作时需要的导通时间非常窄。低功率时降低频率会取得更好的控制效果。因此，在下面的例子中，负载小和电压低时要减小重复率。

24.7 初始条件

本设计中要用到下列的折中参数。

(1) 电压降到 30V 时仍能维持完全能量传递，此时输出全部能量 300W。低于 30V 时，电源恢复到不完全能量传递，使最大输出功率有所减小，但原边最大电流也相应减小。

(2) 10V 时输出电流最大值限制在 20A，以减小输出整流器和副边绕组的应力，最大功率减小到 200W。

(3) 输出功率低于 25W 时，将以固定最小脉宽，减小重复率来控制输出，在轻载时可得到较好的控制效果。

在这种电源中，功率 MOSFET 有相当大的优势。用这些器件作为主要开关元件，其开关时间很短，存储时间可以忽略。同时，在非常窄的导通角时也可以保持很好的开关作用。

在实际应用中由于副边绕组既要在低电压时传输大电流，又要在高电压时传输小电流，所以变压器的设计很复杂。输出整流器和输出电容器的选择也要满足上述两种情况。调整后的低输出电压功率特性缓解了这类问题。

24.8 对角半桥

图 2.24.2 表示了功率器件部分的电路结构。使用了单端对角半桥和双 MOSFET 反激原边部分。在该结构中，两个开关元件 $MOSFET_1$ 和 $MOSFET_2$ 同时处于导通或关断状态。能量恢复二极管 D_1 和 D_2 将储存在漏感中的能量回送到线路电源，同时还对 MOSFET 开关元件的电压提供钳位保护。

这种结构特别适合 MOSFET 的操作，因为在任何情况下它都能防止出现在 MOSFET 开关元件两端的电压超过线路电源电压。

MOSFET$_1$ 和 MOSFET$_2$ 导通期间将能量储存在变压器中。在这个期间，输出整流器 D_3 将反偏，副边电流为零。

MOSFET 关断时，原边绕组两端的电压由于反激作用而反向，开始将二极管 D_1 和 D_2 变为导通。同时副边产生的电动势驱使电流流过副边漏感和输出二极管 D_3。当副边电流完全建立后，漏感中的能量已返回到线路电源中，原边二级管 D_1 和 D_2 将停止导通，大部分储存的能量转换到输出电容器 C_9 和输出负载上。

在此例中，直到 30V 时仍保持完全能量传递方式，这是完全能量传递方式到不完全能量传递方式（满负载）转变的分界点。进一步来说，原边电流已限制到 9.5A，所以 P_5 点的输出功率减小到 200W。此时仍可以在 10V 时输出 20A 电流，突破了线性调节器的限制，否则在相同的情况下只能输出 5A 的电流。

24.9 原理方框图（大概描述）

图 2.24.3 是完全可调开关电源基本功能元件的原理方框图，主要功能叙述如下。

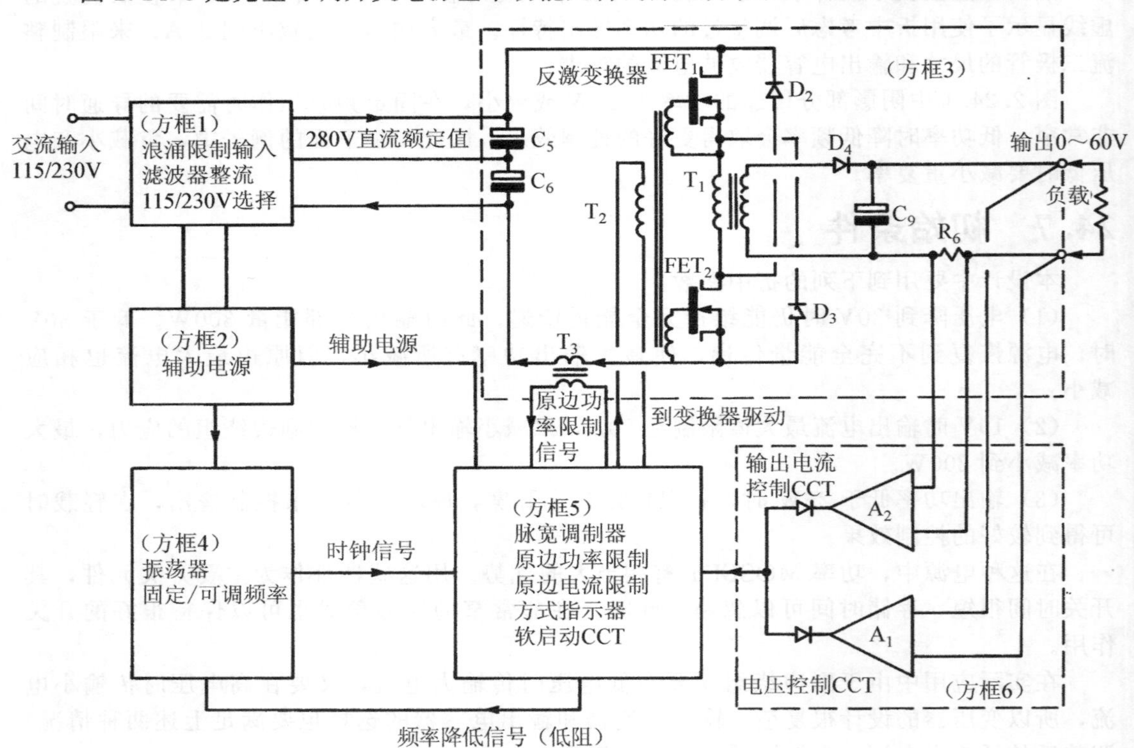

图 2.24.3 可调开关电源的方框图

方框 1。方框 1 为输入滤波器、倍压和整流电路。它把 115/230V 交流输入电压转换成额定 300V 的直流输出电压，向变换器部分即方框 3 供电。方框 1 还包括限流，用以避免当系统初次接通时出现浪涌电流，也包括 115V 工作时的倍压器。

方框 2。方框 2 是辅助电源，内有一个 60Hz 小变压器为各种控制功能供电。另外，这部分电路还为脉宽调制器，即方框 5 提供软启动操作。

方框 3。这部分是主功率变换器。是双功率 MOSFET、对角半桥反激变换器。

输出变压器 T_1 将所需的输出功率经过整流器 D_4 和滤波电容器 C_9 传递到外部负载。

变压器 T_2 驱动两个开关元件 $MOSFET_1$ 和 $MOSFET_2$。T_3 是电流互感器，它为方框 5 中的控制电路提供原边峰值电流信号。输出电流分流器 R_6 为方框 6 中的电流控制放大器 A_2 提供副边直流电流信号。

方框 4。这是主振荡器，在 22kHz 的额定工作频率时工作。为方框 5 中的脉宽调制器提供时钟信号。该振荡器通常工作在固定频率，除了在输出功率很低的情况（<25W），此时方框 5 发出的信号使关断时间增加。这降低了工作频率。

方框 5。这是主脉宽调制器，根据控制输入控制功率开关 $MOSFET_1$ 和 $MOSFET_2$ 的占空比。它响应方框 6 中两个放大器 A_1 或 A_2 的信号，以保持输出电压或电流恒定。它还具有提供软启动、原边功率限制和在负载功率低于 25W 时降低频率的作用。

方框 6。该部分包括电压和电流控制放大器。副边限流由放大器 A_2 提供，放大器 A_2 的输入信号是方框 3 中输出电流在分流器 R_6 两端产生的模拟电压。放大器 A_1 提供电压控制。方框 6 还包括工作方式状态指示器和电流控制脉宽控制放大器 A_3，在图 2.24.6 中表示的更加全面。

24.10　系统控制原理

借助于原理方框图 2.24.3，可以了解整个系统的工作原理。

系统刚通电时，方框 1 限制浪涌电流，对交流输入进行整流，向方框 3 中的主储能电容器 C_5 和 C_6 充电。同时将已滤波的 60Hz 交流电送给方框 2 中的 60Hz 辅助变压器。

一旦辅助电源有电，方框 4（振荡器电路）将产生 22kHz 频率的信号，为方框 5 的脉宽调制器提供时钟脉冲。同时方框 5 为方框 3 中的驱动变压器 T_2 提供脉宽逐步增大的脉冲信号。在这些条件下，方框 3 中的变换器部分将能量传送到输出电容器 C_9，在脉冲的控制下逐步增加输出电压。

当达到所需的输出电压时，放大器 A_1 的输出信号作用于方框 5 中的脉宽调制器，控制脉宽和保持输出电压恒定。系统工作于恒压模式期间，A_1 根据负载的变化调节原边的占空比以保持输出恒定。

输出功率低于 27W 时，原边功率脉冲保持在 1μs 不变（最小脉宽限制）。若功率进一步减小，方框 6 将向方框 4 的振荡器部分发出信号，以增加关断时间。因此功率低于 27W 时，关断时间将延长，减小工作频率从而减小了输出功率。因而变换器从固定频率可调占空比系统转变成可调频率（导通时间固定，关断时间可调）系统。这提供了更好的轻载控制效果。

当要求输出大电流时，输出电流达到 R_6 和放大器 A_2 设置的电流限定值时，放大器 A_2 将取代电压放大器 A_1 的控制。通过调整占空比来保持输出电流恒定。

当负载阻抗非常小时，比如说接近短路的情况，输出功率将下降到低于 27W，系统转变到导通时间固定、关断时间可调的工作方式，正如前述的电压控制的情况。

如果输出电压和输出电流都很大，则功率限制放大器（方框 6 中的 A_3）将对来自电流互感器 T_3 的原边电流峰值信号作出响应，阻止输入或输出功率的进一步增大。由此进入功率限制模式。此时，电压和电流控制放大器 A_1 和 A_2 不再控制系统，过载指示器变亮。这并不是正常工作状态，只用于对功率元件和负载提供保护。

24.11　各方框的功能

在本节中更加详细地讨论原理方框图 2.24.4、图 2.24.5、图 2.24.6 中各元件的功能。

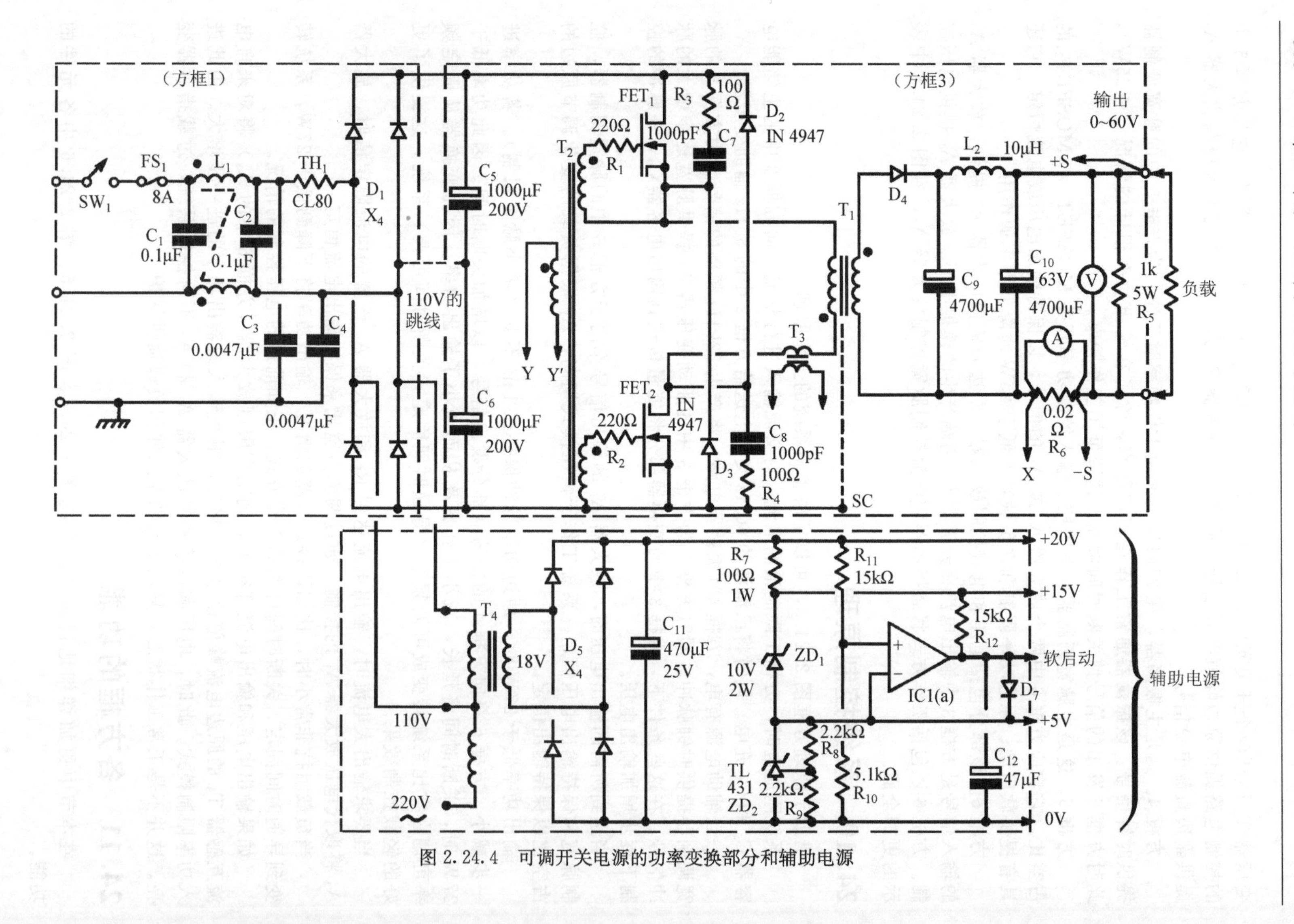

图 2.24.4　可调开关电源的功率变换部分和辅助电源

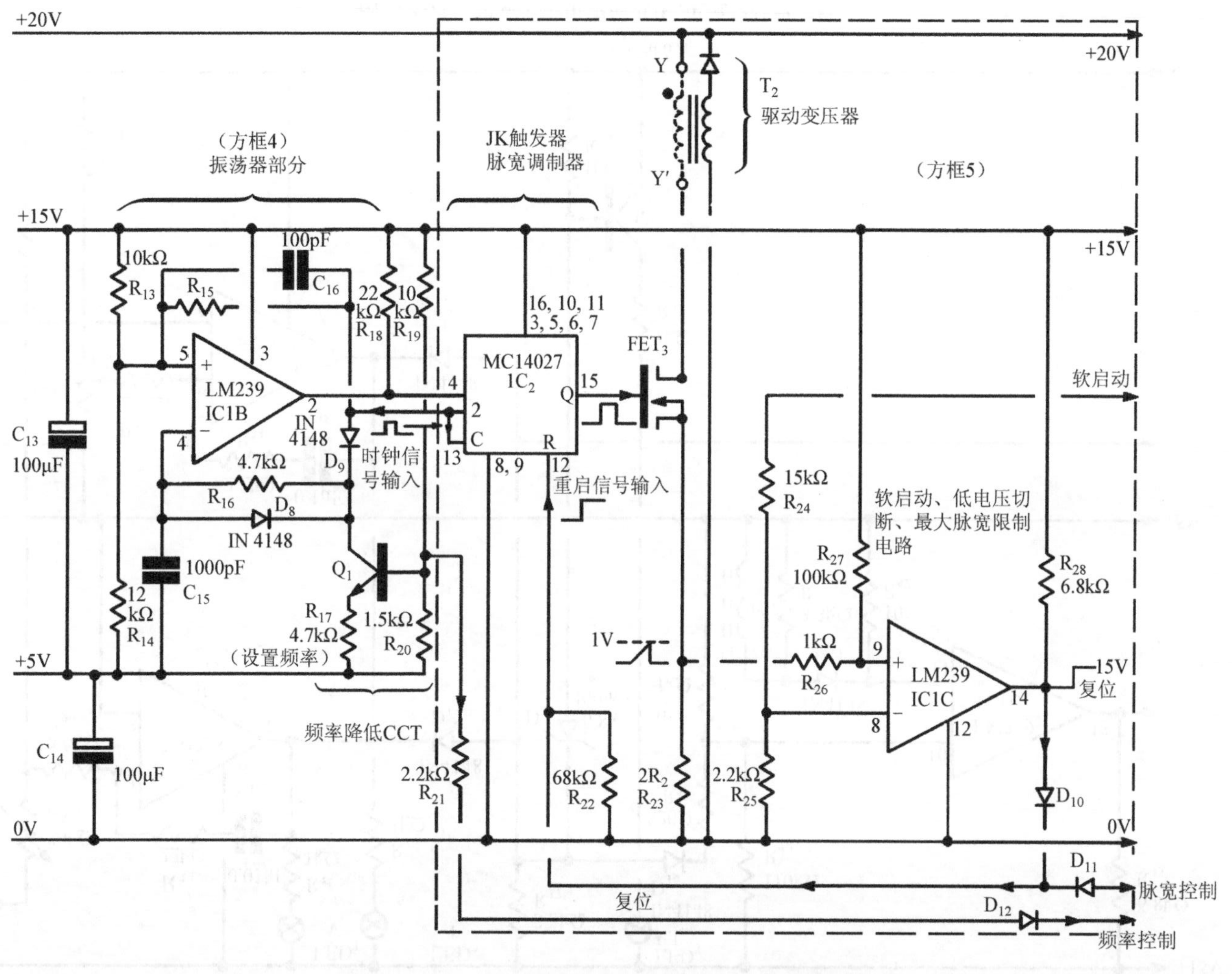

图 2.24.5 可调开关电源的振荡器和脉宽调制器电路

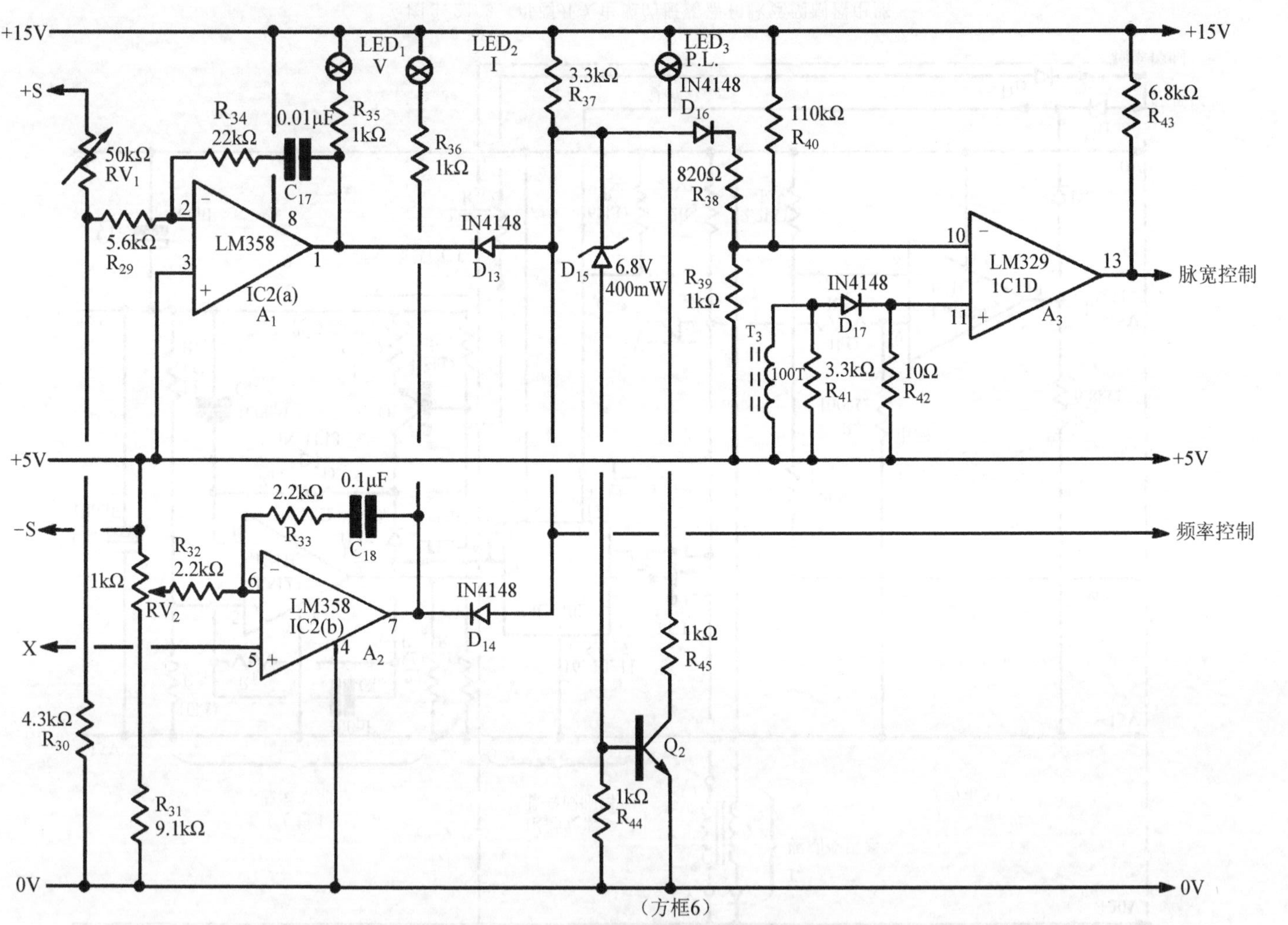

图 2.24.6　可调开关电源的电压、电流控制放大器

图 2.24.4 中方框 1 是输入功率部分的内部电路，方框 2 是辅助电源，方框 3 是功率变换器。

方框 1，输入滤波器。方框 1 中交流线路输入经过电源开关 SW_1 和熔断器 FS_1 送入输入滤波电感器 L_1。浪涌限流由与整流桥 D_1 串联的热敏电阻 TH_1 提供。整流器 D_1 为滤波器和储能电容器 C_5 和 C_6 提供直流输入，为方框 3 的变换器部分提供不可调的直流整流电压。

方框 2，辅助电源。方框 2 中，辅助电源变压器 T_4 从电源滤波器和浪涌限制热敏电阻 TH_1 的输出取得 60Hz 的交流输入。

T_4 的副边电压经整流桥 D_5 整流，并经电容器 C_{11} 滤波，为控制电路提供 20V 的不可调直流电源。电阻 R_7、齐纳二极管 ZD_1 和 ZD_2 串联，为控制电路提供附加的 5V 和 15V 可调辅助输出。

当不可调 20V 线路上的辅助电压超过 19.7V 时，比较放大器 IC1A 发出软启动输出信号。这个放大器有开路的集电极输出，所以当放大器输出为高电平时，经 R_{12} 给电容器 C_{12} 充电的速度相当慢。这为方框 5 中的脉宽调制器 IC1C 提供了逐渐增加的软启动信号。

方框 3，变换器部分。方框 3 的变换器部分包括功率开关 $MOSFET_1$ 和 $MOSFET_2$，两个功率开关同时处于导通或关断状态，所以它们的作用就像与反激变压器原边串联的单个开关。$MOSFET_1$ 和 $MOSFET_2$ 在导通期间为开关变压器 T_1 提供能量。储存在变压器 T_1 中的能量在关断期间由于反激作用将传递到储能电容器 C_9，提供所需的输出电压和电流。

高频输出滤波由电感器 L_2 和电容器 C_{10} 完成。在反激变换器中，L_2 不是为储能设计的（在正激变换器中是），所以它的取值很小。

输出直流电流信号由分流器 R_6 提供。输出电压和电流表的连接如图中所示，当输出为空负载时，假负载电阻 R_5 可以防止失控。

为了减小功率开关 $MOSFET_1$ 和 $MOSFET_2$ 上的电压变化率，同时也减小 RFI 的噪声，选用了 R_3、R_4、C_7 和 C_8 组成的缓冲器。

为防止由于漏感引起的电压超调，使用了钳位二极管 D_2 和 D_3，这些二极管可以防止在反激期间出现在两个开关元件 $MOSFET_1$ 和 $MOSFET_2$ 两端任何超出电源电压值的电压应力。储存在原边漏感中的能量通过 D_2 和 D_3 返回到电源。最后，电流互感器 T_3 提供原边电流峰值信号。

方框 4 和方框 5，振荡器和脉宽调制器电路。图 2.24.5 表示了振荡器和脉宽调节控制电路。

在方框 4 中，放大器 IC1b 形成一个弛张振荡器，其工作过程如下。

假设电容器 C_{15} 已放电呈低电平状态。R_{13} 和 R_{14} 分压电路在比较放大器 IC1B 的引脚 P_5 建立有参考电压。因此，引脚 P_5 电压高而引脚 P_4 电压低，放大器的输出（引脚 2）为高电平。

IC_2 中的不翻转缓冲放大器引脚 2 向二极管 D_9 输出高电平。流过 D_9 的电流经电阻 R_{16} 给电容器 C_{15} 充电。同时，经过 R_{15} 的正反馈将使引脚 5 的电压更高。

电容器 C_{15} 继续充电直到引脚 4 的电压超过引脚 5 的电压。这时，放大器 IC1B 的输出变成低电平，来自 IC_2 引脚 2 的缓冲输出也变为低电平。这使二极管 D_9 反偏，切断了流经 R_{16} 的充电电流。同时，R_{15} 使引脚 5 的电压稍微降低，使放大器处于低电平状态，R_{15} 提供一个确定的滞后电压。

C_{15} 将通过 D_8 和恒流放电晶体管 Q_1 放电。Q_1 的恒流值由射极电阻 R_{17} 和分压电路

R_{19}、R_{20}确定（因为正常情况下，二极管D_{12}不导通）。因此，电容器C_{15}放电直到其电压等于引脚5的电压，重复此过程。

注意，D_{12}和R_{21}导通时，将Q_1的基极电流分流，Q_1的恒流放电值减小，增加了C_{15}的放电时间。这就使振荡器和变换器的关断时间延长，同时使频率降低。

方框5中，“JK触发器”IC_2在来自激振荡器的时钟脉冲的作用下状态不断地改变。在IC_2的引脚12没有复位信号的情况下，引脚15将发出方波驱动信号到$MOSFET_3$。因此驱动变压器T_2和功率开关$MOSFET_1$和$MOSFET_2$将方波驱动信号传送到输出变压器。但是正常情况下，施加于IC_2引脚12的复位信号的50%周期结束前，IC_2的方波驱动信号将终止。

启动阶段，IC1C根据方框2中辅助启动电路中C_{12}上的软启动电压提供复位信号。$MOSFET_3$导通后，由于T_2原边电流感性增加，IC1C的引脚9从R_{23}获得一个三角形电压信号。电源接通的瞬间，IC1C的引脚8从C_{12}（方框2）接收到一个逐渐增加的直流电压。这两个信号作用的结果是随着软启动的进行，IC1C的输出“高电平”状态逐步推迟，使从IC_2发出的、用来驱动开关元件$MOSFET_3$、变压器T_2、功率开关$MOSFET_1$和$MOSFET_2$的脉冲宽度逐渐增加。

通过对分压电阻R_{24}和R_{25}的选择可以限制了引脚8上的电压，所以IC1C还控制了最大允许脉宽。还应注意，如果辅助电压为低电平，C_{12}上的软启动信号为低电平，则驱动脉宽可以忽略，这就禁止了输出。

正常情况下，软启动期间，随着IC1C发出的脉冲宽度的增加，控制部分的辅助脉宽控制经过D_{11}将取代IC_2的控制。这个控制部分示于图2.24.6中。

方框6，控制放大器和脉宽调制器。图2.24.6是电压限流控制放大器A_1和A_2、模式指示器、最小脉宽限制电路。

考虑电源工作于电压控制模式。电压控制放大器A_1（IC_2（a））的引脚3与+5V的参考电压相连接。反相输入引脚2与分压电路RV_1、R_{30}连接并监测电源输出端的输出电压。

若输出电压增大，引脚2将变为高电平，这使得A_1的输出变成低电平，并使二极管D_{13}导通。这降低了分压电路D_{16}、R_{38}、R_{39}的输入电压。因此IC1D引脚10的输入电压由电压控制放大器控制。此时二极管D_{14}反偏。

加在IC1D引脚11上的是由电流互感器T_3产生的三角波形电压。该波形是由$MOSFET_1$和$MOSFET_2$导通时在变压器T_1原边产生的感应电流而得到的。当IC1D引脚11的电压超过引脚10的电压时，放大器的输出变成高电平，经过D_{11}送到IC_2的脉宽控制复位引脚。因此停止驱动功率开关。

减小引脚10的输入电压会减小驱动脉宽。因此电压控制放大器A_1在正常工作情况下可以控制脉宽。由于引脚11上的斜坡电压反映的是原边电流，所以是电流型控制。

在低电压或小负载情况下，IC2A引脚1的输出非常低，直到二极管D_{16}变成反偏为止，因此不论A_1的输出电压如何减小，都不能使脉宽进一步减小。然而此时由于放大器A_1的电压继续变负，将使频率控制信号的电压较低，使D_{12}导通并减小Q_1（方框4）的基极电压。这使驱动振荡器的关断时间增加（导通时间固定），频率减小，从而进一步减小变换器的输出。

当二极管D_{16}反偏时，系统从固定频率可调占空比控制转换到具有固定导通时间的可调频率控制。这时的最小脉宽由分压电路R_{40}、R_{39}确定，此例中设置为1μs。

电流控制放大器A_2的工作方式类似，不同的是它受控于副边分流器R_6两端的反映输出电流的电压。这个电压与分压电路R_{31}和电流控制电位计RV_2给出的参考电压相比较。

模式指示器 LED_1 和 LED_2 显示正在工作的放大器，并显示了是电压调节还是电流调节模式。任何时间只有一个放大器处于工作状态。通过二极管 D_{13} 或 D_{14} 将控制信号选通到驱动电路。

24.12　原边功率限制

考虑图 2.24.6，IC1D 引脚 10 的最大电压由分压电路 R_{37}、D_{16}、R_{38}、R_{39}、R_{40} 确定（由于二极管 D_{13} 和 D_{14} 的阻断，放大器 A_1 和 A_2 不能使二极管 D_{16} 的输入为高电平）。齐纳二极管 D_{15} 和 Q_2 的基射结对二极管 D_{16} 的输入提供了电压钳位作用。

过载情况时，A_1 和 A_2 的输出都比 D_{15} 的钳位电压高，且加入了限制条件。放大器 A_1 和 A_2 的输出都为高电平，二极管 D_{13} 和 D_{14} 反偏。T_1 的原边电流峰值由 IC1D 引脚 10 的最大电压决定。系统将处于功率限制状态。

模式指示器 LED_3 显示过载状态。当 ZD_{15} 的钳位电流流入 Q_2 的基射极，并使晶体管导通时，LED_3 将点亮。

24.13　小结

在此完善对基本电路的描述。通常可调开关电源包含一个特别设计的、工作于恒定能量转换方式的反激变换器。输入能量由控制电路调节，以保持输出电压或电流不变。

由于实际应用的原因，要在低电压或小负载时将工作模式变为可调频率系统。为满足上述要求，控制电路必须附加很多功能。特别是它可以在小负载情况下转换到可调整的工作模式，以实现全面控制。同时限制原边电流最大值，防止原边过载。

反激式完全能量传递方式的使用可以做到输出电压和电流的平衡控制，以利于在一个较大的工作范围内提供恒功率输出。

可调开关电源的变压器设计在第 25 章中讲述。

第 25 章　可调开关电源的变压器设计

25.1　设计步骤

25.1.1　总体设计

在第 24 章提及的反激变换器的设计中，反激电压（原边绕组中的）不能超过电源电压，否则二极管 D_2 和 D_3 会将反激能量返回原边电路而不传送到输出。

为满足以上要求，必须在 60V 的最大输出电压下确定匝比。还有，由于输出电压变化范围宽（0～60V），且输出电压变化时副边匝数不能改变，副边绕组还要能够提供最大的输出电流（本例中为 20A）。因此为使铜损耗降到最低，副边匝数应保持最小。

因此最小的副边匝数由最大输出电压、最大允许反激电压和原边匝数决定。最小副边绕组规格由最大副边电流值决定。由于副边匝数和电流大于正常值，变压器的磁心也将比正常用于传递功率所需的大。

25.1.2　步骤 1，选择工作方式

在可调开关电源中，变压器的设计决定了工作的方式（完全或不完全能量传递）。实际中有赖于大量的折中选择。需要考虑的各因素如下。

若在输出电压降到很低时仍要保持完全能量传递，则要求原边导通时间很短。因为此时原边电流峰值将很大导致原边效率很低。相反，如果在高输出电压时要保持不完全能量传递，则需要很大的原边电感。这就难以避免低输出电压时的磁心饱和，因为此时变压器中有较大的直流电流成分。

本例中采用一个折中选择，即在 1/2 输出电压时从完全能量传递方式转变到不完全能量传递方式。

现将这三条基本原则作为变压器设计的基础。

25.1.3　步骤 2，变压器磁心尺寸

为减小副边匝数，需要横截面积大的磁心。还有为了副边绕组流过大电流，要有足够的窗口空间，则磁心的尺寸将比正常用于传递 300W 功率所需的大。

从图 2.2.2 中可知，型号为 PM＃87 磁心的额定功率是 800W，在此选用该磁心。为了有最大的脉宽控制范围，要使用最小工作频率，因为该频率必须高于声频，故选择 22kHz。

之前解释过，输出电压为 60V 时的原边反激电压不能超过电源电压的最小值。因此为防止磁心饱和，输出电压为 60V 时的占空比应小于 50％（正激和反激伏秒必须相等）。

输出电压为 30V 时，工作方式转变成连续方式，由于副边匝数不变，反激电压只有所加电压（提供给原边）的一半，因此为保持伏秒相等，反激时间必须是正激时间的两倍。因而在 22kHz 时，导通时间为 15 μs，关断时间为 30 μs，总时间为 45 μs。

若输出电压为 30V 时正好可以使用整个有效时间。这个电压成为从完全能量传递方式到不完全能量传递方式（连续方式）的转换点。图 2.25.1 表示了上述情况下的原边电流波形。

现在可以计算满足这些条件的最小原边和副边匝数。

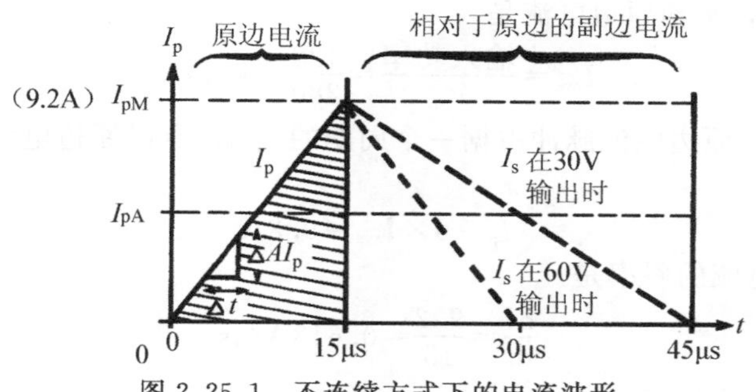

图 2.25.1 不连续方式下的电流波形

25.1.4 步骤 3，计算最小原边匝数

根据法拉第定律，

$$N_{p(min)}=\frac{V_p t}{BA_{cp}}$$

式中，$N_{p(min)}$=最小原边匝数；

V_p=最小原边电压（280V）；

t=最大导通时间，单位为μs（15 μs）；

B=最佳磁通密度，单位为 mT（150mT）；

A_{cp}=中心条柱面积，单位为 mm^2（$700mm^2$）。

因此 $N_{p(min)}=280\times15/0.15\times700=40$ 匝

计算原边每匝电压（P_v/N）：

$$\frac{P_v}{N}=\frac{V_p}{N_p}=\frac{280}{40}=7\text{V/匝}$$

25.1.5 步骤 4，计算最小副边匝数

在反激阶段，由于副边每匝电压不能超过原边每匝电压，输出电压为 60V 时所需的最小副边匝数可以计算出来：

$$N_{s(min)}=\frac{V_{out}}{P_v/N}=\frac{60}{7}=8.5\text{ 匝}$$

式中，V_{out}=最大输出电压。

副边匝数必须为最接近的整数，例如 9 匝。为保持正确的匝数比。原边匝数要调整到 42 匝，则磁通密度稍小。

虽然原边电压和变压器匝比保持不变，但输出为 30V 时的反激电压（原边的）将是输出为 60V 时反激电压的一半。因此如果磁心磁通密度保持在一个稳定工作点，则输出为 30V 时的反激时间为之前导通时间的两倍（稳态时，正激和反激伏秒/匝不变）。

在输出为 30V 和 60V 时原边和副边电流折算到原边的波形示于图 2.25.1 中。

25.1.6 步骤 5，原边电感

假设效率为 70%，可以计算输出为 300W 时的原边电流峰值。从而可以得到原边电感

$$\text{输入功率}=\frac{P_{out}\times100}{E_{ff}}=\frac{300\times100}{70}=428\text{W}$$

式中，P_{out}=要求的输出功率，单位为 W；

E_{ff}=原边到输出的效率。

280V 输入时，平均原边电流是

$$I_{ave}=\frac{输入功率}{V_{in}}=\frac{428}{280}=1.53A$$

观察图 2.25.1，原边电流脉冲占据一个周期的 1/3，所以原边电流峰值是平均电流的 6 倍。因此

$$I_p=6\times I_{ave}=9.2A$$

导通期间原边电流的斜率是

$$\frac{dI}{dt}=\frac{9.2}{15}=0.613A/\mu s$$

原边电感可由下式计算：

$$V_p=\frac{-Ldi}{dt}$$

因此

$$|L|=\frac{V_p dt}{di}=\frac{280\times 15\times 10}{9.2}=456\mu H$$

25.1.7　步骤 6，磁心气隙尺寸

一个无气隙 PM 87 磁心的 AL 系数是 12 μH/匝，若最小原边匝数是 42，则电感是 21mH，很明显当原边电感为 456 μH 时，磁心需要很大的气隙（见第二部分第 2 章，选择气隙尺寸的方法）。由于所需的磁导率很低，因此使用低损耗铁粉芯成为可能，例如 Kool Mu 或铁镍钼（MPP）磁心，但是使用这些材料前应检验它们的磁心损耗。

25.1.8　步骤 7，功率传递限制

电压大于 30V 时，变压器工作于完全能量传递方式。磁心中的能量在原边导通时间结束时为 $E=(1/2)L_pI_p^2$ 焦耳/周期。这也是每个周期传递到输出的能量。因此通过设置原边峰值电流的最大限制，就可以决定传送功率的最大值。

从 30V 输出到 60V 输出的范围内，最大输出功率（效率为 70%）由下式求出

$$P_{out}=E 的 70\%\times 频率$$

输出为 30V 时，在磁心中储存需要的最大功率所用的时间是 15 μs。由于原边电压、电感和匝数不变，输出为 60V 时的储存时间也是 15 μs。然而输出 60V 时的反激时间只是 30V 输出时的一半（是 15 μs 而不是 30 μs）。图 2.25.1 显示了时间的减小，同时也表明输出在 30V 到 60V 之间，变换器工作于不连续方式（完全能量传递）。

注意：尽管 60V 时的副边平均电流仅为输出为 30V 时电流的一半，但是输出功率保持不变。

输出电压低于 30V 时，系统转换到连续方式（不完全能量传递）。图 2.25.2 显示了输出为 10V 时的波形图。得到这个波形的数据如下：

原边限流将原边电流 I_p 的峰值限制在 9.2A。

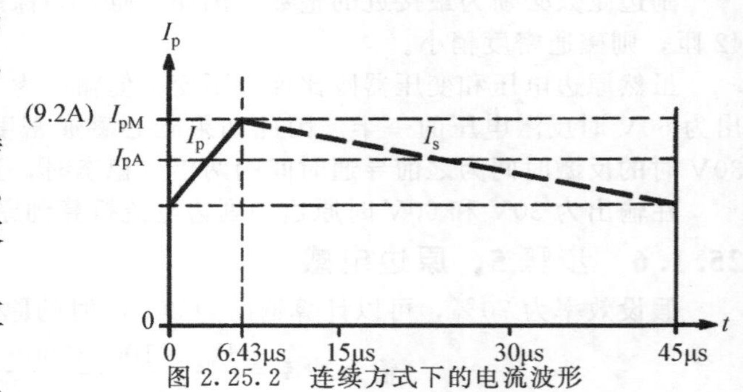

图 2.25.2　连续方式下的电流波形

由于副边反激电压只有 10V，为了保持正激和反激的伏秒相等，反激时间必须是导通时间的 6 倍，因此总时间为 45 μs 时，

最大导通时间是 6.43 μs。

因为原边电压、电感和变压器匝数不变，导通期间的电流斜率 dI_p/dt 保持不变。起始电流（导通期间开始时）可由下式计算：

原边电流的的斜率是

$$\frac{\Delta I_p}{\Delta t}=\frac{9.2}{15}=0.613\text{A}/\mu\text{s}$$

由于原边导通时间结束时的电流不能超过最大输出限定值 9.2A，所以导通时间起始时的电流可以计算出来：

$$I_{ps}=I_{max}-\frac{\Delta I_p t_{on}}{\Delta t}=9.2-(0.613\times 6.43)=5.26\text{A}$$

因工作于不完全能量传递方式下，每个周期传递的能量为导通时间结束时储存在磁心中的能量值，在下一个导通时间开始时磁心中保留有少量的能量。

由于所有其他因素保持不变，保留在磁心中功率的百分数可由导通时间结束时的电流（平方）与下一导通时间的起始电流（平方）的比值计算出来。一个周期开始时保留在磁心的能量（%）是

$$\frac{I_{ps}^2}{I_{pm}^2}\times 100\%=\frac{(5.26)^2}{(9.2)^2}\times 100\%=33\%$$

因为 33%的能量保留在磁心中，输出为 10V 时的最大输出功率是 300W 的 67%，即 200W。也就是输出为 10V、20A。减小的功率曲线示于图 2.24.1 中。

输出低于 30V 时，从完全能量传递方式转换到不完全能量传递方式，如果将原边电流峰值限制在 9.2A，则功率曲线有一定程度的减小。然而在低输出电压时，仍能提供有用的 20A 的输出电流。

对于这种电源，建议始终使用原边限流。这样如果在低输出电压时维持恒功率曲线，则可以减小通常加在输入和输出两个电路的大电流应力。

变压器设计的其他内容，如选择导线规格和一般设计参数，除了副边必须选择较大的 20A 额定电流外，与在第 2 章反激变压器设计中使用的方法非常相似。第三部分第 4 章介绍了一般的设计和选择导线的方法。

25.1.9 变压器最终参数

磁心尺寸＝PM 87

中心条柱面积 A_{cp}＝700mm²

工作频率＝21kHz

总周期＝45 μs

最大导通时间＝33.3%（15 μs）

最小原边电压＝280V DC

最佳磁通密度＝0.15T

原边匝数＝42

副边匝数＝9

25.2 可调频率方式

如果将最小导通脉宽限制在 1 μs，可以得知（采用上述相同的方法）在限定输入电流为 9.2A 时的最大输入功率将是 57W。

该极限功率情况出现在非常低的输出电压时，但极限输出电流将仍为 20A。因此内部

损耗大（即 30W）。因此，如果在低输出电压时输出功率降低到 27W，该功率必将进一步减小，系统转换到可调频率方式。

在高输出电压时，工作于完全能量传递方式，对于 1 μs 的周期，最大输入功率仅为 1.9W。因此，要保持定频运行，若频率低于固定工作频率，当输出电压高时功率将降低很多。图 2.24.1 显示了可调频率工作范围。

25.3　习题

1. 可调开关电源在相同功率范围中可以替代两个或三个线性可调整电源，为什么？
2. 为什么说反激技术特别适用于可调开关电源？
3. 在可调开关电源中，为什么低输出功率时不采用固定频率工作？
4. 为什么低输出电压时的输出功率比高输出电压时的输出功率有点小？

第三部分

应用设计

第1章 开关电源中的电感和扼流圈

这一章介绍了如下几种绕线元件（电感和扼流圈）：

1.2 节的简单的电感（无直流电流通过）

1.3 节的共模线路滤波电感（特别是载有大的对称工频电流的双绕组电感）

1.7 节的串联型线路滤波电感器（载有大且非对称工频电流的电感）

1.8 节的扼流圈（绕在有气隙的铁氧体磁心且载有大直流偏置电流的电感）

1.12 节的棒状扼流圈（绕在铁氧体磁心或棒状铁粉磁心上的扼流圈）

磁性方程的推导和诺模图的使用如附录部分中的 3. A、3. B 和 3. C 所示。

1.1 导论

为了便于讨论，我们这里所说的“电感”专指不带直流电流的绕线元件，“扼流圈”专指载有大偏置电流并且有相对较小交流纹波的绕线元件。

对绕线元件的设计和选材必须充分考虑其应用的场所。此外，设计要重复多次，要协调好一些相互联系但又对立的变量之间的关系。

如果工程师能完全理解和掌握开关电源中的各种绕线元件最优设计所需的理论和实际规格要求，那么他拥有的设计技能将是宝贵的和独一无二的。

这里所用到的设计方法主要根据其应用范围。重点考虑成本、尺寸和损耗三方面的影响，最终的设计只能是折中的方案。由于这三个主要方面是相互矛盾的，所以只能选用一种折中的方案。设计者的任务就是获得最佳的折中方案。

在开关电源的应用中，无直流偏置的电感一般局限于用在电源线路中的低通滤波器中。在这里，它们的主要功能就是阻止高频噪声传回电源线路中去。那么对于这类应用，我们应该选用导磁率高的磁心材料。

扼流圈（载有大偏置直流电流的电感）应用在高频功率输出滤波器和连续型降压-升压变换器“变压器”中。在这些应用中，应该优先选用导磁率低且高频磁损耗小的磁心材料。

为了达到减少匝数从而降低铜损耗的要求，最理想的磁心材料应该具有高的导磁率和小的磁损耗。遗憾的是，在扼流圈的设计中，大直流元件的存在以及实际中所用磁性材料的有限的饱和磁通密度使得我们不得不选用低导磁率的材料或者是在磁心中引入气隙。然而，由于过低的有效导磁率，需要更多匝数的绕组来达到所需的电感值。因此，在扼流圈的设计中，为了能通过一个较大的直流电流，必须同时兼顾低铜损耗和高效率两个方面。

1.2 简单的电感

在电源的应用领域中，纯电感（不能承载直流电流分量或强制交流大电流分量）是很少见的。与下面将要介绍的共模滤波电感不同，由于不需要气隙，这种电感的值可直接由已给出的磁心电感系数 A_L值求出，因此设计上相对简单，对此不予以叙述。但是必须要记住此类电感的大小同匝数的平方成正比。因此必须给出 1 匝时的 A_L（如下式所示），或者给出多匝时的 A_L，此时应将 A_L的值归算至 1 匝时的值，方法是除以匝数的平方。

$$L=N^2A_L$$

1.3 共模线路滤波电感

图 3.1.1a 所示为一个典型的平衡式线路滤波器，这种滤波器用在离线开关电源中用来限制传导型 RFI 噪声。从图中可看出，两个独立的电感 $L_{1(a)}$ 和 $L_{1(b)}$ 缠绕在同一个磁心上，形成一个双绕组共模线路滤波器，从图中图样也可以看出电感 L_2 是一个单绕组串联型电感。

图 3.1.1b 和图 3.1.1c 显示为两种典型的双绕组共模滤波电感。

共模滤波电感有两个匝数相同的、独立的绕组。这两个绕组是以反相的方式接入电路，从而能通过串联的工频电流。所以由一般的串联交流（甚至可以是直流）电源电流产生的磁场将会相消至零。

当这两个绕组以反相方式相连且通过串联电流时，所呈现的电感仅仅是它们之间的漏电感。因此低频线路电流将不能使磁心饱和，于是可以采用高导磁率的材料而不会在磁心中引入气隙，从而只用较少的绕组匝数便可获得较大的电感。

然而，对于共模噪声（在线路两端同时产生的对地的噪声电流或电压）而言，这两个绕组是平行且同相位的，且在共模电流下会呈现一个高的电感。因此，为防止任何有效的共模干扰电流传导到输入电源电路，共模噪声电流可从旁路电路经过电容 C_1 和 C_2 引入地下。

1.3.1 共模线路滤波电感（E 型磁心）基本设计方法举例

在这个例子中，假设采用一个高导磁率的 E 型铁氧体磁心，对于一个特定的铁心尺寸要求有最大的共模电感组。由于其中两个绕组是反相对称的，因此磁心中的有效的直流或低频交流电流为零。如图 3.1.1a 所示。通常在设计共模线路滤波电感时，设计人员仅仅是通过选择磁心的大小来获得某一工作电流下能取得的尽可能大的电感值的（当然，所选的磁心大小也要满足一致性、一定的性能要求、功率损耗、温升等要求）。

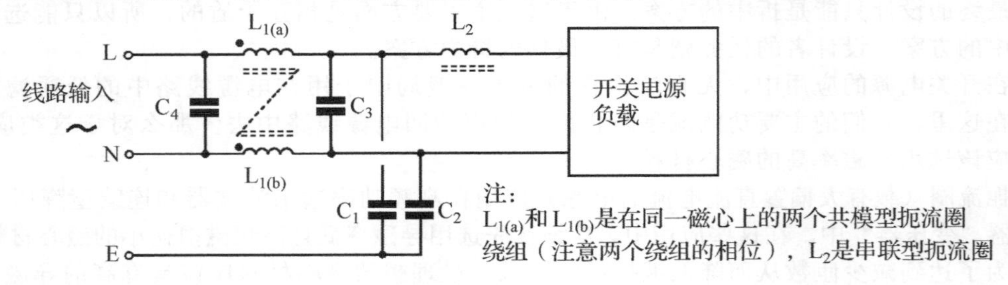

(a)

图 3.1.1

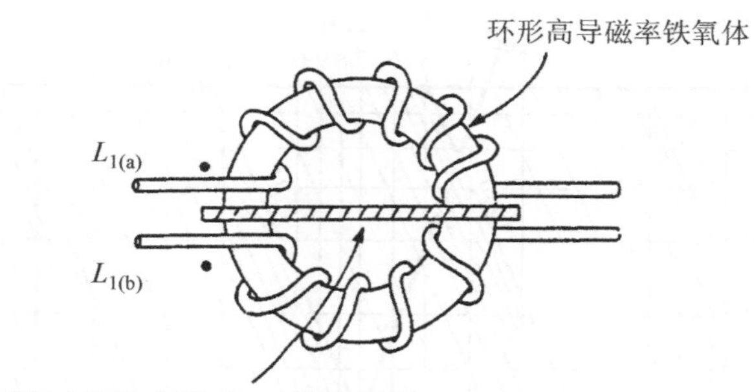

(b)

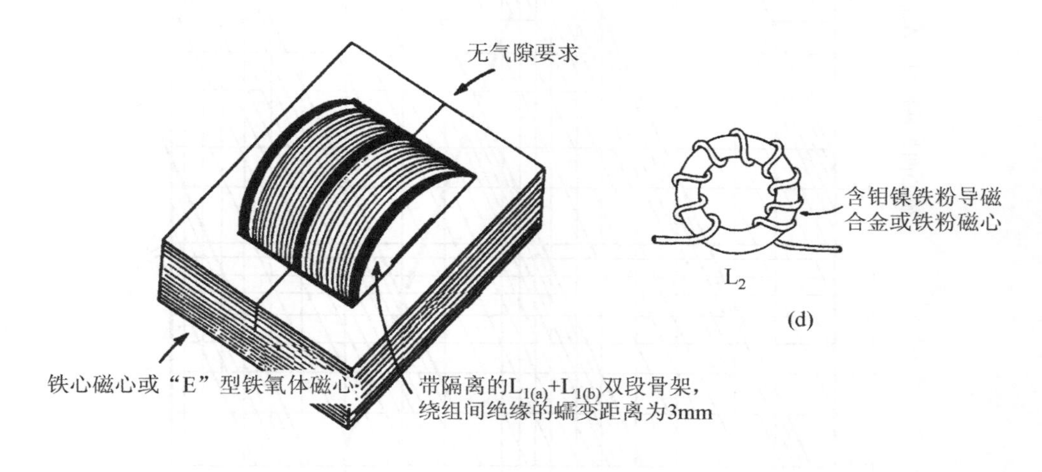

(c)　　(d)

图 3.1.1　（续）

（a）输入线路滤波器，可以减少开关电源的共模和差模噪声

（b）和（c）典型共模线路滤波电感

（d）典型的采用低导磁率高磁损耗的环形铁粉磁心的串联型线路滤波扼流圈

当采用上述方法时，假设可以忽略磁损耗，骨架被同一规格的导线所占满，工作在最大电流时，产生的铜损耗所导致温升也是可以接受的。虽然此方法所要求的绕组匝数很多且绕组之间电容很大，但对于此大小的磁心来说，它同时也带来较低的自谐振频率、低频电感和最大程度的噪声抑制。而且，更高频率的分量将会被串联型电感 L_2 有效地抑制（L_2 一般具有高自谐振频率）。

使用这种设计方法，且选用 E 型铁氧体磁心，那么后面部分所讨论的设计步骤应如下所示。

1.3.2　磁心大小

根据其机械尺寸要求来选择磁心大小，计算磁心面积乘积（AP）并参照磁心面积图表（见图 3.1.2），以获得相应电感的热阻 R_{th}

$$AP = A_{cp}A_{wb}\,\text{cm}^4$$

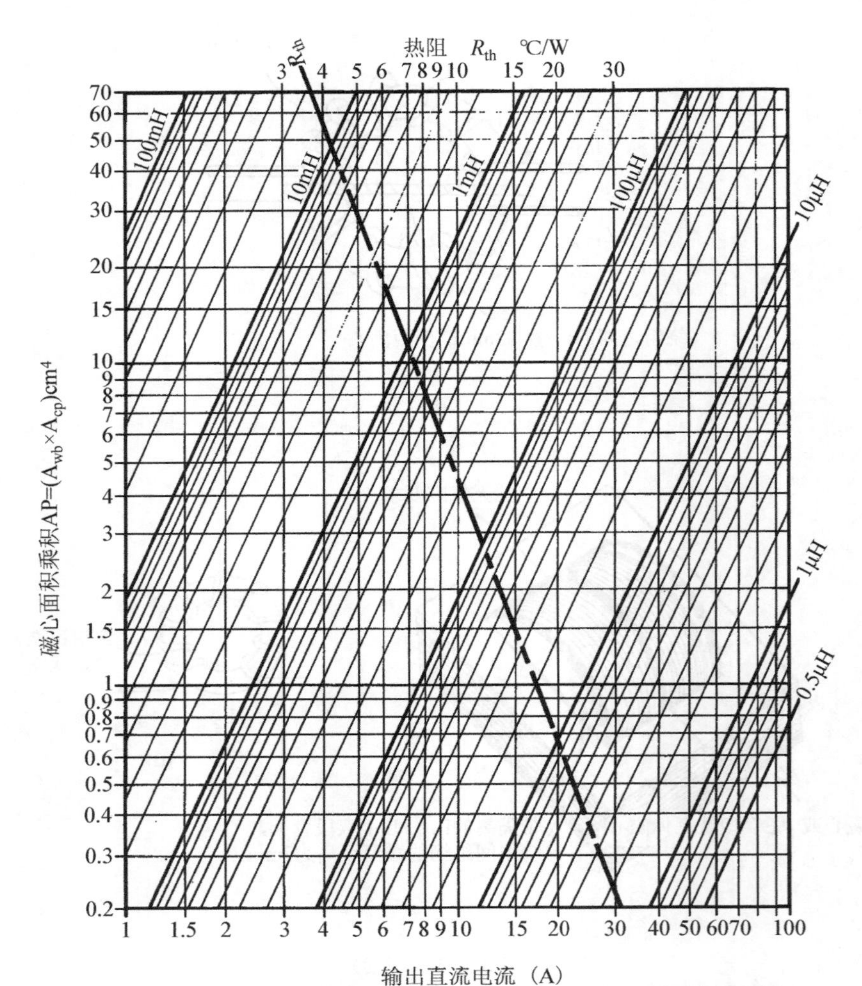

图 3.1.2　描述铁氧体扼流圈的面积乘积（或磁心大小）与直流负载电流和电感的函数关系的诺模图（图中热阻为参变量）

注意：面积乘积是磁心面积和有效的绕组窗口面积（骨架上 E 型磁心一边的面积，参看附录 3.A，面积乘积的用法示例见 1.4 节的图 3.1.2）的乘积。

1.3.3　绕组损耗

先计算出所允许的绕组损耗 P，P 产生在规定范围内的温升 ΔT。然后确定在工作电流 I（rms）下的绕组的电阻值 R_w，假定磁损耗为零。

$$P=\frac{\Delta T}{R_{th}}\mathrm{W}$$

$$R_w=\frac{P}{I^2}\Omega$$

由这个允许的最大电阻值（骨架被绕满时），可以根据如下所述的方法来确定导线的规格、匝数和电感。

1.3.4　导线直径、匝数和电感的确定

很多制造商提供了使用不同规格导线时对应的电阻值和骨架绕满时的最大绕组匝数等

数据。同时也提供了磁心的电感系数 A_L 的值，以便计算电感值。由于使用的是对称绕组，不需引入气隙。

在一些情况下可由诺模图直接得到绕组元件的导线规格、绕组匝数和电阻值（如图 3.1.3 和 1.4 节中的应用 3.8 示例所示）。

通过以上几个简单步骤所设计出来的电感在额定最大电流和所选定的温升下将能够提供所选磁心的最大可能电感值。所构成的扼流圈类似于图 3.1.1c 所示的典型共模线路滤波电感扼流圈。

1.4 共模线路滤波电感图解法设计举例（采用 E 型铁氧体磁心）

假设共模线路滤波电感采用 EC35 型磁心，在输入电流的有效值为 5A、温升不超过 30℃的情况下能获得最大的电感值。

EC35 型磁心的 AP 值为 0.7（当使用骨架时），在图 3.1.2 诺模图的左边 $AP=0.7$ 对应的热阻为 20℃/W（在诺模图的顶部）。可以求出 $\Delta T=30$℃时，允许的功率损耗为：

$$P=\frac{\Delta T}{R_{\text{th}}}=\frac{30}{20}=1.5\text{W}$$

电流的有效值为 5A，最大的电阻值可由公式求得：

$$I^2R=P$$

因此

$$R=\frac{1.5}{25}=0.06\Omega$$

由图 3.1.3 中的诺模图，可通过以下步骤得到在 EC35 型磁心上产生 0.06Ω 电阻的绕组的最大匝数。

先在图上部电阻坐标轴上找出所要求的 0.06Ω 点（上部的左边有个例子），并向下垂直投影，与 E35 型磁心的“电阻和匝数”斜线（斜率为正）相交，如图所示，将这两条线的交点水平向左投影到左纵坐标轴上即可求出绕组的匝数（本例中为 56 匝）。将此点向右水平投影，与 E35 型磁心的“导线规格和匝数”斜线（斜率为负）相交，将这两条线的交点垂直向下投影到下部水平坐标轴上即可求出导线规格（本例中约为 #17 AWG）。

在共模电感中，绕组被分为两个相等部分。因此 EC35 型骨架可绕两条 28 匝 #17 AWG 导线。

注意：当绕组阻值小于 50mΩ 时，先从底部电阻坐标轴上找到对应电阻值的点，然后向上垂直投影与图中底部的“电阻和匝数”线簇相交，从而求出绕组匝数。如图所示。例如，假定对于 EF25 型磁心的绕组电阻要求为 40mΩ，先从底部电阻坐标轴中找出 40mΩ 点，垂直向上投影，与 EF25 型磁心的“电阻和匝数”斜线相交，两线交点水平投影到左纵坐标轴上即可求出绕组的匝数（本例求得为 34 匝），同上可求得导线的规格（本例中同样为 #17 AWG）。因此可以采用 2 个 17 匝 #17 AWG 导线的绕组。

由于诺模图未涵盖应用中的全部变量，因此绕组的参数可以参照附录 3.A 和 3.B 计算得出。

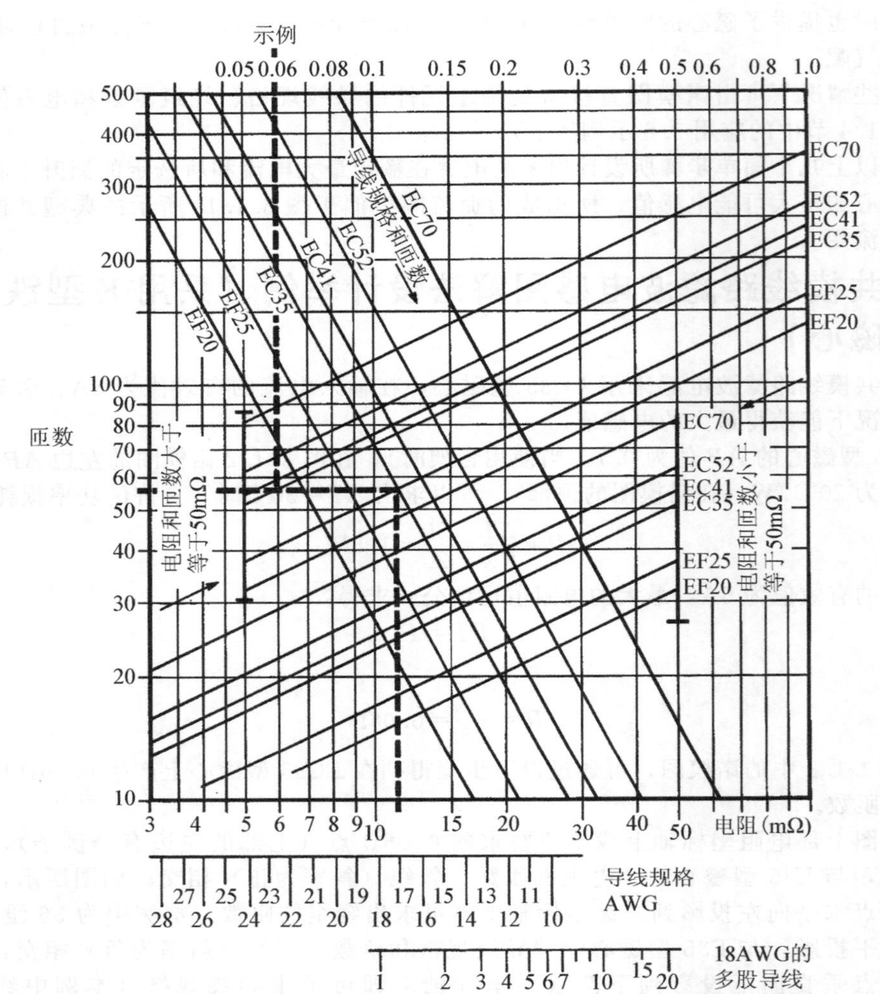

图 3.1.3　诺模图描述了铁氧体扼流圈导线直径与匝数和磁心尺寸之间的函数关系（其中电阻值为参变量）

1.5　共模电感（E型铁氧体磁心）的计算

在双绕组共模电感中，因为两个绕组的相位相反，串联型电源工频或直流磁场强度将会互相抵消。故选用高导磁率的磁心材料而无需引入气隙，因此在大多数情况下，电感值可由已给出的 A_L 值求出。

对于上面的例子，无气隙的 EC35 型磁心的 A_L 值大约为 2000nH，每个 28 匝绕组的电感值均可由如下公式求得：

一般有：

$$L=N^2A_L$$

对于本例有：

$$L=28^2\times2000\times10^{-9}=1.57\text{mH}$$

为了计算共模电感，两个绕组是并行等效的，所得出的电感值只是单个绕组的电感。

这种图解设计的方法同时指出了 E35 型磁心的在温升为 30℃的情况下，电流为 5A 时可获得的最大的共模电感值。

如果用电源的输入功率 P_{in} 来求电流的有效值，在计算电流有效值时必须考虑到电容整流输入滤波器的功率因数（典型值为 0.63）。同时可以计算出最小输入电压时的最大电流有效值。例如：

$$I_{rms(max)}=\frac{P_{in}}{V_{in(min)}\times 0.63}$$

磁心材料的选取取决于噪声频谱。在大多数情况下，最为棘手的是低频噪声（相对于开关频率，为 800kHz）。在这种情况下，需要更大的电感和高导磁率的铁或铁氧体磁心材料。如果是高频噪声，可选用铁粉磁心，由于其自身较大的高频功率损耗，可能会产生更好的效果。

1.6　串联型线路输入滤波电感

图 3.1.1a 中的 L_2 是一个串联型线路输入滤波电感。虽然在电路中，这些电感不载直流，但是工频电流峰值却非常大，且有一个很高的强制电压，相对于开关频率来说，这个强制电压产生的电流脉冲的持续时间是相当长的，可等效于工频恒流源。因此，类似于电感载直流电流，在峰值工频电流时将会产生饱和效应，故在这种情况下设计 L_2 时应避免出现饱和情况。

在典型的离线型电容输入整流电路中，由于输入电容大，在输入整流二极管导通时，在所加电压波形的峰值处会出现一个大的脉冲电流。因此要保证 L_2 在这种大电流脉冲、甚至在满负载的情况下不会发生饱和。设计此类输入电感时，应该遵循直流扼流圈的设计方法（见 1.8 节）。为防止 L_2 饱和，可在铁氧体磁心中引入气隙或采用低导磁率的铁粉磁心。

由于电容整流电路中一些模糊变量的影响，很难以计算出 L_2 的峰值电流。这些变量包括线性（电）源阻抗、电路电阻、输入电容等效串联电阻（ESR）和整个环路的电感。而电流的测量和磁通量峰值的计算则相对容易些。考虑到元件和线路阻抗变量，应该在峰值磁通密度和饱和磁通密度之间留有 30%的安全裕度。第一部分第 6 章采用图解法求出了整流电流的峰值。

如果整流电流的峰值是已知的，则此类电感的设计方法等同于直流扼流圈的设计方法。在计算时只需用交流电流峰值替换直流电流。

1.7　扼流圈（直流偏置的电感）

扼流圈（载大直流电流的电感）以一些形式广泛地应用到所有的开关电源中。扼流圈的设计相当复杂，需要丰富的实际工作经验。要制造出最有经济效益的扼流圈，电源工程师必须在磁心的材料、大小和设计方案的选择及绕组的设计等方面有相当的设计工艺。该项目范围非常广，下面的讨论仅局限于高频开关电源应用中最为常用的几种扼流圈。

扼流圈的范围广泛，从描绘开关晶体管的基极驱动电流用的体积很小的铁氧体磁珠，到用于功率输出滤波器的体积非常大的大电流扼流圈。典型的开关型扼流圈的例子如图 3.1.4 所示。

1.7.1　磁心材料

磁心材料必须满足工作频率、直流交流电流比、电感和机械方面的需要。当交流分量或频率较低时，例如在串联型线路输入滤波器中，可选用硅钢片或类似材料的磁心。这样有利于提高饱和磁通密度、减少绕组匝数、降低铜损耗。当工作频率或交流分量过高时，必须考虑到磁损耗，故可选用带气隙的铁氧体、铁镍钼合金或者铁粉材料的磁心。

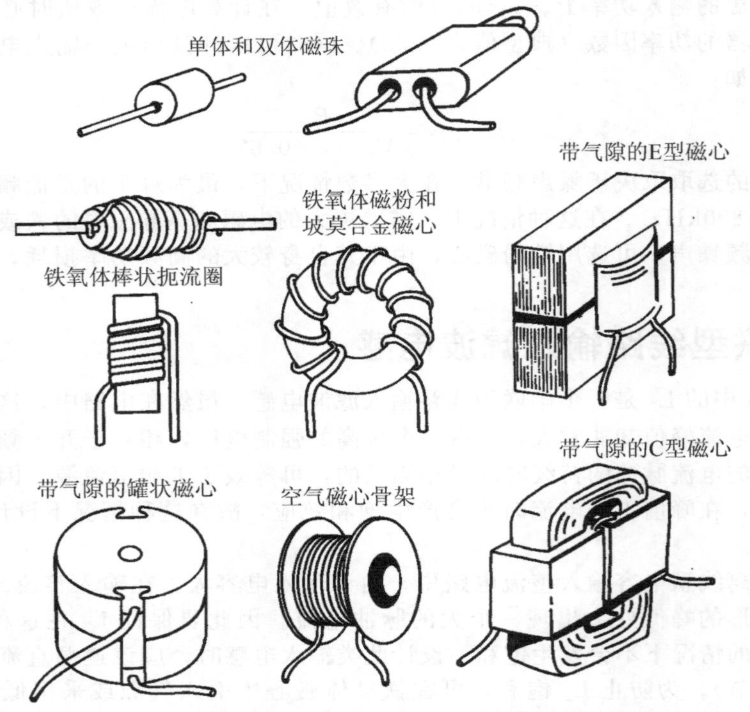

图 3.1.4　典型输出扼流圈和差模型输入扼流圈外形图

1.7.2　磁心尺寸

通常对磁心尺寸和结构的选择最为困难，磁心的拓扑结构比较混乱，对于某一个具体的应用很难确定最优的磁心尺寸。

根据磁心的面积乘积来选择磁心的尺寸是一个比较好的方法。从文献 [1] 和文献 [2] 知，在总额定功率相同的情况下，对于各种不同拓扑结构的磁心来说，面积乘积（*AP*）趋于一个合理的常数，因此 *AP* 可以用于选择磁心的尺寸大小。

注意： 磁心面积乘积 *AP* 是绕组窗口面积和磁心中心柱面积的乘积（参看附录 3.A）。

一般来说

$$AP = A_w \times A_e \text{cm}^4$$

式中，*AP* 为磁心面积乘积，单位为 cm^4；

A_w 为磁心绕组窗口面积，单位为 cm^2；

A_e 为中心柱面积，单位为 cm^2。

AP 值通常许多厂家都提供，或者通过磁心尺寸大小简单地计算得出。

1.7.3　温升

一般来说，在自然风冷的条件下，绕线元件的温升主要取决于绕线元件上的总损耗和元件的表面积。对于“无刮擦”呈几何形状的磁心来说，磁心的表面积与面积乘积是有关的。

从图 3.1.2 诸模图可以看出典型的热阻值（虚线所示），它是在根据磁心面积乘积

（AP）来确定磁心尺寸大小的情况下所得出的一个期望值。该图表是根据 EC、ETD、RM 和 PQ 等系列磁心所测得的热阻值而绘制的[1][2][15]。

实际温升 ΔT 可由热阻和总损耗求出，如下。

$$\Delta T = PR_t$$

式中，ΔT 为温升，单位为℃；

P 为总损耗，单位为 W；

R_t 为热阻，单位为℃/W。

注意：在扼流圈的设计中，损耗 P 主要为铜损耗。在大多数情况下磁损耗很小，且通常可以忽略。

1.7.4　磁心空气气隙

如果非常大的直流电流流入扼流圈，则可考虑使用带有气隙的 E 型或 C 型磁心，此时所选用的磁心材料范围非常广泛，从工作在低频或者甚至有较小磁通偏移的高频环境中的各种铁合金，到应用在需要更高交流电流和高频的情况下带有气隙的铁氧体。

因为通常要求扼流圈在通过直流分量时不会饱和，因此要在磁心中引入相对较大的气隙。这时无论采用何种材料的磁心，都要求较低的导磁率（一般在 10～300 之间）。

从图 3.1.5 中可以看出高导磁率铁氧体磁心在引入气隙后的特性曲线（B/H 迟滞曲线下方），和该曲线与带气隙的铁磁心的特性曲线的差别（B/H 迟滞曲线上方）。应该注意到 H_{dc} 值（与直流电流成正比），它在图中 B_{sat} 点处能使无气隙铁氧体磁心饱和，在引入气隙后，此磁场使得 B_{sat} 点处的稳态磁通密度值 B_{dc} 下降。引入气隙后，磁心特性有足够的裕度来承受交流纹波分量 ΔB。图中也比较了在同一磁场强度 H_{dc} 下，带气隙的铁氧体和带气隙的硅钢片磁心的磁通密度和导磁率的不同之处。

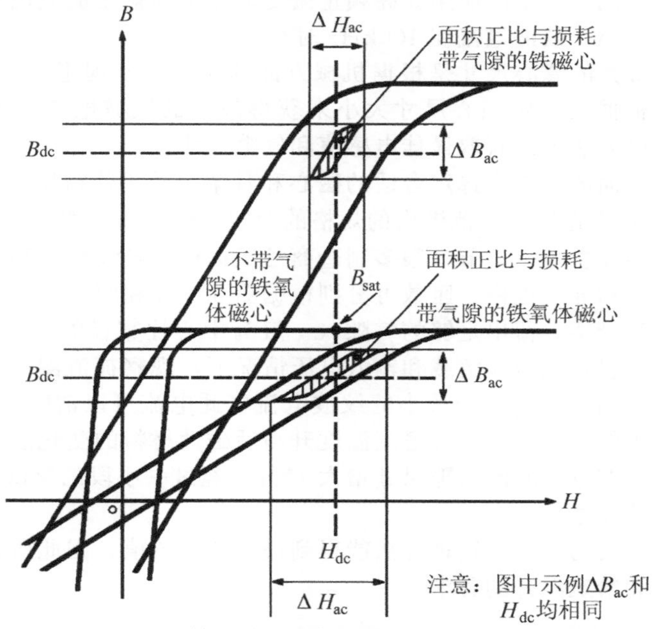

图 3.1.5　铁氧体和铁磁心扼流圈的 B/H 特性曲线比较（包括带气隙和不带气隙的），可以看出两种磁心材料的磁化电流摆幅（纹波电流）与固定的磁通密度摆幅（纹波电压）之间的函数关系

注意：铁氧体磁心饱和时的磁通密度比铁磁心要小，即使引入气隙也是如此。为了防止铁氧体磁心饱和，在磁心中必须引入较大的气隙，但同时也产生低效导磁率（图中B/H曲线的斜率变小）和低电感。低导磁率意味着，对于同一个ΔB_{ac}（所施加的纹波电压幅度），铁氧体磁心有较大的纹波电流ΔH_{ac}，即使当铁氧体磁心引入气隙时也是如此。图3.1.5中水平方向上，在ΔH更大的的铁氧体B/H磁滞曲线中这一效应较之铁粉磁心B/H磁滞曲线显得更加突出。

铁磁心由于其较高的饱和磁通密度，可引入较小的气隙。在同样的直流偏置下，将出现较大的导磁率。因此电感越大纹波电流就越小。在图3.1.5中纹波电流与ΔH_{ac}成正比。可以看出，加上同样的纹波电压ΔB，铁磁心产生较小的纹波电流。此外，如果ΔB很小(大直流电流、小交流电压的应用)，铁磁心的磁损耗在允许范围内很小，因此对于此类应用，可以考虑使用铁片或铁粉磁心。

带气隙的E型或C型磁心的一个更为重要的优点是可以根据气隙尺寸的大小来优化导磁率从而达到最佳性能。这点是环形磁心所不具备的。

虽然引入气隙将会导致磁辐射，但可采用铜护罩予以屏蔽，可以减少12dB或更多(见第一部分的4.5节)。因此在采用带气隙的磁心时应该考虑到磁辐射可能引起的问题。

磁心大小选择取决于总的损耗和允许的温升。直流电流、绕组匝数（电感）和导线的规格均影响着铜损耗。因此磁损耗和磁心材料取决于扼流圈所承受的交流伏秒值，即磁通密度的摆幅ΔB和工作频率。

1.8　带气隙的E型铁氧体磁心扼流圈的经验设计方法举例

在此例中，假定扼流圈载有带有高频纹波电流的大直流电流，故选用低磁损耗材料的磁心，并引入气隙。此类典型的应用如高频正激变换器中的输出滤波电感。在本例中，直流电流的平均值为10A，纹波电流在100kHz时小于3A。

我们同时假定最大的磁心尺寸是根据机械方面的要求而非理想电气上的要求确定的。因此设计的方法是根据已选定磁心尺寸大小来获得最小的纹波电流（即最大的电感值）。根据下面的一些经验方法可以获取最佳电感值和气隙尺寸。

(1) 根据机械方面的要求来选定合适的磁心和骨架，并用使得所产生的功率损耗I^2R和温升（比如40℃）均在所要求范围内的规格的导线完全绕满骨架。其中电流I取最大的平均直流电流值，步骤参考1.4节（很多制造商已经提供了导线规格和完全绕满时骨架的电阻值等信息，温升和导线规格、匝数可分别根据图3.1.2和图3.1.3得到）。

(2) 装配磁心和骨架，留出足够的气隙（一般为中心柱直径的20%）。将扼流圈装在电源功率滤波器的位置，在最大负载和输入电压情况下，观察扼流圈的纹波电流波形，同时调整气隙尺寸，直到观察到一个最小的纹波电流（此电流可以清晰的观察到）。通过以上方法便得到了最大的动态电感。考虑到温度升高后磁性材料的变化以及饱和磁通密度的减少，可以将最小纹波电流时的气隙尺寸增大10%。经过一小段的调试后，我们便能轻易得到近乎最优的气隙尺寸。

以上便是经验方法的步骤。这种方法能得到最大的电感值，因此所选用的磁心尺寸能满足工作（电流）和给定温升的要求。

注意：

(1) 采用铁氧体磁心时，磁损耗一般远小于铜损耗，因此在本例中对磁损耗予以忽略。当采用铁粉或铁磁心时，必须要考虑到磁损耗，当确定温升时，磁损耗必须要加到I^2R损耗上。

(2) 在一些应用中，电感的绝对值非常关键（可能关系到瞬态性能和环路的稳定性）。此时必须采用一种可以产生需要的电感值的更复杂的设计方法。

1.9　采用 *AP* 图解法和计算的方法来设计降压和升压电路中的扼流圈

图 3.1.6a 和图 3.1.6b 分别是非隔离的降压和升压开关变换器。扼流圈输出电流大且连续，这将导致大的直流磁化偏置。但是纹波电流相对于最大负载电流来说相对较小，同时产生小的磁振荡和低磁损耗。

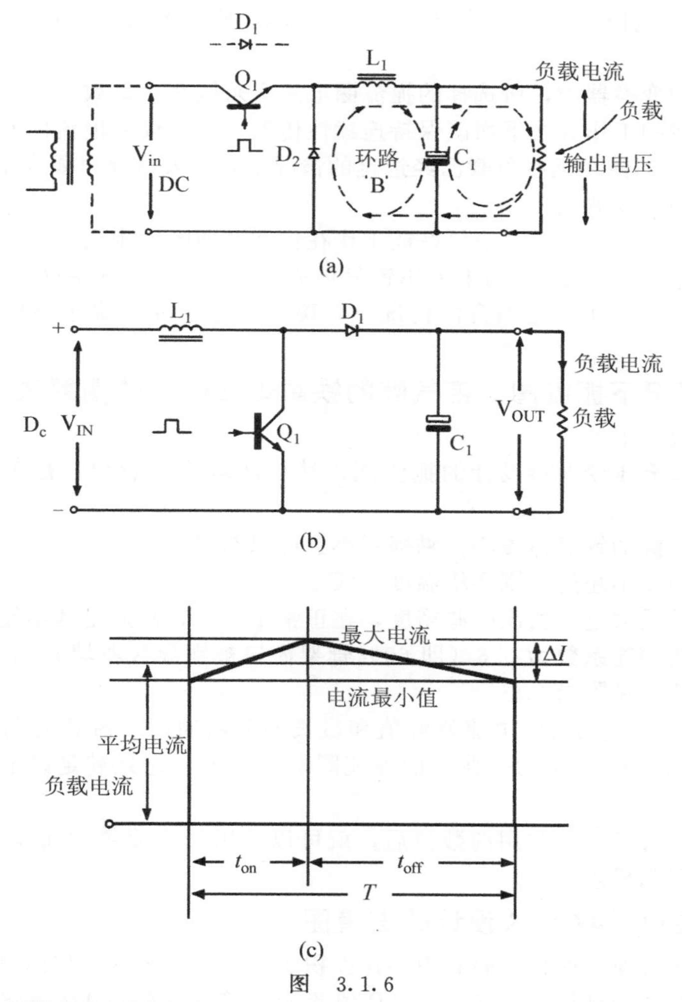

图　3.1.6

(a) 基本的降压变换器电路

(b) 基本的升压变换器电路

(c) L_1 为电流连续型电感时，降压变换器的输出电流波形和升压变换器的输入波形

在图 3.1.6a 所示的降压变换器中，扼流圈 L_1 输入为 Q_1 输出的开关直流，或完全隔离开关变换器变压器副边送来的脉冲调制方波。在第二种情况下，开关晶体管 Q_1 被整流二极管 D_1 所替代。

图 3.1.6b 所示为升压变换器电路，一般作为非隔离的 DC-DC 开关型调节器来使用，其输出电压要高于电源电压。无论扼流圈电流是否连续，其输出都是非连续的，且产生更高的纹波电压输出。在要求更高的输出电压又可以使用隔离耦合变压器时，可由变压器来提升电压，那么可以在副边采用降压线路作为调节器。

在连续型应用中，稳态情况下降压和升压电路中的滤波扼流圈电流如图 3.1.6c 所示。在周期的开始点和结尾点处电流相等，而纹波电流的峰峰值（I_{min} 到 I_{max}）值相对于电流平均值一般很小。

在降压电路的应用中，扼流圈平均电流等于输出的直流负载电流，此时电源电流为非连续的。而在升压电路应用中，电源电流等于扼流圈电流的平均值，输出电流为非连续的。

在所有类型的变换器中，所选择的扼流圈电感必须能在小负载（一般为满负载的 10% 或更小）到满负载的工作方式下均能保持连续性传导。因此纹波电流的峰峰值应小于满负载时电流的 20%。即使在某些负载已经选定的情况下，纹波电流也要求很小，以保证高的开关效率和低的输出纹波电压。

为了减少扼流圈的尺寸，磁心最好能工作在饱和磁通密度附近，因为此时磁通密度的变化较小（纹波电流非常小）。如果采用铁氧体磁心，那么磁损耗将很小，且绕组铜损耗将主要决定温升。因此在规定温升的情况下，磁心尺寸主要取决于绕组在满负载时的铜损耗。

1.9.1 一般情况下扼流圈（带气隙的铁氧体磁心）的图解法设计

初始条件假设如下。

（1）为降压或升压变换器设计的扼流圈，其纹波电流不能超过最大负载电流（已确定）的 20%。

（2）采用带气隙的铁氧体磁心，磁损耗小且可以忽略。

（3）最高的温度不超过周围环境温度 30℃。

（4）为允许的最大电流留出一些裕度，在正常工作时，磁通密度不能超过 0.25T。

（5）假定导线填充系数为 0.6（即 60%骨架窗口被铜导线所填充）。这是采用单绕组圆形导线的典型值，见附录 3.B。

（6）通过假设 20%的纹波电流峰峰值和最长的关断周期（占总周期的 80%）求出所需的电感值（图 3.1.6c 所示为一典型的扼流圈电流波形，它是满足以上所有条件的降压型调节器所产生的）。

对以上参数设置了一些常用的数值后，就可以采用较为简单的面积乘积（*AP*）法来确定扼流圈的规格和要求。

1.9.2 面积乘积（*AP*）法设计的诺模图

面积乘积是磁心窗口面积和磁心中心柱面积的乘积。对于有相似的额定功率和尺寸大小的所有各种不同拓扑结构磁心来说，*AP* 值趋于相等。此外，*AP* 值将电感值与负载电流和铜损耗联系起来。在如下的扼流圈设计中，*AP* 值用于确定磁心大小。面积乘积（*AP*）推导见附录 3.A。

许多磁心制造商提供了其标准磁心的 *AP* 值。此外，*AP* 值也可以通过磁心的大小轻易求出（见第一部分的 1.7.2 节）。

图 3.1.2 所示的是带气隙的铁氧体磁心的特性曲线。图中的 *AP* 值（可视为磁心大小），在不同电感值时与负载电流成一定的函数关系。假设环境温度为 20℃，温升为

30℃，最大的磁通密度 $\hat{B}$ 为 250mT，铜的有效填充系数为 0.6。

图 3.1.2 中，EC70、EC52、EC41 和 EC35 型磁心（列于表 3.3B.1 中）的 *AP* 值均是由磁心面积和有效的骨架窗口面积（并非磁心窗口面积）的乘积得来的。当使用骨架绕线时，可利用图 3.1.2，但是 *AP* 值由于要扣除掉骨架材料所占的窗口面积而将显著减少。

1.10　降压变换器中扼流圈（铁氧体磁心）的 *AP*

图解法设计扼流圈的规格：

输出电压＝5V

最大输出电流＝10A

频率＝25kHz

最大纹波电流：20%I_{max}（2A）

最大温升＝30℃

1.10.1　步骤 1，确定电感值

画出在满负载和最大电压输入时的波形（见图 3.1.6c）所示。根据电流波形的斜率，可采用如下方法来确定所需电感：

初始值：

频率 $f=25\text{kHz}$，因此 $T=1/f=40\ \mu\text{s}$

输出电压＝5V

输入电压＝25V

计算导通时间“t_{on}”：

占空比$=\dfrac{t_{on}}{T}=\dfrac{V_{out}}{V_{in}}$

因此有：

$$t_{on}=\frac{TV_{out}}{V_{in}}=\frac{40\times10^{-6}\times5}{25}=8\ \mu\text{s}$$

$$t_{off}=T-t_{on}=40-8=32\ \mu\text{s}$$

在关断期间，电流下降了满负载电流的 20%（本例中为 2A），然后可计算电感值。

现在来看图 3.1.6a，在关断期间，环路 B 形成通路，扼流圈两端电压的绝对值 *e*，等于输出电压和二极管 D_2 压降之和（此时二极管正向偏置，使得 L_1 的输入为负）。在关断期间，环路 B 中的电流是由扼流圈 L_1 的作用产生的。该期间电流的线性衰减可用如下算式表示：

$$|e|=\frac{L\text{d}I}{\text{d}t}=5.6\text{V}$$

因此有

$$L=e\frac{\Delta t}{\Delta I}=\frac{5.6\times32\times10^{-6}}{2}=89.6\ \mu\text{H}$$

1.10.2　步骤 2，确定磁心面积乘积 *AP*

根据图 3.1.2 的诺模图可求出负载电流和电感相对应的 *AP* 值。在图中找出所要求的 10A 电流和 90 μH 电感分别对应的直线，作出它们的交点，并向左水平投影到 *AP* 轴上即可求出 *AP* 值约为 1.5，这个值在 EC41 型磁心 *AP* 值（1.46）和 EC52 型 *AP* 值（2.96）之间，因此我们选择更为接近的 EC41 型磁心，虽然其温升较大。值得注意的是，只有在较大增量时磁心的尺寸大小才会改变，所以 *AP* 的绝对值和温升一般不会改变。

1.10.3　步骤 3，计算匝数

在不超过磁通密度的条件下，要达到要求的电感值所需的最少绕组匝数可根据公式 3.A.9 得出：

$$N_{min}=\frac{LI_{pm}10^4}{B_{max}A_e}$$

其中，N_{min}＝最小匝数；

L＝电感值（90×10^{-6}H）；

I_{pm}＝最大电流值（11A）；

B_{max}＝最大磁通量（250×10^{-3}T）；

A_e＝中心轴面积（106×10^{-2}cm^2）。

因此有：

$$N_{min}=\frac{90\times10^{-6}\times11\times10^4}{250\times10^{-3}\times106\times10^{-2}}=37\text{匝}$$

1.10.4　步骤 4，确定最优的导线规格

当规定匝数的导线和绝缘材料均已绕制在骨架上时，为达到最小的损耗，则需要一定规格的导线使得绕组空间刚好被填满。骨架或磁心厂家通常提供了能完全绕满骨架的导线规格及匝数以及绕组电阻值等相关信息。

导线的规格也可以通过图 3.1.3a 的诺模图和计算两种方法之一来求取。

对于本例，在图中左纵坐标轴（匝数）37 匝处作水平线与 EC41 型磁心斜线相交，其交点向下轴垂直投影，从而求得导线规格为＃14 AWG（更低等级）。

导线的规格同样可根据如下方法计算：恰能填充骨架的导线的横截面积可由下面公式得出：

$$A_x=\left(\frac{A_wK_u}{N}\right)^{1/2}$$

其中，A_x 为导线的横截面积，单位为 mm^2；

A_w 为绕组窗口的总面积，单位为 mm^2；

K_u 为窗口填充系数；

N 为匝数。

本例中：

A_w＝138mm^2（EC41）；

K_u＝0.6（圆形导线）；

N＝37。

因此有：

$$A_x=\left(\frac{138\times0.6}{37}\right)^{1/2}=1.5\text{mm}^2$$

选用＃15 AWG 规格导线（同诺模图方法得到的＃14 导线结果接近）。

1.10.5　步骤 5，计算磁心的气隙

假定在一般情况下，气隙中存有最大的磁阻，忽略边缘效应，则气隙的长度可由如下公式得出：

$$l_g=(\mu_0\mu_rN^2\cdot A_e10^{-1})/L$$

其中，l_g 为总气隙长度，单位为 mm；

$\mu_0=4\times10^{-7}$；

$\mu_r=1$（空气）；

N 为匝数；

A_e 为中心柱面积，单位为 cm^2；

L 为电感，单位为 H。

本例中：

$N=37$；

$A_e=106\times10^{-2}$；

$L=90\times10^{-6}$。

因此有：

$$l_g=\frac{4\pi\times10^{-7}\times37^2\times106\times10^{-2}\times0.1}{90\times10^{-6}}=1.74\text{mm}$$

为了只产生最小的外磁场，要求气隙只能处于磁心中心轴的附近。而且使用此类电感，在纹波电流成分较小时，气隙可能刚好经过磁心，因此产生的辐射将不会过多。而其他残留在外部的磁场可以通过选定合适的铜罩来予以有效的屏蔽，见图1.4.5。

采用EC型磁心时，中心柱面积小于外部磁心支柱面积的总和。如果气隙正好穿越磁心，那么磁心柱的有效气隙将会因为该比率而减少。在大多数情况下，因为忽略了导磁率和边缘效应，所以还要对气隙进行某些调整后才能得到最佳值。

1.10.6　步骤6，温升校核

温升主要取决于总的功率损耗（包括磁损耗和铜损耗）、表面积、辐射率和空气的流通情况。很多设计师为了简单化，在设计程序中都忽略了许多次要的因素，虽然它们对最终计算得到的温升影响很小。无论在何种情况下，扼流圈的温升校核应该在样机中完成，但是样机的设计及热设计中同样会引入额外的且难以测定的热效应。

图表法设计过程假定采用铁氧体磁心时可以忽略磁损耗。在下面的讨论中我们将予以验证。

1.10.7　步骤7，磁损耗校核

磁损耗主要由涡流和磁滞损耗组成，它们均是随频率和磁通量而增加的。损耗因数取决于材料和所选材料的规格。通常所有公布的表格均是在假定磁通密度在零点附近对称地偏移（即推挽式工作），因此 B_{max} 仅仅是 ΔB 峰峰值的一半。在降压电路的头1/4周期和升压扼流圈、反激变换器的应用中，3.21所求得的 ΔB 峰峰值应该除以2才能根据图表来求取磁心损耗。

在以前的例子中，交流磁通密度偏移可由如下公式求出

$$\Delta B_{ac}=\frac{|e|\,t_{off}}{NA_e}$$

其中，ΔB_{ac} 为交流磁通密度摆幅值，单位为T；

$|e|$ 为输出电压与二极管压降之和，单位为V；

t_{off} 为“断开”时间，单位为μs；

$N=37$；

A_e 为磁心中心柱面积，单位为 mm^2。

对于上例

$|e|=5.6\text{V}$；

$t_{off}=32\ \mu s$；

$N=37$；

$A_e=106mm^2$。

因此 B_{ac} 为

$$B_{ac}=5.6\times 32/37\times 106=46mT$$

采用铁氧体磁心时，当磁心密度为 68mT，频率为 20kHz 时，磁损耗将小于 1mW/g（见图 2.13.4），如果是 EC41 型磁心则总的磁损耗为 26mW（此时磁损耗可以忽略不计）。因此采用铁氧体材料磁心时，除了高频和大纹波电流的应用外，其他情况下磁损耗影响都不大，可以忽略。

但采用铁粉磁心时，磁损耗将会增大许多，此时便不能忽略磁损耗的影响了。

1.10.8 步骤 8，铜损耗校核

线绕扼流圈的直流阻抗可以直接从骨架制造商处获得，或者也可以根据骨架的平均直径、匝数和导线直径计算得出。无论在哪种情况下，它都最终应该被测量得出。因为绕组应力和填充系数取决于绕线工艺，其扼流圈的直流电阻影响到总电阻。需要注意的是，铜电阻值从 20℃ 起以 0.43%/℃ 的速率递增，当温度到达 100℃ 时，铜电阻值增大 34% 之多。

铜的功率损耗为 I^2R（如果纹波电流较小，集肤效应可以忽略，直流电阻和平均直流电流可以直接使用，误差极小），因此有

功率损耗$=I^2R$ W

在本例中

$$I=10A \text{ 且 } I^2=100A$$

绕组的长度和电阻可以用骨架的平均直径和绕组匝数求得，如下所示：

EC41 型骨架的平均直径 $d_m=2cm$

导线的总长度 $l_t=\pi d_m N$ cm

因此有 $l_t=\pi\times 2\times 37=233cm$

从表 3.1.1 看出，#14 AWG 导线的总电阻在 20℃ 时的 83 μΩ/cm 到 100℃ 时的 111 μΩ/cm之间，本例中导线总长度为 233cm，故总的电阻值为 19.3～25.8mΩ。

因此，功率损耗 I^2R 在 1.9～2.58W 之间。

表 3.1.1 AWG 绕组数据（铜导线，绝缘等级）

AWG	铜导线直径，cm	铜导线面积，cm^2	绝缘层厚度，cm	绝缘层面积，cm^2	Ω/cm 20℃	Ω/cm 100℃	电流密度为 450A/cm^2 时的电流大小
10	0.259	0.052620	0.273	0.058572	0.000033	0.000044	23.679
11	0.231	0.041729	0.244	0.046738	0.000041	0.000055	18.778
12	0.205	0.033092	0.218	0.037309	0.000052	0.000070	14.892
13	0.183	0.026243	0.195	0.029793	0.000066	0.000088	11.809
14	0.163	0.020811	0.174	0.023800	0.000083	0.000111	9.365
15	0.145	0.016504	0.156	0.019021	0.000104	0.000140	7.427

（续）

AWG	铜导线直径，cm	铜导线面积，cm^2	绝缘层厚度，cm	绝缘层面积，cm^2	Ω/cm 20℃	Ω/cm 100℃	电流密度为 450A/cm^2 时的电流大小
16	0.129	0.013088	0.139	0.015207	0.000132	0.000176	5.890
17	0.115	0.010379	0.124	0.012164	0.000166	0.000222	4.671
18	0.102	0.008231	0.111	0.009735	0.000209	0.000280	3.704
19	0.091	0.006527	0.100	0.007794	0.000264	0.000353	2.937
20	0.081	0.005176	0.089	0.006244	0.000333	0.000445	2.329
21	0.072	0.004105	0.080	0.005004	0.000420	0.000561	1.847
22	0.064	0.003255	0.071	0.004013	0.000530	0.000708	1.465
23	0.057	0.002582	0.064	0.003221	0.000668	0.000892	1.162
24	0.051	0.002047	0.057	0.002586	0.000842	0.001125	0.921
25	0.045	0.001624	0.051	0.002078	0.001062	0.001419	0.731
26	0.040	0.001287	0.046	0.001671	0.001339	0.001789	0.579
27	0.036	0.001021	0.041	0.001344	0.001689	0.002256	0.459
28	0.032	0.000810	0.037	0.001083	0.002129	0.002845	0.364
29	0.029	0.000642	0.033	0.000872	0.002685	0.003587	0.289
30	0.025	0.000509	0.030	0.000704	0.003386	0.004523	0.229
31	0.023	0.000404	0.027	0.000568	0.004269	0.005704	0.182
32	0.020	0.000320	0.024	0.000459	0.005384	0.007192	0.144
33	0.018	0.000254	0.022	0.000371	0.006789	0.009070	0.114
34	0.016	0.000201	0.020	0.000300	0.008560	0.011437	0.091
35	0.014	0.000160	0.018	0.000243	0.010795	0.014422	0.072
36	0.013	0.000127	0.016	0.000197	0.013612	0.018186	0.057
37	0.011	0.000100	0.014	0.000160	0.017165	0.022932	0.045
38	0.010	0.000080	0.013	0.000130	0.021644	0.028917	0.036
39	0.009	0.000063	0.012	0.000106	0.027293	0.036464	0.028
40	0.008	0.000050	0.010	0.000086	0.034417	0.045981	0.023
41	0.007	0.000040	0.009	0.000070	0.043399	0.057982	0.018

从表 3.1.1 可查出 EC41 型热阻为 15.5℃/W，故产生的温升在 29.5℃～40℃之间，当然同时要考虑到环境温度（初始温度）的影响。

1.10.9　步骤 9，图表法温升校核

可以运用图 3.13 的 *AP* 图表法求出在自然流通的空气中的温升为 30℃。

更深一步的校核方法，可根据图 3.1.2 先求出热阻，然后计算出温升。

同样在图表中找到与37匝绕组对应的点，向右水平作直线，与EC41磁心的电阻和绕组斜线相交，交点从底坐标轴上可以读出100℃时热阻为21.5mΩ。

功率损耗 I^2R 为2.15W。EC41的热阻从图3.1.2求得为15℃/W。因此温升 ΔT 是

$$\Delta T=R_{th}P=15\times2.15=32.2℃$$

环境温度为20℃时，工作温度为52℃。

较大温升的主要原因是选用了较小的磁心，如果温升过大，可选择稍大尺寸的磁心或者降低对电感的要求。

图3.1.2所示的面积乘积图表假定导线电流密度为450A/cm，磁心的 AP 值为 $1cm^4$ 时将会产生30℃的温升。为达到同样的温升，使用较大的磁心时需降低导线的电流密度(大磁心的表面积与体积的比较小)。但是当使用铜带或常规导体时，大磁心的填充系数更好，因此倘若绕组窗口全部被利用，则可降低大磁心中的电流密度，从而对表面积比率的减小进行一些补偿。

1.10.10 步骤10，*AP* 法温升校核

由于E型磁心"无刮擦"的几何形状，磁心的 AP 值与线绕磁心的表面积有关。更重要的是，磁心的表面积直接关系到散热率，因此也关系到温升。

从图3.1.7的诺模图可以看出表面积和 AP 值之间的函数关系（左坐标和上坐标），以及在不同的表面积下，温升和损耗之间的函数关系（下坐标和斜线）。

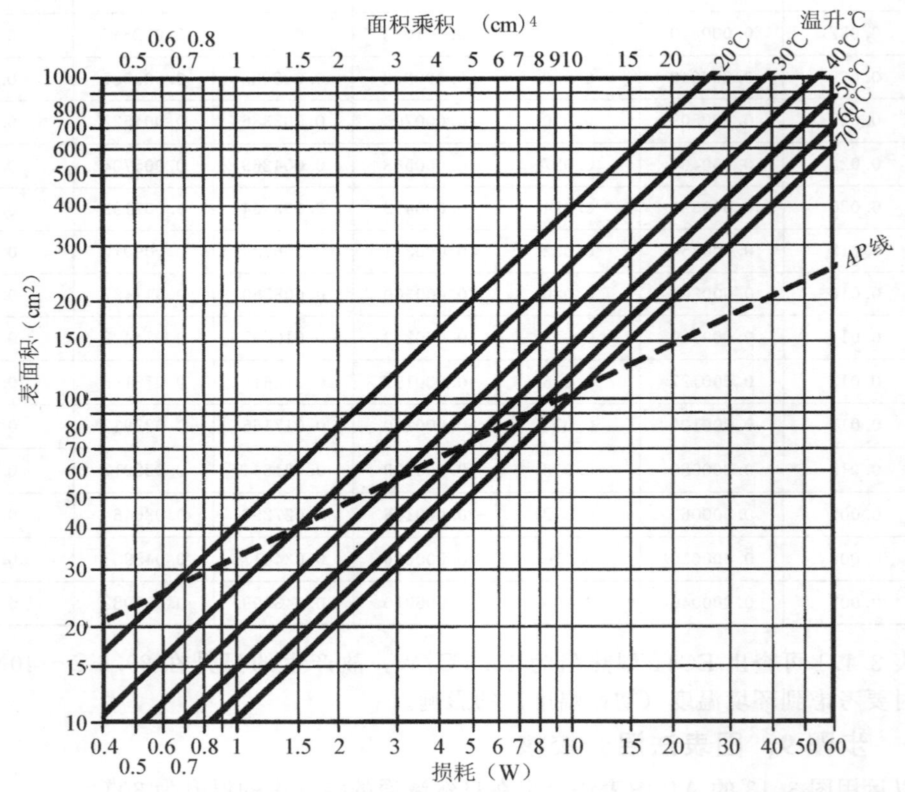

图3.1.7 在不同表面积下，用诺模图表示的温升和面积乘积（AP）及损耗的函数关系

图 3.1.2 给出的热阻仅仅在温升为 30℃有效，图 3.16.11 所示为热阻和温度微分（dT/dt）的函数关系，当 dT/dt 增加时，热阻减少。因此当线绕磁心的温升不是 30℃时，通过图 3.1.7 可以求出一个更为精确的温升值。

实例

EC41 型磁心的 AP 值为 1.46。

预测当整个绕线元件的总损耗为 3.9W 时 EC41 型磁心的温升。

在图 3.1.7 中上坐标中找出 $AP=1.46$ 的直线，它和 AP 线（图中虚线）的交点向左水平投影到左坐标轴上即可得到表面积值（本例中为 $40cm^2$）。

在图中找出对应于 3.9W 损耗的直线（下坐标），它和表面积直线（$40cm^2$）在斜线上相交，从而得到温升值（本例中为 70℃）。

1.11 铁氧体磁心和铁粉磁心（棒状）扼流圈

对于小电感扼流圈，可考虑采用直的末端开口的铁氧体或铁粉棒状磁心，骨架或者线卷也可以采用其他合适铁氧体棒。在很多情况下，交流电流要远小于直流电流（例如，在第二级 LC 输出滤波中），这时从这些末端开口的棒体中产生的高频磁辐射却往往是最让人棘手头痛的参量，其值必须很小。

要小心谨慎地减少绕组之间的电容（例如，要留意绕组分隔状况和从铁氧体棒上骨架出线），绕制在末端开口棒体上的扼流圈的自谐振频率因此将会非常高，第一部分的 1.20.5 节中给出了一个缠绕铁氧体棒，即自谐振扼流圈滤波器。这类扼流圈，当使用具有低值等效串联电阻的输出电容构成输出 LC 滤波器时，它们能够有效地减少高频输出噪声。其自身所具有的大气隙尺寸将会防止高导磁率铁氧体棒的饱和，即使在直流电流很大的情况下也是如此。导线的规格应该根据允许范围内的损耗和温升来选定。

同样也可以选取低成本的铁粉棒状磁心，此时因为气隙尺寸大，使得初始磁心材料的导磁率的影响相对较小。因此也可以采用低导磁率的磁心材料。相对于磁心材料的性质，绕组的几何形状更能影响扼流圈的电感值。

“棒状”扼流圈的电感主要取决于匝数、磁心材料、导磁率和几何形状。从图 3.1.8 可以看出铁粉棒状线绕而成的扼流圈的电感值与磁心导磁率和绕组几何形状之间的关系。在大多数的实际应用中，磁心长度与磁心直径的比率为 3∶1，磁心材料初始的导磁率 μ_0 对相对导磁率 μ_r 的影响不大。因此，电感值并非主要取决于磁心导磁率。图 3.1.8 同样适用于高导磁率的棒状铁氧体扼流圈。

图 3.1.9 为棒状扼流圈的单、多层绕组的相关设计信息。

1.12 习题

1. 根据本章知识，解释电感和扼流圈的功能差异。
2. 为什么在扼流圈的设计中，要考虑到导通电流中的直流分量。
3. 在无需更改磁心材料的情况下，给出一种减少导磁率的方法。
4. 在双线绕制而成的共模输入滤波器电感中，怎样消除磁心饱和？
5. 解释在构建扼流圈时，选择如下磁心材料所根据的条件：（a）铁粉；（b）含钼镍铁的导磁合金磁心（MPP）；（c）带气隙的铁氧体；（d）带气隙的叠片磁心。

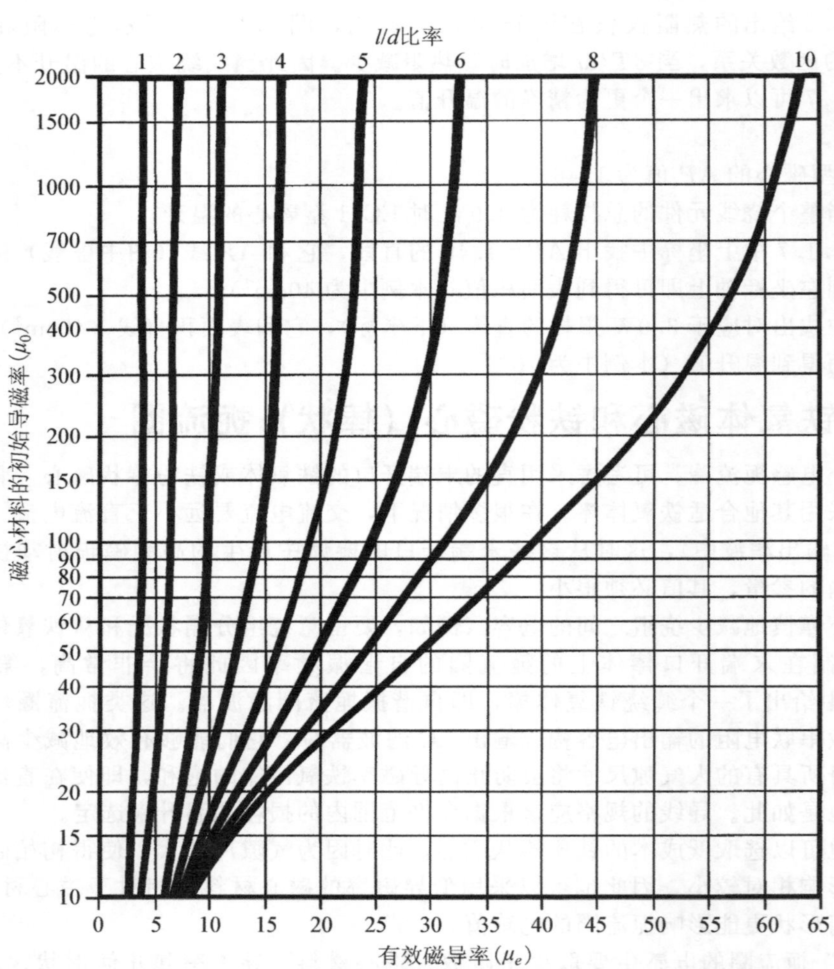

图 3.1.8 在不同的磁心长度与磁心直径的比率下，棒状磁心有效导磁率μ_e和初始磁心材料导磁率之间的函数关系

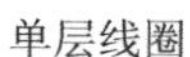

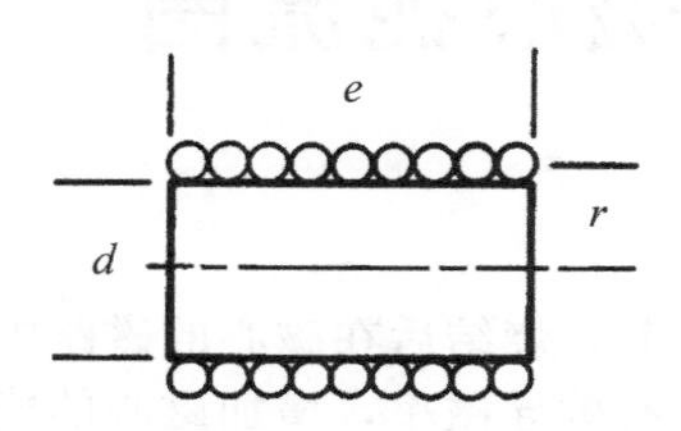

$$L=\frac{\mu_{eff}\ (rN)^2}{9r+10e}$$

$$N=\frac{1}{r}\left[\frac{L\ (9r+10e)}{\mu_{eff}}\right]^{1/2}$$

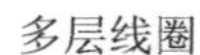

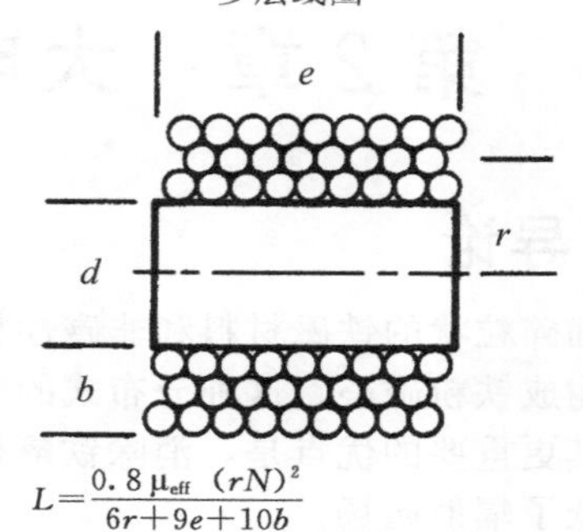

$$L=\frac{0.8\,\mu_{eff}\ (rN)^2}{6r+9e+10b}$$

$$N=\frac{1}{r}\left[\frac{L\ (6r+9e+10b)}{0.8\,\mu_{eff}}\right]^{1/2}$$

其中：

L=电感值（mH）　　d=磁心直径（in）

μ_{eff}=磁心有效导磁率　　l=磁心长度（in）

N=绕组匝数　　b=绕组厚度（in）

r=绕组半径（in）

图 3.1.9　棒状扼流圈的单、多层绕组设计方法和电感的计算

第 2 章　大电流铁粉磁心扼流圈

2.1　导论

将细碎粒状的铁磁材料和非磁性材料混合烧结在一起，烧结后在磁心的磁路中存在气隙从而构成铁粉磁心。这种分布式的气隙能明显地降低有效导磁率，增加磁心的能量储存能力，其更重要的优点是，消除铁氧体和硅钢片中常见的离散气隙，所带来的不连续性，从而降低了辐射磁场。

在滤波器的应用中，铁粉磁心较大的高频损耗有时可以提高系统的高频性能。铁粉磁心的磁损耗产生的辐射较少，并且铁粉材料可被制成能够有选择性地吸收某一部分的高频能量。这些性能再加上在单层环形绕组上可能具有的相对较低的绕组间电容，使得铁粉磁心有良好的高频噪声抑制能力。但是在高频情况下使用这类磁心材料时，磁通密度摆辐较大，通常会伴随着较大的磁损耗和较高的温升。另外，毫无疑问的是铁粉磁心最大的优点是其低廉的成本。

在高频范围时，可采用铁镍钼导磁合金（MPP）环形磁心来获得更高的扼流圈效率，因为这类磁心在高频范围工作时的磁心损耗小，产生的温升也较低。这类磁心的尺寸、形状和导磁率（典型取值范围为 14～550）适用范围较大。相对于这些优点，MPP 磁心的成本一般远大于铁粉磁心。因此在中频范围内的开关型输出扼流圈的应用中，“铁粉”磁心比 MPP、带气隙的铁氧体或硅铁片等磁心更加经济。

与铁氧体磁心不同，在确定整个铁粉材料磁心的功率损耗和温升时铁粉材料磁心中的功率损耗（即磁损耗）不能忽略掉。磁损耗可以通过磁心制造商所提供的磁心数据、工作频率、磁心重量和磁通密度摆幅来确定。计算总损耗时必须要将磁损耗加到铜损耗上。虽然铁粉材料磁心比铁氧体和 MPP 材料磁心的磁损耗大，但比硅铁片材料磁心的磁损耗要小。此外，假使交流纹波电流很小，例如交流纹波电流小于 $10\%I_{DC}$时，稍大的损耗将并非主要问题。

因此对于很多中频范围内的大直流电流扼流圈来说，磁损耗并非是主要的，可采用各种类型的镍铁导磁合金磁心、铁粉磁心和带气隙的片状磁心，这些磁心的尺寸大小合适而且成本效率也高。磁饱和量也高于采用铁氧体材料磁心时的磁饱和量，同时能储存的能量更大、磁心尺寸更小。

虽然在更高频率时，经常采用带气隙的铁氧体 E 型和 I 型或者罐型磁心。但是由于外面磁心柱引入了气隙，这将会产生大量的磁辐射。同样，和这类磁心配套使用的骨架绕组间通常有相对较大的绕组间电容，而且自谐振频率低。因此单独使用时，E 型磁心扼流圈的高频噪声抑制能力不强。

如果采用两级 LC 输出滤波器，没有必要在第一级就设置良好的高频噪声抑制器。例如，在第二级使用低成本的铁氧体棒状扼流圈将会非常有效地处理好更高频率的分量。在这类应用中，多层线绕 E 型磁心将会十分有效。

与先前我们所考虑过的带气隙的铁氧体磁心一样，铁粉磁心的设计也是需要若干次的计算过程的。通过计算出直流和交流磁通密度，确保有良好的设计裕度，选择导线规格时要保证最小的损耗。为了达到最好的高频抑制（即小的绕组间电容），在环形磁心上应该采用单层绕组。

2.2　储能扼流圈

储存在扼流圈磁心中的能量与磁通密度的平方成正比，与磁心材料的有效导磁率成反比。因此，从方程（3. A. 15）可得到：

$$\text{能量} \propto \frac{B^2}{\mu_{\mathrm{eff}}}$$

铁粉磁心的高饱和磁通密度（大于 1T）和低导磁率（35～75）使得铁粉磁心非常适合用于储能扼流圈。

2.3　磁心导磁率

在本章中所讨论的材料是美国 Micrometals 公司的产品 Micrometals Mix ＃8～＃40。其导磁率范围为 35～75，通过表 3.2.1 可以了解这类材料的基本属性（其他制造商同样也有类似的产品）。

表 3.2.1　一般材料属性

Mix＃	导磁率μ_0	稳定温度(＋)	电感值波动允许范围,%	相对成本	磁心颜色代码
8	35	225ppm/℃	＋10/－5	4.0	黄/红
26	75	822	＋15/－7.5	1.2	黄/白
28	22	415	＋10/－5	1.7	灰/绿
33	33	635	＋10/－5	1.6	灰/黄
40	60	950	＋15/－7.5	1.0	绿/黄

铁粉材料有一种“软”饱和的特性。这在扼流圈的应用中有两个优点：首先，铁粉材料良好的过载特性可以防止感应系数在电流高于正常最大值时突然变为零；其次，采用铁粉材料，扼流圈可以设计成能“摆动”的，也就是在低直流下也能提供较大的电感。在低负载电流下，这种摆幅扼流圈能保持连续的导电性。这也通常是降压型调节器应用的一大优点。图 3.2.1 所示为铁粉材料磁心的初始导磁率随着直流磁场强度的增加而下降的曲线。

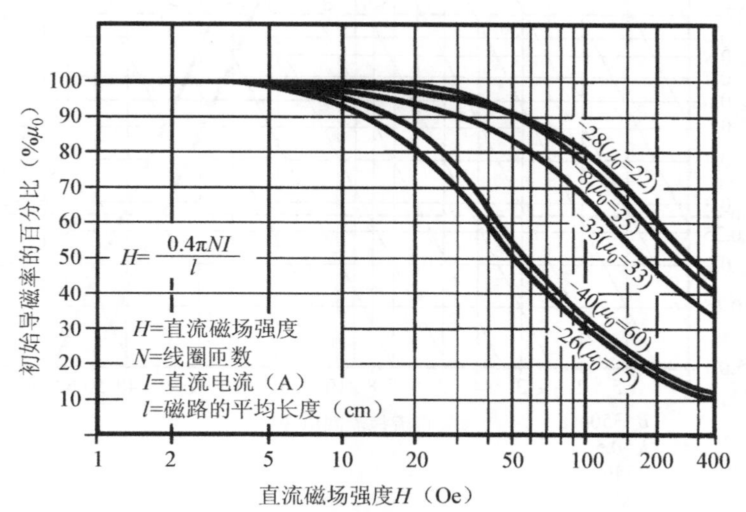

图 3.2.1　铁粉磁心的磁化参数（美国 Micrometals 公司）

2.4　带气隙的E型铁粉磁心

在E型铁粉磁心中可以引入气隙来增加其能量储存能力，防止直流饱和，或者通过掺杂其他材料来获得各种不同导磁率的铁粉磁心。由于有效导磁率在较大直流磁场强度下下降迅速，在一些大电流的情况下，即使是很小的气隙尺寸都能让有效导磁率增大。这在混入#26和#40 mix材料后更为明显。

2.5　面积乘积（*AP*）图解法设计E型扼流圈（铁粉磁心）

一般条件

在本例中，考虑到最小的成本，假设采用对应的最大温升为40℃的最小E型磁心。所要求的电感和最大的直流负载电流是已知的。

利用以上所定义的参数，可通过图3.2.2中的诺模图求出最小的磁心尺寸（诺模图从公式（3.4.B）推导而来，电流范围是1～100A，电感范围是250nH～32mH）。

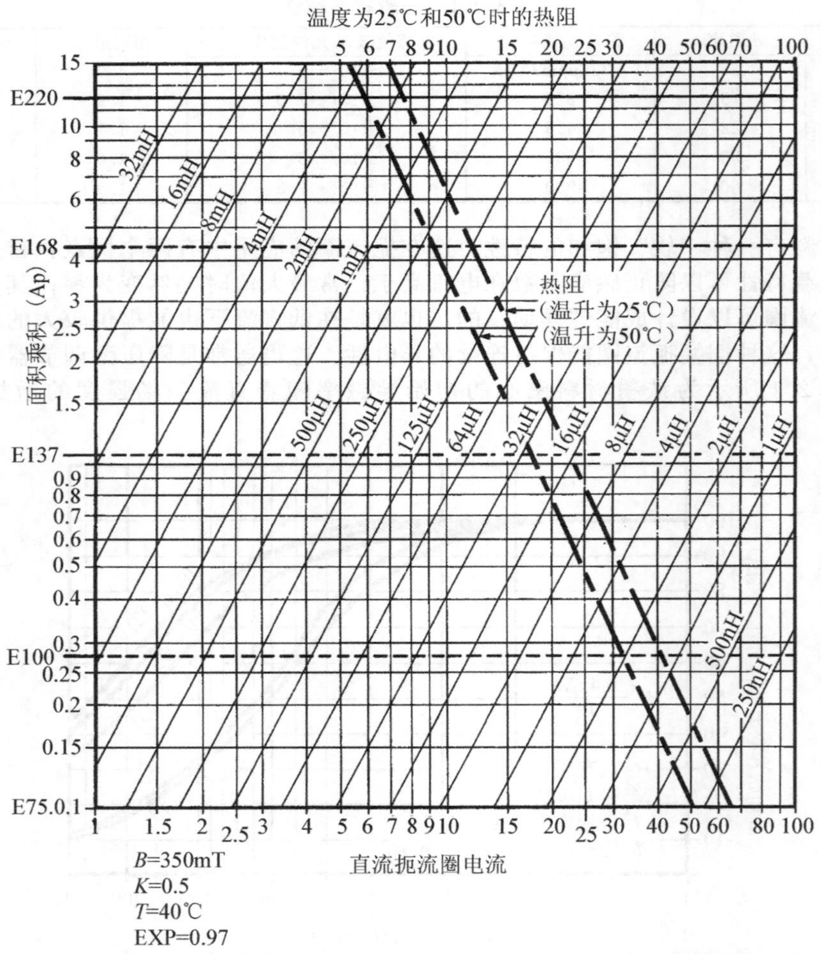

图3.2.2　铁粉磁心的诺模图，从图中可以看出磁心的面积乘积（和磁心尺寸）

设计步骤

在面积乘积（AP）图解设计方法中，应该遵循以下设计步骤。

（1）为确定磁心尺寸大小，可按如下方法获取所要求的面积乘积（AP）值：在图中的下面横坐标中找出与所要求的直流电流值相对应的点，垂直向上投影与所要求的电感值的曲线（图中的斜线）相交，然后向左水平投影至竖轴上，即可得到所要求的面积乘积（AP）值。

表 3.2.2 将磁心的尺寸和 AP 值对应起来。对于行之间的电感值，如果 AP 值在磁心尺寸之间，要么选择稍大的磁心尺寸，要么减少所要求的电感值。

（2）根据所要求的电感计算绕组匝数，由公式（3.A.9）有：

$$N=\frac{LI10^4}{B\cdot A_e}$$

（3）计算磁心材料所需的初始导磁率，由公式（3.A.17）得

$$\mu_r=\frac{l_e L10^{-1}}{\mu_0 N^2 A_e}$$

（4）在表中找出最贴近或稍微大于所要求导磁率的磁心材料。

表 3.2.2　铁粉 E 型磁心及骨架参数磁心

型号	磁心参数					骨架参数			
	l,cm	A_e,cm^2	V,cm^3	W,cm^2	AP,cm^4	A_{wb},cm^2	A_{pb},cm^4	m_{lt},cm	S_a,cm^2
E75	4.13	0.226	0.929	0.530	0.12	0.4	0.09	3.8	10.3
E100	5.08	0.403	2.05	0.810	0.32	0.62	0.25	5.1	16.5
E125	7.34	0.907	6.83	1.37	1.21	0.97	0.9	6.4	34.3
E137	7.30	0.907	6.63	1.51	1.37	1.22	1.1	7.0	36.1
E162	8.25	1.61	13.3	1.70	2.74	1.32	2.13	8.3	49.9
E168	10.3	1.84	19.0	2.87	5.28	2.32	4.3	9.2	67
E168A	10.3	2.45	25.3	2.87	7.03	2.17	5.3	10.2	73
E178	8.63	2.48	23.3	1.94	4.81	1.61	4.0	9.5	67
E220	13.1	3.46	42.3	4.07	14.08	3.33	11.5	11.9	114
E225	10.4	3.58	40.5	2.78	9.95	2.05	7.3	11.4	90
E450	20.9	12.2	279	12.7	154	10.5	128	22.8	354

其中，l＝磁路长度，单位为 cm；
A_e＝有效面积，单位为 cm^2；
V＝磁心体积，单位为 cm^3；
W＝磁心窗口面积，单位为 cm^2；
AP＝磁心面积乘积，单位为 cm^4；
A_{wb}＝骨架窗口面积，单位为 cm^2；
A_{pb}＝骨架面积乘积，单位为 cm^4；
m_{lt}＝绕组平均长度，单位为 cm；
S_a＝线绕磁心的表面积，单位为 cm^2。

（5）计算出直流磁场强度 H_{DC}，并根据图 3.2.2 检查初始导磁率的百分比。

$$H=\frac{0.4\pi NI}{l_e}$$

（6）计算所选磁心在磁场强度 H 下的磁通密度，确定是否需要引入气隙（如果导磁率太大或者磁心饱和则需引入气隙）。

（7）如果要引入气隙，首先要确定当前导磁率下磁心中气隙的有效长度（将分布式的气隙集中在一处时的长度）。假设磁心材料的磁阻为零，那么计算起来就相当简单。例如，

如果当前的导磁率为 50，则磁心的长度是磁体全部为空气时长度的 50 倍，这意味着有效的气隙长度仅仅是磁心长度的 1/50。

对于导磁率要求较低的情况，同样也能计算出与之相对应的有效的气隙长度。例如：如果所要求的导磁率为 40，则气隙的长度为磁心长度的 1/40。这两种有效气隙长度的区别在于真正的气隙长度要被加上去以求出所需的导磁率。因此有：

$$l_g=\frac{l_e}{\mu_x}-\frac{l_e}{\mu_r}$$

(8) 计算导线尺寸和绕组电阻。

(9) 计算铜损耗，利用图 3.2.2 所给出的热阻来对设计出来的扼流圈的期望温升进行校核。如果纹波电流超过 10%或者工作频率高于 40kHz，则要校核铜损耗，如有必要，可以调整期望的温升值。

以下例子具体讲述了上述公式的具体应用。

2.6　*AP* 图解法设计 E 型铁粉磁心扼流圈示例

本例中，在一个 E 型铁粉磁心上设计一个 25kHz 的连续型降压变换器，其参数如下所示：

电感＝1mH；

平均电流＝6A；

最大温升＝50℃；

最大纹波电流＝10%I_{DC}。

2.6.1　步骤 1，确定磁心大小

利用图 3.2.2 来求取面积乘积（*AP*）值。

本例中，在图表底部的水平轴上找出对应于 6A 的点，并垂直向上投影与 1mH 的斜线相交，其交点对应的 *AP* 值可从图上直接读出，为 4.4。

对照表 3.2.2，我们可以看出 *AP* 值为 5.28（骨架面积乘积 *AP* 值为 4.3）的 E168 型磁心满足以上要求。

2.6.2　步骤 2，计算匝数

$$N=\frac{LI10^4}{BA_e}$$

其中，N＝总匝数；

L＝电感，单位为 mH；

I＝最大直流电流，单位为 A；

B＝最大磁通密度，单位为 mT；

A_e＝有效磁心面积，单位为 cm^2。

注意：为限制磁损耗，图 3.2.2 是在磁通密度的峰值为 350mT 时得来的，该值用来计算绕组的匝数。

从表 3.2.2 可以得到 E168 型磁心的一些常数参量：

中心柱面积 $A_e=1.84cm^2$

磁路长度 $l_e=10.3cm$

因此有：

$$N=\frac{1\times6\times10^4}{350\times1.84}=93\text{ 匝}$$

2.6.3　步骤 3，计算所要求的磁心初始相对导磁率μ_r

$$\mu_r=\frac{l_e L10^{-1}}{\mu_0 N^2 A_e}$$

其中，$\mu_0=4\times10^{-7}$；

l_e=有效磁路长度，单位为 cm；

L=电感，单位为 mH；

N=匝数；

A_e=磁心有效面积，单位为 cm^2。

因此

$$\mu_r=\frac{10.3\times1\times10^{-1}}{4\pi\times10^{-7}\times93^2\times1.84}=51$$

当所要求的导磁率为 51 时，只有 40＃和 26＃ mix 两种磁心材料可以采用，其他的磁心材料的导磁率太低。

2.6.4　步骤 4，计算直流磁动势 H_{DC}

注意：只有求出直流磁动势才能求出初始导磁率的百分比。

$$H_{DC}=\frac{0.4\pi NI}{l_e}\text{Oe}$$

其中，H_{DC}=直流磁动势，单位为 Oe；

N=匝数（93）；

I=直流电流（6A）；

l_e=有效磁路长度（10.3cm）。

因此有

$$H_{DC}=\frac{0.4\pi\times93\times6}{10.3}=68\text{Oe}$$

2.6.5　步骤 5，确定有效工作导磁率和选择磁心材料

从图 3.2.1 看出，在 H=68Oe 时，相对于＃26 mix 材料导磁率μ=75，初始导磁率百分比为 41%，而相对于＃40 mix 材料导磁率μ=60，初始导磁率百分比为 44%，因此有：

对于＃26 mix 材料来说，$\mu_{r(eff)}=30.75$

或者，对于＃40 mix 材料来说，$\mu_{r(eff)}=26.4$

因此，在 H=68 时，任何材料无气隙磁心的有效导磁率要低于所要求的导磁率值 51，因为磁心材料是逐渐趋于饱和的。但是如果选择更高导磁率的材料，引入气隙可能会把磁心的饱和开始点推迟（虽然在磁动势较低时引入气隙会降低导磁率，但是在磁动势较高时，通过降低磁心饱和开始点，引入的气隙反而能增大导磁率值）。所以在本例中，我们对气隙尺寸予以简要说明。

由上可知，要想在满负载电流的情况下获得最大的导磁率，可选用具有更高导磁率（μ75）的＃26 mix 材料，其导磁率在引入气隙后在低电流的情况下能达到 51。

2.6.6　步骤 6，确定气隙尺寸

E168 μ75 型磁心自身的气隙有效长度（即内部所分布气隙的有效长度）为 l_e/μ_r（本例中为 103/75mm＝1.37mm）。如果有效导磁率$\mu_{r(eff)}$为 51，则有效气隙长度必须增至 103/51＝2.02mm，差值为 0.65mm（26mil）。此值即为所要求的总的气隙长度（在实际情况中每根磁条中心柱的气隙长度为 26/2＝13mil）。因此有

$$l_g=\frac{l_e}{\mu_x}-\frac{l_e}{\mu_r}\text{mm}$$

其中，l_e=磁心磁路的有效长度，单位为 mm；

l_g=气隙长度，单位为 mm；

μ_r=在引入气隙以前的相对导磁率；

μ_x=在引入气隙以后所要求的导磁率。

对于本例有：

$$l_g=\frac{103}{51}-\frac{103}{75}=0.65\text{mm}$$

有时为了获得最佳的电感值，可以对气隙尺寸做一些调整。然后检查磁心的饱和情况：

$$B_{DC}=\frac{\mu_0 N_p I_{DC}}{\alpha 10^{-3}}$$

2.6.7　步骤 7，确定最优导线直径

为能达到最小的铜损耗，除留一部分空间用于绝缘外，绕组应填满骨架剩余的有效窗口面积。

从附录 3.B 知，绝缘等级高的圆形导线的填充系数 K_u 值为 0.64。

选用 E168 型磁心和骨架。从表 3.2.2 看出，骨架窗口面积 A_{wb} 为 2.32cm^2，从步骤二知绕组匝数为 93。因此，导线的面积 A_x 为

$$A_x=\frac{A_{wb}K_u}{N}=\frac{2.32\times 0.64}{93}=0.016\text{cm}^2$$

根据表 3.1.1，应选择#16 AWG 导线。

2.6.8　步骤 8，计算铜损耗

骨架被导线完全缠绕，其总长度 l 可以通过匝数 N 和平均匝数长度 l_m 求出。

从表 3.2.2 得到 E168 型磁心骨架的平均匝数长度 l_m 为 9.2cm，因而有

$$l=Nl_m\ \text{cm}$$

因此在本例中，导线总长度 $l=93\times 9.2=856\text{cm}$。

在 70℃（温升为 50℃）时#16 AWG 导线的 RT_{cm} 值为 0.00015Ω/cm（见图 3.4.11）。因此绕组的总电阻值 R_{wT} 为

$$R_{wT}=lRT_{cm}=856\times 0.00015=0.128\Omega$$

直流电流在绕组中产生的功率损耗 P 为

$$P=I^2R=6^2\times 0.128=4.6\text{W}$$

2.6.9　步骤 9，计算温升

可根据图 3.2.2 求出 E168 型绕线后的部件温升为 50℃（高于环境温度）时的热阻值（R_0w-a)。先在图中找到 E168 型磁心的水平虚线和 50℃斜线的交点，垂直向上投影到上部的水平轴上即可得出热阻值为 9.1℃/W。因此铜损耗对磁心所产生的温升 ΔT_a 大约为

$$\Delta T_a=(R_0\text{w-a})P=9.1\times 4.6=41.8℃$$

磁损耗（铁粉磁心）：以上例子的磁损耗可以忽略，所以均没有考虑磁损耗。但是当纹波电流大于 10%或者工作频率高于 40kHz 时，磁损耗将会显著增大，且必须予以考虑。

本例中，计算上述扼流圈在工作频率为 40kHz、纹波电流为 10%时的磁损耗。根据公式（3.A.9）可以求出磁通密度的摆幅：

$$\Delta B=\frac{L\Delta I10^4}{A_e N}$$

其中，ΔB=磁通密度摆幅，单位为 mT；

L=电感，单位为 mH；

I=纹波电流，单位为 A_{p-p}；

A_e=有效磁心面积，单位为 cm^2；

N=匝数。

因此有

$$\Delta B=\frac{1\times 0.6\times 10^4}{1.84\times 93}=35\text{mT}$$

从图 3.2.3 看出，在 ΔB 为 35mT、频率为 40kHz 时磁损耗为 50mW/cm³，且磁心的体积为 19cm³，总的磁损耗为 950mW。因此，对于本例，磁损耗将会使总的损耗增加 20%，且温升为 50.3℃。所以必须要考虑到磁损耗。

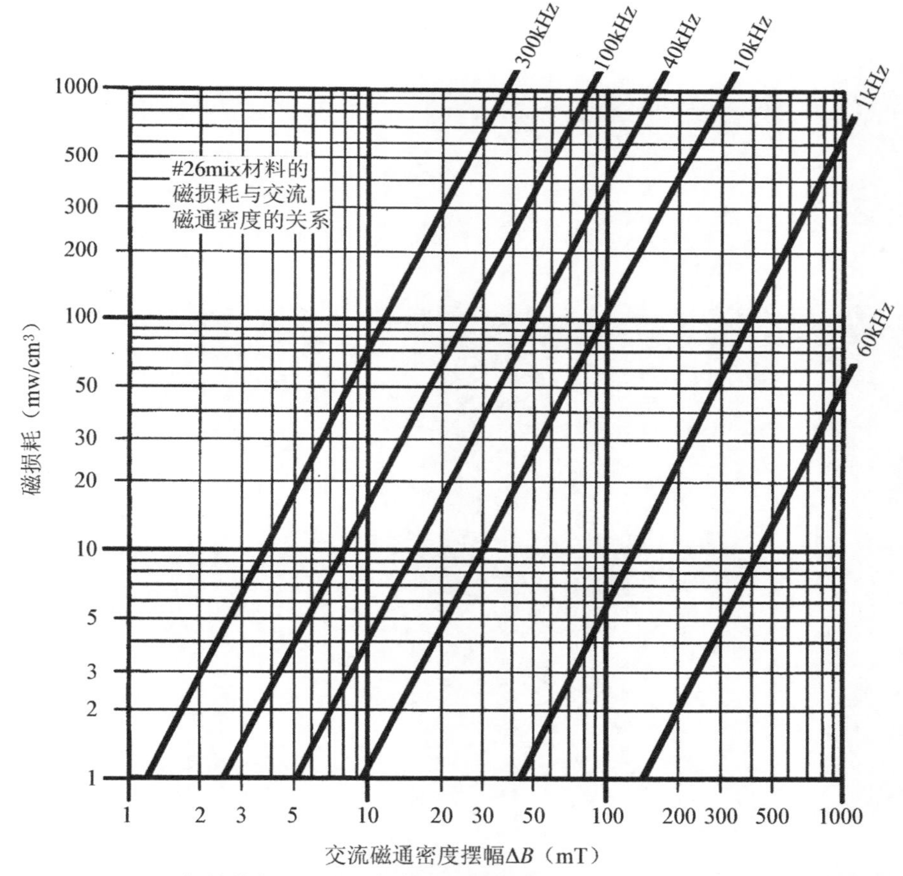

图 3.2.3　#26 mix 材料铁粉磁心的磁损耗在不同频率下与交流磁通密度摆幅 ΔB 的函数关系

在高频率和大纹波电流时，磁损耗能迅速增大并在总的损耗中起主要作用，从而限制了铁粉磁心的应用范围，如以下例子所示。

实例

如果上例中的扼流圈（1mH，6A）工作在100kHz、20%的纹波电流（即20%×6A=1.2$A_{p\text{-}p}$纹波电流）条件下，求其磁损耗。

同样有

$$\Delta B=\frac{1\times 1.2\times 10^4}{1.84\times 93}=70\text{mT}$$

从图3.2.3看出，#26 mix材料在70mT和100kHz的磁损为800mW/cm^3。由表3.2.2知磁心的体积为19cm^3，则其总磁心损耗为15.2W（0.8×19）。显然，#26 mix铁粉材料不适用于本例所给的条件。

在同样的情况下使用μ60 MPP材料磁心，其相应的磁损耗为1.5W，在引入气隙后为0.5W。因此，这类材料更适合用于高频率、大纹波电流的应用中。

在设计的结尾，温升大小取决于最终成品内部热系统的复杂热作用。所以要完成最终的设计，拥有一种能在扼流圈工作时的进行温度测量的方法和技术就显得尤为重要。

第 3 章　铁粉环型磁心扼流圈

3.1　导论

假如直流电流分量大于纹波电流，则铁粉环型磁心非常适用于功率变换器的输出滤波器中的扼流圈中。在中频范围内，铁粉材料磁心的磁损耗相对较低，虽然比 MPP（含钼镍铁导磁合金）材料磁心的磁损耗略大，但铁粉材料磁心最显著的优势是其成本大大降低。

在一些应用中，高频噪声的抑制非常重要。单层绕组的环型扼流圈产生的绕组间电容最小，噪声抑制也较好。当要获得最大的电感值时，可以采用一种“完全填充”的多层绕组环型扼流圈。

为了便于本章讨论，下面所讨论的扼流圈均载有大直流偏置且纹波电流小于 20%的电流。

由于环型磁心通常是无缝的，所以不可能在其中引入气隙到磁路中来达到改变导磁率的目的。因此设计过程必须保证在不引入气隙且在最大电流时磁心也不饱和。

环型磁心的 *AP* 值一般远大于具有与其相等磁心面积的 E 型磁心，因为环型磁心的窗口（中心孔）面积相对较大。其主要原因是在使用绕线机进行绕制磁心时，要提供足够大的空间供绕线机工作。与“饼式缠绕的”E 型磁心不同，在使用绕线机时，环型磁心的窗口空间不能被完全利用。

在环型磁心上绕制单导线是很常见的，不但易于绕制而且能获得较低的绕组间电容，以提高对高频噪声的抑制能力。但同时也导致较差的铜线填充系数和带来相对较大的铜损耗。

环型磁心的一个更为独特的复杂特性是其外表面和内表面的导线填充系数不同。这使得小体积磁心在使用大直径的导线时其填充系数变得更差。

不同于 E 型拓扑结构的严格连续的几何结构比率（光滑连续的拓扑结构），环型磁心要比 E 型磁心在磁心几何结构上的变量多得多。由于以上各种变量的限制，再加上环型磁心几何结构的非连续性，使得出现了适用于变压器和 E 型磁心扼流圈设计的 *AP* 设计方法并不能广泛地应用到环型磁心的情况，该设计方法不适用于以下例子。

3.2　环型磁心首选设计方法

环型磁心窗口面积主要取决于磁心的横截面积，我们主要根据磁性要求来对环型磁心进行设计，从而规定最小的磁心尺寸，而 E 型磁心则主要根据温升要求来进行设计。

在如下的示例中，为了防止磁心在最大电流情况下饱和，有必要先确定一个电感值，从而能规定一个最小的磁心尺寸。

此外，我们将会知道，在仅仅知道要求的平均电流和电感的情况下，这种设计方法能根据诺模图直接得到一个合适的磁心尺寸和所要求的绕组匝数。最大温升则取决于所选用的合适的导线规格。

虽然本部分中所用到的诺模图都是针对美国 Micrometals 公司的铁粉磁心，但是它们对任何具有相似几何形状和导磁率的铁粉磁心都是适用的。

3.3　摆幅扼流圈

由于磁性的非线性特点，绕制在“真正的”软磁体材料上的扼流圈将会表现出一些非线性的特性。这种非线性化所产生的效应是能减少由于直流极化电流增加而产生的有效的小信号动态电感值。在这里这种非线性化效应是不需要的，通常可引入气隙来线性化扼流圈的该特性。

在一些应用中，非线性扼流圈特性（即摆幅扼流圈特性）反而有用。例如，在降压变换器中，如果扼流圈能够设计成在小负载的情况下其电感值增加，那么电感电流连续的变换器将能工作在更小的负载下。相反，负载电流较大时，电感值将变小，产生的瞬态响应较好。在直流电流偏置下，以有效电感值的形式变动的扼流圈称为“变幅”或“摆动”扼流圈。具有这种非线性 B/H 特性的无气隙的铁粉磁环，其电感值的摆幅一般可以达到2∶1左右。

3.3.1　最适合摆幅扼流圈的磁心材料

要达到较好的扼流圈特性，磁心材料的 B/H 特性必须呈现良好的线性。随着磁动势 H 的增加（直流负载电流的增加），磁心材料趋于饱和，且导磁率将逐渐变小。由于铁粉磁心导磁率变化迅速，所以它尤其适用于此类应用。

图 3.2.1 所示为各类铁粉材料磁心导磁率和直流磁动势 H 之间的反比关系，即直流磁动势 H 增加时铁粉材料磁心的导磁率减小。尤其是＃26 mix 和＃40 mix 材料，更加适合摆幅扼流圈的应用。

如果此类材料的磁心工作在最大的全负载磁动势 H 为 50 时，其导磁率仅仅为初始导磁率的 1/2，且全负载电感值增量仅仅为初始值（低电流）的 1/2。导磁率的变化产生的电感摆幅为 2∶1，这是一个有用的幅值。此外，磁心在更高的磁动势 H 的情况下，磁心不容易饱和，且电流的过载安全裕度较好（在电流超过负载 100％时，电感值的减少量仅仅稍微大于 20％，因此磁心不会饱和）。这类磁心为大多数应用提供安全的过载电流裕度。而且，实际表明，在一个合适的磁心尺寸下，工作在磁场强度 $H=50$ 时，工作温升不会超过 40℃。

3.3.2　摆幅扼流圈设计举例

设计一个绕制在环型铁粉磁心上的摆幅扼流圈，其电感值摆动比率为 2∶1。采用如图 3.3.1 所示诺模图图表进行设计（附录 3.C 给出了诺模图的推导过程）。

虽然图 3.3.1 的诺模图是建立在＃26 mix 材料之上的，但对于其他所有的铁粉磁心，只要通过表中的电感值修正系数进行修正后，此诺模图仍然是适用的。当采用这种设计方法时，对于＃28 mix 和＃8 mix 两种材料来讲，与其他型号的材料主要区别是它们的电感值摆动将会明显小许多。

3.3.3　扼流圈规格

假设一个连续型降压变换器，其规格要求为 5V、10A、100kHz。在最大占空比为 48％时，纹波电流峰峰值为额定电流的 20％。电感值摆动设定为 2∶1，使得扼流圈在 0.5A 的最小负载情况下电路也能工作在连续状态。为满足这一要求，纹波电流不能超过额定输出电流的 10％。因此，在 0.5A 负载时电感值必须为全负载时电感值的两倍，于是得到扼流圈如下规格：

$V_{out}=5V$；

$I_{mean}=10A$；

$I_{L(p-p)}=2A$（全负载）；

$f=100kHz$；

$t_p=10\ \mu s$；

$t_{off}=5.2\ \mu s$；

$I_{L(p-p)}=1A$（最小负载时，0.5A）。

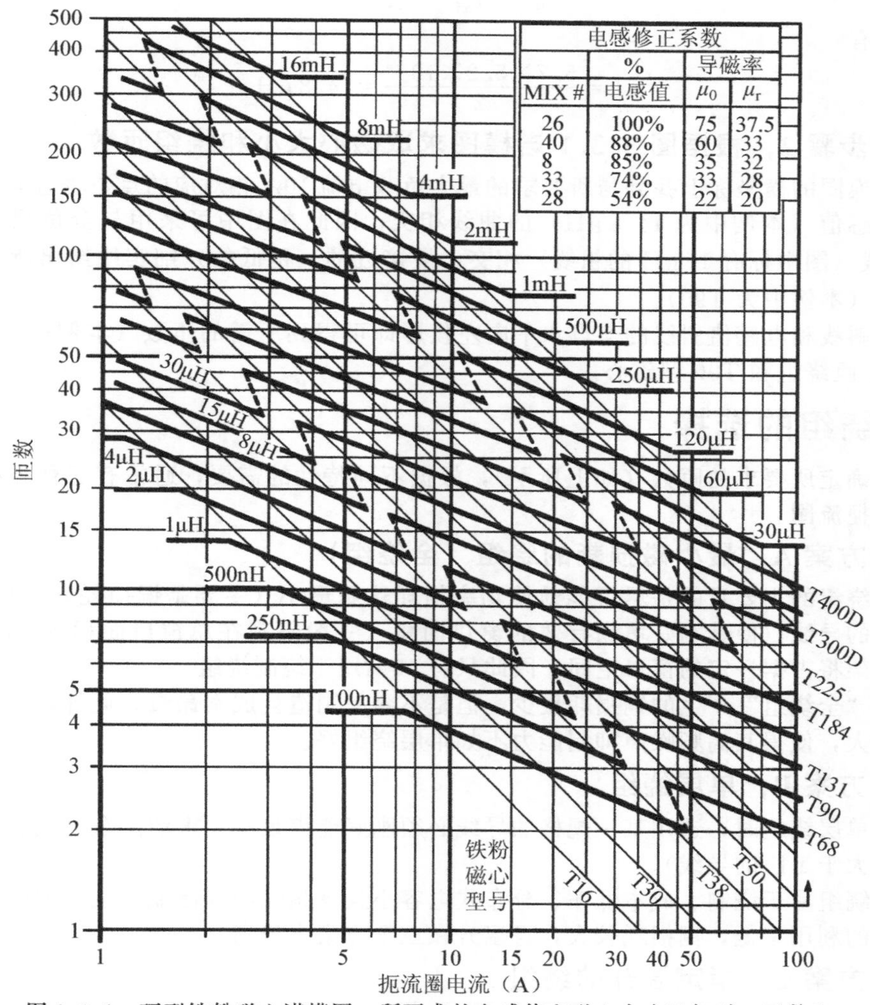

图 3.3.1　环型铁粉磁心诺模图，所要求的电感值和磁心大小已知时，匝数和扼流圈电流的函数关系

3.3.4　步骤 1，计算全负载时所需电感值

如图 2.20.1a 的降压变换器，在关断或“储能”期间，扼流圈 L 两端的电压 e 是一个常数，等于输出电压 V_{out} 和二极管压降之和，因此有

$$|e|=L\frac{di}{dt}$$

其中，e＝在关断期间扼流圈两端的电压值大小；

di/dt＝在关断期间电流的变化率。

扼流圈电感值可按如下公式计算

在本例中

$$e=V_{out}+0.7=5.7V$$

且

$$\frac{di}{dt}=\frac{I_{L(p\text{-}p)}}{t_{off}}=\frac{2}{5.2}A/\mu$$

因此有

$$L=\frac{5.7\times5.2\times10^{-6}}{2}=14.8\mu H$$

3.3.5　步骤2，根据图3.3.1诺模图求取磁心大小和绕组匝数

在诺模图的横坐标上找到与所要求的最大负载电流10A相对应的点，垂直向上投影与所要求电感值（本例中为14.8μH）的曲线相交，因此在图中可采用与全负载电感值为15μH曲线（图中标有15μH的粗线）相交。最接近的（稍低的）细实线给出所要求的磁心的规格（本例中为T90）。

磁心斜线和电感值斜线的交点水平向左投影即可得到所需的匝数（本例中为21）。于是采用21匝绕组和T90型磁心。

3.4　绕组的选择

一旦确定所要求的匝数（如上所示），根据不同特性的需要，通常有三种类型的绕组用于环型扼流圈。

3.4.1　方案A，最小磁损耗的绕组（全绕组）

此类绕组的主要目的是尽可能地使功率损耗达到最小（主要是铜损耗）。因此要选择最大直径的导线，使其刚好填满有效的窗口面积（一般限制在总窗口面积的55%左右）。本例中骨架将占据一定的窗口空间，因此只有45%用于绕制绕组。

这类“全绕组”产生的铜损耗最少，但是不容易制造且成本昂贵。此外，由于内层绕组电容较大，使得其高频噪声抑制能力不如单层绕组好。

3.4.2　方案B，单层绕组

绕制单层绕组时，选用某一规格的导线必须刚好能满足所要求的匝数（绕制空间必须至少能绕大于1匝的导线）。

单层绕组易于绕制、成本低廉、分布式电容小且高频噪声抑制能力强。但同时其有效绕组空间的利用率低，铜损耗较大，且温升在三个方案中最高。

3.4.3　方案C，指定温升的绕组

C方案绕组不同于A方案和B方案绕组，是一种折中方案。它产生指定的温升，其值介于产生最小铜损耗的A方案绕组和产生最大铜损耗的B方案单层绕组产生的温升之间。

3.5　A方案绕组设计举例

利用图3.3.1确定电感、匝数和磁心尺寸后，如3.4节所述，选用仅仅能填满45%的所选磁心窗口面积的最大直径导线。

3.5.1　选择导线直径

在图3.3.2所示的诺模图中可以看出，在某一选定磁心上进行“全”绕制所需的导线规格和匝数。

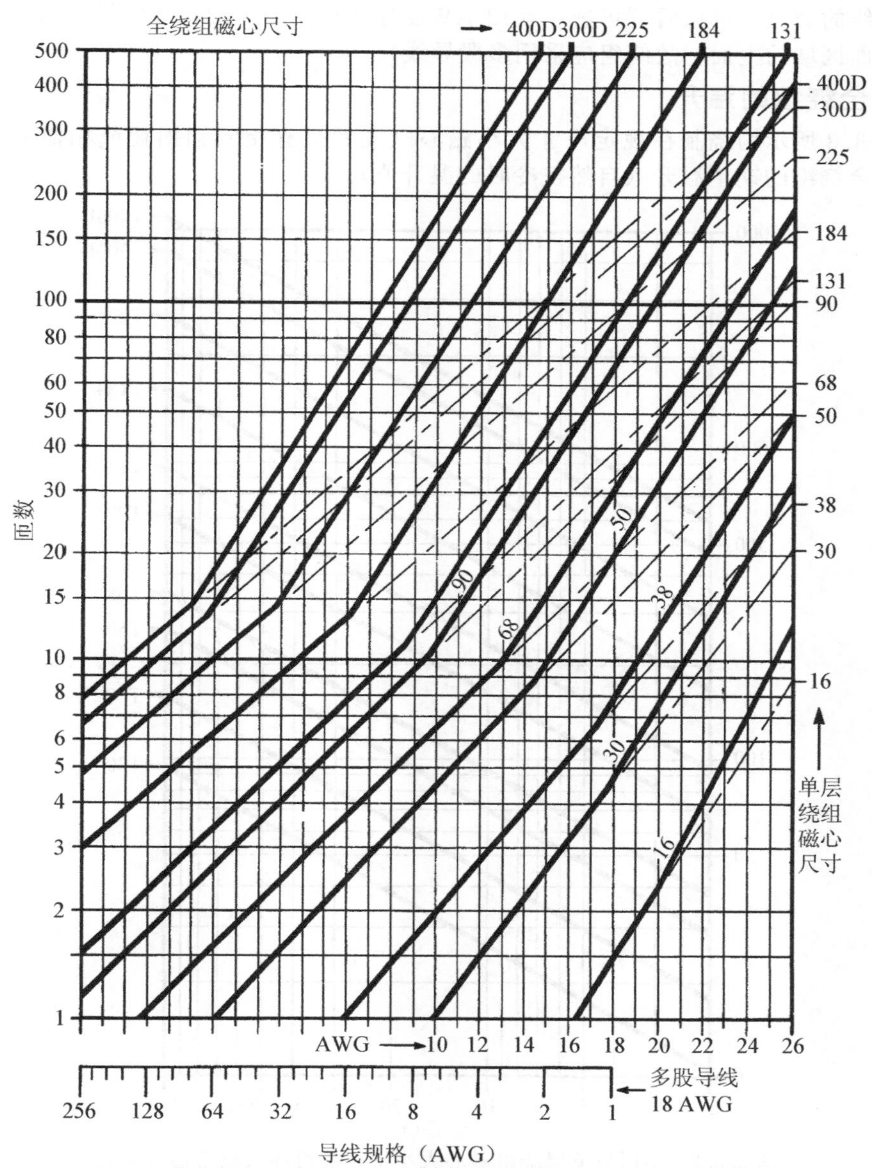

图 3.3.2　铁粉环型磁心诺模图，导线规格与匝数、磁心大小和单或多层绕组之间的函数关系

在图表的左部分垂直坐标轴上找到与要求匝数相对应的点。它与实斜线“磁心线”的交点垂直向下投影到横坐标轴上即可得到所要求的导线规格。

注意：图 3.3.2 的虚线表示如果使用单层绕组时应选用的导线规格。

值得注意的是，如果导线的规格高于＃18 AWG，可考虑选用多股线的＃18 AWG 导线（绕制比较容易），当然也可以选用其他规格的导线，只要铜的有效截面积不变即可。

图 3.3.2 中实线在斜率不连续区域时，绕组从单层变成多层再返回。

实例

选用 3.3.5 节中例子，规格为 10A、15 μH、T90 磁心、20 匝。在图中找出匝数直线和磁心实线的交点，可以看到可选用＃13 AWG 导线或三股＃18 AWG 导线（因为交点在非连续斜面区域的上面，故绕组应采用多股导线）。

3.5.2 全绕组的温升

图 3.3.3 所示为绕制在规定尺寸大小磁心（或者是有相同铜损耗或相似表面积的磁心）上的全绕组的期望温升（自然空冷时的温升值）。

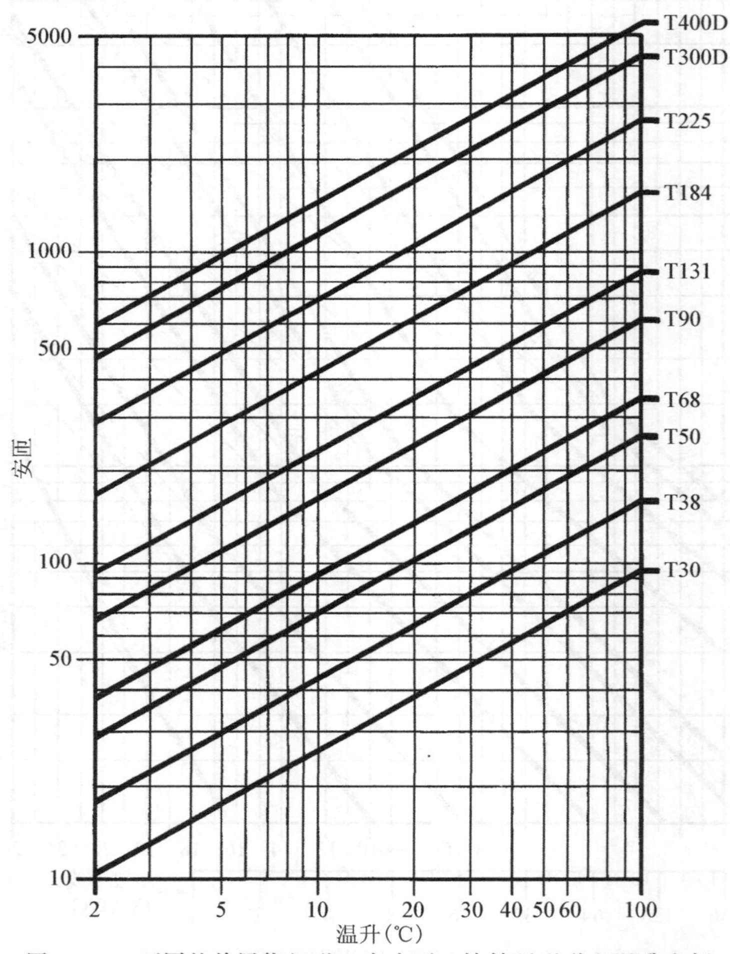

图 3.3.3　不同的单层绕组磁心大小下，铁粉环型磁心温升和扼流圈直流安匝数之间函数关系的诺模图

在图的左部分垂直坐标轴上找到所要求的安匝直线，其与磁心斜线的交点垂直向横坐标轴投影即可得到温升值。

实例

在上例中，平均直流电流为 10A，匝数为 21，安匝数为 210，选用 T90 磁心。

在图 3.3.3 的垂直坐标轴上找到对应的 210 安匝，由其水平直线和磁心斜线的交点得出温升约为 15℃（在较低的范围内）。

此温升值是在考虑到铜损耗和磁心面积，在自然风冷的情况下所预测的。如果忽略铜损耗，那么温升值将会下降。但是在设计完成后应该进行温升校核。由于磁损耗，加上临近热源器件的热效应，使得最终温升会与预测值有较大的差异。

3.6 B 方案绕组设计举例

单层绕组有易于制造、低的绕组间电容和良好的高频抑制能力等优点，其缺点是直径过小、铜损耗大和温升高。

3.6.1 导线的选择

对于同样的例子，如果是全绕组，采用 15 μH 的扼流圈和 10A 电流和 T90 型磁心时需要 21 匝绕组。

在图 3.3.2 中找出 21 匝绕组相对应的水平直线，其与 T90 磁心虚线（单层绕组时）的交点对应的导线规格为 #15 AWG（或双股 #18 AWG 导线），导线的直径变小了。

3.6.2 温升

在图 3.3.4 中作出与负载电流和所选定导线对应的直线，其交点在横轴上的投影为单层绕组的温升。

在本例中，负载电流为 10A，选定导线的规格为 #15 AWG，产生的期望温升为 22℃（是全绕组温升的 47%）。

3.7 C 方案绕组设计举例

C 方案绕组因为必须经过更多次重复的过程，设计起来相对较难。采用先前的设计方法，温升在 15℃和 22℃之间，主要取决于导线的规格（线规）。在相同的电流和电感值的情况下，如果温升超过如上范围，那么可以选择上面例子中所用的方法，通过选用不同大小的磁心产生不同的温升，磁心大则温升低，反之温升高。因此要重复多次以求得允许范围内的结果。当然也可以根据温升反过来确定磁心的大小，同上单层绕组用图 3.3.4 而全绕组采用图 3.3.3。

注意： 从图 3.3.1 可以看出改变绕组的匝数也改变了电感值和“摆幅”比（此摆幅比是由导磁率的百分比决定的，见图 3.2.1）。

3.8 磁损耗

在所有以上的例子中，磁损耗都忽略掉了，而在实际问题中，仅仅在磁损耗可以忽略不计的情况下，我们所预测的温升值才是有参考价值的。但是在高频和大纹波电流的情况下，磁损耗将会非常明显，且必须予以考虑。

对于上述例子，全负载时的磁通密度摆幅可由公式（3.A.9）求得，如下所示：

$$\Delta B=\frac{LI_{ac}10^4}{A_e N}$$

其中，ΔB=磁通密度摆幅，单位为 T；

L=电感值，单位为 H；

$I_{L(p\text{-}p)}$=纹波电流，单位为 $A_{p\text{-}p}$；

A_e=磁心面积，单位为 cm^2；

N=匝数。

上述例子中，

$$L=15\ \mu H;$$

$$I_{L(p\text{-}p)}=2A;$$

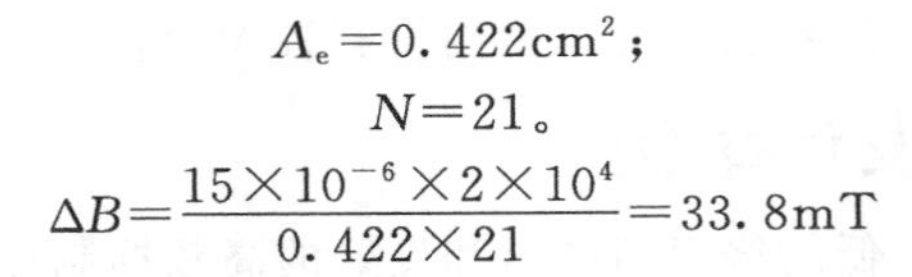

$$A_e = 0.422\text{cm}^2;$$

$$N = 21。$$

$$\Delta B = \frac{15 \times 10^{-6} \times 2 \times 10^4}{0.422 \times 21} = 33.8\text{mT}$$

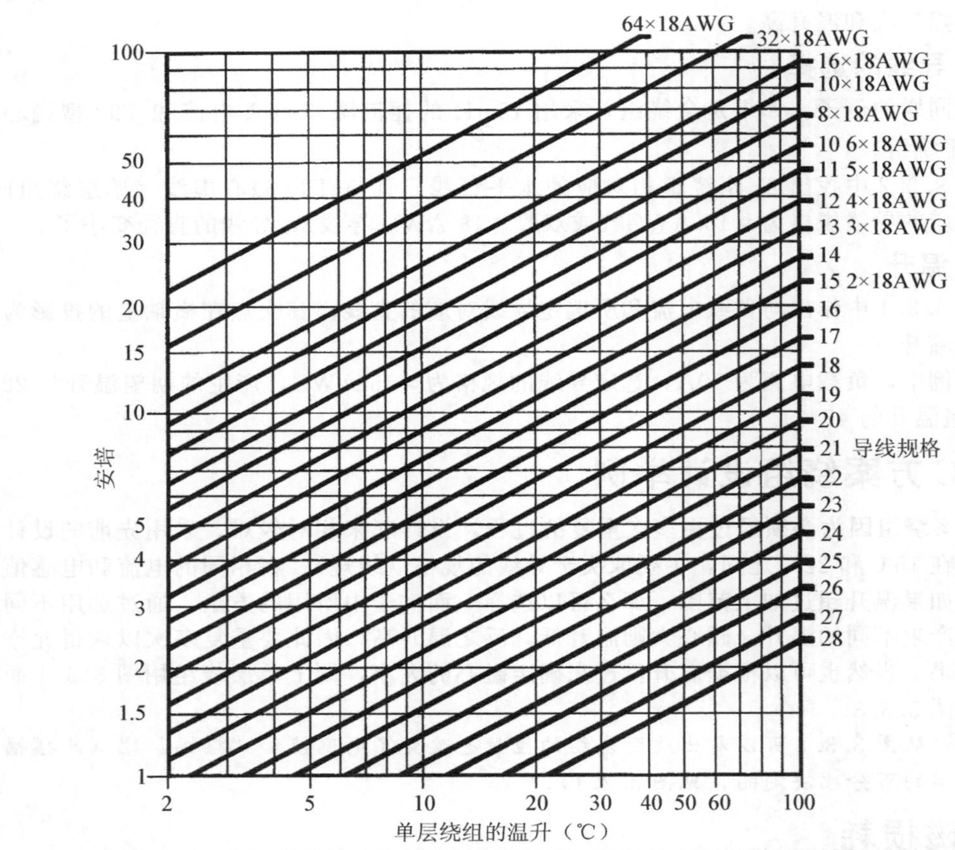

图 3.3.4　单层绕组的环型铁粉磁心诺模图，可以看出在不同的导线规格下，温升与直流负载电流之间的函数关系

从图 3.2.3 看出，在频率为 100kHz，磁通密度摆幅为 33.8mT 时，磁损耗为 140mW/cm^3。磁心体积为 2.68cm^3，产生的总（磁）损耗为 375mW。虽然较小，但与铜损耗大小相比起来，在计算温升时仍应该考虑。在低频情况下，磁损耗可以忽略不计。

3.9　总损耗和温升

在磁损耗较大且不能忽略时，温升可根据图 3.3.5 所示的总损耗图求得。

总损耗等于铜损耗和磁损耗之和。在图 3.3.5 所示的诺模图中，在横坐标轴上找到与总损耗相对应的点，垂直向上作直线与磁心表面积线（左）和磁心尺寸线（右）相交，参照斜线即可得到预期的温升。

绕组电阻值的计算

见 A 方案绕组（全绕组）时的例子（见 3.5 节），可以根据导线的规格、匝数和总长度来计算铜电阻，全绕组参数如下：

$$匝数\ N = 21;$$

导线规格＝3 股＃18 AWG；

$M_{lt}=3\text{cm}$；

RT_{cm}（＃18 AWG 导线电阻）＝0.00024Ω/cm，50℃时；

负载电流＝10A。

每段导线的总铜电阻为

$$R_{total}=NM_{lt}RT_{cm}$$

三段导线并行相叠，因此有

$$R_{total}=\frac{21\times3\times0.00024}{3}=0.005\Omega$$

$$\text{铜损耗}=I^2R=0.5\text{W}$$

加上 3.8 节的磁损耗（375mW）

$$\text{总损耗}=0.5+0.375=0.875\text{W}$$

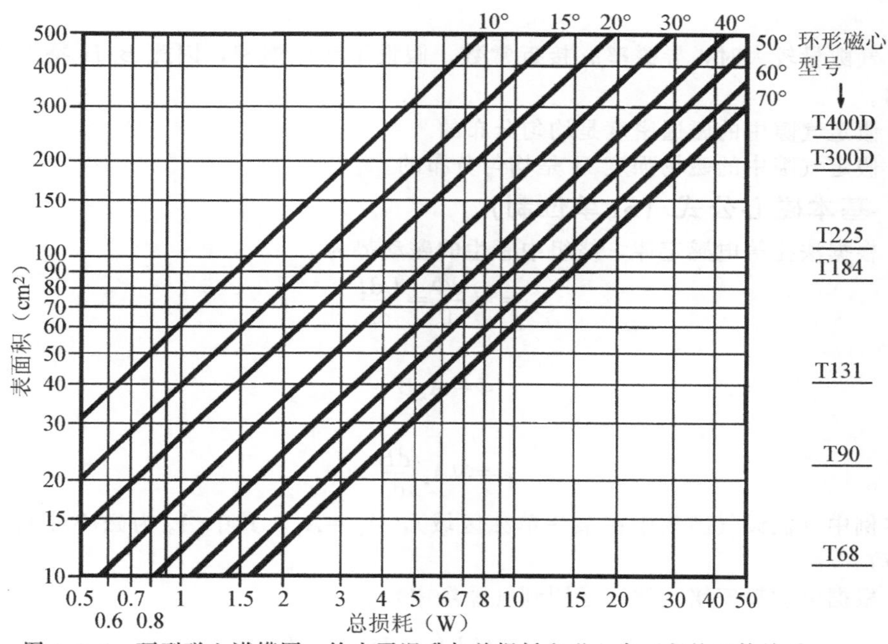

图 3.3.5 环型磁心诺模图，给出了温升与总损耗和磁心表面积的函数关系，以典型磁心的表面积为参数

从图 3.3.5 看出，T90 型线绕磁心在全负载时，考虑到磁损耗以后温升大约为 22℃。

3.10 线性环型扼流圈的设计

虽然 3.2 节到 3.7 节详细地介绍了用于“摆幅扼流圈”的设计方法，但是这些方法也可以用来对线性扼流圈进行设计。线性扼流圈要求导磁率在电流变化范围内保持不变，电感值为常数。当然也不可能完全消除电感值的波动，因为所有的磁心材料在 B/H 特性曲线上都会有一些弯曲。但是＃28 mix 和＃8 mix 两种材料，当工作在 50Oe 的磁动势下时，最大的电感值波动小于 10％，如图 3.2.1 所示。

因此线性扼流圈设计时，应选择＃28 mix 和＃8 mix 两种材料，通过图 3.3.1 中的材料校正系数进行校正，从而调整电感值。其他步骤类似于“摆幅扼流圈”的设计。

附录 3. A　面积乘积公式的推导（储能扼流圈）

面积乘积（AP）是磁心绕组窗口面积和中心柱横截面积的乘积，因此其量纲为 cm^4。根据 AP 值，磁心制造人员和设计人员能指出变压器和扼流圈磁心的功率处理能力。

绕制在铁氧体磁心上的扼流圈（指载有大直流电流分量的电感器），其相对较大的气隙量防止了磁心的饱和，同时也使得绝大多数的磁阻和储存的能量聚集在气隙中，而非在磁心里。根据这一现象，可运用如下一些近似的方法推导如下公式，这些公式描述的是绕制在带有气隙铁氧体磁心上的扼流圈的电感值、额定电流值与面积乘积 AP 值的关系。

（1）相对于气隙中的磁阻，磁心的磁阻可以忽略，因此，所有的能量被认为是聚集在气隙中。

（2）气隙量较大时，导磁率 μ_r 接近常数，假设不产生饱和，因此 B/H 特性曲线认为是线性的。

（3）假定气隙中的磁通密度是均匀分布的。

（4）假定气隙中的磁场强度 H 是均匀分布的。

3. A. 1　基本磁心公式（SI 单位制）

（1）根据法拉第电感定律，绕组中感生的磁动势为

$$e=N\frac{d\Phi}{dt}=\frac{LdI}{dt} \tag{3. A. 1}$$

而

$$\Phi=A_g B$$

因此

$$e=NA_g\frac{dB}{dt}$$

在本例中（假设气隙集中在某一单独区域），$A_g=A_p$，其中 A_p 为磁心柱面积（忽略边缘效应）。

（2）根据电动势安培定律（运用到气隙场中）有：

$$\text{mm}f=\int H\text{d}\,l_g=H_{lg}=NI \tag{3. A. 2}$$

（3）磁场的关系式为

$$B=\mu_r\,\mu_0 H$$

而空气的 $\mu_r=1$，因此有

$$H=B/\mu_0 \tag{3. A. 3}$$

由公式（3. A. 1）得

$$e=L\frac{di}{dt}$$

因此有：

$$edt=Ldi$$

公式两边同时乘以 I 并且积分有

$$J=\int eI\,dt=\int LI\,di \tag{3. A. 4}$$

所以有

(4) $$J=(1/2)LI^2$$

从公式（3. A. 2）有

(5) $$I=\frac{Hl_g}{N} \quad (3.A.5)$$

将公式（3. A. 5）和公式（3. A. 1）相乘有，

$$EI=NA_g\frac{dB}{dt}H\frac{l_g}{N}$$

因此有

$$EIdt=A_gl_gHdB$$

对两端积分得

(6) $$\int EI\,dt=J=A_gl_g\int HdB \quad (3.A.6)$$

由公式（3. A. 3）有

$$H=B/\mu_0$$

将上式代入公式（3. A. 6）中，其中μ_0为常数，有

$$J=A_gl_g\int\frac{BdB}{\mu_0}=\frac{A_gl_g}{\mu_0}\int BdB$$

因此有

$$J=\frac{A_gl_gB^2}{2\mu_0}=(1/2)A_gl_g\left(\frac{B}{\mu_0}\right)B$$

但由公式（3. A. 3）有

$$B/\mu_0=H$$

所以有

(7) $$J=(1/2)BHA_gl_gJ \quad (3.A.7)$$

联立公式（3. A. 4）和公式（3. A. 7）有

(8) $$(1/2)LI^2=(1/2)BHA_gl_g \quad (3.A.8)$$

可以看出电路的能量等于储存在气隙中的磁能量。

由公式（3. A. 2）有

$$NI=Hl_g$$

将上面公式代入到公式（3. A. 8）中有

$$(1/2)LI^2=(1/2)BA_gNI$$

化简有

$$LI=BA_gN$$

于是有

(9) $$N=\frac{LI}{BA_g} \quad (3.A.9)$$

其中I为峰值电流。

现在来考虑绕组：安匝数等于导线中的电流密度I_a乘以由填充系数K_u修改的有用的窗口面积A_w

$$NI_{rms}=I_aA_wK_u$$

其中I_{rms}=有效（热）电流，因此有

(10) $$N=A_wI_aK_u/I_{rms} \quad (3.A.10)$$

联立公式（3.A.9）和公式（3.A.10）得，

$$\frac{A_w I_a K_u}{I_{rms}}=\frac{LI}{BA_g}$$

面积乘积 $AP=A_w\times A_g$，因此，求出 AP 值并将其量纲转换为厘米，

(11) $$AP=A_wA_g=\frac{LII_{rms}10^4}{I_aK_uB} \quad (3.A.11)$$

在连续电流扼流圈的应用中，峰值电流幅值 I 非常接近于有效电流值 I_{rms}，因此，$I\times I_{rms}\approx I^2$。此外，在大多数实际应用中，电流密度 I_a、填充系数 K_u 和峰值磁通密度 B 被作为常量处理。因此，公式（3.A.11）将 AP 值和储存的能量联系起来，1/2（$L\cdot I^2$）K。

图 3.1.2 所示的诺模图假设在自然风冷的情况下电流密度产生的温升为 30℃。此外，填充系数 K_u 为常数 0.6（单绕组圆形导线名义上的），且峰值磁通密度假定为 0.25T。

我们已经知道，扼流圈在 $AP=1$，自然风冷的情况下，绕组电流密度为 I_a 为 450A/cm^3时的温升为 30℃，当磁心稍大时，电流密度势必减少，因为体积与表面积比将随着尺寸大小的增加而减少。

在使用较大磁心时，电流密度按如下公式进行衰减：

(12) $$I_a=450\ AP^{-0.125}\ \text{A/cm}^2 \quad (3.A.12)$$

将 I、I_a、K_u、B 相对应的表达式或值代入公式（3.A.11）中，可以求出温升为 30℃时的特殊 AP 值

(13) $$AP=\left(\frac{LI^2\times10^4}{450\times0.6\times0.25}\right)^{1.143}\text{cm}^4 \quad (3.A.13)$$

图 3.1.2 所示为在不同电感值 L 和负载电流下，一系列 AP 曲线就是根据公式（3.A.13）建立起来的。

3.A.2 更为有用的推导

能量储存

从公式（3.A.7）有

$$J=(1/2)\ BHl_gA_g$$

由公式（3.A.3）有

(14) $$H=\frac{B}{\mu_r\ \mu_0}$$

联立公式（3.A.3）和公式（3.A.7）有

$$J=\frac{B^2A_gl_g}{2\mu_0\ \mu_r}\text{J} \quad (3.A.14)$$

但是 $A_g\cdot l_g$=气隙体积（或者磁心和气隙的总体积，这里 l_m 是磁路总的平均长度，A_e 是磁心的有效面积，μ_r 是磁心和气隙的总导磁率）。因此，一般而言，能量密度为

(15) $$J/\text{m}^3=\frac{B^2}{2\mu_0\ \mu_r}\text{J/m}^3 \quad (3.A.15)$$

或如果仅仅是空气气隙（因为$\mu_r=1$）有

$$J/\text{m}^3=\frac{B^2}{2\mu_0}\text{J/m}^3$$

3.A.3 电感值

从公式（3.A.8）有

$$(1/2)\ LI^2=(1/2)\ BHA_gl_g$$

但从公式（3. A. 5）得

$$I=\frac{HI_g}{N}$$

因此替换上式中的 I^2 有

（16）
$$L=BHA_g l_g\frac{N^2}{H^2 l_g^2}=\frac{BN^2 A_g}{H^2 l_g^2} \quad (3. A. 16)$$

根据公式（3. A. 3）将 B/H 替换为 $\mu_r\mu_0$ 有

（17）
$$L=\frac{\mu_r\mu_0 N^2 A_g}{l_g}\text{H} \quad (3. A. 17)$$

附录 3.B 填充系数和电阻系数的推导

图 3.1.3 所示的诺模图是根据磁心和骨架的基本物理参数建立的。

3.B.1 最大匝数

对扼流圈进行设计时，通常选用能被完全绕制的骨架，以便获得最大的能量储存和最小的铜损耗，目标是用最小的磁心在允许的温升和最小的压降下提供要求的电感值。

所储存的能量 $J=(1/2)LI^2$。在最大负载电流 I 确定的情况下，使得 J 最大，则 L 必须最大，此外，对于一个大小和材料确定的磁心，$L \propto N^2$，因此绕组匝数也应取最大值。

但是匝数越多，产生的铜损耗和温升也越大，因此为在一个特定大小的磁心上获取最优的电感值，必须在温升和电感值间进行权衡。

3.B.2 填充系数 K_u

考虑到骨架和绝缘方面的要求，磁心的窗口面积不能被铜导线完全利用。此外，导线的形状和一些其他面积损耗意味着仅仅有一部分的有效窗口空间被铜所占用。

在扼流圈中通常采用单绕组，且绝缘要求最低。诺模图假定采用圆形导线，圆形导线的面积与所占长方形面积之比为 $\pi (r)^2 \ (2r)^2=\pi/4=0.785$。在中型规格的导线（#20 AWG）中，如果采用高等级绝缘的绝缘要求，铜面积和整个绕线面积之比为 0.83（余下空间被导线绝缘层所占据）。这使得 K_u 值降低至 0.65，且为绕组末端的绝缘留有一定裕度，因此填充系数 K_u 可设为 0.6。如果导线绕制在骨架上后，填充系数 K_u 针对的是骨架可用的窗口面积 A_{wb}，而非磁心的窗口面积。

3.B.3 电阻系数 R_x

填充系数为 0.6 时，当某一横截面积的单匝绕组刚好完全填充有效的窗口面积时，其电阻值即电阻系数为 R_x。为计算此单匝绕组的电阻值，必须要知道其有效的平均长度 l_m 和面积。为此必须用到导线的平均直径和特殊骨架的窗口面积两个参数。因此电阻系数 R_x 对于每种磁心都有一个特有的值，且能很快的求出任意匝数在骨架完全绕制时的电阻值 R_w，如下所示：

$$R_w=N^2R_x \tag{3.B.1}$$

其中，R_w＝骨架被完全填充时绕组的电阻值，单位为μΩ；

N＝总匝数；

R_x＝电阻系数（如上定义）参看表 3.3B.1。

注意：电阻值以 N^2 速率增长，而非 N，因为骨架通常被假定为完全绕制。因此，如果绕组匝数加倍，铜面积必定减半，而总的导线长度加倍。

铜在 0℃时的体积电阻率 ρ 为 1.588 μΩ/cm³。

注意：体积电阻率是如下定义的：0℃（＋273K）时，1cm³ 铜体相对的两平面之间的电阻值，以 mΩ 计。因此在 0℃时，某段长度铜导线的电阻值 R_{Cu} 可由如下公式求得：

$$R_{Cu}=\rho\frac{l}{A}\mu\Omega \tag{3.B.2}$$

表 3. 3B. 1　工作在 100℃ 时采用圆形磁导线的情况下，EC 系列磁心的电阻系数 R_x 和有效面积乘积

	磁心类型					
	EF 20	EF 25	EC 35	EC 41	EC 52	EC 71
A_{wb}	0.20	0.34	0.606	0.834	1.29	2.86
l_m	4.12	5.2	5.0	6.0	7.3	9.5
R_x	46	34	18.72	16.33	12.8	7.54
EAP			0.715	1.46	2.96	9.91

其中，R_x＝电阻系数；

ρ_{tc}＝100℃时铜的电阻率，单位为μΩ/cm³；

l_m＝绕组的平均长度，单位为 cm；

A_{wb}＝骨架窗口面积（一边），单位为 cm²；

K_u＝填充系数（0.6）。

注：R_x 的单位为 mΩ。

0℃时铜的温度系数 R_T 在 0.00427～0.00393Ω/（Ω・℃）范围内，其值主要取决于铜的软特性。本例中取 R_T 值为 0.004Ω/（Ω・℃）。因此铜导线电阻率 ρ_{tc} 在 100℃时可由如下公式计算得到：

$$\rho_{tc}=\rho\ (1+R_T T)\ \mu\Omega/\text{cm}^3$$

其中，ρ_{tc}＝T℃铜的电阻率，单位为μΩ/cm³；

ρ＝0℃时铜的电阻率，单位为μΩ/cm³；

R_T＝0℃铜的温度系数；

T＝工作温度，单位为℃。

因此在 100℃时，ρ_{tc} 值为：

$$1.588\times\ (1+0.004\times100)\ =2.22\ \mu\Omega/\text{cm}^3 \tag{3.B.3}$$

利用已求出电阻率值 2.2 μΩ/cm³，已给出的 EC 系列磁心骨架的窗口面积 A_{wb} 和圆形导线的填充系数 K_u＝0.6，可以求出 EC 系列磁心骨架的电阻系数 R_x，如下所示，见表 3.3B.1。

$$R_x=\frac{\rho_{tc}l_m}{A_{wb}K_u}\mu\Omega \tag{3.B.4}$$

3. B. 4　完全填充骨架的绕组匝数

骨架被导线全部填满时只需将骨架的有用窗口面积 $A_{wb}\times K_u$ 简单地除以所选用的导线的面积 A_x 即可求得匝数值。因此有

$$\text{匝数}=\frac{A_{wb}K_u}{A_x} \tag{3.B.5}$$

3. B. 5　完全填充骨架的绕组电阻值

从公式（3.B.1）和所列电阻系数，可以很快地确定完全填充 EC 型骨架的绕组电阻值，如下所示：

$$R_w=N^2R_x\ \mu\Omega \tag{3.B.6}$$

附录 3.C　图 3.3.1 所示诺模图的推导

图 3.3.1 所示的诺模图是根据美国 Micrometals 公司 T 系列铁粉磁心建立的。其初始磁场强度为 $H=50\text{Oe}$。从图 3.2.1 可以看出其初始导磁率为＃26 mix 铁粉磁材料初始导磁率的 50%。为“摆幅扼流圈”所提供的电感值摆幅为 2∶1。

根据磁化公式有：

$$H=\frac{0.4\pi NI}{l_e} \tag{3.C.1}$$

其中，H＝磁场强度，单位为 Oe；

N＝绕组匝数；

I＝峰值电流，单位为 A；

l_e＝有效的磁路长度，单位为 cm。

由公式（3.C.1）有，

$$N=\left(\frac{Hl_e}{0.4\pi}\right)\times\frac{1}{I} \tag{3.C.2}$$

从图 3.3.1 诺模图可以看出在磁场强度 H 为常数 50Oe 时绕组匝数同扼流圈电流之间的函数关系。

对于那些已指定匝数的绕组，电感值可以通过查已公布的 A_L 值或者公式（3.1.7）求得。此电感值同样也绘制在了图 3.3.1 中。

注意： T38-50 型磁心到 T184-225 型磁心是不连续的，这是因为在磁心尺寸发生变化的同时几何形状也发生了变化。

第 4 章　开关型变压器的设计（一般原则）

4.1　导论

不同于其他任何单个影响因素，开关型变压器的设计决定了现代开关电源整体的效率和成本。遗憾的是，变压器的设计也趋于成为开关型设计中最难懂的领域。

本节目标将主要关注在高频变压器设计当中起主导作用的几个参数变量。这一课题涉及范围广泛，已经有很多相关的专业书籍。虽然涉及的更多方面已经超出了本书的内容，但其中所包含的细节足以生产出原型样机，这与最优设计方法是十分接近的。

专业的变压器工程师应对与这一课题相关的大多数有用的书籍了如指掌，而且会采用更为苛刻的磁心几何形状和面积乘积，或者利用计算机辅助设计方法。本章并非供他们使用，希望他们原谅作者在本章中为了简化设计过程而采用的不严格的设计方法。因为在变换器章节中已经给出了用特殊方法进行设计的例子，所以本章针对这一课题采用的是处理一般问题的方法。

设计步骤应用的频率范围是 20kHz～100kHz，且假设采用低损耗变压器的铁氧体和骨架绕组。同样假设要制造商业级、对流冷却的变压器。这些变压器将典型地采用 AIEE 规定的 A 等级或 B 等级绝缘要求（最高工作温度为 105℃或 130℃），当然，它们也要满足 UL、CSA 或者在某些情况下满足 IEC 和 VDE 中所规定的变压器的安全规范。

4.2　变压器尺寸（一般考虑）

虽然一般都认为变压器的尺寸大小和功率输出有关，但总是不能完全理解为什么没有一些基本的电气公式单独地将变压器的电气参量和尺寸大小联系起来。磁心损耗的二次效应、铜损耗、集肤和邻近效应、冷却效率（风冷）、绝缘情况、磁心的几何形状和表面涂层以及变压器的工作场所都会影响到温升，从而影响到变压器的尺寸。同样，在实际的工作环境下，可根据温升来确定表面积，因此也可确定变压器的尺寸。

如果磁损耗小，且散热高效，变压器可以做得很小并且还能满足电气要求。例如，通过采用低电阻磁性导线（超导体）、低磁损耗磁心材料（非晶态合金）和高效的气相液体冷却技术（热管），小型的高效率的且具有优良电气参数的变压器能够生产且已经在生产。这点说明变压器的尺寸大小和许多实际参数有很大的关系，这些参数同电气参数一样能影响温升。

在实际开关型应用中，采用铜导线和铁氧体磁心以及 A 等级或 B 等级绝缘材料。很多应用中采用自然风冷。在这类应用中，变压器的尺寸取决于变压器内部的功率损耗以及能满足温升要求的表面积。

很多制造商为其生产的磁心提供了诺模图，从而能看出每种型号磁心在推挽式和单端高频工作方式下特有的输出功率（典型的功率诺模图示例见图 3.4.1）。这些诺模图或者面积乘积系数为变压器尺寸大小的选择提供了一个很好的出发点。

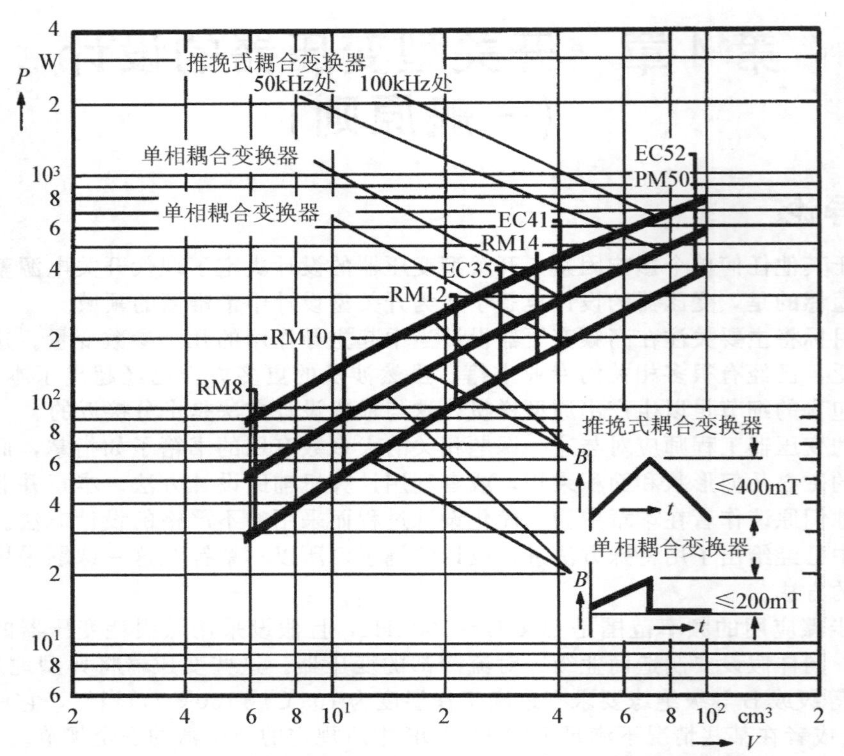

图 3.4.1　给出了铁氧体磁心的额定功率和磁心体积之间在不同的磁心尺寸和频率下的函数关系的诺模图（西门子公司）

4.3　最优效率

只有在铜损耗和磁损耗最小时效率才能达到最高。笼统地来说，对于一个已给定的输出功率，磁损耗随着磁心大小和磁通密度摆幅的增加而增加，但铜损耗随着磁心大小和磁通密度摆幅的增加而减少。因此为获得最优的效率，在磁损耗和铜损耗之间必须找到折中点以获得最优性能。

显然，这两种要求是互相矛盾的，必须采用折中方案。通常假设在磁损耗和铜损耗相等时达到最优的效率，在实际中最优效率时，损耗的精准分配主要取决于磁心材料、磁心形状和工作频率。

图 3.4.2 所示诺模图为 EC41 型 N27 铁氧体磁心分别在 20kHz 和 50kHz 时的铜损耗、磁损耗和总损耗同磁通密度摆幅之间的函数关系。

频率为 50kHz 时，最高的效率（即最低损耗）产生在磁损耗和铜损耗分别占总损耗的 44％和 56％时。频率为 20kHz 时，最高效率产生在磁损耗和铜损耗相等时。但是，最小损耗曲线底部较平缓，且在这两种频率下如果铜损耗和磁损耗均相等，那么都接近于最优设计。

影响磁心大小的其他因素包括工作频率、磁心材料、绕组匝数、屏蔽的位置和数目以及特殊绝缘要求。

制造商的功率诺模图通常假定单个原边和副边绕组，且采用最低的绝缘等级要求。此外，功率诺模图是在固定的温升和工作频率下建立的。但是在实际应用中，想要获得最优的设计，在选择磁心尺寸大小时设计人员必须要考虑到所有的主要设计因素。

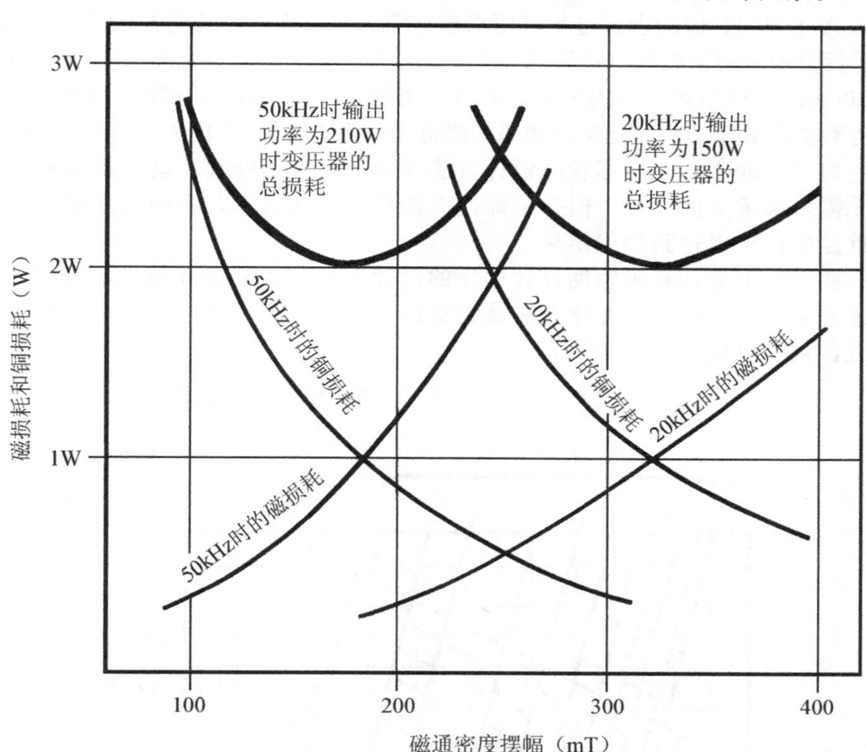

图 3.4.2 铜损耗和磁损耗在不同频率下与磁通密度摆幅之间的函数关系，并给出了在使用 EC41 型铁氧体磁心时，使开关电源变压器损耗最小的条件

总的来说，要求较多匝数的副边绕组和特殊绝缘要求的变压器（例如，变压器要满足 UL、UEC 和 VDE 安全规范，那么必须要有 6mm 的蠕变距离）将会需要较大尺寸的磁心。当变压器工作在更高频率下时，那些绕组结构简单和绝缘等级要求较低的变压器可选用较小尺寸的磁心。

最后，变换器和整流器拓扑结构的选择同时也影响到铜的有效利用系数，因此也能影响到变压器尺寸的选择。

4.4 最优的磁心尺寸和磁通密度摆幅

确定磁心大小时需考虑很多变量，且这些变量相互依赖。所以确定一个最优的磁心尺寸和磁通量对于一个设计人员来说并非易事。如图 3.4.3 所示的诺模图是作者自己提出的一种易于理解、且适用于半桥或全桥拓扑结构的方法。此图是根据德国西门子 N27 型铁氧体磁心（一种典型的功率磁心）的性质而建立的。已经发现此图适用于大多数变压器级铁氧体材料，并且在所要求的功率和工作频率已知的情况下，通过此图可以求出最优的磁通密度摆幅和磁心尺寸大小（根据 *AP* 值）。这种方法得出在自然风冷下磁心的温升为 30℃。

此诺模图同样可用作单端工作拓扑结构时磁心的一般设计指南，虽然额定功率应该减少大约 35%（实际减少量却决定于占空比）。在单端工作设计中，诺模图中横坐标所表示的最优磁通密度摆幅仅仅适用于高频率且限制磁损耗的设计。

虽然此诺模图为设计人员提供了一个很好的出发点，但是仍需大量的重复设计以达到最优结果（第三部分第5章中将会详细讲解此诺模图的用法）。

附录4.A中对AP值的求解过程可用来建立图3.4.3所示的诺模图，且考虑到采用对原边绕组进行拆分的三明治结构（见图3.4.8a、3.4.8b和3.4.8c）、绕组间的安全屏蔽或者法拉第屏蔽和6mm蠕变距离，如图3.4.9所示。实际磁心的额定功率较之制造商所提供的诺模图中的功率要稍微低一些。此额定功率的降低与作者在实际应用中的发现相吻合。

一些更加完善的磁心几何形状的设计方法或者计算机辅助程序能够提供最优的尺寸大小，而且无需多次重复的设计。但是，即使有这些方法和技术，在绝大多数的实际应用中仍需多次重复的设计以达到最优结果。

对于那些手头上无计算机辅助设计程序的设计人员，由制造商提供的如图3.4.3所示的诺模图或者4.5节中的AP设计方法将会提供一个很好的设计出发点，它们能减少重复设计的次数，且可以优化设计结果。

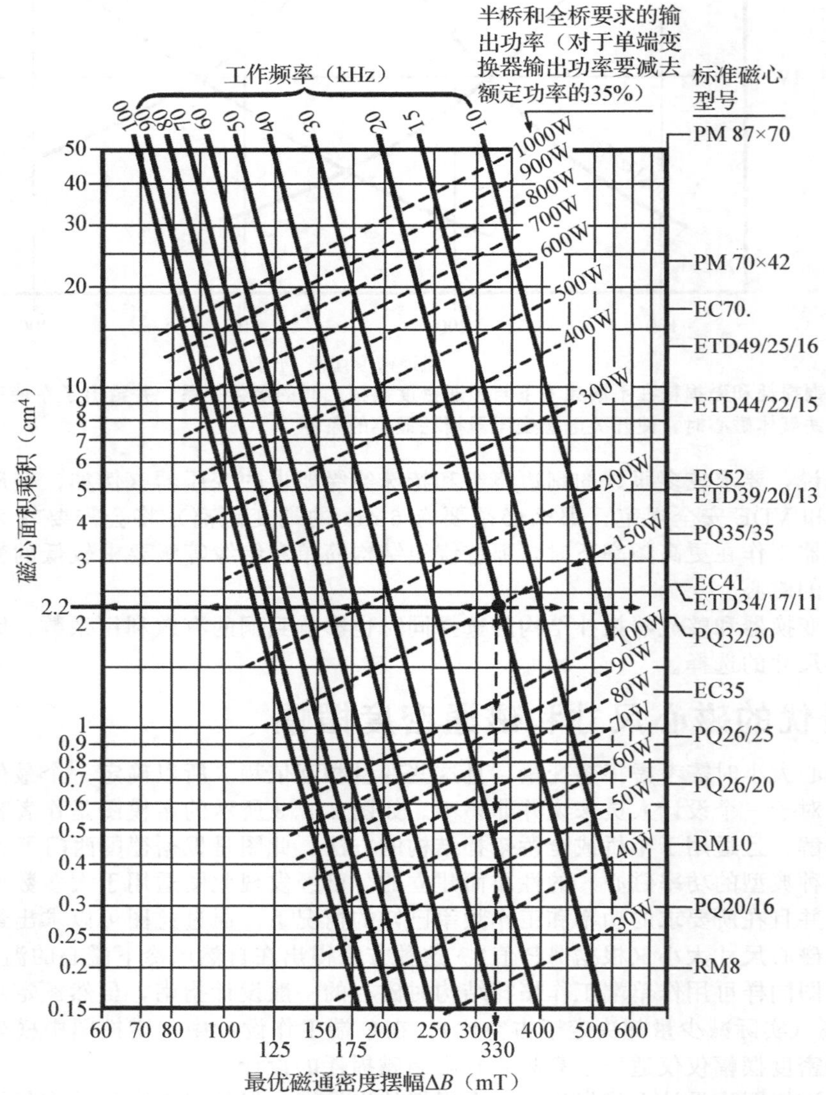

图3.4.3　铁氧体磁心的诺模图，给出了面积乘积（即磁心尺寸）和最优磁通密度摆幅与输出功率和频率之间的函数关系

4.5　根据面积乘积计算磁心大小

面积乘积 AP 等于绕组窗口面积和磁心横截面积的乘积，从附录 4. A 中可看出面积乘积和磁心的额定功率之间的联系。在固定或限制一些变量后，可以建立能将磁心面积乘积和功率输出相互联系起来的公式。这使得初始的磁心大小能根据面积乘积得出。

从公式 4. A. 14 可以看出，一旦所要求的温升和导线电流密度确定下来，磁心的面积乘积就与其功率处理能力有关。因为大多数的制造商都提供了其生产的磁心的面积乘积（AP）值，因此只要所需的 AP 值计算出来后，便可以很快地选择相应的磁心。如果面积乘积值没有给出，可从磁心的物理参数求得（$AP=A_w\times A_e$）。

如下的公式描述了面积乘积值同输出功率、磁通密度摆幅、工作频率、铜的有效利用系数 K 之间的函数关系（见公式 4. A. 14 和表 3. 4. 1）。

$$AP=(11.1P_{in}/K'\Delta Bf)^{1.143}\text{cm}^4$$

其中，AP＝面积乘积，单位为 cm^4；

P_{in}＝输入功率，单位为 W；

K'＝铜有效利用系数；

ΔB＝磁通密度摆幅，单位为 T；

f＝频率，单位为 Hz。

在此公式的建立过程中，有以下几点假设（数据可参看表 3. 4. 1）。

（1）温升。在自然条件风冷时温升大约为 30℃。

（2）导线电流密度 I_a。铜导线工作在温升为 30℃下的电流密度（磁电流密度是根据经验数据即单位面积乘积对应的电流密度为 450A/cm² 得来的）。因为散热面积同生热体积之比变小，磁心变大，则其电流密度必须变低（见公式 4. A. 12 和参考文献 [1] 与参考文献 [2]）。

（3）效率。假设输入/输出效率超过 98％（设计优良的变压器才可达到此值）。

（4）铜的有效利用系数 K'。铜的有效利用系数 $K'=K_u\times K_p\times K_t$。图 3. 4. 3 所示的诺模图适用于全桥或半桥拓扑结构，铜的有效利用系数 K'为 0. 12（见表 3. 4. 1）。更恰当地讲，铜的有效利用系数 K'主要取决于变换器的类型、整流方法、绝缘等级、导线样式和窗口利用系数。它可以通过下面 4. 6 节和 4. 7 节中讲到的一些子系数求出。

表 3. 4. 1　标准型变换器的铜的有效利用系数 K'

变换器类型	原边结构	副边结构	$K_p(A_p/A_{wb})$	K_u	$K_t(I_{dc}/I_p)$	$K'(K_p\cdot K_u\cdot K_t)$
正激	SE	CT	0. 32	0. 4	0. 71	0. 091
	SE	SE	0. 4	0. 4	0. 71	0. 114
全桥和半桥	SE	CT	0. 41	0. 4	1. 0	0. 164
	SE	SE	0. 5	0. 4	1. 0	0. 2
中心抽头式推挽	CT	CT	0. 25	0. 4	1. 41	0. 141
	CT	SE	0. 295	0. 5	1. 41	0. 208

4.6　原边面积系数 K_p

原边面积系数 K_p 等于 A_p/A_{wb}，它将原边绕组有效面积 A_p 同绕组有效窗口面积 A_{wb} 联系起来。原边绕组有效面积 A_p 取决于变换器的拓扑结构。例如，全波且带中心抽头的绕组只利用到 50％，因为电流在每个半周期仅仅流过一半的绕组。因此，为确保原边和副边绕组的铜功率损耗密度相等，则 59％的窗口面积将用于带中心抽头的原边绕组。将此百分数除以 2 得到 K_p 为 0. 295。其他拓扑结构的 K_p 值见表 3. 4. 1。

4.7 绕组填充系数 K_u

在实际中，只有40%的有效磁心窗口面积 A_w 被铜占用。虽然这看起来比较低，但是必须知道的是，由于圆形导线之间不可避免的间隙，使得仅仅78%的有效窗口面积被导线占用，在这78%的空间中，仅仅有80%为铜导线，因为每层导线都有绝缘层。更有一部分窗口被绕组导线之间的绝缘材料的填充、规定的蠕变距离、RFI和安全遮板所占用。因此 K_u 取决于实际中与绕组和绝缘要求相关的一些因素。

注意：面积乘积通常被引用为磁心窗口面积 A_w。当采用骨架时，20%～35%的面积将会被骨架所占用。因此图3.4.3中的 K_u 降到0.4，即仅仅40%的窗口面积 A_w 被铜导线所占用，集肤效应和邻近效应使其进一步减小（参见附录4.B）。

4.8 均方根电流系数 K_t

K_t 等于有效的直流输入电流和原边均方根电流的最大值之比，即 I_{dc}/I_p。它主要和变换器的拓扑结构和工作方式有关。共模变换器拓扑结构典型的 K_t 值见表3.4.1。

4.9 频率对变压器尺寸的影响

经典的变压器公式为：

$$N=\frac{10^6V}{4.44f\hat{B}A_e}\text{（正弦波方式工作）}$$

其中，N＝最小匝数；

V＝绕组电压，单位为V；

f＝最小频率，单位为Hz；

$\hat{B}$＝峰值磁通密度，单位为T（注意，10 000G＝1T）；

A_e＝有效磁心面积，单位为mm^2。

从上面公式可以看出匝数 N 和频率 f 成反比，因此，如果频率增大一倍则匝数将会降低1/2，那么变压器的尺寸也可以减小。但是在实际情况中，这种假设不会出现。因为大多数的磁心材料的磁损耗将会随着频率的增高而迅速增大。因此，为保持磁损耗和铜损耗的相等（为了效率最高），高频下使用磁通密度的较小的偏移，且使得磁通密度 B 减少。

由于匝数并不能像假设的方式减少，除非在高频工作中采用特殊的低损耗高频铁氧体，否则磁心尺寸预期的减少不能实现。由于制造商总是不断的提高其铁氧体磁心材料的性能，因此设计人员应及时调查最新的磁心材料和最优的磁通密度摆幅，以适应在高频中的应用。

4.10 磁通密度摆幅 ΔB

为达到最高的效率，应选用最优的磁通密度摆幅 ΔB 使得磁损耗等于铜损耗。遗憾的是，这种最优的选择无法实现，因为磁心饱和会限制磁通密度摆幅降到更低的值，无法再进行最优化选择。

图2.2.3所示为铁氧体磁心材料Siemens N27在20℃和100℃时的正常饱和特性。值得注意的是，为保证一定的工作裕度，磁通密度的峰值不能超过250mT（在推挽式结构中，磁通密度的摆幅 ΔB 为最大，峰峰值可达500mT）。

图3.4.2阐述了EC型磁心和骨架工作在20kHz和50kHz、功率输出为150和210W时，铜损耗、磁损耗和总的损耗与磁通密度摆幅的函数关系（在本部分第5章中将介绍）。工作在20kHz时，在磁损耗和铜损耗相等时效率最高，产生的总损耗为2W，对应尺寸大小磁心的温升为30℃，为达到优化效率此时磁通密度摆幅 ΔB 的峰峰值为320mT。

当工作在 50kHz 时，为达到同样的磁损耗（即同样的温升），磁通密度摆幅必须减小到 180mT。但是，频率的增加要大于磁通密度的减少，因此匝数可以减少。匝数的增加和导线直径增大将会减少铜绕组的电阻值，假设铜损耗相同，则此时产生的电流将会更大。变压器的功率可能会增大至 210W 才能达到和 20kHz 时相同的温升和铜损耗。因此频率的增加将会导致变压器额定功率的净增，而最优导磁率摆幅降低。

从图 3.4.2 看出，选择最优磁通密度摆幅要仔细谨慎，要符合工作频率、功率输出和允许的温升等要求。由于最优设计的变压器中的铜损耗等于磁损耗，故总损耗等于两倍的磁损耗或者铜损耗。

图 3.4.4 描述了 N27 型铁氧体磁心工作频率在 5kHz～200kHz 范围时磁通密度摆幅 ΔB 和磁损耗的函数关系。图 3.4.3 的诺模图为磁通密度摆幅 ΔB 的选择提供了一个很好的出发点。记住，在推挽式应用中，假设摆动对称于中心线，则峰值磁通密度 $\hat{B}$ 仅仅是总摆幅的一半（见第 6 章和第 7 章中分别讨论的阶梯式的饱和效应和双倍磁通效应）。

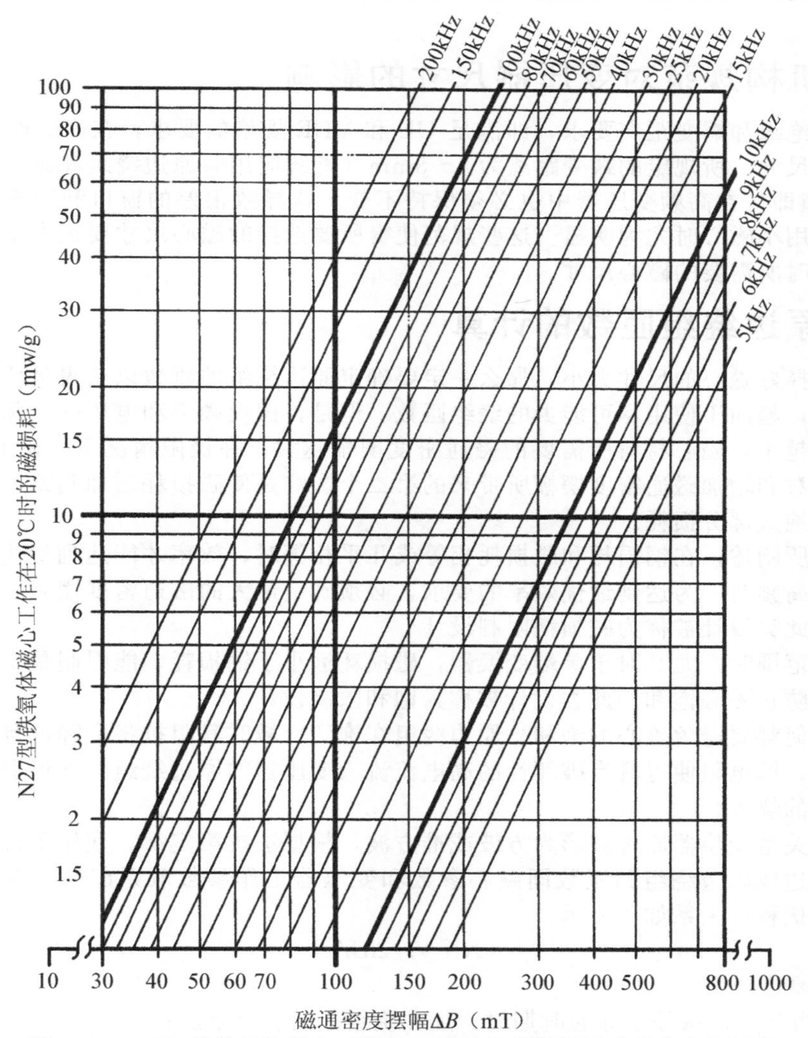

图 3.4.4　N27 型铁氧体磁心工作在 20℃时的磁损耗同磁通密度摆幅以及频率之间的函数关系（西门子公司）

在单端正激变换器中，仅仅只利用到 B/H 曲线的第一象限。在低频范围内（低于40kHz，100W）采用铁氧体磁心材料，即使用到总的有效磁通摆动范围，对于一般形状的磁心来说，仍然不可能使得磁损耗等于铜损耗。这类设计被认为是饱和限制。此外，除了采用电流型控制（或者一种特殊的输入电压补偿控制芯片）外，正激变换器中的工作磁通密度也必须减小，从而防止在启动或瞬时操作时饱和（此类磁心可以很好地适用于启动和最大伏秒值等环境下）。

在低频范围下的推挽式应用中（全桥或半桥），理论上整个 B/H 特性范围都能被利用到。必须再次指出，为防止磁心在启动和瞬时操作时饱和，磁通密度摆幅必须减少。电流型控制能克服诸如启动、瞬时操作时磁心饱和这一缺点，可以允许稍大的磁通密度摆幅。相当一部分变换器章节讨论了各种各样的方法来对启动和瞬时操作时的饱和现象进行限制。在高频应用中，磁通密度摆幅主要是受最优效率的条件限制，因此需要特殊的软启动电路。在确定工作磁通密度摆幅前，变换器的拓扑结构、工作方式、功率输出和频率都必须考虑到。

4.11　机构规范对变压器尺寸的影响

为满足绝缘和蠕变距离要求，即满足 UL 和 VDE 规格的要求，在高频时很难实现更小的变压器尺寸。所规定的蠕变距离为 4～8mm（离线应用时原边绕组和副边绕组的最小距离），该值即使在高频变压器中也必须保持不变。这导致很差的窗口利用率和漏电感的增加，在采用小磁心时尤为明显。这些规范使得所要选择的磁心尺寸要远大于只考虑电气和温升要求时所需要的磁心尺寸。

4.12　原边绕组匝数的计算

一旦选择好磁心的尺寸大小，那么一定要确定原边绕组的匝数以获得最优效率。为最小化铜损耗，趋向于使用尽可能少的绕组匝数。但是，假设频率和电压一直保持常数，原边绕组匝数越小，磁心材料所需要的磁通密度摆幅越大。在极限情况下，磁心将会饱和。减少绕组匝数和增加磁通密度摆幅所带来的第二个影响是使磁损耗增加到某一点，并且此时磁损耗占绝大部分损耗。

如先前所阐述，在铜损耗和磁损耗相等或几乎相等时，效率才能达到最优。推挽式变压器工作在高频时，为达到最优效率的要求，必须确定最大的磁通密度摆幅和最少的原边绕组匝数。此类设计被称为磁损耗限制设计。

在低频范围时，尤其对于单端变换器，磁损耗远小于铜损耗，能限制最少原边绕组匝数的因素可防止磁心饱和。此类设计被称为饱和限制设计。

无论如何都要避免磁心的饱和。原边绕组在饱和区域时其阻抗将会降低且接近绕组直流绕组阻值。低电阻使得具有破坏性的高电流流入变压器的原边绕组，不可避免地造成原边开关元件的烧毁。

由于开关型变换器原边波形为方波或准方波，根据法拉第定律，变压器标准公式的变换式可将原边或副边绕组的匝数同磁心参数和变压器工作参数联系起来。在这个新公式中，匝数同伏秒值关系如下所示：

$$N=Vt/\Delta BA_c$$

其中，N＝原边绕组；

V＝当开关设备处于导通时期时，加在绕组上的直流电压；

t＝半周期中导通周期，单位为μs；

ΔB＝峰值磁通密度，单位为 T；

A_c＝磁心横截面积，单位为 mm^2。

注意： *在饱和限制设计中，最小磁心面积 A_c 应该能防止任何部分磁心的饱和。在磁损耗限制设计中，有效磁心面积 A_e 将能更准确地反映整体磁损耗。*

在稳态条件下，每个周期都是相同的，且能根据单独的一个周期来定义工作参数。从上面公式可以看出，原边绕组的匝数 N 同原边绕组电压 V 和加在原边绕组上电压的时间 t 成正比，与磁通密度摆幅 ΔB 和磁心横截面积 A_c 成反比。

这样看起来，只要在公式中插入一个恰当的常数，那么确定原边绕组匝数就显得相当容易。但是，在选择常数过程中出现了更复杂的因素。

在一些电压控制变换器电路中，在启动或瞬时操作下，原边绕组的最大电压可能发生在最大的导通时间点。如果采用这类拓扑结构的变换器，为防止磁心的饱和，在利用公式计算原边绕组的匝数时必须要采用最大的原边绕组电压值和最大的导通时间。

如果采用电流控制变换器，则可控制开始时的磁心饱和，且在最大的导通时间点原边电压值最小，从而在计算原边绕组时采用最大的导通时间和最小的原边电压值。这使得利用饱和限制设计法求得的匝数较少。

在一些占空比控制的系统中会用到原边输入电压前馈补偿、原边绕组的快速限流或者变换比率控制。在这些情况下，与电流型控制相同的条件可以用在变压器设计中。

在推挽式结构的应用中，磁心饱和发生在启动操作时。在前半周期内的磁通摆幅仅仅出现在 B/H 曲线的第一象限或第三象限。当电源原先是断开的时，磁心恢复到剩余磁通 B_r 点附近。除非事先已做好相应的防范措施，在开始的几个工作周期里限制了磁通量的摆动范围（软启动）或者采用了电流型控制，否则推挽式变压器在开始的半周期内会饱和（即所谓的“磁通双倍效应”）。如果未采用软启动或电流型控制，那么所设计出来的变压器磁通摆幅会减少，但原边绕组匝数会增加。由于推挽式变压器的磁通密度相对较大，为实现效率的提高必须采用恰当的软启动方法、变换比率控制或者是电流控制技术完全以防止磁心在启动期间饱和。

必须记住的是，稳态情况下的推挽式变压器，其磁通密度的摆幅可以从正的第一象限摆动到负的第三象限，相比于单端变压器磁通量摆动范围扩大了一倍。在理想情况下，这样会减少一半的原边绕组匝数，并且能提高变压器的效率。在实际情况中，不大可能利用全部的磁通密度摆幅，因为必须留出一定的裕度供启动或瞬时操作，并且在高频环境下磁通量摆动范围受限于磁损耗。

对于磁损耗受限的应用，采用 N27 型或类似的变压器铁粉磁心材料和图 3.4.3 推荐的磁通密度摆幅，以此作为设计的初始条件。对于其他磁心材料，根据规定的温升来计算总损耗（公式 4.A.16 或者公式 4.A.18）。选定一磁通密度摆幅，其产生的磁损耗为总损耗值的 1/2（最优设计中，另外一半损耗为铜损耗）。制造商的磁心材料损耗曲线中将会提供磁损耗和磁通密度摆幅的相关信息，从而可确定最优的磁通密度摆幅。

考虑到这些方面后，将合适的常数带入方程中即可求得原边绕组的匝数。

4.13　副边绕组匝数的计算

原边绕组匝数已经求得，副边绕组的匝数可通过原副边绕组电压比值求出。在降压派生型变换器中，副边电压将会大于由占空比所确定的输出电压。且必须考虑到二极管压降和扼流圈压降。这些计算主要为了求出最小的输入电压和最大的脉冲宽度。有时必须对原边绕组作一些调整来消除部分副边绕组，在饱和受限设计当中，原边匝数必须被调整到大于原值的接近的整数匝数。

在采用电流控制的闭环变换器拓扑结构当中，或者是在原边电压脉冲宽度补偿的占空比系统中，由于电路的控制作用，原边电压和导通时间的乘积 $V_{dc}t_{on}$ 保持为一常数。在这种情况下，通常先计算副边绕组的匝数以避免绕组出现非整数匝数是非常有利的。因为控制回路的存在，输出电压保持不变，其值也已知。此输出电压值和最大导通时间产生在最小输入电压时，将这些数值代入公式即可求出副边绕组的最少匝数。在饱和限制设计中，必须注意的是，通过公式所求出的是可能会采用到的最少的副边绕组匝数，为防止绕组的匝数为非整数值而进行的任何舍入的计算将会导致绕组匝数增加而非减少。在磁损耗限制设计中，舍入过程可以朝任何两个方向进行，可舍去也可收入，根据需要增加或减少磁损耗。

在多输出量的应用中，通常先计算出最小输出电压时副边绕组的匝数。一般要求是避免产生非整数匝数，使得计算出的结果更趋近于整数（而在饱和限制的设计当中，此值取一个稍大的整数值）。那么原边绕组和剩余副边绕组匝数都可相应地进行大小调整。

4.14 半匝绕组

采用E型磁心时，如果主输出要求半匝绕组，可采用特殊的方法来实现这一要求（见4.23节）。对于辅助性低功率输出，中心柱或磁支路有时只绕半匝导线，对于此类情况，可以在变压器的每根柱上引入气隙，确保半匝导线良好的耦合，且降低外柱中磁通量的不平衡状态（一般采用0.1mm气隙量已经足够）。当然，外部的电感也可以用来调整辅助电压。详见第一部分第22章。

4.15 导线尺寸

原边和副边绕组导线规格的选择及绕组的拓扑结构是最为重要的，并且经常是变压器设计中最复杂的部分。很多实际的参量和电气参量影响着绕组的拓扑结构和导线规格的选择。

磁心大小的最初选择基于产生30℃温升的导线电流密度。一种选择导线规格的方法是计算规定的电流密度以满足这一标准（根据公式4.A.12），由此获得导线的横截面积。但是在这一阶段，“模式已被注定”，因为磁心的大小已经选择好。绕组窗口面积也就被骨架所确定。

为使原边和副边绕组的损耗相等，原边绕组所占据的绕组面积应等于副边绕组所占的绕组面积。首先假设可用的骨架窗口面积的40%～50%被铜所占用（原边和副边各25%），余下的窗口面积被导线之间的间隙（因为采用了圆形导线）和原边绕组与副边绕组之间的绝缘材料和屏蔽共同占用。由于原边和副边绕组的匝数已知，如果在这个阶段选择导线的规格，有用的窗口利用率相对于上一种要高些。但是在做这以前，非常有必要去估计绕组的拓扑结构，并且要考虑到潜在的集肤效应和邻近效应。在低频范围时窗口面积可以完全利用，但是在高频范围且工作在推挽方式时，采用较细的导线和较少的层数将会提高 F_r 比率，因此损耗也小一些。在这种情况下窗口面积不能完全利用（F_r 比率等于导线有效的交流电阻与直流电阻的比值，见附录4.B）。

4.16 集肤效应和导线的最优厚度

在导线规格最终确定之前，必须要考虑到集肤效应和邻近效应的影响（见附录4.B）。简单地说，在高频时，导线内部场和邻近导线之间场的联合效应使得电流在一层薄的导线表皮中流动，甚至在导线的上部或下部边缘流动。在一个简单的导线剖面（open wire）中，此薄表面导电层是环形的，其厚度称为“渗透深度”Δ。渗透深度取决于频率大小，当渗透深度公式如下时，电流密度将会降至37%。

$$\Delta=\frac{66}{\sqrt{f}}$$

其中，Δ＝渗透深度，单位为 mm；

f＝频率，单位为 Hz。

因此在这种简单（剖面）情况时，如果导线的半径超过渗透深度，铜的有效利用系数将会很低，且同时会产生过多的铜损耗。

在变压器中，因为相邻绕组之间各种场的存在，情况要比上述情况复杂许多。因此绕组的拓扑结构对导线规格选择起着很重要的作用。邻近的导线和导电层之间的邻近效应强迫电流靠着导线相同的内侧或外侧流动，于是有效的导电面积更进一步减少了。此外，层数大于 1 时，导线直径将要更进一步减小。

在实际中，最小的 F_r 比率（导线有效的交流阻抗和直流阻抗的比值）接近于最小值 1.5（设计优良的绕组中）。为此，导线的直径或铜带的厚度必须根据工作频率和绕组层数进行优化。从图 3.4.5 和图 3.4.6 看出变压器绕组中能采用的最大的导线直径（单独的单股导线）或最大的铜带厚度。也可看出它们在不同频率下与绕组的有效层数之间的函数关系，此时 F_r 值为 1.5。

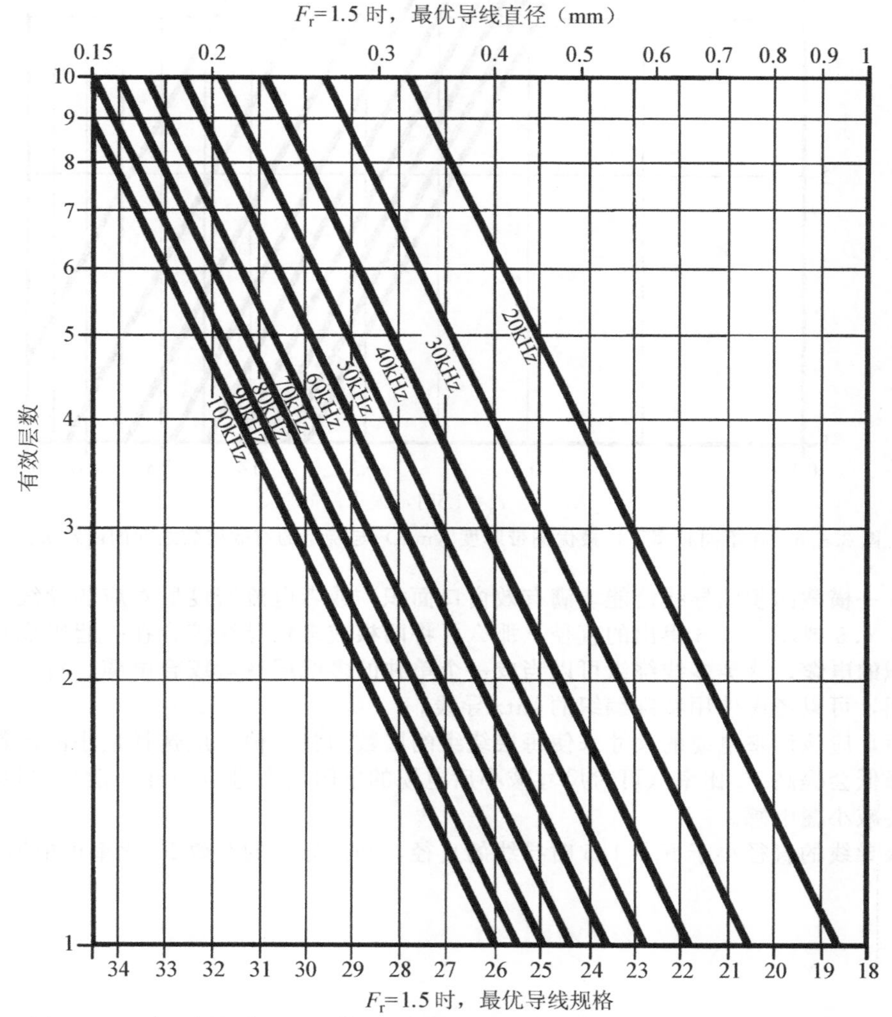

图 3.4.5　在不同频率下，最优导线规格（AWG）和直径（mm）与绕组的有效层数之间的函数关系图

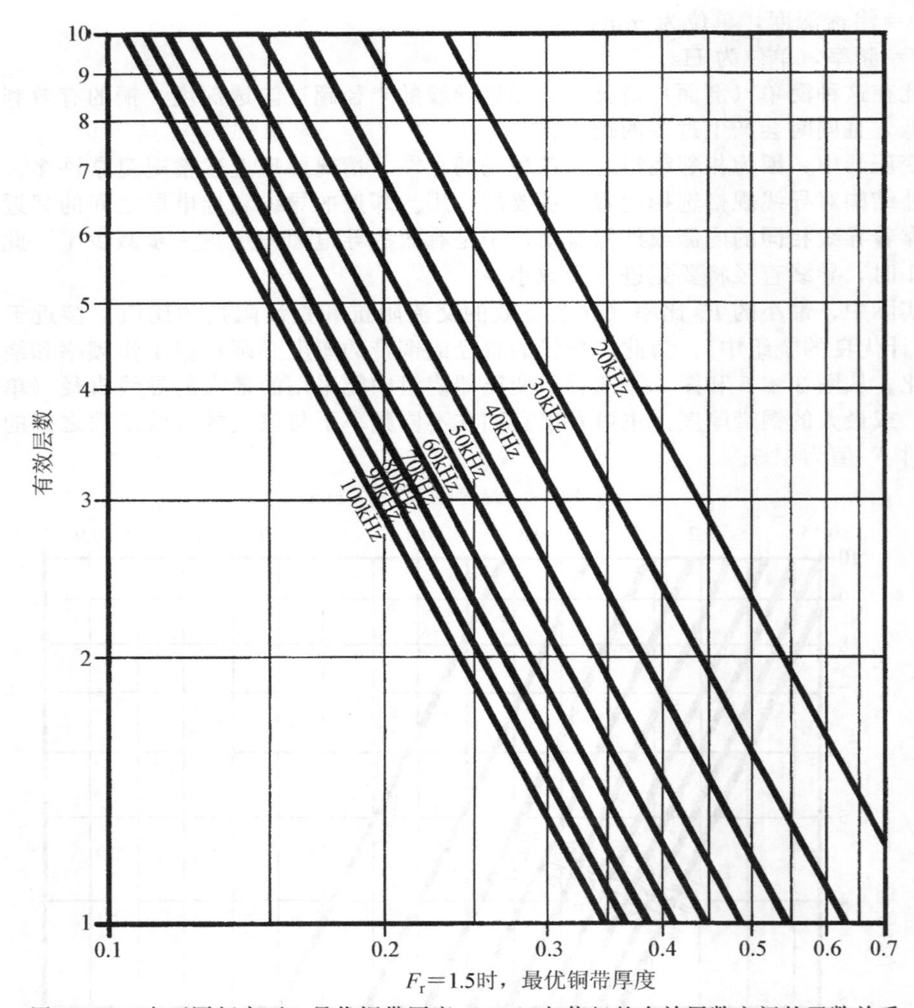

图 3.4.6 在不同频率下，最优铜带厚度（mm）与绕组的有效层数之间的函数关系

如果一横截面积的导线恰能填满有效窗口面积，或者电流密度所对应的导线直径超过了由图 3.4.5 或图 3.4.6 得出的直径，那么可将两根或多根导线绞合在一起组成具有合适横截面积的电缆。这类多线绕组可以当成一个单独的多线层或者绞合电缆。对于频率非常高的应用，可以考虑使用特殊编织的 Litz 导线。

最后，应该调整电缆的尺寸来使每层绕组的层数为整数值。应选择最小的层数，因为层数的降低会提高 F_r 比率（可对尺寸减小后电缆的电阻增大进行稍许补偿）。当然，更少的层数会减小漏电感。

如果导线的直径小于 $F_r=1.5$ 时导线的直径，则此导线的有效 F_r 比率可根据图 3.4.7 求出。

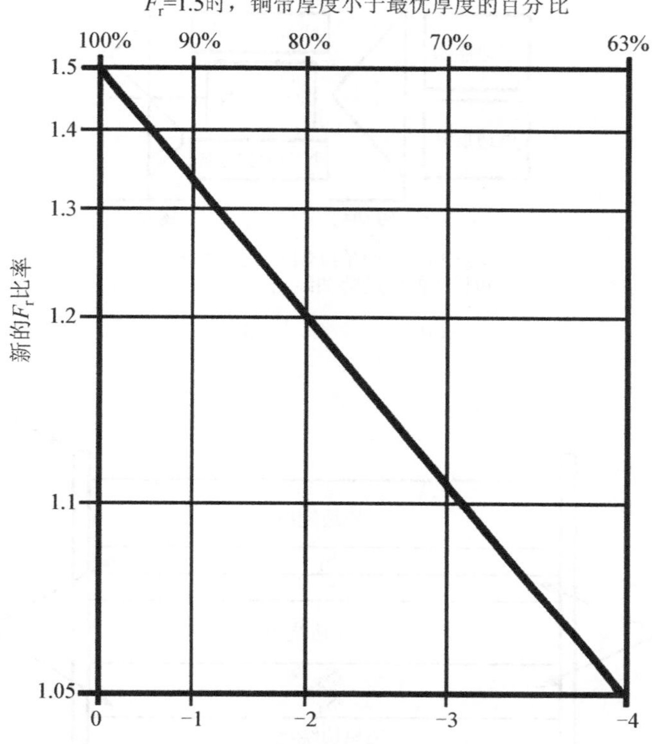

图 3.4.7　$F_r=1.5$ 时，导线直径或者铜带厚度小于最优值时，新的 F_r 比率同最优厚度百分比之间的函数关系

4.17　绕组拓扑结构

绕组的拓扑结构对变压器最终的性能和可靠性有很大的影响。为将漏电感及邻近和集肤效应减少至合适范围，在高频变压器中几乎都要采用三明治绕组结构。

图 3.4.8a 给出一种简单绕制变压器的磁动势（mmf）的分布情况，而图 3.4.8b 给出的是三明治绕法变压器的磁动势分布情况。在简单绕制的绕组中，原边磁动势随着安匝数的增加而不断增大，在原、副边绕组的交界面到达最大值。而副边安匝数与原边安匝数几乎相等但相反，从交界面开始磁动势不断减少，在副边绕组外缘减少到零。因此会产生很大的邻近效应和漏电感。而在三明治绕组中，磁动势的最大值减小了，且在副边绕组的中心已经减少到零。

有效的绕组层

图 3.4.5 和图 3.4.6 中所提到的有效层数是指在磁动势为零的平面和磁动势最大的平面之间的绕组层数。因此，副边绕组在如图 3.4.8b 所示三明治结构中的位置时，由于磁动势在绕组的中间时为零，根据上面的定义，有效层数仅仅为总副边绕组层数的一半。

因为在三明治结构中磁动势最大值和邻近效应都较低，所以磁损耗和漏电感也会相应地减小。如果副边绕组仅有一层，那么有效层数为 1/2，则导线或铜带的厚度将会是图 3.4.5 或图 3.4.6 中在单层绕组情况下所求出的最优厚度的两倍。

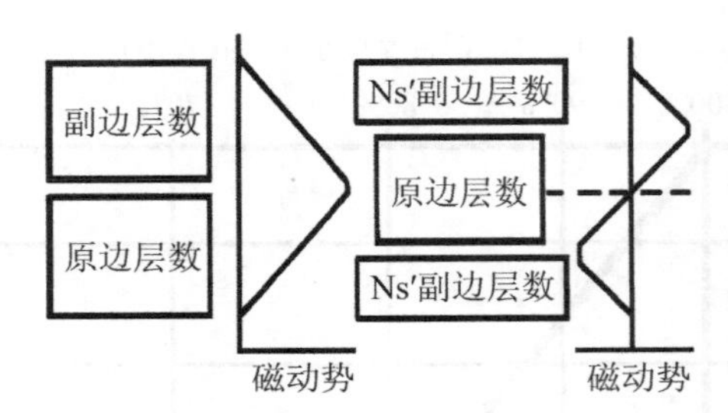

简单绕制和三明治绕制的变压器绕组布置图和相应的磁动势曲线图

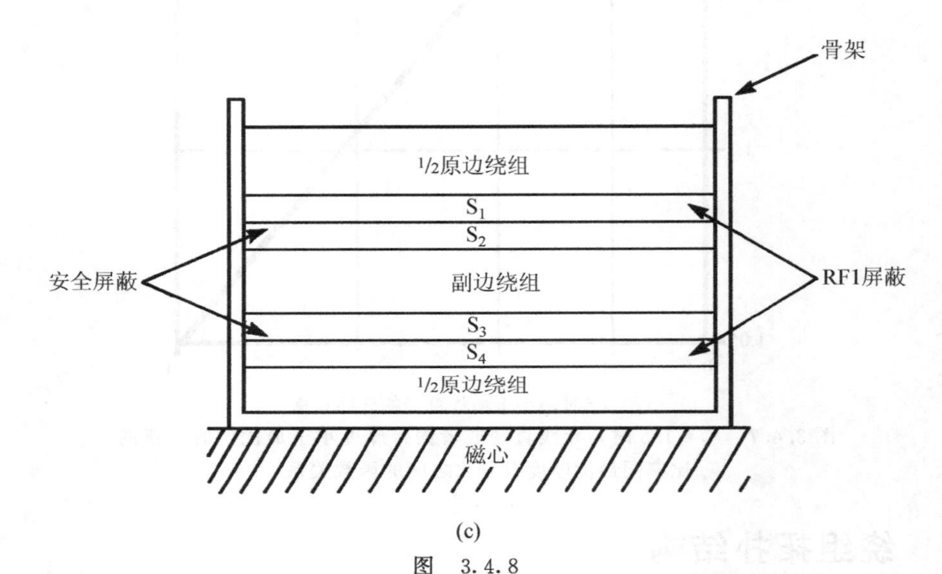

(c)

图　3.4.8

(a) 和 (b) 图分别给出了简单的和三明治的拓扑结构绕组中磁动势的分布情况

(c) 图描述了三明治（拆分）绕组拓扑结构，给出了原副边绕组、安全屏蔽和 RFI 屏蔽的位置分布

在三明治结构中，一般的设计方法是将原边绕组二等分，先绕一半原边绕组，再绕副边绕组，然后再绕另一半原边绕组，将副边绕组包裹在中间，如图 3.4.8c 所示。在一些多输出的应用中，尤其是在那些副边绕组输出电压低、电流高、输出负载不变的应用中，此时采用第二种三明治结构。将副边绕组拆成两半、原边绕组包裹在中间的三明治结构，其优点是通过副边绕组的最高电流接近磁心的最高电流，因为绕组每匝的平均长度较小，铜损耗也相对较小。这种拓扑结构的第二个优点是：靠近磁心的绕组的交流电压较低，降低了从原边到磁心、副边和壳体耦合的 RFI（射频干扰）。但是必须十分谨慎地使用这种拓扑结构，因为原边绕组上的副边绕组和在下面的副边绕组必须有相同的安匝负载量，且负载量必须保持不变，否则将会出现大的漏电感。

在这些例子中，原边绕组被拆为两个相同的部分，分别在副边绕组的上面和下面。四个屏蔽引入到原边和副边绕组之间。靠近原边绕组的屏蔽 S_1 和 S_4，主要是减少高电压的原边绕组和安全屏蔽 S_2 与 S_3 之间的耦合干扰。法拉第屏蔽和原边绕组的公共线相连，将电容耦合的 RFI 电流返回到原边电路中去。安全屏蔽同 S_2 和 S_3 相连至底座或者接地，将副边输出同原边电路隔离开来，从而防止绝缘故障。这些屏蔽虽然从安全和辐射方面考虑是有必要的，但同时它们占用了大量的空间从而增加了原边和副边的漏电感（见 4.22 节）。

在确定了绕组的拓扑结构后，再来计算被绝缘和屏蔽部分所占用的空间。那么剩下的空间全部可供原边和副边绕组使用。

还有一些因素能影响到绕组的设计。

绕组所占用的层数最好是整数，在原边绕组被拆分成三明治结构的情况下，有效的层数为偶数，从而使分开后的两部分原边绕组层数相等。如果两边有未全部绕制的绕组层，那么其绕组空间利用率低，且绕组引出线（引出线跨越下面绕组层的顶端）地方的绝缘击穿率将会增大。由于在高频变压器中每匝导线电压相当高，而绕组引出线通常跨越好几匝导线，它将会承受更高的击穿电压。此外，绕组引出线还受到相当大的机械应力，在绕组中，由于绕组引出线的不连续性或者“突起”，其余绕组层均对它施加压力。在开关变压器中绝大多数的绝缘击穿均可追溯到该种形式导线的不连续性或者对绕组引出线较差的处理。好的绕组结构中所有的绕组层均是完全绕制的，且绕组引出线在引出时进行额外的绝缘处理，且不跨越其他绕组，或者根据实际用途来进行处理。

为满足 VDE、UL 和 CSA 规格中对蠕变距离和空间的要求，将原边和副边绕组的蠕变距离增加到 8mm（见图 3.4.9a、图 3.4.9b 和图 3.4.9c）。

为了更容易满足蠕变距离要求，将原边绕组的终端绕制在骨架的一边，而将副边绕组的终端绕制在骨架的另一端，这是个非常好的实行办法。将原边绕组和副边绕组的引出线很好的隔离开来这也是很有好处的。在高频下，窗口的空间限定时，可采用图 3.4.9 中的绕制技术。如果接地安全屏蔽已经安装，那么蠕变距离应该减少至 3mm（见图 3.4.9c）。安全屏蔽必须和地（底座）相连，并且能够承载额定最大故障电流以熔断熔断器或其他保护器件。

虽然设计的目标是让原边和副边绕组占有相同的空间，但稍许的差异也是可以接受的，就像原边绕组中的损失的增加部分会由副边绕组中损失的减少来补偿一样，反之亦然。尽管在非平衡的情况下，最大损耗的绕组热点会稍微高一些，但变压器的整体效率并非仅仅是理想变压器效率少许的变化造成的。

从上面可以看出，对导线规格的选择是一件非常复杂的事情，要从多方面加以考虑，包括实际情况和电气要求等方面。绕制变压器或监督变压器样品的绕组以确保此变压器样品符合实际要求，并且能达到预期要求是变压器设计工程师的责任。

印制电路板的设计应该符合理想变压器的出线引脚，注意不要弄反了。

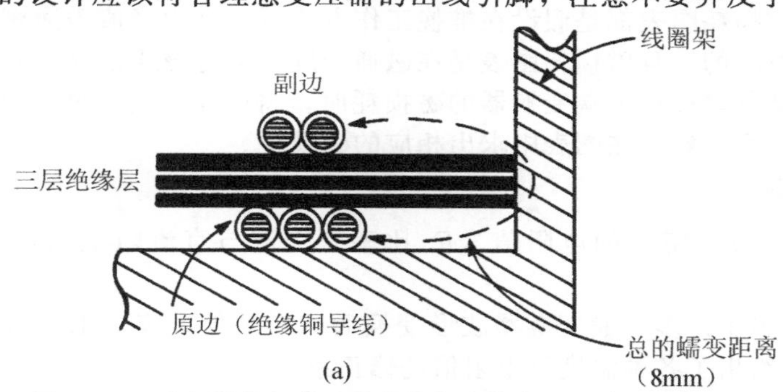

图 3.4.9　变压器绕组的几种结构和绝缘方法，满足安全蠕变距离要求，是被安全机构所认证的变压器结构类型

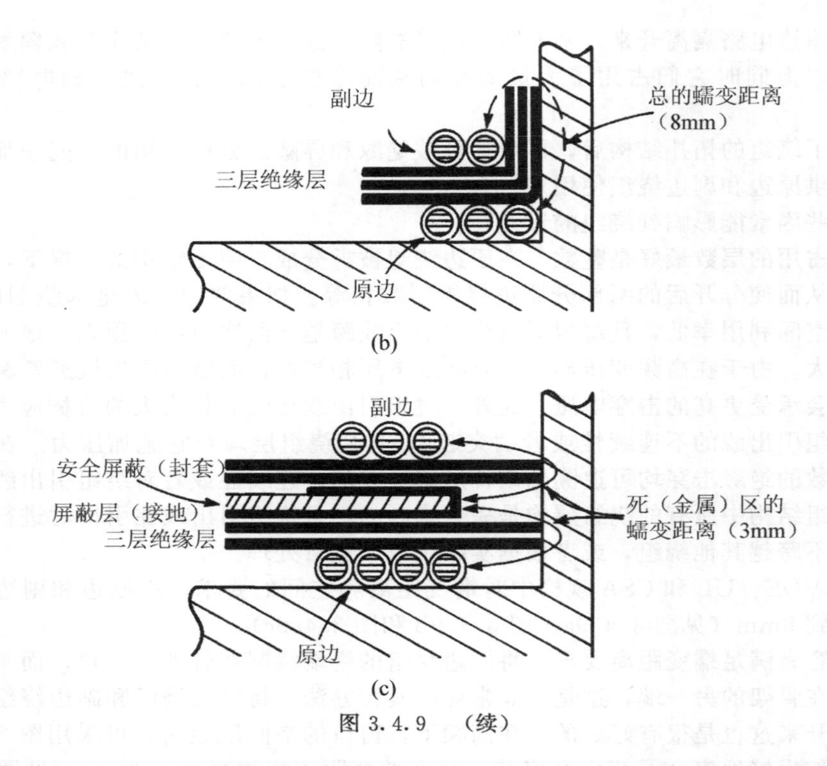

图 3.4.9　（续）

在最终的设计中，应计算磁损耗和铜损耗来检查设计是否完全优化。要想获得最优的性能，多次重复的设计是非常必要的。

4.18　温升

在对流散热的情况下，温升主要取决于总的内部损耗和外表面积。原始设计的目标是温升达到 30℃，通过计算出的损耗来进行校核，因此温升为设计的最后部分。

4.18.1　磁损耗

磁损耗主要取决于磁心材料、磁通密度摆幅、频率和磁心大小。图 3.4.4 所示为一典型的变压器铁粉磁心的磁损耗（德国西门子 N27 型）。在此例子中，磁损耗（mW/g）是由磁通密度摆幅 ΔB 和工作频率共同确定的。

绝大多数的磁损耗图表都是假设在推挽工作方式下且是为峰值磁通密度绘制的。假定磁通密度振荡是对称的，且磁损耗图表是在磁通密度摆幅为磁通密度峰值 $\hat{B}$ 两倍时绘制而成的。当使用此类图表计算单端变换器的磁损耗时，将变压器的磁密度摆幅除以 2，其结果作为峰值磁通密度，然后在图表中求出相应的磁损耗。

4.18.2　铜损耗

铜损耗主要取决于绕组的电阻值、F_r 比率（交流与直流阻抗的比率）和电流的有效值。

图 3.4.10 给出了许多一般变换器波形变换后的有效值，表 3.1.1 给出了标准的绕组数据，图 3.4.11 给出了各种温度下电阻值的修正系数。

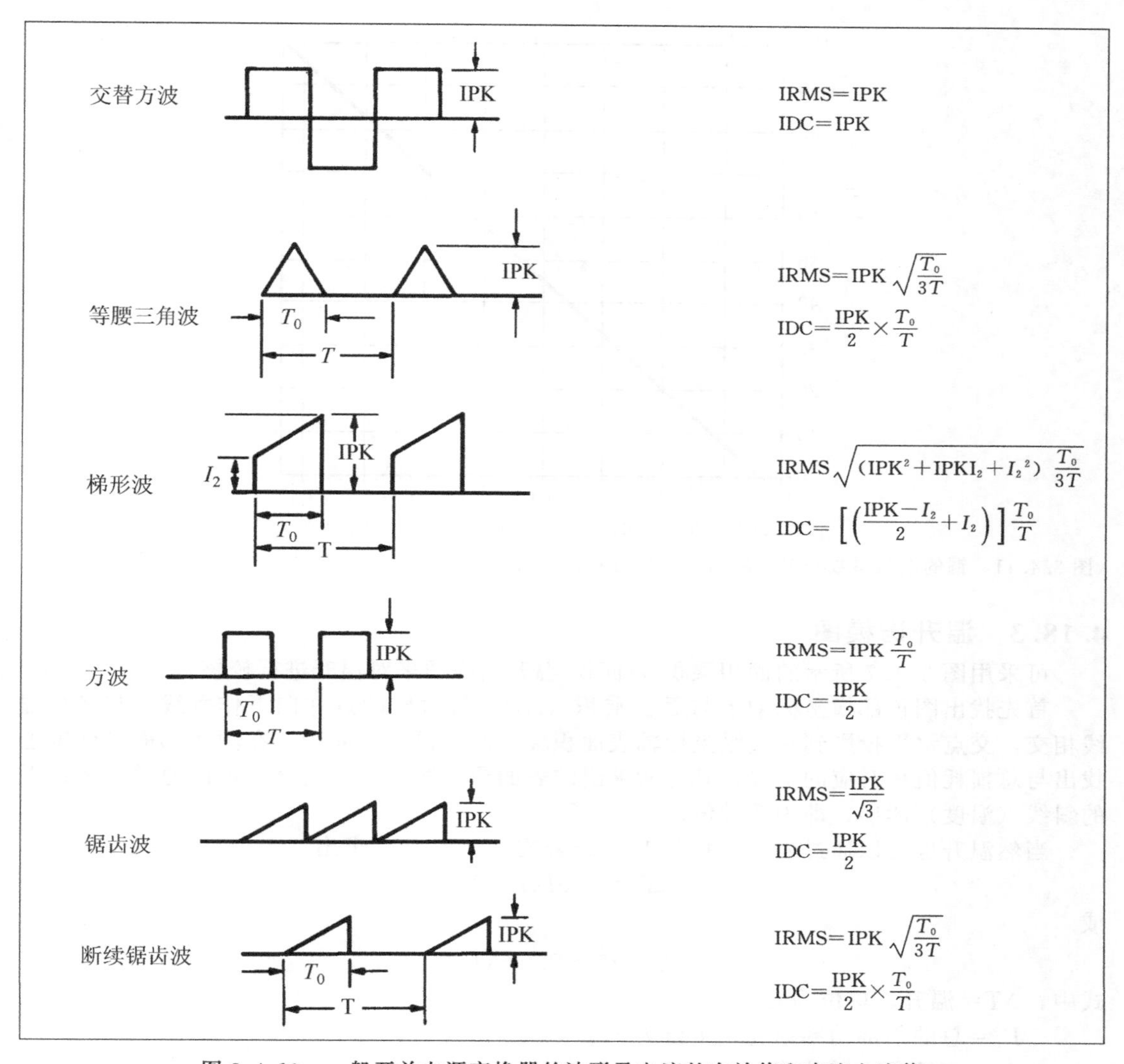

图 3.4.10　一般开关电源变换器的波形及电流的有效值和直流电流值

可根据每段绕组的平均长度、匝数和导线的规格来计算总的绕组直流电阻值，然后乘上 F_r 比率（可通过图 3.4.7 或图 3.4B.1 求得）和铜电阻温度系数（从图 3.4.11 得出），以求出在一定工作频率下的交流电阻值 R_e，并且估算出工作温度。

$$P_w = I_{rms}^2 R_e \text{W}$$

式中，P_w＝绕组铜损耗，单位为 W；

I_{rms}＝绕组电流的有效值，单位为 A；

R_e＝绕组有效的交流电阻值，单位为 Ω。

应求出每段绕组的铜损耗从而确保合理的损耗分布。变压器的总损耗等于铜损耗和磁损耗之和。

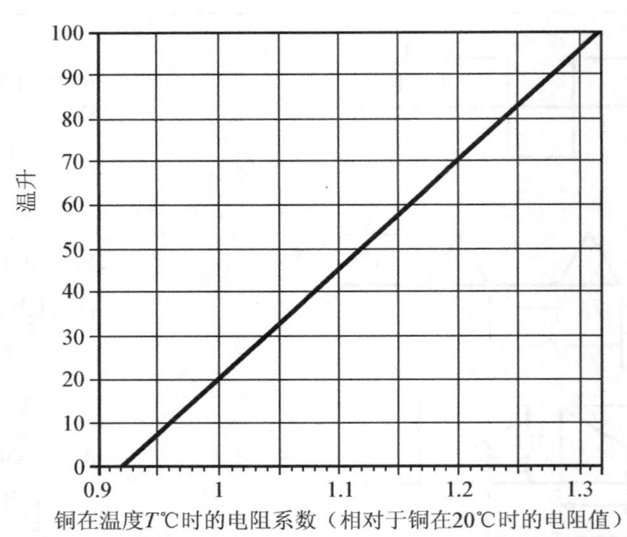

图 3.4.11 铜的电阻系数与温度之间的函数关系，可以看出铜分别在温度 T℃和 20℃时的电阻值之比

4.18.3 温升诺模图

可采用图 3.1.7 所示的面积乘积-表面积-温升诺模图来对温升进行校核。

首先找出图顶部横坐标轴上与面积乘积（AP）值对应的点并向下作垂线，与 AP 虚线相交，交点水平投影到左边纵坐标轴表面积轴上即可得出表面积。在图底部横坐标轴上找出与总损耗值相对应的垂线，其与所求出的表面积直线相交，其交点可以通过与之最近的斜线（温度）读出，即为温升值。

当然温升也可以通过公式（4.A.16）或公式（4.A.18）求出

$$\Delta T = 800 P_t / A_s \text{℃}$$

或

$$\Delta T = 23.5 P_t / \sqrt{AP} \text{℃}$$

式中，ΔT＝温升，单位为℃；

P_t＝总的内部功率损耗，单位为 W；

A_s＝表面积，单位为 cm^2；

AP＝面积乘积，单位为 cm^4。

这些近似公式适用的温度范围是 20℃～50℃。

4.19 效率

只要计算出损耗和转换功率，即可通过一般方法来求出效率 η。

$$\eta = \frac{\text{输出功率} \times 100}{\text{输出功率} + \text{损耗}} \%$$

4.20 温升较高时的设计

如果允许的温升超过 30℃，设计时采用图 3.1.7 所示的诺模图，那么设计步骤将会相反，设计出的变压器尺寸小且温升高。

在这种情况下，首先根据 AP 值求出表面积。根据表面积直线同所规定的温升的交点即可求出所允许的总耗散。对于最优设计，其磁损耗是总耗散的一半，图 3.4.4 给出了与磁损耗相对应的最优磁通密度摆幅。

3.5 节中所举的例子很好的阐述了变压器设计的详细步骤。

4.21　消除双股线绕组中的击穿应力

在一个双股线绕组中，两根或多根绝缘导线被并列地绕制在一起成为一个单独的绕组。虽然这些绕组都是独立的，但是之间却有紧密的磁耦合。

在高压变换器中，双股线绕组是一个潜在的击穿故障源，因此这种绕制方法只能适合于低电压的应用中。在低电压变压器中，如果导线最终并列地连在一起形成一个多股绕组，或者隔离的绕组间电压较低，那么将不会出现故障。

双股线绕组的一个典型应用是作为单端正激变换器中的能量反馈绕组。在一些线路中，能量反馈绕组用来在反馈周期中对变压器回程能量进行反馈。因为在主绕组和反馈绕组之间任何的漏电感都会造成开关元件集电极上过电压击穿，所以通常选用双股线绕组。

在离线式应用中，双股线能量反馈绕组通常应用在变压器的原边绕组上。但同时，由于临近绕组之间有较高的电压，使得双股绕组可能会造成故障。如果绝缘层上有任何一点损伤，这将是潜在的故障隐患。虽然导线绝缘层所能承载的额定电压为数千伏，但绕组上一个小小的裂纹均能导致故障，因为电压加在绕组所有的点上，且非常大。此外，一些比较疏忽大意的绕制方法使得两根双股绕组相互交叠，交叉点上有很大的机械应力，这可能会使得绕组在高温环境下产生故障。

因此如果有必要使用双股线绕组，只能采用质量较高的耐高温绝缘材料，且必须从绕组、绝缘和材料的加工处理等多方面进行考虑。技术工人应该要理解这些问题。

在以上示例中，如果将绕组分开成两个独立且绝缘的绕组层，则会使漏电感增加，因而这种方法通常不予采用。但是可以采用某些合适的电路，使得即使不采用双股线能量反馈绕组也能获得较好的性能。这里可以采用第二部分 8.5 节中所介绍的电路进行说明。

如图 2.8.1 所示，升压二极管 D_3 置于能量反馈绕组的顶端，如果能量反馈绕组（非双股线绕制）被拆分成两个独立且绝缘的绕组层，要使它们之间不产生漏电感是不可能的。电容 C_c 将二极管同绕组间的结点同开关晶体管 Q_1 连接起来。由于在变压器上这两段相同的绕组是独立且分开的，在它们之间不可避免地会产生一些漏电感。

在一个工作周期中，如果没有漏电感产生，开始时两段绕组将会互相跟随（偏置电压为直流 V_{cc}），因此电容 C_c 两端电压值在电源电压上将保持不变。而漏电感的存在会产生电压尖脉冲，但同时电容 C_c 和二极管 D_3 之间的通路会非常有效的钳制晶体管 Q_1 集电极的电压，以防止电压的超调。

相对于要传递的能量，电容 C_c 尽量取大的电容值，这使得在一个钳制周期内电容 C_c 两端的电压值变化较小。

在这种拓扑结构中，虽然漏电感并没有完全消除，但它并不再是一个问题。在开关关断的瞬间储存在漏电感中的能量通过 C_c 和 D_3 返回至电源中（解释更为详细的例子见第二部分的 8.5 节）。

内部装有高电压双股绕组的变压器，采用这种电路结构后，其可靠性问题将会消除。从本例可以看出，对变压器进行最优设计时，全盘考虑电路和变压器的设计过程是非常重要的。

4.22　RFI 屏蔽和安全屏蔽

为防止 RFI 电流通过绕组间电容从原边流入到副边或者是地下，必须安装一个屏蔽装置对原边绕组进行屏蔽，并将屏蔽和公共输入点连接起来，从而可以把电容耦合电流引回到原边。这个公共输入点通常是高电压输入线路的正极或负极。

由于这并非安全屏蔽，通常采用较薄的铜屏蔽材料。较厚铜材料电阻低，产生很大的涡流损耗，故最好不要选择厚铜材料用作屏蔽。在此类应用中，可以考虑较高电阻值的非磁性材料，例如磷青铜或者锰铜。另外可以考虑厚度很小的绝缘材料。在屏蔽层和绝缘层中，应防止绕组引出线隆起而形成过多的层面，从而最小化漏电感。

在高电压或“离线式”应用中，还要在 RFI 屏蔽和副边绕组间加入安全屏蔽。这类屏蔽及其绕组引出线必须承受电源的熔断器熔断电流（安全规格要求）。绝缘类型和厚度必须根据指定的安全规格要求来进行选择。当采用这两种屏蔽的时候，用一个高电压串联电容将 RFI 屏蔽同电源输入的公共端隔离开来，这样可以降低整体的绝缘要求。此时电容值取 0.01 μF，且额定电压要符合指定的安全规定。那么所有屏蔽总的绝缘厚度可以说明安全方面的要求程度。

在副边绕组的输出为独立的高电压的地方，有必要设置第三种屏蔽用来反馈，将绕组到屏蔽层电流容性地耦合到输出端。幸运的是，在大多数情况下无需这类屏蔽，因为在大多数情况下，输出绕组的公共端要么直接接地或接底座，要么通过一个低阻抗电容接至安全地（底座）。

注意：这些在安全屏蔽和输出绕组之间的连线或者电容要尽可能的紧密接近，以缩短电流流动的距离。

屏蔽终端的绝缘性一定要好，以防止短路绕组的出现，并且保证最少的绕组交叠，从而减少叠加电容（必须注意到在高频时，大的叠加电容会使得屏蔽层成为一个短路绕组）。

屏蔽的引出线应该从屏蔽的中心部位引出，以便减少屏蔽返回电流时的电感性耦合（容性感应但感性耦合的屏蔽电流在它们流入方向相反的每半部分屏蔽绕组时是相抵消的）。这些二次感应在高频时显得更为重要。

4.23 变压器的半匝绕法

在一些应用中，将变压器绕组调整到半匝或接近半匝是很有利的。

但是，最简单的方法是在 E 型磁心的中心柱上绕上半匝导线，这样做最多能够将耦合减至最低，但同时使得变压器稳定性变差，且在一定条件下会导致变压器磁心的一条支路饱和。

对图 3.4.12a 和图 3.4.12b 所示的这种简单的半匝绕法布局的分析可知，这样做类似于将一匝绕组绕制在变压器磁心的一条支路上，因为外部电流环路最终要闭合返回到主绕组开始端（甚至可能经过外部电路）。在图 3.4.12 中，绕组匝数为 1.5 匝，但效果是一样的。因为在平衡的情况下，中心柱的磁通量会等分地流入两边的磁心支路中，很明显，半匝绕组将会产生所需的半匝磁链，因此也产生了半匝的耦合电压。但是，只要任何负载加到这段绕组上，就会产生一个反磁动势，它使得与半匝绕组相耦合的磁心支路的磁阻增加（见图 3.4.12b，C 磁心支路）。

由于 E 型磁心任一低磁阻的磁通路均出现在另一磁心支路上（通路 A），中心柱的磁通量将会改变方向进入这一边，那么明显地半匝效应将会消失。从而半匝绕组产生的电压将会随着绕组负载的增加而迅速衰减，调整率很差。

这种情况可以通过引入气隙来改善（包括外磁心支路），那么由不平衡的磁动势所引起的磁阻差异可以通过引入气隙所带来的大磁阻忽略掉。在反激变换器中，引入气隙是最为平常不过的。假设相比于气隙所产生的磁阻，半匝绕组所产生的磁动势很小，那么半匝绕组适当的耦合将会保持，对于辅助低功率输出，这种简易的半匝绕组和气隙补偿将会非常适用。

但是对于大功率的应用，可以采用如图 3.4.12c 和图 3.4.12d 所示的工艺。分析结构可以看出这两个半匝绕组有效的应用到了变压器的每根磁柱上，这些半匝绕组并联工作，而且相位与反向磁动势相同，以平衡每个磁支路原来的磁通，因此平衡的磁通维持住了，而与负载变化无关。

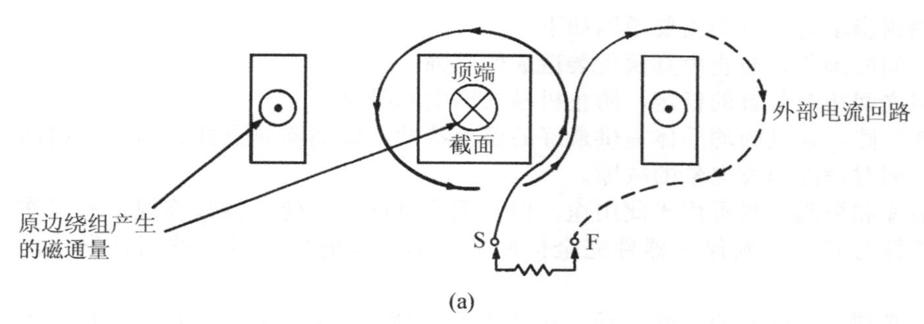

(a)

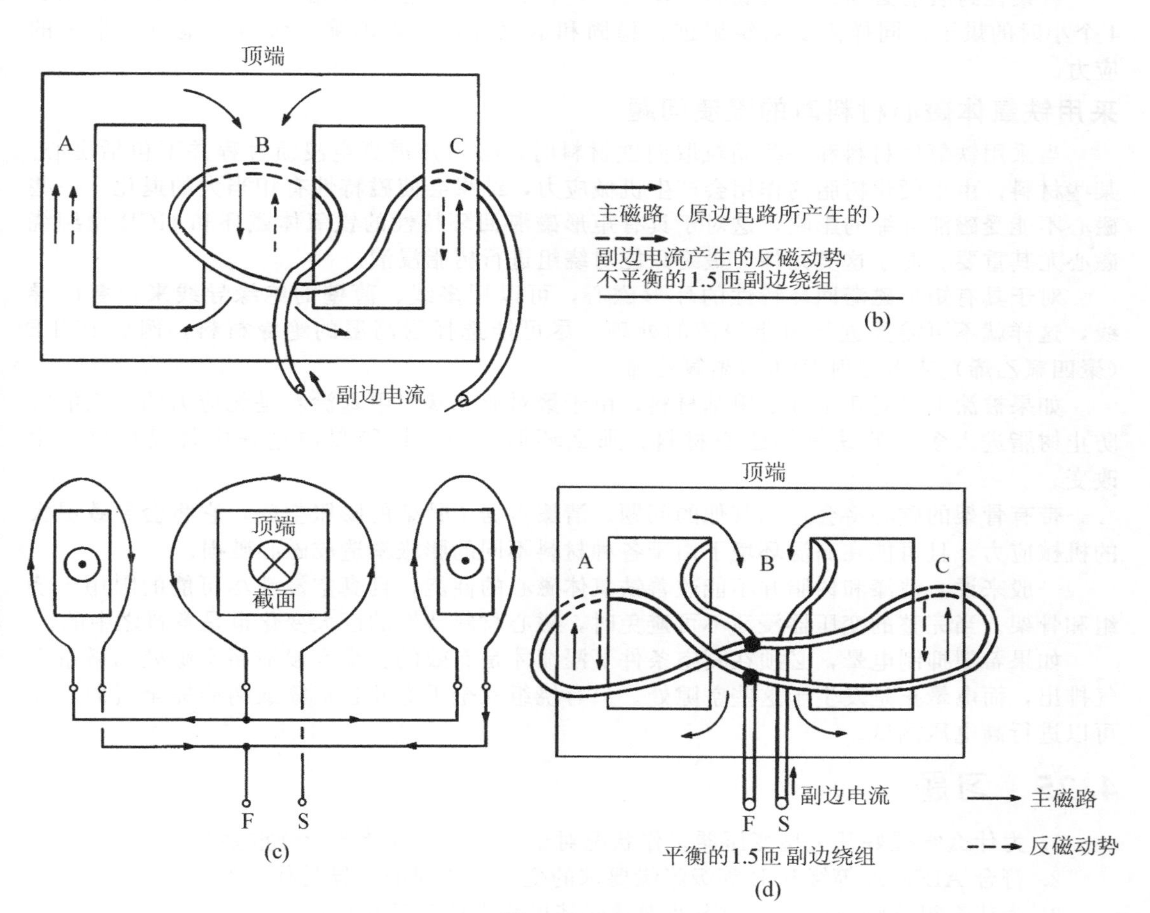

(b)

(c)

(d)

图　3.4.12

(a) 和 (b) E 型磁心变压器上通常采用的半匝绕组所带来的磁通链的损耗和磁通的不平衡

(c) 和 (d) 一种特殊的半匝绕组布置，能带来较好的具有平衡工作磁通密度的磁通链

对于电流型变压器，这种特殊的半匝绕组布置在高频应用中取得的效果尤为好，因为它将副边绕组等分为两部分。这种情况下，半匝绕组当然应该是原边电流绕组且在中心柱上的全绕组不需要规定。

通过一个相同的过程，X 型磁心和一些有四个口的罐状磁心提供平衡的 1/4 匝数。

4.24 变压器完工及真空浸渍

绕线元件要用树脂填充的三个主要原因如下。

(1) 排出绕组间的湿气，防止由真菌侵袭造成的腐蚀。

(2) 保证绕组之间相对位置的稳定，防止机械式漏电和噪声。

(3) 排除空气气隙，并且为均质体提供最好的温度特性，以消除热点并且防止绕组间电容的不连续性，同时消除引发电晕的故障。

一些专用的清漆和树脂材料可用于此用途，但必须注意选择与变压器最终规格和工作温度相匹配的可靠性材料。为确保元器件完全彻底的浸渍，这时应尽可能选用低黏性的树脂。

骨架在封装前必须进行彻底的干燥处理，在这里推荐使用烤箱，在 110℃下进行至少 4 个小时的烘干。同样需要对绕组进行稳固和退火处理，以消除封装时其他方面带来的应力。

采用铁氧体磁心材料时的浸渍问题

当采用铁氧体材料和一些晶粒取向铁材料时，必须知道真空浸渍过程并不包括磁心。某些材料，由于硬化树脂的作用会产生机械应力，结果会使磁特性有相当大的退化。一些磁心不能受磁滞伸缩的影响，这对于具有矩形磁滞回环特性的铁氧体磁环和 HCR 型缠绕磁心尤其重要。对于这类元件，最终只能对绕组进行树脂浸渍。

对于具有矩形磁滞回环特性的环形磁心，可以用多线、薄壁的绝缘导线来代替磁导线，这样就不再需要进行树脂浸渍的处理。尽可能选择耐高温的绝缘材料，例如 PTFE（聚四氟乙烯）或者辐射 PVC（聚氟乙烯）。

如果被涂上聚对亚苯基二甲基材料，由于聚对亚苯基二甲基涂料是无应力的，它能够防止树脂进入多孔的铁氧体磁心材料，那么环形磁心在树脂浸渍过程中就很难再发生改变。

带有骨架的磁心将会遇到其他的问题。清漆占据了骨架的膨胀空间，它将会导致更大的机械应力，且可能在高温环境下由于各种材料不同的膨胀率造成磁心破损。

一般来说，清漆和树脂并不能改善铁氧体磁心的性能，且真空浸渍尽可能的限用于绕组和骨架。当完整的变压器浸渍不可避免时，磁心材料特性的巨大变化也是意料之中的。

如果希望抑制电晕，必须在真空条件下浸渍才是有效的。真空浸渍将空隙处的微量空气排出，而电晕正是发生于这些空隙处。只有绕组完全干燥并且清漆或树脂完全凝固后才可以进行高电压测试。

4.25 习题

1. 为什么掌握好开关型变压器工作状况对于开关电源设计者十分重要？
2. 符合 AIEE A 等级和 B 等级绝缘要求的变压器之间的差异是什么？
3. 为什么很难将变压器的功率处理量同其尺寸直接联系起来？
4. 假设变压器产生最优的效率，那么损耗要符合什么条件？
5. 为什么说变换器拓扑结构和整流器结构布置会影响变压器的磁心尺寸？

6. 对于中、低频变压器，通常磁心材料的哪种特性能定义最小的原边匝数？
7. 在高频变压器的设计中，磁心材料的哪种特性决定原边绕组的匝数？
8. 在直接离线式变换器的应用中，减小变压器的尺寸为什么非常困难？
9. 减小原副边漏电感应该采用的最基本步骤是什么？
10. 什么是磁心的面积乘积 AP？
11. 在变压器设计中，用什么方法得到的面积乘积才是有效的？
12. 开关变压器最优设计时的一般效率是多少？
13. 为什么集肤效应和邻近效应对高频变压器磁导线的尺寸选择有很大的影响？
14. 在高频变压器中，为什么变压器直流绕组的电阻对铜损耗的计算值影响不显著？
15. 为什么在常规 E 型磁心变换器中，半匝绕组通常是个问题？
16. 双股线绕组的优点是什么，它是怎么构造的？
17. 双股线绕组的缺点是什么？
18. 变压器的 RFI 屏蔽和安全屏蔽的差异是什么，它们是如何构造的？
19. 在不会造成磁通平衡的情况下，是否可能在常规 E 型变压器上绕制半匝绕组？

附录 4.A　变压器设计中 AP 公式的推导

4.A.1　变压器面积乘积（AP）

变压器输入功率 P_{in} 与输出功率 P_{out} 和效率 η 的函数关系如下：

$$P_{in}=P_{out}/\eta \tag{4.A.1}$$

变换器变压器的平均直流电流的输入 I_{dc} 与输入功率和直流输出电压的函数关系由输入功率 P_{in} 和直流输入电压 V_{in} 决定，因此：

$$I_{dc}=P_{in}/V_{in} \tag{4.A.2}$$

当输入电压为最小值 $V_{in(min)}$ 且脉冲宽度最大时，原边电流的有效值 $K_t=I_{dc}/I_{pm}$ 最大。K_t 与平均直流输入电流 I_{dc} 和原边电流的有效值有关，其中原边电流的有效值主要和变换器的拓扑结构有关。且有 $K_t=I_{dc}/I_{pm}$，它们之间的函数关系为：

$$I_{pm}=\frac{I_{dc}}{K_t} \tag{4.A.3}$$

将 V_{in} 为最小时，将公式（4.A.2）代入公式（4.A.3）中，有：

$$I_{pm}=\frac{P_{in}}{V_{in(min)}K_t} \tag{4.A.4}$$

原边绕组可用的窗口面积 A_p 同总的窗口面积 A_w、“原边面积系数” K_p 和导线填充系数 K_u 的函数关系为：

$$A_p=A_wK_pK_u \tag{4.A.5}$$

恰能填满原边绕组的导线匝数 N_p 同原边可用窗口面积 A_p、导线电流密度 J 和原边电流的最大有效值函数关系如下：

$$N_p=\frac{A_pJ}{I_{pm}} \tag{4.A.6}$$

将公式（4.A.4）和公式（4.4.5）代入公式（4.4.6）消掉 A_p 和 I_{pm} 得：

$$N_p=\frac{A_wK_pK_uJV_{in(min)}K_t}{P_{in}} \tag{4.A.7}$$

或

$$A_w=\frac{N_pP_{in}}{K_pK_uJV_{in(min)}K_t}$$

根据法拉第定律，

$$E_{dt}=N\mathrm{d}\Phi \tag{4.A.8}$$

因此有

$$V_{in(min)}t_{on(max)}=N_p\Delta BA_e$$

或

$$A_e=\frac{V_{in(min)}t_{on(max)}}{N_p\Delta B}$$

式中，t_{on}＝导通时间；

ΔB＝导通时间内磁通密度的增量；

A_e＝有效的磁心面积。

工作频率为 f 时，导通时间最长为周期的 1/2，因此有

$$t_{on(max)}=\frac{1}{2f} \tag{4.A.9}$$

将公式（4.A.9）代入公式（4.A.8）得

$$A_e=\frac{V_{in(min)}}{N_p \Delta B 2f} \tag{4.A.10}$$

而

$$AP=A_w A_e$$

联立公式（4.A.9）和公式（4.A.10）有

$$AP=\frac{P_{in}}{K_t K_u K_p J \Delta B 2f} m^4 \tag{4.A.11}$$

在对流冷却的情况下，如果变压器的温升限制在 30℃，3.95 导线的电流密度 J 可由经验公式求得：

$$J=450\times 10^4 \times AP^{-0.125}\ A/m^2 \tag{4.A.12}$$

（温升为常数时，因为体积与面积之比同变压器大小成反比，所以电流密度随着变压器尺寸的增大而减小。）

将公式（4.A.12）代入公式（4.A.11）中，且将 AP 的量纲转换成 cm^4：

$$AP=\frac{P_{in}\times 10^8}{K_t K_u K_p \times 450\times 10^4 \times AP^{0.125}\times \Delta B \times 2f} cm^4$$

$$AP^{(1-0.125)}=\frac{P_{in}\times 10^4}{K_t K_u K_p \times 450 \times \Delta B \times 2f} cm^4$$

因此

$$AP=\left(\frac{P_{in}\times 10^4}{K_t K_u K_p \times 450 \times \Delta B \times 2f}\right)^{1.143} cm^4 \tag{4.A.13}$$

由于 $K'=K_t \cdot K_u \cdot K_p$（见表 3.4.1），替换公式（4.A.13）中的 K' 并简化公式得

$$AP=\left(\frac{11.1 P_{in}}{K' \Delta B f}\right)^{1.143} cm^4 \tag{4.A.14}$$

根据以上公式，变压器大小可通过 AP 值求得。在输入功率 P_{in}、磁通密度摆幅 ΔB 和频率 f 已知的情况下，在拓扑系数 K' 不变且自然空冷下温升为 30℃时可求得 AP 值。

4.A.2　拓扑系数 K'

拓扑系数 K' 同变换器的类型、副边绕组的类型、对整流器、绝缘和屏蔽的要求以及电流的波形有关。

拓扑系数 K' 由三个子系数构成：

$$K'=K_p K_u K_t \tag{4.A.15}$$

4.A.3　原边面积系数 K_p

原边绕组的窗口面积同总的窗口面积的比值（A_p/A_w）等于 K_p。虽然窗口面积被原边绕组和副边绕组分为相等的两个部分，但原边窗口不能总是完全被原边绕组所利用。例如，在正激变换器中，能量绕组通常是双股线绕组，原边绕组面积只占部分绕组面积。此外，在中心抽头推挽式拓扑结构中，在任何时间内，仅仅只有一半的原边绕组是有效的，这使得相对于总的窗口面积来说原边绕组的有效利用率下降到了 25%。同样，副边绕组的有效利用率也为 25%。

4.A.4　窗口利用系数 K_u

K_u 等于铜所占的窗口面积与总的有效的窗口面积的比值。当采用圆形导线和一般的绝缘等级时，K_u 通常取 0.4（40%）。当采用骨架绕组后，K_u 会降至 30%。

4.A.5 电流系数 K_t

电流系数 K_t 等于直流输入电流与最大原边电流（I_{dc}/I_p）的比值。它与变换器的拓扑结构和原边电流的波形有关。为了方便起见，假设采用方波，在实际中产生的误差很小。

原边绕组波形取决于变换器的类型，但是副边绕组波形的选择主要根据整流电路。桥式整流器需要一个单绕组和两相整流器，这个单绕组是一个铜的有效利用系数较低的中心抽头绕组。

4.A.6 温升

在自然风冷环境下，变压器的温升主要与内部总的损耗（磁损耗和铜损耗之和）、有效的表面积有关。图 3.1.7 是由参考资料 1、2 和 15 中的测量数据和结果所建立的。从图 3.1.7 可以看出，在自然风冷且环境温度为 25℃下，对于不同的面积乘积或表面积，温升和总的内部耗散之间的函数关系。所预期的温升（范围为 20℃～70℃）可根据变压器的表面积和内部损耗通过诺模图直接求出。如果 AP 值已知，同样也可根据图 3.1.7 中诺模图中 AP 虚斜线同 AP 值垂线的交点求出表面积值。

当然，对于温升在 20℃～50℃范围时，也可采用如下由图 3.1.7 演化而来的近似公式求得温升值：

$$\Delta T=\frac{800P_t}{A_s}℃ \tag{4.A.16}$$

式中，ΔT＝温升，单位为℃；

P_t＝总的内部损耗，单位为 W；

A_s＝变压器的表面积，单位为 cm^2。

表面积 A_s 与面积乘积 AP 的关系如下：

$$A_s=34\times AP^{0.51}\ cm^2 \tag{4.A.17}$$

将其代入公式（4.A.16）中消去 A_s 有

$$\Delta T=\frac{23.5P_t}{\sqrt{AP}}℃$$

从而可以得出热阻 R_t（规定温升为 30℃）值为

$$R_t=23.5AP^{0.5}℃/W \tag{4.A.18}$$

附录 4.B　高频变压器绕组的集肤和邻近效应

4.B.1　引言

在这节里，我们将对本章中所采用的设计方法进行解释。如果想做更深一步的了解，请参看参考文献［1］、参考文献［2］、参考文献［8］、参考文献［15］、参考文献［31］、参考文献［58］、参考文献［59］、参考文献［60］、参考文献［65］、参考文献［66］和参考文献［67］。

为了优化高频开关型变压器的效率，必须采用合适的导线直径、铜带厚度和绕组的几何结构参数。如果仅仅将某一直径的导线简单地绕制在有效的磁心窗口中，那么对变压器效率的优化是无益的。而那些在工频变压器设计中所采用的简单规则往往是不能用在高频变压器的设计中的。

通过图 3.4B.1、图 3.4B.5 和图 3.4B.6，我们可以看出绕组的交流阻抗和其工作频率、导线的直径和绕组层数之间的关系，因此，当两层或三层导线的绕组工作在高频范围中时，绕组的交流阻抗同直流阻抗的比值 F_r 增大很快，尤其在那些设计较差的系统中，F_r 可以迅速增大 10 倍或更多。也就是说，当绕组工作在工作频率范围时，其有效的电阻值能够达到其直流阻值的 10 倍甚至更多。这将会导致电压的过多损失和温升。

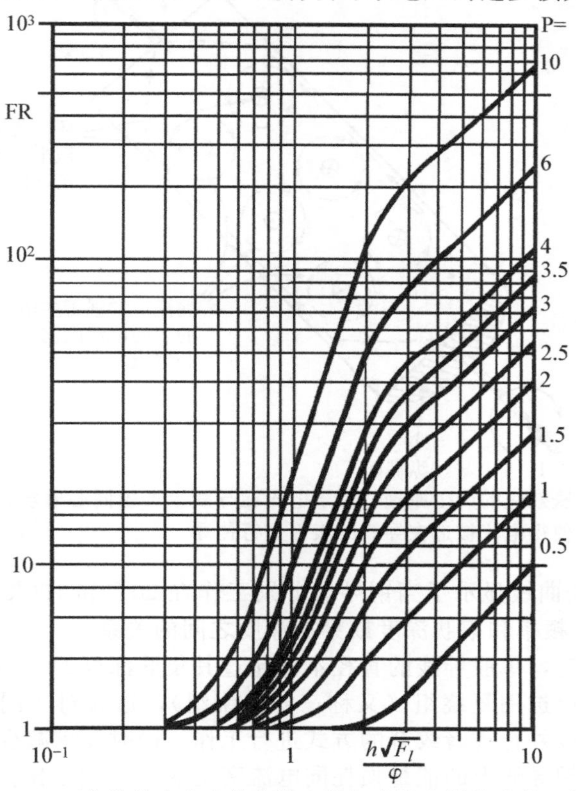

图 3.4B.1　F_r（集肤效应产生的交流电阻与直流电阻的比值）与导体的有效厚度及绕组层数之间的函数关系

在高频的应用中，很多人直观地倾向于使用尽可能大直径的导线，这通常会导致错误的结果。过大直径的导线产生的集肤效应和邻近效应将会导致额外的损耗。因此，使用过大直径的导线会产生更多的层数和过多的电流聚集，太大的直径和太小的直径一样低效。可见，由于邻近效应和集肤效应，绕制高频电源变压器用的导线直径或铜带厚度应有个最佳值。

目前应简单看看邻近效应和集肤效应。

4.B.2 集肤效应

一根单独的导线在通过电流时会激发一个同心磁场，当电流不断变化时将产生磁动势，在磁动势的作用下，导线的内部将会产生涡流。涡流与导线表面电流方向相同，因此增强了表面电流但与导线中心电流相反，因而削弱了中心电流，如图 3.4B.2 所示。这种能激励电流沿着导线的表面流动的效应就是我们俗称的集肤效应。实际上，大部分电流将沿着导线上某一厚度或称之为集肤深度（渗透深度）的表层进行传导，我们可以用如下公式等价这种关系：

$$\Delta=\frac{K_m}{\sqrt{f}} \tag{4.B.1}$$

其中，Δ=集肤深度，单位为 mm；

f=频率，单位为 Hz；

K_m=物质常数［铜的 K_m 范围是 75（100℃）～65.5（20℃）］。

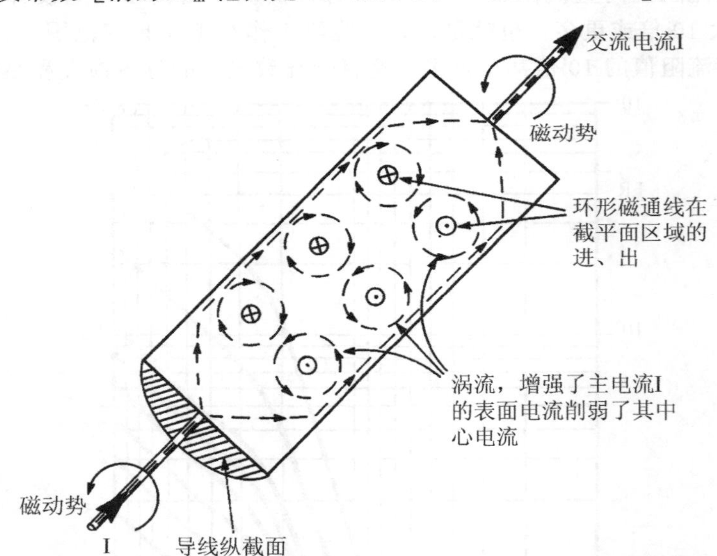

图 3.4B.2 集肤效应的产生原理，由于电流在导线上产生同心磁场，同心磁场的作用使得电流被迫在导线的表面进行传导

图 3.4B.3 用两条曲线显示了当铜导线分别工作在 20℃和 100℃时，工作频率范围在 10kHz～300kHz 时，频率和集肤深度或穿透深度之间的关系。

与变压器相连接时，单股导线的直径不能超过其集肤深度的 2 倍或 3 倍。在电流强度比较大的应用中，应该选用复绕组（又称三明治绕组），这时对于同一绕组进线和出线应耦合紧密，且使它们以并行或者绞合的方式进行工作，同时要求减少外部的漏电感。

必须记住的是，铜导线上的能量损耗同电流密度的平方成正比。因此，即使是表面电流密度很小的变化，都能对有效交流阻抗比率（F_r 比率）产生较大的影响。

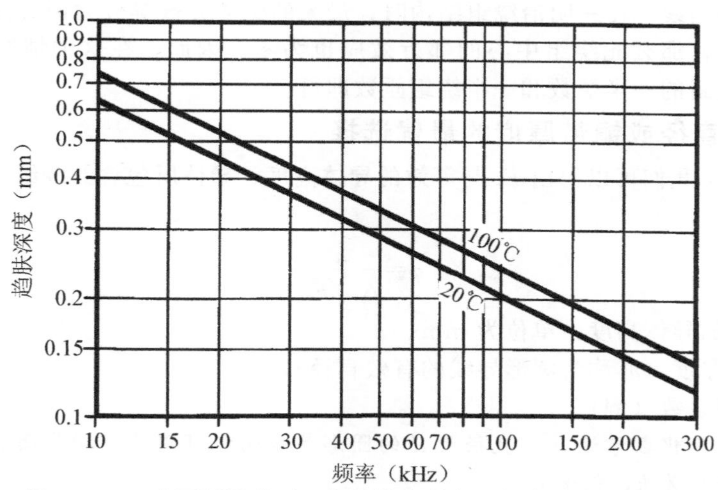

图 3. 4B. 3　在不同温度下，集肤效应所产生的有效的集肤深度和频率之间的函数关系

4. B. 3　邻近效应

在一个变压器中，由于集肤效应所产生的简单的电流分布情况会由于邻近导线所产生的邻近效应而进一步的改变。

如图 3. 4B. 4 所示，当很多匝绕组被绕成一层或多层绕组时，根据绕组的平面可确定磁动势的方向。那么磁动势将会在导线内部产生环形电流，根据右手法则可以得出其方向。此环形电流对流向原副边绕组交界面的电流有增强作用，而对在绕组远离交界面方向上的电流有削弱作用。因此，受邻近效应的影响，导线上的有效区域又被进一步的减少。

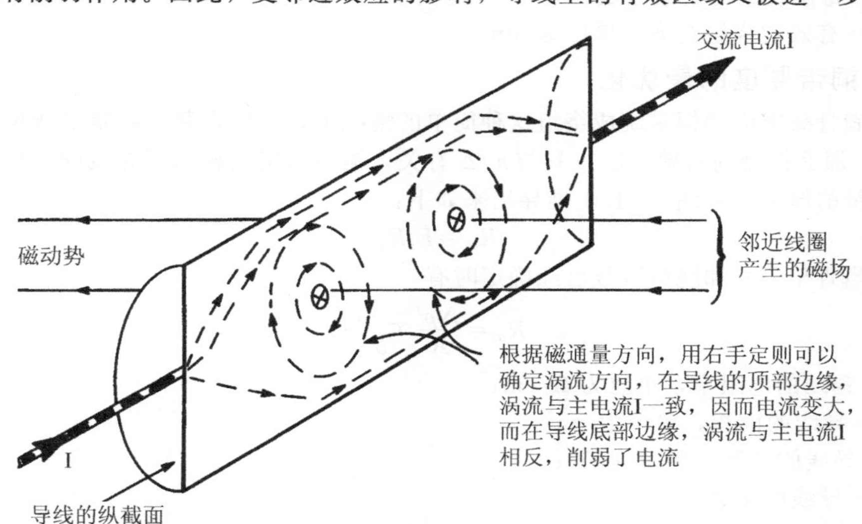

图 3. 4B. 4　邻近效应的产生原理，由于邻近效应，电流 I 在流经原副边绕组之间的交界面时，会受到邻近绕组所产生的磁场的作用而在交界面流动

由于磁动势最大的地方，邻近效应最明显，也就是原边绕组和副边绕组的交界面处所产生的效果最为明显。图 3. 4. 8a 和图 3. 4. 8b 分别画出了在单层绕组和三明治绕组中产生

的磁动势的分布曲线。在三明治绕组结构时，最大的磁动势被等分为两部分，中间绕组中心的磁动势为零，那么此绕组中心的邻近效应也为零。因此，在这种情况下计算 F_r 时，只需考虑中间绕组的一半层数和一半绕组匝数即可。

4.B.4 导线直径或铜带厚度的最优选择

从图 3.4B.1 我们可以得出 F_r 与等效的导体高度、导体所包含的绕组层数之间的函数关系。

如下所示：

$$\varphi=\frac{h}{\Delta\sqrt{F_l}} \tag{4.B.2}$$

其中，φ=有效的导体高度，单位为 mm；

h=铜带厚度（亦称为圆形导线的有效直径）；

F_l=层间系数（铜）。

注意：为了简化数学运算，直径为 d 的圆形导线面积可用具有相等面积的正方形导线表示，其有效厚度为 h，例如：

$$圆形导线的面积=\pi r^2 或者 \pi(d/2)^2$$

$$正方形导线的面积=h^2$$

因此有

$$\pi(d/2)^2=h^2$$

故有

$$h=d\sqrt{\pi/4} \tag{4.B.3}$$

层间系数与导线的直径、导线之间的空间、匝数以及有效的绕组宽度有关，其关系如下：

$$F_l=\frac{Nh}{b_w}$$

其中，N=每层绕组的绕组匝数；

b_w=有效的绕组宽度，单位为 mm。

4.B.5 铜带厚度的最优化

在用满骨架宽度的铜带绕成绕组这种简单的情况下，工作在某一择定的频率下时，由于 $F_l=1$，那么铜带的有效高度 φ 只与 h/Δ 有关，铜带的层数相当于导线的匝数，那么理想化的铜带的厚度可由图 3.4B.1 推导出来如下：

$$R_{ac}=F_rR_{dc}$$

但是当骨架尺寸和绕组匝数已经确定时有

$$R_{dc}=\frac{N\rho l}{A}\propto\frac{\rho}{b_wh}$$

其中，ρ=铜线的电阻率，单位为 Ω/cm；

A=导线的面积，单位为 cm^2；

l=导线的长度，单位为 cm；

N=导线的匝数。

因此有

$$R_{ac}=F_rR_{dc}$$

可以写成如下形式

$$R_{ac}\propto F_r\frac{\rho}{b_wh}\propto\frac{\rho}{b_w\Delta}\cdot\frac{F_r}{\varphi}\quad(由于\ \varphi=h/\Delta)$$

也可以表达成如下公式

$$\frac{R_{ac}b_w\Delta}{\rho}\propto\frac{F_r}{\varphi} \tag{4. B. 4}$$

可以做出在坐标图上表示出在不同的匝数 N（或铜带绕组的层数）下，F_r/φ 与 φ 之间的关系，如图 3. 4B. 5 所示，从图中我们可以看到当匝数 N（或铜带绕组的层数）取不同值时的最小交流电阻，这些点近似构成一条下降直线（图中虚线所示），此时 F_r 值为 4/3。对于给定的匝数（层数），在某一工作频率下，铜带的厚度等于横坐标轴读数乘上集肤深度，例如，当 $N=2$ 时，最小交流电阻所对应的 H/Δ 值为 1，那么铜带厚度取此时的集肤深度为最佳。

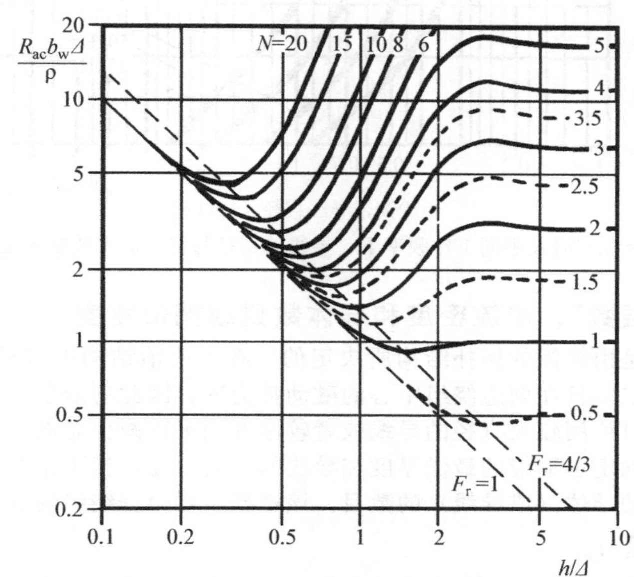

图 3. 4B. 5 在不同匝数（层数）时 R_{ac} 与 h/Δ 之间的函数关系，从图中可以看出最优 F_r 比率和最优导体厚度的条件建立过程

从而我们可以得到，对于简易的铜带绕组，铜带的厚度是由频率和匝数（层数）所决定的函数，且其最优值在 $F_r=1.33$ 附近取得。

4. B. 6 导线直径的最优化

由上可知，对于圆形导线绕组，其导线最优直径的选取要远复杂于铜带绕组。但是通过一个类似的过程（见参考文献［58］、［59］、［60］和［66］），我们可以得出最佳的导线直径在 $F_r=1.5$ 附近取得。

图 3. 4B. 6 和图 3. 4B. 7 分别描述采用最优的导线直径和铜带厚度来获取理想的 F_r 比率，从图可以看出在不同的工作频率下导线直径、铜带厚度与有效的层数之间的函数关系。

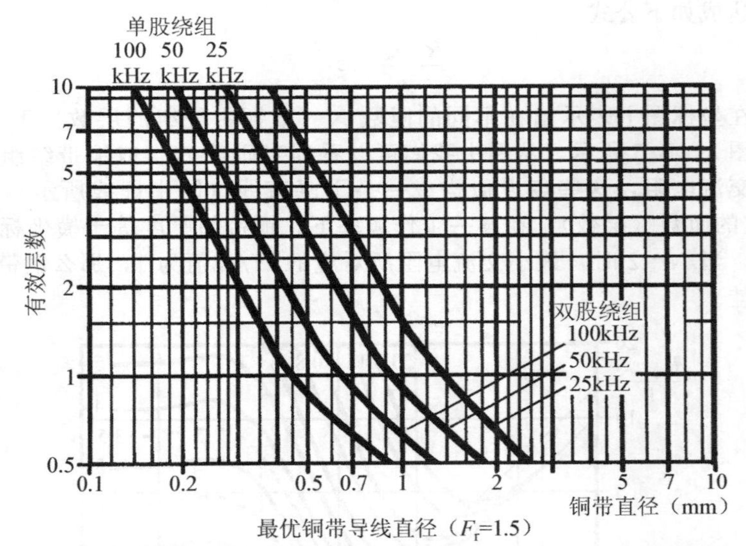

图 3.4B.6　$F_r=1.5$ 时在不同工作频率下，导线的直径与绕组的有效层数之间的函数关系

4.B.7　“有效层数”，电流密度和导体数目或铜带宽度

有效层的数目是由绕组的拓扑结构所决定的。在三明治结构中（见图 3.4.8c），由于原边绕组被一分为二，且在副边绕组中心的磁动势为零，因此有效层数仅仅是总层数的一半。分开的绕组可以使用较大直径的导线或者较厚的铜带以减少总电阻。

那么我们已经确定了铜带的最优厚度和导线的最大直径，接下来我们只需选择绕组的铜带宽度或者并行的导体（或导线）的数目。该选择主要根据绕组的载流能力。

4.B.8　电流密度 I_a

表 3.1.1 中列出的导线的额定电流值可以作为一个近似值。其中数据均基于电流密度值为 450A/cm² 时得出的，且该电流密度值为磁心在 AP 值＝1cm⁴ 和温升为 30℃的情况下的最优电流密度。

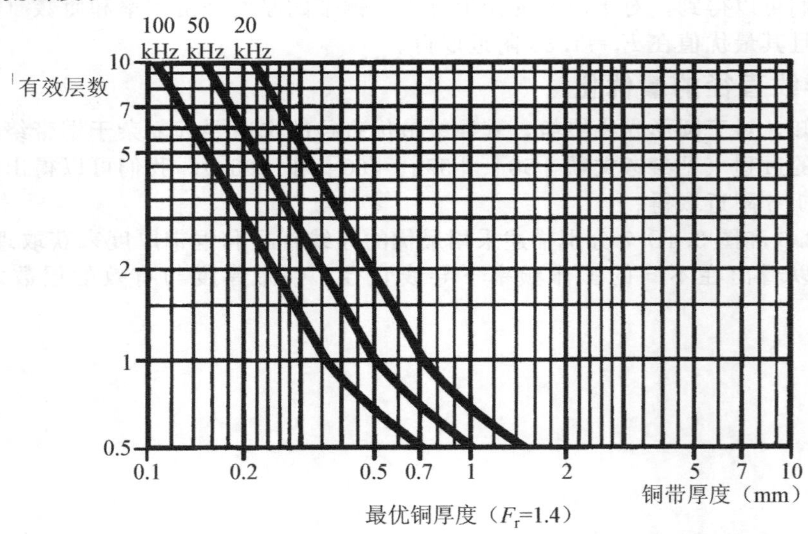

图 3.4B.7　$F_r=1.4$ 时在不同工作频率下，最优铜带厚度与绕组的有效层数之间的函数关系

更恰当地说，较大的磁心电流密度 I_a 反而较小，因为热散发的表面积增大的速度远不如热量增加的快。一般来说，有如下关系：

$$I_a = 450AP^{-0.125}\ \mathrm{A/cm^2} \tag{4.B.5}$$

由于一些因素的影响，在实际问题中并不能采用最优直径的导线。对于非最优化的情况，当铜带厚度大于最优值时，有效交流电阻可以根据图 3.4B.1 确定；当铜带厚度小于最优值时，有效交流电阻可以根据图 3.4B.8 确定。

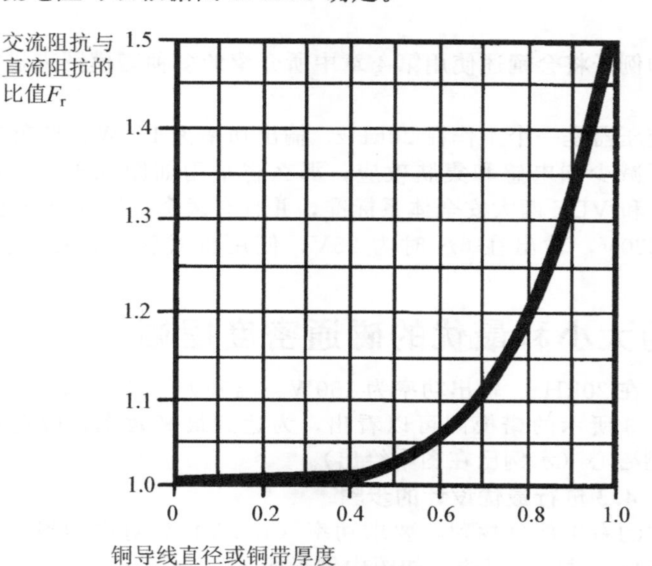

图 3.4B.8　最优厚度下导线的 F_r 值

第5章　利用诺模图优化150W变压器的设计示例

5.1　导论

下面所列举的例子将会阐述使用第4章中所介绍的多种诺模图来进行快速优化设计的可能性。

我们使用的变压器是一个工作在20kHz、输出功率为150W、自激振荡半桥方波直流-直流变换器。为了减少漏电感和集肤效应，那么将采用如图3.4.8c的三明治绕组结构。该变换器符合UL和VDE两大安全体系标准，并且有两个接地安全屏蔽。

输入电压为220V，输出在6A时为25V，使用桥式整流，在自然冷却条件下温升为30℃。

5.2　磁心的大小和最优的磁通密度摆幅

对于一个工作在20kHz、输出功率为150W、温升为30℃、采用半桥或推挽式工作的线路，通过图3.4.3所示的诺模图可以看出，为达到最高效率，应选用磁通密度摆幅为330mT的EC41型磁心（示例已在图中绘出）。

利用诺模图3.4.3进行最优设计的步骤

第一步：在图的右半部分找到与要求功率（150W）相对应的斜线，在顶轴上找到所需工作频率（20kHz）对应的斜线，如图中例子所示。

第二步：从频率和功率线的交点水平向左投影到左坐标上即可求出面积乘积（AP），向右投影到右坐标上，可以得到一些标准的开关型磁心型号。在本例中$AP=2.2$，对应的磁心型号是EC41或者ETD34/17/11。可以选择所推荐的磁心型号，或者利用面积乘积值来选择一种不同的磁心型号。对于本例，我们选择EC41（FX3730）型磁心。

第三步：从功率线和频率线的交点向底坐标垂直投影意味着磁通密度摆幅$\Delta B=$330mT。综上所述，对于本例，要选择磁通密度摆幅为330mT的磁心EC41。

5.3　磁心和磁心线轴的参数

磁心型号＝EC41

EC41的面积乘积＝2.6cm^4

骨架的窗口面积＝134mm^2

磁心的窗口面积＝215mm^2

线轴的宽度＝24mm

有效的磁心面积＝121mm^2

拓扑系数K'（见附录4.A）＝0.164

磁心总重量＝52g

从图3.4.3得出最优磁通密度摆幅ΔB＝330mT

频率＝20kHz

半周期＝25μs

5.4　原边绕组匝数的计算

变换器是在方波全导通角方式下工作的，因此每个激励元件的最大导通时间是半个周期，即 25 μs（这种类型的变换器有时被认为是直流变压器，参见第二部分第 17 章）。单个半周期方波脉冲产生最大的原边伏秒值，因此根据单个半周期内的伏秒值，可求出绕组的匝数。

从关于电感的法拉第定律有如下公式

$$N_p = V_t / \Delta B A_e$$

其中，N_p＝原边绕组的匝数；

V＝原边绕组的电压（200V）；

t＝最大导通时间（25 μs）；

ΔB＝磁密度摆幅（0.33T）；

A_e＝等效磁心面积（121mm²）。

因此有

$$N_p = \frac{200 \times 25}{0.33 \times 121} = 125 \text{ 匝}$$

5.5　原边绕组直径的计算

EC41 型磁心的骨架窗口面积 A_w 为 134mm²。

骨架窗口中铜的利用系数 K_{ub} 为 50%（见附录 4.A）。对于原边和副边铜损耗相等的情况，每个绕组的 A_w 均为 25%。那么原边绕组窗口面积 A_{wp} 为 A_w 的 25%，余下面积用于绝缘和屏蔽。

所以原边窗口面积 A_{wp} 为：

$$A_{wp} = A_w \times 25\% = 134 \times 0.25 = 33.5\text{mm}^2$$

每匝绕组的有效面积为

$$A_{wp}/\text{匝数} = \frac{33.5}{125} = 0.268\text{mm}^2$$

通常情况下，尽管圆形导线窗口面积的利用率仅有 78%，但是可以用填充系数 K_u 加以修正，则所计算出的面积即为圆形导线面积。因此，从表 3.1.1 看出，最接近的导线型号应为 #24 AWG，其直径为 0.57mm（包括绝缘层厚度）。

骨架宽度为 24mm，每边允许的蠕变距离为 3mm，因此可用宽度为 18mm。

每层的最大绕组匝数为

$$\frac{18}{0.57} = 31.5 \text{ 匝}$$

原边绕组如果被拆分开来，应尽量使拆分的层数为偶数。在此例中，采用 4 层绕组，每层匝数为 31 匝，所以原边绕组匝数为 124 匝。

5.6　原边绕组的集肤效应

从图 3.4.5 我们可以找到 $F_r = 1.5$ 时的最大导线直径（F_r 为绕组有效的交流阻抗同直流电阻的比值）。当频率为 20kHz，$F_r = 1.5$ 时，使用两层结构（原边绕组的前半部分），导线的最大直径为 0.7mm。

从表 3.1.1 看出，所选用的 #24 AWG 的铜导线直径为 0.51，仅仅是 $F_r = 1.5$ 时所对应最大导线直径（0.7mm）的 73%。

从图 3.4.7 看出，如果忽略集肤效应的影响，F_r 值为 1.12，则可以利用这个数值来计算原边铜损耗。

5.7 副边绕组匝数

在副边采用桥式整流时可以使用单绕组。

直流电压为 25V，副边电压必须考虑到二极管的压降和绕组的电阻。

两个二极管的压降为 0.8V，那么副边电压约为 25+1.6=26.6V，则每匝原边绕组的电压为

$$\frac{P_v}{N}=\frac{V_p}{N_p}=\frac{200}{124}=1.613\text{V/匝}$$

因此副边绕组的匝数为

$$\frac{V_s}{P_v/N}=\frac{26.6}{1.613}=16.5\text{ 匝}$$

对绕组阻抗允许半匝容差时，则副边绕组匝数为 17。

5.8 副边导线的直径

当窗口面积为 33.5mm^2，绕有 17 匝绕组时，每匝绕组的有效的面积为 1.97mm^2。

参看表 3.1.1，最接近的导线为 #15 AWG，铜导线直径为 1.45mm。

5.9 副边集肤效应

对于一个有抽头的绕组，只需考虑一半的副边绕组层数，假定只有一层，从图 3.4.5 中可以得出当 $F_r=1.5$ 时最大的导线直径为 1mm，则单匝 #15 AWG 导线直径 1.56mm 在实际应用时显然太大了。

比较有趣的是，即使频率在较低的 20kHz 时，也要根据集肤效应来选择导线的大小。

从表 3.1.1 看出，下降三个量规等级的导线，其面积减少了原面积的 1/2，因此 #18 AWG 导线双线并绕所构成的绕组的面积和开始选定的 #15 AWG 导线所构成绕组的面积相同。在给定 $F_r=1.5$ 时，#15 AWG 铜导线的直径为 1.02mm。

骨架有用宽度为 18mm，可采用两股 18AWG 绕制的双股绕组，每层 9 匝，因而得到约两层的副边绕组。

5.10 设计注意问题

经过以上步骤后，大多数实际目标已经达到，在副边绕组上增加半匝导线，但是并未考虑到由绕组电阻产生的电压降。此电压降很小（通常小于 2%），可以对原边绕组匝数进行调整来进行补偿。

要想获得最为准确的结果，必须先要计算出绕组电阻值，然后才能对原边绕组匝数进行精确的调整。总之，要对所设计产品的性能和温升进行检验。尤其对于温升，要考虑到一些难于估量的热效应，包括环境和周围器件等产生的热效应等。

在本例中，可以通过计算损耗来改进设计。

5.11 设计检验

对于本次设计，可以通过计算磁损耗和铜损耗来检验设计。从计算出的数据可以预测所设计变压器的温升和效率，并且同时能求得磁损耗和铜损耗，从而能对最优设计的效率

进行校核。最后，根据所确定的绕组电阻值可以精准地对绕组匝数进行修正调整。

5.12　原边铜损耗

计算绕在里面的原边绕组每一匝的平均长度 M_{lt} 如下：

$$M_{lt}=\pi d=3.14\times1.5=4.71\text{cm/匝}$$

一半原边绕组的总长度为 $l_p/2=N_P/2\times M_{lt}$

$$\frac{l_p}{2}=\frac{125}{2}\times4.71=294\text{cm}$$

从表 3.11 和图 3.4.11 可以看出，在 50℃时 #24 AWG 导线电阻为 0.00095Ω/cm，直流时，半匝原边绕组电阻为 0.279Ω。

在工作频率下，由于集肤和邻近效应，工作（交流）阻抗 R_{ac} 值将变大。由图 3.4.5 知，原边 F_r 值为 1.12，因此有

$$R_{ac}=R_{dc}F_r=0.297\times1.12=0.333\Omega$$

由于变换器整个方波周期导通，原边绕组中有效电流等同于直流输入，因此

$$I_{p(rms)}=P_{in}/V_{dc}=150/200=0.75\text{A}$$

绕在里面一半的原边绕组的铜损耗为 $I_p^2R_p=(0.75)^2\times0.333=0.187\text{W}$。

同样方法可以计算出，绕在外面直径稍大的半边原边绕组铜损耗为 0.22W，故原边绕组总的铜损耗为 0.407W。

5.13　副边铜损耗

副边绕组的平均直径为 1.8cm。副边绕组的长度为

$$\pi dN_s=3.14\times1.8\times17=96\text{cm}$$

#18 AWG 导线在 50℃时的直流电阻为 0.00023Ω，故易求得副边绕组的阻值为 0.022Ω（双股绕组则为 0.011Ω）。

副边 F_r 值为 1.5，产生的交流阻抗 R_{ac} 值为

$$1.5\times0.011=0.0165\Omega$$

因此副边绕组铜损耗为 $I_s^2R_s=6^2\times0.0165=0.594\text{W}$

所以总的铜损耗为 0.407+0.594=1.001W。

5.14　磁损耗

图 3.4.4 可以看出在不同频率下 N27 型铁氧体材料磁心的磁损耗和磁通密度摆幅之间的函数关系。在图底轴上找到与磁通密度摆幅相对应点（由图 3.4.3 得 330mT），并垂直向上投影与频率斜线相交，并将其水平投影到竖轴即得到以 mW/g 为单位的磁损耗（在本例中，为 21mW/g）。(注意，许多制造商提供在假定的推挽工作状态下磁心损耗与峰值磁通密度的函数。在诺模图中找到峰值，本例中为 165mT。)

磁心的总重量为 52g，产生的总磁损耗为

$$52\times21=1.09\text{W}$$

总损耗

变压器的总损耗等于 W_{copper} 与 W_{core} 之和

$$1.001+1.09=2.091\text{W}$$

5.15　温升

可以通过诺模图 3.1.7 和公式（4.A.18）求出温升。

采用图 3.1.7 所示的诺模图时，步骤如下：在图中上轴找出与 AP 值相对应点（EC41 磁心，AP＝2.6，垂直向下投影与 AP 虚线相交，将交点水平投影到左边竖轴上即可求出表面积，为 $54cm^2$。在底轴上找到与总耗散 2.09W 相对应的点，垂直向上投影与表面积水平线相交，根据温度斜线可求出温升（本例为 30℃）。

根据图 3.1.7 诺模图可以预测温升为 30℃，由公式（4.A.18）可预测温升为 30.46℃。

5.16　效率

效率 η＝输出功率输出功率＋损耗

$$\eta=\frac{150}{150+2.09}=98.6\%$$

因为铜损耗和磁损耗几乎相等（见 5.14 节），显然这是一个最优设计。

第 6 章　变压器的阶梯式趋于饱和效应

6.1　导论

阶梯式趋于饱和效应是变压器的一种动态饱和效应，尤其在推挽式变换器中经常出现。在此类变换器中，变压器的原边绕组可以从两个方向激励，且 B/H 特性曲线的两个象限均被利用到。

为使工作效率达到最高，变压器的磁心必须被完全利用，而且在低频条件下通常要求磁通偏移对称。

由于饱和电压、开关时间、整流器电压降和变压器绕组电阻值都是变化着的，使得变压器在一个方向上的磁通偏移与反方向上的磁通偏移并非总是对称的。因此在每个周期的结尾，磁心的平均工作点可能会稍稍偏离中心点（零磁通处）。在推挽正激变换器中，由于输出二极管的续流作用，绕组电压在关断周期内被钳制在零点。因此在每个周期之间，磁心没有直流复位，结果使得任何磁通密度偏移随着周期不断增加，而平均磁通密度将会呈“阶梯式”趋向饱和。

实际上，变压器不平衡导致的极化作用会在变压器绕组中产生一个纯直流电流，而且即使是非常小的不平衡也能使一个高导磁率的磁心迅速地饱和。

值得庆幸的是，这种效应趋于自我限制。因为在饱和的那个半周期中，不断增大的磁化电流将会减小该半周期期间的功率脉冲宽度（即晶体管储能的时间被缩短）。但是磁心的平均工作点将会从零开始偏移，如果没有采用任何校正措施，则在这个方向上的磁偏移将会减小。这就降低了电源对瞬态变化的反应能力，大大减小了磁心的利用率。

在占空比控制的推挽式应用中，由于交替半周期中的不平衡所造成的磁通偏移是无法避免的。而在实际中，总会有一些很小的激励或者是输出二极管的不对称特性。因而，如果不采取措施确保磁通的平衡性，则不可避免地会出现磁心在一个方向或其反方向上的偏向饱和。

6.2　减小阶梯式趋于饱和效应的方法

元件的选择对非对称脉冲引发的饱和效应具有一定的作用，慎重选择元件能够将此饱和效应减小到允许的范围内。使二极管和三极管配对，对解决这一问题将会起到一定的作用。同样，也可以在不同激励条件下作出相应的调整和在磁心中引入气隙（引入气隙后，一些较小的直流电流并不会引起严重的饱和）。虽然如此，这些方法措施的作用是有限的。

可以在原边电路中串联一个小电容，阻断其中的直流电流，使饱和效应得到一些改善，但这种非对称问题同样出现在半桥电路中。我们也经常可以在半桥式变换器中看到类似的这种电容。

遗憾的是，这种原边“阻断”电容并不能完全消除阶梯式趋向饱和效应。在副边绕组和输出电路中也存在一个副边直流通路，且这个通路很难被阻断。例如，在降压派生型推挽输出级中，输出扼流圈迫使副边电流导通，甚至在原边功率开关的关断周期里也导通。在这段时间里，电流在输出整流二极管和副边绕组中继续流通。因为两个二极管都处于导通状态，如果两个二极管的正向导通电压不相同，那么在关断周期内将会有一定的净直流电压加在副边绕组上。同样，在副边绕组中会出现极化电流，此电流同样能造成磁心饱和。

在副边不平衡时，原边阻断电容将会引入另一个不良效应。它吸收一定的纯直流电流，这样会导致交替的半周期内的电压幅度都有差异。这将会把二级谐波纹波电流引入到输出滤波器中，增大了输出纹波。

虽然这些通常所采用的方法和措施能将阶梯式趋向饱和效应减小到允许的范围内，但这对磁通密度在某一方向上的摆幅所引起的暂态性能施加了很严格的限制。如果导通周期，或者是外加电压在临界饱和的半周期内突然上升，磁心可能会迅速达到饱和。

为克服这些问题，应该采用电流型控制或者其他有效的磁通平衡措施，尤其是在高功率推挽式变换器中，必须采用这类措施。在占空比控制系统中，可采用下面将要介绍到的强制磁通平衡的措施。

6.3　占空比控制的推挽式变换器中的强制磁通平衡

当一个磁心工作在非对称的磁通偏移下时，应该留意原边中的两种效应。第一，交替的电流脉冲都会有一个直流偏移。第二，更严重的情况下，在某一半周期导通期间的末尾，原边电流会突然增大。由于 B/H 特性曲线在饱和处，饱和非常迅速，那么电流突然的增大将会使得磁心在激励方向上产生饱和。那么前半周期和后半周期的峰值电流和平均电流均会不同。

通过对前后半周期内电流的大小进行差分比较，我们可以检测出它们之间细微的差别，并且采用不同的措施来控制加在开关器件上的激励脉冲宽度，从而减小直流偏移。

图 3.6.1 和图 3.6.2 所示的是强制磁通平衡电路的基本元件和结构。

为提供所需的第一和第三象限的磁通偏移信息，需要两个单独的电流互感器 T_1 和 T_2。它们同两个开关器件串联安装在一起，便于测量互感器正向和反向的原边电流。电流互感器位置的选择取决于变换器的拓扑结构，如图 3.6.1 为一个典型的推挽式变换器的电路结构。

图 3.6.2 所示的是一个典型的脉冲宽度调制 PWM（占空比控制型）系统的输出驱动电路。给出了标准振荡器 A_6、电压控制器 A_5、脉冲宽度调制器 A_3 和 A_4 以及输出门电路 U_2 和 U_3。

此占空比控制电路已经引入了一个强制磁通平衡的电路，如图 3.6.2 所示的 T_1、T_2、A_1 和 A_2，其工作原理如下。

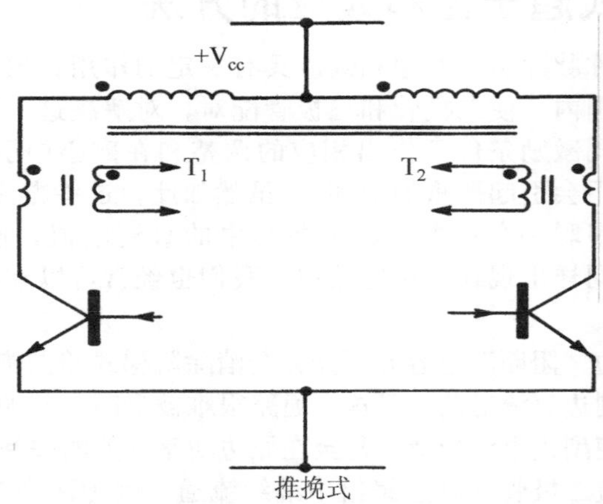

图 3.6.1　基本的推挽功率电路图，注意电流互感器 T_1 和 T_2 在电路中的位置分布，它们组成了推挽式结构中强制磁通密度平衡的电路

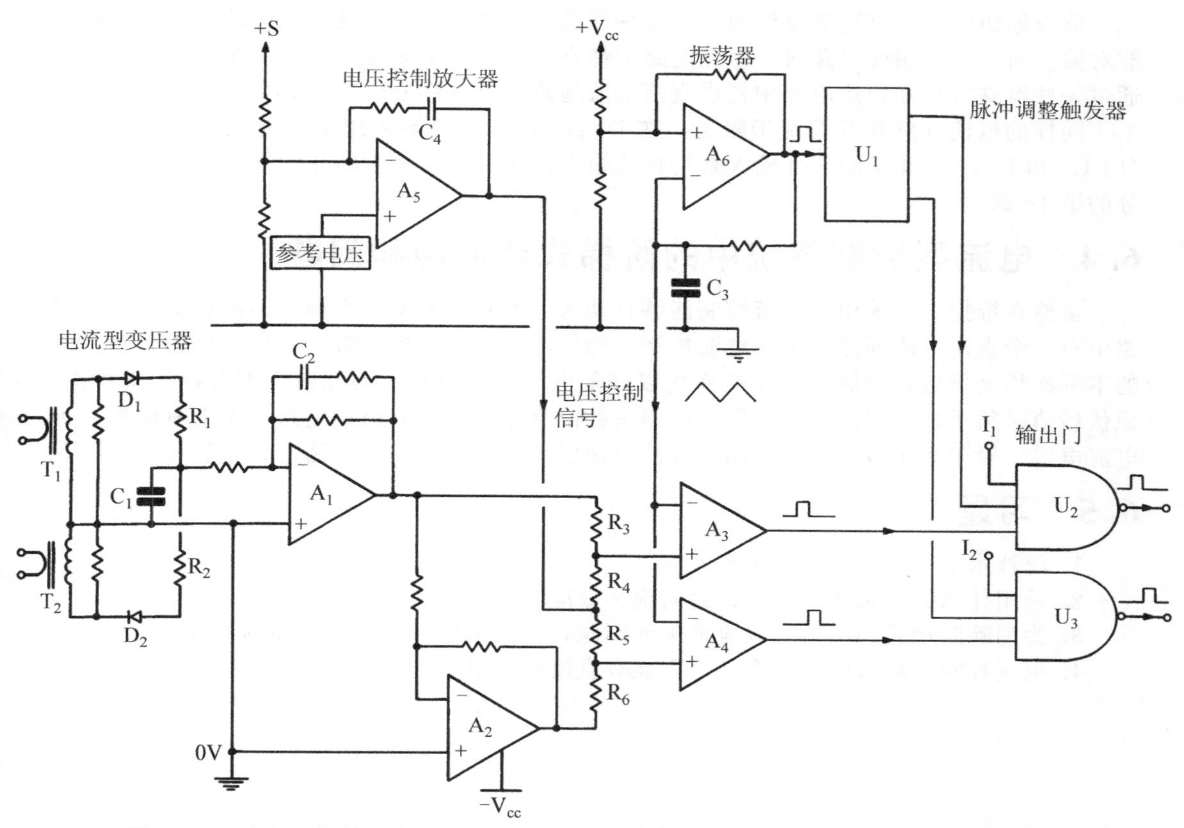

图 3.6.2　占空比控制电路、电压控制电路和带强制磁通量平衡推挽式驱动部分的电路图

两个电流互感器 T_1 和 T_2 的输出分别经过二极管 D_1 和 D_2 整流，而且通过 R_1 和 R_2 比较后，在 C_1 上产生一电压，其幅度和方向与两个电源开关中的正向和反向电流脉冲之差成正比。

电压放大器 A_1 产生的输出正比于 C_1 上的平均直流电压。电流脉冲的积分大小是通过反馈元件 R_1、R_2 和 C_1 来实现的。这使得放大器 A_1 输出基本上为直流，其方向和幅度与所测得的集电极电流不平衡的大小成正比。

A_1 的输出直接供给到电阻排 R_3、R_4、R_5 和 R_6 的顶端和放大器 A_2，经过放大器 A_2 反向后，供给一个相等但极性相反的电压至电阻排的底端。

在这种情况下必须注意，在电阻排中心（节点 R_4 和 R_5）的控制输入不会因为电流不平衡的响应而变化。但是斜坡比较放大器 A_3 和 A_4 的输入经过差动调整，同时任意脉冲宽度为修复电流的不对称而进行变化。

因此，电流平衡电路能够增大一边的脉冲宽度同时减小另一边的脉冲宽度，且不改变平均输出电压，这主要与不平衡条件下的幅度和方向有关。

电压控制放大器 A_5 将继续调节公共脉冲宽度（即两个斜坡比较放大器的输出），从而以一般方法来控制输出电压。

注意： 通过改变激励电路 R_3、R_4、R_5 和 R_6 中心点的电压值（电压控制输入），来达到调整输出脉冲宽度的目的。这样可以在不改变差动电流控制的情况下也能改变输出电压。因此这两个控制环路是各自独立工作的，这是判别稳定性能的一个重要准则。

假设原边电路中有直流电流通路，这种类型的电路能引入一纯直流电流来补偿副边的非对称。所以在采用此电路时，原边电路中绝不能有直流阻断电容。在半桥式应用中，要通过一些特殊方法在原边电路中提供直流电流通路（见本部分中的10.10节）。

同样的电流互感器可以用于限流，在 D_1 或 D_2 的输出端采用平均电流模拟电压信息（门 U_2 和 U_3、I_1 和 I_2 的额外输入是禁止的输入，这些主要是为防止交叉导通，见第一部分的第19章）。

6.4　电流型控制系统中的阶梯式趋向饱和问题

虽然在推挽式系统中，电流控制能够自动的调节磁通密度的平衡，但同样要求原边电路中有一个直流电流通路。由于电流控制，峰值电流继续保持常数，原边或副边伏秒特性的不平衡均会导致差动脉冲宽度的变化以修复电流的不对称。因此由于不对称的安秒值，原伏秒值必须予以补偿。这要求原边电路去补偿直流电流，故原边电路中不能有阻断直流电流电容。对于半桥电路，应采用特殊的方法以满足同样的要求（见10.10节）。

6.5　习题

1. 解释术语“阶梯式趋向饱和效应”。
2. 采用什么方法来减小阶梯式趋向饱和效应？
3. 为消除阶梯式趋向饱和效应带来的问题，一般采用何种开关型控制方法？
4. 电流控制时原边电路中为什么不能有直流阻断电容？

第 7 章　双倍磁通

“双倍磁通”指在推挽式系统中可能出现的一种比较危险的饱和情况。

在稳态条件下，平衡推挽式变压器所能够承受的最大磁通偏移量接近两倍峰值磁通密度（从$-\hat{B}$到$+\hat{B}$）。在许多低频设计中，可以最大限度地利用其潜在的较大磁通密度摆幅这个优势，来减少原边绕组匝数和提高效率。

在稳态工作条件下，磁通量在每个周期开始工作的起始位置为$+\hat{B}$或$-\hat{B}$，由于输出扼流圈和整流二极管的续流作用，在关断周期内磁心的磁通密度被钳制在\ [$-\hat{B}+\hat{B}$\ ]范围内。因此，在稳态半周期内，最大磁通密度摆幅为$2\hat{B}$。但是，当工作在如此大级别的磁通密度摆幅下时，系统在启动和瞬态情况下会存在很大危险。

当系统第一次被接通或者是在脉冲宽度很窄且负载很小时，初始磁通偏移量接近于零（见图 2.9.2）。以此为开始点，如果磁通量偏移（稳态偏移）突然达到$2\hat{B}$，这将会使得磁心在第一个半周期内就饱和，通常会造成灾难性后果。

为了防止这种所谓的“双倍磁通”效应，要么最初所选择的工作磁通密度摆幅必须小于$\hat{B}$，但同时也减小了磁心的利用率，要么在控制电路中考虑到潜在的危险，并且减小脉冲宽度直到确定更合适的工作条件。详见第一部分第 9 章和第三部分第 10 章。

第 8 章　开关电源的稳定性和控制环路补偿

8.1　导论

任何闭环控制系统在环路增益为单位增益 1，且内部随频率变化的相移为 360°时，该闭环控制系统都会存在不稳定的可能性。在开关电源中，电源级上采用了一个低通滤波器，以消除噪声和输出平滑的直流电流，但同时不可避免地会出现相移，这将会减少相位裕度并且导致开关电源的不稳定。

几乎所有的开关电源都有一个闭环负反馈控制系统，从而能获得较好的性能。在负反馈系统中，控制放大器的连接方式有意地引入了 180°相移。所以当任何干扰产生在反馈环路中时，通常会产生反相位的反馈，从而消除了这些干扰带来的不良变化。

如果反馈的相位保持在 180°，那么控制环路将总是稳定的，设计工程师的工作将会轻松很多。当然在现实中这种情况是不会存在的，由于各种各样的开关延时和电抗引入了额外的相移，如果不采用合适的环路补偿，这类相移同样会导致开关电源的不稳定。

8.2　开关电源不稳定的一些原因

考虑图 3.8.1。这是典型的闭环负反馈开关电源，主要元件可分为三个部分。

第一部分为功率变换器部分，其传递函数主要与变换器的拓扑结构和输出滤波器有关。

第二部分是脉冲宽度调制器，为外部控制放大器提供了最大部分的增益。

第三部分是控制比较放大器，参考电压和环路补偿网络。

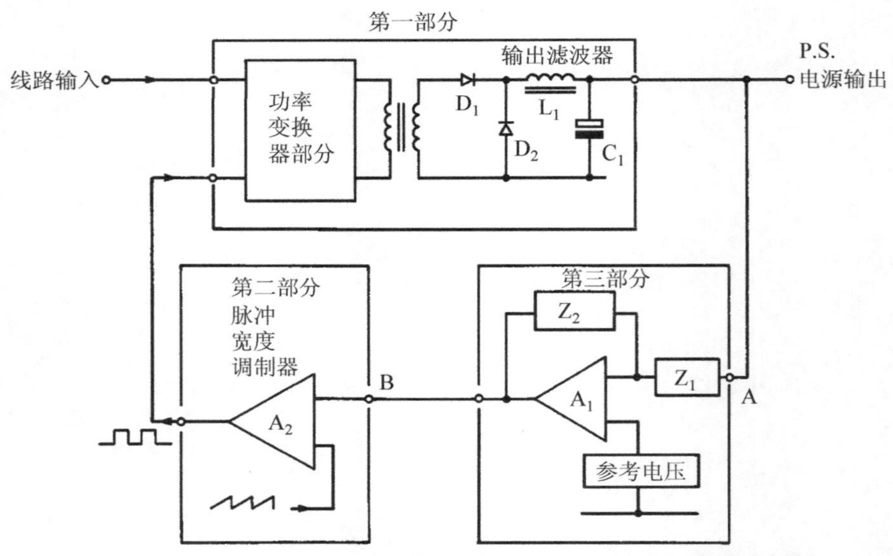

图 3.8.1　正激（降压派生型）开关电源变换器的控制环路块状示意图

假设在 A 点处引入干扰方波。此方波所包含的能量分解成无限列奇次谐波分量。如果检测到真实系统对不断增大的谐波有响应，则可以看出增益和相移也随着频率的增加而改变。如果在某一频率下增益等于 1 且总的额外相移为 180°（此相移加上原先设定的 180°相移，总位移量为 360°），那么将会有足够的能量返回到系统的输入端，且相位与原相位相同，那么扰动将会继续维持下去，系统在此频率下振动。

但是通常情况下，控制放大器都会采用反馈补偿元件 Z_1 和 Z_2 减少更高频率下的增益，使得开关电源在所有频率下都保持稳定。

8.3　控制环路稳定的方法

很多不同但是同样有效的方法可以用来稳定控制环路。

环路稳定方法一：分析法

如果设计工程师对闭环系统的理论和数学分析得相当透彻，那么要设计出最优性能电源应采用的最合适的方法就是数学和电路分析方法。但是事实上假设电路和元件的参数都已知，并且工作在线性方式下。实际上进行总体分析时，要求所有的参数要精确地等于规定值是不太可能的，尤其是电感值，在整个电流变化范围内电感值不可能保持常数。同样，能改变系统线性工作方式的较大瞬态效应也是很难预料到的。因此需要进行一些“微调”，方法如下面介绍。

环路稳定方法二：试探法

采用这种方法，电路（即控制放大器的外部电路）的传递函数即可使用增益和相位测量仪器来求得。脉冲宽度调制器和功率变换器电路的伯德图可以绘制出来，然后可用“差分技术”来确定补偿控制放大器所必须具有的特性（见 8.12 节）。

高增益系统中，在某些情况下对开环进行测量比较困难。在这种情况下，可以采用有低频主导极点的过补偿控制放大器来组成闭环以保持环路的稳定性。通过测量脉冲宽度调制器输入端和节电 B 处的电压，并且将它们同 A 点处的输出电压和相位相比较，可以得到一个更接近于最优的补偿网路。那么最优补偿网络可通过“镜像”方法求出。

环路稳定方法三：经验方法

在这种方法中，控制环路采用具有低频主导极点的过补偿控制放大器组成闭环来获得初始稳定性。然后采用瞬时脉冲负载方法来对补偿网络进行动态优化。这种方法速度快且有效，但是必须要知道，补偿网络适用的一般模式应能匹配变换器的拓扑结构（见图 3.10.8 和图 3.10.9）。这一方法的一个优点是大信号情况时能动态地观察到。由于这个原因，不管采用了什么方法来确定补偿网络，都应将瞬态负载测试作为最终的验证测试。

经验方法的主要缺点是不知道如何确定所得到的性能是否为最优性能。但是，如果性能在所要求的规格范围以内，那么它是否总是最优的性能就可能不是那么重要了。要对一些单元进行检查并保证有良好的拓展空间。这种测试方法不一定能求出那些条件稳定的环路。

环路稳定方法四：设计和测量结合

这种方法是结合以上几种方法得来的，主要取决于设计人员的技能和经验、产品的类型、有效的元件和设计人员的偏好。

8.4　稳定性测试方法

瞬态负载测试

对开关电源环路稳定性判据的理论分析是很复杂的，这是因为传递函数随着负载条件的改变而改变。各种不同线绕功率元件的有效电感值通常会随着负载电流而显著改变。此外，在考虑大信号瞬态的情况下，控制电路工作方式转变为非线性工作方式（有时全停），此时仅用线性分析将无法得到完整的状况描述（picture）。

瞬态负载测试为在不同的负载和大信号动态条件下检测全局环路响应提供了一个快速而强大的工具。

8.5 测试步骤

图 3.8.2 是一个典型的“瞬态负载测试”结构图。被测电源直接连到不变负载 R_1 两端，并通过一个快速半导体开关 SW_1 连到负载 R_2 上。两个负载都呈阻性并可调。负载的开关元件必须是无感的，这点非常重要（无感碳堆可调电阻可以用做此时的负载）。

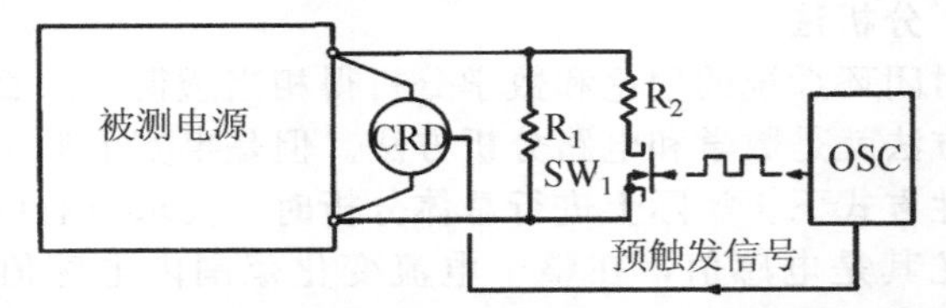

图 3.8.2　用于电源的瞬态负载测试的脉冲负载测试电路

可以通过调整固定电阻 R_1 使电源提供最小的额定电流，该电流的典型值为 10%或 20%的额定电流。

负载的开关元件就可从 0 调到 80%或 90%，瞬态情况下的波形可用示波器测得。

8.6 瞬态测试分析

典型的瞬态电流和电压波形如图 3.8.3 所示。波形（a）为一欠阻尼响应，控制环在瞬变边缘之后带有振荡。拥有这种响应的电源其增益裕度和相位裕度都很小，且只能在某些特定条件下才能稳定。因此要尽量避免这种类型的响应，补偿网络也应该调整在稍低的频率下滑离（roll off）。

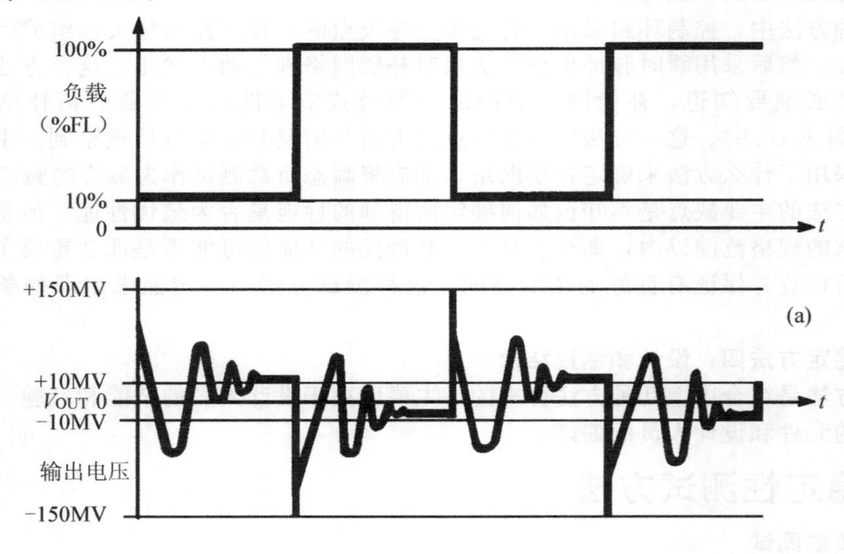

图 3.8.3　开关变换器在突加负载下的几种典型输出电流和电压波形

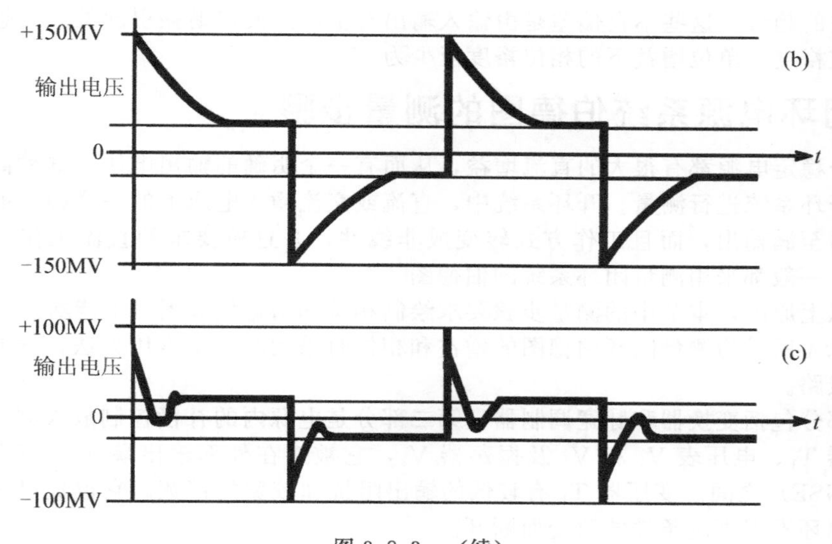

图 3.8.3　(续)
(a) 欠阻尼性能；(b) 过阻尼性能；(c) 最优性能

波形 (b) 为过阻尼响应，虽然比较稳定，但是瞬态恢复性能并非最好。滑离频率应该增大。

波形 (c) 接近于最优情况，在绝大所数应用中，瞬态响应稳定且性能优良，增益裕度和相位裕度充足。但是只在一定条件下才稳定的系统其瞬态性能相当好，可以用伯德图表示。对于正向和负向尖峰电流，对称的波形是同样需要的，因为从它可以看出控制部分和电源部分在控制范围内有中心线，且在负载的增大和减小的情况下它们的摆动速率 (slew rate) 是相同的。

采用降压派生型调节器不能得到相同的速率。变压器头部的电压通常较低，且输出电感中的电流增加的速率要小于电流减小的速率（脉冲宽度由于不能以相同的比率增加反而减小）。

通常可以对瞬态负载开关调节从而使占空比为 1。然而对于大电流电源，导通周期小于关断周期有时是一个优点，它能降低突增突减 (switched load) 负载对电源的要求。且重复率可调，使得初始的测量可以在一个很低的频率下开始，并且频率随环路的优化逐步增加。应该限定负载开关上电流的变化率 dI/dt，工业标准为 5A/μs 和 2A/μs。没有声明负载电流大小和变化率的瞬态响应曲线图形均是无任何意义的。

一旦在满负载下补偿元件被优化确定，负载和输入电压应该减小，从而获得整个工作区间的规范条件。

对一些单元进行检查以便给出工作特性的变动范围。最后要检查环路，采用增益和相位测量方法（伯德图）来获得增益裕度和相位裕度从而确保整个系统不是条件稳定的。

8.7　伯德图

完整的电源伯德图是一种能很好地体现出整个电源系统动态响应性能的方法。伯德图将部分或全部开环或闭环系统的增益（分贝）和相位角（度）以图表的方式表示出来，此图是建立在十倍频程上的。整个系统的伯德图可以描述在系统增益为 1 时 (0dB) 的相位裕度和相移为 360°（包括额外加的 180°相移）下的增益裕度。伯德图也可以显示出响应中的不良偏差的趋势，这些不良偏差是由输入输出寄生的滤波器谐振引起的。要想获得最优性能和稳定裕度，单位增益下的相位裕度至少为 45°。

8.8　闭环电源系统伯德图的测量步骤

大部分稳定电源都有很大的直流增益，从而有一个明确的输出电压。这种高增益使我们很难对开环系统进行测量。开环系统中，直流或交流输入电压上的一个很小的变动都会使输出突增至满输出，而且工作方式转变成非线性，并且所要求的直流工作点也不能保持。因此，一般都采用测量闭环系统的伯德图。

由于以上原因，本节中的测量步骤要求绘制相位和增益伯德图时不能断开反馈环节。

图 3.8.4 所示为测量闭环伯德图的增益和相位时采用的一个常用方法，此方法无需改动原来的线路。

第一部分包括变换器和脉宽调制器，第二部分是电源内的补偿控制放大器。测量设备包括变压器 T_1、电压表 V_1 和 V_2 及振荡器 V_3，它被接在外部输出端（+OUT）和传感端（+SENSE）之间。变压器 T_1 有较低的输出阻抗和较宽的带宽。它也提供了一条直流环路使控制环不因直流条件的改变而断开。

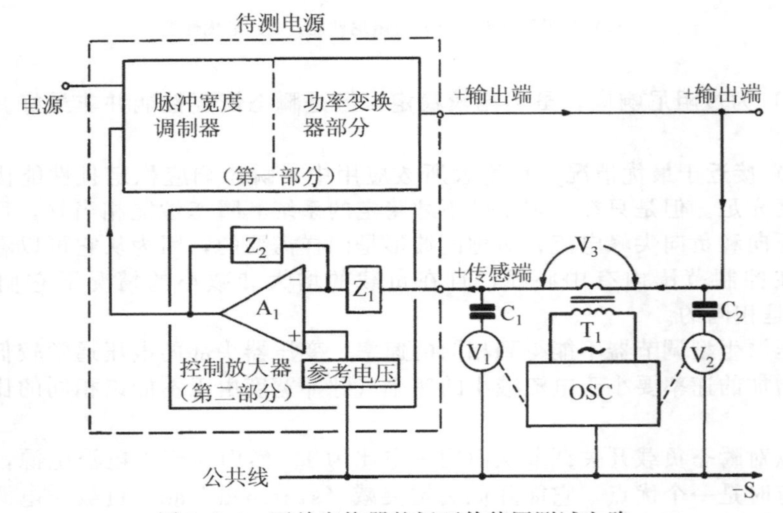

图 3.8.4　开关变换器的闭环伯德图测试电路

振荡器通过变压器 T_1 引入一个很小的串联型电压 V_3 至环路。流入控制放大器的有效交流电流由电压表 V_1 测量。电源的交流输出电压则由电压表 V_2 测量（电容器 C_1 和 C_2 起隔离直流电流的作用）。V_2/V_1（以分贝形式）为系统的电压增益。相位差就是整个环路的相移（在考虑到固定的 180°负反馈反相位之后）。

输入的信号电平必须足够小，以使全部控制环路都在其正常线性范围内工作。V_1 典型的输入电平可以是 10mV 或低于 10mV，它输入到放大器的传感端。输入电平后，频率会有小增量的改变。在每个测量频率下，输入信号电压 V_1 都测出来，将这个测到的电压信号与电源输出端的电压信号 V_2 进行比较。这样，振幅比 V_2/V_1（分贝）和相位差（度）就都可以绘制出来了。

幅频图和相频图是基于频率的对数画出的。比较器的 180°相移可以画出，也可以不画出。显示总相移的典型伯德图如图 3.8.5 所示。

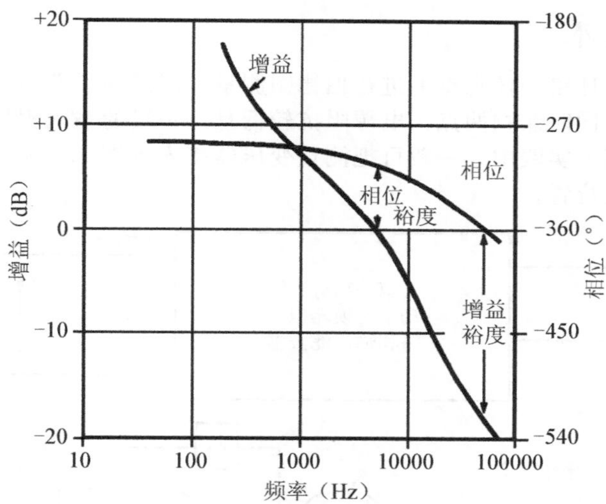

图 3.8.5 开关电源变换器的伯德图实例，可以看出系统有较大的相位裕度和增益裕度

8.9 伯德图的测量设备

绘制这类图需要的基本设备有：

(1) 一个可调频率的振荡器，频率范围从 10Hz（或更低）到 50kHz（或更高）；

(2) 两个窄带且可选择显示峰值或有效值的电压表，其适用频率与振荡器频率范围相同；

(3) 用专业的增益及相位测量仪表代替 (1) 和 (2)。

由于系统增益较大，输入电压 V_1 变得非常小，电压表要使用窄带调谐放大器以便能提取到所要求的信噪比好的信号。这类电压表要根据振荡器频率进行校正，使频率谱上每一点的振荡器频率都可以检查到。这是一个很费时的工作。另外，也可以使用专门的测量仪器，这些测量仪器是自身带有扫描振荡器和可跟踪的电压表，大多都可以自动绘制和打印伯德图。

第二种方法是使用光谱分析器。这种光谱分析器内置了扫频仪、比较电压表和相位检测器，它们同样也可自动扫描所规定的频带。第二种方法被更多采用，不仅因为它更快，而且由于它可实现很小的频率增量，从而绘制出近乎连续的图形。

适用的仪器有 Hewlett-Packard 3594A/3591A 振荡器、可选择电压表和 Bafco Model 916H 频率响应分析仪。

有个特别适用的频谱分析仪是 Anritsu Network/Spectrum Analyzer Type MS420A。这个仪器频率范围是 3Hz～30MHz。它可以指定起始频率和终止频率，增益和相位都可以在线性或对数频率标尺上显示。由于提供了内部校准，由测试方法和变压器 T_1 或 C_1、C_2 端部引起的增益和相位误差都可以从最后的测量结果中消除。这个结构模仿了电源放大器输入阻抗的原理，是通过对电阻端部进行校正扫描来实现的。所有由终端电抗引起的平坦响应偏差记录在设备的存储器中，并在最后测量结果中消去，从而消除测量误差。也可用其他任意的磁泡存储器接口保存测试程序以备将来使用，从而减少安装时间。

8.10　测试技术

理论上，可以在环路的任意点上进行伯德图测量。但是为了获得好的测量精度，信号注入节点的选择必须同时兼顾两点：电源阻抗较低且下一级的输入阻抗较高。而且必须有一个单一的信号通道。实践中，一般可把测量变压器接入到图 3.8.4 或图 3.8.6 控制环路中接入测量变压器的位置。

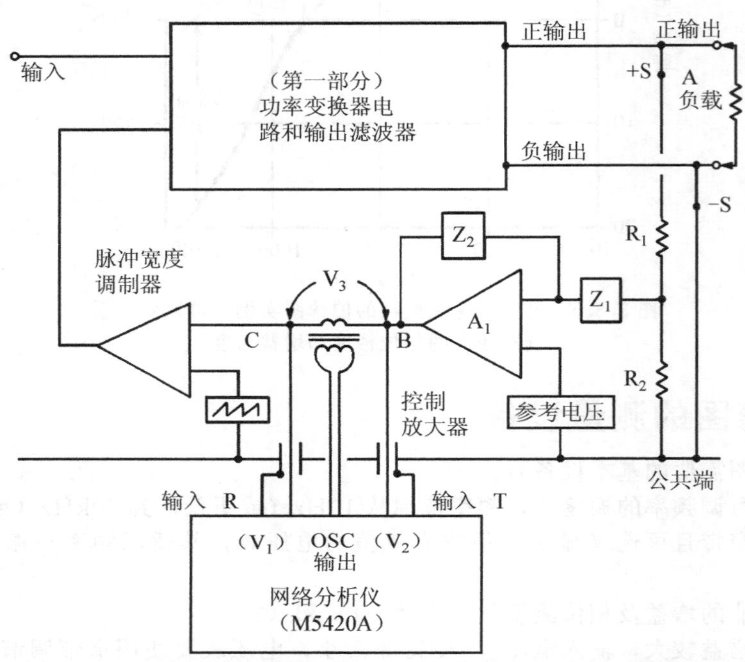

图 3.8.6　一个闭环伯德图，指出了另一个信号注入点，并使用了网络分析仪对闭环电源系统伯德图进行分析的方法

图 3.8.4 中 T_1 的位置满足了上述的标准。电源阻抗（在信号注入的方向上）是电源部分的低输出阻抗，而下一级的输入阻抗是控制放大器 A_1 的高输入阻抗。信号注入的第二个位置也同样满足这一标准，它位于图 3.8.6 中低阻抗输出的放大器 A_1 和高输入阻抗的脉宽调制器之间。

为了提供最好的信噪比，得到较高的测量精度，信号电平应尽可能大。但另一方面，它又必须足够小，以确保环路不超出线性范围，以及电路的任何环节在任何频率下也不“降至最低点”。这可从观察电源输出端的波形得知，当频率扫描失真时，那就说明超载了。

在增益为 0dB（单位增益）时测量相位裕度，总相移为 360°时测量增益裕度。该频率下的增益应比单位增益小。

8.11　开环电源系统伯德图的测量步骤

前面提到过，开关电源的低频开环直流增益通常都很大，这样就很难进行真正的开环测量。如果使用试探的方法（见 8.3 节），就要用到电源部分和脉宽调制器的开环伯德图，因此可用“差分技术”来决定最优补偿网络（见 8.12 节）。

有一个方法可以有效地获取几赫兹以上的开环伯德图，如图 3.8.7 所示。

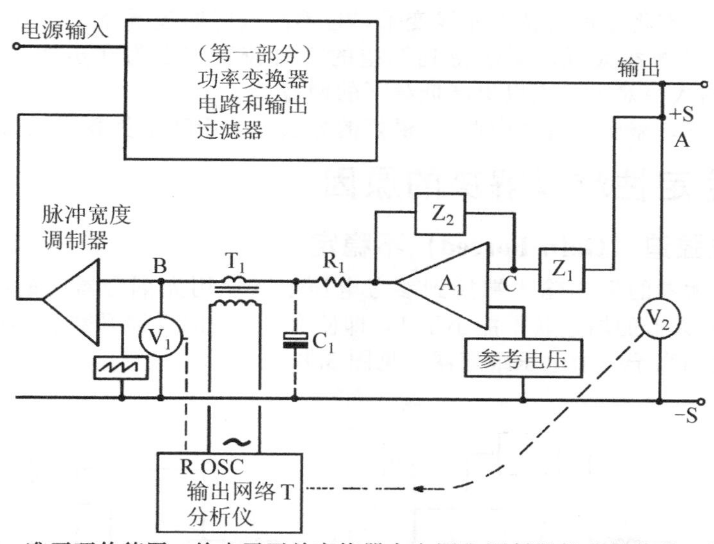

图 3.8.7 准开环伯德图，给出了开关变换器在电源和调制器部分的传递函数，并采用了网络分析仪对开环电源系统伯德图进行分析的方法

为得到直流条件，使用主导极点频率很低的过补偿控制放大器，回路在直流时闭合。这样可以保证测量时系统的稳定，并提供所需的负载电流和输出电压。当然，瞬态性能会变得很差，但在这一级这并不是很重要的。

试探信号 V_1 加在脉宽调制器的输入端 B。环路的输出 V_2 可在电源的输出端 A 测到。

注意：*控制放大器的输入点 C 不能用于测量输入和输出，因为这点的电压是一个常数 V_{ref}。因此，在高增益的闭环放大器中，无法在输入点 C 处测到交流电压。*

由脉宽调制器输入 V_1 和电源输出 V_2 之间的伯德图可以得出电源回路和脉宽调制器间的开环传递函数。控制放大器和反馈元件没有包括在测量中。从上面测到的信息就可以计算出 A_1 的最优补偿网络。

在低增益系统中，用可调的直流极化电源来代替放大器 A_1，可以使系统在真正的开环下工作。如果采用这个方法，那直流电源就应该有一个大的去耦电容器 C_1，以保证有较低的交流电源阻抗。电压还是像图 3.8.7 那样接入和测量，但是输出直流值要通过调整极化电源电压来设置。一些测试仪器（如 Solartron FRA）都有一个用于该用途的直流极化输出。

8.12 用“差分方法”确定最优补偿特性

一旦测好了脉宽调制器和功率变换器部分（也就是整个回路除去控制放大器）的传递特性（开环伯德图），就可以确定补偿控制放大器的规格了。

在同一张伯德图上，粗略定义所需最优传递特性。最优特性和所测的开环特性之间的差异就是补偿控制放大器的期望响应。

当然，要想使实际的放大器完全满足最优特性是不大可能的，主要的目标是实现尽可能的接近。具体步骤如下。

（1）找出开环曲线中极点过多处所对应的频率，在补偿网络中相对应的频率周围处引入零点，那么在直到等于穿越频率的范围内相移小于 315°（相位裕度至少为 45°）。

（2）找出开环曲线中 ESR 零点对应的频率，在补偿网络中相对应的频率周围处引入极点（否则这些零点将使增益特性曲线变平，且不能按照期望下降）。

(3) 如果低频增益太低，无法得到期望的直流校正（因为在步骤（1）中已引入零点），那么可以引入一对零极点以提高低频下的增益。

大多数情况下，需要进行“微调”，最好的办法是采用瞬态负载测试法（见 8.6 节）。

8.13 不稳定性难以解决的原因

8.13.1 增益强迫（Gain-Forced）不稳定

如果控制放大器的反相输入端接到参考电压上（使用光耦合器时的共模方式，见图 3.8.8a），那么放大器的增益就不能小于 1，即使有 100％的反馈系数也不能（当负反馈增加时，放大器就相当于一个电压跟随器，见图 3.8.8b）。

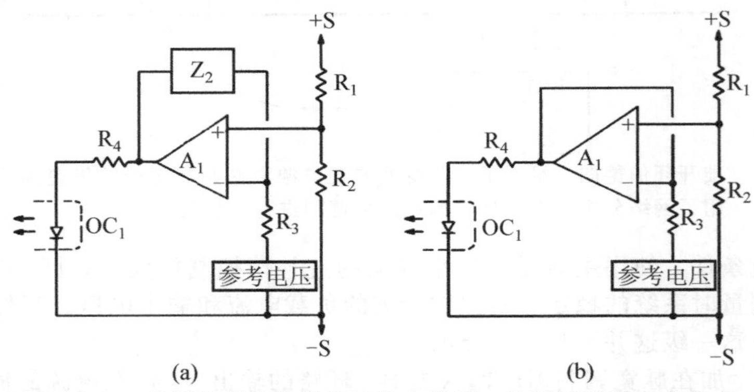

图 3.8.8 常用控制放大器的结构电路图，从图可以看出在此电路中回路增益是如何被限制在单位最小值的

如果电路的其他部分在高频下的增益大于单位增益，那么仅仅在放大器部分周围使用常规的滑离环节（roll off component）来稳定环路是无法实现的。

在这里，正确的做法是减少脉宽调制器和功率变换器部分的增益，使它远小于单位增益。或者也可以使用大于单位增益的反相放大器连接到更普通的放大器的反相输入端，来恢复光隔离器的输入所要求的相位（要找合适的光耦合器电路，见第三部分第 11 章）。

8.13.2 电流型控制系统中的分谐波不稳定

前面的实例中，都假设使用了电压型控制，这样这些系统中就不存在分谐波不稳定的问题。但是在电流型控制里，情况就不一样了。

当采用电感电流连续拓扑结构的电流型控制时（如反激、升压和降压型变换器或调节器），如果占空比周期超过 50％，或者说如果最大导通周期超过总周期的 50％，这样就会产生分谐波不稳定。在这种不稳定的情形下，交替脉冲先扩宽，然后缩窄。虽然这不会产生危害，但却不是我们所期望的，因为这将会增加输出的纹波分量，有可能导致变压器在宽脉冲时饱和。

在一些应用中，必须提供很大范围内的输入电压的满负载输出。若为了这个要求而把最大脉冲宽度限制在 50％以下，那将会导致在高电压输入时，导通周期过分缩短。这将会导致较高的原边电流峰值，从而降低了的效率。因此，当输入电压范围较大时，在不引起次谐波不稳定的情况下允许激励脉冲宽度超过 50％是非常有用的。

有很多方法可以实现上述目的。显然，转换为电压型控制来处理可以消除这些问题，但是这并不是我们想要的，因为这样就完全失去了电流型控制的优势了。

8.13.3　斜坡补偿

常用于解决分谐波不稳定的方法是“斜率补偿”的方法。在这个补偿的方法中，将恒定幅值的时变电压与电流的模拟电压相加，以使加至脉宽调制器的波形的斜率至少加倍。这样可以完全消除分谐波不稳定（见第 10 章）。

8.13.4　斜坡补偿的例子

图 3.8.9 是一个应用于单端正激变换器的电流型控制电路图。由于 R_3 两端的模拟电压，脉冲调制的宽度由流过原边绕组的电流所决定。Q_1 保持导通直到电流达到极限值，当加在 PWM 反相输入端的电压超过控制电压时，Q_1 转为关断。从 R_1 来的补偿钳位电压与模拟电流相加，可以消除次谐波不稳定性。

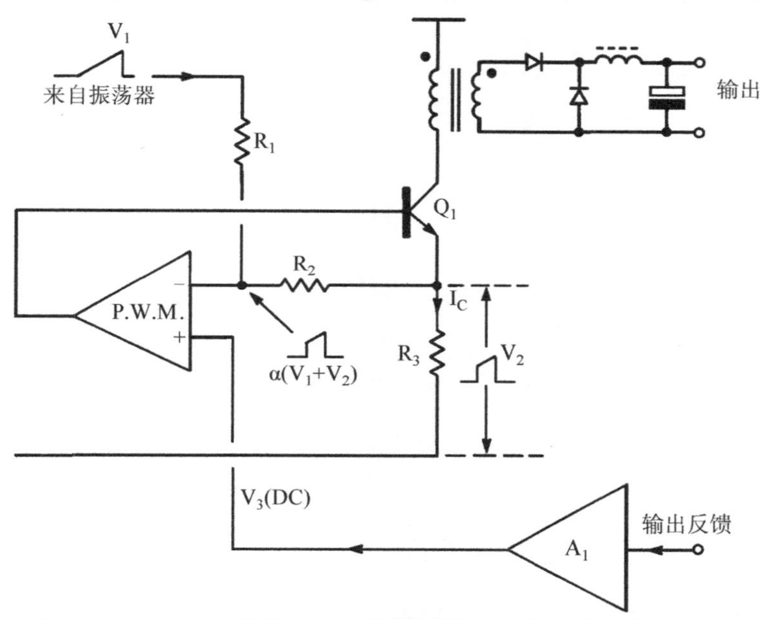

图 3.8.9　正激变换器使用的电流型控制部分，斜坡补偿输入来自振荡器部分

对于正激变换器，另一种办法是在变压器中引入气隙，增大原边的磁化电流。磁化电流正比于输入电压，因此能提供所需的斜坡补偿。输入电压和随时而变的磁化电流要加到副边电感的斜坡电流上。这种方法有利于提高对输入纹波分量的抑制能力和稳定性，但是由于缺少了能量恢复电路的损耗以及开关损失的增加，将导致效率的下降。

一些变换器的拓扑类型，即 Cuk、反激和升压变换器工作在不完全能量传递形式下（电感电流连续型），将会呈现不稳定性，且一般的补偿方法不能解决。这类不稳定通常由拓扑结构中自带的“右半平面零点”造成（见第 9 章）。

8.14　习题

1. 描述出在非条件稳定回路中，使闭环控制系统稳定的基本因素。
2. 条件稳定回路的标准是什么？
3. 条件稳定回路有什么危险？
4. 为什么要采用动态的回路稳定性分析方法，如伯德图和瞬态分析，而不采用一般的数学分析方法？

5. 为什么在实践中不容易对大多数开关或线性电源控制回路进行开环分析？
6. 对环路稳定性进行检测时如果采用试探方法，请解释控制环路中信号注入点处的基本准则，针对开关电源进行举例说明。
7. 环路稳态性测试的试探方法中，根据什么来规定注入信号振幅的大小，并且如何让测试人员知道当前注入的信号是否合适？
8. 在开关电源环路稳定性测试中，为什么通常要采用跟踪振荡器和检波器？
9. 为什么瞬态负载测试对闭环电源系统的试探性是有用的？
10. 对于某一类控制环路，一般的环路补偿方法不能解决其不稳定性，请给出造成这一问题的可能原因（这尤其在升压和连续型反激变换器中经常出现）。

第 9 章　右半平面零点

9.1　导论

对于电感电流连续型（不完全能量传递型）的反激和升压变换器，如何获得较大的稳定裕度和良好的高频瞬态性能一直以来都是令电源工程师们棘手的问题。为使这类变换器稳定的工作，电源工程师往往在一个很低的频率下就滚降（roll off）控制电路的增益，而对于同样的情况，采用降压变换器结构时的频率要高出很多。

由数学推导我们可以看出这一问题主要是在小信号占空比控制中的输出电压传递函数有负的零点。即零点在复频平面的右半平面。虽然严格的数学分析对此问题的理解是必需的，但是仅靠数学方法并不能体现出这一问题的动态效应，相信下面 Lloyd H. Dixon Jr. 的解释一定能使大家透彻地理解这一问题。

9.2　对右半平面零点动态性的说明

伯德图上的右半平面零点增益每十倍频程增加 20dB，不同于左半平面零点的 90°相位超前，其相位滞后 90°。如果仅仅用一般环路来进行补偿是不可能实现的。因此设计人员在较低频率下不得不滚降（roll off）增益，结果使得瞬态响应变差。

简单来说，用连续型反激变换器中的瞬态响应来解释右半平面零点是最为合适的，因为在这种类型的电路中，变压器副边输出电流不是连续的，只有在返程周期中，即在原边电源开关元件关断期间才会有输出电流。

当一个瞬态负载加到输出端后，控制电路的第一个动作会延长电源开关的导通周期（以便在稍长的周期内，增加原边电感的输入电流）。但是大的原边电感将会防止原边电流的突然增大，所以必须经过数个周期才能确定最终值。

对于频率固定的变换器。首先，导通周期的延长将会缩短返程周期。由于原边电流或者说返程电流在初始的几个周期内不会有很大的变化，平均输出电流将会迅速减小（而不是如要求那样增加）。这与通常瞬态时的控制动作相反，产生了额外的 180°相移，这也是出现右半平面零点的原因。

这样看来唯一解决这个问题的方法是在许多个周期内慢慢地改变脉冲宽度（即在低频时滚降增益），使得电感电流适应这种变化。在这种情况下，不会出现动态的输出反向，但是瞬态响应将会变得相当差。

Lloyd H. Dixon Jr 将在以下的讨论中给出更加完整的解释（经美国 Unitrode 公司允许后引用参考文献 [15]）。

9.3　右半平面零点简要说明

在用小信号对环路进行分析时，零点和极点一般位于复平面 s 的左半平面。伯德图上常规零点或左半平面零点增益每十倍频程增加 20dB，同时相位超前 90°。它和常规极点刚好相反，常规极点增益随着频率增加而减少，而相位滞后 90°。所以常常在补偿环路网络中引入同频率的零点来抵消已有的极点。同样，也可引入极点来抵消已有的零点，使得总的相位滞后小于 180°，从而能获得足够的相位裕度。

右半平面的零点（RHP）和常规零点一样，增益随频率的增加也为 20dB 每十倍频程，但是相位是滞后而非超前 90°。如果不能予以补偿，那么这个右半平面零点的特性将相当棘手。设计人员往往不得不在较低频率时滑离（roll off）环路增益。相比其他情况，穿越频率要低 10 倍频程或者更多，这将导致动态响应性能恶化。

降压派生型电路中绝不会出现右半平面零点。它会出现在反激、升压和 Cuk 电路中，且只有当它们工作在电感电流连续方式时才出现。

从图 3.9.1 可以看出工作在连续型下的基本反激电路图及其输出波形。反激电路同升压电路一样，二极管属于输出单元。输出滤波电容的电流和负载电流必须通过二极管，所以稳态直流负载电流和二极管的平均电流一定相等。如图 3.9.1b 所示，电感电流等于二极管峰值电流，并且只有在每个周期的关断期间或续流部分内部才会存在。二极管平均电流（和负载电流）因此等于平均电感电流 I_L 的 $(1-D)$ 倍，其中 D 是占空比（通常称为占空因数）。

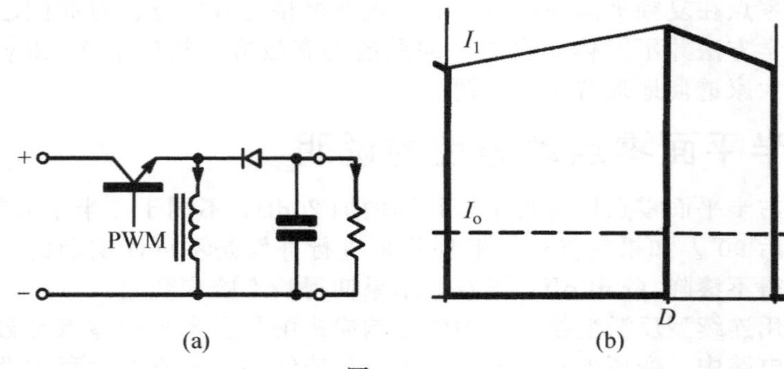

图 3.9.1

如果 D 被小交流信号 $\hat{d}$ 所调制，且此交流信号的频率远小于开关频率，受其影响，在开关周期交替期间 D 将会有微小的变化。从图 3.9.2 可以看出占空比有很小的增量（在所加信号的正半周期内）。

第一个影响是占空比临时的增大会造成在每个开关周期内电感电流峰值的增加，同样平均电感电流也会增加。如果信号频率非常低，那么在很多开关周期中将会出现占空比的正偏差。这将导致电感电流大量累积增加，且相位 $\hat{d}$ 滞后 90°。那么增加的电感电流在关断时间内通过二极管时，造成输出电路的电流成相应比例的变化，且相位与电感电流相同。

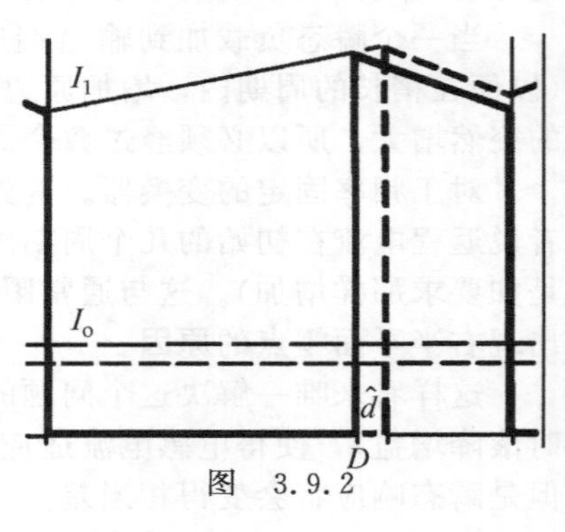

图 3.9.2

第二个影响更加令人吃惊：在交流信号正半周期内，占空比临时的增大会造成二极管导通时间相应的变短。这意味着如果电感电流保持相对稳定，那么在占空比增大时二极管的平均电流（激励输出的）实际上减少了。这可以通过图 3.9.2 清楚地看到。换句话说，输出电流和交流信号 $\hat{d}$ 的相位差为 180°。这是数学上右半平面零点的电路效应。当信号频率相对高时，电感电流的变化相对较小。

占空比控制公式

设在一个开关周期内电感两端平均电压为 V_L，那么反激电路的方程如下：

$$V_L = V_i D - V_o (1-D) = (V_i - V_o) D - V_o \tag{9.1}$$

用一个小交流信号 $\hat{d}$ 来调制占空比 D，产生一个交流电感电压 $\hat{V}_L$，其中小交流信号的频率远小于开关频率。

$$\hat{v}_L = (V_i + V_o)\hat{d} - \hat{v}_o (1-D) \approx (V_i + V_o)\hat{d} \tag{9.2}$$

假设 V_i 是常量，那么 $\hat{v}_L$ 与 $\hat{d}$ 和 $\hat{v}_o$ 有关，$\hat{v}_o$ 是输出滤波电容两端的电压。当频率高于滤波器自谐振频率时，$\hat{v}_o$ 远小于 $\hat{v}_L$，那么公式中第二项可以忽略。

交流电感电流变化 $\hat{I}_L$ 与频率变化相反且相位滞后电压 $\hat{v}_L$ 90°。交流电感电压和电流公式如下，将公式（9.2）的 $\hat{v}_L$ 表达式代入后得到交流电感电流 $\hat{I}_L$ 和 $\hat{d}$ 的关系式：

$$\hat{I}_L = \frac{\hat{v}_L}{j\omega L} = -j\frac{V_i + V_o}{\omega L}\hat{d} \tag{9.3}$$

参照图 3.9.1 知，电感只在每个周期的关断时间内通过二极管来提供输出电流：

$$I_o = I_L (1-D) \tag{9.4}$$

对公式（9.4）两端进行积分，交流输出电流 $\hat{I}_o$ 有两个分量（见图 3.9.1），一个分量与 $\hat{I}_L$ 同相位，而另一个与信号 $\hat{d}$ 反相 180°：

$$\hat{I}_o = \hat{I}_L (1-D) - I_L\hat{d} \tag{9.5}$$

将公式（9.3）代入公式（9.5）中消去 $\hat{I}_L$，得到 $\hat{I}_o$ 与控制变量 $\hat{d}$ 之间的函数关系。在连续型反激电路中，$(1-D) = V_i/(V_i+V_o)$ 所以有：

$$\hat{I}_o = -j\frac{(V_i + V_o)(1-D)}{\omega L}\hat{d} - I_L\hat{d} = -j\frac{V_i}{\omega L}\hat{d} - I_L d \tag{9.6}$$

上式中，第一项为电感带来的极点，在低频时起主导作用，其大小随频率的增加而减小，且相位滞后 90°。在某一频率下这两项的大小是相等的。高于此频率时，第二项占主导作用。其大小是常数，相位滞后 180°。公式中前后两项在频率为 ω_z 时相等，此时才会出现 RHP 零点。

图 3.9.3 是这一公式的伯德图表示（任意刻度值）。当频率高于 f_z 时，RHP 零点增益的增大特性和电感带来的极点增益的减少特性相抵消，但是 RHP 零点和电感带来的极点的相位滞后均为 90°，故总滞后为 180°。整个电源电路的伯德图也包括了输出滤波电容所带来的极点。而滤波电容的有效串联电阻同样带来额外的常规零点。

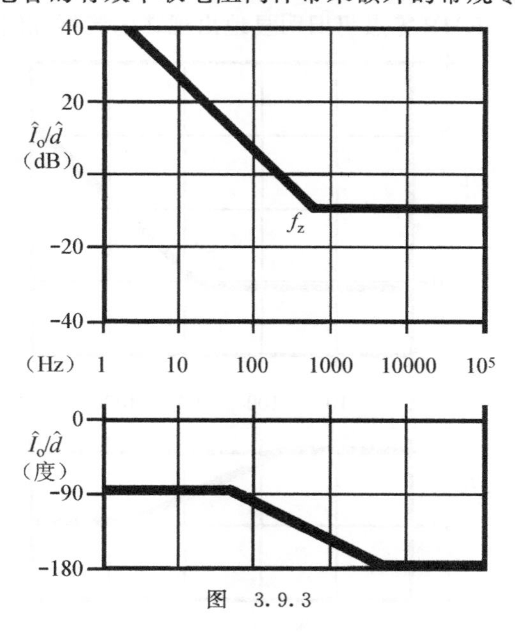

图 3.9.3

根据以上定义，当公式（9.6）中前后两项相等时，才有 RHP 零点。那么可求得此时的频率 ω_z：

$$\omega_z = \frac{V_i}{LI_L} \tag{9.7}$$

将公式（9.4）中的 I_L 表达式代入上式，用 V_o/R_o 替换 I_o。在反激电路中，$V_i/V_o = (1-D)/D$；$(1-D) = V_i/(V_i+V_o)$：

$$\omega_z = \frac{R_o V_i (1-D)}{LV_o} = \frac{R_o (1-D)^2}{LD} = \frac{R_o V_i^2}{LV_o (V_i+V_o)} \tag{9.8}$$

电流型控制公式

式（9.1）、式（9.2）、式（9.4）和式（9.5）是由连续型反激电源电路推导而来的，对任何类型的控制它们都是有效的，包括电流型控制。式（9.3）适用于电流型控制，但是它用到内部电流控制环中。将式（9.3）变成 $\hat{d}$ 关于 $\hat{I}_L$ 的形式，并代入方程（9.5）中：

$$\hat{I}_o = \hat{I}_L (1-D) - j\frac{\omega L I_L}{(V_i+V_o)}\hat{I}_L = \frac{V_i}{(V_i+V_o)}\hat{I}_L - j\frac{\omega L I_L}{(V_i+V_o)}\hat{I}_L \tag{9.9}$$

可以看出式（9.9）和式（9.6）在形式上是一样的，不同的是，式（9.6）中的控制变量为 $\hat{d}$，对应于占空比控制，然而在式（9.9）中，控制变量是 I_L，对应于电流型控制，且可通过内部环路求得。

不同于占空比控制公式（9.6），式（9.9）中的第一项是常量，与频率无关且没有相移。这部分在低频时起主要作用。这部分代表小信号电感电流，由于内部电流控制环路的作用而保持不变，因而能消除电感带来的极点。第二项随着频率增加而增加，但相位滞后 90°，显示出了 RHP 零点的特性。同样，在式（9.9）中前后两项相等时求出 RHP 零点的频率 ω_z，结果同占空比控制式（9.7）一致。当频率高于 ω_z 时，零点特性（即第二项）起主要作用。

图 3.9.4 是根据式（9.9）得来的。当然，输出滤波电容会带来一个极点和一个 ESR 零点。由于电感带来的极点被内部环路消除掉，因此外部电压控制环路没有两极点谐振（二次）特性。虽然如此，RHP 零点仍旧明显地出现在电流型控制中。

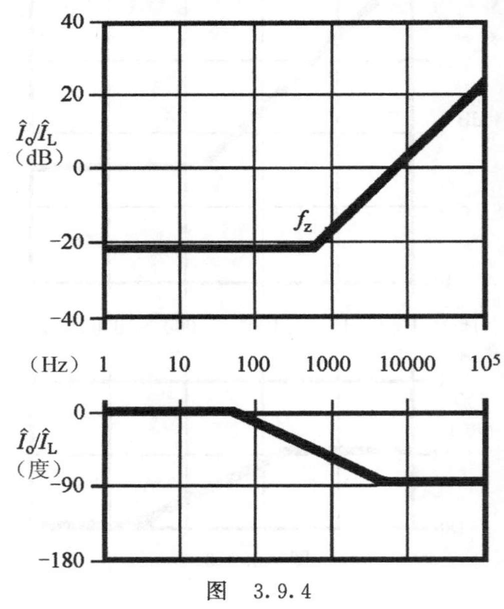

图　3.9.4

9.4 习题

1. 论述右半平面零点产生的原因。
2. 何种类型的电源拓扑结构在占空比输出传递函数中有右半平面零点？
3. 简单地解释应用在固定频率占空比控制的升压变换器中的右半平面零点的动态特性。
4. 为避免传递函数有一个右半平面零点的系统不稳定，应采取哪些常用方法？

第 10 章　电流型控制的控制方式

10.1　导论

虽然电流型控制的控制方式以各种各样的形式运用了许多年（1967 年 Bose 公司的 Thomas Froeschle 发明了该方式），但直到 1977 年，它才被认可为一种根本不同的控制方式，当时的 A. Weinburg 和 D. O'Sullivan 发表了一篇论文，他们在文章里强调了该控制方式的不同基本原理。从此以后，这种控制技术的许多方面得到更充分的研究，并且它正成为许多新设计所选择的控制方式。

以前，在恒定频率开关变换器或开关模式功率变换器中，一般都是通过占空比控制而提供输出调节，也就是说通过调节功率开关器件的导通时间和关断时间的比率以响应输入或输出电压的变化。在这方面，常用的占空比控制和电流型控制是类似的，它们都是通过调节占空比来完成输出调节的。但它们的不同之处在于常用的占空比控制只能根据输出电压的改变来调节占空比，而电流型控制则根据主（功率）电感电流的变化来调节占空比。

初始控制参量的貌似简单的改变，对闭环系统的整体行为有着非常深远的影响。

10.2　电流型控制的控制原理

为了以最简单的语句更容易地解释电流型控制的工作原理，我们将讨论一个完全能量传递方式（不连续模式）的开环反激变换器电路。

对该例子选择不连续模式反激变换器有其突出优点，它没有右半平面零点且不会出现分谐波环不稳定问题，这是大占空比连续型电感电流拓扑的固有缺点，参见 10.7 节。

图 3.10.1 显示一个简单的开环反激变换器电路的主要元器件，它们的工作过程如下所述。

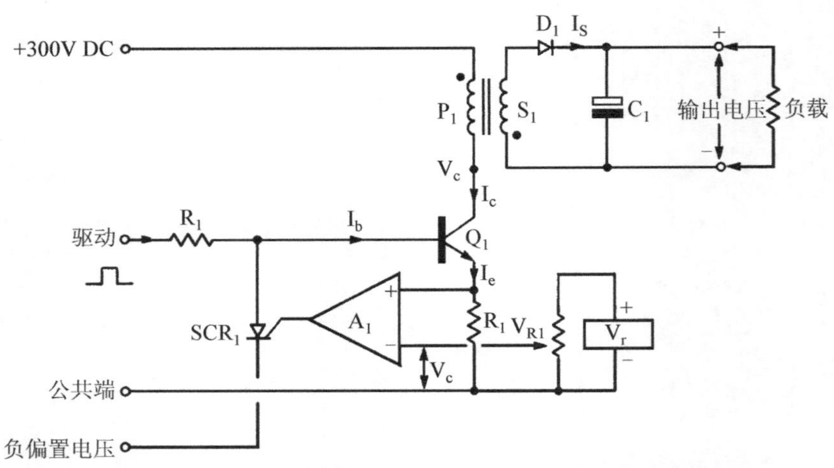

图 3.10.1　开环反激变换器，该图显示了电流型控制的控制原理

变压器（电感器）P_1 和 S_1、晶体三极管 Q_1、元件 C_1 和 D_1 组成了电源部分，固定频率的方波通过电阻 R_1 驱动晶体三极管。

当 Q_1 导通时，变压器原边电流从零开始线性地增加，如图 3.10.2 所示。假设 I_b 与

I_c 比较是可以忽略的，原边电流通过发射极电阻 R_1，就会在电阻 R_1 上的产生与原边电流成正比的电压（模拟电压）。

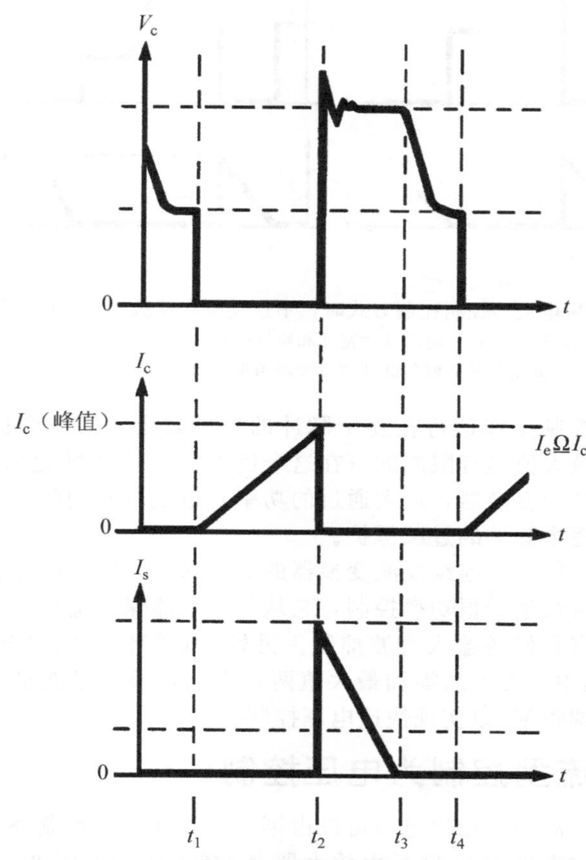

图 3.10.2　不连续模式反激变换器的电压和电流波形

当电流增加到一定值，在该值下 R_1 两端的电压值（加到比较器 A_1）就会超过控制电压 V_c，A_1 的输出会变高，使 SCR_1 导通而去除对 Q_1 的驱动，终止导通脉冲，而 SCR_1 在驱动的下一个关断期间将复位。

因此，控制环路就所关心的输出电压控制来说是开环的，但就所关心的电流型控制而言它是闭环的，以维持变压器原边 P_1 中的固定峰值电流。固定电压值 V_c 确定了峰值电流 I_{cp}，而且电流型控制的第一个优点明显表现出来了。

由于 I_{cp} 已经确定，那么提供给反激变压器的输入能量也就确定了（这能量等于 $1/2L_pI_{cp}^2$，在该阶段，P_1 从功能上讲就是一个电感）。因为这是固定频率的完全能量传递变换器，故而输出功率也是确定的。因此，假定负载电阻保持固定，则输出电压和输出电流也就保持固定，就不需要对电压控制来闭环。

因而，即使电源电压发生改变，开环的电流型控制仍然保留输出恒定，因为 I_{cp} 仍然保持恒定。这点在图 3.10.3a 和图 3.10.3b 中可以比较清楚地显示出来，在图中可看到电源电压的增加导致了 I_e 斜率的增加（I_c 也一样），相应的脉冲宽度将会减少。但是，每个周期 I_c 的峰值保持不变，并且因为频率是恒定的，输出功率也会保持不变。

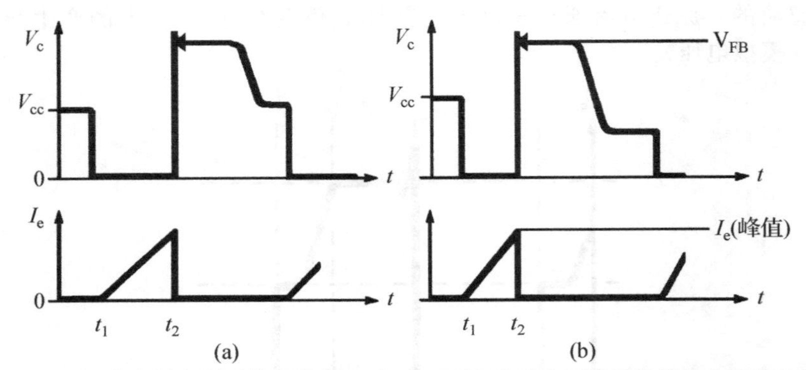

图 3.10.3　当应用电流型控制控制方式时，不连续模式反激变换器的电压和电流波形

(a) 显示低电压输入时的脉冲宽度和峰值电流

(b) 显示高电压输入时的脉冲宽度和峰值电流

由于原边电流型控制工作运行在逐个脉冲的基础之上，第二个优点现在开始变得明显。如果控制电压的最大值是有限制的（在这个例子中，V_c 不能超出 V_r），那么原边电流的峰值（对于这种类型的变换器，最大通过的功率）也是有限制的，这样变换器有一个固有的、快速工作的和逐个脉冲的过载保护。

由上述可知，如应用到不连续反激变换器的例子那样，原边电流型控制有其固有的特点，它提供了一种非常快速的恒功率控制，它从开始就能保持输出电压恒定，而且它不需要闭环电压控制就会有良好的输入纹波抑制。另外，它能快速响应电流程式（在 V_c 中变化），在单个操作周期中，可以从零和最大值两者之间切换传送能量脉冲。下节将讨论通过电压控制环路闭环调整 V_c 以实现快速电压控制。

10.3　转换电流型控制为电压控制

在电流型控制的电源中，输出电压可以由第二个外部电压控制环路来控制，该外部控制环路可调整电流程式电压 V_c。这是由放大器 A_2 提供的，如图 3.10.4 所示。这个放大器把输出电压与参考电压进行比较，为内部电流控制环路调节电流程式电压 V_c 以保持输出电压恒定。这个外部电压控制环路与内部电流控制环路相比相对比较缓慢。故而对负载变化的响应（取决于电压控制环路）将不会与固有的输入电压瞬变和纹波抑制性能（这取决于较快的内部电流控制环路）一样快。

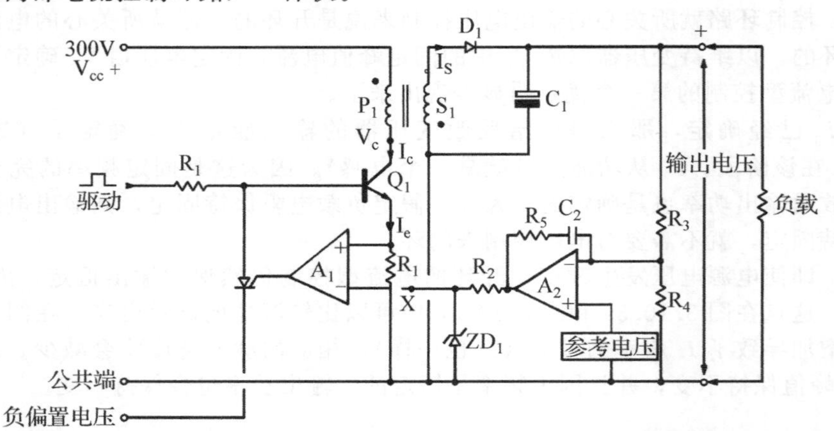

图 3.10.4　带有闭环电压控制的电流型控制不连续模式反激变换器，显示了一种使用钳位齐纳二极管 ZD_1 限制输入功率的方法

电流控制变换器的另一优点也显示在图 3.10.4 中，钳位齐纳二极管 ZD_1 限制电流程式电压的上限，因而提供逐个脉冲的原边功率限制。

10.4　完全能量传递电流型控制反激变换器的性能

在完全能量传递反激变换器中，由于在该系统的转移特性曲线中，右半平面没有零点（见第三部分第 9 章），电压控制放大器可以有相对快速的响应。并且作为电流型控制的结果，在小信号模型中没有电感，在环路补偿网络 R_5、C_2（C_2 的电容值相对较小）中，它允许良好的高频率滑离特性。这将提供好的负载性能和供电瞬态性能。虽然上面所述的不连续拓扑结构用来说明电流型控制作用是有帮助的，但该拓扑结构不像连续模式正激变换器或降压变换器那样从技术上获得更多好处。实际上，可以简单地采用带有输入电压前馈到斜波比较器的占空比控制，从不连续模式的反激变换器可以获得相同的性能。

注意：在占空比控制的情况下，在较慢的电压控制环路外面，前馈将为输入电压的变化提供快速补偿。这提供了与电流型控制技术相类似的优点。一些开关模式的控制 IC 提供了这种类型的补偿，Unitrode UC 3840 就是一个典型的例子。

10.5　在连续电感电流变换器拓扑中电流型控制的优点

反激变换器通常工作在不完全能量传送模式（电感电流连续）。正激变换器、降压开关变换器、推挽式、半桥和全桥变换器拓扑结构通常全都是以连续电感电流工作的。

在这些拓扑结构中，直流输出电流是电感电流的时间平均值。并且，为了获得最大的控制范围，占空比经常将超出 50%（导通脉冲时间超过关断脉冲的时间）。当电流型控制将用于这些连续电感导电拓扑结构时，必须考虑这两个因素所带来的影响。

10.5.1　用于正激（降压派生型）变换器的电流型控制例子

图 3.10.5 显示一种原边电流型控制正激（降压派生型）变换器，该电路工作过程如下。

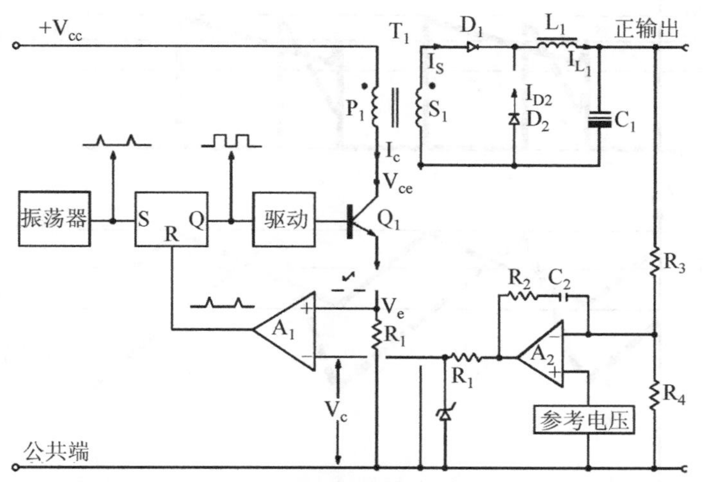

图 3.10.5　带有闭环电压控制的电流型控制正激（降压派生型）变换器

当 Q_1 导通时，T_1 上所有绕组的标记起始端处变为正极性，而二极管 D_1 将导通。由于在 Q_1 集电极电流 I_c 通过 T_1 原边，它转换成在 D_1 和 L_1 通过的电流。假设与集电极电流相比较，驱动电流是可以忽略的，被转换的输出电感电流通过发射极电阻 R_1 两端，可以得到模拟电压，原边和副边信号波形如图 3.10.6 所示。

当 R_1 上的电流已经增加到一定值时，以致 R_1 两端的电压超过控制电压 V_c 时，对 Q_1 的驱动将会关断，因此在 L_1 上的峰值电流将是受控制的。但是有效的直流输出负载电流是电感电流的平均值，而平均电流对峰值电流比率会随输入电压的改变而变化（纹波电流变化）。由于峰值电流和平均值电流之间的不同而带来的误差会产生两个主要问题，这将在下节继续讨论。

10.5.2　电流型控制连续电感电流连续拓扑的分谐波不稳定性和输入纹波抑制

当电流型控制用于正激变换器（或其他的连续电感电流拓扑）时，如果电流程式电压 V_c 维持恒定，则输入电压增加，峰值电感电流将维持恒定。但由于纹波电流的峰峰值较大，平均（直流分量）输出电流将减少（如图 3.10.6 所示，那里 I_c 平均电流＃2 小于 I_c 平均电流＃1，并且负载电流 I_{load}＃2 小于负载电流 I_{load}＃1）。

因此，对于没有补偿的电流型控制正激变换器，其内在开环输入纹波抑制性能不会是非常好的。进一步，如果占空比超出 50%，将会发生一个更敏感和更有问题的不稳定效应。

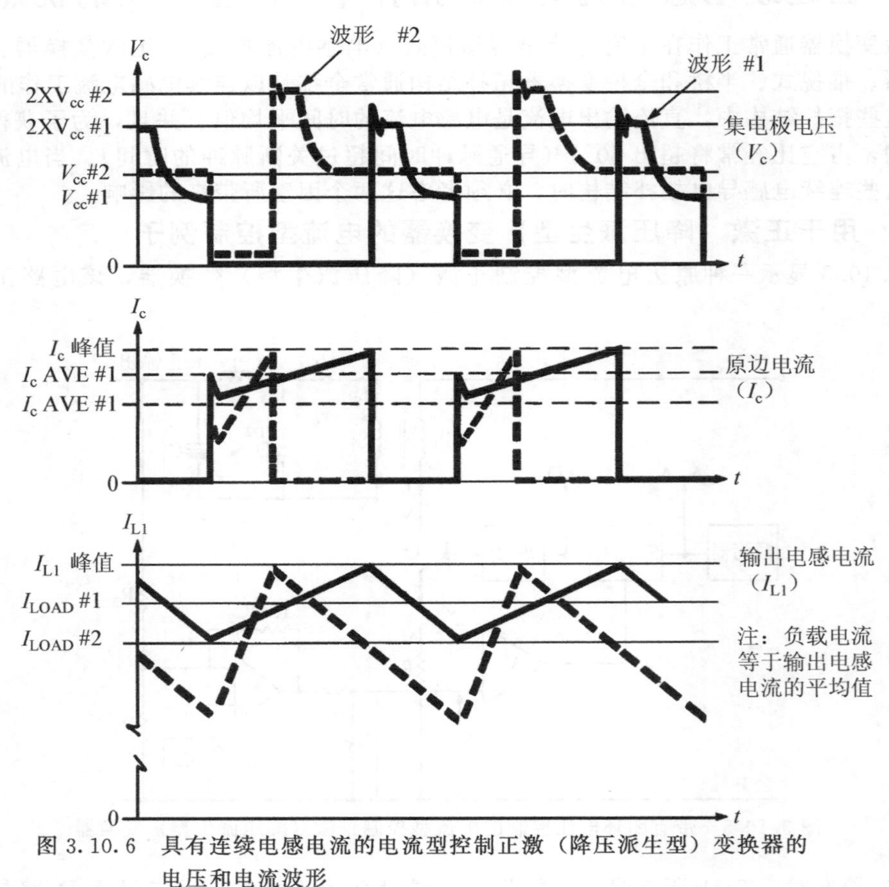

图 3.10.6　具有连续电感电流的电流型控制正激（降压派生型）变换器的电压和电流波形

为获得稳定运行的状态，在一个运行周期中，L_1 中的电流必须以同样的幅值开始和结束。当占空比超出 50%时，图 3.10.7a 展示了一个引入到电流波形的小扰动在一个周期结束时将怎样增大（但方向相反）的过程。因此开始的小扰动将继续增长，导致分谐波不稳定。幸运的是，可以通过斜率补偿的方法完全解决上面所说的两个问题。

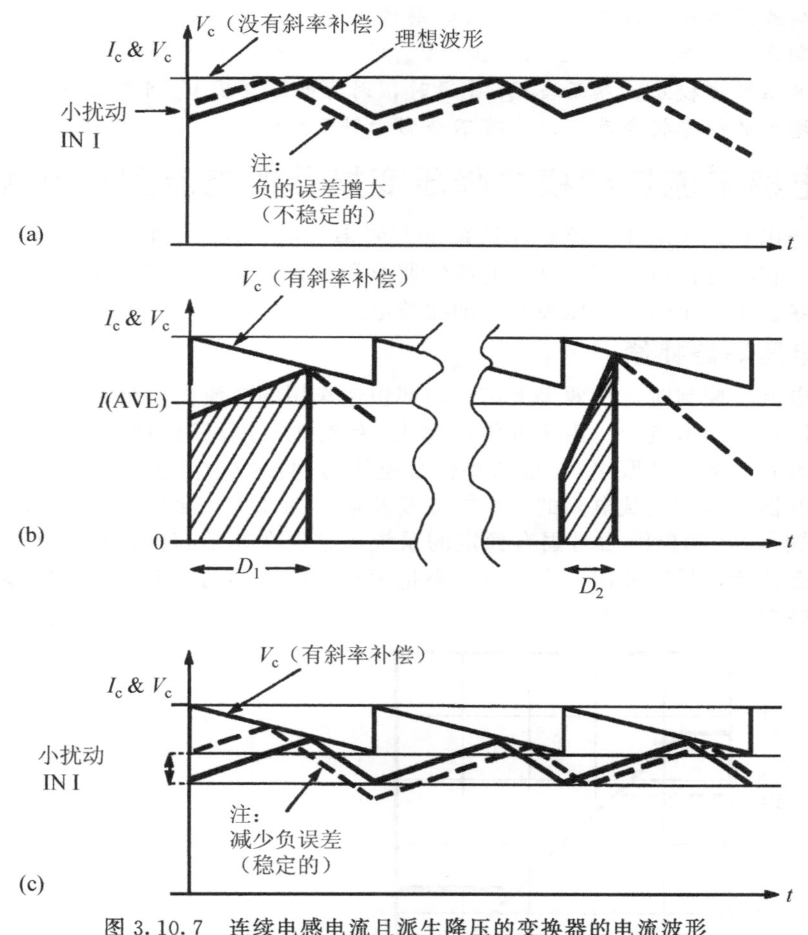

图 3.10.7　连续电感电流且派生降压的变换器的电流波形

(a) 显示占空比大于 50%时分谐波不稳定情况

(b)、(c) 显示在电流型控制下斜率补偿的矫正效果

10.6　斜率补偿

在连续电感电流中采用电流型控制变换器时，分谐波不稳定性和差的输入波纹抑制，可以通过对控制电压 V_c（或者斜波比较器输入）引入“斜率补偿”的方法同时去除。

如果不在一个周期内维持 V_c 恒定，而是使 V_c 曲线为向下的斜波，此斜波的斜率精确地为输出电感电流斜率的一半（或更正确地讲，等于变换电感电流通过 R_1 两端而产生的模拟电压的一半），那么平均（直流）输出电流将不会随着脉宽的变化而变化（补偿使得峰值电流随着脉冲宽度大小而改变，以便保持平均电流恒定）。因为 V_c 不再需要控制电路去补偿前面的峰值对平均值的误差，所以这将会恢复良好的开环输入纹波抑制功能。进一步，在工作周期超出 50%的情况下，现在引入至电流波形的扰动将减少，并在一个周期后消失并且提供稳定的运行。

这个效果更清楚地显示在图 3.10.7b 中。在这里用两个不同工作周期的 D_1 和 D_2 来示范，在导通期间虽然有不同的脉冲宽度，但原边平均电流保持恒定（假定电流程式电压 V_c 的平均值也保持恒定而且采用 50%斜率补偿）。

注意： 虚线是参照原边在 L_1 上转换的副边衰减电流。假设输出电压保持恒定，对不同的工作周期衰减斜率保持恒定（$dI/dt=V_{out}/L$）。因此，斜率补偿仅可准确地为确定和固定的输出电压做出校正。然而当 Q_1 导通时，因为电源电压 V_{cc} 可能改变，即使输出电压恒定，电流增加的斜率将会改变，这将不会影响斜率补偿。

10.7 电感电流连续模式降压变换器的电流型控制优点

上面已经提到，当电流型控制（具有 50%斜率补偿）应用于电感电流连续的降压派生的变换器时，它将会提供限流、良好的线性调节和良好的输入纹波抑制。而一个更重要的优点是有效除去来自小信号电压控制环的滤波电感。

10.7.1 电压环路补偿

当采用电流型控制时，从效果上讲，内部快速作用的电流控制环路把变换器转变成快速响应、电压程式的恒流源。由于滤波电感 L_1 有效地与恒流源串联，而且在电流控制环路内部，电感有效地被“取出”，也从小信号电压传递函数中除去。结果，电压控制环路只有输出滤波器电容和负载电阻的一个极点要补偿。图 3.10.8a 显示该系统的波特图。

由于单极点 90°相位滞后是固有稳定的系统，它现在非常容易得到高环路增益和极好的小信号动态性能，只需使用一个小电容器抵消输出电容器的等效串联电阻零点。这个简单的补偿网络如图 3.10.8b 所示。

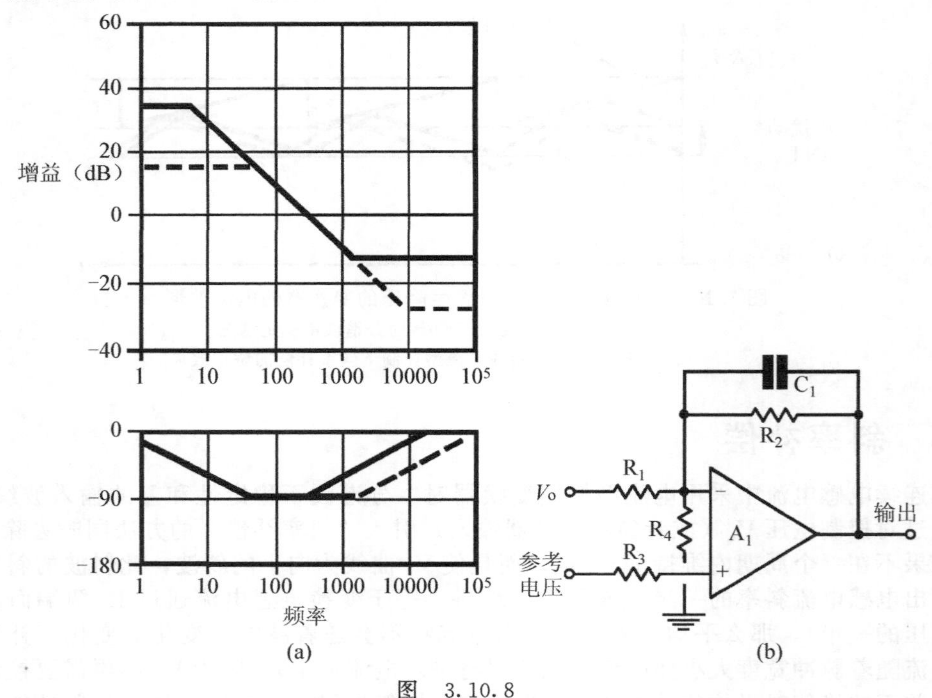

图 3.10.8

(a) 电流型控制变换器的传递函数，显示单极点的响应

(b) 应用在电流型控制电路的简单单极点补偿网络

10.7.2　小信号动态性能

当适宜地补偿时，以传统占空比控制的降压变换器的小信号动态性能可以与采用电流模式占空比控制的相同调节器的性能一样好。

对于高频的变换器，小信号响应时间是 100 μs 数量级，或能用另一种控制方法来达成。然而用传统的占空比控制时，输出 *LC* 功率滤波器具有两个极点的二阶特性曲线，如图 3.10.9a 所示。在滤波器谐振时，相位突然变为 180°滞后，如果不进行有效地补偿，将产生振铃式失真现象和不稳定。并且，如以占空比进行控制，误差放大器需要较大的增益带宽积，也需要大的补偿电容器。补偿网络将有毫秒级的时间常数，考虑大信号情况时，这些大的时间常数就成为问题。占空比控制方式的补偿网络如图 3.10.9b 所示。

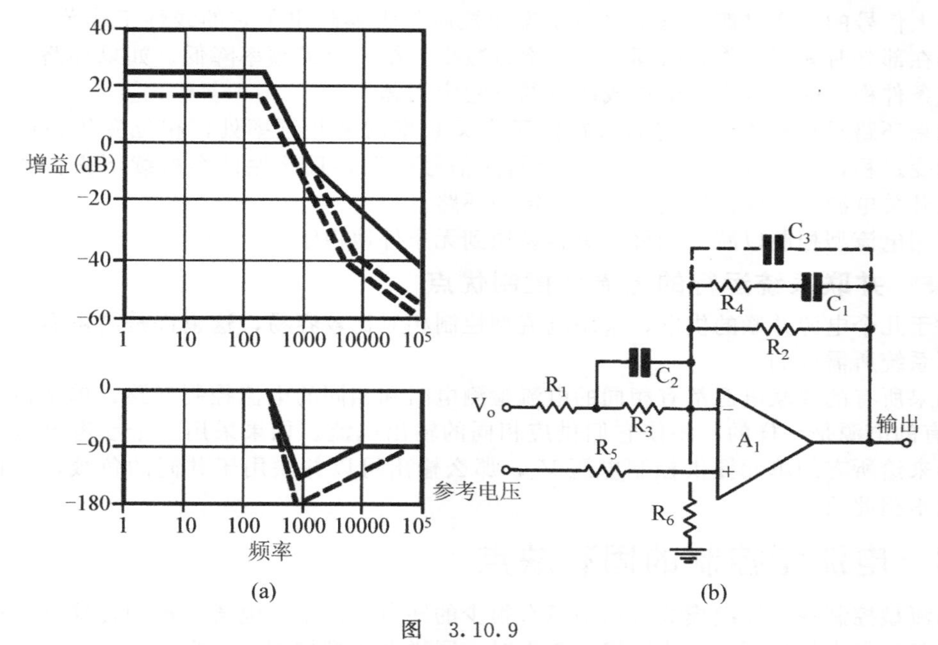

图　3.10.9

(a) 应用占空比控制时相同变换器的传递函数，显示更复杂的双极点响应

(b) 双极点占空比控制电路所需的补偿网络

10.7.3　大信号动态性能

大信号动态状况不同于小信号行为，在占空比和电流型控制电路的性能存在很大的不同。

在连续模式电路里，用于有效滤波的大滤波电感和宽动态电流范围限制了输出电流转换速率，以致不可能容许在负载上迅速变化输出。对于大变化，不管采用什么控制方法都会使应用受到限制。结果，当要产生大的动态负载变化时，输出电压必须发生很大变化，驱使误差放大器超过它的线性范围（到了终点）。暂时打开控制环路并对补偿电容器 C_1、C_2 和 C_3 进行充电以达到一定电压，这电压与正常工作是完全无关的。

当电感电流到达负载电流的新数值时，输出电压将恢复，并且控制放大器将又开始调节工作。但由于补偿电容器上的偏移电压，现在输出电压将是一个新的和不正确的值。采用常规占空比控制，较大的补偿电容器可把输出电压带回到正常值，而恢复正确电压所需要的时间可能是几毫秒。因此，为达到良好的小信号性能用占空比控制所需要的补偿电容将产生差的大信号性能。

相反，因为不需要补偿电容器（而不是需要一个小电容器来抵消输出电容器等效串联电阻零点），电流型控制可以达到良好的小信号和大信号工作性能。进一步，在大负载瞬变后，控制电路更迅速地恢复准确调节，因为单个小电容器小于用占空比控制时所需电容器值的10%。

如图3.10.8b所示的电流型控制所需的单电容补偿电路，与图3.10.9b所示的占空比控制所需的更复杂的电路比较，前者电路的简单性是明显的（在非常低的温度下，两个补偿网络也许要求另外的高频补偿，以抵消输出电容等效串联电阻所增加的影响）。

10.7.4 有条件稳定系统的稳定性限制

在大信号的瞬变过渡状态下（该状态使控制放大器超出了它的线性工作范围），由于放大器在部分时间不工作，时间平均环增益减少。结果交叉频率降低。如果环路是欠补偿的和有条件稳定的，这也许会造成严重的不稳定问题。

如果环路只是有条件稳定的（在低于交叉频率的某些频率处，相位变化超过180°），对大瞬变过程，交叉频率的降低可能开始大信号振荡，且该振荡会持续下去。基于此原因，在开关电源里，应该避免有条件稳定的环路。

采用电流型控制以减少相移，更容易做到无条件地稳定。

10.7.5 并联系统运行的电流型控制优点

对于几个电源并联的供电，采用电流型控制相对比较容易，这也许是高可靠性并联备用电源系统所需要的。

如果所有的并联电源都有相同的电流检测电阻和相同的电流控制环路，单个控制电压（对所有的电源是一样的）将使它们供应相同的输出电流。如果采用一个参考电压和误差放大器来给所有的单元提供控制电压V_c，那么输出可以并联用于共同的负载，并且将会平等地承担此负载。

10.8 电流型控制的固有缺点

电流型控制在不连续模式应用中只有很少的缺点。但是，电流型控制在这种运行模式下也只起到很小的作用。在连续模式工作时，同样电流型控制也只有很少的固有缺点。但是，连续模式升压派生的变换器共有的一些长期存在的问题将一直存在于电流型控制方式中。下面将给出详细的讲解。

10.8.1 低噪声抗扰性

在连续电感电流模式电路中，因为电流斜波所产生的模拟电压斜率相当小，并从未远远偏离控制电压V_c，所以电流型控制受到不良噪声抗扰性的影响。因此，小噪声电压能引起斜波比较器的误操作。

如图3.10.6所示，电感斜波位于大幅值矩形波的顶部（反映了负载电流），特别是当负载大和输入电压低时，其斜率是相当小的。在这些情况下，一个小噪声毛刺可能导致导通期间的提前终止。

在设计PCB布线的时候必须格外注意，要减少进入斜波比较器的噪声电平。应采用差分比较器，其输入应该直接接到电流检测电阻器的两端。常常需要用小型RC滤波器来进一步消除噪声和去除在电流脉冲上升沿上的不可避免的“毛刺”（这些“毛刺”将由缓冲器元件、二极管反相恢复电流和分布电容所引起。为了获得好的性能，所有这些影响应该减少到最小）。

注意：如果用低通 RC 滤波器去除这些毛刺，当脉冲宽度非常狭窄的时候，在负载较小时，滤波器的时间常数应该尽可能小以防止控制脉冲丢失。元件应该靠近比较器输入处安装。通常，最好的除去共模噪声的方法是使用一个小的电流变压器给斜波比较器供电，代替电流检测电阻。

因此，获得最大的斜波斜率是为了最佳的噪声抗扰性和改善的瞬态响应，故滤波器电感应该与在最小负载电流时维持连续模式所需电感一致而尽可能小。为获得较低输出纹波电压，最好使用低等效串联电阻、较大电容的输出电容器，而不是采用大电感值。

10.8.2　多路输出应用的电流型控制所产生的传递函数不规则性

图 3.10.5 显示了单个输出的降压系列电流型控制电路。由这一个例子可清楚看到输出滤波器电感的电流由原边电流比较器直接控制。

当需要多路输出时，正常的做法是为变压器提供附加副边绕组，并利用占空比控制，采用整流器和 LC 输出滤波器提供额外输出。

然而，当采用电流型控制时，变压器看起来像一个恒流源驱动所有并联输出。在直流或低频时，这种高阻抗驱动不是什么问题，与用占空比控制的变换器一样，那里所有输出电压将由工作周期和变压器匝数决定。但是频率高于最低滤波器谐振频率时，情况完全不同，可能发生稳定性问题。

通常只有一个输出被检测并反馈成为电压控制环路的一部分。该受控输出的 LC 滤波器的输入是由高阻抗原边电流源驱动。但是其他输出的 LC 滤波器也是有效地并联到同样的驱动点（变压器的副边）。在每个滤波器串联谐振频率上，驱动点会通过专门谐振输出的低阻抗分流。因此，在该谐振频率下，电源不再是一个恒流源。

在这种情况下，闭环电压控制输出的电感不能再从外部电压控制环路的小信号模型除去，并会引入了附加的相移，这可能导致不稳定。如果谐振分流滤波器只是连接很轻的负载，使它的 Q 值高，这一个问题就特别严重。

理想的解决方法是把各滤波器电感绕在一个公共磁心上，使它们互相耦合。输出滤波器现在不再是独立的，而且也没有单独的谐振。这种集成输出电感（因为它有通过一个直流分量，更加正确地讲是扼流圈）也极大地改善动态交叉调节。因此，特别是采用电流型控制时，集成输出扼流圈更适合于多输出正激变换器。

10.8.3　电流型控制变换器的右半平面零点

对连续电感电流模式调节器（不完全的能量转换模式）的升压派生系列，直流输出电流是平均电感电流和关断（副边导通）持续时间的函数（这是由于输出电流的不连续性质，该电流只有当电源开关如图 3.10.10 所示关断的时候，才会在输出整流二极管中流动）。

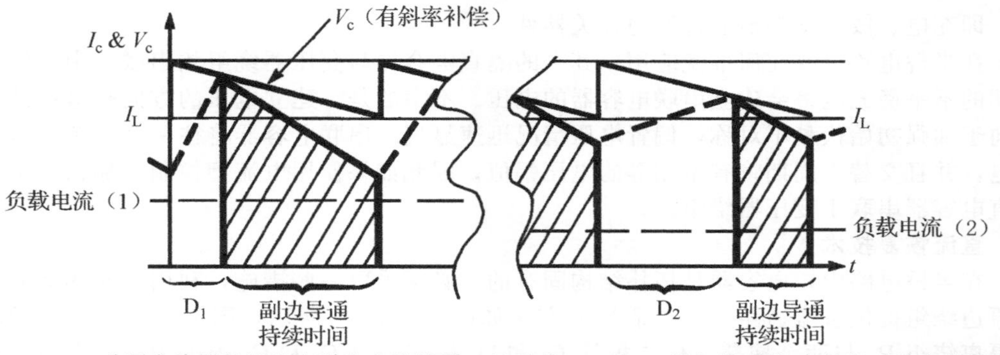

图 3.10.10　升压变换器的原边和副边电流波形，显示从 D_1 到 D_2 增加导通脉冲宽度后的直接效果，即减少副边导通持续时间和转换的能量（由右半平面零点造成的）

然而，对于任何的连续模式调节器，占空比和关断周期是与 V_{in} 直接有关的函数。如果输入电压改变，为了维持输出电流恒定，平均电感电流也必须改变。因此，与降压变换器不同，升压开环电源电压调节器和反激式连续方式调节器在使用电流型控制时，即使采用斜率补偿，其效果也是非常差的。

当输入电压增加的时候，为维持输出电压在较长时期恒定，占空比将会减少。不幸的是，电感电流不可能快速地变化，而且输入电压增加的直接影响是减少占空比，这将导致关断时间和输出二极管导通时间增加。因为电感电流在该时期内将不会变化太大，直接的影响是增加（并非减少）了输出电压。这种与所要求效果相反的动态变化将会持续下去，直到电感有时间调整到较小的电流值为止。

当工作在连续电感电流模式时，这种动态响应的相反变化是由右半平面零点造成的，并且是升压派生的拓扑结构所固有的。不幸的是，电流型控制（即使有斜率补偿）也不会消除在升压和反激式连续模式变换器拓扑结构的右半平面零点。详见第 9 章。

10.9 采用电流型控制的推挽式拓扑的磁通平衡

任何变压器耦合的推挽电路里都使用电压控制，主开关变压器的“阶梯饱和”是一个众所周知、经常也是严重的问题。详见第 6 章。

在开关设备中，通过检测和控制峰值原边电流，电流型控制固有特点解决了这个不平衡的磁通密度问题。原边电流由转换到原边的电感负载电流和变压器的激磁电流组成。任何使变压器偏离磁通平衡情况的倾向都将会造成激磁电流的变化，因此电流型控制将会维持峰值电流恒定，消灭任何阶梯饱和的倾向。然而与另一边脉冲宽度相比，一边脉冲宽度将有对应变化，这将会在变压器绕组中引入直流补偿电流。

因此，当电流型控制用于推挽式的变换器时，会产生一个不平衡脉冲宽度差用来校正二极管或开关器件的任何不对称。这维持了变压器中磁通密度的平衡，但导致不平衡的安秒状态。所以在原边绕组将有一个有效的直流电流。如果变压器绕组与一个隔直电容器串联，就能造成如下所示问题。

注意： 一个隔直电容器常常安装在占空比控制的推挽式变换器中，用以避免变压器饱和。隔直电容器实际上是半桥拓扑结构所固有的。

10.10 电流型控制半桥变换器和其他使用隔直电容器的

拓扑充电不平衡引起的不对称如上所述，当电流型控制用于任何推挽电路时，各边的峰值电流将是相同的。为了校正由于二极管或开关器件不平衡而产生的任何伏秒不对称，将会建立脉冲宽度的小差值补偿。但在脉冲宽度上的任一个差值立刻导致一个小的安秒差值，即充电、放电交替地通过原边开关器件。

在半桥电路（或任何推挽应用，其中的隔直电容器与变压器绕组相串联）中，每个半周期的不平衡充电将会建立串联电容器的电压。不幸的是，建立电压的方向是这样的，它趋向于加强初始伏秒不对称，偏置电压情况迅速显现。串联电容器将往一个电源电压方向充电，并且交替半周期将有不相等的电压幅值。因此如果使用电流型控制，那么一定没有隔直电容器串联于变压器绕组。

直流恢复技术

在半桥电路中，电容器是拓扑结构固有的，必须采取一些措施，利用一些其他的方法给原边绕组提供直流通路。一个适当的方法如图 3.10.11a 所示，图中主开关变压器的独立隔离绕组 P_1 与两个捕获钳位二极管 D_1 和 D_2 一起恢复 C_1 和 C_2 上的中心点电压，补偿开关器件上任何不相等的安秒。该绕组导线采用的线规和二极管可以相当小，因为它们只传送小的恢复电流。隔离绕组的匝数应该和原边绕组的匝数相同。如果采用双线并绕，它们就具有提供漏抗能量回收的附加优点。

提供中心点电压的直流恢复的另一个方法见图 3.10.11b 所示。在此电路中，采用一个小的 60Hz 辅助变压器来给控制电路提供辅助电源。当它们串联并工作于 230V 时，这种辅助变压器的双电压原边绕组，还提供 C_1 和 C_2 的直流恢复功能，当它们连接作为 115V 倍压器工作时，电源提供直流恢复。

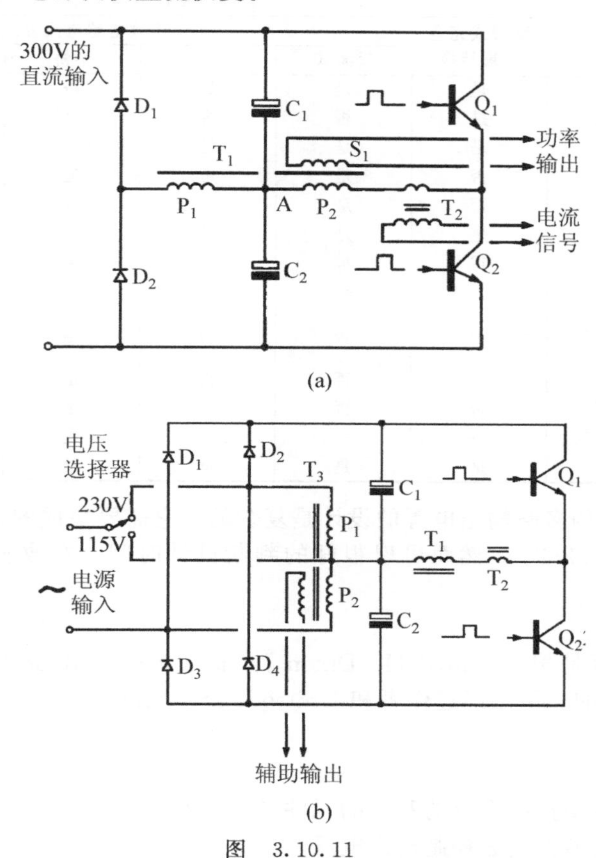

图　3.10.11

(a) 主开关变压器使用一个辅助绕组的直流充电恢复电路，电流型控制的半桥变换器需要直流复位

(b) 使用 60Hz 辅助变压器上的中心抽头绕组来恢复 C_1、C_2 中心点电压的直流充电恢复电路

10.11　小结

假设采用适当数量的斜率补偿，电流型控制在很多方面优越于传统电压程式的占空比控制。

在所有拓扑结构中，它提供了固有的快速作用的逐个脉冲的电流或功率限制，这是对可靠性的一个主要贡献。而且把占空比控制的低阻抗电源变为电流型控制的高阻抗恒流源，可除去小信号模型中的电感，允许外部电压控制环路是快速和稳定的。这连同斜率补偿一起，对输入电压变化提供良好的抗干扰能力和良好的开环负载瞬态响应。

对各类型拓扑结构，重要的是能够辨认出什么时候和什么类型的补偿是所需要的。下表给出了主要拓扑结构的无补偿性能的总结。在大部分的情形下性能不佳的地方，正确的补偿应用能极大地提高性能。举例来说，对于正激变换器，开环负载调节性能是不好的，经过电压控制闭环和使用斜率补偿，性能上会得到很大的改进。在连续模式反激变换器情况下，输入电压前馈补偿也是需要的。但是这种变换器有右半平面零点，它限制了瞬态性能，不管所用控制模式的类型是什么，环路增益必须在低的频率处下降。

表 3.10.1　电流型控制拓扑结构的性能总结

优点与局限	拓扑结构				
	反激式完全能量转换	连续电感电流方式			
		反激式	升压	半桥	正激全桥全波(峰峰值)
逐个脉冲的自动限流	是	是	是	是	是
好的开环电源调整	是	否	否	一般	一般
差的开环负载调整	是	是	是	是	是
需要斜率补偿	否	是	是	是	是
需要(1－D)补偿	否	是	是	否	否
简单环路补偿	是	是	是	是	是
差的噪声抗扰性	否	是	是	是	是
右半平面零点	否	是	是	否	否
电压偏移需要变压器直流恢复	否	否	否	是	否，不适宜装隔直电容
多输出的不规则环路	否	否	否	是	是
多路输出的集成输出电感	否	否	否	是	是
推挽电路的自动对称校正	—	—	—	是	是
并联电源的均流	是	是	是	是	是

使用电流型控制的多路输出电源的设计是复杂的，它需要集成的输出电感来消除环路的不规则性（见 10.8.2 节）。然而可以很好的判断设计时间，在改善交叉调节方面是有利的。

致谢

该章的部分内容是根据 Lloyd H. Dixon Jr. 的 Current-Mode Control of Switching Power Supplies 改写的。引用经过作者和 Unitrode 公司允许。

10.12　习题

1. 组成一个电流型控制系统的基本的元件是什么？
2. 怎样利用电流型控制去控制输出电压？
3. 简述电流型控制的三个主要优点。
4. 在电流型控制中斜率补偿的目的是什么？
5. 什么样的斜率补偿百分比将保证任何情况下的稳定性？
6. 为什么电流型控制更适合用于并联运行？
7. 在电流型控制半桥变换器的原边电路中，为什么直流电流通路是必需的？
8. 当采用单独的输出滤波器电感时，为什么电流型控制不宜用于多路输出？
9. 在多路输出电流型控制电源中，描述消除环路增益不规则性的方法。
10. 电流型控制是否消除了右半平面的零点问题？

第 11 章　光电耦合器

11.1　导论

在开关电源中，光电耦合器（或者准确地说是“光电耦合和隔离元件”）经常用来将副边输出电路的信号传回输入的原边控制电路，而不会影响原副边之间的电气隔离。

但是，光电耦合器有一些参数变化和限制，为了避免产生不必要的问题，在设计阶段必须考虑它们。尤其需要关心的是器件类型传送比率的变化、工作温度、由非线性电流传送比率引起的稳定性问题以及同一系列不同器件之间的很大变化。进一步讲，在整个工作寿命（老化）期间，专用的光电耦合器可能很大程度上改变它的参数。尽管极间电容很小，光电耦合器的高增益也会产生噪声问题。

由于这些限制，光耦合器不能用在开环模式中。因为在开环模式下，这种变化对它的性能会产生直接影响（在早期应用中，在开环模式中采用这些器件可能给光电耦合器带来了坏名声）。光电耦合器现在经常用于带有较大负反馈的闭环控制环路，因此器件参数的变化不会很明显地改变环路传递函数。

许多离线开关电源采用将直流输出反馈到原边脉宽调制器的负反馈控制环路，以维持输出电压恒定。实现输出控制闭环通常是必要的，同时为了满足安全性和应用的需要在原边电路和副边电路之间应提供电气隔离。

尽管仅有少数型号光电耦合器符合所有安全机构的要求，它却能非常方便地提供这样一个带电气隔离的信息连接。

为了在各种条件下确保能够维持充分控制，光电耦合二极管的驱动电路应有足够的驱动电流裕量，以补偿许多可能会发生在不同器件之间的参数变化的影响以及可能会随着使用时间的增长而发生传输比的降低。

11.2　光电耦合器接口电路

图 3.11.1 显示了一个典型的光电耦合器驱动电路。在该例中，右边的 5V 副边输出将会被左边原边电路的脉宽调制器控制。

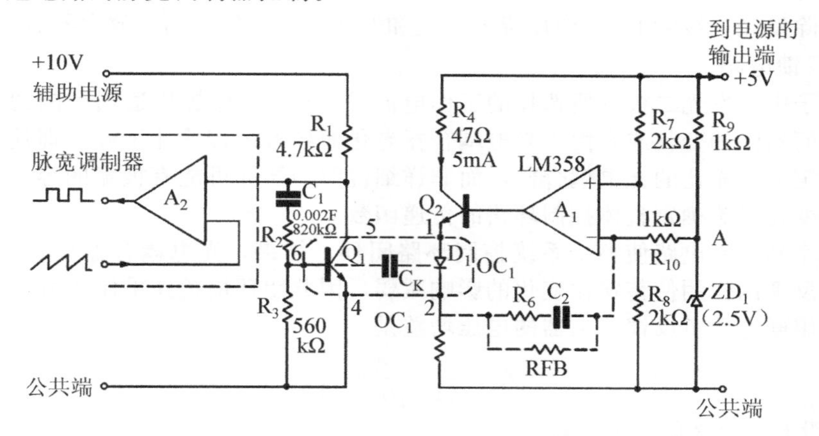

图 3.11.1　利用在副边的电压比较放大器 A_1 和参考电压，光耦合电压控制回路光耦合到原边的脉宽调制器 A_2

比较器 A_1 将 ZD_1（结点 A）的参考电压和通过分压电路 R_7 和 R_8 的输出电压进行比较，因而控制 Q_2 的导通状态，由此确定了发光二极管 D_1 的电流和通过光耦合在光敏晶体管 Q_1 的集电极电流。然后 Q_1 定义脉冲宽度和输出电压，补偿任何使输出电压改变的倾向。

随着光电耦合器的使用时间的增加和传输比即增益的下降，为了防止控制失灵，给 Q_2 提供充足的驱动电流裕量是很有必要的。

下面考虑美国摩托罗拉公司的 MOC1006 光电耦合器/隔离器（其典型的传输特性曲线如图 3.11.2 所示）。这个器件指定的最小电流传输比是 10%，它的发光二极管最大额定电流值是 80mA。

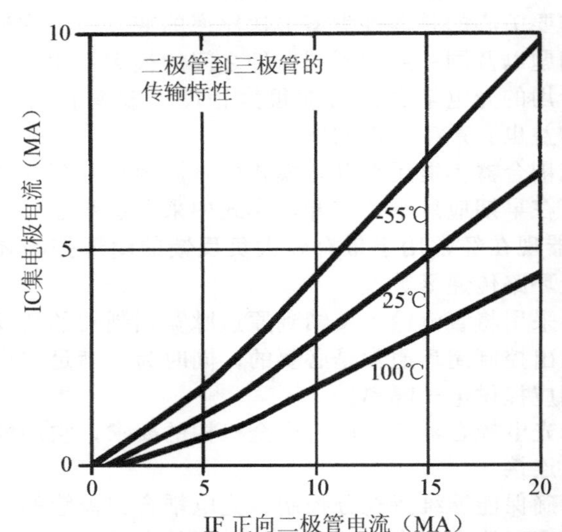

图 3.11.2　一种光电耦合器的典型电流传递函数（在共射极模式下，集电极电流是二极管电流的函数），显示了传输比是如何随温度变化的

LM 358 放大器 A_1 有一额定值仅为 10mA 的最大输出电流。因此光电耦合器为得到最大控制范围（0～80mA），需要一个缓冲晶体管 Q_2 连接到 A_1 的输出端。限流电阻 R_4 确保在电流的限制和瞬变状态下不会超过 OC_1 的光敏三极管的最大额定电流。

为了消除发光二级管 D_1 正向压降的变化和非线性带来的影响，放大器 A_1 采用通过电阻 R_5 的负反馈电路。

在该例子中，发光二极管所选择的工作电流是 5mA。Q_2 提供适当范围的大电流，它足以补偿任何器件的变化或者由于光电耦合器老化而导致的传输比下降。即使如此，应该使用有明确定义传输比的光电耦合器，而非详细说明的器件可能有极宽的容差。开环回路增益的较大变化很难确定整体控制环路的传递函数。

保持功率和控制电路使整个系统控制环路闭环。结果，光电耦合器处于负反馈环路，并且由于负反馈的作用使传输比变化的影响减弱，因此闭环增益几乎保持恒定。

注意，串联电压负反馈放大器的电压增益是

$$A'=\frac{A}{(1+\beta)\ -A\beta}$$

式中，A＝没有负反馈的开环增益；

　　A'＝有反馈的增益；

β=反馈系数。

当$A \geqslant A'$时，则趋向于$-1/\beta$。

因此，只要开环增益很大且光电耦合器的变化是在控制电路范围内的，光电耦合器容差的较大变化和老化就不会导致整体性能的较大降级。

图3.11.3给出一种可替换的光电耦合器驱动电路，它使用TL431可调分流基准源IC。TL431的内部含有一个基准电压，可提供最大为100mA的驱动电流到发光二极管D_1中，不需要缓冲晶体管。该电路的TL431是作为跨导放大器工作的，由于分压电路R_7和R_8作用，发光二极管D_1中的电流与输入电压成正比。瞬态性能是良好的，这是由于通过R_4和D_1提供的TL431的低阻抗输入通路使5V供电电压的变化可迅速地转化为D_1中电流的变化。因此R_4应该是低电阻，并且C_2应该较小（其中R_4定义了D_1的最大电流，选择它可给出一个安全限制）。

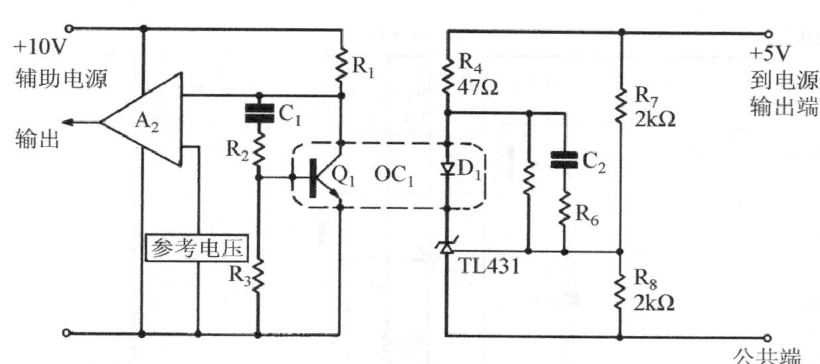

图3.11.3　一个光电耦合的脉宽调制器例子，它使用TL431可调分流基准源IC作为控制部件

11.3　稳定性和噪声灵敏度

我们再看图3.11.1。通过R_5、R_6和C_2的负反馈，减少了A_1的高频增益，此负反馈连同由C_1和R_2提供的附加衰减给出了维持整个环路稳定性所需要的增益和相位裕量（可参见第8章）。值得注意的是，A_1的局部负反馈与R_5中的电流成正比，因此也与发光二极管的电流是成正比，因此可把A_1-Q_2组合成为一个跨导放大器。进一步讲，在这类控制电路中，输出电压分压电路R_7、R_8加到放大器的同相输入端。即使是采用100%的负反馈，由于A_1—Q_2组合增益不可能小于1，故这对环路性能有相当大的影响。

因此，为了维持稳定性，控制电路和功率电路其余部分的环路增益在交叉频率处必须小于1。然而，如果要维持全范围的控制，其余电路的直流电压增益必须大于1，并且环路其他地方也需要附加衰减（在这个例子中，Q_1基极通过C_1和R_2提供衰减）。

由Q_1基极和集电极的连接元件C_1、R_2组成的局部电压负反馈，减少了光电耦合器的交流增益变化。直流增益由R_3标准化，这样，对不同的光电耦合器可得到更加一致的结果。

虽然在光电耦合器中的极间电容C_K非常小，但它通常是光电耦合器产生输出噪声的原因。原边和副边输出电路之间可能有很大的噪声和纹波电压。因此光电耦合器的极间电容C_K虽然小，但却可能是主要问题。光敏晶体管Q_1有非常高的增益，通过极间电容非常小的电流流入Q_1基极，这将导致Q_1集电极电流和输出电压噪声调制。通过在Q_1基极和发射极间连接一个电容，或者通过由C_1和R_2提供的“米勒”反馈，可减少这个影响。

Q_1 集电极电阻 R_1 的值与斜波比较器的斜波电压幅值一起，控制斜波比较器电路的增益。R_1 的值经常是折中考虑来选择的。它应该足够高，以减少 Q_1 所要求的集电极电流的范围来维持控制，但不能太高而超过环路增益要求以致造成不稳定。此外，一个较大的 R_1 的值将增加对噪声的敏感性。

图 3.11.4 显示驱动电路的结构，在该电路中，放大器 A_1 的增益可以小于 1。在该电路里，电压反馈加到 A_1 反相输入端。连接在 Q_2 顶端的发光二极管提供倒相功能，此处 Q_2 采用的是 PNP 型晶体管。在这个电路连接中，稳定的供电给 D_1 和 Q_2 以消除共模输入电压变化是很有必要的（否则最小增益会再次等于 1）。TL431 适合于这种应用场合，它提供一个可调分流基准源作用到 C 点，它给 A_1 提供 2.5V 参考电压的同时又可以维持 C 点的电压为 4V。该电路对光敏晶体管基极电容 C_1 也是有益的，它减少了对噪声的敏感性。

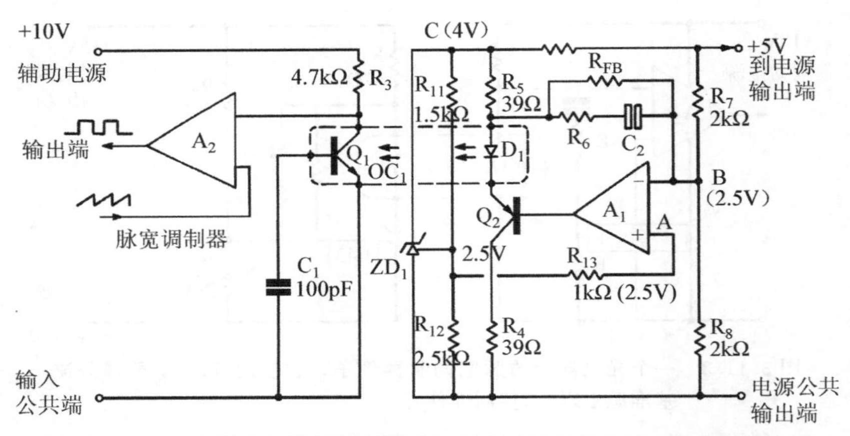

图 3.11.4　光电耦合的脉宽调制器采用图中环路增益小于 1 的控制放大器

11.4　习题

1. 为什么光电耦合器经常被使用于开关电源控制系统中？
2. 光电耦合器主要的缺点是什么？
3. 在驱动电路的设计中使用了光电耦合器，应该注意什么？

第 12 章　开关电源用电解电容器的纹波电流额定值

12.1　导论

众所周知，为了可靠的性能和长的工作寿命，必须选择具有足够电压和温度裕量的电解电容器，我们不太熟悉满足适当纹波电流额定值的要求。为了更好了解这个要求，应该先了解电解电容器的基本结构。

在典型的电解电容器中，两条铝箔带将螺旋缠绕在吸收饱和电解液材料层之间。采用非常薄的绝缘电介质膜，在铝和导电电解液接口处形成电容，该绝缘电介质膜是由流动电解液中极化电压来维持的。如果电解液开始变干，能吸收电解液分隔物的电阻会增大，电介质开始破坏，并且电容迅速失效。

为了防止电解液的损失，电容应具有密封的端盖、引出导线以及连接导线。在高温下，电解液趋向于蒸发并使外壳加压，这些密封作为一个整体承受着很大的压力。此外，电容在高温下损耗会变大而导致失控。为了长期的可靠性，电容器的温度成为主要关心的问题。以下三个主要因素结合起来确定了电容器的内部温度。

(1) 环境工作温度。

(2) 散热设计和通风环境。

(3) 内部损耗。

环境温度是关于应用与技术要求的内容，它基本上是不受设计者控制的。

散热设计经常是在设计者控制之下的一个主要因素。高温元件的位置、布局、散热器设计、尺寸大小和冷却方法（强迫通风或对流冷却）等相比内部损耗对电解电容器的温升有更大的影响。如果需要保持良好的平均故障间隔 MTBF 时间，设计者头脑中必须一直想到电解电容器需要保持的最小热应力。

电解电容器内部损耗一般是相当低的，它受到电压应力、温度，并且特别是纹波电流的影响。

为了帮助设计者，生产厂家指定最大的有效纹波电流额定值作为一般指南，该值通常是在 120Hz 频率和 85℃或 105℃空气温度的条件下得出的。一个典型的例子如表 3.12.1 所示。

表 3.12.1　典型电解电容器纹波电流额定值（mA）

电容值(μF)	参考电压							
	10	16	25	35	50	63	80	100
470							950	1030
1000					1300	1420	1650	1770
2200			1780	1940	2120	2270	2480	2770
3300		2120	2370	2600	2780	3030	3390	
4700	1970	2310	2770	2970	3240	3620		
6800	2570	3050	3670	3900	4350			

（续）

电容(μF)	参考电压							
	10	16	25	35	50	63	80	100
10000	3200	3660	4820	5280				
15000	4570	5470	6470					
22000	5540	6790						

在测试频率（通常是120Hz）下，通过使电容工作在直流极化电压和正弦纹波电流应力下，生产厂家建立了这些纹波电流的额定值。被引用的数字也因此建立在有低次谐波分量（正弦波）的纹波电流有效值的基础上，这样在电容器内部会造成能确定的最大内部损耗和温升。允许的温升取决于电容的设计，而它的最大等级通常是8℃。由于内部损耗而带来的实际允许温升不会经常引用，但可以从生产厂家获得。重要的是不管工作温度是多少，都不能超出内部损耗限制，因为在高纹波电流下内部损耗会增加，这样可能会发生热击穿。

内部损耗在较低的温度下是比较低的，故允许较高的纹波电流。对于纹波电流，这将产生一个与温度有关的修正因数，一个典型的例子如图 3.12.1 所示。

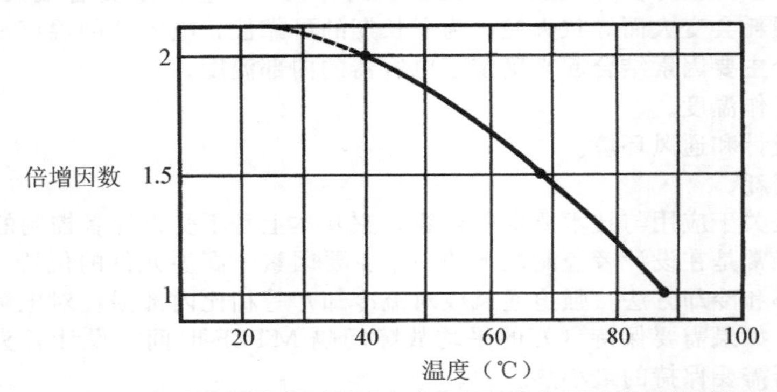

图 3.12.1 电解电容器的典型纹波电流倍增因数与环境温度的函数关系

在更高频率下，电解电容器的内部损耗也开始下降，并且在高频工作时，允许纹波电流进一步增加。一种典型的频率修正因数如图 3.12.2 所示。

图 3.12.1 和图 3.12.2 给出了典型的修正因数。在允许的内部温升（高于环境温度的值）为 8℃的基础上，这些修正因数可应用于一系列商用等级的电容器。这里，电流纹波额定值假设为正弦波有效值。

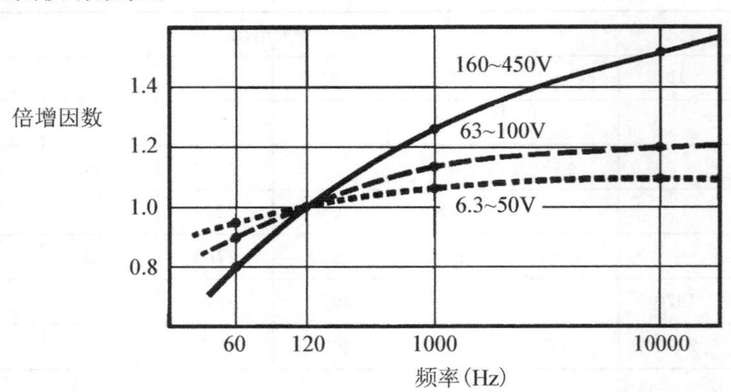

图 3.12.2 电解电容器的典型纹波电流倍增因数与频率的函数关系，以电压电流额定值为参数

12.2 根据公布的数据建立电容器有效值的纹波电流的额定值

这也许看上去很简单。例如，假定所需的 2200 μF、25V 电容器应用在开关模式中，它的环境温度是 40℃，频率是 10kHz。

从表 3.12.1 可以看出，基本的纹波电流额定值在 85℃时是 1780mA。

从图 3.12.1 可以看出，40℃时纹波电流的倍增系数是 2。

从图 3.12.2 可以看出，应用在 10kHz、25V 电容器条件下，附加的倍增因数是 1.1。

因此总纹波电流有效额定值应该是：

$$1780 \times 2 \times 1.1 = 3920\text{mA}$$

这的确是在 10kHz 条件下的正弦波的纹波额定值（记住，假设是正弦波，用数据表示的纹波电流指的是有效值）。但在开关电源应用中，信号波形与正弦波相差很远，尽管计算给了一个很好的起点，纹波与正弦波也相差很远，且由于谐波分量的存在，得到的有效值会更大。如我们将在下面讨论的一样，在为开关型应用选择滤波电容器时，我们必须考虑这个问题。

12.3 在开关型输出滤波电容器应用中建立纹波电流有效值

可以通过假定理想的副边电流波形计算出近似的纹波电流有效值。输出波形及其转换因数的典型例子如图 3.4.10 所示。但特别是对于反激变换器在低电压和大电流情况下，由于实际信号波形与理想波形的偏差很大，故而所得的结果不是非常准确。在大多数情况下，由于存在实际峰值限流的趋势，实际的纹波有效值要比计算得到的值小。在大功率系统中，这变得非常重要。

通常情况下，布局、漏感、输出电容器的等效串联电阻和电路损耗的影响都是未知的。因此，在样机里测量纹波电流，建立或者（如果这之前已经过计算）确定最终有效值是更合理的。

注意：一般来说，纹波电流最好使用电流互感器和真有效值电流表进行测量（参见第 14 章和第 15 章合适电流互感器的设计）。对于电容器纹波电流而言，如果在交流电中有整流器或者交流电流互感器，应该确保采用为单向电流脉冲电流设计的电流互感器。

电流互感器应该连接到一个真有效值毫安计（在该应用中，理想的方法是采用射频热电偶仪器）。如果使用一个有效值电压表，那么电流互感器必须接入准确的负载电阻，并且有效值电压表必须有一个良好的波峰因数的额定值，并且必须能对单向测量的直流分量做出响应（注意！许多现代数字式的所谓的真有效值仪器对直流成分不能响应）。对于电容纹波电流值的测量，在稳态条件下电流总是交流电。

12.4 推荐的测试过程

不管采用什么方法建立纹波额定值以及电容器大小，这里推荐在最终应用中测量温度因为最终的温升是由于纹波电流产生的内部热损耗、周围元件接近效应和热设计共同作用的结果。与内部热损耗相比，附近元件的辐射热和对流热将会在电容器中产生更大的温升。

由于纹波电流和峰值工作温度的影响，电容器所允许的最高温升会随着电容器类型不同和生产厂家不同而不同。在这里所用的例子中，在自由通风的环境里，纹波电流所允许的最大温升只有 8℃（正是这种限制，供制造厂采用以限定纹波电流的额定值）。此额定值用于自由通风环境的空气温度为85℃，而外壳温度为93℃。这种方法设置了运行时的绝对限制值，并没有考虑温升的原因。电容器的寿命在这个温度是不会长久的，我们推荐更低的工作温度。

大多情况下，我们并不知道等效的电流有效值，尽管在工作频率下该值是可以计算或测量的，但它对建立电容的最终温升值不总是有很多帮助的。在开关模式的工作方式下，一般都存在很高的谐波分量，并且电容损耗会随着各次谐波的频率变化和幅值不同发生变化（并且随着频率的变化，等效串联电阻是以非线性方式变化的）。所以损耗分量是与频率有关的，这在通常情况下是不知道的。因此下面将要讲到的是推荐的最终测试步骤。

在最终应用中通过测量温升确定选择合理性

（1）在远离其他热效应的影响、正常运行的条件下来测量电容器的温升（如果有必要的话，把电容器连接到一种短的双绞电缆线，以远离其他元件的热效应，或在发热元件和电容器之间插入一个热障隔离其影响）。单独测量由于纹波电流而产生的电容器的温升，并且把这温升与生产厂家的限制值进行比较（这个数据一般不能从数据表中获得，但可以从生产厂家得到，考虑到内部损耗，所允许的最大温升典型值范围为5～10℃）。

（2）如果因纹波电流而产生的温升是可接受的，在正常位置装上电容器并使电源承受最高温度应力和负载条件的影响。测量电容器的表面温度，以保证它是在制造商的最高温度限制内，并应测试几个样品。

电解电容器的长期可靠的最重要参数毫无疑问是在工作环境里电容器的温升。在高温下，电解电容器的损耗迅速地增加，这增加了内部功耗并导致热击穿。这里还没有合适的方法可以代替成品的性能和温升的测量。

12.5　习题

1. 在选择电解电容时，为什么纹波电流额定值特别重要？
2. 频率会对电解电容的纹波电流额定值产生什么影响？
3. 环境温度会对电解电容器的波纹电流额定值产生什么影响？
4. 通常在什么温度下指定纹波电流额定值？
5. 在最后的应用中，测量电容的温升为什么是很重要的？

第13章 无感分流器

13.1 导论

常用的电流互感器并不是特别适合测量极低频率的交流电流，在有大的直流分量且存在高频纹波电流下，此时常用的电流互感器也是不合适的（特别的直流电流探头可以在低频下应用，可参见第14章）。

为了在低频达到一个良好的响应，副边绕组的电感应该是非常大的。这就要求磁心有高导磁率和副边绕组有很多匝数（如果电感太低的话，在原边绕组中将会产生大的磁化电流，它将吸收被测量的副边电流，造成很大的误差）。

但在应用中，如果有一个大的直流分量，即使在高频电流互感器中，高导磁率磁心也会很容易发生饱和；而直流分量不会被变换到副边，因此输出也测量不到直流分量。为了在有较大直流电流分量时得到应用，电阻性的分流器通常是首选的，如果必要也可采用特殊的直流电流变换器（参见14.9节）。

13.2 分流器

分流器是四端子低值电阻元件，它与被测量电流值的电路相串联而接入。加在电阻上的电流产生与电流成比例的电压。因此，为了使插入损耗或电路工作干扰最小，该分流器应该有非常低的电阻和理想的零自感。但是所有导体，即使是一根直导线都会表现出一定的电感特性，在高频电路中测量电流时，一定要注意这一点。下面的例子将说明这个问题。

13.3 简单分流器的电阻与电感的比值

考虑所使用的分流器由一个直的22号AWG锰铜电阻丝制成，有1in长，在20℃时导线的电阻是37mΩ。因此在电流为10A的电路中，此分流器两端的电压应该是370mV。

但是在高频下，分流器的总阻抗用来控制增加的电压，即使是简单的直导线，也会受到一些电感的影响。下面的式子给出了计算直导线电感近似值的方法，这里直导线的长度远远大于它的直径：

$$L=2l_g\left(\log_e\frac{2l_g}{r}-0.75\right)10^{-7}$$

式中，l_g 是导线长度，单位是m；

r 是导线半径，单位是m。

由计算得到1in长的22号AWG导线的电感是19.7nH，在频率为60kHz的情况下，它的电抗是7mΩ。

因此，在该例子中，即使在典型开关模式频率下的基频分量下，电感与电阻的比值也是很显著的。因为许多信号波形有方波瞬变，谐波延伸到更高的频率，并且在低电阻时，大电流分流器将会产生显著误差。瞬变过程将产生畸变，在分流器上的电压将在所需电阻分量上叠加一个很大的 $L\cdot\mathrm{d}i/\mathrm{d}t$ 分量。

13.4 测量误差

考虑典型反激式电源，在它提供一个电流是10A而电压为5V的输出时，来研究一下整流二极管的电流。

如果使用50%的占空比，反激式电流将大约是直流输出的4倍，故在这种情况下电流是40A。输出仅受到漏电感的限制，会非常迅速地增加到此值，这段时间通常小于1μs。

图3.13.1a显示了在没有畸变的情况下典型副边电流的波形。如果采用一根直电阻导线（如上所述）作分流器来测量通过它的电流，将获得如图3.13.1b所示的波形。在这个例子中电抗误差是如此的大，以至于所获信息几乎没有什么价值。

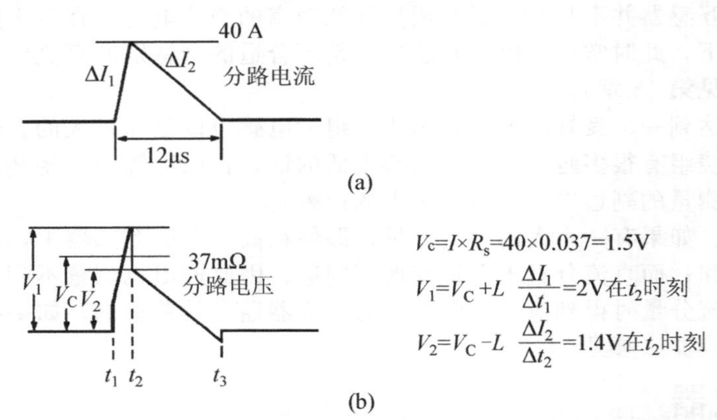

图3.13.1　外加正常的电流波形时，在高频下电流测量电阻分流器的电感引起的测量畸变
(a) 外加的正常电流波形；(b) 产生的畸变电压波形

13.5　低电感分流器结构

可采用以下几种方法中一种方法使电阻元件的电感分量大大地减少。

双螺旋线结构

图3.13.2a为小电流分流器给出一个适当的结构方法，该分流器可以在直到10A的电流下使用。电阻元件应该采用低温度系数的绝缘电阻线，它被扭成一个紧的双螺旋结构以抵消磁场。为了方便起见，这个螺旋也可以进一步螺旋化。

多层薄膜电阻结构

对于更大电流的应用，一片平板电阻材料可折叠成如图3.13.2b所示，在两层之间放置一块绝缘体。对于长度比较长的情况，“夹层板”结构也可以盘旋地形成双螺旋形。

这两种结构与较常用的直线形分流器相比较，在高频下工作会得到更加理想的结果。

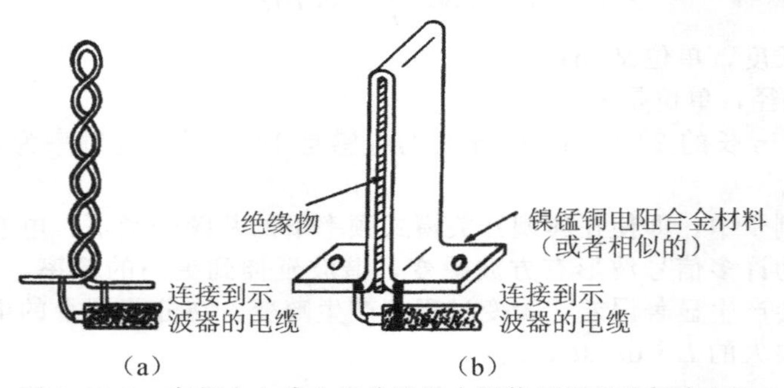

图3.13.2　高频小电感电流分流器中所使用的两种制造方法
(a) 双螺旋线型；(b) 折叠带状

13.6　习题

1. 在开关电源应用中，为什么分流器的电感如此重要？
2. 描述减少电阻分流器电感的两种方法。

第 14 章　电流互感器

14.1　导论

当开关电源设计师考虑电流互感器时，经常想到的是低准确度电源保护和控制之间的关系，而非高准确度仪器类型的应用。

在大多数开关电源中，电流互感器将会指出趋势、变动或者峰值，而不是绝对数量。因此，在高准确度的要求不是最主要的情况下，可以采用非常简单的设计和绕线技术。

电流互感器在控制和限幅应用等方面的优点不应当被忽视。它们能够给出良好的信噪比，提供控制电路和被监测线路之间的隔离，提供良好的共模抑制，而在大电流应用中不会引入过大的功率损失。

如前所示，在高频限流和测量应用中，分流器不是非常令人满意的，为了减少接入电路引起的损耗，分流器的电阻必须是非常低的，这样它给出了较差的信噪比。另外由于电阻与电感之比非常低，通过分流器所产生的模拟电压信号取决于电流脉冲的变化率而不是它的幅值。结果，来自电阻性分流器以限流为目的信息产生畸变，并且该信息随着工作环境不同而变化。且分流器并不提供隔离，而功率损耗会更大（但是即使有这些局限，分流器有时也用在限流的场合）。

当独立输出限流需要用在多路输出电源时，电流互感器是特别有用的。在被测量和控制电路之间需要电气隔离的应用中，电流互感器也是很有用的，例如原边和副边电路之间。

14.2　电流互感器的类型

根据应用，为了获得最佳的性能，我们通常使用四种基本类型的电流互感器中的一种。其中有两种类型是我们经常用到的，使用时首先考虑它们，第三种类型使用在电流脉冲非常短的地方，且最后一种类型是用在大电流场合的一种特殊直流电流互感器。四种类型如下所述。

（1）第一种类型，单向电流互感器

这第一种类型的电流互感器用来测量单向电流脉冲，譬如输出整流器二极管的电流、开关变换器的电流和在正激变换器变压器的原边或副边通过的电流。

（2）第二种类型，交流电流互感器

在第二种类型中，互感器是用来指示交流电流的，其中被测电流在两个方向上通过，并没有纯直流分量。一种典型的应用是用来测量串联于半桥推挽式变换器原边绕组的电流。

（3）第三种类型，反激式电流互感器

这种类型的电流互感器使用在反激式模式中，并且在电流脉冲非常窄的情况下是特别有用的。

（4）第四种类型，直流电流互感器

这种非常有用的、较少人知道的直流电流互感器能够用来测量大电流直流输出电路的电流，且损耗很低。

14.3　磁心尺寸和磁化电流（所有类型）

磁心尺寸的选择大概是设计过程中最困难的部分。在理想的性能和尺寸、价格以及匝数的实际要求之间，我们需要折中考虑。

总体来说，对于电流互感器需要较大的电感、较小的磁化电流以及较准确的测量。在脉冲持续期间，磁化电流分量逐渐增加，并应从被测量中减去。结果在导通脉冲的结束时，与被测量的数值相比，磁化电流应该是较小的。在限流的应用中，10%的磁化电流是一个典型的设计限制值。这个磁化效应在单向电流互感器最容易表现出来。

图 3.14.1a 显示一种典型的单向电流互感器和副边电路。这将用在比如说正激变换器中实现限流。环形磁心的原边只有一匝（这个原边绕组经常是一条连接线或者是通过环形磁心中心的输出汇流线）。故这个原边绕组与被测线路串联。

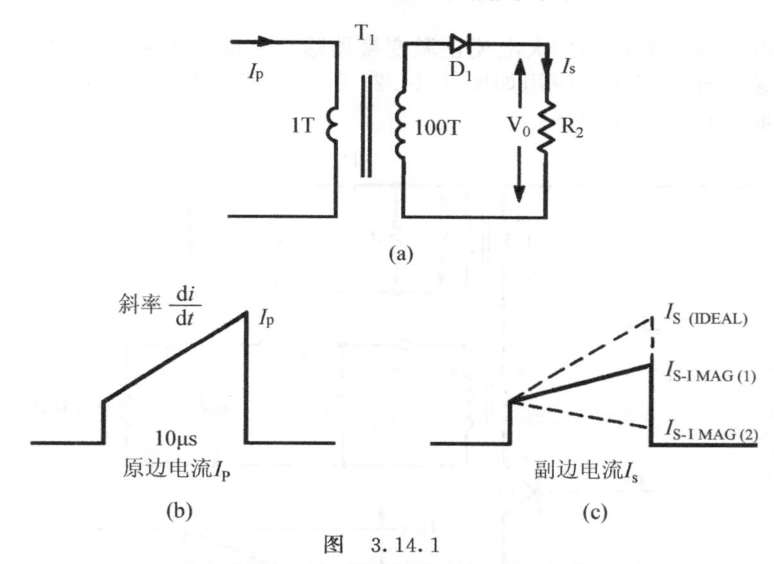

图　3.14.1

(a) 应用于单向电流脉冲测量的电流互感器和副边电路

(b) 应用的单向原边电流波形

(c) R_2 上的副边电流波形，显示了电流变压器磁化电流的作用

副边是有较大匝数的绕组，绕组的端头通过二极管 D_1 与镇流电阻 R_2 相连。它的作用是使原边正激电流脉冲在 R_2 两端产生一个准确的模拟电压（这里 D_1 用以阻断反向恢复电压）。但是从图 3.14.1b 和图 3.14.1c 可以看出，由于磁化电流分量的影响，副边信号波形发生了畸变。

图 3.14.1b 显示应用的单向（全部是正极性）的原边电流脉冲，而图 3.14.1c 所示的是对应加在 R_2 上的副边电压脉冲。原边磁化电流有两个值，I_{mag1} 是一个小值，和 I_{mag2} 是一个大值。图中显示这两种磁化电流是如何有效地从理想模拟变换电流 $I_{s(ideal)}$ 减去。从此图我们可清楚地看到，在传导脉冲 I_p 下降沿时刻，如峰值电流 I'_p 是做为限制电流目的，则电流互感器的副边电感必须足够高，以保证在纯副边波形中至少维持一个正斜率波形。这意味着副边需要一个大的电感，并且要有较多匝数的绕组、大尺寸磁心和高导磁率的磁心材料。总之需要用高导磁率的磁心材料，同时还要权衡绕组匝数和磁心大小。

注意：在斜率依然是正的条件下，由于绕组电阻、二极管损耗和磁化电流幅值所产生的幅值减少可通过调节 R_2 校正到某种程度。

影响电流互感器磁化电流的第二个主要因素是副边电压的幅值。该电压是所选择的信号电压 V_0（在这个例子中是 200mV）和 D_1 整流器二极管正向压降（在这个例子中是 0.6V）的总和。由于高的 V_0 值会引起大的磁化电流，故副边电压应该尽可能小（与良好的信噪比一致），对此，D_1 应选择小的肖特基二极管。

对于电流互感器，如果选择一个非常小的环形磁心，那么为了得到必需的电感，副边将需要大匝数的绕组。如果副边绕组匝数太大的话（比如超出 200 匝），那么会产生大的匝间电容，并且高频响应（对窄的电流脉冲的响应）将会降低。

因此，磁心大小选择应综合考虑费用和性能。一个较好的兼顾两种因素的办法是选择磁心副边绕有约 100 匝的绕组（采用单层绕法），这将给出所需要的最小电感。

14.4　电流互感器的设计步骤

一般要求

单向电流互感器用来监测如大电流正激变换器输出整流二极管，或单端正激变换器原边电流的不连续脉冲。其典型应用如图 3.14.2a 所示，其中电流互感器 T_1 与单端正激变换器的原边串联。设计步骤如下。

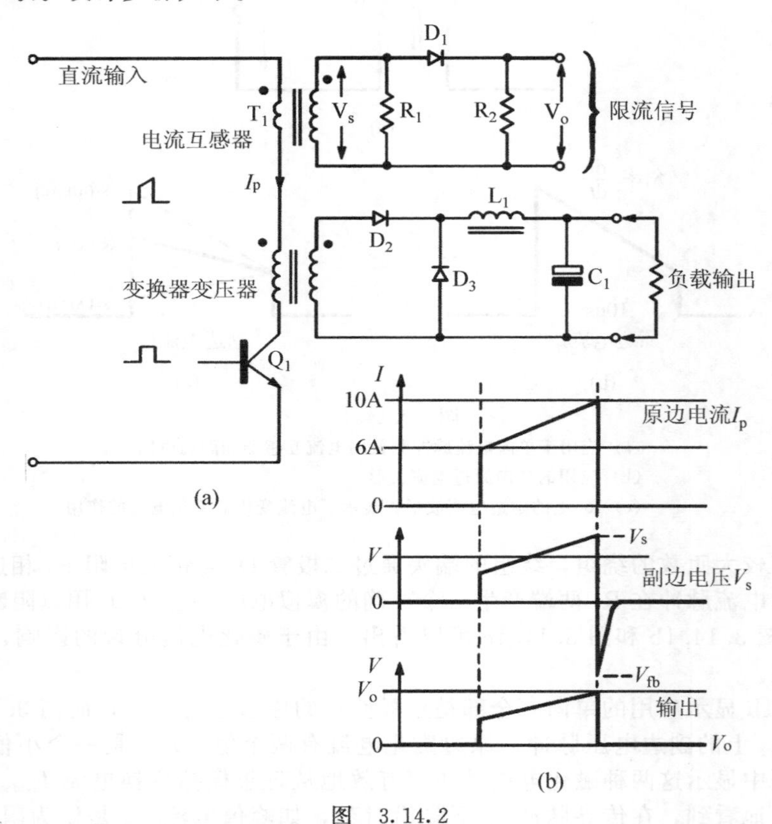

图　3.14.2

（a）单端正激变换器的基本电路，显示了在主功率变压器原边的单向电流互感器

（b）电流互感器的原边电流和副边电压的波形，以及在 R_2 上形成的模拟电压波形，可以应用于电流型控制和限流

步骤 1

计算（或观察）待测电流信号波形的峰值和电流波形顶部的斜率 di/dt。这可以用来

计算最小的电流互感器电感。

步骤 2

在一定大小的电流值下，选择电流互感器副边电压值（应该尽可能低，且包括二极管压降，典型地应小于1V）。

步骤 3

选择高导磁率磁心材料和初始尺寸。

注意：对于单向电流脉冲的应用，磁心材料应该具有以下两个特征。

(1) 高导磁率，因此以最小的绕组匝数可以获得大的电感。

(2) 低的剩磁 B_r，因此当电流脉冲降到零的时候，可使磁心能够恢复到低磁通状态。这将确保几个操作周期后磁心不会发生饱和。

但是，这两个要求是互相排斥的，故需要折中选择。如材料 H5B2（见图 2.15.4b）是一个比较好的折中考虑的选择。磁心应该绝缘以减少绕组和磁心之间的电容，同时也因此减少绕组匝间电容。

对于大电流的情况，对原边导线直径的物理要求可能决定了最小磁心尺寸。如果需要一个大的输出电压，那么我们推荐采用一个较大的磁心允许副边有大的绕组匝数。由于实际的原因，原边可只有一匝绕组（即原边导线直接通过环形磁心的中心孔）。

14.5　单向电流互感器设计举例

图 3.14.2b 显示了如图 3.14.2a 所示的正激变换器中第一种类型（单向脉冲类型）的电流互感器的所期望波形。

在这个例子中，当原边功率晶体管导通时，在 T_1 中的正激电流使得所有绕组标记为正极性，并且副边二极管 D_1 导通，在 R_2 中的电流是原边电流转换来的，原边电流通过 R_2 得到对应的成比例的电压。

当正激电流脉冲结束 Q_1 关断时，由于 D_1 关断使电流互感器磁心迅速得到恢复，且副边反激负载电阻 R_1 变大。结果反激电压变大，并且使正激脉冲之间的磁心迅速恢复。也就是说在关断期间，磁通密度恢复到剩余磁感应强度值 B_r，为下一个正激脉冲做准备。

注意：此迅速恢复的磁心允许正激电流脉冲相邻的间隔期可准确地被监测，而不会发生饱和。很明显，选择 R_1 的值以得到必需的最小的恢复时间，并且必须选择 D_1 的电压额定值，用以阻止加在 R_1 上的反向反激电压影响。

(1) **步骤 1，计算原边安匝数**

在这个例子，原边只有一匝绕组，通过电流是 10A。由于图 3.14.2 所示正激变换器的原边正激驱动电流的作用，提供给原边 10 安匝的磁场强度。

(2) **步骤 2，确定副边绕组匝数和计算副边电流**

此设计中首选单层结构的绕组，选用 34 号 AWG 线，其匝数不要超过 100 匝（它可以采用小的磁心尺寸并提供良好的高频性能）。因此，为了提供与 10 安匝相等的反极性磁场强度，如其副边匝数选 100 匝，则副边电流将是 100mA。由于 34 号线在电流为 91mA 时的电流密度为 $450A/cm^2$，所以对于 100mA 它是一个不错的选择。

(3) **步骤 3，确定所需要的副边电压**

副边电压是 0.8V，由 0.6V 的二极管压降和模拟信号电流通过 R_2 所产生的 0.2V 电压组成。故在 100 匝的副边绕组和通过电流的单匝原边绕组情况下，原边绕组的压降是 8mV。因此原边插入损耗就非常小。

对于正激变换器的应用，在导通期结束时刻的原边峰值电流是待定的限流值（这表明峰值电流流经输出电感)。因此在导通期间，副边电流必须反映出是上升电流，并使磁化电流得到限制。加在 R_2 上的电压提供了反映电流逐个脉冲幅值的模拟电压。因此，此时在控制电路中这一点需要引入一种快速动作的限流功能，把此模拟峰值电压信息即电流信号用于电流型控制电路。

(4) **步骤 4，核对磁化电流**

被测量的电流是 10A，作为最初选择的磁心采用材料为 H5B2 的 TDK ＃T6-12-3（见表 2.15.1)。该材料的导磁率是 7500，并具有低的剩余磁感应强度 B_r，其大小是 40mT。下一步将检查磁化电流是否小到可以接受的程度。

在这个例子中，将采用单层 34 号 AWG 线绕制的 100 匝副边绕组。

为计算磁化电流，需要知道副边电感。如果我们知道与磁心有关的系数 A_L，那么电感可以用如下式子计算得到：

$$L = N^2 A_L$$

由于在这个例子中我们不知道 A_L 的值，故而电感系数应该从下面的基本公式中计算得到：

$$L = \mu_r \mu_0 N^2 A_e / l_e$$

式中，$\mu_0 = 4 \times 10^{-7}$；

μ_r＝磁心的导磁率；

N＝副边绕组的匝数；

A_e/l_e＝磁心系数（有效磁心截面积与有效磁路长度之比，单位为 m)。

对于 H5B2 材料，磁心的导磁率是 7500，磁心系数是 (1/30.2) $\times 10^{-2}$，故电感可以如下计算得到：

$$L = 4\pi \times 10^{-7} \times 7500 \times 100^2 \cdot 10^{-2} / 30.2 = 31\text{mH}$$

磁化电流的斜率 $\mathrm{d}I/\mathrm{d}t$ 可以从下式计算得到：

$$e = -L \frac{\mathrm{d}I}{\mathrm{d}t}$$

此处

$$\left| \frac{\mathrm{d}i}{\mathrm{d}t} \right| = \frac{e}{L}$$

其中 $e = 0.8\text{V}$

所以

$$\left| \frac{\mathrm{d}I}{\mathrm{d}t} \right| = 25.8\text{A/s}$$

在 10μs 脉冲结束的时候，$I_{mag} = 0.258\text{mA}$。此磁化电流变换到原边为 25.8mA，相比于 10A 的电流，这种误差是可以忽略。

可以看出，副边电流是原边 100mA 电流只损失 1/4mA 后的实际值的变换。虽然这表明可以使用一个更小的磁心，但如果选择比这更小的磁心的话，那么可能很难在磁心绕制副边绕组。

根据需要选择 0.2V 信号电压，要求的负载电阻 R_2 的值可计算如下：

$$R_2 = \frac{V_0}{I_s}$$

式中，V_0＝信号电压；

I_s＝副边电流。

在该例子中，$I_s = (I_p/N) - I_{mag}$，可近似于 100mA，参考要输出的副边电压可得：

$$R_2=0.2/0.1=2\Omega$$

磁通密度

虽然原边电流的脉冲是单向的且有一个较大的直流平均值，但是磁心不会发生饱和，因为在每个电流脉冲之间，磁通密度下降到剩余磁感应强度值 B_r。为了允许这种复位动作，在关断期间，原边和副边的电压必须反向（反激）。这就要求反向电流除了通过 R_1，其他通路都要阻塞。很明显，在反激（关断）期间，二极管 D_1 会阻止副边的反向电流，但要阻止原边电流，磁心必须放置在原边电路的适当位置。如图 3.14.2 所示，在例子中反向电流由 Q_1 阻断，Q_1 在复位期间是关断的。

复位电压和时间由 R_1 确定，而复位时间必须小于最短的关断时间。

注意：增加 R_1 减少了复位时间，但却增加了反激电压。

在此，每个原边脉冲可认为是一次单独的事件，根据所加的伏秒脉冲，在脉冲持续期间可以计算出磁通密度的偏移值，如下式所示：

$$B=V_m t/NA_e$$

式中，B=磁通密度，单位是 T；

V_m=平均副边电压；

A_e=有效磁心截面积，单位是 mm^2；

t=脉冲持续时间，单位是μs。

在该例子中，

$$V_m=0.16+0.6=0.76V$$

（电压信号平均值加上二极管压降）故

$$B=\frac{0.76\times10}{100\times8.65}=8.78mT$$

这是非常小的磁通密度摆幅值，并且它是在开关电源中采用电流互感器的典型值。一般，这也是更小的磁心不能用于实际绕组的理由。而小的磁通量还会产生很小的磁心损耗。

14.6　第二种类型，推挽应用的交流电流互感器

图 3.14.3 显示了与半桥变换器变压器原边相串联的交流电流互感器的典型电路。在这一个位置中，通过电流互感器副边的桥式整流器能够在两个方向上识别电流脉冲。在正向和反向通过同样电流，因为串联的电容器 C_3 确保不会有直流分量，所以磁心不会饱和。设计方法与 14.4 节中所用的方法非常类似。

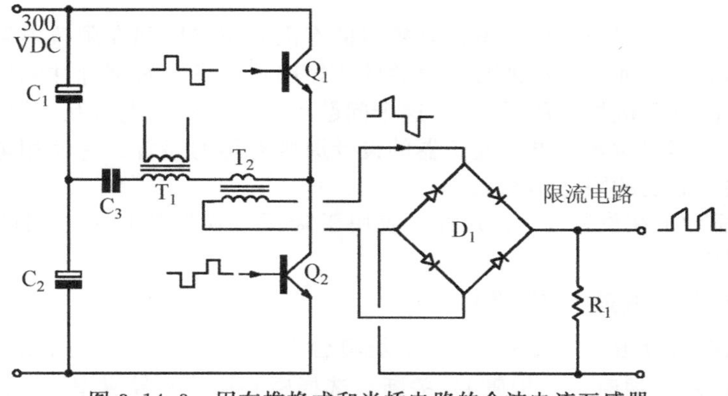

图 3.14.3　用在推挽式和半桥电路的全波电流互感器

在该应用中的磁心材料不必有较低的剩磁，因为每半个周期磁通方向就强迫发生改变。

如有含直流分量的任何可能性，那么我们将选择一种较低导磁率的磁心，它能够通过所期望的直流分量而不会饱和。通常为避免这个问题，在电流互感器和主变压器中，要么串联一个隔直电容，要么在主变换器中采用一种强迫磁通平衡的系统。

14.7 第三种类型，反激式电流互感器

我们应该理解到，“反激”这个词，如后面部分应用到电流互感器中，指的是电流互感器的工作方式，而不是它的应用。实际上，这里描述的反激式电流互感器的类型并不是非常适合于反激变换器。

反激式电流互感器在电流脉冲非常窄的情况下有特殊的价值。在固定频率的正激变换器和降压型调节器中的典型应用是限流电路。在这类变换器中，为了防止当输出短路时出现过大输出电流，电流脉冲必须是非常窄的。

图 3.14.4 显示典型降压变换器的功率输出级。电流互感器有两个可能的位置。在位置 T_1（a）处，直接监测与开关晶体管 Q_1 的电流。当输出短路时，脉冲宽度必须减少到非常窄以维持控制。

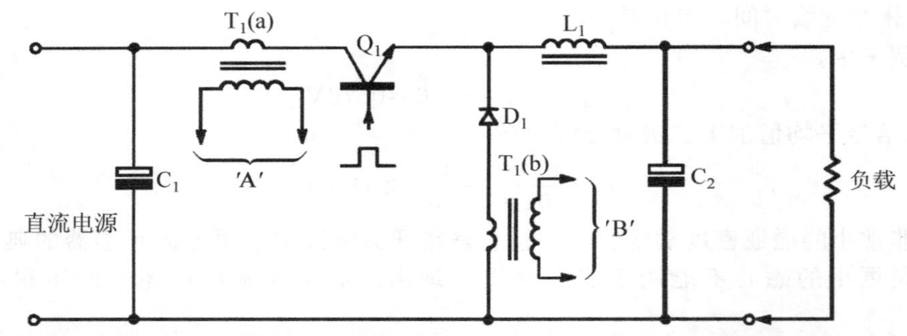

图 3.14.4 在降压变换器电路中，电流互感器的两种可能存在（选择的）位置：A 和 B

在位置 T_1（b）处的电流互感器短路情况下的电流脉冲是较宽的，但是会失去对晶体管 Q_1 中峰值电流的直接控制（在电流传送到 D_1 之前 Q_1 必须关断，而 T_1 可以“得到”电流）。因此，如果 Q_1 锁定在导通状态，则不会有限流作用。而在位置 T_1（b），当输入电压低且负载大时，电流脉冲宽度将是非常窄的，以致在大负载下容易失控，而此处是最需要控制的。

在常规的电流互感器中，由于电流互感器的有限频率响应和在限流电路中低通噪声滤波器的使用，其对窄脉冲的响应通常是很差的。短路情况下，对窄脉冲响应的丢失可能导致输出电流的升高（限流控制的丢失）。这个问题可利用反激式电流互感器来解决。

反激式电流互感器对普通电流互感器的设计原则有趣的违背。它使用电流互感器的反激式动作以提供所需要的限流信息。

图 3.14.5 显示了在位置 T_1（a）处，应用于降压变换器的功率电路的反激式电流互感器的一种典型应用。

工作原理（反激式电流互感器）

变换器是绕在具有很低导磁率（如μ60 坡莫合金粉心或铁粉心）的磁心上，绕组是这样定相的，即当 Q_1 导通时，二极管 D_2 关断。选择磁心尺寸和导磁率，以便使单匝原边绕

组的磁心在通过数值为最大限流值的电流时不会发生饱和。

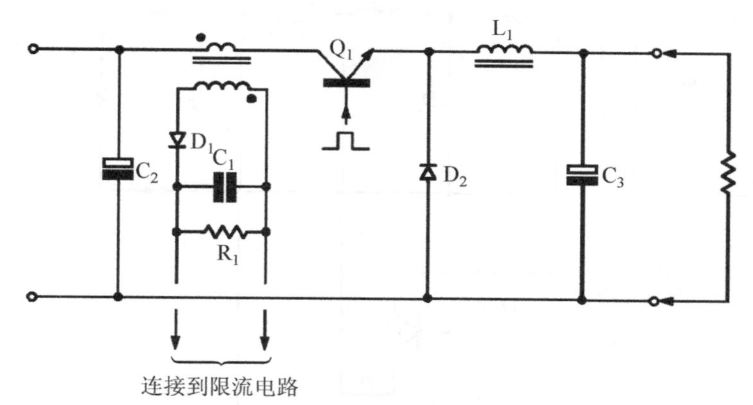

图 3.14.5 反激式电流互感器，安装在降压变换器开关晶体管的集电极处

D_1 必须采用一个高压二极管，因为在 Q_1（$n \times V_{in}$）导通边沿期间，加在副边绕组两端的电压会很大。此高压要求对磁心迅速置位。漏感和分布电容通常防止副边电压过度升高，但如果需要，额外的负载电阻可以加在副边绕组上。副边电压不应该钳位到小于 200V 的范围。

当 Q_1 导通时，由于 T_1 的极低的电感以及应用于原边的较大电压匝数比，导通边沿的电流功率脉冲前沿会有较小的延迟。

在导通时期结束时，$\frac{1}{2}LI_p^2$ 的能量储存在电流互感器中。当 Q_1 关断，该能量会由于反激作用经过 D_1 转移到电容器 C_1 中。因此在固定频率下转移到输出端的功率将是：

$$P=\frac{1}{2}LI_p^2 f=\frac{V_c^2}{R_1}$$

因此

$$I_p \propto V_c$$

该能量一定消耗在负载电阻 R_1 上，且 R_1 使 C_1 输出电压与 I_p 成正比（在 Q_1 关断前的一瞬间，I_p 是电流互感器原边的峰值电流）。

这种反激限流变换器对窄脉冲的响应非常好，因为每个周期转移的能量是与峰值电流的大小成正比的，而不是与脉冲的持续时间成正比的。

低导磁率（$\mu_r < 60$）铁粉磁心或者坡莫合金磁心比较适合这样的应用。由于铁氧体磁环不能存储足够的能量并且容易饱和，除非应用在电流非常低的场合下，它们一般是不适用的。但是也可以使用有气隙的铁粉磁心。

14.8 第四种类型，直流电流变流器（DCCT）

利用特殊的直流电流变流器来测量直流输出电流是可能的，但这一般不是我们所熟知的。这种有趣的直流电流互感器的一般电路和所需要的极化电路如图 3.14.6 所示。

“直流互感器”这个词也许听起来像一个矛盾的术语。但是如果增加适当的极化电路和控制电路，它将会说明用互感器测量直流量是可能的。

在任一类型开关电源或其他直流设备的输出端，可利用直流电流互感器控制或限制直流电流。在大电流应用（100A 或更多）的地方，或者在输出线和控制电路之间必需隔离的地方，它们将会非常有用。

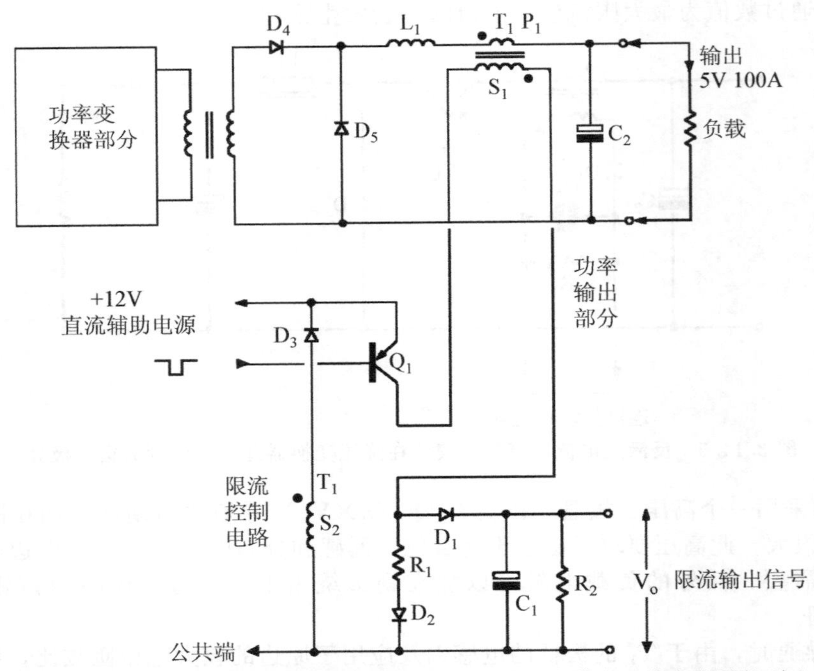

图 3.14.6　直流电流变流器和所需要的极化电路，安装在正激变换器的副边

如图 3.14.6 所示的例子中，直流变换器 T_1 与 100A 降压型调节器直流输出线的 L_1 串联。

14.8.1　工作原理（直流电流变流器）

假设绕组 T_1 的原边绕组 P_1 通过直流电流的时间已经足够在磁心建立稳定的饱和磁通密度（这在图 3.14.7a 中的 B/H 曲线上显示为点 P_1）。图中也显示出了对应的原边磁场强度 H_1 值。

晶体管开关 Q_1 现在是导通状态，使稳压低内阻的 12V 电源加到副边绕组。假定 Q_1 在某确定期间维持导通状态，并且副边保持 12V 电压，磁通密度必须从 B_1 到 B_2 增加确定的 ΔB，并且反映在 B/H 特征曲线上，磁心将从 P_1 到 P_2 复位。

在此复位期间，Q_1 是导通的，并且稳压低阻抗的 12V 电源加到副边绕组。因此，磁通密度变化率 dB/dt 必须是恒定的。为了保持这种变化，磁场强度 H 必须从 H_1 移动到接近零的地方。但在此复位期间，直流原边电流维持恒定，为了补偿它，当磁铁密度下降时复位电流会迅速升高，以便当 $B=0$ 时的副边安匝数与原边安匝数是大小相等且方向相反的。这时磁心充分复位，复位电流对时间的关系曲线如图 3.14.7b 所示（复位电流是初始原边磁化电流的镜像）。

因此，复位电流的峰值与原边的直流电流成正比。加在 R_1 上的复位电流产生一个成比例的电压（其中 D_2 为二极管 D_1 正向压降提供电压和温度补偿）。这个电压信号通过 D_1 峰值整流并且存储在电容 C_1 中。这个限流电压信号的持续更新是通过变换器开关频率下的一系列脉冲访问磁心来提供的。

假定磁心有一个矩形的 B/H 曲线，并且磁滞损耗较小，只要磁心复位到矩形曲线垂直（高导磁率）部分的某点，ΔB 的绝对值是不重要的。H 的相应变化也几乎是一样的，并且复位电流的峰值是与直流电流成正比的。

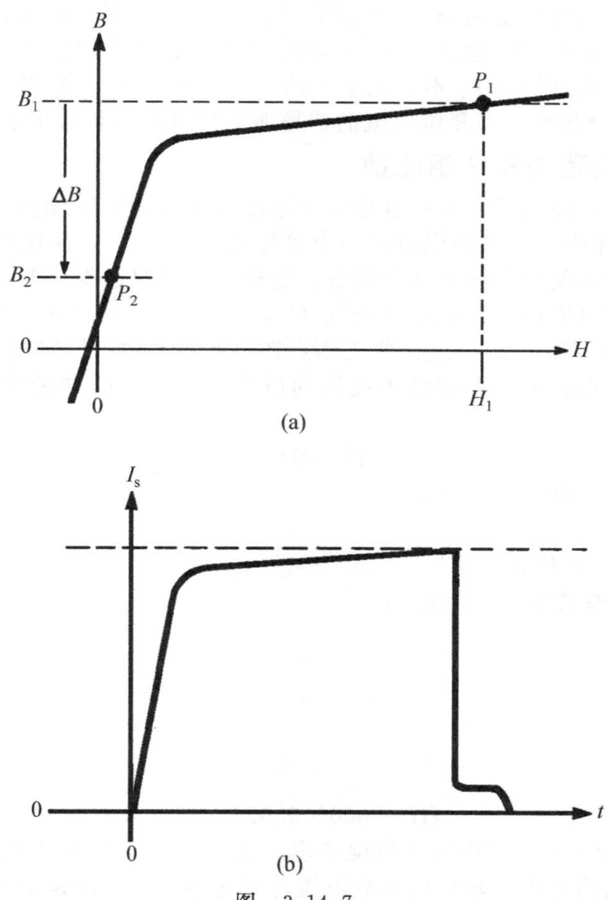

图　3.14.7

(a) 直流电流变流器在正向（磁心置位）的磁化特性曲线（B/H 曲线）

(b) 原边（磁心复位）的电流波形

通常可以通过电源驱动电路获得 Q_1 的适宜的方波驱动信号，故对于开关系统运用该技术是相对比较容易的。应该很好地确定 Q_1 的驱动，使 Q_1 具有恒定的脉冲宽度。辅助电压也应该是适当恒定的。

必须选择副边绕组匝数和电压以确保在复位期间磁心总是能完全恢复。原边绕组通常是单匝的（典型的是，输出汇流线通过环形磁心中心以形成单匝绕组）。当 Q_1 关断时，在原边直流电流的强迫作用下，磁心将会置位到它的原始工作点 P_1。在这个置位动作期间，为了防止副边绕组产生过大电压，提供一个钳位绕组 S_2。现在，磁心复位期间的取自辅助电源的能量在置位期间返回到辅助电源，因此向辅助电源索取的总能量将是非常小的。在 Q_1 关断期间，为了确保磁心完全置位，要么关断时间必须超过导通时间，要么钳位绕组 S_2 的匝数必须少于副边绕组 S_1 的匝数。

14.8.2　磁心类型和材料的选择

对于这种应用，应该选择高导磁率和具有稳定参数的矩形磁滞回线的磁心。由于磁心工作在它的完全磁滞作用范围内，它应该有低的损耗与最小的重量和尺寸。小的环形铁氧体磁心在该应用中是比较理想的。

在这个例子中，将考虑使用 H5B2 材料的 TDK T6-14-3 环形磁心。从生产铁氧体材料的不同厂家所给的信息中可以看出，有许多相似的现成材料可以使用。由于选择了一个矩形磁滞回线的材料，故复位点 P_2 不是很重要的，因为在 B 的不饱和范围内（磁化电流的作用），H 的变化将会很小，而复位电流的信号波形顶部的形状几乎是矩形的。

14.8.3　原边电流范围和绕组匝数

在大电流应用中，原边通常是单匝导线（输出导线或者汇流线直接通过环形磁心的中心孔）。在小电流应用中，为了确保得到一个较好的工作点 P_1，使用更多的原边绕组匝数是很必要的，这样应该能完全进入饱和状态。这样也确保原边磁化电流小于被测电流值。

对于 H5B2 型材料来说，饱和磁场强度 H 大概是 2Oe（159A/m）。H 的推荐工作值大概是它的 5 倍（即 800A/m），这样使工作点在电流最高输出极限时到达 P_1 点。

对于 T6-12-3 环形磁心，单匝绕组提供的值为 800A/m 的磁场强度 H 所需的原边电流可以计算如下：

$$H=NI/l_e$$

式中，H=磁场强度，单位是 A/m；

N=原边匝数；

I=原边电流，单位是 A；

l_e=有效的磁路长度，单位是 m。

在该例中，

H=800A/m；

N=1 匝；

l_e=0.026m。

所以

$$I=Hl_e=800\times0.026=20.8\text{A}$$

因此，对于限流在 10～30A 范围内的情况来说，这种磁心是合适的（上限是由原边导线尺寸确定的，下限是由需要得到较好的负载电流与磁化电流比来确定的）。

14.8.4　副边绕组匝数

为了得到一个确定的 ΔB 的值，副边绕组匝数最好利用伏秒（法拉第电磁感应定律）方法计算得到。选择合适的 ΔB 的值，以使在最低的操作温度下磁心能完全恢复，且在最高的温度下不会发生负向饱和。

磁心在任何情况下都不会进入负向饱和状态是很重要的，否则在复位脉冲结束的时候，将会使电流大大增加，这会产生错误的信息。对于 H5B2 型材料来说，饱和值是与温度有关的，对于 ΔB 选择 200mT 的值作为安全值。复位时间和辅助电压必须是确定的，并且是恒定的。在该例子中，

t=16 μs；

V=12V（辅助电压）；

A_e=8.6mm²。

由法拉第电磁感应定律计算副边绕组匝数如下：

$$N=Vt/BA_e=\frac{12\times16}{0.2\times8.6}=111\text{ 匝}$$

（t 的单位是μs，A_e 的单位是 mm）

在直流输出电路中，原边的位置是很重要的。在磁心置位和复位期间，在与直流输出相串联的原边绕组中将会发生电压瞬变。因此，应该选择一个位置，使得在该位置上的电

压瞬变能有效地滤掉。此外，互感器的动作将发生在磁心的复位期间，除非互感器原边是一个交流大阻抗通路，否则这将导致驱动电路的过大负载和电流的测量误差。在降压变换器中，符合这两个要求的合适位置将是与 L_1 相串联的。或者可以将额外的电感接在与电流互感器原边相串联的地方。

图 3.14.8 显示了直流电流互感器的传递特性曲线。由于 D_1 中的正向压降的影响，曲线产生偏移。附加的二极管 D_2 将修正此偏移，如果需要的话它还将提供温度补偿。

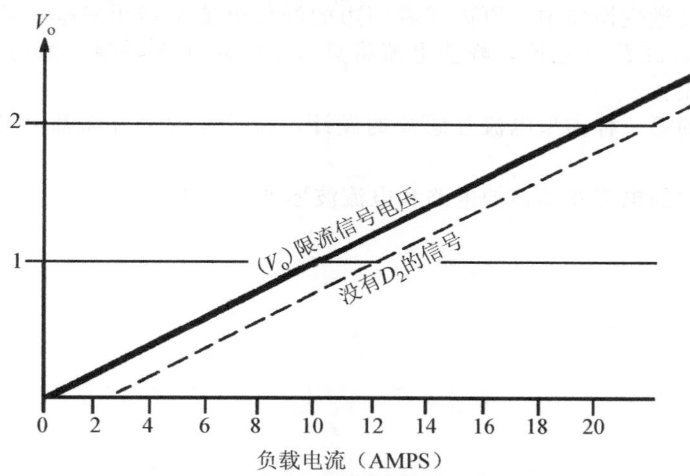

图 3.14.8　直流电流互感器的传输特性曲线，输出信号电压是直流变换器输出（负载）电流的函数

14.9　在反激变换器中应用电流互感器

反激变换器中的限流要比正激变换器中的限流更加困难。输出电流是原边电流或副边电流的平均值，它们有着非常标准的三角波形。把电流限制到峰值可以得到恒定功率的限制，并导致在低输出电压时（例如当输出短路的时候）出现较大的输出电流。

图 3.14.9 显示了接在反激变压器副边的第一种类型电流互感器的电路。

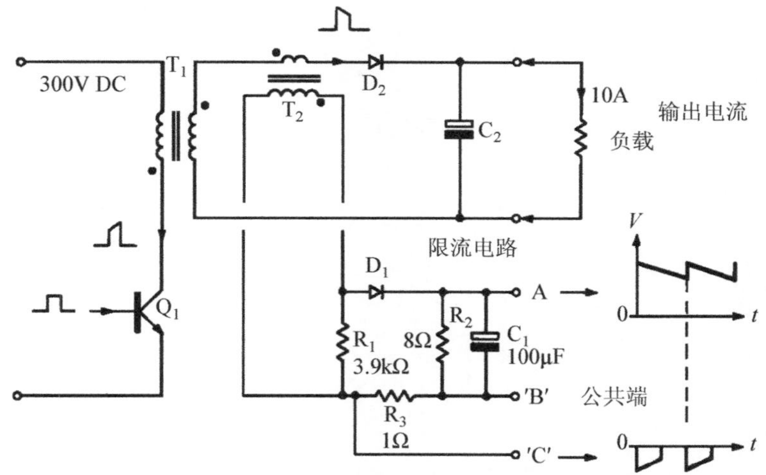

图 3.14.9　安装在反激变压器副边的一个单向电流互感器，提供了均值和峰值电流信号

我们感兴趣的是流入副边的电流平均值，在电流检测电路中，该平均值通过接一个与负载电阻 R_2 相并联的大电容 C_1 得到。

C_1 上的平均电压对应平均输出电流的模拟量。通过该电容引入了延迟，这就意味着输出电流的迅速变化将不能被立刻辨认出。且通过对逐个脉冲限流而提供的重要的过功率保护将会失去作用。但是，如果引入附加电阻 R_3 与负载电阻 R_2 相串联，那么对于控制电路来说，关于峰值和均值电流的信息都是可以利用的。

在不连续的反激变换器中，原边或者副边的峰值电流不能用来限制输出的恒定电流。由于输出功率与 $1/2LI^2$ 成正比，峰值电流将只提供恒定功率限制，恒功率限制在短路时会产生极大的电流。

反激变换器的第一种类型电流互感器的设计，在其他各个方面都可遵循 14.4 节的例子进行。

反激式应用中的电流互感器的电路和电流波形如图 3.14.9 所示。

第 15 章　测量用的电流探头

15.1　导论

在开关电源的开发过程中，我们常常发现测量各种不同元件通过的电流是很必要的。实际上，从全面质量鉴定所需要的置信度方面来讲，测量也许是获得必要信息的唯一方式。

在开关电源中可以看到，随着频率从几赫变化到几百千赫，电流范围也将从几毫安变化到数百安的直流或交流电流。随着信号波形从方波到正弦波，其中包括单向的和对称的情况，更复杂的情况将是直流电和交流电混合在一起。因此采用传统的测量方法测量这些电流是非常困难的。

在高频测量中利用传统分流器时和为了减少由于分流器电感引入的误差时，都会遇到很多问题，这在第 13 章中已经讨论过。而实际上，并没有一种单一的理想器件可用于以上所述的较宽范围的测量。虽然“霍尔效应”探头或许可以实现这种测量，但是它显得很昂贵。

工程师可以通过针对测量范围选择合适的方法，而利用不贵的设备来获得良好的结果。很显然，对于直流电流的测量，可以使用标准的四端分流器。对于交流电流测量，可以使用电流互感器，但是在典型应用中，一些类型的互感器将必须覆盖较宽的频率范围。当需要测量交直流混合在一起的情况时，可以采用无感分流器或者特殊的低导磁率电流互感器。如果电流脉冲链是单向的（例如二极管电流），将需要一种不同类型的电流互感器。为了上述应用，以下部分将讲述适用的电流互感器的设计与结构。

在中频到高频的范围内，实际的交流电流可达到 10A，可采用 Tektronix 电流探头 # P6021或类似的探头。该探头有其自身的优点，它可以与滑动门一起安装在电流互感器上，那样它就可以容易地滑到通过被测电流的导线上。如下所述，对任何“嵌入式”制造的特殊用途电流探头的校准，该探头也是很有用的。

15.2　特殊用途的电流探头

在开关电源中的交流电流的测量中，由于准确度要求不是特别重要（通常 5%的准确度就足够了），采用示波器显示的电流互感器探头可以很容易制造出来。

这里所用到的电流互感器设计的一般原则与第 14 章限流互感器所描述的很相似。但是，为了使这些电流探头能直接与示波器输入接口相连，并能使实际波形重现，终端网络就显得更加重要。

为了易于制造，且更好地维护标定，在这里讨论的电流互感器是圆环形测量绕组的形式，并且必须与被测量导线断开连接，为了测量的目的可使被测量导线穿过圆环形测量绕组。虽然这样有些不方便，但这样做是有好处的，因为磁心没有气隙（或许会变化），这样会使测量和标定的准确度更加稳定，且探头也更加容易制造。

注意：那些更具创造才能的机械爱好者也能设计出用电流互感器探头的夹子夹在被测量导线上的方法。现在制造的各种内置了永久磁铁偏置的磁心为这一应用提供了可能性。因为磁极部分由于磁引力而粘在一起，而且内置的磁偏置使磁心更适合于单向脉冲的测量。

但是，以下讨论假设使用的是无气隙的环形 HCR、铁氧体和铁镍钼磁心。对于低频率交流应用场合（即 20Hz～10kHz），将使用 HCR 磁心。这些磁心应该有低损耗、高导磁率和高的饱和磁通密度。对于中频（10kHz～100kHz），将使用高导磁率扁平带式绕制的磁心或者铁氧体磁心。对于单向高频脉冲的测量，剩磁等级应该是低的，以保证在静态的时候磁心能恢复，故可采用铁氧体磁心（如 TDK H5B2 材料或类似材料都是非常适当的）。对于高频交流的测量，可采用低损耗铁氧体磁心。对于既有直流又有交流的线路交流测量，应该选择较低导磁率的材料，以便可承担直流电流分量而不会造成磁心饱和。对于这种应用，坡莫合金或低导磁率的铁氧体，如西门子＃ N30 或者类似材料都是比较合适的。这些电流互感器和探头的设计和结构将会比较详细地加以分析。

15.3　单向（不连续）电流脉冲测量用电流探头的设计

很多情况下，被测线路与一个二极管相串联（如反激变换器的输出绕组）。这样的电路里的电流脉冲是单向的，且有一个平均直流分量。如果传统的交流互感器用于这种场合，那么磁心通常会饱和，互感器将会给出错误的输出信息。另外，即使互感器不饱和，静态期间的磁心恢复将会给出错误的结果（在静态期间存在一个明显的反向电流）。

注意： 当使用 Tektronix 电流探头＃F6021 时会发生这种现象，因为它只是为交流情况而设计的。

因此，对于单向电流脉冲的测量，将需要一种特殊的电流探头来正确地响应单向脉冲并且不会发生饱和。图 3.15.1a 显示了一种单向电流探头的适用电路。此探头将忠实地再现单向电流脉冲，如图 3.15.1b 所示，它会以下面的方式来工作。

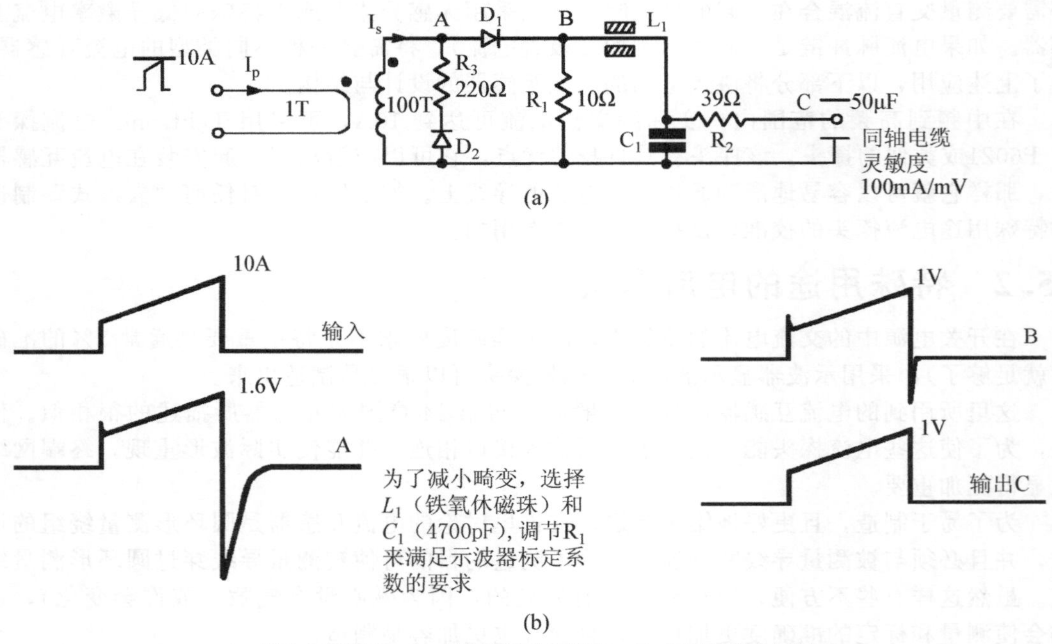

A，副边电压波形；B，整流后的电压波形；C，调整后的电压波形

图　3.15.1

(a) 高频单向电流脉冲测量的低成本示波器电流探头

(b) 输入模拟电流波形和示波器电流探头的输出模拟电压：最上面的是原边输入电流

单向脉冲 I_p 按图显示的方向通过环形绕组。通过电流互感器的转换，幅值为 I_p/N_s 的副边电流 I_s 将流经二极管 D_1 进入负载电阻器 R_l。原边正向电流会在 R_l 的两端产生模拟电压。为了满足示波器标定系数的要求，需要对 R_l 的值进行选择。

注意：加在串联网络 D_1、R_l 的电压应该小，并且匝数比要大，以便磁化电流和插入损耗是小的（于是加在原边单匝绕组的电压将会非常低）。

在静态（关断）期间，因为二极管 D_1 将会关断并且加在 R_3 和 D_2（R_3 的电阻值远高于 R_l）的大的反激电压将会增加，以致通过反激作用使磁心迅速恢复。选择 R_3 的值只是为了防止反激电压超出 D_1 的额定电压值。为了在大电流互感器中快速恢复，一个与电压有关的电阻或齐纳二极管用在这里会比较好。二极管 D_2 将会在低电流时协助恢复过程。恢复信号波形如图 3.15.1b 中所示的波形 A。

二极管 D_1 阻止来自示波器输入的大部分反向恢复电压，如图 3.15.1b 所示的波形 B。修改和调整元件 R_2、C_1 和 L_1，将使 R_l 的低输出阻抗与同轴电缆的输入阻抗相匹配。修改元件参数，也将会减少在开关边沿期间 D_1 恢复充电所引入的毛刺，以便原边的正向电流脉冲所产生的真实模拟电压显示在阴极射线示波器上，如波形 C 所示。

一般设计要求

为了使磁化电流和插入损耗的值保持最小，加在 D_1、R_l 的副边电压应该尽可能得低。由于用到 20A 电流，推荐设计的探头采用 10mA/mV 的标定系数。对于大电流的应用，100mA/mV 的值是更加合适的。

为扩展高频性能，副边绕组匝间电容应该比较低。一般推荐副边绕组的绕组匝数不要超出 100 匝，并且该绕组应采用很好间隔的单层绕制。磁心应该绝缘以减少绕组和磁心之间的电容，否则这也会增加有效的绕组匝间电容。D_1 和 D_2 应该选择快速二极管，并且电阻器 R_l 应该采用低电感类型的电阻。一个小的铁氧体磁珠放置在 L_1 位置处，并且调整 C_l 以减少边沿失真，应该在标定过程中做好这些选择的工作。

15.4　选择磁心尺寸

应该选择合适的磁心尺寸以满足应用的要求。比较大的电流、较长的脉冲和较高的探头灵敏度全都需要用一个较大的磁心。选择过程如下。

(1) 假设副边绕组的匝数是 100 匝（做出了这样的选择是为了通过采用单层绕组使匝间电容较小）。

(2) 选择所需的最大电流范围，如 0～100A。

(3) 选择所需的灵敏度，如 10mV/A（1V/100A）。

(4) 选择脉冲宽度的最大范围，如 0 μs～30 μs。

(5) 为磁通密度 B 选择工作值，如 10%的 B_{sat}，在 20℃时是 40mT。

注意：要选用很低的磁通密度（10%的 B_{sat} 或者更少），以确保损耗很低而且磁化电流较小。

(6) 计算互感器所需的最大副边电压，如下：

$$V_s = V_{out} + \text{二极管 } D_1 \text{ 的压降}$$

在该例子中，最大输出电压在电流为 100A 时是 1V，而且二极管压降是 0.6V。因此 $V_s = 1.6V$。

15.5　计算所需要的磁心截面积

根据法拉第电磁感应定律可得：

$$A_e = V_s t/BN = \frac{1.6\times30}{0.04\times100} = 12\text{mm}^2$$

式中，A_e＝磁心的有效截面积，单位是 mm^2；

V_s＝副边电压；

t＝脉冲宽度（最大），单位是μs；

B＝磁通密度的变化，单位是 T；

N＝互感器副边绕组匝数 。

从表 2.15.1 中可以看出，最接近的有效磁心截面积是 $11.8mm^2$，故而选择的磁心是 TDK T7-14-3.5。

选择最大磁通密度是饱和值的 10%。这将导致低的磁化电流和对所选电流可以产生方便的磁心尺寸（100A 的原边绕组不能通过更小的环形磁心）。

磁化电流实际值将取决于磁心材料的导磁率和磁通密度的变化。为保持探头准确度在 5%误差范围内，磁化电流应该小于被测量电流的 5%。因此，为了磁心的选择，有必要检查磁化电流的大小。

可以从 B/H（磁性材料的磁滞回线曲线）特性曲线中获得磁化电流值，也可由副边绕组电感值计算得到磁化电流值。在这个例子中，磁心 A_L 系数是现有的，并且采用电感的方法提供了一种快速的解决办法。

15.6 检查磁化电流误差

所选择的磁心是 TDK T7-14-3.5。需要低损耗、高导磁率的材料，H5B2 或者与之相类似的材料将会比较适合。可见第二部分第 15 章。从生产厂家的数据（表 2.15.1）可知，环形磁心的截面面积是 $11.8mm^2$，采用 H5B2 材料的磁心系数 A_L 是 3.5 μH。由于原边绕组是一匝，故而原边电感是 3.5 μH。

脉冲持续期间磁化电流的斜率为 dI/dt，可以计算得到：

$$V_p = -\frac{LdI}{dt}$$

式中，V_p＝原边压降（1.6/100）；

L＝原边电感（3 μH）。

所以

$$\frac{dI}{dt} = \frac{0.016}{3\times10^{-6}} = 5.33\times10^3\ \text{A/s}$$

在 30 μs 的周期结束的时候，原边磁化电流是 160mA，相对于超过 10A 的电流，它是可以忽略的。

标度

假设在互感器的副边采用 100 匝的绕组，R_1 的值可以从下式中计算得到：

$$R_1 = S_f N_S$$

式中，S_f＝标定系数；

N_s＝副边绕组匝数。

注意： *标定系数取决于示波器所需的灵敏度，如取 100mV/A＝0.1V/A＝S_f，即 S_f＝0.1；或者 10mV/A＝0.01V/A＝S_f，即 S_f＝0.01。*

因此，当电流探头达到 20A 时，R_1 将是 10Ω，而对于更大的电流，R_1 将是 1Ω，最终的值将根据标定来调整。

为了标定，探头应该安置在交流脉冲发生电路中与 Tektronix 探头 #P6021 或类似探头相串联的地方。为了防止饱和，脉冲电流应保持低于 10A、并且周期是 20 μs 或者更短。来自两个探头的信号波形应该显示在双线示波器上。对 R_1 可做小的调整，以调整到所需的被测量幅值。调整元件 L_1（通常是采用一个或两个 30nH 的铁氧体磁珠）和 C_1，以获得最佳的瞬态性能。对于最后的检查，两个信号波形应该叠加起来，并且连接到示波器放大器的输入可对调位置，以保证阴极射线示波器中的波形不会因通道不同而产生误差。

这种类型的电流探头适用于测量单向和不连续的电流，采用足够持续时间的（最小为一个周期的 10%）的不导通时间，使磁心在下个正向脉腾到来之前复位到它的剩余磁感应强度值 B_r 是很必要的。否则磁心会发生饱和。

15.7 电流探头在直流和交流电流中的应用

为了在应用中观测电流，要测量的是单向和连续的电流（总是在正向流动），如降压变换器的电感中的纹波电流时，应采用低电感的电阻分流器或霍尔效应探头。如果只需观测电流的交流分量，那么使用一个特殊的电流互感器。

对于这种应用，需要可以承担直流电流分量的不同类型的电流互感器。在该应用中，为了防止磁心饱和，必须要用到低导磁率的材料，如采用坡莫合金粉芯的材料。而此时在磁路中也会引入气隙。

使用低导磁率磁心有其主要的缺点，如果要获得测量电流与磁化电流的合理比值，副边需要很大匝数的绕组。很大匝数的副边绕组将会导致较大的匝间电容，并且高频的关断频率点将低于前面的例子。

注意： 该讨论中，关断频率指的是探头传输系数已经下降到中频带数值 50% 的那个频率。

因此，这些直流电流偏差型的电流探头通常为一种专用的窄带信号而设计，并且它将覆盖一个有限的直流极化电流分量。除了使用更加低的导磁率外，设计过程与以上所述的是类似的，并且需建立如 3.2.1 节所示的直流饱和电流。

15.8 高频交流电流探头

图 3.15.2a 显示交流电流探头的典型电路。除了整流器二极管省去外，该设计与单向脉冲探头的设计非常类似。互感器材料的选择有些不同，如果偶然有一个小的直流电流分量通过原边，则探头最好是不饱和的，因此常会选择低导磁率材料。在其他方面，设计方法与 15.3 节的例子所用的方法非常类似，发现采用大约 100 匝的单层绕组是令人满意的。磁心材料的较低的导磁率会产生较小的电感，并且低频的关断频率点将有些高于前面的例子。高频的关断频率点将不会发生改变，并且探头将有较窄的带宽。

在使用电流探头的时候，我们应该小心并且要知道一些该探头的使用条件。如果一个大的连续的直流电流分量存在，那么电流互感器可能会饱和，而使输出信息丢失。

15.9 低频交流电流探头

线路浪涌和储存电容器纹波电流的测量必须使用低频探头。这里的频率大概在 50～120Hz。

在该应用中，会使用一个更大的铁磁材料磁心，而且副边会有很大的绕组匝数，比如说 1000 匝或者更多。这里的要求是使电感足够大，以使磁化电流减到最小，并且减少测量误差。因为频率很低，大的绕组匝间电容将不会带来什么问题。

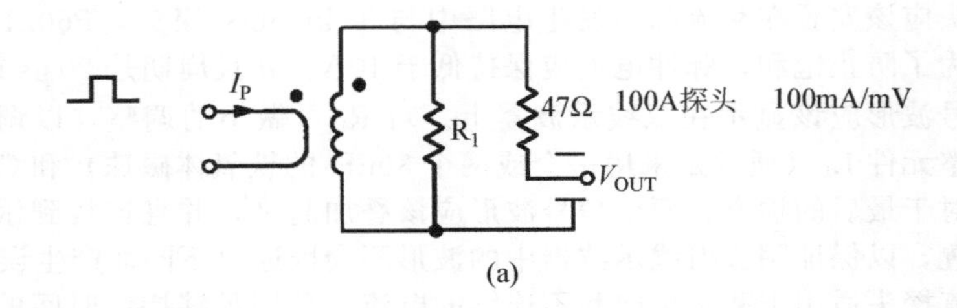

(a)

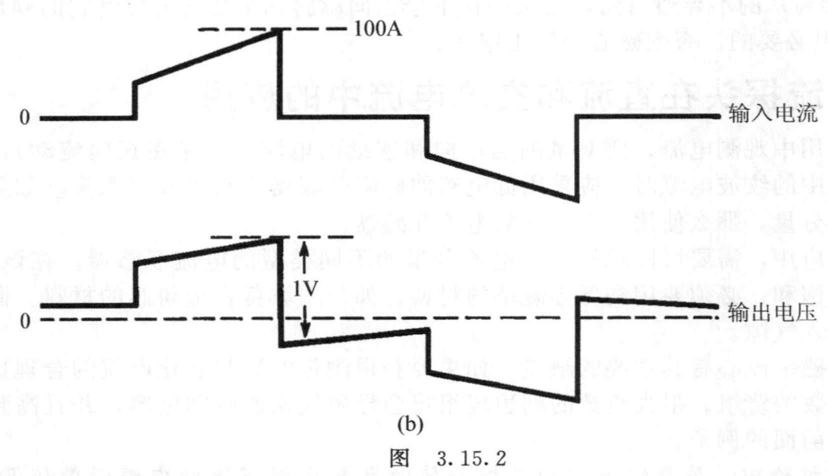

(b)

图 3.15.2

(a) 大的交流输入电流探头电路

(b) 输入电流波形和交流探头输出电压波形，显示了电流互感器磁化电流对低频性能的影响

探头电路与图 3.15.2 所显示的是一样的。

15.10 习题

1. 电流互感器的基本功能是什么？
2. 解释电流互感器在本质上如何不同于电压变压器。
3. 单向电流互感器的功能是什么？
4. 在什么情况之下能够应用交流电流互感器？
5. 反激式电流互感器的基本功能是什么？
6. 解释直流电流互感器的作用。
7. 为什么高导磁率的磁心材料常常用于电流互感器？
8. 为什么相对简单的电流互感器用在开关模式的应用场合中？
9. 反激式电流互感器 3.200 通常使用在哪里？

第 16 章　开关电源的散热管理

注意： 因为多数热量信息仍然以英制这种形式给出，故在这个部分中使用英制系统单位。温度单位是摄氏度，而辐射热的计算中使用凯尔文绝对温度标度（以－273℃开始），长度以 in 为单位（1in＝25.4mm）。

16.1　导论

我们都知道在任何电子设备中，特别是在开关电源中为获得最大的可靠性，冷却所需的有效处理是非常关键的。然而，虽然这种需要是广为人知的，但是无论是使用者还是设计者，相比于电子设计来说，散热管理设计还是没有给予太多的关注。这是很不幸的，因为高温下的元器件毫无疑问是造成开关模式系统过早出现故障的主要因素之一。

谨慎的工程师在整个设计过程中，在头脑中会非常注意有效且高效率的冷却方法。布局、尺寸、形状、元件的选择、机械和封装设计，连同电路和其他邻近设备的各种不同部分的复杂的热能相互作用一起，都与热性能和长期工作可靠性密切相连。

因为整个过程的设计方法可能依赖于所使用的冷却类型，所以在电子设计开始之前，一定要作出一些更加基本的散热设计的决定。举例来说，系统将是通过接触冷却的吗（需要一种机械的平面散热接触面与热分流器相连接）？或者它是通过强迫通风冷却（需要有大表面积的热交换器）？是否需要自然通风对流冷却？温度范围是什么？如果它是自然通风空气的冷却方式，那么在什么高度？这些基本的散热问题和许多更加复杂问题的答案将会清楚的支配系统的基本机械设计和电气设计。

给温度对半导体预测故障率的影响做一个简单检查，将会发现较高温度对长期工作可靠性的基本影响。

16.2　高温对半导体寿命和电源故障率的影响

经过许多年的测试，已经很好地确定了半导体故障率，并且发现它与温度有关。图 3.16.1 是来自美国军用手册 MIL-HDBK 217 A 标准的曲线图的再现，它显示了对硅 NPN 型晶体管预测的故障率，它是当温度增加到 25℃以上时的故障率与在 25℃时的相比较。

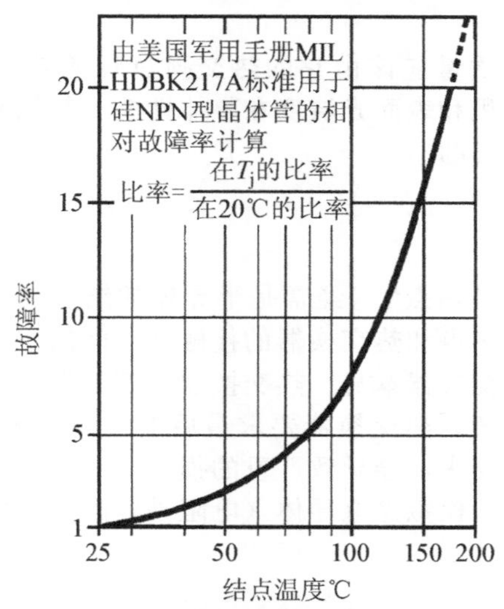

图 3.16.1　硅 NPN 型晶体管的相对故障率是温度的函数（来自 MIL-HDBK 217 A）

虽然该图是对具体的硅 NPN 型晶体管所做的一种统计预测，但它表明大多数电子元件的一般趋势，随着温度的增加故障率会迅速地增加，高温的影响是剧烈的。

例如，一个晶体管在结温度是 180℃的时候工作，它的寿命只有在 25℃下工作寿命的 1/20，或者说在给定的时间内，故障率将会是 20 倍。

很显然，一个完整的电源系统包含许多不同类型的元件，并且这些元件对整体可靠性都起到一定的影响。由于涉及数量众多的元件，并且有些元件（如电解电容）对高温是非常敏感的，所以完整电源比单个晶体管有更高的故障率。在大多数情况下，电解电容、甚至线绕元器件都要限制最大的允许工作温度，使之低于晶体管 200℃的工作温度。

内在固有的故障预测取决于元件数量、应力系数和温度。但一般而言，对于典型的开关型电源来说，在 25℃以上温度每升高 10～15℃时，它的故障率将会加倍。因此对一个典型部件而言，工作在 70℃时其预测平均无故障时间 MTBF 约是它工作在 25℃时的 10%。

由上可清楚地知道，良好的散热设计和低的工作温度对于长期可靠性来说是很关键的。对于硅半导体来说，虽然最大绝对温度额定值可能接近 200℃，但如果结点在非常低的温度下工作，那么将会获得更好的长期可靠性。相同的一般规则也适用于其他元件。

16.3　自然通风散热器、热交换器、热分流器及其电气模拟

16.3.1　自然通风散热器

虽然“散热器”这个词经常运用在常见的铝制片状挤压件，但这个词更加准确地适用于散热媒介，如经常所说的自然通风。对于这些媒介，最终热量会转移走。对于实际全部目的，假设不管多少热能转移到这个近似的无限媒介，都不会改变它的温度（从它的环境温度值中）。由于该媒介有几乎无限大的热容量，这使它成为一种无限大的“散热器”（它可以吸收所要求的那样多的热能而本身的温度不会发生改变）。

它的电气模拟是地（它的电位保持恒定）。

16.3.2　热交换器

如名字所指的那样，热交换器使热量从一个媒介转移到另外一个媒介，如从金属转移到空气。我们所熟悉的片状金属挤压件就是热交换器的一个例子，其他例子包括车辆的“散热器”、“散热管”和液体冷却的“散热器”。正如你所看到的那样，通常所说的那些词是令人误解的。

一般而言，热交换器的质量应该由它的热交换过程的效率来计量而不是它固有的热阻。因此散热片设计、表面积和表面光洁度在整体性能上都能起到一定的作用。接触面的热效率是使用热阻单位来定义的。

它的电气模拟是电阻。

16.3.3　热分流器

热分流器或热导体在“过热点”（经常是半导体的结点）和热交换器之间提供了低热阻传热通路。热分流器包括热点和热交换器的接触面之间的所有东西。它们包括半导体的装配、任何绝缘材料以及热交换器本身。热交换器，例如那些铝片挤压件，是这个热传递通路的一部分。但是为了有效，热交换器要求最后连接到“无限自由通风的散热器”。这是有时可能忽略的最后一个要求，会导致严重的损失。

热分流器（导体）的电气模拟是电导体（电阻是以欧姆为单位的）。

注意：一个通常的误解是：应该清楚地理解到如果到最后无限（自然通风）散热器的热传递过程得不到改进，那么使机架、散热器或热交换器更厚更大，或使用更好的材料（譬如铜）将不会有什么帮助。

如果热能不会流失，那么大的热交换器只是用较长的时间达到最后的相同温度值。这样一来，如果热通路是完整的，那么要求有好的气流（水流、散热管、热交换器表面等）。这也许通过考虑热电路的电气模拟比较好理解。

16.4　热电路和等效电气模拟

图 3.16.2a 显示一个典型的冷却问题：一个整流二极管放置在热交换器上，这个热交换器和二极管外壳之间有一个绝缘物。在这个例子中，当在自然空气冷却环境下，并且二极管放置在热交换器上时，那么二极管结点温度将可以计算得到。

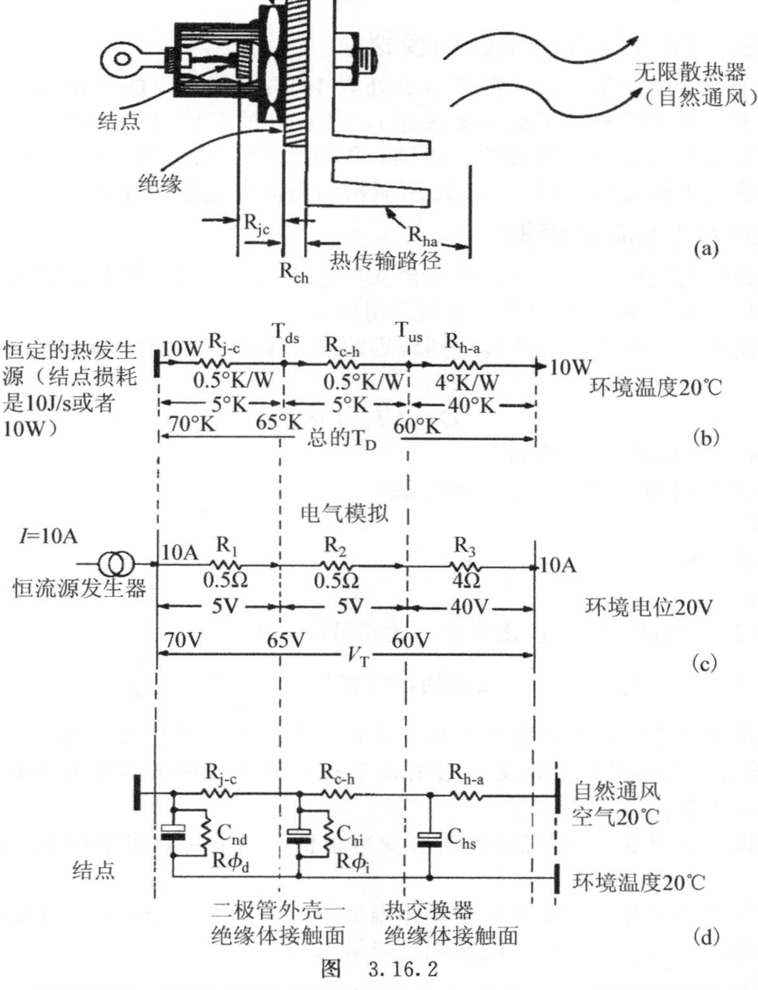

图　3.16.2

(a) 热阻的例子：在带有片状热交换器上安装 D04 二极管；(b) 热传输路径的热阻例子；(c) 热传输路径的热阻电气模拟例子；(d) 热阻的模式，显示了热容量（热分流器和散热器的比热）和局部热损耗的作用

图 3.16.2b 表示热电路，图 3.16.2c 和图 3.16.2d 表示它的电气模拟电路。电路设计工程师大概比较喜欢使用电气模拟电路，但在这之前必须考虑模拟量的转换。

16.4.1　热量单位和等效的电模拟

热量单位参数	单　位	电模拟	单　位
时间 t	s	时间 t	s
温度差 T_d	℃	电势差 V_d	V
热阻 * R_θ	℃/W	电阻 R	Ω
热导率 * K	W/℃	电导率	S
热能 U_q	J	电能 U	J
热流 Q	J/s（W）	电流 I	A
热容量 * C_h	J/℃	电容 C	F

* 属于界面接口的术语。

16.4.2　热发生器（恒流发生器的模拟）

考虑图 3.16.2b 的左手边，二极管结点处以 10J/s（10W）的恒定速率产生热量。在稳定状态条件下（当已经建立了热平衡关系），结点处的温度是恒定的，并且在结点产生的热和从结点流走的热必须是相等的。否则，温度将会继续上升，直到该平衡状态建立。因此，恒定的热发生器类似于图 3.16.2c 所显示的恒流发生器，这是一种重要的模拟。

16.4.3　热流 Q（电流的模拟）

因为结点处是电路中最热的点，热将会从左边到右边流动，最后到达无限散热器。该无限散热器是指温度是 20℃时的自然通风环境的大气。

使用热分流器（热导体）将热传导到较远的热交换器。传导率 Q 可以由傅里叶定律确定如下：

$$Q=AT_d/LR_\theta$$

式中，Q=热流，单位是 J/s（W）；

T_d=分流器两端之间的温差，单位是℃；

A=截面积；

L =导体的长度；

R_θ=热阻。

由于 A 和 L 是机械常数，在该例中，此式可简写如下：

$$Q\propto\frac{T_d}{R_\theta}\qquad \text{该式的电气模拟的式子是 } I=\frac{V}{R}$$

注意：该定律只能运用在一般的固体热导体。那些特别设计的“散热管”取决于状态（如内部冷却剂的汽化潜伏热）改变，它们由于热传导的作用而具有大的非线性热阻，就不能使用上面等式了。

在散热管里，热阻 R_θ 在瞬态温度时会变得很低。当使用这种类型热分流器时是必须要考虑的。

对于常用的散热器金属，在正常半导体温度下，它随温度变化而发生的热阻的变化是可以忽略不计的，在这些例子里它的影响已经被忽略了。

16.4.4　热阻 R_θ（电阻 R 的模拟）

在上面的例子中，结点处损耗是 10J/s（因此 $Q=10W$）。该热流（对应的是 10A 的电流）将使两个接触面之间的温差 T_d 加大，温差 T_d 取决于两个接触面之间的热阻 R_e 和热流。

（同样，电气模拟显示了两个连接点之间的电位差 V，电位差 V 取决于两个连接点之间的电阻 R 和电流。）

当已经建立了稳定状态时，各接触面的温度可以采用在热转移路径上的所确定的热流和热阻计算求得。

在这个例子中，假定是自然通风的，依靠它的几乎无限大的体积和自然通风，在带有片状热交换器的表面将保持一个恒定的 20℃的环境温度。因为温度在这个接触面是恒定的，以该接触面为参考的其他结点温度可以如图 3.16.2b 那样从右向左计算得到。

（同样，在该例中，自然通风环境温度是 20℃时的电气模拟是 20V 的接地电压。）

在图 3.16.2b 中将要考虑三个热阻。第一个热阻（因为它的值最大，故而通常也是最重要的）是在自然通风环境下接触面本身的热阻，也就是说，是从带有片状热交换器表面到周围环境空气间的热阻（它用 $R_{h\text{-}a}$ 来表示）。

第二个热阻是指片状热交换器表面通过云母绝缘物，到二极管的外壳的热阻（它用 $R_{c\text{-}h}$ 来表示）。

最后一个热阻是二极管外壳到内部结点的热阻（它用 $R_{j\text{-}c}$ 来表示）。

（同样，电气模拟是表示在相同位置上的电阻 R_3、R_2 和 R_1。）

为了方便起见，每一个部分的热阻将分别考虑。我们先从热交换器的接触面开始。

从生产厂家所给出的数据可以看出，片状热交换器在自然通风环境下的热阻 $R_{h\text{-}a}$ 是 4℃/W。

二极管安装在一绝缘物上以提供电气绝缘。这个云母绝缘物也有一个确定的热阻，它是在二极管外壳和散热器安装表面之间的热阻 $R_{c\text{-}h}$，是 0.5℃/W。

最后，从安装二极管安装表面到内部结点（产生热的地方），此二极管的热阻 $R_{h\text{-}a}$ 已经在生产厂家的数据中给出，是 0.5℃/W 。

（同样，电气模拟的电阻分别是 4Ω、0.5Ω 和 0.5Ω。）

因此，从结点到自然通风环境的总热阻 R_θ 是这三个热阻之和，即 $4+0.5+0.5=5$℃/W（或 5Ω），这个总热阻（R_θ）是用来计算结点与自然通风环境之间的总温差 T 的。

从上面的等式可得：

$$T_d = QR_\theta = 10\times 5 = 50℃$$

式中，T_d＝温升（相对于环境温度），单位是℃；

　　Q＝结点处的功耗，单位是 W；

　　R_θ＝总热阻，是从结点到自由空气的，单位是℃/W。

电气模拟是：

$$V = IR = 10\times 5 = 50V$$

由于 T 是相对于环境温度的温升，所以结点处的温度将是 70℃，故它对应的电气模拟电压将是 70V。

很显然，在这个简单的例子中，电气模拟正是所需要的方法。然而在这里它是用于表明原理的，在更加复杂的应用中，也会发现它是非常有用的。如果对这个简单的模型有足够认识的话，工程师在进行热设计时就会减少犯错的机会。

16.5 热容量 C_h（电容 C 的模拟）

在热设计过程中，热容量的概念一般都没有引起足够的注意，尽管在量值上它是非常重要的。热容量（比热）与真正热阻之间的混淆常会导致一般的错误发生。常常假定认为，在相同的表面积的情况下，铜材料的热交换器的性能会好于铝材料的热交换器的性能。这个错误源于这样一个事实：铜看起来并没有铝那样很快就变热。而实际上，这里所留心的是铜所增加的热容量带来的影响，铜材料的热交换器最后将会在相同的温度结束（虽然铜是更好的热导体，但是在热阻方面占主导和决定作用的是它的表面积）。

从图 3.16.2d 所示的更复杂的模型可以看出，这样的作用将会变得很明显。各种不同的热容量 C_{hd}、C_{hi} 和 C_{hs}，连同早先被忽略的来自各种物体的 $R_{\theta d}$ 和 $R_{\theta i}$ 的表面的直接热损耗一起，都已经包括进来了。

由于二极管和绝缘物暴露在外面的面积较小，故它的直接热损耗是可以忽略的，所以来自元件表面的热损耗 $R_{\theta d}$ 和 $R_{\theta i}$ 经常忽略掉。但是在对于热容量 C_{hd}、C_{hi} 和 C_{hs} 来说就不是这种情况了。在所显示的例子中，电气模拟电容将等效为几百法（即使 10W 的输入，也需要几分钟的时间，使热交换器到达最终的热平衡状态）。

从表 3.16.1 中可以注意到常用的热导体的热容量是非常大的（例如，$1in^3$ 的铜的热容量为 57.5J/℃）。因此，对于图 3.16.2 所显示的例子，如果 $10in^3$ 的铜被用于热交换器的结构中（很实际的），那么由于 10W 的热输入（10J/s），它将用 57s 的时间使温度只增加一度。因此，它将需要几分钟的时间以到达最后的温度。散热器的热质量（热容量）不会影响稳定状态的温度值，只是影响到达热稳态值所需的时间。

表 3.16.1 热存储容量和常用热交换器材料的热阻

常用热交换器材料	热存储容量，$J/in^3/℃$	热阻（1in×1in 块），R_θ，℃/W
铝（6061）	40.5	0.23
铜 110	57.5	0.10
钢 C1040	63	0.84
黄铜 360	50	0.34

但是，如果热输入具有瞬变特性，且仅用一个小占空比（允许足够长的冷却时间），那么在热瞬态负载期间，更大的热容量（或更大的比热）对于减小温度最大的变化将是有效的。由于热量容量不会影响最后的稳态温度，在这个例子中它不会进一步考虑。

16.6 计算结点温度

在前面的例子中，因为知道损耗的大小，所以二极管结点处的温度就容易确定。然而实际的开关电源的运用中损耗却是很难确定的，如一些像二极管反向恢复损耗的因素，很难有十足的把握来确定。在这些情况下，可以利用热传导路径上的任何已知的热阻，通过测量已知热阻接触面的温差来确定热流（以此来确定结点损耗）。

再一次考虑图 3.16.2c 所示的电气模拟电路。用同样的方法，在电路的两个点之间的电位差可以通过 $I\times R$ 给出，温差可以通过每秒的焦耳数（瓦特）的热流和热阻的乘积给出。对于图 3.16.2b 和图 3.16.2c 所示的例子，热流是已知的，故热分流器的每种元件的温差能依下列各式计算得出：

$$\Delta T = Q_j R_\theta$$

式中，ΔT = 温度差；

Q_j=热流（在结点处的功耗）；

R_θ=元件热阻。

在各个不同接触面的温度可以按下式计算得到：

散热器表面的温度 T_h：

$$T_h=(Q_jR_{h\text{-}a})+T_{amb}=(10\times4)+20=60℃$$

式中，$R_{h\text{-}a}$=热交换器到环境的热阻；

T_{amb}=周围环境的温度，单位是℃ 。

二极管表面温度 T_{ds}是：

$$T_{ds}=Q_j(R_{h\text{-}a}+R_{c\text{-}h})+T_{amb}=[10\times(4+0.5)]+20=65℃$$

式中，$R_{c\text{-}h}$=从外壳到热交换器表面的热阻。

结点处温度 T_j 将是在各种串联连接的热分流器元件的总温差 T，因此：

$$T_j=Q_j(R_{h\text{-}a}+R_{c\text{-}h}+R_{j\text{-}c})+T_{amb}=[10\times(4+0.5+0.5)]+20=70℃$$

它表明，如果结点处的功耗已知，且到热分流器或热交换器的热阻已知，那么结点和接触面的温度可以计算得到。很显然，如果热交换器的温度可以通过测量得到，并且热阻已知，那么热流和结点损耗就可以计算得到。

16.7　计算热交换器的尺寸

在许多实际情况下，结点处的功耗是已知的，且为了确定结点处的温升，需要计算热交换器的热阻。设计步骤如下所述。

假定如图 3.16.3 所示的一个片状热交换器用于自然通风冷却功耗是 20W 的 T0-3 晶体管上，当周围环境气温是 50℃时，要求结点温度将不会超过 136℃。

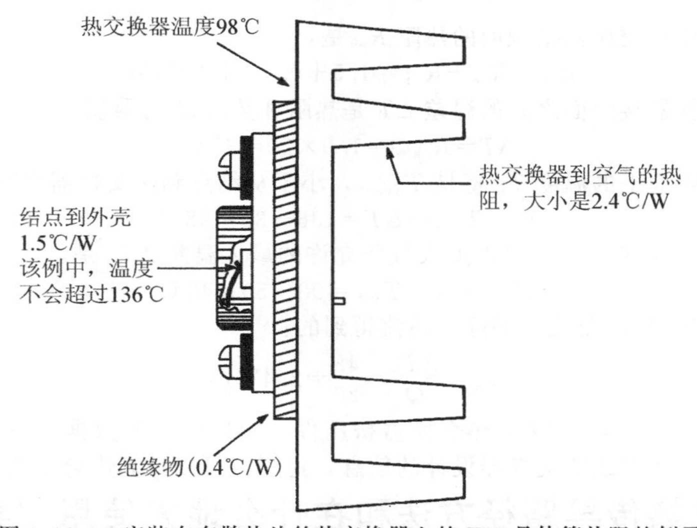

图 3.16.3　安装在有散热片的热交换器上的 T03 晶体管热阻的例子

从生产厂家的数据可知，在结点和 T0-3 晶体管外壳之间的热阻 $R_{j\text{-}c}$是 1.5℃/W。采用一种绝缘的云母垫圈，它有 0.4℃/W 的热阻（绝缘物的热阻也可由表 3.16.2 或表 3.16.3 所示的基本材料特性确定）。

表 3.16.2　热阻、最大工作温度和常用绝缘体材料的介电常数

常用绝缘体材料	热阻(1in× 1in 块),℃/W	最大工作温度,℃	介电常数,25℃
云母	62～91	550	6.5～8.7
三氧化二铝	1.43	1700	8.9
氧化铍*	0.15～0.27	2149	6.5
聚酰亚胺塑料	270	400	3.5
硅橡胶	151	180	1.6
导热环氧树脂	25～50	90	6
不流动的空气	1430		1

* 警告：如果将氧化铍造成小微粒状的话，它是有剧毒的。

表 3.16.3　用标准绝缘套件和散热膏材料时，从外壳到 T0-3 和 T0-220 晶体管安装表面的典型热阻

常用绝缘体套件	设备类型，外壳	绝缘体厚度(in)	典型热阻 $R_{c\text{-}h}$(℃/W)	最大工作温度(℃)
云母	T0-3	0.006	0.4	>200
三氧化二铝	T0-220	0.006	1.8	>200
	T0-3	0.062	0.34	>200
	T0-220	0.062	1.53	>200
氧化铍	T0-3	0.062	0.2	>200
	T0-220	0.062	1.0	>200
聚酰亚胺塑料(热熔胶膜)	T0-3	0.002	0.55	>200
	T0-220	0.002	2.3	>200
硅橡胶	T0-3	0.008	1.0	180
	T0-220	0.008	4.5	180

当结点温度是 136 ℃时，绝缘物和散热器的接触面所允许的最高温度可以如下计算得到。

从结点到绝缘热交换器接触面的热阻 $R_{j\text{-}h}$是：

$$R_{j\text{-}h}=R_{j\text{-}c}+R_{c\text{-}h}=1.5+0.4=1.9℃/W$$

结点和热交换器接触面之间的温差 ΔT 是热阻和热流 Q 的乘积：

$$\Delta T=R_{j\text{-}h}Q=1.9\times 20=38℃$$

热交换器接触面上的温度 T_h 将是 $T_{j(max)}$，小于从结点到热交换器之间的温差 ΔT：

$$T_h=T_{max}-\Delta T=136-38=98℃$$

从热交换器表面到 50℃环境温度大气所允许的最大温差 ΔT_h 是：

$$\Delta T_h=T_h-T_{amb}=98-50=48℃$$

热交换器的热阻 R_{ha}是用温差除以热流得到的：

$$R_{ha}=\frac{\Delta T_h}{Q}=\frac{48}{20}=2.4℃/W$$

因此将选择一个 2.4℃/W 的热交换器挤压件。制造厂家的数据提供了关于热交换器对于各种挤压件的热阻或热交换器设计的信息，这样就可以计算出合适的尺寸。

16.8　优化热传导路径方法和在什么地方使用“导热连接的散热膏”

在图 3.16.3 所示的例子中，最大的热阻是来自散热器到环境空气之间的热阻 $R_{h\text{-}a}$（这时常会是对流冷却的情形）。因为从结点到环境空气的热分流器的总热阻是各部分的总和，此最终的大热阻干扰了所有其他部分的作用效果。例如上提安装的热阻增加或减少 50%，它对结点温度的影响将只有 2.5℃。因此，在该例子中利用散热膏减少上提安装的热阻将几乎没有什么优点，该影响是可以忽略的。

从上面例子中应该注意到：在小的自然通风空气冷却的热交换器中，使用安装散热膏的麻烦的（且昂贵的）做法在大多数情况下不是特别有效的。

设计者应该确定具有最大热阻的接触面，并要减少该热阻，使之与传热路径上的其他元件有相当的值。在上面例子中，热交换器表面积或者冷却气流的增加会带来较大的改善，但减少的安装接触面的热阻不会带来明显的改善效果。

图 3.16.4 a 所示的第二个例子中，一个大功耗的晶体管（如一个有源负载）将安装在一个高效率的水冷热交换器上。该热交换器可认为是一台无限大的散热器（为了实际使用的目的，可以假设不管有多少热量传导给它，热交换器的表面温度始终不会超过 20℃）。

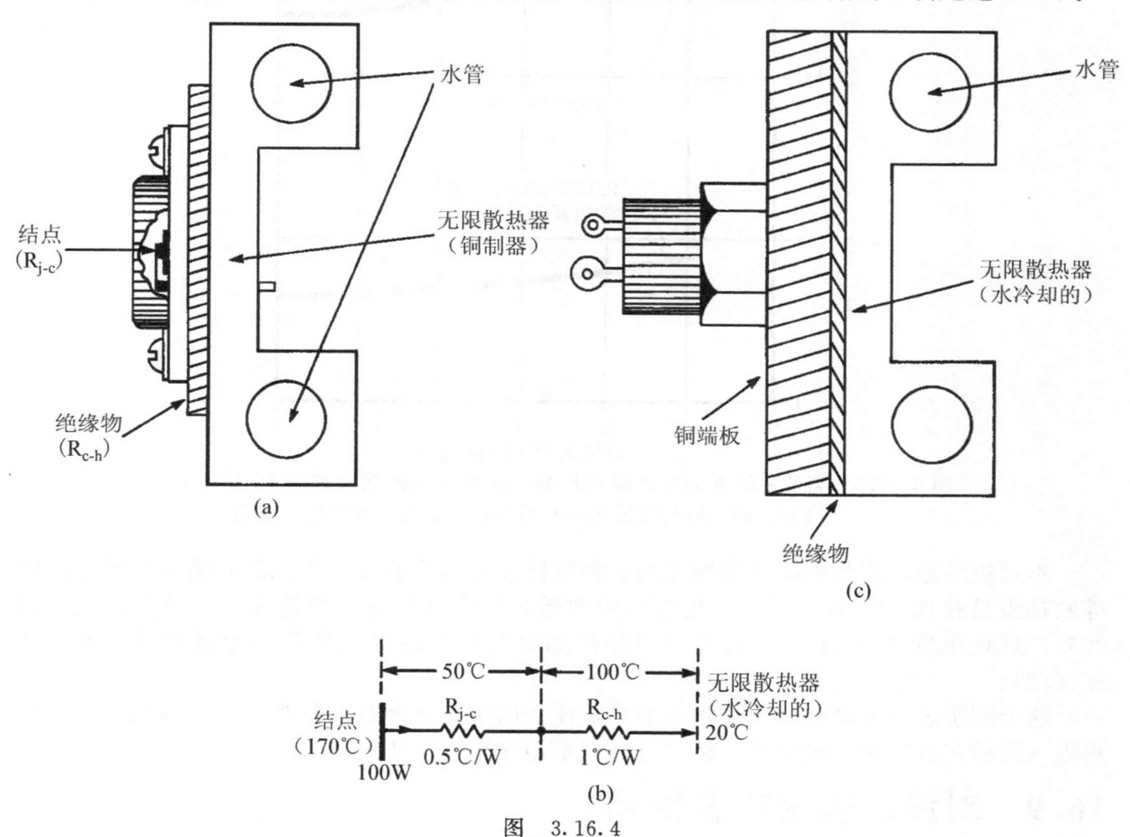

图　3.16.4

（a）安装在水冷（接近无限大的）散热器的 T0-3 晶体管热阻的例子

（b）“无限”散热器的 T0-3 晶体管的等效热阻电路模型

（c）“无限”散热器的带有一个铜端板的柱式晶体三极管

假设晶体管功耗是 100W。等效热阻如图 3.16.4b 所示。在这个例子中，结点到外壳的热阻是 0.5℃/W，因为使用了绝缘物，从外壳到散热器的热阻更高，是 1℃/W（由于该例子中所使用的热交换器是无限大的散热器，故它的热阻是零）。

对于 100W 的功率损耗，加在绝缘物的温度降将是 100℃，外壳温度就是 120℃。如结点温度是 170℃，从外壳到结点处的晶体管内的温升为 50℃。

在这个例子中，如果上提安装的热性能得到改善，那么在结点处将会有一个很大的温度下降（此时，绝缘物在串联传热路径上具有最大的热阻）。

图 3.16.4c 显示了当保留电气隔离时，一个适宜的改进可以用于减少安装热阻。晶体管（在 T0-59 外壳内）被直接旋入到一个铜块上，然后铜块与散热器绝缘。为了排除任何气隙，在所有的接触面上应该用散热膏，并且安装螺钉应该拧紧到推荐的扭矩（如图 3.16.5 所示）。

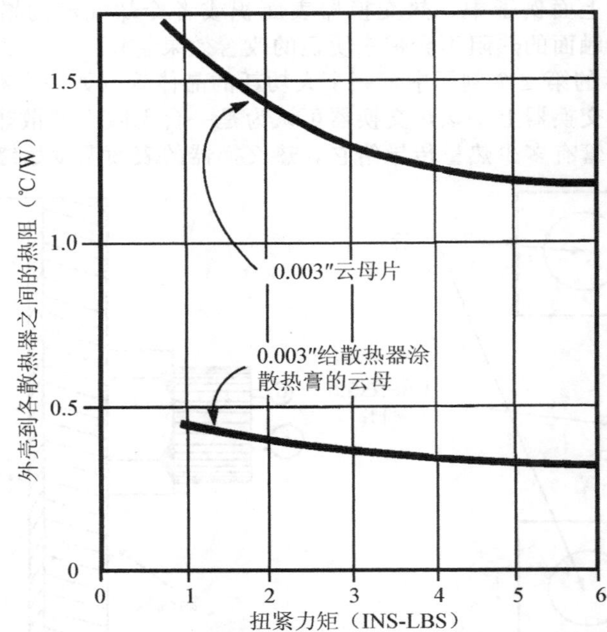

图 3.16.5 当使用标准云母绝缘的时候，用或不用散热膏的 T0-3 晶体管与散热器之间的接触面的有效热阻，它是扭紧力矩的函数

不可避免地，高热阻绝缘接触面的面积要比前面的例子大 5 倍，此时绝热物接触面的等效热阻只有 0.2℃/W。因此，在相同的功耗和绝缘材料厚度的情况下，结点温度将是 90℃，这是相当大的改进。另外也可以使用如氧化铍那种更低热阻的绝缘材料（参见表 3.16.2）。

这个例子表明了确定最大热阻点的重要性。如果要获得有效的改善，应该减少该处的热阻（同样在任何串联电路里，最大电阻也是占支配作用的）。

16.9 对流、辐射或者传导

在三个主要的热交换机制中，电源设计师最为关心的是对流和热传导这两种方式。一般说来，电源里面的辐射是有害的，因为从一个元件辐射出去的热会被与该元件相邻的其他元件吸收。通常，电源连同有功耗的负载安装在用户外壳内，在那里它将可以接收到与它所释放掉的一样大小的（甚至更多的）辐射能量。因此，电源的辐射性能的利用价值不大。

16.9.1 对流冷却

如果可以利用自然通风的气流，那么利用对流或者强迫通风（风扇）的冷却方法显然是消除多余热量的性价比最高的方法。图 3.16.6 显示了当采用强迫通风冷却方式时获得的明显改善。一般选择拥有良好的强迫通风冷却性能的热交换器，又由于它们都有很多散热片，故而它们通常都有一个大的有效表面积。

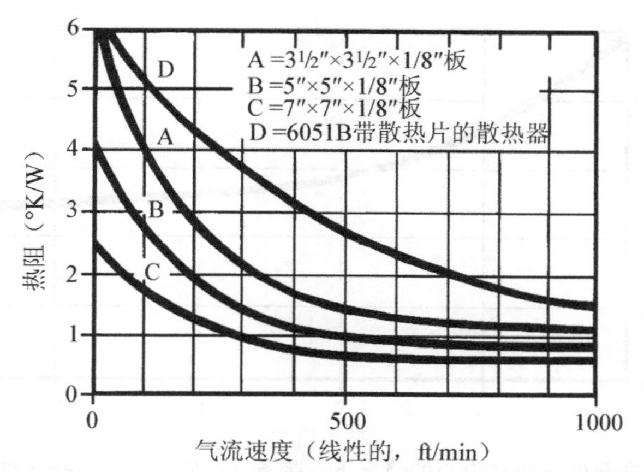

图 3.16.6 不同尺寸的热交换器的热阻与气流速度之间的函数关系

在高海拔的地方，对流冷却因为空气密度的减小变得不那么有效，图 3.16.7 显示了此海拔高度的影响。值得注意的是，在 10 000ft 的高度，冷却的效率减少了 20%。

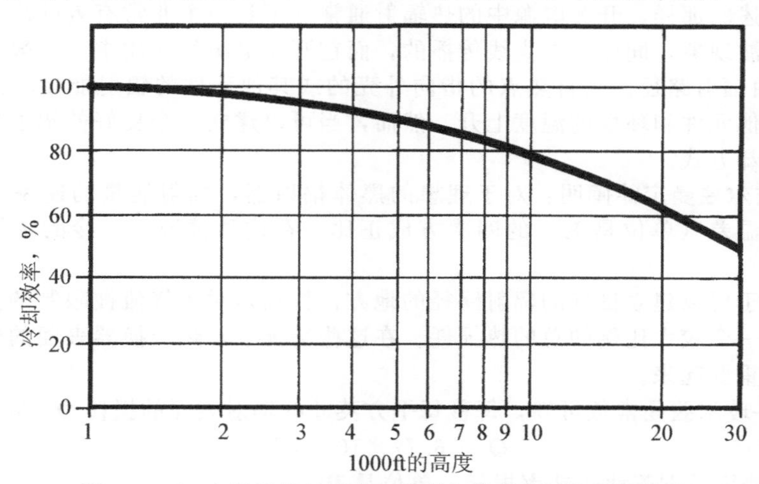

图 3.16.7 自然通风气流冷却效率与高度之间的函数关系

而在非强迫的对流冷却情况下，热交换器的热阻与尺寸大小不再是成线性的（因为当空气从交换器的表面经过时，它们将会被加热，故较大的表面不能有效地冷却）。图 3.16.8 显示了垂直的片状挤压件的热阻是如何随长度变化而变化的。当长度超过 12in 时只有很小的改善。

16.9.2 传导冷却

在较少气流可以利用的地方，传导冷却是一个可应用的选择。为了运用传导冷却的冷却方式，带有散热片的散热器将被热分流器（桥）替换，它被放置在发热元件和机架之间。为热分流器所选的材料的热传导特性将是很重要的（见表 3.16.1）。而机架必须与外部的热交换器例如装置的外壳要有良好的热接触。

对于传导冷却，应该记住，铝的热传导性能只是铜的一半，并且钢只是铝的 25%。

表 3.16.1、表 3.16.2 和表 3.16.3 给出了常用热交换器的热特性和绝缘材料，表中也都给出了利用标准安装绝缘物和工艺的 TO-3 和 TO-220 的典型热阻。

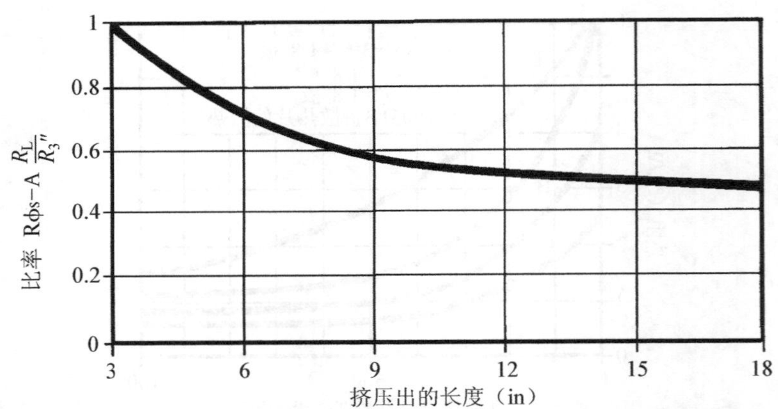

图 3.16.8　在器件安装在中心的情况下，带有 3in 长散热片的挤压件的热阻与长度更长的热阻的比率，该比率是散热片长度的函数

16.9.3　辐射冷却

如前所讲述的那样，开关电源中的热辐射通常并不是一个非常有效的冷却方法。辐射热是一种电磁波现象，同样是以直线传播的，而在开关电源的应用中，一般不会提供良好“视线”的自由辐射路径。来自热点的指向外壳的或其他元件的辐射能量不是反射回来就是简单地使其他元件和环境的温度上升。然而，当可以建立一个良好的辐射通路时，可以考虑使用该冷却方式。

斯特潘-玻尔兹曼定律阐明：对于理想的黑体幅射器，幅射能量的速率与热和冷的物体之间的绝对温差（单位是 K）的四次方成正比。在这种情况下，冷的物体指的是周围环境。

因此，对于可以建立良好的辐射路径的地方，特别是对于气流被限制的高温元件，辐射可能会产生一个较大比例的总的热损耗。在这些情况下，热交换器表面的辐射性能（热发射率）变得重要起来。

由斯特潘-玻尔兹曼常数可知，每秒每平方英寸的辐射表面的损耗 Q（W）是：

$$Q=36.77\times10^{-12}eT^4$$

式中，Q=每秒每平方英寸的功率损耗，单位是 W；

e=表面的发射率；

T=温度差，单位是 K。

表面热发射率是表面的辐射性能与真实黑体辐射物性能的比率。表 3.16.4 显示了一些常用的热交换器材料的发射率。值得注意的是热发射率与表面光洁度以及材料的类型有关。光滑的表面没有粗糙的表面好。而且由于辐射是在红外线的范围内，故视觉范围内的颜色并不重要。例如粗糙的阳极电镀铝，在任何颜色下都有同样的 0.8 的发射率。

表 3.16.4　常用材料不同表面光洁度和颜色作用下的典型发射率

材　料	表面光洁度和颜色	典型的发射率 e
真实黑体	真实黑体	1.0
铝	抛光的	0.04
铝	抛光的(任何颜色)	0.9
铝	粗糙的	0.06
铝	暗淡无光的(任何颜色)	0.8

（续）

材 料	表面光洁度和颜色	典型的发射率 e
铜	包金箔的明亮的	0.03
钢	光面的	0.5
钢	着了色的(任何颜色)	0.8

如果使用油漆的话，那么油漆的厚度、表面光洁度和油漆的热性能都应该考虑到。如果油漆较厚或者表面很平滑，那么就不可能总是充分发挥全部的热发射率潜力。

图 3.16.9 显示了与真实的黑体辐射器相比，293K（20℃）的自由辐射环境下，1in 正方形板材的两个面辐射产生的热损耗。注意到在光滑的铝和粗糙的油漆表面相比具有较大的差别。

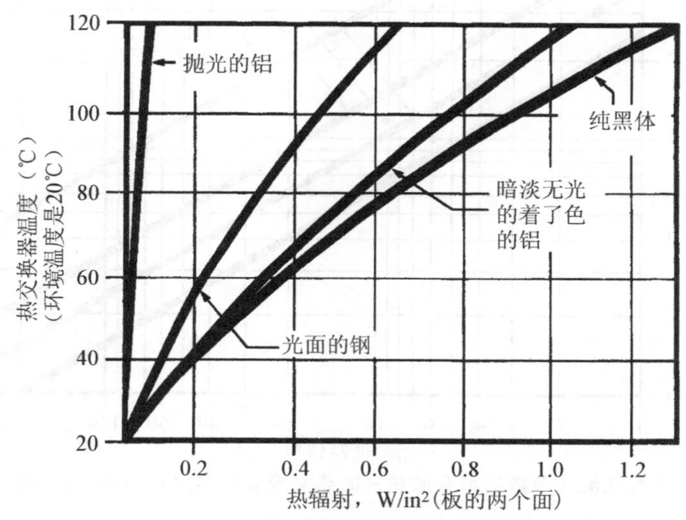

图 3.16.9 以表面光洁度为参数的热辐射属性与散热片温差之间的函数关系

差的辐射器也算是一个好的反射器，可用于保护热敏感元件，使其免受附近发热元件的影响。例如，抛光的铝箔可能放置在发热的电阻和电解电容器之间以减少电容器的辐射热。反过来也是一样的，好的辐射热耗散器也是好的热吸收器，并且设计成辐射冷却的电源，应该注意避免太阳光的直射。

16.10 热交换器的效率

电源设计师可利用的现成热交换器的设计是很多的。生产厂家为它们的设计讲出了各种各样的优点，并且会有这样一个趋势，即拥有很多片状或指状散热元件的大型散热器必定会有更高的效率。

当使用自然通风对流冷却的方式时，占有同样等效的总空间的热交换器之间的差别是很小的，在多数情况下应该小于10%。导致这种现象的原因是由片状或指状物的辐射可以被对着的片状或指状物所接受，所以有效的辐射表面积由轮廓的表面积决定。因此在自然通风的空气里，仅仅能容纳散热器体积的机箱的表面将有相似的热交换器和辐射特性。对于自然对流冷却方式，在散热片周围的气流是这样的，即增加的表面积不能有效地被利用。

图 3.16.10 显示了双对数坐标图，它绘制了在 50℃温升时不同的商业热交换器热阻与等效容积（从公布的值中得到的）的关系曲线。自然对流冷却下，很少常规热交换器的设计偏离这个结果较远（一些更加昂贵的“高倍比散热制作工艺”的热交换器要求达到 30%的改善）。然而，当利用强迫通风冷却方式时，片状或指状物的效果会非常明显。在图 3.16.6 中的图 D 中显示了一个在强迫通风的条件下，利用带散热片的热交换器可以获得性能改进，在空气以 1000ft/min 流动时，热阻从 6℃/W 下降到小于 1.5℃/W。

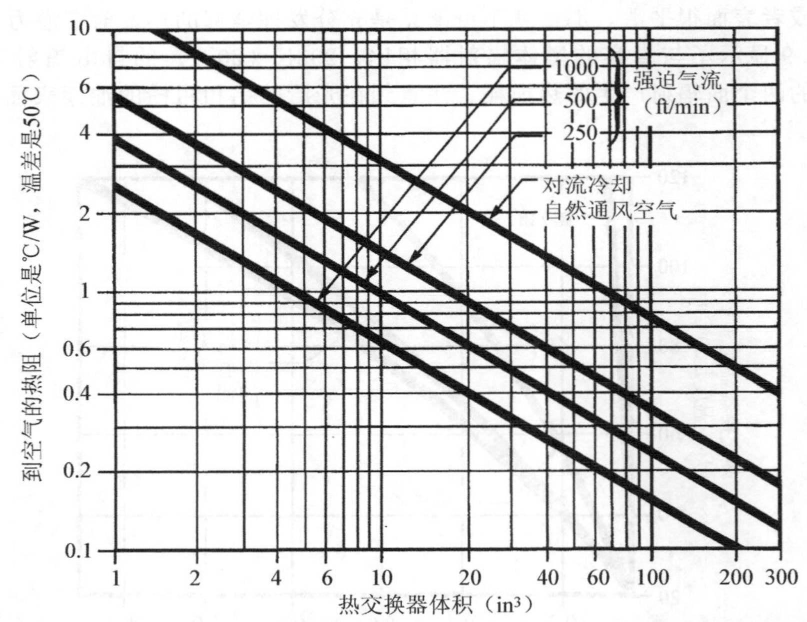

图 3.16.10　以空气气流为参数的带有散热片的热交换器的热阻是密封的热交换器容积的函数

16.11　输入功率对热阻的影响

从热交换器到周围空气的等效热阻不是恒定的，但是当有输入功率时，它将下降，因此温差将会增加。这是由随着温度的升高而导致的辐射热的增加（斯特潘-玻尔兹曼定律）以及较高温度下的对流紊流的增加造成的。在工作温度下，为了得到等效的热阻，引用的热阻应该被调整得与图 3.16.11 所显示的一致。

16.12　热阻和热交换器的面积

如同可能期望的那样，热阻不会与表面积正比下降。这主要是由于需要传热到与热交换器距离较远的地方，那样将会产生温差。同时，当空气经过热交换器表面的时候，空气将会逐渐变热。图 3.16.12 所显示的曲线给出了在中心和各种光洁度表面有热输入时的扁平正方形金属板的一般情况。正如预期的那样，热阻随着金属板的高度变化也会发生改变，且因为这个原因，在自然通风对流冷却条件下，为了获得最大的效率，其垂直板应该采用片状的挤压件。但是片状散热片的水平位置和垂直位置的热阻约有 10%的差异，这个差异没有我们想象的那么大。

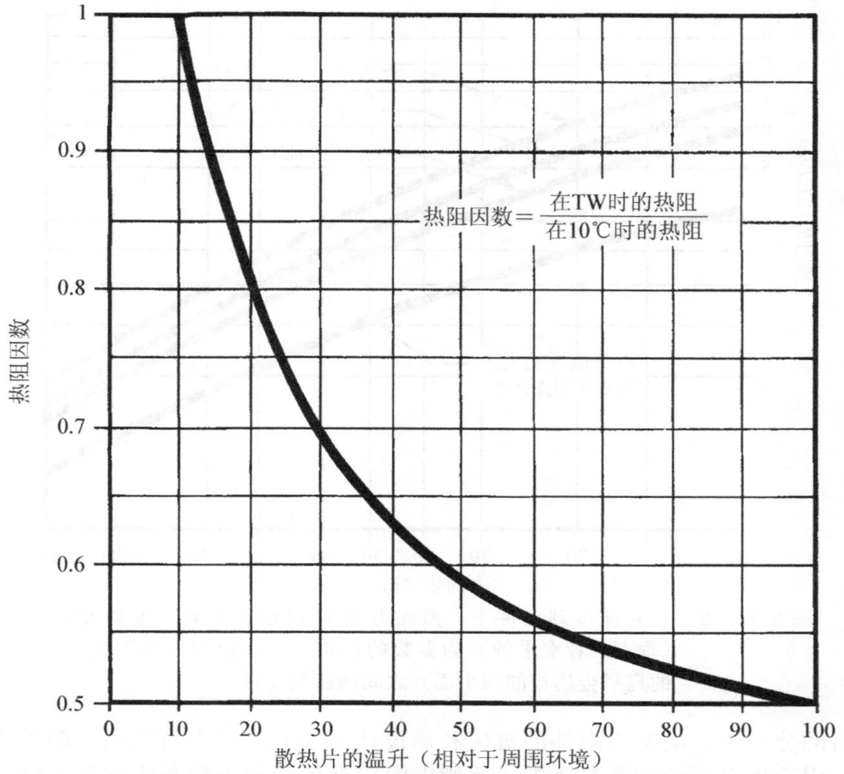

图 3.16.11 热阻修正因数与热交换器温差（热交换器到自然通风的空气）之间的函数关系

16.13 强迫通风冷却

在强迫通风冷却方式中，风扇或输送管强迫空气以较快速率流经电源附件。该冷却方法有很多优点，除了由于空气迅速对流而提供的明显改善之外，通过在排气口放置发热元件，利用最适宜的流向，使热量从电源的其他部分散发。此外，气流方向可以指定以防止产生任何静止空气区域，这是在自然通风对流冷却方式的电源中很难避免的现象。

500W 或更多为输出的电源通常采用一些强迫空气冷却的方法。

所需的冷却空气量取决于空气密度、所要消耗的功率和允许的温升。在水平面上，将用到下列等式：

$$\text{流动空气（cfm）}=\frac{1.76Q_{\text{loss}}}{\Delta T}$$

式中，cfm＝ft^3/min；

Q_{loss}＝内部损耗，单位是 W；

ΔT＝所允许的内部温升，单位是℃。

风扇必须要克服背压力，该压力是由电源附件内部的流量限制产生的。该背压力取决于尺寸大小和组装密度，通常每 100ft^3/min 为 0.1～0.3in 水柱的数量级。该参数最好在已制成的设备上测量，并且选择一个风扇，以提供在被测量背压力下有足够的空气流量。大多数风扇生产厂家都提供了压力/流量信息。

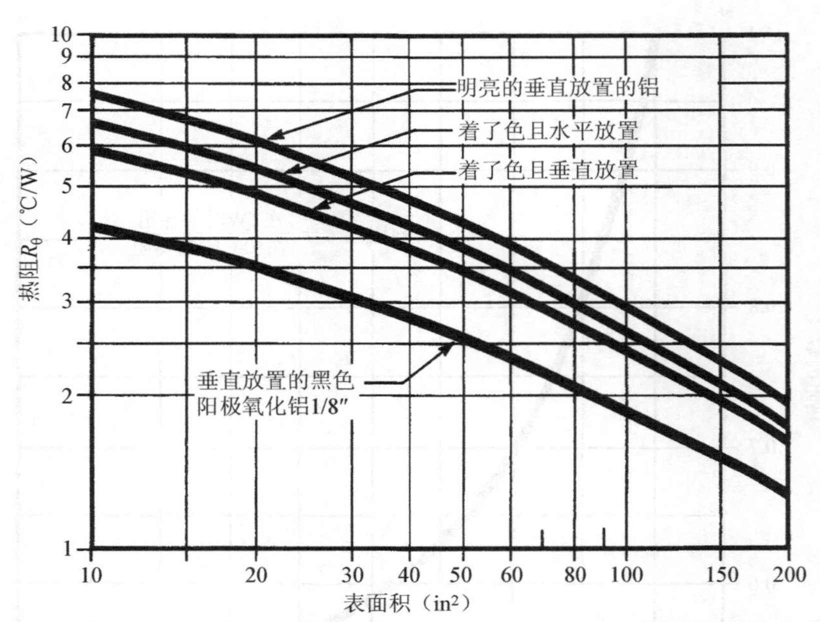

图 3.16.12 在对流冷却条件下，损耗为 20W 的以表面光洁度和安装面（垂直或者水平的）为参数的热阻，与表面积（厚度是 1/8in 的扁平金属板的两个面）之间的函数关系

在最后的分析中，电源与附件的机械和热设计必须能消除来自电源和附件内的任何负载的废热。用户也必须考虑散热要求，否则电源设计师的努力将是无济于事的。当不能确定时，一旦在工作环境下建立了热平衡，用户必须测量关键元器件的温度。如果想达到长期可靠性的目的，那么必须采用有效的冷却的方法。

16.14 习题

1. 在开关电源中，为什么散热管理非常重要？
2. MTBF 与工作和元件温度有怎样的关系？
3. 当热设计用到电气模拟时，发热晶体管结点的电气模拟是什么？
4. 热阻的电气模拟是什么？
5. 比热的电气模拟是什么？
6. 温差的电气模拟是什么？
7. 对流冷却和辐射冷却两者之间的基本区别是什么？
8. 为什么小的印制电路板上的散热器采用散热膏的普遍应用一般没有什么价值？
9. 热阻是一个固定的参数吗？
10. 热交换器的热阻与它的尺寸是成正比的吗？
11. 热交换器的颜色影响它的热特性吗？
12. 在自然通风情况下，带散热片热交换器的方向对它的性能有影响吗？
13. 增加高度对热交换器的性能有什么影响？
14. 在对流冷却的情况下，有大量散热片的热交换器是否要好于尺寸相同却只有少量散热片的热交换器？
15. 对于提高开关电源的寿命，为什么小风量的强迫通风冷却方式如此重要？

第四部分

补充内容

第 1 章　有源功率因数校正

1.1　导论

电力公司利用各种各样的一次能源来发电，典型的如煤、石油、天然气、氢气和原子能。很显然，人人都希望其他能源转换为电能的效率尽可能得高，消耗的热能最少而且环境污染最小。

发电和配电设备包括旋转机械、60/50Hz 变压器和输电线，所有这些设备都是在负载为纯电阻、使用与被加电压同相的正弦波电流和没有谐波时效率更高。

在电抗和电阻组合的负载中即使通过正弦电流，也会在电流和电压之间引起相移，这样会降低配电设备的效率。只考虑纯电容负载时，这样会在输电线通过电流，这在配电设备中引起铜损，但不会在负载电路中产生有功功率，纯电感负载也起到同样的作用。电感负载非常普遍，一个典型例子就是老式的电子镇流器，这里电感被用来控制荧光灯应用中的电流。

幸运的是，由电抗负载引起的相位差很容易被校正，可采用无源功率因数校正（在电感负载电路中，引入合适的并联电容就可以校正相位误差，组合的负载还可以等效为纯电阻负载）。

更大的隐患来自非线性负载，它不但引起电流波形失真，还会在供、配电系统中引入谐波电流。

由非线性负载引起的谐波（失真）并不能通过传统的无源功率因数校正方法消除。如果供电系统中存在谐波电流，就会引起额外的变压器、配电损耗，而且其中的奇次谐波分量还会在三相四线配电系统的中线引起补偿电流。后者的影响经常是最麻烦的，因为中线不是用来传输这种电流的。

显然，将电力线中的污染降到最低是现任工程师义不容辞的责任。而且，许多国家一直计划制定减小此类污染的强制性标准，典型的要求在 IEC555-2 谐波限制或者被大家普遍接受的更近的 1998 年 IEC1000-3-2 标准中有定义。强制标准的制定已经被推迟了多次，其原因可能是工业界不愿或无法满足校正的需要。

尽管在电力线中可以引入无源低通滤波器将谐波成分降低到可以接受的范围，但在高功率范围内还有一个更有发展前途的解决方法，就是使用一种所谓的有源功率因数校正的方案。

本章的1.2节和1.3节提供了一些基于著名的无源功率因数校正方法的背景资料，这些材料对那些不是很熟悉基本原理的读者会有很大帮助。1.4节介绍了有源功率因数校正的原理，1.10节给出了一个应用设计的实例，它是用在用于工业照明的2.2kW开关电源中。

1.2　功率因数校正基础、误解和事实

1.2.1　功率因数基本定义

功率因数（PF）定义为负载中的有功功率与负载的视在功率的比值，不考虑波形影响，如式（4.1.1）所示：

$$PF=\text{有功功率}/\text{视在功率} \tag{4.1.1}$$

有功功率是指单位时间内的平均功率，它产生热量或做了机械功，做机械功的速率以有功的瓦特数来表示。

视在功率是指单位时间内电压有效值与电流有效值乘积的平均值，它是未经过相移或失真调整，从输入到负载处测得的。通常理解为输入伏安（VA）值，视在做功的速率与视在瓦特的单位是相同的，如式（4.1.2）所示：

$$\text{视在功率（VA）}=V_{\text{rms}}\times I_{\text{rms}} \tag{4.1.2}$$

在纯电阻负载的特殊情况下，电压和电流都是正弦波且同相，有功功率和视在功率相等，是功率因数比值为1的理想情况。尽管功率因数比值的范围可以用0∶1到1∶1来表示，但是通常引入百分比来定义功率因数的比值，用100%表示1∶1。

1.2.2　功率因数在正弦波中的应用

在无失真的电抗加电阻负载的简单情况下，电压和电流都将保持为正弦波，但是电抗元件会引起相移（电感负载的电流滞后于电压、电容负载的电流超前于电压）。

典型的无失真电抗负载如图4.1.1所示。图4.1.1a给出了一个串联电感和电阻的组合负载电路，用一个并联电容器C_1提供功率因数校正。图4.1.1b给出了一个并联电容和电阻的组合负载电路，用串联的电感器L_2提供功率因数校正。在具体的应用中，其他的串联或并联形式也可能出现。

图4.1.2给出了在典型的电感负载上的电压和电流的波形。电流滞后于所加电压，滞后相位由电阻和电感的比值决定，滞后的相位角范围为0°～90°。

图4.1.3给出了负载上的视在功率和有功功率的矢量图。它解释了负载中含有电抗分量时，有功功率如何小于视在功率。

从图4.1.3可以很明显地看出，$\cos\Phi$就是有功功率与视在功率的比值，其中Φ表示电压与电流之间的相位角。这就是大家熟知的严格的正弦波工作的有功功率等式，如式（4.1.3）所示。

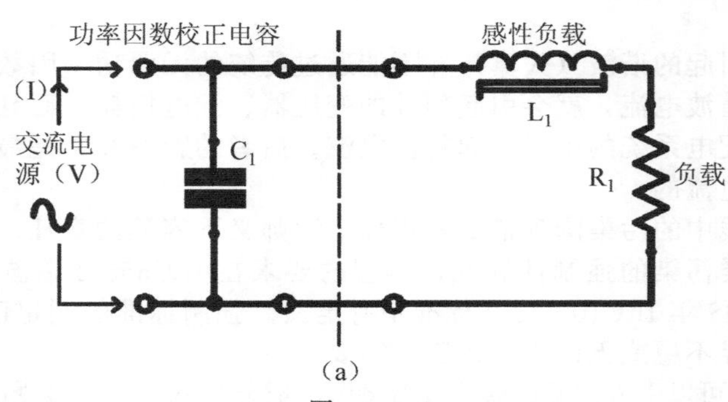

图　4.1.1

(a) 线性电感加电阻负载中的无源功率因数校正，使用了一个功率因数校正的并联电容器

(b) 电容加电阻负载中的无源功率因数校正，使用了一个功率因数校正的串联电感器

$$有功功率 = V_{rms} I_{rms} \cos\Phi \tag{4.1.3}$$

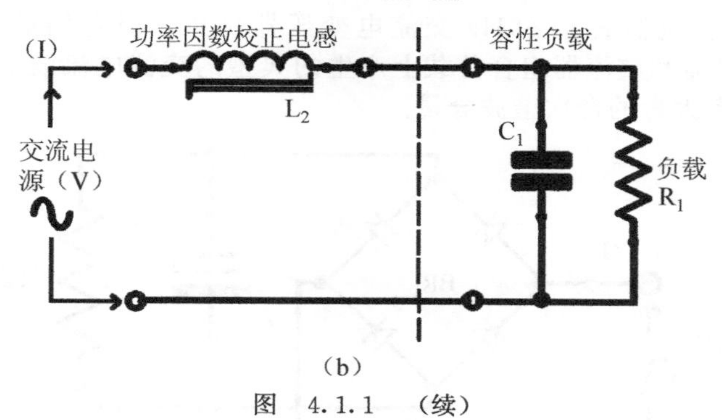

（b）

图　4.1.1　（续）

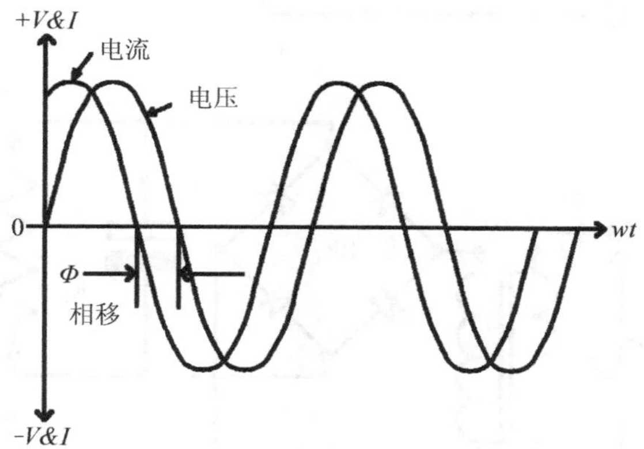

图 4.1.2　加在电感和电阻组合负载上的输入正弦电压和电流，表明电流滞后于电压

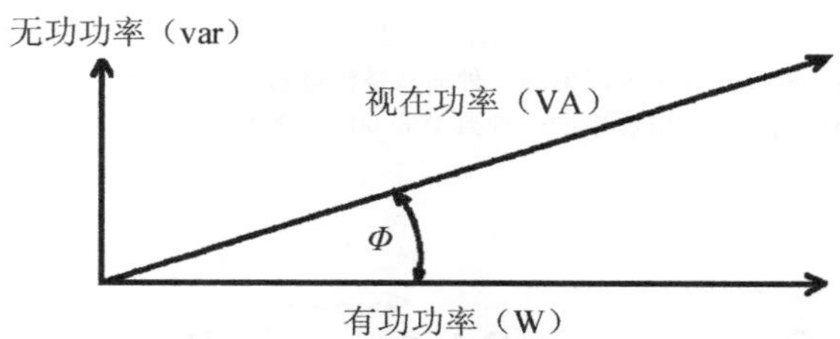

图 4.1.3　矢量图表明在电阻加电抗的负载中视在功率大于有功功率

1.2.3　畸变效应

当电流（或电压）不是严格的正弦波时，就称之为产生了失真。由傅里叶分析可知，失真的波形是由一系列幅值和相位不同的相关正弦波的谐波组成。在对称失真的情况下，只能发现奇次谐波。

由前面的分析可知，严格正弦波的功率因数等于 1 还是小于 1 由相位角决定，而当出现失真时，功率因数总是小于 1 的。

不幸的是，很多供电（包括线性和开关电源变换器）途径中，含有整流器和电容器的负载都会从供电电源中以失真的形式提取电流。例如，电流会在供电电压峰值附近的很小的导通角内流通。图 4.1.4a 给出了离线式工作的开关电源的典型输入电路，图 4.1.4b 表示了在线性电源中整流器置于 60Hz 交流电变压器副边，但它们的效果是一样的。图 4.1.5 给出了在电容器和整流器组合负载上产生的典型的交流电流波形。不连续的、对称的尖峰电流波形具有大量的奇次谐波分量。

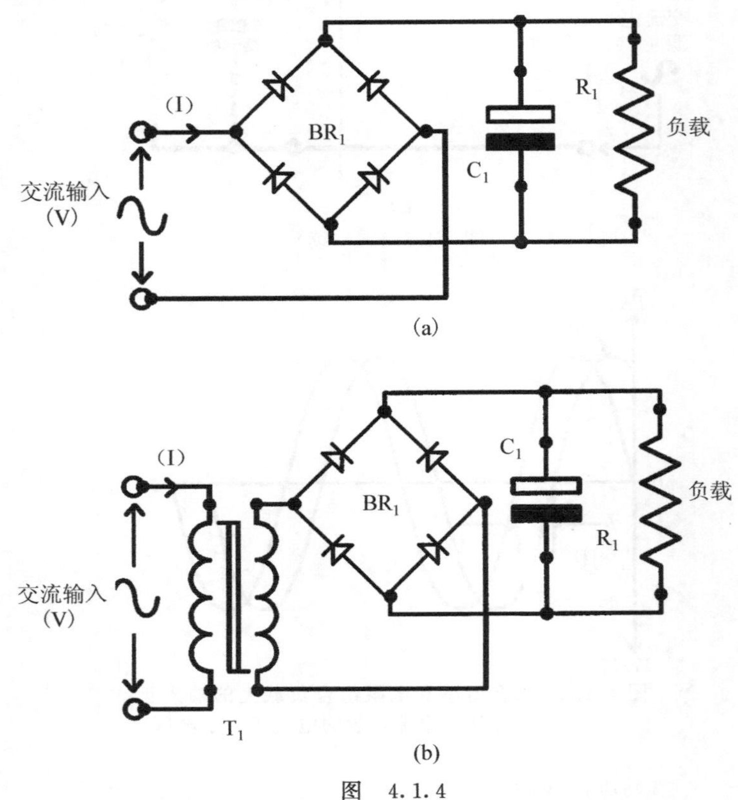

图　4.1.4

(a) 离线式开关电源中的一种典型整流电容器的输入级

(b) 隔离线性电源中的一种典型的 60Hz 变压器整流器电容器输入级

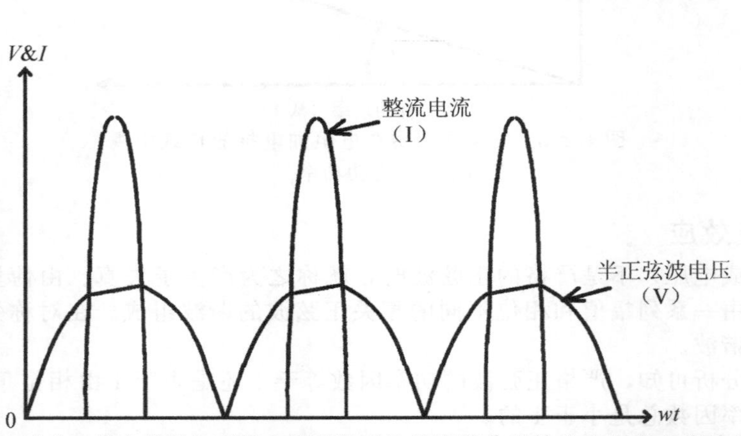

图 4.1.5　当大电容负载被加到输入整流器时的整流器典型输出电压和电流波形，图中大的尖峰电流和不连续的导通区间，具有大量的奇次谐波

1.2.4　对非正弦波的功率的误解（一种常见错误）

通过对图 4.1.5 的观察可知，整流器的电流波形通常表现为与电压同相位的正弦波。这导致了一种很常见的错误，即此种波形的功率可用简单的 VA 乘积（$V_{rms} \times I_{rms}$）来给出。然而，这和真实值相差甚远。

如上面提到的，失真带来了谐波，在这个例子中功率因数可能在 0.5～0.8 范围内（计算出的 VA 值存在约 50%的误差）。尽管不连续电流的波形会出现正弦曲线，它依然存在大量的奇次谐波，而功率传递只能在基波频率上发生。然而，电流有效值的测量值包含谐波分量。对于这种波形，必须使用真有效值功率表才能测量到实际输入功率。在功率计算中，要包括所有谐波分量的相位和幅值。

1.2.5　有功功率测量

功率表用于测量相移或（和）失真波形的有功功率。老式的功率表，类似于电动式瓦特表（瓦特功率计），依靠两个空心绕组中磁场的相互作用 Φ，一个是固定绕组，通过负载电流 I_L（电流绕组），第二个是电压绕组，它是可以克服游丝弹簧的反作用力而旋转的可动绕组。第二个绕组可通过正比于所加电压的很小的电流，这个电流 I_V 由供电电压端通过限流电阻来提供。

这样设计的动力学原理很简单却有效。加在两个绕组之间的瞬时电磁转动力矩与 I_L 和 I_V 的同相分量的瞬时乘积成正比。瞬时转动力矩通过相对较重的可动部分的惯性作用而产生平均转动力矩，平均转动力矩克服装在可动绕组上游丝弹簧的反作用力矩而产生偏转角（所以有读数），该偏转角正比于平均转动力矩。这种设计满足了功率测量的基本要求，如式（4.1.4）和式（4.1.5）所示。

$$\text{偏转角} = \frac{1}{T}\int \Phi I(t) \times \Phi V(t)\,\mathrm{d}t \tag{4.1.4}$$

由观察可知，这和单相系统的电功率公式具有相同的形式。

$$\text{有功功率} = \frac{1}{T}\int V(t) I(t)\,\mathrm{d}t \tag{4.1.5}$$

老式的电动式功率计现在已经很少见了，它们正在被更加先进、低成本的电子式仪器取代。然而，作者发现随着应用的发展（功率测量通常在输入射频干扰滤波器安装前的试验板上进行），一些数字式仪器可能会受开关电源应用中大的射频噪声电平干扰而产生很大的误差。因此，为谨慎起见，至少应该将测量结果和电动式仪表测量结果比较一下，电动式仪表只是不能响应高频噪声。因此，如果可以找到好的电动式仪表，一定要爱护保管好。

除非你能确定供电电压是标准正弦波且负载是纯电阻式的，有功功率测量需要用到瓦特表或一种数字式功率分析仪，这样能准确补偿失真和（或）相移效应。

1.2.6　功率因数（功率因数校正与谐波限制的真相）

对于失真的波形，使用各种功率因数校正方法可能满足功率因数的需要，却不能满足 IEC555-2 或 IEC1000-3-2 的谐波限制要求。

这种可能是因为 IEC 的技术标准限制了各次谐波的幅值，所以很可能有一个或多个谐波分量超出了限制却能够满足整体的功率因数需要。

因此，有必要同时测量功率因数和谐波分量的幅值以确认满足 IEC 的所有要求。记住，在大部分功率因数校正（PFC）系统中，电压波形用作电流波形的参考，因此在测量过程中要考虑供电电压的任何失真。

1.2.7　效率（功率因数校正不能提高效率）

常常说功率因数校正可提高效率，对于所有配电系统而言这毫无疑问是正确的。但通常对于带功率因数校正的电源这是错误的。在大多数拓扑结构中，校正电路消耗了额外的功率，而对提高后面开关电源电路的效率起的作用却很小。

通常情况下，有源 PFC 系统中含有两个功率变换器，整个系统的功率损耗要大于只有一级功率变换器的非调整系统。

因此，有校正的电源效率通常要低于没有校正的电源。对于有同样输出功率和尺寸的器件，有 PFC 的电源工作温度会较高。

1.2.8 电力线路的利用率（功率因数校正能提高电力线路利用率）

通常，在使用有功率因数校正装置的电源时，尽管此时有校正装置的整体效率要低一些，但因为校正装置的输入电流有效值低于非调整装置的，所以可能从一个有功率限制的电源（例如标准的壁装电源插座）得到更大的功率。

例如，标准的 120V、15A 的壁装电源插座的连续工作电流被 UL 标准限制为 12A。对于一个典型的非调整的整流功率装置，功率因数能达到 0.65 数量级，假定效率是 80%，那么在 12A 的电流下可以提供最大约 750W 的输出功率。

对于一个功率因数校正装置，功率因数可以超过 98%，尽管效率通常会低一些，假设为 73%。因此，在 12A 的电流下有校正的装置的输出功率可以超过 1000W（比非调整装置高出了 250W）。

相信这个结果会引起效率上的混淆。一定要注意，一个非调整的装置如果输出功率是 750W 而效率是 80%，它的损耗为 187W；如果有校正装置的输出功率同样是 750W 而效率为 73%，其损耗是 277W，多出了 90W。如果是 1000W 的输出，那么校正装置的损耗会高达 370W。因此有 PFC 的装置需要更好的散热。

1.3 无源功率因数校正

无源功率因数校正需要用到线性电感器和电容器来提高功率因数、降低谐波分量。这种方法在简单无失真的电抗负载情况下工作效果很好，在这种情况下不需要的电抗分量（或相移）可以采用与其等幅反相的电抗分量抵消掉。

尽管如此，由非线性负载产生的谐波（或失真）不能用这种方法抵消。为了去掉失真波形中的高次谐波，我们需要在电力线上串联供电低通滤波器。

在较大的供电电源中，大量的能量必须被这种滤波器储存和管理，因此它需要大电感器和电容器，这样就不太经济。然而，在低电源中，无源功率校正系统使用这种滤波器可取得好的效果。

典型应用包括荧光灯的镇流器，这里大输入滤波电感有时会集成在灯的变压器设计中。使用这种方法可以使功率因数超过 0.9（90%），但是它们通常被限制在 100W 或更低的功率值。图 4.1.6 给出了一个应用在 70W 荧光灯镇流器输入端的典型滤波器，可以看到这是一个折中的设计。基于实际应用中有限的成本和尺寸的考虑，电感 L_1 通常被限制约为 250mH，C_1 通常被限制在 2μF～4μF，关断频率约为 200Hz，附加的 C_2 用来吸收高次谐波。尽管这不是理想状态，但将功率因数从小于 0.6 提高到大于 0.9，改进还是可观的。谐波分量还可能大量存在，但是在低功率应用中对谐波成分的限制标准来说这已是可接受的。

记住使用这种无源功率因数校正电路的副作用是，L_1 和 C_1 可能会变成串联谐振电路，这样如果遇到较宽导通角的整流器时，就会在桥式整流器输出较高直流电压。

另外，由于这种谐振效应，L_1 两端的电压可能会超过供电电压的 25%，在选择 L_1 时一定要考虑到这一点。式（4.1.6）可以用来计算 L_1 所需的最小匝数，L_1 通常是一个含有空气隙的由薄片组成的磁心，用来产生线性度更高的电感。

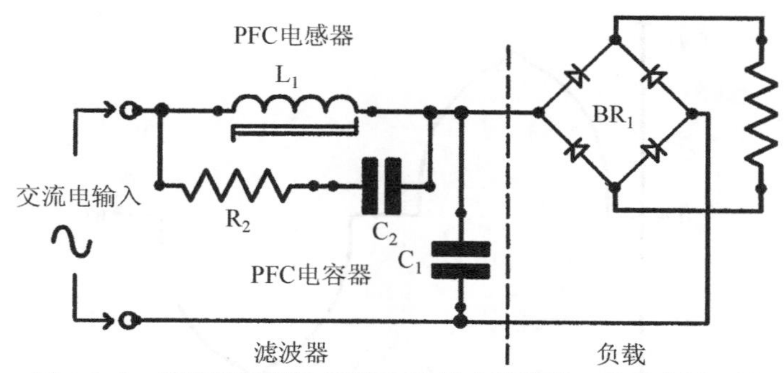

图 4.1.6 消除谐波用的无源 LCR 输入滤波器，典型应用于无源功率因数校正的电子镇流器中

$$N_{\min}=10^6V_e/4.44fBA_e \qquad (4.1.6)$$

其中由薄片组成的磁心的 $V_e=V_{in}+25\%V_{in}$，V_{rms}；

f=线性频率，单位是 Hz（通常是 50Hz 或 60Hz）；

B=最大磁通密度，单位是 T（典型值是 1.3T）；

A_e=有效磁心截面积，单位是 mm^2（典型值是 0.6×磁心横截面积）。

“填谷式”功率因数校正电路方法

这种所谓的填谷式功率因数校正方法需要用到额外的二极管和电容器，通过改变存储电容各充电和放电阶段的电路效率来提高功率因数。这种情况并不是真正的无源（没有 LC 滤波器），而是有源的，只是因为在一个周期的不同时期二极管的开关工作。

这种方法是由 Spangler[86] 于 1988 年提出的。最近，Kit Sum[85] 采用 Spangler 电路的倍电压类型的计算机模拟结果表明功率因数有可能达到 98%。

在低功率应用如荧光灯中该低成本解决方案是很有潜力的，原始的 Spangler 方法已在这方面应用了很多年。它是一个不容忽视的好的、廉价、实用有效的解决方案。

图 4.1.7 给出了原始的 Spangler 电路，图 4.1.8 给出了计算机模拟的该电路输入所期望的电流波形。图 4.1.9 给出了新型的倍电压类型的 Spangler 电路，图 4.1.10 给出了计算机模拟的在倍电压类型电路的输入所期望的电流波形。

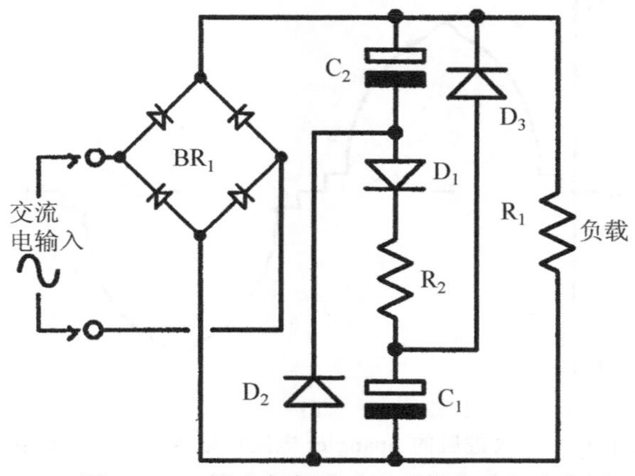

图 4.1.7 低功率应用时的“填谷式”功率因数校正电路（Spangler[86]）

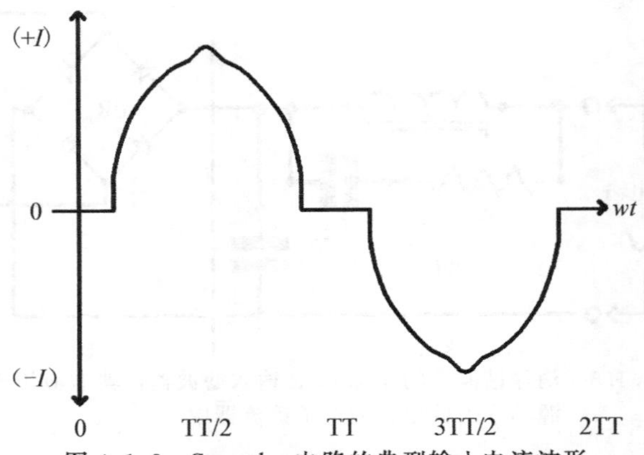

图 4.1.8　Spangler 电路的典型输入电流波形

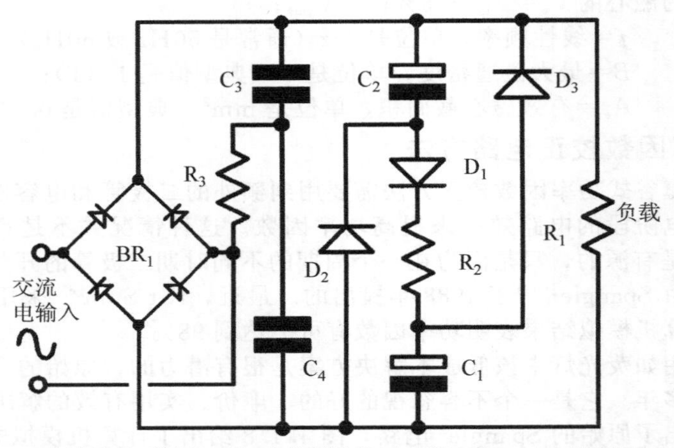

图 4.1.9　改进后的“填谷式”功率因数校正电路（Spangler 和 KitSum[85][20]）

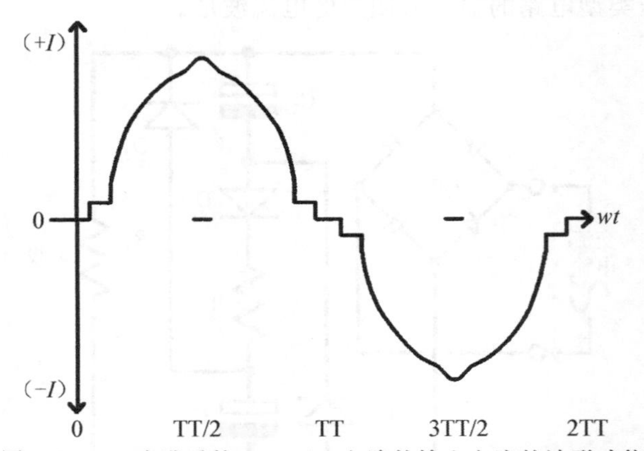

图 4.1.10　改进后的 Spangler 电路的输入电流的波形功能

在简单条件下，图 4.1.7 所示填谷式功率因数校正电路的功能如下。

考虑输入正弦波为刚过零点的情况。设加在负载 R_1 上的输出电压约为供电输入电压峰值的1/3，C_1 通过 D_3 给负载供电，同时 C_2 通过 D_2 给负载供电。因此 C_1 和 C_2 是以并联的方式给负载供电。二极管 D_1 反偏不导通。

因为电源桥式整流器 BR_1 的输出电压超过供电电压，所以桥路二极管被反向偏置而输入电流将为零，如图4.1.8中波形的起始部分所示。

当输入电压大于输出电压时，BR_1 将导通以增大输出电压。此时二极管 D_2 和 D_3 将关断，电容器 C_1 和 C_2 将停止向负载供电。因此负载电流现在直接从电源通过桥式整流器提供，因供电电压小于 C_1 和 C_2 上的电压之和，这时 D_1 将不导通。

直到供电电压达到 C_1 和 C_2 上电压之和时，加到整流桥输出的负载才是线性的负载，输入电流将和输入电压一样为正弦波形。

当供电电压达到峰值时，它将超过 C_1 和 C_2 上的电压之和，D_1 通过 C_2、D_1、R_2 和 C_1 导通并再对串联电容器充电。供电电压峰值附近的短暂电流被电阻器 R_2 限流。

当供电电压开始下降时，所有的二极管都将关断，负载电流又重新直接通过整流桥 BR_1 供电。

当供电电压刚下降到原来峰值的50%时，二极管 D_3 和 D_2 将重新导通，通过并联的 C_1 和 C_2 对负载供电。

这种类型的电路，输出纹波电压将超过半波整流后电压峰值的50%，与电容器的大小无关。因此这种方法仅适用于那些可以承受大的纹波电压的负载。

改进后的电路如图4.1.9所示，小电容器 C_3 和 C_4 产生的倍压效应使得在很低的供电电压下依然能够导通，填充了电流波形内的关断部分，如图4.1.10所示，这稍微减少了失真。C_3 和 C_4 比 C_1 和 C_2 小4.12得多。

1.4 有源功率因数校正

到目前为止，我们只考虑使用各种无源线性器件的方法来取得所需要的相位校正或滤波，以得到近似于正弦波的输入电流和合理的功率因数校正。我们已经知道这些方法更适于较低功率应用。在下一节中，我们来考虑某些有源功率因数校正的基本概念，这些概念不但可提供更好的性能，而且还可能应用于更高功率情况。

概括地讲，使用各种所谓的有源电流控制功率因数校正方法，可以迫使交流电流跟随供电的正弦电压变化。为了得到更好的效率，应用中通常使用开关电源控制系统。

从原理上讲，如果流入任何一种类型的负载（例如，一个开关型电源变换器）的电流的波形可以被限制用于跟随供电电压的波形和相位，则这种负载将模拟为纯电阻型的负载，就会实现功率因数为1的条件。

更进一步，假设供电电压是严格的正弦波且使电流波形与之保持一致，那么零谐波分量的条件也会满足。

(供电电压的波形是非常重要的，因为在平常应用中的有源PFC方法都是假设供电电压为严格的正弦波。电压波形用来作为电流波形的参考量)。事实上，由于在同一个配电系统中的其他非线性负载经常会引起电压波形的失真（通过公共电力线路阻抗），供电电压波形为严格的正弦波的假设大多数情况下是不成立的。当测试有源功率因数校正系统的性能时必须考虑这种影响。如果交流电压有失真，那么交流电流至少会发生与电压等量的失真（很明显，即使是在纯电阻负载时也会这样）。

1.4.1 基本概念

多数功率因数变换器拓扑需要一个单向的输入，正常情况下全波整流交流输入（没有连接存储电容）如图4.1.11a所示。此电路会产生如图4.1.11b所示的单向迭加正弦波。

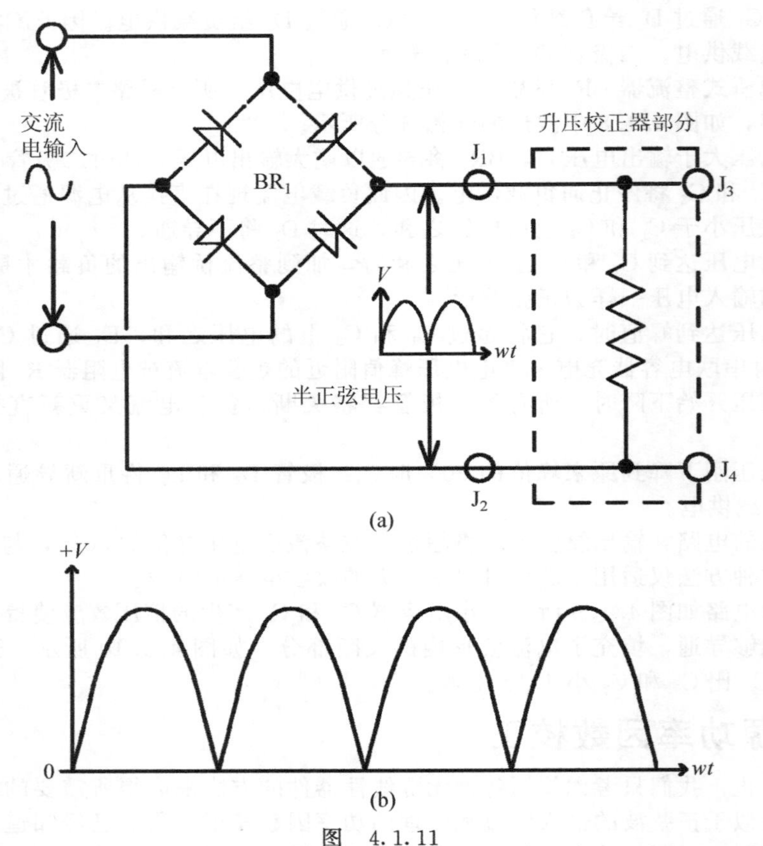

图 4.1.11

(a) 桥式整流器（没有接电容器）用在交流电输入时，在有源功率因数校正系统输入端产生一个半正弦电压波形；(b) 一个典型的迭加正弦波电压波形

这个单向的迭加正弦波用于供电调理部件。同时，电压在控制电路中用来产生电流控制电路的半正弦基准信号。

1.4.2 升压功率因数校正拓扑电路

如图 4.1.12 所示的基本升压电路可以用来解释有源功率因数校正系统的工作原理。一般此原理对于本章涉及的所有拓扑电路都适用。

如图 4.1.11 所示，交流输入由 BR_1 整流得图 4.1.11b 所示的单向迭加正弦波。这种迭加正弦波加到高频升压校正电路的输入端，如图 4.1.12 所示。同样的迭加正弦波电压也加到控制电路（2 脚），在控制电路中经处理作为参考信号来确定输入电流所要求的相位和波形。

输入电流通过 L_1 并经过电流检测电阻器 R_S 返回，把实际电流波形的取样值提供给控制电路的 3 脚和 11 脚。

为了在 L_1 上得到平均的 120Hz 的迭加正弦波电流波形，功率开关 Q_1 会以高频率（典型值为 50kHz～200kHz）实现“开”和“关”（或占空比调整），而迭加正弦波周期中瞬时输入电压改变较慢。

如果能在短时期内（如一个周期）准确地控制高频开关过程，那么在此周期内，L_1（和 R_S）上的电流会跟随迭加正弦波电压信号的波形和相位变化。这样，在这个周期内 L_1

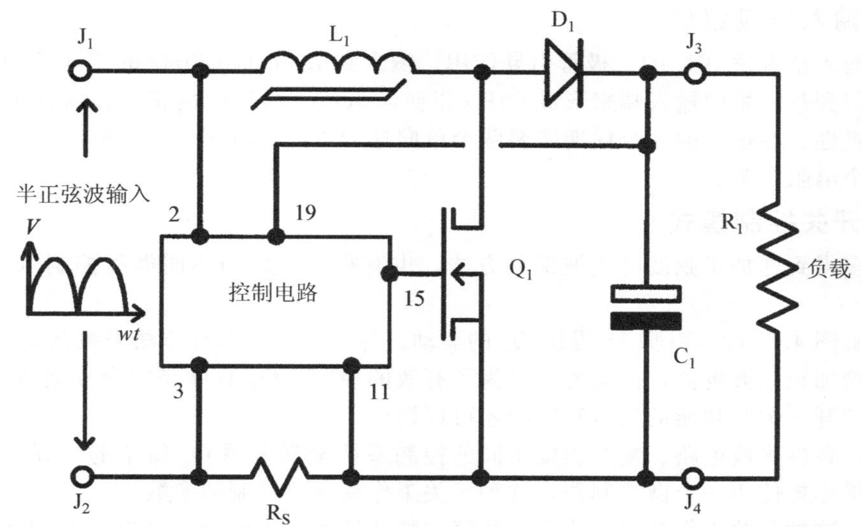

图 4.1.12　一个基本的升压校正器电路，给出了必要的控制元件。如不考虑低阻值的分流电阻 R_S，电路的负端是输入和负载的公共端

和其后电路会等效为一个纯电阻负载。

L_1 上的平均迭加正弦波电流的幅值还会在更长周期内调整，以补偿任何长周期输入电压变化和补偿任何负载的变化，以满足负载的供电要求。

为了达到这一目的，控制电路在几个周期内缓慢调整平均迭加正弦波电流幅值，以满足平均负载功率要求，而在每个周期内保持一个近似的迭加正弦波波形。这种较长周期调整将补偿任何长周期的输入电压或负载的变化，通过保持 C_1 上输出电压为常数可以做到这一点。

1.4.3　输入变量

现在我们可以看到控制输入迭加正弦波电流波形、相位和振幅的共有四个基本的输入变量，如下所示。

(1) 参考迭加正弦波电压（引脚 2）：这是一个和实际输入的迭加正弦波电压同相成比例的参考迭加正弦波。它定义了电流的可能相位和迭加正弦波的波形（这个参考量通常直接由引脚 2 的输入迭加正弦波电压通过一个电阻分压器产生，它是一实时信号）。

(2) 功率需求反馈（引脚 19）：这是一个变化非常缓慢的输入变量，它定义了迭加正弦波电流的较长周期幅值以满足输出功率需要（它通常由升压部分输出电容 C_1 上的反馈电压定义，调整迭加正弦波电流平均值以保证输出负载变化时的输出电压仍为常量）。

(3) 输入电压补偿（引脚 2）：这个输入变量可以根据较长周期输入电压平均值的变化来调整较长周期平均迭加正弦波电流幅值。稍后将介绍在保持输出电压为常量时，改变控制调节器的增益最能满足这一要求。为了在输入电压到输出电压的差值发生变化时补偿功率部分增益的原有的变化，改变控制调节器的增益是很有必要的（稍后我们会看到这种增益变化是升压型功率部分内部固有的）。

(4) 电流反馈信号（引脚 3）：电流反馈信号用来满足电流控制的闭环需要。在理想状态下，我们需要一个与 L_1 上的实际瞬变输入电流成比例的信号。为方便起见，通常在由公共返回线路连接的分流电阻 R_S 上得到此信号。电流互感器和霍尔效应电流传感器可以在较大的电流中使用。

1.4.4　输入电流波形

由于输入整流桥 BR_1 的二极管引导作用，输入到 L_1 上的 120Hz 的单向迭加正弦波电流脉冲返回到整流桥的输入端来形成 60Hz 正弦波电流，与供电的正弦波输入电压有相同的相位和极性。在输入的一个周期需要两个单向迭加正弦波电流。因此整流桥 BR_1 的输入等效为一个电阻负载。

1.4.5　开关控制模式

有很多得到迭加正弦波电流波形的方法，也有很多现成的不同类型控制 IC 可提供控制功能。

再来看图 4.1.12，引脚 15 提供 Q_1 的驱动。尽管可以用多种方法来控制 Q_1 以得到需要的平均迭加正弦波电流，但重要的是为了有效的控制，Q_1 只能是完全导通或完全关断，且它只有“开一关”功能的定时和周期才可以调整。

因此，各种集成电路、复杂程度不同的控制系统全都采用 Q_1 简单的“开一关”工作方式。如果你想使用一个微控制器，这种开关工作就是要控制的参数。

然而，这种开关工作控制方式会对系统的整体性能产生深远的影响。我们来看看几种常用的控制 Q_1 的方式。

1.4.6　完全能量传递方式

这可能是最直接的方法了。图 4.1.13 给出了电流波形。

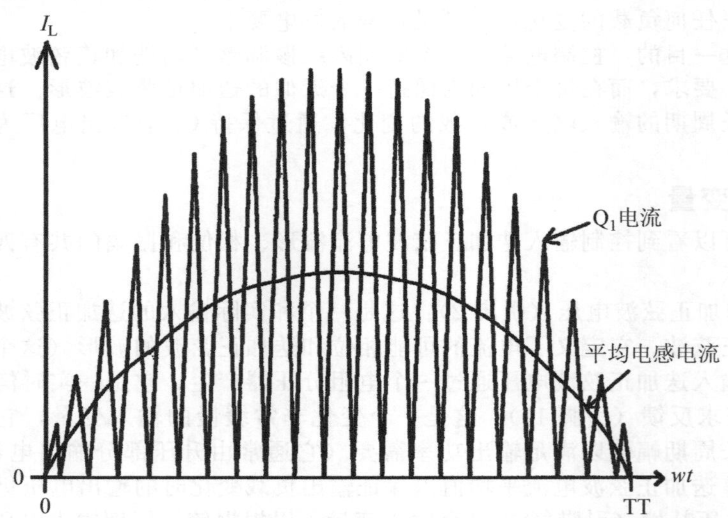

图 4.1.13　一个迭加正弦波周期内，不连续模式功率因数校正升压电路输入端的典型开关频率纹波电流波形，图中也给出了平均电感电流波形

对于完全能量传递模式也叫断续模式（或不连续模式），L_1 的电感值相对较小，当 L_1 上的电流为零时 Q_1 导通，当 L_1 上的电流达到所需电流平均值的 2 倍时 Q_1 关断，如图 4.1.13 所示。

这导致可变导通周期，由此引起在迭加正弦波周期内的频率变化。其优点是只使用一个小电感器，由于电感电流就是一个控制变量，电感取得小信号传递功能，得到一个较易稳定的系统。

对于这种应用，现有的便宜的 8 引脚的集成电路就可以达到要求了。这种方法的缺点就是在 Q_1、D_1 和 C_1 上有以开关频率变化的大尖峰电流和 L_1 上有以开关频率变化的大的输入纹波电流。这些高频电流必须用交流供电输入滤波器滤掉。因此，这种方法通常被保留在低功率应用场合，比如荧光灯上的功率因数校正的电子镇流器、或者其他大到 100W 功率的 PFC 应用等。

1.4.7 不完全能量传递模式

对于不完全能量传递模式（也叫连续模式），电感相对较大，所以电感电流只是在开关期间有微小的变化。图 4.1.14 给出了典型的电流波形。

考虑 Q_1 的驱动电压是一个用占空比控制的固定的高频信号。Q_1 在周期的起始处变为导通或关断，这取决于上升沿还是下降沿调制。可以调整占空比使平均电感电流（和检测通过 R_S 的电流相同）跟随参考波形变化，参考波形由迭加正弦波输入电压通过调制器提供。这可能是印制电路板时代最流行的控制方法了。

因为频率是固定的且电感是有限的，因此可能会在每个迭加正弦波形的两端的低电流处发生断续模式工作状态。

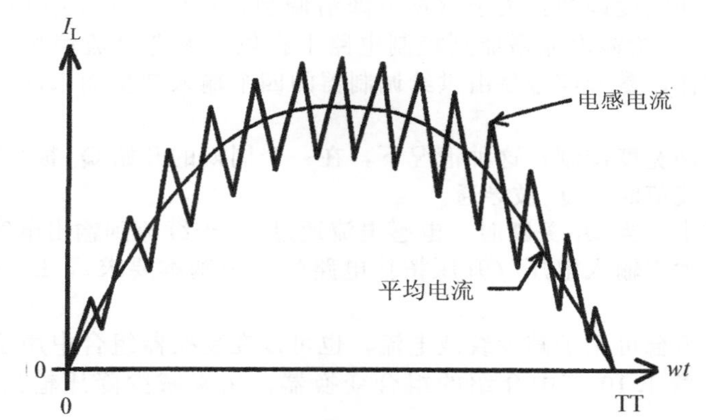

图 4.1.14　在一个迭加正弦波周期内，连续模式功率因数校正升压电路输入端的典型开关频率纹波电流波形，图中也给出了平均电感电流波形

1.4.8 其他的控制方法

其他的更复杂的控制方法也可以使用。需要记住的一点是，所有的控制方法只能控制 Q_1 的开关时间。尽管如此，不同的定时方法可以引进完全不同的传递函数，这在闭环电流控制电路中又需要不同的控制功能。一个典型的例子就是磁滞控制[87]。在这种方法中，电感电流的峰值和最小值都在理想的参考电流附近跟踪，可确定最大和最小电流的偏差。

这样会再次导致可变的周期，迭加正弦波期间的频率会变化。可以用补偿来减小频率的变化范围。此时通过电感的电流也被看成是一个控制变量，电感取得小信号传递功能，且在电流型控制系统中，控制环本身是稳定的。图 4.1.15 给出了一个典型的电流波形。

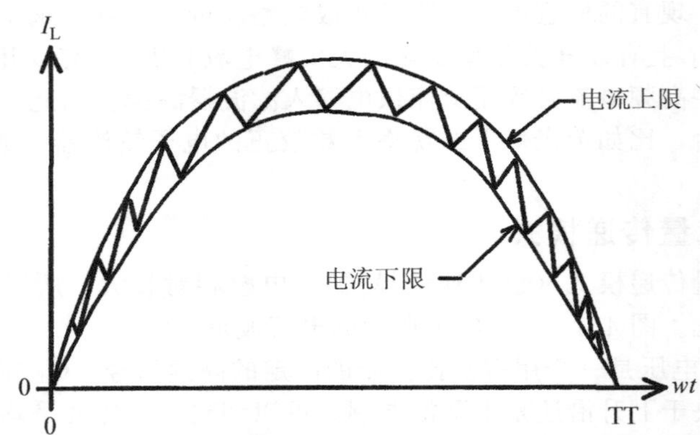

图 4.1.15 在一个迭加正弦波周期内，磁滞模式的功率因数校正升压电路输入端的典型开关频率纹波电流波形，图中还给出了电流的上限和下限曲线

1.4.9 脉冲宽度调制方法

（1）下降沿脉冲宽度调制：关于脉宽下降沿调制，在周期一开始 Q_1 被置为导通，此导通状态一直到 R_S 上检测电流增加到控制电路上提供的参考电流信号时，在此点才变为关断状态（应该记住，参考信号是由供给调制器的四个输入变量而来的，如本章 1.4.3 节中的介绍）。

（2）上升沿脉冲宽度调制：这种情况下，在一个周期的开始 Q_1 被关断，当 R_S 上检测电流下降到参考电流值时，Q_1 被导通。

所有上面情况中，当 Q_1 关断时，电感电流通过 D_1 连续流到输出电容器。因为输出电容器上的电压一直大于输入电压（升压拓扑电路的一个基本要求），L_1 上的电流在 Q_1 关断期间会衰减。

上述调制方法组合可用于减少纹波电流，也可以在变换器组合中用于交叉调制（这种方法会用于后面本章 1.10 节中介绍的组合变换器，用来减少降压输出电容器的纹波电流）。

1.5 其他调节器拓扑结构

图 4.1.16 给出了一些可能用在功率因数校正中的升压变换器拓扑电路。除反激式电路外，其输入到输出全都共用一根电源线，因此输出并未隔离，而是和交流供电端有电气联系。

图 4.1.16a 到图 4.1.16d 的简单升压变换器电路不能提供过流保护，因为功率开关器件是分流连接，而且还有一个从电源通过 L_1 和 D_1 到输出的直接通路。

因为很多应用中要求过流限制和隔离或额外电压调整，通常在升压 PFC 调节器后连接一种变压器隔离的开关变换器或用一种非隔离的降压变换器。

本节给出几种拓扑电路的基本转换属性。必须注意只有升压或升压驱动系列才能够在整个供电的迭加正弦波电压的范围内控制输入电流。还有，只有升压系列有连续输入电流的趋势，这可以减少纹波和供电的 RFI 问题。因此在功率因数校正中经常使用升压系列电路。

图 4.1.17 给出了各种降压变换器，它们通常在变换器组合应用中用作输出电压变换器或限流电路。图 4.1.18 给出了一些有用的变换器组合电路。本节（1.5）讲述升压变换器的基本参数。

1.5.1　正极性升压变换器

图 4.1.16a 给出了正极性升压变换器电路的基本功率部件。这可能是功率因数校正的首选前置变换器，在图 4.1.12 中我们还可以看到它被用作功率部件。很多集成电路用到此拓扑电路，可以得到很好的效果。

在功率因数校正的应用中，这种电路的输入典型波形是从交流电接入桥式整流器上得到的正的迭加正弦波形。

应当注意到输入端和公共端都是负极性，而输出相对于这个公共端是正极性。因此叫做正极性升压变换器。

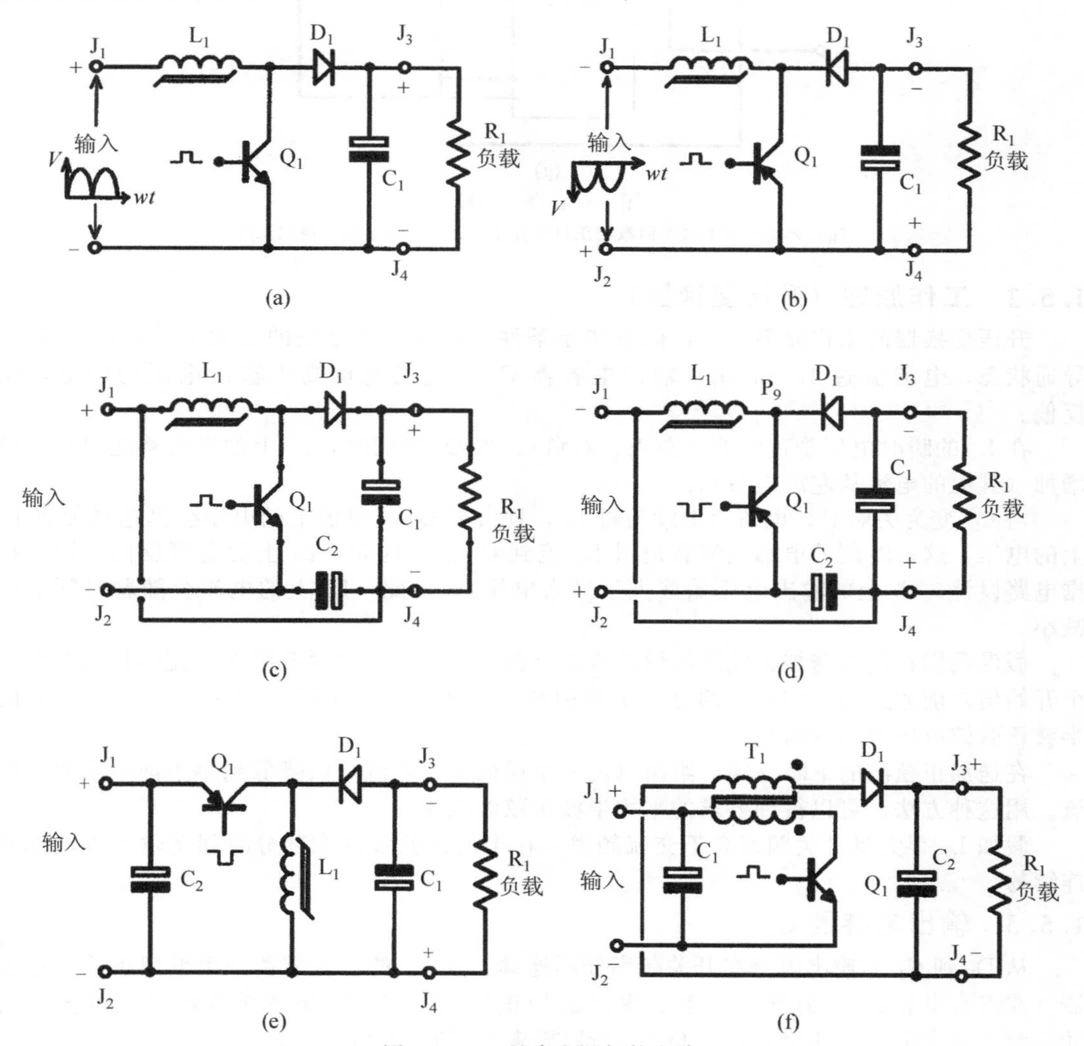

图 4.1.16　基本电源拓扑电路

(a) 无隔离三端正极性升压变换器；(b) 无隔离的三端负极性升压变换器

(c) 正极性无隔离三端自举变换器；(d) 无隔离的三端负极性降升压变换器

(e) 无隔离三端负极性降升压变换器；(f) 隔离四端升压变换器，通常被称作反激变换器

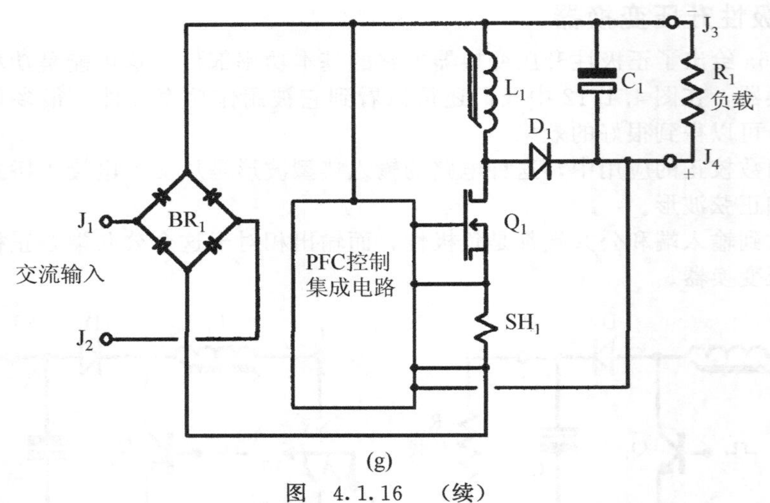

(g)

图　4.1.16　(续)

(g) 无隔离四端功率因数校正自举升压电路，给出了基本控制元件

1.5.2　工作原理（升压变换器）

升压变换器的工作原理如下：假设初始条件为输入电压是正的且大于零值，Q_1 处于导通状态，电流流过 L_1 和 Q_1。输出电容器 C_1 充电的电压高于输入电压的峰值，D_1 反偏。

在 L_1 的瞬时电压是正向的（左正、右负）。当 Q_1 导通时，L_1 上的电流将随时间线性增加（其上的电流从左流向右）。

当 Q_1 变为关断时，电流会继续流进 L_1，且由于 Q_1 集电极上的电压会迅速增加到 C_1 上的电压，这一时刻的电感电流将通过 D_1 流到 C_1 上。这时，L_1 上的电压反向（因为根据电路设计，C_1 上的输出电压始终大于输入电压），因此，L_1 上的电流会随着时间线性减小。

假设我们在输入迭加正弦波波形的增加一侧，下一个导通周期将在电流降到它的前一个开始值之前才进行，在电流的每一个周期给一个递增值，这样 L_1 上的平均电流会跟随半波正弦波电压波形的增加。

在迭加正弦波的下降一侧，给出电流一个递减值，电流可以降低到小于前一个起始电流。用这种方法，可以得到要求的平均半波正弦波电流。

假如 L_1 很大且开关频率高于交流频率，在半波正弦波的大部分时间里输入电流都是连续的。

1.5.3　输出电容器 C_1

从 D_1 到 C_1 的输出电流在开关频率处不连续，在 C_1 的位置需要一个低阻抗输出电容器（或组合电容器）。另外，对于功率因数校正应用，120Hz 半波正弦波输入电流中的 50%流入这个电容（其余的流入 Q_1），所以要求 C_1 的电容值也要大。

本章使用的 2.2kW 的 PFC 的例子中，C_1 是由电解电容器和低等效串联电阻的薄膜电容器并联组成的组合电容器，这样可以更好处理纹波电流中的高频和低频分量。

对于稳态条件，长期加在 L_1 上的正向伏秒值必须和反向伏秒值相等，输出电压必须在任何时候都大于输入电压，而且至少要有 10V 的差。因此，PFC 应用于工业的一般范围是 80～264V 有效值输入，直流输出至少为 380V。

1.5.4　传递函数（稳定性）

对于所有的升压拓扑电路，只有在 Q_1 关断时才有能量传送到输出端。因此，当 L_1 在连续导通模式下运行时，瞬间负载的增加要求 L_1 电流的增加。因此，Q_1 必须增加导通时间以增加 L_1 上的正向电流。这种增加导通时间的直接影响是减少了能量传输的关断时间，而 L_1 上的电流不能迅速改变，所以输出电流在达到预定值以前就开始下降了。这种瞬时的相位反向转化为传递函数中的不可补偿的右半平面零点。详参看第三部分第 9 章。

为了稳定起见，电压控制环的增益必须在右半平面零点频率以前降到小于 1。对于功率因数校正，这种低频率规律性衰减一般不是问题因为外部电压控制环交叉频率低于 30Hz，原因在后面会讨论。

1.5.5　负极性升压变换器

图 4.1.16b 给出了负极性升压变换器。它和正极性的有相同的属性，唯一的不同是公共端是正极性输入端。如前面所述，输出电压必须高于输入电压，但这种情况下是负极性的。这种变换器用在一些组合变换器中。

1.5.6　正极性自举升压变换器

图 4.1.16c 给出了这种变换器。拓扑电路有时候称为降升压，尽管看上去仍然是一个正极性升压拓扑电路，C_1 上直流输出叠加在 C_2 输入电压上。

各部分的电流波形完全和常见的正极性升压变换器的波形一样。不同在于直流输出在升压输出和正极性直流输入之间（代替负极性输入），这引入一个固定的直流偏移。因此输出电压现在是直流供电电压和升压输出电压之间的差值。

这种明显的细微变化会引起输出端性能的很大变化。有效输出电压会在零值附近到远大于输入电压的范围波动。

因为电感电流返回到输入，输入端电流变为不连续，当 Q_1 关断时回落到零。输出端相对于公共正输入端的极性为正，且 C_1 上的电流是非连续的，和简单的升压变换器一样。

1.5.7　反向（或负极性）自举升压变换器

图 4.1.16d 和图 4.1.16e 给出了这种拓扑电路。如图 4.1.16d 所示，它显然和前面的正极性自举升压变换器一样，不同在于供电极性相反，这就要求 Q_1 和 D_1 反向连接。它和正极性自举升压对应的部分有相同的属性，只是此时的输出端相对于公共负极端是负极性的。

如果把电路重新组织一下会很有意思，图 4.1.16e（如果你仔细地研究一下电路，你会发现它们根本就没有变化）表示这种拓扑结构就是通常所说的降升压拓扑电路。

1.5.8　变压器耦合升压变换器（反激式）

图 4.1.16f 给出了这种电路。如果和图 4.1.16a 比较会发现，它可以看作是一个正极性升压变换器。不同在于输入是变压器耦合的。T_1 必须既作为变压器又作为扼流圈。

输出被完全隔离了，通过本身的特性和调整匝数比，输出电压可以在高于或低于供电电压的一个宽的电压范围变化，基本的限制是副边电压（它反映到原边）必须大于原边电压的峰值。在这些条件下，这种拓扑电路可能用于功率因数校正。通常称为“反激式”变换器。

1.5.9　自举功率因数校正升压变换器

图 4.1.16g 给出了一个用于功率因数校正应用的图 4.1.16c 的正极性自举变换器的较完整的电路。在需要关键的升压性能（可以在整个输入迭加正弦波内控制输入电流）时，

这种拓扑电路很有用，但要求输出电压小于输入电压。必须注意提升的直流输出电压尽管幅值不变，但是它叠加在输入半波正弦波电压上。

输入迭加正弦波电压出现在的相对于公共端的两个输出端对等的位置上。因此，这种方法仅适用于浮置负载，它不适用于用任何其他方法连接到公共端的情况。一个很好的例子就是电子镇流器。利用这种拓扑电路，用在 110V 直流电压上的镇流器可以进行功率因数校正并由 277V 交流电供电。

1.6　降压变换器

本节包含降压变换器是因为在使用组合变换器的功率因数校正的输出级经常用到这种变换器。尽管它们也可以直接用在功率因数校正中，但是这种应用并不理想，因为当输入电压比输出电压小的时候它们不能控制输入电流。

图 4.1.17 给出了典型降压变换器的三种基本拓扑电路。降压变换器用于功率因数校正的最主要的缺点是只有当迭加正弦波电压大于输出电压时输入电流才开始增加。这将在电压的交差过零点引起一些失真，另外输入电流是不连续的（高频时是脉冲），所以在输入端需要附加 RFI 输入滤波器。因此，在功率因数校正中通常不使用降压拓扑电路。

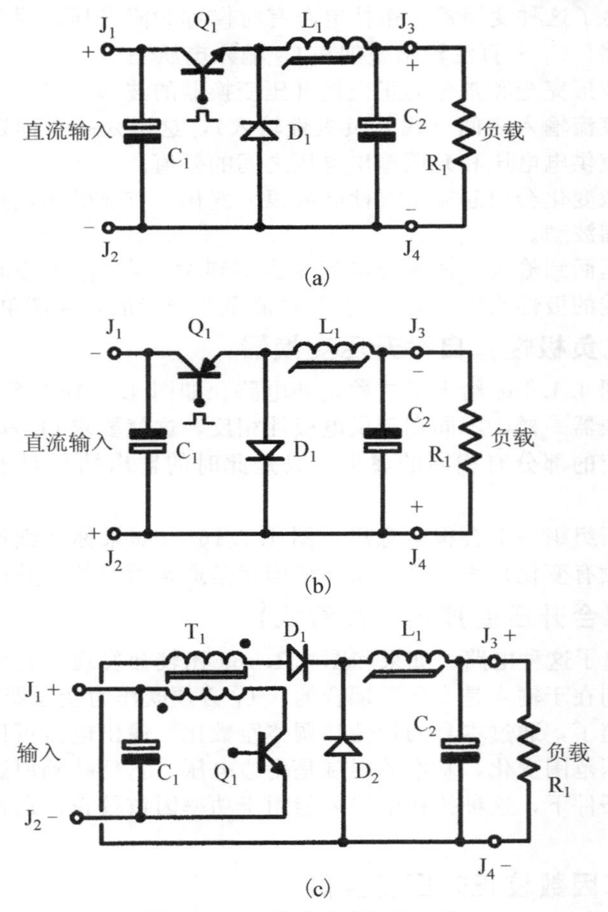

图 4.1.17　基本功率拓扑电路

（a）三端非隔离正极性降压变换器

（b）三端非隔离负极性降压变换器

（c）隔离四端变压器耦合降压变换器，通常称为正激变换器

尽管如此，在一些应用中，这种拓扑电路对于整体功率因数还是比较有利的，且可以满足 IEC 1000-3-2 D 类别的要求。对于低电压输出，当不需要隔离时，在变压器耦合应用中采用一个功率变换级会使降压拓扑电路成为不错的选择。记住，扼流器或者变压器上抽头或附加绕组将可提供其他的半稳定输出电压，它也可以是隔离的。因此，从功率因数电路的观点来看可包括基本降压拓扑电路。

1.6.1　正极性降压变换器的工作原理

图 4.1.17a 给出了正极性降压变换器的拓扑，此电路中的供电输入端和输出端是正极，公共端是负极。它的工作原理如下。

假设初始条件是 Q_1 导通，且 J_1 和 J_3 上建立了正极性输入和输出电压，并假设电流通过 Q_1 流向 L_1。则输入到 L_1 端的电压是正的，电压大小为供电电压（在设计上必须大于所需要的输出电压）。

D_1 将保持反偏，且此时没有电流流过 D_1。L_1 上的电压将是输入电压减去输出电压且在 L_1 上为正向的，在 L_1 的左边（LHS）是正的。在 L_1 上通过的电流按 L_1 的电感和供电电压与输出电压的差确定的线性速率增加。

当 Q_1 关断时，电流将继续在 L_1 上正向流动，很快使 Q_1 发射极和 D_1（负极）的连接点变负。当电压通过零点时，D_1 将导通以保持电流正向流入 L_1，且将钳位 L_1 左端的电压到低于零值一个二极管压降。

此时，L_1 上的电压是输出电压（C_2 两端电压）加上二极管压降，不过是反向的，L_1 的右边是正极性。当 Q_1 为关断状态时，L_1 上的电流会下降。因此，为稳定起见，加在 L_1 上的正向和反向伏秒必须等于零，通过控制 Q_1 上的占空比就可调整输出电压和电流。

必须注意，输入电流是不连续的，而输出电流是连续的。更进一步，输出电压小于输入电压，但是极性相同。降压变换器，在连续或者不连续模式下，都没有右半平面零点的动态问题，而这是升压变换器的传递函数里固有的。

1.6.2　负极性降压变换器

图 4.1.17b 给出了负极性模式的降压变换器。它和正极性模式的变换器有相同的属性，唯一不同的一点是它的公共端是正极性而输入和输出为负极性。

1.6.3　变压器耦合降压变换器（正激式）

图 4.1.17c 给出了变压器耦合降压变换器。我们可以很明显地看出它和图 4.1.17a 所示的电路图相同，唯一的不同在于从开关晶体管 Q_1 出来的方波脉冲已经被反映到变压器 T_1 的副边。这个电路和图 4.1.17a 的电路工作方式一样，不同之处在于变压器提供输入和输出之间的隔离。绕组的匝数比给出了所有输入和输出电压的组合。这种拓扑电路通常称为单晶体管正激变换器。

1.7　变换器的组合使用

前面已经提到过升压式的功率因数校正电路有接受交流输入电压的能力，通过整流可得到迭加正弦波电压，且保持输入电流的波形和相位为相似的迭加正弦波，所以在整流桥的输入端将会有一个与电压同相的正弦波电流来近似一个电阻性负载，且在输入端提供所需要的接近于 1 的功率因数。

如前面所解释的那样，输出电压会是一个稳定的直流且始终大于供电电压最大值。举例来说，如果输入电压有一个最大的有效值 137V，那么峰值会是 194V，由于相应的输出电压必须大于这个值，可选 200V 直流。

对于一种简单的升压变换器（如图 4.1.16a 所示），输入端和输出端通过 L_1 和 D_1 有一个直接连接的通路，这就不可能提供短路保护。另外，输出电压是固定的（或者至少要大于某一个指定的最小值）。

在很多情况下，固定的输出电压不是严格的等于负载所需要的电压。有时有必要调整输出电压，提供短路或过载保护，或者在输入和输出之间提供隔离。因此，通常在 PFC 升压变换器级后面加二级功率处理部件。所以，在很多功率因数校正应用中经常可以见到变换器的组合使用，某些例子如下面所述。

应该记得升压拓扑电路的性能会体现在很多组合变换器中，这些变换器包含了一个连续导通模式的升压级。因此右半平面零点的限制将应用于组合电路的传递函数。

1.7.1　升降压组合

图 4.1.18a 给出了一种典型的正极性升压变换器后面接正极性降压变换器的组合应用。

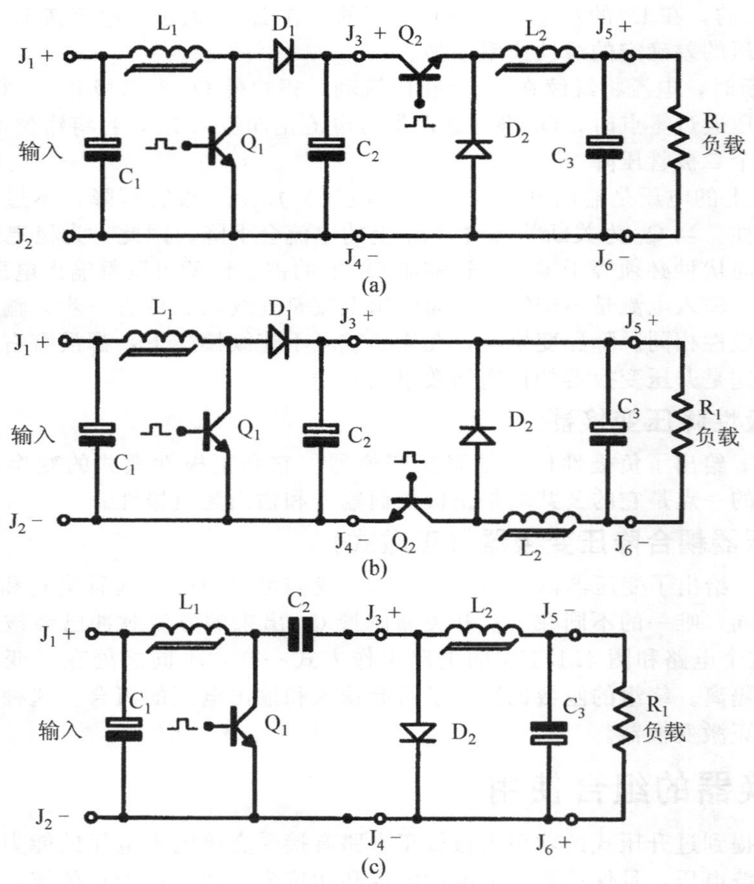

图 4.1.18　基本功率拓扑电路

(a) 非隔离的三端同相升降压组合电路

(b) 非隔离的四端同相升降压组合电路，为更容易驱动电路中开关器件共用一个返回端

(c) 三端非隔离反相 Cuk[10] 型的升降压驱动变换器

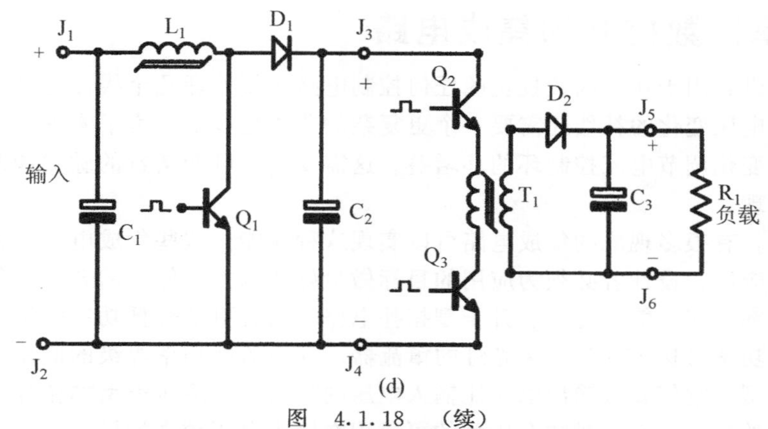

图　4.1.18　（续）

（d）隔离的四端变压器耦合升降压变换器

在这种组合应用中，负极端是输入和输出的公共端。L_1、D_1、Q_1 和 C_2 组成了功率因数校正升压变换器的前级。高电压经过 C_2 后变低，通过降压变换器级的 Q_2、L_2、D_2 和 C_3 后，在 C_3 上输出可调整的电压。降压级提供电压变换，Q_2 可以通过断开到输出端的直流通道来提供限流功能。

组合应用的一个缺点是降压级的晶体管 Q_2 很难驱动，因为它不和第一级的 Q_1 共用一个公共返回端。虽然可以使用驱动变压器，但是它们又限制了占空比控制的范围。

1.7.2　有公共发射极的升降压

图 4.1.18b 给出了含有正极性升压变换器和负极性降压变换器的组合电路。当两个开关器件共用一个返回端时常用这种电路连接，这就可以用一个驱动 IC 来直接对两个晶体管提供驱动，而不再需要一个驱动变压器。这个拓扑电路会在稍后的工程实例中用到。

1.7.3　Cuk[10]变换器

将图 4.1.18a 电路中的输出二极管 D_1 换成电容器 C_2，并且去除开关器件 Q_2 后变成了图 4.1.18c 所示的 Cuk 变换器的组合电路。此种组合依然是升降压组合电路。

1.7.4　变压器隔离组合

图 4.1.18d 给出了一个用于功率因数校正的升压变换器，其后面跟了一个降压类型的双极型晶体管变压器耦合的正激变换器。在这个例子中，通过控制占空比和选择绕组匝数比，输出电压是完全可调整的且完全与输入供电相隔离。

1.7.5　拓扑电路总结

尽管图 4.1.16a 的升压电路已经在高功率应用中成为功率因数校正的工业标准，但是它依然有很大的改进空间。如果功率因数校正可以集成在主控制变换器中，那么功率级数就会减少，效率就会提高，成本也会降低。

记住任何能够使输入电流在需要的工作范围内保持正弦波和同相的电路将会很有用。这有很多可能性：所有的升压驱动和各种电流馈送拓扑电路都能提供组合功率因数校正应用中所需要的正弦输入电流波形。这里只给出了几种可能。

1.8　功率因数控制的集成电路

前面已经讲到用于功率因数校正的任何控制电路必须处理几个线性控制变量。稍后还会提到对输入电压变化的补偿还需要一个更复杂的非线性调节。为了实现这个补偿，需随着输入电压的变化调节电流控制环的环增益。这需要一个可变增益的脉宽调制器，这很难用分立元件实现。

幸运的是，有很多现成的集成电路可以实现这种功能。这些集成电路已被设计用于各种拓扑电路和应用，设计者必须为应用的目标做最好的选择。低价的 8 引脚集成电路通常应用在可变频率、完全能量传递、升压型拓扑电路，而且更适合低功率等级的应用。这些应用包括最大功率可达 150W 的荧光灯的镇流器。其他的低功率等级的应用包括降升压型或者自举升压型，它们要求输出电压比输入电压的峰值小。降压类型的拓扑电路可以用在输出电压很低的场合，而反激式升压型的可以用在输出电压较高的场合。

更复杂的 14～20 引脚的集成电路通常用在高功率、高性能电路中。它们经常采用连续传导、平均电流或滞后特性、升压型的拓扑电路。这种组合电路提供了最好的功率因数，最低的谐波失真和低输入 RFI 噪声电流性能。

由于可以用各种不同的集成电路，检查升压电路中使用的高性能集成电路的一些很基本的内在关键参数会很有帮助。

1.8.1　升压 PFC 控制 IC 中的关键要求

为了确定关键的控制要求，我们应该先从更仔细地复习一个典型连续传导升压变换器功率部件的内在功能开始，然后考虑升压变换器是怎么工作的。图 4.1.19 给出了一个典型的三端功率因数校正升压电路中功率部件的基本电路图，里面有一个简单的控制块。部件的输入是一个普通的交流电中得来的正弦波。降压变换器部分的输入是由全波整流桥（BR1）输出的单向迭加正弦波波形。我们应该注意后面电路的基本的功能参数。

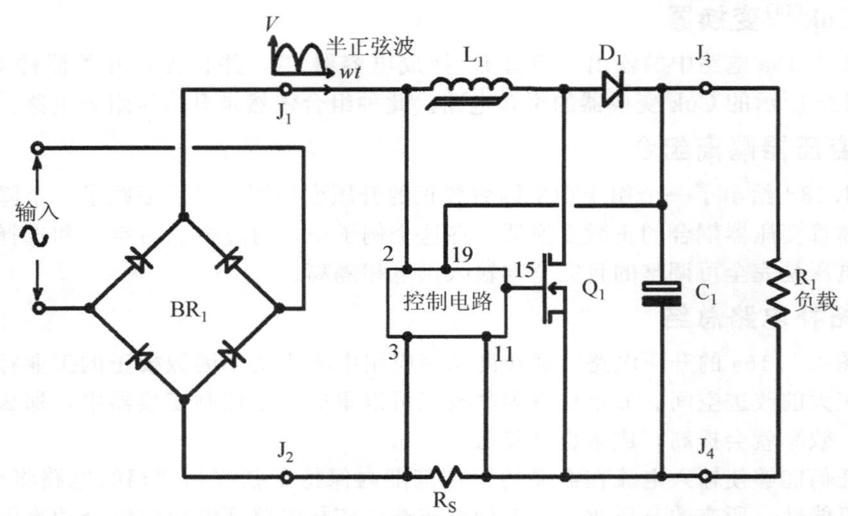

图 4.1.19　非隔离功率因数校正的正极性升压变换器的基本功率拓扑电路，给出了功率和控制部分的基本元器件

1.8.2 连续传导升压变换器的主要参数

(1) **公共端**。对于图 4.1.19，在交流整流器（BR1）的后面，负极是输入和输出的公共端，这就使得开关器件 Q_1 的驱动是负极的公共端，由此可免去使用一个驱动变压器。出于同样的原因，大多数控制 IC 有一个负极公共端（在本图中是引脚 11）。

(2) **电感大小**。正极性整流器输出（120Hz 的迭加正弦波）馈送到较大电感器 L_1 的输入端上，它必须保证输入端的电流不受出现在 Q_1 和 D_1 上的高频高功率的开关电流的影响。另外，L_1 必须在迭加正弦波的大部分周期内保持连续导通。这些要求限制了电感的最小值。

当然，L_1 上的阻抗必须很小，使得 120Hz 的低频迭加正弦波电流能够自由地流过 L_1，这和要求的电流转换速率一起限制了电感 L_1 的最大值。

L_1 所提供的高频噪声抑制保证输入滤波器能更容易满足交流电输入端的 RFI 标准的限制。

(3) **电流检测**。由于正极输入电流是连续的（在迭加正弦波的大部分时间里）且是相对无噪声的，所以负极返回端的电流也和它一样。因此，负极返回端的限流电阻 R_S 将提供一个迭加正弦波电流的模拟电压送到控制 IC 的引脚 3。电流的流向使这个信号相对于负极公共端 11 引脚是负极性的。

(4) **输出电容的大小**。D_1 上的高频不连续输出电流和 120Hz 的调制电流一起流入大电容器 C_1，选择这个电容器是用来保证相对较低的输出纹波电压（大致在 V_{out} 的 5%～20%范围内）。为了处理幅值高的低频纹波电流，C_1 经常是由薄膜电容和电解电容并联组成。

输出电容器与电源线的负极是有公共端的，此端上返回了大部分纹波电流。此纹波电流和负载电流及负载上的纹波电流其余部分一起与 Q_1 上的纹波电流交替出现，使得负极返回端上的电流之和与 L_1 上的平均电流相同。因此，返回端上的平均电流和 L_1 上的平均电流相等。

(5) **小信号传递函数**。和所有的连续电流升压拓扑电路一样，为了增加输出电流就要增加 Q_1 的导通时间（是为了增加电感上的电流）。然而，这样做的直接效果将减小 Q_1 的关断时间，因而 D_1 的导通时间也减小了。这会在开始就减少输出电流而不是增加。L_1 上的电流将会在几个周期后才能充分增加到使输出电流增加的程度。

这就是没有补偿传递函数的右半平面零点的基本动态变化，而小信号环路增益必须降低，以在相对低的频率时防止电流控制环的不稳定。详参看第三部分第 9 章。

1.8.3 升压变换器性能

现在，我们可以通过图 4.1.19 来研究升压变换器的性能。

假设初始条件为 L_1 上的输入电压有某一正值，电流正方流过 L_1（从左向右），而且输出电压大于输入电压。

当 Q_1 导通时，L_1 两端正向电压是瞬时迭加正弦波电压，此时 L_1 上的正向电流会增加。因为 L_1 相对较大，所以在 Q_1 这个导通期间，L_1 上电流变化相对来说较小。

当 Q_1 变为关断时，电感 L_1 上的电流会维持在正方向流动，而 Q_1 和 D_1 正极的电压会迅速增加直到 D_1 正偏。此刻，L_1 上的电流通过 D_1 流入输出电容器 C_1 和负载。

为了设计的需要，输出电压总是要大于输入迭加正弦波电压，L_1 两端的电压此时是

反向的而 D_1 是导通的（大小为 $V_{out}-V_{in}$），在 Q_1 关断 D_1 导通时，L_1 上的电流会减小。

因此，通过调整 Q_1 的占空比，可以使 L_1 上的电流在输入迭加正弦波电压的上升沿增加而在下降沿减少，根据需要使平均电流波形跟随所加的 120V 迭加正弦波电压波形。这看上去是一个很简单功能，但需考虑以下的要求。

1.8.4 关键控制要求

(1) Q_1 调制。从前面的分析，我们可以看出控制 IC 的第一个要求就是为了控制 Q_1 的开关状态以保持一个好的迭加正弦波电流波形，这可跟踪所加输入迭加正弦波电压波形，达到等效为一个纯电阻负载的目的。

(2) 输出电压控制。为了升压过程能连续，C_1 上的输出电压必须始终大于输入迭加正弦波电压。因此，控制 IC 的第二个要求就是保持输出电压不变且大于 $V_{peak(haversine)}$。

(3) 功率控制。如果输出电压能够保持不变而负载电阻变化，则输出电流和输出功率也必须改变。因此，输入电流有效值必须变化以保持输入和输出功率相等，且一直维持迭加正弦波波形。因此，控制 IC 的第三个要求就是能调节较长周期输入有效值电流以适应负载的变化。

(4) 输入电压补偿。如果我们假设负载电阻和输出电压在一个周期内保持不变，那么输出电流和输出功率也会在同一个周期内保持不变。然而，如果输入电压在这个周期内变化，那么为了保持恒定的输入功率，输入电流有效值必须再次改变。因此，控制 IC 的最后一个要求就是能够调整平均迭加正弦波输入电流以补偿任何较长周期输入电压的改变。

因为功率级的开环增益会随着输入和输出电压差的变化而变化，所以最后一个要求是最难实现的（对这点在本章 1.9.10 节有更详细的介绍）。

通常，控制电路必须在更长周期内调节 Q_1 的调制来补偿上述各种变化的任意组合，同时在一个较短的周期（每个输入交流电压周期）内保持一个好的迭加正弦波。我们可以把这些要求总结如下。

控制 IC 的关键要求

(1) 第一个要求是保证输入电流波形能跟随一个好的、纯的、无谐波的迭加正弦波波形，并和所加输入迭加正弦波电压同相。

(2) 第二个要求是保持在负载电流变化时输出电压不变，输出功率也一样。

(3) 第三个要求是调节输入电流有效值以保持在负载改变时输入功率和输出功率相等。

(4) 第四个要求是调整输入电流有效值以保持在输入电压改变时输入功率等于输出功率。

在升压拓扑电路中，可以通过保持输出电压不变来满足要求 (2) 和 (3)，所以一般只需考虑 (1)、(2) 和 (4) 三个要求。

原则上讲，所有的升压型的功率因数控制 IC 都必需满足上面列出的基本要求。然而，它们可以通过不同的途径达到这些目的。

我们已经确定了基本要求，下面可以考虑作为升压应用的典型控制 IC 的主要的内在功能。

1.9　典型的集成电路控制系统

现在我们来考虑如何才能使一个典型的升压型功率因数控制 IC 最好的满足前面提出的功能要求。虽然接下来的分析是基于 Micro Linear4826[88] 的（现在参考 Unitrode 和 Texas Instrument 的文档），但是很多这方面应用的 IC 除了工作细节上有些区别外，都有相似的性能。

对 IC 的每个部分功能的详细了解有助于使整个系统更有效的工作。设计者在考虑许多模拟控制电路和功率部分设计时，必须优化每个设计来达到整体性能的最优。

1.9.1　功率部分

在接下来的这个例子中，假设具有一个功率部分和控制模块的控制 IC 应用在功率因数校正升压变换器中，类似的电路如图 4.1.19 所示。

为了帮助理解，来看一个更特殊的实例。输入是经过交流电 RFI 滤波后的 60Hz 工频电压，它的常用工作有效值范围在 90～270V。交流电输入经过 BR_1 全波整流，输入到 L_1 的为一个 120Hz 的迭加正弦波电压。输出电压是 385V 的直流，所以输出电压会始终大于输入电压的峰值。负载可以用可变电阻器 R_1 模拟。

1.9.2　集成电路模块

通过逐个建立内部控制块可以更容易理解控制性能，如下所述：

图 4.1.20 给出了图 4.1.19 的功率部分，并给出了控制块的附加细节部分。升压功率部分由 L_1、D_1、C_1 和 Q_1 组成。在负极返回端还标出了电流检测电阻 R_S。

控制块中给出的是控制电路中的前面两部分，这些部分的功能在以下描述，可参考图 4.1.20 所示电路。

1.9.3　电流检测

在负极公共返回端的低值分流电阻 R_S 通过的电流将在引脚 3（相对于公共端引脚 11 是负的）处提供一个模拟电压信号。这个信号和 L_1 上电感电流的平均值成比例，也和输入电流成比例。在高功率应用中，其他的低损耗的电流检测器件如 Hall 效应电流传感器也可以应用。

1.9.4　脉宽调制器

主要的开关场效应管 Q_1 是通过在引脚 15 的 A_2 输出的脉宽调制器来驱动的。在 PWM（A_2 的引脚 1）的反相输入端加的是一个 5V 的三角波，它的固定频率为 50kHz，电压值在 1～6V 范围之间（大信号通常用来提供一个好的信噪比）。

驱动 Q_1 的方波信号的占空比可以通过调制加到 PWM 同相输入端（A_2 的引脚 2）的直流电压信号来从 0 调节到 100%，信号电压可以在<1V 与>6V 之间变化。因此，调制直流电压信号可以调制 Q_1 上的占空比，从而也调整了 L_1 上的电流。

1.9.5　电流误差信号放大器（IEA）

图 4.1.20 还给出了前置级 A_1，它是电流误差放大器（IEA）。这是一个高增益的虚地放大器，它的反相输入端（A_1 的引脚 1）连到负极的公共端（引脚 11），而它的输出电压信号连接到 PWM 输入。IEA 的同相输入端（A_1 的引脚 2）连接到电阻 R_1 和 R_2 的连接点上，它的功能将在后面介绍。

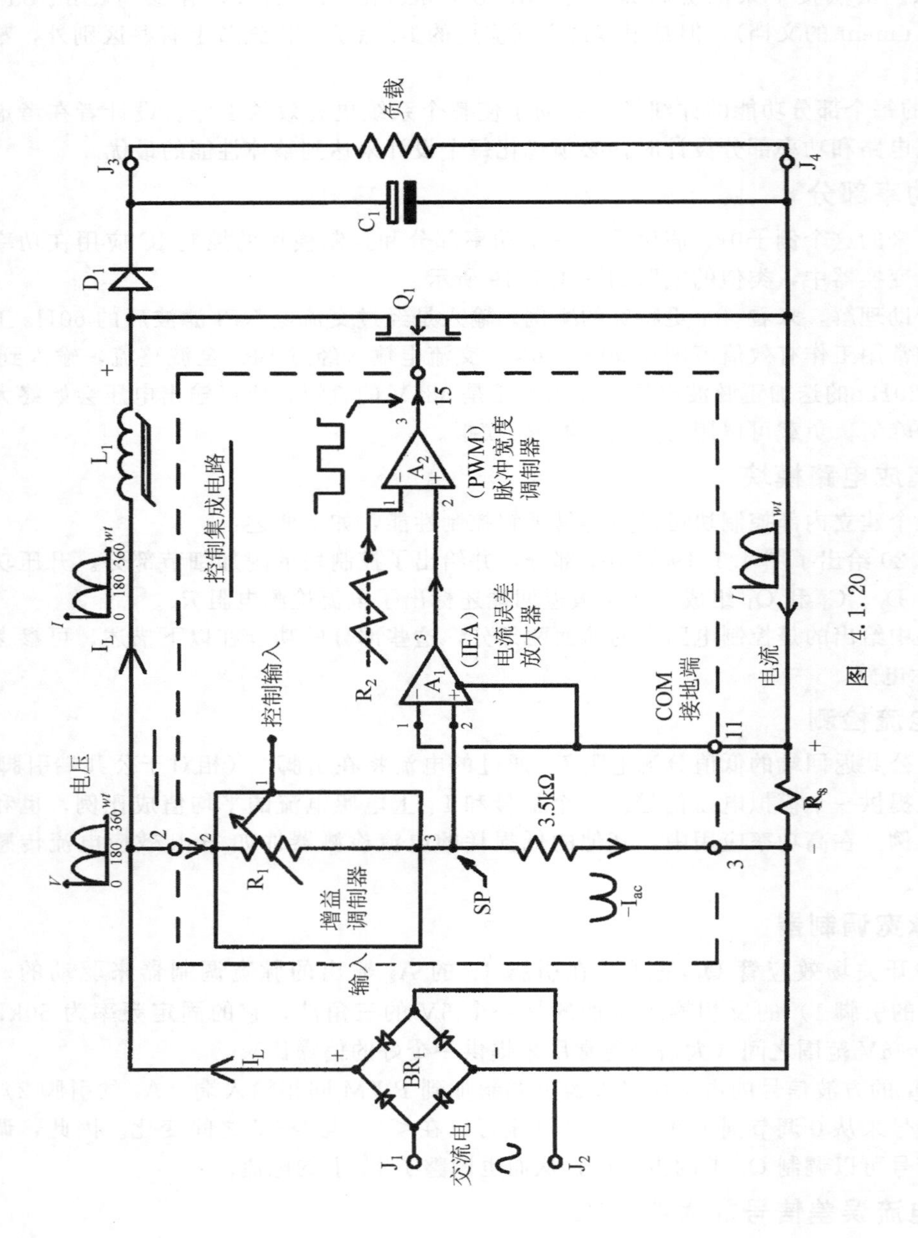
负载
J3
J4
C1
D1
Q1
+
L1
IL
控制集成电路
15
3
1
2
A2
(PWM)
脉冲宽度
调制器
R2
A1
(IEA)
电流误差
放大器
控制输入
电压
2
R1
增益
调制器
3.5kΩ
SP
输入
−Iac
COM
接地端
11
3
Rs
电流
BR1
交流电
J1
J2

图 4.1.20

1.9.6　电流参考信号

从整流桥 BR_1 出来的迭加正弦波电压通过引脚 2 输入到 IC 的可变电流部分，如图中“增益调制器”部分所示。在这个部分，我们可以通过一个可调电阻 R_1 来模拟增益调制器部件。R_1 将输入迭加正弦波电压转换成迭加正弦波参考电流，加到电流求和点 SP，该点在 R_1 和 R_2 的连接处，连接到在 A_1 的引脚 2 的电流误差放大器的虚地输入端。

为了保持虚地的求和点电压接近为零（引脚 11 的电压），一个与之相等且反向的电流必须通过 R_2 流入引脚 3。为了在被加电压整个半正弦波形内维持这个状态，引脚 3 上的负极电压（电流也一样）必须跟随引脚 2 上的正极电压变化，它们的比率由电阻比值 R_2/R_1 来确定。

1.9.7　内部快速电流控制环

在闭环工作中，Q_1 的占空比快速、逐个周期地被调整（而迭加正弦波电压波形的变化相对比较慢）。在迭加正弦波的整个周期内都要调节电流以保持 IEA 放大器的平衡与求和点的电压接近于零值。

一般而言，R_S 上的电压是模拟 L_1 上的输入电流（因为 R_S 完成了来自 BR_1 的电流环路）。通过 R_S 返回到 BR_1 的电流在引脚 3 上产生了一个相对于公共端引脚 11 为负的电压。IEA 的放大器同相输入端的最终电压是零值，是通过在整个迭加正弦波内调整电流来获得这一状态的。

引脚 3 的负极电压加到在 IC 电路内部的 R_2 上（在求和点 SP 和引脚 3 之间）。因此 IC 电路的引脚 3 相对于公共端引脚 11 是负的，在正常工作时，IC 电路必须设计为能够承受这种负极性信号的输入。

这种内部电流控制环是很快的，通过调整 Q_1 的占空比，闭环控制会限制 R_S 中的电流（输入电流也一样）以很好地跟随输入迭加正弦波电压的波形变化。

1.9.8　增益调制器

为了便于理解，用一个简单的可变电阻器 R_1 来等效增益调制器。然而在实际应用中，增益调制器是一个可以向求和点传递迭加正弦波电流的有源电路，这并不只是由所加输入迭加正弦波电压引起的，也是另外两个输入变量要求的（输出电压和输入电压）。图 4.1.21（只是原理图）给出了如何使用两个串联的可变电阻 R_{1a}和 R_{1b}来实现这一应用的电路。

1.9.9　输出电压调节

从原理上讲，等效串联电阻 R_{1a}和 R_{1b}（迭加正弦波参考电流的幅值也一样）可以在很大的范围内调制以保持 C_1 上的输出电压为常数。

R_{1a}的直接线性控制是由高增益电压误差放大器 A_3（VEA）实现的。这个放大器将 C_1 上的输出电压和内部的参考电压比较，然后有效的调整 R_{1a}的阻值以调整迭加正弦波参考电流（还有平均输出电流）的幅值来保证 C_1 上的输出电压为常数。通过这种方法，输入电流被调整以保证输出电压在负载变化时为常数。

这种外部电压控制环相对于内部的电流控制环要慢。

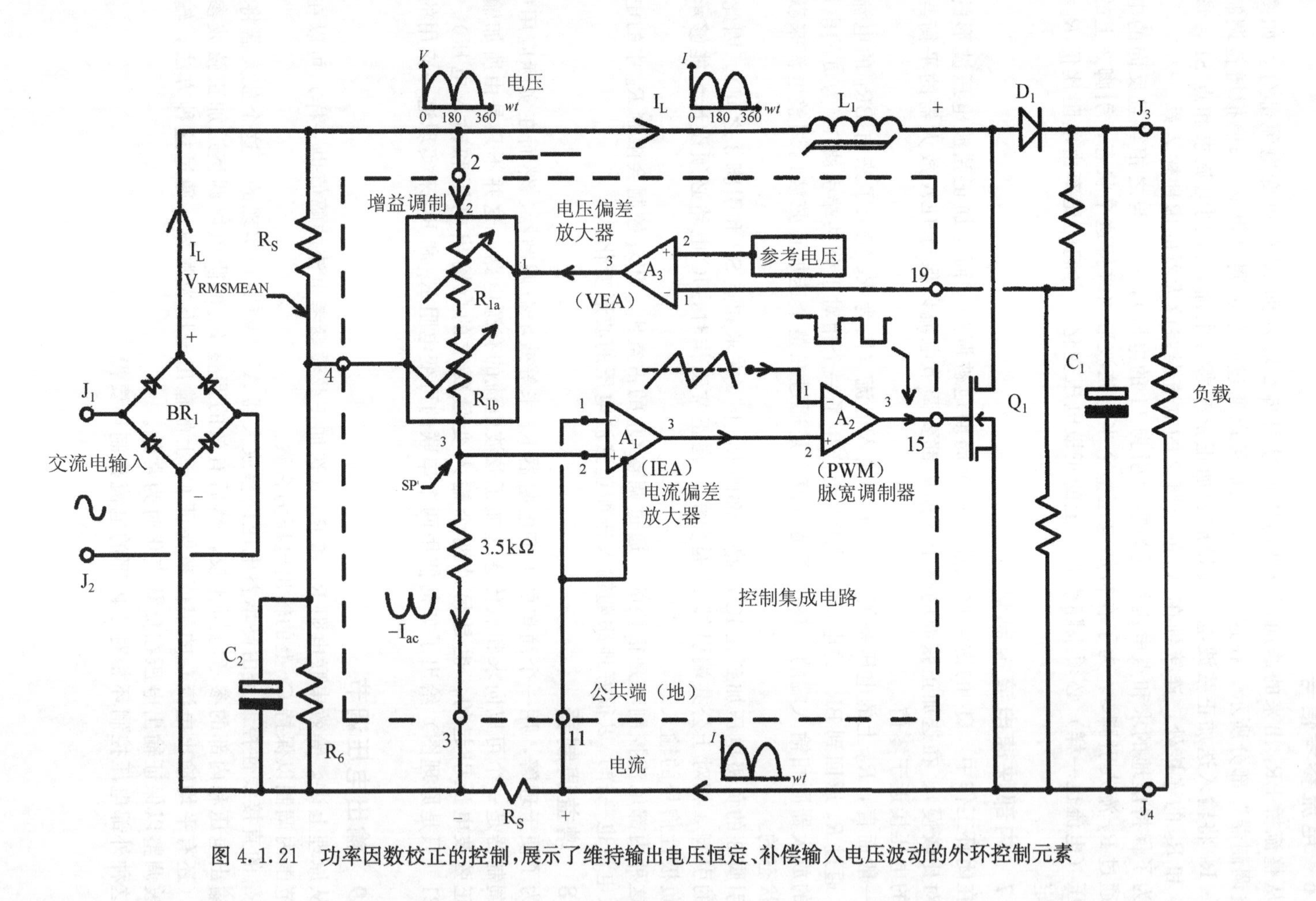

图 4.1.21　功率因数校正的控制，展示了维持输出电压恒定、补偿输入电压波动的外环控制元素

1.9.10 输入电压变化补偿

这一变化在最后被考虑，是因为它比其他的变化要复杂的多而且需要特别注意。

如果较长周期的输入电压改变，输出电压将会有一个变化的趋势。虽然缓慢的外部电压控制环、控制放大器（VEA）会在较长周期内对这一变化进行补偿，但是这一参量不能使用简单的线性控制。

为了解释这一点，我们必须看一下典型的升压变换器的开环传递函数。最好通过一个特殊例子来解释。

假设图 4.1.21 所示的功率部分工作在固定直流条件下的开环。假设在固定的 50%的占空比条件下，输入电压为 100V 直流。在 50%的占空比下，因为有一个 2：1 的电压增益，所以输出电压是 200V 直流。令负载电阻为 200Ω，输出电流就是 1A，输出功率就是 200W。如果是零损耗，则输入电流就是 2A。

现在，如果输入电压加倍，也就是 200V，占空比还是 50%不变，那么开环输出电压也加倍变为 400V。输出电流就是 2A，输出功率变为 800W，输入电流就是 4A。

因此，输出电压和输出电流都变成原来的 2 倍，输出功率已经增加了 4 倍，而输入电压只增加了 2 倍。因此总体来讲，一个开环升压变换器的输出功率的变化倍数是输入电压变化的平方的倍数。

此时控制环被看成有输出电压和输入电流两个输入，当输入电压变化时这两个输入都趋于以 2：1 因数变化。在闭环时，为了保持输出电压和输出功率不变（使用线性控制系统），有效的环路增益将以 V_{in}^2：1 的比例变化。因此，当输入电压有效值的变化范围超过工业标准范围 90～260V 交流时，单位增益交叉频率会以 8：1 的比例变化。

为了使环路稳定，单位增益交叉频率必须保持始终低于右半平面零点频率。因此，在补偿网络中单位增益交叉频率的大漂移需要一个下降率很慢的频率。这样可能会产生很差的瞬态性能。

为了补偿这种效应，当长周期输入电压有效值的平均值变化时，调制器增益会以 $1/V_{in}^2$的比例减小。因此，当长周期输入电压有效值变化时，较大的输入 $V_{rms(mean)}$加到增益调制器模块来有效地增加 R_{1b}（降低调制器增益）。这就补偿了开环增益的变化，使得当输入电压变化时闭环增益保持不变。

这可避免交叉频率的变化，控制环响应可以更快（因为在迭加正弦波期间，增益调制器不能改变它的增益，所以将一个很低的带通滤波器用于这个平均输入电压有效值补偿信号）。

图 4.1.21 给出了功率因数校正电路的完整控制模块的基本原理。除了图中给出的基本元器件外，在实际应用中还会在控制放大器上加一个环路补偿。在商业 IC 电路中还会有很多保护电路，典型的保护电路有输出过压保护、输入电流峰值限制、软启动和持续低电压保护。

1.9.11 持续低电压保护

我们需要更详细的分析一下这一保护参数，它是一个非常必要的条件，不仅是处理输入电压在正常值以下（持续低电压）的情况，而且要保护升压变换器安全地进行“开”、“关”工作。

应记住闭环时的升压拓扑电路会在输入电压降低时也要连续输出稳定的电压和功率。

当输入电压降低时为了保证输出功率不变，输入电流必须以同样的比例增加。因此，每当输入电压下降 50%，输入电流就会加倍。很明显，如果对这种情况不加以限制，在某一低输入电压状态下将会导致开关器件损坏。因此为保证可靠工作有必要采取某种输入限流或者低电压关闭操作。可以通过很多途径达到这一目的，这里不做详细介绍。

现在一个 PFC 控制 IC 的基本要求都已经确定了，很有必要更进一步来看一下这一应用中现成的专业 IC 的设计。

1.10　实用设计

在本节中，我们来看一下完成商业 2200W 的 PFC 可变输出直流电源所需要的设计步骤，在控制功能中使用一个标准的商业用的控制 IC。此电路需要提供一个调整的输出电压，可以在隔离电阻负载下在 50～400V 的范围内调整（在此应用中，如输出并不要求和输入隔离，则不需要用隔离变压器）。

1.10.1　系统技术要求

第一步是确立应用需要的实际技术要求。正如同现实生活中大多数事情一样，天下没有免费的午餐，对于功率因数校正设备而言，这一点尤其如此，如果超出了功率范围、输出电压范围、输入电压范围和控制范围，就要付出代价。因此技术要求不应该超出实际需要的参数。这些因数都会对尺寸、重量、效率、成本、性能和可靠性产生影响。规定高于实际应用的最小的要求只是不好的工程设计，但却提供一个实用的、但是较小的、安全的范围。

下面的技术参数将用于设计 2.2kW 供电电源：

(1) 输入电压（有效值）
　(a) 标称值：277V，50/60Hz
　(b) 工作范围：－20%～＋10%（220～305V）
　(c) 持续低电压保护电压：200V

(2) 输出电压（直流值，可调且非隔离的）
　(a) 标称值：300V 直流
　(b) 工作范围：50～400V 直流

(3) 输出电流（直流安培）
　(a) 标称值：300V 输出时为 6.6A
　(b) 最大值：8A
　(c) 范围：恒电阻负载（因此电流随着电压的降低而减少）

(4) 输出功率（有功功率）
　(a) 标称值：2kW
　(b) 工作范围：450～2200W（开路和短路保护）

(5) 输出纹波
　最大 10%

(6) 功率因数和谐波分量
　满足 IEC 1000-3-1C 类别标准的 4.39 功率范围是 450W～2kW。

(7) 效率
　在 2kW 时＞95%

(8) 标准机构要求
　(a) 安全标准：U/L，CSA，VDE
　(b) EMI 标准：FCC A 类

1.10.2 技术要求评议

下面的几点在上面所涉及的技术要求中是很重要的，而且在所有的应用中都要考虑到。

（1）**输入电压**。持续低电压保护电压（最小工作电压）决定了供电部件的最大电流应力，因此输入电压应该尽量高以减小这种应力。

电源将设计成在持续低电压保护时能提供全额输出功率（尽管在持续低电压保护的限制电压和正常工作范围的低端值之间准许性能有一些下降）。

在本例中，在2.2kW的输出和效率为95%的条件下，在持续低电压保护的限制电压为200V时的输入电流峰值大于16A有效值。如果持续低电压保护的限制电压过低，如取90V，那么电流就会超过36A。

尽管PFC部件通常都规定了普通输入电压范围（80～257V），但是在所有的设计中都还保留了过大电流的限制，而这就趋向于限制该种类型的部件用在较低功率应用中。

在取值范围的另一端，峰值输入电压使工作电压应力加在功率元器件上。因此，输入电压的技术要求不能高于需要值。必须记住在升压电路中，输出电压必须大于输入峰值电压（在本例中为＞435V）。必须为输入瞬态电压提供一定的限制，且提供瞬态保护功能。

（2）**输出电压控制**。在这一应用中，输出和输入有公共端（没有必要对隔离负载提供交流电隔离），这样就有可能去掉第二个功率级。然而，容许从升压变换器直接取得输出的更必要的条件是输出电压必须始终大于输入电压的峰值。

在这一应用中，需要限制输出电压范围（50～400V直流），而且要提供短路保护，因此不可能直接从升压变换器得到输出。对于这一应用，需要一个附加的电压控制功率级，会用到一种简单的降压变换器。

（3）**输出限流**。降压变换器的一个重要的性能是无论输出电压为何值输出功率都保持恒定。因此，一个2.2kW的降压级在输出电压50V时将有44A的输出电流。在这一应用中只有8A是必需的，所以在低输出电压时，某种输出限流会降低输出功率元器件上的应力。

（4）**输出功率**。此处有两个很重要的参数。第一个是可以使功率适度地保持在最大值时的输入电压和输出电压的范围。这样是为了确定功率元器件的最大电流。

第二个重要的参数是可以满足最大谐波技术要求时的功率范围。因为反馈电流信号会变的更小，所以PFC电路的性能会随着负载的减小而变差。因此，PFC级的信噪比在低功率时会减小。

在本例中，负载的恒流性质使50V时的最低功率是400W，理想的全部技术要求的功率范围达到400W～2.2kW。

（5）**功率因数和谐波分量**。这种限制取决于最终用户的应用场合和用户所处的国家。一般来说，更严格的IEC 1000-3-2 C类标准可以应用在对功率因数和谐波分量要求更严格的场合。

（6）**输出纹波**。在这一应用中，可以准许高达10%的高频纹波（在400V的输出电压时纹波电压为40V），所以只需要最小的输出滤波器，以减少输出元器件的尺寸和成本。

（7）**效率**。很显然效率越高越好，在这类非隔离系统中，2kW功率级别的效率可能超过95%（在对已完成的电源检测到的效率是96%）。

（8）**标准机构要求**。在初始设计中RFI限制是很重要的，严格的B类限制要求升压变换器电路有一个较大的输入电感来减少开关频率纹波。使用EMI滤波器来消除这种高频纹波分量会很困难而且成本也会很高。

不太严格的A类限制（办公或工业应用）一般（在此时）不限制低于150kHz的辐射。因此当使用A类限制时，最好选择开关频率所产生的二次或者三次谐波分量在150kHz以下的（在本设计中开关频率使用50kHz）。

当确定了技术要求以后，我们可以有目的的选定最适合要求的功率电路结构。这样就完成了技术要求的评议。

1.10.3 功率电路拓扑选择

为了在高功率时达到最高的功率因数和最低的谐波失真，应选择最好的PFC方法，不考虑成本和其他因素。

一个很自然的选择是功率因数校正的正极性升压拓扑电路的前置级。因为最大输入电压可达305V有效值，所以整流后的迭加正弦波的峰值输入可达431V，而且升压输出必须大于这个值。为了提供一个工作空间，选用升压级已调整后的输出电压为450V，另外，适合于这一电压的标准电解电容可选用现成的产品。

另外，因为输出电压在50～400V的直流范围内变化，所以还需要另外一个可调电压功率级。我们希望输出不需要与输入隔离，也不要用变压器型的变换器，可以只使用一个简单的三端降压变换器。这使得输出功率级非常高效、简洁而且低成本。所以一个好的选择是图4.1.18b所示的直接相连的升降压组合拓扑电路。具有控制模块的更完整电路方框图见图4.1.22所示。控制模块直接驱动升压和降压部分，如图中所示，包括控制IC和其他所需要的附加元器件完成对电路的控制功能。

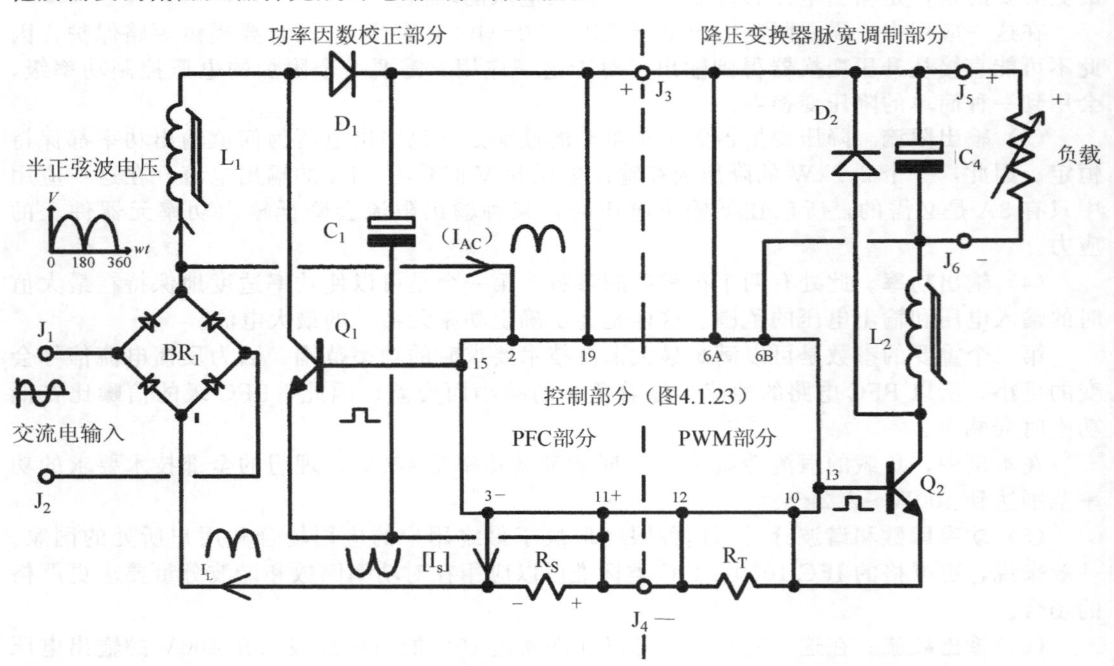

图4.1.22　功率校正电路的基本功率和控制部分，提供调制、可调的直流输出

1.10.4 升压部分的基本原理

关于图4.1.22中升压功率因数校正的前置级的工作过程如下所述。

60Hz的交流电输入通过RFI线路滤波器送到整流桥的输入端J_1和J_2。此正弦波经过BR_1全波整流后产生一个120Hz的迭加正弦波电压输入到L_1。在305V有效值的交流电输入时迭加正弦波的峰值电压将达到 431V。

120Hz 的迭加正弦波被加到 L_1 和升压功率因数校正部分的控制电路上，它可在 L_1 上依然保持所需要的迭加正弦波电流波形，然后通过 D_1 把一个 450V 固定的直流输出电压送到向公共的中间电容器 C_1。450V 的直流电压通过其后的降压变换器级降到所要求的直流输出电压。

1.10.5　降压部分

来自 BR_1 的整流的负极端是输入和输出的公共端（除了电流检测电阻 R_S 和 R_T 上产生的小电压降外）。因为 IC 的引脚 11 也是与负极端 J_4 相连的公共端，所以两个功率晶体管都可以由控制 IC 的驱动信号直接驱动，不需要驱动变压器。

这是最主要的优点，我们还会发现降压变换器部分的驱动需要高达 90%的占空比，这是很难达到的，除非使用直接驱动的方法。后面将介绍功率级设计的更多细节问题。

1.11　控制 IC 的选择

虽然有很多生产商的 IC 组合电路可以使用，但是本例中 IC 选择的是美国 Micro Linear公司的 ML4826-1[88]（现在参考 Unitrode 和 Texas Instrument 的文档），因为它特别适合本例中的升降压组合电路。它用单个 IC 提供了两部分驱动。此 IC 的全部技术说明资料可从生产厂家得到并需研究。这个和 Micro Linear 公司的应用注解 16、33 和 34 一起，可以提供对此 IC 应用更完整的说明。

接下来的设计复习涉及一些对本设计更重要的有趣参数，并且假设读者已经或将有 ML4826-1IC 的数据手册和应用注意事项，后面的许多部分会用到这些东西。这些信息也可以直接从 Micro Linear 公司得到，或者从本地经销商那里得到。也可以直接从 Micro Linear 公司的网站 http://www.microlinear.com 下载。

作者已经给出了此 IC 的一些传递参数的诺模图，这在优化外部元件值时是有帮助的。这些诺模图和具体应用的例子在 1.11 节到 1.13 节中都有介绍。提到的元件参考资料会用于图 4.1.22～图 4.1.28 中。

1.11.1　功率级和控制电路

图 4.1.22 给出了一个适用的功率部分，功率因数校正升压前置级直接接到可变电压降压输出级。注意输出电压是浮动的（来自并联电容器 C_4），而且输出与负极性输入端无公共端。负极性输入端是控制和驱动电路的公共端。这需要一个电压电平移位电路来提供输出电压控制，如图 4.1.27 所示。这种拓扑电路的一个优点是可以使用同一个 IC 来同时驱动两个功率开关器件 Q_1 和 Q_2。

图 4.1.22 中只给出了控制电路的方框图的形式，在图 4.1.23 中有更详细的表示。图 4.1.24给出了 ML4826-1 IC 的方框图。

在前面所提到的应用中 ML4826-1 是一个很自然的选择，因为它在同一个 IC 封装中同时为输入 PFC 的升压级和输出降压级提供了驱动和控制。

另一个优点是两个部分是内在同步的，因为两个控制部分使用了同一个晶振，这样就消除了可能的噪声干扰，这种干扰有可能发生在外部同步或者异步电路中。

上升沿脉宽调制应用在功率因数校正升压级中，下降沿脉宽调制应用在降压级中。

这种安排有利于消除两个功率级的电流导通脉冲之间经常出现的间隔，这样可减小公共电容器 C_1 上的电压和电流纹波（这在高功率级的应用中是很重要的优点）。

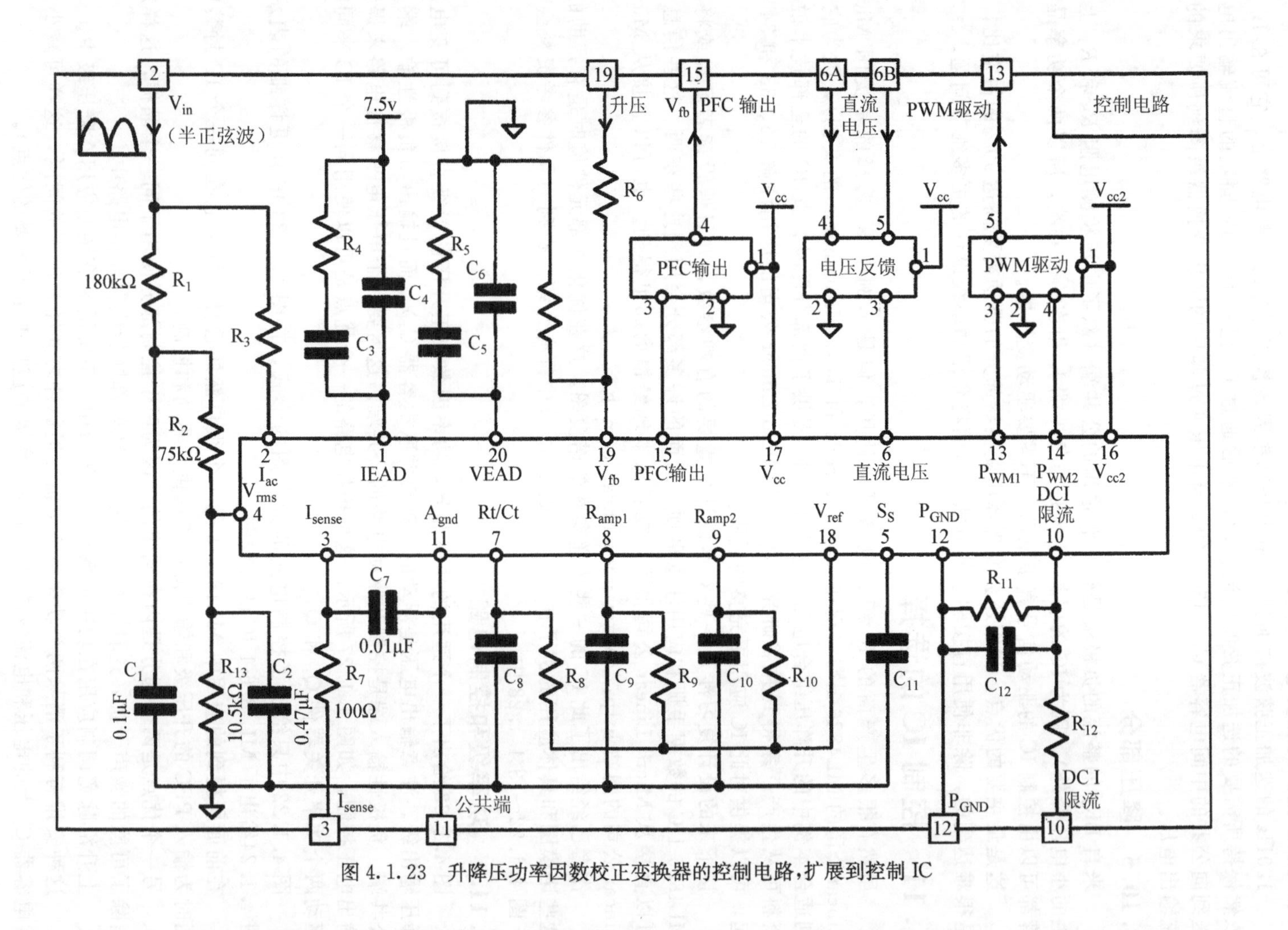

图 4.1.23 升降压功率因数校正变换器的控制电路，扩展到控制 IC

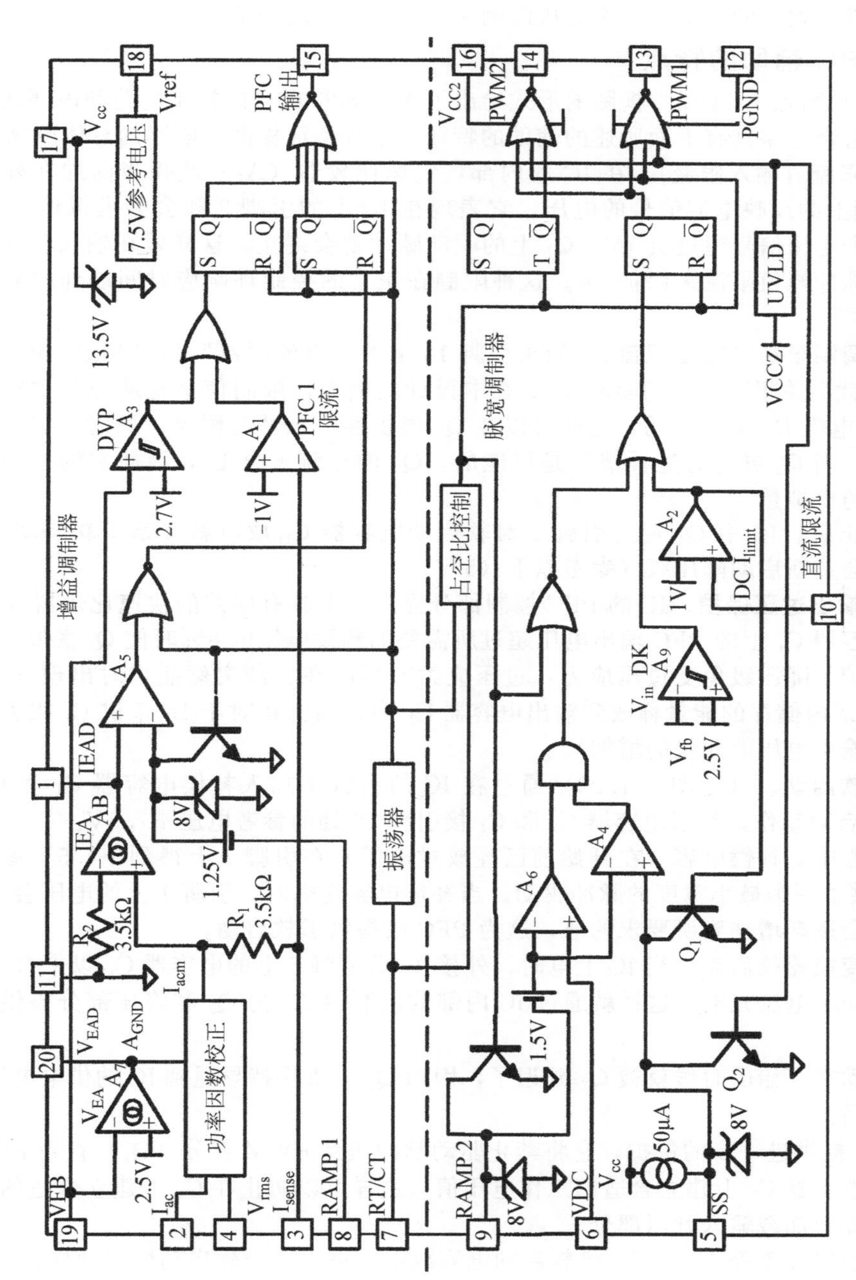

图 4.1.24　图 4.1.23 中用的 Micro Linear 的 ML4956—1 控制 IC 的方框图(经 Micro Linear 允许)

另外，因为两个功率级都在同一个（较低）频率运行且升压部分的负载更连续（当 Q_1 关断时 Q_2 导通），连续导电模式升压部分的交差频率单位增益增加，在交差频率和右半平面零点频率之间产生一个更大的裕度。详参看第三部分第 9 章。这使控制环的交差频率可以达到交流电频率的一半，产生更快的响应和更大的稳定裕度。

1.11.2 保护和辅助的特点

图 4.1.23 和图 4.1.24 以方框图的形式给出了 ML4826-1 IC 的控制电路和内部连接的基本元器件。组合电路具有下面所述的辅助的特征，这些特征提高了电路的总体可靠性。

(1) PFC **限流（输入限流）**。在 IC 的内部，快速比较器（A_1）监视当前加在外部分流电阻 R_S 两端上的反映电流信号的电压，它表现在 IC 上的引脚 3 和公共模拟地引脚 11 之间。如果这个电压信号超过负 1V，Q_1 上的驱动脉冲就会终止。这样就在输入功率开关上提供了逐个脉冲峰值限流来保护 Q_1。这种限制在正常的控制环响应时间以外的瞬时状态下会起作用。

(2) **脉宽调制限制（输出限流）**。如果引脚 10 上的“直流限制”信号超过 1V，快速比较器（A_2）就会关闭降压级的驱动 Q_2。在本设计实例中，限制信号是从外部功率器件 Q_2 的小的分流电阻 R_T 上取出的，这样可以在 Q_2 提供逐个脉冲的限流。同时，它还提供输出直流限流。当 Q_2 导通时这种情况是可能的，Q_2 的电流来自 L_2，因此它的平均值是直流输出电流的模拟量。

当限流停止后，IC 中 Q_1 通过引脚 5 对软启动电容器 C_{11} 放电就开始了软启动过程，当过载去除后会重新启动降压级（参考以下 (5)）。

(3) PFC **输出过压保护**。IC 的 PFC 控制部分提供一个具有回差的快速比较器（A_3），用于当外部电容器 C_1 上的 PFC 输出电压超过所需要的预设电压的 8%时使 Q_1 关断。

这样就保护了降压级免受过压应力，过压应力有可能在负载突然撤出时出现（当 Q_1 变为关断时，L_1 内储存的能量释放到输出电容器 C_1 中，因为相对于 L_1 来讲 C_1 很大，所以这只会引起输出电压的几伏的增加）。

(4) **PFC 软启动**。（见图 4.1.23）通过在 IC 的引脚 1 加入补偿电容器 C_3 和 C_4 给 PFC 级提供软启动动作，补偿电容器 C_3 和 C_4 接引脚 18 处的参考电压+7.5V。

在启动过程中，补偿电容（在开始前已经放过电了）在引脚 1 上得到+7.5V 参考电压，为 Q_1 提供了一个最小宽度的脉冲驱动。当补偿电容充电时，引脚 1 上的电压会下降，而且脉冲宽度会逐渐增加到所要求的值，这为 PFC 级提供了软启动。

(5) **降压变换器软启动**。当 IC 上电时，外接在 IC 引脚 5 上的电容器 C_{11} 以来自 IC 内部的固定的 50 μA 电流充电。这样就通过 IC 内部的调制器 A_4 为 Q_2 和降压部分提供了软启动。

此种软启动在开始的时候就被 Q_2 延迟了，因为 Q_2 一直保持导通到 IC 的供电电压 V_{cc} 被合适地确定后。

放大器 A_9 提供进一步的保护，它将禁止驱动脉冲送到 PWM 部分（Q_2）直到 PFC 升压部件在外部电容器 C_1 上建立合适的工作电压值。这样可以防止在 C_1 上建立合适的工作电压前使降压部分加载输入升压部分。

还有，当输出过流停止时，Q_1 将软启动电容放电，进入一个软启动恢复动作。

(6) **参考电压**。在引脚 18 上可以得到一个 7.5V 的参考电压，它用在内部或外部控制功能和偏置上。

(7) **噪声抑制**。在 L_1 输入端大的迭加正弦波输入电压加在控制电路的引脚 2 上。R_3 向 IC 的引脚 2 提供一个电流跟踪输入迭加正弦波电压的波形。

在IC的内部，引脚2的电流流过增益调制器变为更小的迭加正弦波参考电流信号源I_{acm}，它加到增益调制器的输出电阻R_1上。

通过这种方法，大输入迭加正弦波电压被连接在L_1与增益调制器的输入端引脚2之间的高阻值的串联电阻R_3转变为电流（通常有2或3个阻值相等的串联电阻用作R_3来减小电压应力）。使用一个电流信号（而不是在一些IC电路中见到的小电压信号）使这种关键参数有更好的抗噪性能。

另外，在PFC部分和降压驱动部分中的脉宽调制器A_5和A_6所使用的电压斜波幅值很大（典型值为5V），为这些调制器提供了很好的信噪比。

IC提供有两个公共返回（地）。噪声敏感模拟信号返回引脚11，功率驱动返回引脚12。这样可以使驱动输出的大的峰值电流与控制信号隔离，进一步减小了噪声问题。

最后，跨导放大器A_7和A_8的使用进一步提供了噪声抑制，如下面所述。

(8) **环路补偿**。IC内部的电压和电流误差放大器A_7和A_8都是跨导型的，它们提供了一个与输入电压差成比例的输出电流。这使得环路补偿元件可以返回公共端，而不是接到放大器的反相输入端。

这样使得补偿元件对噪声不是很敏感。还有，用于电压误差放大器的电压分压器电阻不再连接在补偿电容器上，不再是补偿网络的一部分了。因此，它们可能有更宽的取值范围，而且调整升压输出电压不会改变环路补偿参数。

1.11.3 ML4826-1的控制部分

IC的内部电路图如图4.1.24所示。IC设计成两个部分，一个是功率因数控制部分(PFC)，还有一个是脉宽调制器部分（PWM)。它们由三个关键参数联系在一起。

第一个参数是工作频率。由图中可以看出同一个晶振驱动PFC和PWM两个部分来为它们提供内部同步。

第二个参数是调制方法之间的联系，所以一部分使用上升沿调制而另一部分使用下降沿调制。

最后，提供了一个低压检测电路（A_9)，用它来阻止输出降压级在输入电压处于工作范围内且升压级输出电压完全被建立以前上电。现在我们可以来更仔细的研究一下这两个部分。

1.11.4 功率因数校正部分（PFC)

这一部分为升压功率因数校正级提供了所有的控制功能。

增益调制器。设计的一个关键部件是增益调制器。这部分为电流误差放大器（IEA)提供了已调制的迭加正弦波参考电流信号I_{acm}。此电流信号的波形和幅值决定了输入电流的波形和振幅，也因此决定了最终的功率因数校正的质量。

增益调制器将内部迭加正弦波电流信号I_{acm}以一经过调制的电流驱动的形式送到R_1和电流误差放大器。为了达到最好的效果，这个信号的形状必须和输入电压的迭加正弦波信号的形状完全一样。它来自通过连在电感L_1输入端的外部电阻R_3流入到引脚2的电流I_{AC}。

通过闭环控制，虚地电流误差放大器的同相输入将保持在零值附近，因为来自电流调制器的迭加正弦波电流信号I_{acm}与来自3.5kΩ电阻R_1的负电流反馈信号求和为零。在引脚3上对此电阻的输入是负电压，它是在外部分流电阻R_S上通过平均迭加正弦波电流返回到BR_1的负极供电端取得的。

这种平衡通过电流误差放大器来保持，它作用于脉宽调制器A_5来调整Q_1的占空比，

因此流入 L_1 的平均电流及 R_S 内的电流波形和迭加正弦波参考信号的波形和相位都保持一致。

较长周期电流幅值调制。两个更慢的外部控制环调节增益调制器的等效电阻，也就调节了迭加正弦波电流信号 I_{acm} 的幅值，从而调整供电平均电流有效值和升压输出电压。这些变量是直流输出电压控制和平均有效值输入电压补偿。

（1）直流输出电压控制：第一个信号电压来自升压输出电容器 C_1，通过 R_6 和 R_{14} 加到引脚 19 及电压误差放大器（VEA）上，来调节增益调制器的等效电阻，以此来调制迭加正弦波参考电流信号 I_{acm} 的幅值。它是采用线性方法完成这些的，来维持 C_1 上的输出电压保持不变。

（2）平均有效值输入电压补偿：第二个输入与较长周期有效值输入电压 V_{rms} 成比例，它加到引脚 4 上。这个信号经过 R_1、C_1 和 R_2、C_2 较好的滤波后给出迭加正弦波输入电压的长周期平均值。它的功能是调节增益调制器的增益来补偿较长周期供电电压的变化。

如第四部分 1.9.10 节所解释的那样，增益的变化跟随有效值输入电压的平方反比而变化，用以规范所有的增益，去除由升压功率级引起的有关平方定律的影响。

持续低电压保护的限流。在持续低电压保护的电压（1.2V）及以下，增益调制器的增益会迅速降低，以防止输入电流的进一步增加并减小 Q_1 的应力。

图 4.1.25 给出了当电压加到引脚 4 上时相关增益是如何变化的。引脚 4 上的持续低电压保护的电压略小于 1.2V。电压超过 1.2V 时，相对增益服从平方反比定律，这是正常的工作范围。

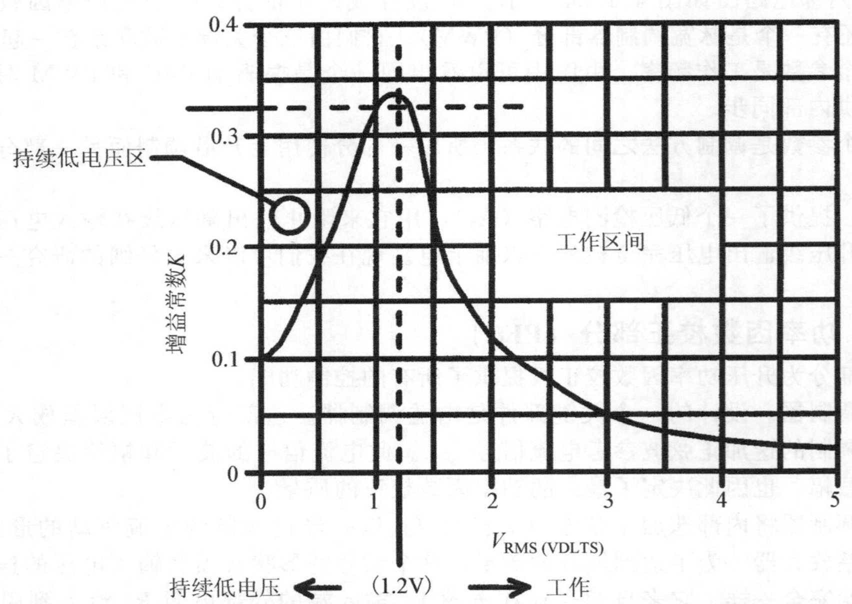

图 4.1.25 “增益调制器”的增益随平均 V_{rms} 输入电压变化而变化，图中表示了正常的平方反比工作区间和持续低电压的功率限制区间

在持续低电压保护条件下上电或者掉电，供电电压会降到最小工作电压（本例中为 220V）以下。当电压下降时，升压工作会增加输入电流来保持输出电压和功率恒定。

当供电电压降低时，引脚 4 上的电压将会降到 1.2V，同时相对增益增加为 $1/V_{in}^2$，而电压到达翻转点 1.2V。

在持续低电压时（在本例中为 200V），引脚 4 上的电压正好是 1.2V，可由外部分压电阻 R_1、R_2 和 R_{13} 预置。

在这一点上的电流应该已经达到了它的最大极限值。因此，当电压继续下降且引脚 4 上的电压降到 1.2V 以下时，相对增益迅速下降，如图 4.1.25 所示，且电流会下降。

然而，在这一点上有一个冲突，因为 1.2V 以下时持续低电压作用开始降低调制器的增益，输出电压也开始下降。

由于电压误差放大器的大增益，如果它有充足的增益空间，它会淹没掉增益调制器的引起的增益降低，且电流将随着电压的下降而继续增加。这可能导致 Q_2 在高功率系统中出现故障。

为了防止这一情况的发生，有必要合理处理几个参数的大小，如果不考虑电压误差放大器的要求，增益调制器会超出工作范围而且也不可能在持续低电压点或附近更进一步增加它的输出电流 I_{acm}。为了最优化这一工作，我们要更仔细的研究增益调制器的各种输入的相互联系。

1.12　功率因数控制部分

图 4.1.24 给出了 ML4826 控制 IC 的内部电路结构，其上面的电路为功率因数控制部分。图 4.1.22 和图 4.1.23 给出了 IC 的外部控制元件。这些元件的参数必须经过优化以提供最好的性能。

Micro Linear 公司的数据手册和应用注意事项 16、33 和 34 给出了计算这些元件值的方法。希望读者在设计过程中会使用这些参数和后面附加的注意事项。因此，以下的注意事项和诺模图并不完整且只是有助于在应用注意事项中提供的计算过程。

1.12.1　分流电阻值 R_S

如前面所述，IC 内部的增益调制器的输出是一个迭加正弦波电流信号，它被加到虚地电流误差放大器（IEA）的同相输入端。在平衡点，这一电流被加在引脚 3 上的负极电压信号通过内部 3.5kΩ 的电阻 R_1 抵充。

在此处，此电压反馈信号是加在外部电流检测电阻 R_S 上的负电压，此负电压是从负极端返回 BR_1 的返回电流通过电阻 R_S 而产生的。

在正常的工作条件下，闭环电流控制可以在一个迭加正弦波周期内调整电流来保证通过 R_S 的电流波形和加到 L_1 上的迭加正弦波电压的波形一致。因此为了得到最好的信噪比，分流电阻和引脚 3 上的电压反馈信号应尽可能的大。

R_S 的最大值由负载电流的峰值和 IC 的引脚 3 上所允许的最大电压所决定。引脚 3 上允许的最大电压峰值为 1V，这个值是由 PFC 的限流比较器 A_1 决定的。然而，在这些值达到以前，增益调制器（通过设计）已经到上限了，就是说它已经达到它的最大输出电流了。

增益调制器最大输出电流的规定值为 200 μA，但是这并不是一个很好确定的值，在一些 IC 中它的测量值为 250 μA。这传递到引脚 3 上时是负 0.875V（这是内部 3.5kΩ 电阻 R_1 在电流为 250 μA 时它上面的电压）。这是一个很重要的参数，测量值 250 μA 和 0.875V 将用在此工程设计中来确定 R_s 和最大限流值。

在最大输入功率（2.2kW）和最小持续低电压（200V 有效值）时，有效值输入电流是 11A。迭加正弦波电流的峰值是 15.55A。此电流在通过分流电阻 R_s 时必须产生 0.875V 的电压，那么分流值可以很容易的由下式算出：

$$I_{rms}=\frac{P_{max}}{V_{min(rms)}}=11\text{A rms}$$

$$I_{peak}=\sqrt{2}I_{rms}=15.55\text{A}$$

$$R_S=\frac{V_{pin3(max)}}{I_{peak}}=0.056\Omega$$

1.12.2 设置电阻 R_3 的值以确定 I_{ac} 电流值

现在有必要来设定增益调制器的其他输入了，以此得到在持续低电压为 200V 有效值时的最大输出电流。

如限流设定的过早（在达到持续低电压以前），输出功率将小于期望值，而且低的输入电压也可能限制输出功率。如果限流设定的过晚，Q_1 内的电流在低输入电压时也会变的很高，而且 Q_1 上的应力会过大。调制器输入的正确初始条件可以按照下面所述的来设定：

外部电阻 R_3（在 L_1 的输入和 IC 的引脚 2 之间）的阻值由持续低电压的限制电压和在持续低电压时的引脚 2 所需要的电流 I_{ac} 的峰值共同决定。

I_{ac} 的值是增益调制器在持续低电压时的限制电压刚好达到最大限制输出时所需要的电流，是 250 μA，此时电压误差放大器（VEA）的输出在它的最大值，且引脚 4 上的电压 V_{rms} 设定在增益调制器的翻转点 1.2V。这些信息并不是由数据手册提供的，而是由下面所述的方法得到的：

电压控制放大器偏置在完全导通状态，因此它输出最大值且给增益调制器最大的驱动（在正常的工作状态下，当正确地设置了参数后，这种情况会在输出电压刚开始下降时就发生，这是输入限流产生的结果）。

引脚 4 上的电压随后调整在 0～3V 的范围内，流入 IC 的引脚 2 的电流 I_{ac} 调整在增益调制器的输出刚达到超出工作范围（最大值）的状态。这样，可以得出图 4.1.26 所示的转换特性。

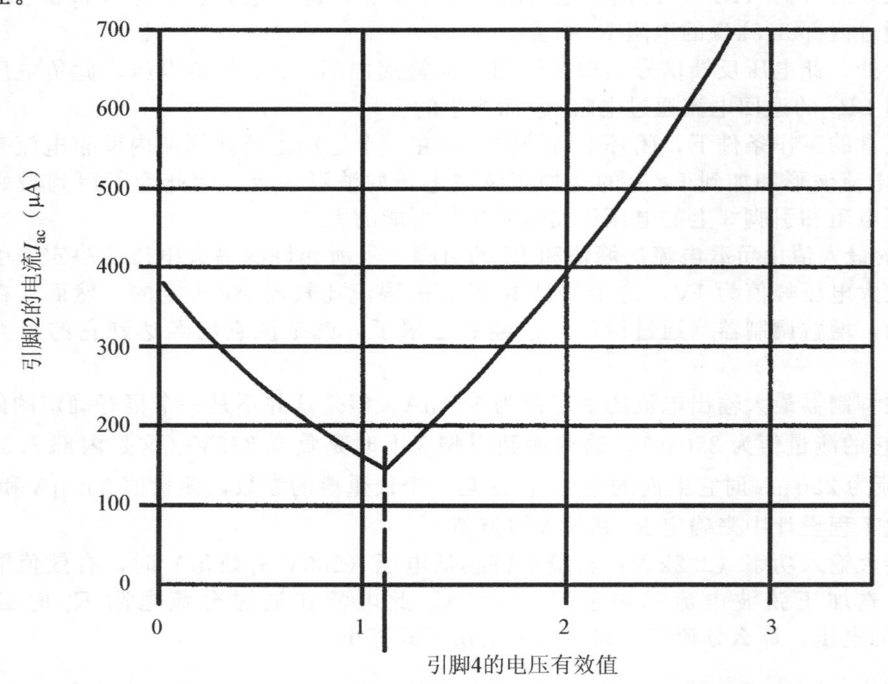

图 4.1.26 当平均 V_{rms} 输入电压变化时，增益调制器的 I_{ac} 电流转换特性

我们现在要找输入电流 I_{ac} 的值，这个值加在调制器的引脚 2 时刚好使调制器处于饱和状态，而且能在持续低限压的电压（200V 有效值）的峰值时，提供所需要的最大输出电流 250 μA。

在 200V 有效值输入时，加到 R_3 的迭加正弦波电压峰值 $V_{(brownout)peak}$ 是 283V。

由图 4.1.26 的转换特性可知，1.2V 时 I_{ac} 的峰值是 140 μA。首先，R_3 可由下式计算得到：

$$R_3 = V_{(brownout)peak} = 2M\Omega$$

理想状态下，R_3 应该由两个或多个串联电阻来减小电压应力，可以通过测试优化 I_{ac} 的值来调整这些参数，以便刚好达到增益调制器的最大输出，而且能够在持续低限压的电压下确定限流的最大值。

图 4.1.25 给出了增益调制器的增益变化。注意，如果在持续低限压值 1.2V 时 I_{ac} 增加了，那么电压放大器不会完全达到上限 1.2V，有必要将电压降到 1.2V 以下来减小调制器增益，迫使电压放大器达到上限值。

因为调制器增益在这一点上下降很快，可以从图 4.1.26 看到使 I_{ac} 增加到 160 μA 只能减小持续低限压电压的 20%（同时最大电流只有微小的增加）。这就为漂移和元件容差提供了很好的工作区间，本例中使用 160 μA。因此 R_3 将被两个 876kΩ 的串联电阻代替（采用两个电阻用来减少电压应力）。

1.12.3　PFC 输出电压设置电阻

选择升压部分的输出电压，使其超过峰值输入电压至少 10V，在此情况下，选择输出电压为 450V。

如果电压误差放大器参考电压是 2.5V，输出电压设定电阻的选择就很直接了。选择电阻网络 R_6、R_{14} 使得在 C_1 上有 450V 直流输出时能够给引脚 19 提供 2.5V 的电压。再一次使用两个或多个串联电阻代替 R_6 来减小电压应力，2kΩ/V（0.5mA）适合本电阻网络。

1.12.4　V_{rms} 网络

这个参数有点难以设定。用一个简单的电阻分压网络将引脚 4 上的电压设为 1.2V。由电容器 C_1 和 C_2 提供的 120Hz 的大衰减保证引脚 4 上的电压是所加迭加正弦波电压的平均值。

电容器应该选一个折中值，如在 120Hz 时衰减太小会在迭加正弦波频率上引起不需要的增益调制。如果衰减太大会引起对输入电压变化的响应大延迟。图中给出的 C_1 和 C_2 的电容值与电阻值是能很好匹配的。Micro Linear 公司的应用注意事项给出了此选择的附加信息。

为了防止在持续低电压下出现过大的电流，在平均持续低电压（200V）时计算分压比给引脚 4 加 1.2V 的电压。由 BR_1 输入加到网络的迭加正弦波电压的平均值是：

$$0.9V_{rms} = 0.9 \times 200 = 180V$$

分压网络的比值是 180/1.2＝150：1。4.53 因此电阻比是：

$$(R_1 + R_2) / R_{13} = 150 : 1$$

在此也应使用两个串联电阻代替 R_1 来减少电压应力。

1.12.5　环路补偿

电压误差放大器由 C_5、C_6 和 R_5 补偿。因为放大器是跨导类型的，补偿元件接到公共返回端，而不是反相输入端。这就减少了捡拾的噪声，且从补偿环路中除去了分压电阻 R_6 和 R_{14}。

使单位增益恰好发生在低于交流电频率处，在应用注意事项 33 中给出了最佳的计算公式。

电流环路要快的多，而且又使用了跨导放大器（IEA）。在这一情况下，补偿部分 C_3、C_4 和 R_4 返回到 7.5V 的参考电压，以提供 PFC 部分的软启动。应用注意事项 33 提供了优化电流环补偿的信息。

1.13　降压部分驱动级

ML4826 的内部电路结构如图 4.1.24 所示。控制电路下面的电路部分（脉宽调制级）为一个隔离的 DC/DC 变换器的推挽变压器提供驱动。基于这个原因，引脚 13 和引脚 14 之间有两个驱动交替输出（有 180°的相差）。每个输出有一个最大的占空比范围是整个周期的 0～48%。对于引脚 15 上的每个驱动脉冲，ML4826-1 在引脚 13 或引脚 14 上产生一个交替的驱动脉冲（PFC 升压部件驱动）。

然而，在这一应用中（见图 4.1.22），降压输出级有一个单独的功率开关 MOSFET，即 Q_2。为了降压级从 C_1（C_1 上的电压是升压级的输出）上 450V 的输入电压得到在 C_4 上 400V 输出电压，最大有效占空比必须达到 89%。这可以通过将 IC 的两个输出（引脚 13 和引脚 14）连接到一个单独的驱动级 Q_2 上来实现（这个接口模块在图 4.1.23 中以“PWM 驱动”模块给出）。

引脚 13 和引脚 14 的这种并联不能直接连接，因为每个驱动都是在它的高、低状态下工作，这样两个驱动级之间就会有冲突。一个专用的驱动缓冲器用于这种应用将两个驱动信号取“或”来使降压变换器级达到 89%的有效占空比，同时保持 Q_2 的有效的关断和导通工作。

1.13.1　PWM 驱动电路

图 4.1.27 给出了驱动电路。交替矩形脉宽可调制脉冲通过 IC 的引脚 13 和引脚 14 加到输入端 J_6 和 J_7。二极管 D_1 和 D_2 将这些信号取“或”后通过 R_4 送到图腾柱输入驱动三极管 Q_3 和 Q_4 然后到输出端 J_5。

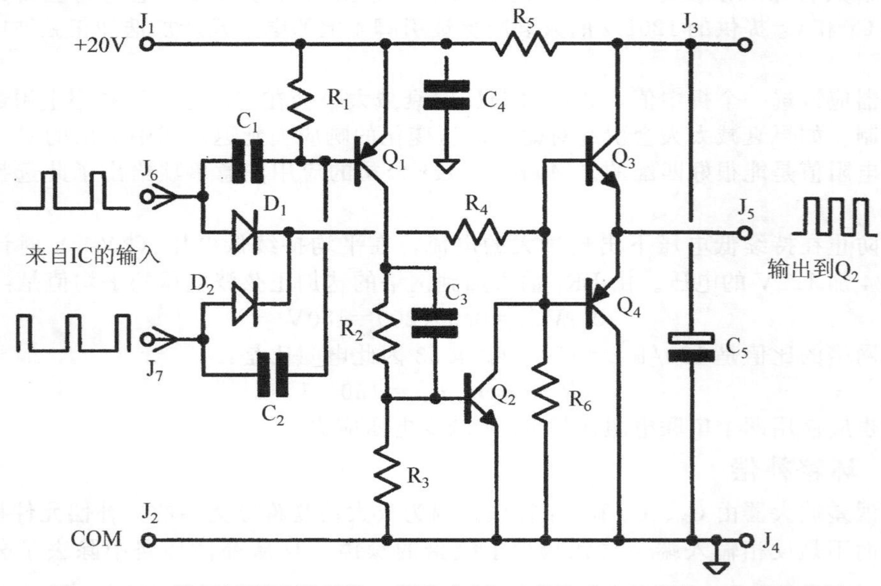

图 4.1.27　降压级驱动缓存器，利用“或”功能为占空比提供一个宽的范围

在全部脉宽时，引脚 13 和引脚 14 输出的 48% 的占空比脉冲在输出提供了有效的 98% 的占空比。此占空比可调整到零。D_1 和 D_2 使 Q_3 能够有效导通，但在关断时无效。而有效关断功能由 Q_1、Q_2 和 Q_4 提供，在所加驱动波形的下降沿变为导通以关断 Q_3 和 Q_4。在零驱动脉冲状态的剩余时间里 R_6 保持低的状态。

这种安排和 ML4826-1 IC 的选择一起，在升压级 Q_1 的每个功率脉冲也给降压晶体管 Q_2 提供了一个功率脉冲。在上升沿对 Q_1 和下降沿对 Q_2 产生脉宽调制。

1.13.2　电压控制部分

参照图 4.1.22 可以看出输出电压是在 C_4 的两端，而不是直接参考 IC 的公共端（引脚 11）。为了有正确的电压控制，IC 需要在引脚 6 上有一个输入，这个输入相对于引脚 11 上的电压，后者与 C_4 上的电压差成比例。

图 4.1.23 给出了电压反馈模块，它提供了一个相对与引脚 11 的电平移位输出到控制 IC 的引脚 6 上。这个电压与降压级 C_4 两端的输出电压成比例。图 4.1.28 表示了如何达到这一要求。它包括一个运算放大器 A_1 和一个电压误差放大器 A_2。A_1 的两个输入来自 C_4 的电压差（即降压级的输出电压）。A_1 的输出是一个相对于公共端引脚 2 的控制电压，它和 C_4 上的输出电压差成比例，用在模块的引脚 4 和引脚 5 上。

这个控制电压通过 R_2 加到误差放大器 A_2 的反相输入端。C_1、R_1 和 R_2 提供了简单的零极点环路补偿。如果输出电压瞬时增大（当负载突然减少时可能发生），则 D_1 变为正向偏压，且可以加快环路响应速度。

VR_1 提供给 A_1 一个可变参考电压以允许调节输出电压。A_1 在引脚 3 上的输出是相对于公共端引脚 2 的电压，此电压可以直接加到 IC 的 PWM 控制输入引脚 6 上。

1.13.3　设置 PWM 元件值

IC 外部的控制元件如图 4.1.23 所示，图 4.1.24 给出了控制 IC。与 PFC 部分的情况不同，只需要很少的计算就可以确定脉宽调制元件的最佳值。

(1) 软启动：引脚 5 上的一个电容器（C_{11}）设定了软启动延迟和 PWM 的降压驱动级的斜坡上升的时间。此引脚上的电容器由 IC 以 50 μA 的固定电流充电，它将提供一个延迟，当电容充电到电压大于 2.7V 时，脉冲宽度会逐渐增加。

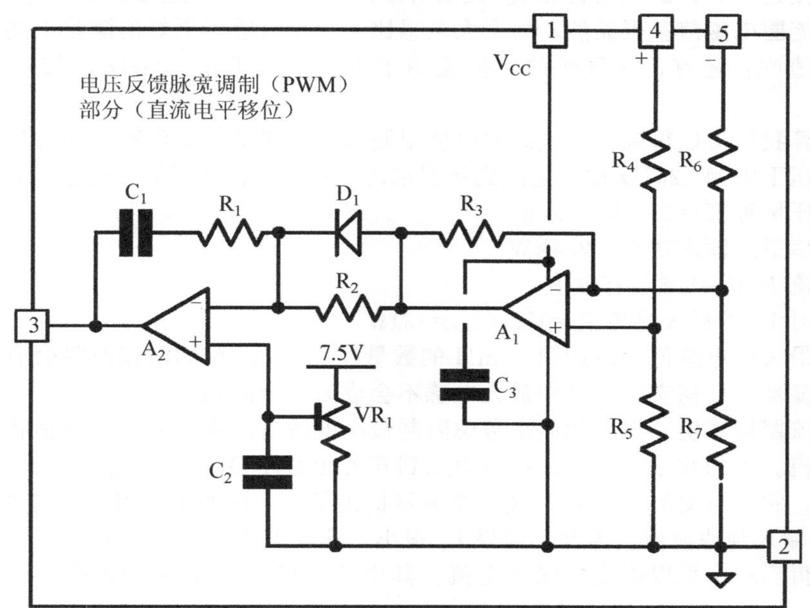

图 4.1.28　输出电压电平移位电路和带有可变参考电压的电压误差放大级

IC 内部的 Q_1 和 Q_2 将充电的起始点延迟，直到 IC 的供电电压和 PFC 的升压级输出电压都达到正常值以后才开始。当引脚 5 上的斜坡电压上升到引脚 9 上的斜坡电压的峰值加上一个 1.5V 的偏移量的电压附近时才会有完全输出。典型的峰值斜坡电压是 5V。因此，当以 50 μA 的恒定电流充电时，应选择 C_{11} 在要求的软启动时间内达到 6.5V。

(2) 限流：IC 内部的比较器 A2 提供了一个快速动作、逐个脉冲的峰值限流。引脚 10 上的限制电压是 1V，选择适当的外部分流电阻 R_T 当 Q_2 通过要求的峰值电流时可以获得这个电压。

在本拓扑电路中，Q_2 内的峰值电流也是峰值输出电流，可以达到 8A。因此 R_T 选为 0.13Ω（需要一个 10W 功耗的电阻）。R_{12} 和 C_{12} 可以提供一些噪声抑制，R_{11} 提供了一个电流微调。

(3) 斜坡 2：PWM 调制器的斜坡由 R_{10} 和 C_{10} 决定。这些值都是由 Micro Linear 公司的数据手册和应用注意事项 16、33 和 34 得来的。

1.14 功率元器件

图 4.1.22 给出了控制电路外部的主要功率元器件。特别要注意的是电感器 L_1、L_2 和大电容器 C_1、C_4。因为这些元器件的选择没有绝对的计算等式，很难决定什么才是最优的值。

在实际应用中，器件的选择取决于需要达到的性能、应用、应力、温度、冷却、重量、体积和成本等一些因素，需要综合考虑这些问题折中选择。总体来讲，为了达到最好的性能，这些元器件的值越大性能越好。下面给出一些有助于设计者进行这种选择的指导。

1.14.1 L_1 电感器（扼流圈）大小

在本例中，L_1 是功率因数电感，因为它有一个直流分量，所以更确切的说是扼流圈。L_1 的主要功能是限制当 Q_1 导通时来自低阻抗供电电源的电流，此电流在 Q_1 导通时流过 Q_1，将 L_1 连接到公共端。因为本设计是连续状态模式，在开关周期期间需要扼流圈来保持输入电流接近常数，因此它将在 Q_1 关断时维持电流通过 D_1 流入 C_1。

最大扼流圈电感值：很显然，一个大电感比一个小电感能更好的满足上述要求，那么有没有上限值呢？还有，很显然的是扼流圈不可能大到阻止 120Hz 迭加正弦波电流的流入。

通过计算我们可以得到一个大约的电感限制值，此限制值是没有其他元器件影响、在标称输入电压下限制 120Hz 输入电流到所要求的满负载电流所需要的电感值，如下所示：

输入电压标称值＝277 V 有效值

90％效率下的输入功率＝2.4kW

输入电流 P/V＝8.8A 有效值

120Hz 时 L_1 的最大电感值＝$V_{rms}/I_{rms}=31\Omega$

因此，最大的电感值可以达到 40mH 的数量级。在 8.8A 的电流时将会有一个很大的扼流圈，很显然在任何实际设计中最大电感不会成为一个限制因素。

最小扼流圈电感值：现在我们来考虑限制最小电感的因素。减小电感值将增加开关频率的纹波电流。大的纹波电流直接把应力加到开关元器件 Q_1、D_1 和输出电容器 C_1。另外间接影响是，它们对交流供电输入 RFI 滤波器提出了额外的要求，因为纹波电流通过输入整流桥 BR_1 输入到滤波器。因此，如果 L_1 很小，那就需要一个大的 RFI 滤波器用于在交流供电输入得到一个可以接受的噪声电流。其中的任何一个或多个原因都可能会成为 L_1

下限值的限制因素。

实际上，一些传导型 RFI 技术要求使用一些严格限制，在低频端的噪声可以远低于 10kHz。因为一个小的 L_1 会增加对交流供电滤波器的要求，而增加 L_1 的电感会比使用一个大的交流供电滤波器有更好的性价比。

用来决定 L_1 的电感值的一个比较简单做法是选择一个值，使它将峰值纹波限流到峰值负载电流的某个合理的百分比，使用的纹波电流的典型值是在峰值负载电流的 5%～20%范围中。

1.14.2　L_1 扼流圈参数设计

对于本设计，我们以 15%的最大纹波电流为基础工作，这样可计算 L_1 的大概中间值。

因为加到 L_1 上的迭加正弦波输入电压在整个周期内都在变化，所以工作周期也会变化，在整个迭加正弦波周期内开关频率纹波电流也会变化。最大纹波电流将产生在当迭加正弦波电压是输出电压的一半时，在这一点上占空比是 50%。L_1 可以通过下面的式子计算出来。

最大输出电流出现在满负载且输入电压最小时。因此

V_{in}最小值（V_{min}）＝220V 有效值

效率为 90%时的最大输入功率（P_m）＝2400W

有效值输入电流＝P_m/V_{min}＝10.9A 有效值　(4.1.7)

120Hz 时的峰值扼流$\sqrt{2}I_{max}$＝1.414×10.9＝15.4A　(4.1.8)

因此

纹波电流的峰峰值＝15%I_{peak}＝2.3A　(4.1.9)

C_1 上的输出电压是 450V。最大峰值电流将产生在 $V_{haversine}$ 是 V_{out} 的 1/2 或 225V 时。在这一点上占空比是 50%，且在 50kHz 时，Q_1 将导通 10μs。当 Q_1 导通时，L_1 内电流的变化将以接近线性的速率变化，如下所示：

$$\frac{di}{dt}=\frac{2.3}{10\ \mu s}=230\times10^3\ A/s$$

因为 $L\ di/dt=e$（225V 的供电电压）

$$L=\frac{225}{230\times10^3}=0.98mH \tag{4.1.10}$$

因此，对于 15%的纹波电流（峰峰值为 2.3A），取 L_1 的值为 1mH。这是一个大概值，选择稍大还是稍小的值，还要从纹波电流的需要、扼流圈的尺寸、重量和成本等方面综合考虑。

应该注意到有一个单向的 120Hz 的迭加正弦波加到 L_1 上。L_1 上的峰值电流是 15.4A [式 (4.1.8)]。迭加正弦波峰值时的 120Hz 电流的变化相对来说较慢（与开关频率相比），因此从扼流圈的设计角度来说，15.4A 的峰值电流可以看成直流。因此，扼流一定不能在 15.4A 直流加高频纹波电流分量 2.3A 的一半时饱和 [式 (4.1.9)]，而且扼流设计中会用到的最大电流是 16.6A 的直流。

相对小的高频纹波电流导致了扼流圈磁心中的低开关损耗，在本应用中可用低成本、低导磁率的铁粉磁心。如果采用铁氧体磁心，就必须要保持一个适当的气隙来防止直流分量引起的磁心饱和。

1.14.3　扼流圈 L_1，应用设计

一般来讲，L_1 的合适的设计方法可以在第三部分第 1、2 和 3 章中找到。本应用的一

个特殊设计实例也可以在附录 1. A 中找到。

L_1 设计参数：

电感：1mH［式（4.1.10)］

峰值电流：16.6A

最大平均电流：10.9A 有效值

纹波电流：2.3A 峰峰值（0.663A 有效值）［式（4.1.9)］

频率：50kHz

最大输出电压：450V 直流

最大纹波电流时的输入电压：225V

225V 时的占空比：50%＝10 μs

铜损耗：必须特别考虑此类型扼流圈的绕组的铜损耗（I^2R 损耗）。因为直流分量通常大的多（在本例中是 10.9A 有效值相对于 0.663A 有效值），在实用中通常会忽略相对较小的纹波电流产生的损耗。

因此，简单来说，损耗正比于 $I_{rms}^2R_c$，其中 R_c 是绕组的电阻，它表现为 120Hz 的分量的贡献是 $126R_c$，而 50kHz 的分量的贡献仅为 $0.44R_cF_r$，其中 F_r 是 50kHz 时的交流电阻和直流电阻的比，从而可以忽略高频纹波引起的损耗。

另外，集肤效应（它更适用于高频纹波）也可以忽略。因此，在实际中通常使用单股导线来绕制扼流圈的绕组。

然而，从附录 1. A 中的计算可以看出这种简单的逼近并不是有效的，因为使用单股导线，交流对直流的电阻比 F_r 会很大，所以在本例中为了得到最好的结果应该用多股绞线。

1.14.4　L_2 扼流圈尺寸

L_2 是输出降压变换器的扼流器。同样，L_2 的选取也取了近似值。大电感值产生小的纹波电流，但是体积大、昂贵而且还可能限制输出电流转换速率（负载瞬态响应）。

小的电感值将产生大的纹波电流，而且在更高的最小电流时会引起连续导通模式向非连续导通模式的变化。大的纹波电流会对 Q_2、D_2 和 C_4 产生应力，引起更大的纹波电压输出。

所以 L_1、L_2 经常设计用于纹波电流在峰峰值的 5%～20%范围内。最大纹波电流会出现在输出电压为供电电压的一半的时刻，在这一点上占空比是 50%。

在本例中，输入电压是 450V。最大输出电流可达 8A。频率是相同的（50kHz)。因此，L_2 可以用与 1.14.1 节中相似的方法计算。

降压级输入电压（来自 C_1）是恒定值 450V。输出电压 V_{out} 设置为 225V，Q_2 将导通，50%占空比在本例中就是 10 μs，L_2 两端会有持续 10 μs 的 225V 电压。当 Q_2 导通时 L_2 上的电流会有一个线性的增加，因此：

最大输出电流＝8A 直流

10%时纹波电压峰峰值＝0.8A

$$\frac{di}{dt}=\frac{0.8}{10\ \mu s}$$

$$L\frac{di}{dt}=225 \quad \text{可得 L}=2.8\text{mH}$$

另外，这个扼流绕组可采用铁粉磁心。第三部分第 1、2 和 3 章有关于本设计更详细的说明。扼流圈必须支持最小电流为 8.8A 的直流。也可以使用附录 1. A 中给出的特殊设计方法，使直流电流减少到 8.8A 且电感增加到 2.8mH。

1.14.5 电容器选择

C_4：因为从 L_2 流入 C_4 的纹波电流是一个连续的最大峰峰值为 0.8A 的三角波，所以输出电容器 C_4 上的应力不是很高。然而，负载上可能会有很大的纹波电流，如果这样，就要考虑选择合适的 C_4。否则就要选择一个简单的低等效串联电阻的电解电容值，这个值可以给出一个可以接受的输出纹波电压。电压等级至少应该高达供电电压（在本例中是 450V）。

C_1：C_1 有一个很不同的考虑。这个电容器必须承受 120Hz 的迭加正弦波电流和开关频率电流。必须注意的是从 D_1 流入 C_1 的电流在开关频率下是不连续的（当 Q_1 导通时 D_1 内的电流是零）。

因为当 Q_1 变为关断且 D_1 导通电流流向 C_1 时，Q_2 将导通，并将电流从 C_1 转移，所以 Q_1 使用的上升沿调制和 Q_2 的下降沿调制可以减少 C_1 内的纹波电流。整体效应[89]可以将 C_1 上的有效纹波电流减小 30%。

加在 C_1 上的波形是一个在开关频率上接近于方波的波形，它的幅值会在整个迭加正弦波期间变化。因此 C_1 在开关频率下必须有小的阻抗，而且必须足够大以至于能够得到在 120Hz 迭加正弦波频率下的低值纹波电压（也就是要求 C_1 必须有一个低的等效串联阻值和一个大的电容）。在高功率应用中，单个元件很难同时满足两个要求。

图 4.1.29 给出了一个可以在高功率应用中减少 C_1 上应力的方法。C_1 可以由一个或多个电解电容器 C_{1a}、C_{1b} 和一个或多个薄膜电容器 C_{2a}、C_{2b} 组合。薄膜电容器可以通过大部分的高频电流，而电解电容器可以通过大部分的低频电流。

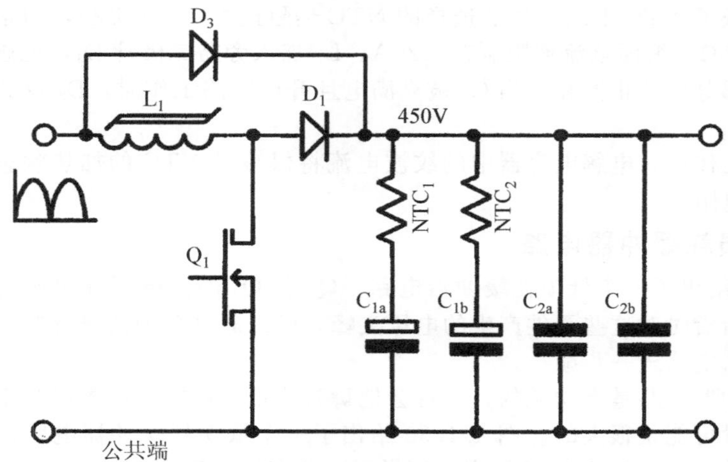

图 4.1.29　含有浪涌限流的旁路二极管 D_3 的升压输入级，它还具有纹波电流引导功能

电解电容器可以有一个大电容值（在此应用中的典型值是 470 μF 或更多），而薄膜电容器的电容值却相当小（一个典型的 3.3 μF/450V 金属化聚酯薄膜电容器的纹波电流额定值在 50kHz 时可以达到大约 15A）。

为了让高频电流流入薄膜电容器，在每个电解电容器上都串联了一个电阻。在本例中，使用了一个 NTC（负温度系数热敏电阻）。它同样也提供了一个浪涌过流保护，这在 1.14.6 节中有解释。高频纹波电流在电解电容器中被最大限度地最小化了，当它们要流过接线端附近金属箔的一小部分时，会在电容器中产生局部升温。

我们可以通过计算薄膜电容器在开关频率下的阻抗来为 NTC 确定一个合适的电阻值。假设使用了并联的两个 3.3 μF 薄膜电容器。

$X_C=\frac{1}{2\pi fC}=0.96\Omega$ 对于每个电容器都是 0.96Ω，可得到总阻抗<0.5Ω。

如果选择 2Ω 作为每个 NTC 的工作电阻，那么高频纹波电流的三分之二都会流入薄膜电容器。

然而，NTC 会在 C_1 的输出增加低频纹波电压，如下所示。

每个 470 μF 的电容器在 120Hz 时都会有一个 2.8Ω 的阻抗，而且 NTC 会使纹波电压增加大约一倍。因为一半的纹波的电流流入每个电解电容器，当输入最大电流为 15A 时，纹波电压峰峰值可以达到 28V 左右（在 450V 直流时），大约是 450V 直流的 6%。这很适合应用的要求。

1.14.6　浪涌限流

参照图 4.1.22 给出的基本 PFC 级。当第一次导通时，电容器 C_1 是没有电荷的，电流通过 L_1 和 D_1 流入电容器 C_1 来对电容器充电。如果 Q_1 在外加交流电压的峰值（430V）时变为导通，L_1 上的电流变化速率可达 287A/ms，显然在半个周期完成前会有一个很大的电流流过。

因为 L_1 设计成当电流超过 15A 时就会饱和，这样 L_1 将有可能饱和。如果当 L_1 接近饱和时 Q_1 变为导通，电流就不会受到限制，Q_1 就会损坏。

图 4.1.29 给出了一个较好的设计，图中 L_1 加上了一个旁路二极管 D_3。此外，大的电解电容器串联了 NTC 电阻。虽然选择的 NTC 热阻抗为 2Ω 或更小，但是冷态电阻的典型值可达到>50Ω，浪涌电流被限制在<20A。L_1 加入旁路二极管 D_3，电感器中的浪涌电流就被分掉一部分以防止饱和。当 C_1 被充满电且升压电路工作时，D_3 反偏且在电路中不再起作用。

在正常的工作中，电解电容器中的纹波电流将保持对 NTC 的加热状态，因此也就保持了它们的低电阻。

1.14.7　低损耗缓冲器电路

图 4.1.30 给出了一个低损耗缓冲器电路。Q_1 和 Q_2 的高电压和快速的开关频率会引起在大电流关断沿时对这些元件产生的电压尖峰，可以通过合理的设计减小这些效应，并可以采用缓冲器电路进一步减小。

简单的缓冲器电路是有功耗的，而且会把瞬时能量消耗在缓冲器电阻上。在大功率应用中，这些能量可能是很大的。图 4.1.30 给出了一个低功耗缓冲器电路，此电路中使用恢复能量来驱动一个 24V 的冷却风扇，还做了一些有用的工作。

缓冲器的工作过程如下：来看一下 Q_1 在关断沿的动作。当 Q_1 的漏极电压上升时，以前的漏极电流通过 C_5 和 D_3 流入大储能电容器 C_7。这就减少了 Q_1 漏极上电压的变化速率，而且大大减少了电压过冲的趋势。

在关断期结束时，C_5 上的电压将是 C_1 上的电压（450V）减去 C_7 上的电压 24V。当 Q_1 导通时，C_5 的左端电压变为零而 C_5 的右端变为负的 426V，将 D_3 反偏而使 D_5 导通。加在 L_3 上的负电压会引起电流按图中所示的方向流入 L_3。Q_1 现在完全导通，此电流将对 C_5 的右端充电使它变为正，直到 D_3 在+24V 时导通，此时电流还在对 C_7 充电。选择 L_3 和 C_5 的时间常数和 24V 的电压，以确保 L_3 上的电流在 Q_1 重新变为导通时已经降到一个很低的电平。这样可以在 Q_1 的下一次关断时使 C_5 和 L_3 返回原来的状态。同样的方法也

用在 Q_2、C_6、D_4、D_6 上。Z_1 将 C_7 上的电压钳位在 24V，但是最主要的负载还是 24V 的风扇。选择 C_5 和 C_6 只是为了提供所需要的风扇电流。

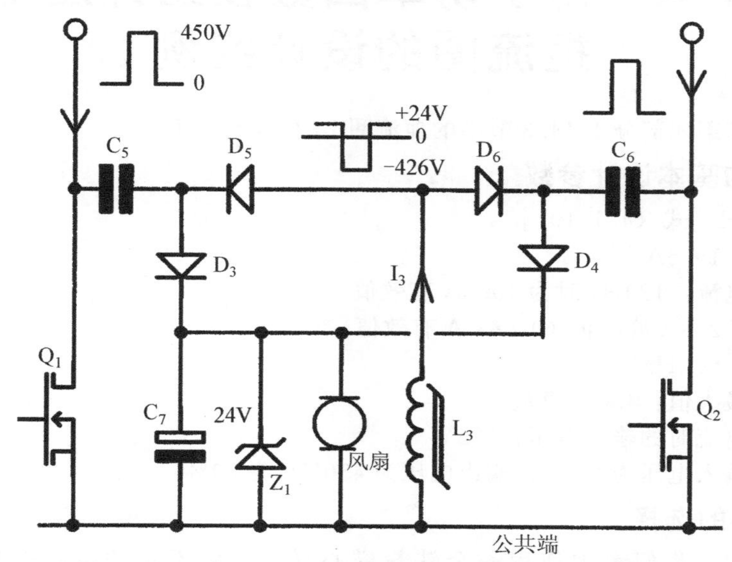

图 4.1.30　带有 24V 风扇驱动的低功耗电压缓冲器电路

注意：在第 3 版出版前（2008 年～2010 年的经济萧条期），半导体工业正经历着快速转型期。Micro Linear 被 Unitrode 公司收购，接着 Unitrode 又被 Texas Instruments 收购。结果 Micro Linear 生产的 ML4826 停产。（我们只能希望这款出色的 IC 有朝一日能再次投入生产。）然而，上述原理适用于多款相似的 IC，因此再版时仍包含了以上内容。

附录 1.A　用于功率因数校正升压电路的扼流圈的设计实例

本例是用在第四部分 1.14.3 节中的扼流圈 L_1 的设计实例。

1.A.1　L_1 的基本设计参数

电感：1mH［式（4.1.10）］

峰值电流：16.6A

最大平均电流：120Hz 时为 10.9A 有效值

纹波电流：2.3A 峰峰值（0.663 A 有效值）

开关频率：50kHz

输出电压最大值：450V 直流

最大纹波电流时的输入电压：225V

占空比（输入电压为 225V，输出电压为 450V）为 50%：10 μs

1.A.2　磁心的选择

在本设计中，我们考虑使用一个铁粉磁心材料（而不是铁氧体或坡莫合金粉芯 MPP），因为 50kHz 的纹波电流相对于 120Hz 的低频电流相当小。应使用低导磁率、较高损耗的铁粉材料，这样做会有更高的性价比。

1.A.3　磁心尺寸

要通过反复的设计（选择一个磁心尺寸然后尝试概要设计）来确定，可以按经验或生产商提供的软件程序进行选择。

美国 Micrometals 公司为它的磁心免费提供了合适的软件程序。比如，我们可以考虑使用 Micrometals E305 磁心尺寸。此磁心的数据也可以在 Micrometals 公司的“功率转换与供电滤波器应用”的数据手册[90]中找到。其他的生产商也有类似的磁心。

1.A.4　磁心材料

为了得到最小的磁心损耗和在宽于 120Hz 迭加正弦波电流范围内保持接近于线性电感，可以考虑使用 Micrometals ＃2 材料（在功率因数升压类型变换器应用的扼流圈上加了 120Hz 的迭加正弦波）。

这种＃2 材料有低磁心损耗和低导磁率（$\mu=10$），而且在迭加正弦波的大电流分量下不容易饱和，所以也不需要磁心有气隙。当直流磁场强度大于 150 奥斯特（Oe）时，＃2 材料的导磁率保持线性（可参看 Micrometals 公司的数据手册，第 1 页和第 24 页的图 2)。

1.A.5　概要设计

选择的磁心是 Micrometals E305-2 或者相似的材料，数据手册给出了下面的参数。

磁心参数：

A_l 值＝75nH

磁路长度（l）＝18.5cm

磁心截面积（A_e）＝562 mm^2

磁心体积（V）＝104cm^3

缠线管参数：

绕组宽度（W）＝48mm
轮缘高度（h）＝12 mm
每匝平均长度（MLT）＝15.5cm

1.A.6 计算匝数

需要的电感是 1mH，作为匝数的第一次迭代可以使用为 E305-2 磁心公布的 A_I 值来计算。

$$H = N^2 A_I \text{ 且 } N = \sqrt{\frac{H}{A_I}}$$

因此
$$N = \sqrt{\frac{1\times10^{-3}}{75\times10^{-9}}} = 115 \text{ 匝}$$

1.A.7 计算磁场强度和检查导磁率

在所加迭加正弦波峰值附近，有近似直流的电流流入这个 115 圈的绕组，引起一个磁场强度 H（Oe），该磁场强度会使磁心进入饱和状态而且还会减小导磁率（%perm，以百分数表示）。如果这种情况发生了，那么新的值 A_{I2} 会用于重新计算匝数，这会是一个反复的过程。

注意：

$A_{I2} = A_I \times$%perm（摘自“功率转换”数据手册，24 页图 2）
匝数（N）＝115
迭加正弦波电流（I）＝120Hz 峰值电流（16.6A）
磁路长度（l）＝18.5cm

$$H = \frac{0.4\pi NI}{l} = \frac{0.4\pi\times115\times16.5}{18.5\text{cm}} = 129\text{Oe}$$

从数据手册（24 页，图 2）中给出的图表可以看出，＃2 材料的磁化状态上导磁率保持在 100%附近，且不需要调整匝数。饱和出现在 350Oe 以上，而且还为过流情况提供了一个合适的饱和空间。

1.A.8 计算磁心损耗

确定交流磁通量密度摆幅（$B_{p\text{-}p}$），单位是高斯，在 50%的占空比条件下（1/2 电压）：

$$B = \frac{Vt10^4}{NA_e} = \frac{225\times10\times10^4}{115\times562} = 350\text{G}$$

式中，V＝当 Q_1 在 1/2 的电压上导通时电感上的电压；
t＝导通时间，单位是μs（50%的占空比）；
N＝匝数；
A_e＝磁心的截面积，单位是 mm^2。

数据手册 29 页图 1 给出了＃2 材料的磁心损耗。因为这张诺模图上显示的峰值磁通密度是上面计算出的峰峰值的一半，所以在更低的 1/2 峰峰值时进入诺模图。

为查找诺模图，使用
B＝350/2＝175G
f＝50kHz（脉冲重复频率）
从诺模图上发现损耗是 15mW/cm^3。

因此
总磁心损耗 ＝ 损耗×磁心体积（单位是 cm^3）

磁心损耗$=15\times10^{-3}\times104=1.56$W

1.A.9　铜损耗

铜损耗由两部分组成。第一部分是简单的直流电流损耗 I^2R_c，其中 I 是指有效值输入电流（在标称负载情况下 120Hz 迭加正弦波电流的有效值），R_c 是直流绕组电阻值。

损耗的第二部分要复杂的多。它是与高频纹波电流有关的损耗，是克服绕组交流电阻所做的功。在扼流圈中，经常忽略这种效应，因为 50kHz 的纹波电流比 120Hz 电流小的多，所以经常假定交流损耗很少。

然而，从下面的计算可以看出如果单股导线用在绕制扼流器绕组中（一个普遍的应用），交流损耗会很大。

1.A.10　直流绕组电阻 R_c

缠线管宽度是 48mm，那么一个 13 号 AWG 线（1.95mm）会有一个 11.8A 的电流额定值。这种绕组共有 5 层，每层有 23 匝，厚度是 9.75mm 加上绝缘层的厚度。缠线管的高度是 12mm，而且绕组正好合适。假设单股 13 号 AWG 线用于绕组，如果我们每层绕 23 匝，5 层就可以得到需要的 115 圈。

1.A.10.1　绕组绕线长度

绕线的长度是 115×每匝平均长度

$$W_l=115\times15.5=1782\text{cm}$$

1.A.10.2　绕组电阻

60℃时 13 号线的电阻是 80 μΩ/cm。因此，60℃时绕组的电阻 R_c 是：

$$R_c=1782\times80\times10^{-6}=0.143\Omega$$

1.A.10.3　直流绕组损耗

$$\text{铜损耗}=I_{rms}^2\times R_c=10.9^2\times0.143=17\text{W}$$

1.A.11　等效交流绕组电阻

由于高频时的集肤效应，高频纹波电流分量产生的等效交流绕组电阻 R_{ac} 比直流电阻要大。一般而言，

$$R_{ac}=R_cF_r$$

式中 F_r 是等效高频电阻和低频电阻 R_c 的比。图 3.4B.1 给出了 F_r 的有关系数值，这个系数和绕组的几何形状、工作频率下的集肤效应的深度有关。

系数是：

$$\frac{h\sqrt{F_l}}{\delta}\quad\text{对于矩形导线}$$

变为

$$\frac{0.866d\sqrt{F_l}}{\delta}\quad\text{对于圆形导线}$$

式中，d=导线的直径，单位是 mm；

δ=集肤效应的深度，单位是 mm；

N_1=每层的匝数；

W=绕组宽度，单位是 mm；

$F_l=0.866N_1d/W$。

从图 3. 4B. 3 可以看出，在 60℃和 50kHz 条件下集肤效应的深度为 0. 3mm。估算 F_l：

$$F_l = 0.866 N_1 d / W$$
$$= \frac{0.866 \times 23 \times 1.95}{48} = 0.81 \text{（无量纲）}$$

然后可以计算因数 $\frac{0.866 d \sqrt{F_l}}{\delta}$：

$$\frac{0.866 \times 1.95 \times \sqrt{0.81}}{0.3} = 5.07$$

用这些值和层数 5，查图 3. 4B. 1 得到 F_r 的值约为 80。因此

$$R_{ac} = R_c F_r = 0.143 \times 80 = 11.5\Omega$$

1. A. 12　交流铜损耗

纹波电流是一个幅度峰峰值为 2. 3A 的三角波。它的有效值是 $0.577 I_{p\text{-}p} = 1.33$A

$$\text{交流铜损耗} = I_{rms}^2 \times R_{ac} = 1.33^2 \times 11.6 = 20\text{W}$$

可以看到如果使用单股导线作为扼流器的绕组材料，交流铜损耗要大于直流损耗，而且温度升高会比预期的高很多。与之相似的设计的测试结果已经确认了这一效应。

因此即使当交流纹波电流很小时，采用多股线作为高频扼流器的绕组也有一个优点。因为纹波电流很小，所以要求并不像变压器设计中那么严格。在这一实例中，使用 13 股 24 号 AWG 线，额定电流是 11. 9A，已经知道这样设计是很合适的。

1. A. 13　温升

这将取决于总损耗（$P_{core} + P_{copper}$）、表面积、体积和环境。对于在自然通风的条件下，图 3. 3. 5 或者图 3. 16. 10 给出了确定期望的温升所需要的信息。

第 2 章　硬开关的优缺点以及全谐振式开关电源

2.1　导论

在 20 世纪 60 年代和 70 年代，当高效率和高可靠性的半导体以令人能够接受的价格出现后，现代开关电源成为一种当然之选的技术。在这之前，开关电源技术仅用于大功率和高频场合，且采用各种磁性元件，如磁放大器和磁通门器件。

令我记忆犹新的是，20 世纪 60 年代初，电子学正面临着一场重要的革命，当时 Tobey 和 Dinsdale 发明了一种基于锗半导体的脉冲宽度调制宽带音频放大器。虽然这是一种音频放大器，但却包含了现代开关电源的基本技术。尽管相关文献直到 20 世纪 80 年代才大量出现，但毫无疑问，当时从事电源研究的人数众多。

电源设计领域的先驱们（如 Abraham I. Pressman，1915—2001）[91] 在设计线性调节器、开关电源和谐振式电源时都一样自如。早年，谐振式功率系统通常采用低频开关器件，如晶闸管，频率限制在几千赫兹范围内。

然而近年来，高效的高频器件将工作频率提高至几兆赫兹，高频谐振和准谐振变换器的设计越来越专业化。这就要求设计人员只能专攻硬开关方法（矩形波）或者谐振式方法（正弦或准正弦波）。毫无疑问，这种专业化的原因在于两种方法涉及的知识面均非常广，人们很难在两方面都站在技术的前沿。

最近，第三种方法出现了，即“准谐振式开关电源”。这种方法试图将硬开关和谐振式系统的主要优点结合起来，在补充内容的第 3 章给出的就是一个很好的例子：三相交流输入的 10kW 电源采用准谐振方法，并且证明整机效率接近 97%。

在这种情况下，对各种系统的主要优点和缺点进行总结有助于设计者在特定应用中选择最佳方法。迄今没有一种技术能够堪称理想（否则大家就都采用了），在参数设计上总是需要折衷，工程师必须考虑到许多要求和参数然后才能确定最佳方法。

2.2　硬开关方法的优缺点

在硬开关方法中，功率器件完全导通一段时间，随后完全关断一段时间，导通和关断时间之比决定着输出电压或电流的平均值。

可以采用多种调制方法，包括定频（导通和关断时间都变化）、变频（导通时间固定而关断时间变化）、变频（关断时间固定而导通时间变化）、变频（导通和关断时间都变化，但纹波电流峰－峰值不变，例如滞环控制）等。

上述方法有一个共同之处，即都在应力很高的情况下开通或关断功率器件，在此期间，功率器件两端的电压和通过器件的电流都很大，造成非常大的开关损耗。尽管可用各种缓冲（负载线整形）方法减小损耗，但并不能从根本上解决问题。下面将利用未采用负载线整形的简单升压变换器对此做出解释。

图 4.2.1a 所示的是一个基本的升压开关调节器，图 4.2.1b 给出了开通过程中电压和电流的波形，图 4.2.1c 所示的为未采用负载线整形时开关器件的损耗应力。

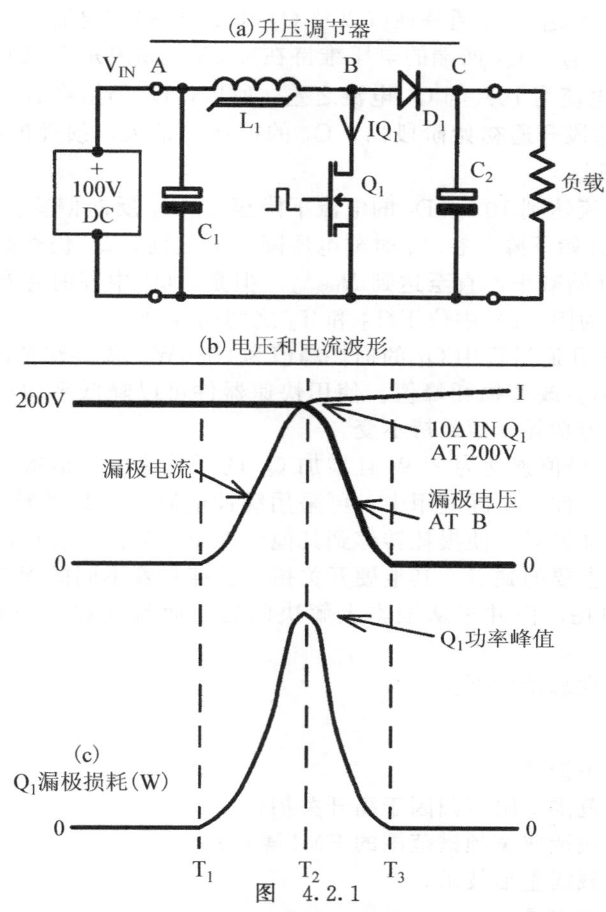

图　4.2.1

(a) 由 100V 输入产生 200V 输出的升压变换器概图。导通期间电压和电流波形如图 (b) 所示。注意 Q_1 两端的电压在 Q_1 电流超过输出电流之前不会降低。电感 L_1 在开关过程中迫使电流流动，造成 Q_1 在开通和关断过程中产生很大的尖峰开关损耗。(本例中峰值为 2000W。) 这在开关过程中发生，与器件的开关速度无关，并且证明这种固有的功率损耗与此类调节器的硬开关过程有关

2.2.1　硬开通开关损耗

初始条件：该例中，假设器件是理想的（无损耗）且电路已经进入稳态，输入电压为 100V、电流为 10A（1kW），输出电压为 200V，输出电流平均值约为 5A（1kW）。电感 L 很大，因此为了简单起见，本例中可认为输入电流在一个周期中保持不变。

注意到 Q_1 开通之前，流过 L_1 的 10A 电流经 D_1 和负载流入大电容 C_2，且输出侧 B 点的电压为 200V，输出电流平均值约为 5A，所以 C_2 被 5A 电流充电。还是为了简单起见，假设 C_2 很大，所以纹波电压很小，可以忽略。

由图 4.2.1b 的左侧部分可见，在开通时刻 T_1 之前，Q_1 的漏极电流（I_D）接近于 0。而 B 点的电压（V_{Q1}）被拑位在 200V，这是因为 D_1 是导通的，而 C 点的输出电压为 200V。

2.2.2　开通过程

T_1 时刻 Q_1 在栅极信号的作用下开始导通，Q_1 的电流开始增加至 10A。T_1 至 T_2 期

间，电流增加的速率由 Q_1 的开通特性（以及 Q_1 和 C_1 回路的电感）决定，例如这段时间为 1μs。注意在这一阶段，Q_1 两端的电压维持在 200V，原因是 L_1 的电流为恒定的 10A，D_1 仍然导通，D_1 的电流为 10A 与 Q_1 电流之差。所以，D_1 仍然将 B 点的电压拑位于由 C_2 保持的约 200V。在这段开通初始阶段内，Q_1 的损耗非常大，损耗的曲线为图（c）中位于 T_1 和 T_2 之间的部分。

T_2 时刻 Q_1 的电流达到 10A，D_1 的电流下降至 0，D_1 反向偏置。B 点的电压（Q_1 的漏源电压）从 200V 开始下降，在 T_3 时刻电压降至 0 之前，Q_1 仍然是导通的。在这一阶段，Q_1 的等效电阻开始减小，直至达到 $R_{DS(on)}$。但是，Q_1 中同时存在电压和电流。从而产生损耗，损耗曲线为图（c）中位于 T_2 和 T_3 之间的部分。

图 4.2.1c 表明在开通过程中 Q_1 的损耗峰值为 2000W。需要注意的是，增加开关速度（采用更快的器件）不会改变损耗峰值。使用快速器件可以降低平均功耗，因为功率曲线围成的面积将减小，但功耗峰值维持不变。

重点在于，Q_1 的峰值损耗为 2kW 且增加 Q_1 的开关速度峰值损耗保持不变，因为这是硬开关过程的固有特性。实际应用中，可采用缓冲电路（负载线整形）降低 Q_1 的峰值应力，但一般而言这样做只会使损耗转移到其他元件中。类似的过程出现在关断 Q_1 时。

这就是硬开关最主要的缺点。其他硬开关拓扑也存在着不同的损耗问题，尽管有许多方法可以降低这类损耗，但并未从根本上解决问题，而且还将工作频率限制在 200kHz 以下。

硬开关的主要特性总结如下。

2.2.3 缺点

（1）固有的高开关损耗；

（2）工作频率的范围受限（归因于高开关损耗）；

（3）开关边沿过快造成宽频谱范围的 EMI 噪声；

（4）需要采用负载线整形技术；

（5）开关器件的应力高；

（6）功率二极管中反向恢复电流很大。

2.2.4 优点

（1）非常成熟的技术和许多行之有效的拓扑。相关的图书和应用注释丰富，有种类齐全的控制 IC 可供选用；

（2）能适应输入和负载的大范围变化；

（3）非谐振式电路，因此绕线式元件及开关器件中的电流更小，I^2R 损耗也小；

（4）易于理解和设计；

（5）布局和绕线式元件的设计不是特别关键。

下面要分析的是全谐振式开关电源的工作过程。

2.3 全谐振式开关系统

谐振式开关系统的种类繁多，且有成为专业领域的趋向，本书也无法面面俱到地涵盖全部有关内容。如果读者希望对此有全面而透彻的理解，建议查找本书参考文献中列出的专业书籍和论文。

本章将研究为荧光灯供电的全谐振式系统（工业中通常称为镇流器），从中我们将了解到全谐振系统的优点和缺点。

2.3.1　串联及并联谐振

谐振系统可以采用串联谐振或并联谐振，理解两种谐振全然不同的特性十分重要。

图 4.2.2a、图 4.2.2b、图 4.2.2c 所示为串联谐振系统的基本参数，图 4.2.2d 和图 4.2.2e 所示为并联谐振系统的基本参数。两种方案均用于荧光灯的镇流器系统。（还可采用多种其他方案。）

下面对用于镇流器的串联谐振电路做简单的分析。

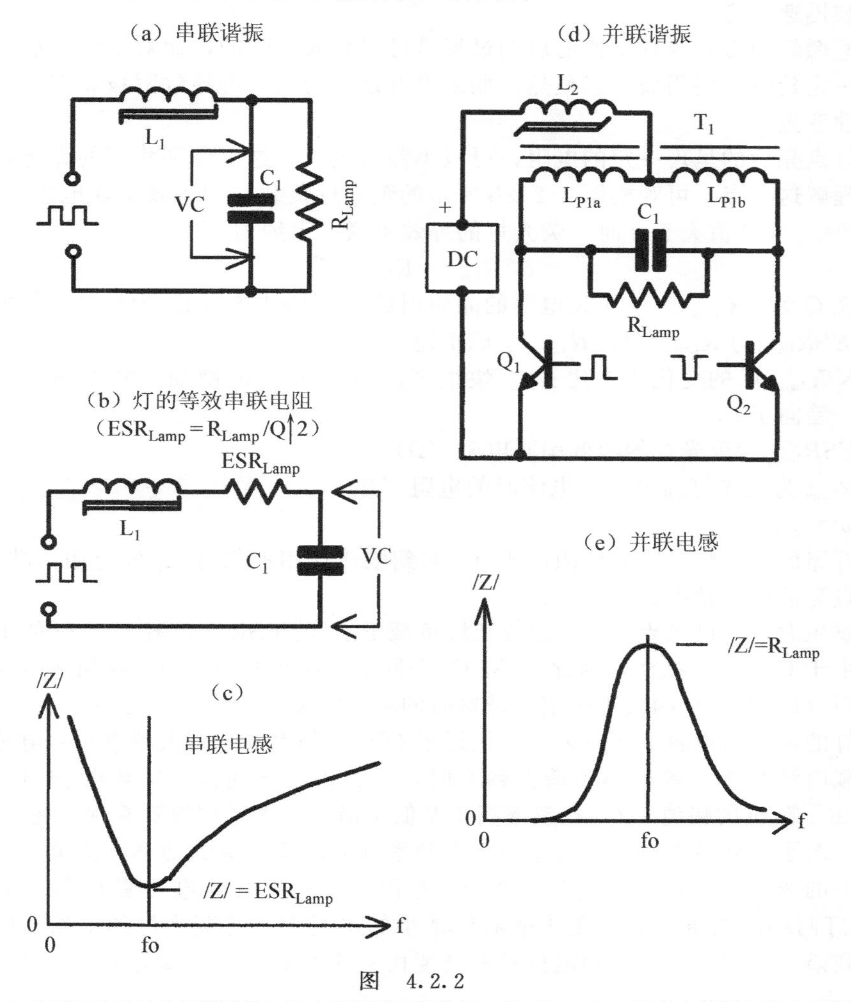

图　4.2.2

（a）常用于荧光灯的串联谐振 L/C 电路概图。荧光灯电阻（R_{Lamp}）一般接在谐振电容 C_1 两端

（b）等效电路，荧光灯负载用其等效串联电阻 ESR_{Lamp} 表示

（c）串联谐振电路的阻抗与频率的关系曲线，仅画出谐振点附近的部分，注意阻抗在谐振处最低

（d）并联谐振电路，荧光灯负载仍接在电容 C_1 两端

（e）并联谐振电路的阻抗，谐振时 R_{Lamp} 最大

2.3.2　电压型串联谐振式镇流器

图 4.4.2a 所示的为串联谐振式镇流器，L_1 和 C_1 串联接在一正弦或方波开关电源两端。图 4.2.2c 给出了电路的阻抗特性，这是一种窄带频率滤波器，能够滤除方波输入的

谐波，只允许基本开关频率的分量通过，因此电容 C_1 两端的电压为正弦波。在镇流器应用中，荧光灯负载（R_{Lamp}）通常跨接在电容 C_1 两端，如图所示。

经过分析，可以看出在荧光灯启辉之前，等效负载 R_{Lamp} 开路，且在谐振频率处，C_1 将 L_1 抵消。电路的等效串联电阻（ESR）很低，被限制在 R_{L1}（电感的电阻）。

所以，可以明显发现串联谐振电路的潜在劣势，即在荧光灯点亮之前，启动电流会非常大。而优点是电容 C_1 的电压（$I_{in}X_{C1}$）在启动期间很高，由于荧光灯接在电容两端，因此荧光灯被迅速点亮。

对于速燃灯而言，这种迅速的启动过程是可以令人接受的，而对于快速启动灯，启动时最好有一定延时，使阴极可以预热。如果没有延时的话，可导致阴极剥离，使荧光灯的端部永久性变黑。

荧光灯点亮后的呈现一定的电阻，可减小输入电流。这也许和我们的直觉相违背，为了更好地理解这一点，可观察图 4.2.2b 所示的荧光灯负载的“等效串联电阻（ESR_{Lamp}）。可以证明[91]，当 Q 值大于 3 时，荧光灯的等效串联电阻约为

$$ESR_{Lamp}=R_{Lamp}/Q^2$$

若定义 Q 为 $\omega R_{Lamp}C_1$（LCR 电路的品质因数），则谐振时 ωC_1 为常数（例如 K）。

因此 ESR_{Lamp} 与 $R_{Lamp}/(K\,R_{Lamp})^2$ 成正比。

而 $(K\,R_{Lamp})^2$ 的变化速度比 R_{Lamp} 快很多，随着 R_{Lamp} 的增加，网络的等效输入电阻（ESR_{Lamp}）趋向于 0。

其中 ESR_{Lamp} 为荧光灯的等效串联电阻（Ω）

　　R_{Lamp} 为荧光灯通过工作电流时的电阻（Ω）

　　$\omega=2\pi f$

对于开路的荧光灯，输入电阻趋于 0，起到限流作用的仅有 L_1 的电阻（非常小）。所以荧光灯点亮前的启动电流非常大。

谐振发生时，灯已经点亮，Z 为荧光灯负载 R_{Lamp} 的 ESR，如图 4.2.2c 的阻抗特性曲线所示。由于 C_1 将 L_1 抵消，因此 L_1 和 C_1 串联后的阻抗接近于 0。施加电压及荧光灯等效串联电阻（ESR_{Lamp}）的大小决定了谐振时的输入电流和荧光灯的功率。

荧光灯的电压为电容电压（V_{C1}），接近于 QV_{in}。频率大于谐振频率时，电感占据主导地位，负载电流减小。频率小于谐振频率时，电容占主导地位，负载电流仍将减小。图 4.2.2c 给出了阻抗的幅值 $|Z|$ 在频率高于及低于谐振频率时如何随着频率变化。

所以，对于串联谐振电路，减小或增加频率都会调节负载的功率，这类电路可用于需要亮度调节的场合。注意，若试图在谐振频率附近将荧光灯断电可使 Q 值增大，从而使 C_1 和荧光灯两端的电压升高，在功率输出减小的情况下维持荧光灯的工作。因此，这种类型的串联谐振电路可看作一种阻抗频率高度相关的可调电源，适用于固定输出和亮度调节场合。

2.4　电流型并联谐振式镇流器

下面介绍一种全谐振式自激振荡电流型并联镇流器的实例，来说明谐振系统的优点和缺点。图 4.2.2d 所示的是一种并联谐振式电流型镇流器的基本部分。注意谐振元件 L_{P1}、L_{P2} 和 C_1 构成一个并联谐振电路，荧光灯负载 R_{Lamp} 仍接在 C_1 两端。

图 4.2.2e 所示为并联谐振电路的阻抗幅值在谐振频率附近与频率的关系。注意并联谐振电路的阻抗在谐振点附近达到最大。

尽管串联和并联电路都能为荧光灯负载提供正弦电流和电压，但两者的工作原理和特

性存在着很大的区别。串联谐振电路等效为一种低阻抗电压源，而并联谐振电路等效为一种高阻抗电流源。

图 4.2.3 所示为一种电流型自激振荡并联谐振式镇流器的工作原理。图 4.2.4 给出了该电路的波形。

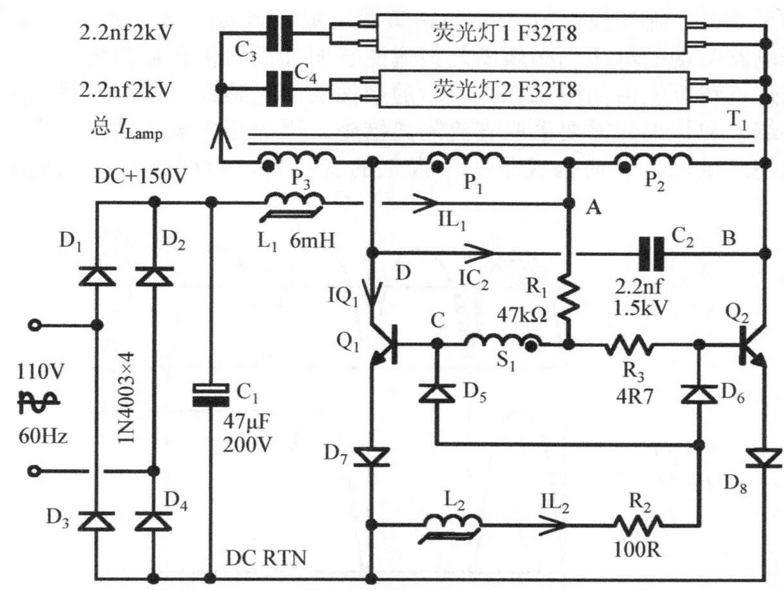

图 4.2.3　用于两盏 F32T8 4-ft 速燃灯的并联谐振式 30kHz 正弦波 68W 电子镇流器功能样机原理图。输入为标准的单相 60Hz 110V 交流电。主变压器 T_1 的绕组 P_3 为速燃灯提供所需的高启动电压，电容 C_3 和 C_4 起到限流作用。根据不同的应用场合，安全机构可能要求 P_3 为完全绝缘的绕组，直接驱动荧光灯并且将荧光灯及灯座与交流输入隔离

理解输入扼流圈 L_1 的工作过程可以更好地解释电路的功能。这种扼流圈的电感很大，使输入电流在整个周期内维持恒定。(纹波电流示于图 4.2.4h。)

输入至扼流圈的电压（V_{in}）为直流。(本例中有效值 110V、60Hz 的交流输入电压整流后为 150V 直流。) 在谐振谐振电路的作用下，谐振电感的中间（图中的 A 点）扼流圈的输出电压为迭加正弦波，如图 4.2.4a 所示。

在扼流圈电流进入稳态的情况下，对于 150V 的直流电压，正向伏秒数必须等于反向伏秒数。这一条件当 150V 以上的波形面积等于 150V 以下的波形面积时满足，如图 4.2.4a的区域 a 和区域 b 所示。此时迭加正弦波的直流平均电压等于直流输入电压，而且扼流圈的励磁电流降维持恒定，峰值电压为 $\pi V_{DC}/2$ 或 $1.57V_{DC}$，即 235V。注意，该电压意义明确，是扼流圈输入电路的固有特性。

将此迭加正弦波的峰值施加在主绕组的中心抽头，即 A 点。当 Q_1 导通时，Q_2 集电极（B 点）的峰值电压在变压器的作用下等于 A 点电压的 2 倍，即 πV_{DC} 或本例中的 470V。因此当 Q_1 导通 Q_2 关断时，Q_2 的集电极即 B 点的电压在由变压器/电感 P_1、P_2 和 C_2 构成的谐振谐振电路的作用下同样为正弦半波，如图 4.2.4c 所示。

在半个周期结束时，由于 Q_2 的电压降至 0V，Q_1 将关断而 Q_2 将开通，Q_1 的电压此时同样为正弦半波，如图 4.2.4b 所示，这一过程将一直进行下去。

虽然出于叙述简单的目的，认为扼流圈是造成形成上述波形的原因，而谐振电路是结

果，但实际上是谐振电路存储了大部分能量并且决定了波形。C_2 两端的电压在初始阶段建立直到上述条件满足。（较低的电压使扼流圈的励磁电流增加，较高的电压使励磁电流减小，因此电路在最优取值的条件下可实现自稳定。）

C_2 两端电压波形如图 4.2.4d 所示。

当电路带负载时，扼流圈电流（I_{L1}）由负载决定，因为励磁电流平均值为 0。然而长期来说，谐振电路两端的电压仍必须满足扼流圈正向和反向伏秒数的要求。

尽管荧光灯负载可能由如图 4.2.3 所示的带抽头的电感或自耦变压器直接驱动，但安全机构要求主绕组和输出间需要采取直流隔离措施，因此更常见的情况是荧光灯由电感或变压器的分离绕组供电，从而构成了一个真正的变压器，而变压器的主绕组具有电感的功能。

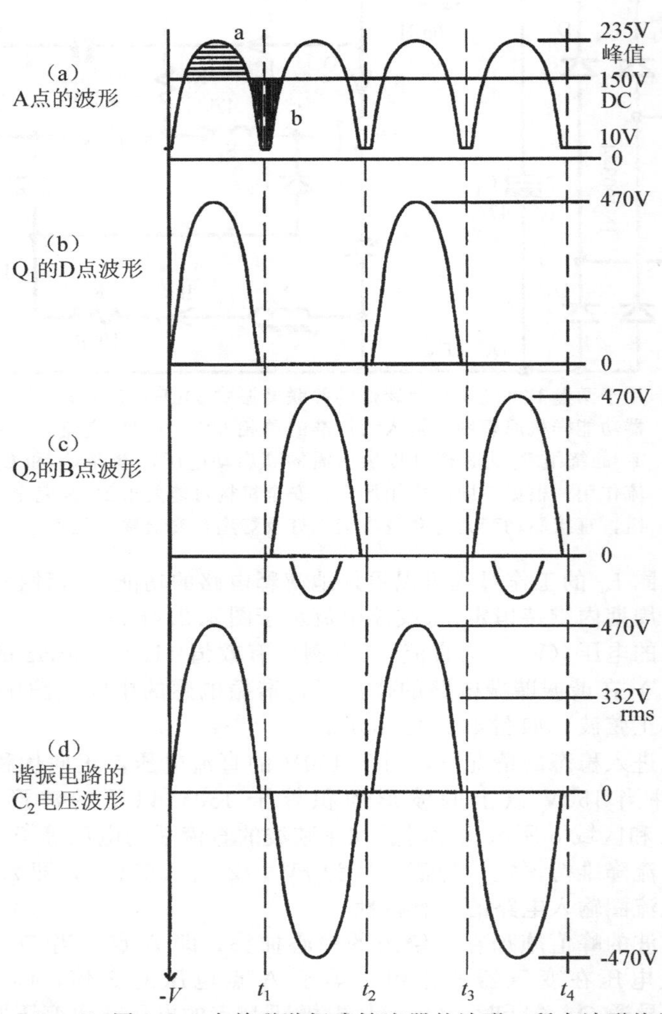

图 4.2.4　(a—d) 图 4.2.3 中并联谐振式镇流器的波形。所有波形均用双通道示波器测量，参考点为公共连接线（直流返回线），110V 交流输入端接均有隔离变压器。顶部图（a）为 L_1 输出端 A 点电压波形。图（b）为 D 点电压波形。图（c）为 B 点电压波形。底部图（d）为使用两个探头和示波器双通道输入测得的谐振电容 C_2 两端电压波形

2.4.1　同步基极驱动

同步基极驱动由变压器或电感上的反馈绕组 S_1 提供。绕组反相连接，目的是为导通的晶体管提供正向驱动电压。图 4.2.4e 所示的为 Q_1 基极驱动电压波形。反馈绕组有效地控制基极驱动电流从 L_2 流入导通晶体管的基一射级的 PN 结。

注意导通的晶体管将绕组 S_1 末端正极性驱动电压钳位于导通晶体管的 V_{be} 加上二极管 D_7 或 D_8 的导通压降（约为 1.2V）。这个钳位过程迫使 S_1 另一端（与关断的晶体管基极连接）的电压为较大负值（本例中为－7V）。射级二极管 D_7 和 D_8 的作用是避免基一射级反向击穿。大的关断偏置使关断的晶体管承受更高的电压等级 V_{cer}。（反向偏置额定电压（V_{cer}）通常高于额定的 V_{ceo}。）

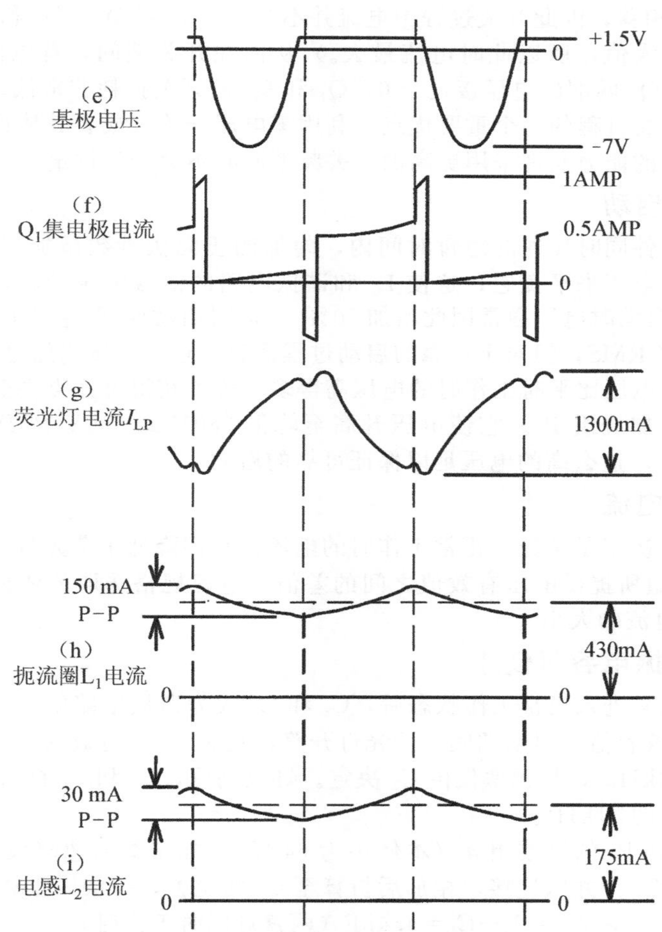

图 4.2.4（续）　（e—i）Q_1 和 Q_2 的基极驱动波形。注意用来建立 L_2 中驱动电流的高负电压摆动。图（f）为满载时 Q_1 和 Q_2 的集电极电流。图（g）为荧光灯电流。图（h）为 L_1 的电流。图（i）为 L_2 的电流

由驱动电路可见，关断晶体管基极的负偏置电压是由基极二极管（D_5 或 D_6）施加在电感电阻组合 R_2 和 L_2 上的。这在 L_2 上建立了从左向右流动的电流（I_{L2}），大小由 R_2 决定，如图 4.2.4i 所示。这个感性电流不仅为准备开通的晶体管提供了驱动，即驱动波形的起始部分；还能提供半周期终了时的驱动电流；在这两种情况下，S_1 上的驱动电压都很

低。实际上这个过程使 Q_1 和 Q_2 同时导通一段很短的时间，此时谐振电路以及 S_1 两端的电压接近于 0。这种导通的交叠确保 Q_1 和 Q_2 不会同时关断。电阻 R_2 的作用是调节来自于 L_2 的驱动电流，从而也调节了交叠的时间。

注意：如果 Q_1 和 Q_2 同时关断，这会阻断扼流圈 L_1 的导电通路，使 Q_1 和 Q_2 两端承受很大的电压脉冲，很可能造成晶体管损坏。因此，交叠是避免电流驱动型电路发生电压击穿的一种准则。（与电压型驱动电路需要死区时间以避免不可控的交越导通的方法相对应。）

2.4.2　零电压开关

从以上分析中可注意到 Q_1 和 Q_2 是在电压为零时开通和关断的。谐振电路的电压和电流间存在 90°的相移，因此开关过程中电流并不为 0。（注意 Q_1、Q_2 和 C_2 的电压变化率在开关时刻达到最大值，所以此时电流最大。）从而在开关期间，有电流流过 Q_1 和 Q_2。然而，由于 Q_1 和 Q_2 两端的电压接近于 0，Q_1 和 Q_2 的开关损耗非常低。

这是谐振式开关过程的一个重要优点。利用零电压开关（或者其他设计中的零电流开关）减小开关损耗的能力允许采用更高的开关频率同时不会产生过量的开关损耗。

2.4.3　荧光灯启动

在两个开关器件同时导通的短暂时间内，附加的正向伏秒数施加于扼流圈 L_1，需要更大的迭加正弦波电压来平衡它；这使 L_1 和谐振电路的谐振电压升高，电压的大小与交叠时间成正比。（启动时电压通常因此增加 10％。）同时启动期间 C_2 的峰值电压也会增加，如 520V，或 367V RMS，但对于可靠的启动过程而言，这个电压仍然是很低的。

荧光灯的启动电压比平时工作时的电压高得多。为了获得可靠点亮荧光灯所需的附加电压，需要利用附加绕组 P_3。它使电压升高至峰值 780V 或 550V RMS。对于本例中的 F32T8 速燃灯而言，这么高的电压足以保证可靠的启动。

2.4.4　荧光灯电流

电容 C_3 和 C_4 决定了荧光灯正常工作时的电流。它们降低了荧光灯工作电压有效值与谐振电路及 P_3 绕组所提供电压有效值之间的差值。电容规格选取的依据是为每盏灯提供 32W 功率时所需电流的大小。

2.4.5　有效谐振电容（C_{2e}）

当荧光灯被点亮进入正常工作状态后，C_3 和 C_4 成为谐振电路的一部分，它们增加了谐振电容 C_2 的有效容值。启动期间，荧光灯开路，只有 C_2 是有效的。因此灯被点亮之前频率要高一些（70kHz），且频率仅由 C_2 决定。灯点亮后，C_3 和 C_4 接入电路使频率降低，工作频率降至所需的 31kHz。

绕组 P_1、P_2 和 P_3 的匝数相等（本例中为 64 匝）。如果暂时忽略荧光灯的工作电阻，荧光灯电容 C_3 和 C_4 为并联连接，相加后折算至 C_2 的位置，并乘以匝数比的平方：

$$C_t = C_3 + C_4 = 4.4\text{nF}\ （两盏灯同时工作时）$$

C_t 乘以匝数比的平方后与 C_2 相加得到有效工作电容 C_{2e}：

$$C_{2e} = (3/2)^2 C_t + C_2 = 2.25C_t + C_2 = 2.25\,(4.4) + 2.2 = 12.1\text{nF}$$

验证：上述分析只是近似的，因为负载特性比较复杂，有功和无功分量间存在相移。对于荧光灯，相移难以确定。为了验证上述结果，去掉 C_3 和 C_4 并且增加 C_2 以获得相同的荧光灯工作频率，即 31kHz。经计算 12.2nF 可以获得所需的频率，因此这种简单的近似是正确的。

所以谐振电路（P_1 和 P_2）的有效电容 C_{2e}为 12.1nF，有效谐振电流可计算如下：

谐振频率处 C_{2e} 的电抗为

$$X_{C_{2e}}=\frac{1}{2\pi fCie}=\frac{1}{2\pi\times31\times10^{3}\times12.1\times10^{-9}}=424\Omega$$

C_{2e} 的有效无功电流（I_{C2e}）为

$$I_{C2e}=V_{RMS}/X_{C2e}=332/424=783\text{mA}$$

电流的有功分量可由总荧光灯功率计算

$$P_{total}=P_{Lamp1}+P_{Lamp2}=32+32=64\text{W}$$

忽略损耗，C_{2e} 的电流由谐振电路的电压决定

$$P_{total}=V_{RMS}I_{RMS}$$

$$I_{RMS(real)}=P_{total}/V_{RMS}=64/332=193\text{mA}$$

2.4.6　谐振电路的品质因数 Q

Q 为谐振电路的有功电流与无功电流之比。

因此　$Q=783/193=4.1$

这时可以看出全谐振式系统的一个主要缺点。从上述分析可以明显看出，变压器的电流比非谐振式系统中大 4 倍。绕组中的铜损与 I^2 成正比，因此损耗比非谐振式电路大 16 倍。为了避免温升超过可接受的限值，需要使用尺寸更大的变压器和绕组。

需要注意到的是，P_3 的电流（图 4.2.4g 中的荧光灯电流）有效值约为 0.460A，P_3 的电压为（3/2）332V 或 498V RMS，两者的乘积为 229VA（视在功率），比仅为 64W 的有功功率大很多。因此变压器绕组需承受 229W 硬开关应用中的应力。这就是全谐振系统的一个主要缺点。然而，如果绕线式元件是为无功电流大的应用而设计的，那么仍可以获得可接受的铜损和变压器温升。

随着频率的升高，磁心上的线圈匝数减少，铜损降低。因此高频运行（开关损耗降低）可以弥补铜损增加的不足。然而频率超过 50kHz 时，荧光灯的效率会出现下降。

2.5　绕线式元件的设计

本章最后讨论绕线式元件 L_1 和变压器/电感 T_1 的设计。

在第三部分的 1～6 章已经论述了扼流圈和变压器设计的详细过程。然而，对于本应用中变压器/电感 T_1 有着一些非常特殊的要求，因为它同时具备变压器和谐振电感的功能。

扼流圈 L_1 可按照第三部分 1～3 章的内容进行设计。然而它并非关键元件，因此对于时间紧迫的工程师来说，可利用简捷的方法在短期内实现良好的性能和最优设计，此处将采用这种方法。

2.5.1　扼流圈 L_1 的设计

我将 L_1 称作扼流圈，当电流直流分量很大时可采用这个名称。这个定义非常重要，因为与纯粹的电感相比，扼流圈的设计过程有所不同。它需要低磁导率的磁心（或增加气隙）以阻止直流饱和。

通常扼流圈应尽可能地大一些，目的是将输入端开关频率的纹波电流限制得尽可能地低。一般来说，目标是使纹波电流的有效值小于直流平均值的 20%。本例中纹波电流峰-峰值为 150mA（有效值约为 53mA）（参见图 4.2.4h），而满载直流电流平均值为 430mA，故纹波约为 12%，这是可以接受的。

设计过程十分简单：选择与已知尺寸和成本相一致的磁心。熟悉镇流器设计的人都知道扼流圈的磁心体积一般应为主变压器体积的约 25%，与本例中尺寸最接近的为

EE 25/24铁氧体磁心，或者 E100 铁粉磁心。

注意：由于匝数多纹波电流小，铁损很低，可使用成本较低的铁粉磁心，降低成本的同时还无需磁心开气隙。

对于 EE25/24 磁心，可采用单节骨架，在骨架上绕满线，导线的尺寸的选择要依据满载时的输入电流平均值。

假设效率为 95%，输入电流的计算如下。

P_{out}=64W，故 P_{in}=64/0.95=67.4W，150V 时的输入电流为 67.4/150=449mA。

漆包线 27 AWG 的额定电流为 459mA，这对于本例是合适的（见表 3.1.1），所以骨架上应用#27 AWG 绕满 230 匝。

2.5.2 铁氧体气隙

无论什么材料的铁氧体，磁导率均过大，磁心将因电流的直流分量而饱和，因此需要加入气隙。气隙长度的优化设计方法如下。

a. 为磁心开较小的气隙，如 0.010in。

b. 将其安装在样机上。

c. 满载运行镇流器并调整磁心使 L_1 的纹波电流最小。（可清楚地找出纹波电流最小值。）

本例中，发现成对气隙（“E”磁心右侧表面的气隙）为 0.008in 时纹波最小，此时测得电感为 8.5mH。这种方法的优点是可以确保气隙尺寸为最优且考虑了所有可变因素。

如果你愿意并且有时间，可用第三部分第 1 章的方法计算气隙。

2.5.3 铁粉磁心

可使用低成本的铁粉磁心，因为它的交流磁通较小，且铁损不会成为一个问题。E100 磁心尺寸正合适。（并非关键因素。）

现在的目标是选择适当磁导率的磁心材料，从而不再需要气隙。

应遵循以下步骤。

a. 计算由直流电流产生的磁化力、匝数以及磁心参数。

b. 选择磁导率为工作电流时的 75%或以上的磁心材料。

2.5.4 直流磁化力

见第三部分第 2 章的图 3.2.1。

直流磁化力 H_{DC}（单位是 Oe）为

$$H_{DC}=\frac{0.4\pi N I_{DC}}{L_{mp}}$$

式中，H_{DC}为直流磁化力，单位是 Oe；

N 为匝数；

I_{DC}为直流电流平均值，单位是 A；

L_{mp}为磁通回路的长度，单位是 cm。

本例中 E100 磁心的 L_{mp}为 5.08cm，故

$$H_{DC}=\frac{0.4\times\pi\times230\times0.449}{5.08}=25.5\text{Oe}$$

由图 3.2.1 可见，材料 26 在此磁通等级下具有 75%的磁导率，而且磁导率最高，可获得最大的电感。

所以装配 E100-26 磁心。这些磁心产生 $92nH/N^2$（A_1 值，见参考文献 [63] 和参考文献 [64]）。

匝数为 230 时的电感为

$$L=N^2A_1=230^2\times92\times10^{-9}=4.9mH$$

电感比采用带气隙的铁氧体磁心时稍小，所以纹波电流要大一些。有利的是，饱和在更大的电流时发生，所以电流安全裕度更高。

2.5.5 变压器/电感设计

本设计中的变压器 T_1 是自耦变压器，P_3 与 P_1 和 P_2 耦合以实现将谐振电路的电压升高 3/2 倍（D 点至 A 点）为荧光灯供电。

P_1 和 P_2 构成谐振电路的电感。P_1 和 P_2 电感大小的调节是通过调整磁心气隙实现的。也许设计人员偏好为荧光灯使用独立的隔离绕组，但这种变化除了使铜损增加之外，并不影响设计原则。

启动时，C_2 与 P_1 和 P_2 的电感发生谐振，谐振频率约为 70kHz，荧光灯点亮后，电容 C_3 和 C_4 成为谐振电路的一部分，频率降至 31kHz。

2.5.6 原边匝数

尽管频率为 31kHz 时，荧光灯消耗的功率仅为 64W，但仍需要将磁心的功率选得大一些，因为要考虑到绕组的无功电流会远大于非谐振时的变压器电流。ETD39 磁心可以满足这一要求。

对于正弦波应用，变压器的设计遵循常规的过程。原边的最小匝数应根据频率、工作电压有效值、所需的磁通密度和磁心面积计算：

$$N_{min}=\frac{10^6V_{RMS}}{4.44f\beta A_e}$$

式中，N_{min} 为原边（P_1 和 P_2）最小匝数；

V_{RMS} 为 P_1 和 P_2 两端电压（V_{C2}）的有效值；

f 为频率，单位是 Hz；

β 为工作时的磁通密度，单位是 T；

A_e 为有效磁心面积，单位是 mm^2。

谐振时 P_1 和 P_2 两端电压（V_{C2}）的有效值为 332V（见图 4.2.4d）。

$f_0=31kHz$，ETD39 磁心的 A_e 为 $125mm^2$，对于初始设计，为了保证较低的磁通密度，选择磁通密度为 150mT。

所以

$$N_{min}=\frac{10^6\times322}{4.44\times31\times10^3\times0.150\times125}=128\text{ 匝}（P_1 和 P_2）$$

较为方便的方法使用 6 层漆包线 24 AWG，每层 32 匝，共 192 匝，在 64 匝和 128 匝处引出抽头以形成 P_1、P_2 和 P_3。

P_1 和 P_2 两端的峰值电压为 470V，对于 128 匝，每匝电压为 3.67V。在其余绕组的外面再绕 3 层形成 S_1，其驱动电压峰值为 11V。

2.5.7 原边电感和磁心气隙

P_1 和 P_2 的电感必须在设计频率 31kHz 与等效电容 C_{2e} 发生谐振。在这一频率点亮荧光灯可使其在所需功率下工作。（增加频率将使功率增加，因为 C_3 和 C_4 将向荧光灯提供更大的电流，反之亦然。)

下面计算使谐振频率为 31kHz 时所需的电感值：

$$f_0=\frac{1}{2\pi\sqrt{(L_p C_{2e})}}$$

式中，L_p 为 P_1 和 P_2 所需的电感；

C_{2e}为跨接在 P_1 和 P_2 两端的等效电容（荧光灯工作时为 12.1nF）；

f_0 为谐振频率（31kHz）。

所以

$$L_p=\frac{1}{(2\pi f_0)^2 C_{2e}}=\frac{1}{(2\pi\times 31\times 10^3)^2\times 12.1\times 10^{-9}}=2.2\text{mH}$$

没有气隙时测得 P_1 和 P_2 的电感为 42mH，因此需要加入气隙。

提示：在电子镇流器的设计中，当在建议的频率范围内（20～60kHz）选择了合适的铁氧体磁心并且用最小匝数绕制后，电感通常过大从而必须加入气隙。

对于这一点，简单的方法是仅通过调节气隙来获得所需的 2.2mH 电感。然后将变压器安装在样机中，如有必要，对气隙做最终调节以获得所需的频率。(对于 2.2mH，0.045in 的成对气隙是令人满意的。)

另一种方法是用第三部分第 1、2、3 章的方法计算气隙。

2.5.8　变压器结构和一些实际考虑

图 4.2.5 所示的是变压器的具体结构。

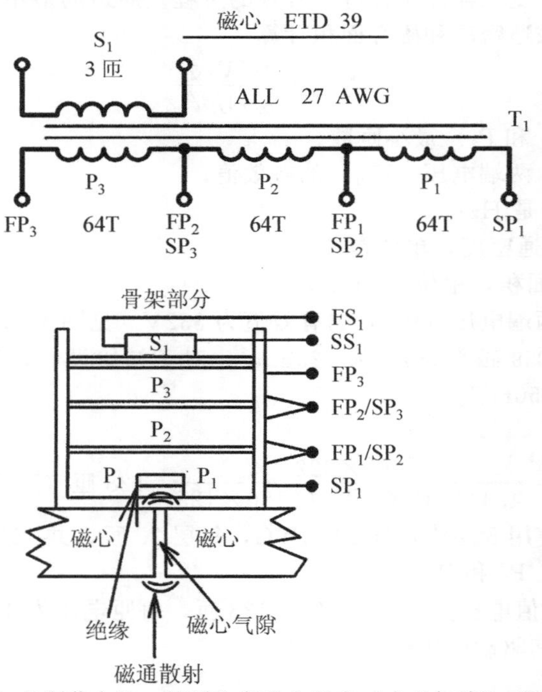

图 4.2.5　变压器 T_1 的制作方法。特别注意磁心具有“成对气隙”，即气隙贯穿全部 3 个磁心柱，这可以减轻仅中间的磁心柱开更大气隙时的磁通散射问题。磁通散射可使气隙附近的漆包线出现局部过热。出于同样的原因，还要注意气隙附近的绝缘，不要使漆包线过于接近磁心气隙

本设计中变压器的一个重要特性是在磁心气隙的区域要附加绝缘。气隙处磁通散射形成的涡流使气隙附近的导线发热，从而造成铜损过大。我曾见过气隙附近的漆包线过热使绝缘失效的例子。当气隙超过 0.020in 时，这是一个需特别注意的问题。出于这个原因，建议使用成对气隙（气隙延伸穿过磁心的 3 个磁心柱），而不是中心磁柱气隙，因为中心磁柱气隙应为成对气隙的两倍。

当气隙附近的绕组绝缘带厚度为气隙的 2 倍时，通常可使铜损问题限制在可接受的范围内。另一种方法是使用对磁通散射不敏感的绞合线。

在镇流器应用中，变压器的位置也很重要。我曾见过变压器外部磁极气隙过于靠近铝外壳，结果外壳中的涡流损耗超过 8W 的例子。（安装外壳后镇流器的效率降低了 15%!）因此，应在外壳的长度方向上布置气隙并与任何金属部分保持一定距离。

由于电压很高，骨架上的层与层之间应绕上 3mil 的 Nomex® 绝缘纸或类似的绝缘材料。而且要在绕组的两侧预备足够的爬电距离，并保证引出线的绝缘。

2.6　结论

下面总结一下全谐振式开关电源的优点和缺点。

2.6.1　优点

（1）由于零电压或零电流开关，开关损耗降至 0。

（2）由于高频谐波少，因此降低了 EMI 和 RFI。

2.6.2　缺点

（1）绕线式元件、电容和半导体中的无功电流导致了更大的损耗。

（2）设计更加困难。

（3）对负载和输入的变化更为敏感。

下一章将介绍可消除全谐振系统大部分缺点的准谐振电路。

第 3 章　准谐振式开关变换器

3.1　导论

第 2 章研究了硬开关方法和全谐振式开关策略，两者都有优点，也存在着缺点，更为重要的优点和缺点将在下面做出总结。

本章研究准谐振式开关方法，这种方法可消除上述两种方法的某些缺点，并保留大部分优点。在开始之前，应总结一下上述两种方法的优点和缺点。

3.2　硬开关方法

缺点

(1) 固有的高开关损耗。

(2) 开关边沿过快造成宽频谱范围的 EMI 噪声。

(3) 需要采用负载线整形技术。

(4) 开关器件中的瞬态功率应力过高。

(5) 开关二极管中反向恢复电流过大。

(6) 工作频率的范围受限（归因于高开关损耗）。

优点

(1) 非常成熟的技术和许多行之有效的拓扑。相关的书籍和应用注释丰富，有种类齐全的控制 IC 可供选用。

(2) 能适应输入和负载的大范围变化。

(3) 非谐振式电路，因此绕线式元件及开关器件中的电流更小，I^2R 损耗也小。

(4) 易于理解和设计。

(5) 布局和绕线式元件的设计不是特别关键。

3.3　全谐振式方法

缺点

(1) 绕线式元件、电容和半导体中的大无功电流。

(2) 设计更加困难。

(3) 对负载和输入的变化更为敏感。

优点

(1) 由于零电压或零电流开关，开关损耗更小。

(2) 由于高频谐波少，因此降低了 EMI 和 RFI。

3.4　准谐振式系统

本章将研究某一准谐振式系统是如何克服硬开关和全谐振式开关的各种缺点，而将大部分优点保留的。

有多种准谐振系统得到应用，但本质上它们都通过零电压或零电流开关使开关器件的效率维持在较高水平。另外，全谐振系统中因过大的无功电流造成的过量铜损在准谐振系统中要小得多，这是因为谐振过程被限制在功率器件开通或关断期间，仅占整个开关波形的一小部分。

本章介绍的 10kW 变换器则更进一步，有效利用了某些寄生元件和某些通常被认为是不受欢迎的元件（如 MOSFET 衬底电容、变压器漏感和分布电容）。这些元件被利用起来并成为准谐振电路的一部分。因此，寄生元件已经不再成为一个问题，实际上它们有助于实现零电压开关。

现在让我们研究一台 10kW 准谐振功率变换器原边侧功率部分，此变换器是我所在的公司设计制作的，其性能在工业应用中得到证实。

3.5 全桥零电压换流移相调制 10kW 准谐振变换器

以下介绍的 10kW 变换器是一个很好的一类准谐振开关变换器实例。该设计使用 Unitrode/Texas 的 UCC3895 控制 IC，这种设计经证实是高效率和高可靠性的。[92]

这个 10kW 的电路由两个相同的 5kW（500V，10A）电路串联而成，输出为 1000V，10A。由于两部分基本相同，在以下进行功能分析时，只考虑其中一个 5kW 变换器。

3.5.1 功率部分

为了简单起见，图 4.3.1 只给出了 5kW 变换器的基本功率部分，将用它们来对主要功能做出解释。为了保证完整性，图 4.3.2 给出了增加了部分关键缓冲元件的同一功率单元。（稍后再考虑缓冲电路。）

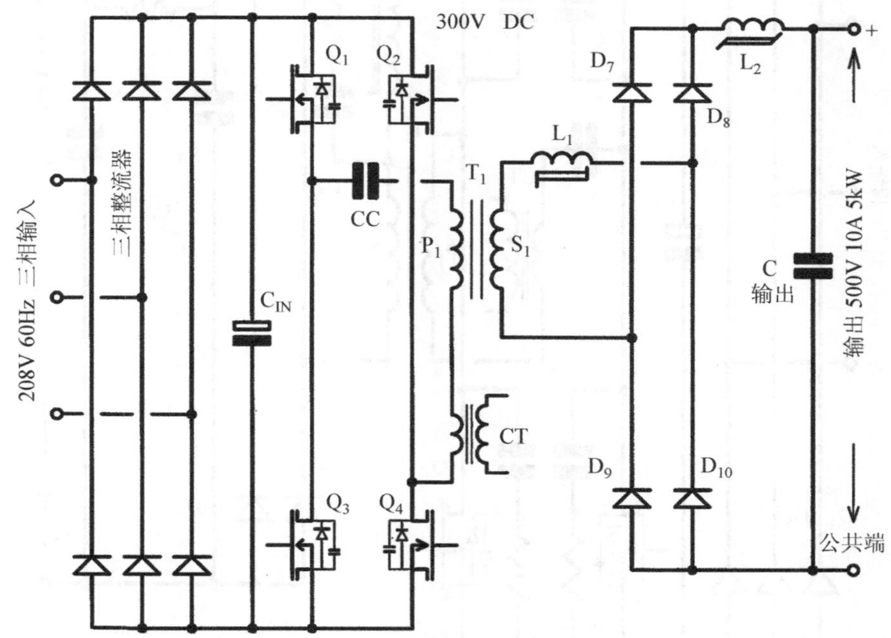

图 4.3.1 5kW DC-DC 变换器的基本功率变换级。左侧的输入来自三相 208V、60Hz 的交流市电。右侧的 500V 直流输出当电流高至 10A 时都可稳定。变压器 T_1 提供 1∶2 的升压及原边与副边的隔离。整流桥接至工作在准谐振开关模式的功率 MOSFET Q_1～Q_4，零电压开关使开关损耗最小。占空比的调制由移相方波驱动电路提供。输出整流桥 D_7～D_{10} 和电感 L_2 使 500V 直流输出的纹波最小。L_1 为零电压开关准谐振电路的一部分

3.5.2　交流输入

图 4.3.1 中，60Hz、额定电压 208V 的三相市电输入通过三相二极管桥式整流电路产生约 300V 的直流电压，施加于 Q_1 和 Q_2 的漏极。

3.5.3　副边部分

高压输出（直流 500V）由变压器副边的全波整流电路（D_7～D_{10}）产生。输出扼流圈 L_2 接在桥式整流器之后的正极性输出端，这也是它的常规位置。它与 C_{out} 一起构成此类电路通常需要的低通滤波器。

在稳态满载情况下，L_2 中的电流近乎恒定，使所有输出二极管导通，此时副边电压接近 0，有效地将副边绕组（S_1）电压（以及原边绕组电压）在原边桥式电路全部关断时（不工作阶段）钳位于 0V。

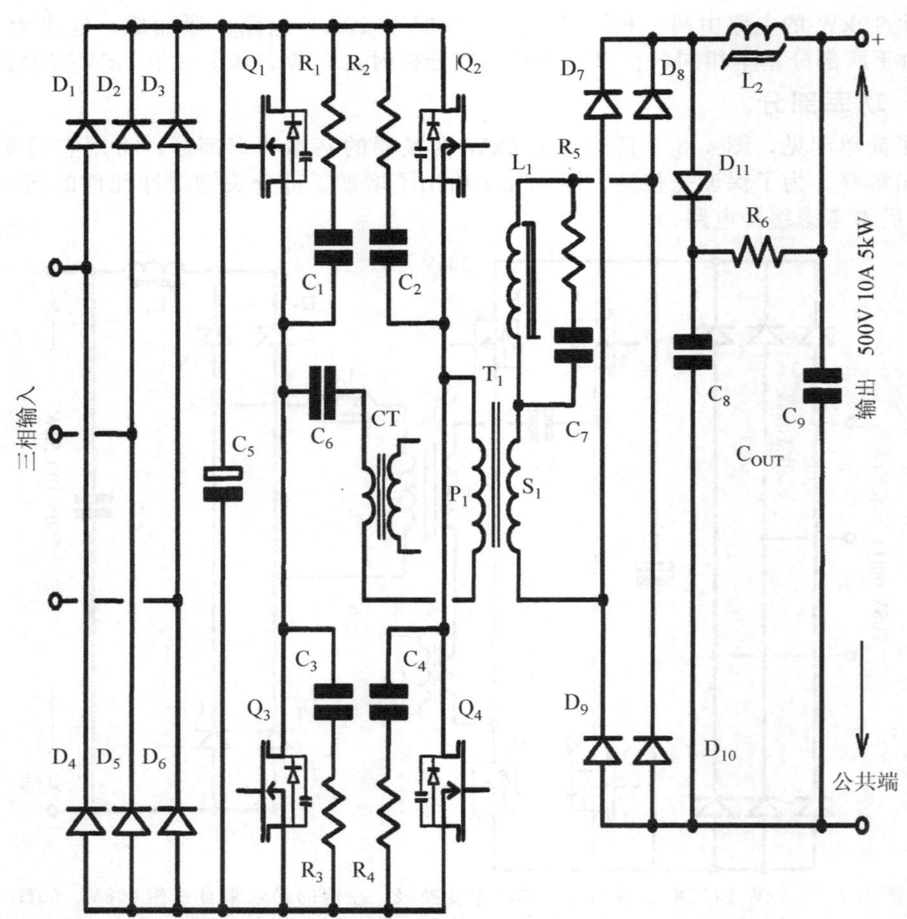

图 4.3.2　图 4.3.1 的基本功率电路，添加了关键的缓冲元件。在原边侧，C_1～C_4 以及 R_1～R_4 表示标准化的 Q_1～Q_4 极间电容，可以使开关时产生的电压尖峰得到衰减。在副边，D_{11}、C_8 和 R_6 抑制了整流二极管 D_7～D_{10} 的高电压尖峰。R_5 和 C_7 使 L_2 两端的电压尖峰得到衰减。在分析电路功能时没有这些缓冲元件，因为它们对功率级的基本功能影响甚微

3.5.4　原边桥式电路

参考图 4.3.1，读者会发现 Q_1、Q_2、Q_3、Q_4 以及变压器绕组 P_1 构成了一个相当常规的全桥功率电路。然而在本例中，应注意整流二极管 D_7～D_{10}之前的附加电感 L_1。此电感（折算至原边）与其他一些感性元件共同构成准谐振电感。在实际中，谐振电感可能是单个元件，或者仅仅是变压器的漏感，甚至是杂散电感。在此 5kW 变换器中，使用单个电感以降低变压器的铜损。（稍后再讨论这一点。）

原边电容 CC 为大型直流隔离电容，作用是阻止变压器 T_1 在电压脉冲不平衡时的阶梯式饱和。由于电容容量很大，对正常功能影响很小，以下情况可忽略电容的影响。（参见索引中的“阶梯式饱和”。）

如图 4.3.1 所示的主功率开关 MOSFET Q_1～Q_4 不可避免地包含内部寄生元件：衬底二极管和极间电容。电流互感器 CT 监测原边电流，为限流和保护功能提供原边电流信号；此外还用来调节开关时刻，当负载变化时提供负载补偿，维持零电压开关。（参见自适应延时设置。）

虽然电路图与常规的脉冲宽度调制桥式电路十分相像，但 4 个功率 MOSFET 驱动信号的开关时序却存在很大的不同。正是此关键的开关时序，连同 L_{1e}和 MOSFET 衬底电容的准谐振过程，才实现了零电压开关。（L_{1e}是 L_1 折算至原边的等效值，而且包含变压器的等效漏感。）

在下一小节了解了 4 个功率开关的开关时序后，将对桥式电路的工作原理有更深入的理解。

3.6　Q_1～Q_4 桥式电路的驱动时序

3.6.1　初始状态

图 4.3.3 是图 4.3.1 的简化，它画出了原边桥式电路的有效元件，并给出了为 MOSFET Q_1～Q_4 建立的初始启动状态。

为了简化分析，假设开关器件是理想的，导通电阻为 0 且瞬时完成开关。电流互感器 CT 和直流隔离电容 CC 未画出，因为它们对开关过程没有影响。另外，等效串联电感 L_{1e} 和等效回路电阻 R_{1e}已折算到变压器原边，如图 4.3.3 所示。

假设这部分电路已经满载状态运行了一段时间，完全进入了稳态运行。从初始状态开始，此时 Q_1 和 Q_4 已经完全开通足够长的时间，其正向电流完全建立。17A 的电流流经 Q_1、变压器原边 P_1、等效电感 L_{1e}和等效回路电阻 R_{1e}，经 Q_4 由公共负返回导线返回。5kW 的功率传递至输出。

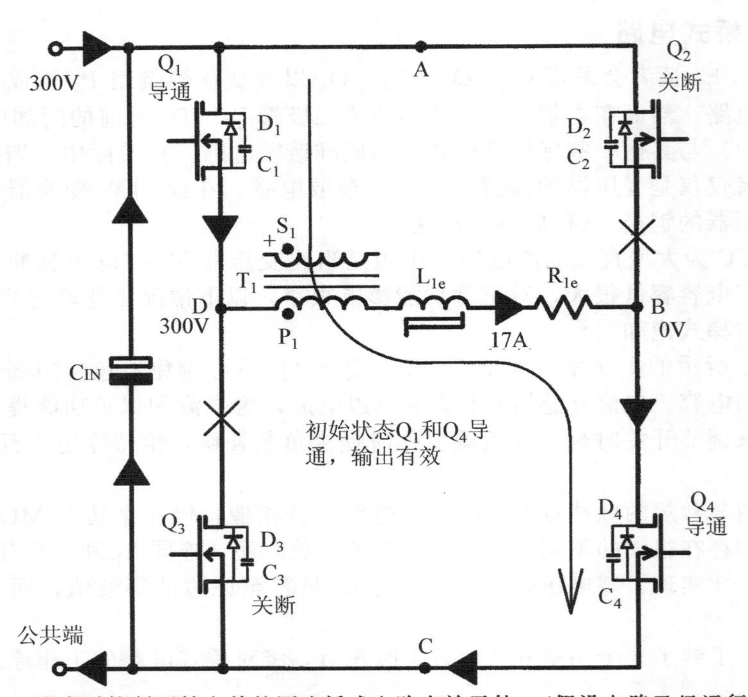

图 4.3.3　稳态时控制开始之前的原边桥式电路有效元件。（假设电路已经运行了足够长的时间，已进入正常运行状态。）图 4.3.3 为由 12 个过程构成的一个完整周期的初始状态。图 4.3.3 至图 4.3.14 给出了一个周期内的所有过程。图 4.3.3 的初始状态假设 Q_1 和 Q_4 导通并且电流如图所示。由于是有效的功率传递状态，电流将流经副边绕组 S_1，但图中未画出副边电路

3.6.2　L_{1e}的电流变化率（di/dt）

注意总回路电感包含变压器漏感和 L_{1e}，它们使电流在整个周期内基本保持恒定，电感与压降及变压器电压的关系为：

$$e=\frac{L_{1e}\mathrm{d}i}{\mathrm{d}t}\qquad 故电流变化率为\frac{\mathrm{d}i}{\mathrm{d}t}=\frac{e}{L_{1e}}$$

其中 e 为电感两端的电动势，L_{1e}为等效电感，$\mathrm{d}i/\mathrm{d}t$ 为回路中的电流变化率。

若 e 很小而 L_{1e}很大，电流变化率也很小，则电流接近恒定。这种情况在两个续流阶段出现。然而当 e 在功率换流阶段较大时，L_{1e}的电流变化率也很大。

3.7　功率开关时序

图 4.3.3 显示了如前所述的电流路径，在初始状态，电流流经 Q_1、P_1、L_{1e}、R_{1e}和 Q_4。一个完整的功率变换周期包含一系列复杂的事件，共 12 个独立的工作状态。此后，这些状态均暗指这些阶段的初始状态。

然而在开始深入分析这 12 个状态之前，需要简要了解图 4.3.1 电路的大体工作过程，以便在深入研究时做到心中有数。每个周期的 12 个状态可以分为 4 组基本状态，如图 4.3.20 所示。对于给定的占空比，这 4 个基本状态占据了绝大部分时间。第 1 个基本状态在第 3 次和第 4 次换流之间，Q_1 和 Q_2 同时导通，B 点和 D 点的电压均为高，变压器原边两端电压为 0，没有功率传递至输出。第 2 个状态处于第 6 次和第 7 次换流之间，Q_2 和

Q_3 同时导通，B 点电压为低而 D 点电压为高，变压器原边两端电压为正，功率传递至输出。第 3 个基本状态处于第 9 次和第 10 次换流之间，Q_3 和 Q_4 同时导通，B 点和 D 点电压均为低，变压器原边两端电压为 0，没有功率传递至输出。第 4 个基本状态处于第 12 次和第 1 次换流之间，Q_1 和 Q_4 同时导通，变压器原边两端电压为负，功率传递至输出。现在开始进行详细分析。

3.7.1 第 1 次换流（Q_4 关断）

对于第 1 次换流，Q_4 关断而 Q_1 保持导通状态。有效电流通路如图 4.3.4 所示。

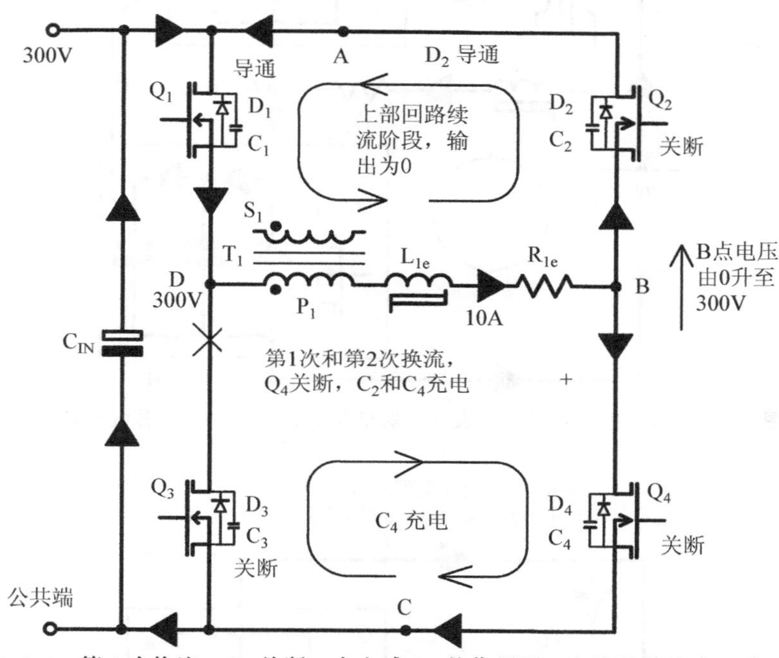

图 4.3.4 第 1 次换流，Q_4 关断，在电感 L_{1e} 的作用下，电流继续流向 B 点。C_2 和 C_4 充电，使 B 点电压为正。当 B 点电压升至输入电压时（加上二极管压降为 300.8V），二极管 D_2 导通，电流经由 D_2、Q_1、P_1、L_{1e} 和 R_{1e} 组成的上部回路续流。注意当 B 点电压被 D_2 钳位在 300.8V 时，B 点电压不再改变，C_4 中没有电流，下部回路的电流降至 0

注意在 Q_4 关断前的 t_0 至 t_1 期间，B 点电压近似维持在 0V，如图 4.3.7d 所示。当 Q_4 关断时，L_{1e} 维持恒定的 17A 电流流向 B 点。通常，电流分成上下两部分，分别为 C_2 和 C_4 充电，使 B 点电压逐渐升至 300V。（可通过图 4.3.5 的等效电路对工作过程进行更深入地理解。）

3.7.2 第 1 次换流的等效电路

由于 12 次换流的过程相似，因此只对 Q_4 的第 1 次换流做较详细的分析。为了更好地理解 B 点和 D 点的充电过程，在简化等效电路的帮助下，对等效电容做更深入分析，如图 4.3.5 和图 4.3.6 所示，而与时间相关的波形示于图 4.3.7。其余换流过程与此类似，图 4.3.5、图 4.3.6 和图 4.3.7 较详细地说明了前两次换流过程。

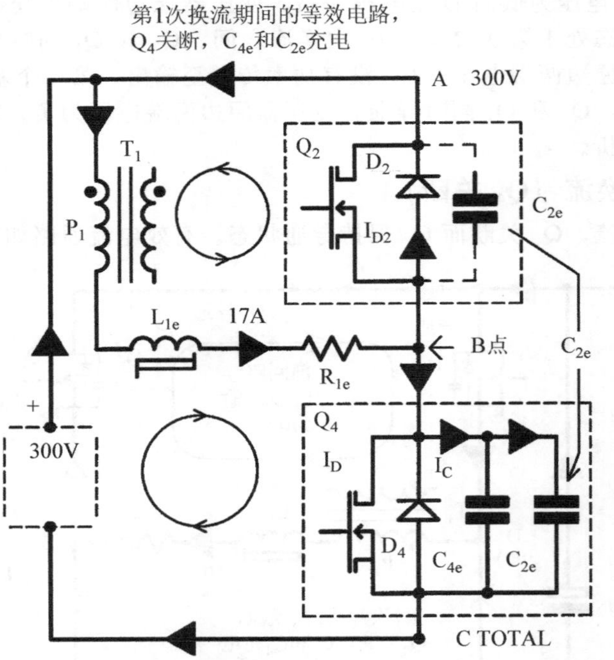

第1次换流期间的等效电路，
Q_4关断，C_{4e}和C_{2e}充电
A　300V
Q_2
D_2
C_{2e}
I_{D2}
T_1
P_1
L_{1e}
17A
B点
R_{1e}
C_{2e}
Q_4
I_D
I_C
D_4
C_{4e}
C_{2e}
300V
+
C TOTAL

图 4.3.5　衬底电容 C_2 用 C_{2e}表示，就充电能量而言，C_{2e}可看做与 C_{4e}并联

第2次和第3次换流期间的等效电路，
D_2导通且Q_2开通，上部回路续流
A　300V
Q_2
D_2
C_{2e}
I_{D2}
T_1
P_1
L_{1e}
17A
B点 300V
R_{1e}
Q_4
无效
300V
+

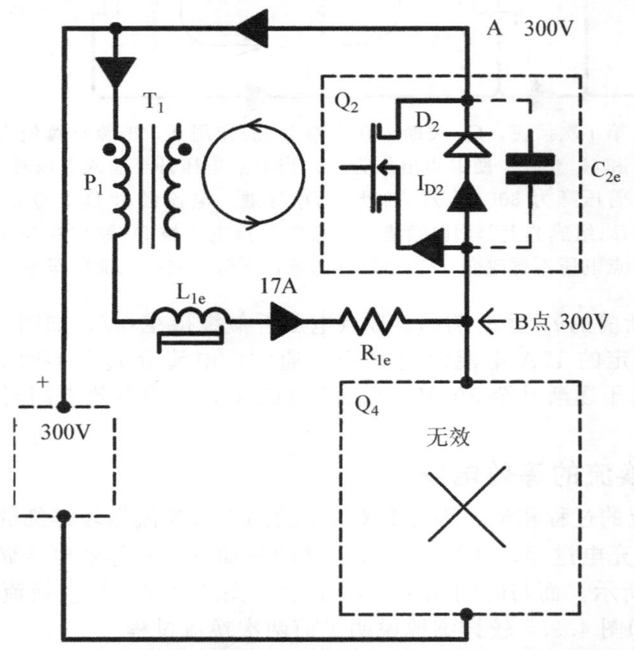

图 4.3.6　上部回路续流阶段的等效电路。只画出了有效元件。
Q_1 完全导通，Q_4 完全关断

为了简单起见，图 4.3.5 仅画出了第 1 次换流期间有效的元件。由于 Q_3 还未开通而 Q_1 仍维持完全开通状态，因此图中没有画出。由于存在输入大电容 C_{in}，可假设 A 点和 C 点间的电源电压在为电容充电时保持不变，因此等效交流输入阻抗十分低。因此就交流电而言，两个 MOSFET 的衬底电容 C_{2e} 与 C_{4e} 是等效并联的。将 C_{2e} 移至与 C_{4e} 并联更有助于理解准谐振过程，如图 4.3.5 所示。两个电容构成 B 点总电容 C_T，为 C_4 的两倍。（实际上，所有与 B 点有关的寄生电容都包含在 C_T 内。）

在开始于 t_1 的第一次换流期间，如图 4.3.7 所示，Q_4 立刻关断，L_{1e} 中近乎恒定的电流（17A）继续流向 B 点。（记住在 Q_4 关断前的瞬间 B 点电压接近 0V。）为总衬底电容 C_T 充电，如图 4.3.7c 所示，B 点电压逐渐增加。t_1 至 t_2 期间，随着电容的充电，B 点电压逐渐升至 300V，与直流侧电压相等，如图 4.3.7d 所示。

3.7.3 第 2 次换流（D_2 导通）

由图 4.3.5 所示，当 B 点电压升至 300V（图 4.3.7d，t_2 之后），Q_2 的衬底二极管 D_2 开始导通，阻止 B 点电压进一步升高。由于电压不再变化，电容结束充电，如图 4.3.7c 的 t_2 时刻。L_{1e} 的电流经由 D_2、P_1、L_{1e} 和 R_{1e} 构成的上部回路续流，如图 4.3.6 所示。

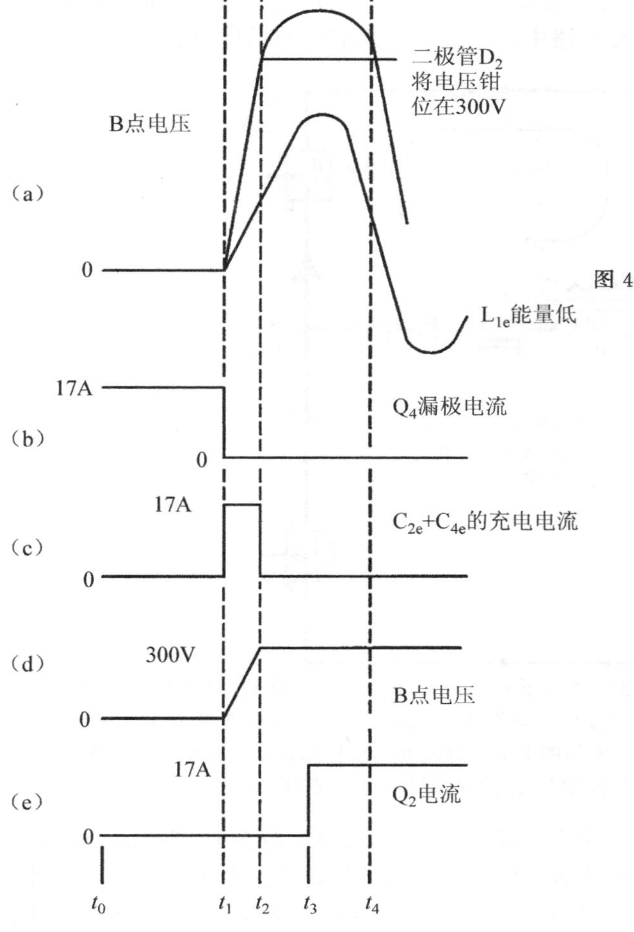

图 4.3.7 前两次换流间的电压和电流波形

图（a）所示的为两种可能情况。第 1 种情况是回路（主要是 L_{1e}）存储的能量足以使 D_2 导通并将电压钳位在 300V。这将使 Q_2 在 ZVS 条件下开通

第 2 种情况是电流较小，储能较少，D_2 不会导通，ZVS 不可能实现

图（b）所示的为 Q_4 关断前（t_0 至 t_1）的电流，t_1 时刻电流突然变为 0（实际中，电流的变化不是瞬时完成的，这将导致开关损耗，如图 4.3.19 所示）

图（c）所示的为 B 点电压变化期间（t_1 至 t_2）C_2 和 C_4 的充电电流。t_2 时刻，B 点电压被钳位在 300V，由于电压不再变化，C_2 和 C_4 的电流降至 0

图（d）所示的为 B 点电压，由 0 升至 300V，并被 D_2 钳位于 300V（t_1 至 t_2）

图（e）所示为 t_3 时刻 Q_2 在 ZVS 条件下开通。注意 Q_2 可以在 t_2 至 t_4 期间的任何时刻以 ZVS 条件开通

3.7.4　上部回路续流过程

这时衬底电容不再有电流，如图 4.3.6 所示。前面已经指出上部回路的电流流经 D_2、P_1、L_{1e}和 R_{1e}。由于 B 点电压不再变化且 Q_4 关断，下部回路不再有电流，这称之为续流阶段。我喜欢“续流阶段”这个词，因为与其相似的机械过程一样，回路中存储了能量。能量$\frac{1}{2}L_{1e}I^2$ 存储于电感 L_{1e}中，使回路中的电流得以维持。此能量还可在下一阶段向 D 点充电。

稍后的第 8 阶段与此类似，将形成下部的续流回路。

3.7.5　第 3 次换流（Q_2 开通）

在 3 次换流的开始时刻，Q_2 仍然关断，D_2 导通使电流续流。这时电流在上部回路续流，如图 4.3.8 所示。只要没有动作，此“续流电流”将持续在回路中流动。实际上，只要没有任何事件发生，电流将在回路中继续流动，直到 R_{1e}的电压使电流衰减至 0。由于这一过程中等效电阻 R_{1e}非常小（仅仅是 P_1 的绕组电阻和有效回路的分布电阻），电流可以维持较长的时间。注意在这一阶段，由于 3.5.3 节提到的副边整流器钳位作用，变压器绕组 P_1 的电压接近于 0，因此在续流阶段，没有能量传递至副边。由于回路的压降很低，在整个桥式电路的未激活期间，电流将在回路中持续流动，仅有微小的降低。

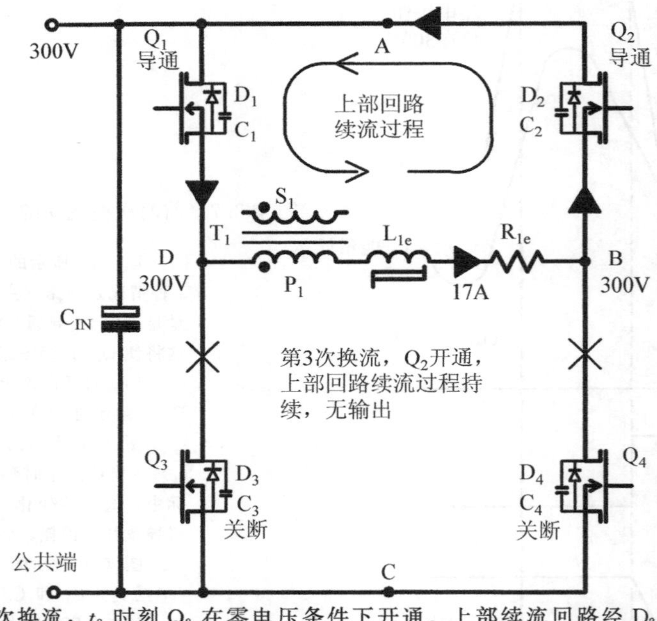

图 4.3.8　第 3 次换流，t_3 时刻 Q_2 在零电压条件下开通。上部续流回路经 D_2 由 MOSFET Q_2 的源极传递至漏极。变压器 T_1 绕组 P_1 两端的电压接近于 0，没有能量传递至输出。由于回路电阻非常小，上部续流回路的电流持续流动，损耗非常低。这是桥式电路的第一个“关闭”状态，在开关管状态不变的情况下将一直维持下去

在正常工作时（如图 4.3.7a 所示），为了实现零电压开关，Q_2 应在 t_2 开始的 D_2 钳位期间任一时刻开通。本例中 Q_2 在 t_3 时刻开通，如图 4.3.7e 所示。这时 Q_2 两端的电压仅为二极管 D_2 的压降，因此 Q_2 在所需的零电压条件下开通。实际上，如果 Q_2 在衬底二极管 D_2 导通的任一时刻开通，它都将在零电压条件下开通。由于 Q_2 为功率 MOSFET，当

它开通时，可以使反向流过的续流电流流过，并接替 D_2，继续传递电流。

3.7.6　第 4 次换流（Q_1 关断）

图 4.3.9 所示的为第 4 次和第 5 次换流期间的电流流动。在第 4 次换流的开始时刻，由于 D 点和 A 点电压均为 300V，所以 Q_1 在零电压条件下迅速关断，从而切断了上部续流回路。类似于前面提到的第 1 次换流，电容 C_1 和 C_3（与 D 点连接）放电，因而 D 点电压降低，直至降为 0V。

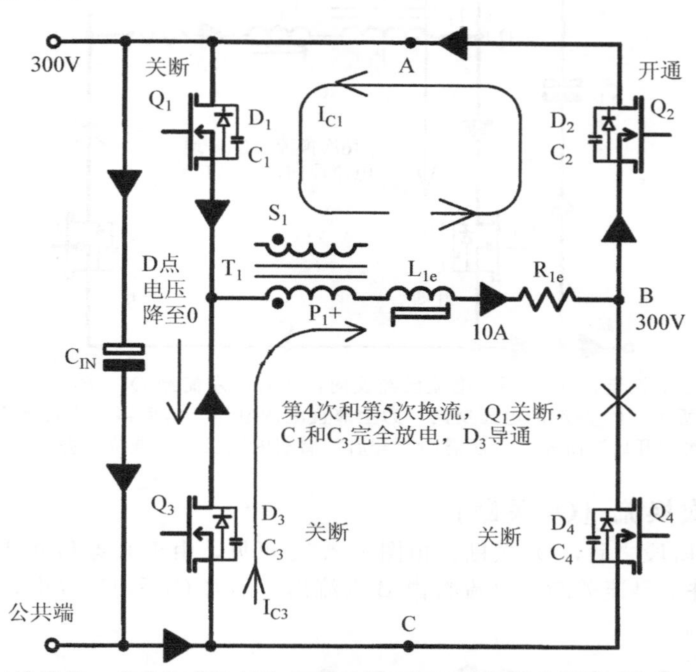

图 4.3.9　第 4 次换流，由于 D 点电压为 300V，Q_1 在 ZVS 条件下关断。电流继续经 P_1、L_{1e} 和 R_{1e} 从左向右流动，如图所示，C_1 和 C_3 放电，D 点电压逐渐降至 0V。第 5 次换流，D_3 导通，D 点电压被钳位于约 0V，如前所述，C_1 电流降至 0。这时在 D_3 导通期间，Q_3 可以在 ZVS 条件下开通。此时 B 点电压为 300V，D 点电压为 0V，全部直流侧电压加至 P_1、L_{1e} 和 R_{1e}。第 6 次换流时，Q_3 开通，电流迅速反向，如图 4.3.10 所示的电流路径将迅速建立

3.7.7　第 5 次换流（D_3 导通）

当 D 点电压降至 0V，二极管 D_3 将导通，将 D 点电压钳位于直流侧电压的负端，与 C 点电压相等。

3.7.8　第 6 次换流（Q_3 开通）

图 4.3.10 的情况与前面类似，在 D_3 的钳位作用下，Q_3 在零电压条件下开通。由于原边绕组 P_1 和 L_{1e} 两端承受全部直流侧电压，L_{1e} 和 P_1 的电流将迅速降为 0 并反向，如图 4.3.10 所示的电流路径将迅速建立。由于 P_1 两端为全部直流侧电压，在 Q_3 和 Q_2 导通期间，能量将再次传递至副边，但注意这时加在副边桥式整流电路的电压极性为负。

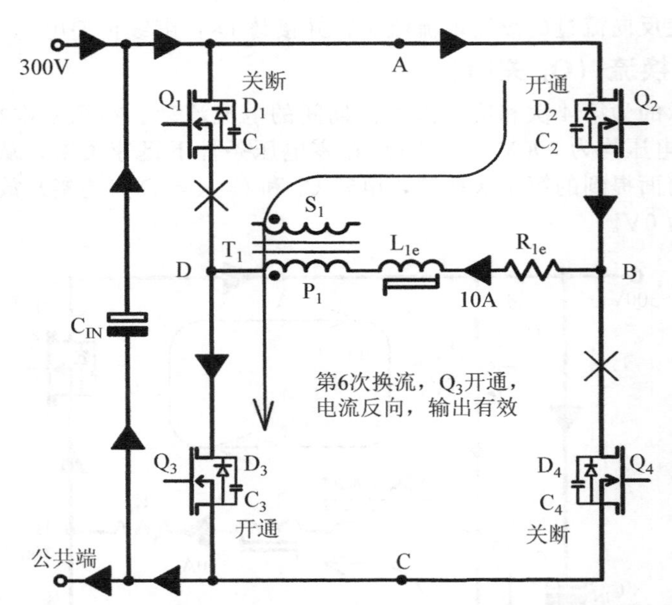

图 4.3.10 第 6 次换流，Q_3 导通。电流已经反向，从右向左流经 Q_2、R_{1e}、L_{1e}、P_1 和 Q_3，如图所示。P_1 两端的电压反向，为全部直流侧电压。功率再一次传递至输出。这是第 2 次“开启”阶段，在所需的“开启”周期内该状态将维持下去

3.7.9 第 7 次换流（Q_2 关断）

在功率传递阶段之后，Q_2 关断。由图 4.3.11 可见，由于 B 点和 A 点电压均为 300V，Q_2 在零电压条件下迅速关断。电流将由 B 点流出，随着 C_2 和 C_4 放电，B 点电压将被拉低至公共端电压。

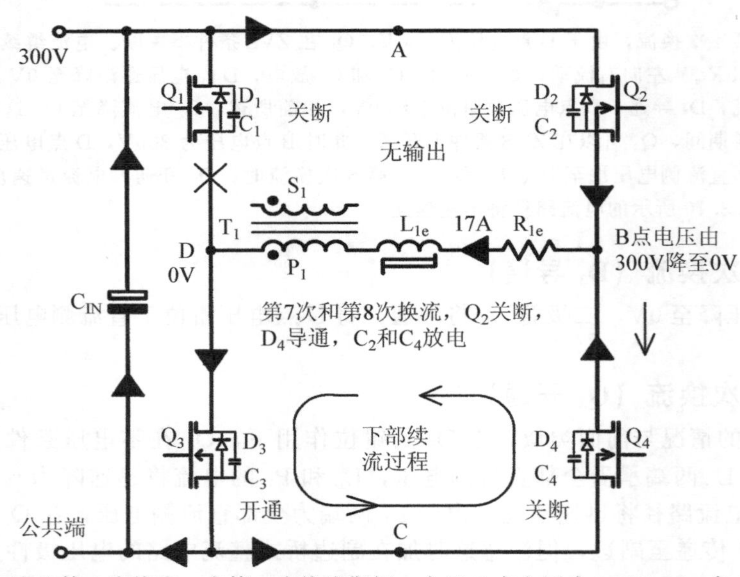

图 4.3.11 第 7 次和第 8 次换流。在第 7 次换流期间，由于 B 点电压为 300V，Q_2 在 ZVS 条件下关断。L_{1e}的电流继续从右向左流动，如图所示，电容 C_2 和 C_4 放电，使 B 点电压降至 0V。在第 8 次换流期间，D_4 导通，B 点电压被钳位于 0V。P_1 两端电压接近于 0V，没有功率传递至输出。这是第 2 次“关闭”阶段。这时如图所示的下部回路形成，在整个“关闭”期间电流持续流动，仅有微弱的减小

3.7.10　第 8 次换流（D_4 导通）

当 B 点电压降至 0V，D_4 将导通，由 Q_4、R_{1e}、L_{1e}、P_1 和 Q_3 构成的下部续流回路将形成。

3.7.11　第 9 次换流（Q_4 开通）

由图 4.3.12 可见，当 D_4 导通期间，Q_4 在零电压条件下开通，下部续流回路保持。

如前所述，此续流电流将在整个“关闭”（无效）期间持续流动。由于此时变压器原边 P_1 两端电压再次为 0V，没有能量传递至输出。

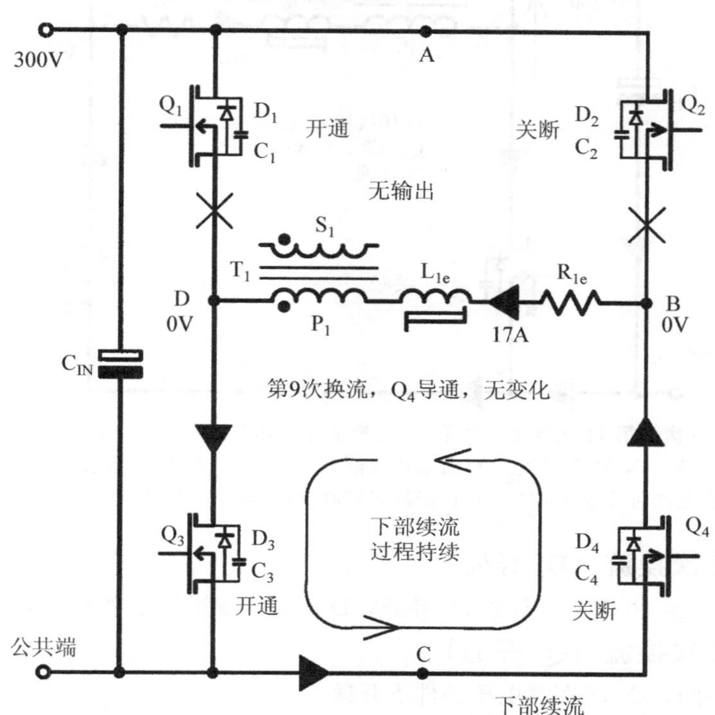

图 4.3.12　第 9 次换流，由于 D_4 导通，Q_4 在 ZVS 条件下开通。下部回路的电流由 D_4 转移至 Q_4，电流持续流动，几乎不变

3.7.12　第 10 次换流（Q_3 关断）

由图 4.3.13 可见，由于 D 点和 C 点电压为 0，Q_3 在零电压条件下迅速关断。D 点电压逐渐升至 300V，为 C_1 和 C_3 充电。

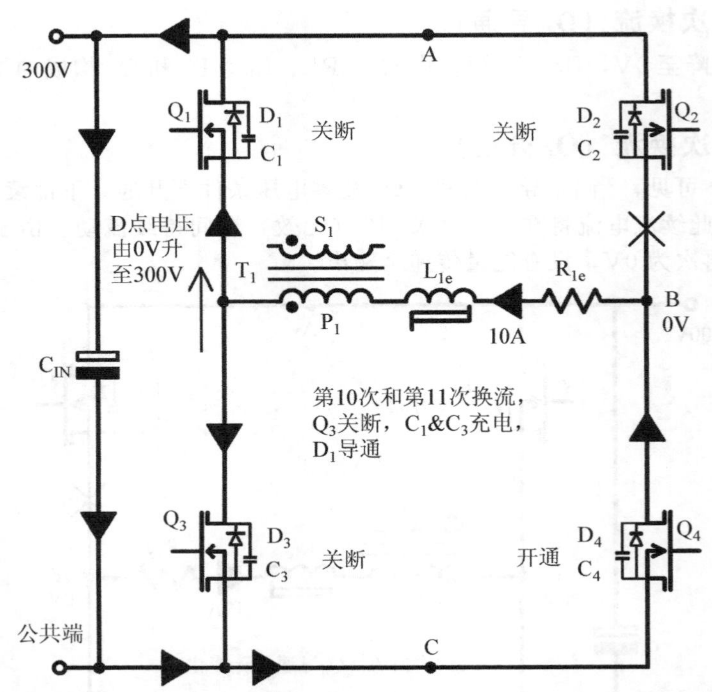

图 4.3.13　第 10 次和第 11 次换流。在第 10 次换流中，由于 D 点电压为 0V，Q_3 在 ZVS 条件下关断。C_3 和 C_1 充电，D 点电压逐渐升至 300V。在第 11 次换流中，D_1 导通并将 D 点电压钳位于 300V，Q_1 已经准备好在 ZVS 条件下开通

3.7.13　第 11 次换流（D_1 导通）

当 D 点电压升至 300V，二极管 D_1 导通，D 点电压被钳位于直流侧电压，等于 300V。

3.7.14　第 12 次换流（Q_1 开通）

在 D_1 钳位期间，Q_1 将在零电压条件下开通。

由于这时全部直流侧电压施加于 P_1，P_1 的电流将再一次降至 0 并迅速反向，如图 4.3.14 所示，这与图 4.3.3 的初始情况完全相同。由于 Q_1 和 Q_4 导通，桥式电路处于有效工作状态，能量再次传递至输出。到此为止，一个完整的周期结束。

3.8　零电压开关的最佳条件

图 4.3.7a 给出了两种准谐振条件。上方的波形为最佳条件，此时零电压开关成为可能。下方的波形为储能低的情况，零电压开关不可能实现，因为谐振波形未达到 300V。以上两种情况由准谐振电感 L_{1e}和与 B 点及 D 点有关的总电容中的储能决定。

需特别注意的是与这两点有关的最小电容不仅由功率器件固有的极间电容和衬底电容决定，杂散电容以及所有连接至两点的任何电容都应加在总节点电容 C_t 中。

若假设所施电压恒为 300VDC，存储在总节点电容的能量 U 与负载电流无关，也是固定的：

$$U_{ct}=(1/2)\ C_tV^2$$

式中，U 为储能，单位是 J；

　　C_t 为总节点电容，单位是 F；

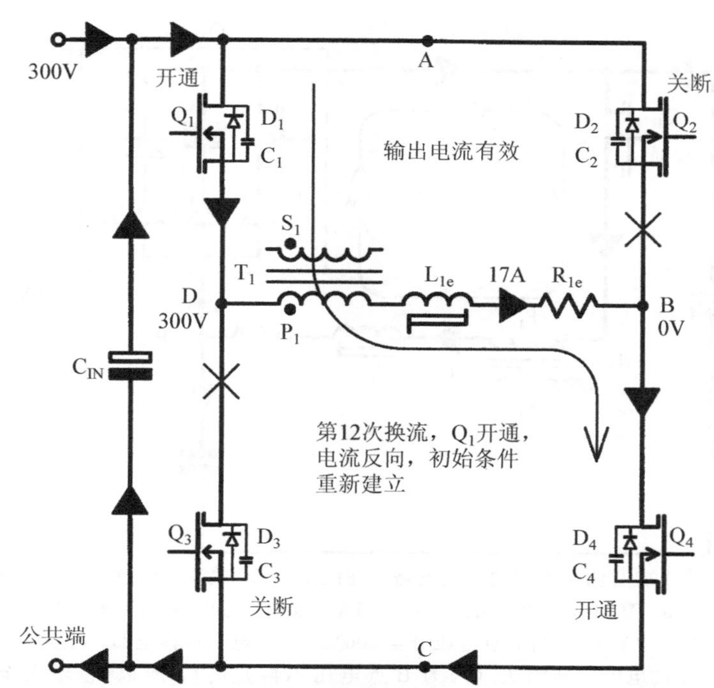

图 4.3.14　第 12 次换流，Q_1 开通。全部直流侧电压施加于 P_1、L_{1e}和 R_{1e}两端，电流再次迅速反向，如图所示。这与图 4.3.3 所示的初始情况相同，能量传递至输出

V 为电容两端电压，单位是 V。

而准谐振电感 L_{1e}中的储能是变化的，与负载电流有关：

$$U_{L1e}=1/2L_{1e}I^2$$

其中I 为换流前一瞬间L_{1e}的电流，L_{1e}为等效回路电感，单位是 H。

显然，对于零电压开关，必须保证 B 点电压升至直流侧电压。随后必须是产生损耗的续流阶段和 D 点过渡阶段，此时电压必须再次升高（或降低）至直流侧电压，使衬底二极管导通。所以在这两个阶段，电感中的能量必须大于传递至所有电容的能量与续流阶段产生的损耗之和。下面给出施加于桥式电路左侧 D 点电压的最坏情况。

3.8.1　桥式电路左侧和右侧的换流

虽然桥式电路的结构看上去是对称的，但并不以对称的方式工作。这种非对称性与控制 IC 的换流方式有关。换流可以超前或滞后于有效占空比的控制，方向的选择也会向某一侧引入不对称。由于控制 IC 只在同一方向上换流，不对称通常出现在同一侧，如图 4.3.15 所示。

注意在第 1 次和第 5 次换流的前一时刻，桥式电路处于有效状态，将能量传递至负载。原边电流取决于 5kW 的负载、原边电压和所选的占空比。本设计中电流很大（本例中为 17A）。两个大电流换流过程与右侧桥臂的 MOSFET Q_2 和 Q_4、以及电容 C_2 和 C_4 有关。而低电流换流（第 3 次和第 7 次换流）与左侧桥臂的 MOSFET Q_1 和 Q_3、以及电容 C_1 和 C_3 有关。

图 4.3.15 画出了右侧换流时的有效元件。从 Q_1 已经完全导通开始，17A 的电流依次流经 P_1、L_{1e}、R_{1e}和 Q_4，流入公共端，B 点电压为 0V。

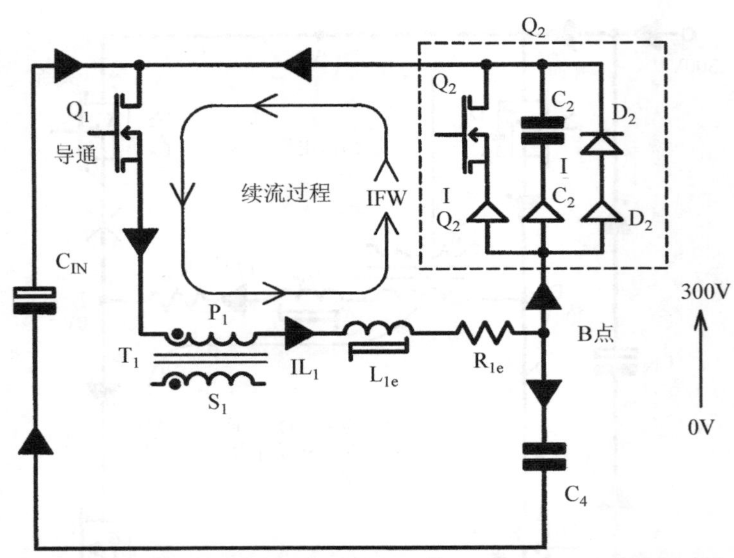

图 4.3.15　第 1 次右侧换流时的等效电路，在此期间 Q_4 关断。注意当 B 点电压从 0 升至 300V 时，L_{1e} 电流的一半（8.5A）流入下方电容 C_4，另一半（I_{C2}）流入上方电容 C_2。当 B 点电压升至 300V，上方电流转移至 D_2（I_{D2}），下方电容 C_4 的电流立刻消失（因为 B 点电压不再升高）。所以 I_{D2} 增大至总电流（17A）。上部续流回路电流此时已经建立。在 D_2 导通期间，Q_2 在 ZVS 条件下开通，电流（I_{Q2}）从 Q_2 的源极流向漏极，Q_2 反向导通。（功率 MOEFET 可以反向导通。）因此续流过程持续

图 4.3.15 为 Q_4 关断后瞬间的电流分布（第 1 次换流）。原来 L_{1e} 中的 17A 电流继续流向 B 点，在 B 点分为大小均为 8.5A 的 I_{C2} 和 I_{C4} 两部分，分别为 C_2 和 C_4 充电，使 B 点电压从 0V 升至 300V。当升至 300V 时，D_2（Q_2 的衬底二极管）导通，I_{D2} 代替了 I_{C2}。建立了由 L_{1e}、D_2、Q_1、P_1 和 R_{1e} 组成的续流回路。与此同时，由于 B 点电压被钳位于 300V，C_4 的电流停止。最终 Q_2 开通，续流电流转移至 Q_2。注意电流 I_{Q2} 在初始阶段是反向流动的，即从源极流向漏极，MOSFET 可以以这种方式导通。

由图 4.3.16b 可以看出，左侧桥臂的换流发生于 t_4 时刻，这时 L_{1e} 中的能量已经在右侧桥臂换流时的 t_1 时刻以及随后 t_2 至 t_4 时刻的续流阶段被吸收。注意在无效的续流期间，由于回路电阻 R_{1e} 的存在，L_{1e} 的能量进一步减少，所以电流在 t_4 时刻减小至更低的值，如图所示。因此谐振电感 L_{1e} 的能量在左侧桥臂换流前的瞬间具有最小值。显然在续流阶段结束时，电感必须剩余足够的能量，并加上或减去 300V，为 D 点电容 C_1 和 C_2 充电。

因此，为了确定 L_{1e} 的准确值，必须继续深入理解准谐振开关过程。

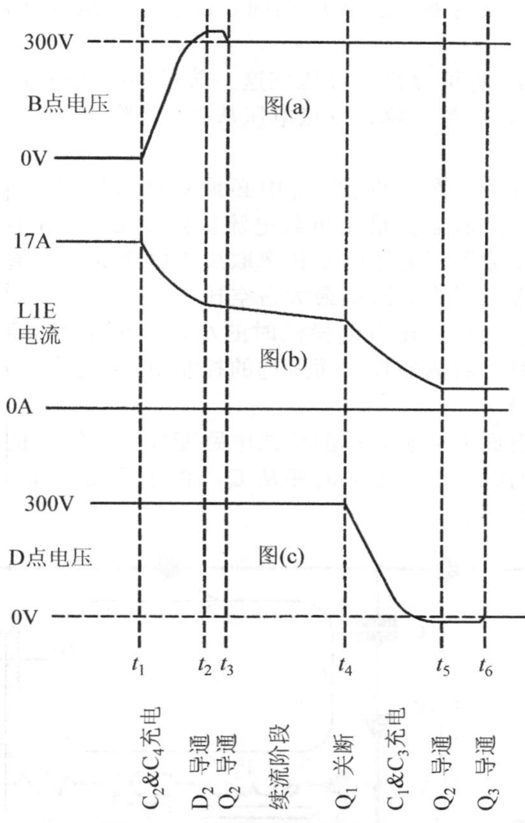

图 4.3.16　右侧换流时的波形。

图（a）的 t_1 至 t_2 间为 B 点电压升至使 D_2 导通的波形。t_3 时刻 Q_1 开通，B 点电压被钳位于 300V
图（b）很关键，它显示出 L_{1e}的电流初始值为 17A，并随着 ZVS 和续流过程而减少。t_4 时刻，Q_1 关断，能量转移至 C_1 和 C_3，L_{1e}的电流在 t_5 时刻达到最小值。t_6 时刻，Q_3 在 ZVS 条件下导通，因为 L_{1e}的电流仅够使 D_3 导通。这就是确定 L_{1e}最小值的极限条件

3.8.2　右侧换流（Q_2 和 Q_4）

由图 4.3.7c 可以看出，对于桥式电路右侧的 Q_2 和 Q_4 来说，t_1 至 t_2 期间 B 点充电电流接近于恒定的 17A，此值是由第 1 次换流前一瞬间的负载电流所决定。所以 t_1 至 t_2 期间 B 点电压的变化率（d 图）为换流瞬间电流以及 C_2 和 C_4 之和的函数，因此负载电流的变化将改变 D_2 导通的时间，也就改变了产生最优零电压开关条件所需的延时。控制 IC 必须补偿这一延时，它也具备这种能力（参考应用注释中的自适应延时设置）。

图 4.3.16 为 t_1 至 t_2 期间 B 点的充电过程。注意图（b）中 L_{1e}的电流随着 C_2 和 C_4 的放电而减小，因为电感 L_{1e}释放了能量。在 t_3 时刻，Q_2 开通（反向导通），减小了 D_2 的两端的压降。t_3 至 t_4 期间，L_{1e}剩余的电流继续在 L_{1e}、Q_2、Q_1、P_1 和 R_{1e}组成的回路中续流。在此续流阶段，电流将因回路电阻 R_{1e}而有轻微的下降，如图（b）中 t_3 至 t_4 时刻间的波形所示。

3.8.3　左侧换流（Q_1 和 Q_3）

图 4.3.17 所示的为左侧换流时的有效元件。图 4.3.16 中的 t_4 时刻，Q_1 关断，由于

C_1 和 C_3 放电，电流从 D 点流出。t_4 至 t_5 期间，D 点电压从 300V 降为 0V，随后二极管 D_3 导通。

图 4.3.16c 的 t_4 至 t_5 期间为 D 点电压在这一阶段的变化过程。请再次注意随着 C_1 和 C_3 放电，L_{1e}的能量减少，电流下降，D 点电压从 300V 降至 0V。在 t_6 时刻，Q_3 将开通，使 D_3 两端的压降减小。

对于左侧的零电压开关，在 t_6 时刻 L_{1e}中必须有足够的剩余电流以确保二极管 D_3 可以开通。正是这一要求以及所需的最小负载电流决定了 L_{1e}的最小值。该谐振电感的取值不能大于必要值，因为换流期间电压的变化率取决于电感的最大值，(准谐振频率)，我们不希望这个过程过于缓慢，因为会限制最大占空比。

左侧换流时的电压的变化率比右侧换流时的小，因为左侧换流时 L_{1e}的电流更小。所以左侧零电压开关的延时比右侧的长，而所选的控制 IC 是允许这种差别的。(参考应用注释中的自适应延时设置。)

由上述内容可见，表面上完全对称的桥式电路变成了功能上的非对称电路。这种非对称体现在功率器件的导通时序上。如果时序从 Q_2 和 Q_3 开始，非对称性将是另一种情况，这要求 IC 的设计也有所不同。

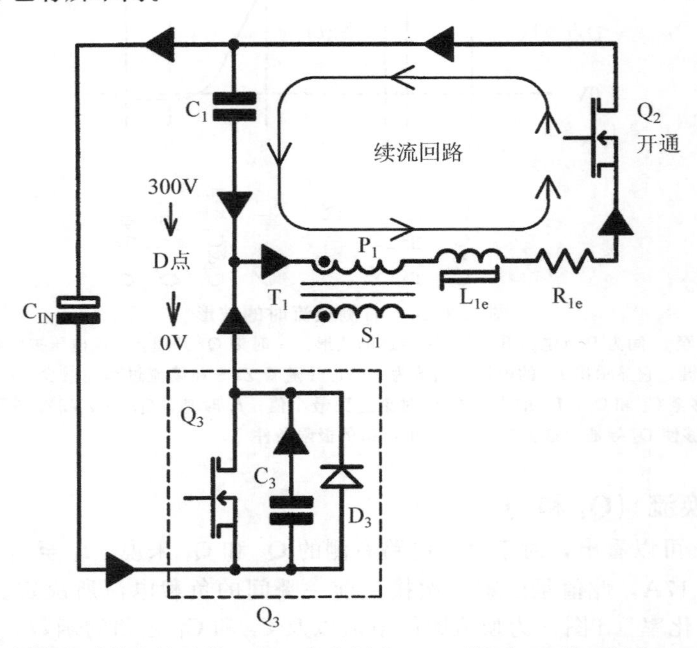

图 4.3.17　左侧换流时的有效元件。在 D 点电压由 300V 降至 0V 的时间内，L_{1e}的剩余电流一半在 C_1 流动，另一半在 C_3 流动。当 D 点电压降至 0V，D_3 导通，如前所述，全部续流电流转移至 D_3。在此钳位阶段，Q_3 将在 ZVS 条件下开通

3.9　确定最优谐振电感（L_{1e}）

由前面内容可知，多种可变因素和某些不确定的寄生参数使 L_{1e}总的大小难以确定。然而，可以利用下列假设来为样机计算出近似值。下面将用保守的方法计算左侧换流时 L_{1e}的最小值。(记住左侧换流发生于电流最小的情况下，即右侧换流和续流阶段的末期，如图 4.3.16c 的 t_4 时刻。)

做如下假设：

(1) 占空比为 80%时负载最小，为 1kW，因此原边电流为 4A；

(2) 续流阶段电流下降，如 10%；

(3) B 点和 D 点的总电容包含寄生电容，大小为 10nF。

注意：本设计中使用的功率器件为 IXYS 生产的 IXFN 100N50P，C_{oss}为 1.7nF。由于电感的能量必须首先为 B 点电容 C_2 和 C_4 充电，随后再为 D 点电容 C_1 和 C_3 充电，则总电容为 6.8nF，考虑到为节点的寄生电容留一定裕量，假设 C_t 为 10nF。

因此从第 1 次换流至第 3 次换流期间，传递至电容的能力为

$$U_{Ct}=1/2C_tV^2=1/2\times10\times10^{-9}\times300^2=450\text{mJ}$$

图 4.3.16b 的 t_4 时刻，L_{1e}的电流已经因 C_2 和 C_4 的放电而减小，在续流阶段又进一步下降了 10%。因此，在续流阶段末期的 t_6 时刻，为了保证 Q_3 以 ZVS 条件开通，L_{1e}中的能量必须多于电容中的能量，以提供足够的电流。因此：

为了实现 ZVS，应使 $U_{L1e}\geqslant U_{Ct}$

且 $$U_{L1e}=1/2L_{1e}I^2\geqslant U_{Ct}=450\times10^{-6}\text{J}$$

故 $$L_{1e(min)}=2\,U_{L1e}/I^2=\frac{2\times450\times10^{-6}}{(90\%\times4)^2}=69\,\mu\text{H}$$

式中，U_{L1e}为电感的能量，单位是 J；

U_{Ct}为节点电容 Ct 的能量，单位是 J；

$L_{1e(min)}$为谐振电感的最小值，单位是 H；

I 为 L_{1e}初始电流的 90%，单位是 A。

为变压器的漏感和电流回路留出 9 μH 的裕量，60 μH 似乎是合适的。在样机调试阶段，还需对电感值做必要的调整。

3.10　变压器漏感

有些应用注释建议变压器的漏感设计为可调的，在需要时调节至零电压开关所需的谐振电感值。虽然可以通过增加原边绕组和副边绕组的距离来增加漏感，但对于大型大功率变压器来说，并不建议这样做。增加漏感的同时也增加了与变压器绕组有关的集肤效应和邻近效应，从而使变压器工作时的温升显著增加。

所以在本设计中，用附加的独立电感 L_1 与副边绕组串联（因为副边绕组电流较小，电感的制作更简单）。

3.11　输出整流器的缓冲

副边电感 L_1 还具有降低输出桥式整流电路二极管反向恢复尖峰电流的作用。在设计完成时，选择了速度最快的二极管，但是由于高电压快速开关的工作状态，输出二极管的反向恢复电流特别大。缓冲元件 C_7、R_5、D_{11}、C_8 和 R_6 正是为了降低此电流和加入的，如图 4.3.18 所示。缓冲电路的工作原理在 3.13.1 节中做了全面介绍。

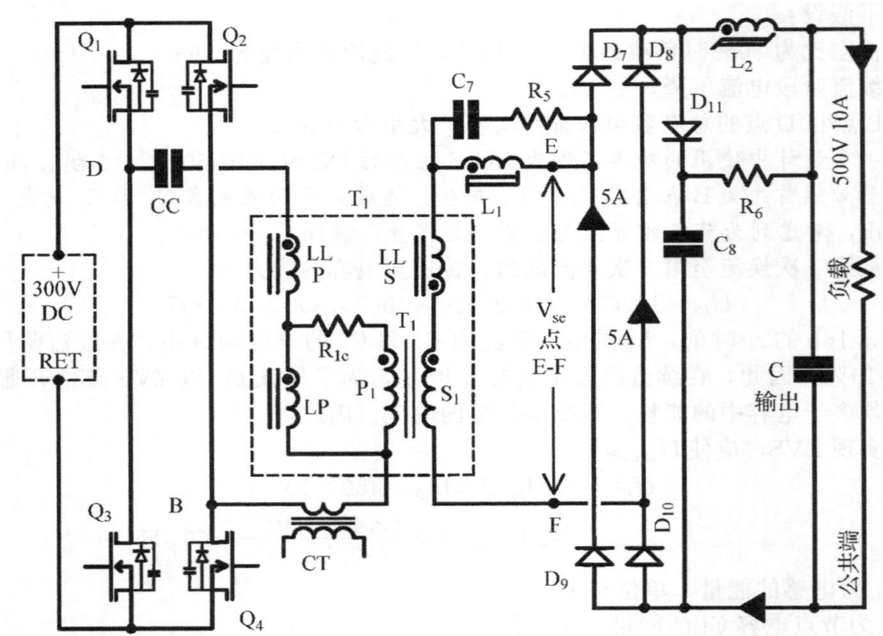

图 4.3.18　原边桥式电路和副边整流电路，副边加入了缓冲元件 C_7、R_5、D_{11}、C_8 和 R_6。变压器 T_1 用带有原边励磁电感 L_P 的理想变压器表示。两个漏感 L_{LP} 和 L_{LS} 画在了外部，这是因为它们在零电压开关过程中扮演着重要的角色。等效绕组电阻 R_{1e} 画在原边一侧，只是因为复变在续流阶段是不工作的

3.12　开关速度和换流周期

到目前为止，为了方便起见，始终假设 4 个 MOSFET Q_1 至 Q_4 的开关时瞬时完成的，但很显然它们的开通和关断均需要一定时间。现在考虑具有一定开关时间的真正的 MOSFET，在第 1 次和第 2 次换流期间，Q_4 关断而 Q_2 开通。下面首先考虑 Q_2。

注意到在图 4.3.19 中，Q_2 在 t_3 时刻开通（在图 4.3.16 中为 t_4），衬底二极管 D_2 导通变为 MOSFET 导通。所以换流前和换流后的电压接近于 0，MOSFET 的开关速度并不是很关键。零电压开关的确与 MOSFET 的开通时间无关，Q_2 的开通损耗非常低（实际上，所有 4 个 MOSFET 以同样的方式在零电压条件下开通）。

然而，MOSFET 关断时情况则完全不同。以 Q_4 为例，由图 4.3.19a 可见，在第 1 次换流时，Q_4 在 t_1 时刻关断，此时 B 点电压接近于 0。但是关断后，随着衬底电容 C_4 和 C_2 的充电，MOSFET 两端的电压立刻迅速升高至 300V。因此与 C_4、即 Q_4 两端电压的变化速度相比，MOSFET 关断的相对速度对 Q_4 的关断应力及损耗的影响更大。这并非真正的 ZVS，因为电压仅在关断过程的起始时刻为 0。

注意 C_4 由 3 部分构成——Q_4 的 C_{oss}、Q_2 的 C_{oss} 和 B 点的杂散电容。图 4.3.19b 的电流为 Q_4 的总电流，包括 Q_4 C_{oss} 的电流。因此 C_4 电流中的一部分为无功电流，对图 4.3.19c 的功率损耗没有贡献。

图 4.3.19 的 (b)、(c) 和 (d) 为 Q_4 关断过程中的电流和电压波形。Q_4 的关断信号在 t_1 时刻发出。但 Q_4 在 t_2 时刻才完全关断。在 t_1 至 t_2 期间，Q_4 中仍然有电流，随着 B 点电压升至 300V，Q_4 两端的电压逐渐升高。电流和电压分别示于图 (b) 和图 (a) 中。

因此在这段时间内 Q_4 会产生一定的损耗。

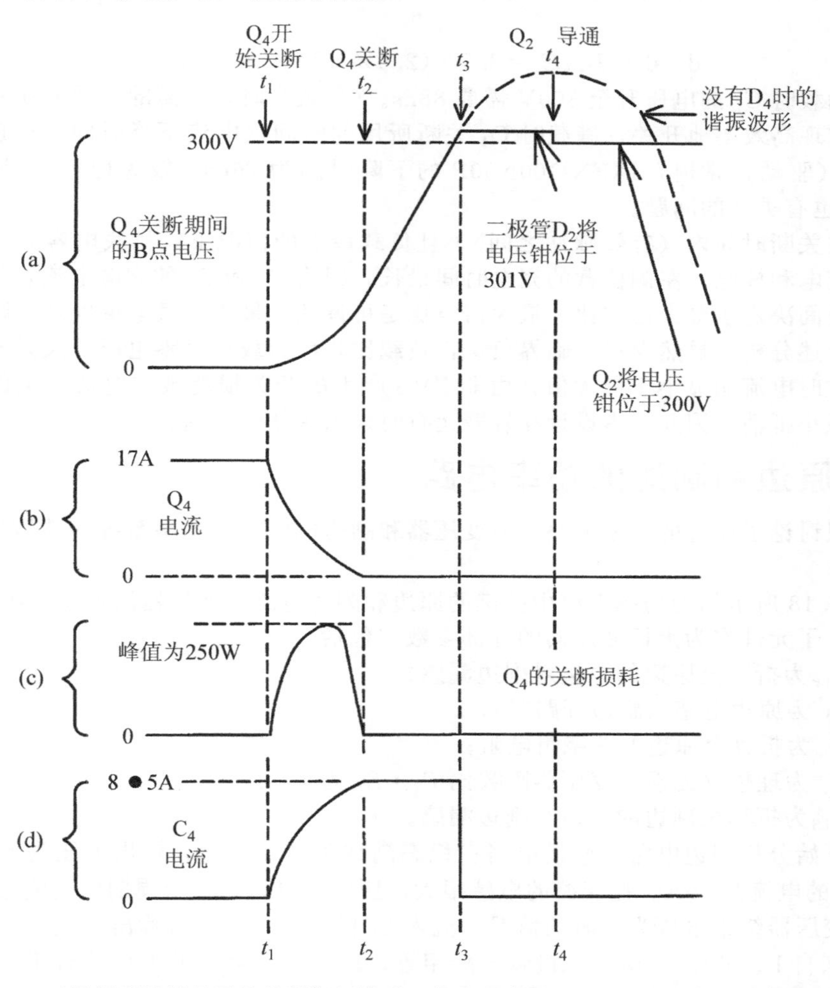

图 4.3.19　时间标度扩展显示的关断期间波形，考虑了实际 MOSFET 具有的关断延时。对于实际的器件，关断过程中会产生损耗，并未实现真正的 ZVS。

图（a）为 B 点电压，在 Q_4 于 t_1 时刻关断之后，在准谐振的作用下，电压逐渐升高。注意图（b）的 t_1 和 t_2 时刻之间，Q_4 的漏极电流由 17A 降为 0A。与此同时漏源电压升高，如图（a）所示。由于此阶段内 Q_4 的电压和电流均已经得到，就可以得出 Q_4 的开关损耗，如图（c）所示，本例中功耗的峰值为 250W。可以选用高速器件和性能良好的栅极驱动电路，使损耗最小。图（d）显示出 Q_4 关断时电流是如何从 Q_4 转移至 C_4 的。MOSFET 在开通时不会出现类似的问题，因为它们确实是在零电压条件下开通的，此时衬底二极管是导通的

将每一时刻的电压和电流相乘就得到 Q_4 的瞬时损耗，图（c）显示出功耗峰值约为 250W。曲线下方的面积和频率将决定 Q_4 的实际功耗。显然 C_4 电压的变化率越低，Q_4 关断速度越快，Q_4 的开关损耗就越低。

然而，C_4 电压的变化率由固定的电路参数决定。C_4 的大小与选用的功率器件本身有关。本例中 MOSFET 的 C_{oss} 为 1.7nF，杂散电容为 0.8nF，总的 C_4 约为 2.5nF。当 Q_4 于 t_1 时刻开始关断时，为 B 点（C_2+C_4）充电的电流为 L_{1e} 中的 17A 电流（图 4.3.16b）。电

流的一半（8.5A）流向 C_4（另一半流经 C_2），假定充电期间电流保持不变，C_4 电压的变化率约为：

$$dv/dt = I_{C4}/C_4 = 8.5/(2.5\times10^{-9}) = 3.4\text{V/ns}$$

所以满载时 C_4 的电压升至 300V 需要 88ns。（负载小时，所需的时间成比例地增加。）显然为了实现高效率地开关，满载时 Q_4 关断所用的时间（电流下降时间 t_f）必须远远小于 88ns。（驱动正常时，IXFN 100N50P 的下降时间为 26ns，较为理想。）其他型号的 MOSFET 也有类似的问题。

注意在关断时间内（有效脉冲之间），且负载最小的情况下，衬底电容必须有足够的时间进行充电和放电。左侧桥臂的充电时间最长，因为 C_1 和 C_3 的充电电流较低。总的充电和放电时间决定了最大占空比，最大占空比是可调的，最小谐振电感也是可调的。

根据上述分析，显然存在一临界负载，负载比临界负载小时零电压开关是不可能实现的。由于这时电流明显小于最大值，由非 ZVS 产生的开关损耗被与电流相关的饱和及功率损耗的减小抵消。因此，本设计在轻载运行时未出现任何问题。

3.13 原边和副边的功率电路

目前只讨论了原边的功率电路。但变压器和副边电路对于功率系统的整体性能也起着重要作用。

图 4.3.18 所示的为功率系统中关键的原边和副边电路。变压器用理想变压器 T_1 与子元件表示，子元件作为无损变压器的外部参数，包括：

（1）L_{LP}为折算至原边的原边对副边漏感；

（2）L_P 为原边电感（副边开路时）；

（3）R_{1e}为折算至原边的总绕组电阻；

（4）T_1 为理想（无损）变压器匝数比 P_1：S_1 为 1：2；

（5）L_{LS}为折算至副边的原边对副边漏感。

下面开始分析副边电路。假设电路在稳态满载条件下运行，输出电压为 500V，输出扼流圈 L2 的电流为 10A。扼流圈的电感很大，所以可以认为一个周期内电流相对恒定。

考虑变压器绕组电压为 0 时的情况。流入 L_2 的电流一半来自输出桥式整流器的 D_7 和 D_9，一半来自 D_8 和 D_{10}。由于二极管压降相等，E 点和 F 点间的电压接近于 0V。暂时忽略 L_1，这一 0V 电压将施加于副边绕组 S_1 上。

这一钳位过程有一些有趣的特性。如果考虑 S_1 中的副边电流缓慢增加这一情况，S_1 电压的第 1 个趋势是随着电流的增加保持不变。对于 S_1 的正电压，第 1 个影响是使 D_8 和 D_9 的电流减小而使 D_7 和 D_{10}的电流增加，而副边绕组电压基本不变。这是因为副边电流从 0 升至 10A 时，输出电阻几乎为 0。

然而当 S_1 的电流达到 10A 时，输出阻抗突然变高，在输出电压（500V）使 L_2 电流增加之前，副边电压必须超过输出电压。最后结果是电流等于或小于 L_2 原电流时，副边绕组电压和原边绕组电压不仅为 0，而且由于整流器的钳位，从两个绕组看进去的输出阻抗都非常低。

3.13.1 副边缓冲阶段

现在研究副边缓冲元件 D_{11}、C_8 和 R_6 的作用。图 4.3.18 画出了副边功率电路、缓冲元件、变压器漏感 L_{LS}和副边电感 L_1。当变压器工作时，这部分电路有电流流过，这时能量从原边传递至副边，变压器绕组的电压为最大正值或最大负值。

在正常稳态情况下的功率传递期间，变压器副边 S_1 的电压将加上或减去 600V，从而超过输出电压，L_2 的电流将增加。对正的电压脉冲，二极管 D_7 和 D_{10} 导通，二极管 D_9 和 D_8 反向偏置（对于负电压脉冲，情况则相反）。

在没有功率传递的时间内，副边电压（S_1）为 0，但所有二极管（$D_7 \sim D_{10}$）都将因缓慢减小的 L_2 电流而导通，电流流过负载和 C_{out}，从桥式电路下端返回。

所以在副边电压 S_1 从 0 升至 600V 的下一个换流期间，原来导通的二极管 D_8 和 D_9 必然截止，恢复阻断状态。因为电压变化率较高，D_8 和 D_9 在恢复反向阻断时会流过非常大的反向电流。副边漏感 L_{LS} 和外部电感 L_1 可以降低电流的变化率，减少二极管的应力。然而当二极管最终截止时，L_{LS} 和 L_1 的电流将超过原来流经 L_2 的 10A。所以二极管恢复反向阻断时，二极管桥式电路的上端将出现电压过冲。此电压过冲被 D_{11} 和 D_8 钳位，避免桥式整流电路出现过大的电压应力。C_8 通过 R_6 向输出放电，C_7 和 R_5 起到阻尼 L_1 振荡的作用。

3.13.2　谐振电感 L_1

电感 L_1 有两个作用，它不仅能降低输出整流电路二极管反向恢复时的电流变化率，还可以折算至原边，与漏感一起构成总串联电感，形成等效谐振电感 L_{1e}。记住这是原边 MOSFET 实现零电压开关所必须的。

L_1 为特殊的饱和电感，绕制于低损的矩形磁滞环铁氧体磁心上。设计为在每半周期开始后的 1 μs 或 2 μs 后饱和，正是在这段时间内 S_1 的电流反向。饱和后，L_1 对功率变换几乎不起作用，但在准谐振开关期间是有效的。

使用这个外部电感后，变压器的漏感可设计为最小，从而减轻集肤效应和邻近效应，使变压器的效率最大化。

3.14　功率波形和功率传递的条件

图 4.3.20 所示的为零电压开关且采用相位控制时桥式电路的部分功率波形。图中画出了一个完整的周期，以 Q_4 关断作为第 1 次换流，Q_1 开通作为第 12 次换流。图中还画出了随后一个周期的第 1 部分波形。

波形 2 和波形 6 清楚地展现了功率传递阶段，两个波形显示出 B 点电压是如何相对 D 点电压变化的。注意功率只在原边绕组电压不为 0 时才传递至副边，即一点电压为高而另一点电压为低。

第 5 次换流时 B 点电压高而 D 点电压低，原边绕组起始电压低且承受全部直流侧电压。在随后的第 5 至第 7 次换流期间，功率传递至输出。第 7 次换流时 B 点电压下降，两点的电压均为低，原边电压变为 0，功率脉冲结束。第 11 次换流时，D 点电压升高而 B 点电压仍为低，功率再次传递至输出，但原边绕组的始端电压此时为正因此极性变反。

注意将第 5 次换流提前（相位左移）或晚一些结束第 7 次换流（相位右移）将增加功率传递持续的时间，保持施加于 MOSFET 的方波驱动信号可有效增加占空比。所以对施加于左桥臂和右桥臂的驱动脉冲进行相移就可以控制占空比。Unitrode 生产的 UCC3895 系列 IC 就是以这种方式控制输出电压的。

还应注意到 Q_1 和 Q_3 是方波驱动的，除了始端和末端有一点小时间差之外是同相的。Q_2 和 Q_4 的驱动波形与之类似。注意驱动变压器中上桥臂和下桥臂器件的驱动极性是相反的，所以当上桥臂器件导通时下桥臂器件总是关断的。

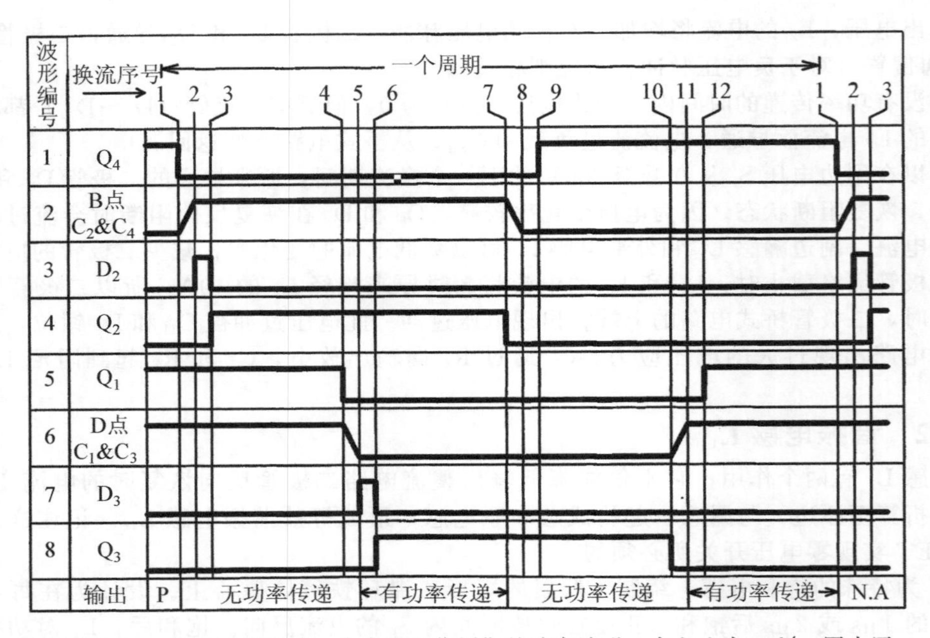

图 4.3.20　原边桥式电路一个完整工作周期的功率波形，占空比为 50%。图中还画出了 B 点和 D 点的电压波形。注意功率只在一点电压高而另一点电压低时才能传递。第 2 次至第 4 次换流期间，两点电压均为高，变压器原边两端电压为 0，无功率传递。第 6 次和第 7 次换流期间，B 点电压高，D 点电压低，有功率传递。第 8 次和第 10 次换流期间，两点电压均为低，无功率传递。第 11 次和第 1 次换流期间，B 点电压高，D 点电压低，功率再次传递

3.15　MOSFET 的基本驱动原理

图 4.3.21 所示的为一种简单的变压器耦合驱动电路，根据某些应用数据表，变压器原边直接接至控制 IC。图中只画出了桥式电路左侧桥臂的驱动电路，右侧桥臂的与之类似。注意驱动变压器 T_2 的原边由控制 IC UCC3895 的输出直接驱动。虽然这种简单的驱动方法适合于小功率应用，但由于 Q_1 和 Q_3 采用了大功率 MOSFET，此时这种方法并不合适，因为在驱动波形的上升沿和下降沿控制 IC 内会流过较大的暂态换流，使其性能降低。尽管通过改进印制电路板的布局可以缓解甚至消除这个问题，但对于大功率应用，更好的选择是采用图 4.3.22 所示的功能更强大的驱动电路。

注意图 4.3.21 所示的驱动波形有 3 种工作状态。这 3 种状态都是有效的，且要求电阻很低，这一点是很重要的。在普通的占空比控制中，也许高有效和低有效更被大家熟知，但对于零状态也有效这一点却不那么熟悉。在无效状态，Q_1 和 Q_3 通常是关断的。然而在这个简单的驱动电路中，关断状态指的是 MOSFET 栅极电压为 0。如果在栅极施加负偏置使 MOSFET 关断，可更好地消除噪声的影响。图 4.3.22 所示的更为复杂的驱动电路可以满足这一要求。

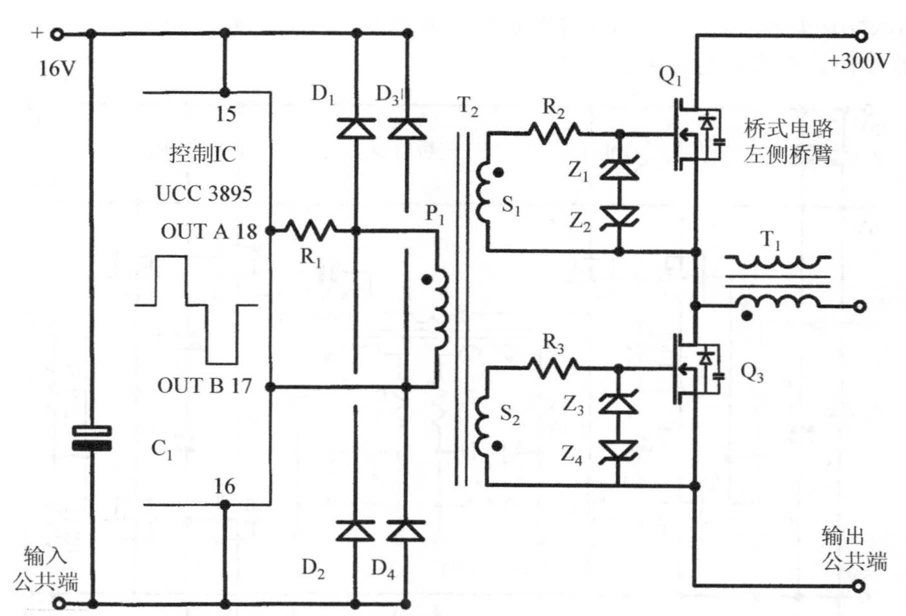

图 4.3.21 控制 IC 和桥式电路左侧桥臂 MOSFET 的基本接口。右侧桥臂 MOSFET 使用类似的接口电路。注意变压器 T_2 有两个副边 S_1 和 S_2，两者反相连接，因此当 Q_1 导通时 Q_3 关断，反之亦然。因此两个器件不可能同时导通。该驱动接口只适合于小功率应用，因为 T_2 的原边由控制 IC 直接驱动

MOSFET 的驱动缓冲级

图 4.3.22 所示的驱动电路具有类似于桥式主电路的特性。当 A 点电压为高且 B 点电压为低时，驱动变压器的原边 P_1 为有效的高状态，此时 Q_3 和 Q_6 导通。显然当 B 点电压为高而 A 点电压为低，即 Q_5 和 Q_4 导通时，P_1 电压反向。有效零电压驱动是一种不常见的情况，例如 Q_3 和 Q_5 导通而 Q_4 和 Q_6 关断，或者反过来。这两种状态下原边绕组两端为有效的零电压钳位。

图 4.3.22 中，来自于控制 IC UCC3895 第 14 引脚的驱动输出接至左侧输入端 IN_A，第 13 号引脚的驱动输出接至右侧输入端 IN_B。第 1 对 MOSFET Q_1、Q_2 和 Q_7、Q_8 接至 16V 电源，控制 IC 使用同一电源。第 2 对 MOSFET Q_3、Q_4 和 Q_5、Q_6 接至 25V 电源。这样做使驱动变压器原边 P_1 的驱动电压增加，因此全部 3 个绕组可以有相同的匝数。所以它们可以绕制为三线并绕绕组，从而降低原边绕组和副边绕组间的漏感，提高驱动的速度和效率。

副边绕组 S_1 和 S_2 反相连接，因此原边驱动脉冲为负时 S_2 输出正驱动脉冲，使主桥式电路中的 Q_3 开通。S_1 输出的正驱动脉冲使主电路中的 Q_1 开通。稳压二极管 Z_4 和 Z_7 的作用是使驱动偏置，因此在零电压驱动的情况下功率 MOSFET 的栅极为负偏置电压，这提高了噪声抑制能力。稳压二极管 Z_5、Z_6、Z_8、Z_9 以及限流电阻 R_6 和 R_7 的作用是避免功率 MOSFET 的栅极出现过电压。

尽管图 4.3.22 所示的驱动电路也许看上去有点奢侈，但它为本设计中的大功率 5kW 电源提供了完美的驱动，相比之下这点花费是微不足道的。栅极输入电容 IXYS

IXFN100N50P 为 20nF，为了加快开关速度，驱动功率应大一些。由于开关损耗小及良好的变压器设计，变换器的功率为 97%。

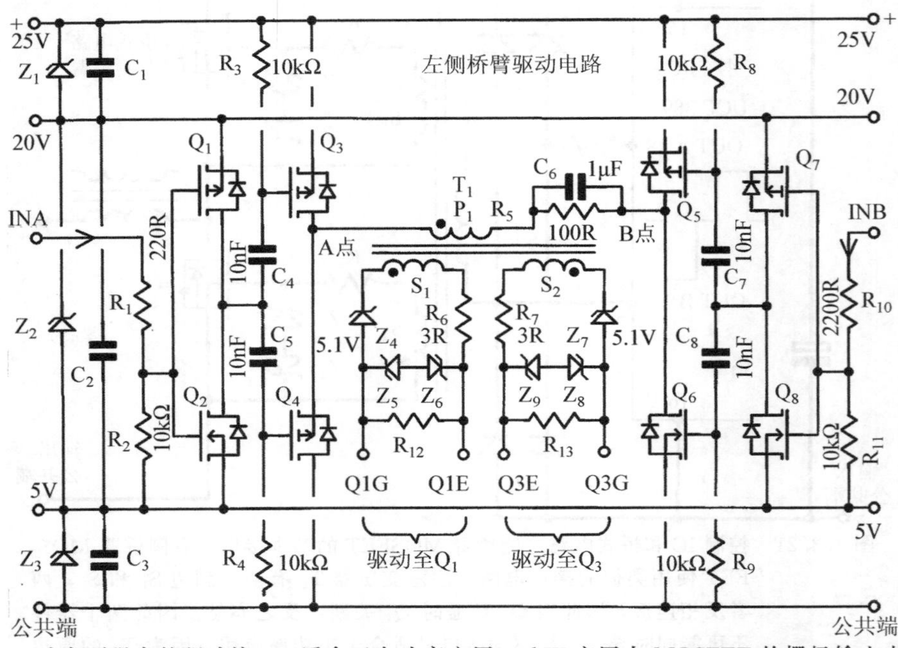

图 4.3.22　功率更强大的驱动接口，适合于大功率应用。5kW 应用中 MOSFET 的栅极输入电容 C_{iss} 为 20nF，为了实现快速开关，栅极的驱动电阻又较小。该驱动电路的优点是驱动变压器 T_1 的原边 P_1 由 25V 电源而不是控制 IC 所使用的 15V 来驱动，这允许全部 3 个绕组的匝数相同，还可使用三线并绕绕组以降低原边绕组和副边绕组间的漏感。该电路的输出电流脉冲幅值更大，提供了超快速开关功能

3.16　调制和控制电路

显然，只要按照 3.7 节的正确时序和适当的延时，高效率的零电压开关就能实现，而与采用的调制方法无关。例如，可以采用定频或变频占空比控制，只要驱动信号的时序正确，就可以实现零电压开关。因此只要满足以上全部条件，就可以使用任何分立元件控制电路，或者用户定制设计的 IC。

然而，特别适合于本应用的系列 IC 是由 Unitrode（现在为 Texas Instruments）公司生产的。UCC3895 移相 PWM 控制 IC 经过专门设计，可为上述零电压开关桥式电路提供所需的全部基本要求。在 3.14 节中曾经提到，功率脉冲上升沿或下降沿的相移可以改变脉冲的持续时间，从而改变输出电压或功率。然而，相移的方向造成了不对称，使桥式电路中的某些元件的工作状态发生变化。为了深入理解这一点，下面将详细分析“移相调制”方法，探讨 0°相移、180°相移和 90°相移的结果。

3.16.1　定频移相调制——输出最小化（0°相移，占空比为 0）

参考图 4.3.3 可以更好地理解 0°移相调制，该图给出了基本桥式电路，而图 4.3.23 所示的为 0°移相时 4 个功率 MOSFET 的有效状态。由于死区时间对 ZVS 而言并非关键，为了简单起见，图中的波形忽略了死区时间。

在移相调制中，桥式电路的一侧桥臂作为参考桥臂且工作在占空比接近 50%的定频状

态（基本上为方波）。对于 Unitrode UCC3895 而言，参考桥臂为桥式电路的左侧桥臂。

桥式电路右侧桥臂与左侧桥臂的工作频率相同，输出也为占空比接近 50%的方波，但右侧桥臂的驱动可延时 0 至 180°来控制输出，如图 4.3.23～图 4.3.25 所示。

在图 4.3.23 中，图（a）和图（b）为图 4.3.3 中桥式电路左侧 MOSFET Q_1 和 Q_3 的栅极驱动波形，将其作为参考。注意对于 0°相移（0 占空比），当上桥臂器件 Q_1 导通时下桥臂器件 Q_3 关断时，上桥臂 Q_1 至下桥臂 Q_3 间没有电流通路。（为了简单起见，假设器件是理想的，从一个状态至另一个状态的开关是瞬时完成的。）

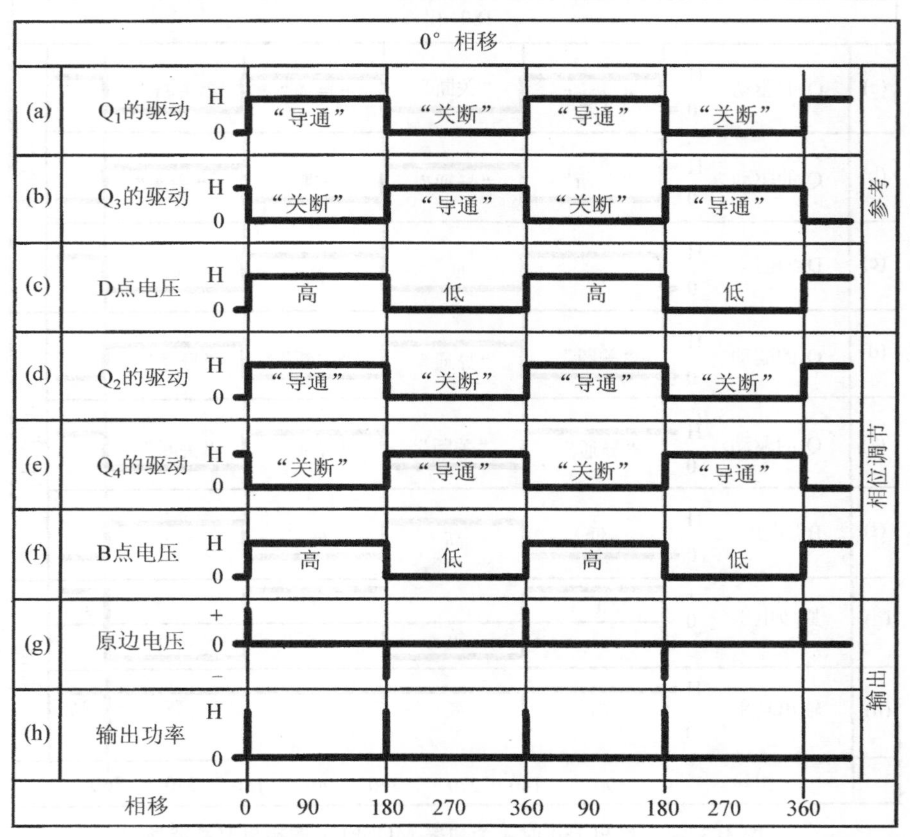

图 4.3.23　移相 0°时 4 个功率 MOSFET 的栅极驱动波形（无开关延时）。还给出了 B 点和 D 点电压波形。注意 B 点和 D 点的电压同时变高和变低，变压器的原边电压始终为 0，无输出

现在考虑图（d）和图（e），两图给出了 0°移相时右侧 MOSFET Q_2 和 Q_4 的驱动波形。注意上桥臂 MOSFET Q_2 和下桥臂的 Q_1 工作状态互补；下桥臂 MOSFET Q_4 和上桥臂 Q_3 的工作状态互补。下桥臂 MOSFET Q_4 关断且上桥臂 MOSFET Q_2 导通时，上桥臂和下桥臂间也没有有效电流通路。

下面观察 D 点和 B 点电压，即图（c）和图（f）。两点电压同时变高同时变低，因此两点的电压在直流侧电压和 0 之间切换。然而，变压器原边绕组 P_1 两端的电压差在整个周期内保持为 0，所以没有功率输出，输出功率一直为 0，如图（g）和图（h）所示。

3.16.2 最大输出（180°相移，占空比为100%）

现在分析桥式电路在180°相移时功率MOSFET的导通和关断状态，相移施加于右侧桥臂。

图4.3.24为180°调制时的波形。注意右侧桥臂的调制波形（图（d）、（e）和（f））向右移动（延迟）了180°。此时Q_2和Q_3关断，Q_1和Q_4导通。因此对角器件Q_1和Q_4导通半个周期，Q_2和Q_3以相同的方式在接下来的半个周期导通。

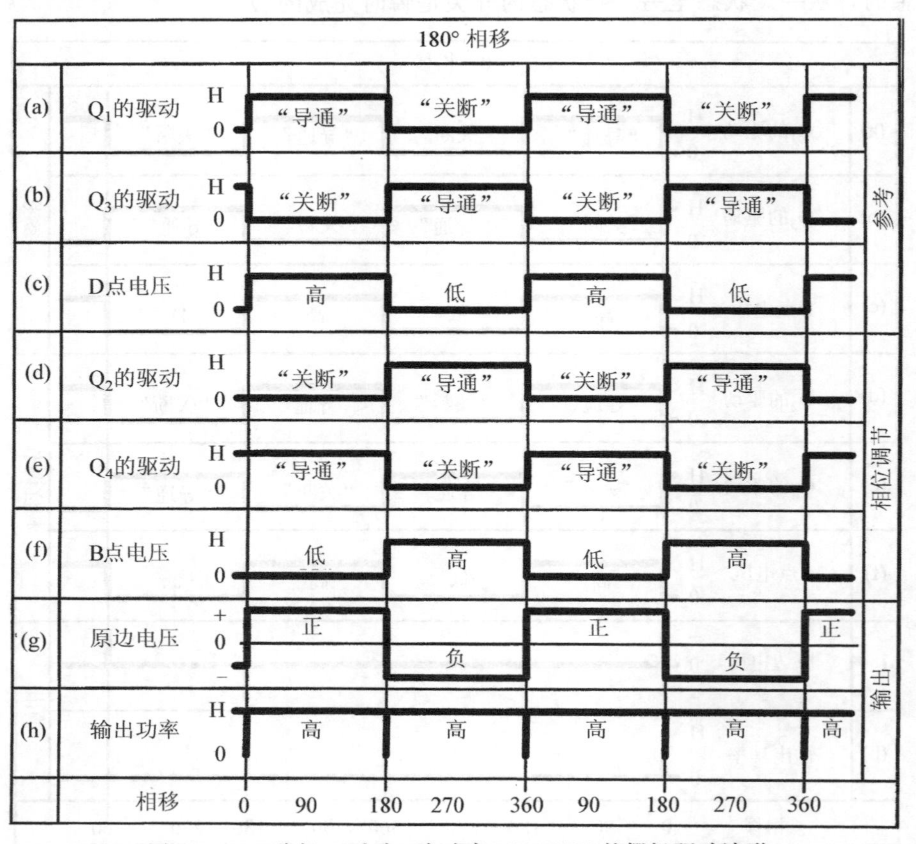

图4.3.24 移相180°时4个功率MOSFET的栅极驱动波形

注意B点和D点的电压始终是状态相反的，提供全部的输出电压，变压器的原边电压为方波。

D点和B点电压高低交错，原边绕组两端电压为全部直流侧电压，每半个周期改变一次极性，并提供最大输出，如图（g）和图（h）所示。

3.16.3 中等功率输出（90°相移，占空比为50%）

现在分析50%调制时的情况，此时相移只有90°，如图4.3.25所示。注意右侧桥臂调制波形（图（d）、（e）和（f））只延迟了90°。此时Q_1和Q_4导通、Q_2和Q_3关断1/4周期，因此前1/4周期D点电压（图（c））为高E点电压（图（f））为低，一个周期的1/4时间，全部直流侧电压传递至副边整流器。

注意B点和D点的电压有50%的时间是状态相反的，提供一半的输出电压，变压器的原边电压为阶梯波。

在一个周期的 90°时，Q_2 开通 Q_4 关断，因此 B 点电压变高而 D 点电压保持为高，在第 2 个 1/4 周期内，原边绕组两端的电压均等于直流侧电压，电压差为 0，所以没有输出。一个周期的 180°时，D 点电压变低而 B 点电压保持为高，第 3 个 1/4 周期内原边绕组两端电压为负。270°时，B 点电压变低而 D 点电压保持为低，最后一个 1/4 周期内没有输出。360°时，D 点电压变高而 B 点电压保持为低，原边绕组电压极性再次反向，电压再次输出。

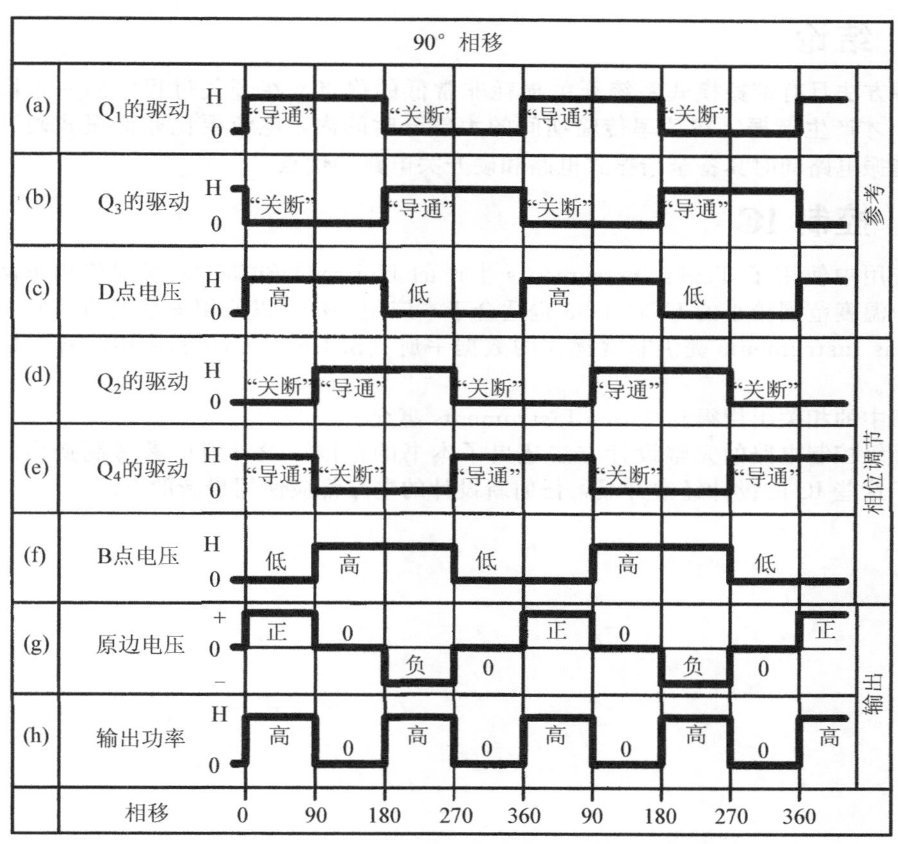

图 4.3.25　移相 90°时 4 个功率 MOSFET 的栅极驱动波形

在副边整流电路的作用下，输出端的一个周期包含 2 个 1/4 周期的正功率脉冲，输出电压为最大值的 50%，如图（g）和图（h）所示。显然，利用适当的相移，输出可以在上限和下限之间连续调节。虽然相移接近 0°时可以实现零输出，但由于谐振型零电压开关所必须的延时，占空比小于 100%。延时为负载电流、所用 MOSFET 的衬底电容和连接至两个节点的杂散电容的函数。只有在样机试验阶段才能准确确定杂散电容的大小，因为在设计阶段杂散电容的值是未知的。（在设计功率变换器样机时，我通常在每个有效工作周期的末端将延时设为至少 1 μs。）

3.17　功率级 MOSFET 的开关不对称性

通过观察，桥式电路看上去是对称的，人们也许会认为所有 MOSFET 的工作状态均相同。然而，从 3.9 节已知，由于为谐振电容充电的电流较低，左侧桥臂的延时（用于零电压开关）大于右侧桥臂的延时。这种非对称性与相移的方向（超前或滞后）有关，还取决于调制施加于哪一侧桥臂。

注意如果右侧桥臂的相位超前 90°，可实现同样的占空比调制。如果相移施加于左侧桥臂的 MOSFET，超前移相和滞后移相可获得类似的结果。因此共有 4 种可能的调制模式，但同时只能采用其中的一种。这是由 IC 设计者选定的，用户无法改变，因为自适应延时设置的内部时序和控制方法与选择的模式有关。

3.18　结论

这种方法具有谐振模式系统开关损耗非常低的优点，在开关过程中的一小段时间内（<2 μs）才产生谐振。在功率传输期间的大部分时间内，电流要比非谐振式硬开关电路小。准谐振电路同时具备全谐振式电路和硬开关电路的优点。

3.19　控制 IC

本应用中使用了 Texas Instruments 生产的 Unitrode BiCMOS 新型移相 PWM 控制 IC，工作温度范围较小的 UCC 3895 也适合于本应用。也可以使用该系列的其他 IC。

Texas Instruments 提供非常优秀的数据手册（SLUS 157B）和应用注释（U－136A 和 U154）。

本书中的相关引用得到 Texas Instruments 惠允。

信号级控制电路的完整设计方法超出了本书的范围，设计者应参考制造商的推荐电路。由于这些 IC 的设计经常升级，任何新设计的电路都应使用最新的 IC。

第 4 章　全谐振式自激振荡电流型 MOSFET 型正弦波变换器

4.1　导论

本章讨论的是 4.2.4 节中 BJT 电流型逆变器的 MOSFET 形式。我们将会看到这种逆变器具有完全不同的零电压驱动方法，与采用 BJT 时相比，既有优点也有缺点。MOSFET 电路的主要优点是开关过程中无需加入延时，因而消除了开关器件的交叠时间，也无需插入死区时间。因此谐振电压波形接近纯正弦波，谐波含量极少。

本章将不再重复电感和变压器的设计方法以及谐振电路的理论，不再讨论 Q 值和环流、还有逆变器工作其他相关细节，因为这些内容已经在第一部分的第 22 章和第四部分的第 2 章做了充分的讨论。本章的 MOSFET 电路采用相似的设计过程。

由前面内容可知，第一部分第 23 章的正弦波逆变器和第四部分第 2 章的谐振式荧光灯镇流器的基本电路是相同的，即自激振荡电流反馈型并联谐振式正弦波逆变器。前述章节这些电路使用的开关器件是 BJT。也许看上去用 MOSFET 替换 BJT、并将驱动电路进行适当的改变后，电路的功能是完全一样的。然而，这样做经常导致可靠性降低，性能也不令人满意。MOSFET 电路的驱动电路设计与 BJT 电路的截然不同，尽管这不是显而易见的。

第一个要求是 MOSFET 的栅极驱动电路需要加入延时以模拟因基极存储电荷的复合时间而使 BJT 具有的固有延时。延时可以确保两个器件始终不会同时关断。在扼流圈驱动电路中，为了避免破坏性的高瞬态电压，必须为串联馈电扼流圈的电流提供连续流通的回路。还有一点不是那么显而易见，即应在高输入电压施加前开始振荡过程，以避免灾难性故障的发生。本章将研究解决这些问题的新方法。

4.2　基本 MOSFET 谐振式逆变器

图 4.4.1 所示的为 MOSFET 逆变器的最基本电路，通过该图可以更好地理解它的工作原理。然后将分析为了获得可靠的工作电路，应对其做哪些必要的修改。

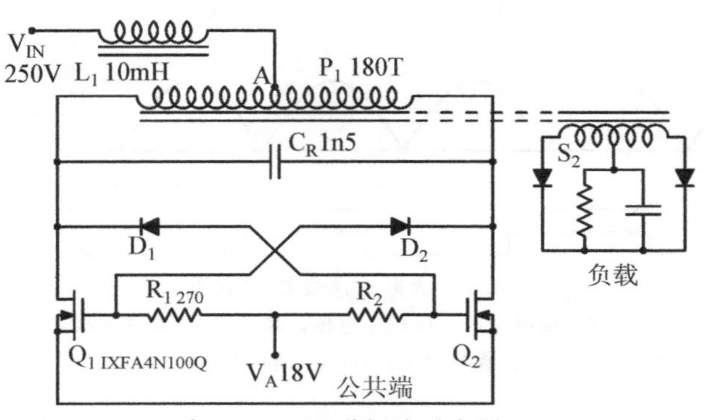

图 4.4.1　基本 MOSFET 谐振式逆变器

在图 4.4.1 所示的基本电路中，栅极驱动电路与双稳态多谐振荡器十分相像。电路一旦启动，就可以在稳态条件下运行良好，无需做任何修改。然而，稍后就可以发现，有一个问题使电路不能可靠启动，为了解决这一问题，应做如下的修改。

考虑以下启动条件：辅助电压 V_A 已经建立，输入电压 V_{IN} 也已经施加，且电路已经运行于稳态。(本例中相对于公共端，V_A 为 18VDC，V_{IN} 为 250VDC。)

在这种条件下，并联谐振电容 C_R 和原边 P_1 两端的电压为正弦波，如图 4.4.2c 所示。P_1 中心抽头 A 点的电压为全波整流后的正弦电压（或迭加正弦波，如图 4.4.2d 所示）。由于 L_1 的输入端接至直流电压（V_{IN}），L_1 两端的电压为类似的带有直流偏置的迭加正弦波。注意图 4.2.2 中除 P_1 电压以外，电压的参考点均为公共端。(P_1 电压的参考点是 Q_2 的漏极，参见图 1.23.10 的注意事项。)

为了使输入电压的纹波最小，扼流圈 L_1 的电感值相当大（本例中为 10mH），电流中的直流分量相对于交流纹波电流来说很大，因此扼流圈的电流近似恒定。A 点的迭加正弦波电压由 L_1 的工作状态以及由变压器原边电感和 C_R 构成的谐振电路完全决定。

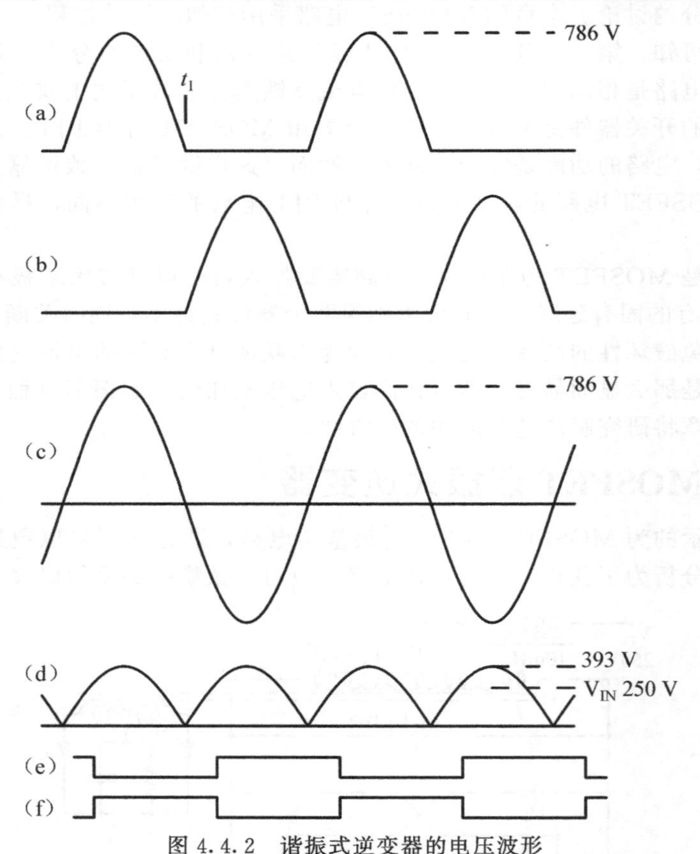

图 4.4.2　谐振式逆变器的电压波形

(a) Q_1 漏极电压；(b) Q_2 漏极电压；(c) P_1 电压，参考点是 Q_2 的漏极，不是公共端；(d) A 点的迭加正弦波电压；(e) Q_1 栅极电压；(f) Q_2 栅极电压

由第 2 章可知，稳态时谐振电路能够自动将 L_1 的电压调节至 0，因为每个周期内磁通的正向变化和反向变化必须相等。这使每个周期内 L_1 的净电流变化为 0，平均电流保持为

负载需要的大小。因此 A 点迭加正弦波电压的平均值等于直流输入电压 V_{IN}。注意，如果迭加正弦波电压平均值小于 V_{IN}，L_1 的电流将增加，迭加正弦波的电压也增加，直到一个周期内电感净电压为 0，反之亦然。迭加正弦波的平均值为峰值的 $2/\pi$，因此本例中迭加正弦波的峰值电压 V_P 为

$$V_P = V_{AVG}\pi/2 = 250\pi/2 = 393\text{V}$$

为了求得 MOSFET 两端电压的峰值，应注意迭加正弦波电压的峰值出现在原边的一半绕组上的同时，P_1 一端的电压被导通的 MOSFET 固定在 0V。因此峰值电压应力施加于整个原边，以及关断 MOSFET 的漏极和源极两端，本例中峰值电压大小为 2（393）或 786V。

图 4.4.1 中，任一时刻两个功率 MOSFET Q_1 和 Q_2 中的一个处于导电的导电状态，另一个处于阻断电流的关断状态。两个电阻 R_1 和 R_2 为栅极上拉电阻，当钳位二极管截止时将开通电压 V_A 施加于两个 MOSFET 的栅极。

可以看出两个二极管 D_1 和 D_2 的连接方式使一个 MOSFET 的漏极电压为 0 时，相应的二极管将另一个 MOSFET 的栅极电压钳位于稍大于 0 的二极管压降（足够低，确保 MOSFET 关断）。当漏极电压升至超过 V_A 时，二极管变为反向偏置，栅极电阻使另一个 MOSFET 的栅极电压等于 V_A，使 MOSFET 开通。

现在做进一步分析，考虑 Q_1 关断 Q_2 导通的某一瞬间，假设 Q_1 漏极电压为 20V 并迅速降至 0V。图 4.2.2 的 t_1 前一瞬间正是这种情况。此时 Q_2 的漏极电压为 0，由于 D_2 正向偏置，它将 Q_1 的栅极电压钳位于 D_2 正向压降的大小（约 0.7V），这使 Q_1 保持关断状态。与此同时，Q_1 的漏极电压为 20V，所以 D_1 反向偏置，且 VA（18V）由 R_2 施加于 Q_2 的栅极（见图 4.4.2f），所以 Q_2 完全开通。

此时随着 Q_1 漏极电压下降至 V_A 以下，D_1 开始导通，且 Q_2 栅极的驱动电压开始降低。由于 MOSFET 的栅极阈值电压 $V_{GS(th)}$ 典型值为 3V，当 Q_1 漏极电压降至约 2.3V 时 Q_2 将完全关断。所以，随着 Q_1 漏极电压降至 0，Q_2 漏极电压在谐振的作用下开始增加，尽管 D_2 仍然导通，Q_1 的栅极电压此时在 R_1 电流的作用下升高。一旦 Q_1 栅极电压升至 3V，Q_1 将开通，使其漏极电压保持为 0V。当 Q_2 漏极电压一超过 18V，D_2 将反向偏置，18V 电压降经 R_1 施加于 Q_1 的栅极。所以栅极电压基本上为方波，如图 4.4.2e 和图 4.4.2f所示。由此一个器件导通至另一个器件导通的转换是完全连续的，电路中的电压波形非常理想。所有的波形均没有电压尖峰，P_1 两端的正弦波电压在交越时间为 0 时没有明显的畸变。

注意存在一小段两个 MOSFET 均关断的时间。然而电路中的分布电容在这段短暂的时间内（25ns）为 L_1 的电流提供了通路，这足以抑制严重的瞬态过电压。

4.3　启动 MOSFET 逆变器

4.3.1　锁定

这种 MOSFET 电路一开始并不令人喜欢，因为启动时两个 MOSFET 会同时导通并损坏，原因如下。

对于图 4.4.1 所示的基本电路，如果电压 V_{IN}和 V_A 突然同时施加，振荡将无法开始，因为 Q_1 和 Q_2 将同时导通，这使 L_1 的电流迅速增加，直至 MOSFET 损坏。

造成这种情况的原因是启动前谐振电路中没有电流，P_1 两端电压为 0，并且由于能量

无法传递至谐振电路中，这个状态将持续下去。因此 P_1 两端电压保持为 0，振荡不会开始。当直流电压施加后，两个漏极电压将同时升高，当升至约 2.3V 时，两个栅极电压都将超过 $V_{GS(th)}$（约为 3V）。这时两个 MOSFET 将进入线性导通状态并保持该状态，电流不受限制地增加，从而迅速导致 MOSFET 损坏。解决问题的方法是在低电压下启动振荡，方法如下。

4.3.2　在线性模式下启动振荡

为了启动振荡，必须使能量传递至由原边等效电感和谐振电容 C_R 构成的谐振电路。L_1 电流增大的速度比振荡电路中振荡的形成要快得多，所以如果在 D_1 和 D_2 导通前振荡没有形成，电路将被锁定。通常，振荡的形成需几个毫秒，并且与负载和连接至 MOSFET 栅极的正反馈数量有关，这个问题将在下一节进行讨论。

由于启动时 MOSFET 工作在线性区或准线性区，而且只有在 P_1 两端电压完全建立后才开始交替地导通和关断，此过程必须在二极管 D_1 和 D_2 导通前发生。以下措施可以确保这一点。

4.3.3　利用交叉耦合电容的改进线性启动方法

建立振荡所必需的电路正反馈环路在图 4.4.1 中构成了“8 字图”，即从 Q_1 的栅极至 Q_1 的漏极，经 D_1 至 Q_2 的栅极，从 Q_2 的栅极至 Q_2 的漏极，再经 D_2 返回 Q_1 的栅极。二极管 D_1 和 D_2 的反向偏置耗尽层电容在启动时构成了反馈环路的一部分。

这种应用中 MOSFET 的 C_{iss} 典型值大于 1nF。因为 MOSFET 的 C_{iss} 比 D_1 和 D_2 的势垒电容大得多，这些元件形成的容性分压器使一个 MOSFET 的栅极电压基本不随另一个 MOSFET 漏极电压的变化而变化，所以在锁定发生前未能形成振荡。然而，如果用电容 C_1 和 C_2 分别与 D_1 和 D_2 并联，如图 4.3.3 所示，则正反馈加强，电路形成振荡的速度大大加快。

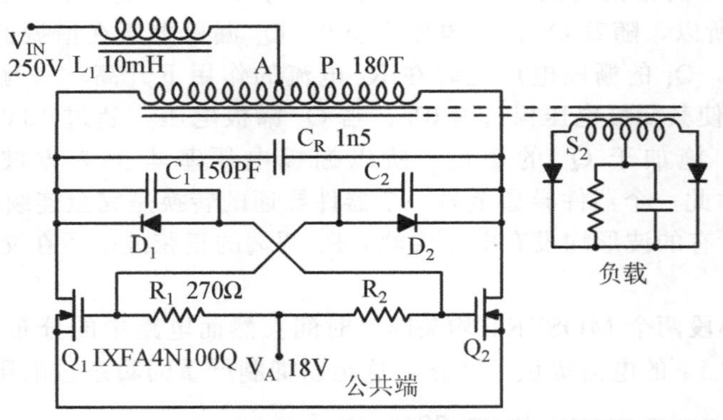

图 4.4.3　带有交叉耦合电容的基本电路

对于某些 MOSFET、C_1 和 C_2 的值以及电压等级的组合，图 4.4.3 所示的电路足以满足要求并且能够可靠地启动。然而，C_1 和 C_2 的值要采用折中的方法进行选取。显然，足够大的电容值可以增强正反馈，使启动更加可靠。但是如果电容过大，电路启动后，Q_1 漏极电压减小并接近于 0 时，电压通过 C_2 从 Q_2 的栅极拉出很大的负电流，使 Q_2 的栅极电压小于 V_A，造成 Q_1 过早关断。

例如，设 R_1 和 R_2 为 270Ω，C_1 和 C_2 为 330pF。考虑 Q_1 关断、其漏极电压为 20V 并

迅速下降时的动态过程。因为漏极电压的变化率接近最大值，从 C_1 流入 R_2 的电流也接近负的最大值，这使 Q_2 栅极电压下降 22V，造成 Q_2 关断，分析如下：

$$漏极电压\ v=A\sin(2\pi wt)=786\sin(2\pi\times 50kt)$$

$$dv/dt=786(2\pi\times 50k)\cos(2\pi\times 50kt)$$

$$当\ t=0\ 时，dv/dt=786(2\pi\times 50k)=247V/\mu s$$

$$电容电流为\ i_{C2}=C_2 dv/dt=(330p)(247)=81mA$$

$$所以\ R_2\ 的压降为\ v=iR_2=(81m)(270)=22V$$

显然漏极电压处于正的上升沿时会出现类似的情况，栅极电压将升高 22V。然而，栅极电压可以很容易地用二极管钳位在 18V。虽然减小 R_1 和 R_2 会降低它们的压降，但同时也使损耗增加并减弱了正反馈，削弱了首先增加 C_1 和 C_2 的作用。可以采用图 4.4.4 所示的改进电路来解决这个问题。

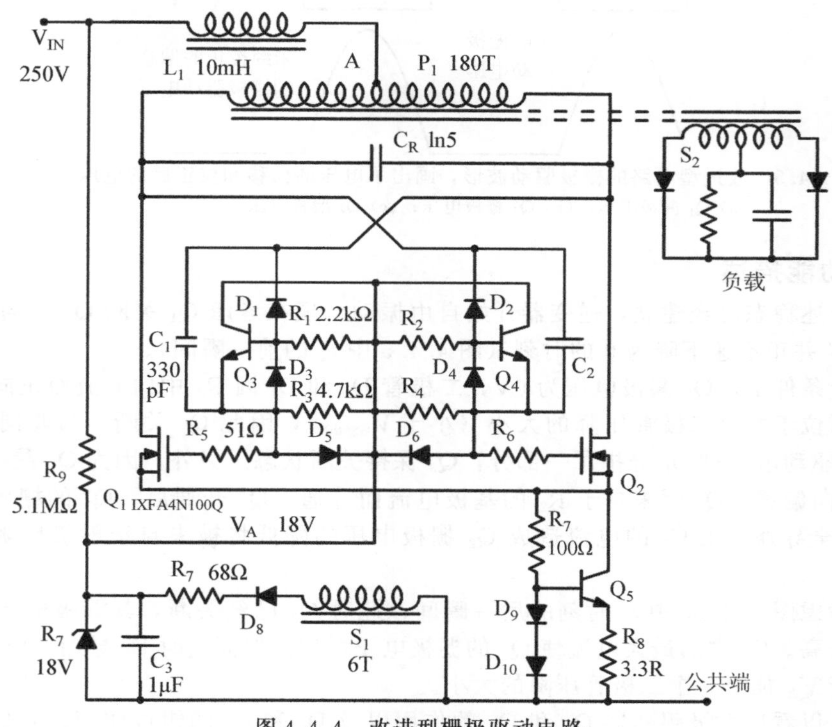

图 4.4.4　改进型栅极驱动电路

4.4　改进型栅极驱动电路

对栅极驱动电路进行如图 4.4.4 所示的修改，为了实现可靠的启动，增大了交叉耦合电容 C_1 和 C_2 的值，而且在接近每半个周期开始和结束时栅极电压不会出现负的和正的偏移。

附加的电路使 MOSFET 的栅极电压不再受 C_1 和 C_2 电流的影响，而是将栅极电压钳位于 V_A 加上或减去一个二极管压降的大小，这增强了电路启动时的正反馈。（注意 V_A 在启动过程中是增加的。）

图 4.4.5a 为 Q_1 漏极电压，图 4.4.5b（虚线）为未钳位的栅极电压，图 4.4.5b（实

线）为钳位后的栅极电压，图 4.4.5c 为 Q_2 漏极电压。钳位是由射极跟随器 Q_3 和 Q_4 和二极管 D_5 和 D_6 提供的。由于此时栅极电压被钳位于 V_A 加减一个二极管压降的范围内，MOSFET 不会因过大的栅极电压而损坏，而且也不会过早地退出完全导通状态。

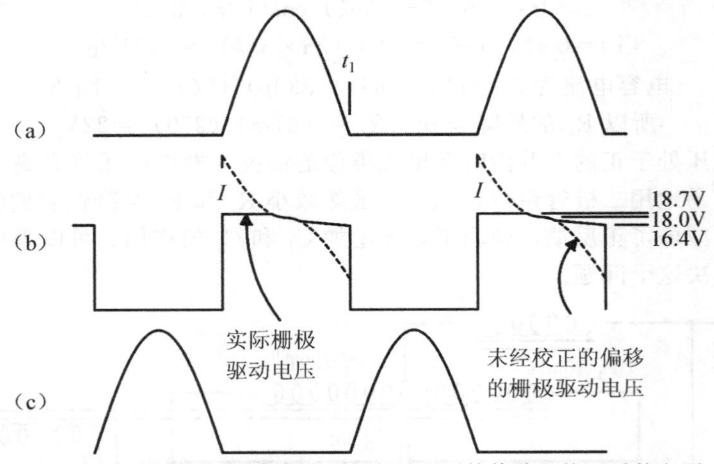

图 4.4.5 改进型电路的栅极驱动波形，画出了电压的偏移和校正后的电压
(a) Q_1 漏极电压；(b) Q_2 栅极电压；(c) Q_2 漏极电压

4.4.1 功能描述

假设上述稳态已经建立，逆变器开始自由振动。现在考虑 Q_1 关断 Q_2 导通、Q_1 漏极电压为 20V 并正迅速下降为 0 的时刻（图 4.4.5 中 t_1 的前一瞬间）。

在以上条件下，Q_2 漏极电压为 0V，二极管 D_1 和 D_3 因 R_3 中的电流而正向偏置，Q_1 的栅极被钳位于两个二极管压降的大小（小于 $V_{GS(th)}$），因此 Q_1 关断。与此同时，R_1 中的 Q_3 基极驱动电流被 D_1 分担了一部分，Q_3 保持关断状态。另外，因为 Q_1 漏极电压大于 V_A，D_2 反向偏置，Q_4 因来自于 R_2 的基极电流而开通。Q_4 开通后，Q_2 的栅极电压接近 V_A，Q_2 完全导通。因 C_2 的电流造成 Q_2 栅极电压的降低将被来自于射极跟随器的电流补偿。

现在考虑图 4.4.5c 中 t_1 时刻的后一瞬间，此时 Q_2 已经关断，其漏极电压为 20V 并正在迅速升高。C_1 中的最大电流使 Q_1 的栅极电压增加。然而这时 D_5 导通，将 Q_1 的栅极电压钳位于 V_A 加上一个二极管压降的大小。

现在可以看出射极跟随器 Q_3 和 Q_4 的作用以及 D_6 和 D_5 的钳位作用，它们使启动电容可以取得更大一些，启动更加可靠，且不会使栅极驱动电压出现偏移。

下面分析电源首次施加时的启动状态。观察图 4.4.4，启动电路由 R_9、C_3 和稳压二极管 D_7 组成。当 V_{IN} 突然施加后，C_1 和 C_2 立即经 D_5、D_6 和 C_3 充电至 V_{IN}。由于 C_3 很大，这一过程几乎对 C_3 的电压（V_A）没有影响。由于 R_9 和 C_3 的时间常数很大，C_3 的电压开始缓慢增加。由于驱动电路的任何元件中仍未有电流，R_3、R_4、R_5 和 R_6 使 Q_1 和 Q_2 的栅极电压等于不断增加的 V_A。当 V_A 达到约 3V 时，MOSFET 开始导通，电流缓慢增加。这时 C_1 和 C_2 向栅极提供了充足的正反馈，振荡迅速开始，由 L_P 和 C_R 构成的谐振电路开始存储能量。

注意在 V_{IN} 施加后且 MOSFET 开通前的瞬间，P_1 中心抽头的电压以及两个漏极电压均等于 V_{IN} 或 250V。正是在此电压下振荡开始并平衡地进行下去。所有电压的幅值均平滑地随着谐振电路储能的增加而增加。原边绕组（P_1）两端的电压为理想的正弦，在初始阶段，两个漏极电压也为正弦且相位相差 180°。当 MOSFET 工作在线性区时，这 3 个电压持续增加，直到漏极电压的正峰值等于 $2V_{IN}$且相应的负峰值等于 0 时，钳位二极管 D_1、D_3 或 D_2、D_4 导通，并将 Q_1 或 Q_2 关断。（注意当其中一个 MOSFET 导通时，另一个 MOSFET 被强迫关断。）

由于漏极电压等于正峰值时没有相应的钳位过程，随着电压的升高，漏极电压只能从正弦波变化至迭加正弦波。电压波形的变化持续下去，直到正峰值从 $2V_{IN}$升至 πV_{IN}，由于电感的存在，A 点电压平均值保持为 V_{IN}。这时振荡已经形成并稳定，MOSFET 完全导通或者完全关断。

功率 MOSFET 容易产生损耗性的寄生振荡，标准的 51Ω 栅极缓冲电阻 R_5 和 R_6 用来阻止振荡的发生。

这种驱动电路比图 4.3.3 的电路效率更高，因为后者的电阻 R_1 和 R_2 必须非常小使 MOSFET 的电容 C_{iss}迅速充电。两个电阻中因此流过相当大的无功电流，产生 1.2W 的损耗，而改进电路的损耗小于 0.2W。

4.4.2　限流电路

在启动过程的第一阶段，漏极电压仍然完全是正弦波且峰值为 $2V_{IN}$，电路输出的电流小于额定满载电流。然而在漏极电压开始变化、峰值从 $2V_{IN}$升至 πV_{IN}期间，漏极电流迅速增加，在进入稳态前，总（电感）电流的峰值比最大满载电流大得多。因此，MOS-FET（还会在线性区工作较长时间）的损耗比正常工作时大得多。因此，最好限制电流的最大值。图 4.4.4 中，R_{10}、Q_5、D_9、D_{10}和 R_8 构成限流电路。

4.4.3　换流

此电路的换流过程几乎是理想的。一个 MOSFET 导通转换为另一个 MOSFET 导通的过程是无缝的，没有明显的过渡过程。因此电路的电压几乎是理想的，变压器绕组电压的任何畸变都是副边的负载造成的。非线性负载的影响取决于谐振电流的 Q 值，如第 2 章所述。负载为电阻时，电压的正弦度非常高。

4.5　其他启动方法

如果电路运行于较高电压，4.4 节的栅极驱动电路属于基本电路，电源电压必须能够突变。如果 V_{IN}能够缓慢变化，并且辅助电源 V_A 能够在 V_{IN}前启动，则此电路无需更复杂的栅极驱动电路，C_1 和 C_2 可以取得更小。

在 V_{IN}未施加而仅施加 V_A 的情况下，逆变电路将可靠启动并且在 MOSFET 的线性区振荡，C_1 和 C_2 也相对小一些。如果随后 V_{IN}足够缓慢地增加，使谐振电压有充足的时间建立，电路将没有任何问题地进入正常工作状态。即使 V_A 无法按照以上顺序施加，也能通过缓慢施加 V_{IN}的方法使电路可靠启动。可利用如第一部分第 23 章的软启动预调节器使输入电压缓慢增加，或者在电路功率较大时使用降压型开关调节器。

4.6　辅助电源

图 4.4.4 中的辅助电源 V_A 由 C_3、D_7、D_8、R_9 和变压器绝缘绕组 S_1 组成。S_1 的匝数是按照输出电压为 26V 设计的，R_9 和稳压二极管 D_7 将此电压降为 18V。利用 S_1 相对高的电压和限流电阻 R_9，当输入电压较低时辅助电压也能完全建立。

4.7 小结

由本章可知，将自谐振正弦波逆变器中的 BJT 替换为 MOSFET 并不简单。为了实现可靠运行，需要对栅极驱动电路做相当大的改变。

当输入电压能够在几个毫秒内增加至最大值使逆变器可靠启动时，则可以使用较简单的驱动方法。在逆变器之前启动的预调节器能够提供启动电压斜坡和稳定的电压输入，因此输出也是基本稳定的。降压型开关调节器还能将逆变器的反馈扼流圈集成于预调节器中。预调节器使逆变器在输入电压较低时也能工作，从而降低了 MOSFET 的电压应力。

本章还讨论了两种使用 MOSFET 设计高可靠性电流型正弦波逆变器和合适的栅极驱动电路的方法。这些方法使开关的换流基本上是瞬时的和无缝的，同时电压无谐波，正弦度非常高。带有交叉耦合启动电容的基本电路在电压较低时、或者软启动及上电顺序合适的情况下完全能正常启动。图 4.4.4 所示的更复杂的驱动电路能适应的输入电压范围最大值可达 MOSFET 可承受的最大电压。它的启动相当可靠，无需软启动电路，对上电顺序也没有要求。

第 5 章　单一电压控制的宽范围正弦波振荡器

5.1　导论

本章提出了文氏桥振荡器的基础上形成的宽范围正弦波振荡器。电压的幅值具有固有的稳定性，频率可以大范围调节，控制电压是单一的，电压范围为 0～5V，这些使其十分适用于先进的数字控制系统，例如由微控制器的 PWM 信号进行控制。文氏桥电路之所以受到持续而广泛的青睐，一部分原因在于它出众的频率稳定性。

为了便于参考，图 4.5.1 给出了基本的文氏桥振荡器，图中标出了主要节点和元件名称。节点和元件名称与图 4.5.3 所示的新型压控振荡器（VCO）电路相对应。在正常运行状态，基本振荡器的电路由 R_X 和 R_Y 调节，为了实现无畸变的振荡，放大器的增益通过调节 R_F 与 R_G 之比保持在正确的值。

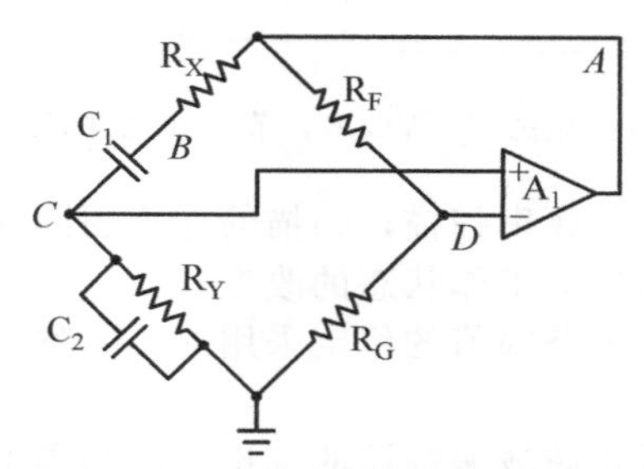

图 4.5.1　基本文氏桥振荡器，为了便于参考，给出了节点和元件的名称

5.2　频率和幅值控制原理

图 4.5.1 中文氏桥电路的频率与幅值间的关系按以下方法求得。设两个电阻 R_X 和 R_Y 均等于 R，两个电容 C_1 和 C_2 均等于 C。文献 93 指出振荡频率为

$$f=1/(2\pi RC)$$

为了实现稳定的振荡，正反馈网络的增益必须为 1/3，文氏桥电路放大器的增益必须为 3，以使总的正环路增益精确等于 1，所以 $R_F=2R_G$。稳态运行时，A 点、C 点和 D 点正弦电压的关系为

$$A/3=C=D$$

而且这些电压是同相的。

图 4.5.2 中，运放 A_1 文氏桥放大器的负反馈环路由 R_1、P_1 和组成。根据图中的电阻值，放大器的闭环增益可由 P_1 在 3 和 4.25 间调节，因此增益可以大于 3 以适应由元件公差和偏置电流造成的电压损失、相移或平衡使电路偏离理想运行状态。因为运算跨导放大器（OTA）的跨导随着输入电压非线性增加，电路在宽频率范围内具有固有的幅值稳定能力，幅值的变化不超过 10%，本例中无需附加电路以实现增益的稳定。

图 4.5.1 中，增益是由 R_F 和 R_G 的比值调节的，为了使增益稳定，常规的方法是 R_F 和 R_G 选用非线性元件，如热敏电阻或镇流电阻器。另一种调节增益的方法是使用独立的闭环反馈系统，通常用 JFET 作为可变电阻元件。两种方法的振荡频率均不能小于某一最

小值，因为频率小于这一最小值时，振荡的周期与元件或控制电路的时间常数相比是过大的，从而无法实现幅值的控制。

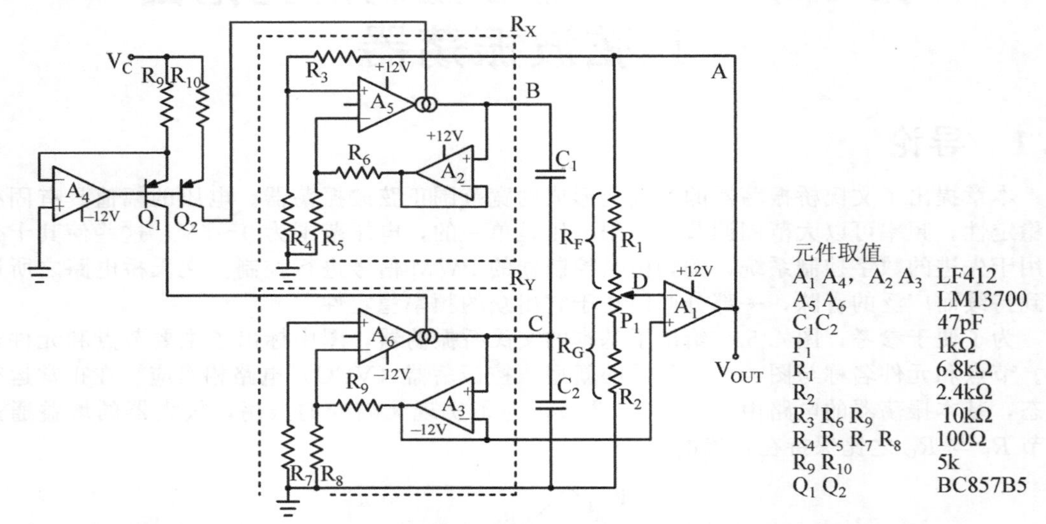

图 4.5.2　宽范围压控振荡器（VCO），节点和元件名称与图 4.5.1 相对应

如果希望利用电子控制进行频率扫描，扫描的速率因同样的原因受到限制。必须限制扫描速率，使幅值控制有时间适应工作状态的改变。

然而在图 4.5.2 中，因为电路幅值的稳定采用的是一种与时间无关的方法，所以频率的下限和扫描速率不受限制。

本书不再详细讨论文氏桥正弦波振荡器的理论，因为参考文献［93］已对其做了充分的介绍。

5.3　宽范围正弦波 VCO 的工作原理

在新型电路中，电阻 R_X 和 R_Y 被压控电阻器（VCR）替换，幅值由电位器 P_1 设定，因放大器具有固有的可变增益特性，环路增益保持为 1。

图 4.5.2 所示的为新型 VCO 电路。图 4.5.1 基本文氏桥电路频率控制环的电阻（R_X 和 R_Y）被运算跨导放大器（OTA）A_5 和 A_6 代替，构成 VCR 结构。

图 4.5.3 给出了 VCR 的具体工作原理。OTA 的详细工作原理请参考制造商的应用注释[94]。注意等效电阻 R_X 的一端连接至 OTA 的输出，R_X 的电流等于 V_X/R_X。R_X 的另一端没有直接引出，连至 VCR 的输入，但 R_X 的等效值是由受 V_X 影响的放大器偏置电流（I_{ABC}）设定的。OTA 等效电阻（R_X）的公式为

$$R_X=(R+R_A)/g_mR_A$$

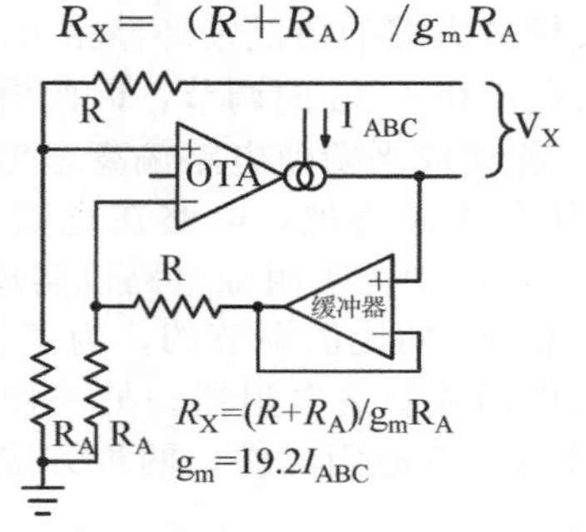

图 4.5.3　压控电阻（VCR），由 VCO 结构的 OTA 构成。注意 V_X 为 R_X 两端电压

由于 OTA 的跨导（图 4.5.2 中）由来自于 Q_1 和 Q_2 的电流 I_{ABC} 调节，VCR 和振荡频率可以由单独的 0—5V 控制电压 V_C 连续调节。匹配的晶体管 Q_1 和 Q_2 为 0—1mA 的电流源，电流的大小由运放 A_4 调节。运放迫使 Q_1 的射极电压等于 0，所以 R_9 的电压等于 V_C。由于偏置电流可以忽略，Q_1 的集电极，即流向 A_6 的 I_{ABC}，等于 V_C/R_9。因此偏置电流 I_{ABC} 为 $V_C/5k$，由于 V_C 为 0—5V，所以 I_{ABC} 为 0—1mA。因为 Q1 和 Q2 匹配，两个射极电压基本相等，所以流向 A_5 的 I_{ABC} 也为 0—1mA。这样输入电压 V_C 为 0 至 +5V，在不改变电容 C_1 和 C_2 大小的情况下，使频率调节范围超过约 $5\frac{1}{2}$ 个十倍频程。

电路由独立的 ±12V 电源供电，除了某些可忽略的偏移，所有运放的直流输入和输出电压为 0，但 A4 的输出电压除外。输出电压 V_{OUT} 的峰－峰值为几个伏特，但幅值超过约 $6V_{PP}$ 后畸变显著增加。

图 4.5.3 中的运放 A_5 和 A_6 为 LM13700 OTA（或类似的运放），它们产生与差分输入电压成正比的输出电流，电压和电流的关系是连续的。输出电流也与运放的偏置电流 I_{ABC} 成正比，而 OTA 的跨导又与 I_{ABC} 有关，在给出的应用信息中 $g_m = 19.2I_{ABC}$。两个 OTA 构成两个 VCR，对应于图 4.5.1 中正反馈网络中的电阻 R_X 和 R_Y。

电容可以与 VCR 串联或并联。在正反馈网络的上部，VCR（R_X）和 C_1 是串联的，施加于 VCR（R_X）输入端（A 点）的为文氏桥放大器的输出。VCR（R_X）输出端在 B 点与 C_1 相连。对于并联连接的 R_Y 和 C_2，R_Y 的输入连接至 C_2 的低端（公共端）。因此可以完全不考虑输入电阻。底部 VCR（R_Y）的输出端在 C 点与 C_1 和 C_2 相连，如图所示。

为了求出稳态时的振荡频率，VCR 的电阻（R_X 和 R_Y）可以由中等大小的 I_{ABC}（250 μA）计算（在图 4.5.2 中，使用 A_5 的元件值）：

$$g_m = 19.2I_{ABC} = 19.2 \times 250 \times 10^{-6} = 4.8 \times 10^{-3}$$

则

$$R_X = (R_6 + R_5) / g_m R_5 = (10k + 100) / (4.8 \times 10^{-3})(100) = 21k\Omega$$

对 A_6 进行类似的推导，得 $R_Y = 21k\Omega$，这是因为两个 VCR 的 R_X 和 R_Y 被选定为相同。对于 $C_1 = C_2 = 47pF$，频率为

$$f = 1/(2\pi RC) = 1/(2\pi 21k\ 47p) = 161kHz$$

为了求得振荡频率和 V_C 的关系，应注意频率与 R_X 成反比（由以上公式和图 4.5.2 可见）而 R_X 又与 g_m 成反比，g_m 又与 I_{ABC} 成正比。最终如上述讨论，I_{ABC} 也受 V_C 控制。由于频率与控制电压 V_C 为线性关系，故频率可以由任何方法进行手工或自动调节，例如用来自于微控制器的 PWM 信号。

A_5 和 A_6 的输出，即 B 点和 C 点的电压被两个 MOSFET 输入运放 LF412（A_2 和 A_3）跟随，两者的增益为 1，形成高阻抗缓冲器。对于 OTA 的输出，缓冲器的输入阻抗非常高，达到约 $10^{12}\Omega$，迫使 OTA 的输出电流只能流入两个电容 C_1 和 C_2。A_2 的输出电压等于 B 点电压，A_3 的输出电压等于 C 点电压。虽然电路可以用集成于 OTA 内的积分型达林顿晶体管缓冲器构成，但本例中 MOSFET 输入的缓冲器性能更佳，大大增加了电路的动态范围。

5.4　电路性能

当频率从 20Hz 至 20kHz，电容为 470pF 时，测得总谐波畸变率（THD）小于 1%。在以上条件下，不改变增益控制 P_1，幅度稳定性在 10% 以内。电容固定时振荡器的动态范围包含约 $5\frac{1}{2}$ 个十倍频程，但需要改变增益以调节幅值。THD 小于 1% 时，输出的最大

幅值约为 $6V_{PP}$。

为了使畸变小于1%，当 C_1 和 C_2 为47pF时，这种VCO的最大实际频率为300kHz。为了提高最大频率，需要增加OTA的差分输入电压使输出电流增大，但这样做会使畸变变得不可接受，因为畸变随着差分电压的增加而越来越严重。

因为幅值与具有固定时间常数的附加稳定电路无关，所以实际上最小频率是不受限制的，最小频率由 C_1 和 C_2 进行设定。

电源常用术语

电源，特别是开关电源，是一门相对较新且发展很快的工程学科。因此，描述它们的专用术语也一样仍在发展中，尚未取得一般共识和完整的定义。

下面所列的清单虽然不够全面，但也给出了一些术语较一般的认识，并根据本书出版时业界普遍能接受的用法增加了作者的定义。在某些情况下，一个术语的普通含义可能不同于电源应用中的特殊含义。在这种情况下，就首先给出“普通含义”，接着给出电源应用的特殊含义，简称：“特殊含义”。

由于关于电源的国际标准和定义还没有制定，此处的定义还需及时更新。

环境温度（Ambient Temperature）。

普通含义：环境温度

特殊含义：对于对流冷却电源而言，是指直接在空气自由流动位置电源下方的空气温度。对于风扇冷却的电源是指风扇入口处的空气温度。对于传导冷却部件是指热交换器表面的温度。

差分型放大器（Amplifier，Differential）。带有两个信号端的放大器，它的输出电压幅值和极性与加在反相和同相输入端的电压差和极性成比例。

跨导型放大器（Amplifier，Transconductance）。带有两个信号端的放大器，它的输出电流与加在输入端之间的电压差成比例。

附属功能（Ancillary Function）。指由电源提供的不与产生稳定输出直接联系的所有功能。如果附属功能失效不被认为是主要失效时，在 MTBF 计算时它们有时被忽略。

自动切换（Automatic Crossover）。

特殊含义：这个词通常用于实验室类的具有稳压和稳流特性的可变电源。这些电源能够在两个运行状态之间自动切换以响应负载的变化或者电源的控制调整。运行状态通常由前面板的指示灯显示。

辅助输出（Auxiliary Output）。指有多路输出的电源除主输出以外的其他所有输出。辅助输出通常有一个较低的额定功率和有限的性能。

带宽（Bandwidth）。

普通含义：它描述了一个系统的频率响应，通常是指较高频率的半功率点（下降 3dB）和较低频率的半功率点（下降 3dB）之间的频率差或是下降 3dB 的频率范围。

特殊含义：当用在电源中时，它通常是指一个频率段，在这个频率段上指定或者测量输出纹波和噪声分量。

双向整流器（Biphase Rectifier）。对交流输入的两个半周期都可以整流的电路，使用一个含有中心抽头绕组的变压器。

泄放电阻（Bleeder Resistor）。其主要目的是提供负载。为安全起见它可用作电容器放电或者在开关电源输出端负载预置，以防止外部负载撤销后电压升得过高。它又叫做假负载电阻或预置负载电阻。

电桥（Bridge）。

普通含义：一种电路结构，通常用于精确测量，在这种电路中有两个分压臂（电阻性的或电抗性的）用来平衡，将一个未知电抗和一个已知的精确量进行比较。

特殊含义：在电源中，一种桥式电路结构通常是指用来连接开关器件的一种方法，在变换器应用中采用全桥或半桥连接。它还是一种连接二极管提供来自单相交流输入的全波整流的一种方法。

持续低电压（Brownout）。

普通含义：指外部电压降到一个小于电源规定的最小正常值，但此值大于零。

持续低电压检测（Brownout Detection）。

特殊含义：电源故障报警电路中使用。它描述了一个报警电路判定临界供电电压的能力，在此电压下必须及时给出紧急故障报警，以保证满载时的指定保持时间。此临界供电电压通常在持续低电压区间内。

持续低电压区间（Brownout Zone）。

特殊含义：通常定义为全负荷运转时的最低值和电源能够继续工作的最小值之间的电压。在持续低电压区间内电源通常不能达到所有的技术指标。

总线（Bus）。

普通含义：在IEEE488中，它指控制端口之间的互连线。

特殊含义：在电源中，它用于一个电源的控制或通信的内部连接或电源之间连接，如在P端之间用于强迫均流或者是主从应用连接还可以用在远距离程控或关机。

母线（Busbar）。

普通含义：一根粗铜条，用于大电流互连。通常，母线没有绝缘层。但能够提供许多负载连接。

储存效应（Carryover）。

特殊含义：描述了开关电源在短期输入故障时，依靠电源内部储能（通常在输入电容器中）持续提供已调节的输出的能力。参看“保持时间”。

中心位置（Centering）。

特殊含义：一个经常用于多输出电源的术语。它描述了由于设计或制造的局限性而导致辅助输出标称电压和半可调输出电压的不可避免的偏移（通常是由变压器绕组的匝数必须为整数而产生的影响）。

另外，它也是调整输出电压到某一指定范围中心的操作。

扼流圈（Choke）。一种专门设计用来传送大直流电流分量的电感（为了防止饱和，扼流圈通常有一个带气隙的磁心或者特殊的低导磁率磁心）。

非线性扼流圈（Choke，Nonlinear）。一种专门设计的具有很高非线性特性的扼流圈。一个非线性扼流圈在直流电流很低时通常有一个很大的电感，当在直流电流范围的中间到高端时，具有适度恒定且小的电感（这种非线性通常是由阶梯状的磁心气隙或使用不同导磁率材料组合的磁心而引起的）。通常用来扩展宽范围开关变换器的连续工作区间的低端。

极化扼流圈（Choke，Polarized）。磁心已经预先磁化偏置到B/H特征的一端的扼流器（因为反方向此时有一个大的磁偏移，具有这种特性的扼流圈可以承受一个更大的直流电流分量）。在气隙处放氧化物（稀土元素）的硬磁铁，通常用作磁偏移。

扼流圈射频干扰（Chokes，RFI）。特殊设计成的具有高的自谐振荡频率的扼流圈，所以可以在射频时提供最大的阻抗。各种疏绕绕组或者波绕绕组技术用来最小化匝间电容。

变感扼流圈（Choke，Swinging）。是这样一种扼流圈，它被设计成在直流电流向零减小时，电感就变得很大。它比非线性扼流圈有更好的线性特性，导磁率的变化是大部分磁心材料性能的函数。

共模纹波和噪声（Common-Mode Ripple and Noise）。纹波和噪声的电压或电流分量，它存在于输入或输出线路和一个指定的接地端之间。

依从电流（Compliance Current）。

特殊含义：一个很少用到的词语，描述了电流（和负载电阻）的范围，在这一范围内固定（稳定）电压源将保持电压恒定。更常用的词语是“最大电流”或“限流值”，这些术语规定了一个从 0 或限制值的 10%到限制输出电流范围。

依从电压（Compliance Voltage）。

特殊含义：通常用于恒流源的一个术语，描述了负载电压（或负载电阻）变化的范围，在这一范围内电源具有维持恒流的能力。

互补跟随（Complimentary Tracking）。两个电源的互连，互连方式为一个电源的输出电压幅值将随着（跟随）另一个电源的输出电压变化，不过两者极性相反。

条件稳定性（Conditional Stability）。

特殊含义：准稳定的一种不希望出现的状态，此状态下频率在交叉点下方的相移超过 180°。（在电源的稳定状态下，当负载、温度或者其他参数改变时，可能会发生大信号的不稳定。）

传导型电磁干扰（Conducted-Mode EMI）。一部分不需要的干扰能量沿着电源或输出端传导。传导型 EMI 由国家和国际标准规定。

恒流限制（Constant-Current Limit）。特殊含义：一种过载保护的方法，不管在过载保护范围内的负载电阻如何，都能使输出电流保持不变。

恒流电源（Constant-Current Supply）。

普通含义：任何一种高内阻电流源，它的电流基本是恒定的，与负载电阻无关。

特殊含义：描述一种主要被控参数为输出电流的电源。这种电源会在负载电阻范围内保持输出电流不变，通常从 0 到一个由依从电压规定的某最大值。

稳压电源（Constant-Voltage Supply）。

特殊含义：一种主要被控参数为输出电压的电源。

控制 IC（Control IC）。

特殊含义：指开关电源或线性电源控制用的专用集成电路。

对流冷却（Convection Cooling）。

特殊含义：一种依靠自由空气环境下的对流来冷却电源的方法。

变换器（Converter）。

特殊含义：在将输入直流电压变换为输出直流电压并提供电气（用变压器）隔离的开关电源中常用的一个术语。在不提供调节时，叫做“直流变压器”更准确些。在不提供输入到输出的电气隔离时，经常使用“开关变换器”来描述。

交叉连接负载（Cross-Connected Load）。

特殊含义：连接在双极性（串联）电源的正、负输出端之间的负载，负载不与公共端相连接。当使用折返电流保护时，交叉连接负载可能会引起“锁定”现象。

线路转换（Crossover）。

特殊含义：在负载变化或控制调整时，电源具有在恒流或恒压工作方式之间变换的能力。

交叉调整（Cross Regulation）。

特殊含义：一路输出端负载受其他各路输出负载变化影响的调整作用。（通常在多路输出电源中，主输出是完全调整的，交叉调整是指在主输出的负载变化时辅助输出的输出电压变化。通常在无二次调整的输出电路中会产生交叉调整。）

过电压急剧保护（Crowbar Protection）。

特殊含义：一种过压保护的方法，检测到过压故障后，为了保护负载，该电路可使电源输出端迅速短路到地（短路器件通常采用晶闸管）。

电流折返（Current Foldback）。

特殊含义：一种过载保护的方法，有时称为“可再启动限流保护”。采用折返限流方式时，在过载区域，当负载电流达到一定数值后就开始下降，当负载接近短路状态时，输出电流下降到最小值。这种保护方法可能会引起“锁定”问题，而且因为需要防止调节器元件的过大功耗，常限制了在线性电源中的应用。

电流型控制（Current-Mode Control）。

特殊含义：一种开关电源的控制技术，其中快速反应控制回路决定采用逐个脉冲控制开关元件的最大电流。

在稳压电源中，快速电流控制回路由较慢的电压控制回路调节以提供恒定输出电压，这样两个控制回路就构成了一个电压控制电流源。这种控制方法有效消除了小信号模型中的输出滤波器电感影响，自动改善了稳定裕度和小信号动态性能，它还有快速限流的优点。

关闭后重启（Cycling）。

特殊含义：在应力（例如短路、过载、过压等）状态期间或以后，电源不断的试图重启的一种恢复方式。

直流电流变换器（DC Current Transformer）。一种电流变流器，采用这种变流器由一次直流电流控制输出脉冲电流（它在大电流电源中用于隔离的低损耗限流很有用。参看第三部分的 14.8 节）。

直流变压器（DC Transformer）。一种方波直流到直流的变换器，它提供直流变换和无调节电气隔离。直流变流器通常用在简单的自激振荡推挽电路中。

降额（Derating）。由于另一个运行参数的一些改变而引起的一些特定运行参数的性能降低。如由于环境温度的增加而使电源的额定功率降低。

差模型纹波和噪声（Differential-Mode Ripple and Noise）。它是输入或输出纹波或噪声电压的一部分，它们存在于两条电力线（或者输出线）之间。在多输出单元中，纹波和噪声电压在输出端和公共返回端之间。

离线开关电源（Direct-Off-Line Switcher）。

特殊含义：一种开关电源，它不用工频变压器就能提供与交流供电输入端隔离的直流输出。

漂移（Drift）。所定义参数随时间而发生的变化，它通常由自身发热或老化效应引起。

跌落电压（Drop-Out Voltage）。

特殊含义：输入电压低于位电压时，输出电压就不能完全稳定。

占空比控制（Duty Cycle Control）。

特殊含义：一种通过控制固定频率开关电源的功率开关导通时间来控制输出的方法。

占空比率控制（Duty Ratio Control）。

特殊含义：一种通过控制开关电源的功率开关导通时间和关断时间的比值来保持恒定输出的控制方法。（注意：这不同于“占空比控制”，占空比率控制的整个周期是可变的，具有频率可变的特性。）

动态负载（Dynamic Load）。

普通含义：负载是可变的，是一种有源负载。

特殊含义：一种可以迅速变化以测试瞬态响应的电子负载。也可以指测试用的可调整的固定电流的电子负载。

效率（Efficiency）。用百分数表示的输出功率和输入功率之比。（注意，因为功率因数的限额的影响，必须使用有功功率计算。通常“离线式”开关电源使用容性输入滤波器，其功率因数约为 0.63）。

电磁干扰（EMI，Electromagnetic Interference）。电磁干扰的简写 EMI，有时也用射频干扰（RFI）。传导型的和辐射型的电磁干扰等级都由国家标准和国际标准控制。

等效串联电阻（ESR，Effective Series Resistance）。常用于电解电容器的一个词。在经典电容器模型中，等效电阻通常表现为与理想电容器串联的纯电阻。然而这种模型可能会有误导，如等效串联电阻本身是一个与频率有关的参数。

静电屏蔽［Faraday（Electrostatic）Shield］。静电屏蔽也叫法拉第屏蔽，通常是铜制的，放在一个高压噪声源和低噪声区之间。典型的例子是在变压器中使用的屏蔽和开关元件与散热片之间的屏蔽。

美国联邦通信委员会（FCC，Federal Communications Commission）。美国的一个联邦管理机构，它在一些条款中规定了在美国允许的最大电磁干扰传导和辐射等级。

滤波器（Filter）。

特殊含义：通常是指功率级的低通滤波器，其功能在于获得接近连续的直流输出电流。功率滤波器不同于信号滤波器，前者的输入和输出阻抗不匹配且通常是变化的。因为能量存储的需要，功率滤波器很大。

反激（Flyback）。是电感的一种特性，传导电流中断将使电感端电压反相。这个术语通常用于使用这种反激电压特性的变压器和二极管的电路中。

反激变换器（Flyback Converter）。

特殊含义：一种开关电源，当主开关器件处于关断状态时能量由输入端传送到输出端，利用的是变压器的反激特性。

折返限流（Foldback Current Limiting）。

特殊含义：参看“电流折返”。

正激变换器（Forward Converter）。

特殊含义：一种开关电源，当主开关器件处于导通状态时能量从输入端传递到输出端（它是降压型电路常用的变换器）。

全波整流器（Full-Wave Rectifier）。一种对输入交流电的两个半周期都整流的电路。

闭环增益（Gain，Closed-Loop）。

特殊含义：在加入负反馈后，对加到控制放大器输入端的电压的电源控制回路的响应。它是在被加负反馈后控制回路的输出变化与输入变化的之间的比值。

开环增益（Gain，Open-Loop）。

特殊含义：在反馈加入前，控制环路的输出变化与输入变化（通常是电压）之间的比值。因难以进行开环测量，所以它通常只是一个计算值。

增益裕度（Gain Margin）。当总相移为 360°时，闭环增益小于单位增益的值（以 dB 计）。

电气隔离（Galvanic Isolation）。

特殊含义：电源工程师创造的词，它用来描述两个部件（例如，输入和输出）之间没有直接的直流连接，而只有期望的变换动作、这些部件采用无源器件隔离。

接地回路（Ground Loop）。

特殊含义：通常是指为了使电源多处公共输出端接地而产生的噪声生成电流回路（在开关型电源中，常常通过电源输出端的公共输出接地使接地回路最小化。如果系统需要其他接地端，可以在输出端接共模电感使回路电流最小化）。

散热器（Heat Sink）。

特殊含义：一个经常用于描述散热的术语，通常用金属有助于将热源（通常为半导体器件）的热量传递到一个“无限散热器”（通常是自然通风大气环境）。

散热器（自然通风）（Heat Sink（Infinite））。

普通含义：一个大热容量的介质可以无限吸收热量而其温度的变化可以忽略不计（例如自然通风的大气环境）。

间断模式（Hiccup Mode）。通常用于在过载或短路的情况下电源重复尝试重启的一种保护模式。参看“关闭后重启”。

保持时间（Holdup Time）。

特殊含义：是在输入供电去除后，电源输出电压保持在它们指定范围内的时间。参看“储存效应”。

浪涌电流（Inrush Current）。

特殊含义：当电源第一次开启时流入电源的峰值输入电流。

逆变器（Inverter）。一种把直流电源变为交流电输出的大功率变换器。

漏电流（Leakage Current）。通常认为是隔离的两个部件之间流过的电流（在医疗电源应用中，为安全起见接地回路的漏电流必须很低。在这种应用中，通过任何输入滤波器返回到地端的电流都被看成漏电流的一部分）。

电源调整率（Line Regulation）。

特殊含义：供电电源电压变化通常被表示为在整个输入电压变化范围内引起的输出的百分比变化。

线性调节器（Linear Regulator）。

特殊含义：用一种有损耗的串联或并联调节技术对被调节参数提供连续控制。最经常使用的是串联晶体管电压调节器。

线路阻抗稳定网络（LISN，Line Impedance Stabilizing Network）。一种特殊宽带设计的线路滤波器和阻抗网络，用于将系统噪声传送到实现传导型 RFI 检测的测量设备。

负载效应（Load Effect）。参看“负载调整率”。

负载调整率（Load Regulation）。由于被测输出端被定义的负载变化而引起的被控制输出端的参数变化。通常给出被定义负载变化而产生的输出的百分比变化。

锁定（Lockout）。

特殊含义：在最初启动或瞬时加负载后，一种电源不能建立它正确工作的状态（这通常是由电源的负载线特性和关机保护特性不相容引起的）。

磁放大器（Magnetic Amplifier）。一种绕有绕组的电磁部件，它通过一个绕组流过的控制信号电流来控制第二个绕组的电流，它所具有的放大功能由两个绕组的匝数比、磁路的设计和磁心的磁特性决定。

主输出（Main Output）。

特殊含义：在多路输出电源中，主输出通常是最大电流输出或最高功率输出。控制回路对“主输出”通常是闭环的，这样它就有最好的整体性能。

极限（Margining）。输出电压在标称值附近按某种限定值变化来测试负载电路的性能，通常用来描述电源中类似的保护手段。

主模块（Master）。

特殊含义：在“主-从设置”并联系统中的控制电源。

主-从设置法（Master-Slave Operation）。大电源系统需要若干台开关电源并联，以满足负载功率的需要。在并联的若干台变换器模块中，人为地指定其中一个为“主模块”，其余的称为“从模块”，它用主模块控制其他的“从模块”单元运行。如果有必要，电源通常专门设计成这类方式的运行。

调制器（Modulator）。

特殊含义：一种电子控制器件，它通过改变一个参数来响应另一个参数的变化，作为控制回路的一部分来改变电源的输出。一个典型的例子是开关电源中所用的脉宽调制器或电流型控制调制器。

平均无故障时间（MTBF，Mean Time Between Failure）。是在两次故障之间的平均时间，用小时表示。理想状态下，是对可能故障的一种统计预测，可根据实际运行数据来度量。预测更经常的是基于一个公认标准的统计分析。对于电源经常使用美国军用手册MIL-HDBK 217E标准规定的条件和计算。

标称值（Nominal Value）。特定参数的所期望的理想值或中心值。一种常见的数值、平均值、额定值或要求的工作条件。

开放式框架模块（Open-Frame Unit）。

特殊含义：一个没有完全封装的电源，通常是一个封装了的主要系统的一个组成部分。这一种无金属外壳的电源设备，是一种可直接应用的带有机座、安装元件和各种接头的印制电路板。

输出阻抗（Output Impedance）。

特殊含义：从电源的输出终端看去，按交流而不是直流的复数电阻和电抗分量的幅值。通常在所需要的频率范围内测量，它等于输出有效值电压的变化值除以所产生的负载有效值电流变化值。注意，在高频时，输出阻抗主要接近于输出电容器的等效串联电阻。在低频时，输出阻抗是控制回路的一个函数，接近于在直流供电时的输出电阻。

过冲（Overshoot）。超出调节限制以外的被控制参数的瞬态偏移。通常在变换器接通电源或者切断电源时、负载出现突变时会出现这种现象。

过压保护电路（Overvoltage Protection Circuit（OVP））。

特殊含义：一种独立电路，它可以防止控制电路故障时输出电压超过规定的最高极限。这种电源保护电路，当输出电压过高时，该电路可以关断电源或者将电源输出端与地短路。注意：有效过压保护的设计标准要求在一个元件故障时不会引起不能保护的过压产生。一些过压保护电路（例如过电压急剧短路保护电路）可提供用于外部产生过压应力状态的过压保护检测。

并联强制均流（Parallel Forced Current Sharing）。一种电源并联方法，它使电源平均分配负载电流而没有特别指定的主电源模块。通常使用并联冗余工作连接。

并联运行（Parallel Operation）。两个或多个电源的并行连接，以增加输出电流的能力。并联时，每台电源都必须具有负载均流功能。

并联主-从运行（Parallel Master-Slave）。两个或多个电源的并联运行，它使用一个控制总线，利用这种方法一个指定主控制器可以控制所有的输出电流。主-从运行的优点是从电源可以公平的分配负载。

并联冗余运行（Parallel Redundant Operation）。一种电源并联运行的方法，使用各电源输出接一个隔离二极管再并联连接的方法，即使单个电源故障也不会引起断电。并联电源系统的总电流容量必须超过负载要求，这样一个电源故障不会引起整个系统的过载。因此，其余电源必须能提供足够电流来维持额外的负载而不引起输出电压的下降。因此，在正常情况下，按照正常的电流需求来说，一个或多个电源可看成是“冗余的”。

周期与随机偏移值（PARD，Periodic And Random Deviation）。

特殊含义：在开关电源输出端的宽带范围内的所有纹波和噪声分量之和。通常表示为带宽为直流到 30MHz 的噪声电压的峰峰值。

相位裕度（Phase Margin）。是单位增益交叉点的闭环相移和 360°总环路相移之间的差。

机载插件板调节器（Piggyback Regulator）。一种串联的降压器件或调节器用以分担电压应力（可以认为一个电源载有另一个电源）。

二次稳压（Postregulator）。

特殊含义：一种放置在直流-直流变换器输出端的调节器。二次稳压器通常用于多路输出电源中对辅助输出提供附加的调节。二次稳压可以是线性的或开关型调节方式，在高功率应用中，通常使用磁放大器或饱和电抗器技术。

功率因数（Power Factor）。

普通含义：在交流供电应用中有功功率和视在功率的比值。

特殊含义：在带有电容输入滤波器的离线式电源中，电流只在外加正弦波峰值处通过。输入电压有效值和电流有效值的积就是输入伏安（VA）值（它是视在功率而非有功功率）。电容输入滤波器的功率因数的典型值在单相供电时为 0.63，在三相供电时为 0.9，因此有功功率分别近似为 VA×0.63 或 VA×0.9（为了精确测量输入有功功率，需用瓦特表。它可以是电动式或数字式仪表，为得到合理准确的结果，它必须有超过 1kHz 的带宽）。

供电故障检测电路（Power Failure Detection Circuit）。

特殊含义：一种检查初始持续低电压、供电输入故障的电路，它可提供报警信号。

供电故障信号（Power Failure Signal）。由供电故障检测电路提供的信号（一般是 TTL 兼容的信号）。在开关电源中，供电故障信号必须在保持时间结束前发出，使电源在其电压降到调节范围以外前有足够的报警时间给外部负载以处理好掉电前要管理的内部事务。

电源（Power Supply）。

普通含义：一种供电电源。通常称为一次电源，如交流工频电源、电池或发电机。

特殊含义：通常由未调节供电电源来提供一个已调节输出。不一定是一次电源。

前置调节器（Preregulator）。

特殊含义：一种在变换器或直流变压器前提供输入调节的调节器。前置调节器通常由一个输出端的反馈信号来控制，提供全面的调节。这种技术在多路输出电源中很有用。

程控（Programming）。通过遥控手段来控制输出参数（例如电阻、电压或数字信号）。

恢复时间（Recovery Time）。在负载发生阶跃变化后，控制输出参数恢复到调节范围内的值所需要的时间。

可再启动限流保护（Reentrant Current Protection）。参看“电流折返”。

遥控（Remote Programming）。参看“程控”。

远程取样（Remote Sensing）。

特殊含义：一种提供在负载上而不是电源输出端的检测电压的方法。这种连接方法为电源的线路压降提供了补偿，以保持负载上的电压恒定。

分辨率（Resolution）。被控参数发生变化的最小增量。

响应时间（Response Time）。

特殊含义：在响应程控信号阶跃变化时，被控输出参数从10%变化到90%所需的时间。

电压反接保护（Reverse Protection）。

特殊含义：一种采用并联或串联二极管保护电源输出元件和调节器的方法。用来阻止反向电压加到输出端或内部调节器。也是具有交叉连接负载的恒压电源串联或双极性电压输出的运行所必需的。

饱和电抗器（Saturable Reactor）。

特殊含义：一种可控制的电感，它在指定的伏秒强度作用后会产生饱和。饱和电抗器用作变换器输出端的磁占空比控制器。

自恢复（Self-Recovery）。在去除应力条件后自动恢复到正常运行的能力。

排列程序（Sequencing）。按规定的顺序控制多路输出电源的输出电压建立或关闭的方法，是一种建立各输出电路供电顺序的方法。

串联调节器（Series Regulator）。

特殊含义：一种调节器，其中有源器件与供电输出端串联。它常用在线性调节器中。

短路保护（Short-Circuit Protection）。

特殊含义：一种过载保护的方法，它在电源输出端短路时防止电源损坏。一些反激式开关器件设计成可以经受短路，但不能承受长时间的过载。

并联调节器（Shunt Regulator）。采用功率控制器与输出端并联的一种控制方法。并联调节器在输出满载时有消耗最小功率的优点。一个并联调节输出可以吸收或释放电流，可用于在超载状态下的伺服控制。

转换速率（Slew Rate）。

特殊含义：控制电路和功率调节器在响应过驱动状态的最大变化速率。

开关电源（SMPS，Switchmode Power Supply）。

特殊含义：开关电源“switchmode power supply”的首字母缩写。

缓冲器（Snubber）。

特殊含义：（1）用来减小开关元件应力的网络；（2）用来减小二极管或开关器件上的电压变化率使射频分量和dv/dt应力最小化的网络。

软启动（Soft Start）。

特殊含义：在开关电源导通瞬间，一种控制占空比初始增加速率的方法（用来减少内部元器件所受的应力以及阻止变压器饱和）。

源效应（Source Effect）。参看“电源调整率”。

间歇振荡器的振荡模式（Squegging）。

特殊含义：在开关电源中，间歇振荡器的振荡模式是非破坏性的、边界不稳定型的、并有伴随着短暂静止周期的开关工作的短周期的特征。这种振荡模式通常在轻载时发生，此时的脉冲宽度接近于开关器件的储存时间，因此更进一步的控制是不可能的。

开关变换器（Switching Regulator）。

特殊含义：一个开关型的直流——直流调节器，它的输入和输出共享一个公共端。

过热保护（Thermal Protection）。

特殊含义：一种防止开关电源在过热状态下失效的方法（当关键元件超过规定温度时

可以关闭电源）。

拓扑（Topology）。

特殊含义：一个用来描述组成专用电路的元器件连接布置的词语，例如，boost 拓扑。

不间断电源（UPS，Uninterruptible Power Supply）。

特殊含义：一种能连续提供已调节输出电压而在一次电源故障时不中断供电的设备(UPS 采用多种能源，备用电源可来自电池的直流电或发电机或变换器的交流电。在许多应用中，只能在有限的时间内提供备用供电工作)。

稳压器件（Voltage Stabilizer）。

特殊含义：一个用来保持电压恒定的器件，例如齐纳二极管。稳压器件本身并不是能源。

参考文献

[1] McLyman, Colonel Wm. T., *Transformer and Inductor Design Handbook*, Marcel Dekker, New York, 1978. ISBN 0-8247-6801-9.

[2] McLyman, Colonel Wm. T., *Magnetic Core Selection for Transformers and Inductors*, Marcel Dekker, New York, 1982. ISBN 0-8247-1873-9.

[3] Kraus, John D., Ph. D., *Electromagnetics*, McGraw-Hill, New York, 1953.

[4] Boll, Richard, *Soft Magnetic Materials*, Heydon & Sons, London, 1979. ISBN 0-85501-263-3. & ISBN 3-8009-1272-4.

[5] Smith, Steve, *Magnetic Components*, Van Nostrand Reinhold, New York, 1985. ISBN 0-442-20397-7.

[6] Grossner, Nathan R., *Transformers for Electronic Circuits*, McGraw-Hill, New York, 1983. ISBN 0-07-024979-2.

[7] Lee, R., *Electronic Transformers and Circuits*, Wiley, New York, 1955.

[8] Snelling, E. C., *Soft Ferrites-Properties and Applications*, Iliffe, London, 1969.

[9] Middlebrook, R. D., and C′uk, Slobodan, *Advances in Switch Power Conversion*, Vols. I and II, Teslaco, Calif., 1983.

[10] C′uk, Slobodan, and Middlebrook, R. D., *Advances in Switchmode Power Conversion*, Vol. III, Teslaco, Calif., 1983.

[11] Landee, Davis, and Albrecht, *Electronic Designer's Handbook*, McGraw-Hill, New York, 1957.

[12] The Royal Signals, *Handbook of Line Communications*, Her Majesty's Stationery Office, 1947.

[13] Langford-Smith, F., *Radio Designer's Handbook*, Iliffe & Son, London, 1953.

[14] Pressman, Abraham I., *Switching and Linear Power Supply*, *Power Converter Design*, Haydon, 1977. ISBN 0-8104-5847-0.

[15] Dixon, Lloyd H., and Potel Raoji, *Unitrode Switching Regulated Power Supply Design Seminar Manual*, 1985.

[16] Severns, Rudolph P., and Bloom, Gordon E., *Modern DC-to-DC Switchmode Power Converter Circuits*, Van Nostrand Reinhold, New York, 1985. ISBN 0-442-21396-4.

[17] Hnatek, Eugene R., *Design of Solid-State Power Supplies*, 2d Ed., Van Nostrand Reinhold, New York, 1981. ISBN 0-442-23429-5.

[18] Shepard, Jeffrey D., *Power Supplies*, Restin Publishing Company, 1984. ISBN 0-8359-5568-0.

[19] Chryssis, George, *High Frequency Switching Power Supplies*, McGraw-Hill, New York, 1984. ISBN 0-07-010949-4.

[20] KitSum, K., *Switchmode Power Conversion*, Marcel Dekker, New York, 1984. ISBN 0-8247-7234-2.

[21] Oxner, Edwin S., *Power FETs and Their Applications*, Prentice-Hall, Englewood Cliffs, N. J., 1982.

[22] Bode, H., *Network Analysis and Feedback Amplifier Design*, Van Nostrand, Princeton, N. J., 1945.

[23] Geyger, W., *Nonlinear-Magnetic Control Devices*, Wiley, New York, 1964.

[24] Tarter, Ralph E., *Principles of Solid-State Power Conversion*, Howard W. Sams, Indianapolis, 1985.

[25] Hanna, C. R., "Design of Reactances and Transformers Which Carry Direct Current," Trans. AIEE, 1927.

[26] Schade. O. H., *Proc. IRE*, July 1943.

[27] Venable, D. H., and Foster, S. R., "Practical Techniques for Analyzing, Measuring and Stabilizing Feedback Control Loops in Switching Regulators and Converters," *Powercon*, 7, 1982.

[28] Middlebrook, R. D., "Input Filter Considerations in Design and Application of Switching Regulators," *IEEE Industrial Applications Society Annual Meeting Record*, October 1976.

[29] Middlebrook, R. D., "Design Techniques for Preventing Input Filter Oscillations in Switched-Mode Regulators," *Proc. Powercon*, 5, May 1978.

[30] C′uk, Slobodan, "Analysis of Integrated Magnetics to Eliminate Current Ripple in Switching Converters," *PCI Conference Proceedings*, April 1983.

[31] Dowell, P. L., "Effects of Eddy Currents in Transformer Windings," *Proc. IEE*, 113 (8), 1966.

[32] Smith, C. H., and Rosen, M., "Amorphous Metal Reactor Cores for Switching Applications," *Proceed-*

ings, *International PCI Conference*, Munich, September 1981.

[33] Jansson, L., "A Survey of Converter Circuits for Switched-Mode Power Supplies," Mullard Technical Communications, Vol. 12, No. 119, July 1973.

[34] "Switchers Pursue Linears Below 100 W," *Electronic Products*, September 1981.

[35] Snigier, Paul., "Those Sneaky Switchers," Electronic Products, March 1980, and "Power Supply Selection Criteria," *Digital Design*, August 1981.

[36] Boschert, Robert J., "Reducing Infant Mortality in Switches," *Electronic Products*, April 1981.

[37] Shepard, Jeffrey D., "Switching Power Supplies: the FCC, VDE, and You," *Electronic Products*, March 1980.

[38] Royer, G. H., "A Switching Transistor DC to AC Converter Having an Output Frequency Proportional to the DC Input Voltage," *AIEE*, July 1955.

[39] Jensen, J., "An Improved Square Wave Oscillator Circuit," *IERE Trans. on Circuit Theory*, September 1957.

[40] IEEE Std. 587-1980, "IEEE Guide for Surge Voltages in Low-Voltage AC Power Circuits," ANSI/IEEE C62-41-1980.

[41] "Transformer Core Selection for SMPS," Mullard Technical Publication M81-0032, 1981.

[42] "Radio Frequency Interference Suppression in Switched-Mode Power Supplies," Mullard Technical Note 30, 1975.

[43] Owen, Greg, "Thermal Management Techniques Keep Semiconductors Cool," *Electronics*, Sept. 25, 1980.

[44] Pearson, W. R., "Designing Optimum Snubber Circuits for the Transistor Bridge Configuration." *Proc. Powercon*, 9, 1982.

[45] Severns, R., "A New Improved and Simplified Proportional Base Drive Circuit," Intersil.

[46] Redl, Richard, and Sokal, Nathan O., "Optimizing Dynamic Behaviour with Input and Output Feed-forward and Current-mode Control," *Proc. Powercon*, 7, 1980.

[47] Middlebrook, R. D., Hsu, Shi-Ping, Brown, Art, and Rensink, Lowman, "Modelling and Analysis of Switching DC-DC Converters in Constant-Frequency Current-Programmed Mode," IEEE Power Electronics Specialists Conference, 1979.

[48] Bloom, Gordon (Ed), and Severns, Rudy, "Magnetic Integration Methods for Transformers," *in Isolated Buck and Boost DC-DC Converters*, 1982.

[49] Hetterscheid, W., "Base Circuit Design for High-Voltage Switching Transistors in Power Converters," Mullard Technical Note 6, 1974.

[50] Gates, T. W., and Ballard, M. F., "Safe Operating Area for Power Transistors," Mullard Technical Communications, Vol. 13, No. 122, April 1974.

[51] Dean-Venable, H., "The K Factor: A New Mathematical Tool for Stability Analysis and Synthesis," *Proc. Powercon*, 10, March 1983.

[52] Dean-Venable, H., and Foster, Stephen R., "Practical Techniques for Analyzing, Measuring, and Stabilizing Feedback Control Loops in Switching Regulators and Converters," *Proc. Powercon*, 7, 1980.

[53] Tuttle, Wayne H., "The Relationship of Output Impedance to Feedback Loop Parameters," *PCIM*, November 1986.

[54] Dean-Venable, H., "Stability Analysis Made Simple," Venable Industries, Torrance, Calif., 1982.

[55] Tuttle, Wayne H., "Relating Converter Transient Response to Feedback Loop Design," *Proc. Powercon*, 11, 1984.

[56] Dean-Venable, H., "Optimum Feedback Amplifier Design Control Systems," *Proc. IECEC*, August 1986.

[57] Tuttle, Wayne H., "Why Conditionally Stable Systems Do Not Oscillate," *Proc. PCI*, *October* 1985.

[58] Jongsma, J., and Bracke, L. P. M., "Improved Method of Power-Coke Design," *Electronic Components and Applications*, *vol.* 4, no. 2, 1982.

[59] Bracke, L. P. M., and Geerlings, F. C., "Switched-Mode Power Supply Magnetic Component Requirements," Philips Electronic Components and Materials, 1982.

[60] Carsten, Bruce, "High Frequency Conductor Losses in Switchmode Magnetics," *PCIM*, *November* 1986.

[61] Clarke, J. C., "The Design of Small Current Transformers," *Electrical Review*, January 1985.

[62] Houldsworth, J. A., "Purpose-Designed Ferrite Toroids for Isolated Current Measurements in Power Electronic Equipment," Mullard Technical Publication M81-0026, 1981.

[63] Cox, Jim, "Powdered Iron Cores and a New Graphical Aid to Choke Design," *Powerconversion International*,

February 1980.

[64] Cox, Jim, "Characteristics and Selection of Iron Powder Cores for Induction in Switchmode Converters," *Proc. Powercon*, 8, 1981.

[65] Cattermole, Patrick A., "Optimizing Flyback Transformer Design." *Proc. Powercon*, 1979, PC 79-1-3.

[66] Geerlings, F. C., and Bracke, L. P. M., "High-Frequency Ferrite Power Transformer and Choke Design, Part 1," *Electronic Components and Applications*, vol. 4, no. 2., 1982.

[67] Jansson, L. E., "Power-handling Capability of Ferrite Transformers and Chokes for Switched-Mode Power Supplies," Mullard Technical Note 31, 1976.

[68] Hirschmann, W., Macek, O., and Soylemez, A. I., "Switching Power Supplies 1 (General, Basic Circuits)," Siemens Application Note.

[69] Ackermann, W., and Hirschmann, W., "Switching Power Supplies 2, (Components and Their Selection and Application Criteria)," Siemens Application Note.

[70] Schaller, R., "Switching Power Supplies 3, (Radio Interference Suppression)," Siemens Application Note.

[71] Macek, O., "Switching Power Supplies 4, (Basic Dimensioning)," Siemens Application Note.

[72] Bulletin SFB, Buss Small Dimension Fuses, Bussmann Division, McGraw-Edison Co., Missouri.

[73] Catalog #20, Littlefuse Circuit Protection Components, Littlefuse Tracor, Des Plaines, Ill.

[74] Bulletin-B200, Brush HRC Current Limiting Fuses, Hawker Siddeley Electric Motors, Canada.

[75] Bulletins PC-104E and PC109C, MPP and Iron Powder Cores, The Arnold Engineering Co., Marengo, Illinois.

[76] Publication TP25-575, HCR Alloy, Telcon Metals Ltd., Sussex, England.

[77] Catalog 4, Iron Powder Toridal Cores for EMI and Power Filters, Micrometals, Anaheim, Calif.

[78] Bulletin 59-107, Soft Ferrites, Stackpole, St. Marys, Pa.

[79] SOAR-The Basis for Reliable Power Circuit Design, Philips Product Information #68.

[80] Bennett, Wilfred P., and Kurnbatovic, Robert A., "Power and Energy Limitations of Bipolar Transistors Imposed by Thermal-Mode and Current-Mode Second-Breakdown Mechanisms," *IEEE Transactions on Electron Devices*, vol. ED28, no. 10, October 1981.

[81] Roark, D. "Base Drive Considerations in High Power Switching Transistors," TRW Applications Note #120, 1975.

[82] Gates, T. W., and Ballard, M. F., "Safe Operating Area for Power Transistors," Mullard Technical Communications, vol. 13, no. 122, April 1974.

[83] Williams, P. E., "Mathematical Theory of Rectifier Circuits with Capacitor-Input Filters," *Power Conversion International*, October 1982.

[84] "Guide for Surge Voltages in Low-Voltage AC Power Circuits," IEC Publication 664, 1980.

[85] KitSum, *K.*, *PCIM*, February 1998.

[86] Spangler, J., *Proc. Sixth Annual Applied Power Electronics Conf.*, Dallas, March 10-15, 1991.

[87] Neufeld, H., "Control IC for Near Unity Power Factor in SMPS," Cherry Semiconductor Corp., October 1989.

[88] Micro Linear application notes 16 and 33.

[89] Micro Linear application note 34.

[90] Micrometals' "Power Conversion & Line Filter Applications" data book.

[91] Pressman, Abraham I., Billings, Keith, Morey, Taylor, "Switching Power Supply Design," McGraw-Hill, 2009. ISBN 978-0-07-148272-1.

[92] Texas Instrumenta/Unirode Data Sheet UCC3895 SLUS 157B & application notes U136A & U154.

[93] Stanley, William D., "Operational Ampilifiers with Linear Integrated Circuits, 2dEd.," Merrill, Columbus, Ohio, 1989. ISBN 067520660-X.

[94] "LM13700 Dual Operational Transconductance Amplifiers with Linearizing Diodes and Buffers," National Semiconductor Corporation, 2004. http: //www. national. com/ds/LM/LM13700. pdf.

版权声明

Keith Billings, Taylor Morey

Switchmode Power Supply Handbook, 3e

EISBN：978-0-07-16391-2.